教育部全国职业教育与成人教育教学用书规划教材

"十二五"全国高校动漫游戏专业骨干课程权威教材

U0683608

中文版

3ds Max 模型 材质 渲染 动画

完全讲座

编著：张璟雷

超值1DVD

19个完整影音视频文件+电子课件+作品与素材

三位一体

基础知识模块化+典型范例现场讲解+操作技能深入提高

海洋出版社

2011年·北京

内 容 简 介

本书是一本"基础知识模块化+典型范例现场讲解+操作技能深入提高"三位一体的全新复合型 3ds Max 基础教材。

本书作者为吉林动画学院教师，长期从事 3ds Max 三维动画软件的教学培训和专业制作工作，具有丰富的教学和制作经验。本书基于 3ds Max 2010 版本编写，全书共分为 5 个部分，第 1 部分为基础篇，介绍 3ds Max 的基础知识；第 2 部分为模型篇，包括基本建模、对象的修改和合成、多边形建模以及综合建模实例；第 3 部分为材质篇，包括灯光与摄像机、材质编辑器与不同材质类型以及纹理贴图；第 4 部分为渲染篇，包括 VRay 渲染器全面解析和 VRay 应用案例；第 5 部分为动画篇，包括动画技术和粒子系统等内容。配合本书配套光盘的多媒体视频教学课件，让您在掌握 3ds Max 使用技巧的同时，享受无比的学习乐趣！

本书特点：**1.内容系统严谨，授课质量高**：基础知识扎实、内容丰富、全面、深入浅出、图文并茂。**2. 实践和教学经验的总结**：多年一线实践和教学经验的积累和总结，实用性和指导性强。**3.培养动手能力和操作能力**：提供大量典型上机实例，步骤详细，讲解生动，大大培养动手能力和提高操作技能。**4.为教学提供方便**：基础知识模块化方便查询知识点，光盘中提供的全套课件，方便三维动画专业教师和社会培训机构老师教学。

超值 DVD 内容：19 个完整影音视频文件+电子课件+作品与素材

读者对象：适用于高等院校三维动画专业教材；社会各类 3ds Max 培训班教材；用 3ds Max 进行室内外效果图设计、动画设计等从业人员实用的自学指导书。

图书在版编目(CIP)数据

中文版 3ds Max 模型、材质、渲染、动画完全讲座/张璟雷编著. —北京：海洋出版社，2011.7
ISBN 978-7-5027- 8048-7

Ⅰ.①中…　Ⅱ.①张…　Ⅲ.①三维动画软件，3DS MAX　Ⅳ.①TP391.41

中国版本图书馆 CIP 数据核字（2011）第 118297 号

总 策 划：刘 斌	发 行 部：(010) 62173651（传真）(010) 62132549
责任编辑：刘 斌	(010) 68038093（邮购）(010) 62100077
责任校对：肖新民	网　址：www.oceanpress.com.cn
责任印制：刘志恒	承　印：北京华正印刷有限公司印刷
排　版：海洋计算机图书输出中心　晓阳	版　次：2011 年 7 月第 1 版
出版发行：海洋出版社	2011 年 7 月第 1 次印刷
	开　本：787mm×1092mm　1/16
地　址：北京市海淀区大慧寺路 8 号（716 房间）	印　张：37.5　彩插 12 页
100081	字　数：720 千字
经　销：新华书店	印　数：1～3000 册
技术支持：(010) 62100055	定　价：88.00 元（含 1DVD）

本书如有印、装质量问题可与发行部调换

前 言

随着 3ds Max 软件的不断升级，它已经成为一个体系强大、内容繁多的"超级软件"，能够为 3D 动画创作者提供更多、更全面的解决方案。但是对于大多数 3ds Max 的初学者来说，要从这么庞大的体系中找到头绪，进行系统的学习并不是一件容易的事情。

本书针对 3ds Max 初学者的特点，以 3ds Max 2010 作为教学软件，将 3ds Max 庞大的体系分解为 5 个部分，详细地讲解了 3ds Max 软件的强大功能。主要内容如下：

第 1 部分为基础知识，主要介绍 3ds Max 2010 的基础知识，包括 3ds Max 的流程工序介绍；对象的选择方式和显示状态；基本的变换操作；坐标与坐标系；克隆对象以及渲染输出等内容。

第 2 部分为模型篇，包括第 2 章基本建模、第 3 章对象的修改和合成、第 4 章多边形建模以及第 5 章综合建模实例等内容。

第 3 部分为材质篇，包括第 6 章灯光与摄像机、第 7 章材质编辑器与不同材质类型以及第 8 章纹理贴图等内容。

第 4 部分为渲染篇，包括第 9 章 VRay 渲染器全面解析和第 10 章 VRay 应用案例等内容。

第 5 部分为动画篇，包括第 11 章动画技术和第 12 章粒子系统等内容。

本书具有很强的实用性，书中所有的实例都精选于实际设计工作中，画面精美考究，包含高水平的软件应用技巧。每个实例都是一个典型的设计模板，读者可以直接将其套用到实际工作中，或者作为参考资料进行借鉴，为设计工作增加创作的灵感。

本书内容系统，层次清晰，实用性强，可作为高等院校相关专业教材以及各类 3ds Max 培训班使用，也可供工程技术人员以及使用 3ds Max 进行创作的相关人员自学参考。

感谢参与和支持本书写作的朋友，他们是吉林动画学院的白立明、李飞、郝边远、田立群、郭永顺、李彦蓉、唐赛、董敏捷、安培、李传家、王晴、徐建利、张余、艾琳、陈腾、左超红、奚金、蒋学军、牛金鑫、蒋丽、贾建、王春轶、朱万双、严明明、张志山、马云飞、李宇民、姜丽丽、吴启鹏、李鹏程、衡忠兵、李志刚、冯建强、金建伟、吴海英等。书中难免有错误和疏漏之处，希望广大读者批评、指正。

编　者

光盘使用说明

将本书附赠光盘放入光驱中，双击将打开光盘，在其中可以查看电子课件、视频、素材、效果等内容，如图所示。

双击其中的"Autorun.exe"文件手动运行光盘，主界面如下图所示。

在主界面中，单击"视频教程"按钮将进入视频目录界面，在其中选择需查看的章节，选择某个视频文件双击即可进入演示窗口，如图所示。

Zrippo打火机浮雕效果　　3笔筒　　3倒角修改器的操作方法

3扭曲　　3扇子　　3台式饮水机

4燃气灶的制作02　　4牙膏的制作　　4哑铃的制作01

51建立耳机的耳麻部分　　52建立耳机的耳框部分　　53建立耳机的连线部分

63运动模糊效果　　71不透明度贴图通道的操作　　72卡通材质实例

92半透明质感表现　　101毛发特效 FlashPlayer Macromedia, Inc.　　102跑车质感体现01 FlashPlayer Macromedia, Inc.

112焰火 FlashPlayer Macromedia, Inc.　　121射线冲击波01 FlashPlayer Macromedia, Inc.　　122射线冲击波02 FlashPlayer Macromedia, Inc.

单击 素材 将打开提供的"素材"文件夹窗口，如图所示。

第1章　第2章　第3章　第5章　第6章　第7章　第8章　第9章　第10章

第11章　第12章

单击 效果 将打开提供的"效果"文件夹窗口，如图所示。

第2章　第3章　第4章　第5章　第6章　第7章　第8章　第9章　第10章

第11章　第12章

单击 电子课件 将打开提供的"电子课件"文件夹窗口，如图所示。

第1章 3DS MAX2010基础知识 Microsoft PowerP...　第2章 基本建模 Microsoft PowerP... 6,789 KB　第3章 对象的修改和合成 Microsoft PowerP...　第4章 多边形建模 Microsoft PowerP... 6,274 KB　第5章 综合建模实例 Microsoft PowerP... 2,367 KB　第6章 灯光与摄影机 Microsoft PowerP... 4,991 KB

第7章 材质编辑器与不同材质类型 Microsoft PowerP...　第8章 贴图类型 Microsoft PowerP... 5,423 KB　第9章 VRay渲染器全面解析 Microsoft PowerP...　第10章 VRay案例讲解篇 Microsoft PowerP... 491 KB　第11章 动画技术 Microsoft PowerP...　第12章 粒子系统 Microsoft PowerP... 2,037 KB

iii

三维制作大师

部分实例效果图欣赏

车标（P59）

小卧室（P61）

旋转楼梯（P66）

高架桥（P91）

Zippo打火机（P93）

足球（P104）

哑铃（P109）

燃气灶（P114）

应急灯P121）

麦克风（P127）

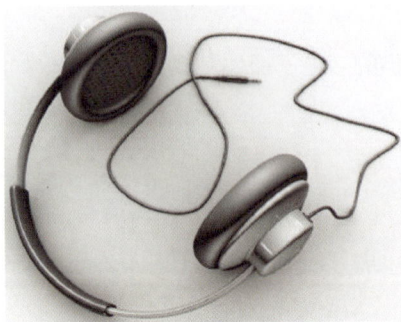

耳机（P133）

煤油灯（P145）

羽毛球拍（P155）

手表（P171）

三点照明（P200）

全局照明（P201）

日光照明（P209）

景深制作（P218）

光线跟踪-金属闹钟（P253）

混合材质-锈迹花瓶（P262）

卡通材质-唐三彩（P269）

多维材质-柯达电池（P274）

金属质感（P322）

反射材质-时尚音响（P327）

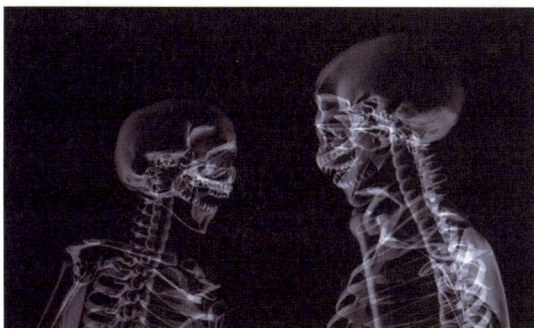

X射线效果（P334）

熔岩材质（P336）

V

三维制作大师

全景天空（P340）

清澈的水（P343）

冰洞（P346）

3S效果（P350）

地形材质（P352）

VRay金属质感表现（P420）

VRay塑料质感-玩具熊闹钟（P428）

VRay晶莹陶瓷质感—洁具（P436）

玻璃焦散特效（P439）

金属焦散特效（P447）

景深与运动模糊特效（P453）

3S特效（P458）

毛发特效（P463）

置换特效（P469）

休闲沙发椅（P475）

跑车质感表现（P482）

数码相机质感表现（P492）

蝴蝶飞舞动画（P528）

射线冲击波（P555）

聚散特效（P565）

vii

三 维 制 作 大 师

目录 CONTENT

中文版 3ds Max 模型+材质+渲染+动画 | 完全讲座

第 3 章　对象的修改和合成 070

第 4 章　多边形建模 096

第 5 章　综合建模实例 133

第三部分　材质篇

第 6 章　灯光与摄像机 191

三
维
制
作
大
师

第 7 章　材质编辑器与不同材质类型 223

第 8 章　纹理贴图 280

第四部分　渲染篇

第 9 章　VRay渲染器全面解析 360

第 10 章　VRay应用案例⋯⋯⋯⋯⋯⋯⋯⋯420

第五部分　动画篇

第 11 章　动画技术⋯⋯⋯⋯⋯⋯⋯⋯⋯⋯⋯506

NBA 第 12 章　粒子系统 548

习题参考答案 582

IN AN ABSOLUT WORLD

ABSOLUT VODKA

| 第一部分 |

基础知识

● 第 1 章　3ds Max 2010 基础知识

第1章 3ds Max 2010基础知识

⏩ 本章首先对3ds Max进行简单概述，让读者对3ds Max有初步了解，接着根据3ds Max面向对象操作的工作特性，对3ds Max 2010的用户界面进行深入讲解。

3ds Max 是全球最流行的三维动画制作软件之一，已经成为当前世界上使用者最多、应用最广泛的三维动画软件。它能够打造令人难以置信的 3D 特效、逼真的角色、无缝的 CG 特效或令人惊叹的游戏场景，如图 1-1 所示。3ds Max 2010 版本更是显示出强大的软件互操作性和卓越的产品线整合性，可以帮助艺术家和视觉特效师们更加轻松地管理复杂的场景；特别是该版本强大的创新型创作工具功能，可支持包括渲染效果视窗显示功能以及上百种新的 Graphite 建模工具。

图1-1　逼真的场景制作

在应用范围方面，3ds Max 广泛应用于广告、影视、工业设计、建筑设计、多媒体制作、游戏、辅助教学以及工程可视化等领域，如图 1-2 所示。在电视及娱乐业中，比如片头动画和视频游戏的制作，深深扎根于玩家心中的劳拉角色形象就是 3ds Max 的杰作。而在国内发展得相对比较成熟的建筑效果图和建筑动画制作中，3ds Max 的使用率更是占据了绝对的优势。根据不同行业的应用特点，对 3ds Max 的掌握程度也有不同的要求，建筑方面的应用相对来说要局限性大一些，它只要求单帧的渲染效果和环境效果，只涉及到比较简单的动画；片头动画和视频游戏应用中动画占的比例很大，特别是视频游戏对角色动画的要求要高一些；影视特效方面的应用则把 3ds Max 的功能发挥到了极至。

图1-2　商业广告设计

1.1　3ds Max流程工序

对于 3ds Max 的初学者来说，3ds Max 都是未知的、神秘的。下面将对 3ds Max 的创作流程做简单的介绍，让初学者在全面系统地接触 3ds Max 之前，对该软件有一个初步的印象和认识。

1. 设置场景

当运行 3ds Max 应用程序后就启动了一个未命名的新场景，也可以从【文件】菜单中选择【新建】或【重置】命令来开始一个新的场景。所谓"场景"是一个源于电影工业的术语，如果把3D 模型比作电影中的角色（或演员），那么场景就是提供角色表演的舞台和环境。具体在 3ds Max 中，运行程序后就意味着已经开始一个场景。

（1）选择单位显示

在【单位设置】对话框中选择正确的单位显示系统。通常从公制、美国公制、通用单位中选择，也可以自己设计一个【自定义】度量系统，还可以在不同的单位系统之间切换。不过，根据国内的情况，建议使用【公制】系统。对于大的场景，可以使用【米】为具体的现实单位，而小的场景，则可以使用【厘米】为单位。如果是精确的产品模型，还可以把单位设置成为【毫米】。

（2）设置系统单位

使用【系统单位设置】对话框中的系统单位设置，可以更改系统单位的比例。比如在 3ds Max 中创建一个长、宽、高均为 1 的立方体，如果不设置系统单位的话，那么这个立方体究竟多大，我们是无法知道的。这时就需要在系统单位设置中，设置 1 等于多少米，或者多少英寸。只有这样，我们才能明白 1 这个数值所代表的真实距离。

单位设置和单位显示不是同一概念，单位设置是为了建立 3ds Max 场景的度量标准，而单位显示只是用于显示。比如，系统单位设置为"1 个单位 =1.0 米"，显示为【毫米】，那么要创建一个长、宽、高均为 1 米的立方体，在立方体的参数数值框中显示的数值，不能为 1，而应该为 1000，因为在参数数值框中显示的数值，是换算成为毫米之后的结果。

2. 设置视口显示

3ds Max 默认的视口为四视图平均分布，在大多数情况下，这都是非常有效的屏幕布局方式。不过这种布局并非是不可更改的，实际上 3ds Max 提供了非常灵活的布局方式，并内置了 14 种预设布局。之所以需要如此多的视口布局方式，是因为在创作流程中的不同环节，对视口的大小和排列要求有很大的差异。

在正确设置场景之后，就可以正式进入到场景中进行创作了，通常我们都会从创建对象模型开始。

3. 创建对象模型

在视图中，使用各种工具和命令完成制作对象的模型部分工作称为建立模型，一个好的模型制作师是需要大量的 3ds Max 制作练习，做出一个优秀的模型往往需要反复推敲制作思路，既要做到最节约计算机的系统资源，同时模型的外观形态也要有比较好的艺术效果。所以，模型的制作是属于既动手又要动脑的工作。

对象模型的创建过程，跟真实世界中创建物体的过程和方法有惊人的相似之处。比如木工通过对木料的加工，制作出一些家具。最初的原料几乎都是从圆柱形的木料开始的，一截树木的主干，最终被加工成家具，就是 3ds Max 对"从不同的 3D 几何体开始来创建模型"最好的诠释。

三维制作大师

4. 材质设计

一件精美的瓷器在上色、上釉之前，只是一件泥坯，如果把泥坯比作 3D 模型，那么上色、上釉这道工序，就可以看成材质设计。

在 3ds Max 中，材质设计的整个过程都是在【材质编辑器】中完成的，作为一个优秀的 3D 动画软件，3ds Max 的材质不仅可以表现静态效果，也可以呈现运动的效果。比如可以利用材质表现一件崭新的铁器逐渐生锈变旧的过程。

5. 灯光和摄像机

很多画家、摄影家、电影导演和建筑设计师都是用光大师，他们可以将光线应用到自己的设计意识中去，利用光线创造出无数优美、有意境的画面来。在 3ds Max 中，可以创建不同类型的灯光来为场景提供照明服务。灯光可以投射阴影、投影图像以及为大气环境创建体积雾效果。现实中的光线是变化无穷的，是神秘又难以控制的。有光还要有相符合的镜头，镜头是一种没有声音的语言。在 3ds Max 虚拟的世界中，控制镜头的长度、视野和运动（比如平移、推拉和摇移镜头），借助业内顶级的渲染器就可以创造出无比真实的摄像机景深效果和运动模糊效果。总之，在 3ds Max 中，无论是操纵灯光还是摄像机，都像真实世界中的灯光和摄像机一样的自由，一样的专业。

6. 动画设置

前面几道工序都完成之后，（指创建模型、设计材质、设置灯光和摄像机），通常就要进入 3D 动画中最关键的工序，这就是动画。动画的目的简单地讲就是让对象运动起来，当然这种运动是基于时序的流动而发生的。

在 3ds Max 中，只要激活了【自动关键点】按钮，就可以把对象的变换或者变形记录成动画，关闭该按钮就可以返回到创建模型、修改编辑的状态。同时也可以对场景中对象的参数进行设置来实现动画建模的效果。还可以设置众多参数，任意做出灯光和摄像机的变化，并在 3ds Max 视口中直接预览动画效果。

运动具备规律性，但也有无序的时候，所以学会正确观察是制作动画的关键。最好的方法是更仔细地观察生活，只有在生活中学习才是最重要的。

虽然很多人只用 3ds Max 来创作静帧作品，但当您掌握更多关于动画的技法之后，会发现动画知识对创作静帧作品也是很有帮助的。

7. 渲染输出

如果没有渲染输出，在 3ds Max 所做的任何事情都只能在程序界面的视口中显示。渲染是将已经完成的动画和着色的模型通过计算机以图片模式计算出来。最终表现为一张图像，有时候也会将这张图像分割为多个元素表现出来。

通过计算机来渲染图像的时候要充分地考虑到计算机图像的时间和质量比的关系，在实际的工作中工作效率对制作人员来说是第一位的。产品质量对公司或动画企业来说也是第一位的，所以需要寻找到这个中间的平衡点来完成渲染工作。简单地说就是在三维制作中一切都要为了渲染做准备，渲染又是为了后期工作做准备。所以在一开始制作的时候就必须根据后期制作计划和技术特点来安排渲染工作，通过安排好的渲染计划来制作前面的模型、材质、灯光和动画。

经过对 3D 动画的创作流程进行梳理，我们已经了解了 3ds Max 可以创建几何模型，并为模型设计材质使其具备应有的质感。像真实摄影棚一样，3ds Max 还为模型提供了照明，并放置摄像机以便我们的观察。通过设置动画可以让几何模型动起来，最后把动画渲染出来，保存为图像或视频文件。

1.2 3ds Max 2010工作界面

3ds Max 2010 的界面主要由菜单栏、工具栏、视图区、视图控制区、命令面板、提示栏、状态栏、时间滑块、时间控制及动画控制区等几个主要板块构成，如图 1-3 所示。

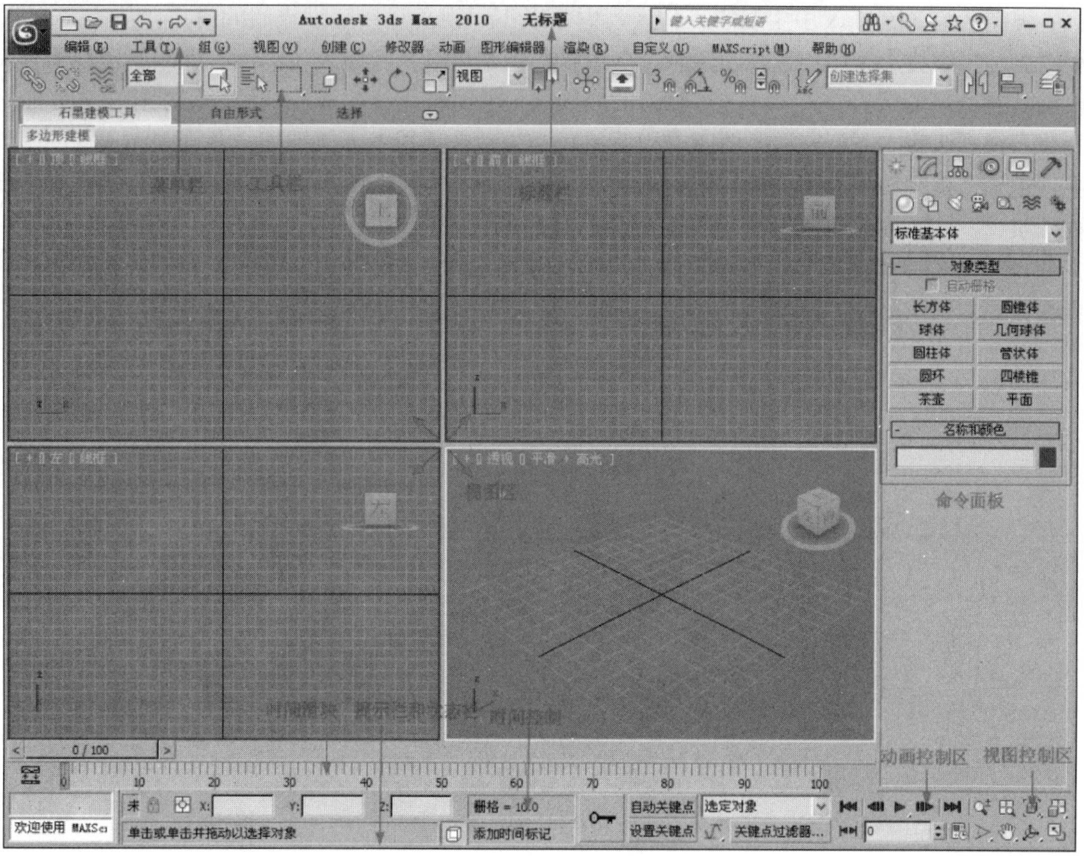

图1-3 3ds Max工作界面

▶ 1.2.1 菜单栏和工具栏

菜单栏是 3ds Max 最重要的组成部分之一，与以前版本不同的是 3ds Max 2010 把【反应器】菜单项移到了【动画】菜单项下。这样使菜单栏更加简洁，结构也更加清楚。

菜单栏位于标题栏的下面，其中大多数命令都可以在相应的命令面板、工具栏或快捷菜单找到，远比在菜单栏中执行命令方便的多。工具栏位于菜单栏下，如图 1-4 所示。其中包含了使用频率较高的工具按钮，如选择工具、捕捉工具和渲染工具等。

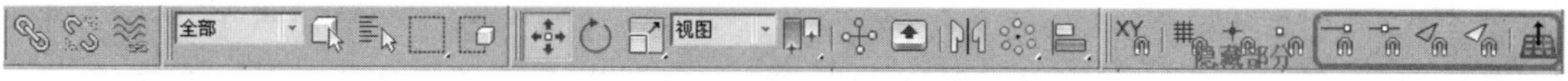

图1-4 标准菜单栏及其隐藏部分

　　工具栏中包含很多工具按钮，不同大小的显示器使用的桌面分辨率会有所差异，只能显示出一部分工具栏。这时可将光标置于工具栏空白处，当光标变成小手形状时拖动鼠标、滑动，显示其他工具按钮。

　　工具栏中有些按钮右下角带着一个小三角形的标志，表示该按钮为可扩展工具，在该按钮上按下鼠标左键不放，可以弹出扩展工具（隐藏工具）。

▶ 1.2.2　视口

　　视图区是 3ds Max 中主要的工作区，它是以不同视角观察三维空间的窗口。从广义上讲，视图分为二维投影视图和透视图两种，二维投影视图可以真实地表现物体的大小，透视图则表现出具有透视关系的效果。在进行物体的变换操作的时候，要养成在二维投影视图中操作的好习惯。在默认状态下，视图区由四个视图组成，分别是顶视图、前视图、左视图和透视图。其中顶视图、前视图、左视图为二维投影视图，如图 1-5 所示，用户可以根据操作需要更改当前视图类型。在视图名称上单击鼠标右键，从弹出的菜单中可以选择要更改的视图类型。例如，在顶视图的名称【顶】上单击鼠标右键，从弹出的菜单中选择【前】命令，则顶视图切换到前视图。在这些视图中，有以下概念必须了解。

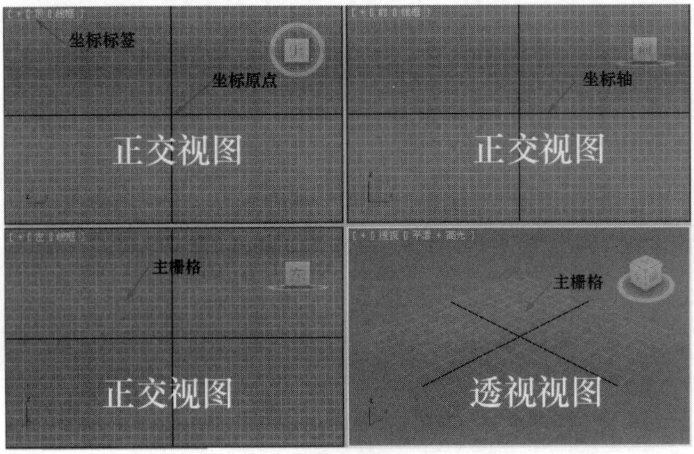

图1-5　视图区

　　主栅格：每一个视图里都有一个由水平和垂直线形成的网格，这个网格被称为"栅格"。在栅格的中间，有两条相互垂直的黑色直线，这就是"坐标轴"。而它们的交点，就是"坐标原点"。我们把基于世界坐标轴的三个平面形成的栅格称为"主栅格"，它也是 3D 世界中的基本参考坐标系。

　　正交视图：顶视图、前视图和左视图都是正投影视图，显示的对象和场景没有近大远小的透视变形效果，也被统称为正交视图。

　　透视视图：透视图相对于正交视图而言，视图中显示更能接近人眼或相机"看"到的效果，有近大远小的透视变形。3ds Max 2010 的【透视】视图和【摄像机】视图属于这个类型。

> **技巧**　可以使用快捷键改变各视图类型：透视图为【P】键、用户视图为【U】键、顶视图为【T】键、前视图为【F】键、左视图为【L】键、相机视图为【C】键。

▶ 1.2.3 视图控制区

在 3ds Max 界面底部的右侧提供了一组视口导航控制工具，如图1-6、图1-7所示分别为在普通视图和摄像机视图模式下的状态。每个工具针对视图或视图内的显示信息进行放大、缩小或推移、旋转等进行操作。

图1-6 普通视图控制区	图1-7 摄像机视图控制区

对于一些特殊的视图，还会有一些特色控制，比如在导航摄像机视图时，缩放区域控制会变成视野。对于初学者来说，视口导航控制是必须掌握并要求快速熟悉的。如果不能熟练的掌握它们，就无法快速流畅的控制视口对象的显示，操作也会变得缓慢和迟钝。而对于一个熟悉的使用者，可以使用快捷键替代视口导航按钮。

1. 缩放视图

图标说明如下：

- 【缩放】：选中该工具后，在活动视图中上下拖动，即可缩放视图，快捷方式为滚动鼠标滑轮或按组合键【Alt+Z】。该缩放控件还有以下4种使用方法：
  - （1）按下【Ctrl】键的同时拖动视图可以提高缩放速度。
  - （2）按下【Alt】键的同时拖动视图可以放慢缩放速度。
  - （3）按下【Ctrl+Alt】键，再按下鼠标中键并在视图中拖动，可以启动自动缩放模式。
  - （4）按【Esc】键可以退出缩放模式。

> **技巧** 在对象的编辑过程中，如果需要使用视图导航控件，最好使用快捷键来控制视图的缩放。如果在视图导航控件中去单击按钮的话，会暂时中止正在使用的命令。在所有的视图导航操作中，使用快捷键是最常用的操作方式。

- 【缩放所有视图】：单击该工具后，在任意视图中上下拖动，即可将其他所有的标准视图进行缩放显示。
- 【最大化显示】：将所有对象以最大化的方式显示在活动视图中，快捷键为Z，但不要选择任何对象。
- 【所有视图最大化显示】：将所有对象以最大化显示在全部标准视图中，或按组合键【Shift+Ctrl+Z】。
- 【所有视图最大化显示选定对象】：将所选择的对象以最大化的方式显示在全部标准视图中。
- 【缩放区域】：在视图中放大显示被框选的局部区域，快捷键为【Ctrl+W】。
- 【视野】：为【透视】视图专有，选中该工具后在透视视图中按住鼠标左键上下拖动，可以改变透视视图的【视野】值。关于【视野】值大小的作用如下：
  - （1）视野越大，看到更多的场景。但透视会扭曲，结果与使用广角镜头相似。
  - （2）视野越小，看到的场景越少，而透视会展平，结果与使用长焦镜头相似。

2. 平移视图

图标说明如下：

- 【平移视图】：选中该工具后在视图中拖动，可以平移观察，快捷键为【Ctrl+P】。该控件还有以下 3 种使用方法：

 （1）按下【Ctrl】键的同时在视图中拖动可以加速平移。

 （2）按下【Shift】键的同时在视图中拖动可以平移约束到单一轴向。

 （3）在视图中直接使用鼠标中键进行视图平移。

3. 旋转视图

图标说明如下：

- 【环绕】：它只用来控制【用户】视图和【透视】视图，围绕视图中的对象进行视点的旋转，快捷键为【Ctrl+R】。
- 【选定的环绕】：以当前选择的对象为中心来旋转视图。当然视图围绕其中心旋转时，选定对象将保持在视图的统一位置上。
- 【环绕子对象】：以当前选择的子对象为旋转中心，来旋转视图。当视图围绕其中心旋转时，当前选择将保持在视图的同一位置上。
- 【最大化视口切换】：将当前活动视图切换为全屏显示，或者把全屏显示的视图切换为多视图显示。快捷键为【Ctrl+W】。

▶ 1.2.4 命令面板

在 3ds Max 的用户界面中，除了视口之外，就属右侧【命令面板】的面积最大了，由此可见该区域的重要性。命令面板由创建、修改、层次、运动、显示和工具 6 个面板组成，其中包括了几乎所有的创建与修改编辑命令，如图 1-8 所示。命令面板中的创建命令面板主要提供了创建不同类型的对象的命令，包括几何体、图形、灯光、摄像机、辅助对象、空间扭曲和系统等 7 个类别，如图 1-9 所示。这 7 个类别分别包括了不同的对象子类别，可以通过下拉菜单 标准基本体 进行选择。

图1-8 命令面板 　　　　　图1-9 创建面板

▶ 1.2.5 状态栏

在 3ds Max 用户界面的底部，就是状态栏控制区，它集中了大量控制工具和信息提示，如图 1-10 所示。状态栏虽然所占 3ds Max 界面的比例不大，但是非常重要，使用频率也很高。这里提供了关键帧控件、动画播放和导航控件。

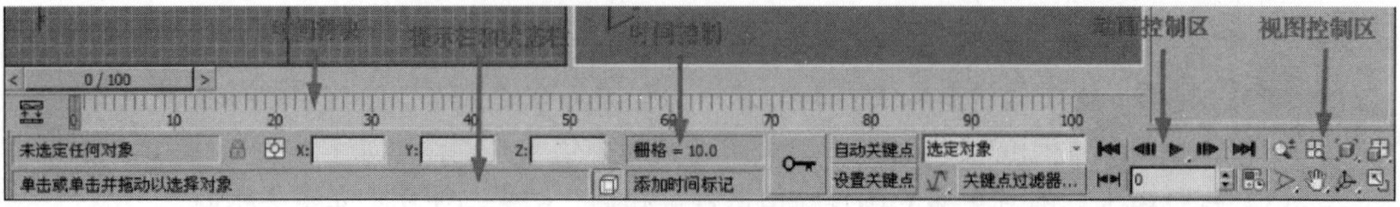

图1-10 状态栏

- 【提示栏和状态栏】：状态栏显示当前选择对象的数目、坐标位置和目前视图的网格单位等内容。可以通过 🔒 按钮锁定所选择的对象，或按【Space】空格键。
- 【时间滑块】：拖动时间滑块可以改变当前帧，并显示当前帧数，控制动画场景在视图中显示指定帧的状态。
- 【时间控制】：控制栏上的按钮标识与其他播放器的控制标识一致，以帧为单位进行播放。
- 【动画控制区】：控制动画的播放以及时间控制。

1.3　对象的选择方式和显示状态

选择命令是 3ds Max 2010 中最基本的操作命令。只有对场景中的对象进行了选择操作，才能对其进行进一步的编辑。3ds Max 2010 中提供了几种不同的选择方式，可以根据名称、颜色、类型甚至材质进行选择，还可以使用选择过滤器，让某些类型的对象成为可选择的。也可以找到所需要的对象后，创建一个选择集，这样就可以根据名称迅速选择一个系列对象。

1.3.1　基本选择

在 3ds Max 2010 中，最简单的选择对象的方法，就是在视口中直接单击要选择的对象，选定的对象会显示成为白色并且在周围会有边框，如图 1-11 所示。同时可以利用选择对象工具 ✥ 在视图中直接单击对象，选择一个或多个对象，配合【Ctrl】和【Alt】键进行加选或减选，如图 1-12 所示。除此之外，还可以拖拽鼠标，在视口中拉出一个选框来，对场景中的对象进行框选，一次选择多个对象。在默认情况下，鼠标拖出的是一个矩形选框。

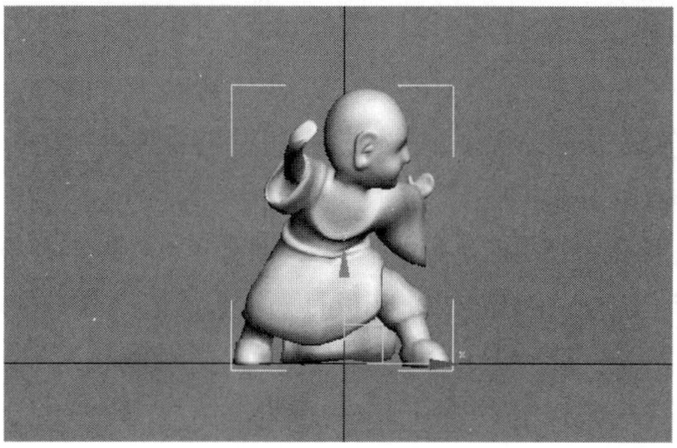

图1-11　选择对象

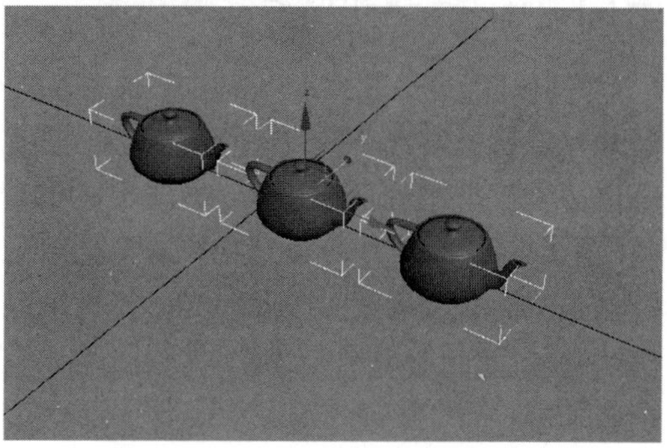

图1-12　连续选择对象

1.3.2　按区域选择

按区域选择提供了 5 种不同的方式，在主工具栏中按住 ▣ 按钮，在下级子工具栏中，可以在按钮的图形上看到这 5 种方式的具体类型，分别为矩形、圆形、多边形、套索和笔刷绘制 5 种方式。

- ▣ 【矩形选择区域】按钮：按住鼠标左键并拖拽，创建矩形选择区域。
- ◉ 【圆形选择工具】按钮：按住鼠标左键并拖拽，创建圆形选择区域。
- ▨ 【围栏选择区域】按钮：按住鼠标左键并拖拽，创建自定义的封闭区域。
- ▨ 【套索选择区域】按钮：按住鼠标移动轨迹，创建不规则形状的选择区域。

- ⬛【绘制选择区域】按钮：按住鼠标左键并拖拽，被光标点击的对象都将被选择。

1.3.3　按名称选择

如果在场景中的对象，很多是互相叠加在一起的，那么使用直接选择或选框的方式，都不容易选择到需要的对象，而通过名称进行对象的选择就可以方便地达到目的。只需按住【H】键，可以打开【选择对象】对话框，然后在列表中选择一个或多个需要的对象。在【选择对象】对话框中，还可以快速对场景对象进行过滤，如图 1-13 所示。

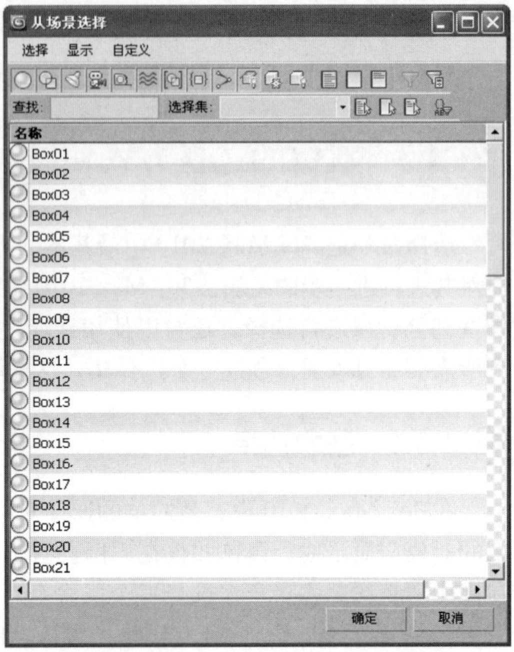

> **提 示**　在创建模型时尽量避免使用默认名称，在给模型重新命名后，再按照名称选择时可以方便用户一目了然地找到对象。
> 在对对象进行选择时，配合【Ctrl】键可以单个进行加选，按【Shift】键可以连续加选。

图1-13　【从场景选择】对话框

1.3.4　隐藏和取消隐藏对象

隐藏功能可以隐藏场景中的任意对象，使得这些对象从视图中消失，以便于选择其他对象。另外，隐藏对象还可以加速显示。可以同时取消隐藏所有对象，或按单个对象名称取消隐藏。通过按类别的方式过滤这些名称，以便只列出特定类型的隐藏对象。

隐藏对象与冻结对象是相似的。隐藏对象时链接对象、实例对象和参考对象会与没有隐藏时保持相同的表现，而隐藏灯光、摄像机以及所有与之相关联的视口也可以像正常情况下一样继续工作，用户可以放心在隐藏指定对象时进行操作。在 3ds Max 中，只需选择需要隐藏的对象，单击鼠标右键，选择【隐藏当前选择】命令，就可以隐藏对象如图 1-14 所示。

图1-14　隐藏操作

此时，所选择的对象将不在场景中显示，如图1-15所示。单击鼠标右键，在四元菜单中选择【按名称取消隐藏】命令，可以在列表中选择需要取消隐藏的对象，单击【取消隐藏】命令，选择的对象会重新在视图中显示，如图1-16所示。

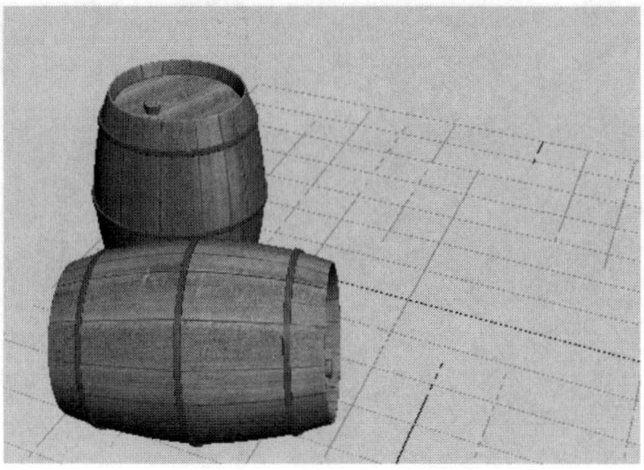

图1-15　隐藏操作完成

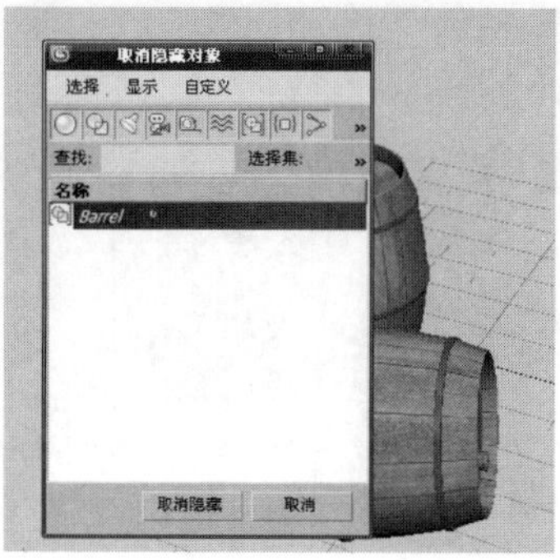

图1-16　【取消隐藏对象】对话框

1.3.5　冻结对象

冻结命令能将指定的对象冻结。如果一个对象暂时不需要操作，但其他对象的编辑要以此对象为参照，就可以将该对象冻结。在默认情况下，冻结对象显示为深灰色，并且无法选择和修改，冻结对象可以防止误操作和加速视图显示。对于灯光、摄像机来说，冻结并不会影响其照明和摄影功能。冻结与隐藏不一样，被冻结的对象仍可以显示在视图上，只是无法进行选择和其他操作而已。

在视图中选择对象，然后单击鼠标右键，在打开的四元菜单中选择【冻结当前选择】命令，如图1-17所示，当前选择的对象被冻结，显示为深灰色，并且无法选择，如图1-18所示。

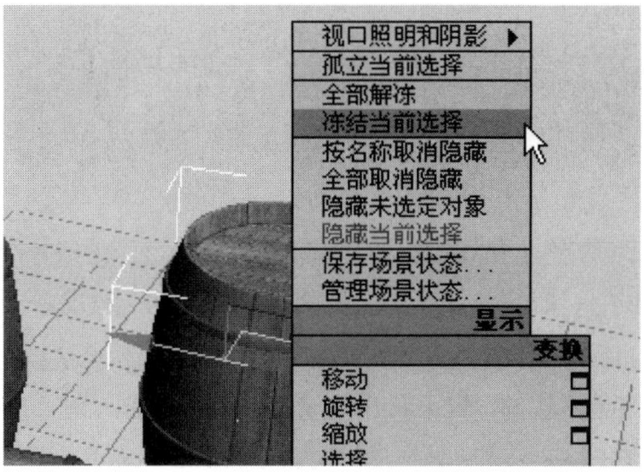

图1-17　冻结当前操作

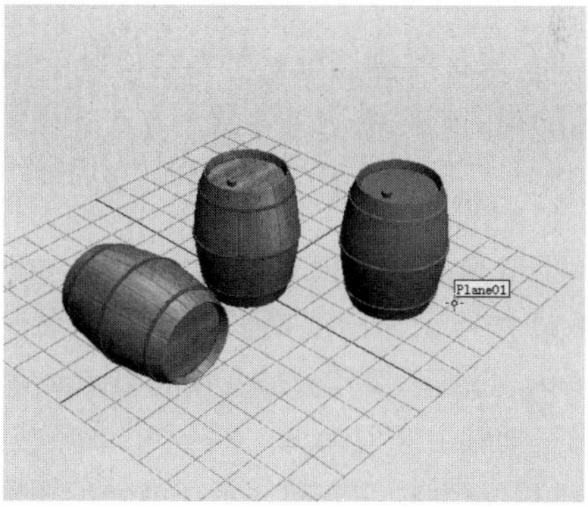

图1-18　冻结完成

1.3.6　孤立当前选择

【孤立当前选择】命令可以用来编辑单一对象或一组对象，其作用是暂时隐藏场景的其余对象。这样可以在处理选定对象时更加专注于需要看到的对象，而不会因为对象周围的对象分散注意力，同时也降低了视口显示的性能开销。

当启用【孤立当前选择】命令时，被孤立的对象在所有视口居中放置。同时，活动视口还可以对孤立对象执行"最大化显示"操作。

在视图中选择对象，然后单击鼠标右键打开四元菜单，在菜单中选择【孤立当前选择】命令，如图 1-19 所示。视图中只会显示选择的对象，通过浮动对话框可以退出孤立状态，如图 1-20 所示。

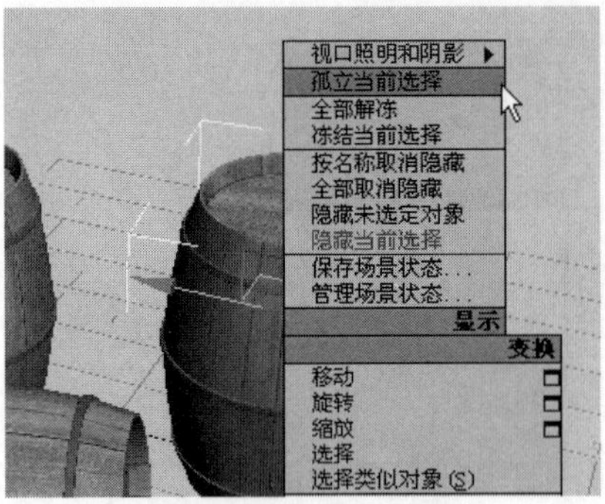

图1-19　孤立当前选择

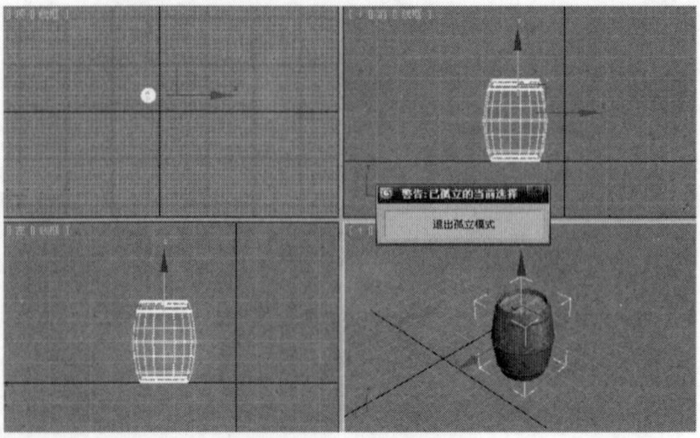

图1-20　孤立模式

1.4　基本变换操作

变换对象是重新定位对象的位置、旋转角度和比例大小的基本操作。3ds Max 提供了很多有助于正确变换的工具，使用它们不仅可以自由地变换对象，还可以控制变换的精度。

对象变换是一个典型的面向对象操作，首先要选择需要变换的对象，然后选择一个用于变换的命令，最后在视口中进行操作，对对象的位置、方向和比例进行调整。这些操作是通过工具栏中的移动工具、旋转工具和缩放工具来实现的。

1.4.1　三轴架和世界坐标

3ds Max 的视图默认是多视口显示，在对对象进行变化操作时，只能在一个活动窗口中进行，其他的视图则提供了另外两个方向的视觉辅助信息。

1. 三轴架

当变换工具不处于活动状态时，在选择一个或多个对象后，三架轴会显示在视口中，如图 1-21 所示，这给变换操作带来了很直观的帮助。当变换工具处于活动状态时，除非已禁用 Gizmo，否则三架轴会被变换的 Gizmo 替代。

三架轴由标记为 X、Y、Z 的 3 条线组成，同时还说明了以下 3 点：

（1）三架轴的方向显示了当前参考坐标系的方向。

（2）三条轴线的交点位置指示了变换中心的位置。

（3）高亮显示的红色轴线指示了约束变换操作的一个或多个轴。比如说，如果 X 轴线为红色，则只能沿 X 轴移动对象。

2. 世界坐标

世界坐标位于每个视口的左下角，如图 1-22 所示。该轴指示了与世界坐标系相对视口的当前方向。通常情况下，世界坐标轴的 X 轴为红色，Y 轴为绿色，Z 轴为蓝色。可以通过禁用【首选项设置】对话框的【视口】面板上的【世界坐标轴】，对所有视口中世界坐标轴的显示进行切换。

三维制作大师

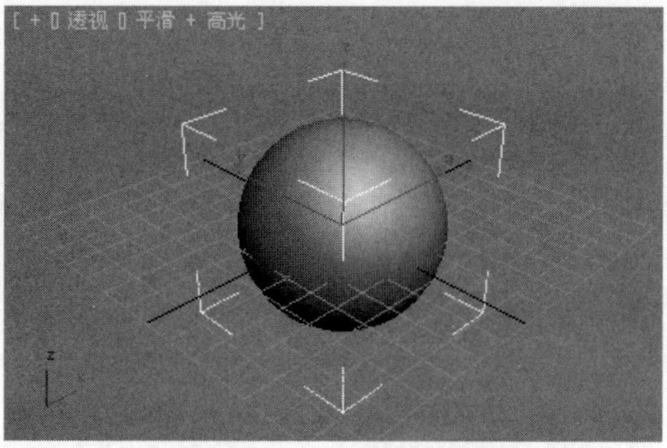

图1-21 显示三架轴

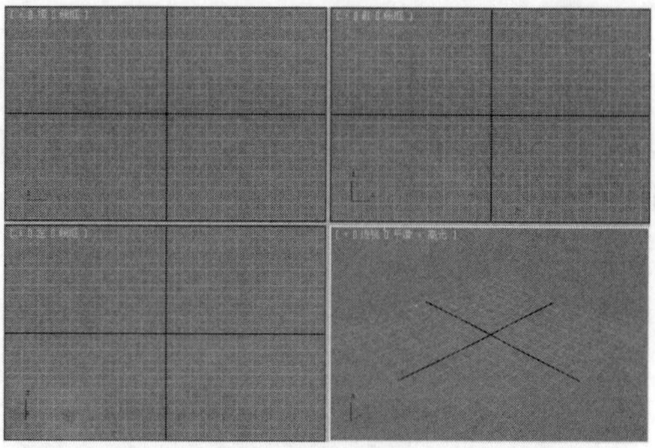

图1-22 世界坐标

▶ 1.4.2 使用变换Gizmo

变换 Gizmo 的移动、旋转和缩放类型分别如图 1-23 所示。

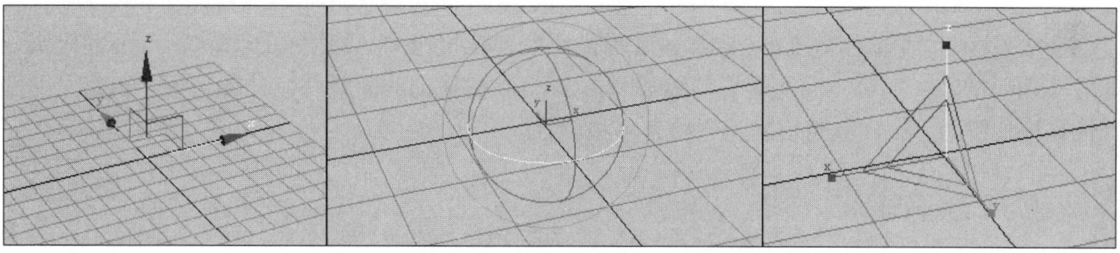

图1-23 移动、旋转和缩放命令的变换框显示

变换 Gizmo 是一种视口轴标记，当变换选择对象时，使用它可以快速地选择其中的一个或两个轴，可以将鼠标放置在图标的任意一个轴上来选择轴，然后拖动鼠标沿该轴变换选择。除此之外，当需要移动或缩放对象时，可以使用其他 Gizmo 区域同时执行沿任何两个轴的变换操作。

当要选定一个或多个对象时，并且让工具栏上的任何一个变换按钮（选择并移动、选择并旋转或选择并均匀缩放）处于活动状态时，则会显示出变换 Gizmo，每种变换类型使用不同的Gizmo。在默认情况时，Gizmo 为每个轴制定 3 种颜色，X 轴为红色，Y 轴为绿色，Z 轴为蓝色。

同时，将为移动 Gizmo 的角指定两种颜色的相关轴，比如说，XY 平面的角为红色和蓝色。当将鼠标放在任意轴上时，其变为黄色，则表示处于活动状态。同样，若将鼠标放在一个平面控制柄上，两个相关轴则将变为黄色。此时，可以沿着所指示的一个或多个轴拖动选择。

1. 移动Gizmo

移动 Gizmo 包括使用平面控制柄以及中心框控制柄的选项进行移动。可以选择任意一轴控制柄将移动约束到此轴。另外，还可以使用平面控制柄将移动约束到 XY、YZ 或 XZ 平面。

2. 旋转Gizmo

一般情况下，旋转 Gizmo 是根据虚拟轨迹球的概念而构建的。可以围绕 X、Y 或 Z 轴或垂直于视口的轴进行自由旋转对象，如图 1-24 所示。轴控制柄是围绕轨迹球的圆圈进行的。在任意一轴控制柄的任意位置拖动鼠标，都可以围绕该轴旋转对象。

3. 缩放 Gizmo

缩放 Gizmo 包括平面控制柄和通过 Gizmo 自身拉伸的缩放反馈。使用平面控制柄可以执行"均匀"和"非均匀"的缩放，而无需在主工具栏上更改选择。若要执行"均匀"缩放，则在 Gizmo 中心处拖动，如图 1-25 所示。

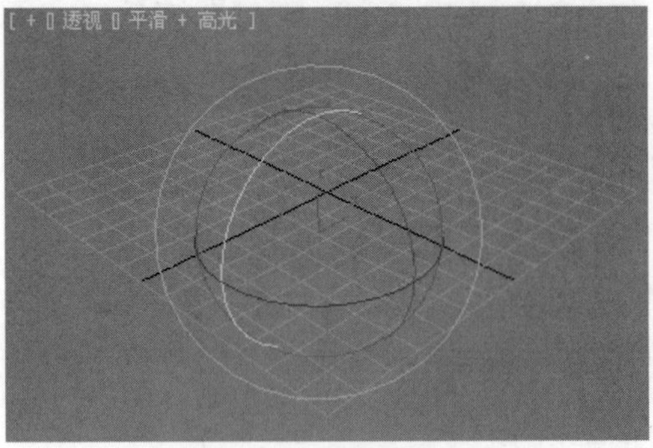

图 1-24　旋转 Gizmo

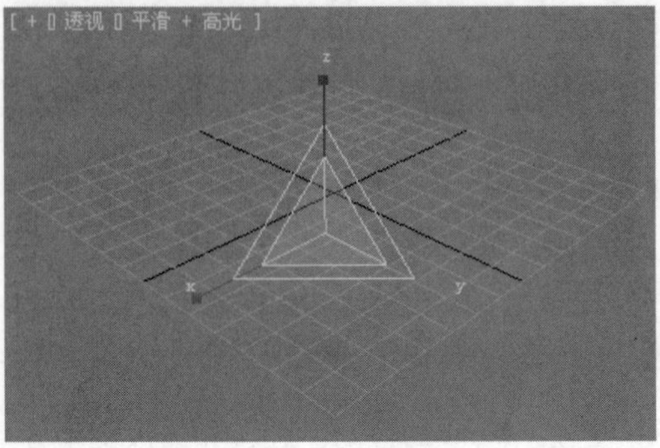

图 1-25　缩放 Gizmo

缩放 Gizmo 通过更改其大小和形状来提供反馈。在执行均匀缩放操作时，Gizmo 将随着鼠标的移动而增大或缩小；而在非均匀缩放时，Gizmo 在拖动的同时将拉伸和变形。但是，一旦释放鼠标按钮后，Gizmo 将恢复为原始大小和形状。

▶ 1.4.3　精确输入

通过数值输入的方式来控制对象的位移、旋转和缩放变换，有助于精确地控制变换操作。在操作时首先要进行对象的选择，然后选择相应的变换命令。只有这样，执行变换输入命令才有效。当选择变换命令后，只需要直接在变换命令按钮上右击，就可以打开变换对象的文本框。此外，在屏幕底部的状态进行中也可以直接使用"绝对 / 偏移"模式变换输入。

除了视图坐标系统外，【绝对】和【偏移】变换输入也都使用当前选择的参考坐标系统。在对选择的子对象执行变换输入命令时，以下情况要加以区别。

（1）假如选择的是单一的点，那么在绝对文本框中显示的是该点在世界坐标系的坐标值。

（2）假如选择的是多重点，那么在绝对文本框中显示的是选择子对象的中心位置在世界坐标系中的坐标值。

如果当前使用的是局部坐标系统，则不能执行绝对变换输入，使用变换输入进行绝对旋转控制时，可以以对象的轴心点、选择的中心或变换变换中心进行旋转。

在主工具栏中单击 ⋯ 按钮，单击鼠标右键，单击【移动】命令后面的 ▢ 按钮，系统弹出【旋转变换输入】对话框，如图 1-26 所示，采用键盘精确输入数据的方式对选定对象进行各种变换操作。

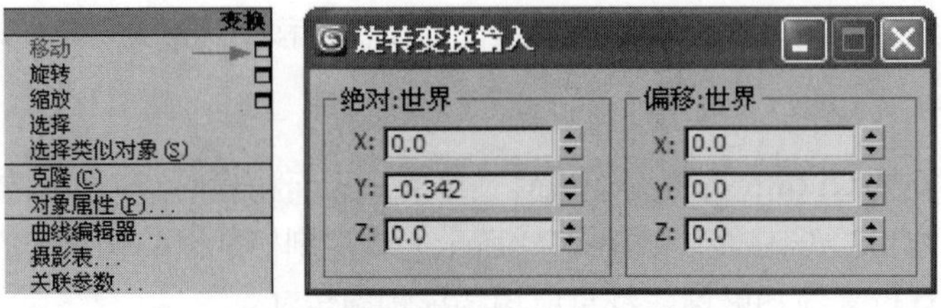

图 1-26　【旋转变换输入】对话框

其中：

- 【绝对】（绝对坐标值）：显示 X、Y、Z 三个轴向的实际坐标数值。
- 【偏移】（相对坐标值）：显示 X、Y、Z 三个轴向的相对变换坐标数值，相对偏移的作用效果依赖于当前选定的坐标系。

▶ 1.4.4 移动工具

从这一节开始，将通过练习来熟悉对象变换的实际操作过程。首先来看一个对象位置的变换操作。

选择对象并对其移动

所用素材：光盘＼素材＼第 1 章＼刀

✎ 操作步骤

01 打开配套光盘中的"刀"场景文件，如图 1-27 所示。

02 激活前视图，在视图导航控制栏中单击 按钮，最大化显示当前视图。

03 在主工具栏中单击 按钮，然后在前视图中选择"刀身"对象，如图 1-28 所示。

图1-27 场景文件

图1-28 选择刀身对象

04 将"刀身"对象沿 X 轴向左侧移动，放置到"刀鞘"对象中，结果如图 1-29 所示。

05 在键盘上单击【P】键，将当前视图切换到【透视】视图，这时在透视图中可以看到，刀身的位置已经发生变化，如图 1-30 所示。

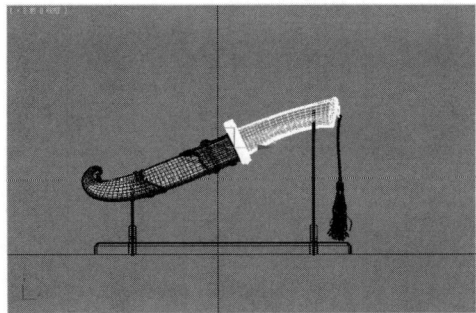

图1-29 移动刀身对象

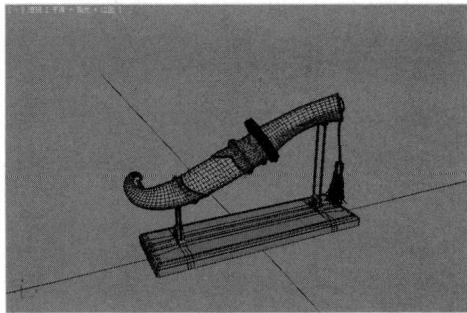

图1-30 完成效果

三维制作大师

▶ 1.4.5 旋转工具

旋转对象是指选择对象并对其进行旋转操作，旋转时根据定义的坐标轴向来进行，黄色轴向为激活的轴向。

选择和旋转对象

△▽ 所用素材：光盘 \ 素材 \ 第 1 章 \ 直升机

✎ 操作步骤

01 打开配套光盘中的"直升机"场景文件，如图 1-31 所示。

02 确定"螺旋桨"对象处于被选择的状态。激活顶视图，在视图导航控制栏中单击 🔲 按钮，最大化显示当前视图，如图 1-32 所示。

03 在主工具栏中单击 ⟳ 按钮，在顶视图中，将"螺旋桨"对象延 Y 轴方向进行旋转，在【透视】视图中可以观察到螺旋桨方向的变化，如图 1-33 所示。

图1-31 旋转操作

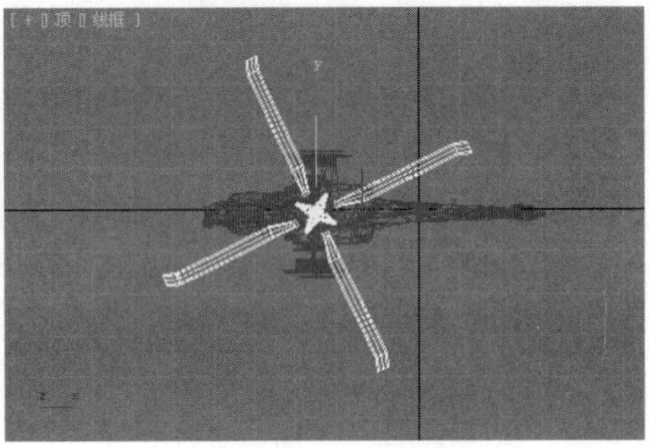

图1-32 激活顶视图

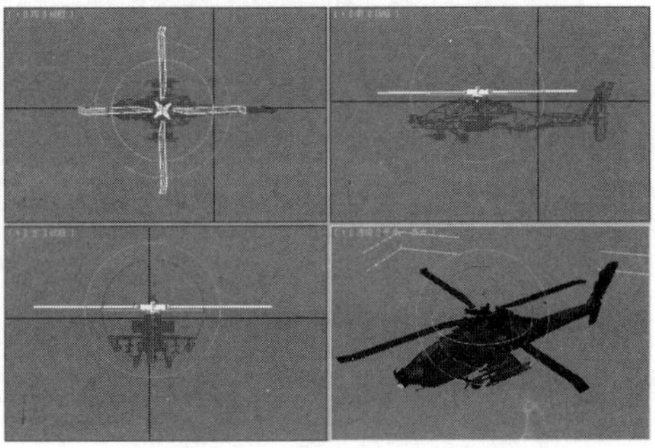

图1-33 观察角度变化

▶ 1.4.6 缩放对象

缩放对象是指在三维空间内放大或缩小对象的比例尺寸。在主工具栏中共有三个缩放工具，分别为：选择并等比缩放 🔲、选择并非等比缩放 🔲、选择并等体积缩放 🔲。

等比缩放（🔲）：保持对象的各个轴向的比例不变，将对象进行放大或缩小处理，其效果如图 1-34 所示。

非等比缩放（🔲）：对象在三维空间中只保持两个轴向的比例不变进行放大或缩小处理，效果如图 1-35 所示。

等体积缩放（🔲）：对象产生挤压效果，使对象在任何轴向上进行缩放，其他轴向都会产生相应的变化，以确保对象的体积不会发生变化，其效果如图 1-36 所示。

图1-34 等比缩放

图1-35 并非等比缩放

图1-36 等体积缩放

1.5 变换坐标和坐标中心

变换坐标和坐标中心用于设置变换对象参考的坐标系及变换时使用的中心点。

1.5.1 参考坐标系

在参考坐标系列中列出了所有可以指定变换操作（移动、旋转和缩放）的坐标系统。我们需要灵活地使用这些坐标系对对象进行操作。标准的操作流程是首先选定坐标系，然后选择轴向，最后才进行变换操作。

在参考坐标系下拉菜单中包括 8 种不同类型的坐标系统，如图1-37 所示。其中各选项说明如下：

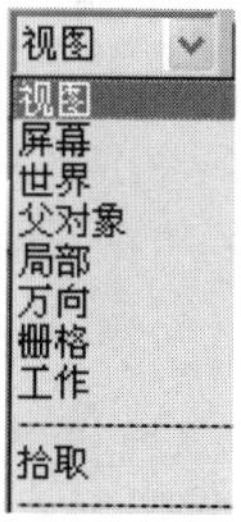

- 【视图】：视图坐标系是 3ds Max 2010 默认的坐标系，它在透视图中使用世界坐标系，在其他视图中使用屏幕坐标系，所有正交视图中的 X、Y、Z 轴都相同。

- 【屏幕】：相对于电脑屏幕而言，在所有视图中都是用同样的坐标轴向，即 X 为水平方向，Y 周为垂直方向，Z 轴为垂直屏幕的方向。

图1-37 坐标系统

- 【世界】：在所有的视图中都使用同样的坐标轴向，即 X 轴为水平方向，Y 轴为垂直屏幕的方向，Z 轴为垂直方向。

- 【父对象】：根据对象连接而设定的，由父级物体的坐标系对其子级对象进行变换操作，保持子对象与父对象间的依附关系。

- 【局部】：使用对象自身的坐标系对其进行变换操作。

- 【万向】：万向坐标系与局部坐标系类似，但其三个旋转轴不一定互相之间成直角，主要应用在 Euler XYZ 旋转动画控制中。

- 【栅格】：以辅助栅格物体的坐标系，作为变换对象的坐标系。

- 【拾取】：是一种由用户自己来定义的坐标系，选择场景中任意一个对象，以此对象坐标系作为变换操作的坐标系。

三维制作大师

参考坐标系的操作

所用素材：光盘\素材\第1章\陶瓷杯子

操作步骤

01 在视图中选中杯子，在工具栏中的【参考坐标系】下拉列表中选择"屏幕"坐标系，如图 1-38 所示，在【透视】视图中，X 轴为水平方向，Y 周为垂直方向，Z 轴为垂直屏幕的方向。在工具栏中的【参考坐标系】下拉列表中选择"世界"坐标系，在视图中无论移动哪个方向，都会发现对象坐标轴向与左下角的轴向图标完全相同，效果如图 1-39 所示。

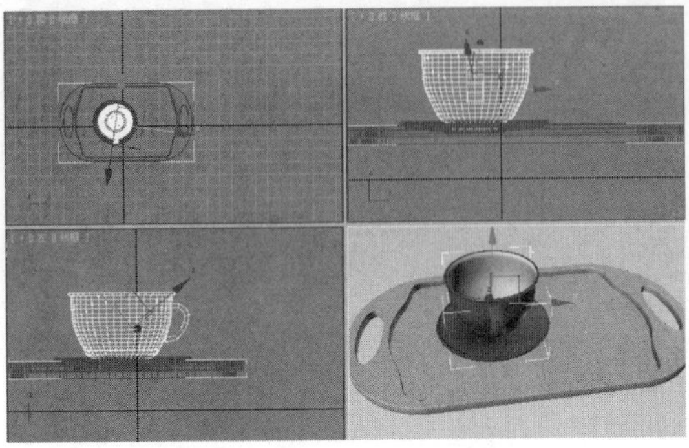

图1-38　选择"屏幕"坐标系

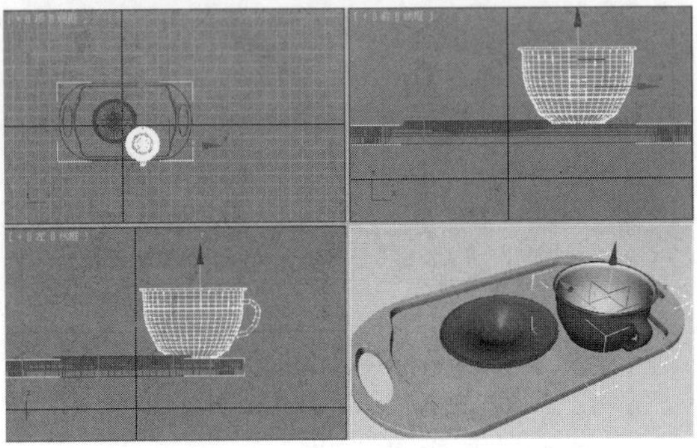

图1-39　选择"世界"坐标系

02 在工具栏中的【参考坐标系】下拉列表中选择"父对象"坐标系，在层次面板中激活【仅影响轴】按钮，在左视图中将杯子的轴心点移动到与杯座交接的部位后，单击【仅影响轴】按钮，恢复到原始状态，如图 1-40 所示。

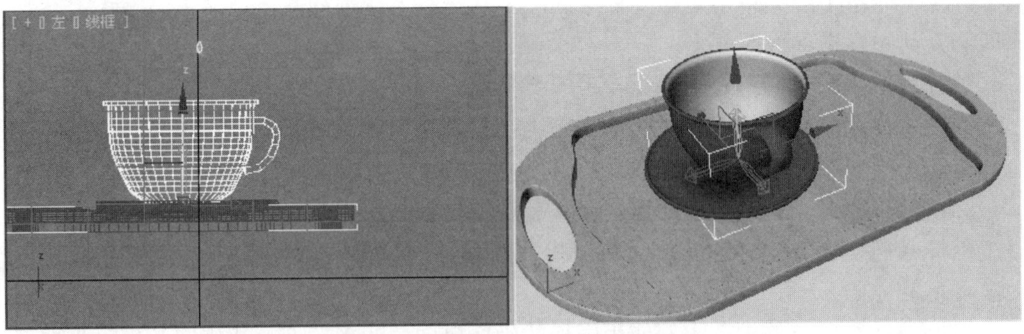

图1-40　选择"父对象"坐标系

03 利用旋转工具旋转杯子对象，可以发现杯子沿着与杯座交接的部位进行旋转。

04 在视图中选择杯座，单击工具栏中的【选择并链接】按钮，单击鼠标左键选中杯座不放，链接到杯子上，杯子将成为杯座的父对象，杯座成为子对象。选中杯子对象，单击旋转工具，效果如图 1-41 所示。杯座随着杯子旋转，杯座使用了"父对象"坐标系。

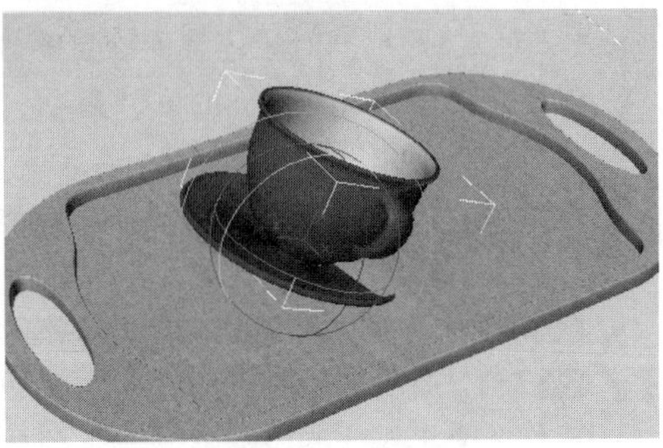

图1-41　父子链接

▶ 1.5.2 轴心点变换

3ds Max 中的轴心点用来定义对象在旋转和缩放时的中心点。单击工具栏【使用轴点中心】按钮▦可切换 3 种变换方式。

使用轴点中心：使用选择对象自身的轴心点作为变换的中心点。如果同时选择了多个对象，则针对各自的轴心点进行变换操作。如图 1-42 所示 3 个茶壶，选择此方式进行旋转时，每个茶壶都是各自旋转各自的，如图 1-43 所示。

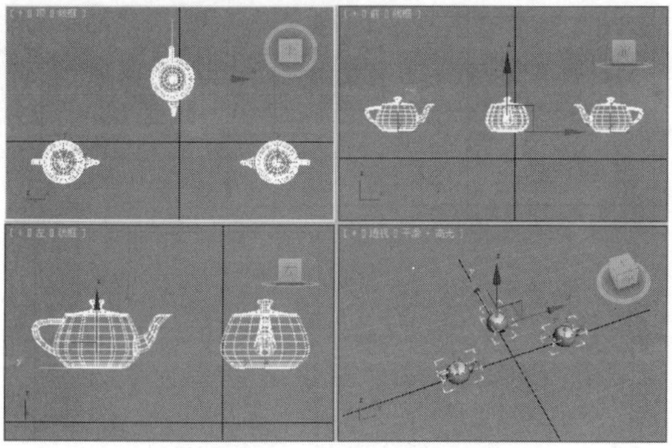

图1-42　茶壶场景

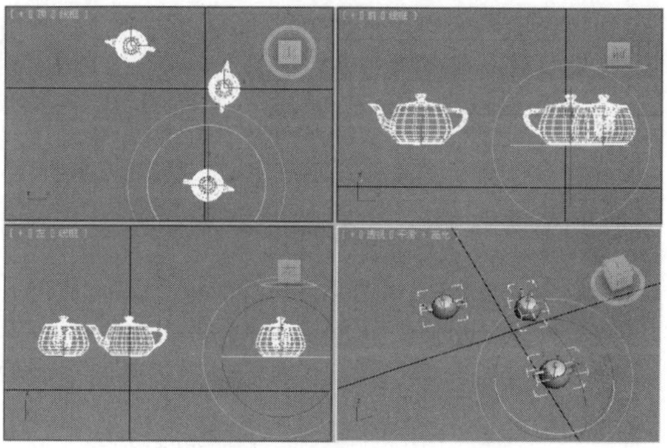

图1-43　使用轴点中心旋转

使用选择中心：使用所选择对象的公共轴心作为变换基准，这样可以保证选择集合之间不会发生相对的变化。选择此方式同时旋转 3 个茶壶，3 个茶壶会一起共用一个轴心旋转，此时轴心位于 3 个茶壶的中间位置，如图 1-44 所示。

使用变换坐标中心（▦）：使用当前坐标系统的轴心作为所有选择对象的轴心。此时同时旋转 3 个茶壶时，3 个茶壶会共用一个轴心旋转，轴心的位置位于世界坐标系的坐标原点，如图 1-45 所示。

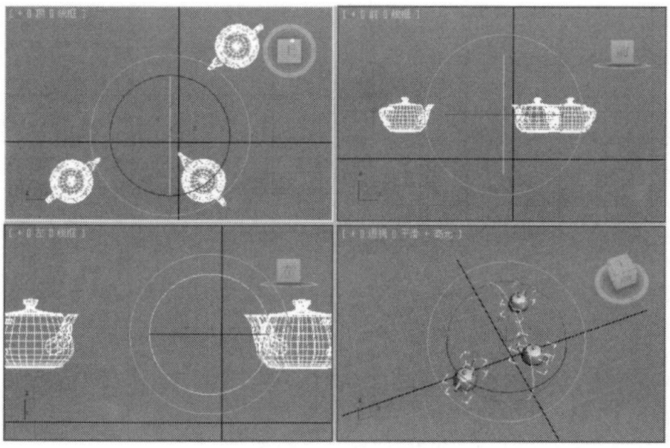

图1-44　使用选择中心

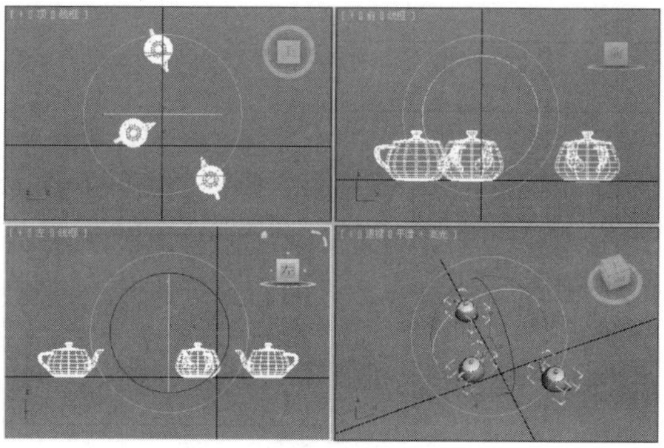

图1-45　使用变换坐标中心

▶ 1.5.3 使用对齐工具

对齐是 3ds Max 提供的一组特殊的变换工具，它能够通过变换一个对象，使该对象与其他对象的位置和方向完全对齐，连缩放比例也与其匹配。3ds Max 总共提供了 6 种对齐工具，主要集中在【工具】菜单和主工具栏中。

三维制作大师

对齐工具能够将任何可以变换的对象，与目标对象的位置和（或）方向进行对齐。假若轴向标记显示在视图中，还可以使用对齐工具将其（包括它所代表的几何体）与场景中的其他对象进行对齐，这样就可以实现对象轴心点的对齐。除此之外，还可以进行子对象对齐，另外，该命令还可以在视图中实时显示对齐的结果。

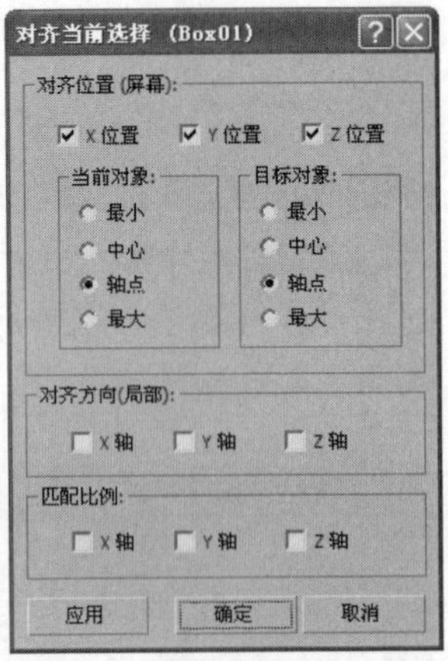

【对齐当前选择】对话框如图 1-46 所示。

- 【对齐位置】：指定位置对齐操作的轴向，如果同时选择三个轴向，则与目标对象的中心对齐。

  ➢ 【X 位置】/【Y 位置】/【Z 位置】：指定要在其中执行对齐操作的一个或多个轴，启用所有的 3 个选项可以将当前的对象移动到目标对象的位置。

  ➢ 【最小】：以对象表面最靠近另一对象选择点的方式进行对齐。

  ➢ 【中心】：以对象中心与另一对象的选择点进行对齐。

  ➢ 【轴点】：以对象的轴心点与另一对象选择点进行对齐。

  ➢ 【最大】：以对象表面最远离另一对象选择点的方式进行对齐。

- 【当前对象】/【目标对象】：用于分别指定当前对象和目标对象的对齐位置。
- 【对齐方向（局部）】：用于指定方向对齐操作的轴向。

  ➢ 【X 轴】/【Y 轴】/【Z 轴】：指定要进行方向对齐的轴向，可以单选也可以多选。

- 【匹配比例】：将目标物体的收缩比例沿指定坐标施加到当前选定的原对象上。

  ➢ 【X 轴】/【Y 轴】/【Z 轴】：指定要进行方向对齐的轴向，可以单选也可以多选。

图1-46 【对齐当前选择】对话框

对齐变换的操作

所用素材：光盘\素材\第1章\童趣

操作步骤

01 打开配套光盘中的"童趣"场景文件。观察场景文件，场景中两个模型的 X 轴和 Y 轴所处位置都不相同。选择右侧的对象，如图 1-47 所示。

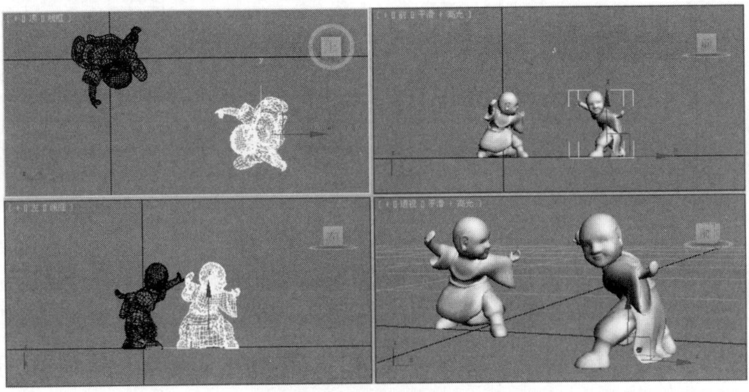

图1-47　选择对象

02 单击主工具栏中的对齐按钮，单击左侧对象，系统弹出【对齐当前选择】对话框，如图

1-48 所示，在其中设置对齐位置和对齐方向，完成效果如图 1-49 所示。可以看到两个对象的 Y 轴方向已经对齐。

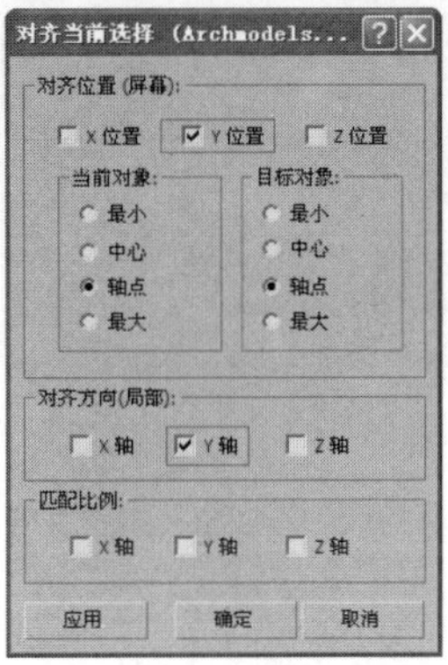

图1-48 【对齐当前选择】对话框

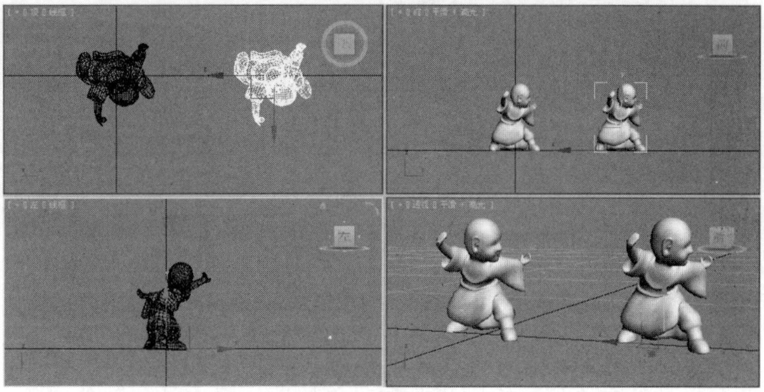

图1-49 完成效果

1.6 克隆对象

克隆是创建对象副本的过程，这些副本可以保持与原始对象的内部关联（称为事例或参考），它们可以随着原始对象的变化而发生相同的变化，在 3ds Max 2010 中，创建克隆对象的方法有很多，在本节中着重介绍几种常用的克隆方法。

1.6.1 克隆选项

通过"克隆选项"来复制对象非常简单，可以通过编辑菜单中的"克隆选项"命令进行复制。复制对象的类型和数量将由【克隆选项】对话框决定，在该对话框中主要提供 3 个重要的克隆选项，如图 1-50 所示。

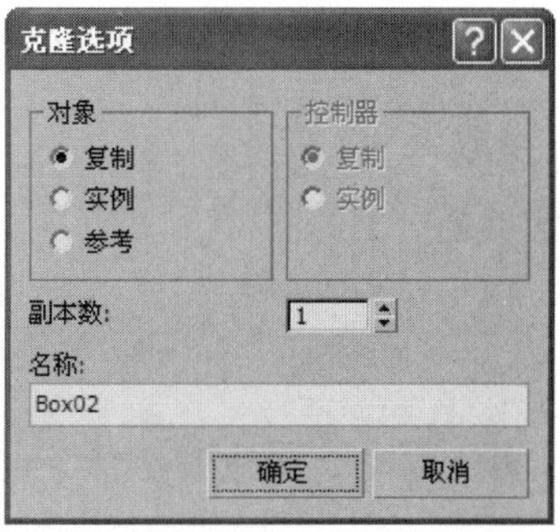

1. 以复制方式复制对象

复制是一种最常见的克隆对象的方式。在复制对象时，将会创建新的独立对象，该副本会在复制时复制对象的所有数据。但在创建以后它与原始对象之间没有任何关联。

图1-50 【克隆选项】对话框

以移动复制方式复制对象

所用素材：光盘＼素材＼第 1 章＼魔方

操作步骤

01 打开配套光盘中的"魔方"场景文件。选择"魔方"对象，配合【Shift】键使用移动工具 沿 y 轴移动，释放鼠标后系统弹出【克隆选项】对话框，如图 1-51 所示。

02 选择【复制】选项，完成克隆操作。进入 修改面板，在 修改器列表 的下拉菜单中选择【FFD 3×3×3】修改器，为副本对象添加修改器，修改副本对象的属性，原对象保持不变，效果如图 1-52 所示。

图1-51 【克隆选项】对话框

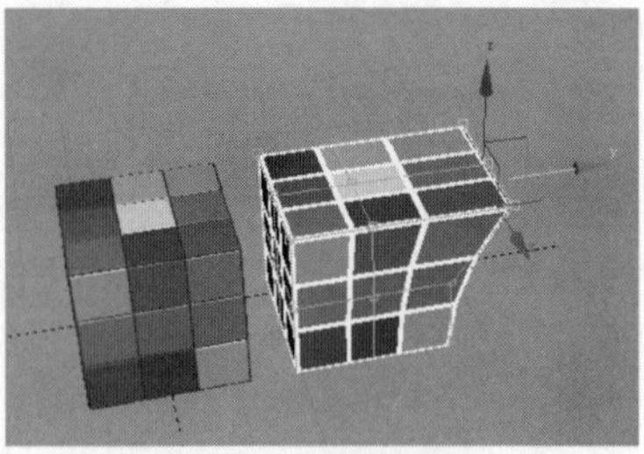

图1-52 变形效果

2. 以实例方式复制对象

在以实例方式复制对象时，将会根据单个主对象生成多个命名对象，且每个命名对象实例拥有自身的变换组、空间扭曲和对象属性。但它是与其他实例共享对象修改器和主对象实例的数据流。比如，通过应用或调整修改器更改一个实例之后，所有其他的实例也会随之改变。通常在 3ds Max 中，实例源自同一个主对象，而在视口中看到的多个对象是具有同一定义的多个实例。

以实例方式复制对象

所用素材: 光盘\素材\第1章\魔方

操作步骤

01 打开配套光盘中的"魔方"场景文件。选择"魔方"对象，配合【Shift】键使用⬆移动工具将其沿 y 轴移动，释放鼠标打开【克隆选项】对话框，如图 1-53 所示。

02 选择【实例】选项，完成克隆操作。进入 修改面板，在 修改器列表 的下拉菜单中选择【FFD 3×3×3】修改器，为副本对象添加修改器。修改副本对象的属性，原对象也会随之改变，效果如图 1-54 所示。

图1-53 【克隆选项】对话框

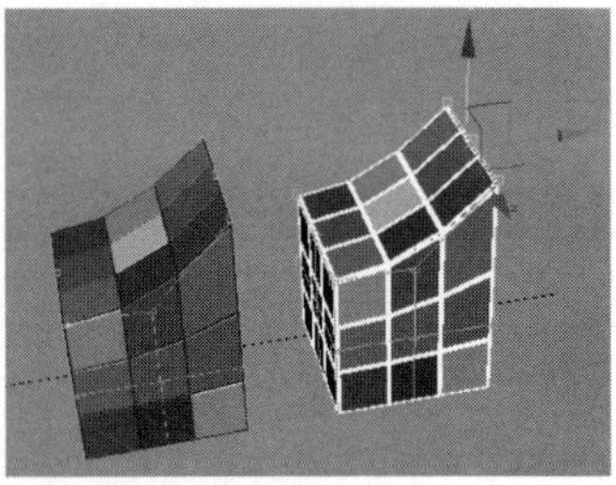

图1-54 变形效果

3. 以参考方式复制对象

以参考方式复制对象是基于原始对象，就像实例一样，但是它们还可以拥有自身特点的修改器。参考对象至少可以共享同一对象和一些对象修改器。

这种效果在实际操作中是非常有用的。因为它在保持影响所有参考对象的原始数据的同时，参考对象可以显示出自身的各种特征。一般情况下，所有的共享修改器位于导出对象直线的下方，而且显示为粗体。而旋转参考对象特有的修改器位于导出对象直线的下方，且不显示为粗体。

以参考方式复制对象

所用素材：光盘\素材\第1章\魔方

操作步骤

01 打开配套光盘中的"魔方"场景文件。选择"魔方"对象，配合【Shift】键使用移动工具
将其沿Y轴移动，释放鼠标打开【克隆选项】对话框，如图1-55所示。

图1-55 【克隆选项】对话框

02 选择【参考】选项，完成克隆操作。进入 修改面板，在 修改器列表 的下拉菜单中选择
【FFD 3×3×3】修改器，为副本对象添加修改器。修改原对象的属性，副本对象也会随之改变，
修改副本对象时，原对象不受影响，效果如图1-56所示。

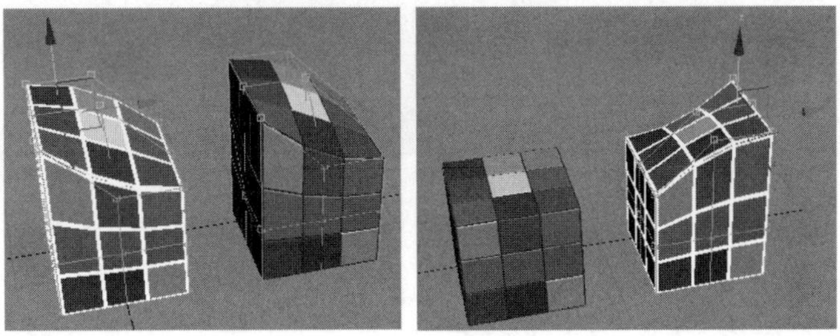

图1-56 变形效果

023

1.6.2 镜像复制

在自然界中，很多物体，特别是生物对象，都具有左右对称的特征。
根据这个特征，在制作很多有镜像特征的对象时，可以使用镜像命令，
提高工作效率。

镜像复制是指以所选对象的轴心作为中心，将对象沿着某个轴向
反转的同时进行复制。可以使一个或多个对象产生镜像效果。进行镜
像复制时，对象的大小、比例不发生任何变化。只是对象的方向和位
置发生改变，如图1-57所示。

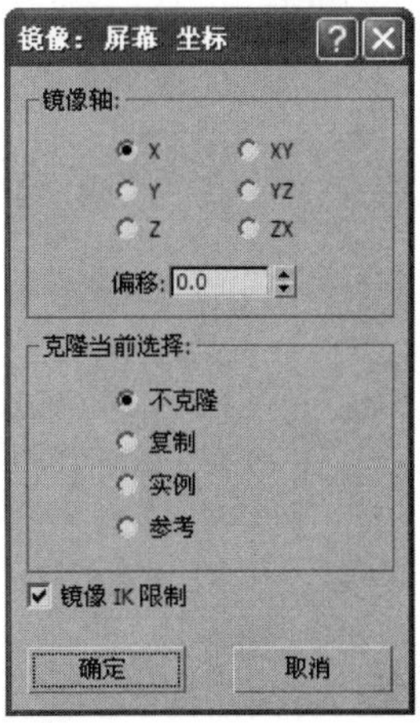

【镜像】对话框选项说明如下：

- 【镜像轴】：用来设置镜像的轴向，系统提供X、Y、Z、XY、
  YZ和ZX6个选项。
- 【偏移】：指镜像对象轴心点与原始对象轴心点之间的偏移距离。
- 【克隆当前选择】：用来设置是否克隆及克隆的方法。

图1-57 【镜像】对话框

三维制作大师

• 【镜像 IK 限制】：勾选该复选框，则当单轴镜像几何体时，几何体的 IK 约束也将被一起镜像。

镜像复制

所用素材：光盘＼素材＼第1章＼蝴蝶

操作步骤

01 打开配套光盘中的"蝴蝶"场景文件。选择"蝴蝶翅膀"对象，如图 1-58 所示。激活顶视图，单击主工具栏中的镜像工具，在打开的【镜像】对话框中设置镜像的方向，在弹出的【镜像：屏幕 坐标】对话框中设置参数，如图 1-59 所示。

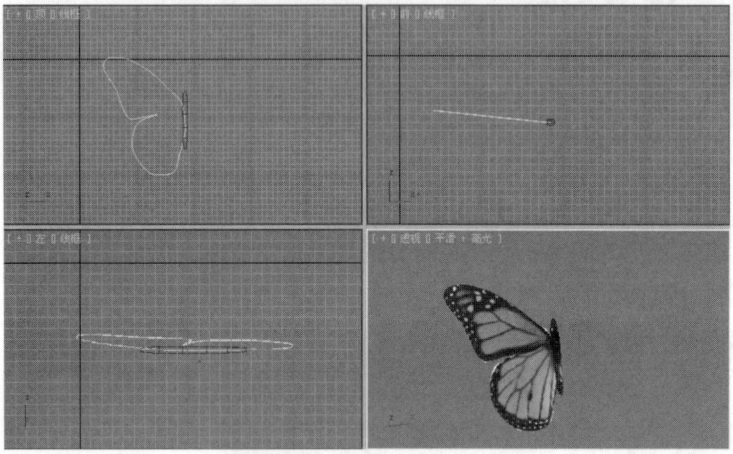

图1-58　打开场景文件

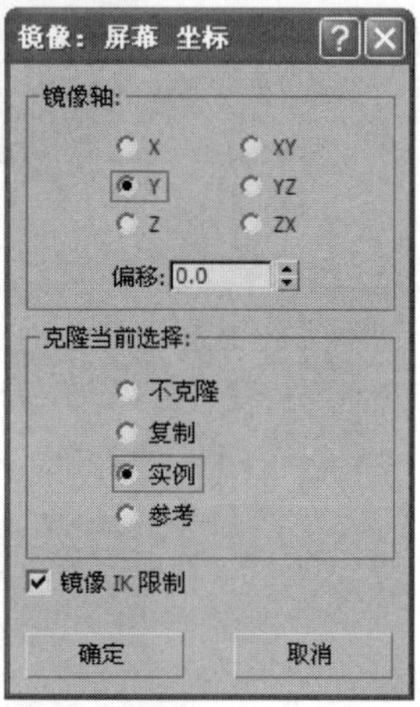

图1-59　【镜像：屏幕 坐标】
对话框

02 单击【确定】按钮完成操作，镜像复制的蝴蝶最终效果如图 1-60 所示。框选整个蝴蝶对象，激活顶视图，再次进行镜像复制，如图 1-61 所示。

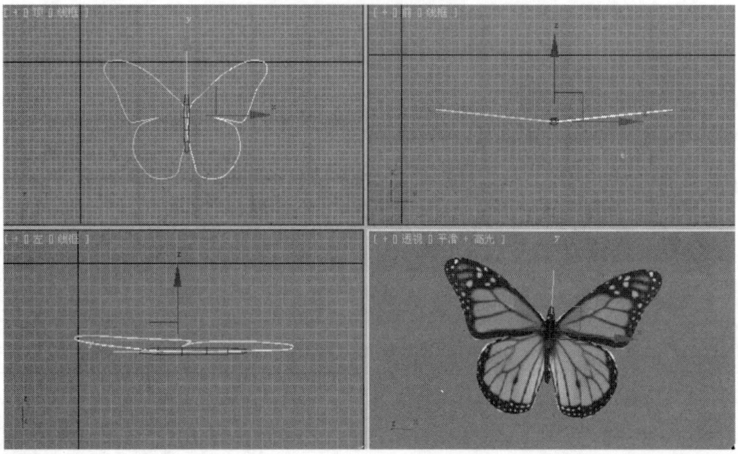

图1-60　镜像效果

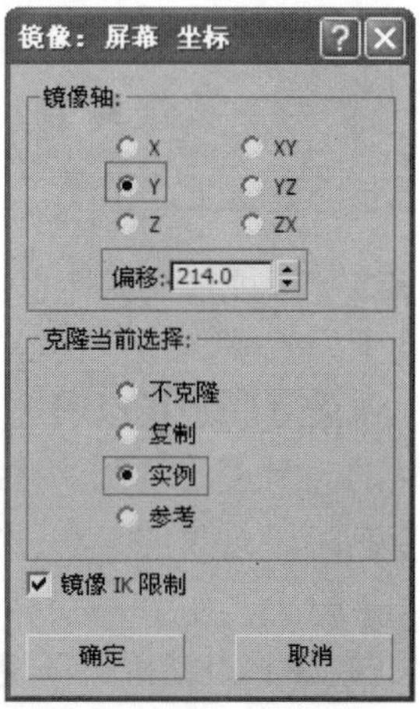

图1-61　【镜像：屏幕 坐标】
对话框

03 将其以【实例】方式沿 Y 轴镜像复制到另一侧，效果如图 1-62 所示。渲染最终效果如图 1-63 所示。

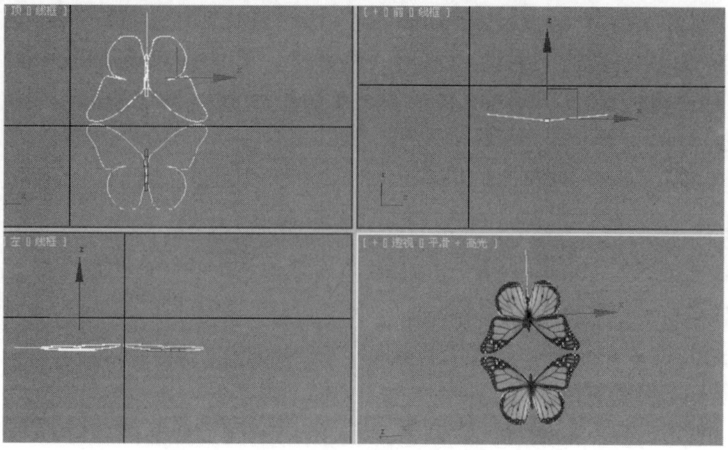

图1-62　镜像效果

图1-63　渲染效果

　　在这个练习中，使用镜像命令制作出蝴蝶的另一半，镜像命令也是克隆对象的一种方法。可以在【镜像：屏幕　坐标】对话框中选择克隆模式，也可以选择不克隆对象，仅镜像对象的位置。

▶ 1.6.3　阵列变换

　　克隆对象的方法有很多种，阵列就是其中一种。阵列操作主要在【阵列】对话框中完成，用户可以在三个维度上来控制克隆对象的位置。即线性阵列、环形阵列和螺旋阵列三种阵列方式，它们是分别在三个维度上设置阵列对象位置的典型实例。

　　阵列变换指以当前所选择对象为基准，进行一系列的复制操作。使用阵列工具不仅可以进行移动、旋转、缩放复制，还可以同时在两个或三个方向上进行多维复制，因此常用于复制大量排列有规律的对象。可以同时对对象使用移动、旋转、比例等复制形式，还可以同时进行三个轴向的复制。

　　单击菜单栏中的【工具】/【阵列】命令，或直接单击▦，则弹出【阵列】对话框，如图1-64所示。

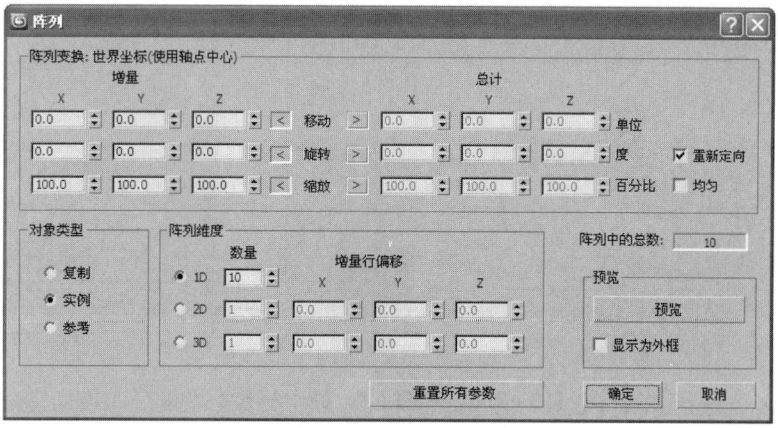

图1-64　【阵列】对话框

【阵列】对话框选项说明如下：

- 【阵列变换】：用于确定在三维阵列中三种类型阵列的变量值，包括移动、旋转和缩放。左侧为增量计算方式，要求设置增量值，右侧为总量计算方式，要求设置最后的总数。例如复制一排椅子，如果移动增量值为 50，那么每 50 个单位就复制一个椅子；如果总量值为 50，则复制的一排椅子的总长度为 50 个单位。

  - 【重新定向】：确定当阵列对象绕世界坐标旋转时是否同时也绕自身坐标旋转，否则阵列物体保持其原始方向。
  - 【均匀】：勾选该复选框，【缩放】数值框只有一个被激活，禁用 Y、Z 轴向上的参数输入，这样可以保证对象只发生体积变化，而不改变形态。

- 【阵列维度】：确定阵列变换的维数，提供了多个方向同时产生阵列的选项。

  - 【1D】：设置在水平方向上阵列复制的数量。
  - 【2D】：设置在垂直方向上阵列复制的数量，右侧 X、Y、Z 用来设置新的偏移值。
  - 【3D】：设置在第三个方向上阵列复制的数量，右侧 X、Y、Z 用来设置新的偏移值。

- 【重置所有参数】：重置阵列参数的初始值。

1. 线性阵列

线性阵列是对象形成直线的方式，比如按行或列进行阵列。在【阵列】对话框的顶部，可以指定沿 X、Y 和 Z 轴的偏移量。在下面的实例中，将对椅子进行简单的线性阵列，因为椅子的形状是相同的，所以在场景中只要准备一个对象就可以了。

线性阵列变换复制对象

所用素材：光盘 \ 素材 \ 第 1 章 \ 看台

✍ 操作步骤

01 打开配套光盘中的"看台"场景文件。在场景中选择将要阵列的椅子对象，单击工具栏中的阵列按钮，在阵列对话框中设置 1D 阵列的 X 轴向偏移距离为 3.0 和阵列数量，这里输入【数量】为 10 个，如图 1-65 所示。效果如图 1-66 所示。

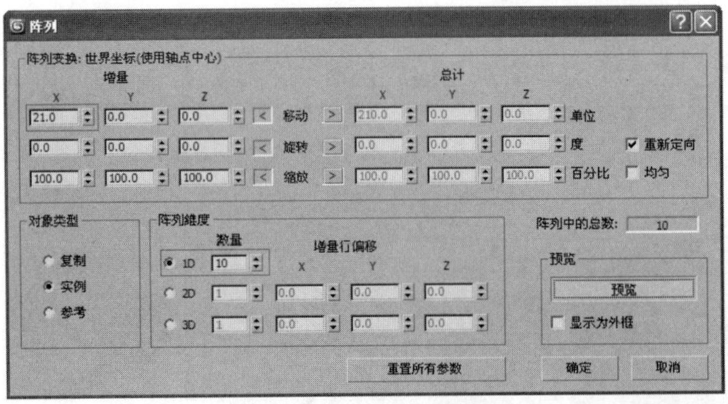

图1-65 【阵列】对话框

图1-66 阵列效果

02 继续上一步，选择 2D，【数量】为 6，（2D 的数量指行数）将把 1D 阵列完成的量作为一个整体单位进行再次阵列，并设置【增量行偏移】中的 Y 轴偏移数值 23.8，Z 轴偏移数值 14.8，单击【确定】按钮，如图 1-67 所示。效果图 1-68 所示。

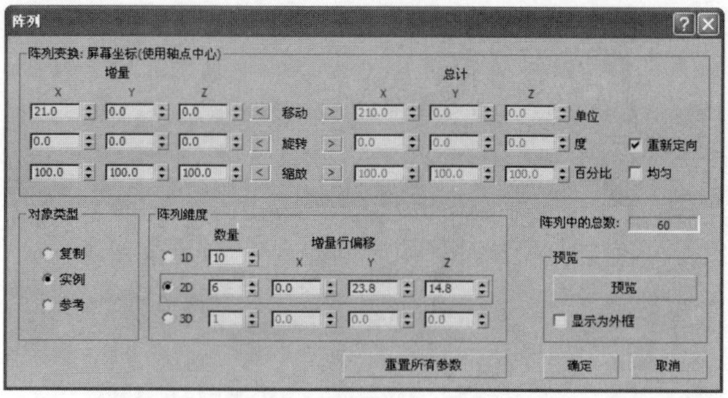

图1-67 【阵列】对话框

图1-68 阵列效果

2. 环形阵列

使用【阵列】对话框不仅可以创建线性的阵列，还可以创建环形的阵列。因为所有的变换都是围绕中心点进行的，所以在进行环形阵列之前，要对原始对象的轴心点进行更改，才能得到正确的阵列结果。

环形阵列变换复制对象

所用素材：光盘\素材\第1章\武士

操作步骤

01 打开配套光盘中的"武士"场景文件。在场景中选择将要阵列的武士对象，如图 1-69 所示。在命令面板中单击 按钮，进入【层次】面板。

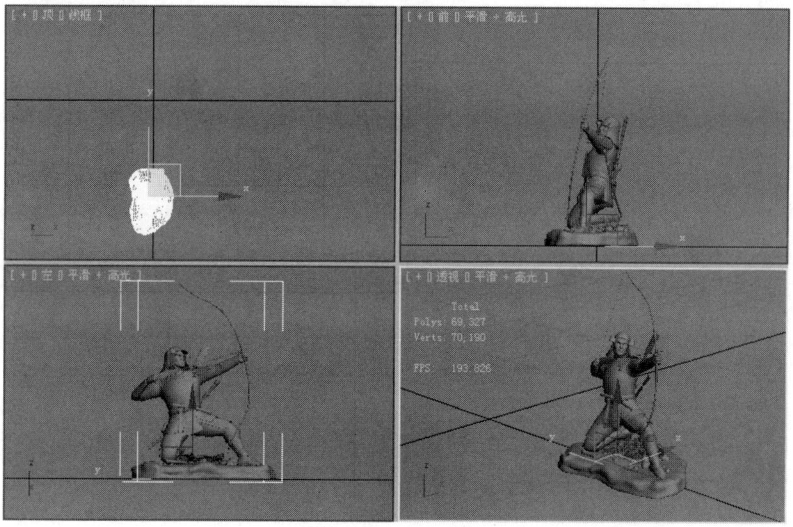

图1-69 场景文件

02 在【调整轴】卷展栏下，单击【移动/旋转/缩放】组中的【仅影响轴】按钮，如图 1-70 所示。

03 激活前视图，在视图导航控制栏中单击 按钮，最大化显示当前视图。选择主工具栏中的位移按钮 ，将武士对象的轴心移至主栅格中心点上。再次单击【仅影响轴】按钮，完成对象轴心位置的更改，如图 1-71 所示。

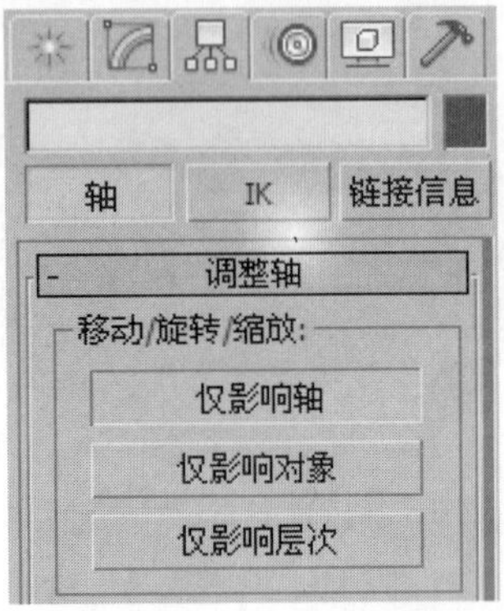

图1-70　仅影响轴按钮

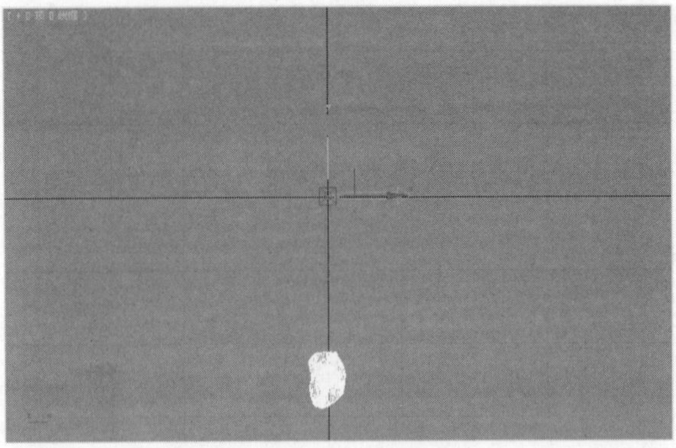

图1-71　更改轴心位置轴心

04 在菜单栏中选择【工具】/【阵列】命令，系统弹出【阵列】对话框，在【旋转】组中设置数值为40，在【阵列维度】组中设置【1D】数量为12，设置【2D】数量为1，如图1-72所示。

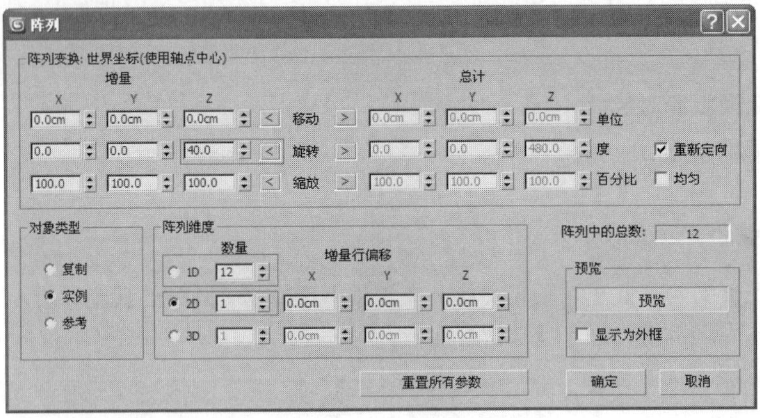

图1-72　【阵列】对话框

05 确认其他参数保持不变，然后单击【确定】按钮，关闭该对话框，得到最终效果，如图1-73所示。

图1-73　最终效果

3. 螺旋阵列

螺旋阵列是使用【阵列】对话框进行阵列操作中最复杂的一种阵列方法了。螺旋阵列不仅是在一个平面上对选定的对象进行阵列，而且还是在一个三维的空间中完成阵列操作。

螺旋阵列变换复制对象

所用素材：光盘\素材\第1章\DNA分子

操作步骤

01 首先制作两个相同大小的球体和一个圆柱，再将它们按照图1-74所示的位置组合，并将3个对象全部框选。设置1D数量为20，表示要复制20个对象。在【移动】项目Z项目中设置数值为30，单击【预览】按钮，如图1-75所示。

图1-74 组合对象

图1-75 移动复制

02 设置【旋转】项目Z项目数值为30，如图1-76所示。

03 单击2D选项按钮，设置数量为5，Y项目中输入90，表示将DNA链沿Y轴再复制5个，偏移量为8，结果如图1-77所示。

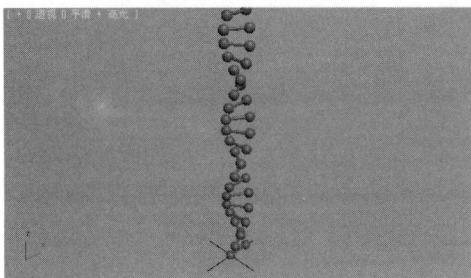

图1-76 旋转设置

图1-77 2D复制

04 单击3D选项按钮，设置【数量】为3，在X项中输入300，表示5个DNA链沿X轴再复制两次，【阵列】对话框设置如图1-78所示。单击【确定】按钮，最终的整列就复制完成了，如图1-79所示。

图1-78 【阵列】对话框

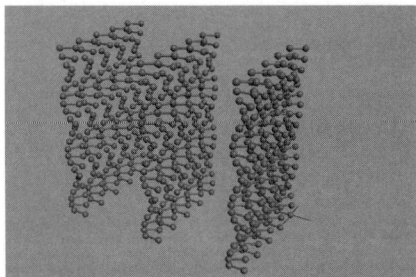

图1-79 最终效果

三维制作大师

1.6.4 间隔克隆

使用间隔工具可以在一条曲线路径上（或空间上的两点）将对象进行批量复制，并且整齐均匀地排列在路径上。除此之外，还可以设置对象的间距方式和轴心点是否与曲线切线对齐，所选择的间隔路径可以是包含多个样条线的合成图形。在建立图形之前，关闭图形创建面板下的【开始新图形】选项，之后再创建图形，3ds Max 会将所建立的每条样条线曲线都添加到图形中。

如果选择合成图形作为间距路径，对象会分布在图形中的每条样条线上，这对于在分散的样条曲线上分布灯光很有帮助。【间隔工具】对话框主要参数如图 1-80 所示。

图1-80 【间隔工具】对话框

【间隔工具】对话框选项说明如下：

- 【拾取路径】：先选取一个对象，然后单击该按钮，在视图中单击一条曲线作为路径，所选取的对象将沿着这条路径进行分配。
- 【拾取点】：单击这个按钮，在视图中定义路径的起点和终点，则选取的对象将沿着这条路径进行分配。若关闭【间隔工具】后，系统会自动删除该路径。
- 【计数】：确定复制对象的总数量。
- 【间距】：确定复制对象的间隔距离。
- 【始端偏移】：确定复制对象与路径起点的偏移距离。
- 【末端偏移】：确定复制对象与路径终点的偏移距离。
- 【边】/【中心】：确定复制对象时是以边为基点还是以中心为基点确定间隔。
- 【跟随】：确保复制的对象始终与样条线保持相切。

间隔工具复制对象

所用素材：光盘＼素材＼第1章＼躺椅

操作步骤

01 激活左视图，单击创建命令面板中的图形，选择【线】按钮，在左视图依照躺椅的形状创建一条曲线，白色为创建的曲线，如图 1-81 所示。激活顶视图，利用移动工具移动曲线至躺椅中间，如图 1-82 所示。

图1-81 绘制曲线

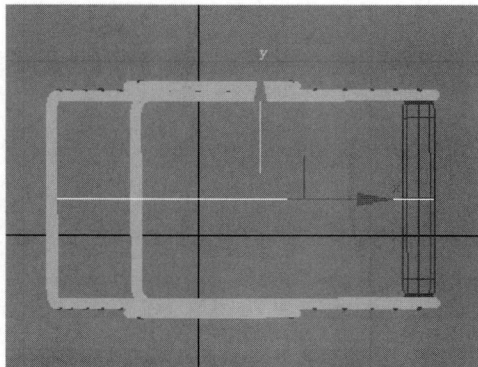

图1-82 移动曲线

02 激活【透视】视图，选择视图中的黑色对象物体，单击间隔工具 ，弹出间隔工具对话框，如图 1-83 所示。设置参数效果如图 1-84 所示，

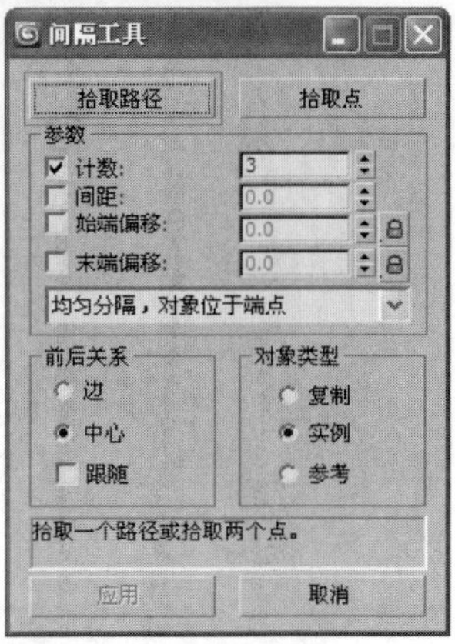

图1-83 【间隔工具】对话框

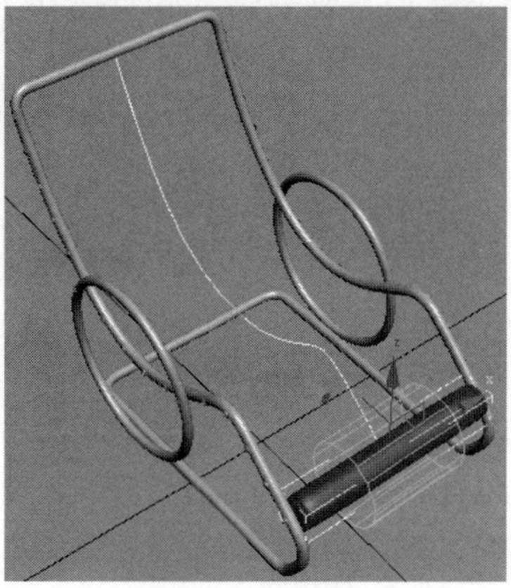

图1-84 效果图

03 单击【拾取路径】按钮，在视图中拾取曲线，设置【计数】为 16，勾选【始端偏移】复选框和【末端偏移】复选框，调整数值，单击【应用】按钮，如图 1-85 所示。最终效果如图 1-86 所示。

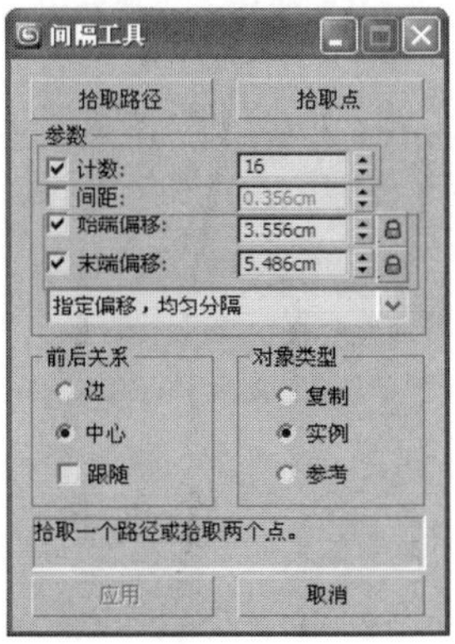

图1-85 【间隔工具】对话框

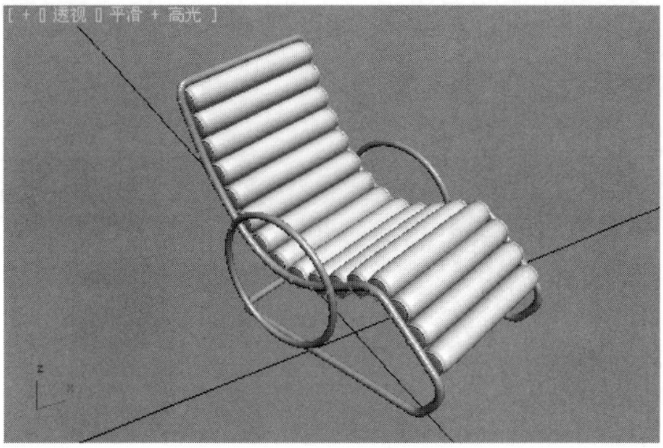

图1-86 最终效果

⤺ 1.7 渲染输出

渲染在整个三维创作中是经常要做的一项工作。在 3ds Max 中，可以将图形文件或动画文件渲染并输出出来，根据需要存储为不同的格式，成为最终的作品。

▶ 1.7.1 渲染工具

3ds Max 2010 提供了专门用于渲染工作的按钮，分别是【渲染场景】 、【快速渲染】 和【动态渲染】 。

- 【渲染场景】：它是标准的渲染工具。单击此按钮可以打开"渲染设置"对话框，如图 1-87 所示。在此对话框中进行参数设置后，单击【渲染】按钮就可以进行渲染。
- 【快速渲染】：单击此按钮将默认快速渲染当前激活视图中的场景。

- 【动态渲染】：单击按钮不放，在下拉菜单中选择按钮，它将提供一个渲染。

在渲染输出之前，要先确定好将要输出的视图。渲染出的结果是建立在所选视图的基础之上的。选取的方法是单击相应的视图，然后选择【渲染】命令即可渲染。

1.7.2 时间输出

用于确定所要渲染的帧的范围，如图 1-88 所示。其中：

- 【单帧】：表示只渲染当前帧，并将渲染结果以静态图像的形式输出。
- 【活动时间段】：表示渲染已经提前设置好时间长度的动画。系统默认的动画长度为 0 ～ 100 帧，选中该选项进行渲染就会渲染 100 帧的动画。
- 【范围】：可以指定渲染的起始帧和结束帧。
- 【帧】：表示可以从所有帧中选出一个或多个帧进行渲染。

1.7.3 输出大小

用于确定渲染输出的图像大小及分辨率，如图 1-89 所示。其中：

- 【自定义】：可在自定义下拉列表中直接选择给出的常用图像尺寸。
- 【宽度】：调整渲染图像的宽度值。
- 【高度】：调整渲染图像的高度值。
- 【图像纵横比】：微调图像的长宽比例。

图1-87 【渲染设置】对话框

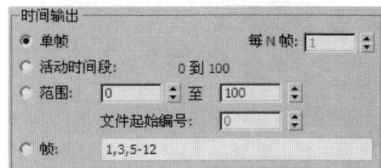

图1-88 时间输出

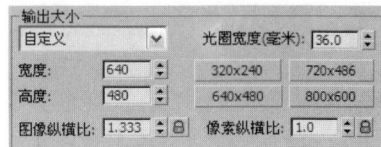

图1-89 输出大小

1.7.4 渲染输出

用于设置渲染输出时的文件格式及存储位置，如图 1-90 所示。

单击【文件】按钮，可弹出【渲染文件输出】对话框，在该对话框中可选择输出路径，在【文件名】文本框中输入文件名字，在【保存类型】下拉菜单中选择要保存的文件格式，设置完毕后单击【保存】即可。

最后全部设置完毕后，单击【渲染】按钮渲染即可。如图 1-91 所示。

图1-90 渲染输出

图1-91 渲染按钮

三维制作大师

▶ 1.8 本章小结

本章我们了解了 3ds Max 2010 的新界面以及一些新的特征，并详细讲解了 3ds Max 对象的选择和显示状态、对象的基本操作和渲染输出的基本设置。

▶ 1.9 习题

1. 填空题

（1）启动 3ds Max 2010，一般可通过_____、_____两种方法来实现。

（2）执行_____菜单命令可将 3ds Max 2010 系统界面复位到初始状态。

（3）要调出缺少状态下没有的视图窗口，可在某个视图窗口中，单击键盘上相应的字母键来实现，例如要将透视图改为摄像机视图，可按下键盘字母键_____。

2. 上机题

（1）上机练习按名称选择。

（2）上机练习缩放和旋转对象。

（3）上机练习渲染与输出。

| 第二部分 |

模 型 篇

第2章 基本建模

> 建模是一项最基本的操作技能，除了系统配置和场景设置之外，3D创作的真正起点实际上是从建模开始的，因此建模的好坏影响着整个创作流程。本章主要介绍基本建模的知识和技巧，帮助读者迅速掌握建模的方法。

随着 3ds Max 版本的一次次升级，3ds Max 的建模能力也越来越强，无论是再现真实物体，还是创建幻想空间，都可以利用 3ds Max 所提供的建模功能来实现。3ds Max 2010 提供了多种几何体创建命令，分为标准基本体和扩展基本体两大类，如长方体、圆柱体和切角长方体等都属于几何体创建命令。这些命令都是参数化的，基于基本参数决定对象的外形、大小、线段的数量、对象是否光滑等特征，是制作复杂模型的基础。本章集中介绍基本形体的建模技术。

2.1 3ds Max的建模方法

在 3ds Max 中有着非常多的建模方法，但最常用的是以下 4 种建模方法：
（1）参数化建模
（2）多边形建模
（3）面片建模
（4）NURBS 建模

其实这几种类型的建模方法并不是 3ds Max 独有的，主流的 3D 软件几乎都能提供这些建模方法。其中参数化建模是整个模型创建体系的基础，除此之外，精通其他 3 种任何一种就可以应付大多数工作的需要。不过，由于每一个建模方法都有自己的优势和不足。因此，必须在充分了解这些优势和不足之后，才能在实际工作中扬长避短。如果能力具备，应该尽可能全面地掌握 3ds Max 的不同建模方法，因为在同一场景中，或者同一对象组中，不同的建模方法是互相补充的。从技术层面上讲，几乎没有任何限制，因为对客户和观众而言，关心的是最终结果而不是创建的过程。

2.1.1 参数化建模

参数化建模可以说是 3ds Max 2010 整个建模体系的基础，参数化就意味着对象的几何体是由称为参数的变量所控制的。修改这些参数就可以修改对象的几何形状。这种强大的概念为参数化对象赋予了很大的灵活性。3ds Max 2010 中的参数对象包括【创建】菜单中所有对象。

下面来了解参数化模型的具体分类。

基本体：如立方体、球体和棱锥等参数化对象。可以分为两个组，即标准几何体和扩展几何体。

图形和样条线：如圆形、矩形、星形和文字之类的简单的基本图形以及样条线对象，这些对象都是可以被渲染的。

ACE 对象：包括建筑墙体、门窗、植物等建筑模型中常用的一些参数化对象。是专为建筑场景所准备的一系列对象类型，有时也将 ACE 对象看做是基本体对象。

复合对象： 各种建模类型的杂项成组，包括布尔、放样、散布等对象，其他复合对象擅长创建某种特殊类型的对象。

粒子系统： 一些小对象构成的系统，这些微小的对象会被作为一个组共同工作。使用粒子系统可以创建雨、雪、烟花等效果。

动力学： 可以创建阻尼路、弹簧两种动力学对象。同样可以使用相关的参数来控制动力学对象的基本属性，并参加动力学计算。

▶ 2.1.2 多边形建模

多边形建模是目前最流行的建模方法，多边形建模创建简单，编辑灵活，对硬件要求也不高，几乎没有什么是不能通过多边形来创建的，因此，多边形建模应用非常广泛。

在多边形中，没有真正的曲线，只有直线。当用直线去表现一个圆形的时候，是不可能的。但是，我们却能让它看起来像一个圆。其原理是将多个短的直线连接为封闭图形，去近似一个圆。从最基本的 3 边开始，逐步增加边数，直到看起来像个圆形，如图 2-1 所示。

如图 2-2 所示为多边形实体图形，随着面数的增加，越来越近似一个球体。

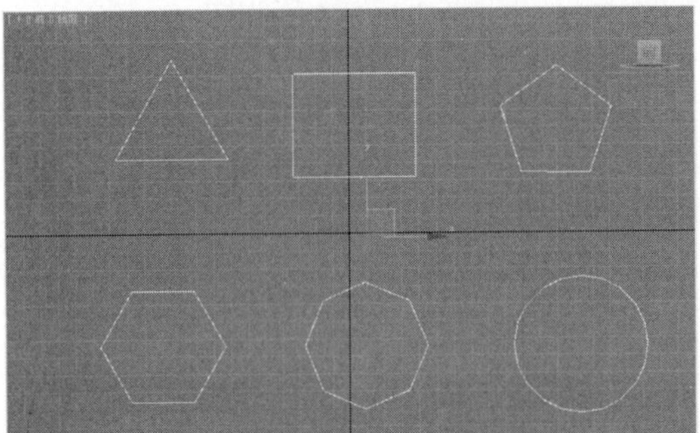

图2-1　边数的逐渐增加

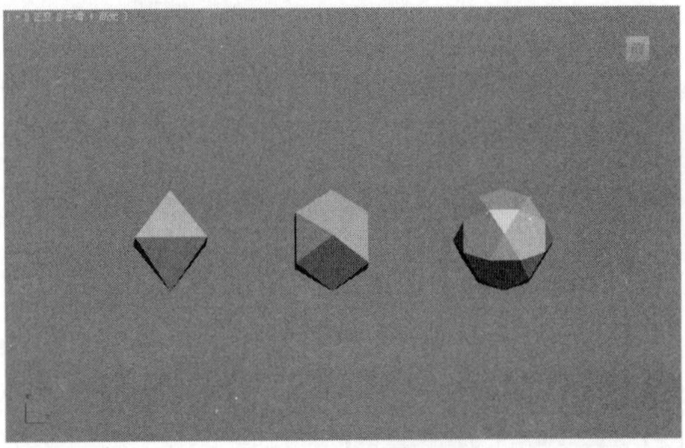

图2-2　面数的逐渐增加

多边形建模简单的原因是它的底层结构只有直线和平面，但它能够利用"近似法"创建出高精度的曲面。多边形的精度决定着模型的相似程度，而提高多边形的精度需要靠提高多边形网格密度来实现。网格密度实际上是由多边形的边形成的，通常纵横的连续边形成网格。边的长度决定了网格的密度，边长越短，网格就会越密。如图 2-3 所示显示了表示精度的线框，网格密度高的模型，其造型中所包含的细节也多。在 3ds Max 的参数化建模中，网格密度也被成为"分段"。

图2-3　网格密度显示

3ds Max 的多边形编辑工具非常多，不同的次对象组建，就有一些专用的编辑命令。但不管采用什么命令来编辑，最终影响的都是顶点，通过一定顶点的位置，来改变对象的外形。比如，面【挤出】命令,实际上先分裂选定面的顶点,然后把新的顶点沿面的法线方向移动一定的距离,与此同时,保持顶点和顶点之间边、面的存在。因此,不管对多边形用了多少种编辑命令,就造型而言,都是通过改变顶点的空间位置,来达到修改模型外形的目的。

▶ 2.1.3 面片建模

面片建模是在 3ds Max 早期的版本中比较流行的建模工具。在 3ds Max 早期的版本中,因为当时的多边形建模工具还不是很成熟,有些甚至需要使用插件来弥补,所以大多数设计师都是选择面片方式来建模,面片的好处是可以及时的操作平滑的表面来得到平滑的模型效果,但也随之带来视图刷新速度的问题,面片建模需要制作者有很强的空间感和点的空间操作能力,所以笔者建议除非是特殊的模型,还是不要把面片建模作为日常建模的首选方式。

▶ 2.1.4 NURBS建模

NURBS 建模常用于工业设计,这种建模方法不仅适用于光滑的表面,也适合于尖锐的边。每个人都可以使用 NURBS 技术建立三维模型——从电影角色到汽车模型。与面片建模一样,NURBS 建模也允许创建被渲染但不一定必须在视口上显示复杂的细节。在 3ds Max 2010 中,任何的几何对象,都可以通过先转换成面片模型,再转化为 NURBS 模型。

▶▶ 2.2 3D建模的应用

在了解 3ds Max 的建模方法之后,下面对不同领域的建模方法做一个概述。3ds Max 提供的建模方法并不是针对哪一特定领域的,不同的应用领域,对建模也提出了不同的要求。这些最终都体现在建模方法和技巧上。

▶ 2.2.1 建筑结构建模

建筑模型属于"数字可视化行业",在我国 3D 商业应用方面,处于绝对主导地位。3ds Max 是一个非常适合建筑结构建模的软件,除了与 AutoCAD 的完美结合之外,软件还提供了大量 ACE 扩展对象。使用简单的参数控制,就可以创建各种规格的门、窗、楼梯和栏杆等建筑组建,如图2-4 所示。

图2-4 建筑效果图

2.2.2 机械和工业设计建模

许多机械设计师及工程师只会用 CAD 软件建立所需要的模型，然后将完成的三维模型导入到 3ds Max 中。但是对于熟悉 3ds Max 的使用者来说，可以直接使用 3ds Max 优秀的材质和渲染技术，创建真实的图像。也可以利用 3ds Max 优秀的建模工具创建模型，然后导出到其他工业 CAD 软件中，如图 2-5 所示。

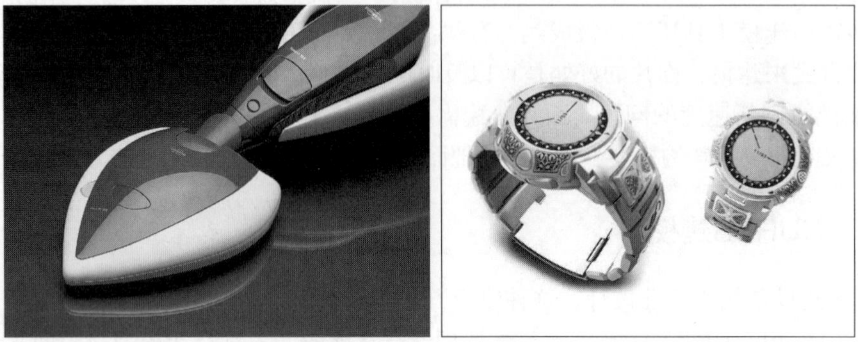

图2-5 工业设计建模

2.2.3 3D游戏建模

对于 3D 建模技术来说，哪个领域也没有实时游戏这么引人关注，而且在未来几年内也没有哪个领域能够具有如此巨大的发展潜力。网络游戏的大量涌现推动了实时三维游戏的发展。使用各种技术的实时三维游戏已流传到世界各地。

3ds Max 不仅提供了能够控制次对象组件的建模工具，还提供了快速、高效的明暗处理方法以及纹理贴图的视口显示，使用户能精确预览最终产品，如图 2-6 所示。特别是 DirectX 明暗器、法线贴图、顶点颜色等工具的使用，更是大大方便了 3D 游戏制作。

图2-6 3D游戏建模

2.3 基本几何体创建方法

在 3ds Max 2010 中，提供了很多对象参数化创建方法，比如基本几何体、扩展几何体、二维图形等。在本节中，将向读者重点介绍基本几何体和扩展几何体的创建方法及属性的控制方法。

基本几何体是 3ds Max 2010 中最基础的模型，它们通过单击并拖动鼠标来完成创建的，也可以使用键盘输入的方法来创建。每一种几何体，都有很多属性控制参数，通过这些控制参数可以调整基本几何体的形态。

▶ 2.3.1 创建长方体

长方体在生活中较为常用，是最简单的几何体，由长度、宽度和高度 3 个参数来确定。

创建长方体

操作步骤

01 在命令面板中单击 ✳ 按钮，进入【创建】面板，单击基本几何体按钮 ○，单击【长方体】按钮。使其为亮黄色显示，如图 2-7 所示。

02 在【透视】视图中按下鼠标，以确定长方体对象的起点，拖动鼠标绘制长方体的底部，释放鼠标即可完成长方体底部的创建。上下移动鼠标，确定长方体的高度，然后右击鼠标，即可完成长方体的创建，如图 2-8 所示。

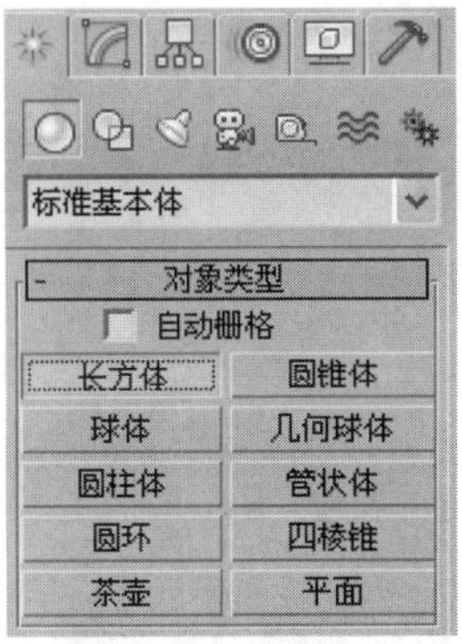

图2-7 创建面板

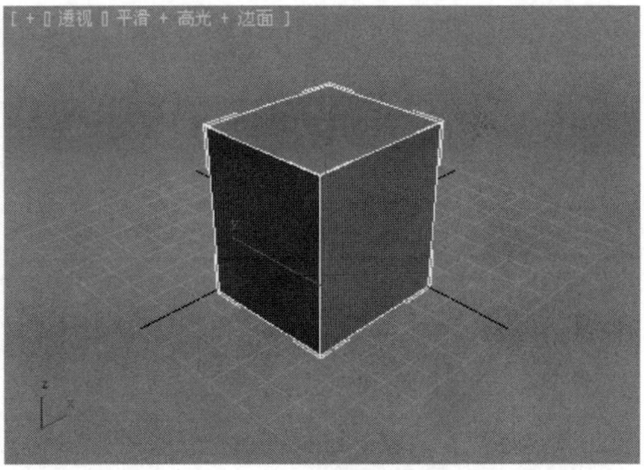

图2-8 创建长方体

03 确认"Box01"对象处于被选中状态，在命令面板中单击 ◿ 按钮，进入修改面板。在【参数】卷展栏下，修改【长度】、【宽度】和【高度】值为 60，如图 2-9 所示。

04 在【参数】卷展栏下修改【长度分段】、【宽度分段】和【高度分段】的数值为 5，最终效果如图 2-10 所示。

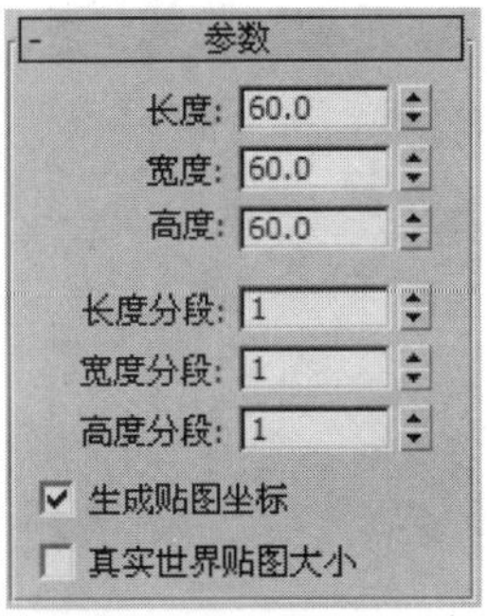

图2-9 【参数】卷展栏

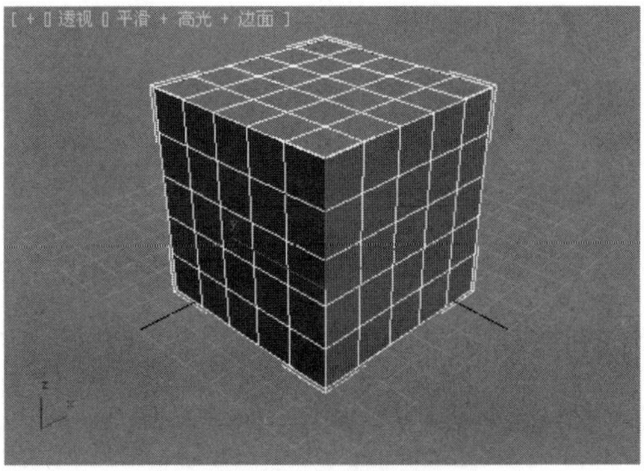

图2-10 最终效果

三维制作大师

　　长方体通常是作为模型创建的基本体，而不是最终形态，所以还会对长方体进行其他的编辑操作。增加长方体的长度、宽度和高度上的分段，可以增加长方体的细节，但要适度。不然过多的段数不仅会使后面的编辑难于控制，也会增加整个场景的计算量。

▶ 2.3.2　圆锥体

　　圆锥体是类似于圆柱体的物体，可以用于制作喇叭等物体。

创建圆锥体

操作步骤

01 在命令面板中单击 ✛ 按钮，进入【创建】面板，单击基本几何体按钮 ◯，单击【圆柱体】按钮。使其为亮黄色显示，如图 2-11 所示。

02 在【透视】视图中按下鼠标，以确定圆锥体对象的起点，拖动鼠标绘制长方体的底部，释放鼠标即可完成圆锥体底部的创建。上下移动鼠标，确定圆柱体的高度，然后向内拖动鼠标，即可完成圆锥体的创建，如图 2-12 所示。

图2-11　创建面板　　　　　　　　　　图2-12　创建圆锥体

03 确认 "Cone01" 对象处于被选中状态，在命令面板中单击 ⍵ 按钮，进入修改面板。在【参数】卷展栏下，修改【半径 1】值为 40、【高度】值为 60、【高度分段】值为 5，如图 2-13 所示，最终效果如图 2-14 所示。

图2-13　【参数】卷展栏　　　　　　　　图2-14　最终效果

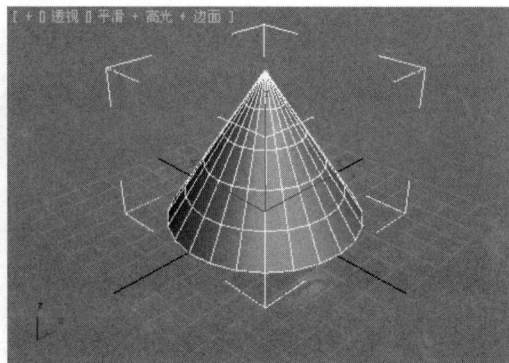

圆锥体参数面板选项说明如下:

- 【半径1】:设置圆锥体的底面半径。
- 【半径2】:设置圆锥体的顶面半径(该数值为0则为圆锥体,不为0则为圆柱体)。
- 【启用切片】:启用切片功能,制作不完整的圆锥体,如图2-15所示。
- 【切片起始】/【结束位置】:用于分别设置切片局部的起始和终止幅度。

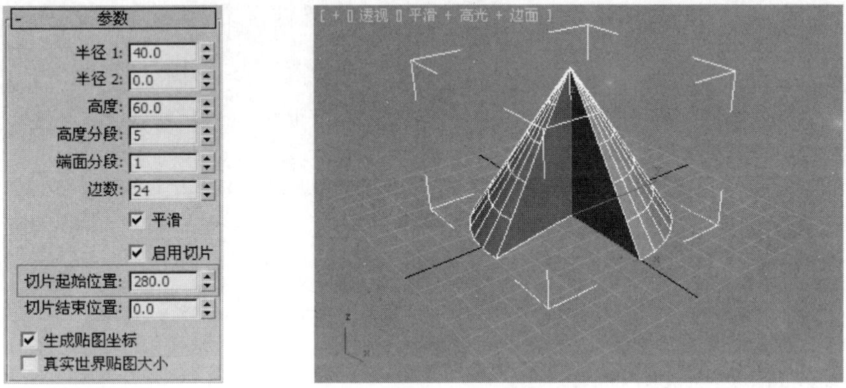

图2-15 圆锥体切片启用效果

▶ 2.3.3 圆柱体

圆柱体的体积大小是由半径和高度2个参数确定的,网格的疏密由高度分段数、顶面分段数和边数决定。

创建圆柱体

操作步骤

01 在命令面板中单击 按钮,进入【创建】面板,单击基本几何体按钮 ,单击【圆柱体】按钮。使其为亮黄色显示,如图2-16所示。

02 在【透视】视图中按下鼠标,以确定圆柱体对象的起点,拖动鼠标绘制圆柱体的底部,释放鼠标即可完成圆柱体底部的创建。上下移动鼠标,确定圆柱体的高度,然后右击鼠标,即可完成圆柱体的创建,如图2-17所示。

图2-16 创建面板 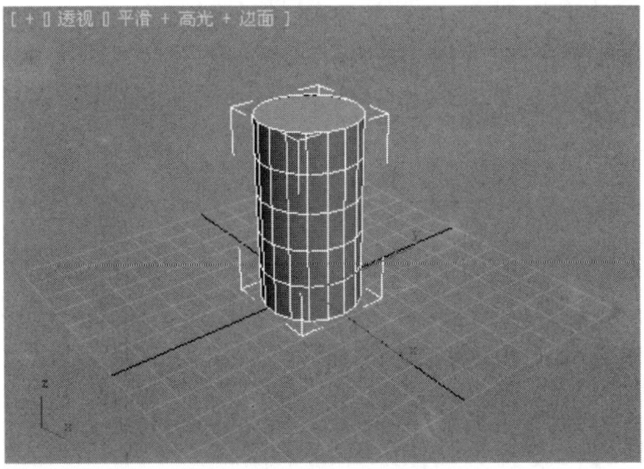   图2-17 创建圆柱体

三维制作大师

03 确认"Cylinder01"对象处于被选中状态,在命令面板中单击 ☑ 按钮,进入修改面板。在【参数】卷展栏下,修改【半径】值为20、【高度】值为70、【高度分段】值为5,如图2-18所示,最终效果如图2-19所示。

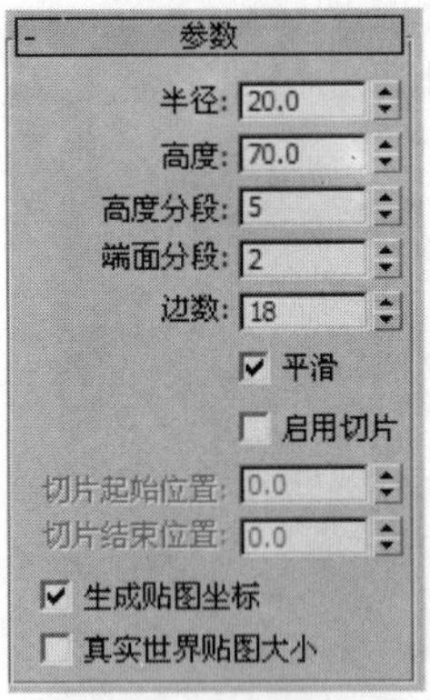

图2-18 参数面板 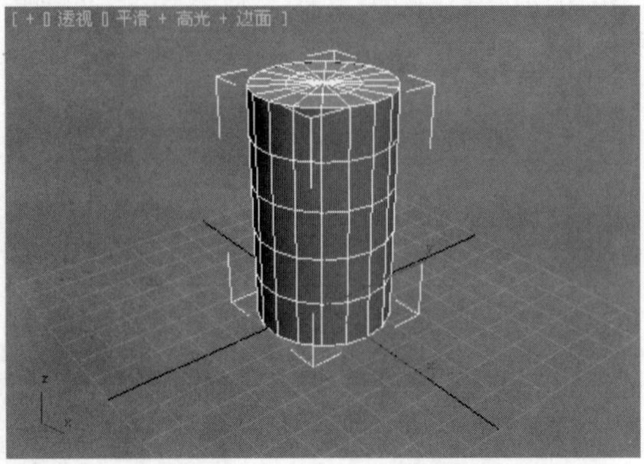   图2-19 最终效果

圆柱体参数面板选项说明如下:

- 【半径】:设置圆柱体的底面圆形大小。
- 【高度】:设置圆柱体的高度。
- 【高度分段】:设置圆柱体高的划分段数。
- 【端面分段】:设置圆柱体两端平面的划分段数。
- 【边数】:设置圆柱体边的划分段数,边数越多表面越光滑。
- 【平滑】:设置圆柱体是否进行光滑处理。

▶ 2.3.4 管状体

管状体可创建管状的圆柱体。

创建管状体

✎ 操作步骤

01 在命令面板中单击 ✳ 按钮,进入【创建】面板,单击基本几何体按钮 ◯,单击【管状体】按钮。使其为亮黄色显示,如图2-20所示。

02 在【透视】视图中按下鼠标,以确定管状体对象的起点,拖动鼠标确定管状体的半径1,向内拖动鼠标确定半径2。上下移动鼠标,确定管状体的高度,然后右击鼠标,即可完成管状体的创建,如图2-21所示。

03 确认"Tube01"对象处于被选中状态,在命令面板中单击 ☑ 按钮,进入修改面板。在【参数】卷展栏下,修改【半径1】值为40、【半径2】值为30、【高度】值为30、【高度分段】值为5,勾选【启动切片】选项,设置【切片起始位置】值为213,如图2-22所示,最终效果如图2-23所示。

管状体参数面板选项说明如下:

- 【径1】:设置管状体的内圆半径。
- 【径2】:设置管状体的外圆半径。

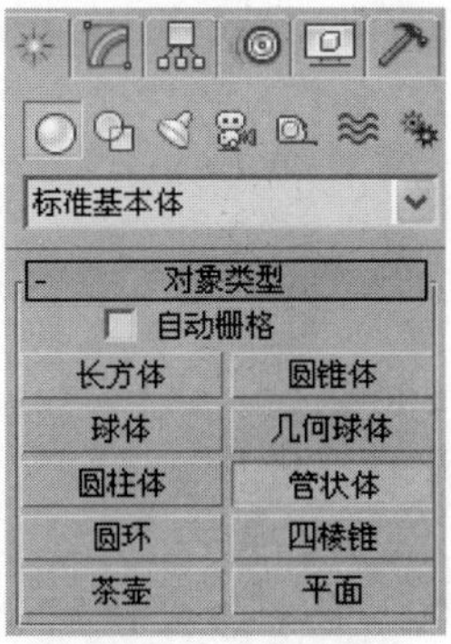

图2-20 创建面板

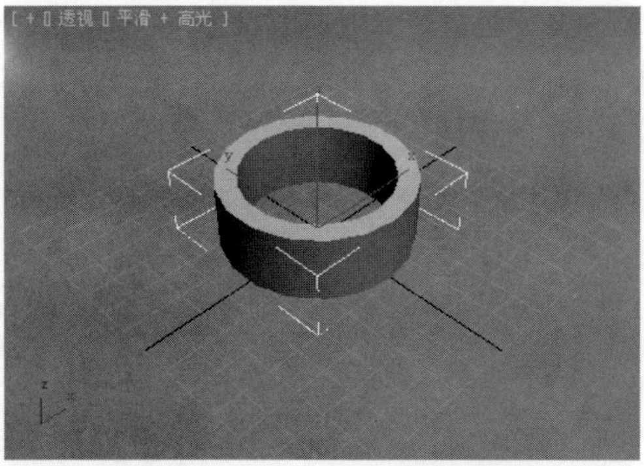

图2-21 创建管状体

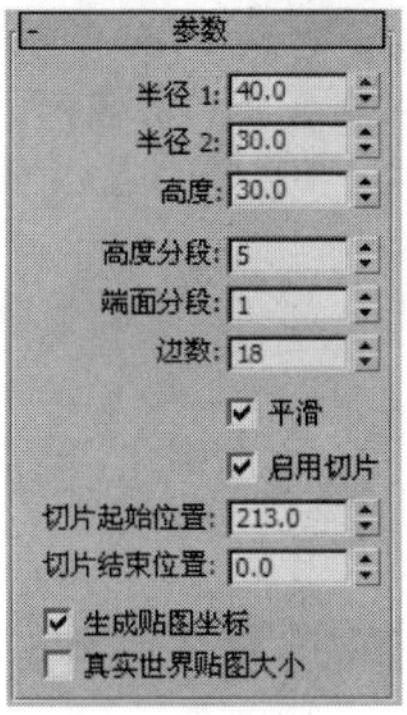

参数

半径1: 40.0
半径2: 30.0
高度: 30.0
高度分段: 5
端面分段: 1
边数: 18
☑ 平滑
☑ 启用切片
切片起始位置: 213.0
切片结束位置: 0.0
☑ 生成贴图坐标
☐ 真实世界贴图大小

图2-22 【参数】卷展栏

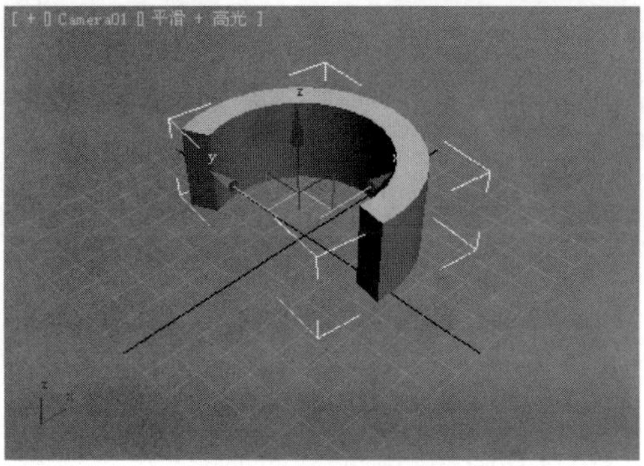

图2-23 最终效果

2.3.5 圆环

圆环是基本圆环状的物体，调整其中的参数可以使圆环产生各种效果，以创建复杂变体。

创建圆环

操作步骤

01 在命令面板中单击❋按钮，进入【创建】面板，单击基本几何体按钮◎，单击【圆环】按钮。使其为亮黄色显示，如图2-24所示。

02 在【透视】视图中按下鼠标，以确定圆环对象的起点，拖动鼠标确定管状体的半径1，向内拖动鼠标确定半径2。然后右击鼠标，即可完成圆环的创建，如图2-25所示。

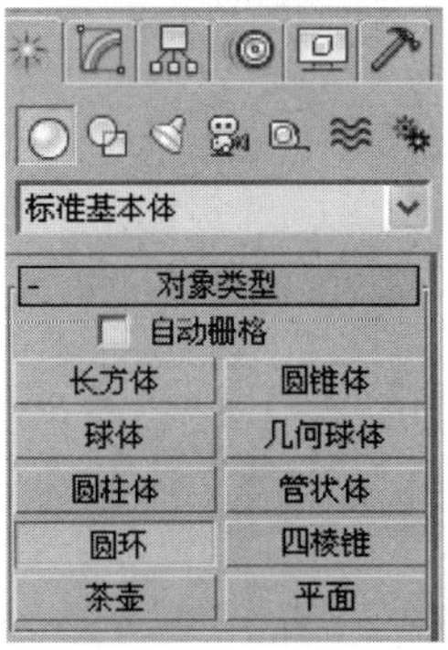

图2-24 创建面板

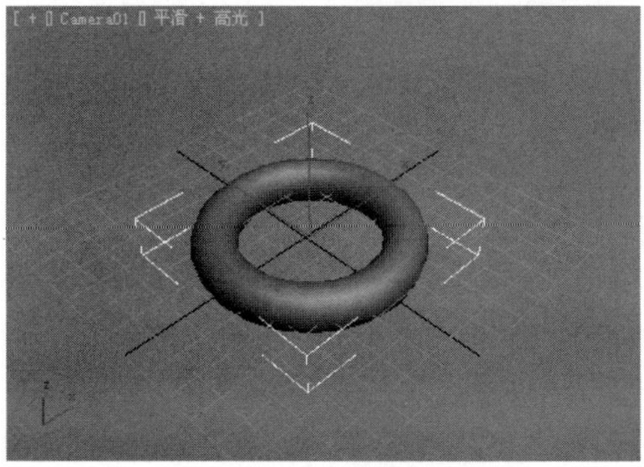

图2-25 创建圆环

03 确认"Torus01"对象处于被选中状态,在命令面板中单击 按钮,进入修改面板。在【参数】卷展栏下,修改【半径1】值为30、【半径2】值为10,勾选【启动切片】选项,设置【切片起始位置】值为208,如图2-26所示,最终效果如图2-27所示。

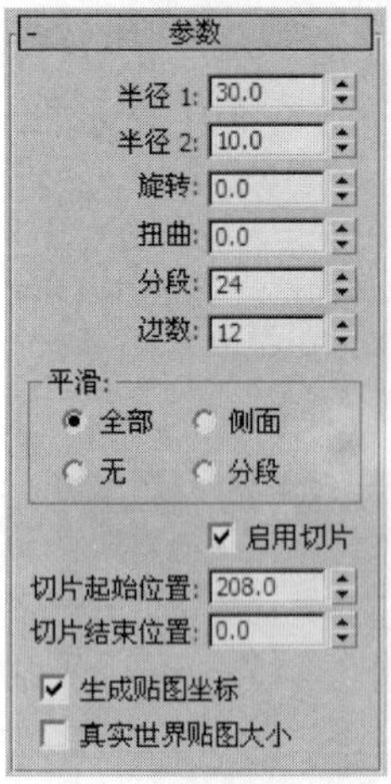

图2-26 【参数】卷展栏

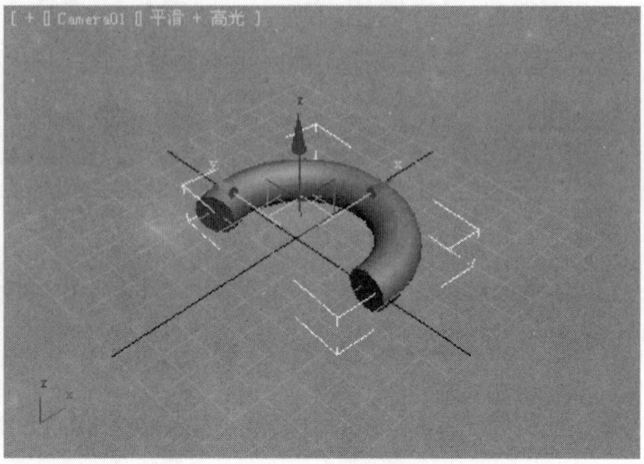

图2-27 最终效果

圆环选项说明如下:

- 【半径1】:设置圆环中心与截面圆心的的圆半径。
- 【半径2】:设置圆环的圆形截面半径。
- 【旋转】:设置圆环每片截面沿圆环中心的旋转角度。
- 【扭曲】:设置圆环每片截面沿圆环中心的扭曲角度,效果如图2-28所示。

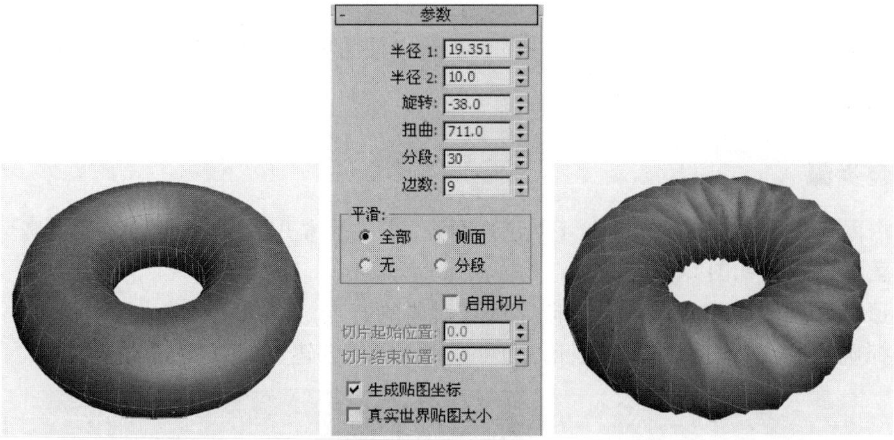

图2-28 圆环扭曲效果

- 【边数】:设置多边形环的边数,超过一定数值视觉上为圆环。
- 【平滑】:设置圆环是否进行光滑处理。
  - ➤【全部】:对所有表面进行光滑处理;
  - ➤【侧面】:对相邻的边界进行光滑处理;
  - ➤【无】:不进行任何光滑处理;
  - ➤【分段】:对每个独立的片段进行光滑处理效果,如图2-29所示。

全部　　　　　侧面　　　　　无　　　　　分段

图2-29　圆环片段进行光滑处理效果

▶ 2.3.6　四棱锥

四棱锥是指基本的四角棱锥。

创建四棱锥

操作步骤

01 在命令面板中单击☀按钮,进入【创建】面板,单击基本几何体按钮◎,单击【四棱锥】按钮。使其为亮黄色显示,如图 2-30 所示。

02 在【透视】视图中按下鼠标,以确定四棱锥对象的起点,拖动鼠标确定四棱锥的宽度,向上拖动鼠标确定高度。然后右击鼠标,即可完成四棱锥的创建,如图 2-31 所示。

图2-30　创建面板

图2-31　创建四棱锥

03 确认"Pyramid01"对象处于被选中状态,在命令面板中单击 ✐ 按钮,进入修改面板。在【参数】卷展栏下,修改【宽度】值为50、【高度】值为70,【深度】值为70,如图 2-32 所示,最终效果如图 2-33 所示。

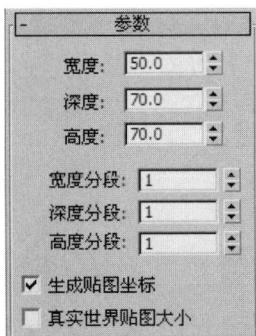

图2-32　【参数】卷展栏

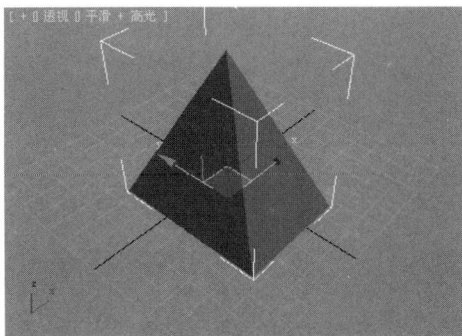

图2-33　最终效果

045

三维制作大师

四棱锥参数面板选项说明如下：
- 【宽度】：设置棱锥的宽度。
- 【深度】：设置棱锥的深度。
- 【高度】：设置棱锥的高度。

▶ 2.3.7 创建平面

平面是基本几何体的一种，它的创建十分简单，常用来模拟场景中的地面。

创建平面

操作步骤

01 在命令面板中单击 ☀ 按钮，进入【创建】面板，单击基本几何体按钮 ◎，单击【平面】按钮。使其为亮黄色显示，如图 2-34 所示。

02 在【透视】视图中沿着主栅格平面拖动鼠标，创建一个"Plane01"对象，如图 2-35 所示，右击鼠标，结束平面的创建。

图2-34 创建面板

图2-35 创建四棱锥

03 在主工具栏中单击 ✛ 按钮，使其成亮黄色显示。在【透视】视图中选择"Plane01"对象，就可以在视图中移动该对象了。按照移动坐标 Gizmo 的指示方向，可以沿着 X 轴、Y 轴或 Z 轴方向移动对象。

▶ 2.3.8 球体

在 3ds Max 2010 中提供了经纬球体和几何球体两种球体模型。无论是哪种球体模型，只要确定半径和分段数 2 个参数的值，就可以确定一个球体的大小及形状。

创建球体

操作步骤

01 在命令面板中单击 ☀ 按钮，进入【创建】面板，单击基本几何体按钮 ◎，单击【球体】按钮。使其为亮黄色显示，如图 2-36 所示。

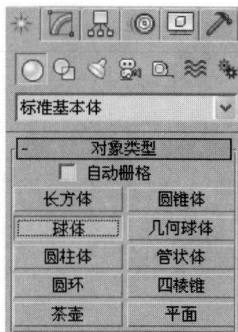

图2-36 创建面板

02 在顶视图中单击鼠标，按住鼠标左键不放并向外拖动就会产生逐渐增大的球体。

03 到适当的位置后松开鼠标左键，一个球体就绘制完成了，效果如图 2-37 所示。

球体参数面板选项说明如下：

- 【半径】：设置球体半径的大小。
- 【分段】：设置球体表面划分段数，数值的有效范围是 0 ~ 1。当数值为 0 时，不对半球产生任何影响，球体仍保持其完整性；随着数值的添加，球体越来越趋向不完整。当数值为 0.5 时，球体成为标准的半球体；当数值为 1 时，几何体在视图中完全消失。
- 【切除】/【挤压】：创建半球后，对步幅数的两种处理方式。
- 【切片启用】：勾选切片选项后，可以创建以半圆为截面的切片球体，如图 2-38 所示。

图2-37 创建球体   图2-38 切片球体

2.4 常用扩展基本几何体

在创建复杂或不规则的几何体时，常常会用到扩展基本几何体，在创建几何体命令面板的下拉列表中，选择"扩展几何体"选项可以打开扩展几何体的创建命令面板。在 3ds Max 2010 创建面板中，提供了 13 种不同的扩展几何体，如图 2-39 所示。

2.4.1 异面体

异面体是一个有多个而且具有鲜明棱角形状特点的几何体，异面效果与参数面板如图 2-40 所示。

图2-39 扩展基本体面板

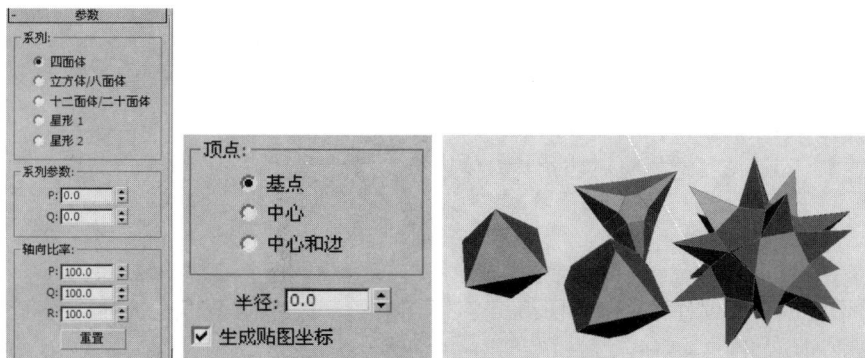

047

图2-40 异面体参数面板及效果

异面体参数面板选项说明如下：

- 【系列】：异面体的各种造型，包括"四面体"、"立方体/八面体"、"十二面体/二十面体"以及"星形1"和"星形2"，如图2-41所示。

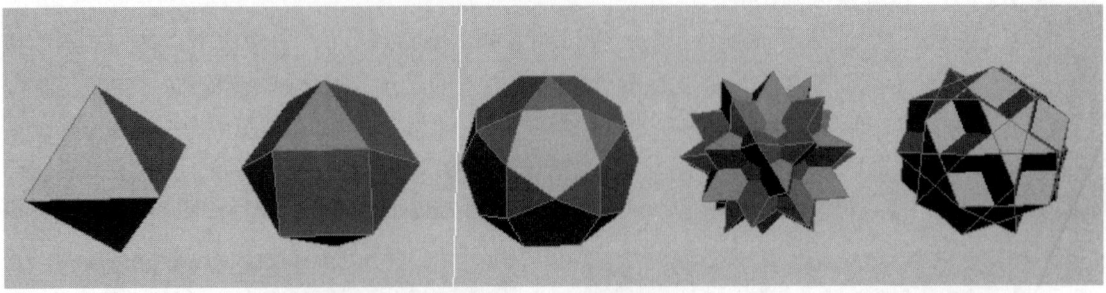

图2-41 异面体的造型

- 【系列参数】：包含P值和Q值，P值和Q值在一对异面体组合时改变异面体。
- 【轴向比率】：其选项用来确定异面体上形状，有P，Q和R共3种数值，即异面体可以有3种组成平面的不同类型的多边形。

▶ 2.4.2 切角长方体

切角长方体可以创建带有倒角的长方体，它是对立方体的角进行圆角处理后的几何体，其效果与参数面板如图2-42所示。

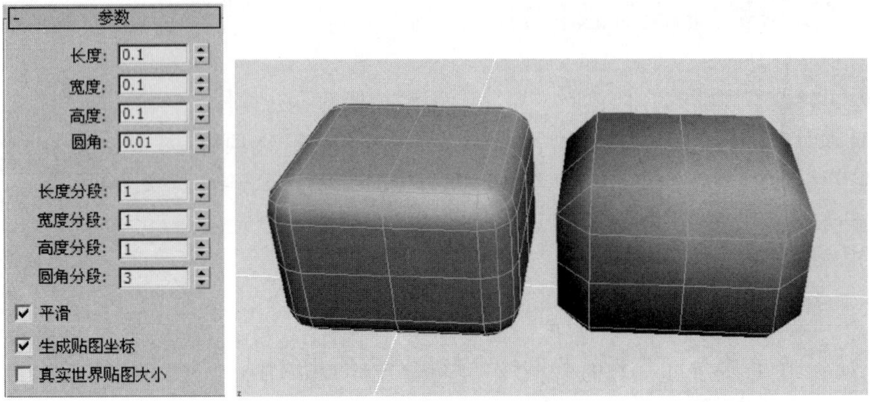

图2-42 【切角长方体参数】面板

切角长方体参数面板选项说明如下：

- 【圆角】：设置倒角边圆角的参数。
- 【圆角分段】：设置圆角的划分段数。
- 【平滑】：勾选该复选框将对切角长方体进行光滑处理。

▶ 2.4.3 切角圆柱体

可创建带有倒角的圆柱体，与"切角长方体"相似，可参照"切角长方体"，在此不作赘述，其效果与参数面板如图2-43所示。

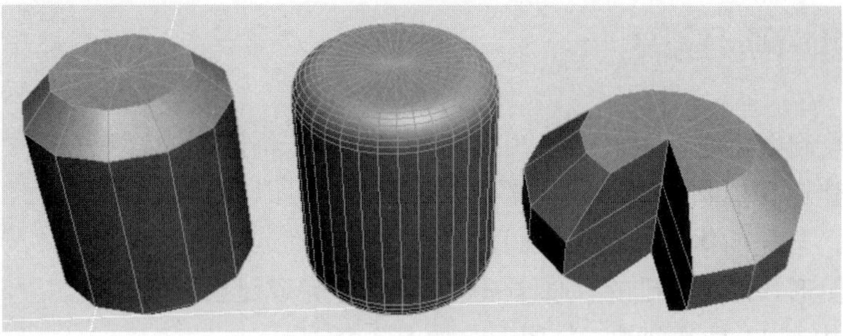

图2-43 切角圆柱体

▶ 2.4.4 油罐

可创建带有球状顶面的圆柱体，其效果与面板参数如图 2-44 所示。

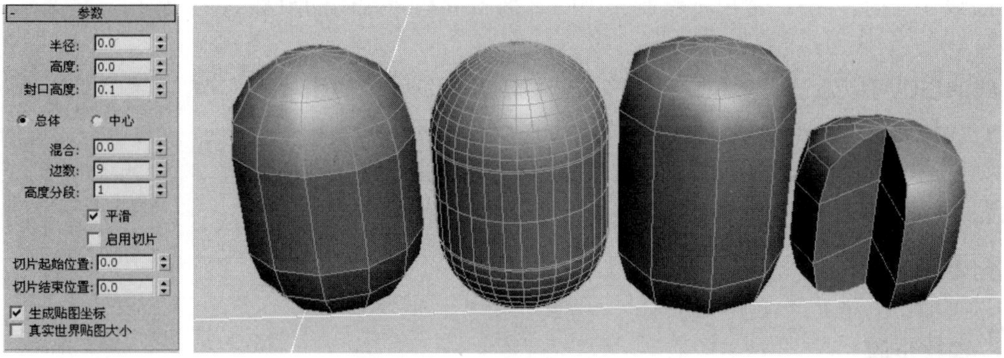

图2-44 油罐参数面板

油罐参数面板选项说明如下：
- 【封口高度】：设置油桶状物体两端凸面顶盖的高度。
- 【总体】：测量油桶的全部高度，包括油桶的柱体和顶盖部分。
- 【中心】：只测量油桶柱状高度，不包括顶盖高度。
- 【混合】：设置一个边缘倒角，光滑顶盖的柱体边缘。

▶ 2.4.5 胶囊

胶囊是基于柱体的物体，其形状与"油罐"对象类似，唯一的差别在于柱体与顶面之间的边界。其参数解释可参照"油罐"，在此不作赘述，其效果与参数面板如图 2-45 所示。

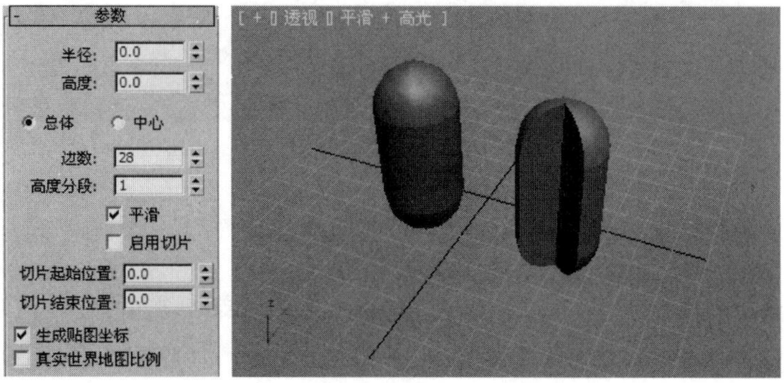

图2-45 【胶囊参数】卷展栏及效果

⊃ 2.5　二维图形建模

　　二维线条的绘制主要使用 3ds Max 2010 中所提供的二维图形的绘制功能，它的创建比其他基本图形的创建要灵活得多，可以用来绘制比较复杂的图形。与几何体建模方式不同，二维图形建模是使用样条曲线（或者二维图形）作为基础的，通过一些修改命令完成建模操作。在 3ds Max 2010 中有 11 种类型的二维图形，如图 2-46 所示。

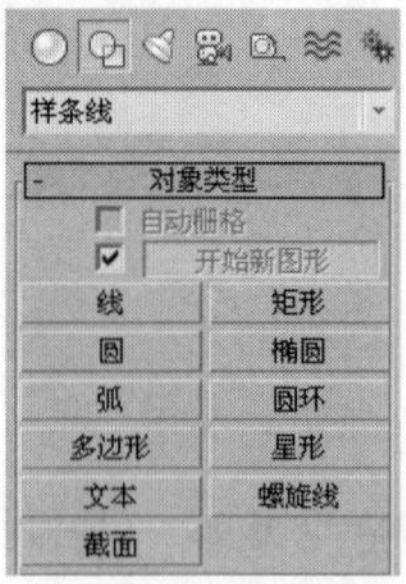

▶ 2.5.1　线

　　线是最基本的平面造型之一，它可以用来绘制任何形状的封闭或开放曲线（包括直线），常用于绘制封闭的二维图形和非封闭的放样路径。

　　线的创建可以通过键盘和鼠标来完成。线的鼠标创建方法主要有两种：一种是通过单击视图位置创建点进行连接，完成线的创建；另一种则是通过拖拉鼠标方式确定点的位置和弧度来创建线。在【创建方法】卷展栏下可以选择所创建的线的类型，如图 2-47 所示。

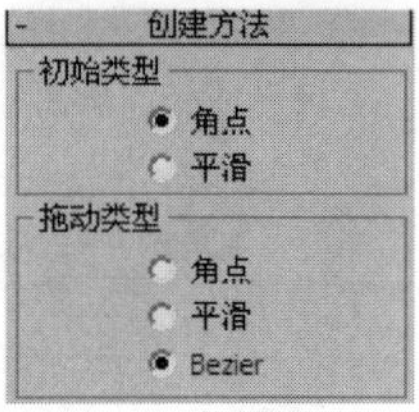

図2-46　样条线面板

図2-47　线的类型

╲ 创建线

✍ 操作步骤

01 在创建命令面板中单击 🔘 按钮，进入【图形创建命令】面板。单击【线】按钮，开始绘制任意形状封闭或不封闭的直线或曲线，直接单击绘制直线，拖动鼠标绘制曲线，效果如图 2-48 所示。

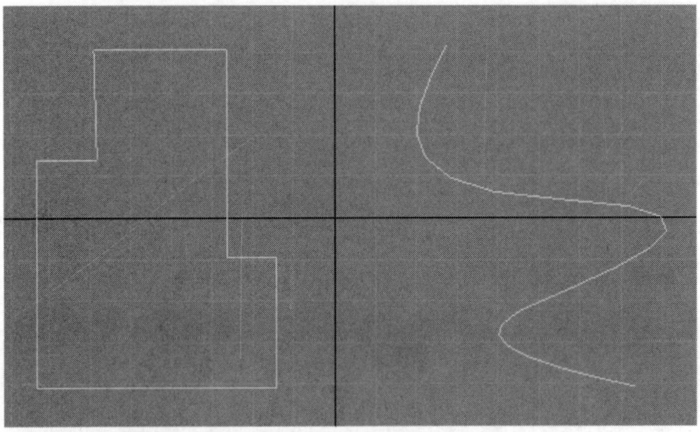

図2-48　绘制线

02 在命令面板中的【创建方法】卷展栏中，可以选择所创建线的类型。
　　【创建方法】卷展栏选项说明如下：
- 【初始类型】：用来设置单击鼠标建立线形时所创建的端点类型。
  - ➤ 【角点】：用于建立折线，端点之间以直线连接。
  - ➤ 【平滑】：用于建立曲线，端点之间以曲线连接，且曲线的曲率由端点之间的距离决定。

- 【拖动类型】：用来设置按压并拖动鼠标建立线形时所创建的端点类型。
  - ➤ 【角点】：建立的线形端点之间为直线。
  - ➤ 【平滑】：建立的线形在端点处将产生光滑的曲线。
  - ➤ 【Bezier（贝兹尔曲线）】：建立的线形将在端点产生光滑的曲线，并具有控制手柄。

> **提示** 以平滑方式建立的曲线是不可调整的，而 Bezier 方式建立的曲线可以通过控制手柄调整曲率和方向。

▶ 2.5.2　矩形

使用矩形命令，可以创建矩形或圆角矩形，配合【Ctrl】键可以绘制正方形，如图 2-49 所示。矩形【参数】卷展栏如图 2-50 所示。

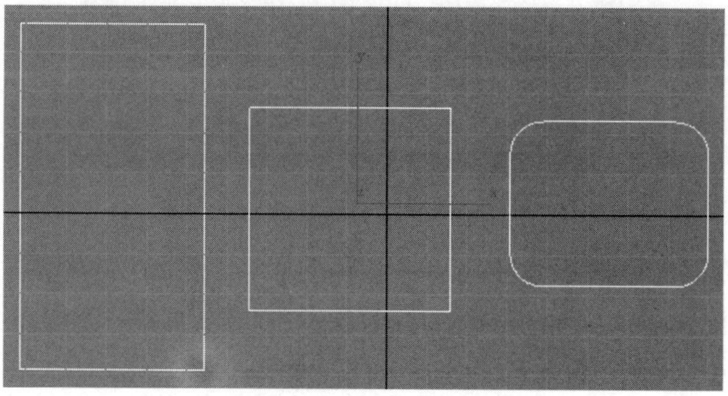

图2-49　绘制矩形

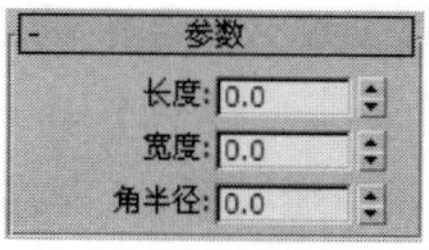

图2-50　【参数】卷展栏

矩形【参数】卷展栏选项说明如下：
- 【长度】/【宽度】：设置矩形的长度和宽度值。
- 【角半径】：设置矩形的四角是直角或是圆角。

▶ 2.5.3　圆与椭圆

圆与椭圆的创建与矩形一样，配合【Ctrl】键可以绘制圆。圆与椭圆的参数如图 2-51 和图 2-52 所示。

图2-51　圆【参数】卷展栏

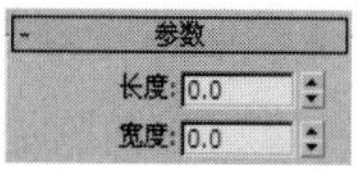

图2-52　椭圆【参数】卷展栏

圆与椭圆【参数】卷展栏选项说明如下：
- 【半径】：设置圆形的半径大小。
- 【长度】/【宽度】：分别设置椭圆的长度和宽度值。

▶ 2.5.4　弧

【弧】可以用于建立圆弧曲线和扇形。它的创建方法与圆形基本相同，由于圆弧是圆的一部

051

三维制作大师

分，因此它会涉及起点和终点的问题。在创建过程中既要指定其半径和起点，又要指出圆弧所跨的弧度大小。圆弧也可以用作放样物体的放样截面。

创建弧线

操作步骤

01 创建圆弧曲线或扇形。在创建命令面板中单击【弧】按钮后，在【创建方法】卷展栏中选择创建弧形的方法，如图 2-53 所示。

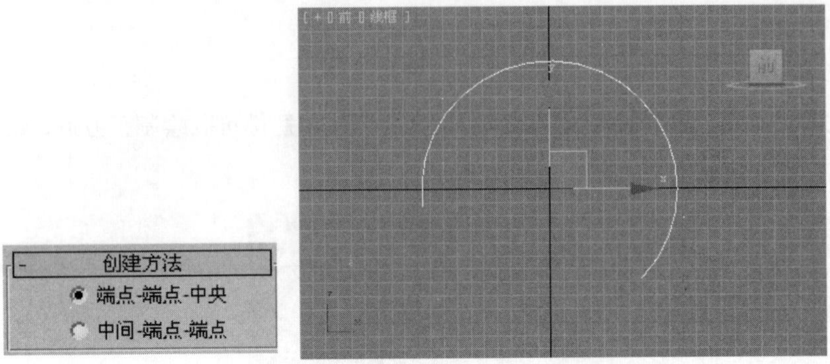

图2-53 弧【创建方法】卷展栏及效果

弧【创建方法】卷展栏选项说明如下：

- 【端点 - 端点 - 中央】：单击鼠标左键，绘制一条直线。以直线的两个端点为圆弧端点，拖动鼠标确定弧的半径。
- 【中间 - 端点 - 端点】：单击鼠标左键，绘制一条直线，确定弧线的半径，并按住鼠标左键移动，完成弧线的绘制。效果如图 2-54 所示。

02 创建圆弧后，进入修改命令面板的【参数】卷展栏中，设置相关参数，如图 2-55 所示。

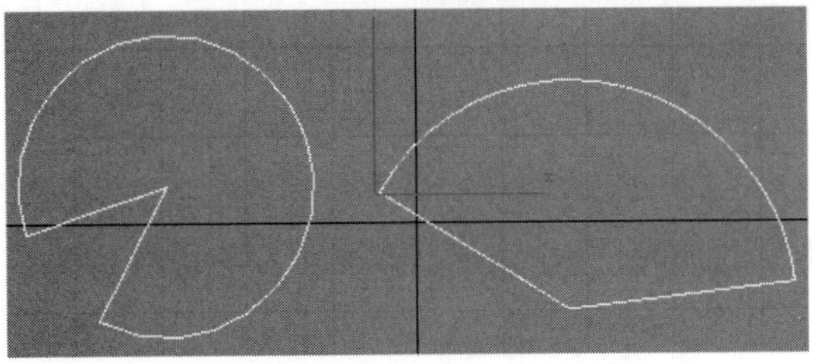

图2-54 创建的弧形

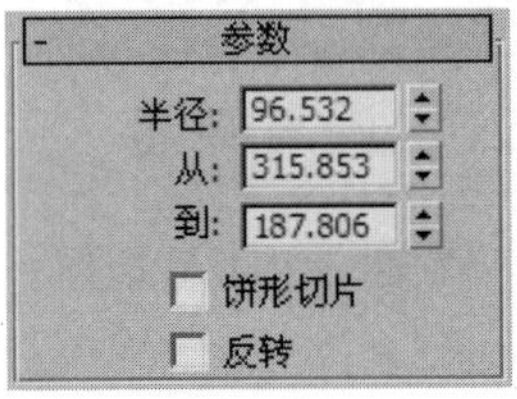

图2-55 圆弧【参数】卷展栏

圆弧【参数】卷展栏选项说明如下：

- 【半径】：设置圆弧半径。
- 【从】/【到】：设置圆弧第一个端点到最后一个端点与正 X 轴的角度。
- 【饼形切片】：两个端点与中心连接起来，形成封闭的扇形。
- 【反转】：将弧形的方向进行旋转。

2.5.5 圆环

圆环可以用来放样生成空间的三维实体，以及创建某些特殊三维形体，如图 2-56 所示。

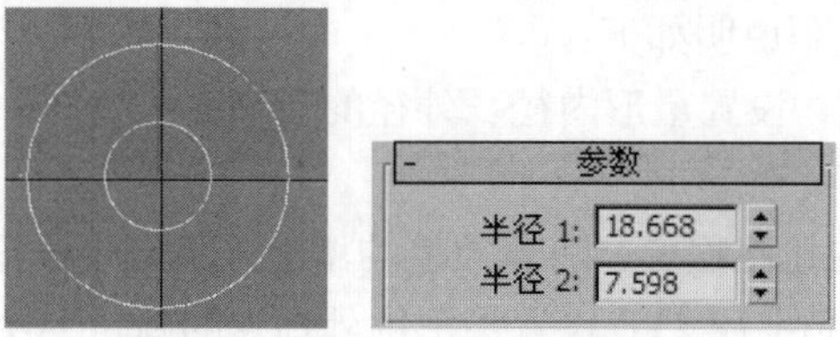

图2-56 圆环创建的效果及参数

圆环【参数】卷展栏选项说明如下：

- 【半径1】/【半径2】：分别设置两个圆的半径大小。

▶ 2.5.6 多边形

多边形用于绘制任意边数的正多边形，可以产生圆角的多边形，边数越多越接近圆形，多边形【参数】卷展栏如图2-57所示。

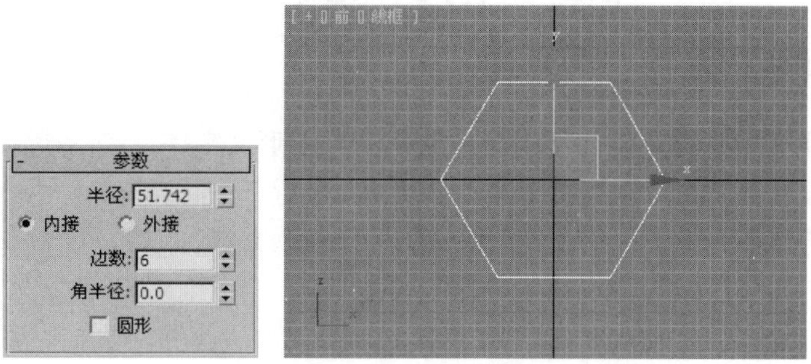

图2-57 多边形【参数】卷展栏及效果

多边形【参数】卷展栏选项说明如下：

- 【半径】：设置多边形的半径大小。
- 【内接】/【外接】：以外切圆或内切圆半径作为多边形的半径。
- 【边数】：设置多边形的边数。
- 【角半径】：设置多边形顶点的圆角半角半径，数值越大，越圆滑。
- 【圆形】：设置多边形为圆形。

▶ 2.5.7 星形

星形可用来绘制具有很多点的闭合星形样条线，其尖角可以钝化为倒角，尖角方向可以扭曲产生锯齿状轮廓。星形【参数】卷展栏如图2-58所示。

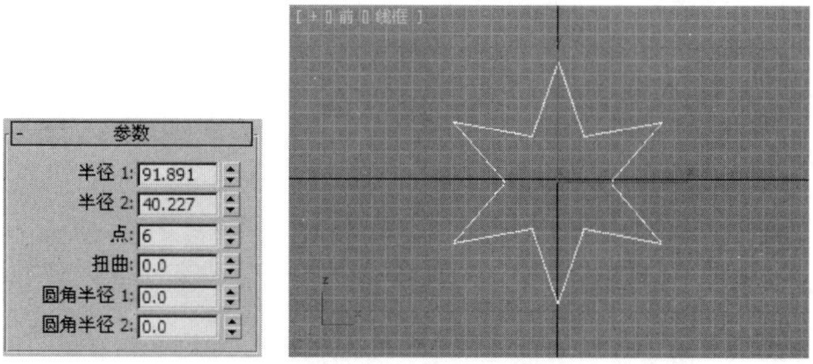

图2-58 星形【参数】卷展栏及效果

星形【参数】卷展栏选项说明如下：

- 【半径1】/【半径2】：设置星形内径、外径的大小。
- 【点】：设置星形尖角个数。
- 【扭曲】：设置尖角的扭曲程度，随着数值的增大，星形生成锯齿形状。
- 【圆角半径1】/【圆角半径2】：设置星形内外顶点的圆角半径大小。

以上参数效果如图 2-59 所示。

图2-59　不同扭曲值及圆角半径星形

2.5.8　文本

文本用来在场景中直接产生文字图形或制作三维图形文字，输入的文字既可以是英文也可以是中文，还可以对其进行一些简单的编辑工作。甚至在完成了动画制作之后，仍可以修改文本内容，文本【参数】卷展栏如图 2-60 所示。

文本【参数】卷展栏选项说明如下：

- 【大小】：设置文本的高度。
- 【字间距】/【行间距】：调整字间，行间距离。
- 【文本】：输入文本文字。
- 【更新】：该选项组的选项可以选择"手动更新"，常用于文本图形复杂、不能自动更新的情况。

图2-60　文本【参数】卷展栏

创建文本

操作步骤

01 单击【文本】按钮，在【参数】卷展栏的【文本】输入框中输入"3ds Max 2010"，调整其参数，效果如图 2-61 所示。

02 最终效果如图 2-62 所示。

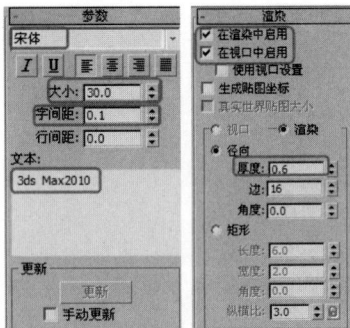

图2-61　创建文字及修改参数

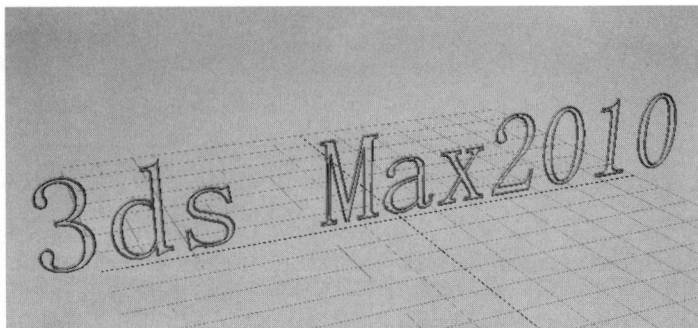

图2-62　最终效果

▶ 2.5.9 螺旋线

螺旋线常用作放样物体的放样路径,用于完成弹簧、盘香、卷须等造型。单击【螺旋线】按钮,其【参数】卷展栏如图 2-63 所示。

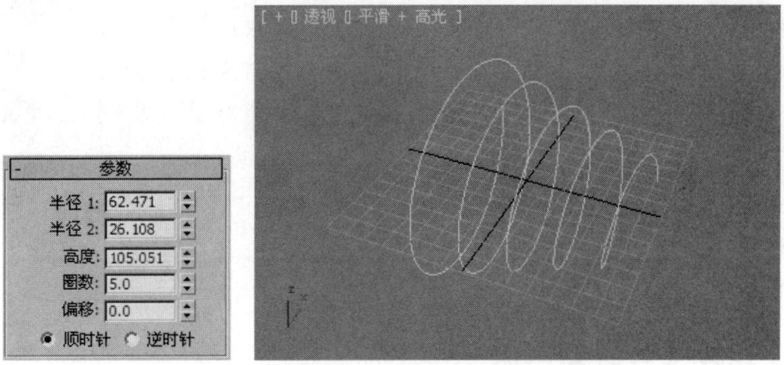

图2-63 螺旋线【参数】卷展栏及效果

螺旋线【参数】卷展栏选项说明如下:
- 【半径 1】/【半径 2】:分别设置螺旋线底圆和顶圆的半径大小。
- 【高度】:设置螺旋线高度,值为 0 时,为平面螺旋线。
- 【圈数】:设置螺旋线起点和终点的圈数。
- 【偏移】:设置在螺旋高度上,螺旋圈数的偏向强度。
- 【顺时针】/【逆时针】:设置螺旋线的旋转方向。

▶ 2.5.10 截面

截面可以通过截取三维造型的剖面来获取二维图形,单击【截面】按钮进入【截面参数】卷展栏,如图 2-64 所示。

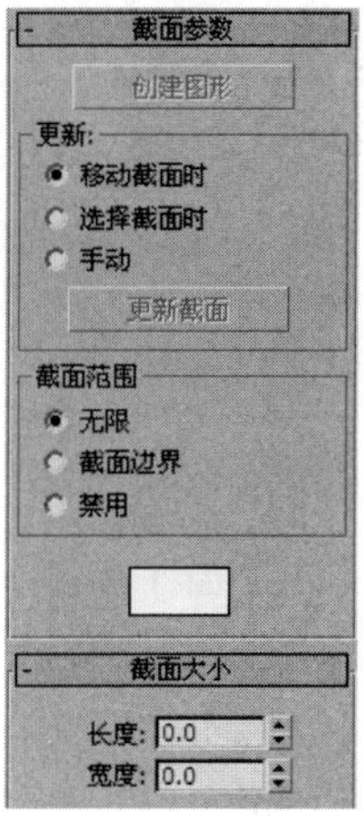

【截面参数】卷展栏选项说明如下:
- 【更新】:设置界面改变时是否将结果及时更新。
  - ➢ 【移动截面时】:在移动或调整截面图形的同时更新相交线。
  - ➢ 【选择截面时】:在移动或调整截面图形后,更新相交线。
  - ➢ 【手动】:在移动或调整截面图形后单击 更新截面 按钮才能更新相交线。
- 【截面范围】:设置截面影响的范围。
  - ➢ 【无限】:截面图形所在的平面将无限界的扩展,
  - ➢ 【截面边界】:将以截面所在的边界为限,凡是接触到截面边界的造型都被截取,否则不受影响。
  - ➢ 【禁用】:关闭截面的截取功能。
- 【截面大小】:设置截面平面的长宽尺寸。

图2-64 【截面参数】卷展栏

▶ 2.5.11 辑样条线修改命令

进入【编辑样条线】有两种方法:

三
维
制
作
大
师

方法1 选择对象，通过右键快捷菜单执行【转换为】命令，选择 转换为可编辑样条线 命令，将样条线塌陷为【可编辑样条线】。

方法2 进入【标准几何体】面板中选择【编辑样条线】修改命令。

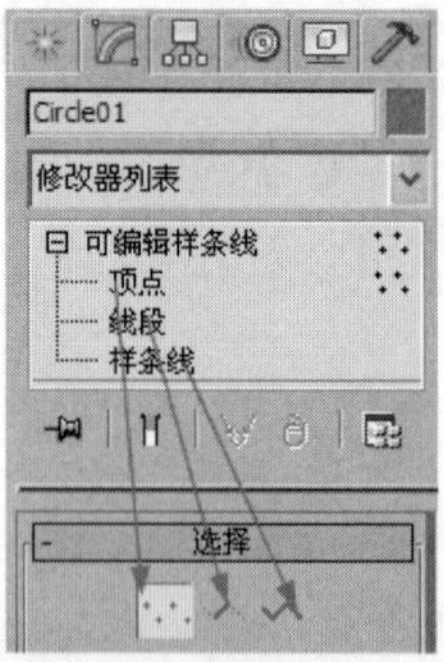

> **提示** 前者会塌陷曲线的所有创建历史，但对子对象的修改记录为动画。后者会以修改命令的形式将当前结果记录在修改堆栈中，可返回以前的创建参数中进行修改，但不能对子对象的修改记录为动画，并会导致文件占用更多内存。

图2-65 修改列表

【编辑样条线】针对样条线类型的对象进行修改和编辑，包括顶点、线段、样条线三个子层级，如图 2-65 所示。

2.5.12 编辑顶点子对象层级

1. 通过变换顶点修改二维图形

编辑顶点子层级，选择 级别，单击鼠标右键，可以从快捷菜单中设置该点的不同平滑属性，其中包括 Bezier 贝兹、角点、平滑、贝兹角点 4 种类型，各种类型的效果如图 2-66 所示。

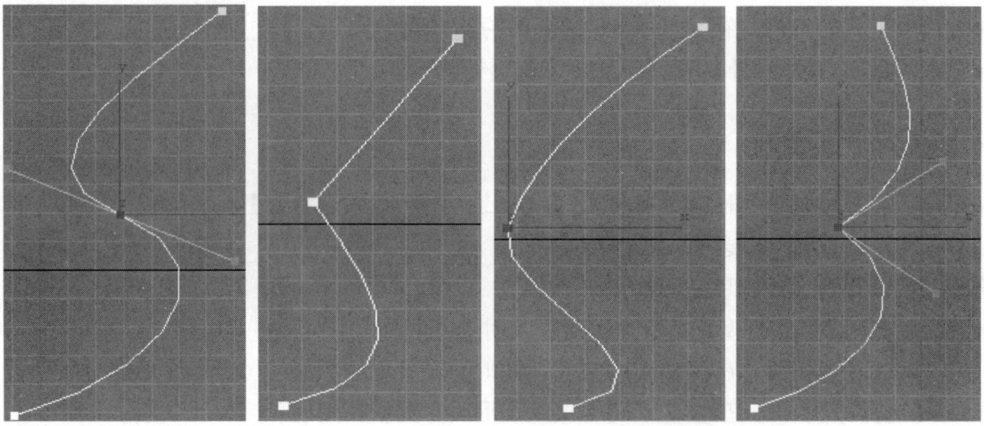

图2-66 分别为Bezier贝兹、角点、平滑、贝兹角点

【Bezier】贝兹：Bezier 提供了两根调节杆，但两根调节杆锁定成一直线并与顶点相切，使两侧的曲线总保持平滑过渡。

【角点】：角点的两边产生直线段，其转角是不可调整的。

【平滑】：运用平滑来强制线段为圆滑的曲线，但是此时仍和顶点呈相切状态，无调节手柄。

【Bezier 角点】：Bezier 角点提供了两侧不相关联的调节杆，其各自调节一侧曲线曲率。

2. 编辑顶点子对象层级

顶点子层级中常用的命令位于【几何体】卷展栏，如图 2-67 所示。其中：

- 【创建线】：创建新的曲线，将其加入到当前曲线中。
- 【断开】：断开当前选择的顶点，断点操作后不会直接在视图中看到效果，选择移动 ✛ 按钮移动，顶点由一个顶点变为多个顶点，效果如图 2-68 所示。

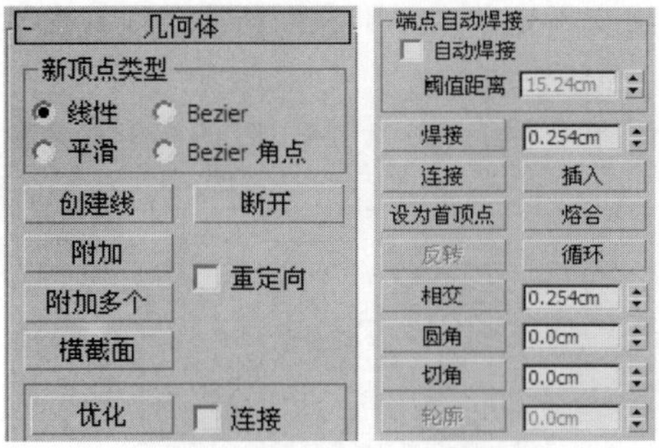

图2-67 【几何体】卷展栏

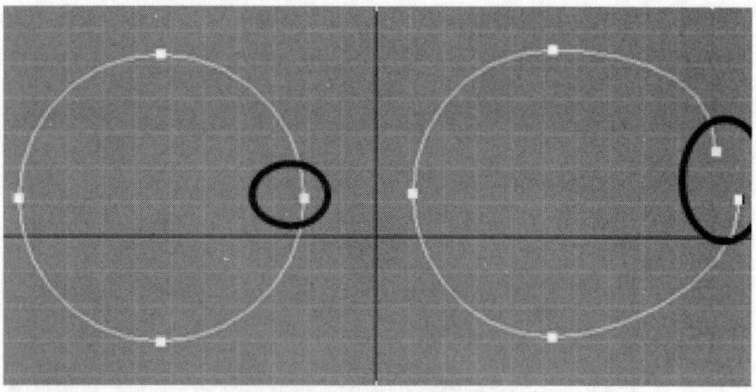

图2-68 断开顶点效果

- 【附加】：附加其他样条线对象，可将单击选取的对象合并到当前对象中。勾选【重定向】，新绘制的对象会移动到原始对象位置处，效果如图 2-69 所示。

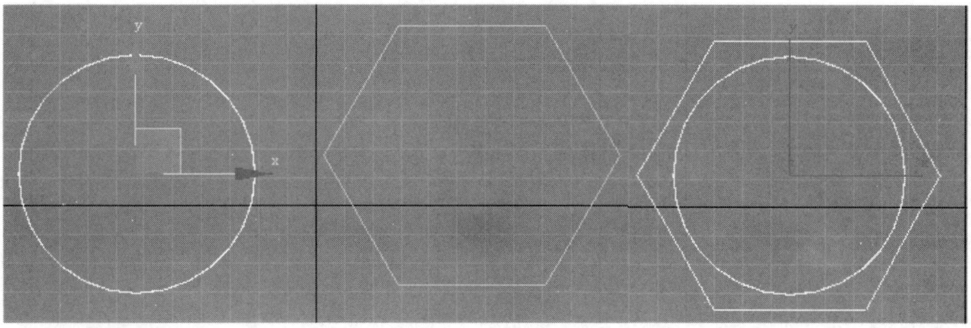

图2-69 附加曲线

- 【附加多个】：单击【附加多个】按钮，弹出【附加多个】对话框，如图 2-70 所示。其中包含当前场景中所有可被结合的对象，根据用户需要，选择一个或多个对象，单击【附加】按钮，被选对象附加到当前对象中。
- 【优化】：在样条曲线上单击鼠标，可以在不改变曲线形状的前提下添加新的顶点，鼠标右键完成添加操作。
- 【焊接】：焊接同一样条线的两断点或两相邻点为一个点，效果如图 2-71 所示。选择对象要合并的点，单击【焊接】按钮，设置增大数值为 0.1 中的焊接阈值，即可焊接。

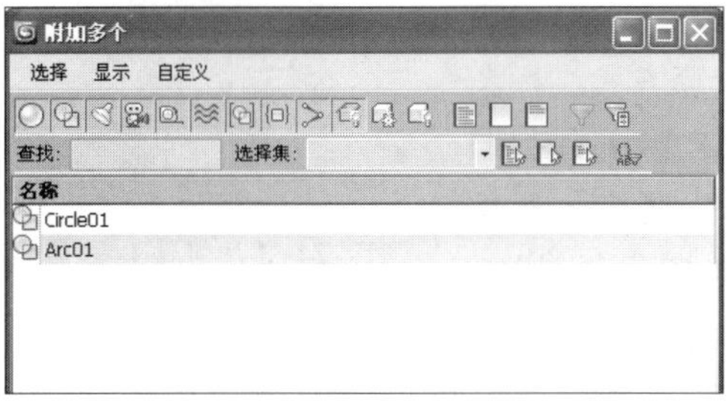

图2-70 【附加多个】对话框

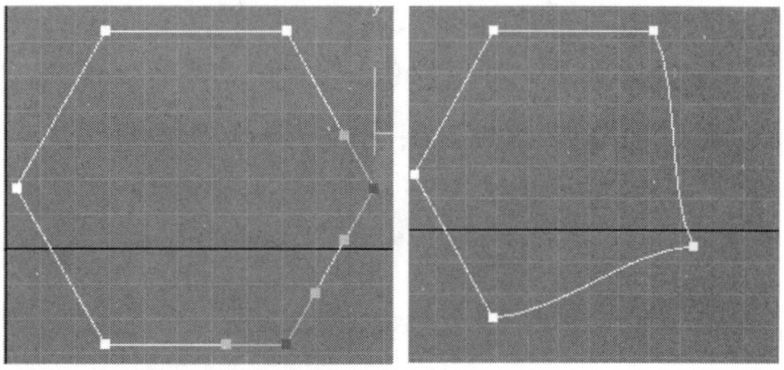

图2-71 焊接效果

- 【连接】：连接两个断开的点，将光标移过某个端点后，则光标变成十字形，拖动鼠标到另一端点，可将两端点连接。
- 【插入】：在样条线上单击鼠标，会插入新的顶点，同时插入新的分段。

- 【相交】：单击【相交】按钮，在两条相交的样条线交叉处单击，则在两条样条线的交叉位置分别插入一个顶点，两条样条线必须属于同一曲线对象。
- 【圆角】/【切角】：用于对曲线的加工以及对直的折角点进行加线处理，以便产生圆角和切角效果，如图 2-72 所示。

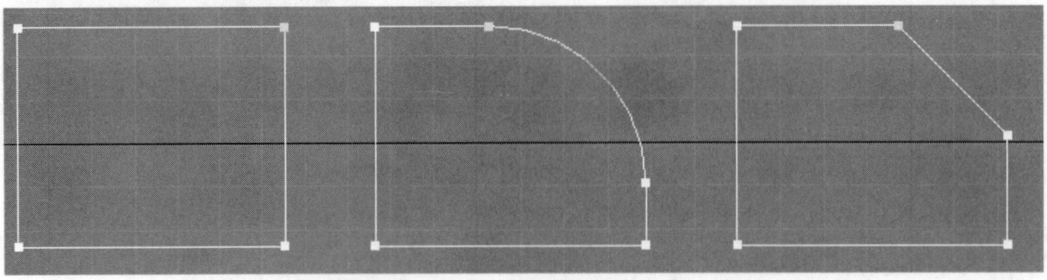

图2-72　圆角效果

▶ 2.5.13　编辑分段子对象层级

分段子对象常用命令位于【几何体】卷展栏，如图 2-73 所示。其中：

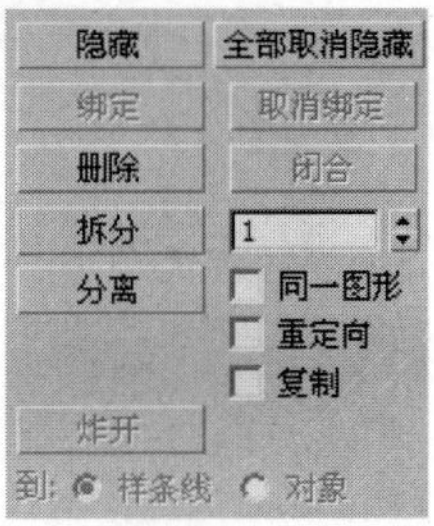

- 【隐藏】/【全部取消隐藏】：将选择的样条曲线隐藏或显示。
- 【删除】：将选择的样条曲线删除。
- 【拆分】：将选中的一个分段拆分成多个分段，分段数目在 ⊞ 输入框中自定。
- 【分离】：将当前选择的对象分离出去，成为一个独立曲线对象。
- 【同一图形】：分离的线段是原曲线的一部分。
- 【重定向】：分离出去的线段会重新放置，作为独立的曲线对象。
- 【复制】：保留当前线段，分离出去的作为独立复制对象。

图2-73　【几何体】卷展栏

▶ 2.5.14　编辑样条线子对象层级

样条线子层级在【几何体】卷展栏中的参数如图 2-74 所示。其中：

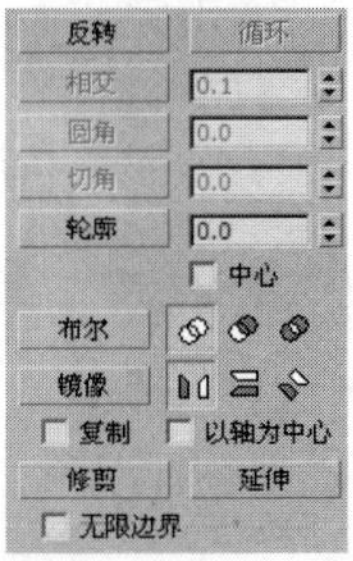

- 【反转】：反转所选样条线方向。
- 【轮廓】：在当前样条曲线上加一个双线勾边，在后边的 0.0 中输入数值来加轮廓。
- 【布尔】：布尔提供了并集、差集、交集 3 种运算方式。样条线布尔运算的操作方法为：选择圆形样条曲线，单击【附加】按钮，附加星形，其次选择 ⊘ 并集，最后单击【布尔】按钮，选择星形样条曲线，完成并集，最终效果如图 2-75 所示。

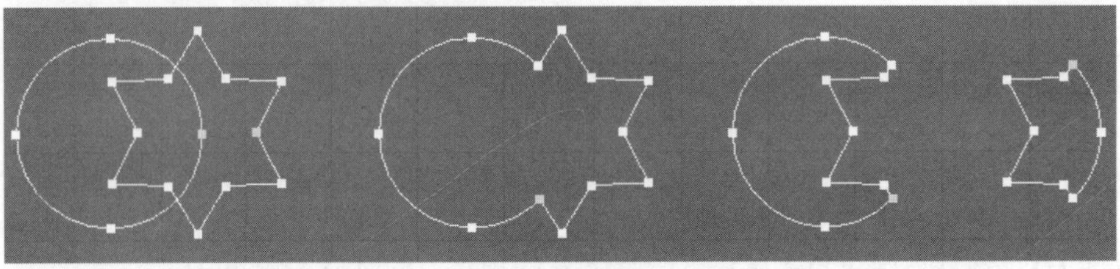

图2-74　【几何体】卷展栏

图2-75　布尔运算原图形、并集、差集、交集效果

- 【镜像】：将曲线镜像；勾选【复制】则产生一个镜像复制品。勾选【以轴为中心】则以样条曲线对象的中心为镜像中心；否则以曲线的几何中心进行镜像复制。
- 【修剪】：修剪交叉样条线的多余部分。
- 【延伸】：将样条线的一个端点延伸至与其相交的样条线上。如果没有相交样条线，则不进行任何处理。

样条线实例—制作丰田车标

〔图标〕所用素材: 光盘\素材\第2章\丰田车标.jpg

渲染最终效果如图 2-76 所示。

图2-76　最终效果

✎ **操作步骤**

01 打开 3ds Max 2010 软件，激活顶视图，进入创建控制面板的几何体建立区域〔图标〕，单击【平面】按钮，在顶视图中创建一个平面，然后单击【材质编辑器】〔图标〕按钮，在漫反射通道中加入配套光盘中提供的 "TOYOTA" 图片，并将此材质赋予给创建好的平面，如图 2-77 所示。

02 选择创建的平面，单击鼠标右键选择对象属性命令，在弹出的命令面板中将以灰色显示冻结对象取消选择，如图 2-78 所示，单击【确定】按钮，鼠标右键选择"冻结当前选择"，将该平面冻结。

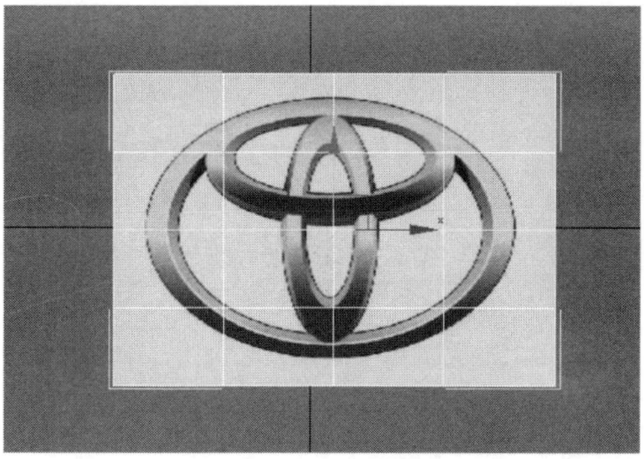

图2-77　赋予平面材质

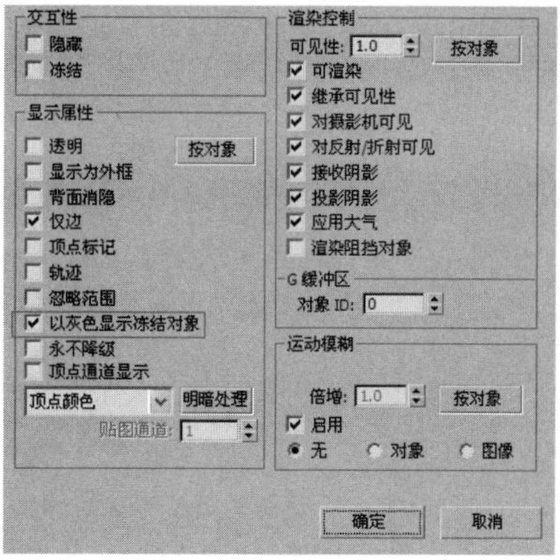

图2-78　【对象属性】对话框

03 进入创建面板的图形建立区域〔图标〕，单击【线】按钮，在顶视图绘制丰田标志的外形，选择【椭圆】按钮，鼠标右键转换为可编辑样条线，进入〔图标〕级别，选中要调整的点，并结合点两边的手柄调整椭圆形状与丰田标志对齐，绿色线框为绘制的图形，效果如图 2-79 所示。

04 进入⌒级别，选择【轮廓】选项，在后面的数值框中输入数值绘制出内轮廓，进入⋯级别，调整内轮廓形状与车标对齐。单击【附加】按钮，附加两个绘制的外轮廓，如图2-80所示。

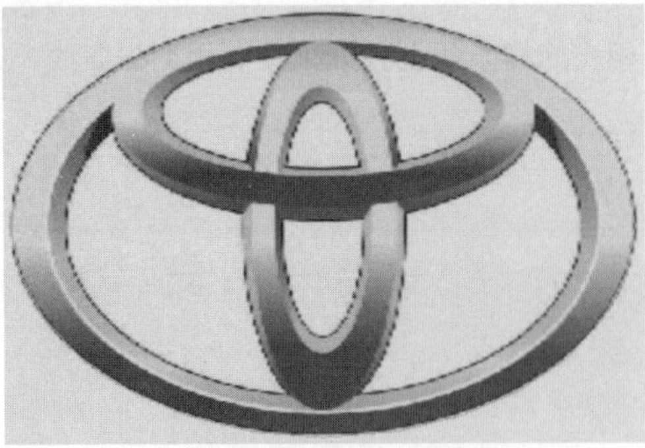

图2-79　绘制外轮廓

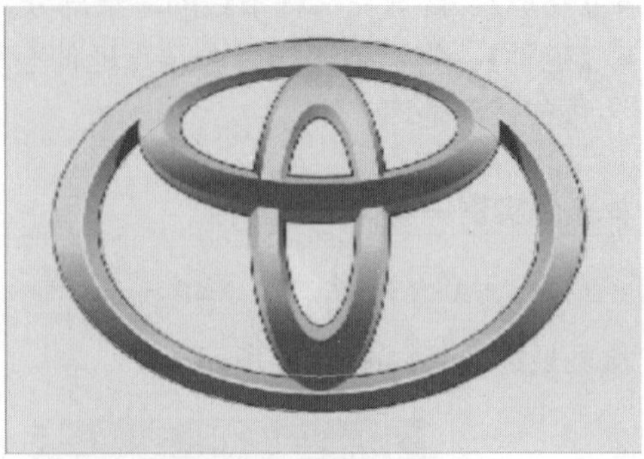

图2-80　绘制内轮廓

05 绘制丰田车标内部两个交叉的椭圆，参考步骤3和步骤4的操作，效果如图2-81所示。选择绘制好的车标外轮廓，进入 修改器列表 的下拉菜单，选择【倒角】修改器。在【倒角值】选项组中的【级别1：】中调整高度为5.0和轮廓为−5.4，结果如图2-82所示。

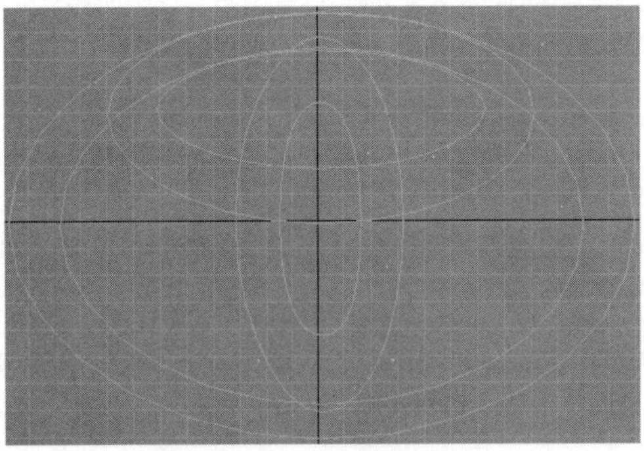

图2-81　绘制完成

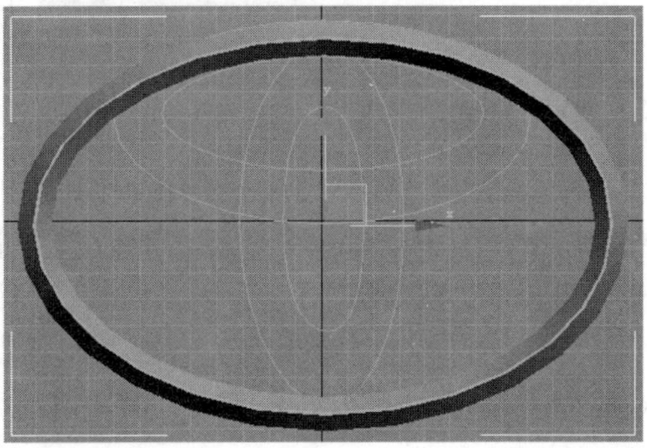

图2-82　倒角修改器

三维制作大师

06 鼠标右键转换为可编辑多边形，进入⋯级别，激活前视图，选中最上边的所有的顶点，激活顶视图，选择缩放选中的点，如图2-83所示。

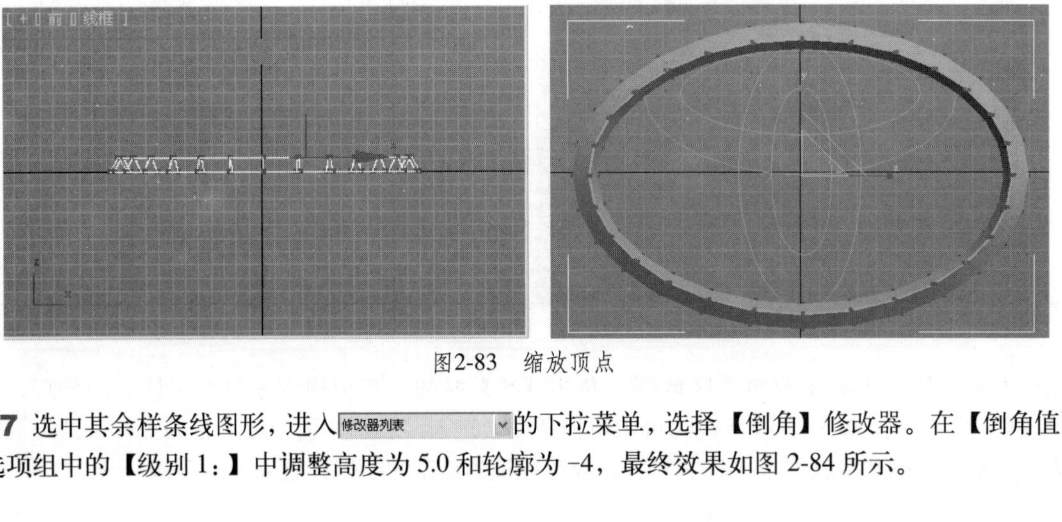

图2-83　缩放顶点

07 选中其余样条线图形，进入 修改器列表 的下拉菜单，选择【倒角】修改器。在【倒角值】选项组中的【级别1：】中调整高度为5.0和轮廓为−4，最终效果如图2-84所示。

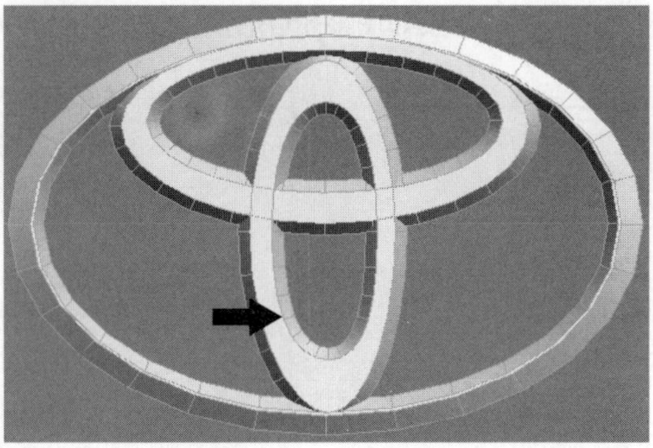

图2-84　最终效果

2.6　上机实战

利用 3ds Max2010 所提供的标准几何体可以进行场景的创建，本节主要介绍几何体的创建方法、不同视图的操作方式以及阵列命令的应用技巧等。

▶ 2.6.1　小卧室的几何体建模

通过对基本几何体的创建，并在不同的视图创建图形，来完成简单的卧室模型的制作。通过本例的学习，主要掌握几何体的创建方法和视图的操作方法。

学习重点

（1）学习使用基本几何体堆积的方法制作一个卡通卧室的效果。

（2）使用"FFD2×2×2"修改器对基本几何体进行变形操作。

最终渲染效果如图 2-85 所示。

图2-85　最终效果图

小卧室的几何体建模

最终效果：光盘＼素材＼第 3 章＼小卧室模型

操作步骤

01 打开 3ds max 2010 软件，激活顶视图，进入创建控制面板的几何体建立区域，单击【长方体】

按钮，在顶视图中创建一个长方体，参数如图 2-86 所示，结果如图 2-87 所示。

图2-86 【参数】面板

图2-87 创建长方体

02 选择创建出来的长方体，配合组合键【Ctrl+V】复制一个长方体，然后利用移动工具 ✛ 将复制出来的长方体沿 Z 轴移动 560cm，如图 2-88 所示，结果如图 2-89 所示。

图2-88 【移动变换输入】对话框

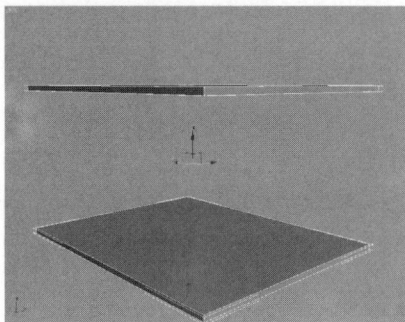

图2-89 完成效果

03 激活左视图，进入创建控制面板的几何体建立区域 ◎，单击【长方体】按钮，在左视图中创建一个长方体，参数如图 2-90 所示，并配合移动工具 ✛ 将刚创建的长方体移动到如图 2-91 所示的位置。

图2-90 【参数】面板

图2-91 创建长方体

04 激活左视图，配合【Shift】键复制一个长方体，并将其宽度设置为 1200mm，长度设置为 800mm，如图 2-92 所示，结果如图 2-93 所示。

05 配合移动工具 ✛ 将长方体与"地面"进行对齐，如图 2-94 所示，再配合组合键【Ctrl+V】复制一个长方体，并将长度值设置为 500，配合移动工具 ✛ 将其与"屋顶"进行对齐，结果如图 2-95 所示。

图2-92 【参数】面板

图2-93 创建长方体

图2-94 对齐地面

图2-95 复制长方体

06 创建一个长方体，参数如图 2-96 所示，结果如图 2-97 所示。

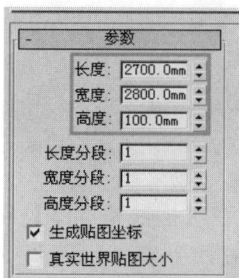

图2-96 【参数】面板

图2-97 创建长方体

07 创建三个长方体，将其他墙面也创建出来，结果如图 2-98 所示，再创建四个长方体作为窗户框，结果如图 2-99 所示。

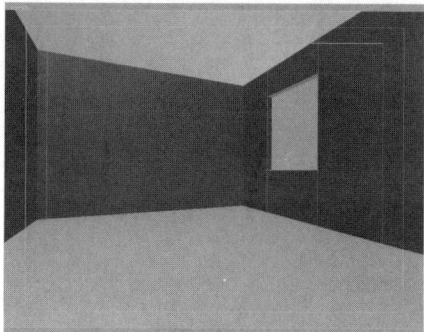

三维制作大师

图2-98 创建墙体

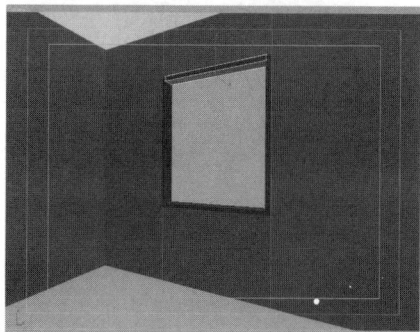

图2-99 创建窗户

08 创建一个长方体作为"窗台"，如图 2-100 所示，再创建两个长方体作为墙上的装饰物体，结果如图 2-101 所示。

图2-100　创建窗台

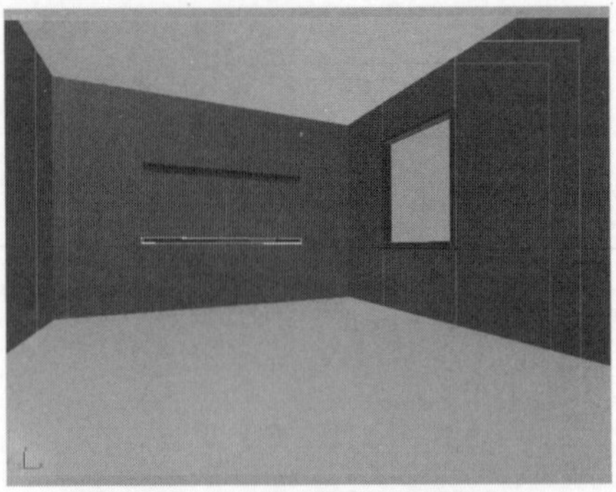

图2-101　创建墙上的装饰物体

09 创建四个【圆柱体】作为作为"床"的四个底座，如图 2-102 所示，再创建一个长方体作为"床"的架子，结果如图 2-103 所示。

图2-102　创建底座

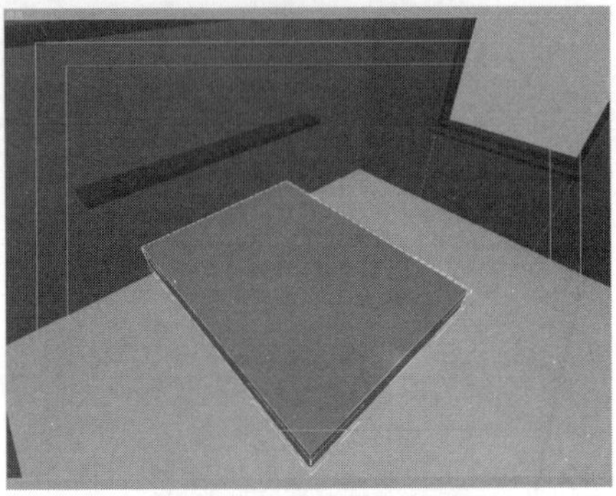

图2-103　创建长方体

10 激活顶视图，进入创建控制面板的几何体建立区域⚪，在【扩展基本体】展卷栏下，单击【切角长方体】按钮，在顶视图中创建一个切角长方体，参数如图 2-104 所示，结果如图 2-105 所示。

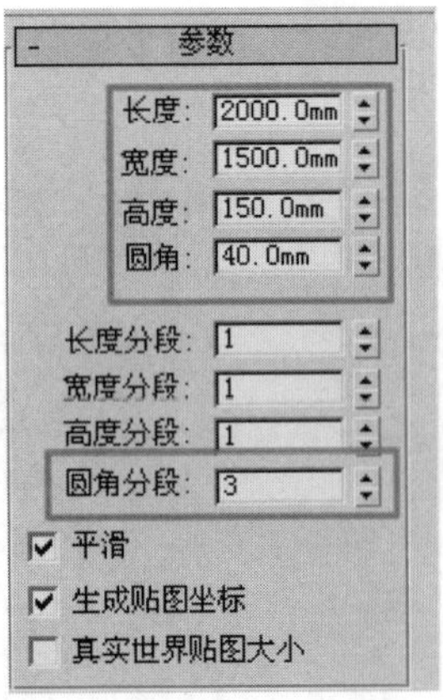

图2-104　【参数】卷展栏

图2-105　创建切角长方体

11 利用相同的方法创建出一个"枕头"的模型，如图 2-106 所示，接下来创建一个"凳子"的模型，先创建四个长方体作为凳子的四条腿，如图 2-107 所示。

图2-106　创建枕头

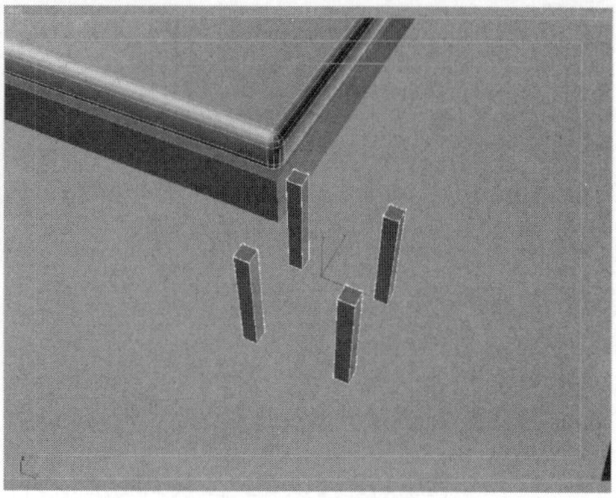

图2-107　创建凳腿

12 将这四个长方体成组，在修改器面板中选择【FFD2×2×2】修改器，利用缩放工具 ▣ 将物体进行缩放，如图2-108所示，再创建一个长方体作为"板凳"的凳面，结果如图2-109所示。

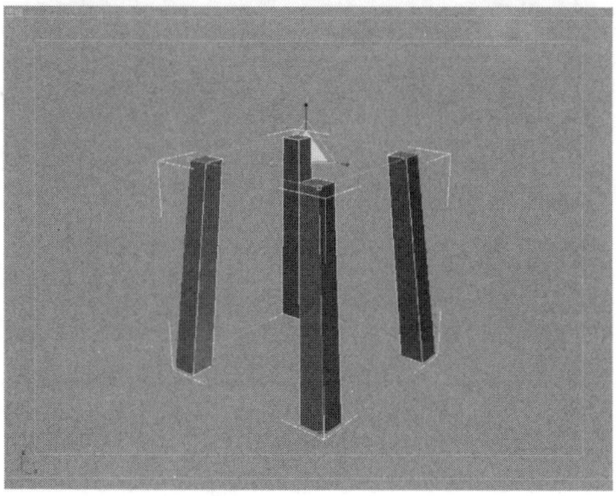

图2-108　【FFD】修改器

图2-109　创建凳面

13 创建几个【长方体】，如图2-110所示，并将这几个长方体成组，如图2-111所示。

图2-110　创建长方体

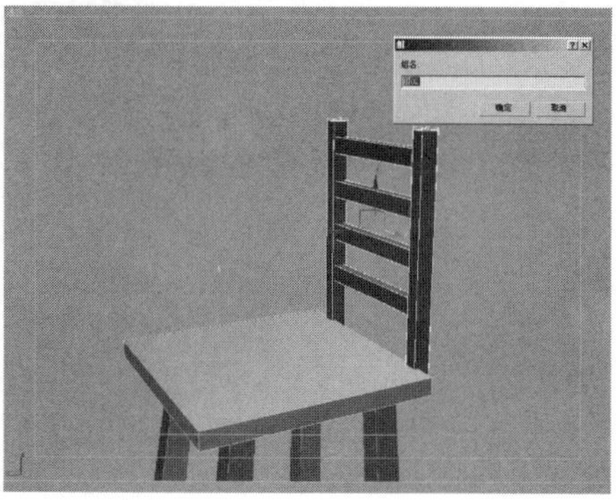

图2-111　成组物体

14 在修改器面板中加入FFD2×2×2修改器，进入 控制点 级别，并利用移动工具 ✛ 将控制点进行移动操作，结果如图2-112所示，最后将整个椅子进行成组，如图2-113所示。

15 选择刚刚创建的椅子模型，配合【Shift】键复制一个椅子，如图2-114所示，最后再创建一些基本几何体作为装饰物体放在墙上的装饰板上，结果如图2-115所示。

图2-112 【FFD】修改器

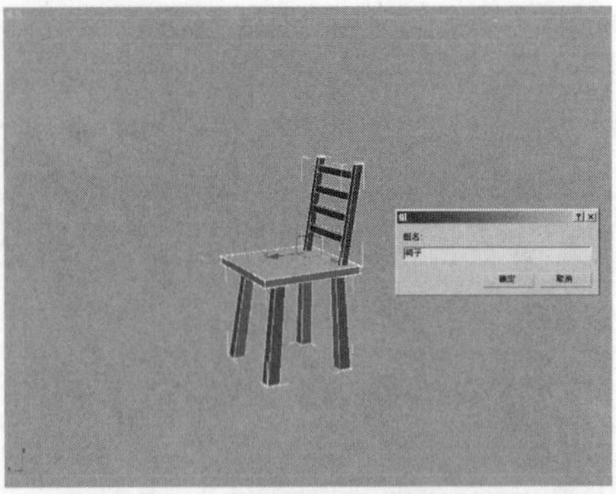

图2-113 成组物体

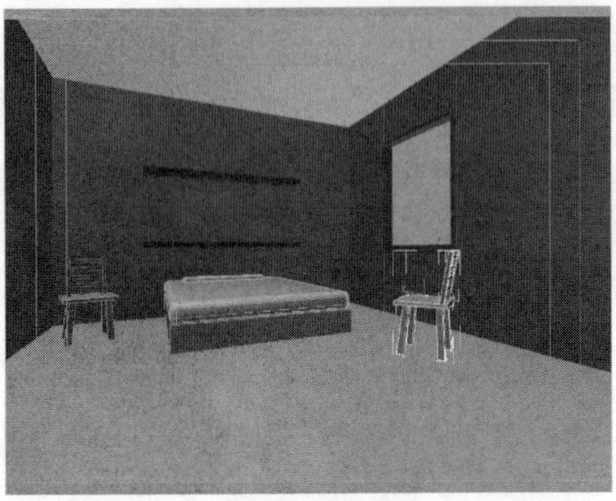

图2-114 复制椅子

图2-115 最终效果

三维制作大师

2.6.2 旋转楼梯的制作

学习利用简单的几何体搭建一座旋转楼梯。主要通过调节物体轴心点，完成阵列复制操作。最后渲染效果如图 2-116 所示。

图2-116 最终效果

学习重点

(1) 学习使用基本几何体搭建旋转楼梯的结构。

(2) 学会在所选视图中如何正确使用阵列命令，制作较为复杂的复制方法。

（3）学会如何调整物体的重心。

（4）线如何渲染。

旋转楼梯几何体建模

最终效果：光盘\素材\第3章\旋转楼梯

操作步骤

（1）楼梯的搭建

01 激活顶视图，进入创建控制面板的几何体建立区域◎，单击【圆柱体】按钮，创建一个圆柱体（旋转楼梯立柱）。单击【长方体】创建一个扁立方体台阶。再次单击【圆柱体】在扁立方体台阶右侧绘制一个楼梯立栏杆。使用移动工具✛在前视图中将扁立方体台阶与楼梯栏杆沿Y轴向上移动至楼梯合适的位置，如图2-117所示。

02 调整楼梯的轴心位置。将扁立方体台阶与楼梯栏杆同时选中，单击【组】菜单中的【成组】命令，将二者编为一组。进入【层次】命令面板品中的【轴】面板中，激活【仅影响轴】按钮，在顶视图中将轴心移动至楼梯立柱的中间，如图2-118所示。

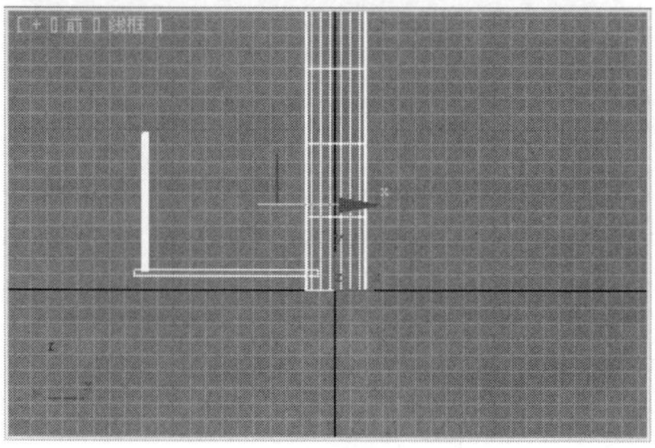

图2-117　立柱、台阶、栏杆的绘制

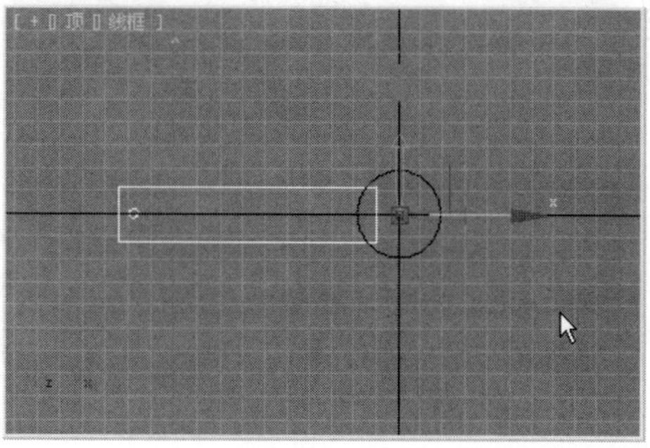

图2-118　调整台阶轴心位置

03 调整完毕后关闭【仅影响轴】按钮。保持楼梯台阶组处于选择状态，激活顶视图，选择【工具】菜单中的【阵列】命令，弹出阵列对话框，输入如图2-119所示的数值，单击【确定】键，得到了如图2-120所示的旋转楼梯。

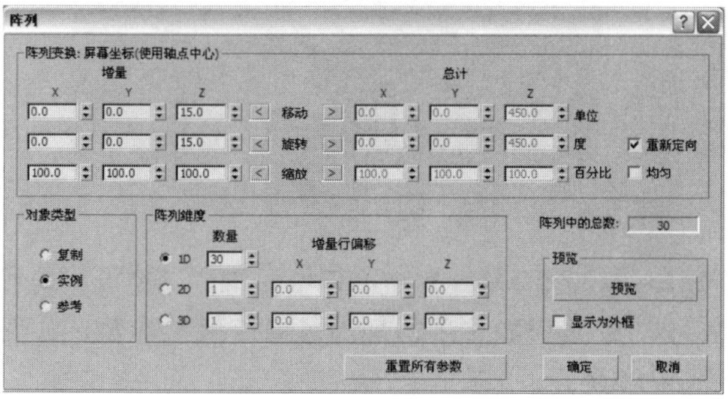

三维制作大师

图2-119　【阵列】对话框

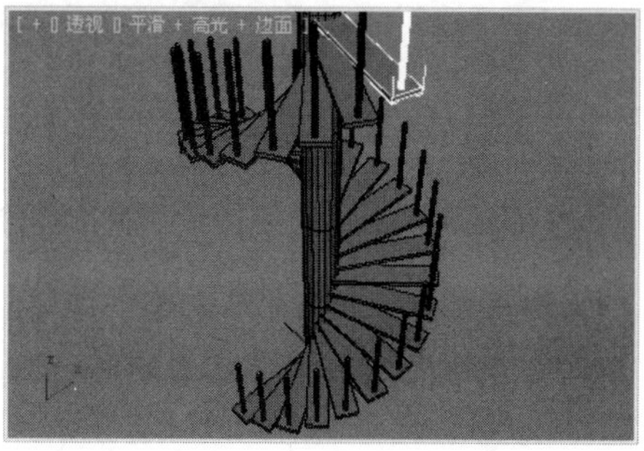

图2-120　阵列出来的楼梯

> **提示**　在阵列调板中选择Z轴输入数值，是由于激活顶视图决定的，在顶视图中，楼梯的旋转与移动，均是沿着Z轴方向。

（2）楼梯扶手的搭建

04 进入创建控制面板的图形建立区域▣，单击【螺旋线】按钮，激活顶视图，创建一个【螺旋线】，如图 2-121 所示。进入修改命令面板☑，调整【螺旋线】为逆时针旋转。在透视图中，使用移动并旋转工具⟳沿 Z 轴旋转【螺旋线】至第一阶台阶处，如图 2-122 所示。

> **提 示** 这里要保证螺旋线【半径1】与【半径2】数值一致，才符合楼梯扶手的形状。

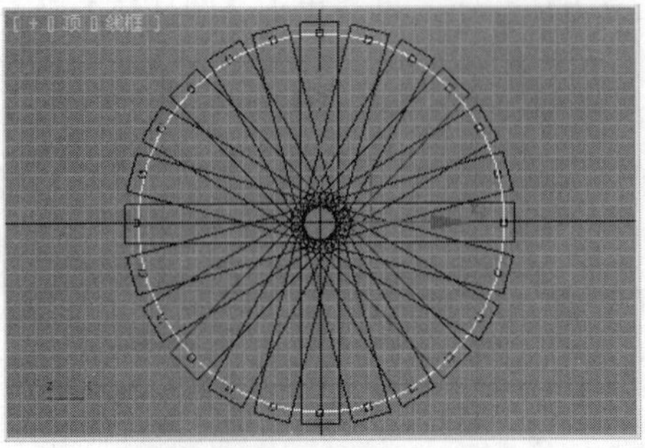

图2-121　螺旋线的建立

图2-122　旋转螺旋线位置

05 调整螺旋线位置，使用选择并移动工具✥，在左视图中将【螺旋线】起点沿 Y 轴向上移动至第一楼梯栏杆的最高处。进入修改命令面板☑，调整螺旋线【高度】数值，在前视图中观察，将【高度】调至最高的栏杆顶端，如图 2-123 所示。将螺旋线【圈数】数值加大，在【透视】视图中观察，将【圈数】同台阶的旋转曲度调为一致。如图 2-124 所示。

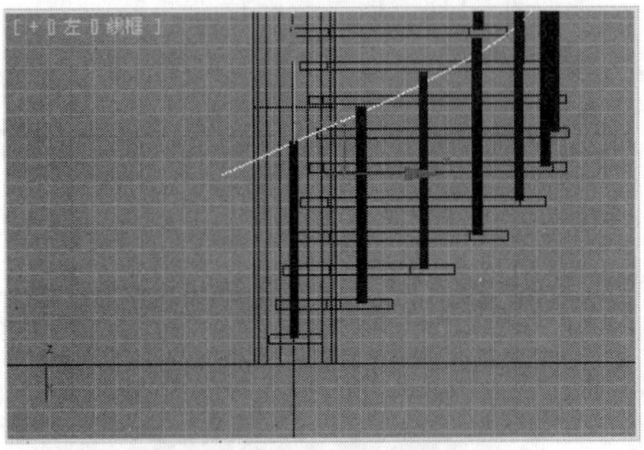

图2-123　向上移动螺旋线位置

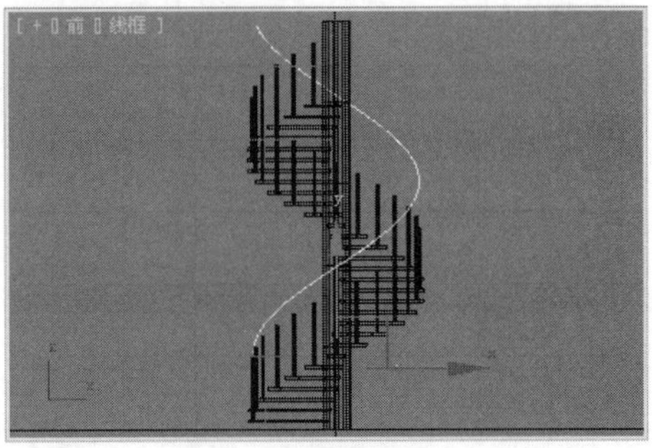

图2-124　调整螺旋线高度

06 将【螺旋线】调为可渲染，选择【螺旋线】，进入☑【修改】命令面板，打开【渲染】卷展栏，勾选【在渲染中启用】选项，勾选【在视口中启用】选项，加大【厚度值】参数，如图 2-125 所示。可渲染之后的螺旋线结果，如图 2-126 所示。

07 制作金属栏杆。选择【螺旋线】，使用选择并移动工具✥，在透视图中按住键盘【Shift】键沿 Z 轴向下复制一个栏杆，在【克隆选项】调板中选择【复制】的对象关系，【副本数】为 1，如图 2-127 所示。选择新复制的栏杆，继续向下复制，在【克隆选项】调板中选择【实例】的对象关系，【副本数】为 2，如图 2-128 所示。

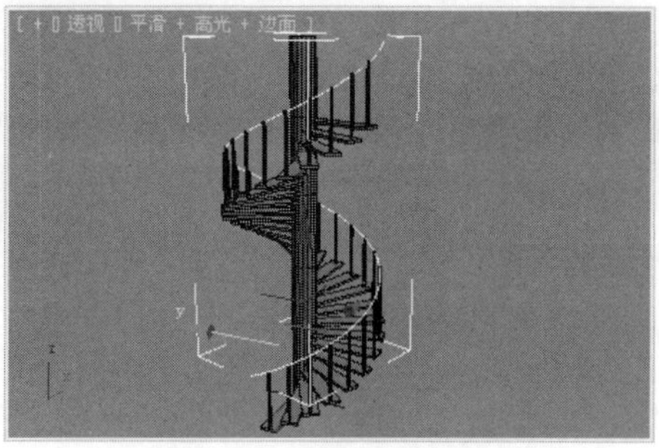

图2-125　调整螺旋线圈数

图2-126　可渲染之后的螺旋线

08 选择一个复制出来的【螺旋线】，进入 【修改】命令面板，将螺旋线的【厚度】值变小，得到稍细的金属栏杆，最后效果如图 2-129 所示。

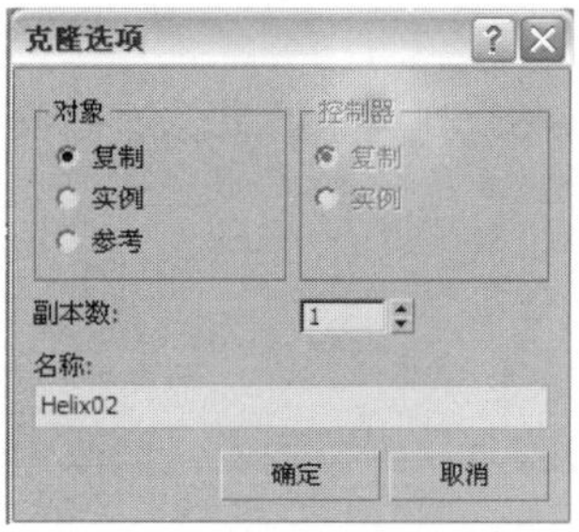

图2-127　【克隆选项】调板

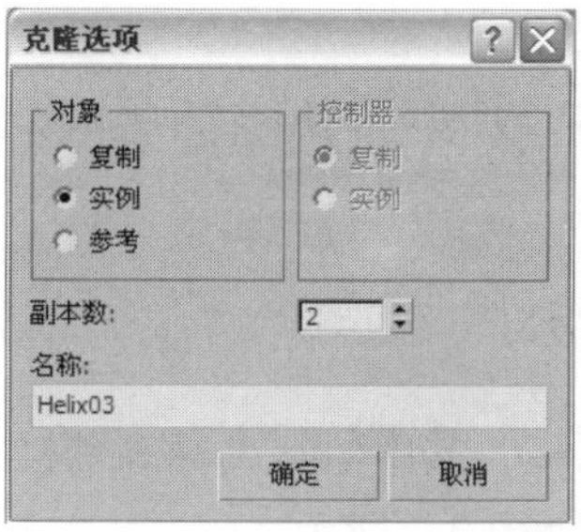

图2-128　【克隆选项】调板

图2-129　旋转楼梯最终效果

2.7　本章小结

　　本章我们了解了 3ds Max 2010 的 4 种建模方法，以及每一种建模方式的优势和不足。学习和使用了 3ds Max 基本几何体的创建、二维图形的创建以及编辑样条线的基本操作。并通过具体案例掌握 3ds Max 基本几何体的的建模方式。

2.8　习题

　　1. 填空题

　　（1）标准几何体的建立可以通过在命令面板上选择_____、_____，并在次级扩展栏中选择_____来实现。

　　（2）3ds Max 2010 中的扩展几何体命令共有 13 种，任意写出其中 4 个：_____、_____、_____、_____。

　　（3）在创建切角长方体时，用于设置倒角效果的参数是_____和_____命令。

　　2. 上机题

　　（1）上机练习圆柱体物体的创建。

　　（2）上机练习切角圆柱体的创建。

　　（3）上机练习基本几何体建模。

第 3 章 对象的修改和合成

▶▶ 本章详细讲解各种编辑修改工具使用方法以及参数设置，读者应该
熟练掌握各种编辑修改工具的使用方法。

完成对象的创建后，往往需要对其进行修改或合成以达到理想效果。通过修改命令和合成
命令，可以将三维模型或二维图形进行特殊的变形，产生更趋于完美的模型效果。

▶ 3.1 【修改命令】面板

对象建立完成后往往不能直接使用，需要对其添加一些特殊命令来达到满意效果。这些操
作将在【修改命令】面板中进行。

▶ 3.1.1 认识【修改命令】面板

在命令面板中单击【修改命令】面板，其中包括名称颜色栏、修改命令下拉列表、修改命
令堆栈、修改命令工具、参数设置区，如图 3-1 所示。

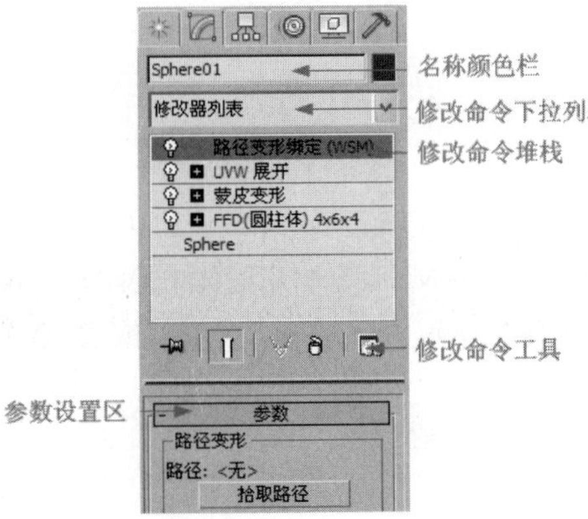

名称颜色栏：在【修改命令】面板顶端的
输入框中，可以修改对象名称。单击色块可以
重新为对象分配颜色。

修改命令下拉列表：所有能添加给对象的
修改面板都集中在此列表中，可以从用户下拉
列表中进行选择。

修改命令堆栈：按层堆积的方式用来存储
对象的创建和修改过程的记录信息，其修改命
令的堆积顺序可以移动 、删除，记录的信息
越多，计算机内存消耗也越大。

修改命令工具：在修改命令堆栈下的工具
是用来对所添加的修改命令进行操作的工具，
其中包括将添加的修改命令锁定、显示或隐藏其效果、删除及打开自定义常用修改命令的快捷
面板。

图3-1 【修改命令】面板

参数设置区：在修改命令工具下的参数设置区，此区域会因修改工具的不同而显示出不同
的参数。如果用户选择的是修改命令堆栈的基层，这里将显示出对象的基本创建参数。

▶ 3.1.2 修改命令堆栈控制工具

修改命令堆栈控制工具包括以下 5 种，说明如下：

- 🔲【锁定堆栈】：锁定当前选择对象的堆栈记录信息，当选择其他对象时，堆栈器中仍记
  录原对象的修改信息。

- 【显示最终结果开关切换】：显示对象修改后的最终效果，忽略当前在堆栈中选择的修改命令。
- 【使唯一】：使相对关联参考对象及修改命令相互独立。
- 【从堆栈中移除修改器】：将修改命令堆栈中选择的修改命令删除。
- 【配置修改器集】：单击此按钮会弹出如图 3-2 所示的菜单，可以对修改面板进行设置。

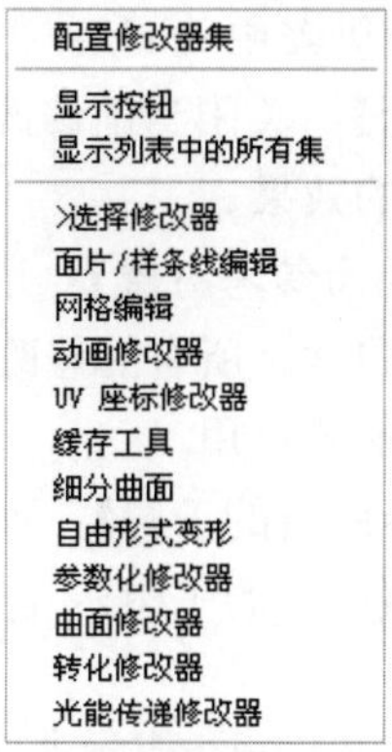
配置修改器集
显示按钮
显示列表中的所有集
>选择修改器
面片/样条线编辑
网格编辑
动画修改器
UV 座标修改器
缓存工具
细分曲面
自由形式变形
参数化修改器
曲面修改器
转化修改器
光能传递修改器
图3-2　弹出的关联菜单

3.1.3　修改命令右键菜单

通过修改命令堆栈右键菜单中的命令可以对修改命令进行一系列的操作，合理地运用这些命令能够避免作品创建过程中不必要的麻烦，在分别选择基层物体和修改命令时，菜单中的命令也会略有变化，如图 3-3 和图 3-4 所示。

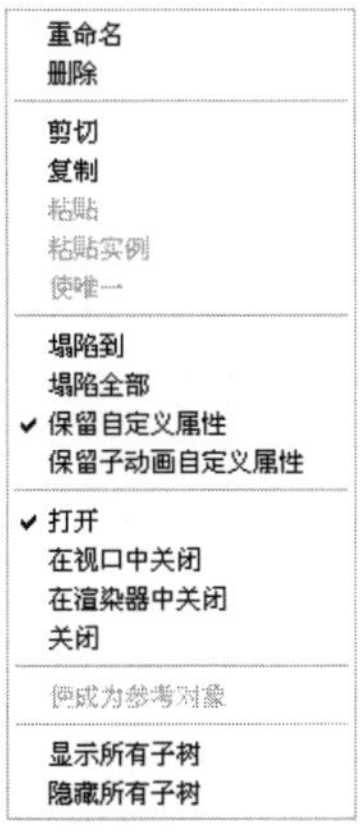
重命名
删除
剪切
复制
粘贴
粘贴实例
使唯一
塌陷到
塌陷全部
保留自定义属性
保留子动画自定义属性
打开
在视口中关闭
在渲染器中关闭
关闭
使成为参考对象
显示所有子树
隐藏所有子树
图3-3　选择修改命令时的右键菜单

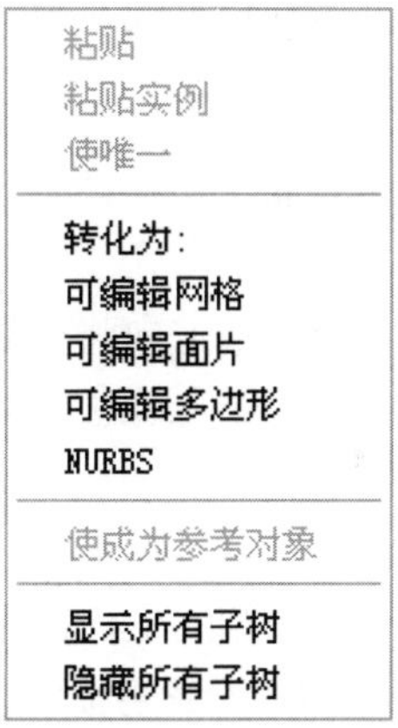
粘贴
粘贴实例
使唯一
转化为:
可编辑网格
可编辑面片
可编辑多边形
NURBS
使成为参考对象
显示所有子树
隐藏所有子树
图3-4　选择基层物体时的右键菜单

修改命令右键菜单各选项说明如下：

- 【重命名】：修改当前所选择修改命令的名称，允许为它指定特殊的名称。
- 【删除】：从修改命令堆栈中删除修改命令。
- 【剪切】：从修改命令中剪切选定的修改命令。
- 【复制】：复制当前选定的修改命令。
- 【粘贴】：把剪切或复制的修改命令重新粘贴到修改命令堆栈中。
- 【粘贴实例】：把修改命令的关联复制并粘贴到修改命令堆栈中去，相关联的修改命令以斜体显示。
- 【使唯一】：取消修改命令之间的实例关联。
- 【塌陷到】/【塌陷全部】：塌陷部分或全部修改命令。经过塌陷后，修改命令堆栈中的记录将消失，不影响对象的最终形状，作用在于简化记录，保留内存。
- 【打开】：将当前修改命令的效果在视图和渲染场景中显示出来。
- 【在视口中关闭】：不显示当前修改命令的编辑效果，不影响渲染效果。

- 【在渲染器中关闭】：在渲染时不显示当前修改命令的编辑效果，但在视图中可以。
- 【关闭】：关闭当前修改命令的作用。利用此功能，可以比较对象在应用了某个修改工具前后的效果。
- 【使成为参考对象】：用于将当前关联对象转化为一个参考对象，并在对堆栈顶部增加一条空白线，所有的修改都将限制指定到这条线以上。只有当所选定的对象为关联对象时，该功能才可用。
- 【显示所有的子树】：可显示修改命令堆栈中所有修改命令的子层级。
- 【隐藏所有的子树】：隐藏修改命令堆栈中所有修改命令的子层级。

3.2 常用的修改命令

修改器在模型创建过程中发挥着重要的作用，单纯依靠标准几何体建模，很难得到复合要求的复杂模型，这时就要添加各种修改器对基本几何体进行修改。修改器可以应用于实体模型，也可以应用于二维对象。修改器能够修改对象的几何体结构，以某种方式对其进行变形，修改器对指定的对象所做的更改是有持续性的，也就是说，这种更改会一直存在到该修改器被删除或修改为止。用户也可以在同一对象上应用多个修改器，这些修改器会按它们应用的前后次序产生效果。

3.2.1 弯曲

通过指定角度和方向将对象进行弯曲处理，其弯曲所依据的坐标轴向和弯曲限制程度通过参数面板进行指定，其参数面板如图 3-5 所示。其中：

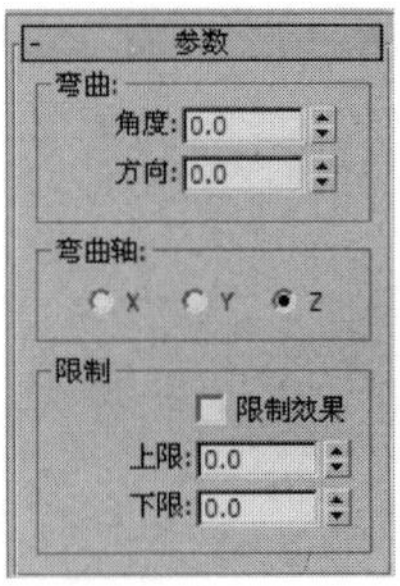

- 【弯曲】：可以对物体进行弯曲处理，调节弯曲的角度和方向，以及弯曲依据的坐标轴向，还可以限制弯曲在一定范围内。
  - 【角度】：设置弯曲的角度大小。
  - 【方向】：设置弯曲的方向。
- 【弯曲轴】：通过 X、Y、Z 选择被弯曲的轴向。

图3-5 修改【参数】面板

- 【限制】：设置对物体指定的限制效果。
  - 【限制效果】：指定弯曲的影响范围，其影响区域将由上、下限值确定。
  - 【上限】：设置弯曲的上限，在此限制度以上的区域将不会受到弯曲影响。
  - 【下限】：设置弯曲的下限，在此限制度与上限之间的区域将都受到弯曲影响。

弯曲修改器实例—制作扇子

最终效果：光盘\素材\第3章\扇子

操作步骤

01 在前视图中利用优化工具加点，创建一条折线，如图 3-6 所示。

02 进入样条线级别，单击【轮廓】按钮，数值为 2.0，并将折线两侧的点调整成一条直线，如图 3-7 所示。在【透视】视图中选择折线对象，单击 修改器列表 选择【挤出】命令，在

【参数】卷展栏中设置【数量】为 203.2，在左视图中创建切角长方体对象，返回顶视图，配合【Shift】键，沿 X 轴向复制一个在折线另一端，如图 3-8 所示。

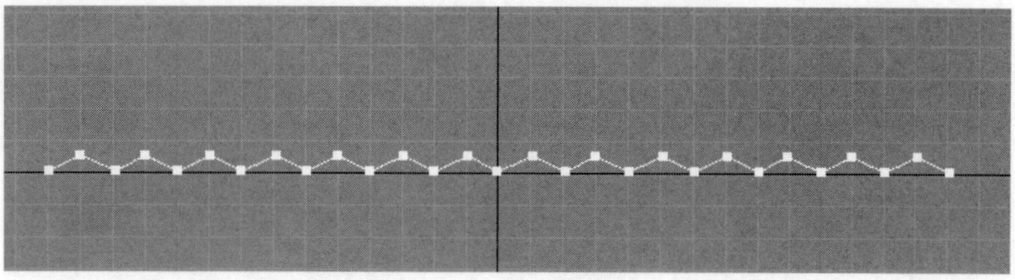

图3-6　绘制折线

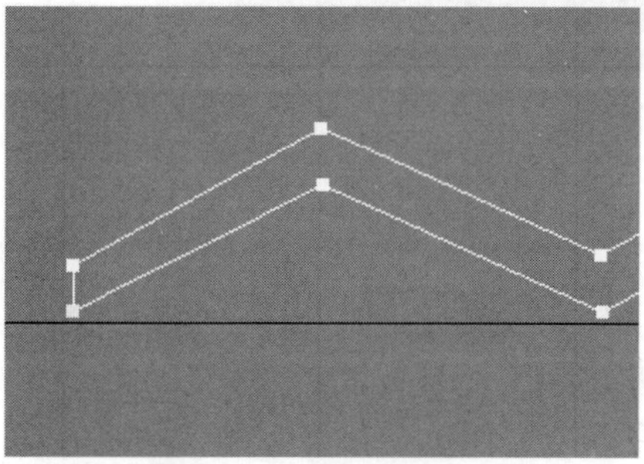

图3-7　调整顶点位置

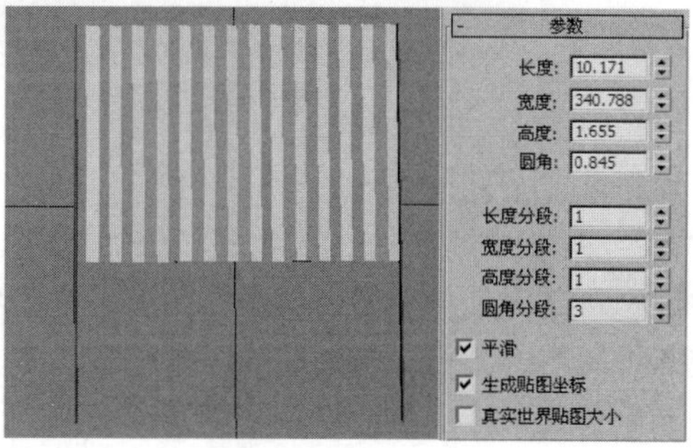

图3-8　挤出命令

03 单击前视图并选择旋转工具，调整切角长方体的角度，沿【Z】轴旋转至如图 3-9 所示效果。

04 在前视图创建一个长方体对象，位置和参数数值如图 3-10 所示。

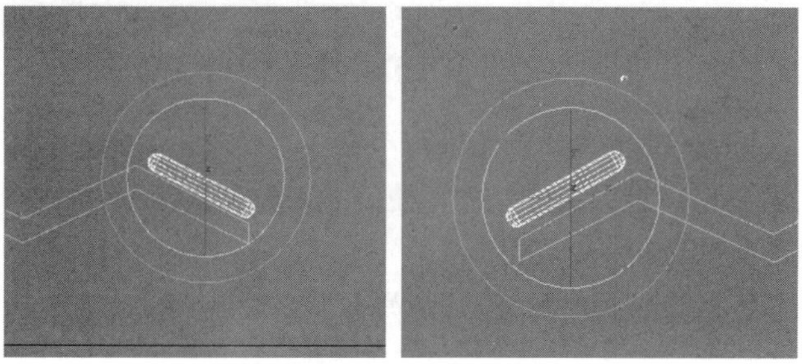

图3-9　旋转切角长方体

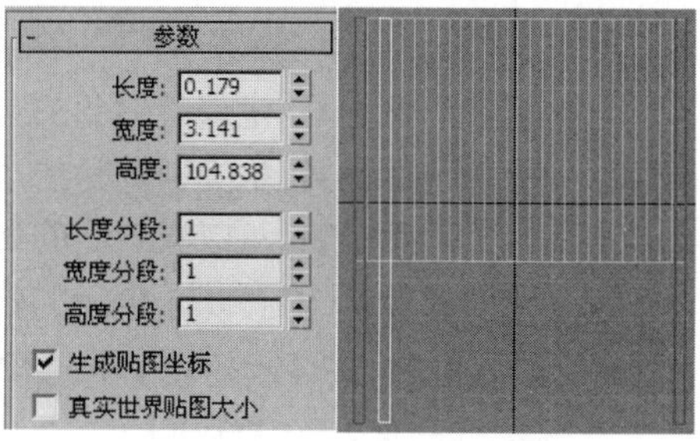

图3-10　创建长方体

05 激活顶视图，使用选择并移动工具，配合【Shift】键沿 X 轴复制 11 个长方体并适当旋转，如图 3-11 所示。

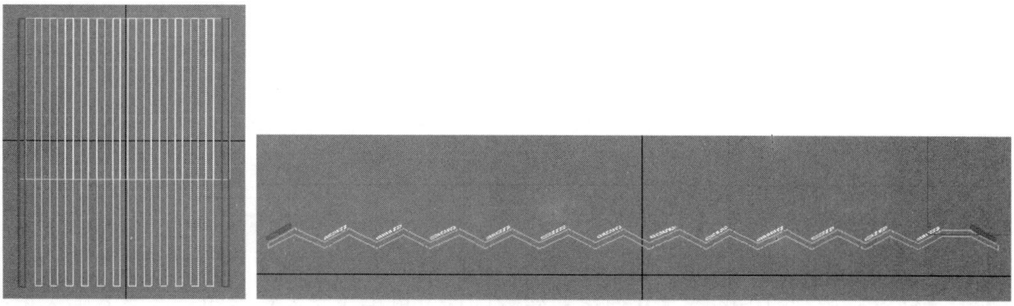

图3-11　复制并旋转长方体

06 在顶视图中框选所有图形，单击 修改器列表 ▼ 下拉菜单中选择【弯曲】命令，参数及效果如图 3-12 所示。

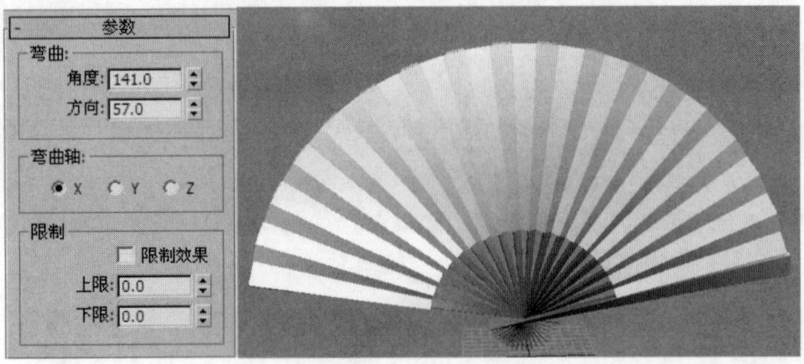

图3-12　参数及效果

▶ 3.2.2　倒角

该修改器工具只能作用于二维图形，它能将平面图拉伸成三维图形，还可以为生成的三维模型边界加入直角或圆形的倒角效果，【倒角参数】卷展栏如图 3-13 所示。其中：

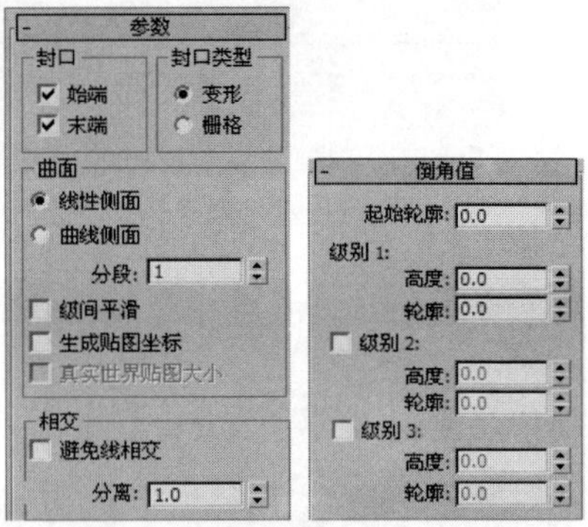

- 【参数】：设置倒角物体的分段数及坐标生成。
    - ➤【始端】/【末端】：将开始或结束截面封顶加盖。
    - ➤【变形】：不处理表面，以便进行变形操作，制作变形动画。
    - ➤【栅格】：进行表面网格处理，栅格产生的渲染效果要优于变形方式。
    - ➤【线形侧面】：生成直倒角的边。
    - ➤【曲线侧面】：生成圆倒角的边，【分段】值越大，倒角越圆滑。
    - ➤【级间平滑】：可以在不同的倒角级别之间进行光滑处理，使倒角对象整体上光滑。
    - ➤【避免线相交】：防止尖锐的折角产生的变形。
- 【倒角值】：在【起始轮廓】选项组中包括级别 1、级别 2、级别 3，它们分别设置 3 个级别的【高度】和【轮廓】。
    - ➤【起始轮廓】：设置原始图形的外轮廓大小。
    - ➤【高度】：设置在起始级别上的距离。
    - ➤【轮廓】：设置级别轮廓到起始轮廓的偏移距离。

图3-13　【倒角参数】卷展栏

> **提示**　【倒角值】卷展栏中可以设置三个倒角级别，后一个级别是在前一个级别的基础上进行的。

制作文字倒角效果

操作步骤

01 进入【创建】控制面板的 ⊙【几何体】建立区域，单击【文本】按钮，在文本输入框中输入 "Autodest" 字样，如图 3-14 所示。

图3-14　创建文本

02 在 修改器列表 下拉菜单中选择【倒角】命令，在【倒角值】卷展栏中设置各项参数，文字倒角后的形态如图 3-15 所示。

图3-15　倒角修改器

3.2.3　挤出

该命令能通过挤出为平面图形增加厚度，将其转换为三维实体，所以此修改工具只能用于平面图形，挤出参数面板如图 3-16 所示。其中：

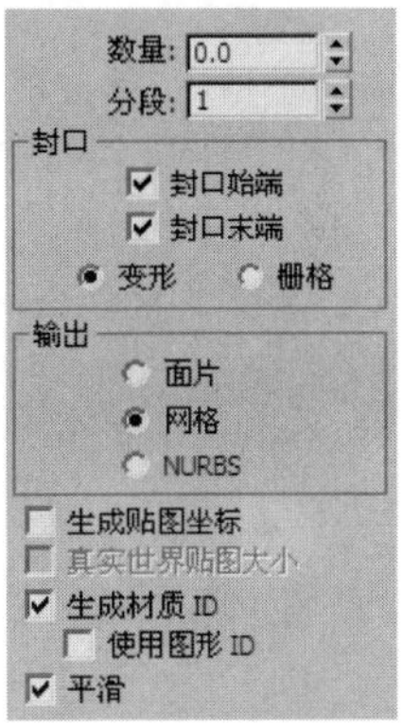

- 【数量】：设置二维图形的被挤出量。
- 【分段】：设置在挤出高度上的线段数。
- 【封口】：设置对象在顶端或底端是否封闭。
  - ➤【封口始端】/【封口末端】：封闭开始或者结束截面。
  - ➤【变形】：用于变形动画的制作，保证点面数恒定不变。
  - ➤【栅格】：对边界线进行重排列处理，以最精确的点面数获取最优秀的造型。
- 【输出】：设置对象的转化对象，贴图坐标及平滑参数。

图3-16　挤出参数面板

  - ➤【面片】：将挤出对象输出为面片模型，可以使用【编辑面片】修改命令。
  - ➤【网格】：将挤出对象输出为网格模型，可以使用【编辑网格】修改命令。
  - ➤【NURBS】：将挤出对象输出为 NURBS 模型。
- 【生成贴图坐标】：为挤出的对象自动指定贴图坐标。
- 【生成材质 ID】：为对象指定不同的材质 ID 号；顶盖材质 ID 为 1，底盖材质 ID 为 2，侧面材质 ID 为 3。
- 【使用图形 ID】：使用曲线材质 ID。
- 【平滑】：对挤出对象进行平滑处理。

使用挤出修改器制作笔筒

最终效果: 光盘\效果\第3章\笔筒建模

操作步骤

01 进入【创建】控制面板的 【图形】建立区域，单击【圆】按钮，在顶视图中绘制一个圆形。进入 【修改】命令面板，在修改器列表中选择【编辑样条线】命令。选择 【分段】子集，选中圆的线段为红色，单击键盘【Delete】键，将圆删减成如图 3-17 所示效果。选择 【样条线】子集，选中圆弧为红色，单击【轮廓】按钮，在顶视图中拖动出如图 3-18 所示封闭的半弧形。

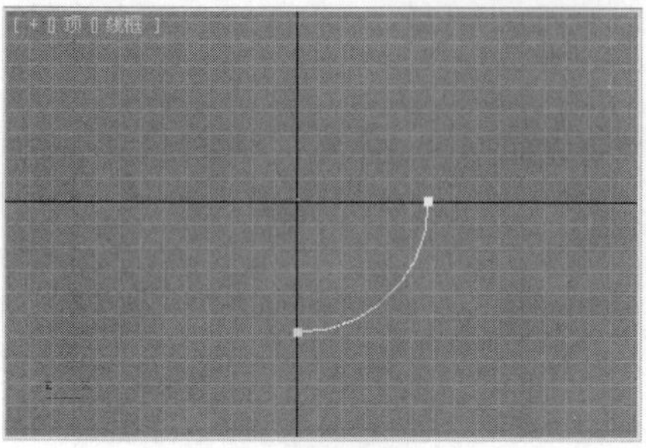

图3-17 绘制曲线 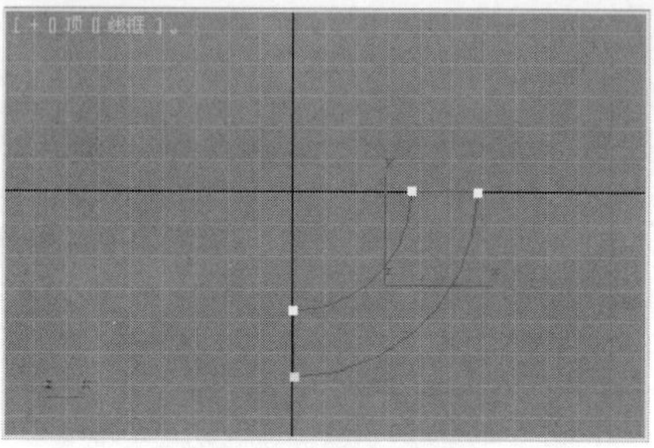　　　　　　　　　　图3-18 建立轮廓

02 进入【创建】控制面板的 【图形】建立区域，单击【圆】按钮，在顶视图中绘制如图 3-19 所示的另一个圆形对象。进入 【修改】命令面板，在修改器列表中选择【编辑样条线】命令，选择 【顶点】子集，单击【优化】按钮，在所绘圆形上添加如图 3-20 所示的节点。

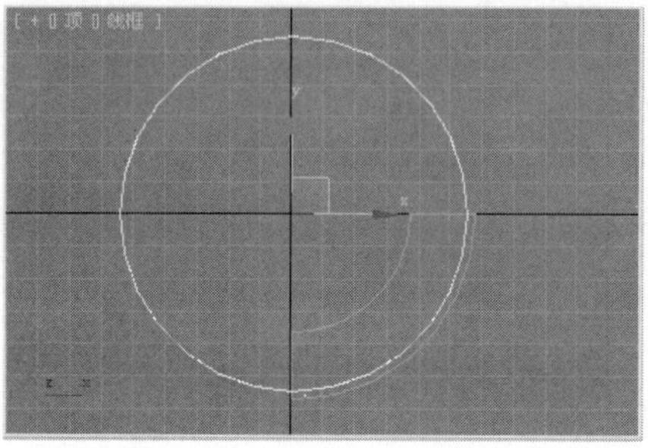

图3-19 绘制圆形 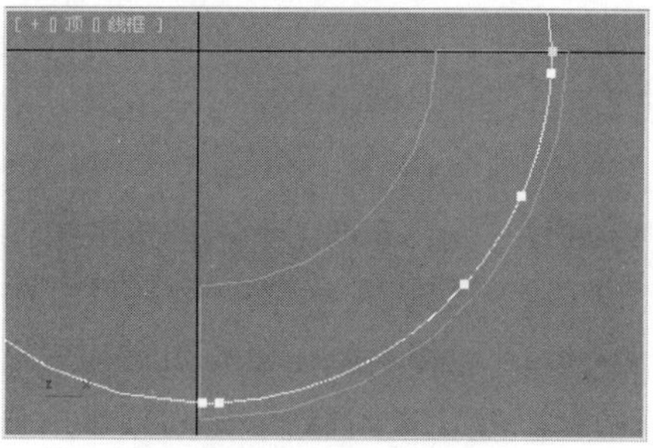　　　　　　　　　　图3-20 添加节点

03 选择 【分段】子集，选中圆的多余线段为红色，单击【Delete】键，将圆删减成如图 3-21 所示。选择 【样条线】子集，将两条圆弧都选中为红色，单击【轮廓】按钮，在顶视图中拖出如图 3-22 所示封闭的半弧形。

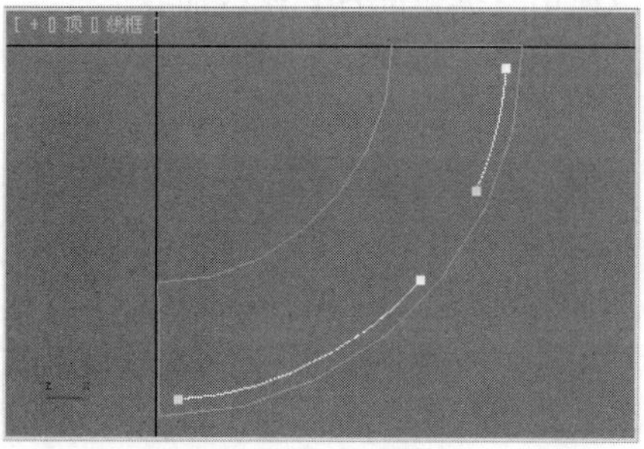

图3-21 编辑曲线 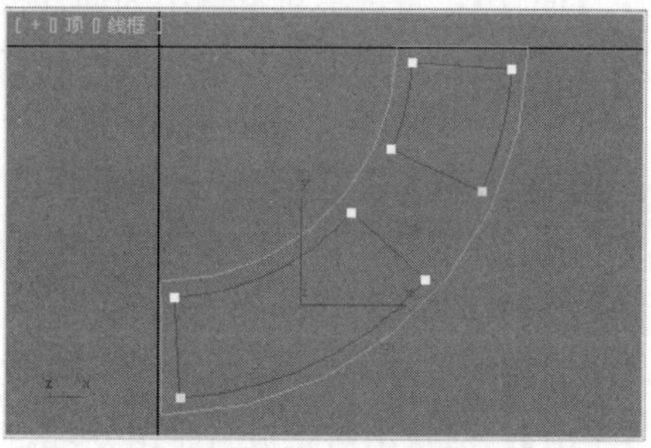　　　　　　　　　　图3-22 建立轮廓

三维制作大师

04 单击【附加】按钮，单击绿色的弧线，将二者结合到一起，如图 3-23 所示。再次单击 ⌒【样条线】子集按钮退出子集。在修改器列表中选择【挤出】命令，【数量】值为 50，如图 3-24 所示。

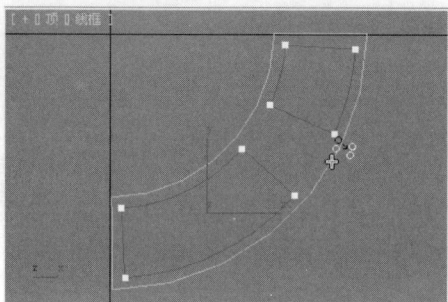

图3-23 结合曲线

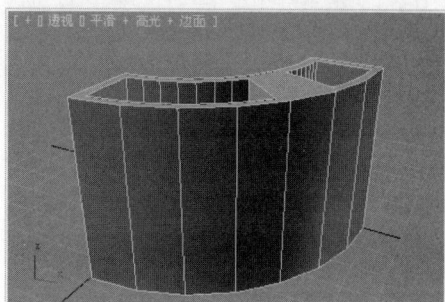

图3-24 挤出高度

05 制作笔筒的底座。进入【创建】控制面板的 ◎【图形】建立区域，单击【圆】按钮，在顶视图中绘制如图 3-25 所示的另一个圆形。进入 ◢【修改】命令面板，在修改器列表中选择【编辑样条线】命令，选择 ⌒【分段】子集，选中圆的线段为红色，单击键盘【Delete】按钮，将圆删减成如图 3-26 所示。

图3-25 绘制圆形

图3-26 编辑曲线

06 选择 ⌒【样条线】子集，选中圆弧为红色，单击【轮廓】按钮，在顶视图中拖动出如图 3-27 所示封闭的半弧形。再次单击 ⌒【样条线】子集按钮，退出子集，在修改器列表中选择【挤出】命令，挤出高度为 2，得到如图 3-28 所示笔筒底座。

图3-27 建立轮廓

图3-28 挤出高度

07 制作笔筒前面的小盖。进入【创建】控制面板的 ◎【图形】建立区域，单击【圆】按钮，在顶视图中绘制如图 3-29 所示的另一个圆形。进入 ◢【修改】命令面板，在修改器列表中选择【编辑样条线】命令，选择 ⋮⋮【顶点】子集，单击【优化】按钮，在所绘圆形上添加如图 3-30 所示的节点。

三维制作大师

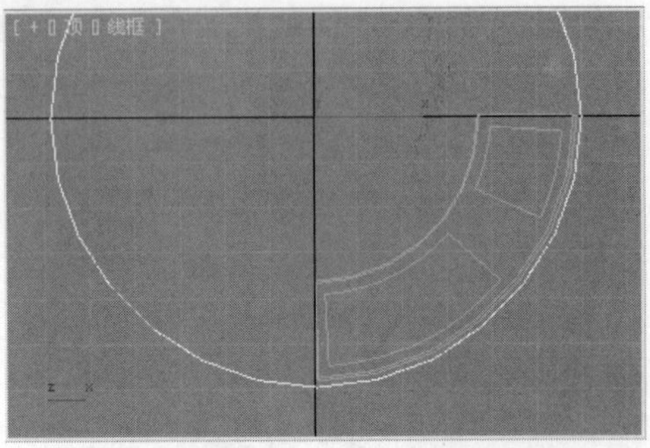

图3-29　绘制圆形

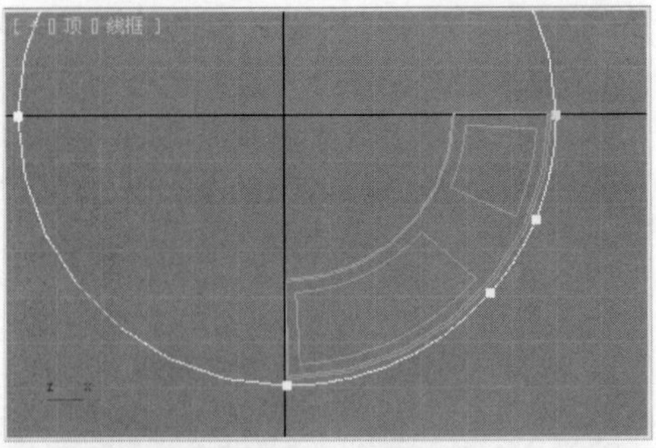

图3-30　添加节点

08 选择□【分段】子集，选中圆的多余线段为红色，单击【Delete】键，将圆删减成如图3-31所示。选择□样条线子集，将圆弧选中为红色，单击【轮廓】按钮，在顶视图中拖动出如图3-32所示封闭的半弧形。

09 再次单击□【样条线】子集按钮，退出子集，在修改器列表中选择【挤出】命令，挤出高度为38。单击✛【移动】按钮，在【透视】视图中沿Z轴向上移动至合适位置，最后得到如图3-33所示的完整笔筒。

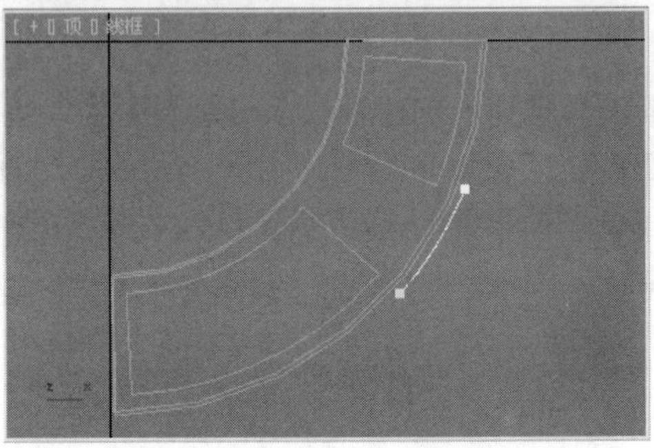

图3-31　编辑曲线

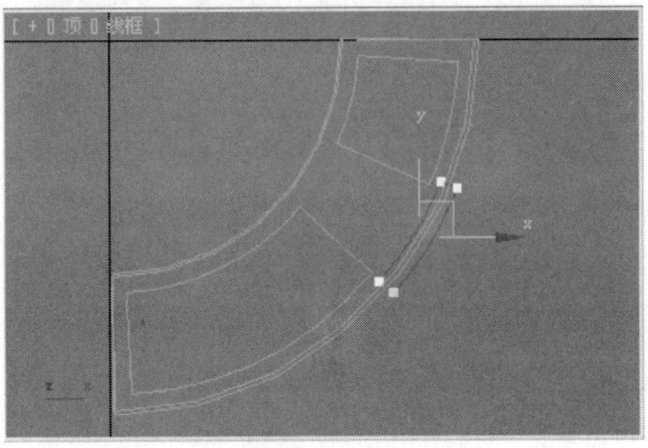

图3-32　建立轮廓

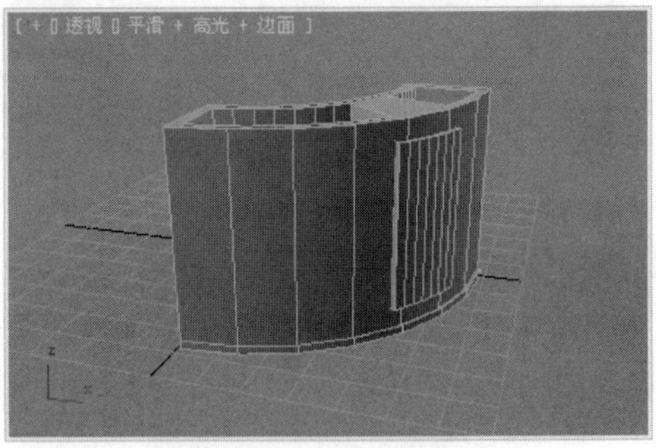

图3-33　完整笔筒模型

▶ 3.2.4　FFD

　　FFD修改命令将根据对象的边界加入一个由控制点构成的线框，通过移动控制点次级对象修改对象的外形，并可通过动画记录制作成对象的变形动画。FFD自由变形不仅作为变形修改命令，也可被作为空间扭曲对象使用，对于它的形式，可分为多个工具。

　　【FFD长方体】自由变形盒方式衍生出了FFD2×2×2、FFD3×3×3、FFD4×4×4三种修改工具。FFD2×2×2是指线框的每个边上有两个控制点，FFD3×3×3是指线框的每个边上有三个控制点，FFD4×4×4是指线框的每个边上有四个控制点，这3个修改命令的参数完全相同，而【FFD长方体】可以自由指定线框的三边上控制点的数目。其实【FFD长方体】包含前面3种变形方式，只是为了方便才将它们独立出来，其参数面板和效果如图3-34所示。其中：

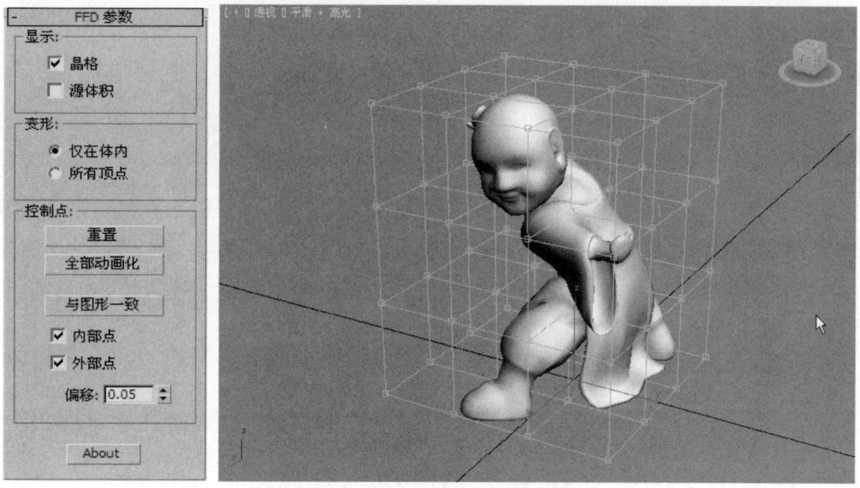

图3-34　参数面板和应用效果

- 【显示】：设置视图中自由变形盒的显示状态。
  - ➢ 【晶格】：控制是否显示结构线框。
  - ➢ 【源体积】：调整控制点时只改变物体的形状，不改变晶格形状。
- 【变形】：设置控制点的移动对对象变形的影响。
  - ➢ 【仅在体内】：设置对象在结构线框内部的部分受到变形影响。
  - ➢ 【所有顶点】：设置对象的全部顶点都受到变形影响。
- 【控制点】：设置动画控制点的分配及重置。
  - ➢ 【重置】：复位控制点的初始位置。
  - ➢ 【全部动画化】：默认情况下，FFD 控制点不在【轨迹视图】中显示出来，给所有的控制点分配点控制器，使其可以在轨迹视图中显示出来。
  - ➢ 【与图形一致】：自动移动变形晶格的控制点向模型的表面靠近，使 FFD 的晶格线框更接近模型的形态，如图 3-35 所示。

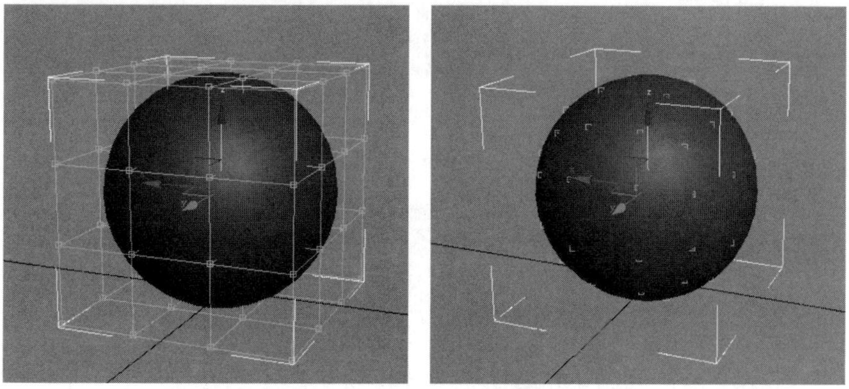

图3-35　自动移动变形晶格的控制点效果

- ➢ 【内部点】：仅控制受【与图形一致】影响的对象的内部点。
- ➢ 【外部点】：仅控制受【与图形一致】影响的对象的外部点。
- ➢ 【偏移】：设置受【与图形一致】影响的控制点偏移对象曲面的距离。

使用FFD修改器制作时尚单人沙发

最终效果: 光盘\素材\第3章\时尚单人沙发

操作步骤

01 制作沙发 U 形体模型。激活前视图，单击创建面板的 ⊙ 图形建立区域，在下拉菜单中选择【扩展基本体】，单击【切角长方体】按钮，创建一个切角长方体对象，如图 3-36 所示。

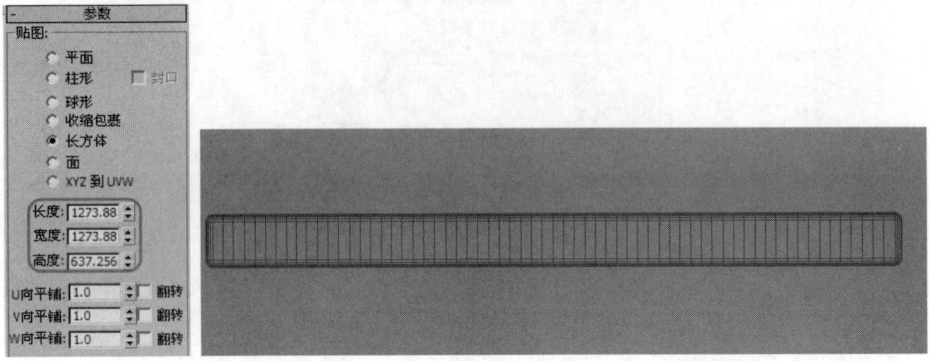

图3-36 创建切角长方体

02 在 修改器列表 下拉菜单中选择【扭曲】命令，单击【参数】卷展栏，设置【角度】为 -180，【弯曲轴】为 X，如图 3-37 所示，效果如图 3-38 所示。

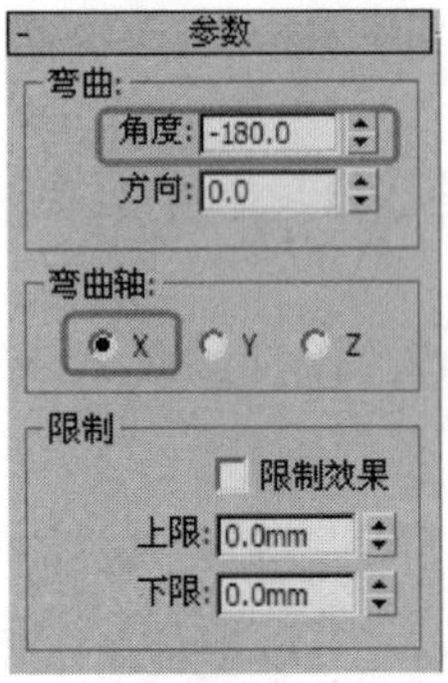

图3-37 【参数】卷展栏 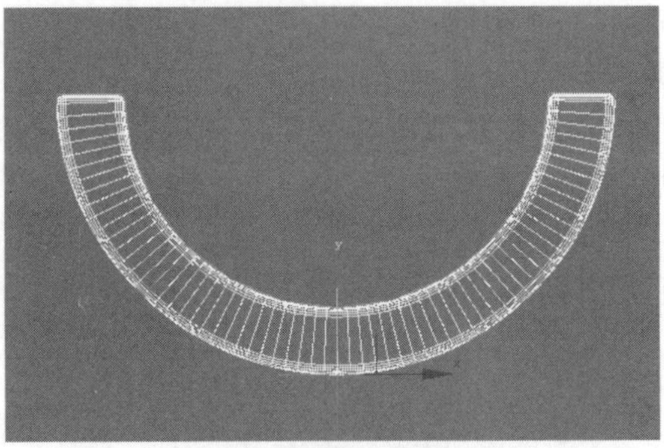   图3-38 效果图

03 制作沙发靠背部分。激活前视图，创建一个【切角长方体】对象，其参数如图 3-39 所示。

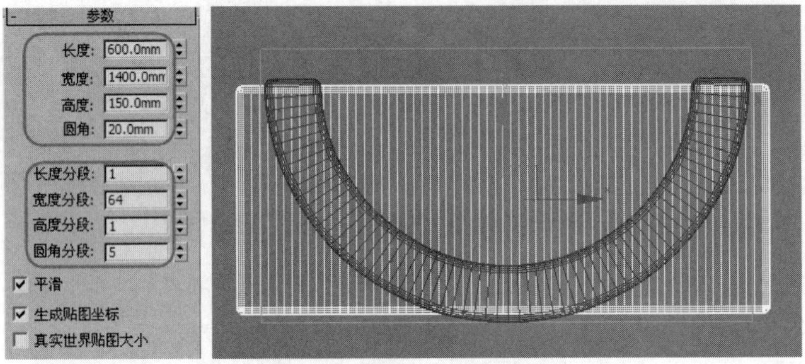

图3-39 创建切角长方体

04 在 修改器列表 ▾ 下拉菜单中选择【FFD 长方体】命令，将切角长方体对象扭曲至如图 3-40 所示效果。

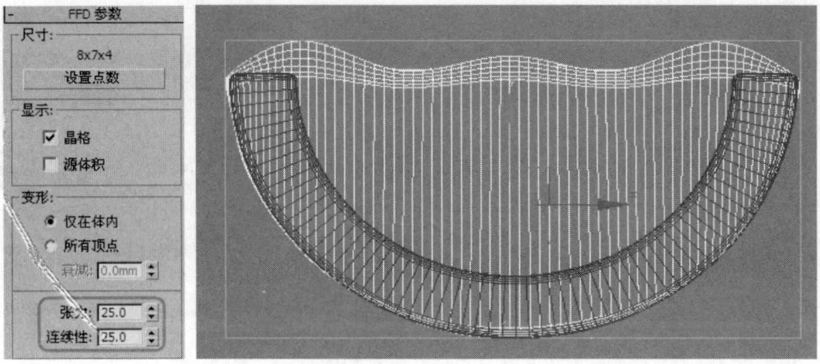

图3-40　添加【FFD（长方体）】修改器

05 制作沙发垫子。激活前视图，创建一个【切角长方体】对象，其参数如图 3-41 所示。

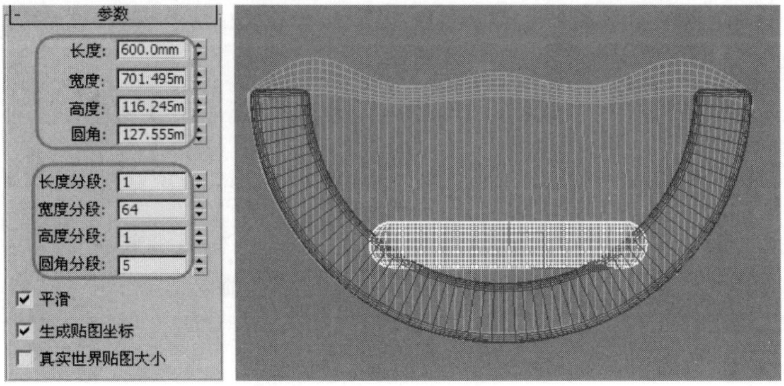

图3-41　创建切角长方体

06 在 修改器列表 ▾ 下拉菜单中选择【FFD 4×4×4】，将切角长方体扭曲至如图 3-42 所示效果。

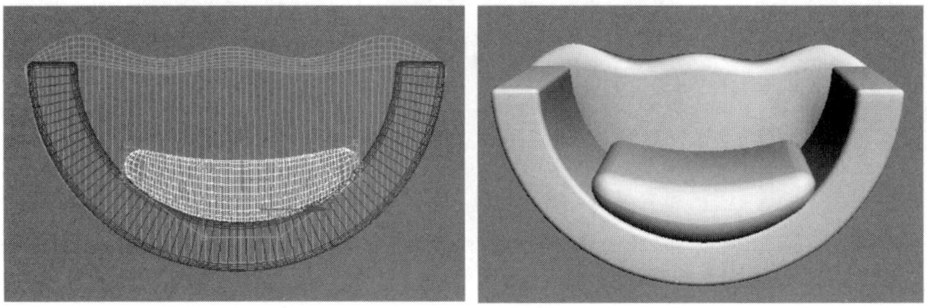

图3-42　添加【FFD（长方体）】修改器

07 制作沙发支脚。激活顶视图，单击创建面板的 ○ 图形建立区域，单击【矩形】按钮，在顶视图中绘制出一个矩形对象，参数设置如图 3-43 所示。

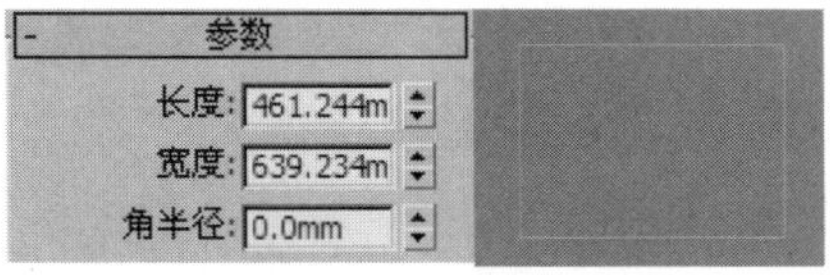

图3-43　创建矩形物体

08 激活前视图，单击【圆】按钮，创建一个半径为 20mm 的圆形对象。单击创建面板的▣图形建立区域，在【复合对象】创建面板中单击【放样】按钮，在【创建方法】中单击【获取图形】按钮，得到如图 3-44 所示的图形。

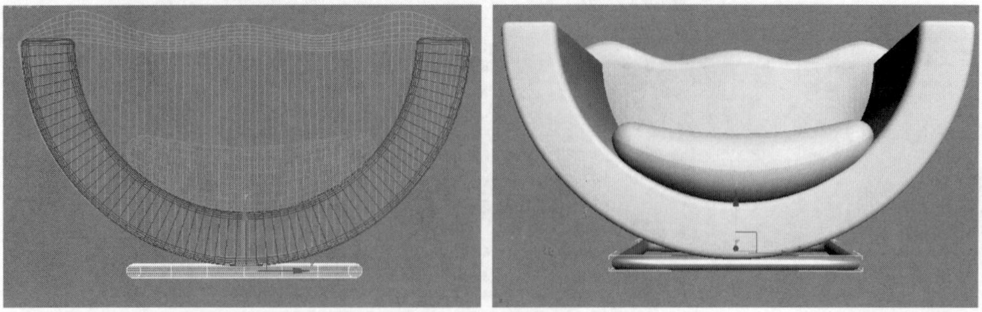

图3-44　放样操作

09 激活前视图，进入创建控制面板的图形建立区域▣，单击【线】按钮，创建一条直线。再单击【圆】按钮，创建一个半径为 19mm 的圆，如图 3-45 所示。

10 选择线对象，进入创建控制面板的几何物体建立区域▣，在【复合对象】创建面板中单击【放样】按钮，在【创建方法】中单击【获取图形】按钮，选择圆形对象作为图形目标，效果如图 3-46 所示。

11 激活【透视】视图，框选放样出的圆柱体对象，单击鼠标右键将其转换为可编辑多边形。进入▣级别，配合✛移动工具和◌旋转工具，将其调整为如图 3-47 所示。配合【Shift】键复制出 3 个沙发支脚，最终效果如图 3-48 所示。

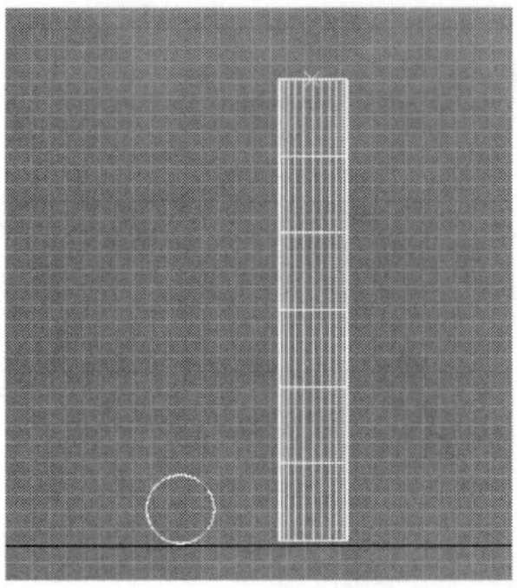

图3-45　绘制圆形物体

图3-46　放样操作 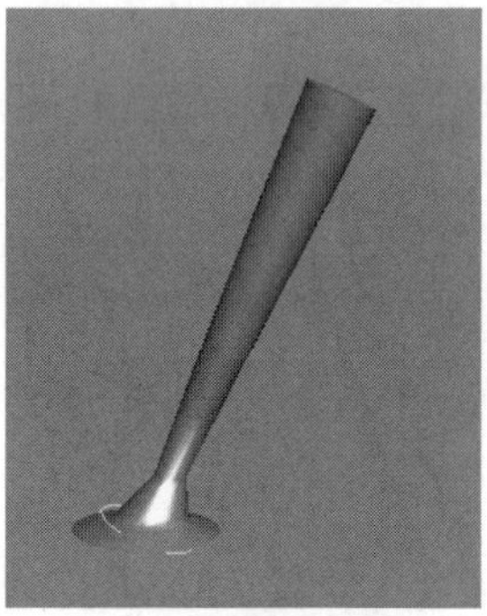　　　图3-47　细节调整 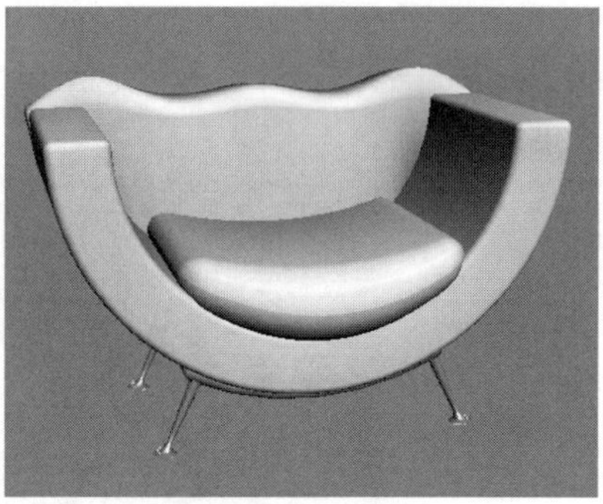　　　图3-48　完成效果

▶ **3.2.5　锥化**

锥化修改器是通过缩放对象的两端进行锥化变形，同时可加入光滑的曲线轮廓，其参数面板如图 3-49 所示。其中：

- 【锥化】：设置锥化的数量、曲线及效果。
  - ➤【数量】：设置锥化倾斜的程度。
  - ➤【曲线】：设置锥化曲线的曲率。

- 【锥化轴】：设置锥化依据的坐标轴向。
  - ➤ 【主轴】：指定锥化的轴向。
  - ➤ 【效果】：指定锥化效果影响的轴向。
  - ➤ 【对称】：勾选该复选框，将会产生相对于主坐标轴对称的锥化效果。
- 【限制】：设置锥化的影响范围。
  - ➤ 【限制效果】：勾选该复选框，将允许用户限制锥化效果在对象上的影响范围。
  - ➤ 【上限】/【下限】：分别设置锥化的上限和下限区域。

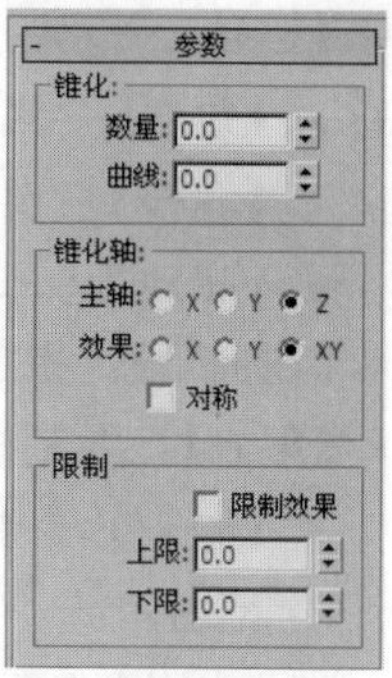

图3-49　锥化【参数】面板

使用锥化修改器制作锥体

操作步骤

01 单击创建面板的 ◎ 图形建立区域，单击【长方体】按钮，创建一个长方体对象，参数设置如图 3-50 所示。

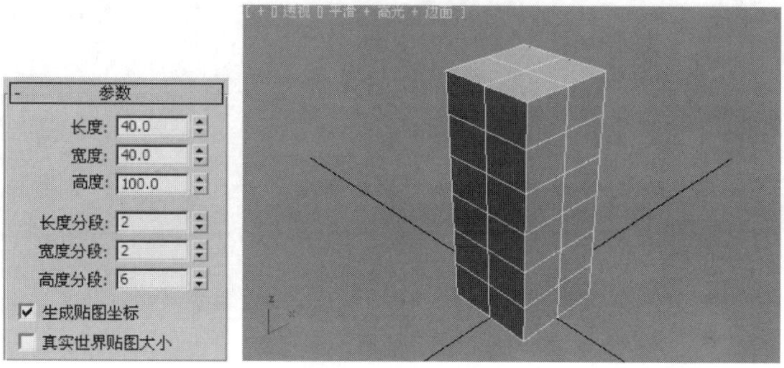

图3-50　创建长方体

02 在 修改器列表 命令下拉菜单中选择【锥化】命令，调整参数如图 3-51 所示。

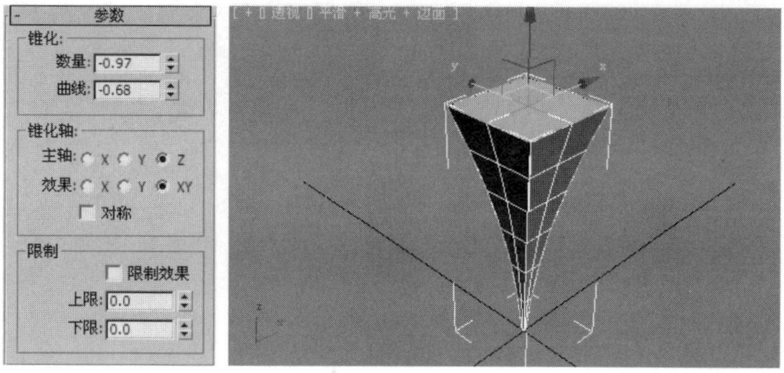

图3-51　锥化命令

▶ 3.2.6　扭曲

扭曲修改命令可在指定的轴向上扭曲对象表面的顶点，产生扭曲效果，其参数面板如图 3-52 所示。其中：

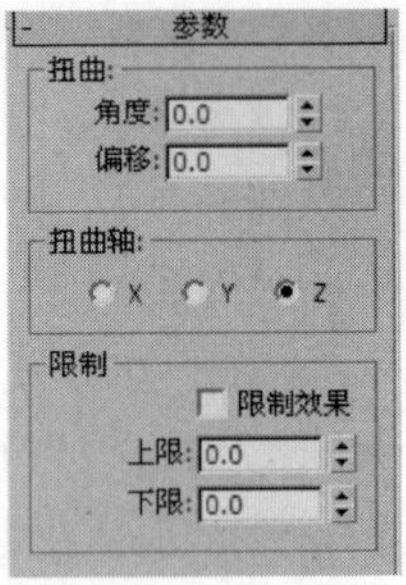

- 【扭曲】：设置扭曲的角度和偏移。
  - ➤【角度】：设置扭曲的角度。
  - ➤【偏移】：设置扭曲在对象表面向上或向下的偏向度。
- 【扭曲轴】：指定扭曲的 X、Y、Z 坐标轴向。
- 【限制】：限制扭曲物体的影响范围。
  - ➤【限制效果】：限制扭曲效果在对象上的影响范围。
  - ➤【上限】/【下限】：分别设置扭曲的上限和下限区域。

图3-52　扭曲【参数】面板

使用扭曲修改器制作扭曲的锥体

操作步骤

01 继续上一节中的【锥化】操作。在 修改器列表 下来菜单中加入【扭曲】修改器，如图 3-53 所示。

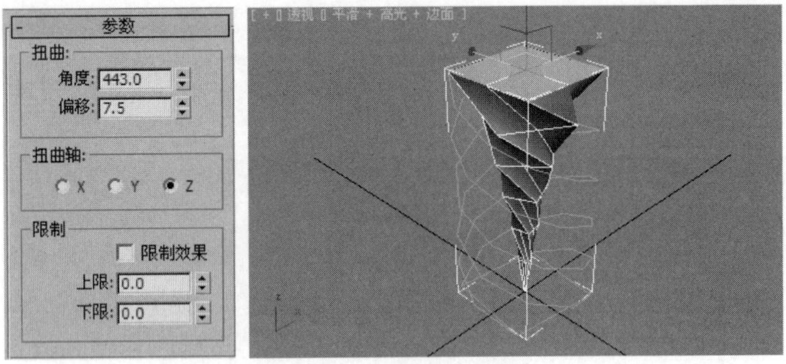

图3-53　扭曲修改器

02 在透视图中观察到模型表面并不光滑，可以在修改器堆栈中选择【长方体】按钮，在【参数】中设置【高度分段】的数值为 40，如图 3-54 所示，使模型表面变得光滑，效果如图 3-55 所示。

图3-54　增大高度分段

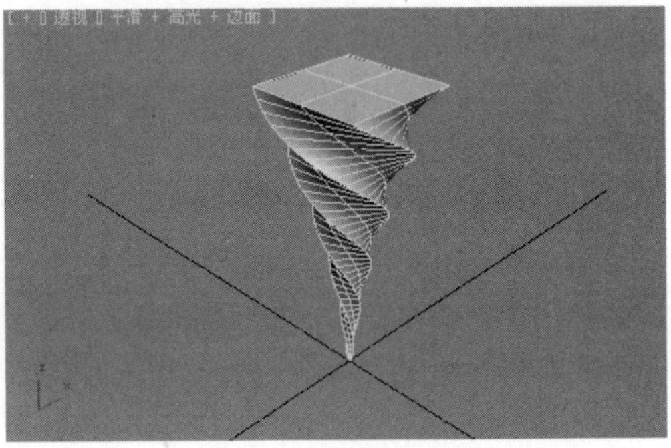

图3-55　最终效果

▶ 3.2.7　车削

车削修改命令可以通过旋转一个二维图形产生三维造型，它是一个非常实用的造型工具，车削的一些重要的参数如图 3-56 所示。其中：

- 【度数】：设置旋转模型的角度，360 度为一个完整环形，小于 360 度为不完整环形。
- 【焊接内核】：将轴心重合的顶点进行焊接精减，得到结构更精简和平滑无缝的模型。
- 【翻转法线】：模型表面的法线方向反向。
- 【分段】：设置旋转圆周上的片段划分数，当值越高时，模型越平滑。
- 【方向】：设置旋转中心轴的方向。
- 【对齐】：设置图形与中心轴的对齐方式。
  - ➤ 【最小】：将曲线内边界与中心轴对齐。
  - ➤ 【中心】：将曲线中心与中心对齐
  - ➤ 【最大】：将曲线外边界与中心轴对齐。

图3-56 车削【参数】面板

使用车削修改器制作果酱瓶子

最终效果：光盘\素材\第 2 章\果酱瓶子

操作步骤

01 进入创建控制面板的图形建立区域 ，单击【线】按钮，在前视图中绘制瓶身的半个剖面图，如图 3-57 所示。

02 进入修改命令面板 ，选择 【样条线】子集，再次点选所绘线条呈红色，单击【轮廓】按钮，在前视图中，将线条拖出厚度来。选择 【顶点】子集，点选【圆角】按钮，将瓶底、瓶口处的点做圆角化处理，如图 3-58 所示。

03 单击 【顶点】子集按钮，退出子集。在

图3-57 【绘制瓶身样条线】

修改器列表 中选择【车削】命令，单击【最小】按钮，勾选【焊接内核】命令，得到如图 3-59 所示瓶身。

> **提示** 【焊接内核】的意思就是去掉错误面，使用【车削】制作的模型大部分情况下是有错误面的，需要勾选此命令来消除。

图3-58 为线做轮廓处理

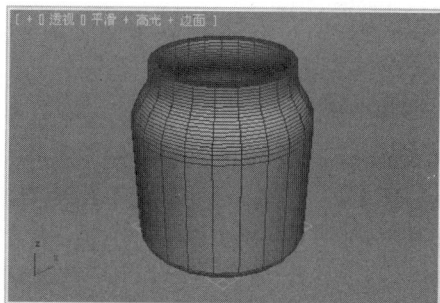

图3-59 车削出来的瓶身

三 维 制 作 大 师

04 制作瓶盖部分。进入创建控制面板的图形建立区域 🔲，单击【线】按钮，在前视图中瓶口处绘制瓶盖的剖面图，如图 3-60 所示。进入 ✐【修改】命令面板，选择 ⌃【样条线】子集，再次单击选择所绘线条使之呈红色，单击【轮廓】按钮，在前视图中将线条拖动出厚度来，选择 ⠿【顶点】子集，将点做位置调整，将不必要的点进行删除，点选【圆角】按钮，对转角处的点做圆角化处理，如图 3-61 所示。

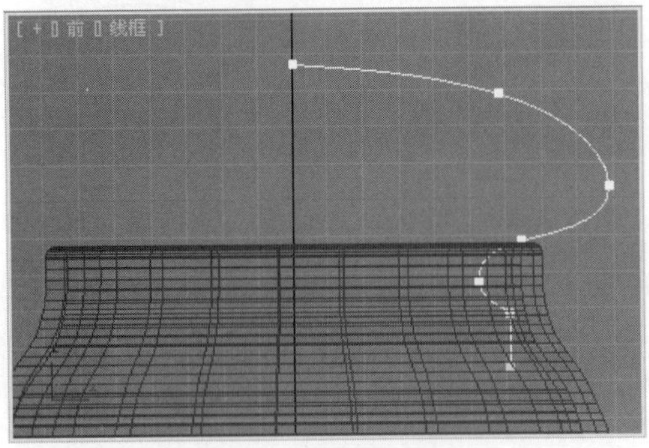

图3-60 瓶盖样条线

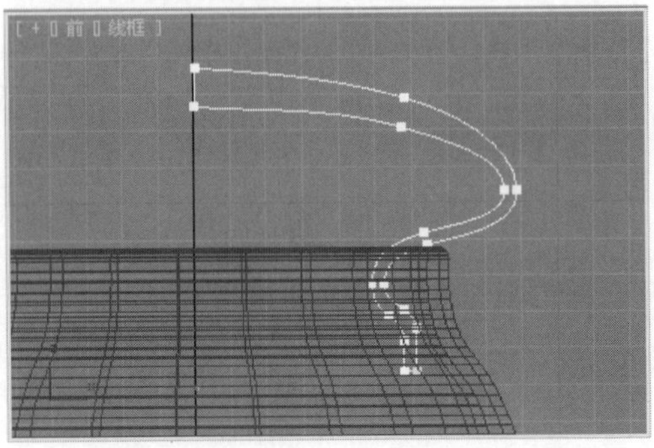

图3-61 为瓶盖样条线做轮廓化处理

05 单击 ⠿【顶点】子集按钮，退出子集。在 修改器列表 ▾ 中选择【车削】命令，单击【最小】按钮，勾选【焊接内核】命令，得到如图 3-62 所示果酱瓶盖。

06 瓶盖外侧橡胶圈的制作，选择瓶身，单击鼠标右键选择【隐藏当前选择】选项，将瓶身隐藏。进入【创建】控制面板的 🔲【图形】建立区域，单击【线】按钮，在前视图中的瓶盖侧处绘制瓶盖的橡胶圈。

07 进入修改命令面板 ✐，选择 ⌃【样条线】子集，再次单击所绘线条使之呈红色，单击【轮廓】按钮，在前视图中，将线条拖动出厚度来。选择 ⠿【顶点】子集，将点做位置调整，将不必要的点进行删除，单击【圆角】按钮，对转角处的点做圆角化处理，如图 3-63 所示

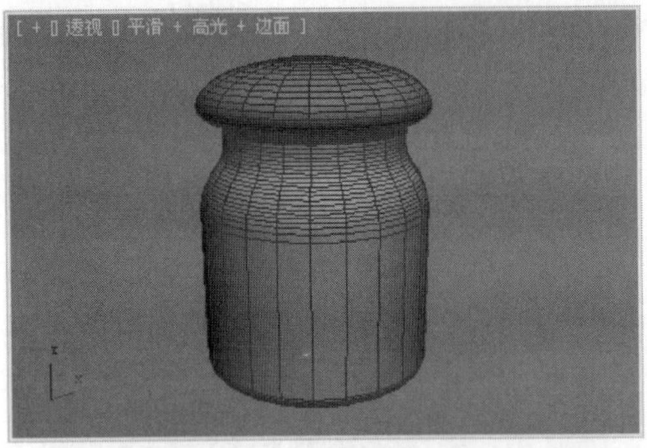

图3-62 车削出来的瓶盖

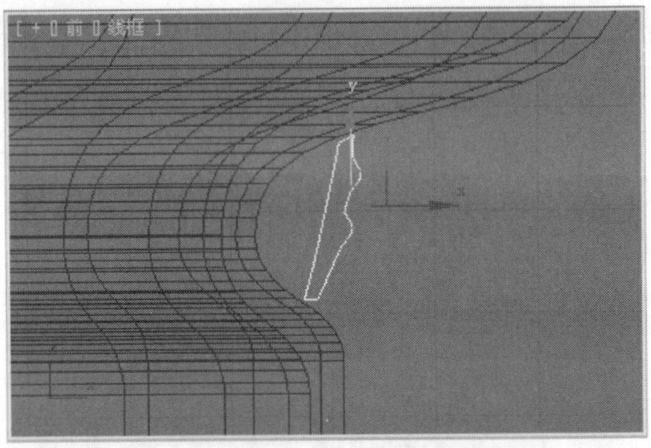

图3-63 胶圈轮廓的绘制

08 单击 ⠿【顶点】子集按钮，退出子集。在 修改器列表 ▾ 中选择【车削】命令，在命令堆栈中单击【车削】命令前面的加号，选择【轴】选项，单击移动按钮 ✥，将车削的轴心沿 X 轴向瓶盖中心移动。得到如图 3-64 所示瓶盖外侧橡胶圈。

09 单击鼠标右键，选择【全部取消隐藏】命令，将瓶身显示出来，最后得到如图 3-65 所示的完整的果酱瓶子。

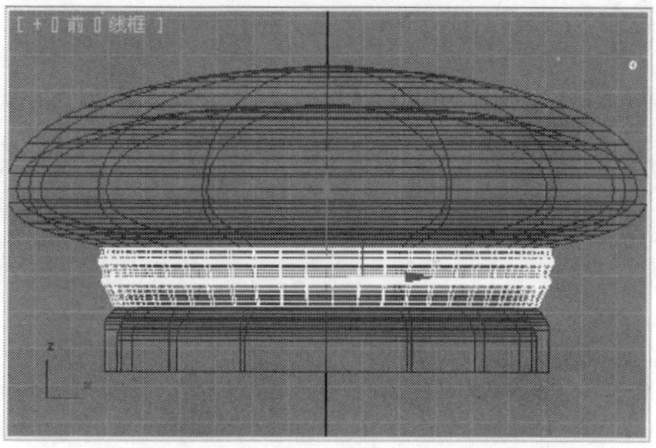

图3-64　车削之后调整轴心位置

图3-65　果酱瓶子最终效果

3.3　复合对象

　　修改对象通常针对的是一个对象或一个对象群进行修改编辑，复合对象则是将两个或两个以上的对象通过特定的命令结合成新的对象。利用物体的合成过程能进行调节和产生动画记录，可以创建复杂的造型和动画效果。

　　复合对象命令大多是针对场景存在的对象来进行操作的，当场景中没有创建任何对象时，复合对象命令面板上只有通过创建辅助物体进行合成的命令按钮是激活状态。通过创建面板的【几何体】○层级进入【复合对象】命令面板，如图3-66所示。

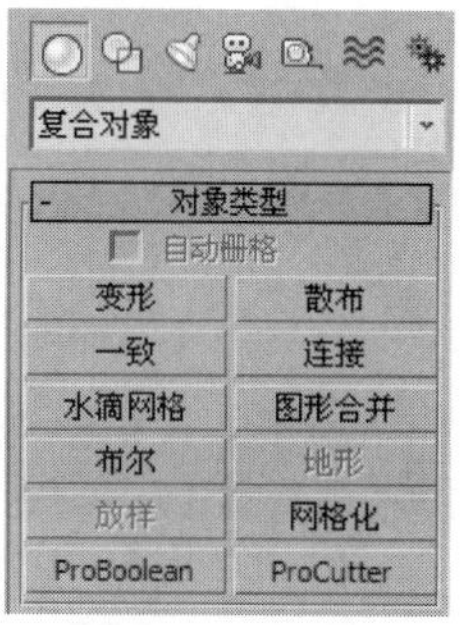

图3-66　复合对象面板

3.3.1　布尔运算

　　布尔运算是指通过两个或两个以上的对象进行并集、差集、交集和切割运算，生成一个新对象的过程。执行布尔运算时，不仅可以对一个物体进行多次的布尔运算，还可以对原对象的参数进行修改，并且直接影响布尔运算的结果。

　　布尔运算是对建模工具的强有力的补充，但是在进行布尔运算时，经常出现无法计算或计算错误的情况，产生奇怪或异常的结果。因此，为减少计算错误的发生，执行布尔运算操作时要注意以下几个问题：

　　1. 参加布尔运算的对象最好有多一些的段数

　　布尔运算功能强大，但并不太稳定，布尔运算得到的对象其点面分布十分混乱，出错的几率很大，这是由于经过布尔运算后的对象会新增很多面，同时也会增加很多点，在布尔运算时，相邻的点之间会随机性的相互连接，随着布尔运算次数的增加，对象结构会变得混乱易出错面，所以，布尔运算的对象最好有多一些的段数，段数越多，布尔运算出错的几率就越小。

　　2. 布尔运算后材质（贴图）不能渲染的问题

　　执行布尔运算后，对象会丢失自己的贴图方式和贴图坐标，在渲染时会弹出警告信息，重新为布尔运算对象指定一个【贴图坐标】修改命令就可以了。

　　3. 布尔运算之前保存文件

　　在进行布尔运算之前最好保存文件，避免劳动成果丢失。

4. 多个对象的布尔运算

布尔运算只有对单个对象计算时才是可靠的，在对下一个对象进行计算之前要重新执行布尔运算操作。如果在多个对象之间进行布尔运算，需要将被运算的对象使用【编辑网格】或【编辑多边形】等命令附加到一起。

5. 减少出错的机会

（1）不要在两个复杂程度差别太大的模型之间做布尔运算；

（2）布尔运算的操作对象应充分相交；

（3）一个造型反复进行布尔运算时，最好将当前对象转换为可编辑网格对象，这样能提高运算的稳定性；

（4）确保对象的表面完全闭合，避免出现洞或重叠面。

布尔运算实例—台式饮水机

最终效果：光盘\素材\第3章\台式饮水机

渲染最终效果如图 3-67 所示。

图3-67　最终效果

操作步骤

01 单击创建面板的 ⊙ 图形建立区域，在 扩展基本体 ▼ 下拉菜单中选择【切角长方体】，在顶视图中建立一个切角长方体对象，单击修改面板 ⁄ 调整参数，如图 3-68 所示。

02 在前视图中继续创建切角长方体对象，制作饮水机放置杯子的凹槽，如图 3-69 所示。

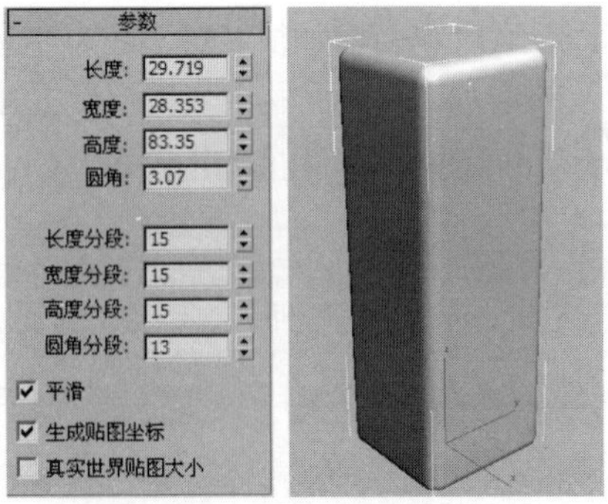

图3-68　创建切角长方体

图3-69　创建凹槽物体

03 选择第一次创建的切角长方体，在创建面板 复合对象 中激活【布尔】按钮，在【参数】卷展栏中选择 ⊙ 差集(A-B) 并 拾取操作对象 B 拾取第二次创建的图形，进行布尔运算，结果如图 3-70 所示。

04 创建饮水机散热板。在左视图中创建切角长方体对象,配合【Shift】键，选择移动工具 ✛，复制一个切角长方体，配合【Ctrl】键加选新创建的切角长方体对象，单击工具栏【组】/【成组】菜单命令。将两个新创建的切角长方体对象成一组，参数如图 3-71 所示。

05 再次运行布尔运算，操作方法同步骤 3，效果如图 3-72 所示。激活左视图，在布尔运算出来的凹槽中再次创建长方体制作散热板，配合【Shift】键沿 Z 轴复制出一个，参数值和效果如图 3-73 所示。

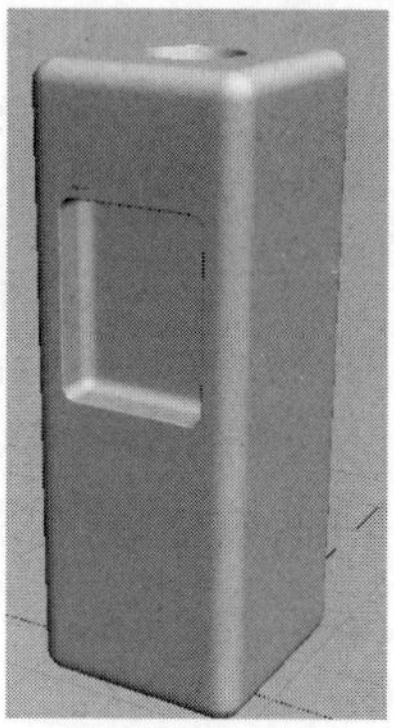

图3-70　布尔运算

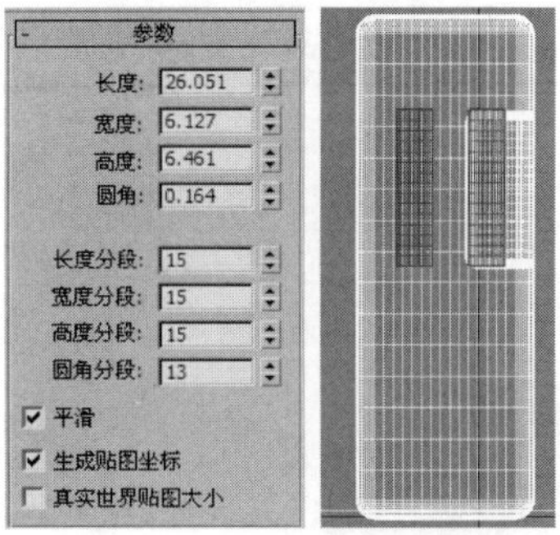

图3-71　建饮水机散热板 　　　　图3-72　布尔运算 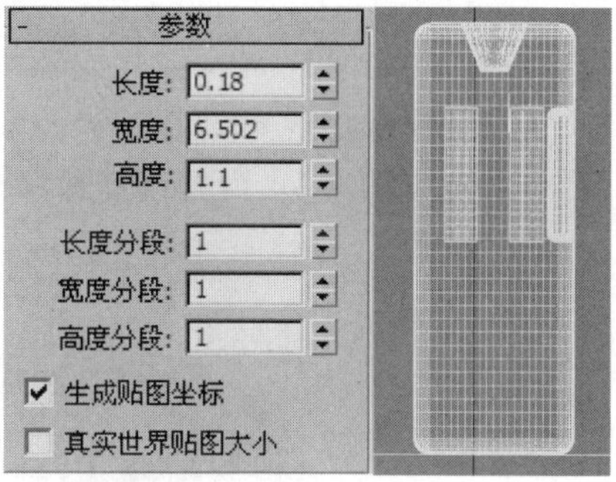　　　　图3-73　体制作散热板

06 框选上一步创建的两个长方体对象，单击阵列按钮 ▦，参数值和效果图如图 3-74 所示，单击【确定】按钮完成操作。

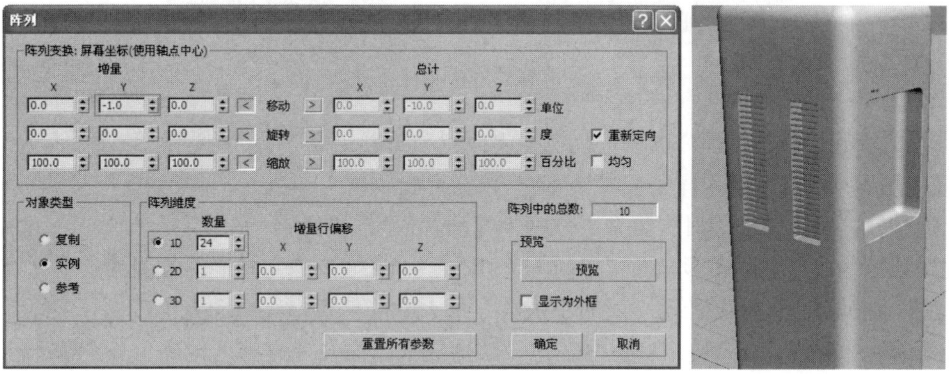

图3-74　参数值和效果图

▶ 3.3.2　放样

放样是一种由二维到三维的建模技术，需要通过两条或多条二维曲线创建放样对象，创建放样合成物体需要两个必备条件，即放样的曲线路径和截面图形。一个放样物体允许有一条可以封闭、开放、交错的曲线作为路径。截面允许多个，可以是封闭、开放或交错。放样法建模的参数很多，大部分参数在无特殊要求时用缺省即可，下面只对影响模型结构的部分参数进行介绍。

【创建方法】卷展栏用来决定在放样过程中使用哪一种方式进行放样，如图 3-75 所示。其中：

- 【获取路径】：单击该按钮，在视图中拾取的二维图形将作为放样路径。
- 【获取图形】：单击该按钮，在视图中拾取的二维图形将作为放样截面。

图3-75 【创建方法】卷展栏

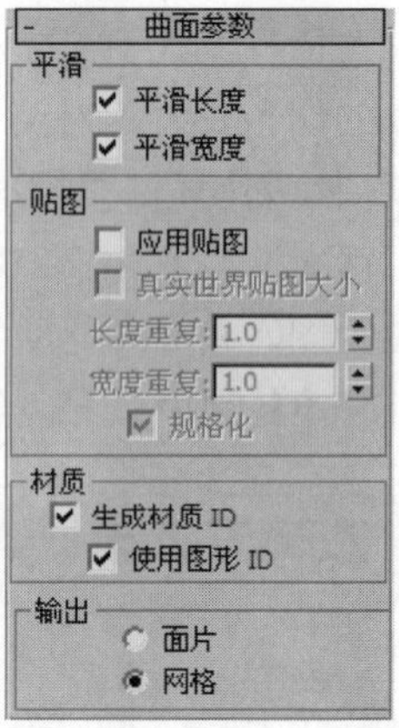

【曲面参数】卷展栏用来对放样后的对象进行表面的光滑处理，并为之设置成材质贴图和输出处理，如图 3-76 所示。其中：

- 【平滑长度】/【平滑宽度】：使对象沿路径的长度或宽度方向进行表面的光滑处理，效果如图 3-77 所示。
- 【应用贴图】：用于启用或禁用放样贴图坐标。
- 【长度重复】：设置沿路径长度重复贴图的次数。
- 【宽度重复】：设置围绕放样截面的周界重复贴图的次数。

图3-76 【曲面参数】卷展栏

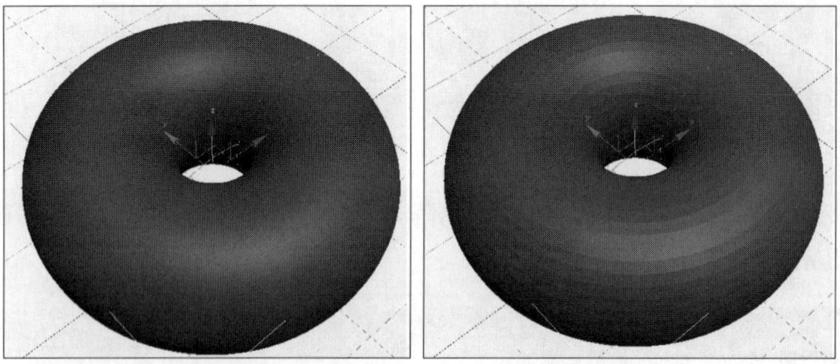

图3-77 平滑长度和平滑宽度效果对比

- 【生成材质 ID】：在放样过程中，自动生成材质 ID。
- 【使用图形 ID】：使用样条线材质 ID 号来定义材质的 ID 号。
- 【输出】：确定输出的对象类型，分别为【面片】或【网格】类型。
- 【图形步数】：设置图形截面定点间的步幅数，加大它的值可提高纵向光滑度。
- 【路径步数】：设置路径定点间的步幅数，加大它的值可提高横向光滑度。

图形与路径步数值在 0 ～ 100 之间变化，数值越大，对象的光滑度越高，如图 3-78 所示。

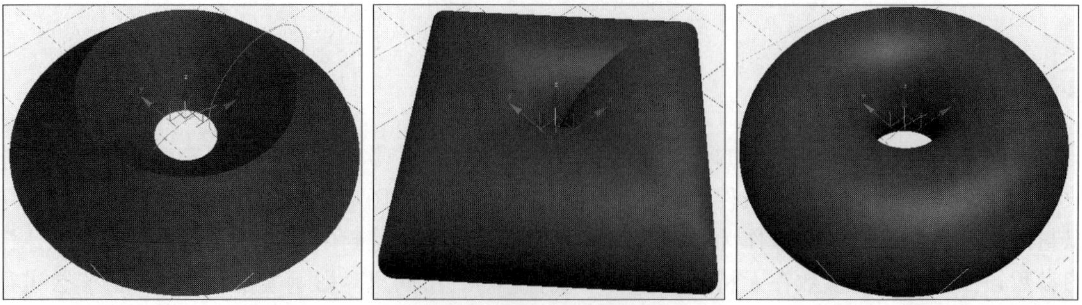

图3-78 路径步数对比图

放样操作实例—高架桥

最终效果：光盘＼素材＼第3章＼高架桥

渲染的最终效果如图 3-79 所示。

图3-79　最终效果

操作步骤

01 先在前视图中绘制一条如图 3-80 所示的封闭二维曲线图形。接着在前视图中绘制一个【半径】值为 4.0 的圆作为桥上的栏杆截面，选择移动工具 ✥，配合【Shift】键复制该图形，如图 3-81 所示。

图3-80　绘制封闭二维曲线

图3-81　绘制栏杆截面

02 在视图中选择绘制的二维曲线桥形，在修改器命令面板的【几何体】卷展栏中单击【附加】按钮，在视图中依次拾取两个小圆形附加为一体，作为放样截面。

03 激活顶视图，在其中绘制一条曲线，作为放样路径，如图 3-82 所示。在视图中选择放样路径，在创建命令面板 修改器列表 ▽ 下拉列表中选择【复合对象】选项，单击【对象类型】卷展栏中的【获取图形】按钮，在视图中拾取放样截面，放样后得到的效果如图 3-83 所示，高架桥面制作完成。

图3-82　绘制曲线

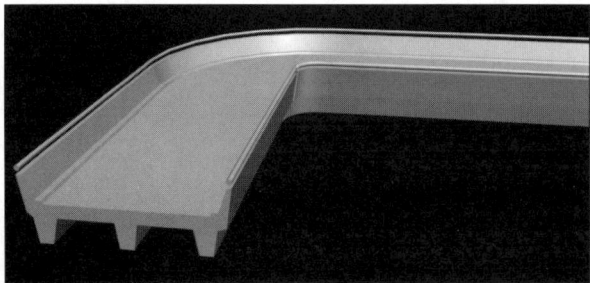

图3-83　获取图形

三维制作大师

▶ 3.3.3　连接

连接能将两个或多个表面上有开口的对象焊接成为新对象，并在开口之间建立封闭、光滑过渡的表面。

对于连接物体，材质贴图的坐标指定比较困难，还没有很直接的方法控制中间的贴图坐标，这需要通过选择面来为它指定多维材质。连接的参数面板【拾取操作对象】卷展栏如图 3-84 所示。

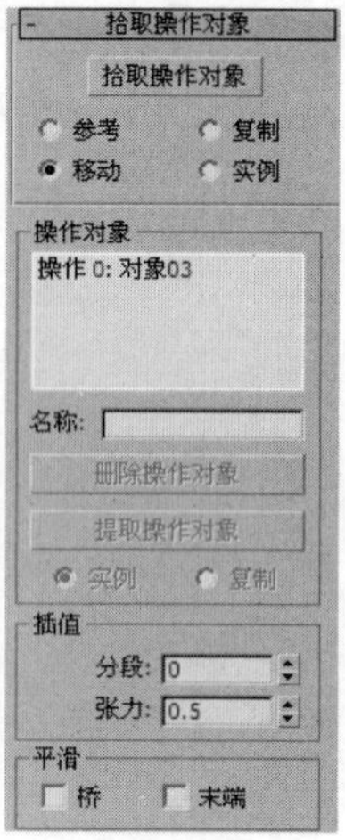

【拾取操作对象】卷展栏用来拾取操作对象，其操作方法与其他复合对象的相应参数一致。其中：

- 【插值】：设置分段与张力的席位调整。
  - ➢ 【分段】：设置连接桥的分段数。
  - ➢ 【张力】：控制连接桥的曲率。值为 0 时无曲率，值越高，匹配连接桥两端的表面越平滑。
- 【平滑】：设置对象变为平滑对象的动画效果。
  - ➢ 【桥】：对连接桥的表面应用平滑。
  - ➢ 【末端】：对连接桥与两个连接对象之间的接缝应用平滑。

图3-84　【拾取操作对象】卷展栏

实例——连接陶瓷杯的把手和杯体

最终效果：光盘\素材\第3章\陶瓷杯

📝 操作步骤

01 打开杯子模型文件，在【透视】视图中选中陶瓷杯把手对象，将其转换为可编辑多边形，进入 ■ 级别，选中把手与杯体准备连接的面，单击【Delete】键删除，如图 3-85 所示。

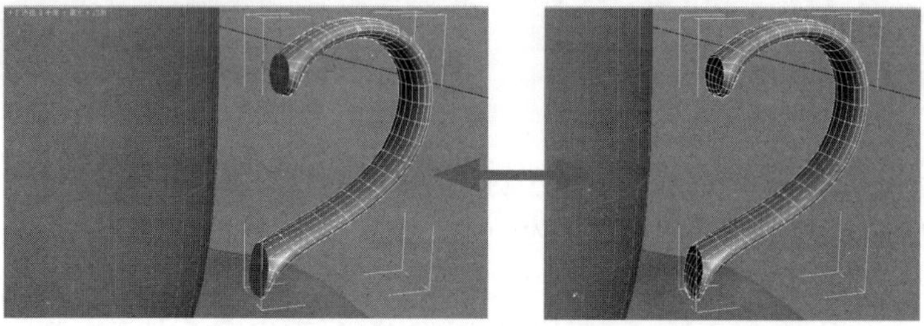

图3-85　删除把手截面

02 选中杯体造型，鼠标右键将其转换为可编辑多边形，进入 ■ 级别，选中杯体与把手准备连接的面，单击【Delete】键删除，如图 3-86 所示。

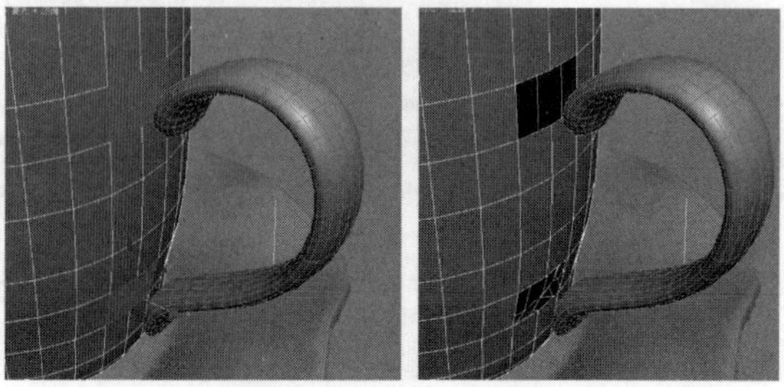

图3-86　删除杯体截面

03 选中杯体造型，在几何体创建命令面板中单击 标准基本体 ，在其下拉列表中选择"复合对象"选项，在【对象类型】卷展栏中单击【连接】按钮，在【拾取操作对象】卷展栏中单击 拾取操作对象 按钮，拾取陶瓷杯把手，效果如图 3-87 所示。

04 图形合并后，焊接处会显得粗糙不圆滑，选择杯子单击鼠标右键将其转换为可编辑多边形，进入 级别，调整焊接处的点，达到最终效果，如图 3-88 所示。

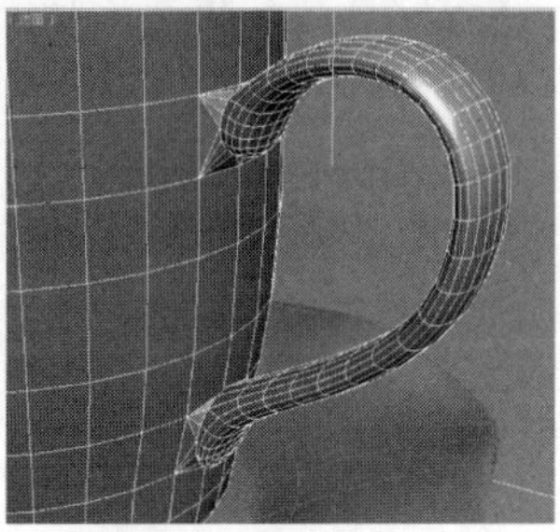

图3-87 拾取操作对象

图3-88 焊接节点

▶ 3.3.4 图形合并

图形合并是指将一个网格对象和多个几何体图形进行合并，产生切割或合并的效果。"图形合并"的常用参数面板【拾取操作对象】卷展栏，如图 3-89 所示。其中：

- 【操作对象】：显示图形合并的所有操作对象。
- 【操作】：包括饼切、合并、反转三个选项。
  - 【饼切】：切除几何图形投射到网格对象上的部分。
  - 【合并】：将几何图形合并到网格对象的表面。
  - 【反转】：反转"饼切"和"合并"的效果。
- 【输出子网格选择】：确定输出的对象以边、面、或顶点类型输出。

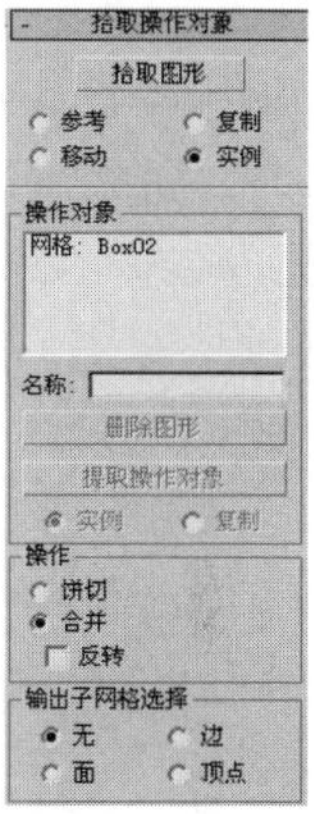

图3-89 【拾取操作对象】卷展栏

实例——制作zippo打火机浮雕效果

🕐 最终效果：光盘\素材\第3章\打火机

渲染的最终效果如图 3-90 所示。

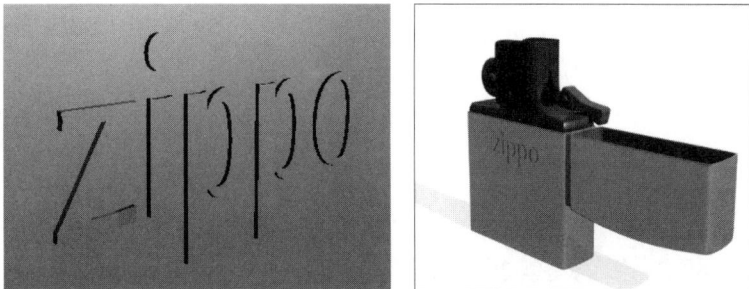

图3-90 最终效果

操作步骤

01 打开 zippo 打火机模型，选择前视图，在 图形创建面板中选择【文本】按钮，创建 "zippo" 文本，并设置其参数，如图 3-91 所示。

02 在前视图中选中打火机造型，在几何体创建命令面板中单击 标准基本体 ，在其下拉列表中选择 "复合对象" 选项，在【对象类型】卷展栏中单击【图形合并】按钮，在【拾取操作对象】卷展栏中单击【拾取图形】按钮，拾取创建的 "zippo" 文本进行图形合并，如图 3-92 所示。

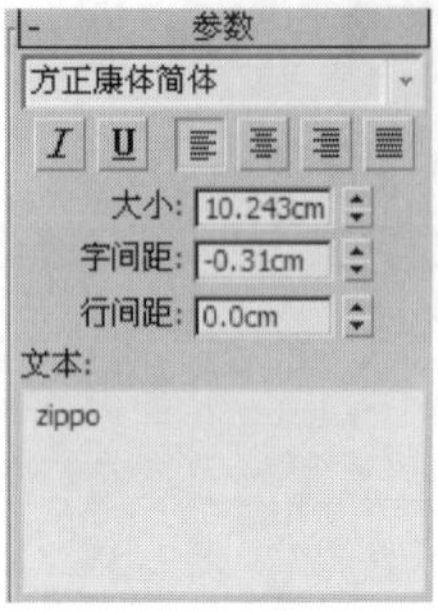

图3-91　文本【参数】卷展栏 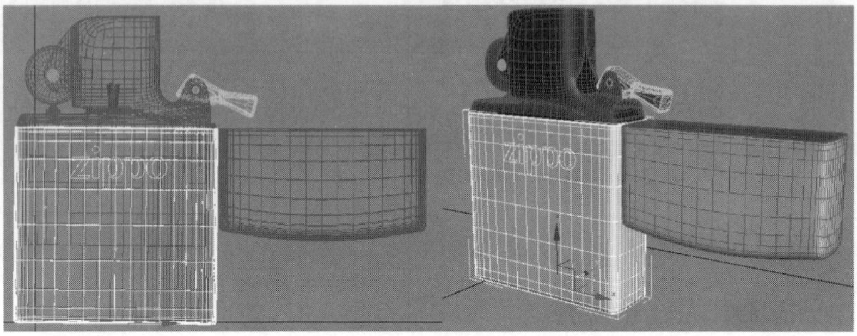　　　　　　　图3-92　前视图效果与透视图效果

03 在视图中选择合并后的打火机造型，右键选择 "转换为可编辑多边形" 命令将其转换为可编辑多边形，进入 级别，默认情况下 "zippo" 字的多边形被选择，配合【Ctrl】或【Alt】键进行加选或减选，如图 3-93 所示。

04 在【编辑多边形】选项组中单击【挤出】按钮，在弹出的【挤出多边形】对话框中输入数值，如图 3-94 所示。

图3-93　选择面 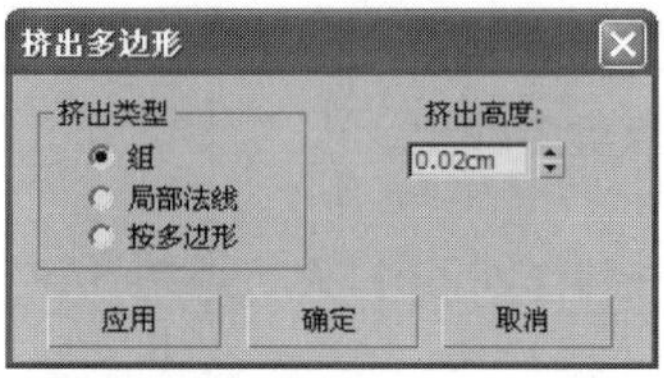　　　　　　　　图3-94　【挤出多边形】对话框

最终效果如图 3-95 所示。

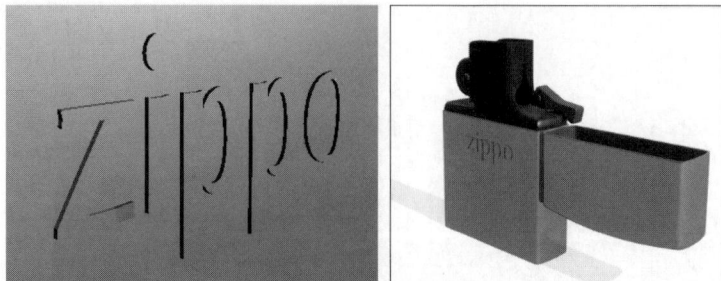

图3-95　最终效果

3.4　本章小结

单纯依靠标准几何体建模，很难得到复合要求的复杂模型，这时就要添加各种修改器对基本几何体进行修改。修改器可以应用于实体模型，也可以应用于二维对象。修改器能够修改对象的几何体结构，以某种方式对其进行变形，修改器对制定的对象所做的更改是有持续性的。

本章详细讲解了各种编辑修改工具的使用方法以及参数设置，读者应该熟练掌握各种编辑修改工具的使用方法。

3.5　习题

1. 填空题

（1）放样物体光滑量的控制由_____扩展栏参数中_____、_____两个参数，以及_____扩展栏中_____、_____两个参数共同控制

（2）_____扩展栏中_____参数决定了放样物体的路径开始处是否加盖。

（3）若用户已经选择了路径，则在放样面板中应激活_____按钮在视图中选择截面图形进行放样。

2. 上机题

（1）上机练习修改命令面板。

（2）上机练习弯曲修改命令。

（3）上机练习锥化修改命令。

（4）上机练习车削修改命令。

第4章 多边形建模

▶▶ 本章将介绍可编辑多边形的基本应用流程。包括可编辑多边形的创建方法和基本的控制方法。

多边形建模是目前最流行的建模方法，多边形建模创建简单，编辑灵活，对硬件要求也不高，几乎没有什么是不能通过多边形来创建的，因此，多边形建模应用非常广泛。对可编辑多边形的编辑，其实就是对可编辑多边形子对象的编辑，可编辑多边形包含顶点、边、边界、多边形和元素 5 个子对象层级，每个层级都有一组相对的编辑命令，其中很多命令是可以在子对象层级中通用的。

▶ 4.1 可编辑多边形的基本知识

在 3ds Max 里比较高级的建模方法是多边形建模、面片建模和 NURBS 建模。这几种方法中最实用的就是多边形建模。多边形建模是一种高级的建模方法，也是当前比较流行的。掌握它就可以制作大多数模型，比如说复杂的工业建模、生动的生物模型等。多边形建模具有易学、运算速度快等特点。

多边形建模的建模思路是从最简单的几何体形状开始，通过使用多边形工具不断编辑从而得到最终模型。3ds Max 的多边形工具起步早，而且一直在进行不断完善，因此非常先进和完善。

▶ 4.1.1 添加编辑多边形命令

添加编辑多边形

✎ 操作步骤

01 进入创建控制面板的几何体建立区域 ◎，单击【长方体】按钮，在顶视图中建立一个长方体，如图 4-1 所示。选择长方体，进入修改命令面板 ◢，在 [修改器列表] 中选择【编辑多边形】命令，在【命令堆栈】中为长方体添加【编辑多边形】命令，如图 4-2 所示。

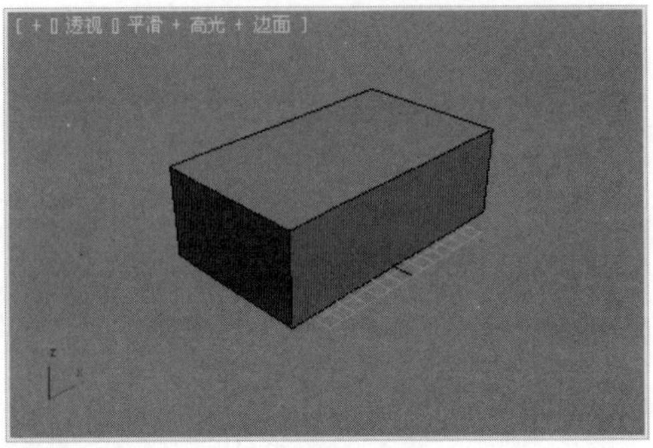

图4-1 建立长方体

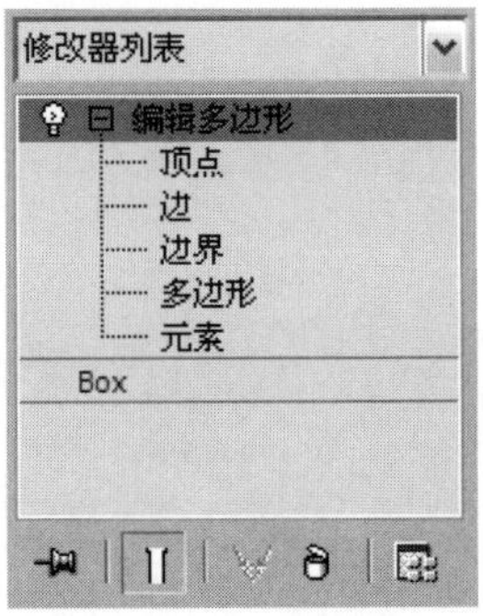

图4-2 为长方体添加编辑多边形命令

02 为长方体添加【编辑多边形】命令之后，在【修改命令】面板下方会出现五个卷展栏，分别是编辑多边形模式、选择、软选择、编辑几何体和绘制变形。其中：

- 【编辑多边形模式】：可选择以编辑模型模式或编辑动画模式进行编辑。
- 【选择】：该卷展栏的上方有五个子物体层级按钮，如图4-3所示。分别是 【顶点】子集、 【边】子集、 【边界】子集、 【多边形】子集、 【元素】子集。单击五个子物体层级按钮中的任何一个就可以进入相应的子物体层级中，也可以在【命令堆栈】中进入。
- 【软选择】：它允许部分的选择相邻的子对象，在对选择的子对象进行变换时，与其相邻的部分都会平滑的进行变换，这种效果会因距离的远近产生衰减的效果，如图4-4所示。

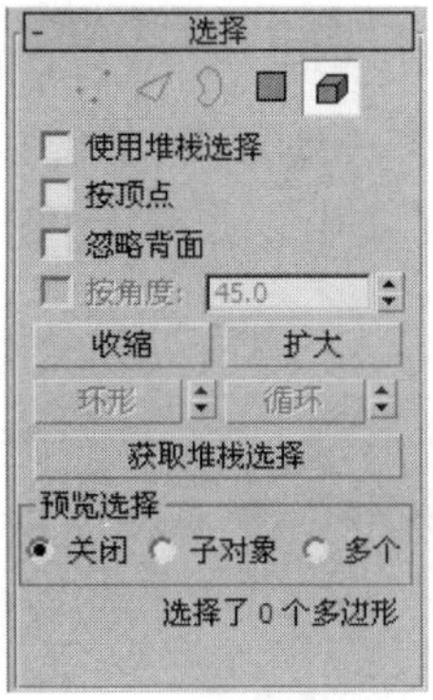

图4-3 【选择】卷展栏 　　　　　　　　图4-4 软选择效果

- 【编辑几何体】：该卷展栏有比较多的参数，主要是在父物体层级下。
- 【绘制变形】：类似于雕塑笔一样的形状编辑工具。

▶ 4.1.2 在父物体层级下的编辑多边形命令

在【命令堆栈】中单击【编辑多边形】命令就进入到父物体层级。在父物体层级下，【编辑几何体】卷展栏中有部分常用命令。

1.【创建】命令

使用创建命令可以自由的创建点、边、多边形等。必须进入到相应的子集中才能创建相应的元素。其中最为常用的是进入 【多边形】子集中，使用【创建】命令创建新的多边形。

2.【附加】命令

使用【附加】按钮可以将其他多边形结合到当前编辑的多边形当中，以便做类似桥接、焊接等操作。【附加】命令后面的参数对话框类似于【编辑样条线】命令中的【附加多个】命令。

3.【分离】命令

在不同的子集中选择不同的多边形构成元素（点、边、多边形、元素），可将不同的元素从该多边形中分离出去。

4.【切片平面】命令

采用切片的方式给多边形添加不同的构成元素。

5.【切割】命令

非常强大的自由添加点、边的工具。

6.【网格平滑】命令

采用加面的方式平滑多边形。

▶ **4.1.3　在顶点子集下的编辑多边形命令**

只有在选择了"顶点"次对象的时候才能出现"编辑顶点"卷展栏。

1. 进入【顶点】子集的方法

创建一个三维图形，进入修改命令面板　中，在 修改器列表 中选择【编辑多边形】命令，使三维图形可以被编辑，此时可以在【命令堆栈】中看到【顶点】子集选项，如图4-5所示。或者在【选择】卷展栏中单击　【顶点】子集按钮进入【顶点】子集中，如图4-6所示，即可进入【顶点】子集中进行节点的编辑。

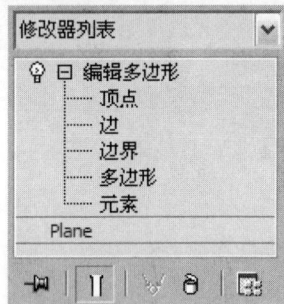

图4-5　命令堆栈中的顶点子集　　　　图4-6　【选择】卷展栏

2.【选择】卷展栏下的常用命令

- 【忽略背面】：在做选择点操作时，背面的顶点将不被选中。
- 【收缩】：对选择的顶点进行收缩以减小选择集。
- 【扩大】：对选择的顶点进行扩大以增大选择集。
- 【环形】：主要用于边的选择，扩大选择与已选边相邻的边。
- 【循环】：主要用于边的选择，扩大选择与已选边首尾相接的边。

3.【编辑顶点】卷展栏下的应用于【顶点】子集的常用命令

- 【移除】：移除选定的顶点，而不会同时删除由这个点组成的面，它和单击【Delete】键删除不同。
- 【断开】：用于在选择点的位置创建更多的顶点，每个多边形在选择点的位置有独立的顶点。
- 【挤出】：用于对视图中选择的点进行挤压操作，移动鼠标时会做出倒角处理，创建出新的多边形表面，如图4-7所示。
- 【切角】：将一个点沿中间分开变成多个点，切出一个新的多边形。主要用来制作带窟窿的物体，如眼睛、扣眼、洞口等，如图4-8所示。

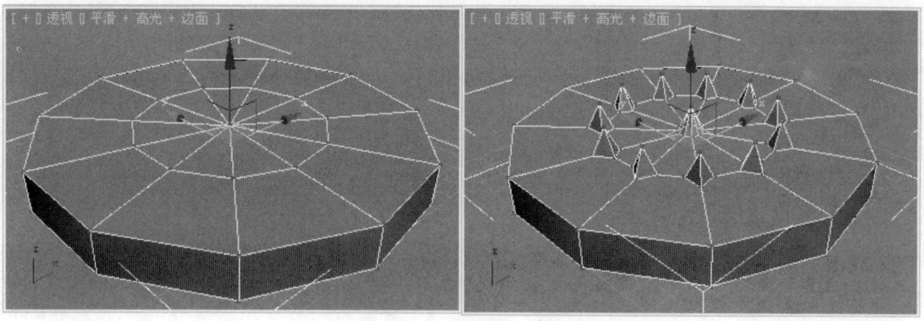

图4-7 挤出顶点效果

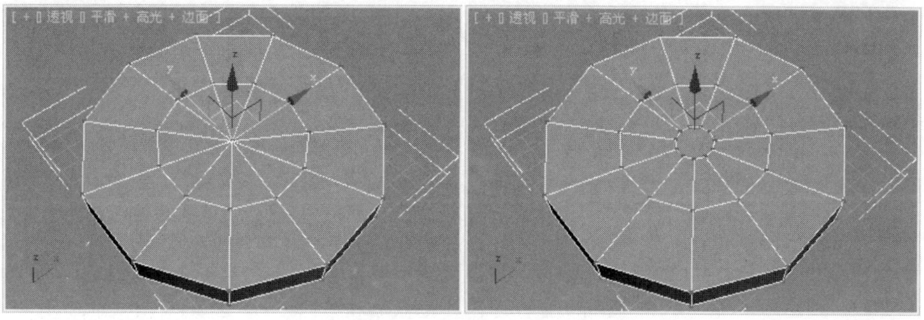

图4-8 切角顶点效果

- 【焊接】：将相邻的顶点焊接到一起，变为一个顶点，有焊接距离的限制。
- 【目标焊接】：使一个顶点向目标顶点移动位置并焊接为一个顶点，这是一个非常实用的命令。

▶ 4.1.4 在边子集下的编辑多边形命令

边是指两个顶点之间的线段。多边形的"边"编辑与"顶点"编辑在使用方法和作用上基本相同，但是也有自身的一些特点。

1. 进入【边】子集的方法

【创建】一个三维图形，进入 □ 【修改】命令面板中，在 [修改器列表 ▼] 中选择【编辑多边形】命令，使三维图形可以被编辑，此时可以在【命令堆栈】中看到【边】子集选项，或者在【选择】卷展栏中单击 □ 【边】子集按钮进入【边】子集中，单击之后即可进入【边】子集中进行边的编辑。

2. 【编辑边】卷展栏下的应用于【边】子集的常用命令

- 【移除】：用于将所选择的边进行删除，和单击【Delete】键删除不同。
- 【分割】：用于沿选择的边将网格分离。
- 【插入顶点】：在选择的边上添加顶点，将边细分，如图 4-9 所示。
- 【挤出】：将所选择的边挤出并做倒角处理，如图 4-10 所示。
- 【切角】：编辑多边形命令中最常用的命令之一，将边做切分处理，一般做倒角用，如图 4-11 所示。

图4-9　为选择的边细分

图4-10　将选择的边挤出

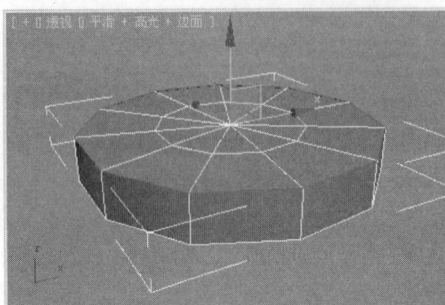

图4-11　将选择的边做倒角效果

- 【焊接】：将相邻的边焊接到一起，变为一个边，有焊接距离的限制。
- 【目标焊接】：使一条边向目标边移动位置并焊接为一个边。
- 【桥】：在两条边之间建立一个多边形，使之相连，如图 4-12 所示。

图4-12　为选择的边做桥接效果

- 【连接】：多边形建模中最常用的命令之一，在所选边之间添加新的连线，如图 4-13 所示。

图4-13　为选择的边做连接效果

▶ 4.1.5　在边界子集下的编辑多边形命令

边界也称为轮廓，可以理解为"多边形"对象上网格的线性部分。通常由多边形表面上的一系列"边"依次连接而成。"边界"是"多边形"对象特有的层级属性。

1.进入【边界】子集的方法

创建一个三维图形，进入修改命令面板 中，在 修改器列表 中选择【编辑多边形】命令，使三维图形可以被编辑，此时可以在【命令堆栈】中看到【边界】子集选项。或者在【选择】卷展栏中单击 【边界】子集按钮进入【边界】子集中。单击之后即可进入【边界】子集中进行边界的编辑。

2.【编辑边界】卷展栏下的应用于【边界】子集的常用命令

* 【插入顶点】：在选择的边界上添加顶点，将边界细分。
* 【挤出】：将所选择的边界挤出并做倒角处理。单击【Shift】键移动边界可沿垂直方向挤出边界，如图4-14所示。

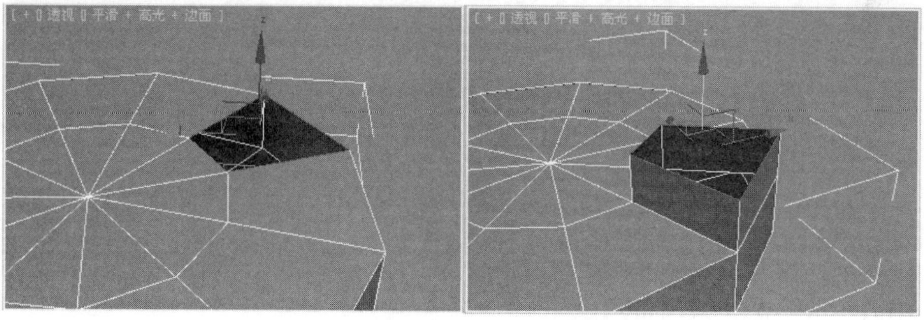

图4-14　为选择的边界做挤出效果

* 【封口】：将边界做封口处理。
* 【桥】：在边界与边界之间建立一个新的多边形，连接两个边界。

▶ 4.1.6　在多边形子集下的编辑多边形命令

多边形的面是由一系列封闭的"边"或"边界"围成的面，它是多边形对象重要的组成部分，同时也为多边形对象提供了可渲染的表面。

1.进入【多边形】子集的方法

创建一个三维图形，进入修改命令面板 中，在 修改器列表 中选择【编辑多边形】命令，使三维图形可以被编辑，此时可以在【命令堆栈】中看到【多边形】子集选项。或者在【选择】卷展栏中单击 【多边形】子集按钮进入【多边形】子集中。单击之后即可进入【多边形】子集中进行多边形的编辑。

2.【编辑多边形】卷展栏下的应用于【多边形】子集的常用命令

* 【挤出】：将所选择的多边形做挤出处理，如图4-15所示为【局部法线】的挤出方式，如图4-16所示为【按多边形】的挤出方式。

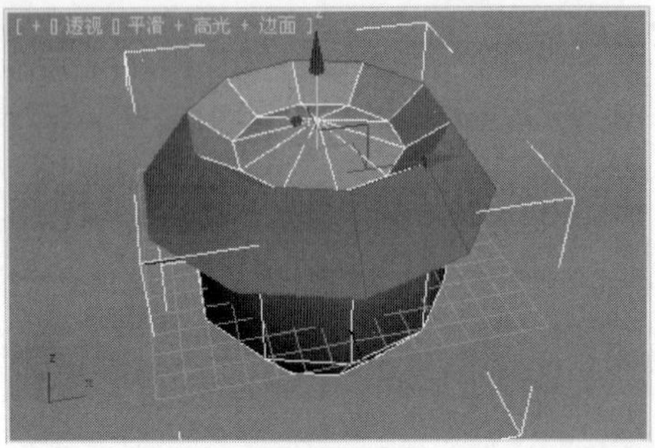

图4-15　局部法线挤出方式 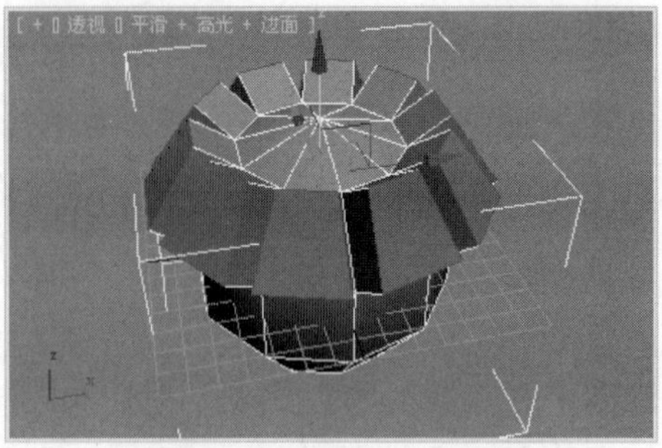　　　　　　　图4-16　按多边形挤出方式

- 【倒角】：将所选择的多边形做挤出处理并加入倒角效果。
- 【轮廓】：用于将轮廓边的尺寸增大或减小。
- 【插入】：拖动产生新的轮廓边并由此而产生新的面，如图 4-17 所示。

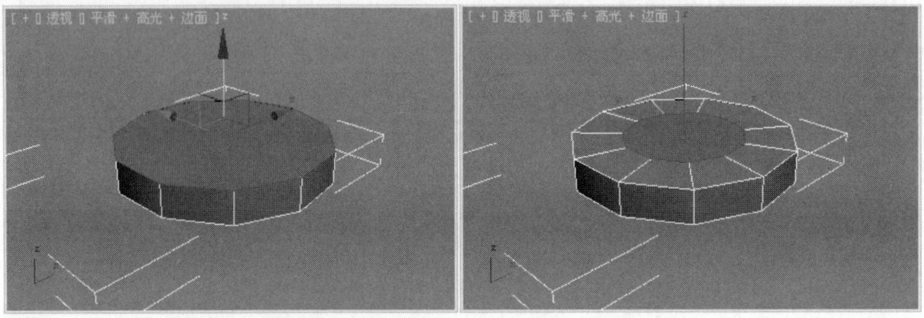

图4-17　为选择的多边形插入新的面

- 【翻转】：用于翻转多边形的法线方向。
- 【沿样条线挤出】：将选择的多边形沿着指定的曲线路径挤压。

4.2　上机实战

　　在详细了解可编辑多边形的 5 个子对象层级，以及每个子集的相关命令后，本节将通过 7 个典型实例，来更深入地操作这些编辑命令，并结合修改器建模及合成建模的方法，制作出完美的模型。

4.2.1　高尔夫球的建模技巧

　　本节将制作高尔夫球的模型，首先将创建的几何球体转换为"可编辑多边形"，再使用点级别和边级别编辑多边形，配合切角和挤出命令，完成模型的制作。最终渲染效果如图 4-18 所示。

学习重点

（1）切角命令的应用。
（2）挤出边命令的应用。
（3）"网格光滑"修改器的使用。

图4-18　最终效果图

制作高尔夫球

最终效果：光盘＼素材＼第4章＼高尔夫球

操作步骤

01 打开 3ds Max 软件，激活透视视图，进入创建控制面板的几何体建立区域，单击【几何球体】按钮，在透视视图中创建一个几何球体对象，参数设置如图4-19所示，效果如图4-20所示。

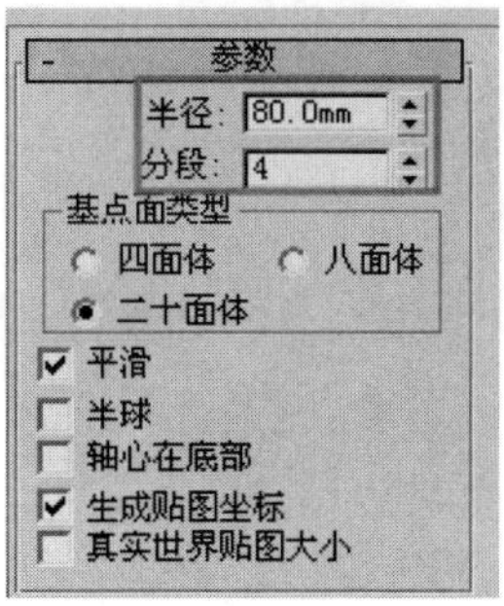

图4-19　【参数】面板

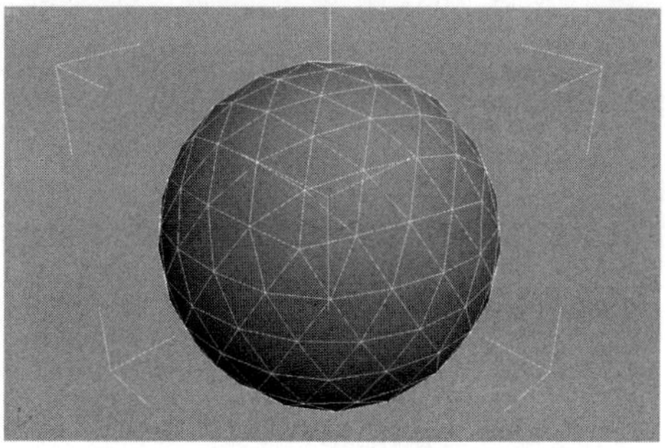

图4-20　创建球体

02 单击鼠标右键将其转化为可编辑多边形，进入点 级别并配合【Ctrl+A】组合键选择所有的点，如图4-21所示，再利用【切角】工具，将所有的点进行切角操作，得到如图4-22所示的样条线。

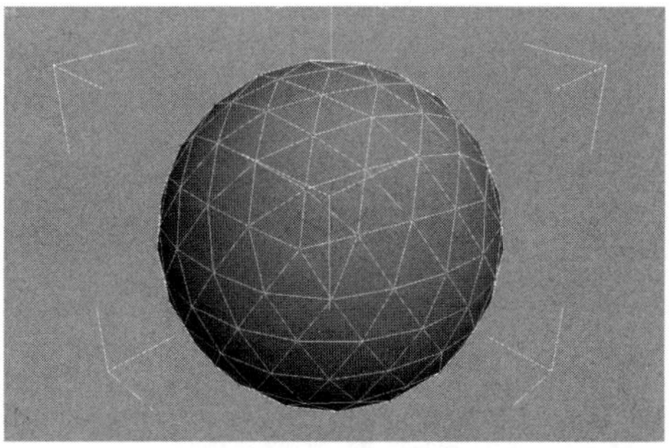

图4-21　选择所有顶点

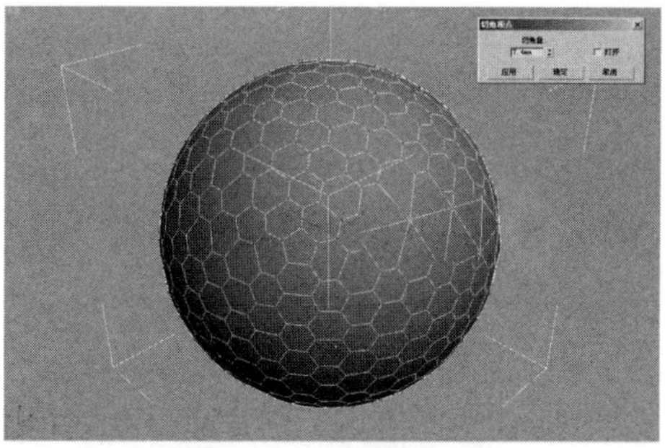

图4-22　切角操作

03 进入 的级别并配合【Ctrl+A】组合键选择所有的边，如图4-23所示，再利用【挤出】工具将物体进行挤出操作，结果如图4-24所示。

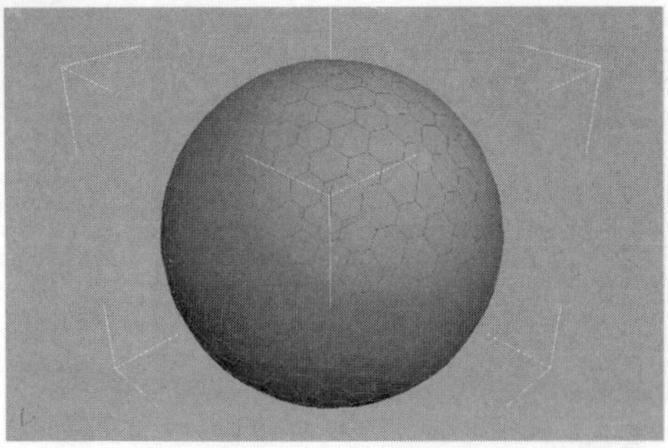

图4-23　选择所有边

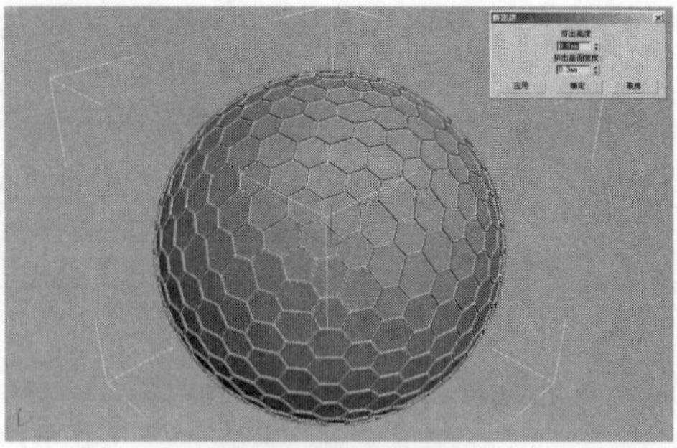

图4-24　挤出操作

04 在修改器面板中的【细分曲面】卷展栏下勾选使用 NURMS 细分，将【迭代次数】设置为 2，参数设置如图 4-25 所示，得到如图 4-26 所示的效果。

05 加入默认材质，去掉网格显示，最终效果如图 4-27 所示。

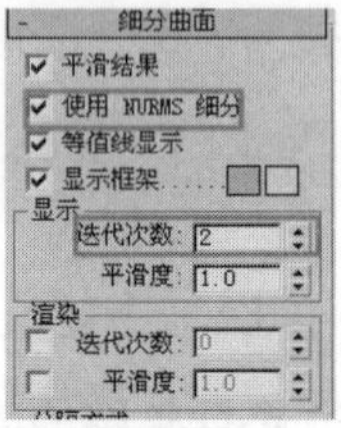

图4-25　勾选使用NURMS细分

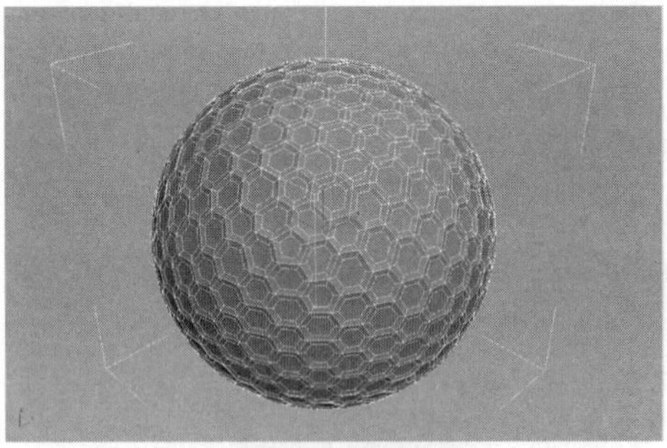

图4-26　完成效果

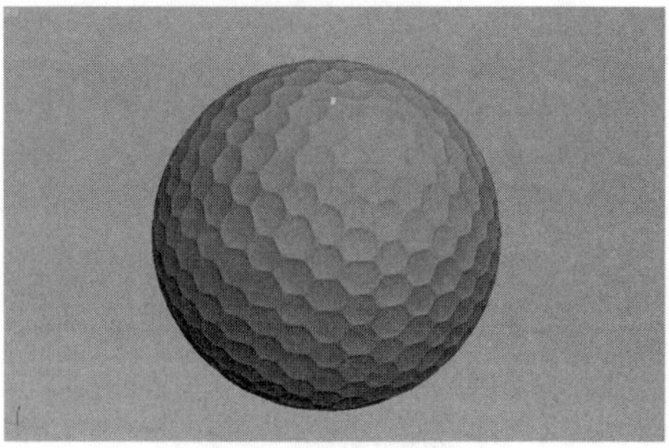

图4-27　最终效果

4.2.2　足球的建模技巧

本节将学习足球的建模技巧。首先创建一个异面体对象并将其转化为可编辑多边形，再通过挤出、球形化和网格平滑的命令，完成足球模型的制作。最终渲染效果如图 4-28 所示。

学习重点

（1）学习使用基本几何体为挤出建立特殊模型。

（2）使用"球形化"修改器和"网格光滑"修改器的使用。

图4-28　最终效果图

🔶 最终效果：光盘\素材\第4章\足球

✍️ **操作步骤**

01 打开 3ds Max 软件，激活透视视图，进入创建控制面板的几何体建立区域◯，单击【异面体】按钮，在透视视图中创建一个异面体，参数如图 4-29 所示，效果如图 4-30 所示。

图4-29 【参数】卷展栏

图4-30 建立异面体

02 单击鼠标右键将其转化为可编辑多边形，进入◁的级别并配合【Ctrl+A】组合键选择所有的边，如图 4-31 所示，再利用【挤出】工具，将所有的边进行挤出操作，得到如图 4-32 所示的样条线。

图4-31 选择所有边

图4-32 挤出操作

03 进入▇的级别并配合【Ctrl+A】组合键选择所有的面，如图 4-33 所示，再利用【细化】命令将物体进行 2 次细化，结果如图 4-34 所示。

图4-33 细化操作

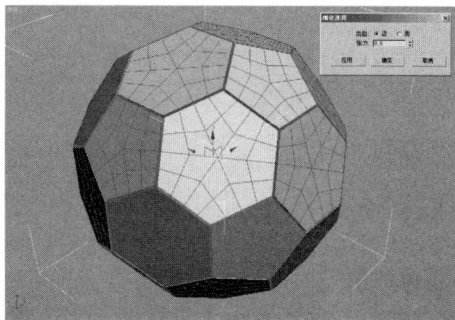

图4-34 完成操作

04 在修改器面板中为物体加入一个【球形化】的修改器,【百分比】设置为88,得到如图 4-35 所示的效果,在修改器面板中为物体加入一个【网格光滑】的修改器,【迭代次数】设置为1,得到如图 4-36 所示的效果。

05 加入默认材质,去掉网格显示,最终效果如图 4-37 所示。

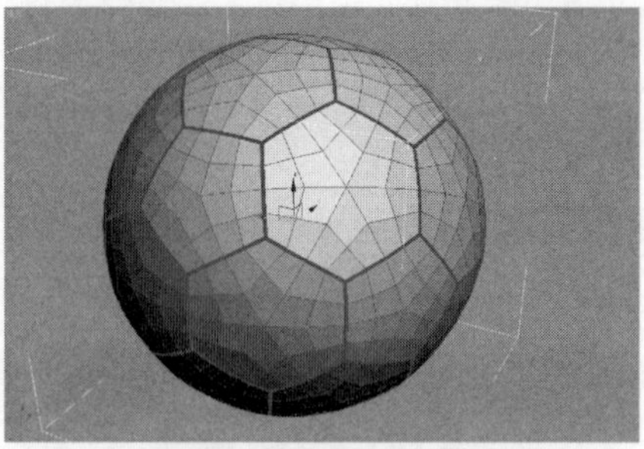

图4-35 球形化操作

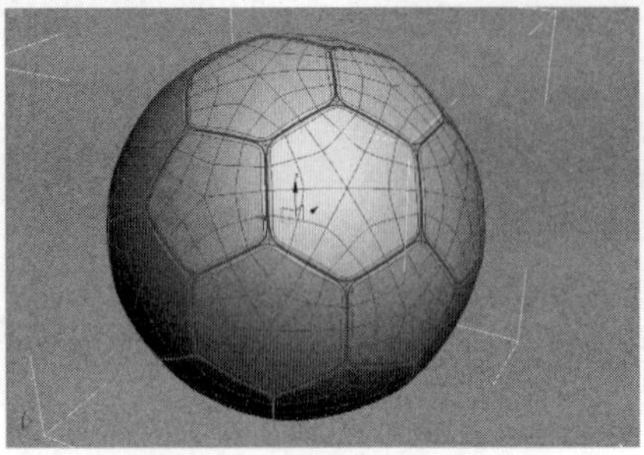

图4-36 网格光滑操作

图4-37 最终效果

▶ 4.2.3 牙膏的制作

本节学习利用编辑多边形命令、挤出命令等制作牙膏模型。最后渲染效果如图 4-38 所示。

学习重点

(1) 练习编辑多边形命令的使用。

(2) 熟练使用挤出、编辑样条线的使用方法。

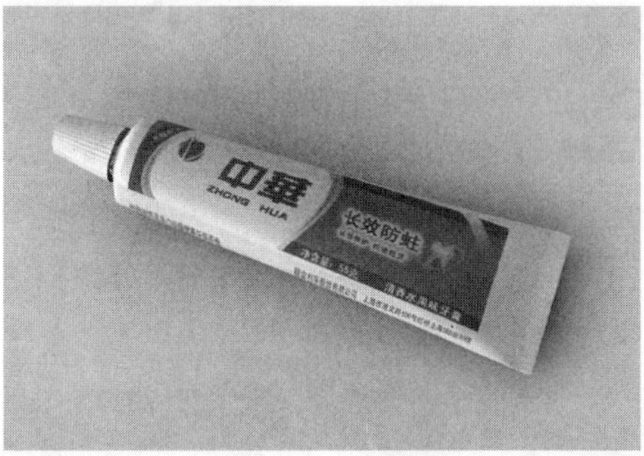

图4-38 最终效果

制作牙膏

最终效果:光盘\素材\第4章\牙膏

操作步骤

01 进入创建控制面板的几何体建立区域 ◎ ,单击【圆柱体】按钮,在左视图中绘制一个圆柱体对象，如图4-39所示。

02 进入修改命令面板 ![图标]，在 修改器列表 中选择【编辑多边形】命令，单击 ![图标]【多边形】子集按钮进入到【多边形】子集中，将圆柱体的前后端面删除掉，如图4-40所示。

图4-39　绘制圆柱体

图4-40　删除端面

03 单击 ![图标]【顶点】子集按钮进入到【顶点】子集中，选中一端的所有顶点，调整节点形状，如图4-41所示。

04 进入创建控制面板的几何体建立区域 ![图标]，单击【长方体】按钮，在顶视图中绘制一个长方体，位置大小如图4-42所示。

图4-41　调整节点位置

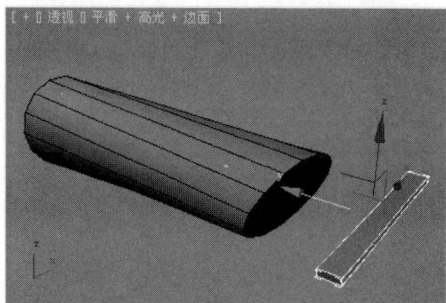

图4-42　绘制长方体

05 进入修改命令面板 ![图标]，在 修改器列表 中选择【编辑多边形】命令，单击 ![图标]【多边形】子集按钮进入到【多边形】子集中，将长方体正对着圆柱体的面删除掉，如图4-43所示。

06 选择圆柱体对象，进入创建控制面板的几何体建立区域 ![图标]，单击下拉菜单，选择【复合对象】选项中的【连接】命令，单击 拾取操作对象 按钮，拾取长方体，将圆柱体与长方体连接在一起，得到如图4-44所示效果。

图4-43　删除长方体的面

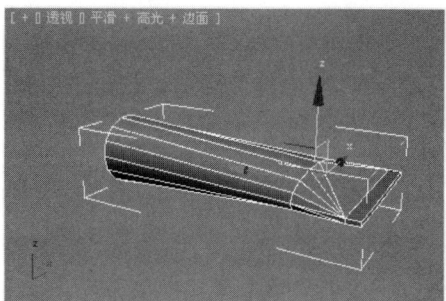

图4-44　将二者连接起来

三维制作大师

07 加入【编辑多边形】命令，单击 ↺ 【边界】子集按钮进入到【边界】子集中，选中圆柱体前方边界轮廓，按住【Shift】键复制挤出，并调整大小，如图 4-45 所示。

08 继续向前挤出并调整大小。进入【边】子集中，选择如图 4-46 所示的两段线段。

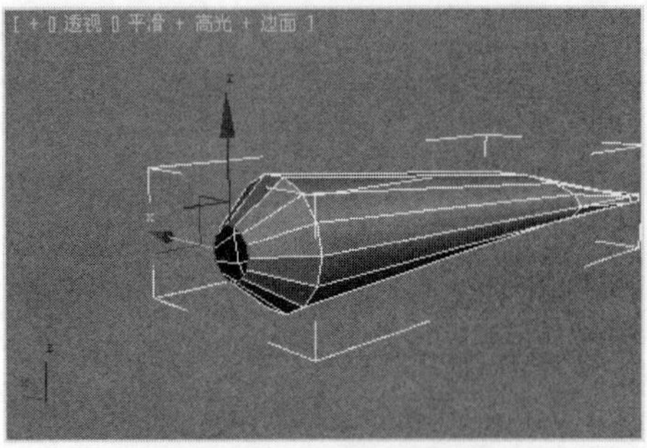

图4-45　挤出边界

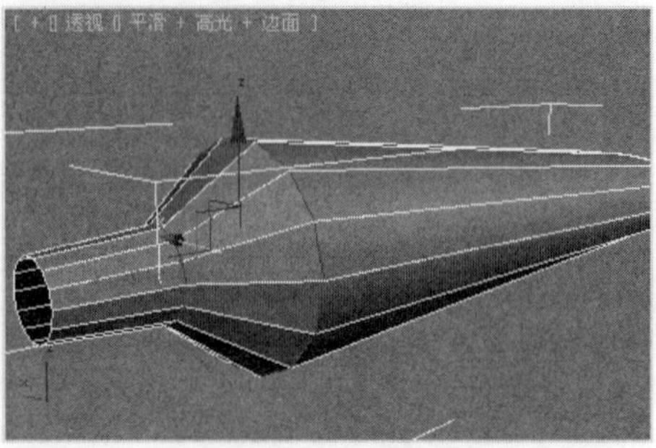

图4-46　选择线段

09 为选择线段做切线效果，如图 4-47 所示。将牙膏底端也做出切线效果，如图 4-48 所示。

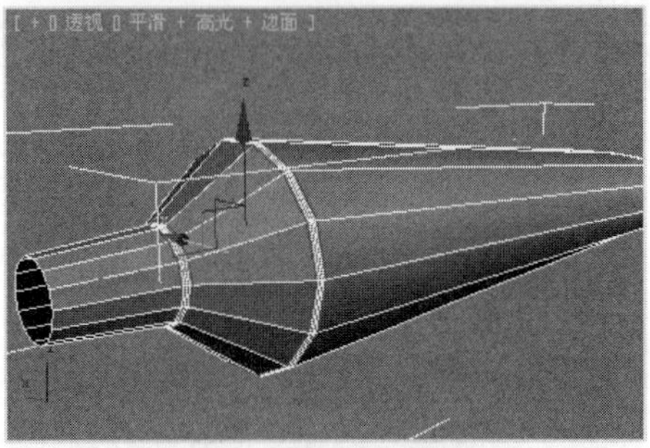

图4-47　制作切线效果

图4-48　制作切线效果

10 进入创建控制面板的图形建立区域 ◎，单击【星形】按钮，在左视图中绘制一个星形，加入【挤出】命令后，适当调整挤出高度，作为牙膏的盖子，如图 4-49 所示。

11 加入【编辑多边形】命令，将端面缩小，最终效果如图 4-50 所示。

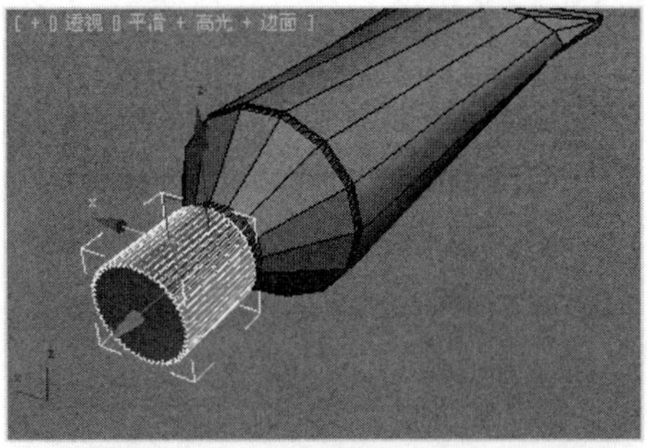

图4-49　制作牙膏盖

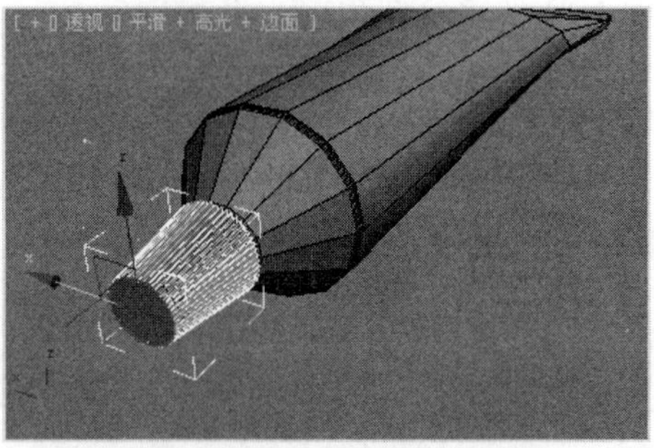

图4-50　缩小端面

▶ **4.2.4　哑铃的制作**

本节学习利用编辑多边形命令结合放样、车削等命令制作哑铃。最后渲染效果如图 4-51 所示。

（1）编辑多边形命令的使用。

（2）放样、车削命令的使用。

图4-51　最终效果

哑铃的技巧建模

最终效果：光盘\素材\第4章\哑铃

操作步骤

（1）哑铃圆盘的制作

01 进入创建控制面板的几何体建立区域 ○ ，单击【圆柱体】按钮，在左视图中建立一个圆柱体，【高度分段】为2，【边数】为10，如图4-52所示。

02 选择圆柱体，进入修改命令面板 ，在 修改器列表 中选择【编辑多边形】命令，单击 【边】子集按钮进入【边】子集中，在前

图4-52　建立圆柱体

视图中将圆柱体对象两面的边选中，利用缩放工具 缩小调整至如图4-53所示效果。

03 单击 【多边形】子集按钮进入【多边形】子集中，选择圆柱体对象右侧的面，单击【插入】命令右侧的设置按钮，适当调整【插入量】值，得到如图4-54所示效果。

图4-53　选中两面的边

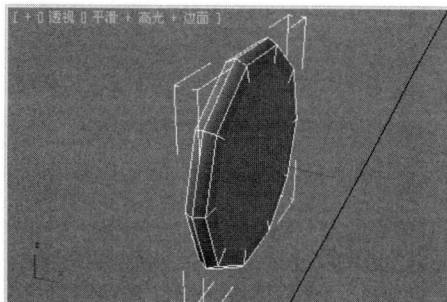

图4-54　为两侧的面插入面

04 单击【倒角】命令右侧的设置按钮，适当调整【高度】、【轮廓量】值，将面向内倒角挤入，如图 4-55 所示。

05 单击【插入】命令右侧的设置按钮，适当调整【插入量】值，将面再次向里插入一个小面。单击【挤出】命令右侧的设置按钮，适当【挤出高度】值，将小面向外挤出一点，如图 4-56 所示。

06 不断地重复之前的【插入】、【挤出】命令，最后得到如图 4-57 所示效果。

图4-55 做倒角效果

图4-56 向上挤出高度

图4-57 多次插入挤出效果

07 单击【Delete】键，将此面删除，如图 4-58 所示。单击 【边】子集按钮进入【边】子集中，选中如图 4-59 所示的边。

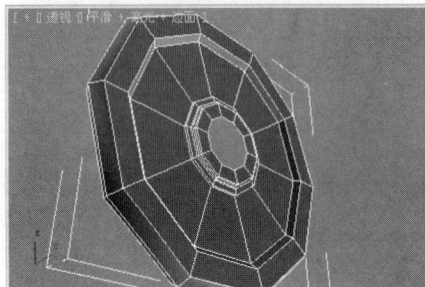

图4-58 删除选中多边形

图4-59 选择边

08 单击【环形】按钮，则与此边环形相邻的边都被选中，如图 4-60 所示。

09 单击【连接】命令后侧的设置按钮，设置【分段】值为 2，适当调整【收缩】值，为其加入两条倒边的线，如图 4-61 所示。

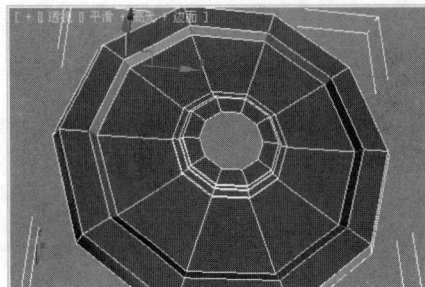

图4-60 选中环形边

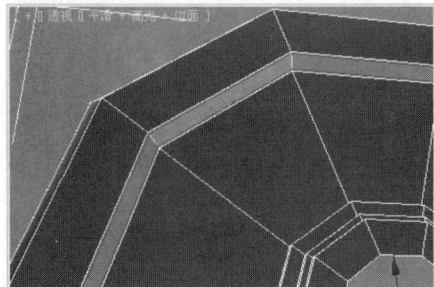

图4-61 加入两条边

10 将圆盘中心的一圈边选中，单击【连接】命令后侧的设置按钮，设置【分段】为1，适当调整【滑块】值，为其加入一条也用来倒边的线，如图4-62所示，此面的布线完毕。

11 单击▣【多边形】子集按钮进入【多边形】子集中，选择圆柱体的另外一个面，单击【插入】命令右侧的设置按钮，适当调整【插入量】值，为其插入一个面，单击【倒角】命令右侧的设置按钮，适当调整【高度】、【轮廓量】值，将面向内倒角挤入，方法同步骤2，如图4-63所示。

> **提示** 在挤此面时，应在左视图、前视图中同时观察，注意与圆柱体的另一个面的结构尽量吻合。

图4-62　倒边处理

图4-63　将选中多边形做倒角处理

12 单击【插入】命令右侧的设置按钮，适当调整【插入量】值，为其插入一个面，单击【挤出】命令右侧的设置按钮，适当调整【挤出高度】值，将面向外挤出一点，如图4-64所示。

13 单击【倒角】命令右侧的设置按钮，适当调整【高度】、【轮廓量】值。将面向外挤出，并增加轮廓量，将面向外放大，如图4-65所示。

图4-64　插入面并挤出

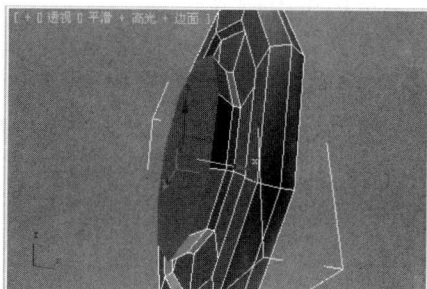

图4-65　将选择面做倒角处理

14 单击【倒角】命令右侧的设置按钮，适当调整【高度】、【轮廓量】值，将面继续向外挤出，并向内倒角，如图4-66所示。

15 将此面做出另一面相同的调整，具体方法参见之前的步骤，最后得到如图4-67所示的布线效果。

16 单击⌾【边界】子集按钮进入到【边界】子集中，将圆盘中心正反两个面的轮廓边缘选中，如图4-68所示，单击【桥】命令，将两个边缘连接起来。

17 单击⌾【边界】子集按钮退出子集，在 修改器列表 ▾ 中选择【网格光滑】命令，【迭代次数】为2，如图4-69所示，圆盘建模完毕。

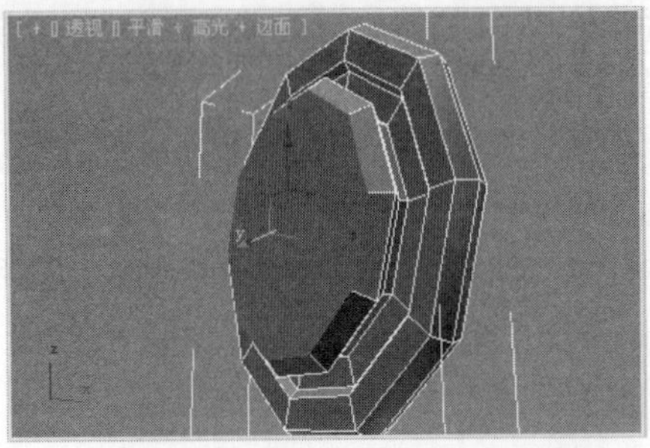

图4-66 将面做倒角效果

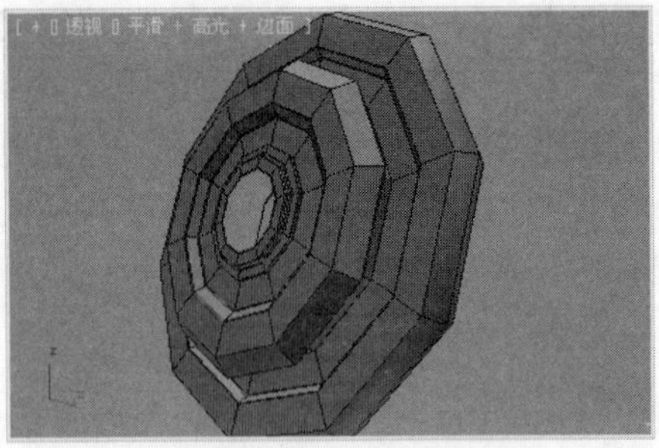

图4-67 继续挤出倒角

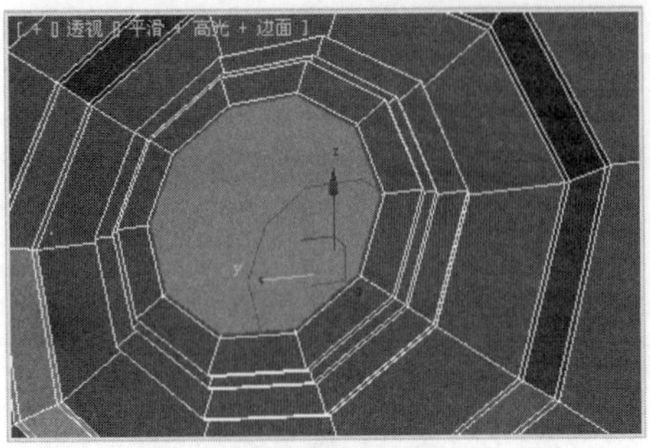

图4-68 选择边界

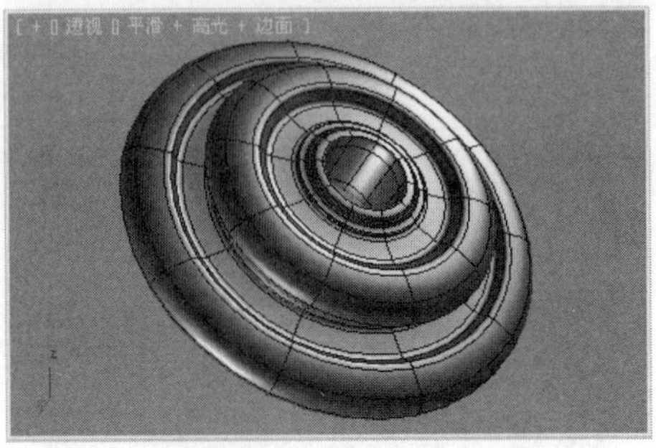

图4-69 光滑处理

（2）其他部件的制作

18 利用【倒角】命令制作圆盘外侧的螺钮。
进入创建控制面板的图形建立区域，单击【星
形】按钮，在左视图中绘制一个星形，【点数】
为6，两个【圆角半径】各给一点数值让尖角
成圆角状，如图4-70所示。

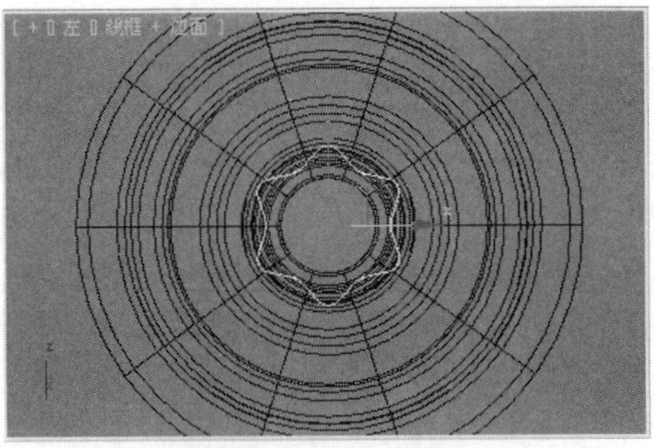

19 在星形中间挖一个洞，进入创建控制面板
的图形建立区域，单击【圆】按钮，在左视
图中绘制一个圆形对象，进入修改命令面板，
在 修改器列表 中选择【编辑样条线】命令，

图4-70 星形的绘制

单击【附加】按钮，在左视图中拾取星形，将星形与圆形结合成为一个图形，如图4-71所示。

20 进入修改命令面板，在 修改器列表 中选择【倒角】命令，在【级别1】、【级别2】、【级
别3】中分别调整【高度】与【轮廓值】，得到如图4-72所示螺钮效果。

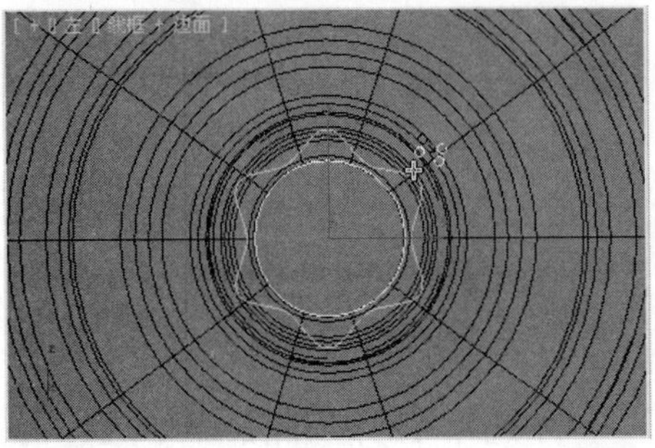

图4-71 星形与圆形的结合

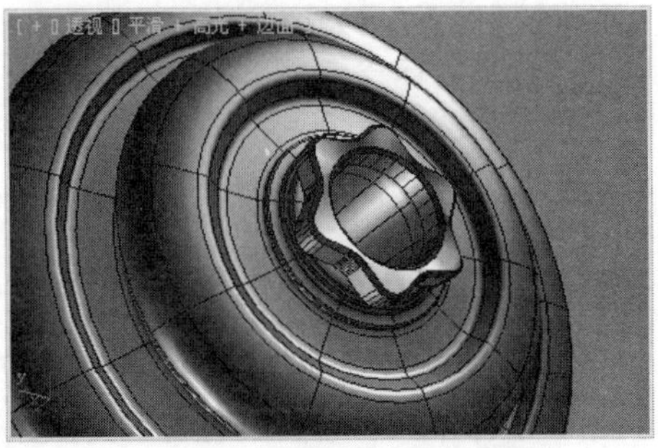

图4-72 倒角效果的添加

21 利用【车削】命令制作杠铃局部，进入创建控制面板的图形建立区域，单击【线】按钮，在前视图中绘制车削所需曲线，如图 4-73 所示。

22 进入修改命令面板，在 修改器列表 中选择【车削】命令，方向选为 X 轴，在【命令堆栈】中单击车削前面的加号，进入【轴】子集中，在前视图中将轴沿 Y 轴向下调整，得到如图 4-74 所示杠铃。

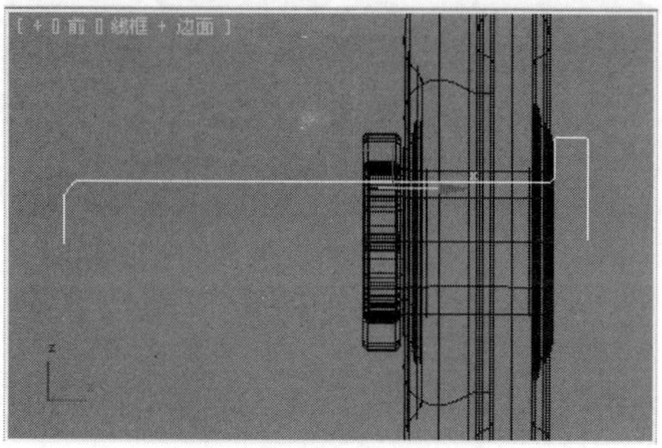

图4-73 绘制样条线

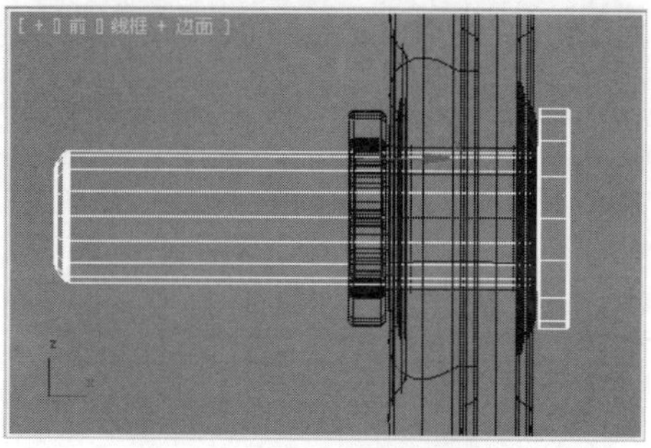

图4-74 车削命令的添加

23 利用【车削】命令制作杠铃中间部分。进入创建控制面板的图形建立区域，单击【线】按钮，在前视图中绘制【车削】所需曲线，如图 4-75 所示。

24 进入修改命令面板，在 修改器列表 中选择【车削】命令，方向选为 X 轴，在【命令堆栈】中单击【车削】前面的加号，进入【轴】子集中，在前视图中将轴沿 Y 轴向下调整，得到如图 4-76 所示的杠铃中间部分。

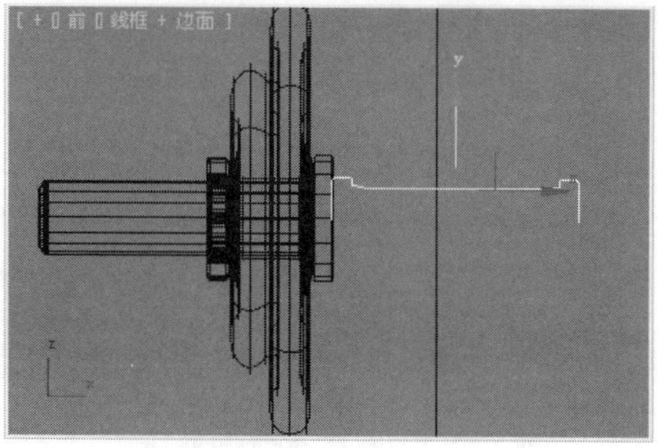

图4-75 样条线的绘制

25 制作杠铃上的螺旋纹理。进入创建控制面板的图形建立区域，单击【螺旋线】按钮，在左视图中绘制一条螺旋线，如图 4-77 所示。

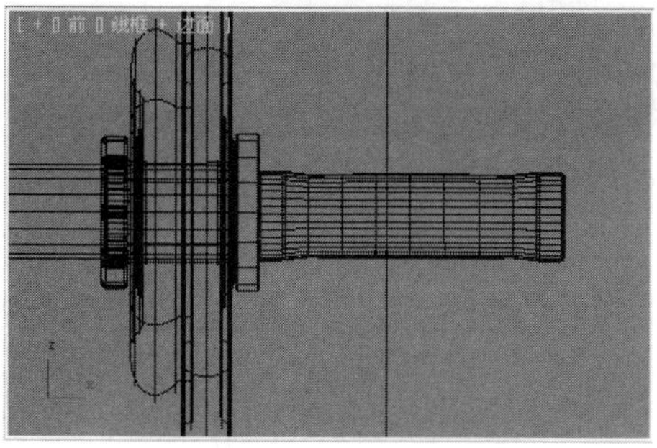

图4-76 车削命令的添加

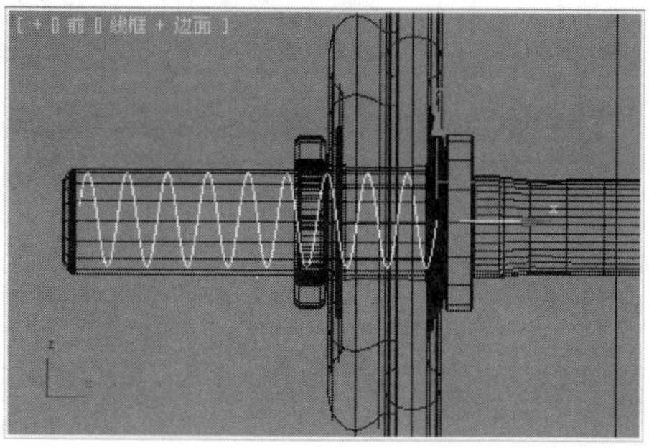

图4-77 螺旋线的绘制

26 通过线的可渲染性将螺旋线变成有体积的线，选择螺旋线，打开【渲染】卷展栏，勾选【在渲染中启用】、勾选【在视口中启用】。适当调整【厚度】值，得到如图 4-78 所示的杠铃纹理。

27 将除了杠铃中部的其他部分全部选中，单击【组】菜单中的【成组】命令，将它们编为一组，激活前视图，单击工具条 【镜像】命令，在弹出的对话框中选择【镜像轴】为 X 轴，克隆选择为【复制】的类型，适当调整偏移值，最后得到如图 4-79 所示效果。

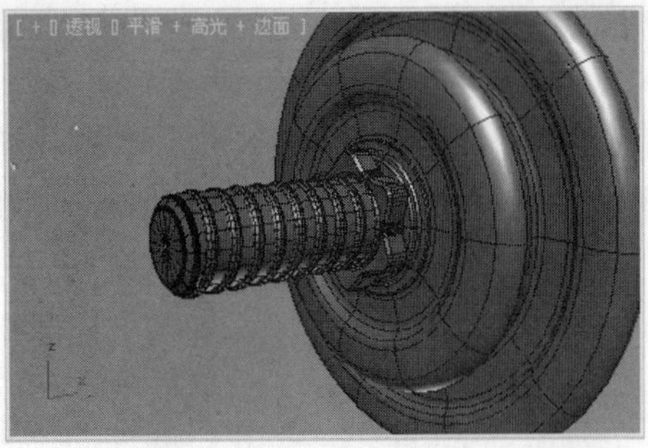

图4-78　螺旋线可渲染

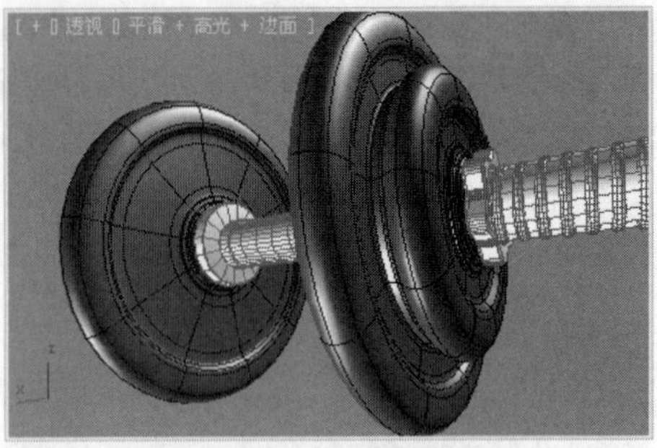

图4-79　哑铃最终效果

▶ 4.2.5　燃气灶的制作

本节学习利用多边形命令结合挤出命令、车削命令制作燃气灶。最后渲染效果如图4-80所示。

学习重点

(1) 学习编辑多边形命令的使用。

(2) 掌握车削命令的使用。

(3) 熟悉使用挤出命令的使用。

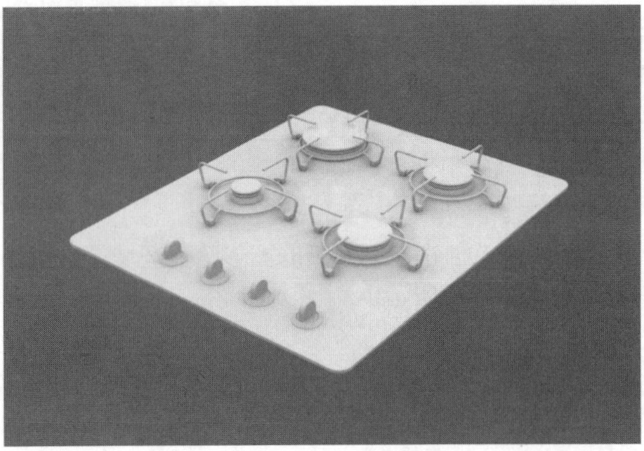

图4-80　最终效果

制作燃气灶

最终效果：光盘\素材\第4章\燃气灶

操作步骤

(1) 灶台的制作

01 进入创建控制面板的图形建立区域，单击【矩形】按钮，在顶视图中绘制一个矩形，给出一定的【角半径】，得到一个圆角矩形，如图 4-81 所示。

02 进入修改命令面板，在 修改器列表 中选择【挤出】命令，挤出【数量】上做适当调整，做出燃气灶的厚度，如图 4-82 所示。

图4-81　绘制矩形　　　　　　　　　　　　图4-82　加入挤出命令

03 在 [修改器列表] 中选择【编辑多边形】命令，单击☑【边】子集按钮进入【边】子集当中，在顶视图中将全部的边选中为红色，在前视图中按住【Alt】键减选掉燃气灶高度的边，最后选中如图 4-83 所示的燃气灶外围的边线。

04 单击【切角】按钮后面的设置，设置弹出的对话框中【切角量】的值，值要小，制作如图 4-84 所示的倒角效果。

> **提示**　在这里做倒角效果是因为在最后光滑之后，燃气灶的边缘要有硬度。

图4-83　选择燃气灶的边　　　　　　　　　　图4-84　为选择边做倒角效果

05 制作燃气灶上的四个凸起部分。在顶视图中将纵向的边全部选择为红色，如图 4-85 所示。

06 单击【连接】按钮后面的设置，设置弹出对话框中的参数，【分段】数为2，调整【收缩】值，使添加的两段边往上下边缘靠拢，如图 4-86 所示。

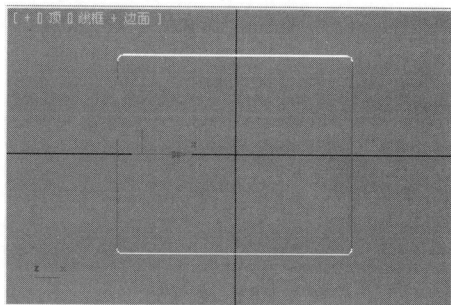

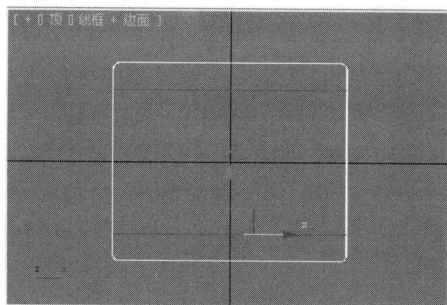

图4-85　选择边　　　　　　　　　　　　　　图4-86　添加边

07 在顶视图中将纵向中间的边全部选择为红色，如图 4-87 所示。

08 单击【连接】按钮后面的设置，设置弹出对话框中的参数，【分段】数为 2，调整【收缩】值，使添加的两段边往上下边缘靠拢，如图 4-88 所示。

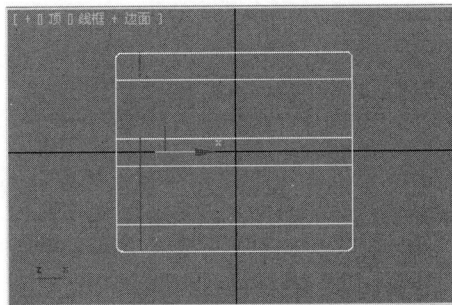

图4-87　选择边　　　　　　　　　　　图4-88　添加边

09 在顶视图中将横向边全部选择为红色，如图 4-89 所示。

10 单击【连接】按钮后面的设置，设置弹出对话框中的参数，【分段】数为 1，【收缩】值为 0，添加一条纵向的边，使用移动工具 ✛ 在顶视图中将边向左侧移动至如图 4-90 所示位置。

图4-89　选择边　　　　　　　　　　　图4-90　添加边

11 在顶视图中将横向右侧边全部选择为红色，如图 4-91 所示。

12 使用【连接】命令用同样的方法继续添加纵向的线，最后得到如图 4-92 所示布线方式。

> **提示**　若添加的线不直的话，可使用 ⬚【缩放】工具在顶视图中沿 X 轴进行【缩放】，将线变直。

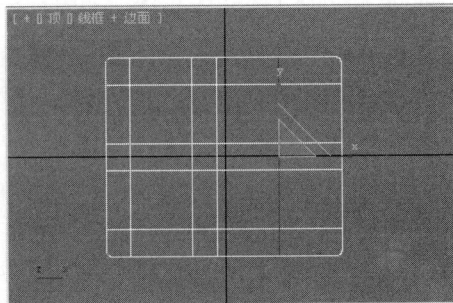

图4-91　选择边　　　　　　　　　　　图4-92　添加边

13 单击▣【多边形】子集按钮,进入【多边形】子集中,在顶视图中选择中间四个正方形,如图 4-93 所示。

14 单击【倒角】按钮后面的设置,设置弹出对话框中的参数,【高度】和【轮廓量】都做适量的调整,得到如图 4-94 所示效果。

图4-93 选择多边形

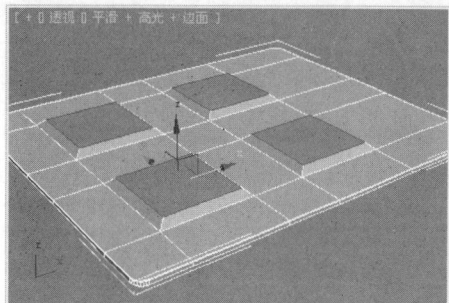

图4-94 为选择多边形做倒角效果

15 单击◿【边】子集按钮进入【边】子集当中,在前视图中将全部的四个灶台高度的边选中为红色,如图 4-95 所示。

16 单击【连接】按钮,为四个灶台均添加一条横向的边。准备为灶台做倒角处理,如图 4-96 所示。

图4-95 选择边

图4-96 添加边

17 单击【约束】中的【边】,如图 4-97 所示。

18 使用移动工具✥在前视图中将边沿 Y 轴向下侧移动至靠近灶台面处,做出倒角效果,如图 4-98 所示。

> 提示 选择约束到边,在移动点或边时,移动对象只能沿着边移动。

图4-97 约束到边

图4-98 移动边

19 运用同样的方法，在四个凸起顶端再做倒角处理，得到如图 4-99 所示效果。

20 单击☑【边】子集按钮退出子集，在 修改器列表 ▼ 中选择【网格光滑】命令，【迭代次数】为 2，得到如图 4-100 所示完整的灶台面。

> 提示 【迭代次数】数值越大，物体越光滑。但运行起来越不流畅，一般选择数值为 1 或者 2。

图4-99 做倒边处理

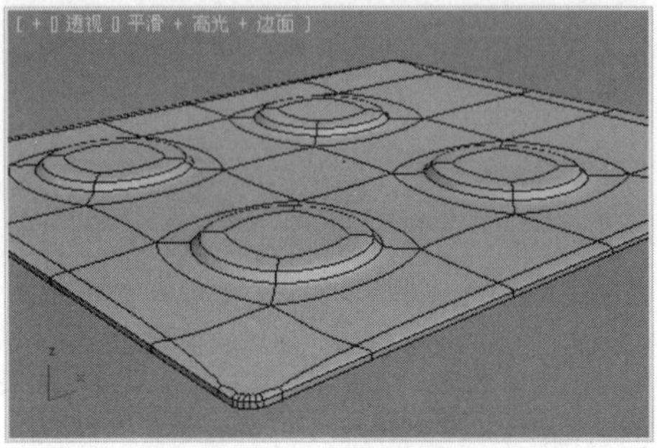

图4-100 加入光滑效果

(2) 其他零部件的制作

21 进入创建控制面板的图形建立区域⬚，单击【线】按钮，在前视图图中绘制一条曲线，如图 4-101 所示。

22 进入修改命令面板☑，在 修改器列表 ▼ 中选择【车削】命令，单击【最小】按钮，勾选【翻转法线】、【焊接内核】。按住【Shift】键使用✛【移动】工具在顶视图中复制出另外三个，克隆选项中选择【实例】的复制关系，得到如图 4-102 所示效果。

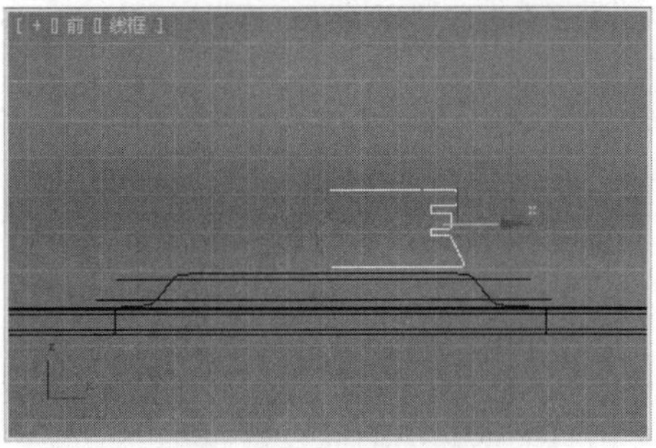

图4-101 做倒边处理

23 进入创建控制面板的几何体建立区域◯，单击【圆环】按钮，在顶视图中燃气灶凸起处建立一个圆环，使用移动工具✛在顶视图中单击【Shift】键复制出另外三个圆环，如图 4-103 所示。

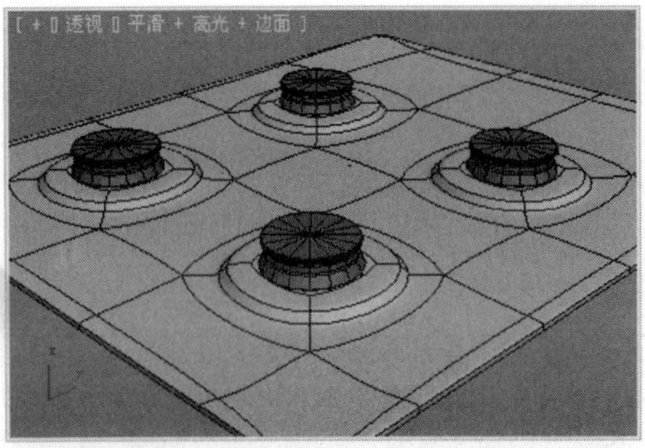

图4-102 加入光滑效果

图4-103 绘制并复制圆环

24 进入创建控制面板的图形建立区域 🔲，单击【线】按钮，在前视图中放样所需路径，单击【圆】按钮，在前视图中绘制放样所需横截面图形圆形，如图 4-104 所示。

25 选择放样所需路径，进入创建控制面板的几何体建立区域 🔵，单击【几何体】类型下拉菜单，选择【复合对象】命令。单击【放样】命令，单击 获取图形 命令，在前视图中，拾取圆形对象，得到一根金属架，如图 4-105 所示。

图4-104 绘制放样路径及截面图形

26 进入【创建】控制面板的几何体建立区域 🔵，单击【几何体】类型下拉菜单，选择【扩展基本体】命令，单击【切角长方体】命令，在前视图中绘制一个切角长方体。注意参数中要给出一定的【圆角值】，让边角变圆滑，摆放至如图 4-106 所示位置。

图4-105 制作放样物体

图4-106 绘制切角长方体

27 将绘制的金属架与切角长方体同时选中，单击菜单栏中的【组】菜单，单击【成组】命令将它们编为一组。进入层次命令面板 🔳 的轴调整区域 轴，激活【仅影响轴】按钮为紫色，此时轴心处于选择状态。在顶视图中使用移动工具 ✛ 将轴心移动至圆环的中心，如图 4-107 所示。

28 单击【仅影响轴】按钮退出轴调整。单击工具条 🔲【角度捕捉切换】按钮，再鼠标右键单击 🔲【角度捕捉切换】按钮进行参数设置，在弹出的对话框中，将【角度】至改为 90 度，关闭对话框，单击旋转工具 🔄，在顶视图中单击【Shift】键沿 Z 轴旋转复制，克隆选项中选择【实例】的复制方法，复制【副本数】为 3。

29 将复制所得到的金属架全部选中，单击移动工具 ✛，按住【Shift】键在顶视图中移动复制出另外三组金属架，克隆选项中选择【实例】的复制方法，得到如图 4-108 所示效果。

图4-107 调整轴心位置

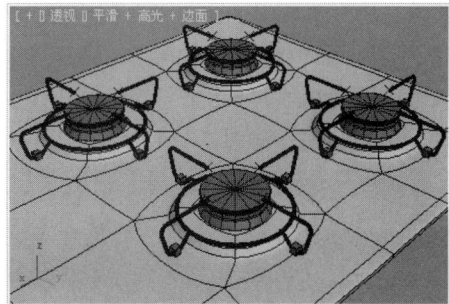

图4-108 复制金属架

30 进入创建控制面板的图形建立区域 🔲，单击【线】按钮，在前视图中绘制旋钮底座侧线，如图 4-109 所示。

31 进入修改命令面板 🖉，在 修改器列表 中选择【车削】命令，单击【最小】按钮，按住【Shift】键使用移动工具 ✛ 在顶视图中复制出另外三个旋钮底座侧线，克隆选项中选择【实例】的复制关系，得到如图 4-110 所示效果。

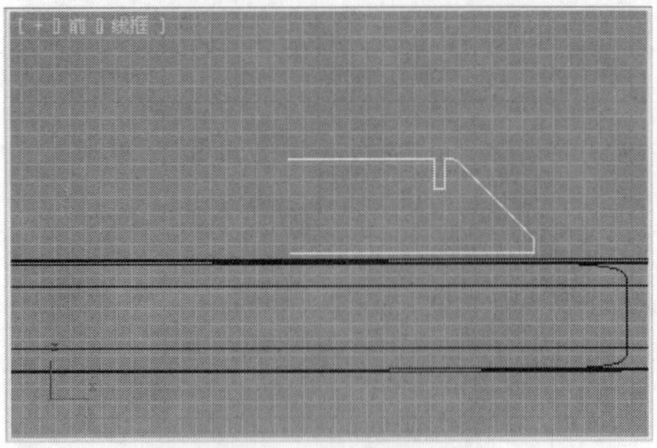

图4-109 绘制剖面图形

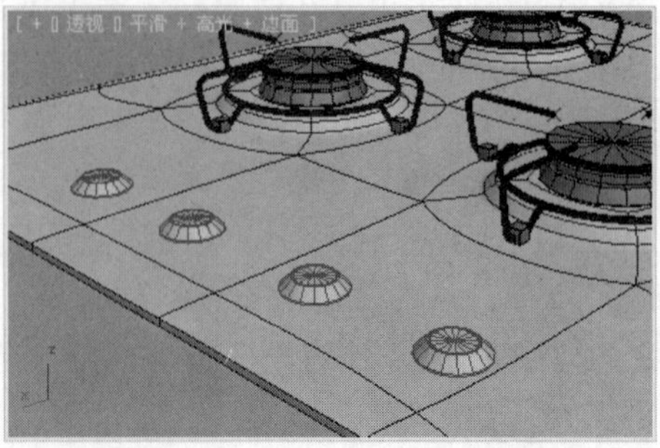

图4-110 加入车削命令并复制

32 旋钮的制作。进入创建控制面板的图形建立区域 🔲，单击【圆】按钮和【矩形】按钮，分别在前视图中绘制出来，注意矩形的宽度与圆的直径是一样大的，如图 4-111 所示。

33 选择圆形，进入修改命令面板 🖉，在 修改器列表 中选择【编辑样条线】命令。单击 ✎ 【分段】子集按钮进入【分段】子集中，选择圆的下半部分线段为红色，单击【Delete】键删除。

34 选择矩形，进入修改命令面板 🖉，在 修改器列表 中选择【编辑样条线】命令。单击 ✎ 【分段】子集按钮进入【分段】子集中，选择矩形的最上面的线段为红色，单击【Delete】键删除，如图 4-112 所示。

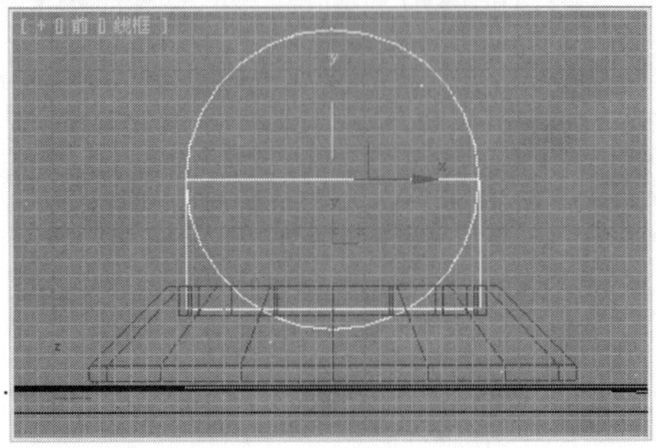

图4-111 绘制圆形矩形

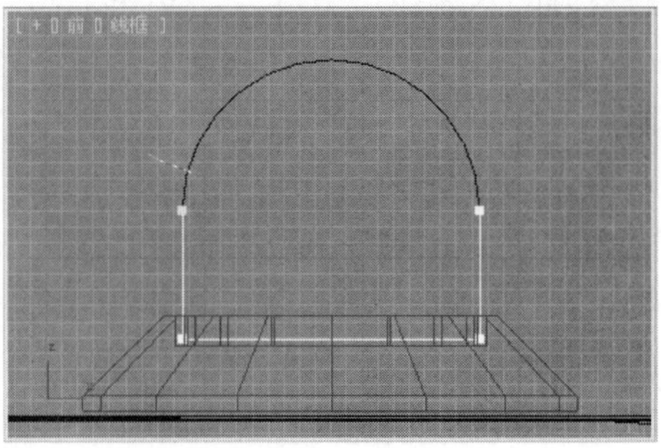

图4-112 调整圆形矩形

35 单击【附加】按钮，再单击圆形，将圆形与矩形结合到一起。单击 ⋯ 【顶点】子集按钮进入【顶点】子集中，将路径与圆形相对的端点选中，如图 4-113 所示。

36 调整 焊接 [0.254cm] 按钮后面的距离值，注意值不能太大，单击【焊接】按钮，则相邻的两个节点焊接到一起，如图 4-114 所示。

> **提示** 圆形与矩形相交处的端点为断开的，需要将断点焊接为一个点，路径才会变为封闭的图形。焊接按钮后面的数值为距离值，是指在此距离之内的点将被焊接在一起。

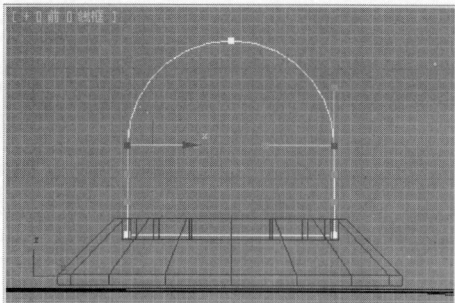

图4-113 选择端点

图4-114 焊接端点

37 单击 ∷【顶点】子集按钮退出【顶点】子集，在 [修改器列表▾] 中选择【倒角】命令。分别适当调整【级别1】、【级别2】、【级别3】中的【高度】与【轮廓值】，得到如图4-115所示旋钮。

38 按住【Shift】键，使用移动工具 ✛ 在顶视图中复制出另外三个旋钮，克隆选项中选择【实例】的复制关系，得到如图4-116所示的最终效果。

图4-115 加入倒角命令

图4-116 燃气灶完整模型

▶ **4.2.6 应急灯的制作**

本节学习使用编辑多边形命令结合挤出、倒角、放样命令制作应急灯。最后渲染效果如图4-117所示。

学习重点

（1）学习编辑多边形命令的使用。

（2）学习挤出、倒角、放样命令的使用方法。

图4-117 最终效果

最终效果：光盘\素材\第4章\应急灯

操作步骤

01 利用多边形建模方法制作灯体。进入创建控制面板的几何体建立区域○，单击【管状体】按钮，在顶视图中建立一个管状体，【端面分段】值为3，如图 4-118 所示。

02 进入　【修改】命令面板，在 修改器列表 中选择【编辑多边形】命令。单击■【多边形】子集按钮进入【多边形】子集中，选择如图 4-119 所示的面为红色。

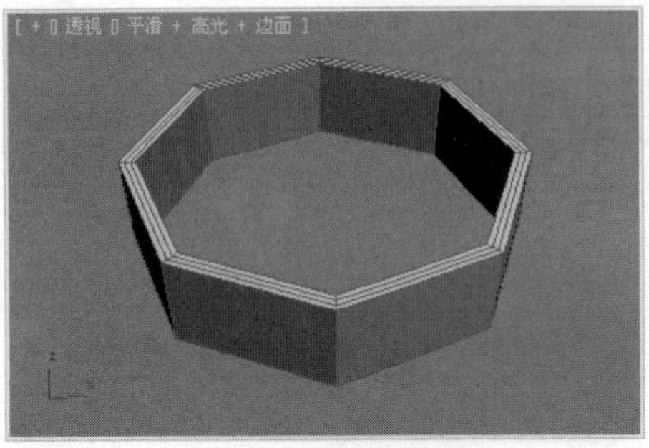

图4-118　绘制管状体

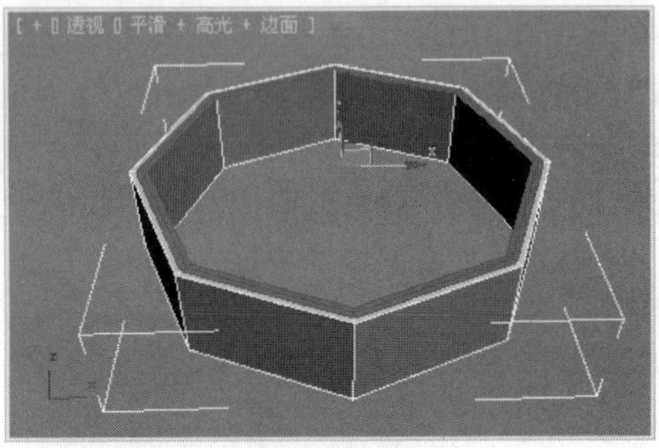

图4-119　选择面

03 单击【挤出】右侧的设置按钮，适当调整【高度】值，向上挤出，得到如图 4-120 所示效果。再选择里面的面，使用【挤出】命令一样向上挤出至如图 4-121 所示的效果，并使用缩放工具⬚等比例缩小。

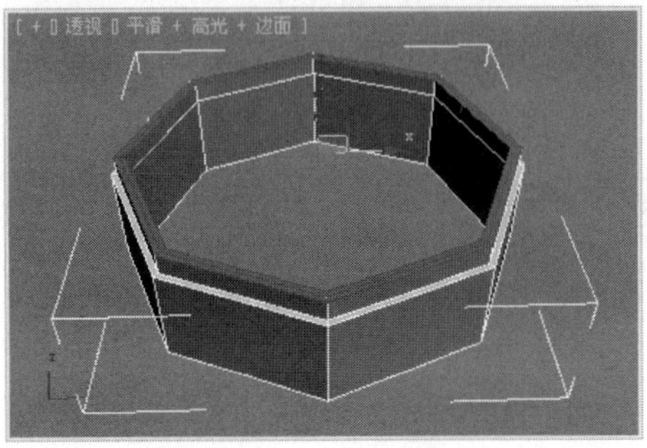

图4-120　选择面

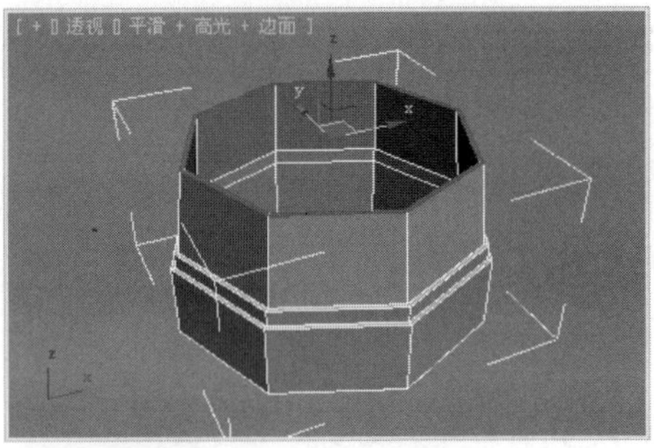

图4-121　挤出选择面

04 保持面仍然处于选择状态下，单击【轮廓】命令，将面稍微放大。在左视图中使用旋转工具○将面沿 Z 轴旋转一定的角度，并使用移动工具✛将面调整至如图 4-122 所示的效果。将线做倒角效果。

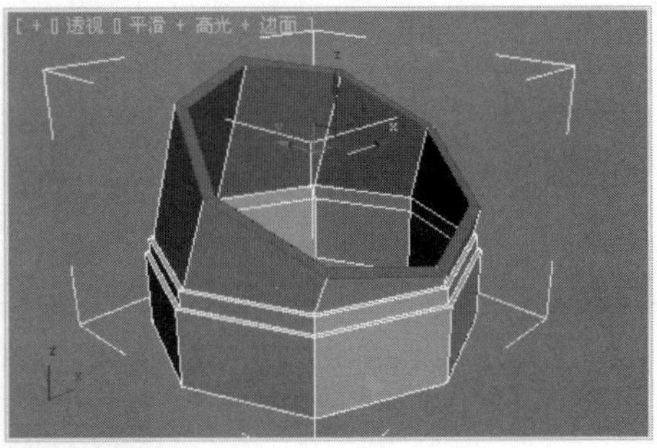

05 单击◿【边】子集按钮进入【边】子集中，在前视图中选中纵向中间的所有的边，如图 4-123 所示。

06 单击【环形】命令，将与选择边相邻的边全部选中，如图 4-124 所示。

图4-122　调整选择面角度

图4-123　选择边

图4-124　选择边

07 单击【连接】命令右侧的设置按钮，设置【分段】数为2，为它们中间加入两条线，适当调整【收缩】值，将加入的两条线尽量往两边靠近，如图4-125所示。

08 再次单击 ☑【边】子集按钮退出【边】子集，在 [修改器列表] 中选择【网格平滑】命令。设置【迭代次数】为2，如图4-126所示。

09 运用【车削】命令制作灯罩。在前视图中使用【线】命令在灯体底部绘制出如图4-127所示的曲线。

图4-125　添加边

图4-126　加入光滑命令

图4-127　绘制剖面图形

10 进入修改命令面板 ☑，在 [修改器列表] 中选择【车削】命令，单击【最小】按钮，得到如图4-128所示灯罩。

11 运用【挤出】命令制作出灯芯的结构，如图4-129所示。

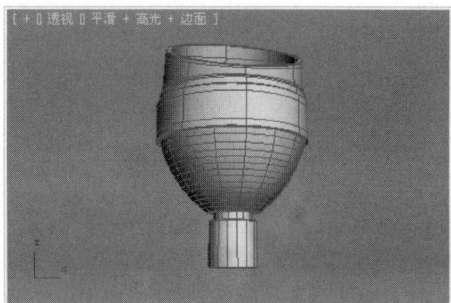

图4-128　加入车削命令

图4-129　制作灯芯

12 将整个灯全部选中，单击【组】菜单中【成组】命令，将灯编为一组，使用旋转工具 ⟳ 在左视图中将灯旋转一定的角度，得到如图 4-130 所示效果，整个灯部分制作完毕。

13 运用【倒角】命令制作灯罩支架，激活左视图，使用【线】命令在灯罩底部绘制出如图 4-131 所示的三角形。

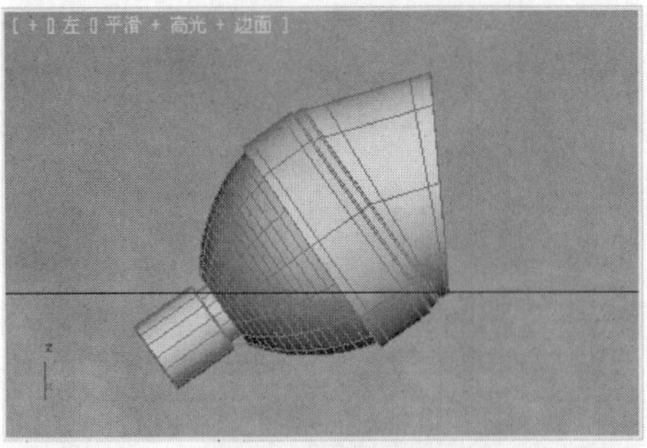

图4-130　调整角度

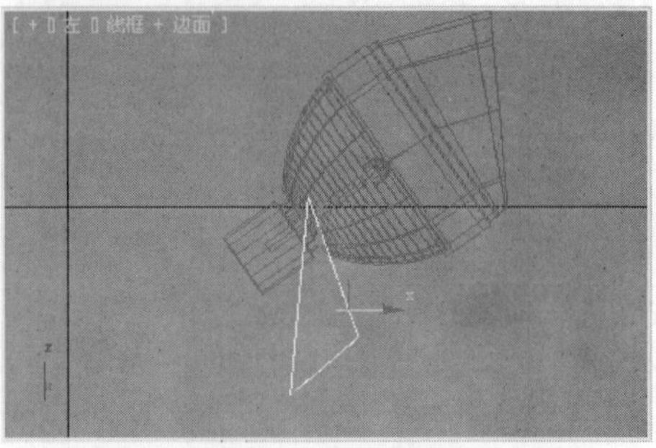

图4-131　绘制样条线

14 进入修改命令面板 ⬚，单击 ⬚【顶点】子集按钮进入【顶点】子集中，选择三角形最上面的节点，单击 圆角 0.0cm 命令，并在左视图中拖动鼠标将此点做圆角处理，得到如图 4-132 所示效果。

15 单击 ⟋【样条线】子集按钮进入到【样条线】子集中，将线条选中为红色，单击【轮廓】命令，在视图中拖动鼠标，得到如图 4-133 所示的轮廓效果。

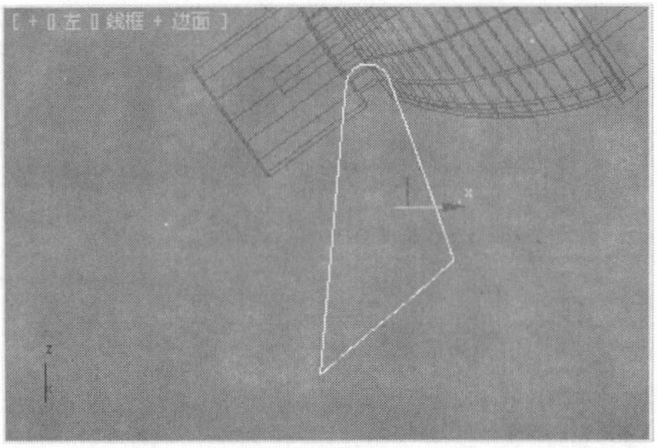

图4-132　修改顶点类型

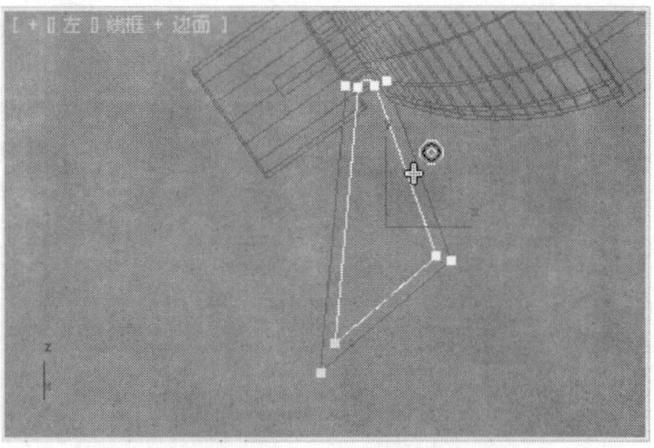

图4-133　建立轮廓

16 选中里面的小三角形，使用缩放工具 ▣ 将小三角形等比例缩小，并使用【圆角】命令将下面的节点也变为圆角点，如图 4-134 所示。

17 在 修改器列表 ▾ 中选择【倒角】命令，适当调整参数，得到如图 4-135 所示效果。

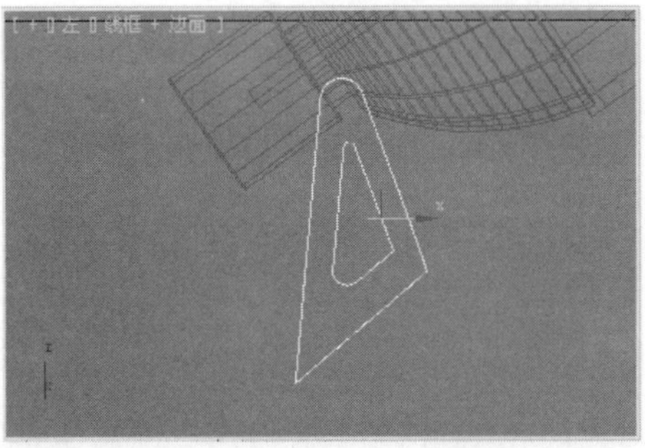

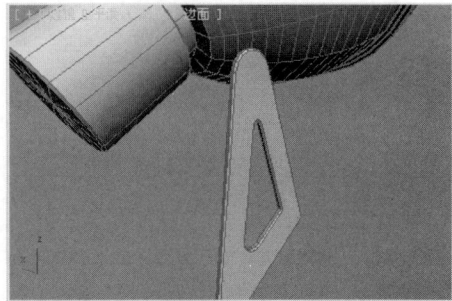

图4-134　修改节点类型

图4-135　加入倒角命令

18 将小三角支架复制一个，运用同样的方法，制作出整个支架来，得到如图 4-136 所示效果。

19 制作轮子。在左视图中如图 4-137 所示的位置绘制一个圆柱体。

图4-136　制作支架　　　　　　　　　　　图4-137　绘制圆柱体

20 进入修改命令面板☑，在 修改器列表 ▼ 中选择【编辑多边形】命令。单击◁【边】子集按钮进入【边】子集中，将轮子两侧边缘的线选为红色，使用【切角】命令为轮子倒边，如图 4-138 所示。

21 单击▣【多边形】子集按钮进入【多边形】子集中，选择轮子外侧的面为红色，单击【插入】命令右侧的设置按钮，适当调整【插入量】值，为其插入一个面，如图 4-139 所示。

图4-138　将选中边做倒边处理　　　　　　　图4-139　插入选择面

22 保证插入的小面处于选择状态，单击【倒角】命令右侧的设置按钮，适当调整【高度】值与【轮廓量】值，将面向里倒入，得到如图 4-140 所示效果。

23 进入创建控制面板的几何体建立区域◯，单击【圆环】按钮，在左视图中绘制一个圆环做为轮子的轮胎，将轮子【镜像】复制一份，得到如图 4-141 所示效果。

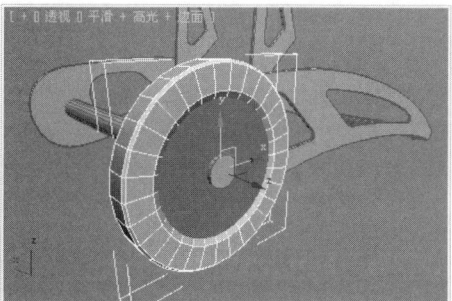

图4-140　倒角选择面　　　　　　　　　　图4-141　镜像复制轮子

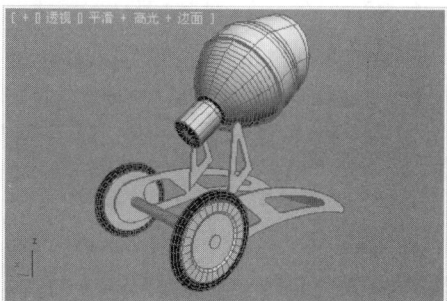

24 激活左视图，使用【圆】、【矩形】命令绘制圆形与矩形，如图 4-142 所示。选择圆形，进入修改命令面板☑，在 修改器列表 ▼ 中选择【编辑样条线】命令。单击【附加】按钮，拾取

矩形，将二者结合起来。

25 单击 ⌒【样条线】子集按钮进入到【样条线】子集中，将圆形选中为红色，保证 布尔 ◇◇◇【布尔命令后面的【并集】按钮处于激活状态，单击【布尔】按钮，在视图中拾取矩形，将二者做【合集】运算，如图 4-143 所示。

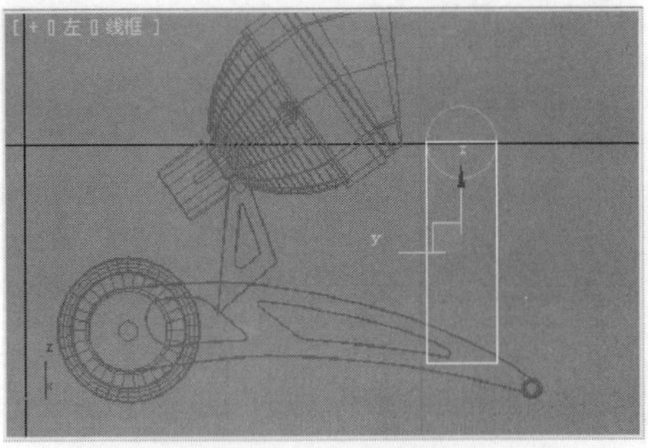

图4-142 绘制圆形矩形 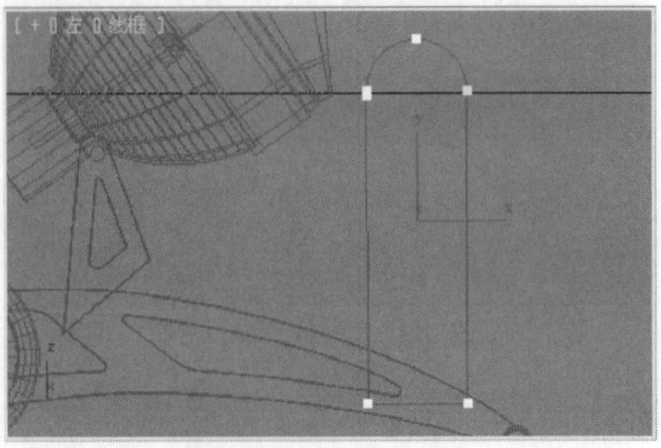　　图4-143 布尔运算

26 单击 ⌒【样条线】子集按钮退出子集，在 修改器列表 中选择【挤出】命令，适当调整【数量】值，得到如图 4-144 所示效果。

27 在 修改器列表 中选择【编辑多边形】命令，单击 ▦【多边形】子集按钮进入【多边形】子集中，选择该物体两侧的面为红色，单击【插入】命令右侧的设置按钮，适当调整【插入量】值，为其插入一个面，再使用【挤出】命令向内挤入一定的高度，得到如图 4-145 所示的效果。

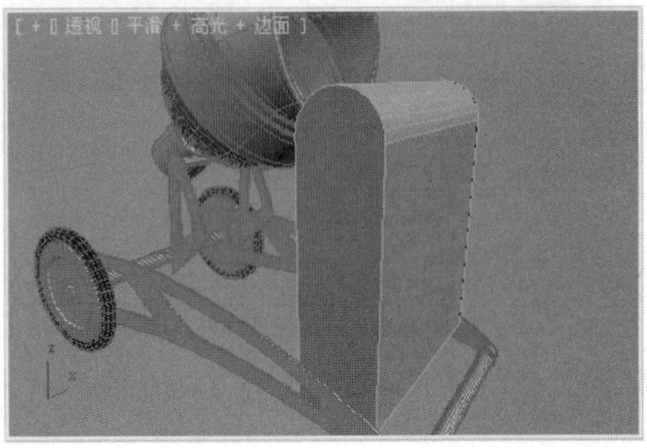

图4-144 挤出厚度 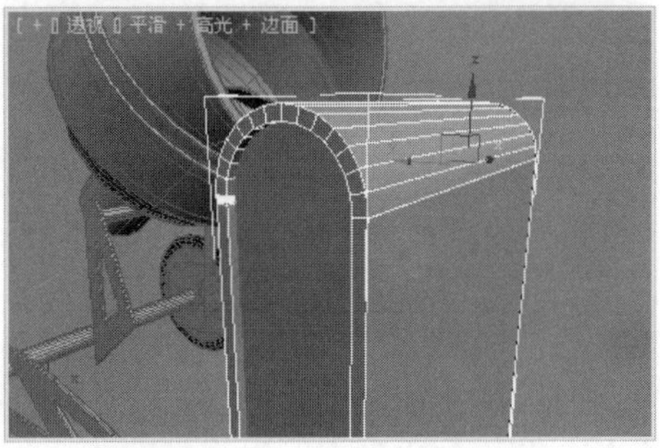　　图4-145 插入面并挤入深度

28 单击 ▦【多边形】子集按钮退出子集，使用旋转工具 ◯ 在左视图中将该物体旋转一定的角度，在底部加入一个圆柱体与灯架相连，如图 4-146 所示。

29 使用【放样】命令制作出电线，完成应急灯的制作，最终效果如图 4-147 所示。

图4-146 旋转角度 　　图4-147 应急灯最后完整模型

本节学习使用编辑多边形命令结合挤出、放样等命令制作麦克风。最后渲染效果如图4-148所示。

📖 **学习重点**

(1) 编辑多边形命令的使用。

(2) 挤出、放样等命令的使用。

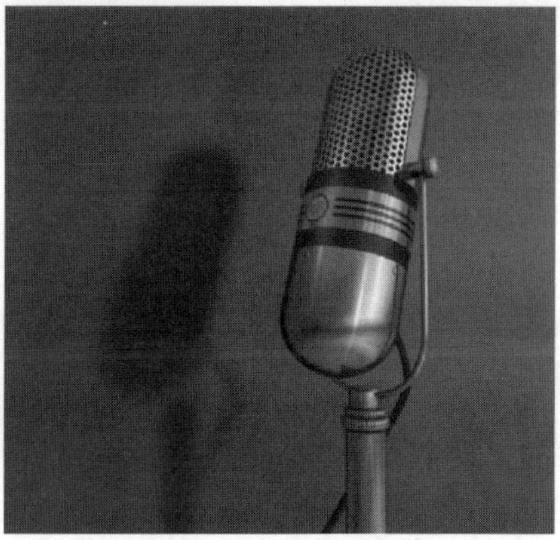

图4-148 最终效果

制作麦克风

🔊 最终效果：光盘\素材\第4章\麦克风

✍ **操作步骤**

01 进入创建控制面板的几何体建立区域 ⚪，单击【几何球体】按钮，在顶视图中建立一个几何球体，【分段】值为2，勾选【半球】选项，如图4-149所示。

02 进入修改命令面板 ✎，在 修改器列表 ∨ 中选择【编辑多边形】命令。单击 ▣【多边形】子集按钮进入【多边形】子集中，勾选【忽略背面】，使用 ▣【选择对象】工具将半球底部的所有面选中为红色，如图4-150所示，单击【Delete】键将选中的面删除。

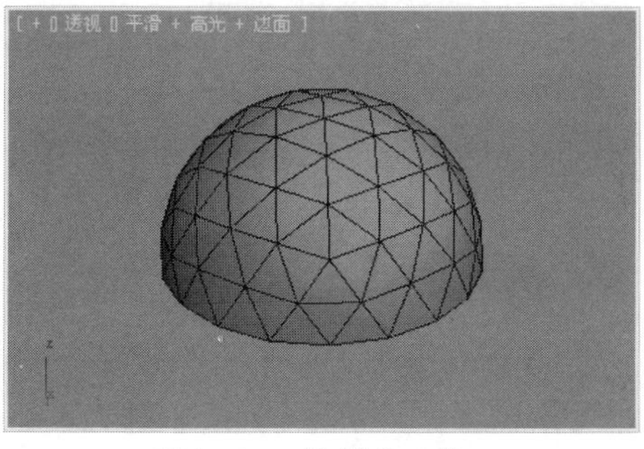

图4-149 绘制半球体

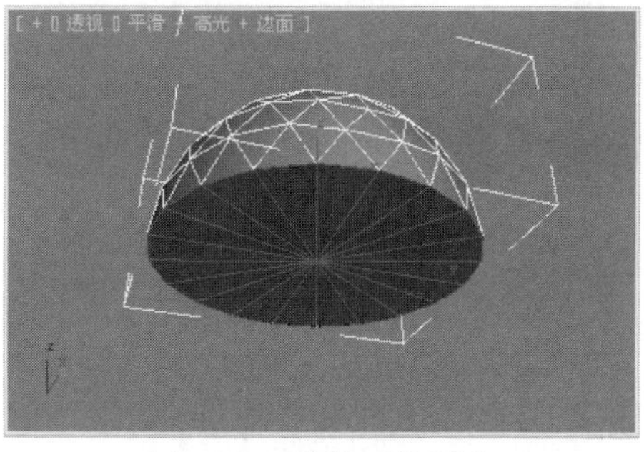

图4-150 选择面并删除

03 单击 ◿【边】子集按钮进入【边】子集中，将半球外沿的边全部选中，如图4-151所示。

04 激活前视图，按住【Shift】键，同时使用移动工具 ✛ 将所选中的边沿Y轴向下复制至如图

4-152 所示位置。

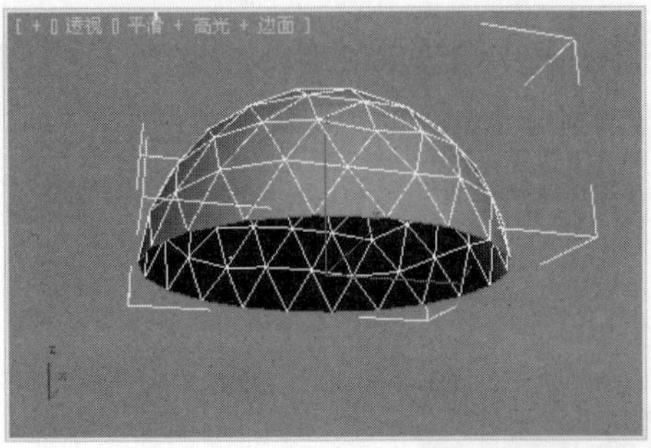

图4-151　选择边界

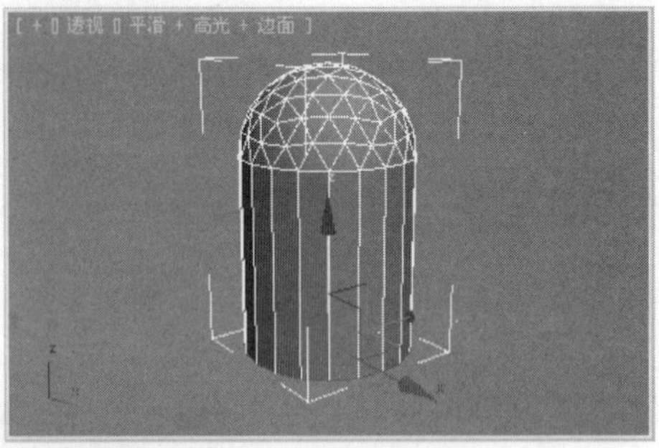

图4-152　挤出选择边界

05 将【忽略背面】前面的对号去掉，选中如图 4-153 所示的所有纵向的线。

06 单击【连接】命令后面的设置按钮，为其加入横向的线，设置【分段】数为 6，得到如图 4-154 所示效果。

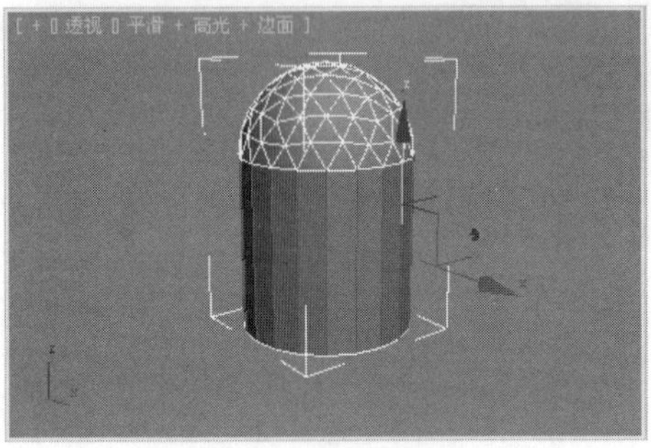

图4-153　选择线段

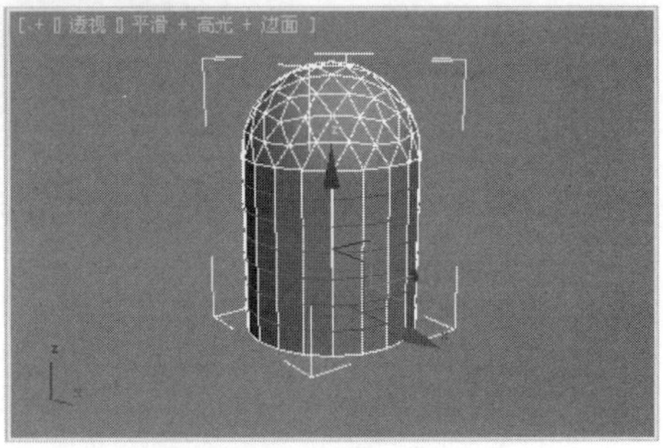

图4-154　添加线段

07 单击 ⬚【顶点】子集按钮进入【顶点】子集中，将除了底部以外所有的顶点选中，如图 4-155 所示。

08 单击【切角】命令后面的设置按钮，将顶点做切角处理，适当调整【切角量】，勾选【打开】选项，得到如图 4-156 所示效果。再次单击 ⬚【顶点】子集按钮退出【顶点】子集，在 [修改器列表] 中选择【网格平滑】命令，设置【迭代次数】为 2。

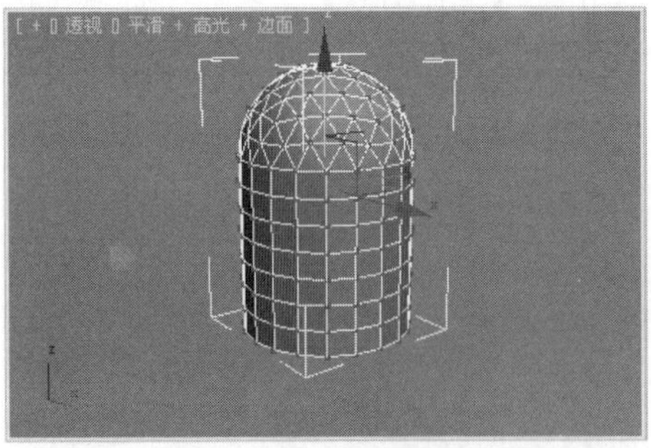

图4-155　选择顶点

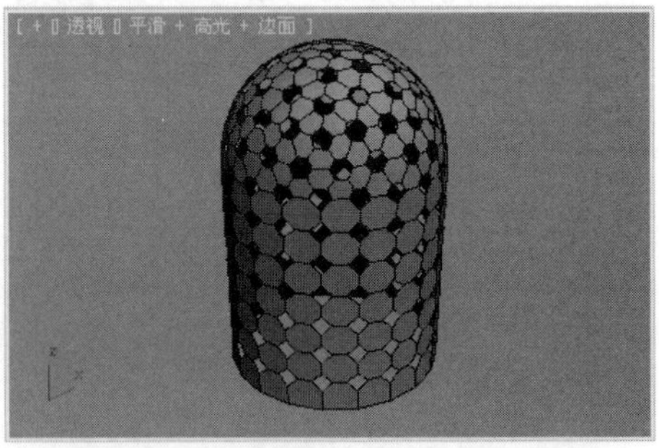

图4-156　为顶点做切角效果并光滑

09 在 [修改器列表] 中选择【壳】命令，做出其厚度，【内部量】值为 2，如图 4-157 所示。

10 进入【创建】控制面板的几何体建立区域 ⬚，单击下方【几何体】类型下拉菜单，选择【扩展基本体】命令，单击【胶囊】命令，在顶视图中绘制胶囊，将其放入到所绘制的麦克风中，如图 4-158 所示。

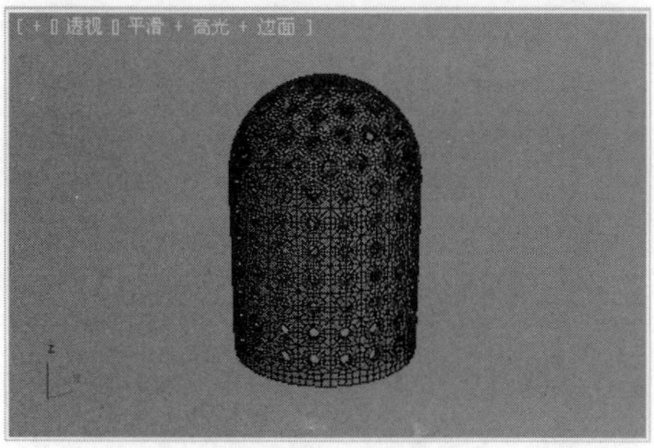

图4-157 添加厚度

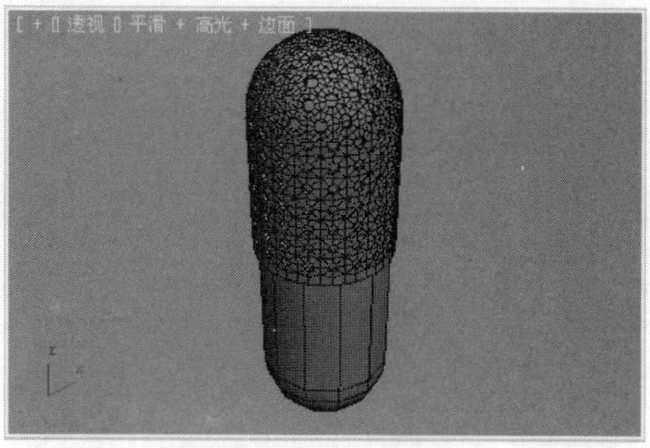

图4-158 绘制胶囊体

11 选择胶囊对象，进入修改命令面板 ✎ ，在 修改器列表 ▾ 中选择【编辑多边形】命令。单击 ◿【边】子集按钮进入【边】子集中，将胶囊纵向的线选中，单击【连接】命令后面的设置按钮，为其加入一条横向的线，设置【分段】数为1，调整【滑块】值，在如图4-159所示位置加入一条线。

12 单击 ▦【多边形】子集按钮进入【多边形】子集中，将胶囊下半部分所有的面选中，单击【挤出】命令右侧的设置按钮，将面向外挤出一部分，挤出类型为【局部法线】，适当调整【挤出高度】的值，如图4-160所示。

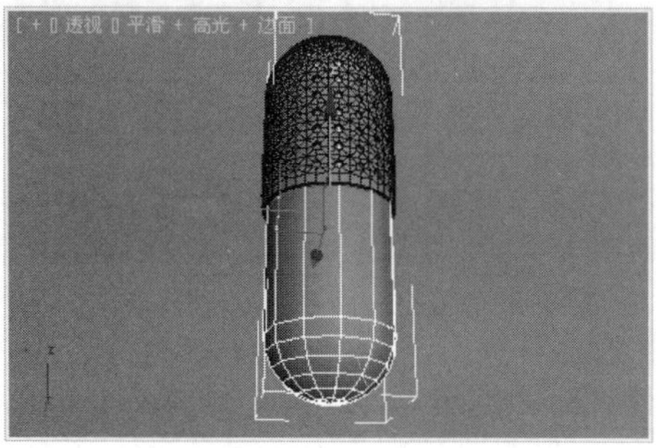

图4-159 添加线段

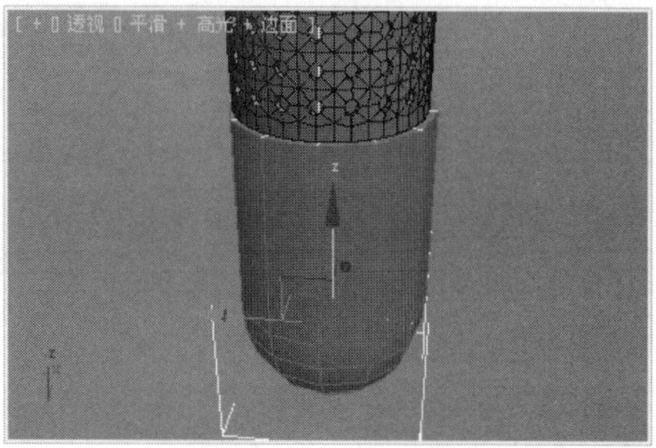

图4-160 挤出选择面

13 单击 ◿【边】子集按钮进入【边】子集中，将后挤出的面中纵向的线选中，单击【连接】命令后面的设置按钮，为其加入一条横向的线，设置【分段】数为1，调整【滑块】值，在如图4-161所示位置加入一条线。

14 单击 ▦【多边形】子集按钮进入【多边形】子集中，将胶囊中间的面选中，单击【挤出】命令右侧的设置按钮，将面向外挤出一部分，挤出类型为【局部法线】，适当调整【挤出高度】的值，如图4-162所示。

图4-161 添加线段

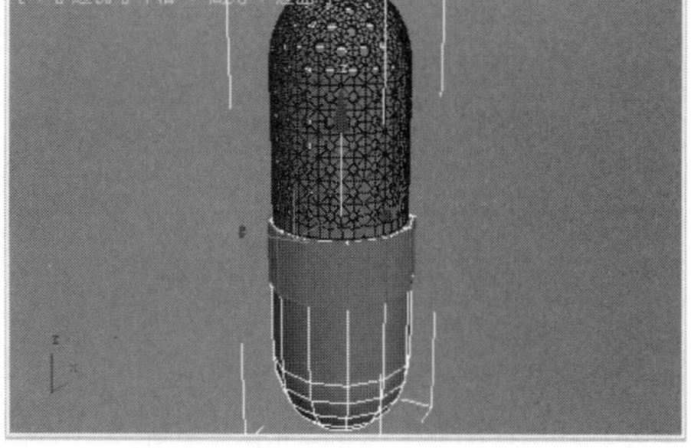

图4-162 挤出选择面

15 制作麦克风金属箍。进入创建控制面板的几何体建立区域⚪，单击【管状体】按钮，在顶视图中建立一个管状体，如图 4-163 所示。

16 单击【管状体】按钮，在顶视图中建立另一个管状体，适当调整【高度】值，勾选【启用切片】，调整【切片起始位置】为 130，制作如图 4-164 所示的切角管状体。

图4-163 创建管状体

图4-164 建立切角管状体

17 按住【Shift】键复制切角管状体，共复制 2 个，复制类型为【复制】的关系，单击工具条🔲【镜像】命令，在顶视图中将三个切角状体【镜像】复制到对应的位置上，复制类型同样为【复制】的关系，如图 4-165 所示。

18 选择其中一个切角管状体，进入修改命令面板✏，在 修改器列表 ▾ 中选择【编辑多边形】命令。单击 附加 ▫ 按钮，依次拾取另外五个切角管状体，将它们结合起来。

图4-165 镜像切角管状体

19 运用布尔运算将步骤 18 制作的麦克风金属箍挖出凹进去的造型，选择金属箍，进入【创建】命令面板中的几何体建立面板⚪，在下拉菜单中选择【复合对象】命令，单击【布尔】按钮，再单击 拾取操作对象B 按钮，在视图中单击切角管状体，做挖洞处理，得到如图 4-166 所示效果。

20 进入创建控制面板的图形建立区域⚪，单击【圆】按钮，在前视图中绘制一个圆形。再单击【矩形】按钮，在前视图中绘制一个矩形，如图 4-167 所示。

图4-166 制作布尔运算

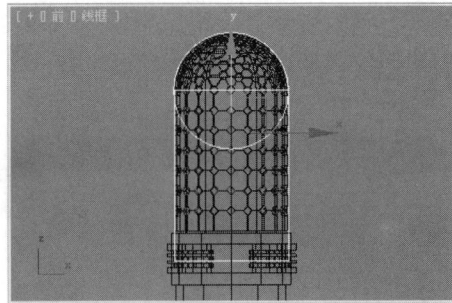

图4-167 绘制圆形矩形

21 选择圆形，进入修改命令面板✏，在【修改器列表】中选择【编辑样条线】命令。单击【附加】按钮，单击矩形，将它们结合起来。

22 选择☑【样条线】子集，选中圆为红色，单击【布尔】中的☑并集按钮，再单击【布尔】按钮，拾取矩形，得到如图 4-168 所示的图形。

23 单击☑【线段】子集按钮进入【线段】子集中，将图形最下面的边删除，再进入☑【样条线】子集中，单击【轮廓】按钮，将线做双线处理。

24 进入修改命令面板☑，在 修改器列表 中选择【挤出】命令做出厚度来，如图 4-169 所示。利用【车削】命令，制作出两侧的螺丝，如图 4-170 所示。

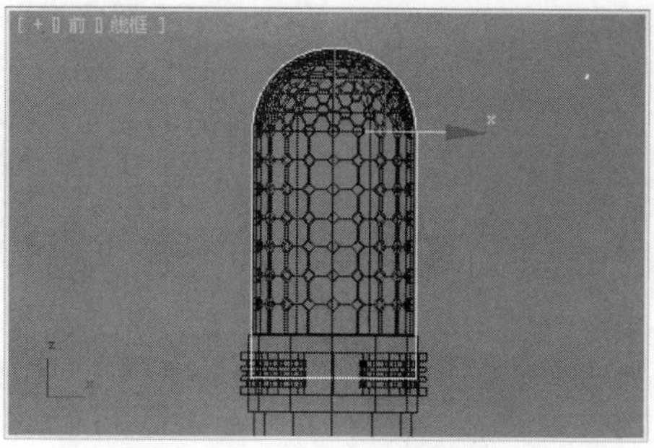

图4-168　将线做布尔运算

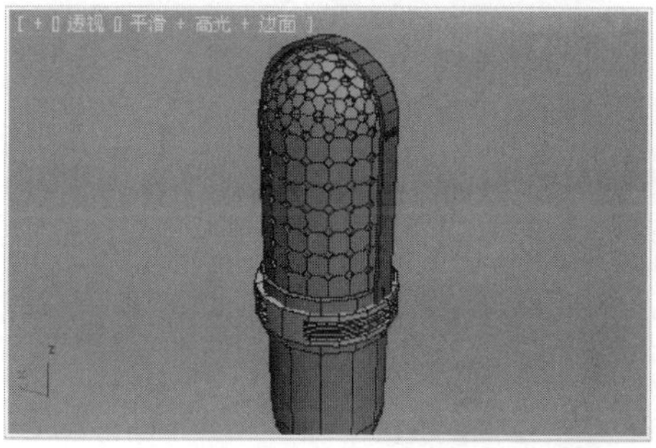

图4-169　挤出厚度

图4-170　制作螺丝

25 利用放样制作支架。进入创建控制面板的图形建立区域☑，单击【线】按钮，绘制一条如图 4-171 所示的线作为放样路径。

26 进入创建控制面板的图形建立区域☑，单击【圆】按钮，在前视图中绘制一个圆形，如图 4-172 所示。

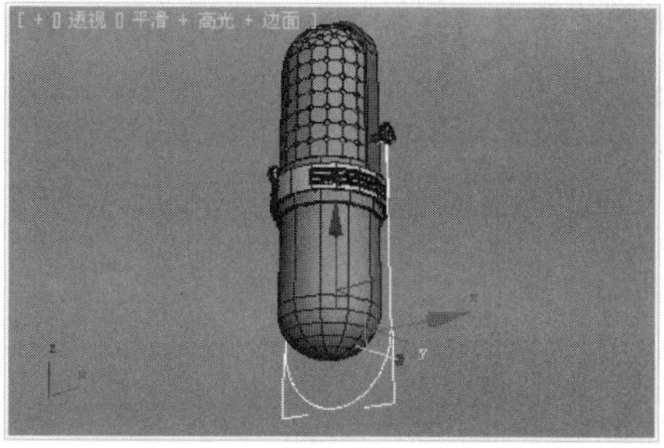

图4-171　绘制放样路径

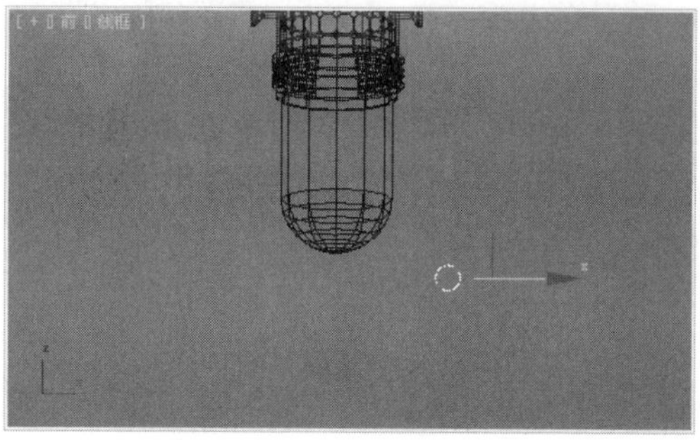

图4-172　绘制圆形图形

27 选择圆形图形，进入【创建】控制面板的☑【几何体】建立区域，单击下方几何体类型下拉菜单，选择【复合对象】命令。单击 放样 命令，单击 获取图形 按钮，在顶视图中，拾取圆形图形，得到如图 4-173 所示物体。

28 进入创建控制面板的图形建立区域☑，单击【线】按钮，在前视图中绘制一条直线，如图 4-174 所示。

三
维
制
作
大
师

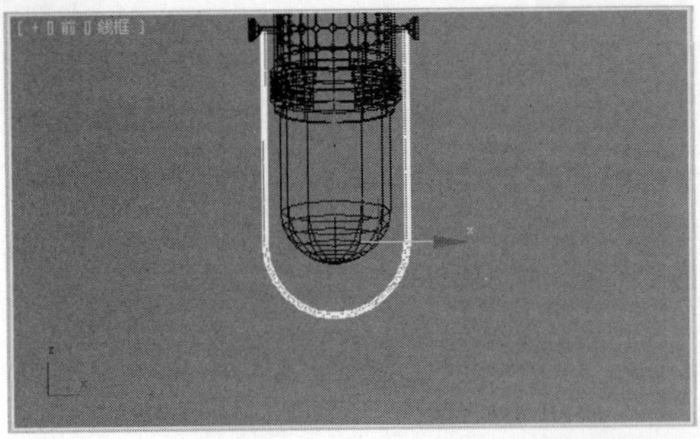

图4-173 放样结果

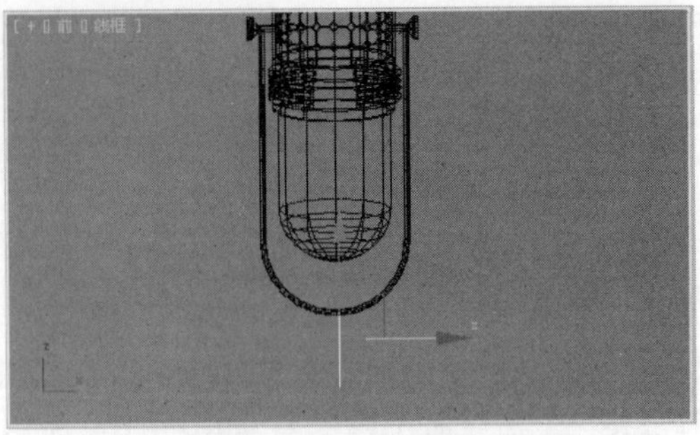

图4-174 绘制直线

29 选择直线图形，进入【创建】控制面板的 ○【几何体】建立区域，单击下方几何体类型下拉菜单，选择【复合对象】命令。单击 放样 命令，单击 获取图形 按钮，在顶视图中，拾取圆形图形，得到最后效果，如图 4-175 所示。

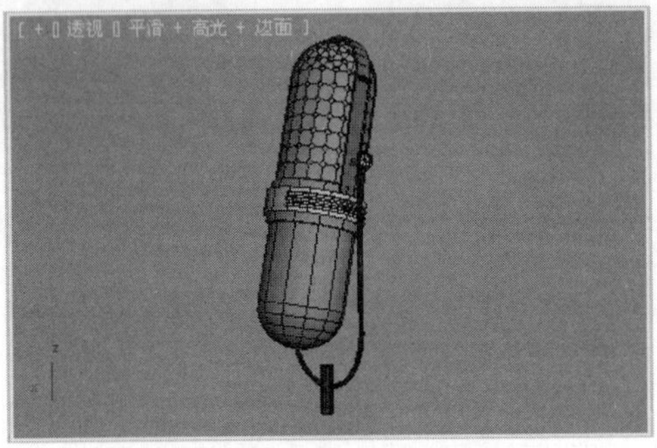

图4-175 完整麦克风模型

4.3 本章小结

本章介绍了可编辑多边形的基本应用流程，包括可编辑多边形的创建方法和基本的控制方法、对可编辑多边形的编辑等。最后通过 7 个具体案例详细地了解了多边形建模各个命令的使用方法和使用技巧。

4.4 习题

上机题

（1）上机练习添加编辑多边形命令。
（2）上机练习边子集下的编辑多边形命令。
（3）上机练习边界子集下的编辑多边形命令。
（4）上机练习多边形子集下的编辑多边形命令。

第5章 综合建模实例

> 将多边形的面依次放置、命名其边缘相接就可以创建出多边形对象，在渲染过程中，可以把多边形从一个面平滑过渡到另一个面。使用这种方法几乎可以创建所有的3D对象。本章将主要介绍常用的多边形建模方法。

▶ 5.1 耳机高级建模

在这个实例中，将使用多边形的建模方法来完成耳机的模型创建。同时了解使用多边形建模方法创建工业模型的基本流程，以及多边形建模方法的一些常用的编辑技巧。最终效果如图5-1所示。

学习重点

(1) 可编辑多边形各个物体级别的操作。

(2) 挤出命令操作。

(3) 布尔运算操作。

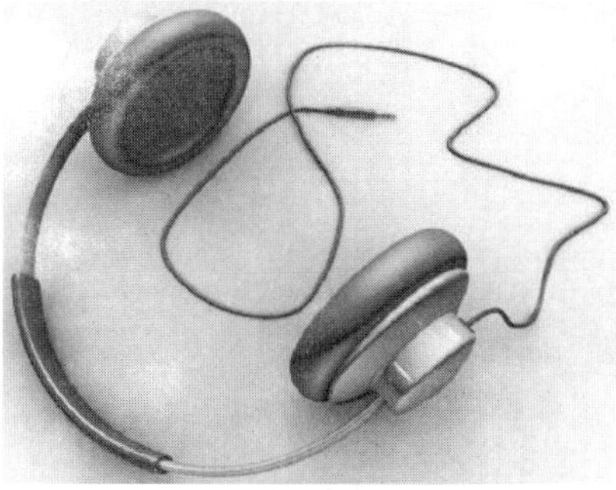

图5-1 最终效果图

制作耳机

最终效果：光盘\效果\第4章\耳机

> **提示** 耳机的耳廓部分是在一个标准球体上创建而来的，主要使用挤出和插入命令来完成制作。

操作步骤

(1) 创建耳机的耳廓部分

01 进入创建面板的几何物件建立区域，单击【球体】按钮，在左视图创建一个球体对象，

单击 修改命令面板，在【半球】数值框中输入数值，调节创建的球体，如图 5-2 所示。

02 激活顶视图，鼠标右键将其转换为可编辑多边形，进入 级别，选中半球最外圈点，如图 5-3 所示，使用缩放工具 将选中的点缩放并配合移动工具 移动至如图 5-4 所示位置。

图5-2　创建球体　　　　图5-3　选择外圈顶点　　　图5-4　缩放并移动

03 激活顶视图，单击主工具栏中的 工具，框选如图 5-5 所示的点，配合缩放工具 沿 X 轴向拖动鼠标缩放至如图 5-6 所示效果。

04 激活透视视图，保持点选择状态，单击鼠标右键选择【转换为面】命令，如图 5-7 所示。激活前视图，配合键盘上的【Alt】键减选多余的面，如图 5-8 所示。

图5-5　选择顶点　　　图5-6　缩放顶点　　　图5-7　转换为面　　　图5-8　减选面

05 单击【挤出】后面的 按钮，弹出【挤出多边形】对话框，输入数值，效果如图 5-9 所示。

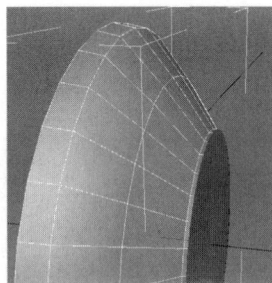

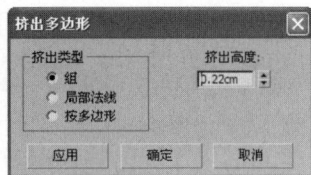

图5-9　【挤出多边形】对话框

06 单击【插入】后面的 按钮，弹出【插入多边形】对话框，输入数值，效果如图 5-10 所示。

07 再次挤出多边形，如图 5-11 所示。

三维制作大师

图5-10 【插入多边形】对话框

08 耳机粗略的轮廓基本出来了，开始调整耳廓与图片相似形状。激活前视图，进入点 级别，配合移动工具 将选中的顶点调整至如图5-12所示效果。

图5-11 【挤出多边形】对话框

图5-12 选择顶点并调整位置

09 激活左视图，使用移动工具 框选如图5-13所示的点。在选择顶点之前勾选【忽略背面】选项，避免选择背面多余顶点。在前视图中移动顶点至如图5-14所示位置。

图5-13 选择顶点

图5-14 位移顶点

10 进入 级别，激活前视图，选中如图5-15所示的边，在选择边后取消勾选【忽略背面】按钮，避免漏选的边。鼠标右键【连接】按钮，在选中的边上加一条圈线，配合缩放工具 调整，如图5-16所示。

图5-15 选择边

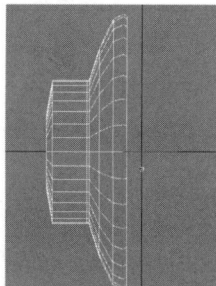

图5-16 缩放选择的边

三
维
制
作
大
师

11 框选如图 5-17 所示的边。再次进行"连接"并配合缩放工具📐调整，如图 5-18 所示。

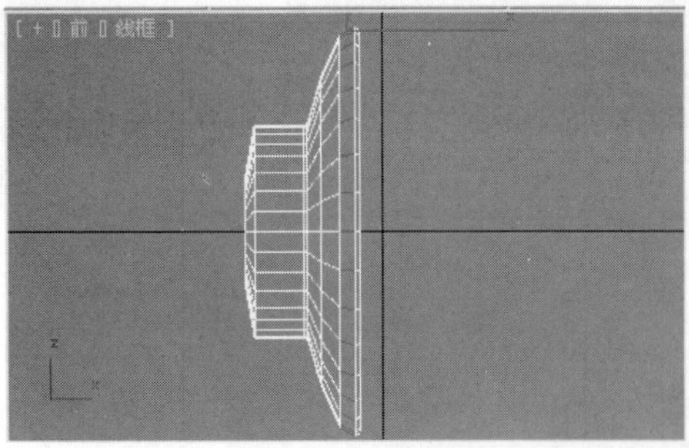

图5-17　选择边

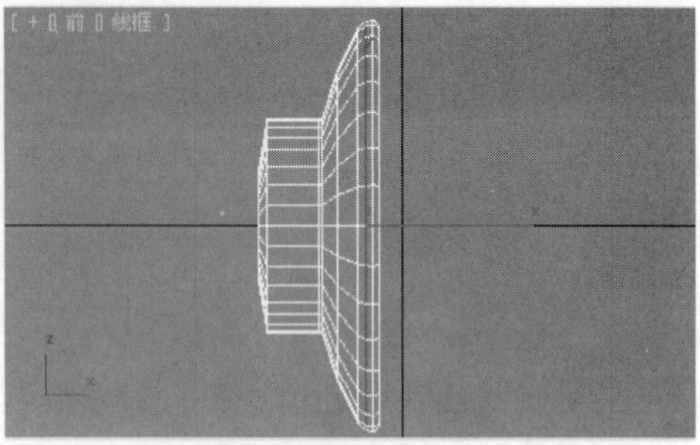

图5-18　缩放选择的边

12 在【透视】视图中选择一条边，单击【循环】按钮，如图 5-19 所示.

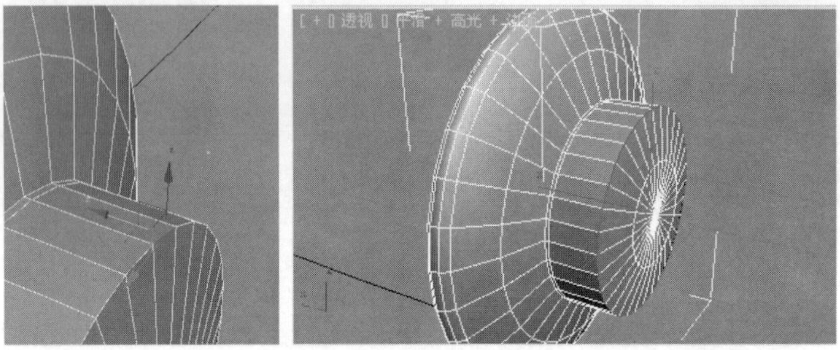

图5-19　循环选择边

13 单击【切角】后的🔲按钮，弹出【切角边】对话框，输入数值得到如图 5-20 所示效果。

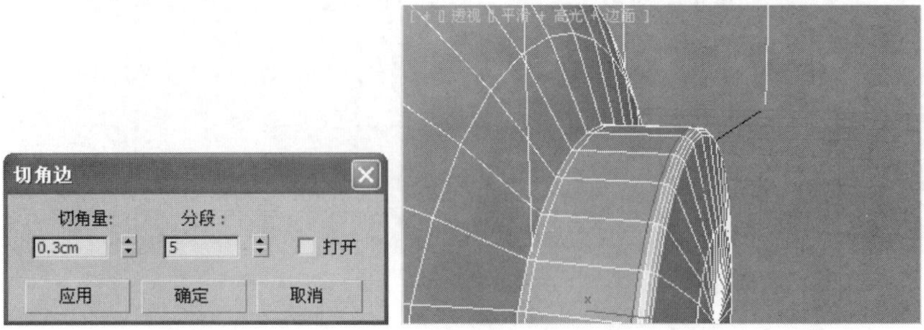

图5-20　【切角边】对话框

14 选择一条边，单击【循环】按钮，选择如图 5-21 所示的边。

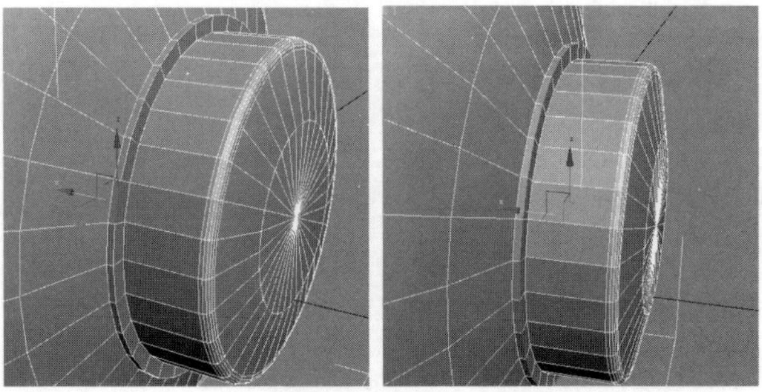

图5-21　循环选择边

15 单击【切角】后的 ■ 按钮，弹出【切角边】对话框，设置参数，效果如图 5-22 所示。

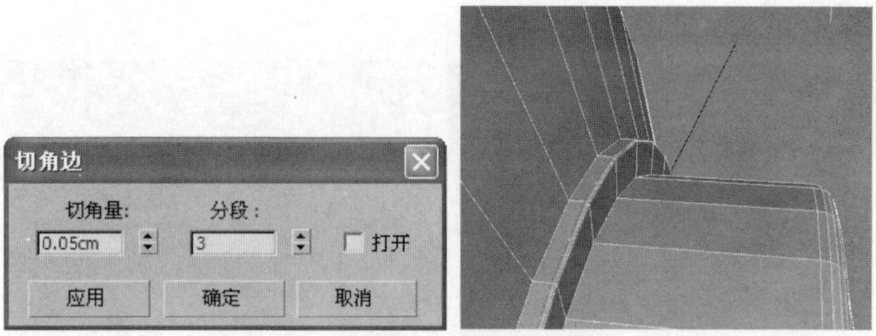

图5-22 【切角边】对话框

16 选择一条边，单击【环形】按钮，选择如图 5-23 所示的边。

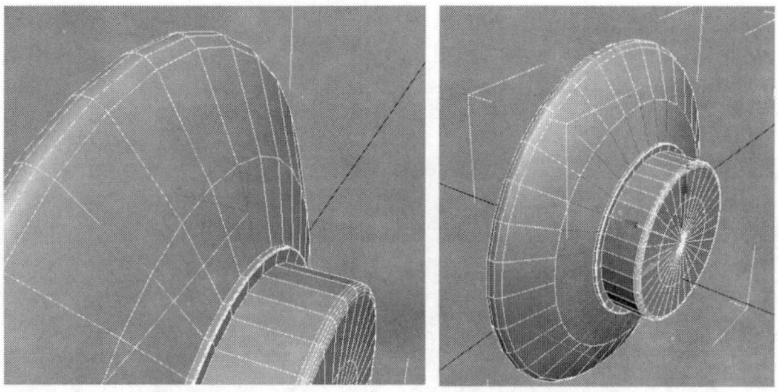

图5-23 循环选择边

17 单击鼠标右键，选择【连接】命令，在选中的边上加一条圈线，并在左视图和前视图之间，配合移动工具 ✛ 和缩放工具 ▦ 调整位置，如图 5-24 所示。

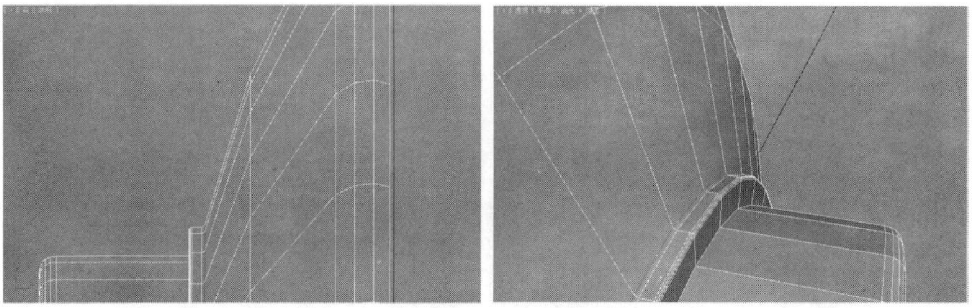

图5-24 移动并缩放线

18 选择一条边，单击【环形】按钮，选择如图 5-25 所示的边。

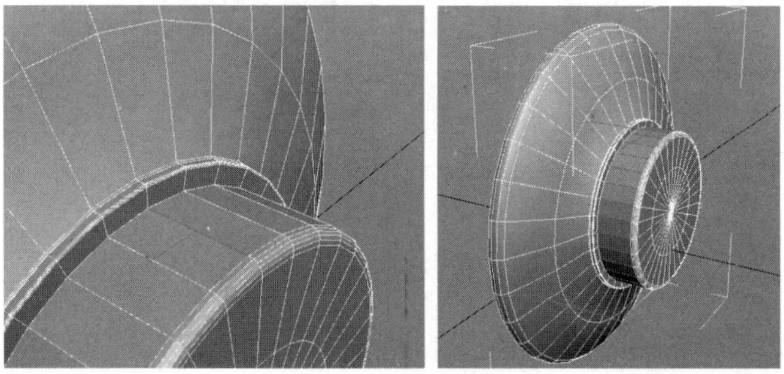

图5-25 环形选择边

19 单击鼠标右键，选择【连接】命令，在选中的边上加一条圈线，激活前视图，配合移动工具 ⊹ 调整位置，如图 5-26 所示。

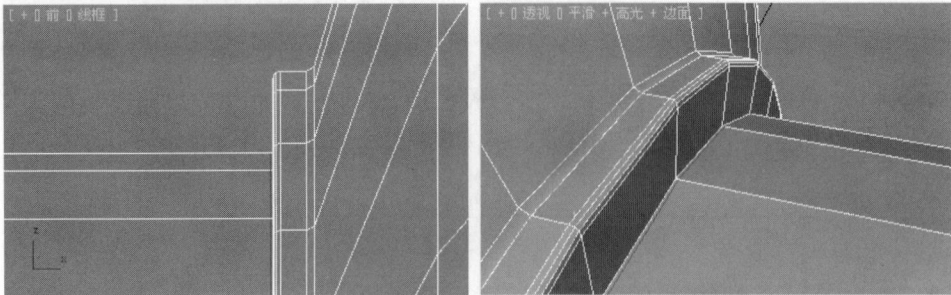

图5-26 连接线

20 退出【可编辑多边形】，框选模型，在工具栏 修改器列表 ⌄ 中选择【网格平滑】命令，给粗糙的模型做圆滑处理，耳廓部分完成，效果如图 5-27 所示。

图5-27 网格平滑造作

> 提示　给模型加线及做"网格平滑"是对模型进行勒边处理，可以达到更好的圆滑效果。如图 5-28 所示，是有无勒边效果的对比。

图5-28 勒边效果对比

21 激活前视图，在如图 5-29 所示的位置创建一个【长度】为 2.0，【宽度】为 1.6，【高度】为 2.5 的长方体。

22 单击左视图中，选中创建的长方体，单击工具栏上的镜像按钮 ◄►，弹出【镜像】对话框，设置数值如图 5-30 所示，得到效果如图 5-31 所示。

图5-29　创建长方体

图5-30　【镜像】对话框

图5-31　效果图

23 选择耳廓物体，在命令面板的 标准基本体▼ 下拉菜单中选择【复合对象】，单击【布尔】按钮，选择 拾取操作对象B 按钮，拾取长方体对象，依次进行布尔运算，得到如图 5-32 所示效果。

24 激活左视图，配合键盘上的【Ctrl】键，创建圆环，参数及效果如图 5-33 所示。

图5-32　布尔运算效果

图5-33　创建圆环

25 单击鼠标右键将其转化为可编辑多边形，进入 ◁ 级别。选择如图 5-34 所示的边，单击【循环】按钮，得到如图 5-35 所示效果。

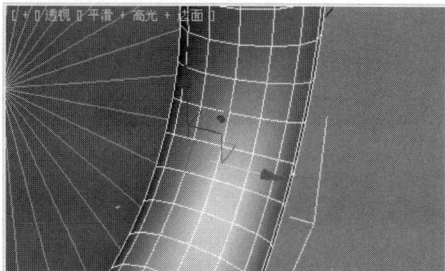

图5-34　进入边级别

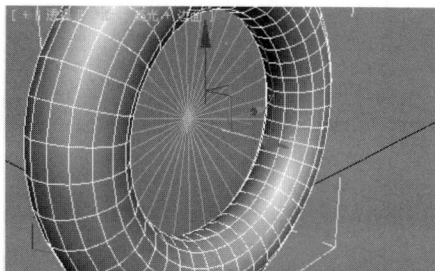

图5-35　循环选择边

三维制作大师

26 单击【挤出】后面的▢按钮，弹出【挤出边】对话框。设置【挤出高度】为 7.6，【挤出基面宽度】为 3，如图 5-36 所示。

27 激活前视图，如图 5-37 所示，使用移动工具✛工具沿 X 轴向拖拽到如图 5-38 所示的位置。

28 激活左视图，创建一个圆柱体对象，参数如图 5-39 所示，得到如图 5-40 所示的效果。

图5-36 【挤出边】对话框

图5-37 选择物体

图5-38 沿X轴向拖拽

图5-39 【参数】面板

图5-40 创建圆柱体

29 单击工具栏上的阵列工具▒，弹出【阵列】对话框，设置 1D、2D 的数值，如图 5-41 所示，得到如图 5-42 所示效果。

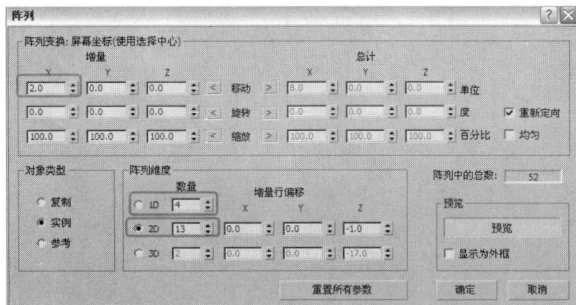

图5-41 【阵列】对话框

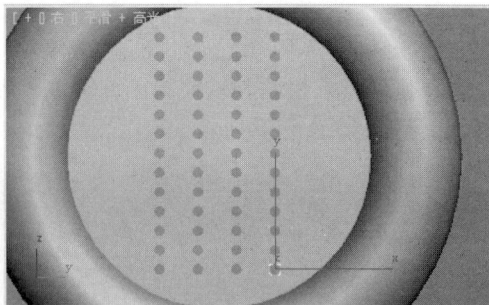

图5-42 效果图

30 选中如图 5-43 所示的 11 个圆柱对象。配合【Shift】键，沿 X 轴向拖拽以【复制】方式复制出一排圆柱体，得到如图 5-44 所示的效果。

图5-43　选择圆柱体

图5-44　复制圆柱体

31 再次选中如图 5-45 所示的 5 个圆柱对象，沿 X 轴向拖拽以【复制】方式复制出一排，得到如图 5-46 所示的效果。

图5-45　选择圆柱体

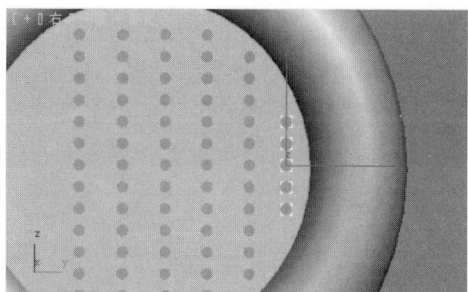

图5-46　复制圆柱体

32 依次完成耳廓左边圆柱的复制，得到如图 5-47 所示效果。

33 选择一个圆柱体，单击鼠标右键将其转化为可编辑多边形，选择【附加】按钮，一次附加所有圆柱对象，再次选择耳廓对象，在命令面板的 标准基本体 ▼ 下拉菜单中选择【复合对象】，单击【布尔】按钮，选择 拾取操作对象 B 按钮，拾取附加的圆柱对象，进行布尔运算，得到如图 5-48 所示效果。

图5-47　复制完成

三维制作大师

图5-48　布尔运算

34 至此，耳廓部分完成，如图 5-49 所示。

图5-49　耳廓部分完成

（2）创建耳机的耳框部分

35 激活顶视图，进入创建控制面板的几何体建立区域 ，单击【平面】按钮，在顶视图中创建一个平面，然后单击材质编辑器 按钮，在漫反射通道中加入配套光盘中提供的"背景"图片，并将此材质赋予给创建好的平面，如图 5-50 所示。选择所创建的平面，单击鼠标右键选择对象属性命令，在弹出的命令面板中将以灰色显示冻结对象取消选择，如图 5-51 所示。单击【确定】按钮，并将该平面冻结。

图5-50　赋予材质

图5-51　取消冻结选择

36 进入创建控制面板的图形建立区域 ，单击【线】按钮，在顶视图创建线，与耳框形状对齐，如图 5-52 所示。

37 在左视图中创建长度为2，宽度为1的椭圆，如图 5-53 所示。鼠标右键将其转换为可编辑样条线，进入 级别，调整点两边的控制拐，得到如图 5-54 所示效果。

图5-52　绘制样条线

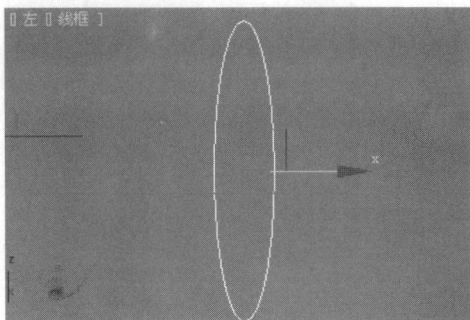

图5-53　绘制椭圆

38 选择创建好的样条线，在命令面板的 标准基本体 ▾ 下拉菜单中选择【复合对象】，单击【放样】，选择【获取图形】按钮，拾取创建的椭圆对象。在【蒙皮参数】中设置路径为12，得到如图5-55所示效果。再次在左视图中创建长度为6，宽度为2的椭圆。在顶视图创建线与耳框套形状对齐，如图5-56所示。

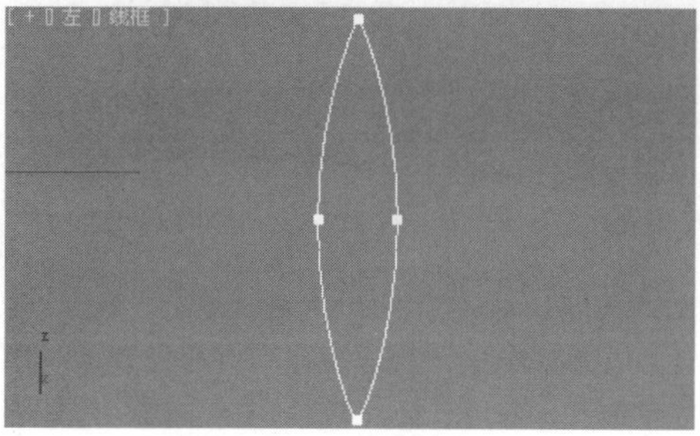

图5-54 调整贝兹柄

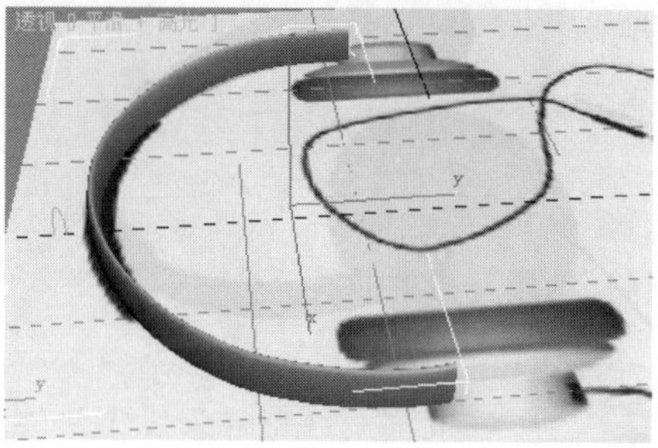

图5-55 布尔运算

39 选择线，在命令面板的 标准基本体 ▾ 下拉菜单中选择【复合对象】，单击【放样】，选择【获取图形】按钮，拾取创建的椭圆对象。在【蒙皮参数】中设置路径为12，得到效果如图5-57所示。

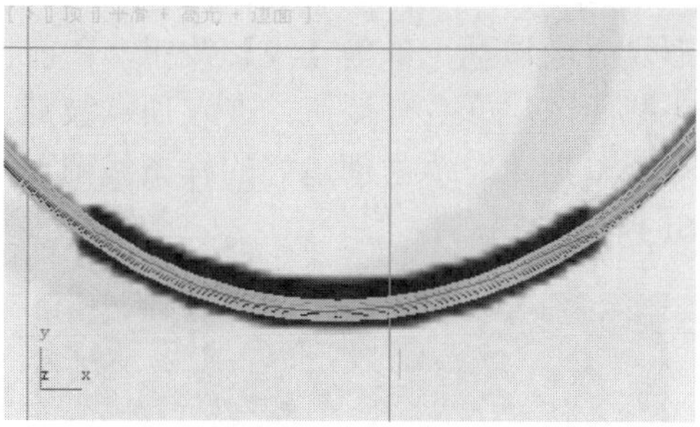

图5-56 绘制椭圆

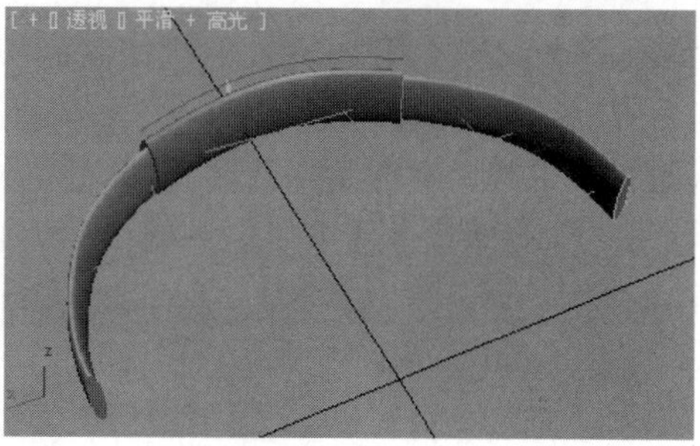

图5-57 耳框完成

（3）创建耳机的连线部分

> **提示** 耳机连线部分模型的制作方法也是通过放样的方式。

40 进入创建控制面板的图形建立区域 🔲，单击【线】按钮，在顶视图创建线，与耳线形状基本对齐，如图5-58所示。

41 在顶视图创建圆形物体，在【参数】面板中设置半径大小为0.363，选择创建好的线，在命令面板的 标准基本体 ▾ 下拉菜单中选择【复合对象】，单击【放样】按钮，选择【获取图形】按钮，拾取创建的圆形对象。在【蒙皮参数】中设置路径为20，得到如图5-59所示效果。

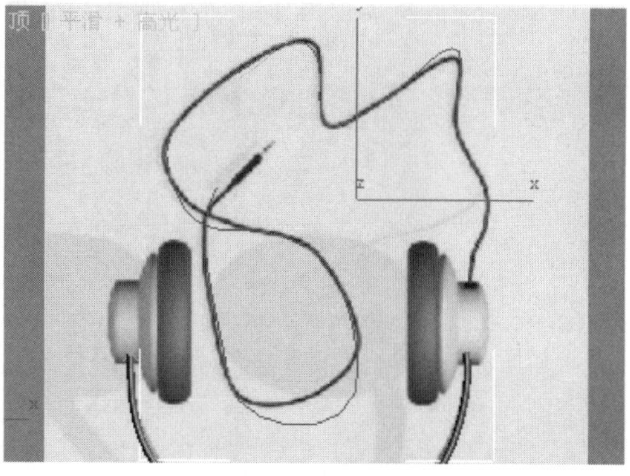

图5-58 绘制曲线

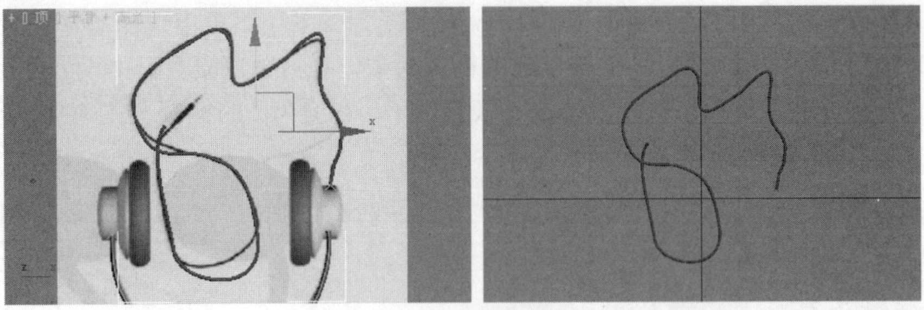

图5-59　放样操作

（4）创建耳机的插头部分

> **提示** 　主要利用绘制样条线方法绘制出耳机插头的截面图形，结合【车削】命令建立出耳机插头主干部分。车削修改器是一种可以将二维图形旋转成三维实体模型的修改器，这是一种非常实用的造型工具，多数规格的中心放射型的对象都可以使用这一修改器来创建。

42 制作耳机插头部分。进入创建控制面板的图形建立区域 ⬚，单击【线】按钮，在前视图中配合【Shift】键以直角点创建线，绘制耳机插头截面图。单击 ⬚ 按钮，进入顶点级别。选择【圆角】工具，对直角点做圆角处理，效果如图 5-60 所示。单击创建好的样条线图形，在 `修改器列表` ▾ 中选择【车削】命令，效果如图 5-61 所示。

图5-60　绘制线

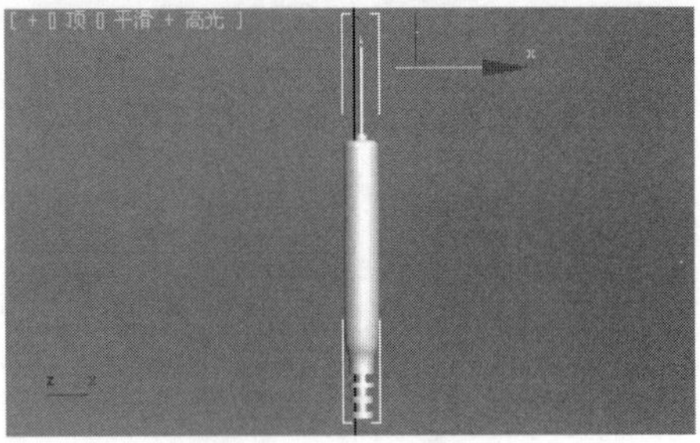

图5-61　车削操作

43 在【车削】的【蒙皮参数】卷展栏中调整参数，效果和参数如图 5-62 所示。

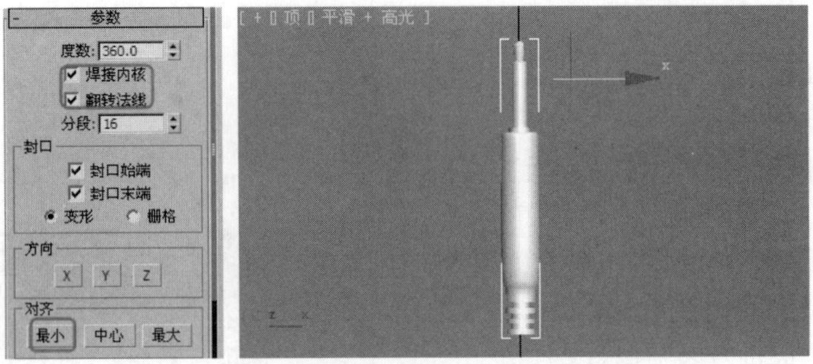

图5-62　车削【参数】面板

44 激活前视图，进入创建面板的几何物件建立区域 ⬚，单击【管状体】按钮，在左视图创建一个管状体对象，与插头对齐，并复制出一个，参数及效果如图 5-63 所示。

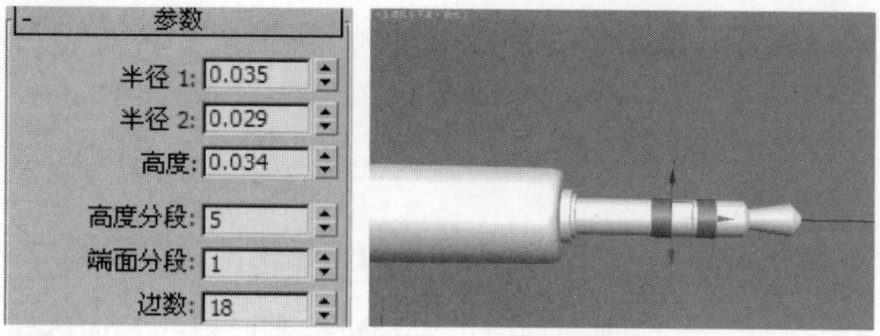

图5-63　绘制并复制管状体

45 将所有制作过的模型都显示出来，再给其一个统一的材质，整个耳机的模型就制作完成，如图 5-64 所示。

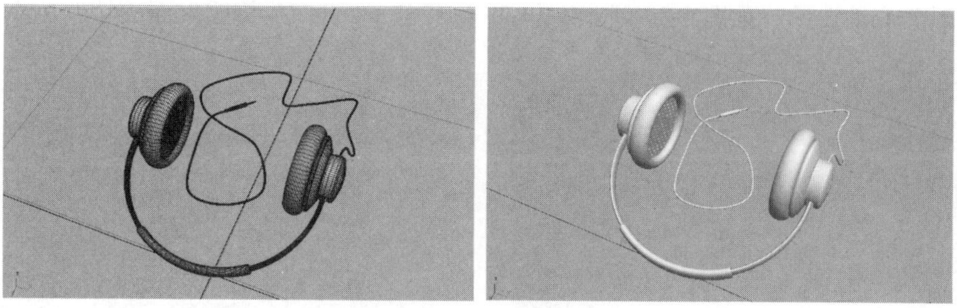

图5-64　最终效果

▶ 5.2　煤油灯的高级建模

在这个实例中，将使用多边形的建模方法来完成煤油灯的模型创建。着重了解使用多边形来创建模型的基本流程，以及布尔运算、放样等命令的操作。以及多边形建模方法的一些常用的编辑技巧。最终效果如图 5-65 所示。

学习重点

（1）可编辑多边形各个物体级别的操作。

（2）挤出命令操作。

（3）布尔运算操作。

（4）放样命令操作。

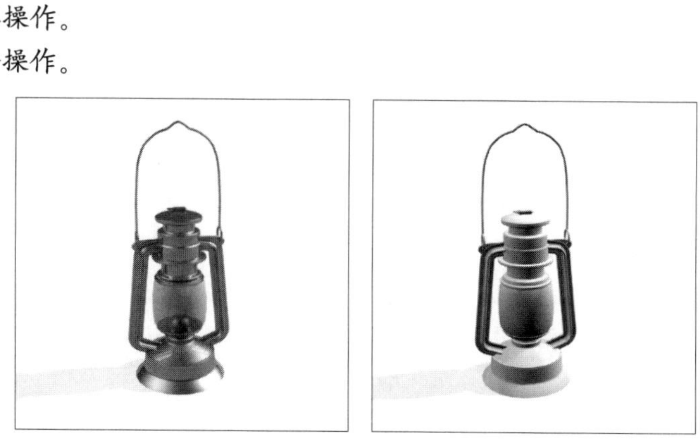

图5-65　最终效果图

最终效果：光盘\效果\第5章\煤油灯

操作步骤

（1）准备工作。赋予创建的平面对象材质，作为创建模型的参考图片，并冻结该对象

01 打开 3ds max 2010 软件，激活顶视图，进入创建控制面板的几何体建立区域，单击【平面】按钮，在前视图中创建一个平面对象。单击材质编辑器按钮，在漫反射通道中加入配套光盘中提供的"背景"图片，并将此材质赋予给创建好的平面对象，如图 5-66 所示。

02 选择所创建的平面对象，单击鼠标右键选择对象属性命令，在弹出的命令面板中将以灰色显示冻结对象取消选择，如图 5-67 所示，勾选【启用】按钮，并将该平面冻结。

图5-66　赋予平面材质

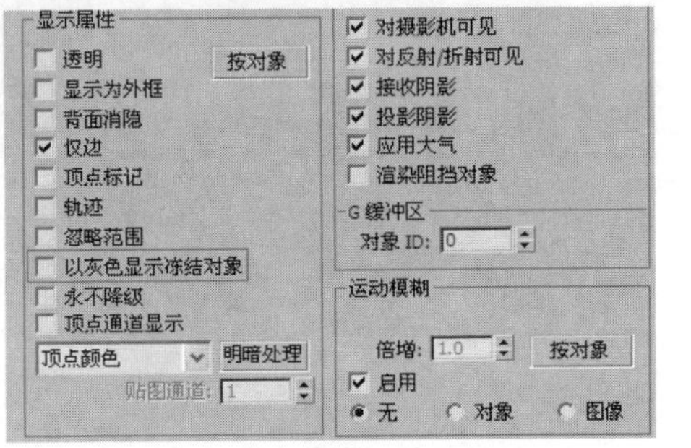

图5-67　取消冻结对象选择

（2）建立煤油灯主干部分

> **提示**　利用绘制样条线方法绘制出煤油灯主干部分的截面图形，结合【车削】建立出煤油灯主干部分。

03 进入创建控制面板的图形建立区域，单击【线】按钮，在前视图中配合【Shift】键以直角形式创建线，创建的图形与煤油灯主干部分截面形状相同。选择平面，单击鼠标右键【隐藏当前选择】命令，效果如图 5-68 所示。

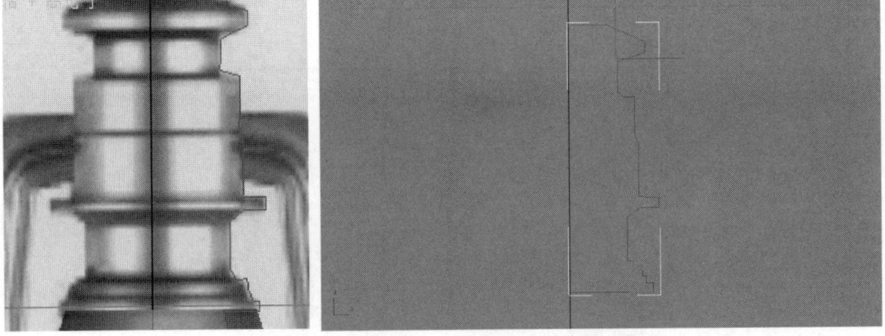

图5-68　绘制截面

04 创建的样条线开始与结束部分要紧贴在栅格线上，如图 5-69 所示。

图5-69 样条线

05 在修改命令面板中单击 按钮，进入样条线修改器堆栈中。进入 级别，选择【圆角】工具，对直角点做圆角处理。使【车削】后的模型边角圆滑，单击鼠标右键隐藏平面，如图 5-70 所示。

图5-70 圆角前圆角后效果

06 进入 样条线级别，单击【轮廓】按钮，在【轮廓】后的数值框中输入 0.06，如图 5-71 所示。

图5-71 执行【轮廓】命令

07 单击创建好的样条线图形，在 修改器列表 中选择【车削】命令，如图 5-72 所示。单击【车削】命令的【参数】卷展栏并调整参数，效果及参数如图 5-73 所示。

图5-72 车削操作

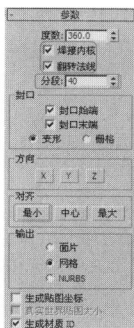

图5-73 【参数】面板及完成效果

08 激活左视图，创建一个半径为0.32的圆和一个长度0.58，宽度0.52的矩形对象，如图5-74所示。选择圆形物体，单击鼠标右键将其转换为可编辑样条线，单击【附加】按钮，附加矩形对象。再次选择圆形对象，选择 复合对象 面板中【布尔】命令，单击并集命令。单击【布尔】，并拾取矩形对象，得到如图5-75所示的图形。

图5-74 创建矩形

图5-75 布尔运算

09 创建一个半径为0.12的圆，位置如图5-76所示。单击鼠标右键将其转换为可编辑样条线，单击【附加】按钮，附加上一步创建的图形，在 修改器列表 的下拉菜单中选择【挤出】命令，在【参数】卷展栏中设置数量为1.2，效果如图5-77所示。

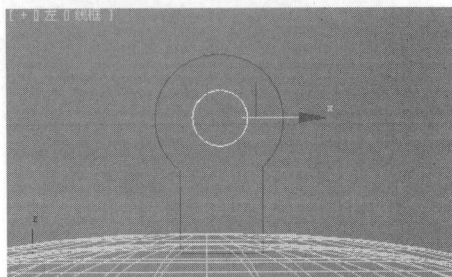

10 在顶视图中创建一个矩形，单击鼠标右键选择将其转换为可编辑样条线。进入 级别，调整顶点得到如图5-78所示的图形，单击【圆角】按钮，对顶点做圆角处理，如图5-79所示。

图5-76 创建形圆物体

图5-77 挤出操作

图5-78 绘制矩形

11 创建一个半径为0.12的圆，进入创建控制面板的几何物体建立区域 ，在 复合对象 命令面板中单击【放样】按钮,选择【获取图形】按钮,拾取圆形对象,得到如图5-80所示的效果。

图5-79 圆角处理

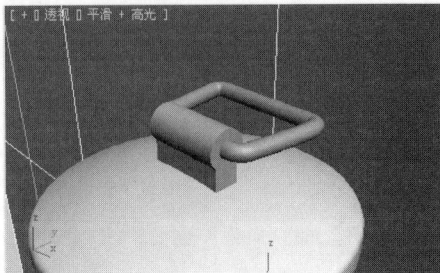

图5-80 放样操作

（3）建立煤油灯灯芯部分

> **提示** 创建圆柱体对象，并将其转换为可编辑多边形。通过节点的调整来改变对象形状。

12 在顶视图中配合【Ctrl】键，创建与主干半径相同的圆柱对象，参数及效果如图 5-81 所示。

13 配合【Alt+X】组合键，将圆柱体对象以半透明的方式显示。单击鼠标右键将其转换为可编辑多边形，进入 级别，配合缩放工具 ，调整顶点与背景煤油灯灯芯部分相同，效果如图 5-82 所示。

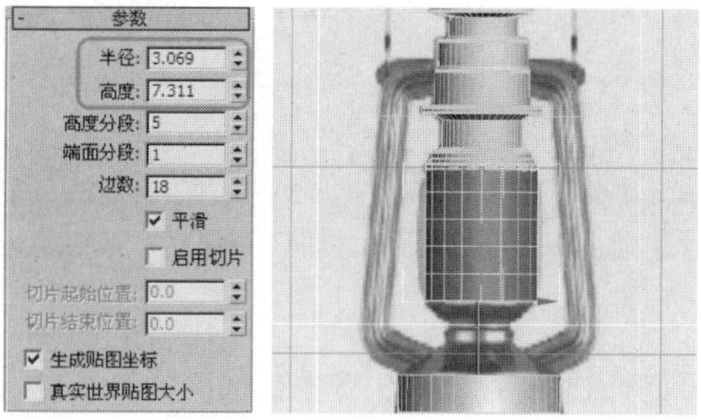

图5-81　创建圆柱体 　　　　　　图5-82　编辑顶点

（4）建立煤油灯底座部分

> **提示** 利用绘制样条线方法绘制出煤油灯主干部分的截面图形，结合【车削】命令建立出煤油灯底座部分。

14 进入创建控制面板的图形建立区域 ，单击【线】按钮，在前视图中以直角形式创建线，创建的图形与煤油灯底座部分截面形状相同，如图 5-83 所示。

图5-83　绘制样条线

15 单击进入修改面板 ，进入样条线修改器堆栈中。单击 按钮，进入顶点级别。单击【圆角】按钮，对直角点做圆角处理，效果如图 5-84 所示。

16 进入 样条线级别，单击【轮廓】按钮，在【轮廓】后的数值框中设定数值为 0.06，如图 5-85 所示。

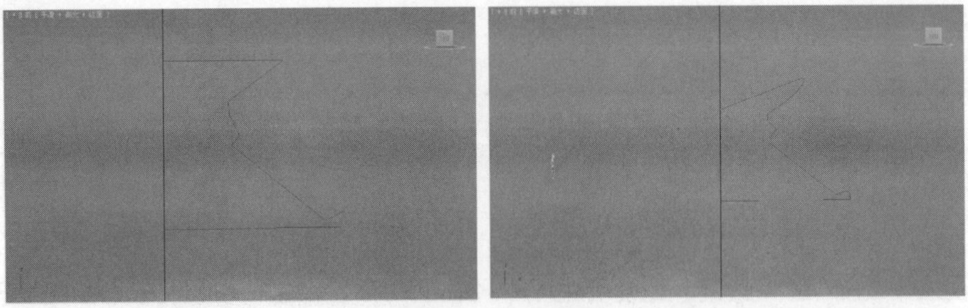

图5-84 圆角前后对比

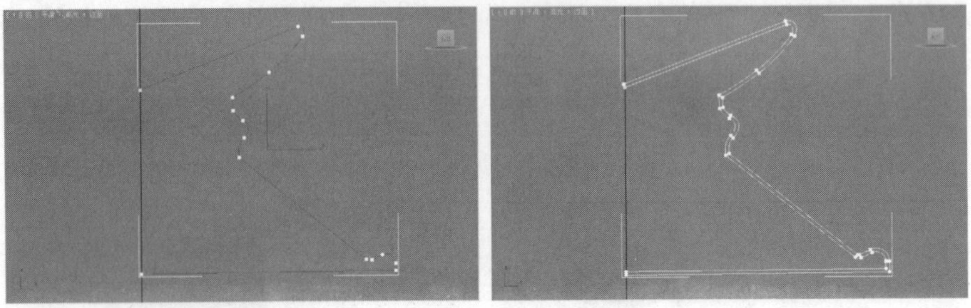

图5-85 轮廓命令操作

17 单击创建好的样条线图形，在 修改器列表 命令面板中选择【车削】命令，效果如图 5-86 所示。在【车削】面板的【参数】卷展览中调整参数，效果和参数如图 5-87 所示。

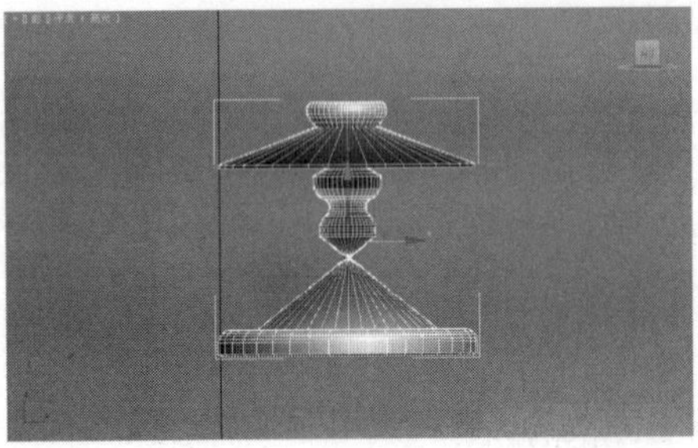

图5-86 车削操作

图5-87 调整【参数】面板

18 单击鼠标右键选择【全部取消隐藏】命令，继续创建样条线。单击创建控制面板的 图形 建立区域，单击【线】按钮，在前视图中以直角形式创建线，创建的图形与煤油灯底座部分截面形状相同。

19 选择平面对象，鼠标右键单击【隐藏当前选择】命令，效果如图 5-88 所示。

图5-88 绘制样条线

20 单击进入修改面板 ，进入样条线修改器堆栈中。单击 按钮，进入顶点级别。选择【圆角】工具，对直角点做圆角处理，使【车削】操作后的模型边角圆滑。选择平面对象，单击鼠标右键【隐藏当前选择】命令，效果如图 5-89 所示。

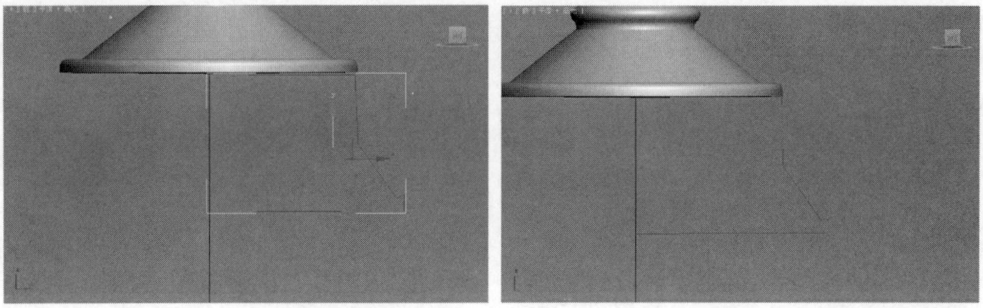

图5-89　绘制样条线

21 进入 样条线级别，单击【轮廓】按钮，在【轮廓】后的数值框中输入 0.06，如图 5-90 所示。

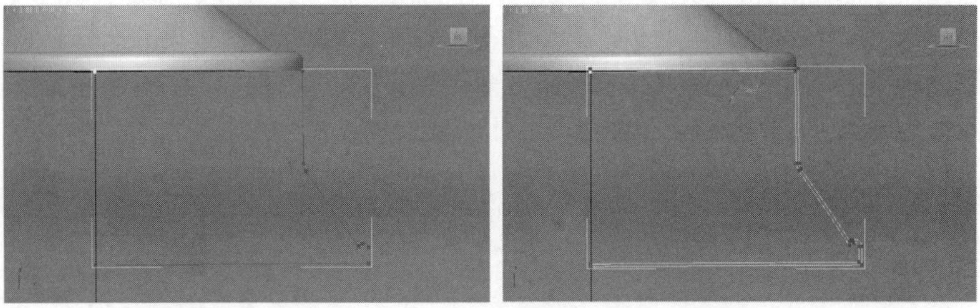

图5-90　执行轮廓命令

22 单击创建好的样条线图形，在 修改器列表 命令面板中选择【车削】命令，效果如图 5-91 所示。在【车削】的【参数】卷展览中调整参数，效果和参数如图 5-92 所示。

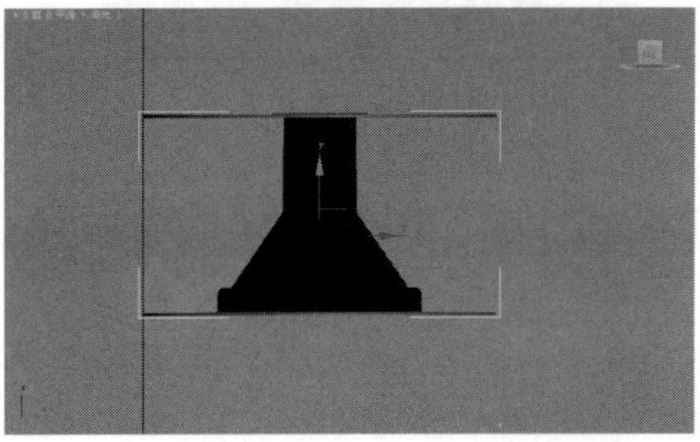

图5-91　执行【车削】操作

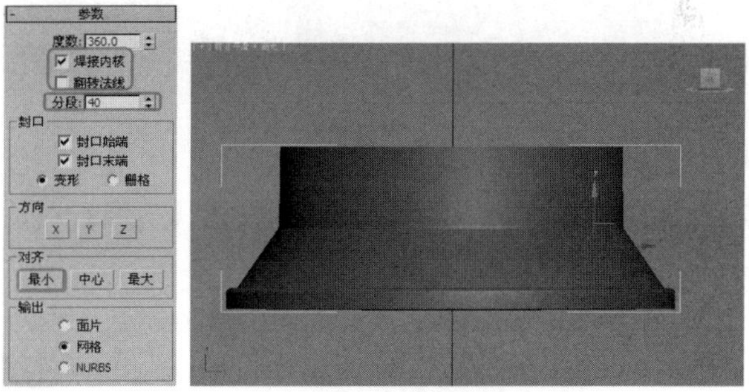

图5-92　调整【参数】面板

（5）建立煤油灯提手部分

> **提示**　　煤油灯提手部分的建模主要是通过放样操作完成。放样是将一个二维形体对象作为沿某个路径的剖面，而形成复杂的三维对象。同一路径上可在不同的段给予不同的形体。我们可以利用放样来实现很多复杂模型的构建，并通过对可编辑多边形顶点的调节来调整模型形状。

23 进入创建控制面板的图形建立区域 ，单击【星形】按钮，创建一个星形对象，参数及效果如图 5-93 所示。

24 在前视图中创建一条样条线作为提手路径，如图 5-94 所示。

图5-93 绘制星形

图5-94 绘制路径

25 进入创建控制面板的几何物体建立区域 ，在 复合对象 命令面板中单击【放样】按钮，选择【获取图形】按钮，拾取星形对象，得到如图 5-95 所示的效果。选择星形对象，在 修改器列表 的下拉菜单中选择【编辑样条线命令】。进入 级别，单击【圆角】工具，对星形对象进行圆角处理，放样图形随之改变，如图 5-96 所示。

图5-95 放样操作

图5-96 调整顶点

26 选择提手，单击镜像 工具，弹出【镜像】对话框。沿 X 轴向偏移 –8.08，以复制方式克隆，参数及效果如图 5-97 所示。

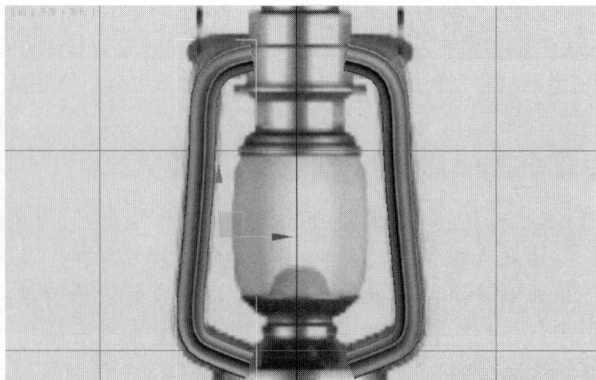

图5-97 【镜像】对话框

27 进入创建控制面板的图形建立区域 ⊡，单击【线】按钮，在前视图中创建线对象，与拉环形状相同，如图 5-98 所示。

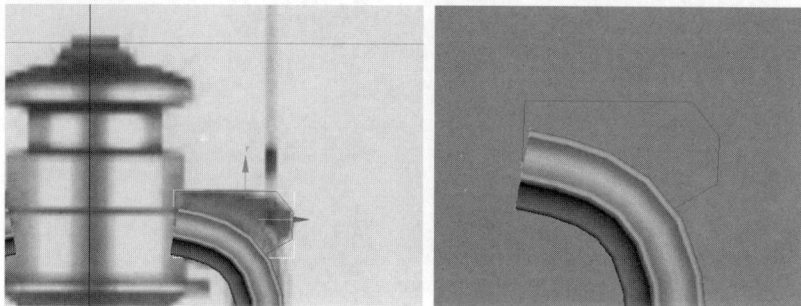

图5-98　绘制样条线

28 单击鼠标右键选择【转换为可编辑样条线】命令，进入 级别。单击【圆角】工具，对星形对象进行圆角处理，如图 5-99 所示，在 修改器列表 的下拉菜单中选择【挤出】命令，设置挤出【数量】为 0.3，如图 5-100 所示。

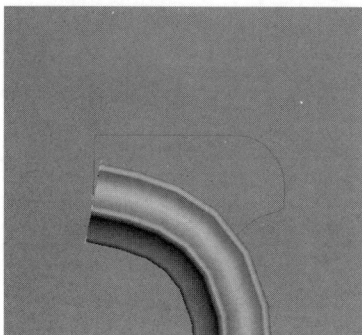

图5-99　调整样条线

图5-100　挤出操作

29 进入 ◎ 几何物体建立区域，创建一个半径为 0.22，高度为 1.2 的圆柱体对象，如图 5-101 所示。选择拉环，在 复合对象 命令面板中单击【布尔】按钮，单击 拾取操作对象B 按钮拾取圆柱体对象，得到如图 5-102 的效果。

图5-101　创建圆柱体

图5-102　布尔运算

30 单击镜像 工具，弹出镜像对话框。沿 X 轴向偏移 -8.33，以复制方式克隆，参数及效果如图 5-103 所示。

三
维
制
作
大
师

图5-103 【镜像】对话框及效果

31 在左视图中创建圆环对象，参数及效果如图 5-104 所示。

32 单击镜像工具，弹出【镜像】对话框，沿 X 轴向偏移 9.86，以复制方式克隆。效果如图 5-105 所示。进入创建控制面板的图形建立区域，单击【线】按钮，在前视图中创建线，与提手位置相同，如图 5-106 所示。

图5-104 圆环【参数】面板

图5-105 镜像复制

33 进入修改面板，单击级别，选择【圆角】工具，对创建的线进行圆角处理，如图 5-107 所示。

34 进入创建控制面板的图形建立区域，单击【圆】按钮，在前视图中创建半径为 0.122 的圆形对象，进入创建控制面板的几何物体建立区域，在 复合对象 命令面板中单击【放样】按钮，单击【获取图形】按钮，拾取圆形对象，得到如图 5-108 所示的效果。

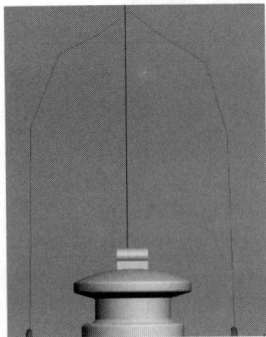

图5-106 绘制样条线

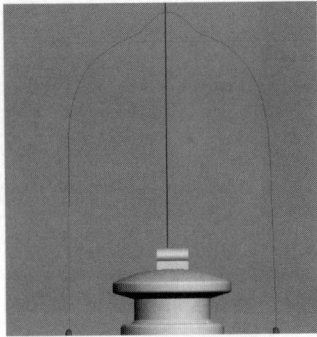

图5-107 圆角操作

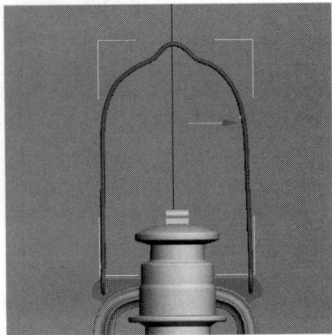

图5-108 放样操作

35 将所有制作过的模型对象都显示出来,并赋予其统一的材质,整个煤油灯的模型就制作完成,如图 5-109 所示。

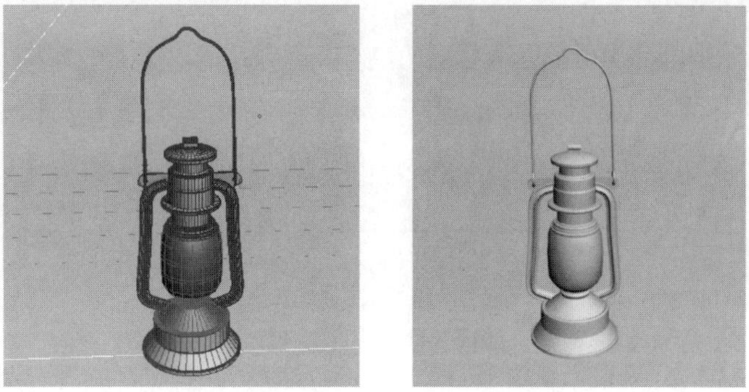

图5-109　完成效果

▶ **5.3　制作羽毛球拍的模型**

在这个练习中,将使用多边形的建模方法来完成羽毛球拍的模型创建。着重学习利用放样命令对把手模型的制作以及对可编辑多边形的编辑技巧。最终效果如图 5-110 所示。

学习重点

(1) 学习使用放样工具对把手模型的初步制作及利用多边形工具进行编辑。
(2) 由二维线制作网框并利用多边形工具对其侧面进行挖洞。
(3) 使用多边形工具将线进行分离,再利用图形合并来制作球网。
(4) 对原始几何体进行多边形编辑来完成连接部件的制作。

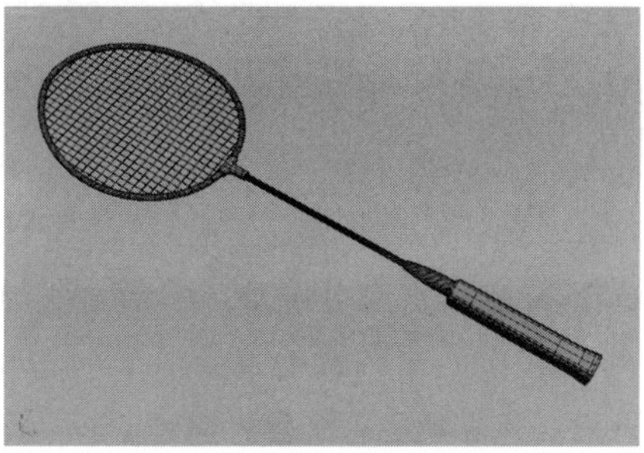

图5-110　最终效果图

制作羽毛球拍

最终效果: 光盘\效果\第5章\羽毛球拍

操作步骤

(1) 准备工作。了解参考图片的构造对模型塑造的重要性,以及 3ds max 2010 系统单位的设置

01 对要制作的羽毛球拍进行分析,如图 5-111 所示。球拍分四部分来制作,红色的 1、2、3、4 标明的是我们按照这个顺序来制作,黑色字标明的是要用什么方法来完成。

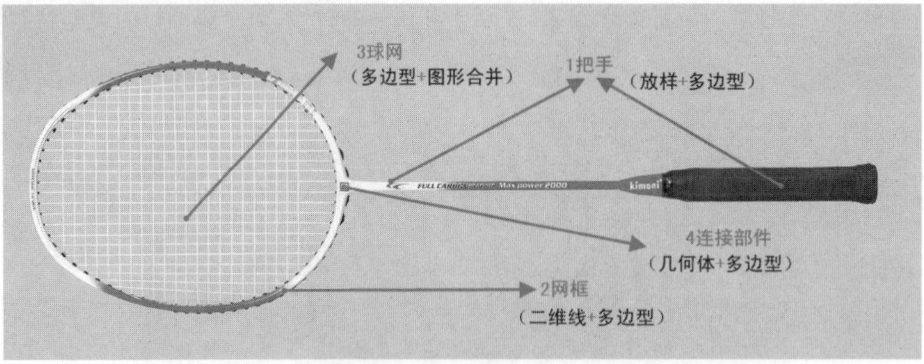

图5-111　图例分析

02 打开 3ds max 2010 软件，选择主菜单【自定义】/【单位设置】命令，将系统单位比例及显示单位比例都设置为毫米，如图 5-112 所示。

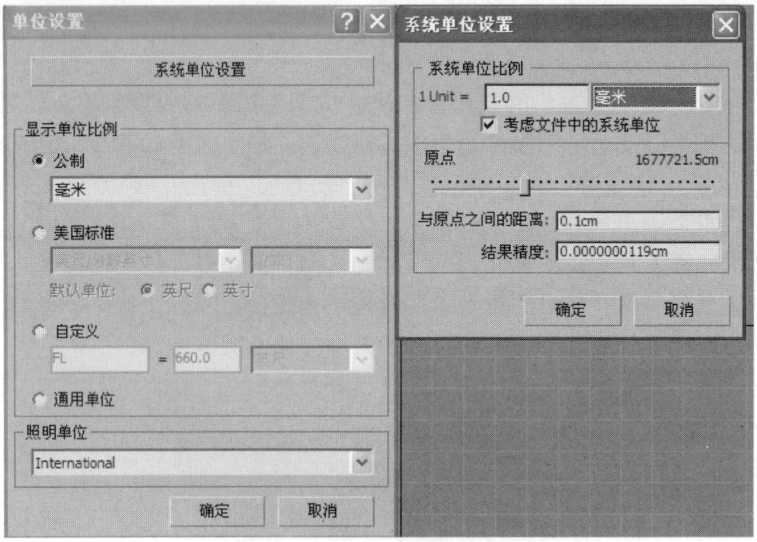

图5-112　【单位设置】对话框

03 在顶视图中创建一个平面，其长度和宽度分别为 383mm 和 1000mm，与球拍参考图片的长宽比例相同（这样制作出来的球拍的长宽比例就不会变形了），如图 5-113 所示，参数设置如图 5-114 所示。

图5-113　绘制长方体

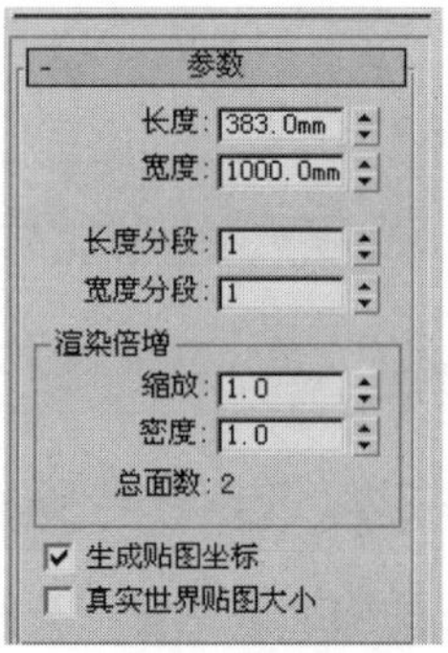

图5-114　【参数】面板

04 在工具栏中单击【材质编辑器】按钮，选择一个新的材质球，并在漫反射通道中选择【位图】，然后选择光盘中提供的球拍的"水平球拍"图片，并将此材质赋予给步骤3中创建的平面，结果如图 5-115 所示。

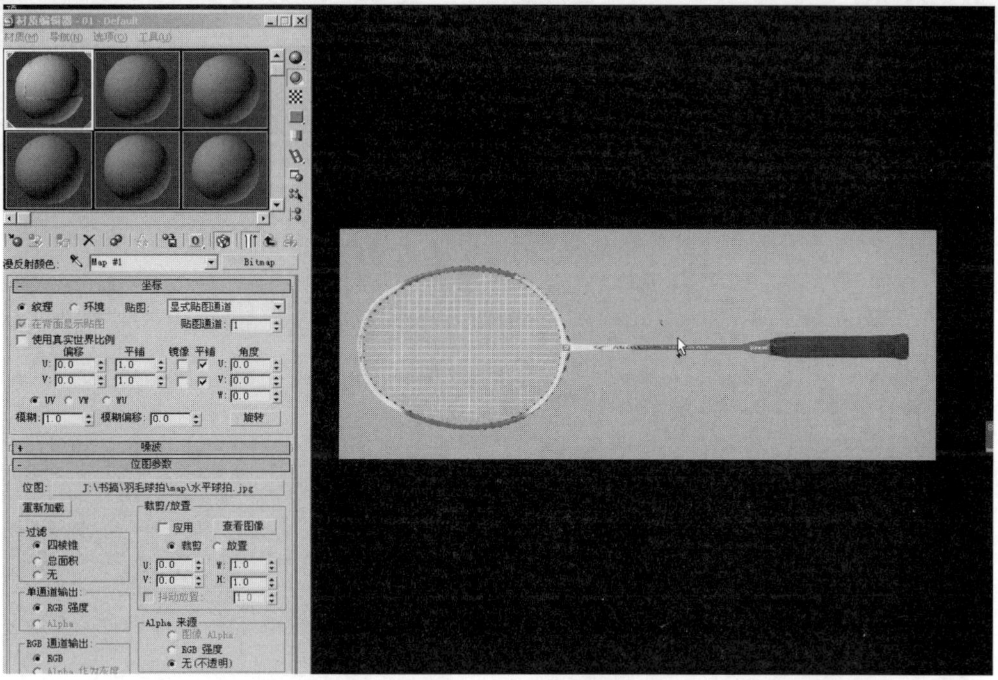

图5-115 赋予材质

05 单击鼠标右建选择对象属性命令，在弹出来的命令面板中将【以灰色显示冻结对象】勾选去掉，如图 5-116 所示。（将此勾选去掉在冻结这个平面的时候，位图也是会显示在视口中的）然后单击鼠标右键选择【冻结当前选择】将此物体进行冻结。

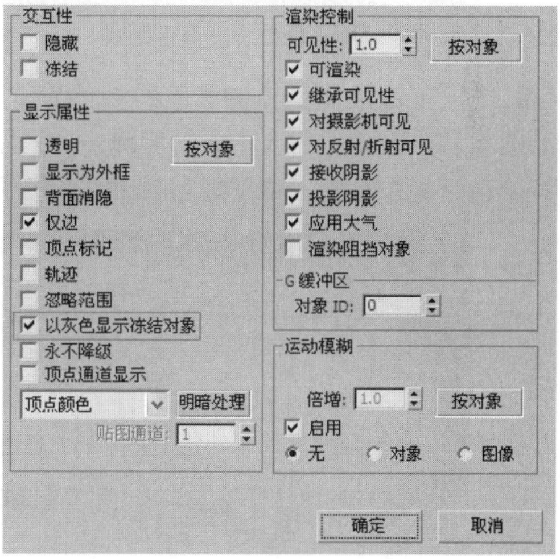

（2）建立球拍把手模型

> 提示　通过放样命令完成二维图形到三维图形的转换，并将其转换为可编辑多边形，通过对顶点的调整完善模型的制作。

图5-116 冻结当前选择

06 进入创建控制面板的二维线物体建立区域，单击【矩形】按钮，在左视图中创建一个矩形，如图 5-117 所示。

07 将其高度和宽度调整到与球拍的把手高度和宽度大体相同。选择矩形并单击鼠标右键将其转化为可编辑样条线，进入顶点级别选择所有的点，单击【切角】命令，并拖动鼠标将矩形调整为如图 5-118 所示的形状。

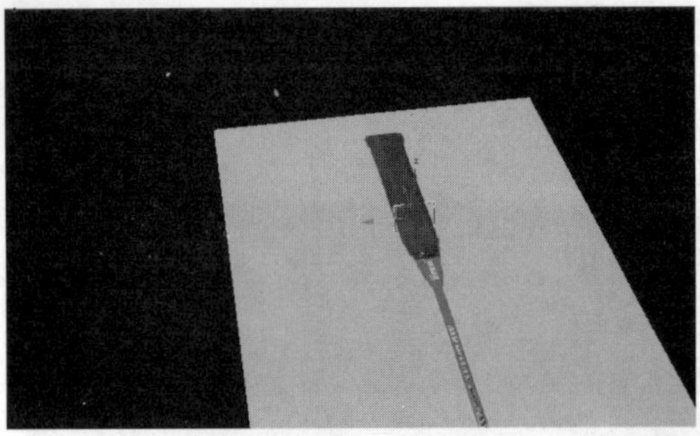

图5-117　绘制矩形

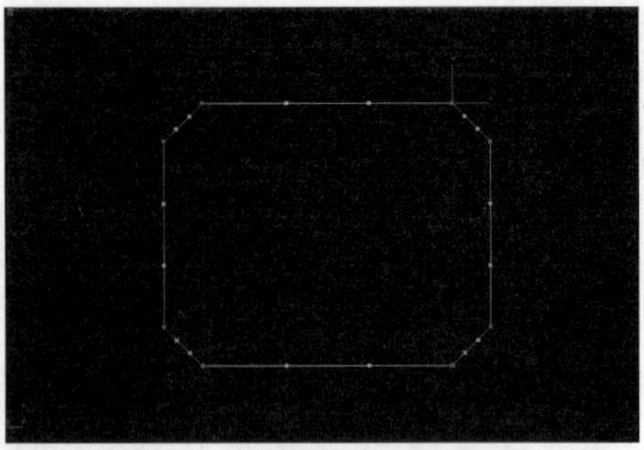

图5-118　调整矩形顶点

08 进入创建控制面板的二维线物体建立区域 ，单击【圆】按钮，在左视图中创建一个圆，如图 5-119 所示。

09 进入线段 级别，将【拆分】设置为 1，配合组合键【Ctrl+A】进行单击（这样对其拆分是为了使其分段数与矩形编辑后的八边形的分段数相同，那么在进行放样的时候不会出现许多的三角面），最后效果如图 5-120 所示。

图5-119　绘制圆形物体

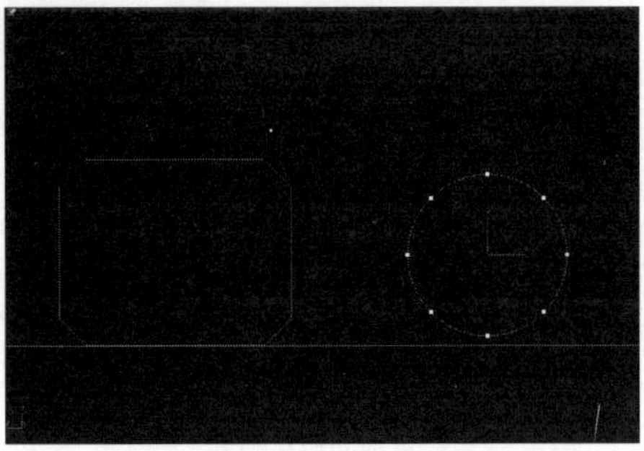

图5-120　拆分线段

10 进入创建控制面板的二维线物体建立区域 ，单击【线】按钮，在顶视图中创建一条线，如图 5-121 所示。在选择线的情况下，进入创建控制面板的几何体物体建立区域 ，单击下拉菜单选择复合对象，并在复合对象的面板中放样，如图 5-122 所示。

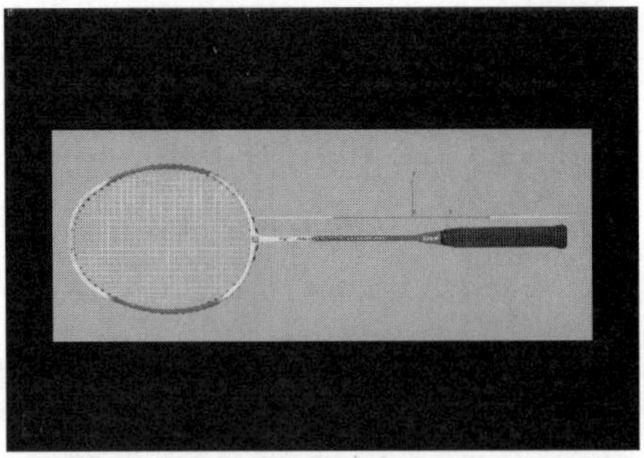

图5-121　创建线

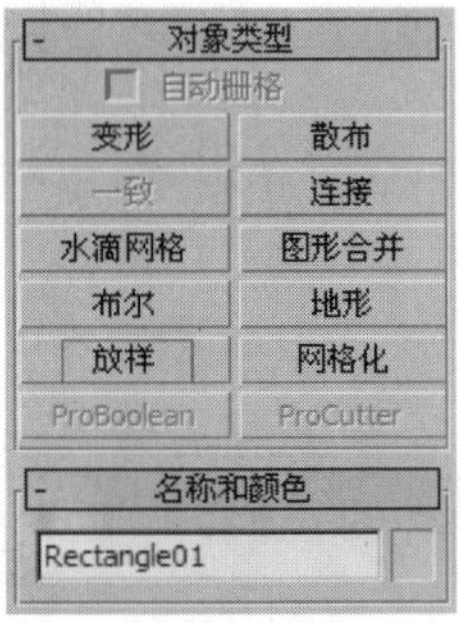

图5-122　选择放样

11 在放样的命令面板中选择【获取图形】命令，并用鼠标左键单击在步骤 7 中创建好的 8 边形，结果如图 5-123 所示，并将放样命令面板中的【图形步数】和【路径步数】均设置为 1，如图 5-124 所示。

12 在放样命令面板下将路径参数下的【路径】数值设置为 25，如图 5-125 所示，然后在单击【获取图形】按钮拾取在步骤 8 中所创建的圆，结果如图 5-126 所示。

图5-123 获取图形

图5-124 【蒙皮参数】

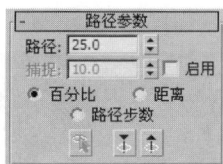

图5-125 【路径参数】

图5-126 获取图形

13 在放样的下拉层级选择图形,如图 5-127 所示,再配合移动工具 ⬩ 将圆移动到如图 5-128 所示位置。

图5-127 选择图形

图5-128 移动圆形物体

14 配合旋转工具 ◯ 将圆形旋转到如图 5-129 所示,再选择位于把手底部的 8 边形的二维线,并配合【Shift】键将其进行复制,如图 5-130 所示,单击【确定】完成操作。

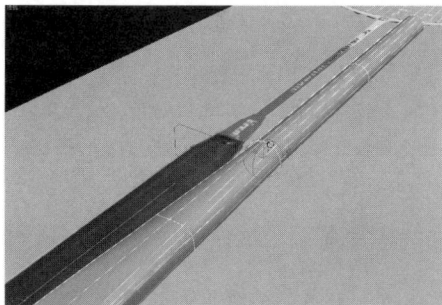

图5-129 转圆形物体

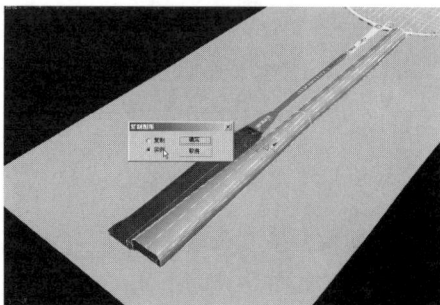

图5-130 复制八边形

15 在顶视图中利用同样的方法将圆也进行复制，如图 5-131 所示，并利用缩放工具 对圆进行放缩，如图 5-132 所示。

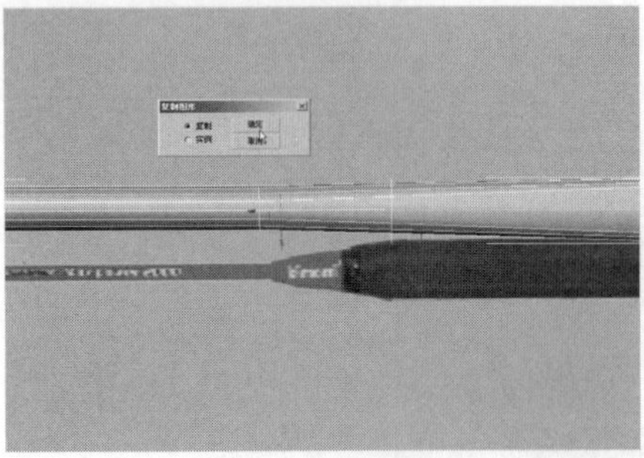

图5-131　复制圆形

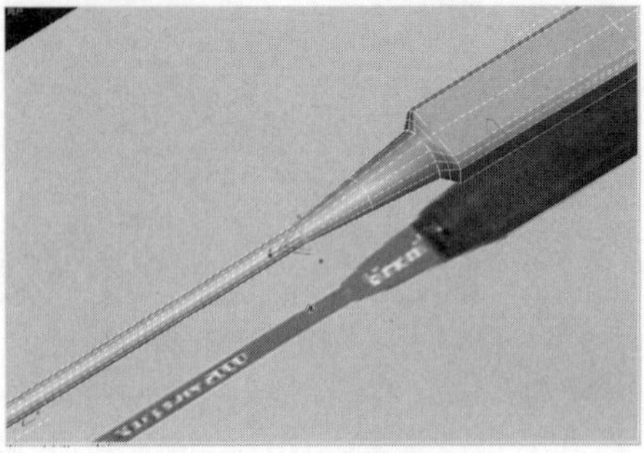

图5-132　缩放圆形

16 同样在顶视图中再复制出来一个圆形对其进行缩放，如图 5-133 所示，最后结果如图 5-134 所示。

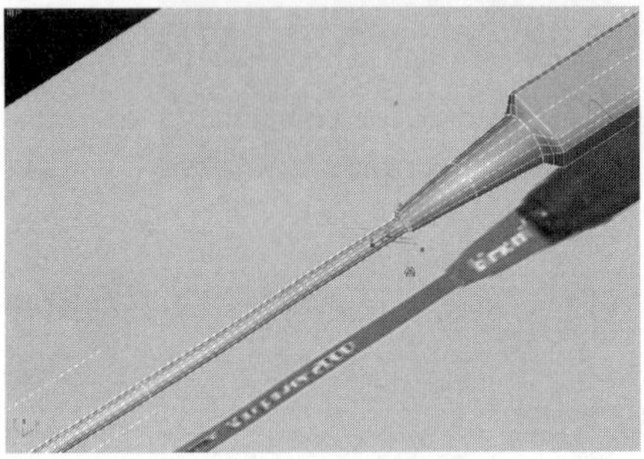

图5-133　缩放圆形

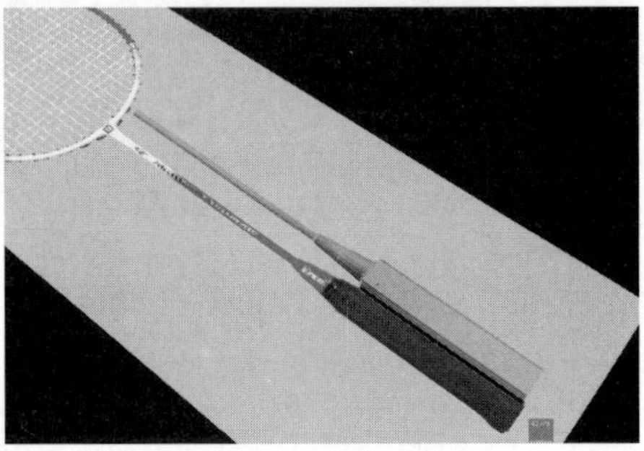

图5-134　完成效果

（3）利用多边形工具加工把手模型

17 选择放样后的把手模型，单击鼠标右键将起转化为可编辑多边形，进入元素 级别将整个把手进行选择，在多边形属性面板中选择【清除全部】按钮将所有面进行统一的 ID 号，如图 5-135 所示，再进入边 的级别将如图 5-136 所示的边进行选择。

图5-135　清除ID

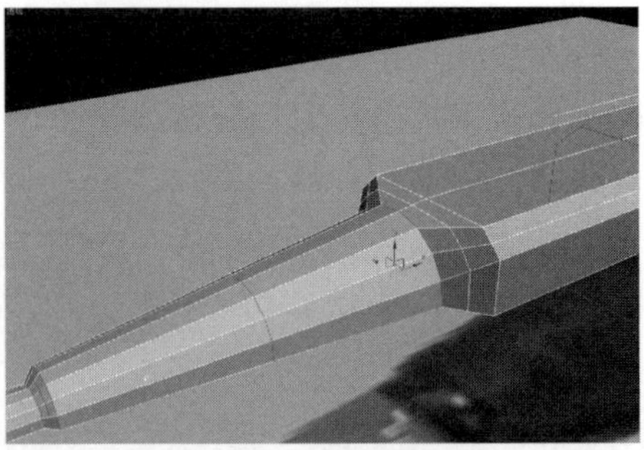

图5-136　进入边级别

18 使用【连接】工具为其再加入一些分段线，如图 5-137 所示，再使用同样的方法将把手部分也进行加线，如图 5-138 所示。

19 进入顶点 级别选择如图 5-139 所示的点，并对其进行【连接】操作，结果如图 5-140 所示。

图5-137　加入段线

图5-138　加线操作

图5-139　连接操作

图5-140　完成操作

20 选择如图 5-141 所示的点，并利用缩放工具 对其进行对齐操作，结果如图 5-142 所示。

图5-141　选择点

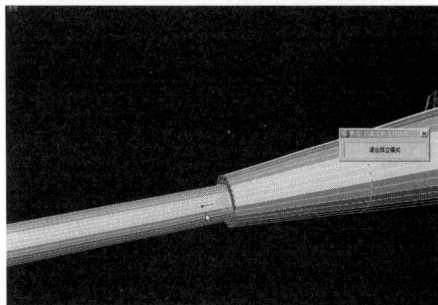

图5-142　缩放对齐

21 选择如图 5-143 所示的点，并利用移动工具 将其进行移动到如图 5-144 所示位置。

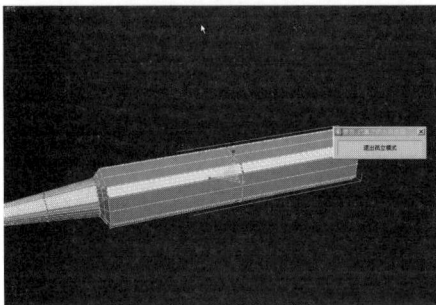

图5-143　选择顶点

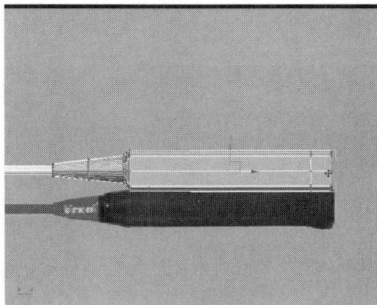

图5-144　位移点

22 进入面 ，选择如图 5-145 所示的面，并利用【轮廓】命令对其进行操作，如图 5-146 所示。

23 配合【挤出】命令将这个面进行挤出，如图 5-147 所示，再对这个面进行【插入】命令，如图 5-148 所示。

161

三维制作大师

图5-145　选择面

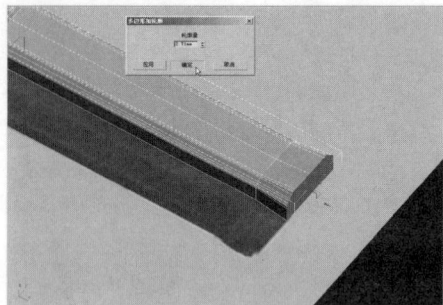

图5-146　轮廓命令

图5-147　挤出操作

图5-148　插入操作

24 进入后视图中到点的级别下调整，如图 5-149 所示。使这些点不能交叉出现，如图 5-150 所示。

图5-149　调整顶点

图5-150　完成操作

25 进入面的级别，选择如图 5-151 所示的面，对其进行【挤出】操作，结果如图 5-152 所示。

图5-151　选择面

图5-152　挤出操作

26 进入边的级别，选择如图 5-153 所示的边，对其进行【切角】操作，结果如图 5-154 所示。

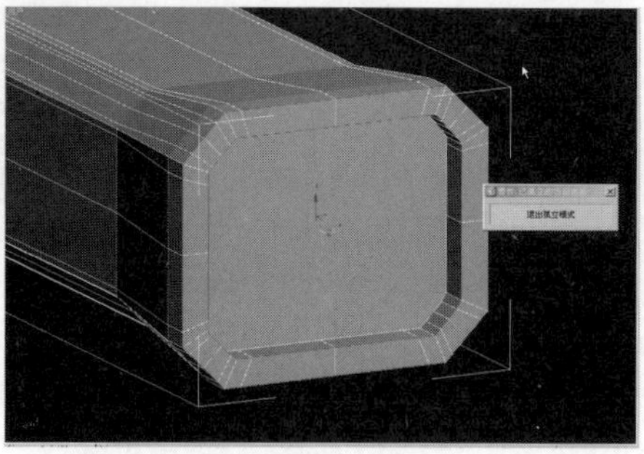

图5-153　选择边

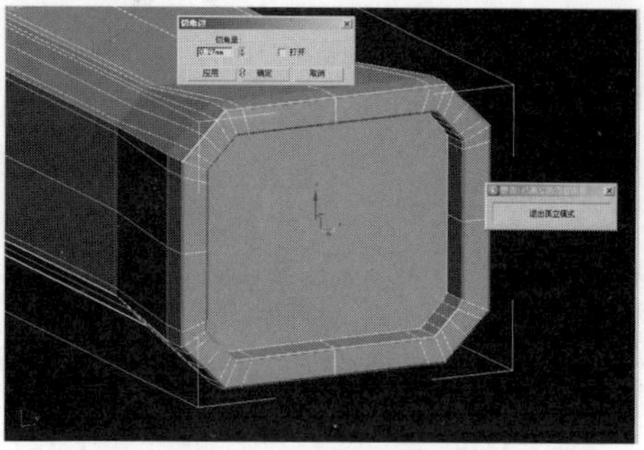

图5-154　切角操作

27 进入面|■的级别，选择如图 5-155 所示的面，对其进行【插入】命令的操作，结果如图 5-156 所示，单击右键将这个面进行塌陷操作。

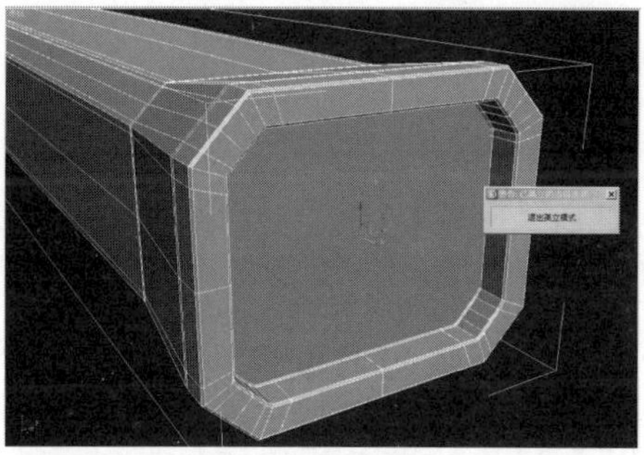

图5-155　选择面

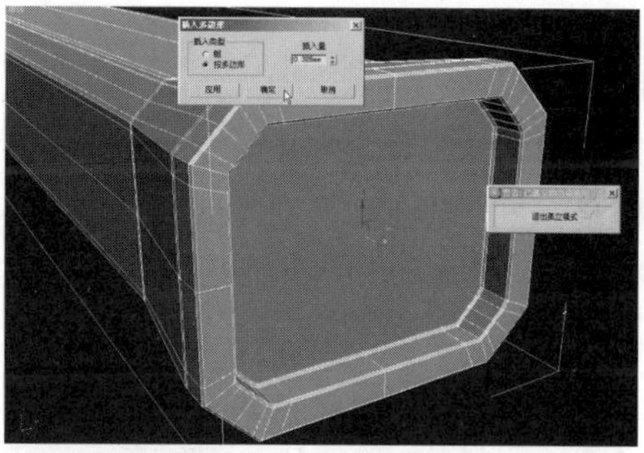

图5-156　插入操作

28 这个时候观察把手模型，发现把手较粗，进入面|■的级别，选择如图 5-157 所示的面，并利用缩放工具□对其缩放操作。

29 进入边|◁的级别加入一条如图 5-158 所示的边，再对加入的边进行缩放□操作，结果如图 5-159 所示。

30 对靠近把手部分的线也进行相同的操作，结果如图 5-160 所示，在命令面板中的细分曲面下勾选使用 NURMS 细分，如图 5-161 所示。到此为止把手的模型就制作完成。最后渲染如图 5-162 所示。

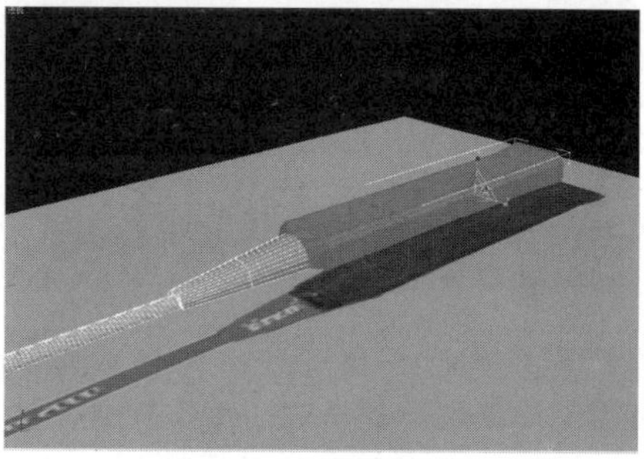

图5-157　缩放面

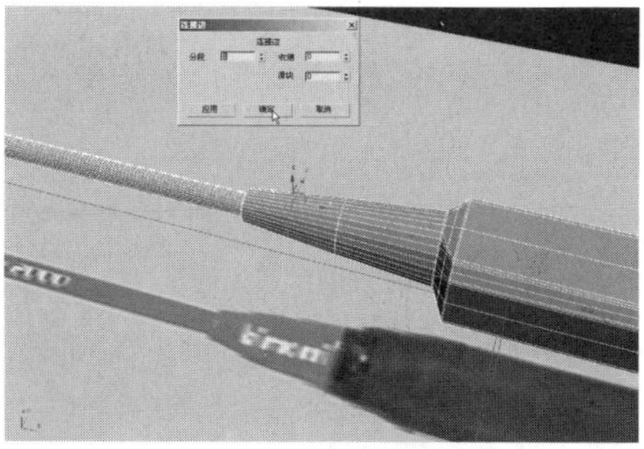

图5-158　选择边

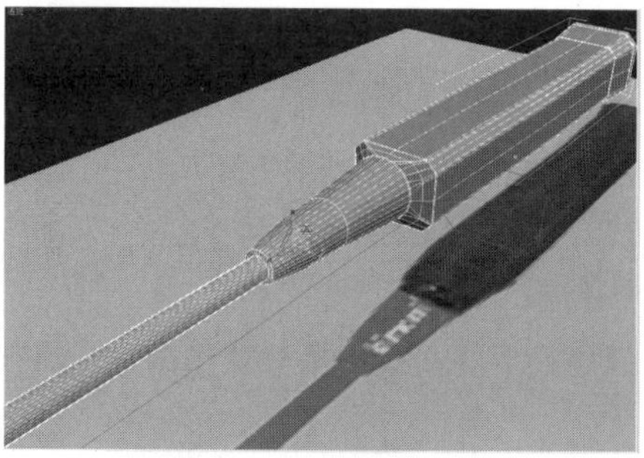

图5-159　缩放边

图5-160 完成操作   图5-161 勾选NURMS细分   图5-162 完成图

(4) 网框模型的制作

> **提示** 使用二维线制作网框并利用多边形工具对其侧面进行挖洞的操作。

31 进入创建控制面板的二维线物体建立区域 ⬚，单击【椭圆】按钮，在顶视图中创建一个椭圆对象，如图 5-163 所示。再单击右键将其转化为可编辑样条线并对点进行调节，结果如图 5-164 所示。

图5-163 绘制椭圆   图5-164 编辑样条线

32 编辑完样条线后配合【Ctrl+V】组合键复制出一个名字为"hebingtuXing"的样条线，作为以后用来【图形合并】投影的二维线，接下来选择刚刚建立好的【椭圆】对象，在其修改面板中勾选【在渲染中起用】和【在视口中起用】，并将其厚度设置为10mm，如图 5-165 所示，结果如图 5-166 所示。

图5-165 【渲染】卷展栏   图5-166 完成图

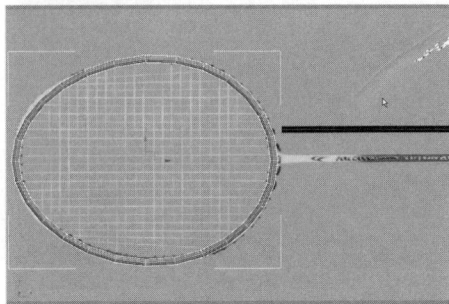

33 将修改面板中的插值的【步数】设置为 12，如图 5-167 所示，（步数设置为 12 为以后制作线的穿孔提供方便），结果如图 5-168 所示。

图5-167 【插值】卷展栏

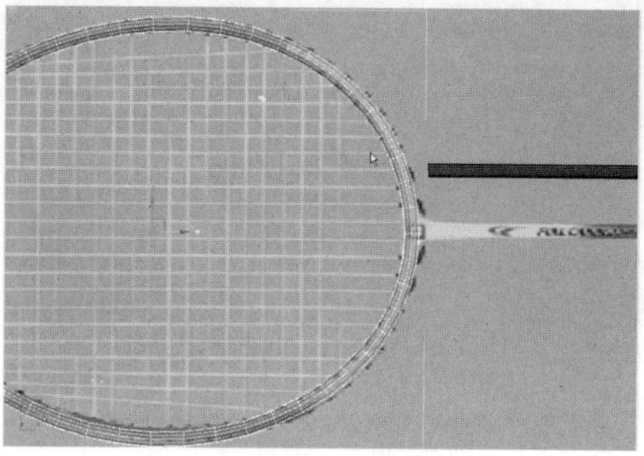

图5-168 完成图

34 单击鼠标右键将其转化为可编辑多边形，进入边 的级别，并配合【环形】命令将图 5-169 所示的边进行选择，再配合【Ctrl】键，进入点 的级别，选中如图 5-170 所示的点。

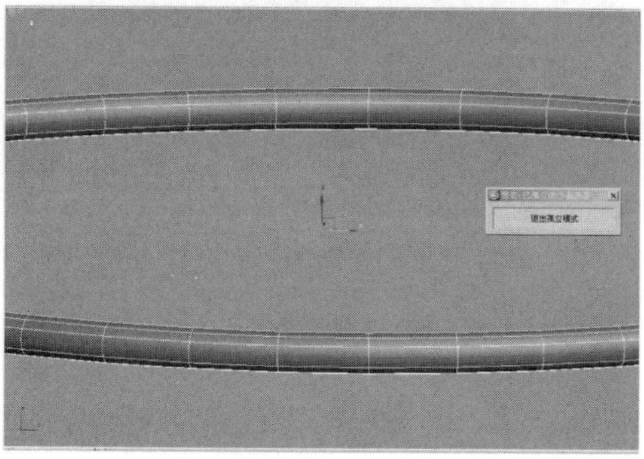

图5-169 环选边

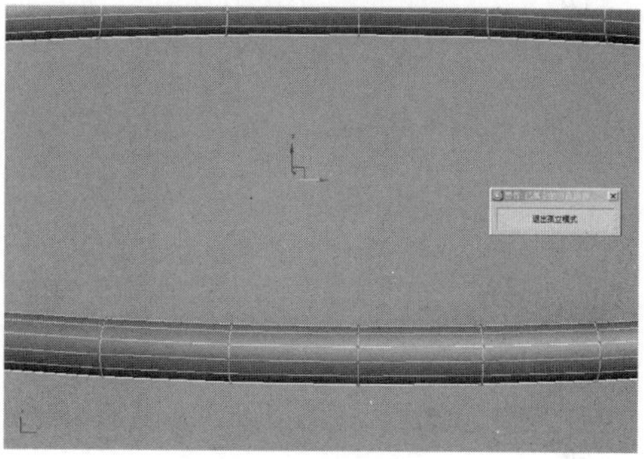

图5-170 选择顶点

35 配合【挤出】命令将这些点挤出如图 5-171 所示的形状，到顶视图中进入点 的级别将这些挤出的点进行删除，如图 5-172 所示。

图5-171 挤出操作

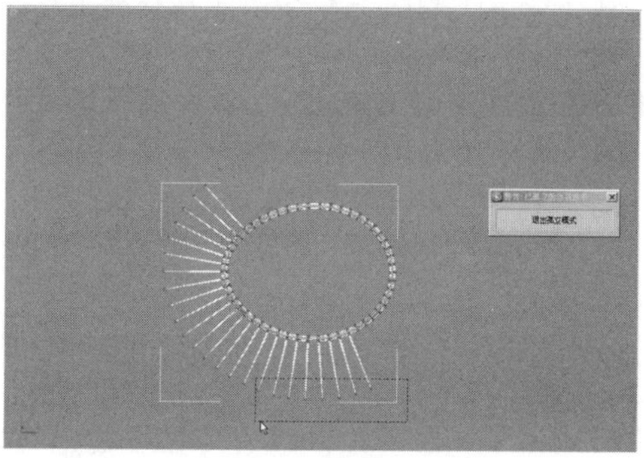

图5-172 删除顶点

36 进入 级别配合【Ctrl+A】组合键将所有的边界进行选择，然后为其加入【桥】命令，结果如图 5-173 所示。再为其加入【切角】命令，如图 5-174 所示。

37 在【细分曲面】卷展栏中勾选【使用 NURMS 细分】，如图 5-175 所示，为网框加入一个默认材质进行渲染，如图 5-176 所示。

三维制作大师

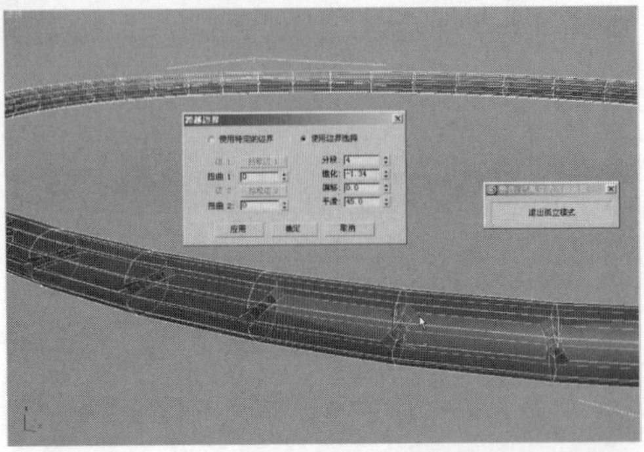

图 5-173 【桥】操作

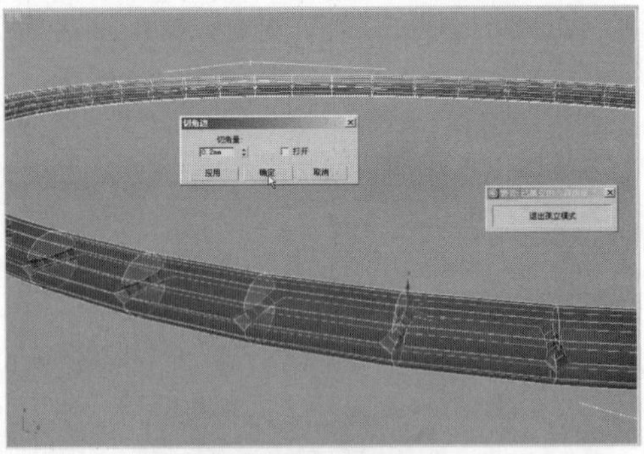

图 5-174 切角操作

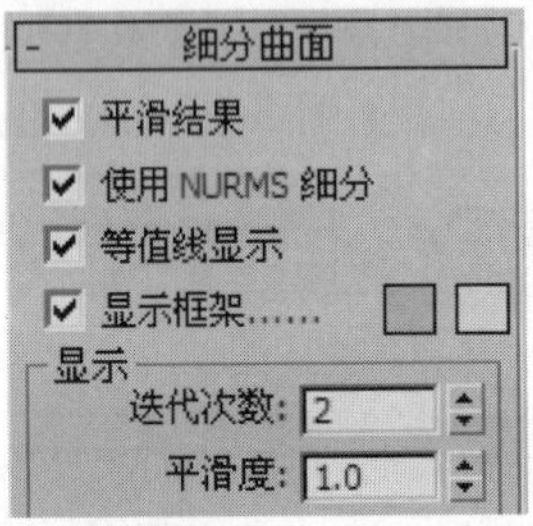

图 5-175 【细分曲面】卷展栏

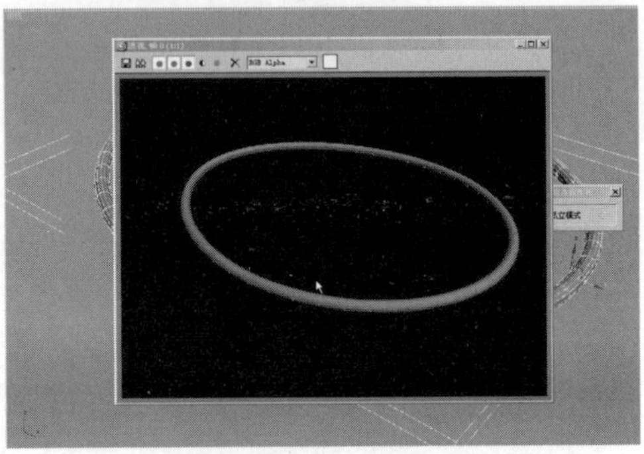

图 5-176 渲染图

（5）球网模型的制作

> **提 示** 先使用多边形工具将线进行分离，再利用图形合并来制作球网。

三维制作大师

38 进入创建控制面板的几何体物体建立区域 ⬭，单击【平面】按钮，在顶视图中创建一个平面，将长度分段和宽度分段分别设置为 37 和 35，如图 5-177 所示。在修改器面板中加入【噪波】修改器，【比例】值设置为 2，Z 轴的【强度】设置为 1.5，如图 5-178 所示。

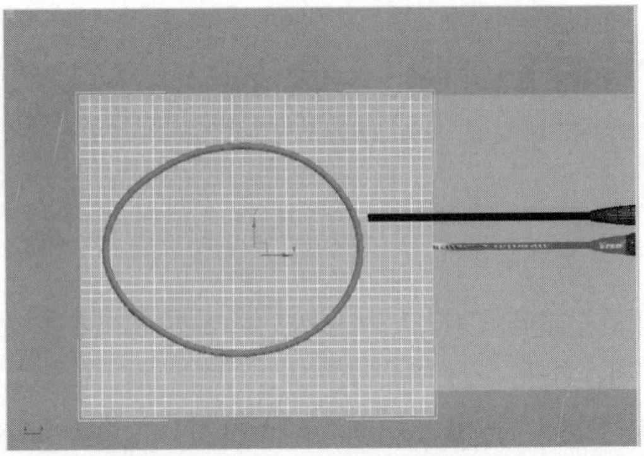

图 5-177 绘制平面

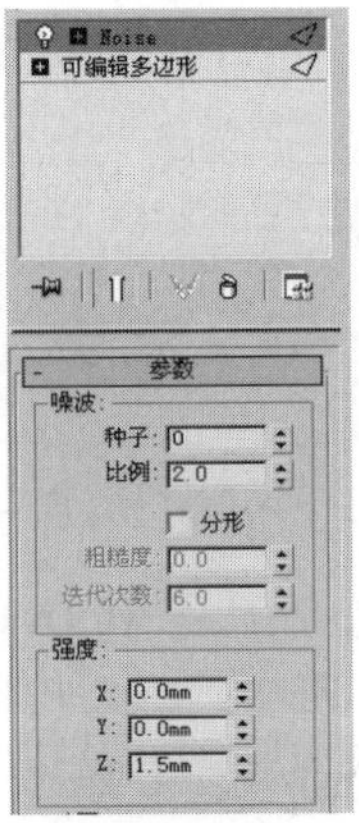

图 5-178 【参数】卷展栏

39 单击鼠标右键将其转化为可编辑多边形，进入创建控制面板的几何体物体建立区域◯，单击下拉菜单，选择【复合对象】，在复合对象面板中选择【图形合并】按钮，如图5-179所示，并单击【拾取图形】按钮，拾取步骤32中复制出来的名字为"hebingtuXing"的样条线，并单击鼠标右键将其转化为可编辑多边形，进入面■的级别，结果如图5-180所示。

图5-179　【复合对象】面板

图5-180　拾取图形

40 配合【Ctrl+I】组合键将面进行反向选择，进行删除操作，结果如图5-181所示，再进入边◁的级别，配合【Ctrl+A】组合键将所有的边进行选择，如图5-182所示。

图5-181　反选面

图5-182　选择边

41 在命令面板中单击 利用所选内容创建图形 ，在弹出的【创建图形】对话框中选择【线性】，如图5-183所示，再选择分离出来的线，在【渲染】卷展栏中将【厚度】设置为0.7mm，【边】设置为10，如图5-184所示。

42 最终效果如图5-185所示，再配合对齐工具▤将其与网框进行对齐，如图5-186所示，渲染观察如图5-187所示。

图5-183　【创建图形】对话框

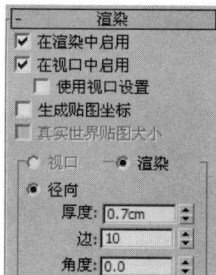

图5-184　【渲染】卷展栏

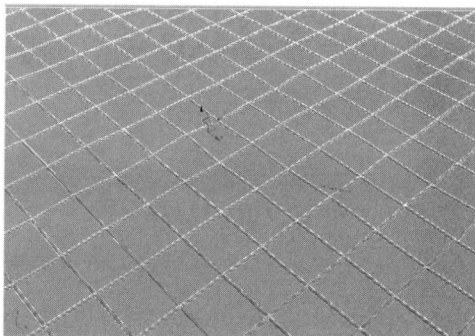

图5-185　完成图

图5-186　对齐网框

图5-187　渲染图

（6）连接部件的制作

> 提　示　通过对原始几何体进行多边形编辑来完成连接部件的制作。

43 选择"hebingtuXing"这个样条线，在【渲染】卷展栏中将【厚度】设置为13cm，【边】设置为12，如图5-188所示。进入点的级别，保留如图5-189所示的点，将其他的点进行删除。

图5-188　【渲染】卷展栏

图5-189　删除顶点

44 进入创建控制面板的几何体物体建立区域◯，单击【圆柱体】按钮，在右视图中创建一个圆柱体，将【半径】设置为6.5，【高度分段】数设置为1，【边数】设置为12，如图5-190所示，最后效果如图5-191所示。

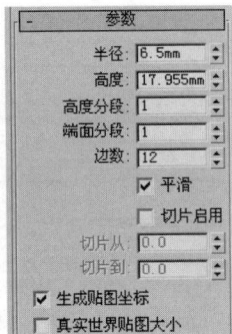

图5-190　【参数】卷展栏

图5-191　完成效果

45 单击右键将其转化为可编辑多边形，将圆柱的顶部和底部的面进行删除，如图 5-192 所示，进入顶点█级别将其选中，如图 5-193 所示。

图5-192　删除面

图5-193　选择面

46 选择如图 5-194 所示的的两个物体，并对其进行孤立的模式显示，然后利用【连接】命令为红色的模型加入两条线段，结果如图 5-195 所示。

图5-194　选择物体

图5-195　连接操作

47 使用【附加】工具将两个模型结合到一起，然后进入面█的级别，选择如图 5-196 所示的面，进行删除，进入点█的级别，使用【目标焊接】将如图 5-197 所示的点进行目标焊接。

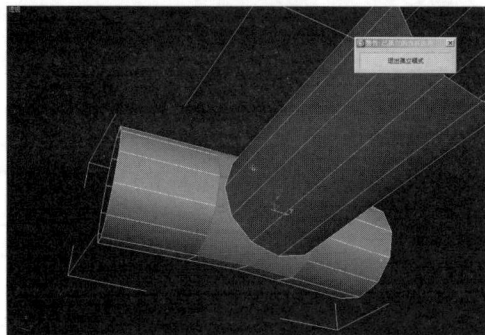

图5-196　选择面

图5-197　目标焊接点

48 将上述周围所有的点全部焊接后，再进入到修改器面板，为其加入一个"壳"的修改器，将【内部量】和【外部量】分别调整为 1.458mm、0.48mm，如图 5-198 所示，效果如图 5-199 所示。

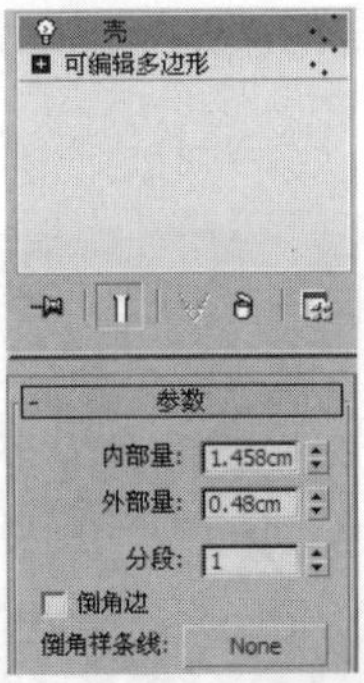

图5-198 【壳】修改器

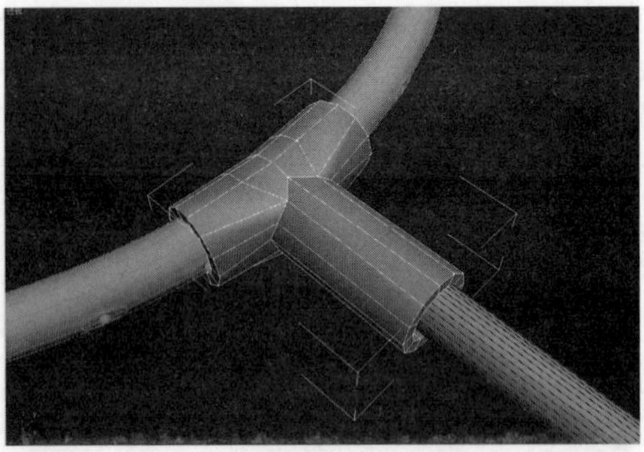

图5-199 效果图

49 单击右键将其转化为可编辑多边形，再进入边的级别选择如图 5-200 所示的边，进行【切角】操作，如图 5-201 所示。

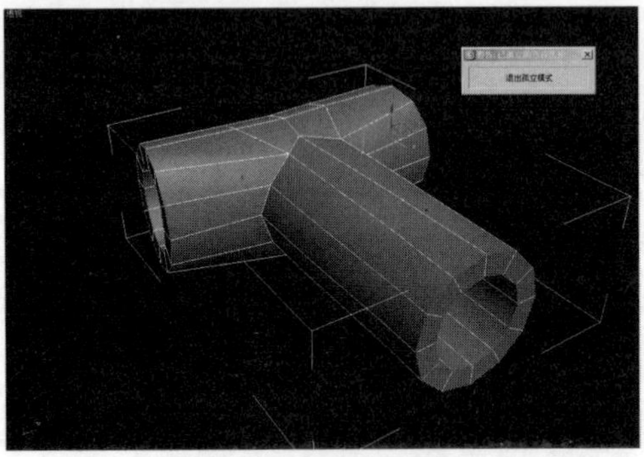

图5-200 进入边级别

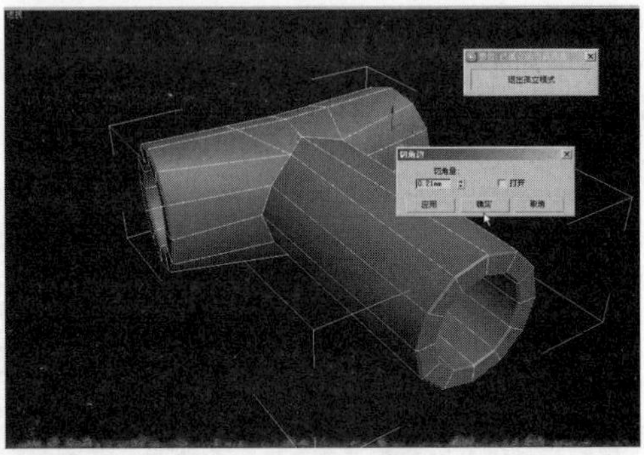

图5-201 切角操作

50 进入到边 ⬦ 的级别，利用【连接】工具加入如图 5-202 所示的边，最后在命令面板中的【细分曲面】下勾选【使用 NURMS 细分】，如图 5-203 所示，为模型加入一个默认材质。

51 到这里整个球拍的模型就制作完成，将球拍进行完整显示，最终效果如图 5-204 所示。

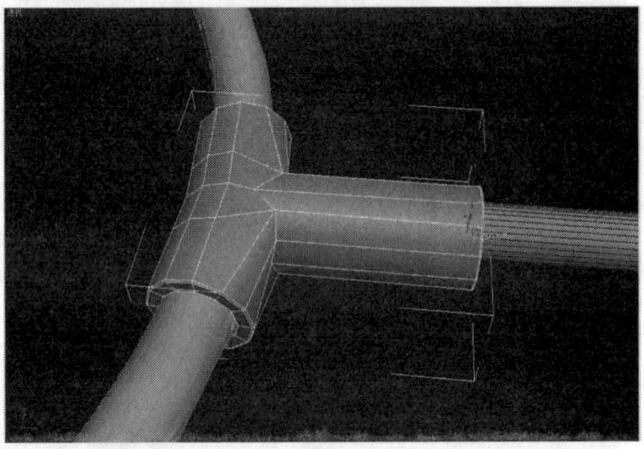

图5-202 连接操作

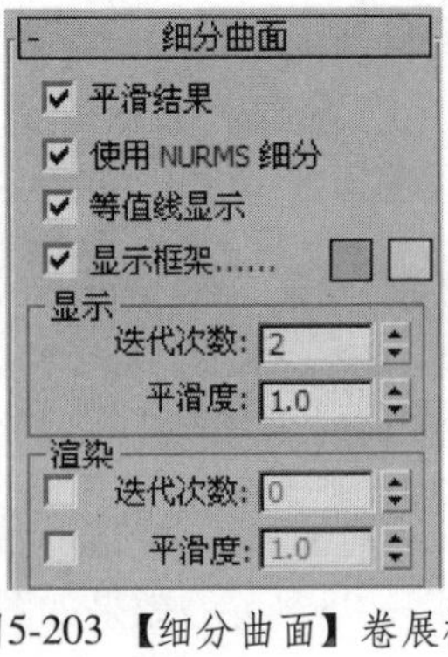

三 维 制 作 大 师

图5-203 【细分曲面】卷展栏

图5-204 渲染效果

5.4　手表的高级建模

在这个实例中，将使用多边形的建模方法来完成手表的模型创建。在这个练习中，将了解使用多边形来创建工业模型的基本流程以及对多边形的一些常用的编辑技巧，并利用 FFD 修改器改变模型形状。最终渲染效果如图 5-205 所示。

学习重点

(1) 学习使用基本几何体制作手表的大体轮廓。
(2) 使用"多边形修改器"制作手表主体部分。
(3) 利用 FFD 修改器制作表链。
(4) 使用放样工具制作手表的旋钮。

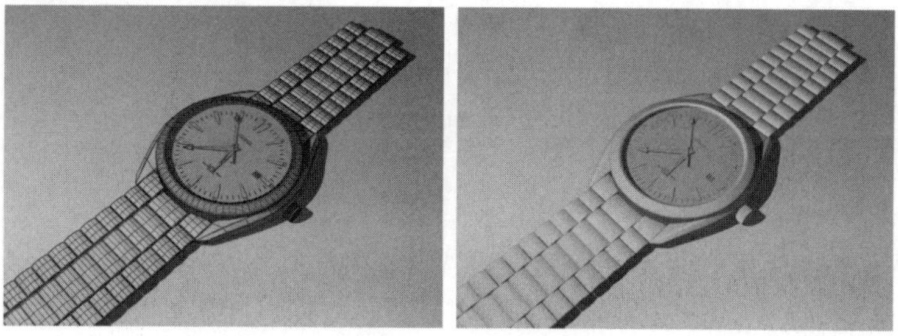

图5-205　最终效果图

制作手表

最终效果：光盘\效果\第5章\高档手表

操作步骤

(1) 准备工作。了解参考图片的构造对模型塑造的重要性，以及 3ds max 2010 系统单位的设置

01 打开 3ds max 2010 软件，激活顶视图，进入创建控制面板的几何体建立区域○，单击【平面】按钮，在顶视图中创建一个平面，然后单击【材质编辑器】■按钮，在漫反射通道中加入配套光盘中提供的"手表"图片，并将此材质赋予给创建好的平面，如图 5-206 所示。

02 选择创建的平面对象，单击鼠标右键选择对象属性命令，在弹出的命令面板中将以灰色显示冻结对象取消选择，如图 5-207 所示，单击【确定】按钮，并将该平面冻结。

图5-206　赋予平面材质

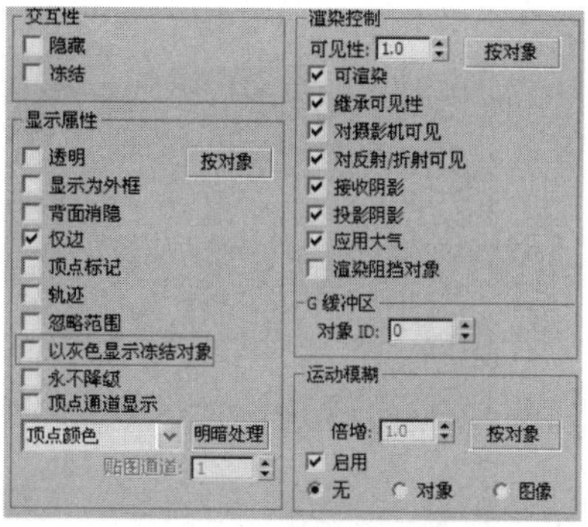

图5-207　取消显示冻结对象

（2）建立外壳部分

> **提 示** 首先塑造手表的外壳主体，表壳的主体是从一个标准长方体对象开始的，将长方体对象转换为多边形后，再对模型进行进一步编辑，制作出表盘空间。

03 进入创建控制面板的几何物体建立区域〇，单击【长方体】按钮，在顶视图中创建一个长方体对象，如图 5-208 所示。右键转换为可编辑多边形，配合【Alt+X】组合键将其以半透明的方式进行显示，进入 ▉▉ 级别，在顶视图中调整长方体的外轮廓与手表横的金属外壳对齐，如图 5-209 所示。

图5-208　创建长方体 　　　　　　　　图5-209　对齐物体

04 进入可编辑多边形的级别，选中边，选择【连接】命令，为长方体加线，如图 5-210 所示，调节模型上的点到如图 5-211 所示的位置。

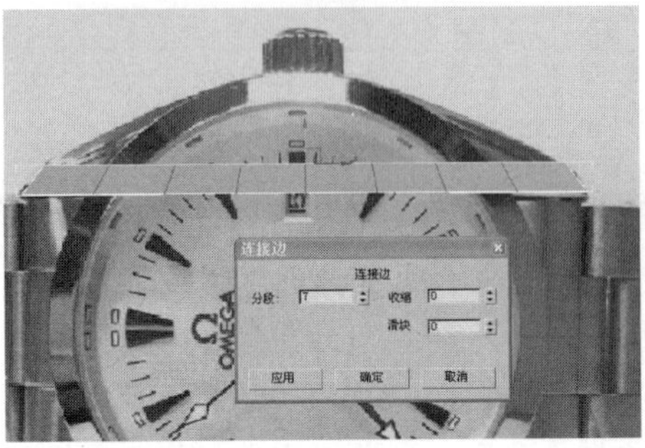

图5-210　连接操作 　　　　　　　　图5-211　调节顶点

05 配合【连接】命令为模型继续加线，并调节形体，如图 5-212 所示。

图5-212　连接操作

06 选择中间的线，选择【切角】为其制作导角，如图 5-213 所示。

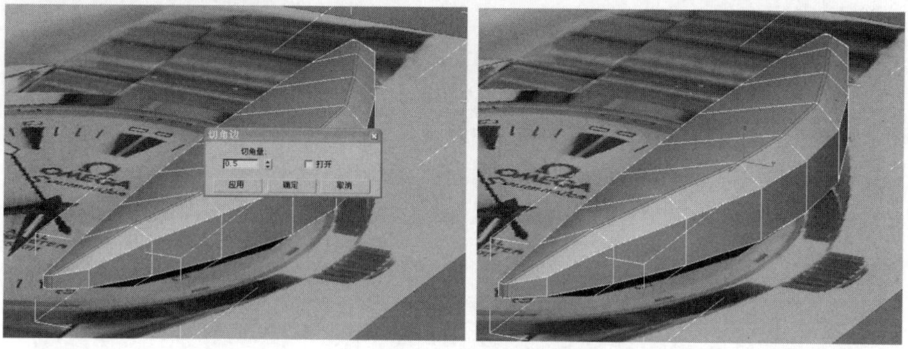

图5-213 切角操作

07 利用【连接】命令，在长方体的周围加线，为边缘制作圆滑的导角，调整形体，如图 5-214 所示。

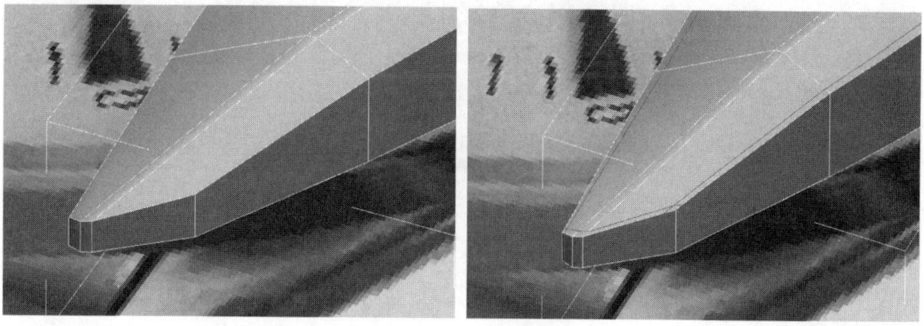

图5-214 连接操作

08 选择模型，单击工具栏上的对齐命令，选择【实例】复制方式，在 Y 轴上复制另一侧的金属体，并调整相应的位置，结果如图 5-215 所示。

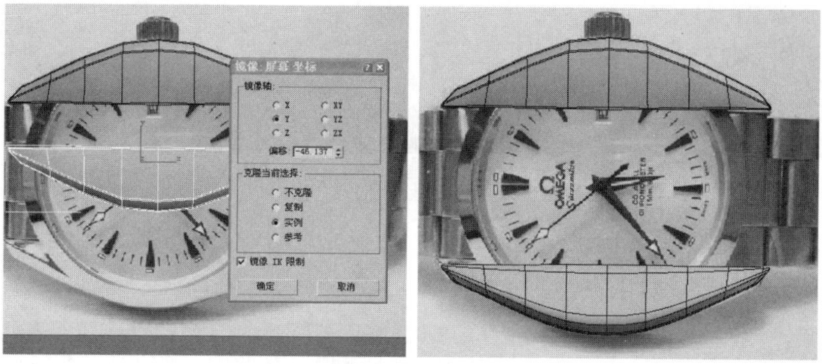

图5-215 【镜像】对话框

09 制作圆形的表壳。进入创建控制面板的几何物体建立区域，单击【圆柱体】按钮，在顶视图中创建一个圆柱体对象，如图 5-216 所示。右键转换为可编辑多边形，配合【Alt+X】组合键将其以半透明的方式进行显示，进入级别，在左视图中调整圆柱体对象的高度，结果如图 5-217 所示。

10 进入级别，选中圆柱体上边的面，单击【插入】后面的，调整插入值，插入的边与背景图片上的圆形表壳的内边线对齐即可，结果如图 5-218 所示。

三维制作大师

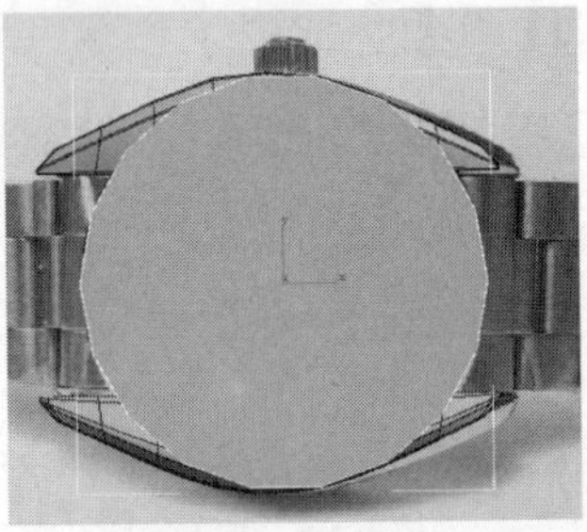

图5-216　创建圆柱体

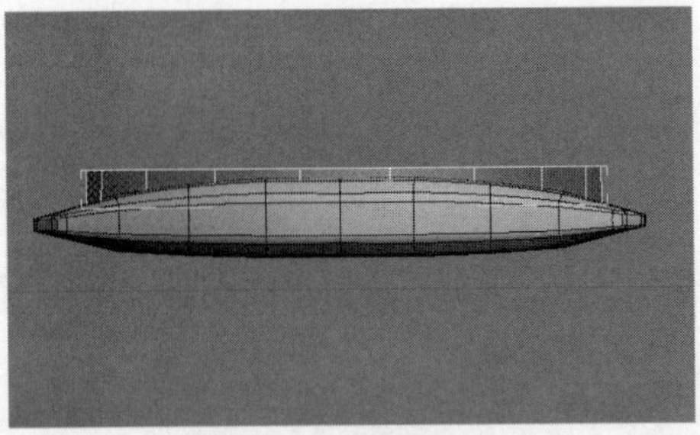

图5-217　调整圆柱体高度

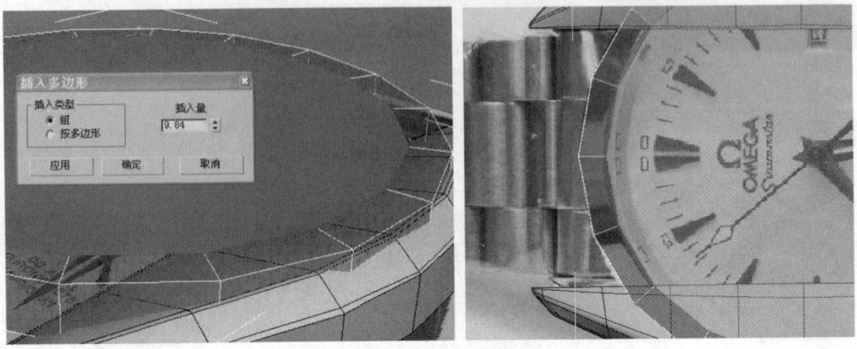

图5-218　插入操作

11 进入█级别，选择圆形，单击【挤出】命令并配合移动和缩放工具为圆形表壳作出一个内边，结果如图 5-219 所示。

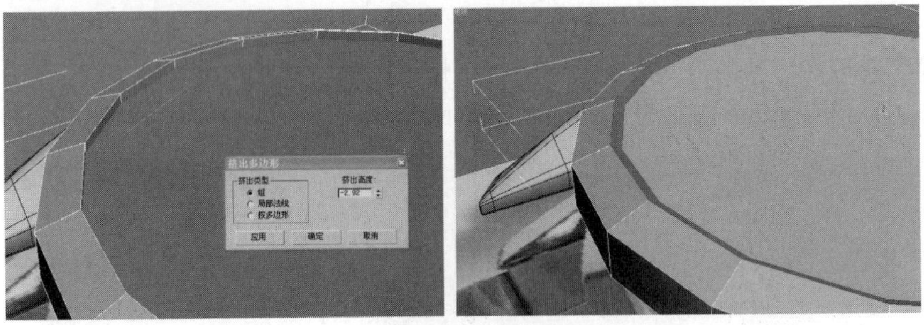

图5-219　挤出操作

12 选择圆形，从模型上分离出来作玻璃镜面。选择原来的表壳，删掉下面的圆面，结果如图5-220 所示，最后将该物体转化为可编辑多边形。

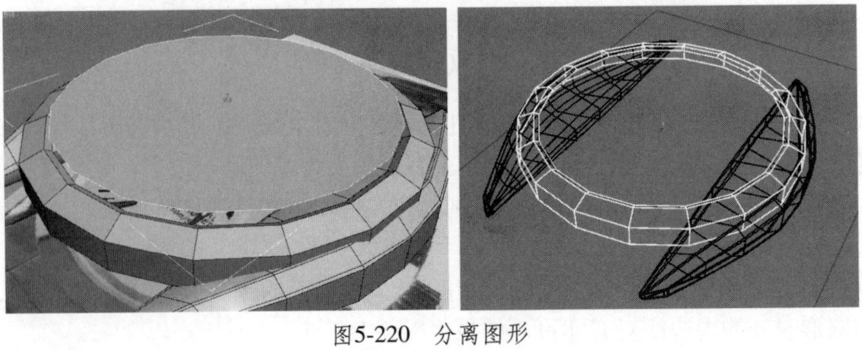

图5-220　分离图形

13 选择表壳上的边，在【切角量】中输入一个较小的数值，为其制作导角，如图 5-221 所示。

图5-221 【切角边】对话框

14 选择做好的圆形表壳和玻璃镜面，配合复制方式，复制出一套模型，调节位置，作为手表下面的金属壳，为其增加细分结果，如图 5-222 所示，至此，手表外壳的模型制作完成。

图5-222 【镜像】对话框

15 为所有的模型增加细分曲面。在修改面板的【细分曲面】卷展栏中勾选【使用 NURMS 细分】，并将其迭代次数设置为 2，如图 5-223 所示。

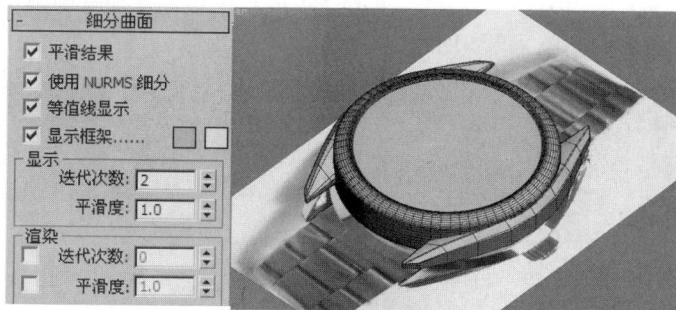

图5-223 【细分曲面】卷展栏

（3）建立表格部分

> **提示** 表盘表格部分的制作比较简单，主要通过创建长方体对象，并将其转换成可编辑多边形。通过顶点的调整，完成表格的制作。然后改变其轴心点位置，旋转复制出其他的表格部分。

16 制作手表的表格部分。先把做完的表外壳隐藏。进入创建控制面板的几何物体建立区域 🔘，单击【长方体】按钮，在顶视图中创建一个长方体，如图 5-224 所示。右键转换为可编辑多边形，配合【Alt+X】组合键将其以半透明的方式进行显示，进入 级别，在顶视图中调整长方体的外轮廓与表盘上的黑色表格对齐，如图 5-225 所示。

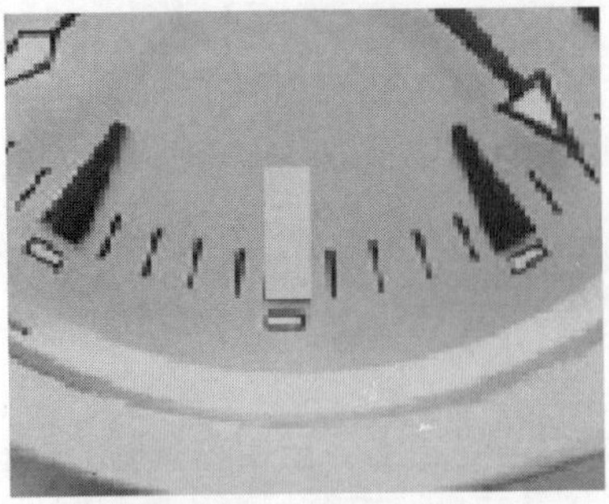

图5-224　创建长方体

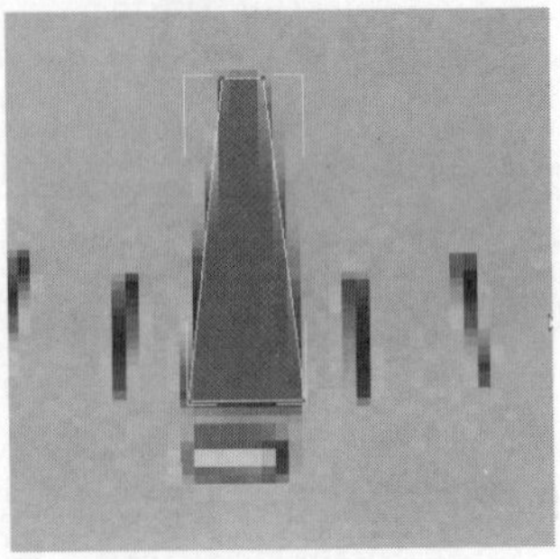

图5-225　调整顶点

17 在前视图中调整长方体的高度，如图 5-226 所示。

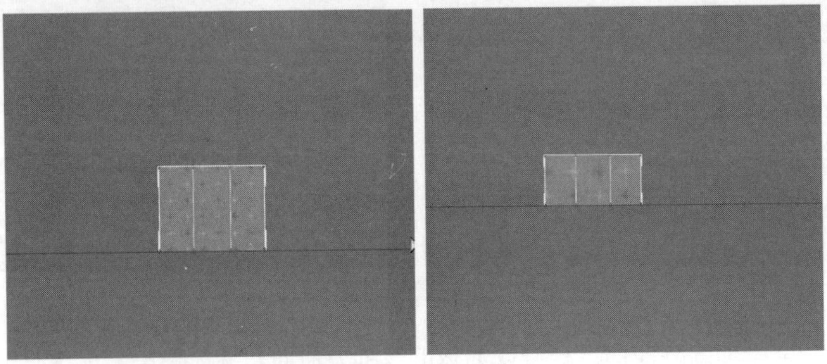

图5-226　调整高度

18 进入创建控制面板的图形建立区域 🔘，单击【矩形】按钮，在顶视图中创建一个矩形对象，如图 5-227 所示。调整参数如图 5-228 所示。

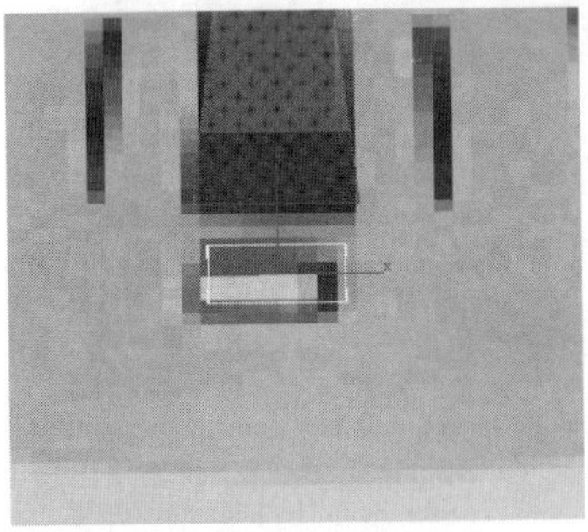

图5-227　绘制矩形

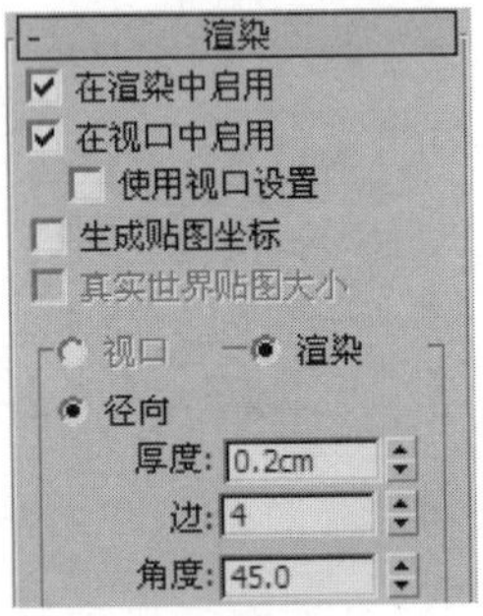

图5-228　【渲染】卷展栏

19 配合【附加】命令把两个模型合成一个，在顶视图中创建一个圆柱体对象，让它的大小与表盘对齐，结果如图 5-229 所示。

20 选择刚建立的表格物体，配合【Alt+X】组合键将其以半透明的方式进行显示。进入层级面板 🔘，按下【仅影响轴】，单击 🔘 命令再选择圆柱体对象，使表格物体原地不动，而轴心与圆柱体的轴心对齐，如图 5-230 所示。

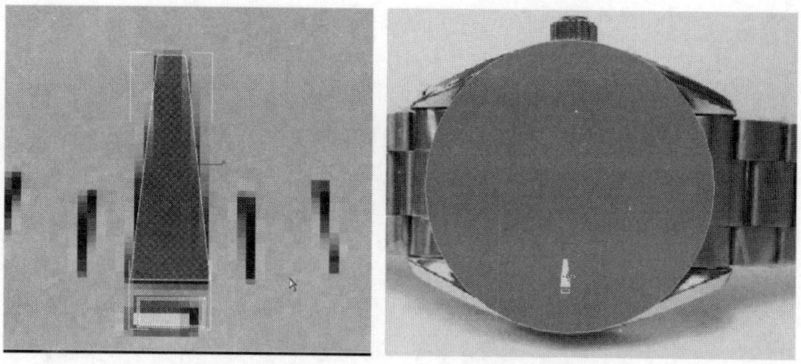

图5-229　附加并对齐操作

图5-230　轴心对齐操作

21 选择表格物体，单击角度捕捉按钮，并在上面单击右键，如图 5-231 所示。设置【栅格和捕捉设置】对话框，并配合【Shift】键复制表格物体，如图 5-232 所示。在弹出的【克隆选项】对话框的【副本数】选项中输入 11，如图 5-233 所示。效果如图 5-234 所示。关闭角度捕捉按钮，并将零点的两个靠近的表格复制调整，如图 5-235 所示。

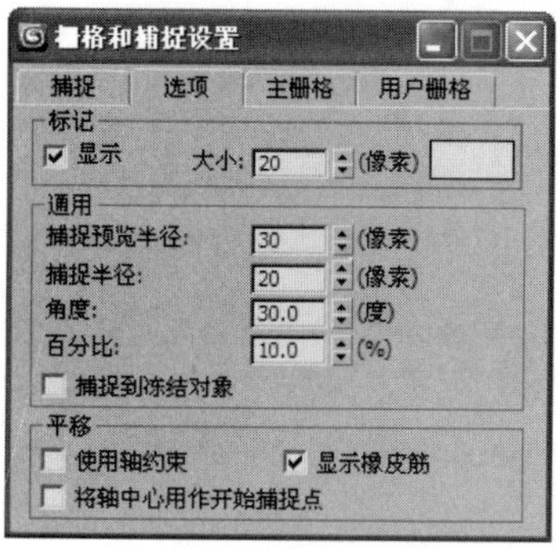

图5-231　【栅格和捕捉设置】对话框

图5-232　旋转物体

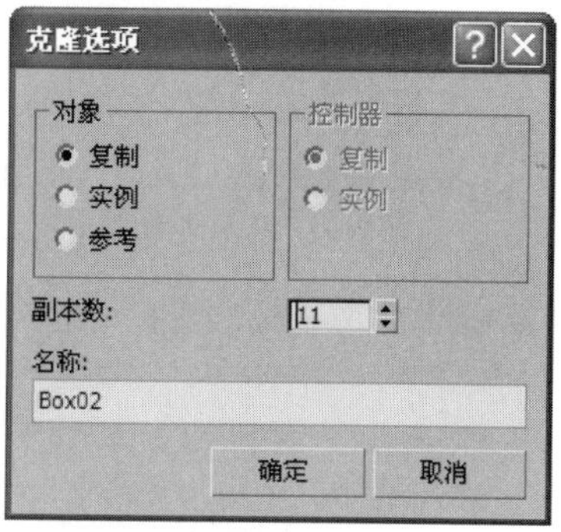

图5-233　【克隆选项】对话框

图5-234　完成效果

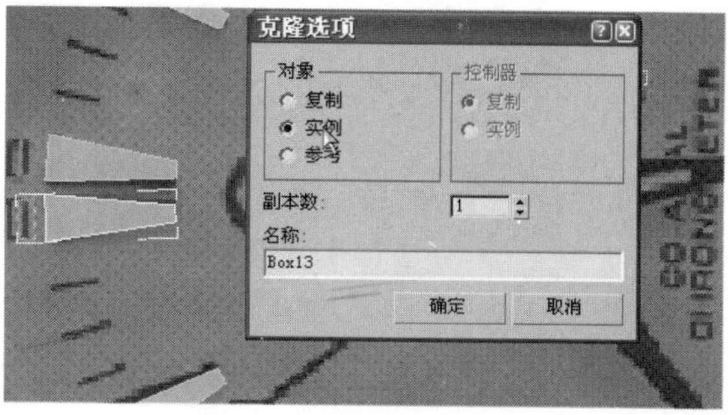

图5-235　【克隆选项】对话框

三维制作大师

22 在顶视图创建一个长方体，用来制作小的表格，在前视图调整位置，如图 5-236 所示。

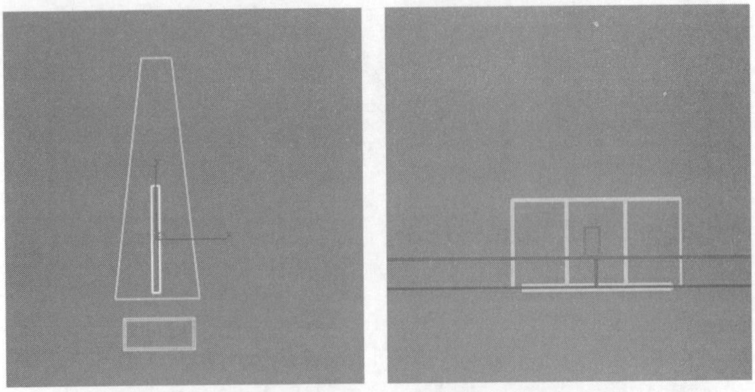

图5-236　创建并移动长方体

23 用上面的方法将小表格的轴心点与圆柱体对齐，打开角度锁定 🔺 对话框，如图 5-237 所示。配合【Shift】键复制表格物体，在弹出的【克隆选项】对话框的【副本数】选项中输入 59，结果如图 5-238 所示。

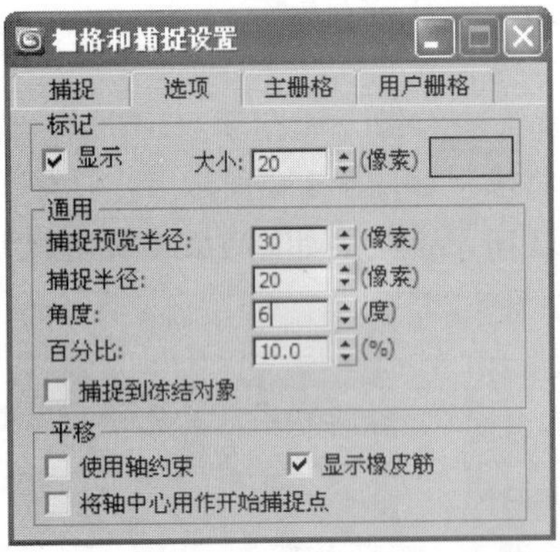

图5-237　【栅格和捕捉设置】对话框

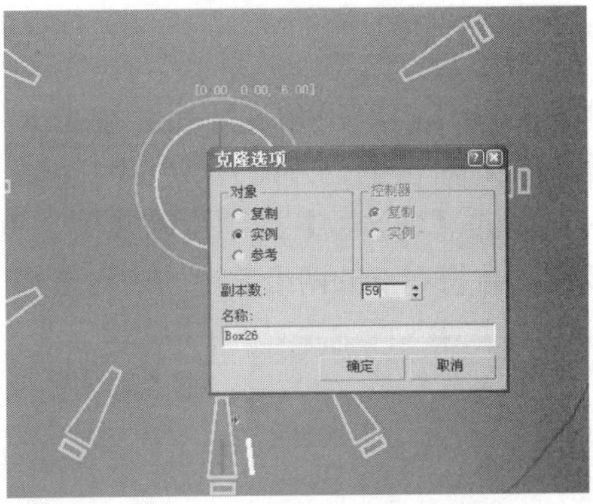

图5-238　【克隆选项】对话框

24 删掉与大表格重合的小表格，结果如图 5-239 所示。

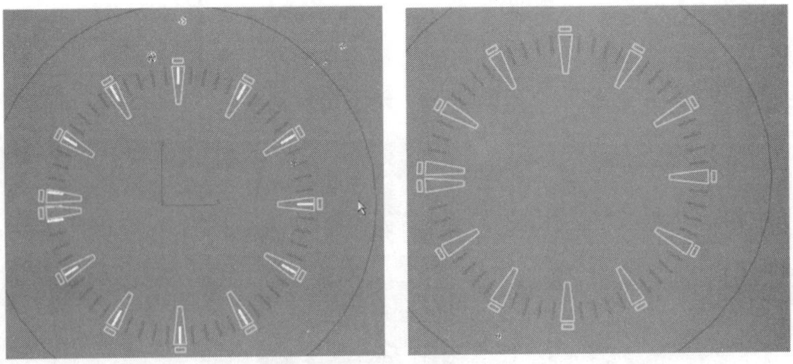

图5-239　删除重合表格

25 显示全部，手表的表格部分就完成了，如图 5-240 所示。

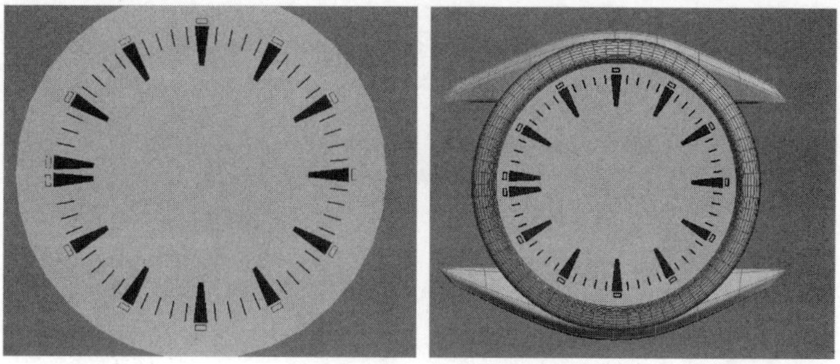

图5-240　完成效果

（4）建立表针部分

> **提示**　下面的步骤将要制作手表最重要的功能部件：指针对象。指针的制作也是使用可编辑多边形来完成的，由于指针的形态非常相似，所以在创建指针时，可以先创建出一个指针模型，然后再克隆出其他的指针对象。

26 制作秒针。进入创建控制面板的几何物体建立区域，单击【圆柱体】按钮，在顶视图中创建一个圆柱体对象，并调整位置，如图 5-241 所示。

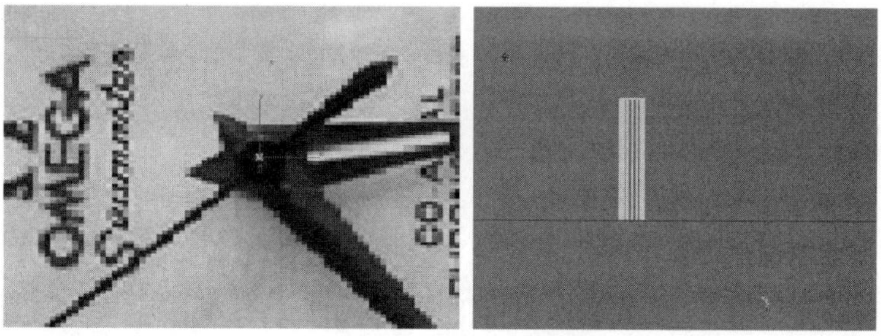

图5-241　创建圆柱体

27 在顶视图创建一个长方体，并转换成可编辑多边形。配合【连接】命令为长方体加线，如图 5-242 所示。

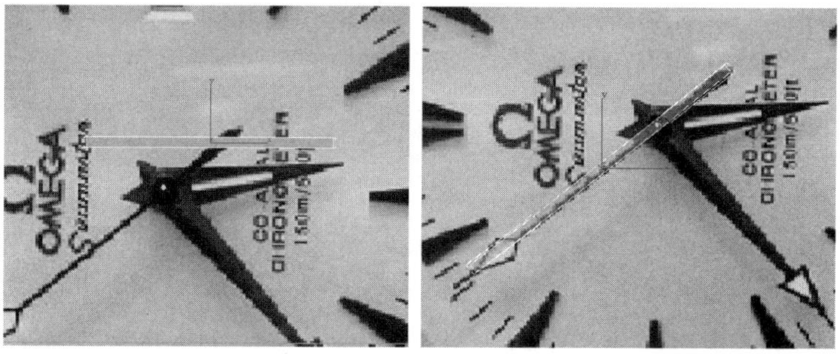

图5-242　连接线操作

28 进入┈级别，选择长方体两端的点，单击【塌陷】命令，制作表针的尖部，如图 5-243 所示。

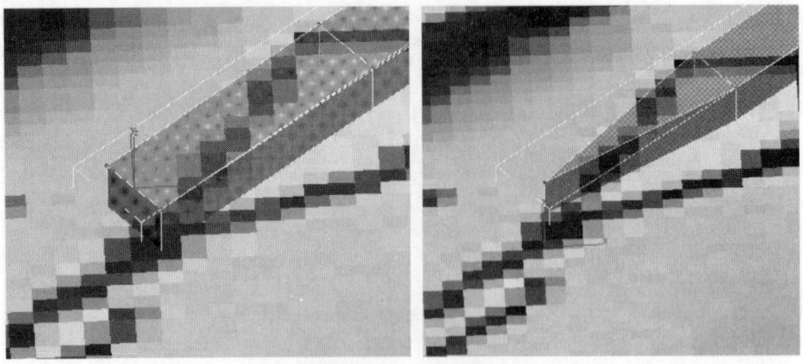

图5-243 塌陷顶点

29 两端塌陷完成后调整秒针的形体，如图 5-244 所示。

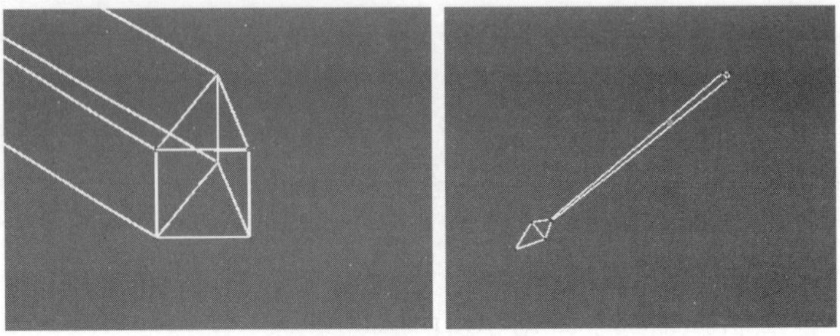

图5-244 调整秒针形状

30 选中秒针针尖处的多边形，选择【插入】命令，参数设置如图 5-245 所示。

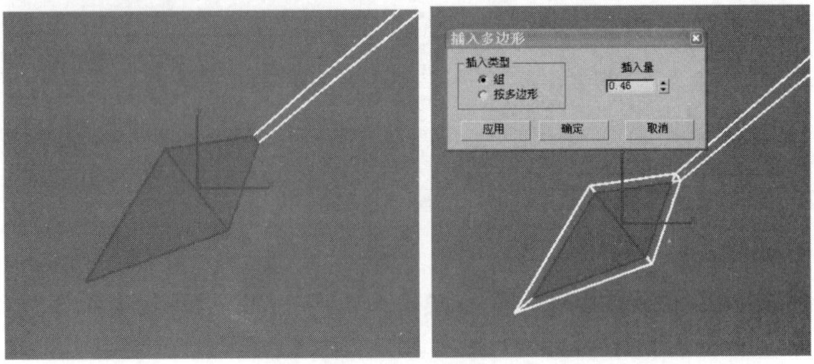

图5-245 【插入多边形】对话框

31 选中多边形后继续单击【挤出】命令，参数设置如图 5-246 所示。

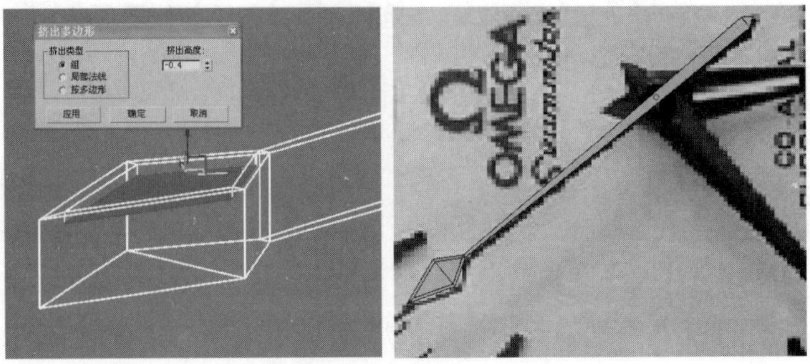

图5-246 【挤出多边形】对话框

32 制作分针。同样在顶视图制作一个长方体，调整位置，如图 5-247 所示。

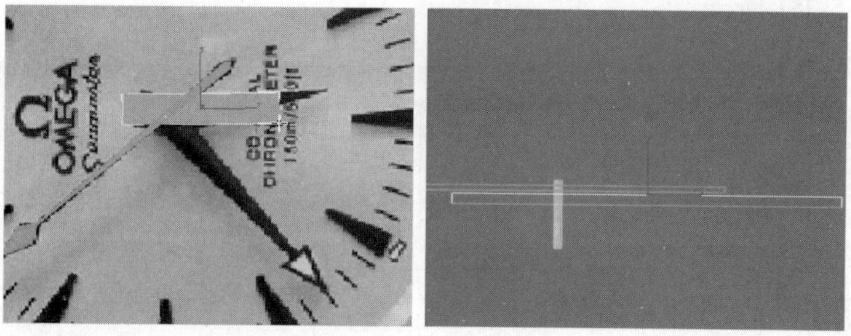

图5-247　绘制长方体

33 右键转换为可编辑多边形，配合【Alt+X】组合键将其以半透明的方式进行显示，进入点级别，调整长方体的形体与背景图片进行适配，结果如图 5-248 所示。

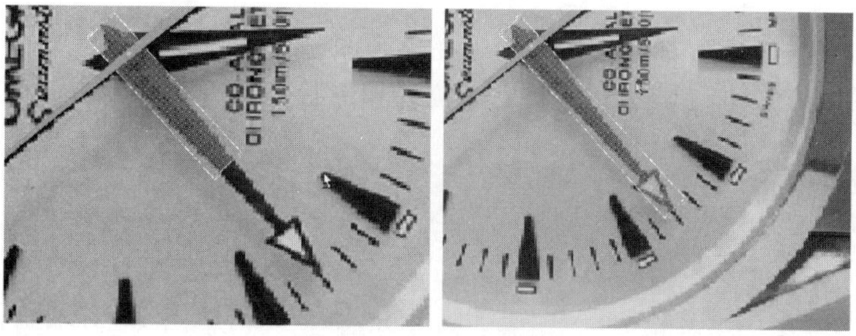

图5-248　调整长方体

34 配合【连接】命令，在长方体上加线，并利用上面的方法配合【塌陷】命令，制作分针的尖部，结果如图 5-249 所示。

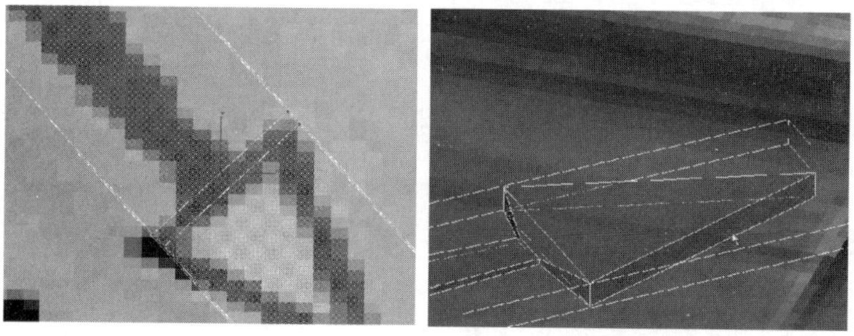

图5-249　塌陷顶点

35 调整形体，并在长方体的中间使用【连接】命令，如图 5-250 所示。

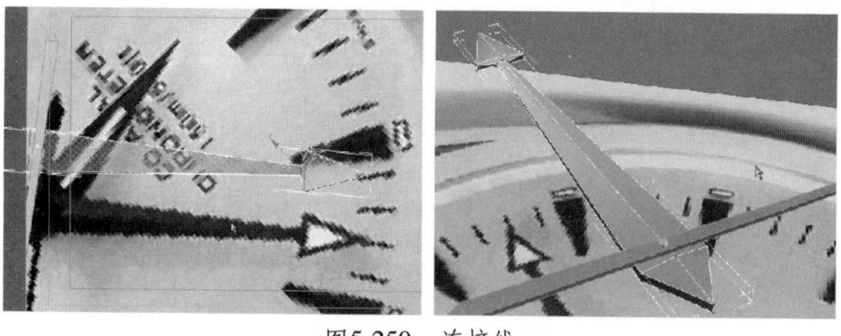

图5-250　连接线

36 选择分针表尖部分的多边形，利用上面的方法，配合【插入】和【挤出】命令制作表尖部分的凹槽，如图 5-251 所示。

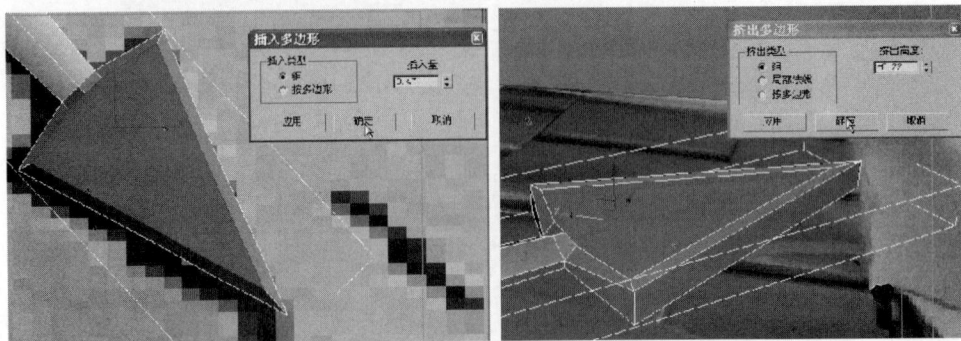

图5-251 制作凹槽部分

37 制作时针的方法与分针的方法类似，先在顶视图制作一个长方体，配合【Alt+X】组合键将其以半透明的方式进行显示，调整它的位置和形状与背景图片对齐，如图 5-252 所示。

图5-252 创建长方体并半透明显示

38 配合【连接】命令为长方体加线，如图 5-253 所示，并配合【塌陷】命令调整时针形状，最后结果如图 5-254 所示。

图5-253 创建长方体

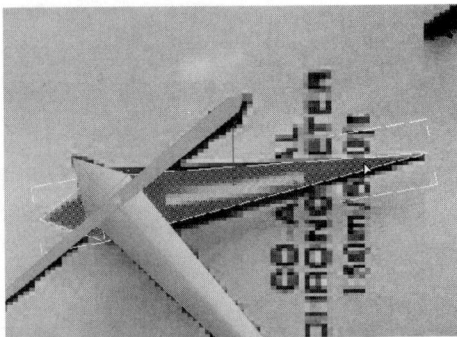

图5-254 调整时针形状

39 配合【连接】命令在时针白色的部分加线，利用【挤出】命令制作凹槽部分，结果如图 5-255 所示。

三
维
制
作
大
师

图5-255 制作时针凹槽部分

40 在前视图中调整三只表针的依次位置，最后三只表针制作完成，如图 5-256 所示。

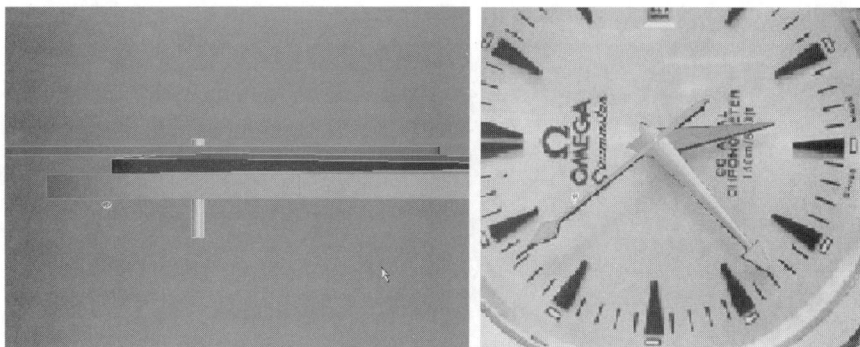

图5-256 调整表针位置

（5）制作旋钮部分

> **提 示** 使用放样工具制作手表的旋钮，并配合参数面板对放样物体进行调整。

41 制作手表右侧上发条的旋钮。进入创建控制面板的图形建立区域，单击【圆】按钮，在后视图中创建一个圆形，调节大小和位置，如图 5-257 所示。

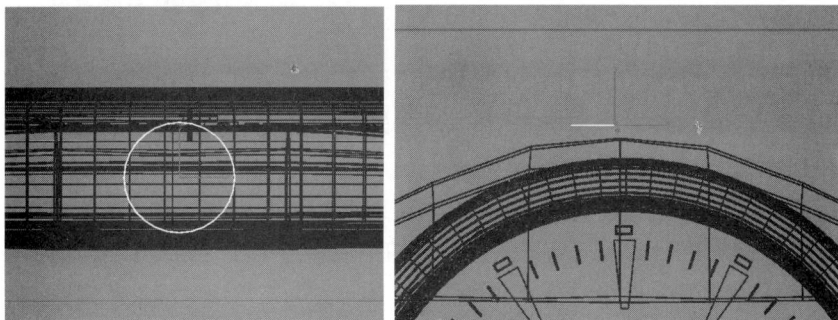

图5-257 绘制圆形物体

42 单击【星形】按钮，在后视图中创建一个星形，调节大小和位置，结果如图 5-258 所示。

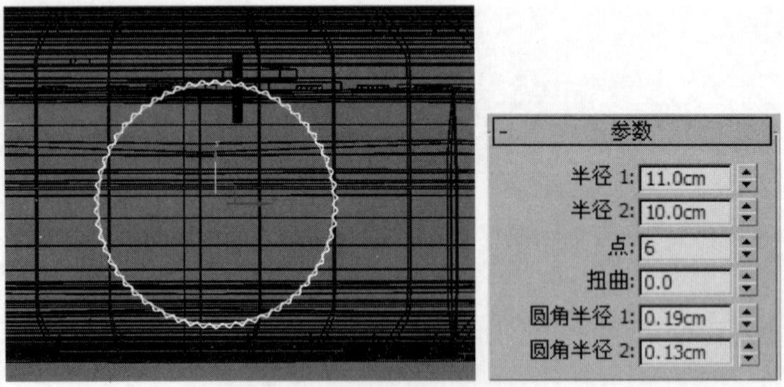

图 5-258 【参数】卷展栏

43 单击【线】按钮，在顶视图中创建一条直线，调节长度与背景图片的长度对齐即可，结果如图 5-259 所示。

图 5-259 绘制线

44 选中直线，进入创建控制面板的几何物体建立区域 ⭕，单击下拉列表中的复合对象菜单，单击【放样】命令，在【路径】选项中输入 10，单击【获取图形】按钮拾取圆形，如图 5-260 所示。效果如图 5-261 所示。

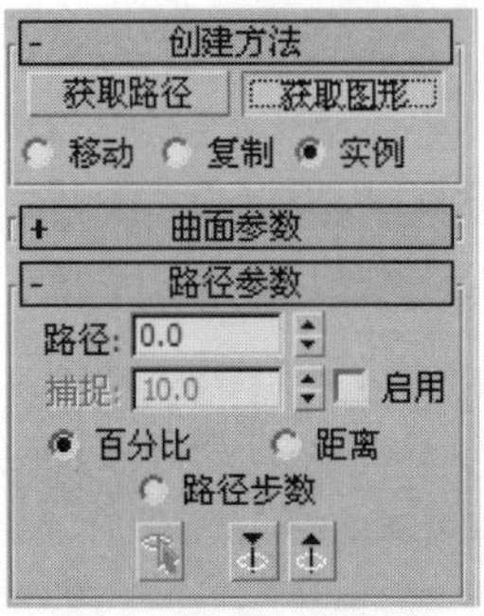

图 5-260 【创建方法】卷展栏

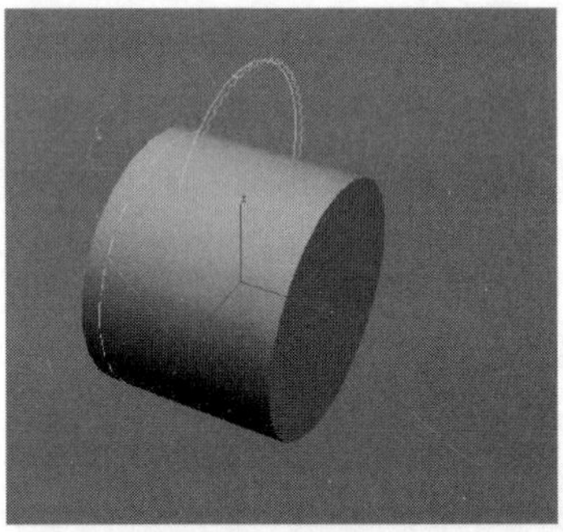

图 5-261 效果图

45 在【路径】选项中输入 20，单击【获取图形】按钮拾取星形，如图 5-262 所示。同样方法，在【路径】选项中输入 80，单击【获取图形】按钮拾取星形。在【路径】选项中输入 90，单击【获取图形】按钮拾取圆形，效果如图 5-263 所示。

46 选中放样体，配合【Alt+Q】组合键使物体以孤立的模式进行显示，如图 5-264 所示。在右边的多边形编辑面板中单击【变形】卷展栏下的 ▢缩放▢ 按钮，如图 5-265 所示。弹出【缩放变形】对话框如图 5-266 所示。

图5-262 拾取星形　　　　图5-263 继续拾取星形　　　　图5-264 孤立的模式显示

图5-265 单击【缩放】按钮　　　　　　　　图5-266 【缩放】对话框

47 在【缩放变形】对话框中配合 ✛ 和 ✕ 命令，调节缩放曲线，如图 5-267 所示。

图5-267 调节缩放曲线

最终的旋钮效果，如图 5-268 所示。

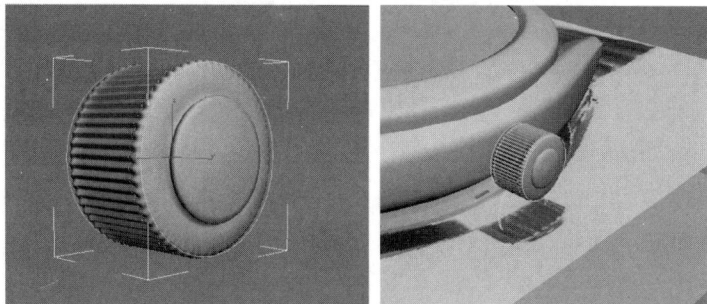

图5-268 旋钮部分制作完成

(6) 表链部分的制作

> **提示** 首先使用 FFD 修改器来改变基本几何体外形，同时使用镜像和克隆命令来制作表链部分。

49 制作表链部分。进入创建控制面板的几何物体建立区域，在扩展几何体下单击【切角长方体】按钮，在顶视图中创建一个切角长方体，如图 5-269 所示。

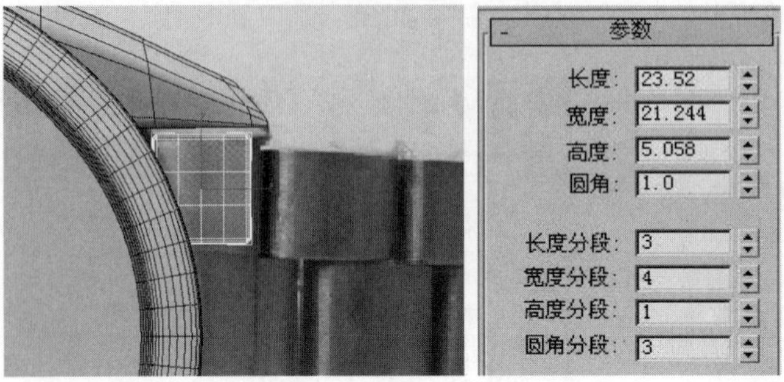

图5-269　绘制切角长方体

50 把切角长方体作为表链的一个组成单位，为其添加一个【FFD3×3×3】修改器，调整形体，结果如图 5-270 所示。

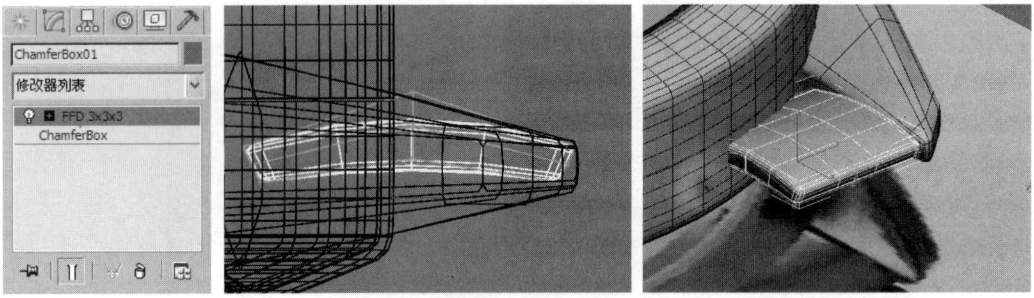

图5-270 【FFD3×3×3】修改器

51 对照背景图片，配合【Shift】键，复制出另一侧的模型，然后用同样的方法复制出中间比较宽的一块调整形体，如图 5-271 所示。

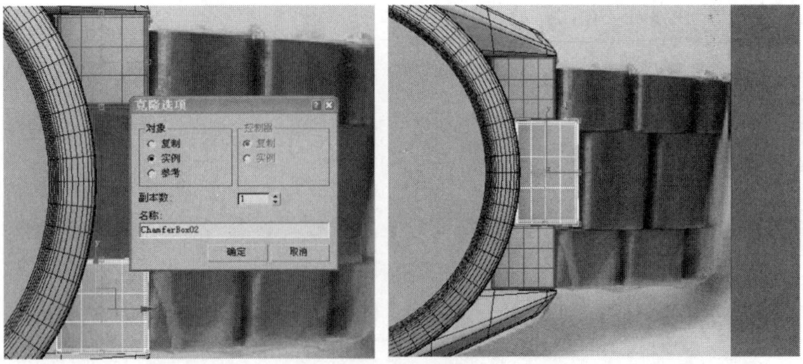

图5-271　复制图形

52 同时选择三块模型，配合【Shift】键连续复制10组，单击█镜像命令，复制出另一侧的表链，最终效果如图5-272所示。

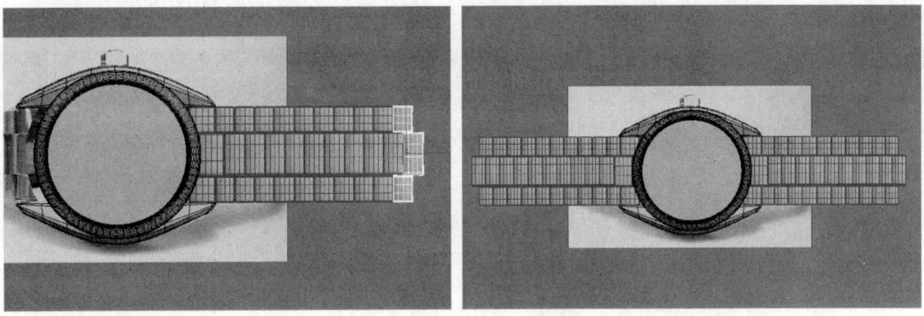

图5-272　复制表链

(7) 制作手表的附件

提示　　手表的附件主要是表盘上的文字部分。在制作时先把之前作的表盘显示并隐藏不用的模型，从背景图片上可以看到表盘右侧有一个显示时间的格。

53 进入创建控制面板的几何物体建立区域◯，建立一个长方体对象，如图5-273所示。

图5-273　绘制长方体

54 调整长方体的位置，选中圆柱体表盘，进入创建控制面板的几何物体建立区域◯，单击下拉列表中的复合对象菜单，单击【布尔】命令，然后按下 拾取操作对象B 拾取长方体，结果如图5-274所示。

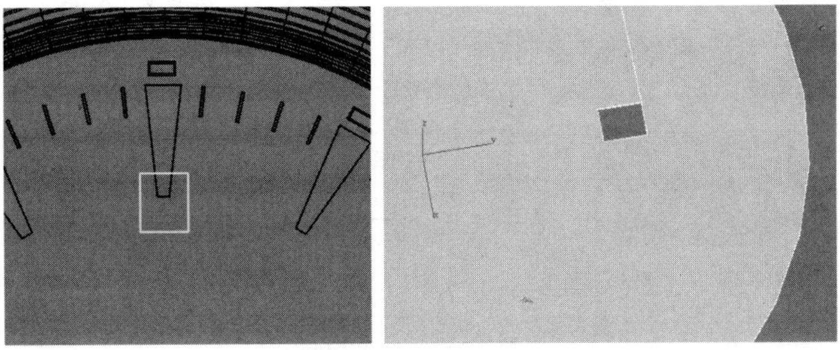

图5-274　布尔运算

55 制作日期文字。进入创建控制面板的图形建立区域 ⬚，单击【文本】按钮，在命令行中输入"15"，在顶视图中左键单击，出现"15"字样，如图 5-275 所示。

56 选中文字对象，在修改器列表中选择【挤出】修改器，参数设置如图 5-276 所示。

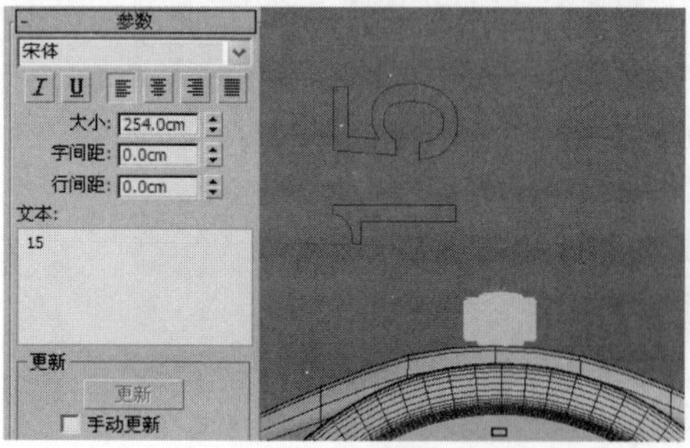

图5-275　创建文字 　　　　　　　　　　　图5-276　文字挤出操作

57 调整文字的位置，发现有一个分针的表格挡住了文字，选中表格物体，如图 5-277 所示。进入 ⬚ 级别，利用【快速切片】命令，横向切出一条线，如图 5-278 所示。

58 选中要删除的点，单击【移除】命令，如图 5-279 所示。结果如图 5-280 所示。

图5-277　遮挡物体 　　　　　　图5-278　快速切片 　　　　　　图5-279　移除点

59 利用上面的方法来制作表盘下方的文字。进入创建控制面板的图形建立区域 ⬚，单击【文本】按钮，在命令行中输入要写的文字。（具体的内容可根据不同手表来定，随便输入一些也可以。）先制作上面的表名，结果如图 5-281 所示。

图5-280　完成图 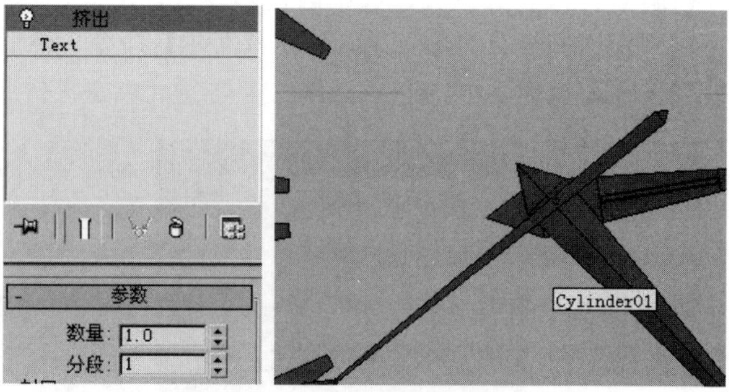　　　　　　　　　　　图5-281　创建文字

60 使用同样的方法制作下面的文字，结果如图 5-282 所示。

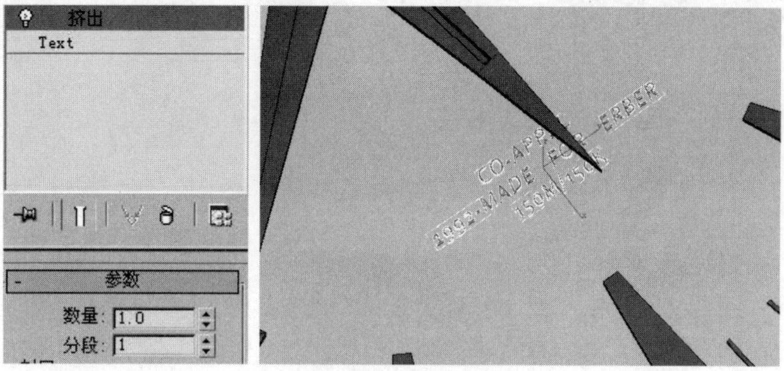

图5-282　创建文字

61 文字制作完成，调整它们的位置，整体效果如图 5-283 所示。

62 最后将所有制作过的模型都显示出来，赋予其一个统一的材质，整个手表的模型就制作完成了，最终效果如图 5-284 所示。

图5-283　调整文字位置 　　　　　　　图5-284　最终效果

5.5　本章小结

　　本章详细讲解了使用多边形建模方法创建工业模型的基本流程，以及多边形建模方法的一些常用的编辑技巧。在具体学习时，应该着重了解使用多边形建模方法创建模型的基本流程，以及布尔运算、放样等命令的操作。

5.6　习题

1. 问答题

（1）举例说明挤出命令操作？

（2）举例说明布尔运算操作？

（3）举例说明可编辑多边形各个物体级别的操作？

2. 上机题

（1）上机练习利用可编辑多边形命令制作耳机的耳廓部分。

（2）上机练习使用放样命令配合挤出命令制作煤油灯提手部分。

（3）上机练习利用车削命令制作耳机的插头部分。

第三部分

材 质 篇

第6章 灯光与摄像机

> 本章主要介绍3ds Max中灯光与摄像机的概念，以及使用技巧。

灯光与摄像机是 3ds Max 中十分重要的两个内容，照明在任何场景中都起着重要作用，好的光照环境可以成功营造场景的气氛。摄像机可以为场景设置观察角度，并可以使用多种特殊效果来增强作品的真实感。

6.1 灯光概述

要想深入了解 3ds Max 的照明技术，就必须先了解 3ds Max 中灯光的工作原理。在 3ds Max 中，为了提高渲染速度，灯光是不带有辐射性质的，这是因为带有光能传递的灯光的计算速度很慢。也就是说，3ds Max 中的灯光工作原理与自然界的灯光是有所不同的。如果要模拟自然界的光反射（如水面反光效果）、漫反射、辐射、光能传递、透光效果等特殊属性，就必须运用多种手段（不仅仅运用灯光手段，还可能是材质如光线追踪材质等）进行模拟，如图 6-1 所示为真实场景的模拟。

图6-1 真实场景的模拟

在 3ds Max 中有五种基本类型的灯光，分别是泛光灯、目标聚光灯、自由聚光灯、目标平行光、自由平行光。另外在创建面板中的系统下，还有日光照明系统，它其实是平行光的变种，一般用于制作室外建筑效果图时模拟日光。另外还有一种"环境光"在【渲染】/【环境】对话框中可以设置。环境光没有方向也没有光源，一般用来模拟光线的漫反射现象。环境光不宜亮度过大，否则会冲淡场景，造成对比度上不去而使场景黯然失色。有经验的设计师一般会先把环境灯光亮度值设为 0，在设置好其他灯光之后再做精细调整，往往能取得较好的照明效果。

在 3ds Max 中，灯光都具有衰减的属性，不过默认的情况下灯光是没有衰减的。为了更好地模拟现实（现实世界中的光线都是具有衰减性质的，即距离越远，亮度越小直到最终消失），通常需要手工打开灯光的衰减性质。一方面可以指定灯光的影响范围，另一方面创造出的灯光效果也非常具有现实感。对于泛光灯，衰减影响的只是照明的距离；而对与聚光灯或平行光来说，不仅可以指定灯光能照多远，还能指定光圈边缘的衰减效果，如图 6-2 所示为灯光的衰减效果。

图6-2 灯光的衰减

在 3ds Max 中，默认的灯光是不带有任何颜色的。通过改变灯光的颜色，可以模拟出各种照明效果。例如要模拟彩灯或模拟日出时的阳光，则要调整灯光的颜色。另外，灯光配合环境特效可以产生特殊的效果。例如配合环境中的体积光可以模拟舞台追光灯的效果，而泛光灯配合特效中的发光效果可以模拟普照大地的太阳。配合环境雾效甚至还可以做出灯光穿过大雾的投影特效。

在创建完成灯光后，单击修改面板 ，其中包含【名称和颜色】、【常规参数】、【强度 / 颜色 / 衰减】、【高级效果】、【阴影参数】、【大气和效果】等灯光的参数设置卷展栏，下面就对各个卷展栏进行详细讲解。

▶ 6.1.1 【名称和颜色】卷展栏

在该卷展栏中可以更改灯光的名称和颜色。当场景中的灯光较多时，通过更改这些参数可以有效地区分它们。例如，在场景中使用不同类型的灯光，可以使所有的聚光灯变为红色，所有的泛光灯变为蓝色，从而可以快速地选择灯光类型，如图 6-3 所示。

图6-3 【名称和颜色】卷展栏

▶ 6.1.2 【常规参数】卷展栏

该参数卷展栏是灯光的基本卷展栏，它主要用于控制灯光的使用或禁用，并在场景中控制灯光的照射等功能。

当启用了【灯光类型】中的【启用】复选框时，系统使用灯光着色和渲染以照亮场景；当用户禁用该复选框时，系统将关闭该灯光的照明效果。如果系统中仅有的灯光被禁用，则开启用默认光源照明。【常规参数】卷展栏如图 6-4 所示。其中：

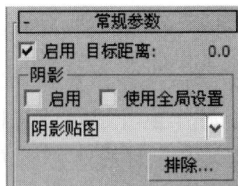

图6-4 【常规参数】卷展栏

- 【阴影】：主要控制物体在灯光的照射下是否产生阴影。
- 【启用】：如果启用了其中的【启用】复选框，则启用阴影的照射功能。
- 【使用全局设置】：启用该复选框可以使用该灯光投射阴影的全局设置。禁用此选项以启用阴影的单个控件。如果未启用，则必须选择渲染器使用哪种方法来生成特点灯光的阴影。

6.1.3 【强度/颜色/衰减】卷展栏

使用【强度/颜色/衰减】卷展栏可以设置灯光的颜色、强度以及定义灯光的衰减等，其参数卷展栏如图6-5所示。其中：

- 【倍增】微调框：控制灯光的强度，它的值越大，灯光的强度值就越高，被照面得到光线就越多。当该值为负数时会产生吸光的效果，单击其右键的颜色块可以调整光线的颜色。

- 【衰退】选项组：用于设置灯光在照射方向上的衰减变化，在【类型】下拉列表中共有3种衰减方式：无、倒数和倒数平方。

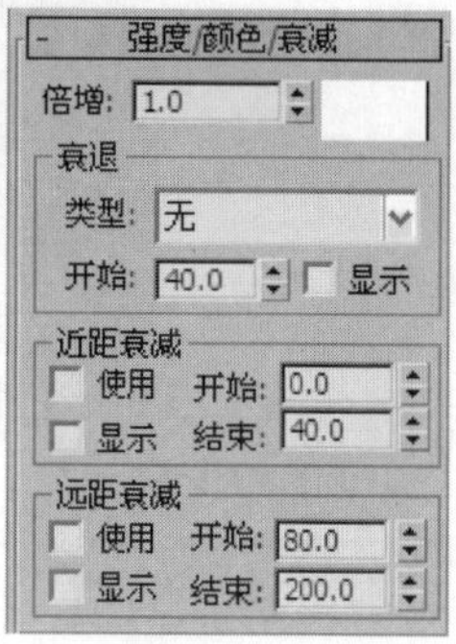

图6-5 【强度/颜色/衰减】卷展栏

此外，在其下面的【开始】选项区域中可以进行手动调整，设置两次衰减，即【近距衰减】和【远距衰减】，衰减的距离由【开始】和【结束】值来控制。

6.1.4 【高级效果】卷展栏

【高级效果】卷展栏提供影响灯光、曲面方式的控件，其中包括很多微调和投影灯的设置，可以通过选择要投射灯光的贴图，使灯光对象成为一个投影。【高级效果】卷展栏如图6-6所示。其中：

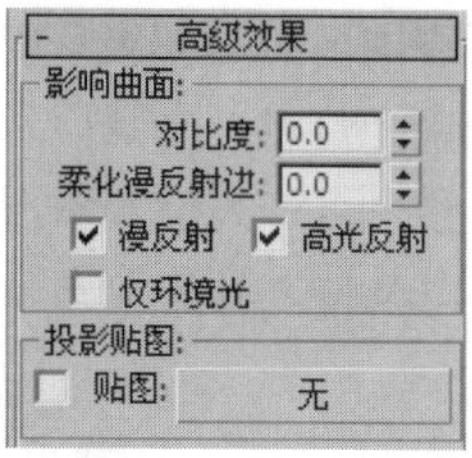

图6-6 【高级效果】卷展栏

- 【影响曲面】：该选项组中的参数用来控制灯光对物体表面的照射情况，其中【对比度】的值越大，物体表面的明暗分界线越明显。

- 【柔化漫反射边】：控制物体表面的漫反射情况，值越大整个场景的照明越柔和；启用【漫反射】、【高光反射】或者【仅环境光】复选框，可指定灯光只照亮物体的亮部、高光区或暗部。

- 【投影贴图】：它类似于一个不透明的贴图通道，用贴图的灰度值来影响灯光的照射范围，将白色视为完全透明，黑色视为完全不透明。此外，贴图的色彩也会影响灯光的颜色。这个功能常被用来模拟幻灯片效果和植物在墙壁、地面上的投影。

6.1.5 【阴影参数】卷展栏

【阴影参数】卷展栏主要用于处理灯光照射物体所产生的阴影。在【颜色】后面的颜色方框中可以对阴影的颜色进行调整，也可以使用贴图后面的贴图通道指定一张贴图或图片充当阴影，如图6-7所示。

6.1.6 【大气和效果】卷展栏

【大气和效果】卷展栏可以指定、删除、设置大气的参数与灯光相关的渲染效果。该卷展栏仅出现在修改面板上，它不在创建时间内出现，【大气和效果】卷展栏如图6-8所示。

193

三维制作大师

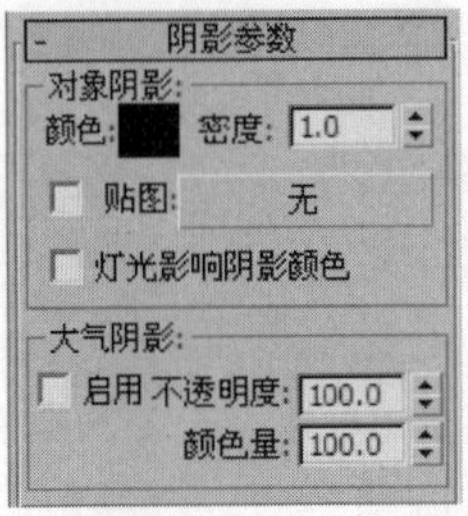

图6-7 【阴影参数】卷展栏 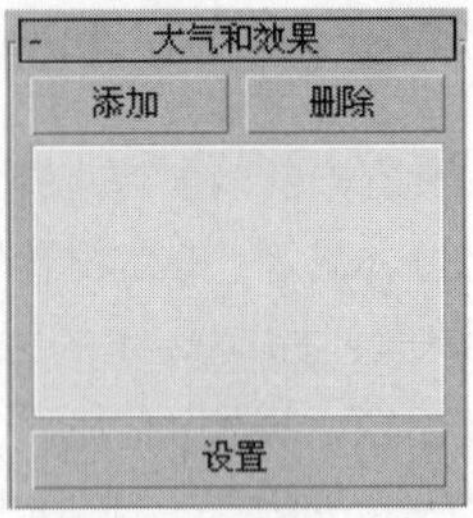　　　　图6-8 【大气和效果】卷展栏

6.2 标准灯光

标准灯光是 3ds Max 中最基本的灯光类型，是学习灯光必须掌握的基础。标准灯光虽然设置起来相对麻烦，但使用标准灯光布光有利于加深对光线分布的认识，提高布光的水平。

6.2.1 目标聚光灯

目标聚光灯是常用的一种灯光，之所以被称为"聚光灯"，是因为它的照射范围有【聚光区】和【衰减区】。【聚光区】内的照明强度最高，而在【衰减区】以外的对象将不受灯光的影响。目标聚光灯有一个可以移动的目标控制点，通过移动其位置牵引灯光的方向。目标控制点只是一个参考点，其位置不影响灯光的照射距离、强度以及衰减效果等。常用于建筑效果中的壁灯、射灯以及特效种的主光源，如图 6-9 所示。

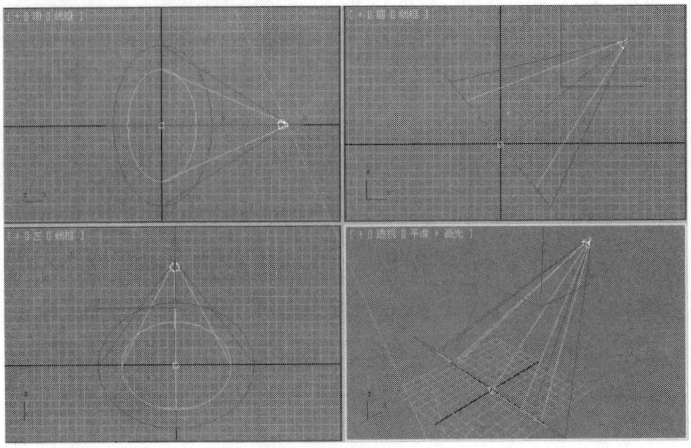

图6-9 目标聚光灯

当创建了一个目标聚光灯后，激活运动命令面板，可以发现该目标聚光灯被自动指定了【注视】动画控制器，目标聚光灯的目标对象作为默认的注视目标点。在运动命令面板中单击【拾取目标】按钮后，在场景中可以单击选择任意一个对象作为目标聚光灯的新注视目标点。

6.2.2 自由聚光灯

自由聚光灯的功能和目标聚光灯基本相同，也是发射同样的方向光锥，只是没有用于牵引的目标控制点，如果要改变方向就必须旋转整个自由聚光灯，如图 6-10 所示。

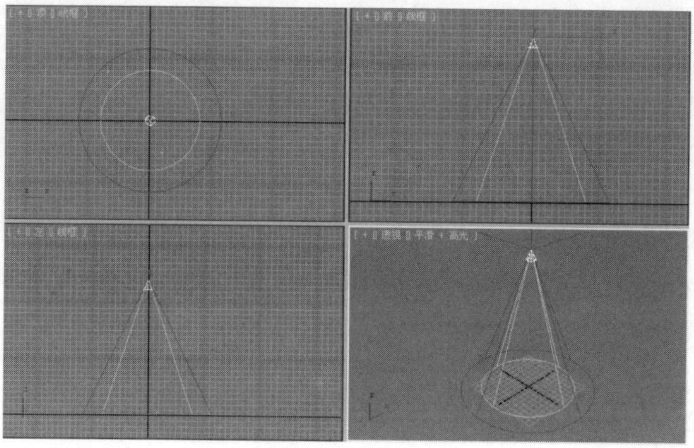

图6-10　自由聚光灯

▶ 6.2.3　平行光

平行光主要用来模拟太阳光，在视口中总显示为圆柱体。平行光也具有方向性和范围性，但平行光从光源点到照射目标始终保持平行，不产生发散的变化。通过观察可以看到平行光的线框为圆柱形或者立方体形状，在这一范围内的对象将受灯光照射，这一范围以外的对象将不受平行光影响。由于平行光方向全部平行，因此被照明物体不受自身位置的影响，形成的阴影角度完全一致，因为该特点，平行光常常用于模拟太阳光效果。

平行光由目标平行光和自由平行光两种类型组成。目标平行光的位置总是指向目标，可以使用【选择并移动】按钮在场景内移动。自由平行光可以旋转，以确定它指向的位置。

▶ 6.2.4　泛光灯

泛光灯提供给场景均匀的照明，这种光源没有方向性，由一个发射点向各个方向均匀地发射出灯光，类似于灯泡。因此，它的影响范围是球形的。常用于模拟电灯、蜡烛等效果。

泛光灯照射的区域比较大，参数也比较易于调整，而且改进后的泛光灯也可以投射阴影和控制衰减范围。泛光灯投射的阴影呈中心发射状，等同于六盏聚光灯从一个中心向外照射所投射的阴影效果。由于这种灯是针对全部场景的均匀照射光源，如果在场景中建立太多的泛光灯就会使整个场景平淡没有层次。

▶ 6.2.5　天光

天光可以作为场景的主光源，主要用来模拟日光系统。它不是一盏实际的灯光，它更像一个灯光集合，能够从各个角度对物体进行照明。天光因为能够得到真实的天空漫反射光线和柔和的阴影效果，因为被广泛应用于室外环境制作。

▶ 6.3　光度学灯光

光度学灯光是一种基于物理计算的灯光，使用光度学值可以更加精确地定义灯光。光度学灯光不同于标准灯光的地方在于：光度学灯光在照射时能产生两种光，即直接光和间接光。当一个物体被周围的光源照亮时，这个光源就是直接光。直接光照射到物体上后，一部分被物体吸收，其余部分则被反射或者折射出去，被反射或折射的部分光叫做间接光。间接光将影响物体周围的环境，正是这部分灯光使得整个场景具有真实的感觉。

如果选择灯光菜单或者在创建面板中选择灯光类别，则会注意到一个称为光度学的子类别。光度学灯光是基于光度值的，光度值即光能量的值。这个子类别中的灯光包括：目标灯光和自由灯光以及 mr Sky 门户。

通常情况下，目标点光源和自由点光源是常用的灯光，常用于全局照明。目标线光源和自由线光源在室内效果图中可以用来制作发光灯槽的线性灯光。目标面光源和自由面光源可以用来模拟区域的灯光照明。IES 太阳光和 IES 天光常用于室外效果图的照明。

6.4　灯光实例

在详细了解灯光的基本参数及设置后，本节将通过 4 个典型实例，来更深入地了解灯光的创建方法、衰减方式及补光技巧等。

6.4.1　三点照明典型实例

三点照明，又称为区域照明，一般用于较小范围的场景照明。如果场景很大，可以把它拆分成若干个较小的区域进行布光。一般有三盏灯即可，分别为主体光、辅助光与背景光。

主体光：通常用它来照亮场景中的主要对象与其周围区域，并且担任给主体对象投影的功能。主要的明暗关系由主体光决定，包括投影的方向。主体光的任务根据需要也可以用几盏灯光来共同完成。如主光灯在 16°～30° 的位置上，称顺光；在 46°～90° 的位置上，称为侧光；在 90°～120° 的位置上成为侧逆光。主体光常用聚光灯来完成。

辅助光：又称为补光。常用一个聚光灯照射扇形反射面，以形成一种均匀的、非直射性的柔和光源，用它来填充阴影区以及被主体光遗漏的场景区域、调和明暗区域之间的反差，同时能形成景深与层次，而且这种广泛均匀布光的特性使它为场景打一层底色，定义了场景的基调。由于要达到柔和照明的效果，通常辅助光的亮度只有主体光的 60%～80%。

背景光：它的作用是增加背景的亮度，从而衬托主体，并使主体对象与背景相分离。一般使用泛光灯时，亮度宜暗不可太亮。

布光的顺序是：

（1）先定主体光的位置与强度；

（2）决定辅助光的强度与角度；

（3）分配背景光与装饰光。这样产生的布光效果就能达到主次分明，互相补充。

三点照明

◯ 所用素材：光盘＼素材＼第 6 章＼三点照明初始
◯ 最终效果：光盘＼素材＼第 6 章＼三点照明完成

📝 操作步骤

01 打开场景文件，如图 6-11 所示。首先进行主体光的设置 。单击创建面板 ▦ / 灯光 ◿ / 目标聚光灯，调整目标聚光灯位置，如图 6-12 所示。

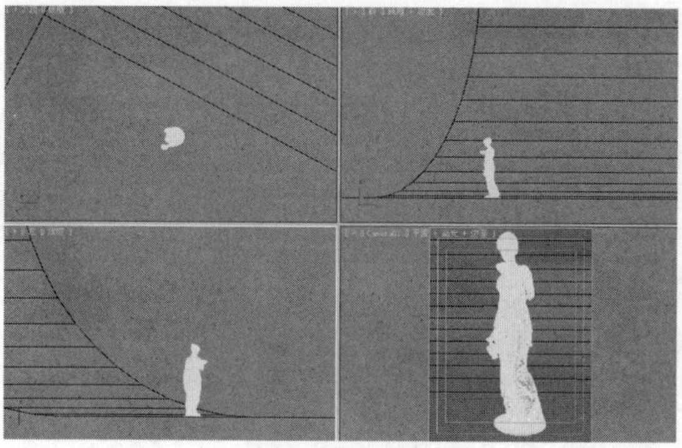

图6-11 场景文件

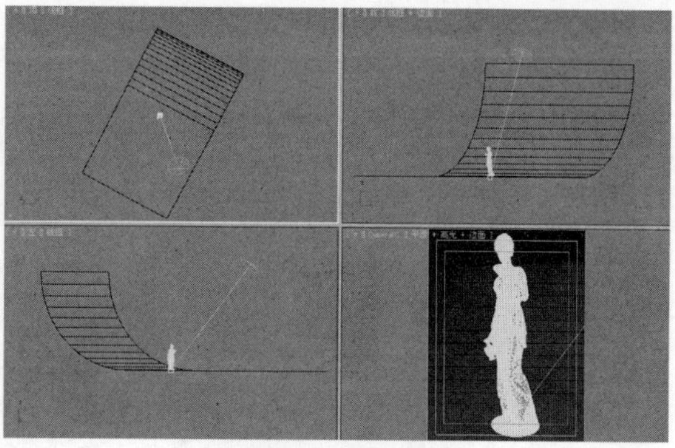

图6-12 创建灯光

02 选择目标聚光灯，单击修改面板 ，勾选开启阴影，设置阴影类型为【区域阴影】。设置灯光颜色为RGB（228、228、255），设置【倍增】值为1.5，衰减类型为【平方反比】，勾选【远距衰减】，设置【开始】为20，【结束】为35。单击【聚光灯参数】卷展栏，设置【聚光区/光束】为100，【衰减区/区域】为140。打开【区域阴影】卷展栏，设置阴影类型为【长方形灯光】，【阴影完整性】为4，【阴影质量】为6，如图6-13所示。

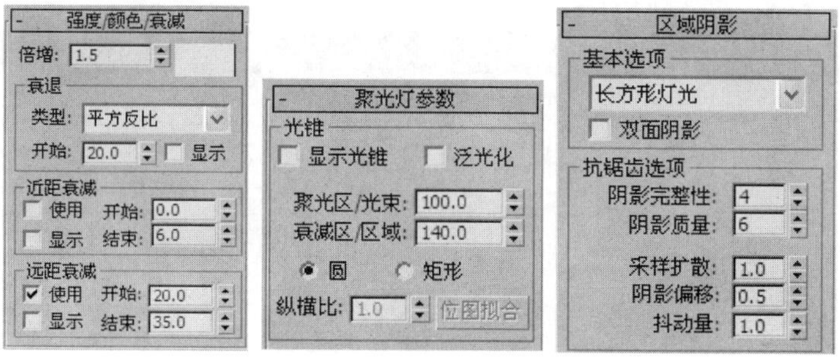

图6-13 灯光及阴影设置

03 测试渲染效果，如图6-14所示。现在为场景添加辅助光。单击创建面板 /灯光 /目标聚光灯，调整目标聚光灯位置，如图6-15所示。

图6-14 渲染效果

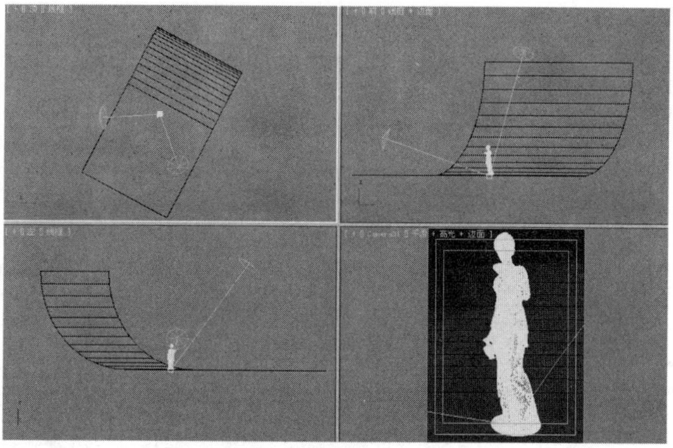

图6-15 创建辅助光

04 选择目标聚光灯，单击修改面板 ，勾选开启阴影，设置阴影类型为【区域阴影】。设置灯光颜色为RGB（255、230、208），设置【倍增】值为0.5，衰减类型为【倒数】，勾选【远距衰减】，设置【开始】为 20,【结束】为 28。单击【聚光灯参数】卷展栏,设置【聚光区 / 光束】为 100,【衰减区 / 区域】为 140。打开【区域阴影】卷展栏,设置阴影类型为【长方形灯光】,【阴影完整性】为 2,【阴影质量】为 3,如图 6-16 所示。

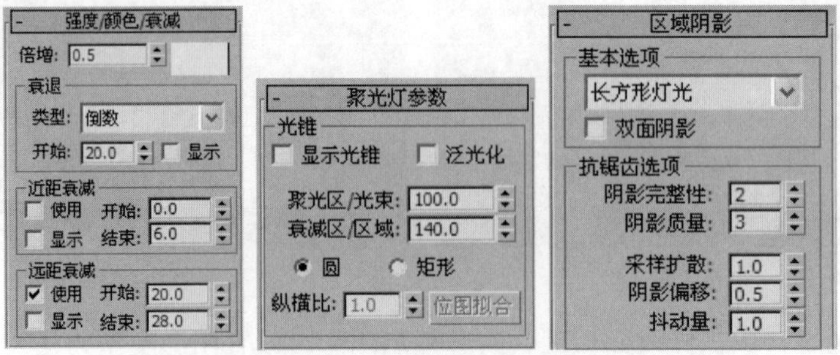

图6-16 灯光及阴影设置

05 由于当前灯光作为雕塑物体的辅助光,所以需要对地面物体排除。单击修改面板 ，单击【常规参数】卷展栏,单击【排除】按钮,在【排除 / 包含】对话框中,排除地面物体,如图 6-17 所示。

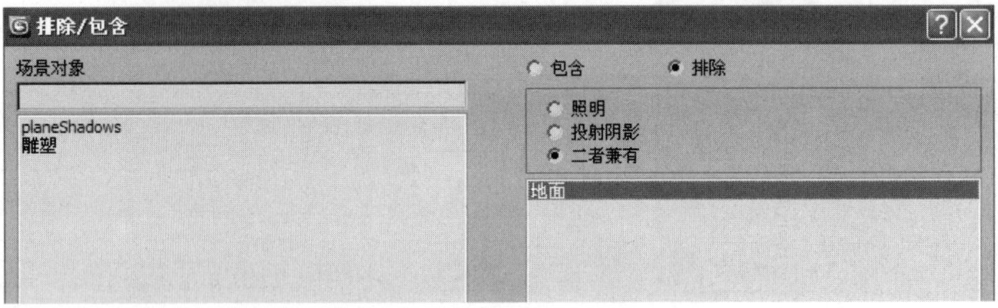

图6-17 【排除/包括】对话框

06 为场景添加背景光。单击创建面板 / 灯光 /泛光灯,调整泛光灯位置,如图 6-18 所示。选择泛光灯,单击修改面板 ，设置灯光颜色为 RGB (255、255、255),设置【倍增】值为 0.5,勾选【远距衰减】中的【使用】选项,设置【开始】为 2,【结束】为 3.5,如图 6-19 所示。这里的泛光灯只是作为补光,所以灯光倍增值不需要设置很大。

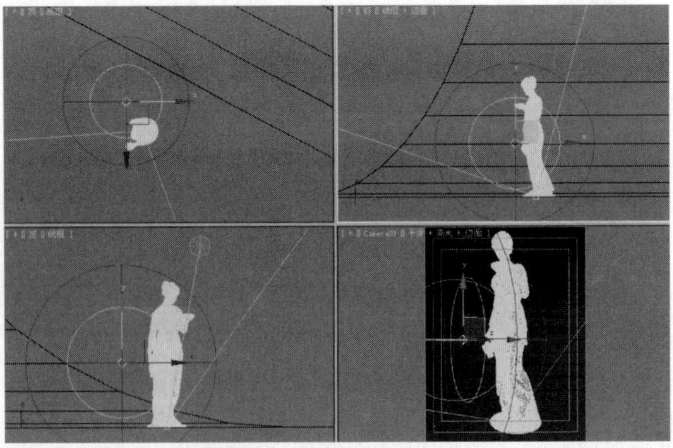

图6-18 创建背景光

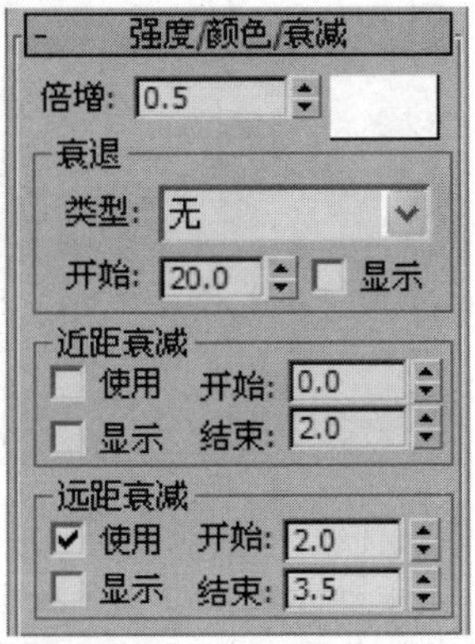

图6-19 设置灯光倍增

07 由于当前灯光作为雕塑物体的辅助光，所以需要对地面物体排除。单击修改面板，单击【常规参数】卷展栏，单击【排除】按钮，在【排除/包含】对话框中，排除地面物体，如图6-20所示。

图6-20 【排除/包括】对话框

08 为场景添加补光。单击创建面板 / 灯光 / 泛光灯，调整泛光灯位置，如图6-21所示。选择泛光灯，单击修改面板，设置灯光颜色为RGB（255、255、255），设置【倍增】值为0.3，勾选【远距衰减】中的【使用】选项，设置【开始】为2，【结束】为4.5，如图6-22所示。

图6-21 创建背景光

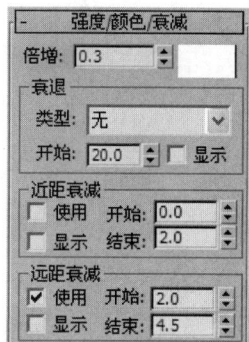

图6-22 设置灯光倍增

09 单击修改面板，单击【常规参数】/【排除】按钮，在【排除/包含】对话框中，排除地面物体，如图6-23所示。

图6-23 【排除/包含】对话框

10 测试渲染效果，如图6-24所示。最后为雕塑物体正前方补光。单击创建面板 / 灯光 / 泛光灯，调整泛光灯位置，如图6-25所示。

三维制作大师

图6-24 渲染效果

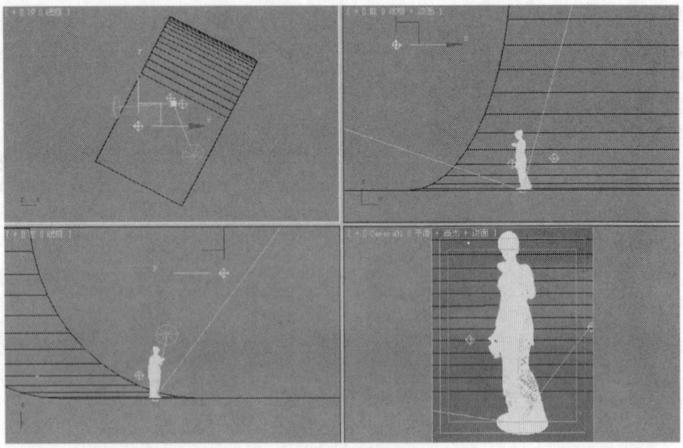

图6-25 创建补光

11 单击修改面板 ，设置灯光颜色为 RGB（255、255、255），设置【倍增】值为 0.8，如图 6-26 所示。单击【F10】键打开渲染面板，单击【公用参数】面板，设置渲染【宽度】为 375，【高度】为 500，如图 6-27 所示。

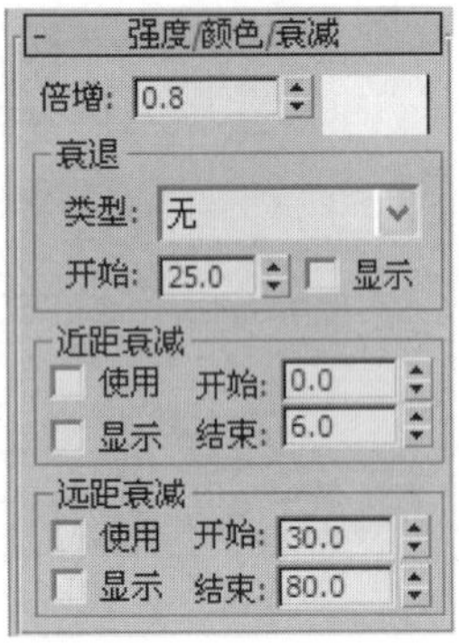

图6-26 设置灯光倍增

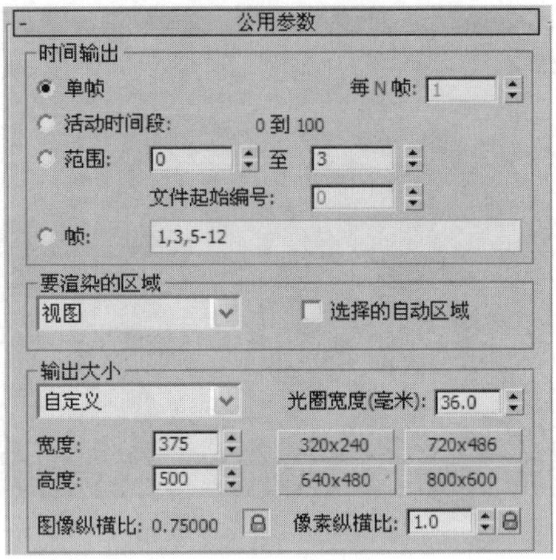

图6-27 渲染设置

最终渲染效果如图 6-28 所示。

图6-28 最终效果

6.4.2 全局光照实例

全局光照系统使用了一种光线跟踪技术来对场景内的光照点进行采样计算，获得环境反光的数值，从而模拟更逼真的真实环境光照效果。这种全局光照系统虽然不能完全达到物理光度学数值上的准确无误，但其创建的渲染输出结果与现实已经十分接近了，而且使用光线跟踪时不用进行太多的参数设置和调整。

光线跟踪的功能是基于采样点的，在图像中依据有规则的间距进行采样，并在物体的边缘和高对比度区域进行子采样（进一步采样）。对每一个采样点都有一定数量的随机光线透射出来对环境进行检测，得到的平均光加到采样点，这是一个统计过程，如果设置太低则采样点之间的变化量是可以看到的。

全局照明

🔸 所用素材：光盘\素材\第6章\天光照明初始

🔸 最终效果：光盘\素材\第6章\天光照明完成

最终渲染效果如图6-29所示。

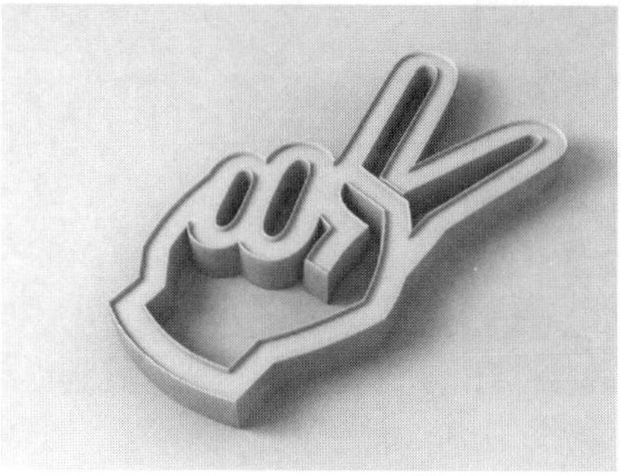

图6-29　最终效果图

✍ 操作步骤

01 打开场景文件，如图6-30所示。单击创建面板 ❋ / 灯光 ◁ / 目标聚光灯，调整目标聚光灯位置，如图6-31所示。

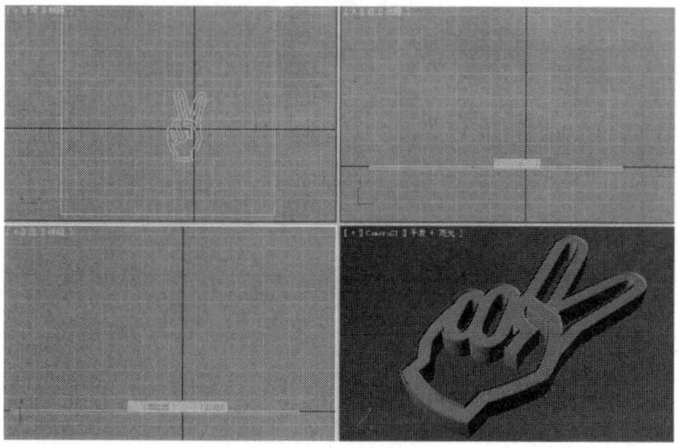

图6-30　场景文件

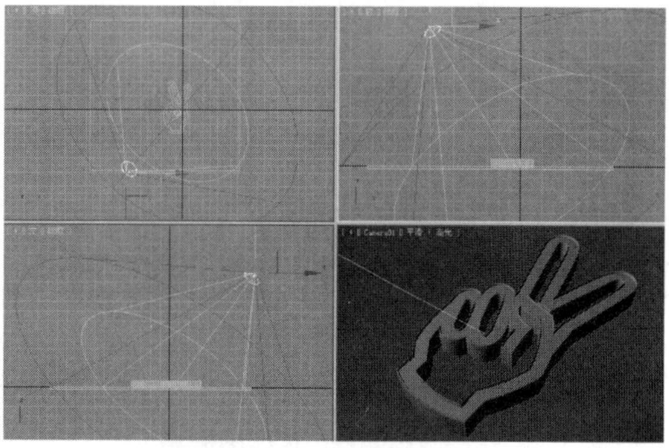

图6-31　创建目标聚光灯

02 选择目标聚光灯，单击修改面板 ✐，勾选开启阴影，设置阴影类型为【区域阴影】。设置灯光颜色为RGB（225、228、155），设置【倍增】值为1，衰减类型为【无】。单击【聚光灯参数】

卷展栏，设置【聚光区／光束】为 70，【衰减区／区域】为 100。打开【区域阴影】卷展栏，设置阴影类型为【长方形灯光】，【阴影完整性】为 2，【阴影质量】为 5，如图 6-32 所示。

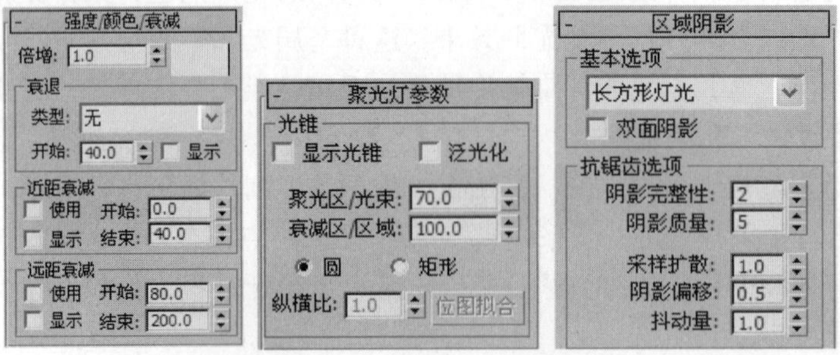

图6-32　灯光参数及阴影设置

03 测试渲染，如图 6-33 所示。单击创建面板　／灯光　／天光，调整天光位置，如图 6-34 所示。

图6-33　渲染效果

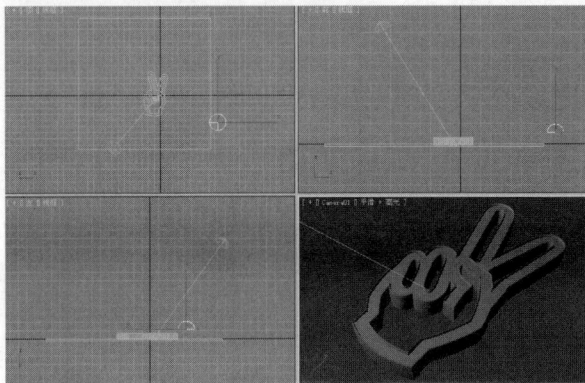

图6-34　创建天光

04 选择天光，单击天光参数面板　，设置灯光颜色为 RGB（225、228、155），设置【倍增】值为 1，如图 6-35 所示，最终渲染效果如图 6-36 所示。

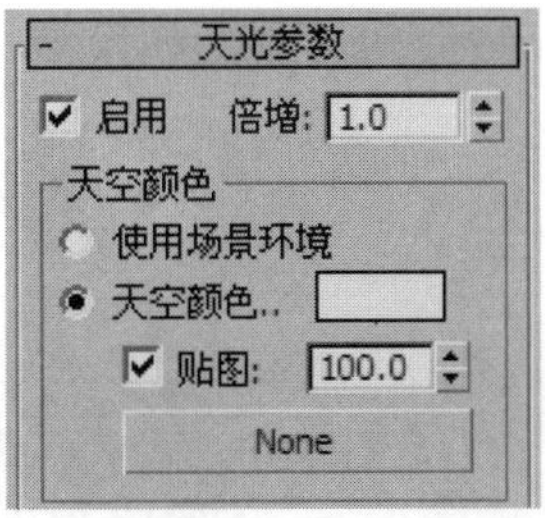

图6-35　设置天光参数

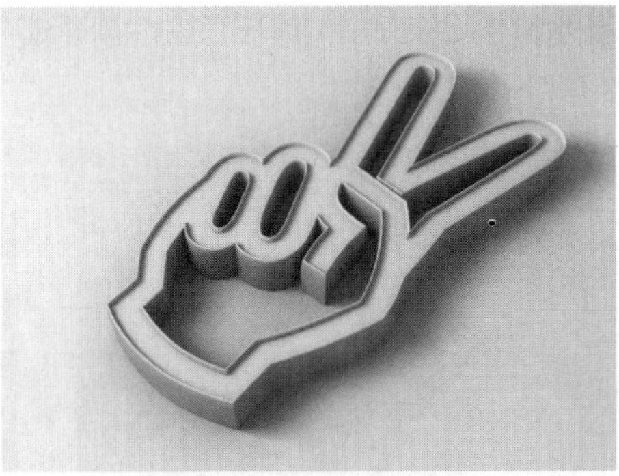

图6-36　渲染效果

▶ 6.4.3　自然光效下的雕塑

　　材质、灯光和环境这三者是相辅相成，密不可分的，好的灯光和环境可以让材质很好地表现，而必要的渲染技术又会使这三者更加出色。

自然光照明

所用素材：光盘\素材\第6章\自然光照明初始

最终效果：光盘\素材\第6章\自然光照明完成

最终渲染效果如图 6-37 所示。

图6-37　最终效果图

操作步骤

01 在场景中建立一个高大窗户的角落和一个雕塑，如图 6-38 所示。在场景中创建一盏【目标聚光灯】，主光源的 XYZ 位置为（-60、230、480），主光源目标的 XYZ 位置为（-8、-60、30）。主光源位置如图 6-39 所示。

图6-38　场景文件

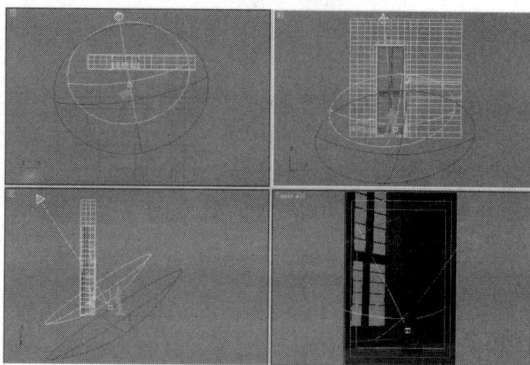

图6-39　创建主光源

02 打开投影开关，使其能够产生投影。将主光源的灯光颜色设置为橙红色 RGB（252、123、8），将灯光倍增设置为 2.0（可以改变灯光的照射范围，这个可以随意一些，能覆盖窗户即可）。激活【远距衰减】，将【开始】设置为 520，【终止】设置为 662。让灯光从窗口处开始衰减，模拟真正的光照效果。设置【阴影贴图参数】，降低【偏移】使影子偏移量最少，提高【大小】为 1204。使灯光投影更精确（这个数值通常设置为 2 的 n 次方），提高【取样范围】使投影模糊，太生硬的影子会降低真实感。具体设置参数如图 6-40 所示。渲染效果如图 6-41 所示。

03 在场景中只建立一盏主光源是不够的，所以应该加一盏或几盏辅助灯光源来补充光，增加场景亮度，因此创建另外一盏目标聚光灯。辅助光的位置为（-44、26、260），辅助光目标的位

三维制作大师

置为（-8、-66、32）。灯光颜色设置为橙色 RGB（255、162、42），具体参数及效果如图 6-42 所示，渲染效果如图 6-43 所示。

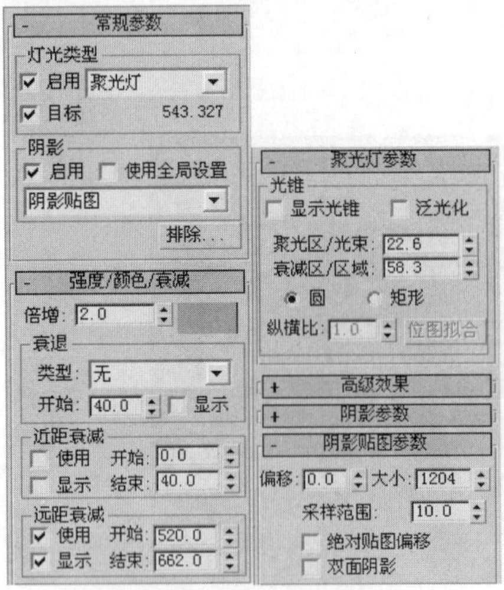

图6-40　灯光参数设置

图6-41　渲染效果

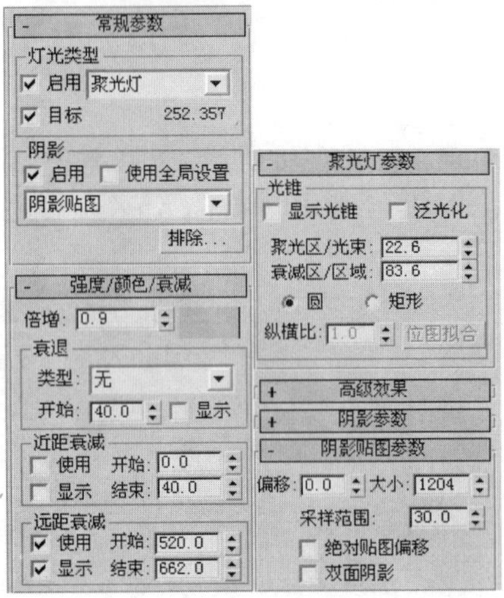

三维制作大师

图6-42　灯光参数设置

图6-43　渲染效果

04 为场景制作材质。打开材质编辑器，选择一个空白的材质球，命名为"墙壁"。将【高光度】数值设置为 16，【光泽度】设置为 40。将位图的平铺次数改为 4，垂直平铺次数改为 6，将漫反射贴图通道复制到凹凸贴图通道上，完成墙壁材质的编辑，如图 6-44 所示。

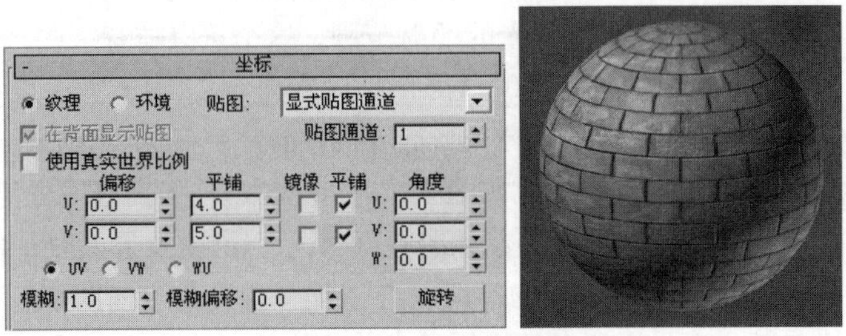

图6-44　墙壁材质设置

05 选择一个新的材质球，命名为"石阶"。将【高光度】数值设置为16，【光泽度】设置为40。将位图的平铺次数改为3，垂直平铺次数改为3，把漫反射贴图通道复制到凹凸贴图通道上，完成石阶材质的编辑，如图 6-45 所示。

图6-45 石阶材质设置

06 继续给一个新材质球添加材质，命名为"地面"，并指定给物体地面。适当施加些高光，【平铺】次数均为3，并赋予给凹凸贴图通道，如图 6-46 所示。

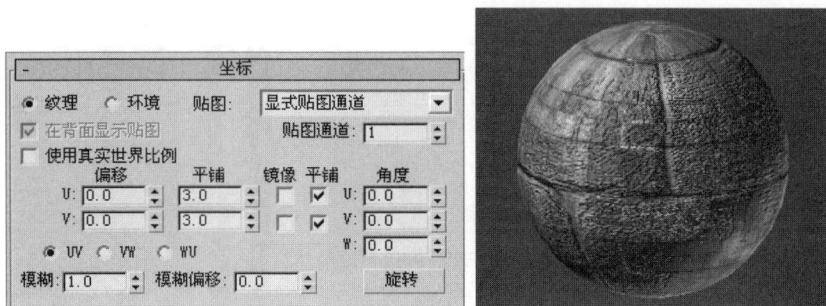

图6-46 地面材质设置

07 选择空白的材质球，命名为"窗"，然后指定给场景中的四组窗，如图 6-47 所示。

图6-47 窗材质设置

08 透过窗户可以看到外面的天空，可以使用天空的贴图作为环境贴图，但对于这个场景并不需要这么做，可以使用更简单的方法来模拟天空。这个场景中的天空实际上是窗外的一个自发光光板。把它设置为不能产生投影，也不能接受投影，这样它就不会对灯光造成影响了。将一个新材质球命名为"光板"，【漫反射】改为白色，在【自发光】中将【颜色】选项设置为100即可，如图 6-48 所示。渲染效果如图 6-49 所示。

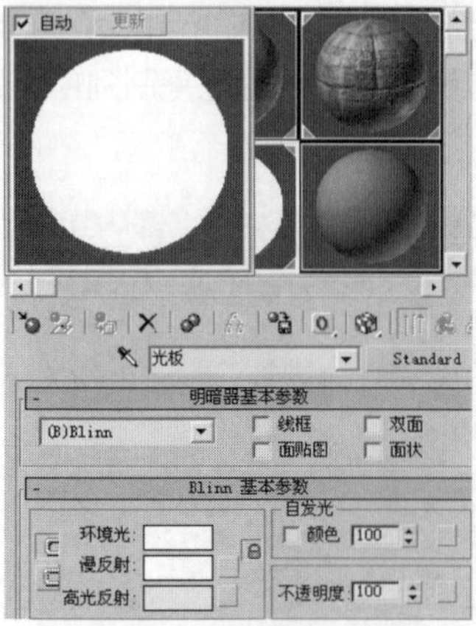

图6-48 反光板材质设置

图6-49 渲染效果

09 环境光作为补充光是必不可少的，它可以填补场景中因为没有光源照射的"空白"，避免了过多的黑色。创建另外一盏【目标聚光灯】，充当环境光。补充光源的坐标为（−30、−230、280），补充光源目标的坐标为（255、255、255），具体参数如图 6-50 所示。渲染效果如图 6-51 所示。

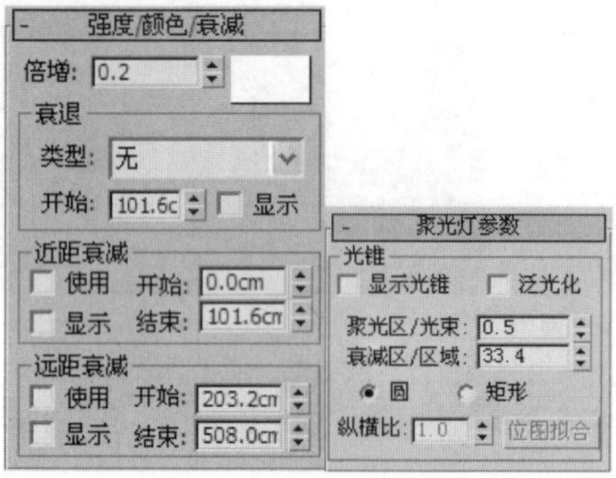

图6-50 灯光参数设置

图6-51 渲染效果

10 创建一盏【目标平行光】，平行光光源坐标为（−86、286、346），平行光光源目标坐标为（−16、−66、−130），具体参数如图 6-52 所示。渲染效果如图 6-53 所示。

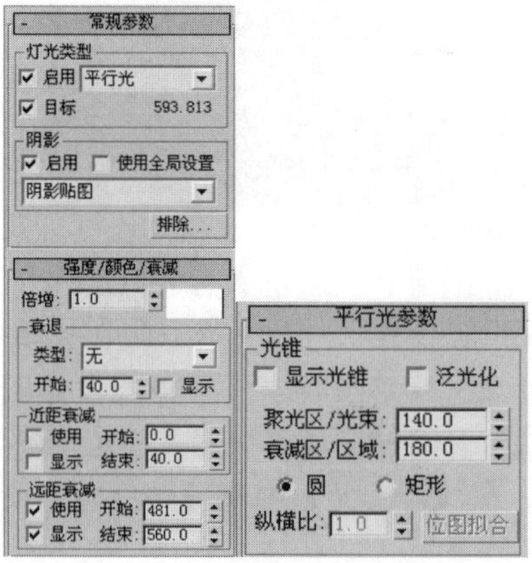

图6-52 灯光参数设置

图6-53 渲染效果

11 在【渲染】菜单中单击【环境】，打开【环境与效果】对话框。单击【添加】按钮，从【添加大气特效】对话框中选择【体积光】，在【体积光参数】栏中的【灯光】组中，单击【拾取灯光】按钮，拾取"体积光源"作为体积光的光源。改变体积光的【雾颜色】为橙色RGB（266、130、18），设置【密度】为6，激活【噪波】选项，将【数量】提高到0.45，并把噪声类型设置为【分形】，具体参数设置及效果如图6-54所示。

12 下面为人像赋予材质。选择一个新的材质球，命名为"雕像"。在【基本明暗参数】卷展栏中选择【金属】明暗模式。把【高光级别】设置为82，【光泽度】设置为64，如图6-55所示。使用【噪波】贴图作为漫反射贴图，【前】颜色RGB为（182、132、0），【侧】颜色（35、8、0）。噪波【大小】为2，噪波类型为【规则】，如图6-56所示。

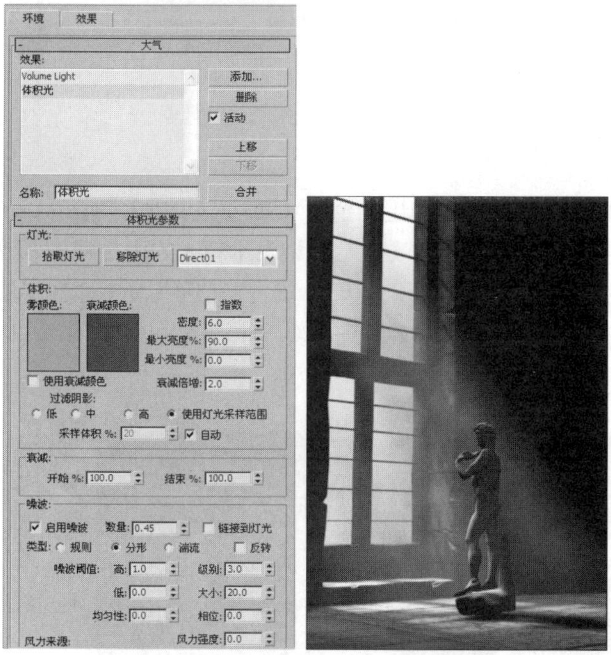

图6-54 特效参数设置及渲染效果

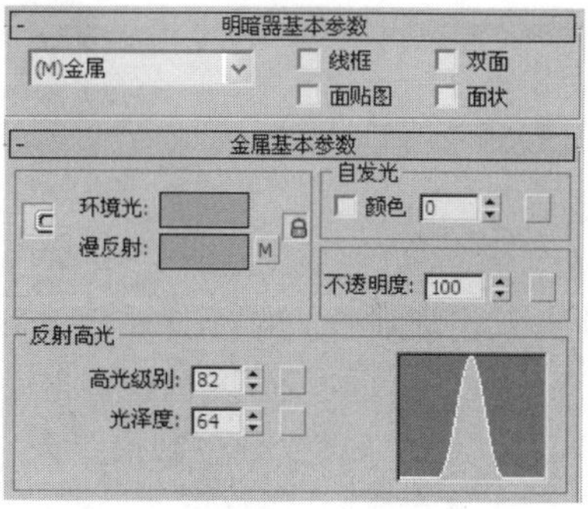

图6-55 【金属基本参数】卷展栏

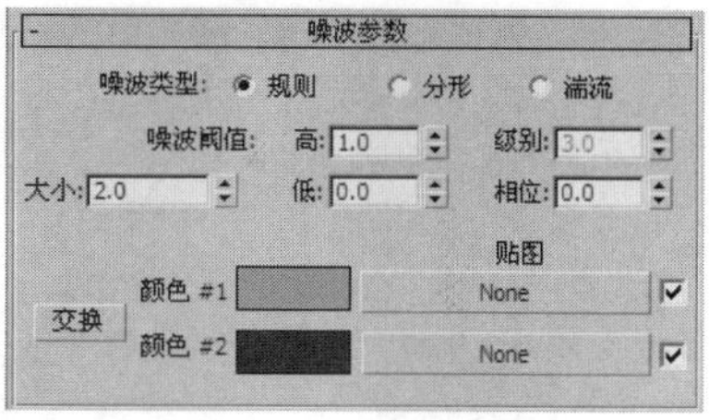

图6-56 噪波参数设置

13 为【反射】通道制定【光线跟踪】贴图类型，保持默认设置。选择场景中的光板，将其复制一份，适当的改变大小并摆放在人像的后面，作为补充的反射源，如图6-57所示。渲染效果如图6-58所示。

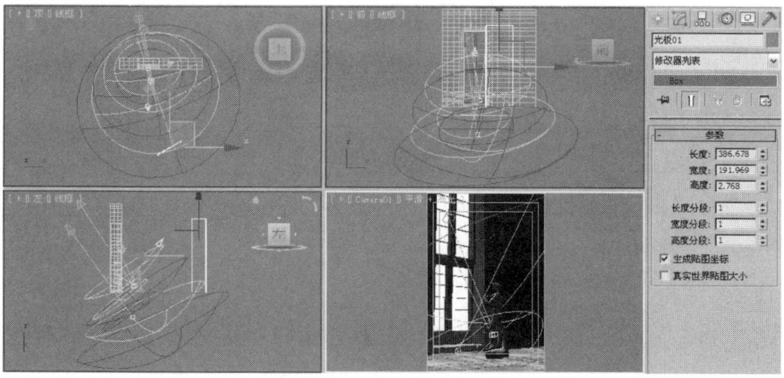

图6-57 复制反光板

图6-58 渲染效果

三维制作大师

14 为了烘托气氛要善于使用后期处理这种简单却有效的方法来为作品增色，选择 Video Post 进行后期处理。选择【渲染】，从弹出的菜单中选择【Video Pos】，打开 Video Post 窗口，单击 【添加场景事件】按钮，为 Video Post 添加 Camera01。然后单击 Video Post 窗口的空白处，单击 (添加图像滤镜事件)，增加一个【Lens Effects Glow】事件，如图 6-59 所示。

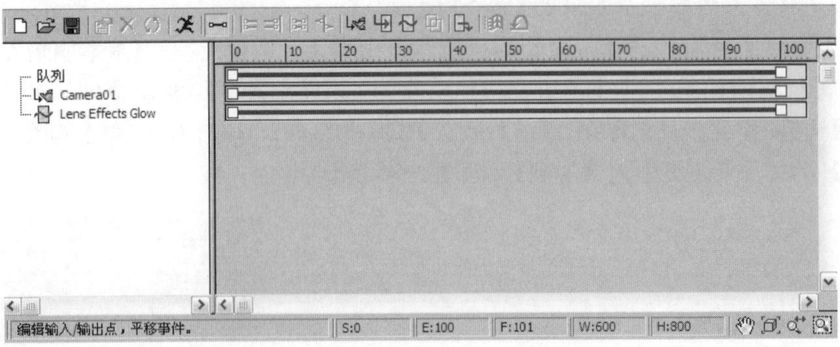

图6-59 【Video Pos】对话框

15 双击刚刚添加的【Lens Effects Glow】事件，然后在弹出的窗口中单击【设置】，打开 Lens Effects Glow 的设置窗口，首先设置【参数设置】项目，【效果大小】表示辉光的大小程度，这里设置为6，【辉光颜色】设置为自定义的橙红色RGB（232、105、23）。然后在【属性】标签中勾选【全部】，让整个图像产生辉光。勾选【亮度】，提高值到120，让场景中亮度在120以上的像素产生辉光。如图 6-60 所示。

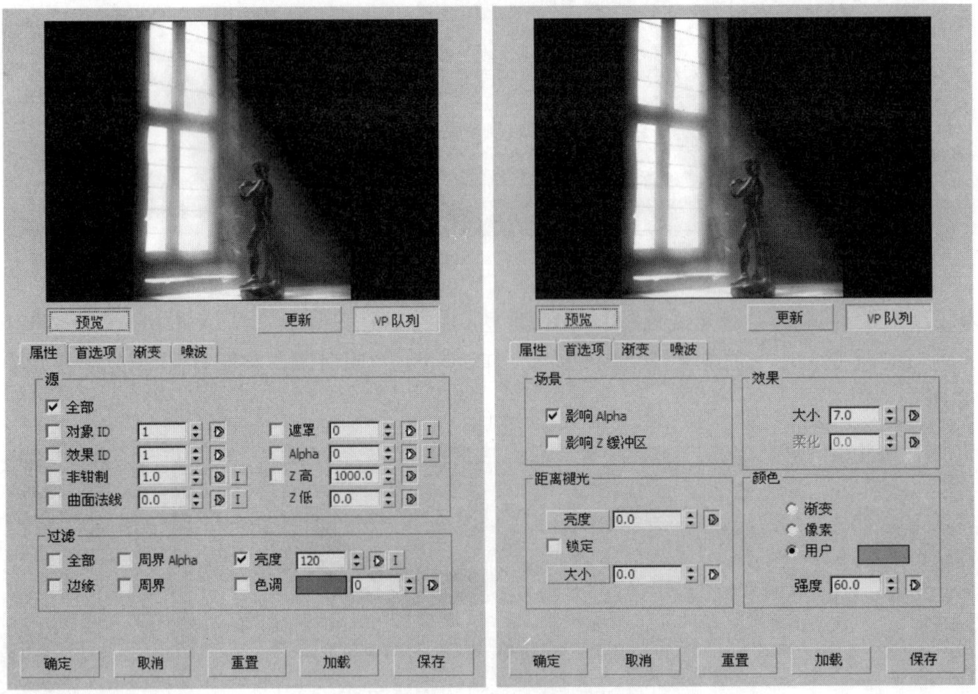

图6-60 【Lens Effects Glow】设置

16 单击 【执行序列】工具，在随后弹出的【执行 Video Post】窗口中设置需要渲染的尺寸。最后效果如图 6-61 所示。

图6-61　渲染效果

6.4.4　日光照明实例

日光照明可以在场景中的物体表面重现自然光下的环境反射,并能产生真实、精确的光照效果。

日光照明

所用素材: 光盘\素材\第6章\日光照明初始

最终效果: 光盘\素材\第6章\日光照明完成

最终渲染效果如图 6-62 所示。

图6-62　最终效果图

操作步骤

01 在场景中建立一栋室外建筑物,两架摄像机,如图 6-63 所示。

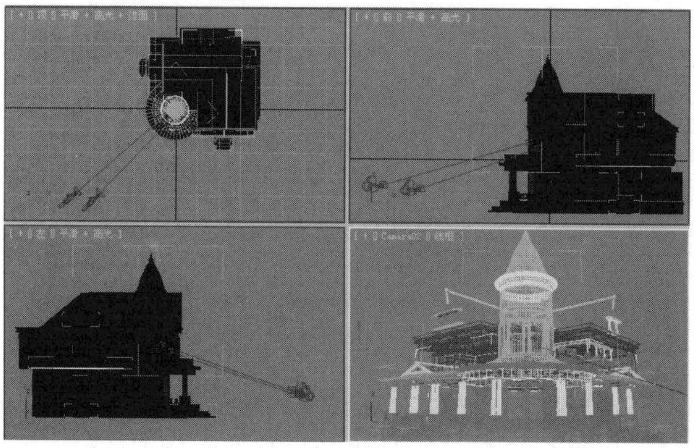

图6-63　场景文件

02 单击【系统】命令面板，选择【日光】按钮，在顶视图中创建【日光】系统。在时间栏里设置【时】为9，【分】为30，如图 6-64 所示。

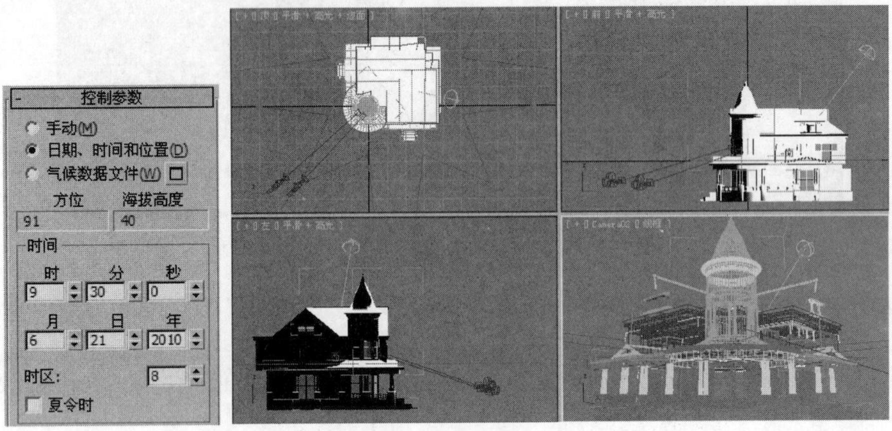

图6-64　创建天光

03 进入修改命令面板，在【太阳光】选项下拉菜单中选择【IES 太阳光】。在【天光】选项下拉菜单中选择【IES 天光】。展开【IES 天光参数】卷展栏，设置【倍增】参数为2，如图 6-65 所示。打开【渲染】设置窗口，进入【高级照明】选项板，在下拉菜单中选择【光跟踪器】，设置【光线 / 采样数】为100，设置【过滤器大小】为2，在【初始采样间距】下拉菜单中选择32×32，在【向下细分至】下拉菜单中选择 16×16，具体参数如图 6-66 所示。

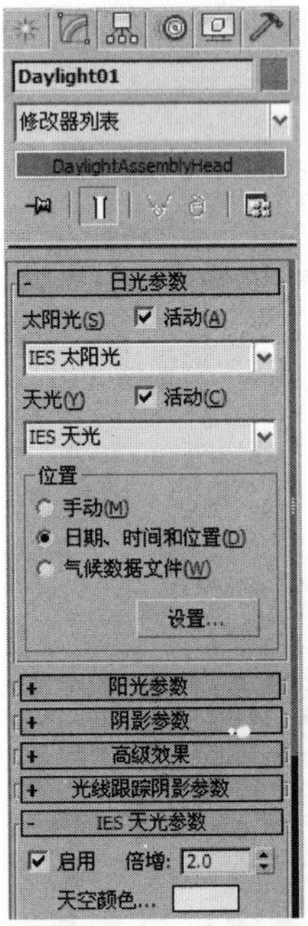

三维制作大师

图6-65　天光设置

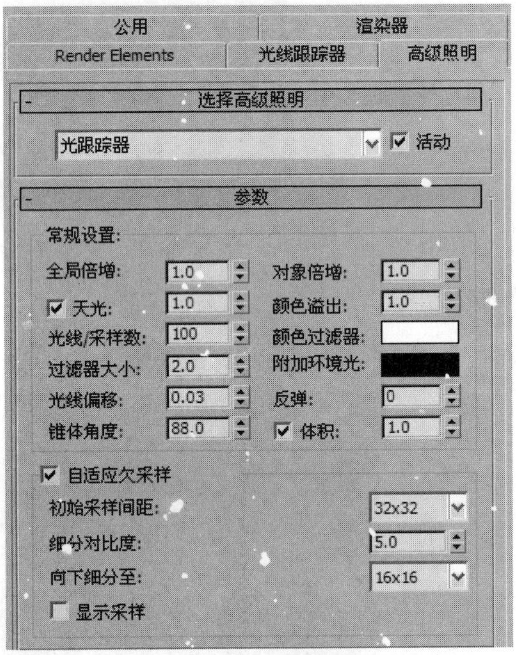

图6-66　渲染设置

04 打开环境编辑器，在【曝光控制】卷展栏下拉菜单中选择【对数曝光控制】，设置【对比度】为80，勾选【室外日光】，如图 6-67 所示。最终效果如图 6-68 所示。

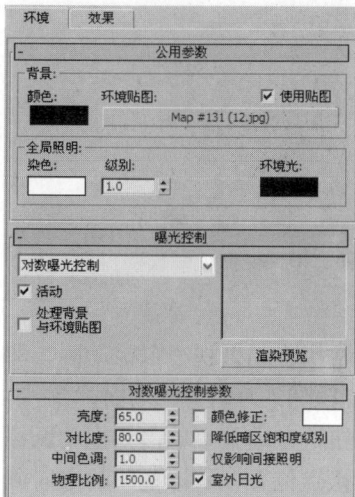

图6-67　曝光控制

图6-68　渲染效果

6.5　摄像机概述

　　摄像机用于拍摄三维动画场景，动画影片通常是在摄像机视图中渲染输出的。3ds Max 中的摄像机与真实世界中摄像机的属性基本相同，也具有聚焦、景深、视角、透视畸变等镜头光学特性，所以在创建与调整的过程中应当充分注意拍摄过程的各种技术细节。

　　使用鼠标右键单击视图名称，在弹出快捷菜单中的视图子菜单下，列出了场景中所有摄像机视图的名称。可以将当前视图变化成该摄像机的摄像机视图，同时在主界面右下角出现摄像机视图控制工具。转换为摄像机视图的默认快捷键是【C】键，如图 6-69 所示。

图6-69　摄像机视图

图6-70 摄像机面板

> **注意** 激活一个摄像机视图不会自动选择该摄像机对象。

在 3ds Max 的摄像机创建命令面板中可以创建目标摄像机和自由摄像机，如图 6-70 所示。

6.5.1 摄像机类型

摄像机类型包括目标摄像机和自由摄像机两种。目标摄像机常用于拍摄视线跟踪动画，即拍摄点固定不动，将镜头的目标点链接到动画对象之上，拍摄目光跟随动画对象的场面。

在摄像机创建面板的【对象类型】展卷栏中单击【目标】按钮，在场景中单击并拖动鼠标创建一部分目标摄像机，鼠标单击的位置确定了目标摄像机的拍摄点位置，鼠标拖动的方向确定了目标摄像机的拍摄方向。自由摄像机没有目标拍摄点，常用于绑定到运动对象之上，拍摄摄像机跟随运动的画面。

6.5.2 摄像机参数

自由摄像机与目标摄像机的参数设置项目基本相同，都包含【参数】卷展栏和【景深参数】卷展栏，如图 6-71 所示。

1. 【参数】卷展栏

摄像机的参数卷展栏包含以下参数，说明如下：

- 【镜头】：设置摄像机的焦距长度，单位为毫米，也可以在【备用镜头】项目中制定一个预设的镜头类型。
- 【正交投影】：勾选该选项，摄像机视图如同用户视图一样；取消勾选该选项，摄像机视图如同透视图一样，如图 6-72 所示。

三维制作大师

图6-71 摄像机参数

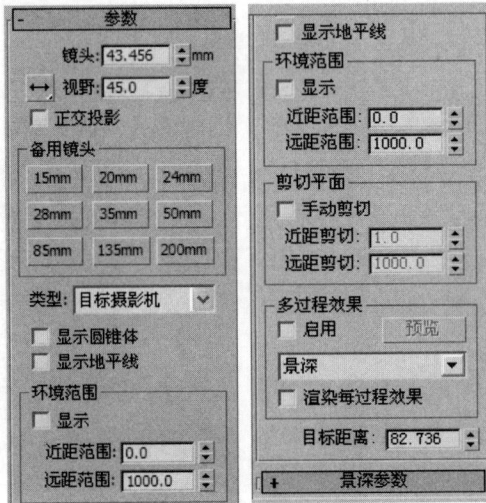

图6-72 【参数】卷展栏

- 【备用镜头】：在镜头堆栈中列出了 9 种不同类型的预设镜头，它们是 15mm、20mm、

24mm、28mm、35mm、60mm、85mm、135mm 和 200mm。

- 【类型】：可以指定当前摄像机是目标摄像机还是自由摄像机。

> 如果从目标摄像机转换为自由摄像机，任何指定到摄像机目标点的动画都会丢失。

> ➤ 【显示圆锥体】：勾选该选项显示摄像机的棱锥型视阈范围，视锥只显示在其他类型的视图中，不显示在摄像机视图中。
> ➤ 【显示地平线】：在摄像机视图中显示一条深灰色的地平线。
- 【环境范围】：指定大气效果的范围。
> ➤ 【显示】：勾选该选项在摄像机光锥中显示的一个矩形，标明近距距离与远距距离的参数设置。
> ➤ 【近距范围】：指定大气效果的近距范围。
> ➤ 【远距范围】：指定大气效果的远距距离，对象在两个范围之间依据距离百分比进行淡化处理。
- 【剪切平面】：剪切平面是显示在摄像机视锥中的红色矩形线框（带有对角线）。
> ➤ 【手动剪切】：勾选该选项可以手动定义剪切平面；取消勾选该选项后，当场景中的对象与摄像机的距离小于 3 个单位时，该对象在摄像机视图中不显示。
> ➤ 【近距剪切】：指定近距剪切平面，如果对象与摄像机之间的距离小于近距离剪切平面与摄像机间的距离，该对象不出现在摄像机视图中。在勾选【手动剪切】选项下，可以将近距离剪切指定为 0.1。
> ➤ 【远距剪切】：指定远距剪切平面，如果对象与摄像机之间的距离大于远距离剪切平面与摄像机间的距离，该对象不出现在摄像机视图中。

> 过高的远距离剪切设置会导致浮点计算错误。

- 【多过程效果】：在该项目中可以为摄像机指定复合传递方式的景深和运动虚化效果，但是会增加场景渲染计算时间。
> ➤ 【启用】：勾选该选项可以预览或渲染景深效果和运动虚化效果。
> ➤ 【预览】：单击该按钮，可以在激活的摄像机视图中预览景深效果和运动虚化效果，如果当前激活的视图不是摄像机视图，该按钮无效。
- 【效果】：在下拉列表中选择复合传递效果，可以选择的效果包括【景深效果】、【mental ray】或【运动虚化效果】。后两种效果是互相排斥的，只能为摄像机指定其中的一种效果。
> ➤ 【渲染每过程效果】：勾选该选项可以在每次复合传递过程中，同时执行渲染效果，如色彩平衡、虚化、镜头效果等。

对于自由摄像机还包含以下的附加选项：

- 【目标距离】：设置一个不可见的拍摄目标点，自由摄像机可以围绕该点盘旋拍摄。

2.【景深参数】卷展栏

【景深参数】卷展栏如图 6-73 所示，包含以下参数，说明如下：

- 【焦点深度】：指摄像机到焦点平面的距离。
  - ➢【使用目标距离】：勾选该选项使用摄像机到目标点之间的距离作为焦点深度；取消勾选，则使用下面的【焦点深度】参数确定焦点深度，默认为勾选状态。
  - ➢【焦点深度】：当取消勾选【使用目标距离】选项后，可以指定焦点深度数值，取值范围 0 ～ 100。设置为 0.0 时表示摄像机当前的位置；设置为 100 时表示无穷远，默认为 100。较低的【焦点深度】设置，将获得比较小的景深，景深之外的对象会模糊不清。
- 【采样】：该选项组的设置决定图像的最后质量。
  - ➢【显示过程】：勾选该选项，虚拟帧缓冲显示复合渲染的过程。
  - ➢【使用初始位置】：勾选该选项后，在摄像机的初始位置渲染最初的过程，默认为勾选状态。

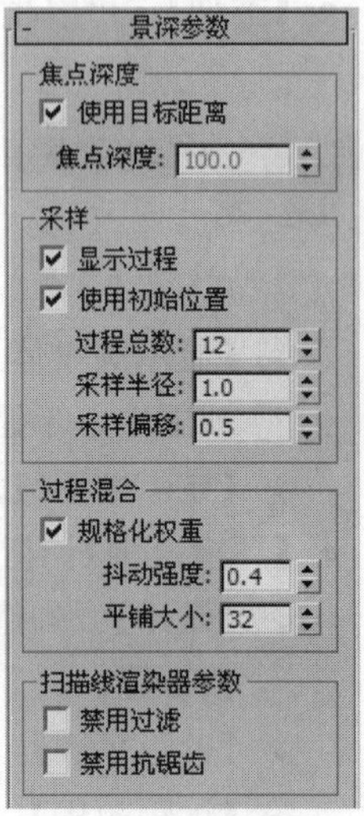

图6-73 【景深参数】卷展栏

  - ➢【过程总数】：该参数用于指定生产效果的总步数，增加该参数可以增加效果的精细程度，但要耗费更多的渲染时间，默认设置为 12。
  - ➢【采样半径】：指定进行虚化采样的半径尺寸，增加该参数可以增加虚化的效果；减小该参数可以减小虚化的效果，默认设置为 1。
  - ➢【采样偏移】：该参数用于指定虚化效果向远离采样半径，增加该参数会增加景深虚化的一般效果；减小该参数会增加景深虚化的随机效果。该参数的取值范围是 0 ～ 1，默认设置为 0.5。
- 【过程混合】：当渲染多次摄像机效果时，渲染器将轻微抖动每次的渲染效果，以便混合每次的渲染。
  - ➢【规格化权重】：勾选该选项，权重被规格化，可以创建更为光滑的效果，默认为勾选状态。
  - ➢【抖动强度】：该参数用于确定渲染过程中的抖动量，增加该参数的设置可以加大抖动量，可以获得比较明显的颗粒效果，特别是在对象的边缘，默认设置为 0.4。
  - ➢【平铺大小】：该参数用于设置抖动纹理尺寸，该参数是百分比参数，设置为 0 时获得最小的拼接；设置为 100 时获得最大的拼接，默认设置为 32。
- 【扫描线渲染器参数】：可以取消多次渲染的过滤和反走样，从而缩短渲染的时间。
  - ➢【禁用过滤】：勾选该选项，取消滤镜的作用效果，默认为非勾选状态。
  - ➢【禁用抗锯齿】：勾选该选项，取消抗锯齿的作用效果，默认为非勾选状态。

3.【运动模糊参数】卷展栏

【运动模糊参数】卷展栏如图 6-74 所示，包含以下参数，说明如下：

- 【采样】：显示每遍的渲染效果和模糊程度。
  - ➢【显示过程】：勾选该选项后，虚拟帧缓冲显示复合渲染的过程；取消勾选该选项后，虚拟帧缓冲只显示最终的渲染效果，默认为勾选状态。

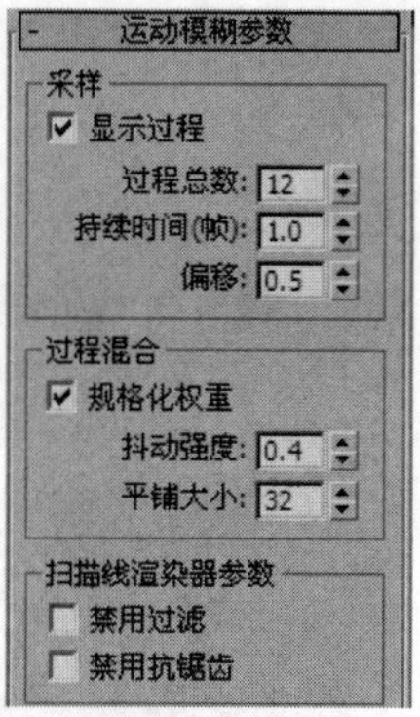

➢ 【过程总数】：该参数用于指定产生效果的总步数，增加该参数可以增加效果的精细程度，同时要耗费更多的渲染时间，默认设置为12。

➢ 【持续时间（帧）】：该参数用于指定进行运动虚化处理的帧数。默认设置为1。

➢ 【偏移】：该参数用于指定虚化效果朝向或远离当前帧，增加该参数虚化会朝向后面的两帧；减小该参数虚化会朝向前面的两帧。该参数的取值范围是 0 ~ 1，默认设置为0.5。

- 【过程混合】：在渲染多次摄像机效果时，渲染器将轻微抖动每次的渲染结果，以便混合每次的渲染。

图6-74 【运动模糊参数】卷展栏

➢ 【规格化权重】：勾选该选项后，权重被规格化，可以创建更为光滑的效果，默认为勾选状态。

➢ 【抖动强度】：该参数用于确定渲染过程中的抖动量，增加该参数的设置可以加大抖动量，可以获得比较明显的颗粒效果，特别是在对象的边缘，默认设置为0.4。

➢ 【平铺大小】：该参数用于设置抖动纹理的尺寸，该参数是百分比参数，设置为 0 时获得最小的拼接；设置为 100 时获得最大的拼接，默认设置为32。

- 【扫描线渲染器参数】：可以取消多次渲染的过滤和反走样，缩短渲染时间。

➢ 【禁用过滤】：勾选该选项后，取消滤镜的作用效果，默认为取消勾选状态。

➢ 【禁用抗锯齿】：勾选该选项后，取消抗锯齿的作用效果，默认为取消勾选状态。

6.5.3 镜头动作

镜头画面是构成动画叙事、抒情、表意预言的基本元素，它的性质、特点及构图结构特性对叙述有着异常重要的作用。动画是用于表现运动的，除了主体角色运动之外，还有体现一定观察方式和表现视点的拍摄运动，这些都将给镜头画面空间处理带来时间中的进展、变化和转换。

镜头动作可以表达镜头的内容及含义，经由画面的变化就可以看出拍摄者所要传达的镜头语言。

在动画编辑过程中经常涉及的镜头动作包括：推、拉、摇、移、跟、甩、升、降和鸟瞰等，如图 6-75 所示。

推、拉、摇、移、跟、甩、升、降和鸟瞰等镜头动作都有各自的用途，在镜头运动过程中透视关系不断变化，方位、角度、景别和光影等也随之改变。画面结构关系的调整，运动拍摄的速度、节奏将由两个因素所决定，即对象运动形态要求的表现形式；运动表现形式赋予对象的特殊含义。

由于镜头角色可能同时运动，因此会产生运动之间的同向、异向、相聚 3 种相对关系：

同向：镜头和角色的运动朝向一致，角色在画面中的空间位置、景别都不改变，变化的只是动画场景。

异向：镜头和角色的运动朝向相反，在画面中角色的景别越来越小。

相聚：镜头和角色相向运动，着重强调聚拢时的时空关系和运动力度，画面的构图安排不在运动过程中，而在起幅、落幅时的画面安排和构图结构处理上。

图6-75　镜头动作

　　镜头动作可以赋予角色或景物的运动状态深刻的含义，并以特殊的节奏和韵律赋予角色运动。

　　变焦拍摄方式分为两种类型：一种是将被拍摄主体拉近逐渐放大，即所谓"拉"；另一种就是将已放大的被拍摄主体逐渐缩小，即所谓"推"。用这两种方式来进行素材拍摄，就称为"变焦拍摄"。利用变焦拍摄可以产生表现对象及表现重点的改变，还可以改变物距、变化景别及其与背景的映衬关系。

　　在变焦拍摄的过程中要注意以下几个方面：

　　（1）变焦拍摄首先要有目的性。在变焦拍摄的过程中必须注意画面要表达的目的，如想让观众注意到重点、细节或凸显及强调主体的时候，用"拉"的方式来进行拍摄；当想说明被拍摄主体周围的环境情况、局部与整体的关系或打算切换画面的时候，就可以采用"推"的方式来进行拍摄。

　　（2）不同的变焦速度可以获得不同的切换效果，对于想立刻引起人们注目的镜头可以用快速变焦来放大；当希望先让人们了解周围的环境之后，再从环境中捕捉被拍摄主体时，可以用慢速来进行变焦。

　　（3）镜头的变化要模仿人眼运动观看的规律，因为人眼不会像镜头一样推来拉去，所以变焦有时会造成异常的视觉感受。极快速和极缓慢的变焦过程相对于匀速变焦更适合人的视觉习惯，在镜头变焦的同时移动画面场景可使其产生的机位动作掩饰变焦的动作。

▶ 6.5.4　摄像机跟踪与匹配

　　利用摄像机匹配程序和摄像机匹配点帮助对象，可以使场景摄像机的拍摄位置、角度、镜头与真实摄像机拍摄的背景图像相匹配。

帮助对象是一种辅助操作的对象，不能被渲染输出，在帮助对象创建命令面板中，有6种类型的帮助对象：标准辅助工具、大气装置工具、摄像机匹配工具、操纵虚拟现实辅助工具、集成头、粒子流和反应器。如图6-76所示，在辅助工具创建命令面板中，可以创建一种摄像机匹配帮助对象，即摄像机匹配点帮助对象。

摄像机匹配点帮助对象常与摄像机匹配程序联合使用，使场景摄像机的拍摄位置、角度、镜头与真实摄像机的背景图像相匹配，这样便可以在渲染场景时，使场景摄像机拍摄场景与背景图像或动画精确地配合在一起。

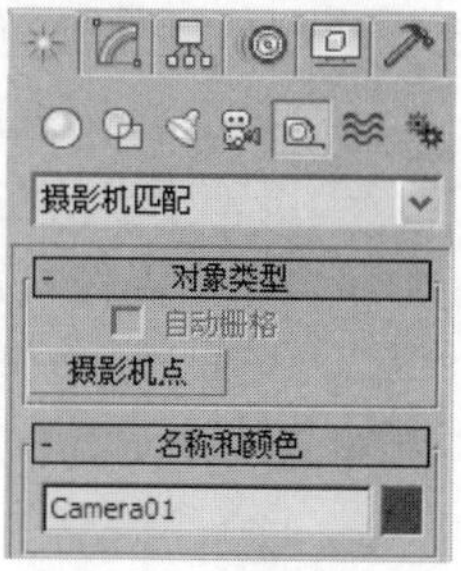

图6-76　摄像机匹配

摄像机匹配点在场景中确定一个位置，该位置定义在背景图像中可以见到的一个拍摄点，将这些摄像机匹配点与背景图像中的拍摄点位置相比较之后，就可以确定场景摄像机的拍摄位置。

▶ 6.5.5　摄像机匹配程序

通过摄像机匹配程序命令面板可以访问各种实用程序，在3ds Max中程序被作为外挂插件模式，可以加入更多由第三方开发商创建的实用程序，以及这些附加外挂程序的帮助文件。程序命令面板中包含管理和调用程序的项目，在调用一个程序后，该程序的参数设置项目出现在程序命令面板的下面，如图6-77所示。

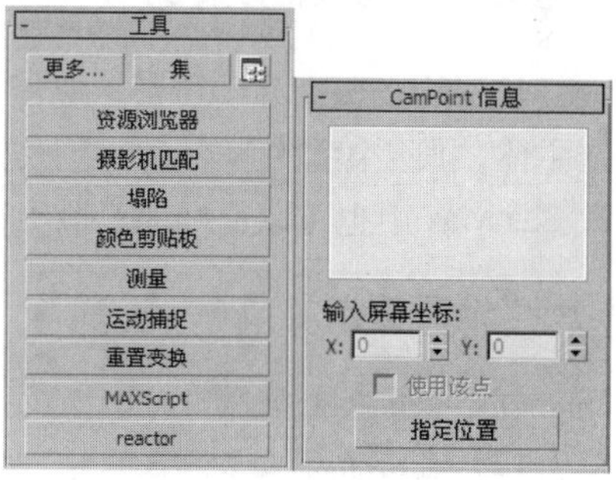

摄像机匹配程序利用场景中的背景位图和6个或更多的摄像点对象，创建或编辑一个摄像机，使该摄像机的位置、方向、视阈范围与拍摄背景位图的真实摄像机相匹配。

图6-77　摄像机匹配程序面板

在如图6-77所示的摄像机匹配程序列表中显示了场景中所有摄像点帮助对象的名称，从列表中选择一个摄像点帮助对象后可以指定屏幕坐标点位置，如果直接在场景中选择一个摄像点对象，在列表中同时会高亮显示选定的摄像点帮助对象名称。

摄像机匹配程序面板选项说明如下：

- 【输入屏幕坐标】：X/Y用于在一个二维平面中调整屏幕坐标点的位置。
- 【使用该点】：在列表中选择一个摄像点后，勾选该选项可以在X/Y区域中精确输入坐标点的位置；取消勾选该选项可以暂时关闭一个坐标点的作用效果，如果因为摄像点过多，如超过6个，使摄像机匹配过程产生错误，就要利用该选择暂时关闭几个摄像点。
- 【指定位置】：用于在场景中的背景位图上单击放置一个屏幕坐标点，使该坐标点匹配到背景位图的拍摄位置。单击指定位置按钮之后，从列表窗口中选择一个摄像点对象，然后在背景图像中相对于当前场景的空间拍摄点位置单击鼠标放置这个摄像点，重复该操作列表中的所有摄像点指定对应的拍摄位置后，就可以在摄像机匹配项目中单击摄像机匹配按钮，基于这些指定的拍摄点位置创建一部场景摄像机，如图6-78所示。

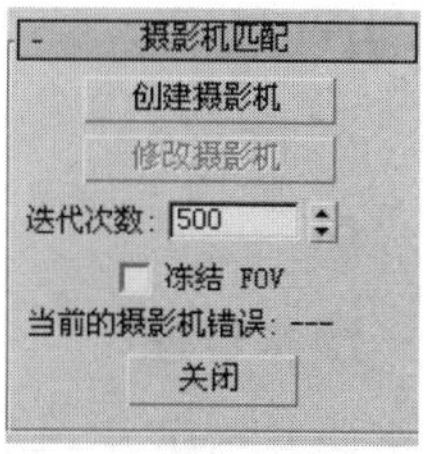

图6-78　【摄像机匹配】卷展栏

【摄像机匹配】卷展栏选项说明如下：

- 【创建摄像机】：单击该按钮在场景中创建一部摄像机，该摄像机的位置、方向、拍摄范围基于当前在场景创建的摄像点帮助对象位置。

- 【修改摄像机】：单击该按钮，基于当前指定的摄像点帮助对象和屏幕坐标点，调整场景中选定摄像机的拍摄位置、角度、拍摄范围。

- 【迭代次数】：设置在计算摄像机位置过程中的最大重复次数，默认为 600，一般在小于 100 的情况下也能取得较好的匹配结果。

- 【冻结 FOV】：勾选该选项后，在创建摄像机或编辑摄像机的过程中，保证摄像机的拍摄范围不被修改，该选项用于已经明确知道拍摄场景中背景图像的真实摄像机的镜头尺寸。

- 【当前的摄像机错误】：显示在最终的摄像机匹配计算过程中，在屏幕坐标点、摄像点帮助对象和摄像机位置之间的计算错误数值。在实际的匹配过程中很少是完全吻合的，允许的错误值范围为 0 ～ 1.5，如果错误数值高于 1.5，最好重新调整摄像点的位置。

- 【关闭】：单击该按钮退出摄像机匹配程序。

6.5.6　摄像机实例——景深制作实例

　　景深的概念来源于摄影，它能真实地再现现实生活中的一种摄像机视觉特效，多用于来突出主体，排除杂乱的背景，使得主题鲜明，摄像机景深一直是摄影里面一个重要的艺术创作手法，在 3ds Max 中也可以很好地模拟出这种效果。最终渲染效果如图 6-79 所示。

学习重点

(1) 摄像机的建立。
(2) 启动景深效果。
(3) 景深效果的设置。

图6-79　最终效果图

景深的制作

所用素材：光盘\素材\第6章\景深-初始
最终效果：光盘\效果\第6章\景深-完成

操作步骤

01 在场景中建立一组静物，一架摄像机。显示摄像机视图，如图 6-80 所示。

图6-80　场景文件

02 进入修改命令面板，单击【参数】卷展栏下【多过程效果】，勾选启用【景深】，设置【目标距离】为 150，如图 6-81 所示。在【景深参数】卷展栏中设置【采样半径】为 4.0，增加景深的模糊程度，如图 6-82 所示。渲染效果如图 6-83 所示。

图6-81　启动景深

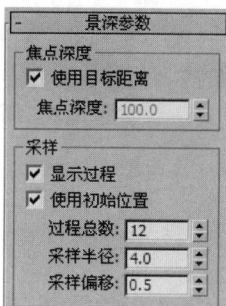

图6-82　【景深参数】卷展栏

图6-83　渲染效果

03 在修改命令面板中修改【目标距离】为 300，该参数决定了焦点的位置，如图 6-84 所示。渲染效果如图 6-85 所示。

图6-84　设置目标距离

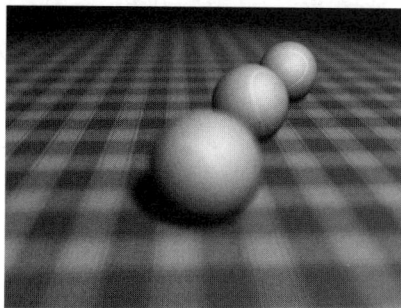

图6-85　渲染效果

三维制作大师

　　对于 3ds Max 的摄像机而言，只有在摄像机目标点的位置，才会产生清晰的图像，其余的位置都会产生景深效果。在创建多过程景深时，可以简单地通过摄像机目标控制点的位置，来快速创建景深效果。它的原理与多过程运动模糊是一样的。

6.5.7 运动模糊效果

多过程运动模糊效果是根据场景中的运动情况，将多个偏移、渲染、周期抖动结合在一起后所产生的运动模糊。

学习重点

(1) 摄像机的建立。

(2) 启动运动模糊效果。

(3) 运动模糊效果的设置。

运动模糊的制作

所用素材：光盘＼素材＼第6章＼运动模糊－初始

最终效果：光盘＼效果＼第6章＼运动模糊－完成

操作步骤

(1) 准备工作

01 打开配套光盘中的"运动模糊－初始"文件，如图 6-86 所示。

02 在动画控件栏中单击 ▶ 按钮，观看当前所设置的动画效果，在这个文件中，图形对象是不停旋转的。在动画控件栏中单击 ❚❚ 按钮，停止播放当前动画。

03 在轨迹栏中，将时间滑块拖动到第 20 帧位置上，如图 6-87 所示。

图6-86　场景文件

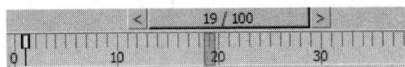

图6-87　时间滑块

04 在前视图中，选择"Camera01"对象，如图 6-88 所示。

05 在修改面板的【参数】卷展栏下，勾选【多过程效果】组的【启用】选项。打开【多过程效果】下拉列表，选择【运动模糊】类型，如图 6-89 所示。

06 激活【Camera01】视图，然后在主工具栏中单击 按钮，渲染当前视图，查看默认设置的渲染结果，结果如图 6-90 所示。

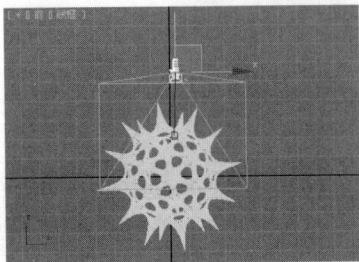

图6-88　选择摄像机

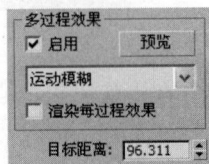

图6-89　启用运动模糊

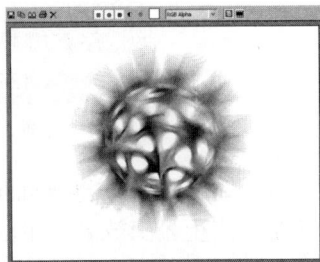

图6-90　渲染结果

（2）修改模糊强度

07 确定"Camera01"对象处于被选中状态，在修改面板的【运动模糊参数】卷展栏，修改【采样】组中【持续时间（帧）】的值为0.6，如图6-91所示。

08 激活【Camera01】视图，然后在主工具栏中单击 按钮，渲染当前视图，查看默认设置的渲染结果，结果如图6-92所示。

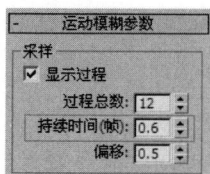

图6-91　修改持续时间　　　　图6-92　渲染效果

> **提示**　从图6-92中可以看到，在减少了【持续时间】之后，对象的运动模糊效果也减弱了，得到了比较满意的运动模糊效果，但是运动模糊的渲染质量很低，可以看到明显的颗粒感。接下来需要提高运动模糊的渲染质量。

（3）提高渲染质量

09 在【运动模糊参数】卷展栏的【采样】组中，修改【过程总数】的值为20，如图6-93所示。

10 激活【Camera01】视图，然后在主工具栏中单击 按钮，渲染当前视图，查看默认设置的渲染结果，结果如图6-94所示。

图6-93　修改过程总数　　　　图6-94　渲染效果

　　如图6-94所示，在增加了【过程总数】的数值后，运动模糊的渲染质量得到了明显的提高。

　　使用这种方法来制作运动模糊效果时，不需要在对象属性对话框中进行参数修改，只要打开摄像机的多过程选项，然后选择运动模糊模式就可以了，场景中所有的运动对象都会产生运动模糊的效果。

▶ 6.6 本章小结

本章我们了解了 3ds Max 2010 的照明原理和摄像机的设计技巧。并详细地讲解了 3ds Max 中的目标聚光灯、自由聚光灯、平行光、泛光灯和天光的基本设置和参数面板。最后通过 6 个典型实例具体介绍了灯光和摄像机的布置技巧。

▶ 6.7 习题

1. 填空题

（1）3ds Max 2010 在灯光命令面板中为用户提供了_____和_____两大类型的灯光。

（2）目标聚光灯和泛光灯是_____灯光类型中常用的两种灯光。

（3）灯光_____扩展栏中_____选项被勾选后聚光灯将同时兼有泛光灯的功能，它的光线将不再受锥形范围框束缚，改成向四面八方投射。

2. 上机题

（1）上机练习目标聚光灯。

（2）上机练习自由聚光灯。

（3）上机练习摄像机操作。

第7章 材质编辑器与不同材质类型

> 本章主要介绍材质编辑器，材质编辑器是设计材质和贴图的主要场所，可用于创建、改变和应用场景中材质的设置对话框。

　　材质是什么？简单的说就是物体看起来是什么质地，材质可以看成是材料和质感的结合。也可以简单地理解为材质是由明暗模式和贴图来组成的，如图7-1所示。在三维的世界中，材质是一个比较独立的概念，它可以为模型表面加入色彩、光泽和纹理。材质可以是平滑的、粗糙的、有光泽的、暗淡的、发光的、反射的、折射的等，这些丰富的表面取决于对象自身的物理属性。

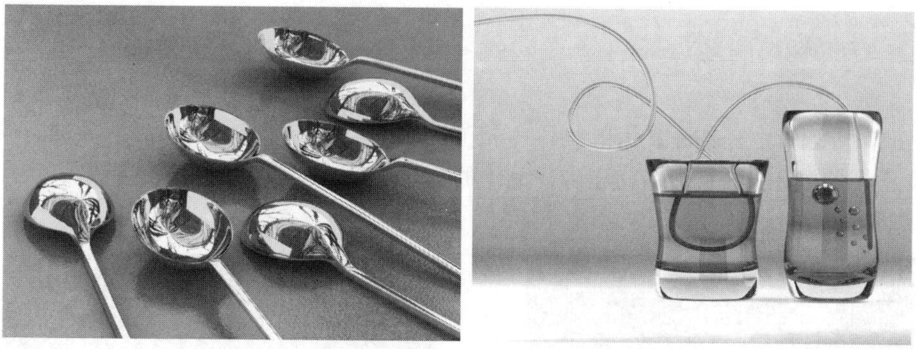

图7-1　质感表现

　　这就是材质的真相吗？答案是否定的。不要奇怪，我们必须仔细分析产生不同材质的原因，才能让我们更好的把握质感。那么，材质的真相到底是什么呢？仍然是光，离开光材质是无法体现的。举例来说，借助夜晚微弱的天空光，我们往往很难分辨物体的材质，而在正常的照明条件下，则很容易分辨。另外，在彩色光源的照射下，我们也很难分辨物体表面的颜色，在白色光源的照射下则很容易。

▶ 7.1　材质与贴图的概念与构成

　　材质主要用于描述物体如何反射和传播光线，材质的赋予可以理解成建模之后给模型数据穿上自己喜欢的外衣，如图7-2所示，世界上一切事物都可以利用其表面颜色、光线强度、纹理、反射率、折射率等来表现各自的性质。或者表现显示器中的所有图片的质感，让人们从视觉上感知这些图片的质感信息。让具有相同外形的事物表现出不同质感的过程可以称为材质的编辑过程，如图7-3所示。

　　材质中的贴图主要用来模拟物体的质地，提供纹理图案、反射和折射等其他效果（贴图还可以应用于环境和灯光投影）。依靠各类型的贴图，可以创作出千变万化的材质。材质像颜料一样，利用材质，可以使苹果显示为红色而桔子显示为橙色，也可以为铬合金添加光泽，为玻璃添加抛光。通过应用贴图，可以将图像、图案甚至表面纹理添加至对象，材质可使场景看起来更加真实。

图7-2　场景文件

图7-3　材质的赋予

贴图是一种将图片信息投影到曲面的方法。这种方法很像使用包装纸包裹礼品，不同的是它使用修改器将图案以数学方法投影到曲面，而不是简单地捆在曲面上。

7.2　材质的分类

在三维材质编辑中，越是光滑的物体高光范围越小，强度越高。在编辑材质的时候，不能忽视材质光滑度的上限，有很多初学者作品中的物体看起来都像是塑料做的就是这个原因，如图 7-4、图 7-5 所示。

图7-4　石材的表面粗糙

图7-5　金属的表面光滑

材质是对视觉效果的模拟，而视觉效果包括颜色、质感、反射、折射、表面粗糙程度以及纹理等诸多因素，这些视觉因素的变化与组合使得各种物质呈现出各不相同的视觉特征。材质正是通过对这些因素进行模拟，使场景对象具有某种材料特有的视觉特征。材质既然是模拟的一种综合的视觉效果，那么它本身是个综合体。它由若干参数构成，每一参数负责模拟一种视觉因素，如颜色、反光、透明、纹理等。目前所有的 3D 软件都不可能模拟全部的视觉因素，只能对真实材料视觉效果进行有限的模拟。所谓有限的模拟就是只模拟某些视觉因素，如颜色、反光量、反光强度、自发光强度、不透明度等。

当然，仅凭基本参数还无法编辑更真实、更细腻的材质。贴图概念的引入正是为了弥补基本参数的单一效果。贴图也是一个用于编辑材质的系统，贴图系统比基本参数系统更高级，不过贴图的调整又要以基本参数为前提，材质是基本参数与贴图的综合效果，然后被赋予到场景对象，加之灯光照明，最终渲染，这就是一般主流 3D 软件模拟材质的方法。

材质的制作方法可以分为"程序贴图"和"纹理贴图"。程序贴图使用起来非常方便，但是在纹理的表现上具有一定的局限性，无法满足现在高质量的视觉效果的制作，而纹理贴图很好的弥补了这一点。纹理贴图几乎可以满足任何制作的需要，只要是现实生活中有的，纹理贴图都可以表现。

纹理贴图所使用的素材可以分为很多种。首先可以直接利用照片作为纹理贴图的素材。如图 7-6 所示。其次可以利用绘画的方式，在平面软件中绘制纹理贴图所需的素材。现代科技的发展也使得我们能轻松地获得素材，比如利用数码相机取材的过程就相当的方便，想拍什么就拍什么，然后轻松地输入电脑。利用绘画来绘制纹理贴图的方式，也是现在各国 3D 艺术家们常用的方式，当然这需要具有一定的绘画基础，如图 7-7 所示。

图7-6 照片贴图

图7-7 手绘贴图

每种材质都属于一种类型。默认类型为标准材质，这是最常用的材质类型。通常其他材质类型都有其特殊用途。

获取材质类型有两种方法：

方法1 单击获取材质按钮，打开【材质】/【贴图浏览器】，列表中不仅有材质类型。同样还有贴图类型，如图 7-8 所示。

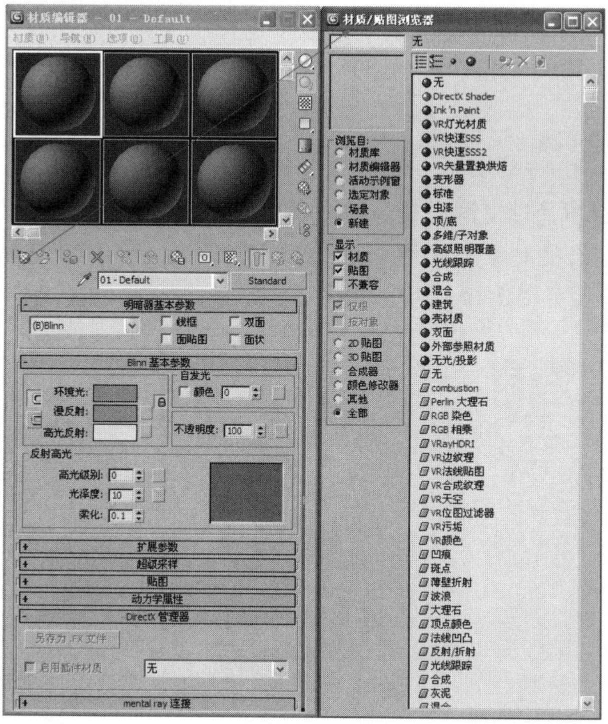

图7-8 单击获取材质按钮

方法 2 单击当前材质类型按钮，同样会打开【材质】/【贴图浏览器】。这个列表只显示材质类型，更方便选择，如图 7-9 所示。

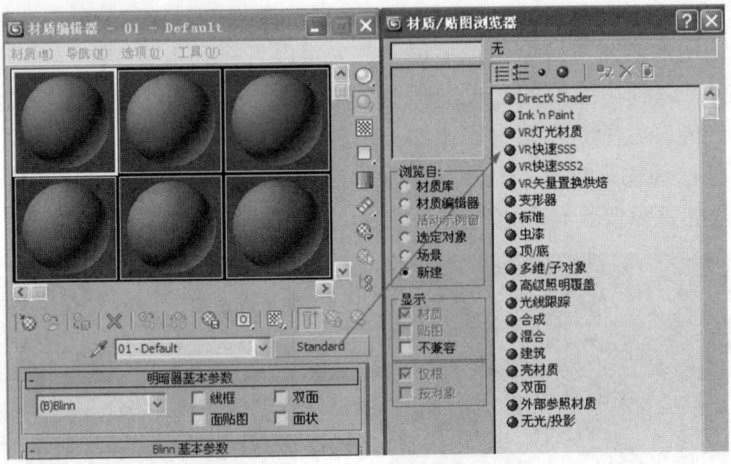

图7-9 单击当前材质类型按钮

7.2.1 高级照明材质

用于微调材质在高级照明上的效果，包括光能传递和光线跟踪的解决方案。计算高级照明时并不需要光能传递覆盖设置，但使用它可以增强效果。高级照明材质的自发光效果在视窗可以直接预览，如图 7-10 所示。

7.2.2 建筑材质

建筑材质增加了材质的一些物理属性，可以创建相当精确的光照效果。在建筑材质的类型选择上，3ds Max 提供了很多模版，在需要时直接选择即可，如图 7-11 所示。

7.2.3 混合材质

混合材质把两种材质通过【混合数量】或者【蒙版】混合到一起，与【混合贴图】相似，只不过【混合材质】混合的对象是材质，而（混合贴图）混合的对象是贴图。它们的界面也非常相似，混合材质的界面如图 7-12 所示。

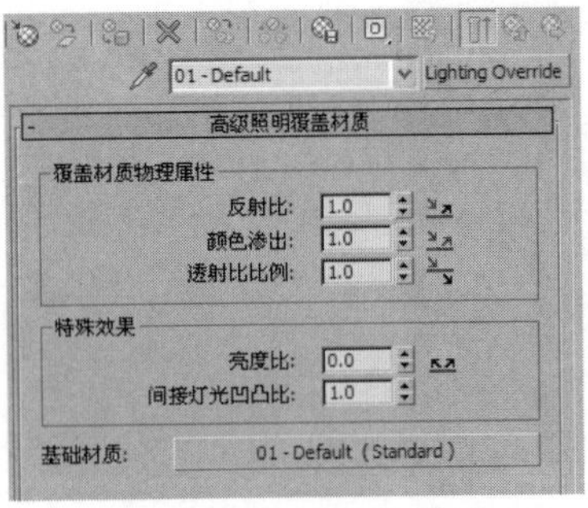

图7-10 高级照明材质

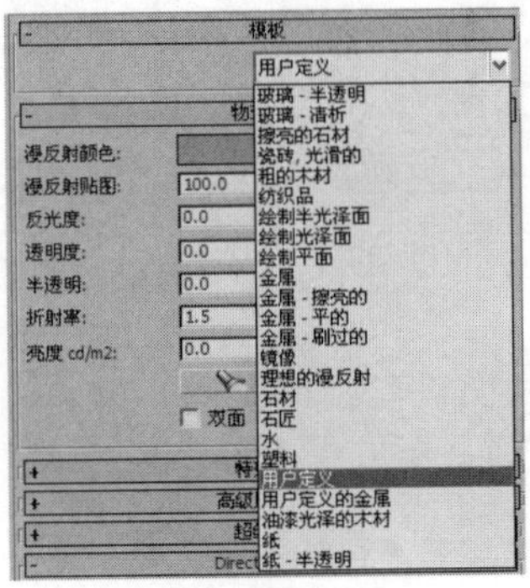

图7-11 建筑材质

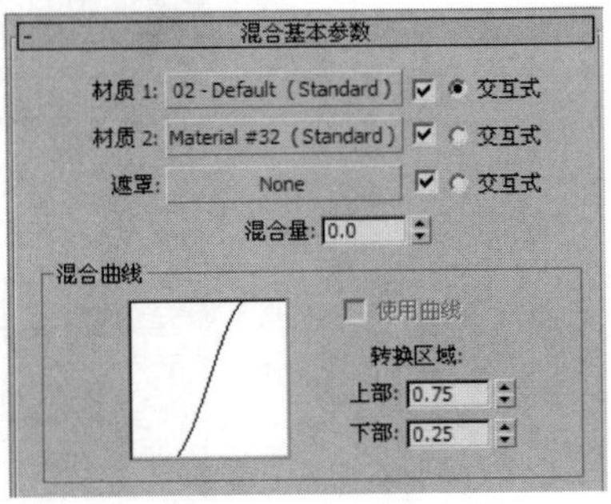

图7-12 混合材质

混合材质可以使用标准材质作为子材质，也可以使用其他混合材质或者复合材质做子材质。

▶ 7.2.4 合成材质

在 3ds Max 中可以合成多达 10 种材质，如图 7-13 所示。

▶ 7.2.5 双面材质

标准材质中的双面参数可以让物体双面被渲染，但是渲染后的物体的两个面都是相同的。而双面材质则可以为每一个面指定自己的材质，双面材质的界面如图 7-14 所示。其中：

- 【正面材质】：指的是法线方向为正的面所显示的材质。
- 【背面材质】：法线方向为负的面所显示的材质。

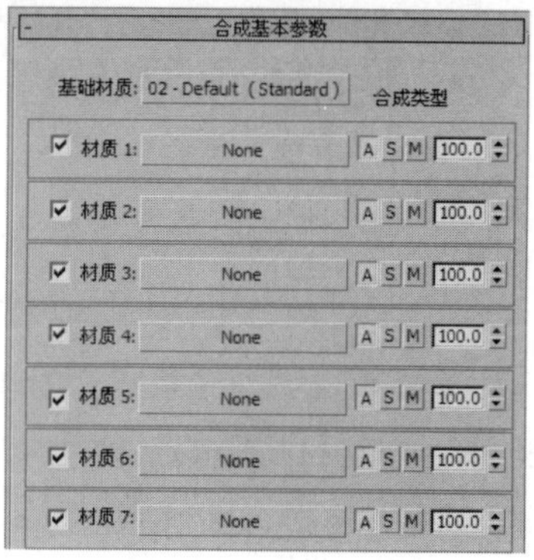

图7-13　合成材质

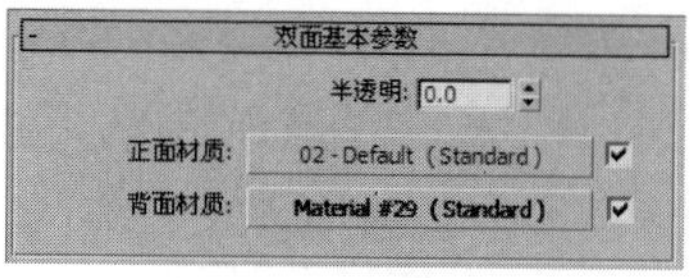

图7-14　双面材质

▶ 7.2.6 卡通材质

使用"绘制控制"和"墨水控制"可以生成卡通效果，如图 7-15、图 7-16 所示。

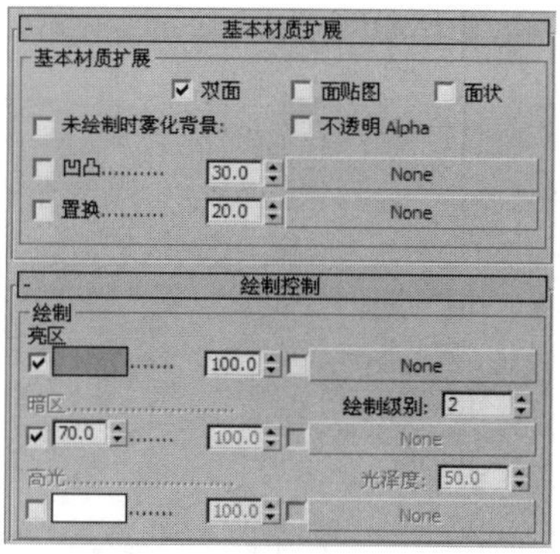

图7-15　卡通材质绘制控制

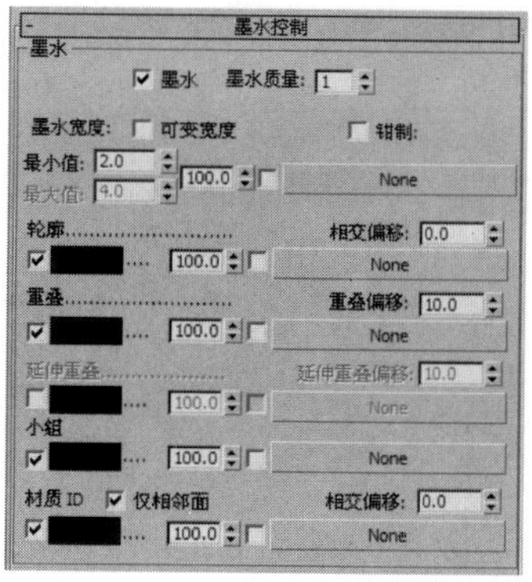

图7-16　卡通材质墨水控制

▶ 7.2.7 无光/投影材质

无光 / 投影材质可以显示环境，但接收阴影。这是一种特殊用途的材质，效果类似于在电影拍摄中使用隐藏，如图 7-17 所示。

▶ 7.2.8 变形器材质

使用变形器可以在材质之间变形。变形材质与变形修改器对应使用，变形器拥有 100 个材质通道，如图 7-18 所示。

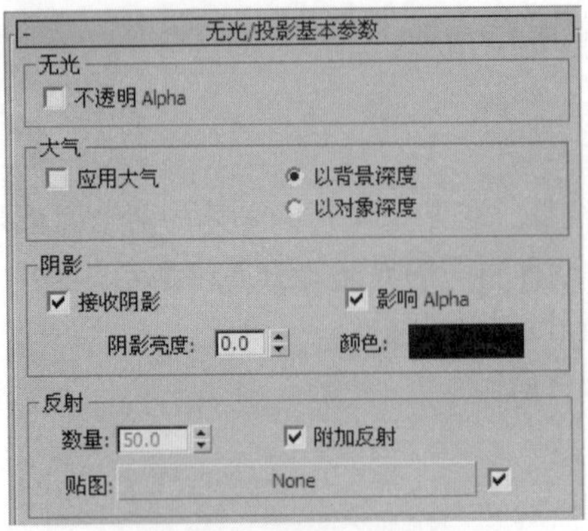

图7-17　无光/投影材质

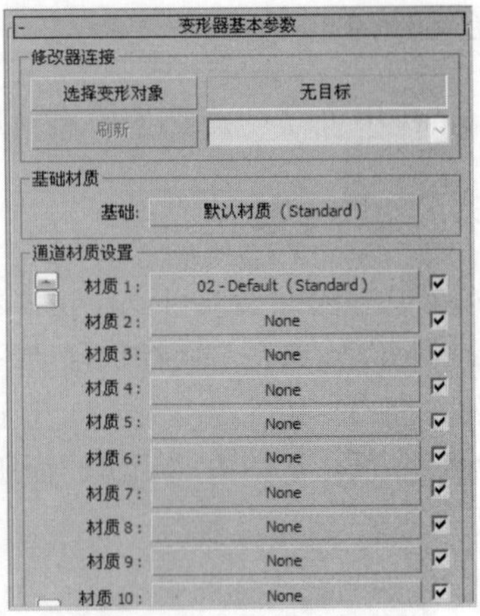

图7-18　变形器材质

7.2.9　多维/子对象材质

多维/子对象材质也是一种复合材质，这种材质包含多种同级的子材质。对于比较复杂的多面几何体，可以针对几何体的不同部分赋予【多维/子对象】材质中的某种子材质。

也可以用于将多个子材质应用到单个对象的子对象，或者指定不同材质到对象的不同位置，如图 7-19 所示。

7.2.10　光线跟踪材质

光线跟踪是当光线在场景中移动时，通过跟踪对象来计算材质颜色的渲染方法。这些光线可以穿过透明对象在光亮的材质上反射，得到逼真的效果，如图 7-20 所示。光线跟踪是制作金属效果的利器。

三
维
制
作
大
师

图7-19　多维/子对象

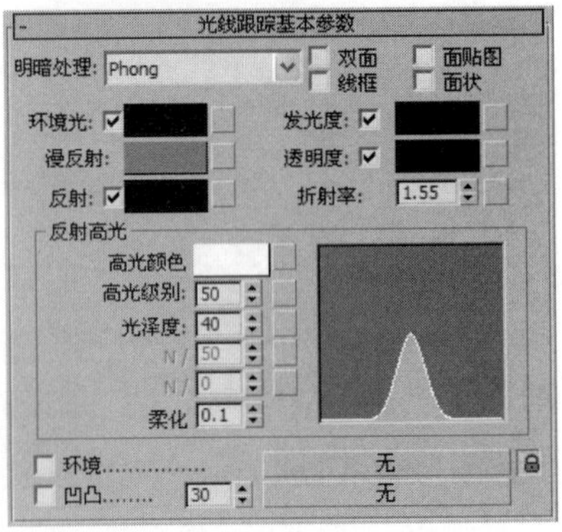

图7-20　光线跟踪材质

7.2.11　壳材质

顾名思义，它的作用就是让对象表面虚拟出一个渲染完成的材质，可以提高动画中的效率，如图 7-21 所示。

7.2.12 虫漆材质

虫漆材质由基础材质和叠加在其上的一个虫漆材质组成。它常使材质效果更明亮，如图7-22所示。

图7-21 壳材质

图7-22 虫漆材质

7.3 示例窗的显示含义

在使用材质编辑器的过程中最基本、最重要的概念之一就是示例窗的概念。示例窗显示材质的预览效果。示例窗也是材质编辑器界面中最突出的功能，其下方和右侧是材质编辑器的各种工具按钮，它们都与示例窗的变化相关。

在边框上有三角标志的示例窗，也有没有三角标志的空示例窗。不同类型具有不同的含义，如图7-23所示该示例窗虽然运用了材质，但是目前没有被使用；如图7-24所示该示例窗应用于当前的场景中。

图7-23 赋予材质

图7-24 应用于场景

7.3.1 示例窗的窗口操作菜单

在示例窗上单击鼠标右键，即可以打开如图7-25所示的快捷菜单。
其中各命令的含义如下：

- 【拖动/复制】：将拖动示例窗为复制模式。选择命令后，拖动示例窗时，材质会从一个示例窗复制到另一个示例窗中，或者从示例窗复制到场景对象，或复制到材质按钮。
- 【拖动/旋转】：将拖动示例窗设置为旋转模式。选择此命令后，在示例窗中进行拖动将会旋转采样对象，这样就能预览材质了。在对象上进行拖动，能使它绕自己的X或Y轴旋转；在示例窗的角落进行拖动，能使对象绕它的Z轴旋转。另外，如果先按住【Shift】键，然后在中间拖动，那么再

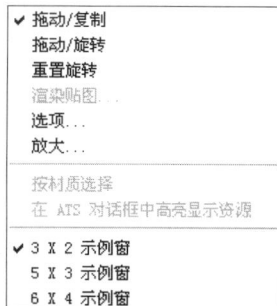

图7-25 示例窗操作

旋转就限制在水平或垂直轴，这取决于最初始拖动方向。

> **提 示** 现在大部分用户都使用三键鼠标，按中间键并拖动鼠标即可让示例窗中的材质球旋转。

- 【重置旋转】：将采样对象重置为它的默认方向。
- 【渲染贴图】：渲染当前贴图，创建位图或 AVI 文件（如果位图有动画）。
- 【选项】：显示"材质编辑器选项"对话框，相当于的单击"选项"按钮。
- 【放大】：生成当前示例窗的放大视图。放大的示例显示在它的单独且浮动的窗口中，最多可以显示 24 个放大窗口，但是一次不能用多于一个放大窗口显示相同的示例窗。

▶ 7.3.2 示例窗相关的控制命令

- 【采样类型】：单击 ◎ 图标并按住鼠标左键不放就会出现球体、立方体和柱体以及自定义的图标。通常材质编辑器使用"材质球"来展现材质效果，方便观察物体的光效，它通用于一般的表面圆滑的物体。另外，也可以通过调节材质的显示方式，用"材质柱"或者"材质块"来显示材质，并观察材质在弯曲表面或者是平面上的材质效果，如图 7-26、图 7-27、图 7-28 所示。

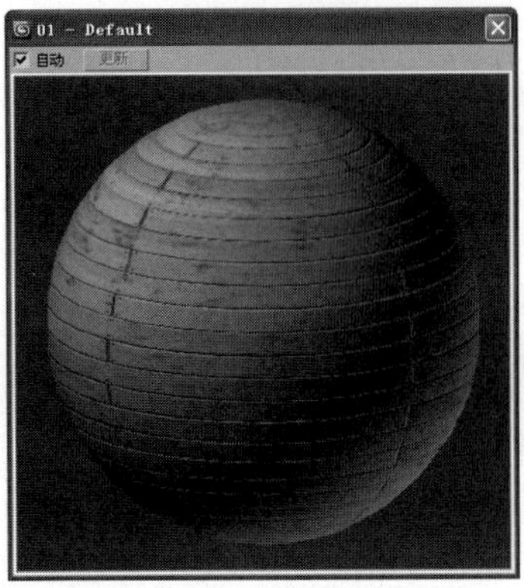

图7-26 球体显示 　　图7-27 柱体显示 　　图7-28 立方体显示

- 【背光】：可以模拟当前物体受到反光影响时的表面光照效果。这个功能方便用户观察反光照射的效果，在初始状态中已被打开了，但这与场景的对象没有关系，如图 7-29、图 7-30 所示，分别为没有使用背光效果和使用背光效果。
- 【背景】：对于一些透明、折射或者是反射的材质，如果放在灰色的背景上观察就会显得暗淡，如果将网格底纹显示出来，就能非常方便地观察相应的效果。对于有折射效果的透明材质，可以很清楚地看到网格底纹通过折射而产生的变形，如图 7-31 所示。如果物体表面能反射其他物体，那么也可以观察到网格在物体表面的变形影像，如图 7-32 所示。
- 【采样 UV 平铺】：采样平铺决定物体表面显示重复图形的次数。如果当前材质使用的花纹需要重复粘贴在物体表面，为了观察花纹重复后的效果，可以在这里设置重复的次数。

图7-29 无背光效果　　图7-30 使用背光效果　　图7-31 底纹变形　　图7-32 网格变形

> **提示** 这里只影响当前的显示效果，与最终的渲染效果没有关系。花纹的重复次数一般通过自身的贴图坐标设置。

- 【视频颜色检查】：计算机使用的色彩系统与电视的色彩有些细微的差别。如果制作的影像要通过电视屏幕展现出来，就需要将色彩校验开关打开，将电视屏幕不能接受的色彩转变成邻近的、可接受的色彩。渲染器中的色彩校验功能也可以达到相同的效果。
- 【生成预览】：可以通过调节各种参数来设置材质的变化，也可以引进动画文件来丰富材质。对于稍微复杂一些的材质变化效果，一般的机器是没有能力进行实时顺畅播放的，可以通过这里的渲染功能预先制作出一段材质动画，方便观察其变化情况。

7.4 场景和材质层级相关的控制按钮

本节主要介绍示例窗下面的图标，它们的功能均与场景和材质控制息息相关，如图 7-33 所示，其中：

图7-33 示例窗图标

- 【获取材质】：单击该按钮可以打开"材质 / 贴图浏览器"从中获取材质。可以获取已经调整好的材质，包括材质库中的、场景中已经使用的，以及其他文件中的材质。
- 【将材质放入场景】：如果希望当前材质取代已经赋予物体却不是很好看的材质，就可以使用该按钮。该按钮在简单场景中使用的概率很小，但在处理一些浩大的工程会经常使用到。
- 【将材质指定给对象】：该按钮是最常用的按钮，可以将当前的材质赋予已经选取的物体。最直接的方法是使用鼠标拖拽材质球到物体上。
- 【重置贴图 / 材质为默认设置】：单击该按钮将出现如图 7-34 所示的对话框。选择【是】可以将材质编辑器和场景中的材质一同删除。如果只是想删除材质编辑器中的内容，为新材质留下空间，而保留该场景中已经有的材质，那么可以选择【否】。

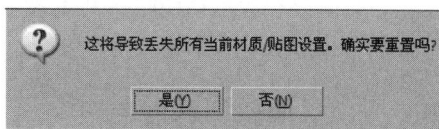

图7-34 材质重置窗口

> **提示** 材质编辑器中的材质同场景中的材质是关联的关系，二者不是必须同时存在的。同样，如果已经赋予了物体的某个材质，那么无论再怎样调整也不用再次赋予了。

- **【复制材质】**：如果只做了两个近似的材质效果，可以先精心调整好其中的一个，赋予某个物体，然后再使用复制的功能使当前的材质球与物体的材质分离，将它改成另外的样子。

- **【使唯一】**：它可以使贴图成为唯一副本，也可以使一个实例化的子材质成为唯一独立子材质。使用"使唯一"功能可以防止对顶级材质实例所做的更改影响多维／子对象材质中的子对象实例。

- **【放入库】**：如果要将制作的材质保存成文件，单击 按钮即可，此时会打开【放入到库】对话框，单击"是"按钮即可保存。这时如果在库中已经存在与需要保存的材质同名的材质，就会打开提示对话框。

- **【在视口中显示贴图】**：可以将当前层级的贴图效果展现在场景中，这个功能可以在单一结构的贴图中使用。如果将当前的图案在场景中直接显现，可以使观察和调节变得方便。这种区别只表现在工作视图中，它们的最终渲染效果是相同的。

- **【显示最终效果】**：在材质球上表现出材质的整体效果。如果想精细调节当前层级的参数，可以使图标凸起，只看当前效果。该按钮默认是按下状态，即表现整体效果状态。

- **【转到父对象】**：从当前的材质示例窗移动到上一级的层级，即如果在某一个示例窗中选定了 2D 贴图的棋盘布局，那么材质编辑器就会变成棋盘布局的选项窗口。这时如果单击该按钮就会回到第一个窗口中。

- **【转到下一个同级项】**：如果一个材质下面包含了两个通道的贴图，当处理好一个后，可以通过单击该按钮快速转向第二个通道。

- **【从对象拾取材质】**：如果想调整某个物体的材质，而这个物体是从其他场景中获取的或者它在编辑器中的材质样本被删除了，那么就可以用这个吸管在物体上点一下来吸取材质。

- 01 - Default **【材质或贴图的名字】**：在复杂的场景中为材质取个好名字很重要，如果不想迷失在混乱的材质球和贴图中，就需要花几秒钟为材质取个有真实意义的名称。这里可以使用中文，需要注意的材质还可以取些长的名字，这样就能从长长的材质列表中迅速地找到它。

- Standard **【当前层级类型】**：显示并改变贴图或材质的类型，这是一个很重要的功能，要制作复合类型的材质或贴图都需要通过这里完成。

▶ 7.5 重要的公共调节参数

公共调节参数包括明暗器基本参数、扩展调节参数、超级采样等。这些功能在所有质感制作中都是非常重要的，并且使用频繁，需要耐心学习。

▶ 7.5.1 明暗器卷展栏

明暗器是材质的一个非常基本和重要的属性，它直接决定了物体模拟哪一种现实存在的材

料来进行反光计算。3ds Max 中的明暗器调节基本上以调节高光和
光泽度为主。

明暗器基本参数调整卷展栏可以指定 3ds Max 的一系列明暗
效果。

其中各选项说明如下：

- 【线框】：运用线框的形状来表现对象，如图 7-35 所示，并
  对对应的对象所具有的边进行渲染。线框的粗细可以在扩
  展参数卷展栏进行调整。

图7-35　线框显示

- 【双面】：显示 3ds Max 面的方式是单面片方式或对象法线
  出现反转，如果没有选择该复选框，一般只显示正面。选
  择双面复选框后会将反面的面也显示出来，如图 7-36 所示。

- 【面贴图】：这是给对象所具备的每个多边形都进行贴图的
  复选框。一般来说不会用到该复选框，但是在制作一些粒
  子效果时，面贴图会发挥它的功能。

- 【面状】：选择该复选框后，将不对物体的多边形进行平滑
  处理。

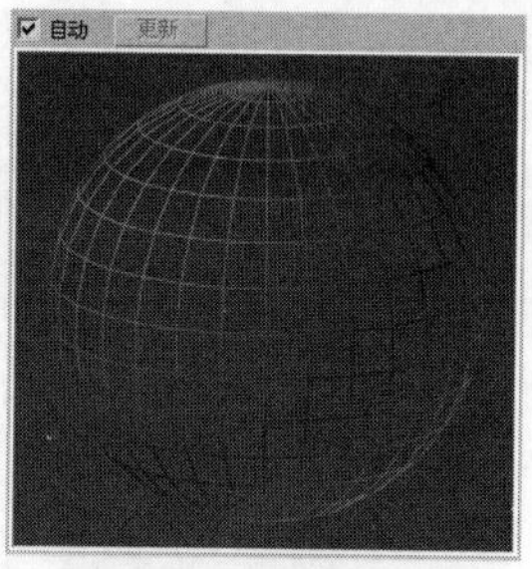

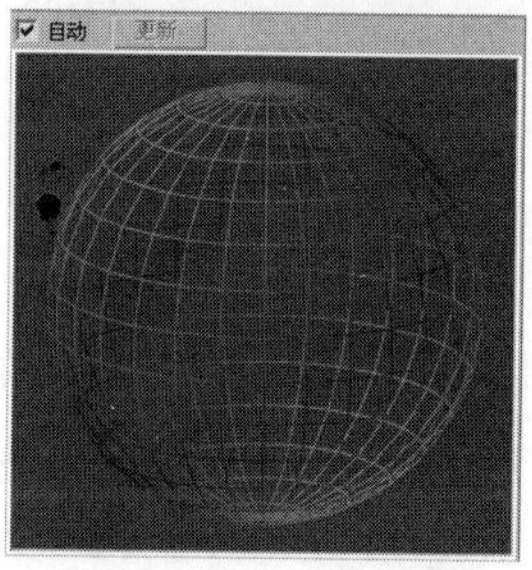

图7-36　双面线框显示

7.5.2　Blinn基本参数卷展栏

世界上所有的事物都接受来自光源的光线影响，并可
以分为三个区域，即最亮的区域、反射到其他各种事物上
的离散反射区域，以及反射光线而出现的阴影区域。简单
地说就是高光、固有色和阴影，Blinn 基本参数就是针对
这 3 个部分的控制，如图 7-37 所示。其中各选项说明如下：

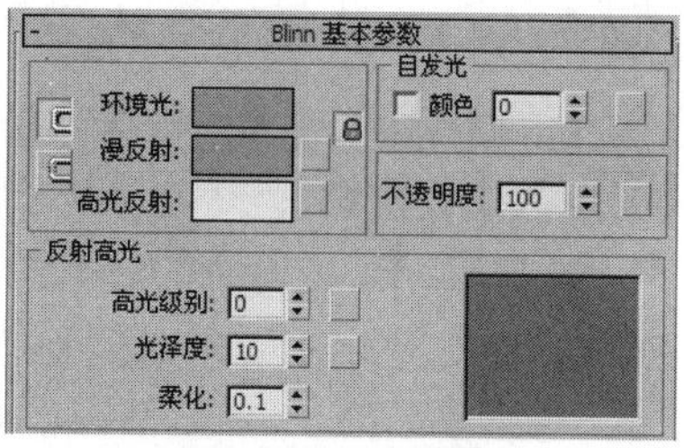

图7-37　Blinn基本参数

- 【环境光】：来源于一个物体周围环境中复杂的反射
  光线，它对物体阴影部分影响最大。

- 【漫反射】：物体最基本的颜色参数，决定了物体的整体色调。通常所说的物体的颜色就
  是指它的漫反射颜色。

- 【高光反射】：代表入射光线的颜色，能够直接影响物体高光点以及周围的色彩变化。一
  般在低照射度下，高光色彩为对象自身色彩与光源色彩的混合，而高照射度可以理解为
  暖白色和冷白色两种。

- 【锁定】按钮：简单地说就是一个关联选项，如果单击锁定按钮，就会对相应的一组
  参数产生关联。

- 【自发光】：自发光是指物体表面发射出的光线。在这里的自发光只是一个材质效果，并
  不是真正意义上的光源，它无法照亮环境中的物体。通过调整参数可以实现材质本身纹
  理或色彩的发光强度。更换色彩可以定义材质对象的自发光色彩，它与材质本身的色彩
  和纹理无关，只靠自发光不能照亮环境。

- 【不透明度】：不透明度可以决定材质是否透明及透明的程度，默认值为 100，此时材质
  完全不透明。不透明度在单独使用时效果很差，如图 7-38 所示。不透明度与光线跟踪贴
  图共同使用时，可表现各种玻璃材质，如图 7-39 所示。

图7-38　不透明度50% 　　　　图7-39　不透明0%

- **【反射高光】**：在该区域有三个参数，当对象受到光线影响时，根据对象物体的不同会有不同的受光面积、强度和外型，反射高光区域的参数就是控制事物这些方面的变化的。
  - **【高光级别】**：光线照射到物体之后，其中一部分能够被反射。反射强度与物体表面的光滑程度有关，物体表面越光滑，反射强度越大。
  - **【光泽度】**：表面光滑的物体的反光面积会相对集中，而表面粗糙的物体的反光面积会相对扩大，数值越高，高光范围越小，相对强度越大。
  - **【柔化】**：在 Phong 阴影模式和 Blinn 阴影模式中，如果高光级别的值高而光泽度低，那么环境色/漫反射/高光反射之内的边界会显得很粗糙，柔化功能可以柔化这一边界。

▶ 7.5.3 【扩展参数】卷展栏

【扩展参数】卷展栏分为高级透明度、线框和反射暗淡共 3 个部分，如图 7-40 所示，其中：
- **【高级透明】**：高级透明区域的参数用来定义物体的透明度。
- **【衰减】**：使对象的边框或者中心变得透明或者不透明。该选项与不透明度不同，不透明度使整个对象的不透明度发挥作用，而衰减只是对物体的边框发生作用，如图 7-41 所示。

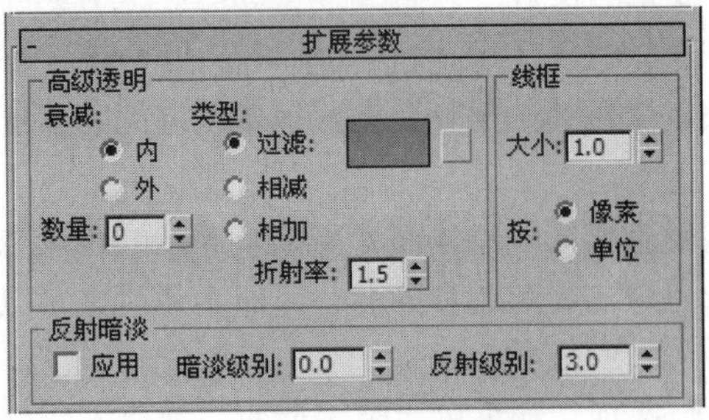

图7-40　【扩展参数】卷展栏 　　　　图7-41　衰减设置

> **技巧**　一般来说，具有透明质感的物体（如玻璃杯等）大部分边缘看上去都比中心透明，因为这种质感很少在边框部分过滤光线，所以在制作玻璃或金属材质等透明或高反射时应用衰减贴图。

- **【类型】**：使用透明材质时使用的功能，有以下 3 个选项。
  - **【过滤】**：在通过透明物体观察周围的事物时，所观察到的事物会呈现透明物体自己的色彩，就像人们带着太阳镜看事物一样，过滤也是同样的道理。

> ➢ 【相减】：从背景颜色中删除过滤色的颜色，整体的色彩会变得暗淡，但是与此相反的图像的形状会更加醒目。

> ➢ 【相加】：给对象的表面增加过滤色的颜色，由于加亮了过滤色的颜色，所以对象看起来是在发光，但是边框会变得模糊，多用于光线或者是部分烟雾等特效，如图7-42所示。

> ➢ 【折射率】：用来控制折射贴图和折射率，经常在玻璃材质上运用折射率，默认值为1.5。

- 【线框】：当用线框为对象贴图的时候可以设置该区域。

  > ➢ 【大小】：调整显示的线框粗细。用于设置显示方式，包括像素和单位两种方式。

  > ➢ 【像素】：显示一般位图的像素单位。只按照一定的粗细变化给对象进行渲染，并不能表现场景的远近感。

  > ➢ 【单位】：在进行渲染的同时会表现出远近感，因此前面的线框会显得比较粗，后面的线框会显得比较细。

> **技巧** 只有在材质编辑器中选择了线框复选框，才可以用"线框"区域进行设置，而线框的粗细可以在样本球中显示出来。在视图中无法显示粗细变化，视图中的对象只有通过渲染才能出现变化效果，如图7-43所示。

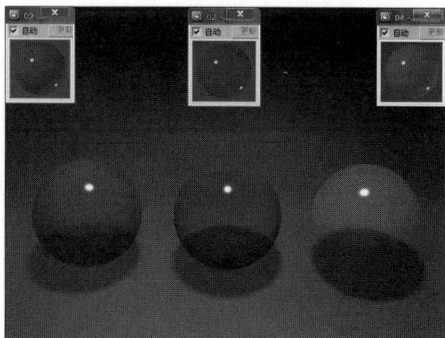

图7-42 过滤类型对比　　　　　　　图7-43 渲染线框

- 【反射暗淡】：在这一区域可以调整对象被赋予反射之后产生的阴影部分（不直接接受光线照射的部分）反射值的亮度。必须选择应用复选框才可以运用暗淡级别值。

  > ➢ 【暗淡级别】：取值范围为0～1，可以调整反射部分的阴影度，以及对象的环境光区域的反射率。

  > ➢ 【反射级别】：可以调整明亮部分的反射值。如果使用了暗淡级别值，那么数值越高，反射的效果就越好。默认值是3，最高值是10。

▶ 7.6 基本材质的明暗器应用——3ds Max的6种明暗器

对于标准材质而言，明暗器是一种算法，它告知3ds Max如何计算表面渲染。每种明暗器都有一组用于特定目的的独特性。一些明暗器是按其执行的功能命名的，如金属明暗器。也有一些明暗器是以开发人员的名字命名的，如Blinn明暗器和Strauss明暗器。3ds Max中的默认明暗器为 Blinn 明暗器。在明暗器的制作中，应该充分考虑物体表面的反射率、透明度、颜色、纹理等多方面的因素。3ds Max 给出了这些基本的控制方式，但更多的是靠个人对事物的理解，以及对于这些基本的控制方式的综合使用，才能制作出令人信服的作品。明暗器的 6 种控制方式如图 7-44 所示。

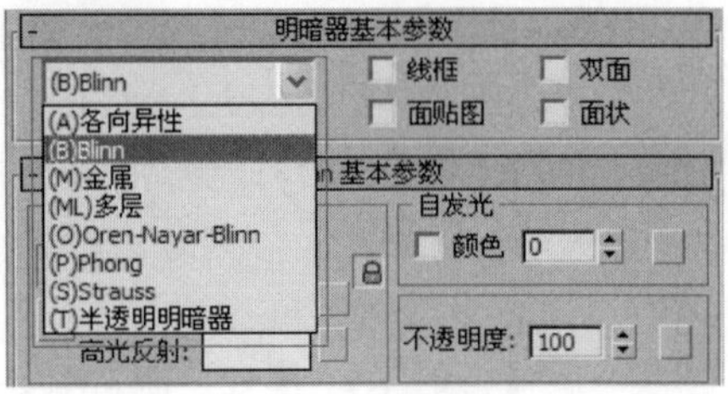

图 7-44　明暗器类型

7.6.1　各向异性明暗器

本模式和其他阴影模式的高光区域有所不同，它可以表现非正圆形的、具有方向性的高光区域。该模式主要在受光的事物具有不规则外形时使用。各向异性材质中受光的区域和其他阴影有所不同，它可以表现出长的阴影，所以经常用于金属、玻璃、叶子、头发等表面上，产生磨砂金属或头发的效果。它可以创建拉伸并成角的高光，而不是标准的圆形高光。【各向异性参数】卷展栏如图 7-45 所示。其中：

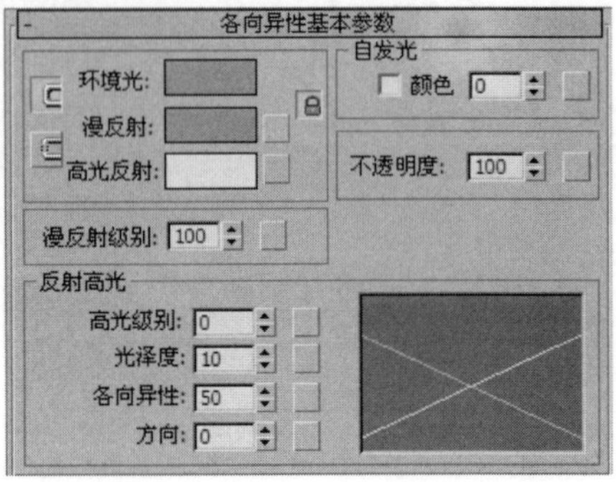

图 7-45　【各向异性基本参数】卷展栏

- 【漫反射级别】：可以调整漫反射的亮度。在漫反射级别上贴图时，打开图片之后可以在图片的明亮区域使用示例窗中指定的颜色，而阴暗的区域可以使用打开的图片。如果在漫反射级别中不使用其他贴图而是使用较高的数值，则比较适合表现玻璃等材质，如果使用了较低的数值则能表现出金属性质的材质。

- 【各向异性】：重新制作高光反射高光。随着数值的上升，高会变长、宽会变窄。默认值是 50，最大值是 100，数值为 100 的时候就会有完全垂直的 1 字形高光反射高光值。如图 7-46 和图 7-47 所示分别是各向异性为 70 和 100 时的效果。

图 7-46　各向异性值 70 　　　　　图 7-47　各向异性值 100

- 【方向】：调整高光反射高光值的角度。

7.6.2　Blinn 明暗器

该模式在 3ds Max 的阴影模式中最常使用，它从最亮的部分到最暗部分的色调都很柔和，与 Phong 阴影模式相比，Blinn 材质把对象的高光部分处理得更加柔和，可以表现出光泽逐渐扩散的效果。其参数栏如图 7-48 所示。

使用 Blinn 材质的时候应该注意的问题是柔化，它可以调整高光的强弱与柔和度，如图 7-49 所示是柔化为 0 时，高光很强烈；如图 7-50 所示是柔化为 1 时，高光已经变得很柔和。

图7-48 【Blinn基本参数】卷展栏

图7-49 柔化值0

图7-50 柔化值1

▶ 7.6.3 金属明暗器

该模式在表现金属效果时具有最显著的效果，如图 7-51 所示。

金属明暗器的特点是不具有高光反射模式，因为具有金属性质的物体一般都会使用本身具有的基本颜色。如图 7-52 所示是高光级别和光泽度均为 70 的效果；如图 7-53 所示是高光级别和光泽度均为 40 的效果。

图7-51 【金属基本参数】卷展栏

图7-52 高光级别和光泽度均为70

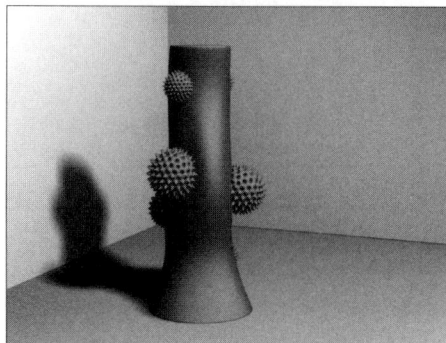

图7-53 高光级别和光泽度均为40

237

三维制作大师

7.6.4 多层明暗器

　　它是一个成为一体的两个各向异性明暗器，可用于生成两个具有独立控制的不同高光，只能用阴影来表现出光线交叉的效果。可以制作玻璃或是金属等物体的各种表面。

　　多层明暗器使用分层的高光来创建比各向异性更复杂的高光，该高光适用于高度磨光的曲面特殊效果等。它的基本参数和各向异性明暗器相同，不同的是它还有粗糙度参数。如图 7-54 所示与各向异性设置相同，而光线角度设置相反时，可以形成交叉高光；如图 7-55 所示是合理调节这两种高光的强度和方向，可以创建更加真实的效果。【多层基本参数】卷展栏如图 7-56 所示，其中：

图7-54　交叉高光

图7-55　真实高光

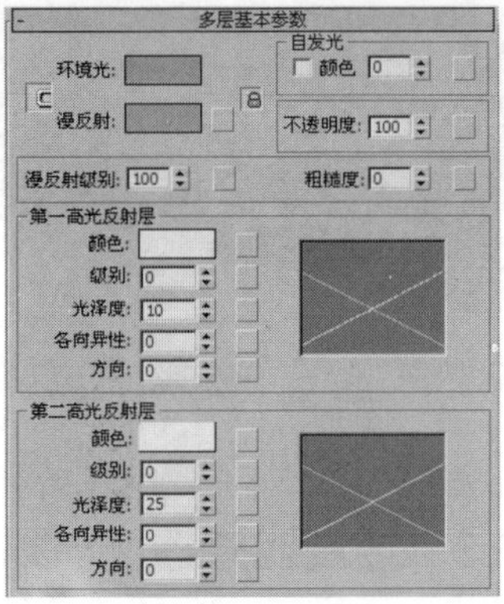

图7-56　【多层基本参数】卷展栏

- 【粗糙度】：漫反射的颜色和环境光的颜色不同时可以调整这两个颜色的融合度。数值越高，环境光也就更多，对象也就越来越暗，光泽也会越来越少。如图 7-57、图 7-58 所示是粗糙值为 0 和 100 时的效果对比。

图7-57　粗糙值为0

图7-58　粗糙值为100

7.6.5 Oren–Nayar–Blinn明暗器

　　该明暗器主要表现吸收光线的材质而非反射光线的材质。从位于反射光（间接照明）较多处的事物中可以看到运用 Oren-Nayar-Blinn 材质表现出的效果。在 3ds Max 提供的阴影模式当中它能够最柔和地表现光线。

与其他材质相比，它的环境色区域的分布广泛，其包含高级漫反射控件、漫反射级别和粗糙度，使用它可以生成无光效果，因此它适合无光曲面，如布料、陶瓦等。与各向异性和多层模式一样，Oren-Nayar-Blinn 模式也具有漫反射级别和粗糙度选项，使用方法和多层模式一样。【Oren-Nayar-Blinn 基本参数】卷展栏如图 7-59 所示，其中：

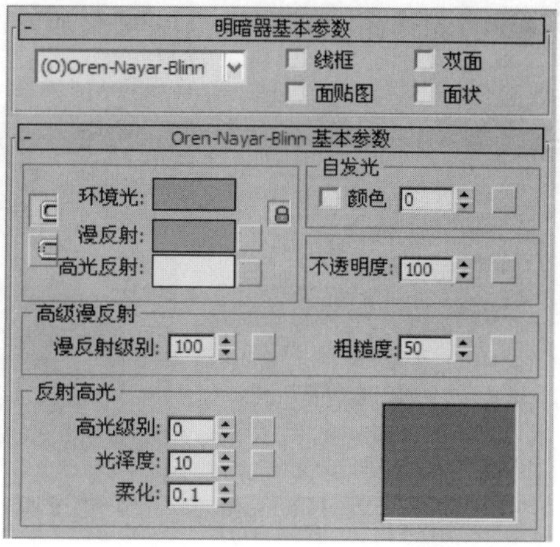

- 【漫反射级别】：数值越高，漫反射的颜色就越亮，即能够调整光线对于漫反射区域的反应。

- 【粗糙度】：数值越高，漫反射的颜色就越暗。与漫反射级别一样，可以调整光线对于漫反射区域的反应，数值越高就越能表现出 Oren-Nayar-Blinn 材质的本质，数值越接近 0 越能表现接近 Blinn 模式的本质。

当降低高光级别、光泽度并增大柔化的值时，可以加强其无光"陶土"的特性，如图 7-60 所示；当提高高光级别、光泽度并减小柔化的值时，可以使其更加靠近 Blinn 模式，不过与 Blinn 不同的是，它虽然反光，但很柔和，只有丝绒的感觉，如图 7-61 所示。

图7-59 【Oren-Nayar-Blinn基本参数】卷展栏

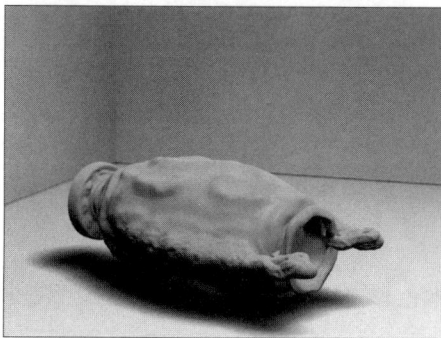

图7-60 无光"陶土"

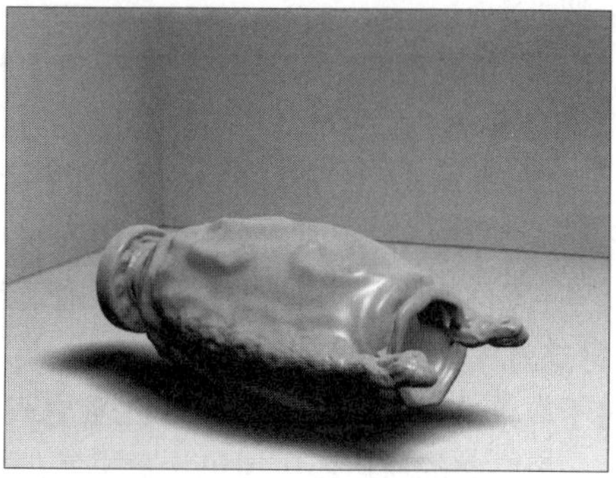

图7-61 柔和"陶土"

7.6.6 Phong明暗器

该模式是一种经典的明暗方式，它是一种实现反射高光的方式，适用于塑胶表面。Phong 阴影模式一般在对象接收强而薄的光线时使用。它对于高光部分的强调比 Blinn 阴影更加突出，所以多用于有光泽的台球或是玻璃等具有人工质感的物体上。【Phong 基本参数】卷展栏如图 7-62 所示。

Phong 明暗器优点是在所有明暗器当中能够最为准确地表现凹凸、反射、透明度和高光反射等值。但是由于会截断高光，因此会有些不自然，同时还会显得单薄，这些也是 Phong 材质的缺点。

Phong 和 Blinn 功能本身具有相同的作用，但是为了体现 Phong 材质的特点，即使是输入了与 Blinn 材质相同的数值，Phong 材质的高光也会显得更加明亮，如图 7-63 所示。

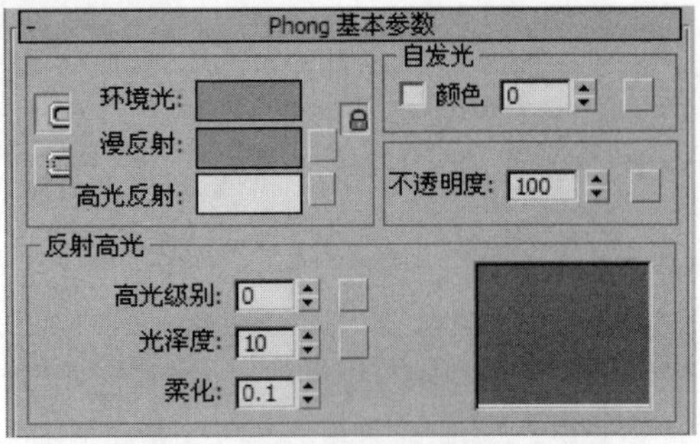

图7-62 【Phong基本参数】卷展栏

图7-63 Phong材质的高光

▶ 7.7 丰富的【贴图】卷展栏

　　【贴图】卷展栏是材质的基础组成部分。每个材质都预留了各种类型的【贴图】卷展栏供调节，各个【贴图】卷展栏控制着材质各个部分的色彩效果和几项基本属性，如图 7-64 所示。根据不同的反光方式，每种材质的【贴图】卷展栏组成结构有一些区别。

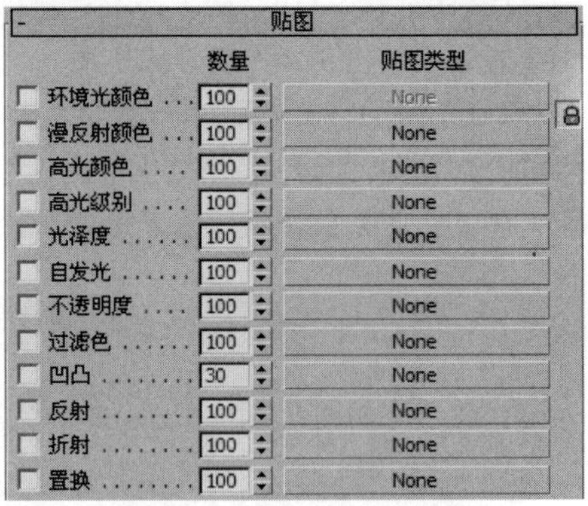

　　【贴图】卷展栏是 3ds Max 材质部分中相当关键、强大的部分，通过对【贴图】卷展栏进行各种设置，可以制作出千变万化的材质，模拟现实中各种各样的事物。在这里以基本的 Blinn 材质为例逐项展开它们的特性。其他材质的贴图通道都是以Blinn 材质为基础的，只是稍有变化。

图7-64 【贴图】卷展栏

　　对于简单的材质，我们只需要注重它表面的基本色彩变化。但物体表面的色彩只是材质一部分，一个完整的材质还应该包含更丰富的信息。

▶ 7.7.1 环境光颜色通道

　　环境光颜色通道与漫反射颜色通道位于贴图卷展栏列表的最上面。环境光颜色用来模拟周围环境对当前物体的色彩影响，这种影响往往容易忽略。在模拟物体的材质的时候就要考虑周全一些。

　　在学习物体间反光调节时有一个重要的原则：物体能够反射与自身颜色相同的光线。在一个空间里会充满了与该环境整体色调一致的反射光线，当物体在这样的环境中时，它必然受到这个环境的整体色调影响。

　　在使用环境色时应注意，不要把它同物体的反射效果混淆。环境色是环境中的反光对此物体的色彩侵扰；而反射效果则是其他物体的影像直接投射在当前物体上。二者的来源虽然相同，但光的类型却几乎是漫反射与镜面反射（甚至像自发光的感觉）的区别。

技巧 除非环境光的级别大于黑色的默认值，否则环境光颜色贴图在视口或渲染中不可见。可以选择渲染/环境命令，使用环境与效果对话框调整环境光的级别，如图 7-65 所示。如图 7-66 所示为改变环境前后，整体场景材质的变化。

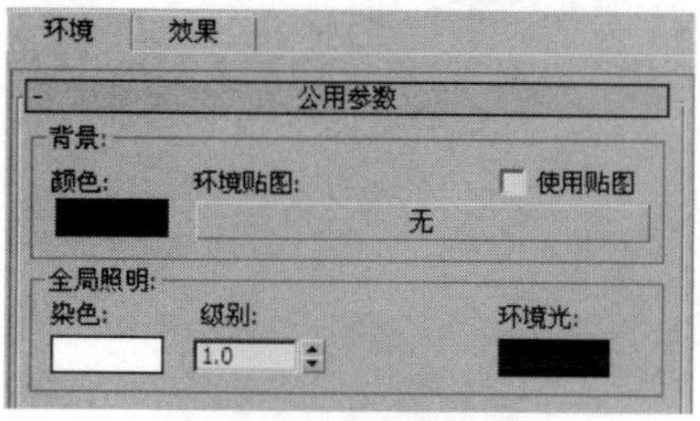

图7-65 环境面板

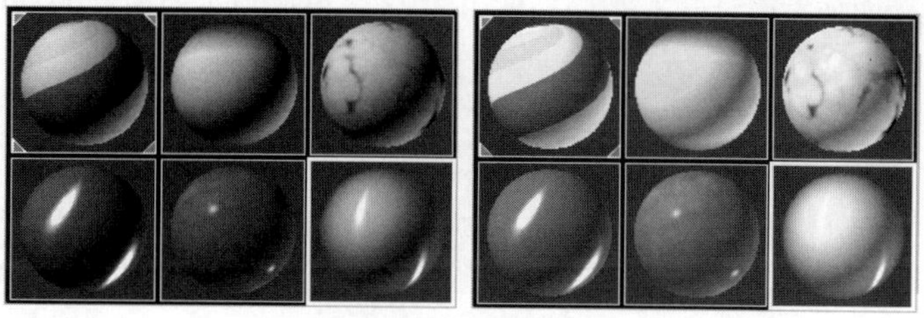

图7-66 场景材质变化

环境色在使用时需要注意几个要点。首先，3ds Max 的材质编辑器在初始时会将材质环境光颜色与它自身的漫反射颜色锁定在一起，需要单击通道后面的锁定图标取消链接。其次，环境光颜色是其他物体的漫反射光线造成的，这种效果也应该是虚虚柔柔的。

7.7.2 漫反射颜色通道

漫反射颜色是物体表面最基础、最直观的色彩信息，它直接源于构成次物体的材料的特性，如树叶的嫩绿色、枝条的灰绿色、树皮的棕黄色以及花朵的缤纷色彩，它们不仅有丰富的色彩，更有变化的花纹和细致入微的细节表现，这些都是源于物质自身对光线的漫反射。设置漫反射颜色通道与在对象的曲面上绘制图像类似。例如，如果要得到用石头盖的房子，就可以选择带有石头图像的贴图作为墙面的漫反射贴图。在默认情况下，漫反射贴图也将相同的贴图应用于环境光颜色。一般情况下，不需要对漫反射组件和环境光组件使用不同的贴图。

从真实的角度来说，通常漫反射贴图的目的是模拟比基本材质更复杂的单个曲面，因此应该启用锁定。当然，并不一定必须锁定环境光贴图和漫反射贴图。通过禁用锁定并针对每个组件使用不同的贴图，也可以获得有趣的混合效果。漫反射贴图效果如图 7-67 所示。

图7-67 漫反射贴图效果

技巧 通常情况下，环境色或环境色贴图不需要特别指定，因为环境色的效果在材质编辑器中有时候表现得非常夸张，色彩浓烈，简直就像自发光，但它的实际渲染效果总是会调节它的强度，需要反复渲染观察效果，可以通过位图贴图方式中的输出量调整环境色的强度。如图 7-68 所示。

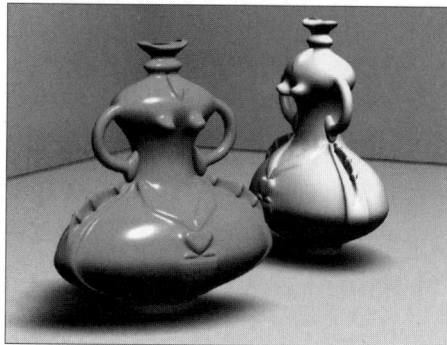

7.7.3 高光颜色通道

高光颜色通道能够将导入的图像展现在物体的高光区域。如果在对象材质的高光颜色通道中放置一张彩色花纹的图片，那么绚丽的色彩就会映衬出来。可以选择位图文件或程序贴图，将图像指定给材质的高光颜色组件。贴图的图像只出现在反射高光区域中，当数值为100时，贴图提供所有高光颜色。如图7-69所示，两张贴图的颜色出现在高光区中。

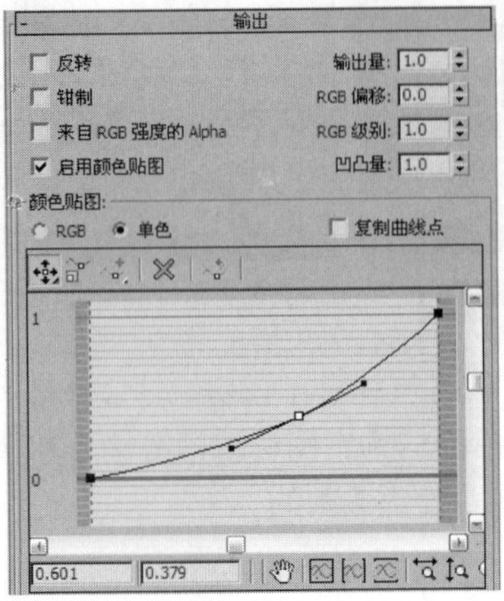

图7-68 【输出】卷展栏

图7-69 高光颜色通道

> **技巧** 一般情况下，经常使用饱和度比较低的图像来模拟缤纷错杂的光线照射在物体表面的光影效果。一般只有非常光滑的物体表面才会产生这种类似镜面反射的光线色彩。

7.7.4 高光级别通道

高光级别通道的作用是根据导入图片的灰度值形成高光区域，如果在物体的高光区域通道中使用对比明显、线条分明的光影图片，物体的高光区域将按照这张图片发生变形。这种复杂的光影效果是通过任何参数也无法模拟的。如图7-70所示为使用不同贴图在高光上的不同表现。将高光区域的颜色与级别两个通道配合使用，可以创造出很多迷人的效果。

图7-70 高光级别通道

> **技巧** 使用高光级别通道需要注意两点：首先，光影的形成是通过图片的灰度信息产生的，即使导入了一张色彩非常浓烈的图片，材质编辑器也只是用它的黑白灰信息（或者称为亮度信息）。另外，光影的产生仍然是以物体原有的高光效果为基础的。

▶ 7.7.5 光泽度通道

光泽度通道能够对物体的受光区域进行过滤，使用图像的亮度信息在物体表面产生广泛而均匀的光泽效果，通常用来模拟复杂的、复合材质的对象材质变化，比如，积水的马路、生物的皮肤等。光泽度效果容易与高光级别效果混淆，其实二者的区别还是很明显的，一方面在于光泽度通道的影响范围，比分布在物体表面除阴影以外的任何受光区域更广泛，而高光区域效果只存在与法线朝向光源的那些区域；另一方面是光泽效果比较均匀，不会产生高光区域通道那样的明亮光斑。光泽度通道使用的仍然是图像的灰度信息，但它是依照图像的白色区域去压住高光而在黑色区域透过光亮，一般可以将漫反射贴图与光泽效果结合使用。如图7-71所示为贴于反光效果完全由光泽度贴图通道控制，注意贴图图形即是高光的形状；如图7-72所示是将相同的贴图复制给凹凸，结合后效果更特别。

图7-71　高光形状

图7-72　物体形状

▶ 7.7.6 自发光通道

自发光通道对应着材质基础的自发光参数，如图7-73所示，几种自发光效果的区别在于：第一个物体是没有自发光的，在弱的光线中很暗淡；第二个物体使用了红色的自发光颜色，于是物体无论什么地方都笼罩上一层红色的光亮，连原色彩的部分也不例外。

> **技巧**　自发光只是物体自身的材质效果，并不是照亮其他物体。另外，自发光效果只用于模拟真正能够发光的物体，而大多数光亮物体（如金属、玻璃等）只是反光很强，但没有自发光。

图7-73　自发光效果

▶ 7.7.7 不透明度通道

不透明度通道可以通过导入的图像控制物体的透明变化。在材质的基本参数中已经包含了对透明度的调节，一旦这种透明效果是对物体的整体透明效果进行调节，可将构成物体的材质作为均匀质地来处理。如果希望物体表现出更丰富的、带有图案变化的透明效果，就需要通过不透明度通道进行控制。当在不透明通道上放置一幅图片时，它的黑色区域对应的那部分物体会变为完全透明，而白色区域对应部分仍然表现物体自身的本来面貌。这张用来控制透明区域分布的图片就叫做蒙版。

在不透明度通道上引用黑白图案，将材质赋在一个平面物体上，蒙版的灰色部分产生的是明显的半透明效果，如果导入的是彩色图案，那么在这里只使用其中的亮部信息，会将彩色转化为不同的灰色，如图 7-74 所示。在此罐子下方透明的部分即阴影的渐变效果。

图7-74　不透明度效果

> **技巧**　处理透明材质的时候需要注意它的阴影问题。如果不考虑光线的折射问题，透明物体的影子应该是相对明亮或者富有细节的。如果使用模拟的灯光阴影渲染，它所投射的影子并没有考虑到材质本身的透明度和变化效果，而是用这一材质的平面物体暴露出来，很不真实，如图 7-75 所示。如果换作光线跟踪的阴影方式就能真实地考虑到材质效果，在地面上绘制出真实的影子。

如果光线穿透透明物体产生的细腻阴影效果仍然不理想，那就试试过滤色通道的功能。放置在这个通道上的贴图直接过滤穿透物体的光线，产生带有艳丽色彩的影子。当然，它也会在物体表面产生类似自发光的绚丽色彩。使用过滤色通道的前提是该材质已经使用了不透明度通道或者设定了透明参数而产生了光线通透的效果。

> **技巧**　如果将不透明度通道与漫反射贴图通道的色彩相呼应，效果更加逼真动人，可以用起来制作彩色玻璃的质感，如图 7-76 所示。

图7-75　阴影错误效果

图7-76　彩色玻璃质感

不透明度贴图通道

所用素材：光盘＼素材＼第7章＼材质实例＼不透明度贴图通道
最终效果：光盘＼效果＼第7章＼材质实例＼不透明度贴图通道完成

操作步骤

01 打开场景文件，如图 7-77 所示。单击创建面板　／灯光　／目标平行光，调整目标平行光位置如图 7-78 所示。

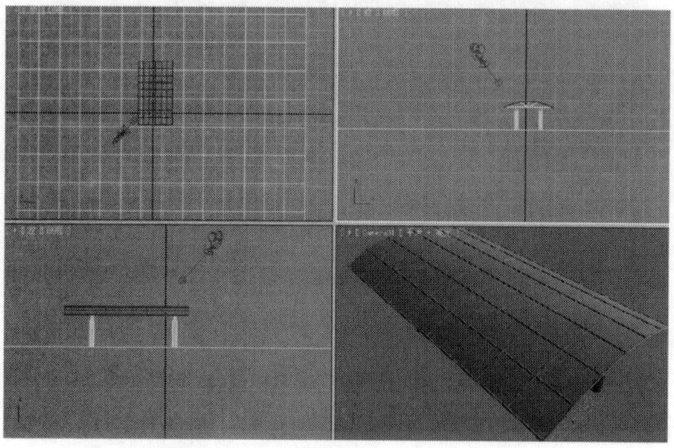

图7-77　不透明度贴图场景

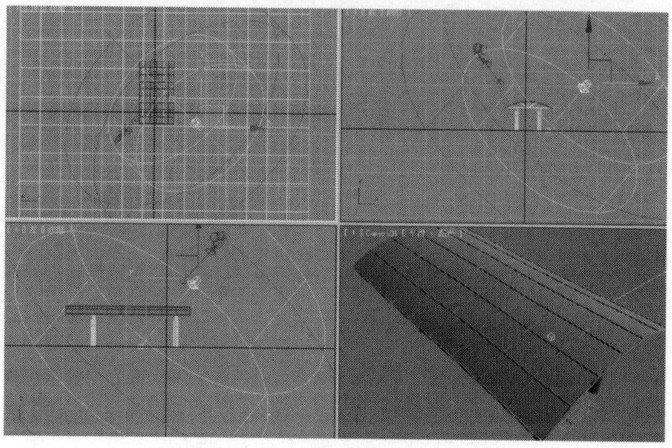

图7-78　创建主灯光

02 选择目标聚光灯，单击修改面板 ，勾选开启阴影，设置阴影类型为【阴影贴图】。设置灯光颜色为 RGB（255、255、255），设置【倍增】值为1，衰减类型为【无】。单击【聚光灯参数】卷展栏，设置【聚光区 / 光束】为729，【衰减区 / 区域】为1223。打开【阴影贴图】卷展栏，设置【偏移】值为1，【大小】为1024，【采样范围】为12，如图 7-79 所示。

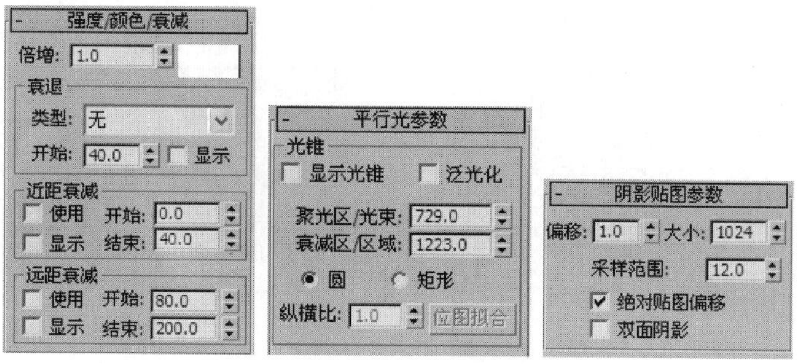

图7-79　灯光设置及阴影设置

03 下面进行场景中材质的设置。选择场景中的地面物体，单击【M】键打开材质编辑器，选择一个新的材质球，并将其赋予给地面物体，设置【漫反射】颜色为 RGB（255、255、255），渲染如图 7-80 所示。选择场景中的支架物体，如图 7-81 所示。

图7-80　渲染效果

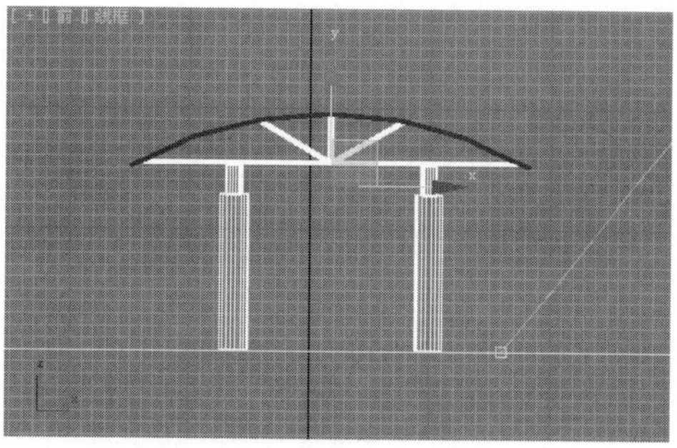

图7-81　选择支架物体

04 单击【M】键打开材质编辑器，选择一个新的材质球，并将其赋予给支架物体。设置【漫反射】颜色为 RGB（117、151、179），设置【高光级别】为62，【光泽度】为39，如图 7-82 所示。选择场景中的面板物体，如图 7-83 所示。

图7-82 基本参数设置

图7-83 选择面板物体

05 单击漫反射贴图通道，在弹出的【材质】/【贴图浏览器】中选择【位图】贴图通道，在【选择位图图像文件】对话框的【文件名】选项栏中选择"网格"文件，如图7-84所示。单击【坐标】卷展栏，设置UV平铺值分别为4和7，如图7-85所示。

图7-84 【选择位图图像文件】对话框

图7-85 【坐标】卷展栏

06 返回材质层级，单击漫反射贴图通道，在弹出的【材质】/【贴图浏览器】中选择【位图】贴图通道，在【选择位图图像文件】对话框的【文件名】选项中选择"透明"文件。如图7-86所示。单击【坐标】卷展栏，设置UV平铺值分别为4和7，如图7-87所示。

图7-86 【选择位图图像文件】对话框

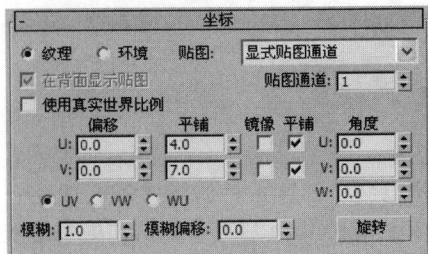

图7-87 【坐标】卷展栏

三维制作大师

07 返回材质层级，按住鼠标左键选择漫反射贴图通道，将其直接拖动到【不透明度】贴图通道|中，如图 7-88 所示。在弹出的对话框中选择【实例】的复制方式，如图 7-89 所示。

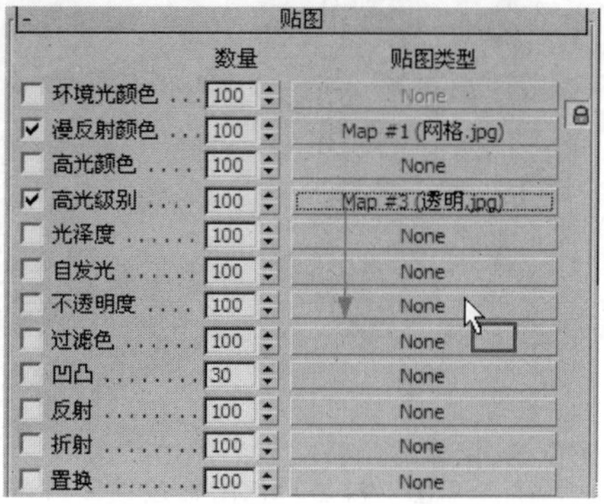

图7-88 复制贴图通道

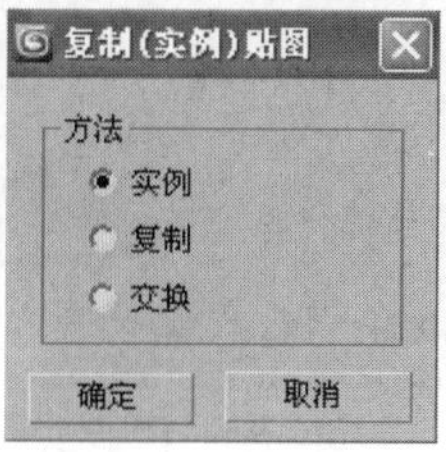

图7-89 【复制（实例）贴图】对话框

08 测试渲染。如图 7-90 所示，发现物体存在不透明贴图阴影的问题，在当前场景中，面板物体的投影应该是有空隙的，而不是现在的全黑色，这是因为【阴影贴图】这种投影方式对透明贴图无效。此时可以选择场景中的目标平行光，将阴影方式更改为【光线跟踪阴影】，如图 7-91 所示。最后渲染效果如图 7-92 所示。

图7-90 渲染效果

图7-91 阴影设置

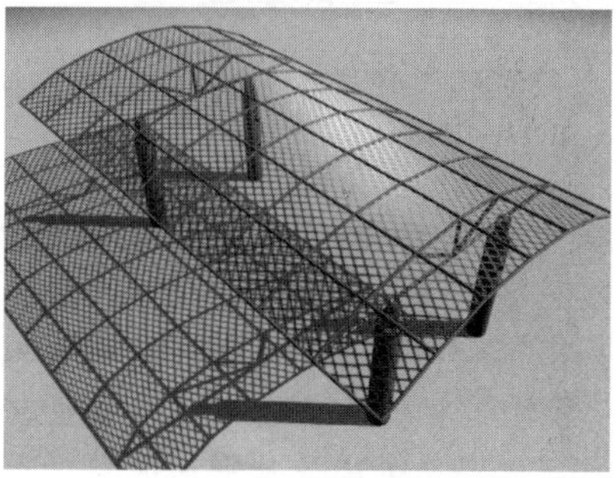

图7-92 最终效果

三维制作大师

▶ 7.7.8 凹凸通道

凹凸通道上的图像可以在物体表面产生起伏变化的效果，这是材质中非常重要的一种属性，其重要性甚至仅次于物体表面的漫反射颜色属性。

物体表面的起伏有 3 种类型。第一种是人为制造的，包括工业制品的表面造型、变化的花纹、雕琢的文字以及不同部件之间的缝隙等；第二种是物体本身的纹理，比如石材的粗糙表面或者植物表面的脉络；第三种是物体表面磨损产生的变化效果，如划痕和碰撞产生的凹坑等。

所有的这些效果的共同特征是依附于物体的表面而对物体的整体结构没有影响。材质的凹凸通道上使用如图 7-93 所示的图片，图片上白色部分以及不同灰色对应的区域产生突出的效果，而纯黑色对应的区域没有变化。凹凸强度值的有效范围是 +999 ～ –999，如果值为负数，则亮度越高的地方凹陷越多。

当使用的是彩色图片的时候，凹凸通道仍然使用它的灰度信息。在如图 7-94 所示的凹凸效果中，在物体的中心放置一盏聚光灯向四周照射，注意每个突起浮雕的变化效果，它的光亮部分是朝向灯光的，而阴影则背对着灯光，这就是凹凸效果的真实所在。使用凹凸效果的时候应尽量用侧向光照明，垂直光线无法表现凹凸效果。

图7-93　凹凸效果

图7-94　彩色图片应用凹凸通道

> **注 意**　凹凸效果是借助光影的手法在物体表面绘制的效果，并不是真正存在的凹凸。

7.7.9　置换通道

如果要制作物体的表面真实起伏的效果可以使用置换通道，如图 7-95 所示。

> **技 巧**　置换通道得到的效果同空间扭曲或修改工具面板中的置换功能相同，但它不能在视图中交互显示，只能在渲染时出现效果，所以一般使用不多。

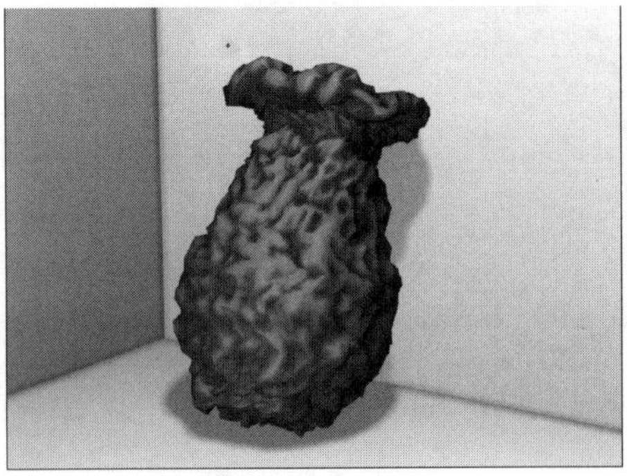

图7-95　置换效果

7.7.10　反射通道

反射与折射的含义很简单。如果一个物体的表面极其光滑，以至于能够映衬出其他物体的具体形象，这就是反射。光线在穿过某些透明物体的同时会发生偏转，造成透过该物体观察其他物体时发生变形，这就是折射效果。

反射效果经常出现在金属、水、玻璃、瓷器、漆器以及抛光的石材等物体表面。要模拟真实的平面反射效果一般选择平面镜程序贴图。平面镜程序贴图方式一般施加给标准几何物体中的平面或者长方体，如果是使用长方体，则需要将它的高度值调节为负值，以确定其顶面反射效果。平面镜贴图方式只能在物体的一个面上产生反射效果，一般应用于地面、水面、镜子等效果的模拟。在具体应用时可以减小该通道的值以弱化反射强度（只有镜子能产生百分之百的反射，其余材质则应根据具体情况进行不同的设置），如图 7-96 所示使用了 40 的强度。此外，在平面镜内部有一个影像模糊的参数，对于表面稍微粗糙一些的物体可以增加这个值的大小以实现模糊的反射影像。

对于复杂表面的反射，比如玻璃和金属结构，可以使用自动跟踪计算方式——光线跟踪，如图7-97所示的材质的反射通道上就使用了光线跟踪贴图。材质的反射通道上如果使用了光线跟踪贴图，计算机就能够自动按照每个面的法线方向进行反射计算，而我们所要做的就是控制整体的反射强度和反光状态。

> **技巧** 平面镜在理论上也能赋予物体的多个面和复杂平面，但因操作起来很繁琐，因此多用在金属、水、玻璃、瓷器、漆器以及抛光的石材等方面。

图7-96　反射效果

图7-97　反射通道应用光线跟踪贴图

▶ 7.7.11　折射通道

折射通道类似于反射通道。它将视图贴在表面上，这样图像看起来就像透过表面所看到的一样，而不是从表面反射的样式。就像反射贴图一样，折射贴图的方向锁定到的是视图而不是对象，在移动或旋转对象时，折射图像的位置仍固定不变。

在表现玻璃材质的时候一般使用光线跟踪贴图，这时候就需要考虑折射率的问题——折射率【IOR】主要控制材质折射透射光线的严重程度。一般来说，1.0是空气的折射率，这表示透明对象后，对象不会产生扭曲。折射率为1.5表明后面的对象扭曲严重（像透过玻璃球一样），而水的折射率一般为1.33左右。在折射率稍低于1.0时，对象沿着它的边缘反射（就像从水下看到的气泡）。另外，类似玻璃对象的效果需要反射与折射贴图同时使用。

> **提示** 不同物体折射率
> 真空：1.0　　　　　空气：1.0003
> 水：1.333　　　　　玻璃：1.5 ~ 1.7
> 钻石：2.419　　　　红/蓝宝石：1.7

▶ 7.8　使用最频繁的材质

使用最频繁的材质也可以说是最重要的材质，几乎在所有的创作中都有可能用到，涉及到这样的材质包括3种，分别是标准材质、光线跟踪材质和混合材质。

7.8.1 标准材质

标准材质是"材质编辑器"示例窗中的默认材质，也是平时使用最频繁的材质类型。在 3ds Max 中，标准材质主要模拟对象表面的反射属性，如果不使用贴图，标准材质会为对象提供单一而统一的颜色。

7.8.2 光线跟踪材质

光线跟踪材质是高级表面着色材质，经常用来创建玻璃、水、金属、塑料等自然界一切带有反射性质的物质，这也是 3D 效果中最出彩的材质之一。光线跟踪材质还支持雾、颜色密度、透明度、荧光以及其他特殊效果。使用"光线跟踪"材质生成的反射和折射，比用【反射】/【折射】贴图更精确，当然在渲染光线跟踪对象会比使用【反射】/【折射】更慢。另一方面，"光线跟踪"材质通过将特定的对象排除在光线跟踪之外，可以在场景中进行优化。

1. 光线跟踪【扩展参数】卷展栏

【扩展参数】卷展栏中有光线跟踪材质当中的特效控制参数、升级了的透明效果、烟雾效果、荧光效果等特殊功能，它们功能强大，但是可能需要多次的练习才能有效地使用它们。【扩展参数】卷展栏如图 7-98 所示，其中：

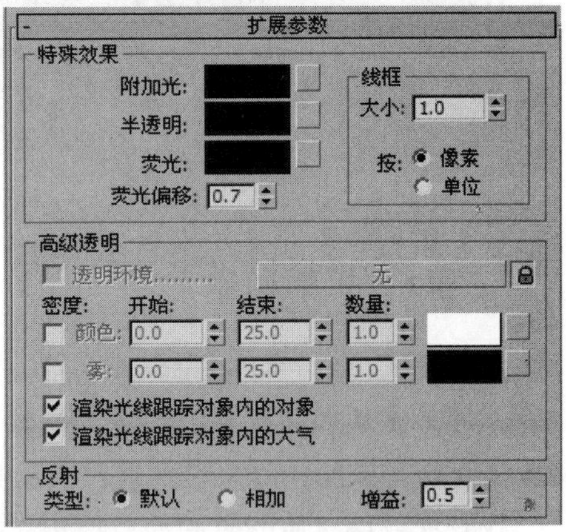

图7-98　光线跟踪【扩展参数】卷展栏

- 【特殊效果】：该区域中的 4 个参数一般用来表现特殊的效果，其功能类似于自发光效果。
  - 【附加光】：在指定的光线跟踪材质上面增加对象表面照明的效果。将附加光设置为绿色后，可以看到模型的暗部明显呈现黄绿色，利用此功能还可以人为的模拟一些简单的 Radiosity 效果。
  - 【半透明】：这里的半透明颜色是无方向性漫反射。对于薄的对象可以向纸背面投射阴影，然后看到整个纸上投射的影子，对于更薄的对象，还可以获得比较好的蜡烛材质效果。
  - 【荧光】：在表现荧光性材质的时候使用。如图 7-99 所示为在同样折射度的情况下，荧光直接影响了折射的色彩；如图 7-100 所示为将荧光和半透明色彩同时使用时得到的材质。

图7-99　相同折射度效果

图7-100　荧光和半透明色彩同时使用效果

> ➤ 【荧光偏移】：可以调整荧光性的强度。
- 【高级透明】：控制透明的一些详细参数。
  > ➤ 【透明环境】：决定在运用光线跟踪的对象中是否按照折射率来使用图片贴图。
  > ➤ 【密度】：通过指定对象的密度来调整颜色或是烟雾的浓度。密度控件用于透明材质。如果材质不透明【默认】，那么它们将没有效果。
  > ➤ 【颜色】：根据对象的密度来调整透过多少颜色。
  > ➤ 【雾】：用掺杂自发光的烟雾来填充对象的内部的功能。密度雾也是一种基于厚度的效果。它将对象充满雾，雾既不透明又自发光。这种效果类似于在玻璃中弥漫的烟雾或在蜡烛顶部的蜡。管状对象中的彩色雾类似于霓虹管。
  > ➤ 【开始】：决定效果的开始点。
  > ➤ 【结束】：决定效果的结束点。
  > ➤ 【数量】：决定效果的强弱。
- 【反射】：该区域中的参数可以更好地控制反射。
  > ➤ 【默认】：当选择默认单选按钮时，反射值中不会出现漫反射的颜色。如果材质不透明，可以完全反射，那么就没有漫反射颜色。当设置为附加时，反射会加到漫反射颜色上，与标准材质一样，漫反射组件始终可见。
  > ➤ 【相加】：选择相加单选按钮后，即使是设置了百分之百的反射值，也会出现漫反射的颜色，如图 7-101 所示，其中，左边的瓶子为没有光线跟踪的漫反射本色材质；中间瓶子的材质色彩丰富，而反向色彩也出现在上面；右边瓶子为光线跟踪材质。
  > ➤ 【增益】：可以调整反射的亮度。

2. 【光线跟踪器控制】卷展栏

【光线跟踪器控制】卷展栏如图 7-102 所示，其中：

图7-101　相加效果展示

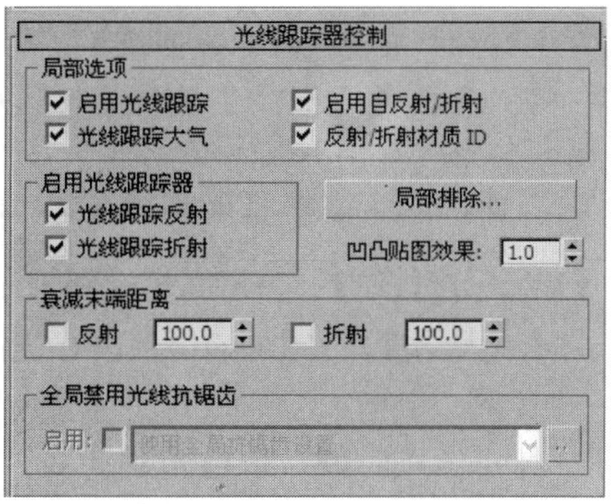

图7-102　【光线跟踪器控制】卷展栏

- 【局部选项】：光线跟踪控制的局部选区。
  > ➤ 【启用光线跟踪】：只有选择了该复选框才能表现光线跟踪效果。即使禁用光线跟踪，光线跟踪材质和光线跟踪贴图仍然会折射环境，包括用于场景的环境贴图和指定给光线跟踪材质的环境贴图。
  > ➤ 【启用自反射 / 折射】：决定是否在材质上反射自己本身。
  > ➤ 【光线跟踪大气】：决定是否对环境中的大气等产生反射效果，大气效果包括火、雾、体积光等。默认设置为启用。

> ➤ 【反射／折射材质ID】：决定是否反射 Video Post 或 Effect 的效果。如果光线跟踪对象反射一束灯光，灯光用 Video Post 光晕过滤器【镜头效果光晕】发出光晕，那么反射也会发出光晕。

> **技巧** 在 Video Post 或者材质编辑器中都应该选择 ID，没有选择反射／折射材质 ID 复选框的对象不会反射高光的效果。

- 【启用光线跟踪器】：必须选择该区域的两个复选框才可以计算反射和折射效果。
  - ➤ 【光线跟踪反射】：选择该复选框后才能计算材质的反射率。
  - ➤ 【凹凸贴图效果】：在运用反射和折射的部分增加利用凹凸贴图表现的浮雕效果。数值越大，凹凸效果就越柔和，使用的凹凸贴图也会表现得更加细腻。

> **技巧** 设置凹凸贴图效果参数时渲染不会有太多影响，所以如果作品中有带凹凸的光线跟踪材质，就必须设置凹凸贴图效果参数。

3. 光线跟踪反射和折射抗锯齿器

光线跟踪反射抗锯齿器是一个同光线跟踪材质紧密联系的板块，它主要控制光线跟踪材质的渲染质量和精度。选择菜单中的渲染／光线跟踪器设置命令，打开光线跟踪器选项卡，如图 7-103 所示，选项卡的参数比较复杂，下面只对重点选项进行讲解。

> **技巧** 如果在渲染器中没有激活全局光线抗锯齿器复选框，在材质编辑器中则显示为全局禁用光线抗锯齿器字样，如图 7-104 所示。

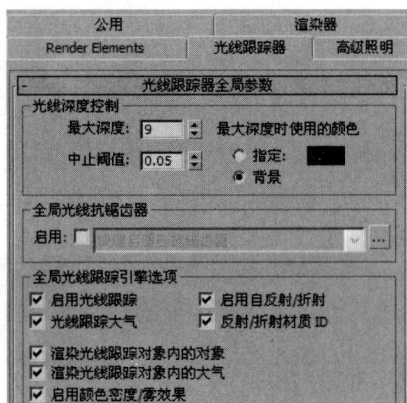

图7-103　光线跟踪反射和折射抗锯齿器

图7-104　全局光线抗锯齿器

- 【光线深度控制】：决定高光级别与光泽度。
  - ➤ 【最大深度】：增加该值会潜在提高场景的真实感，但增加渲染时间。可以降低该值以便缩短渲染时间，取值范围为 0 ～ 100，默认设置为 9。
  - ➤ 【中止阈值】：为自适应光线级别设置一个中止阈值。如果光线对于最终像素颜色的作用降低到中止阈值以下，则终止该光线。默认设置为 0.05（最终像素颜色的 5%），这能明显增加渲染时间。
  - ➤ 【最大深度时使用的颜色】：一般情况下，当光线达到最大深度时，将被渲染为与背景环境一样的颜色。通过选择颜色或设置可选环境贴图，可以覆盖返回到最大深度的颜色。这使"丢失"的光线在场景中不可见。
- 【全局光线抗锯齿器】：在这里可以选择表现抗锯齿器的两个选项。

> ➢【快速自适应抗锯齿器】：虽然计算时间较长，但是一般要计算 4 个灯光，所以能得到更好的效果。

> ➢【多分辨率自适应抗锯齿器】：可以计算反射光线的初始值和最大值。

在选择光线跟踪器抗锯齿器选项时，单击右边的█按钮，弹出如图 7-105 所示的话框，其中：

- 【模糊偏移】：可以在光线跟踪材质的表面产生模糊效果。

- 【模糊纵横比】：可以调整运用在光线跟踪材质上的模糊效果的纵横比率。

- 【散焦】：根据事物反射的距离，产生不同程度的模糊效果。

- 【散焦纵横比】：更改散焦形状的纵横比。通常不需要更改它，默认设置为 1.0。

在选择全局光线跟踪引擎选项时，该区域中的选项与材质编辑器中的选项是一致的，这里只介绍光线跟踪加速参数按钮。单击该按钮后可弹出如图 7-106 所示的对话框，其中：

- 【面限制】：设置晶格体在细分之前允许的最大面数，默认设置为 10。

- 【平衡】：确定细分算法的灵敏度。增加此值虽然会使用更多的内存，但是可以提高性能。默认设置为 4.0。

- 【最大细分】：设置初始晶格尺寸，例如 4 是 4×4×4 晶格，默认设置为 30。

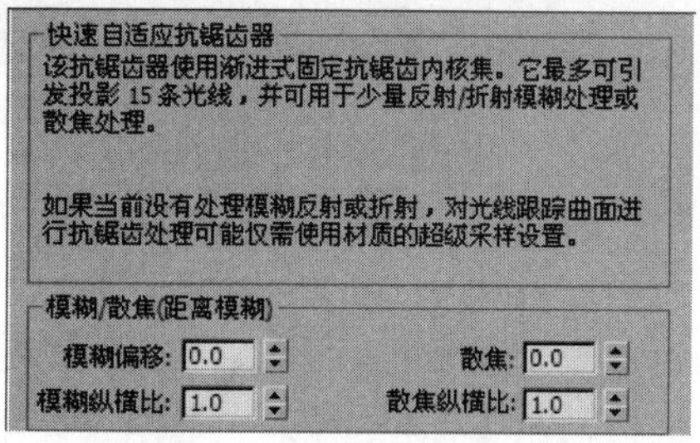

图7-105　快速自适应抗锯齿器

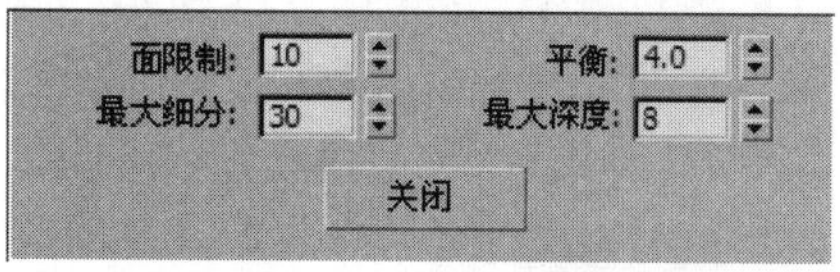

图7-106　全局光线跟踪引擎

光线跟踪实例——金属闹钟的制作

所用素材：光盘 \ 素材 \ 第 7 章 \ 材质实例 \ 光线跟踪 - 闹钟

最终效果：光盘 \ 效果 \ 第 7 章 \ 材质实例 \ 光线跟踪 - 闹钟完成

最终渲染效果如图 7-107 所示。

图7-107　最终渲染效果

操作步骤

01 打开场景文件，如图 7-108 所示。首先进行灯光的设置，单击创建面板██ / 灯光██ / 目标聚光灯，调整目标聚光灯的位置，如图 7-109 所示。

图7-108　场景文件

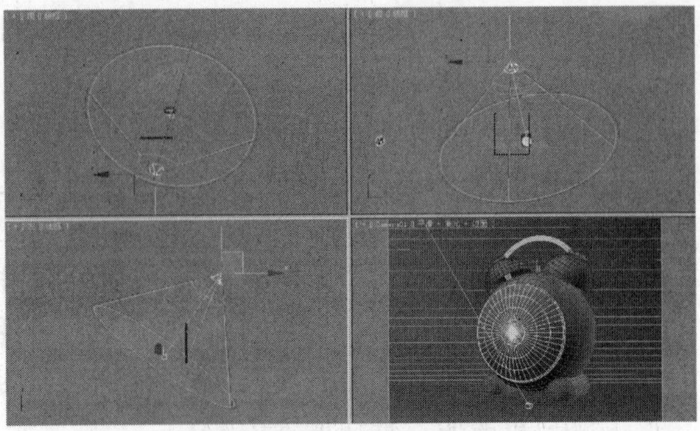

图7-109　创建目标聚光灯

02 选择目标聚光灯，单击修改面板 ，勾选开启阴影，设置阴影类型为【区域阴影】。设置灯光颜色为RGB（255、255、255），设置【倍增】值为9，衰退类型为【平方反比】。单击【聚光灯参数】卷展栏，设置【聚光区 / 光束】为75，【衰减区 / 区域】为100。打开【区域阴影】卷展栏，在【基本选项】中选择【长方形灯光】，设置【阴影完整性】为4，【阴影质量】为6，如图 7-110 所示。

03 测试渲染，如图 7-111 所示。继续为场景补光，单击创建面板 / 灯光 / 目标聚光灯，调整目标聚光灯位置，如图 7-112 所示。这里采用双 45 度角照明方式。

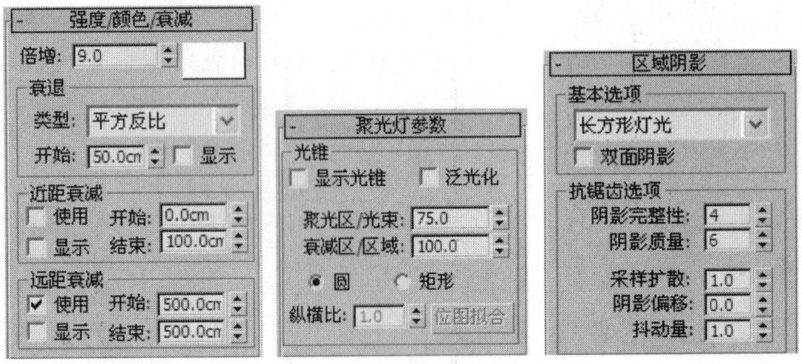

图7-110　灯光设置及区域阴影

图7-111　渲染效果

04 选择目标聚光灯，单击修改面板 ，设置灯光颜色为RGB（255、255、255），设置【倍增】值为5，衰退类型为【平方反比】。单击【聚光灯参数】卷展栏，设置【聚光区 / 光束】为96，【衰减区 / 区域】为100，如图 7-113 所示。

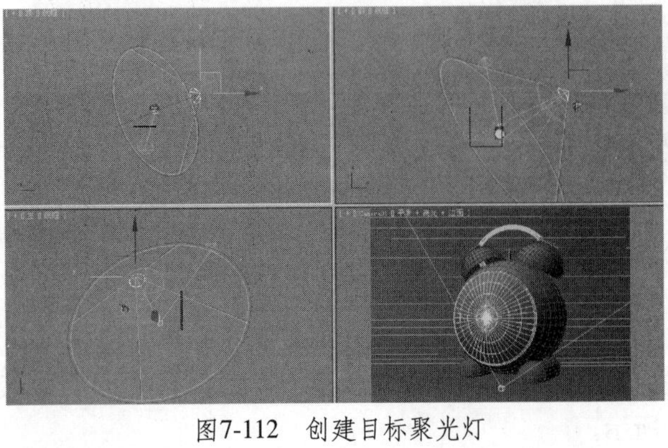

图7-112　创建目标聚光灯

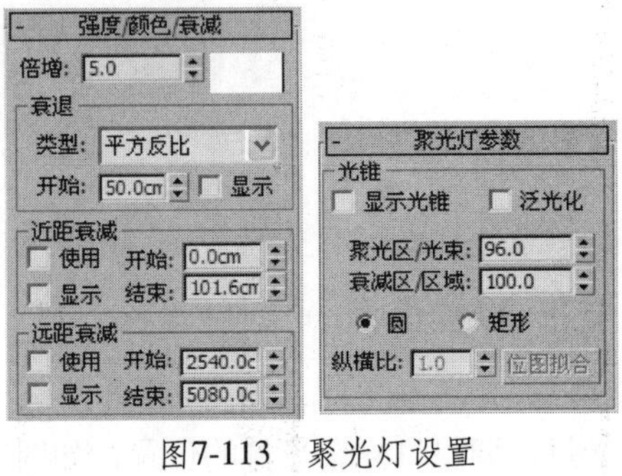

图7-113　聚光灯设置

05 测试渲染，如图 7-114 所示，场景中的光感丰富了很多。但是闹钟模型的正前方还是有些偏暗，所以需要继续增加灯光。单击创建面板 ✹ / 灯光 ⊘ / 泛光灯，调整泛光灯位置，如图 7-115 所示。

图7-114　渲染效果

图7-115　创建泛光灯

06 选择泛光灯，单击修改面板 ⬧，设置灯光颜色为 RGB（255、255、255），设置【倍增】值为 0.3，如图 7-116 所示。这里的泛光灯只是作为补光，所以灯光倍增值不需要设置很大。测试渲染，如图 7-117 所示，场景中的灯光设置完毕。

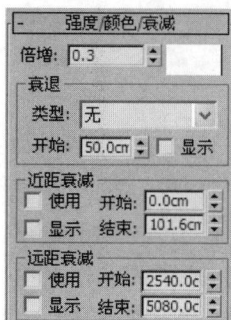

图7-116　【强度/颜色/衰减】卷展栏

图7-117　渲染效果

07 下面设置场景中的材质。选择场景中的地面物体，如图 7-118 所示。单击【M】键打开材质编辑器，选择一个新的材质球，并将其赋予给地面物体。设置【漫反射】颜色为 RGB（149、149、149），如图 7-119 所示。

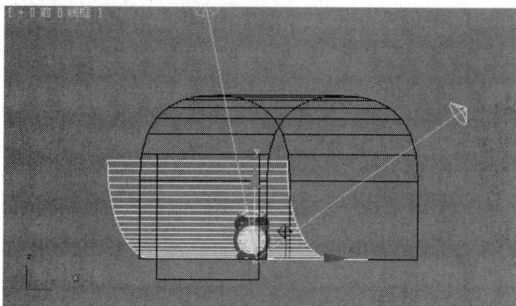

图7-118　选择背景

图7-119　渲染效果

08 选择场景中的反光板物体，如图 7-120 所示。单击【M】键打开材质编辑器，选择一个新的材质球，并将其赋予给反光板物体。设置【漫反射】颜色为 RGB（255、255、255），勾选自放光选项，设置自反光颜色为 RGB（255、255、255），如图 7-121 所示。

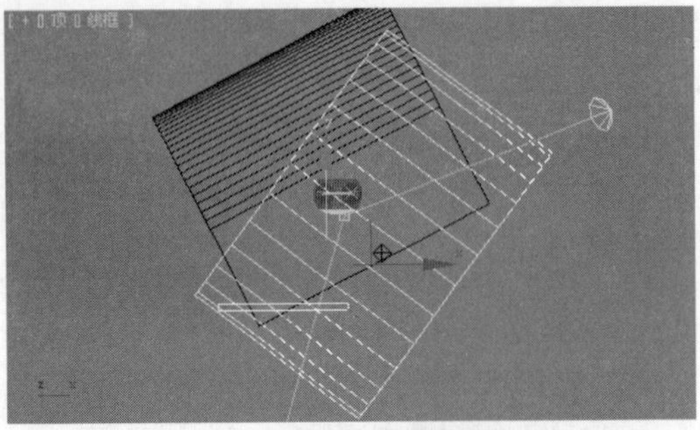

图7-120 选择反光板

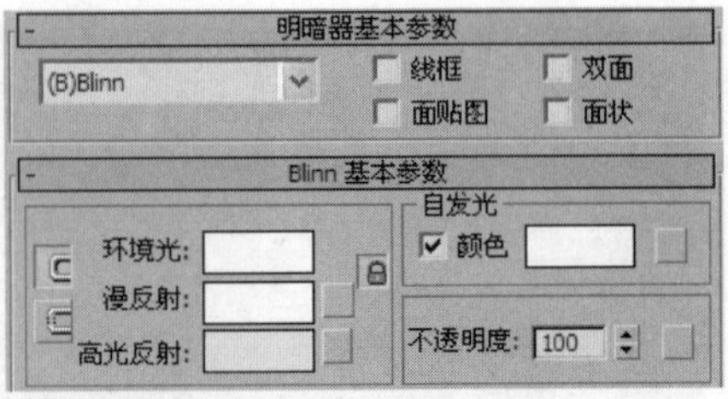

图7-121 【明暗器基本参数】卷展栏

09 选择场景中的玻璃物体，如图 7-122 所示。单击【M】键打开材质编辑器，选择一个新的材质球，并将其赋予给玻璃物体。单击【Standard】按钮，将材质类型设置为【光线跟踪】材质，如图 7-123 所示。

图7-122 选择玻璃物体

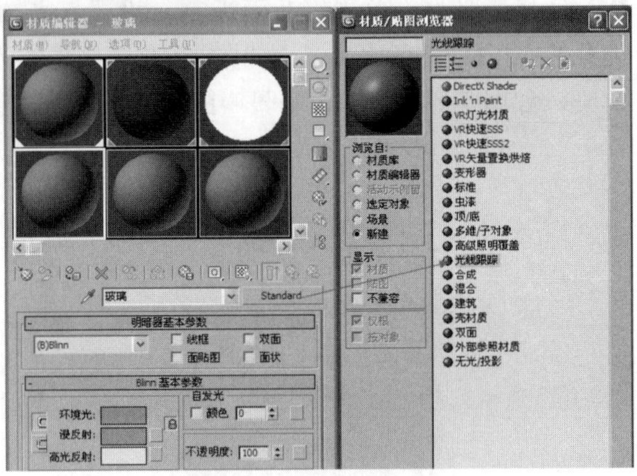

图7-123 光线跟踪材质

10 设置【光线跟踪】材质的【漫反射】颜色为 RGB（0、0、0），设置【透明度】颜色为 RGB（255、255、255），勾选【双面】选项。设置【高光级别】和【光泽度】值均为 0，如图 7-124 所示。单击【贴图】卷展栏，单击【反射】贴图通道，在弹出的【材质/贴图浏览器】中选择【衰减】贴图通道，如图 7-125 所示。

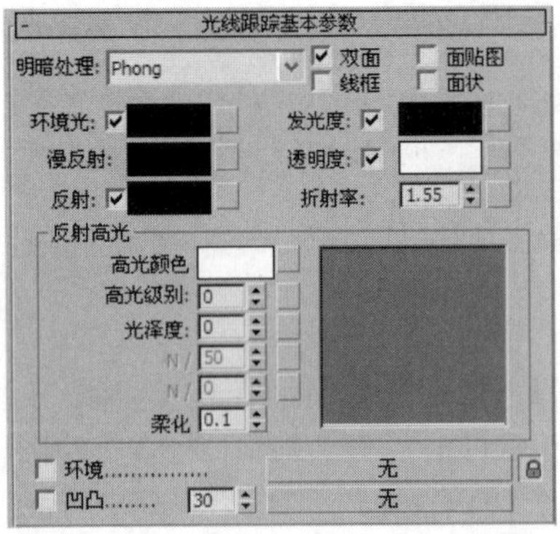

三维制作大师

图7-124 【光线跟踪基本参数】卷展栏

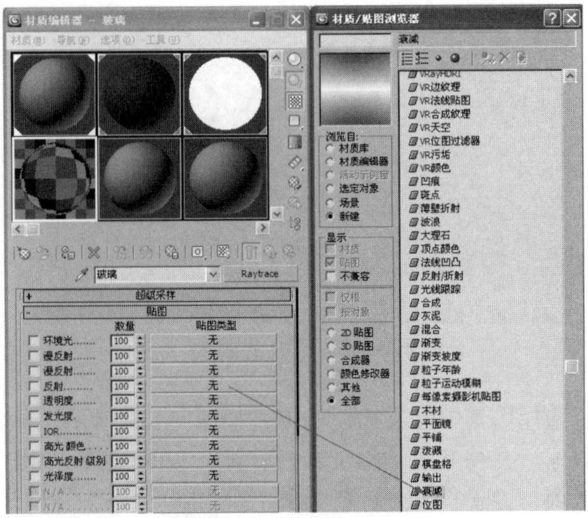

图7-125 衰减贴图

11 进入【衰减】贴图，设置【衰减】类型为 Fresnel，如图 7-126 所示。测试渲染，如图 7-127 所示。可以看到玻璃已经完全透明，此时，已经可以清楚地看到指针模型。

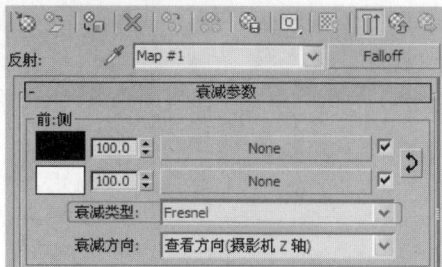

图7-126 【衰减参数】卷展栏

图7-127 渲染效果

12 选择场景中的金属模型，如图 7-128 所示。单击【M】键打开材质编辑器，选择一个新的材质球，并将其赋予给金属物体。单击【Standard】按钮，将材质类型设置为【光线跟踪】材质，如图 7-129 所示。

图7-128 选择金属物体

图7-129 光线跟踪材质

13 设置【明暗处理】方式为【金属】，设置【高光级别】为100，【光泽度】为70，单击【贴图】卷展栏，单击【反射】贴图通道，在弹出的【材质／贴图浏览器】中选择【衰减】贴图通道，如图 7-130 所示。测试渲染，如图 7-131 所示。

图7-130 衰减贴图

图7-131 渲染效果

14 选择场景中的闹表主体模型，如图 7-132 所示。单击【Standard】按钮，将材质类型设置为

【虫漆】，如图7-133所示。在弹出菜单中选择【将当前材质保存为子材质】。

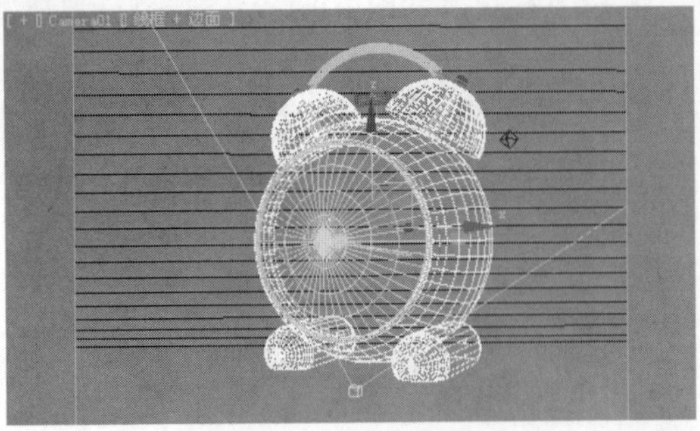

图7-132 选择闹表主体

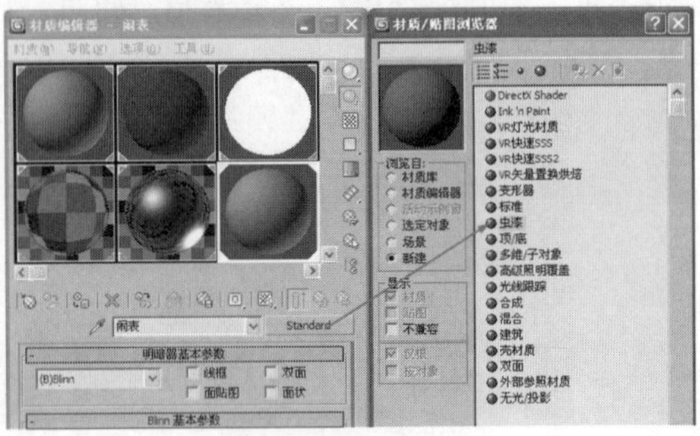

图7-133 虫漆材质

15 进入【虫漆】材质面板，单击进入【原始材质】。单击【Standard】按钮，将材质类型设置为【光线跟踪】材质，设置【漫反射】颜色为RGB（255、0、0），设置【高光级别】为10，【光泽度】为20，如图7-134所示。单击【反射】贴图通道，在弹出的【材质/贴图浏览器】中选择【衰减】贴图通道，设置【衰减】类型为Fresnel，如图7-135所示。

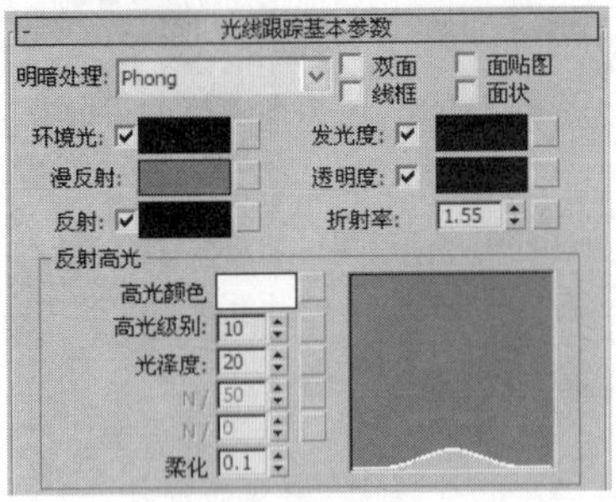

图7-134 【光线跟踪基本参数】卷展栏

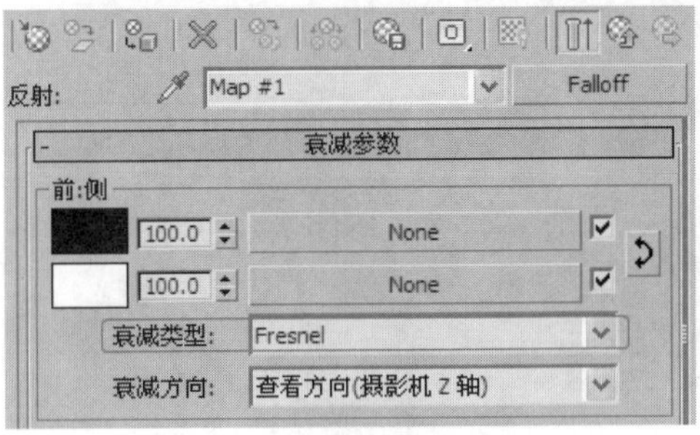

图7-135 【衰减参数】卷展栏

16 返回到层级，复制"闹表"材质到【虫漆】材质中，选择复制方式。设置【漫反射】颜色为RGB（255、159、159），取消【反射】的勾选，设置【反射】数值为10，设置【高光级别】为70，【光泽度】为20，并设置【虫漆颜色混合】值为15，如图7-136所示。选择材质库中的地面材质，设置【漫反射】颜色为RGB（197、197、197），测试渲染，如图7-137所示。

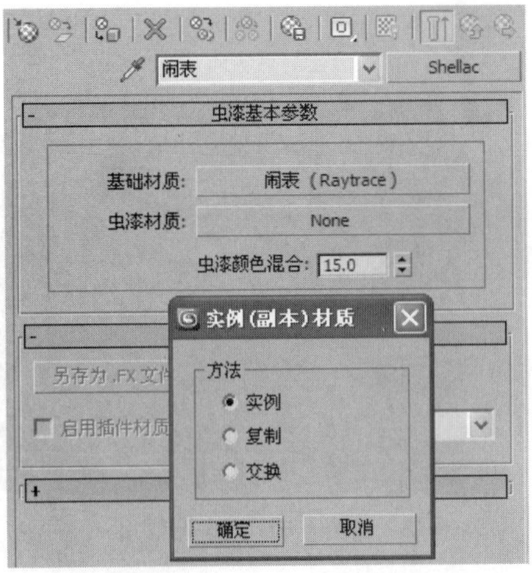

图7-136 【实例（副本）材质】对话框

图7-137 渲染效果

17 选择表盘模型，如图 7-138 所示。单击【M】键打开材质编辑器，选择一个新的材质球，并将其赋予给表盘模型，设置【漫反射】颜色为 RGB（255、255、255），单击漫反射贴图通道，在弹出的【材质 / 贴图浏览器】中选择【位图】贴图通道，双击【位图】贴图通道，选择"clock"文件。如图 7-139 所示。

图7-138　选择表盘模型

图7-139　【选择位图图像文件】对话框

18 选择场景中的表针模型，如图 7-140 所示。单击【M】键打开材质编辑器，选择一个新的材质球，并将其赋予给表针模型，设置【漫反射】颜色为 RGB（0、0、0），测试渲染如图 7-141 所示。可以发现表盘部分效果更突出，可以在表盘位置增加一盏泛光灯。

图7-140　选择表针模型

图7-141　渲染效果

19 进行抗锯齿设置。单击【F10】键打开渲染面板，打开【默认扫描线渲染器】卷展栏，勾选抗锯齿选项，设置过滤器为【Catmull-Rom】，如图 7-142 所示。再勾选【启用全局超级采样器】选项，如图 7-143 所示。

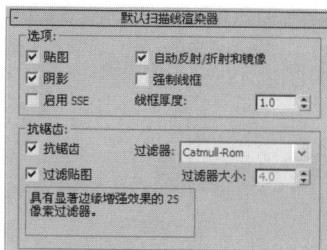

图7-142　过滤器设置

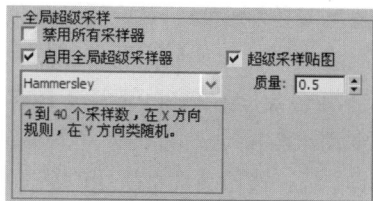

图7-143　采样器设置

20 测试渲染如图 7-144 所示。仔细观察闹钟反光部分，发现反光的质感不够强烈。可以在材质编辑器中选择反光板材质球，单击自发光贴图通道，在弹出的【材质／贴图浏览器】对话框中选择【输出】贴图通道，如图 7-145 所示。

图7-144　渲染效果

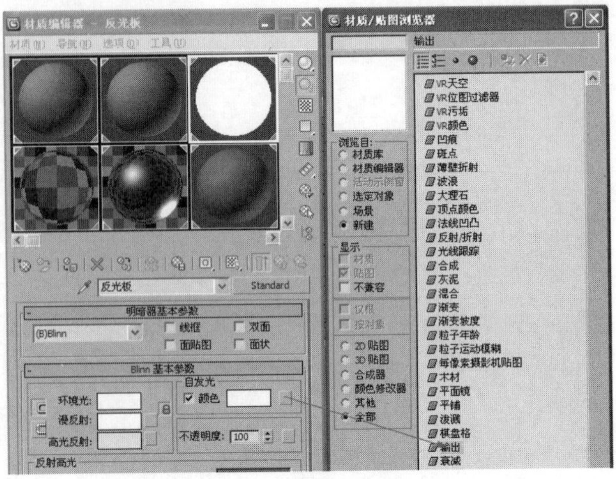

图7-145　【材质/贴图浏览器】对话框

21 进入【输出】贴图通道，设置【输出量】为 2，【RGB 级别】为 2，这样可以就增加反光板的亮度，如图 7-146 所示，渲染效果如图 7-147 所示，闹钟金属质感的反射实例就制作完成了。

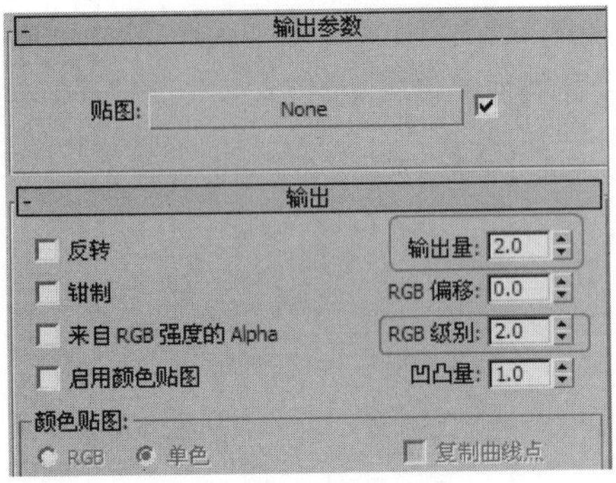

图7-146　输出设置

图7-147　渲染效果

7.8.3　混合材质

　　混合材质可以在对象表面将两种材质进行混合。混合具有可设置动画的混合量参数，该参数可以用来绘制材质变形功能曲线，以控制随时间混合两个材质的方式。它的最大特点是可以控制在同一对象的具体位置上实现截然不同的两种质感效果，比如后面要介绍的在光泽反光的对象上赋予完全没有光泽的灰尘。【混合基本参数】卷展栏如图 7-148 所示，其中：

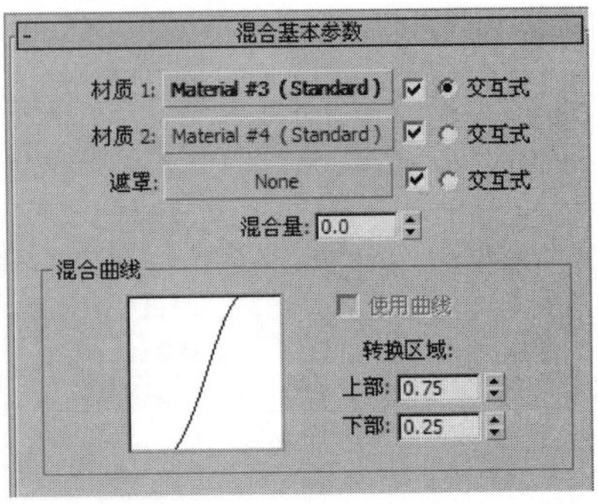

- 【材质 1】：选择合成材质中的第一个材质。
- 【材质 2】：选择合成材质中的第二个材质。只有在

图7-148　【混合基本参数】卷展栏

每个材质旁边的复选框前打勾才能使用相应的材质。

- 【交互式】：选择材质1和材质2中哪一个在视图窗中交互显示。
- 【遮罩】：在这里指定用于遮罩的贴图，即使是在遮罩贴图当中打开了彩色图片也会被识别为黑白图片。可以通过遮罩来合成两个不同的材质并为对象赋予质感，同时还可以制作两个材质交替的动画效果。
- 【混合量】：只有在没有使用遮罩贴图的时候才会被激活。通过这一数值可以把材质1和材质2完全合成在一起。数值是确定混合的比例【百分比】，0表示只有材质1在曲面上可见；100表示只有材质2在曲面上可见。

> **技巧** 交互式是非常重要的交互选项，主要用来对窗口中模型的不同层级的贴图进行贴图坐标对位。能够实现交互显示并调节的前提是：处于交互式选项中的材质或遮罩贴图层，必须在对应贴图通道的纹理上单击在视口中显示贴图按钮，如图7-149所示。一般情况下，在使用遮罩贴图时强烈建议直接使用黑白灰度的图片，以对混合结果做比较好的把握，如果使用程序贴图也建议设置为黑白灰度。凹凸贴图虽然也是只计算灰度图片，但对于最终效果没有遮罩贴图或高光贴图等灰度贴图那么敏感。

- 【混合曲线】：混合曲线区域使用遮罩贴图的时候被激活，只有选择使用曲线复选框之后才可以使用。可以使材质1和材质2的图片更加紧密地合成在一起。
  - 【转换区域】：利用上部和下部的值进行合成。
  - 【上部】：调整上一层级的合成部位。
  - 【下部】：调整下一层级的合成部位。

如图7-150所示，转换区域的左侧上部和下部数值均为0.5，右侧数值为1和0，可以发现上部和下部的数值的差距越小两个材质的边界越明显，差距越大边界也就越柔和。

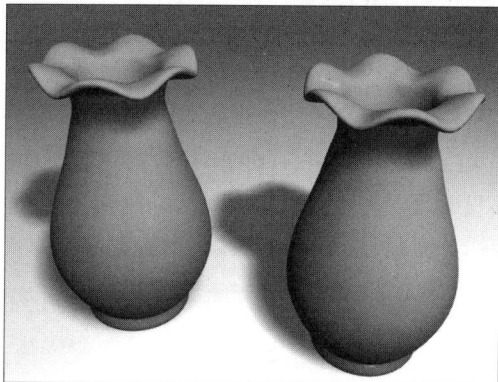
图7-149 混合遮罩

图7-150 混合曲线

> **技巧** 对于杂色效果，可以将噪波贴图用做遮罩来混合两个标准材质。

混合材质实例——锈迹花瓶的制作

所用素材：光盘＼素材＼第7章＼材质实例＼锈迹花瓶

最终效果：光盘＼效果＼第7章＼材质实例＼锈迹花瓶完成

最终渲染效果如图 7-151 所示。

图7-151　最终效果

操作步骤

01 打开场景文件，如图 7-152 所示。场景比较简单，包括地面和花瓶。单击创建面板 / 灯光 / 目标聚光灯，调整目标聚光灯位置，如图 7-153 所示。

图7-152　场景文件

图7-153　创建灯光

02 选择目标聚光灯，单击修改面板，勾选开启阴影，设置阴影类型为【区域阴影】。设置灯光颜色为 RGB（255、255、255），设置【倍增】值为 1，衰退类型为【无】。单击【聚光灯参数】卷展栏，设置【聚光区／光束】为 26，【衰减区／区域】为 55。打开【区域阴影】卷展栏，设置【基本选项】为【长方形灯光】，【阴影完整性】为 4，【阴影质量】为 6，如图 7-154 所示。

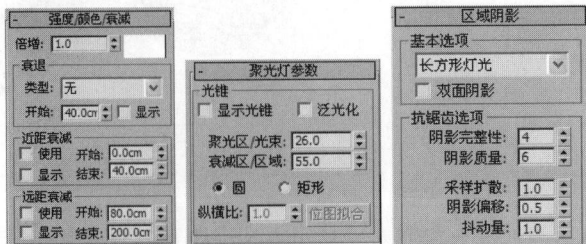

图7-154　聚光灯参数及区域阴影

03 单击创建面板 / 灯光 / 天光，如图 7-155 所示。调整天光位置，如图 7-156 所示。

图7-155　创建面板

图7-156　创建天光

04 选择天光，单击修改面板 ，设置【倍增】值为 0.5，如图 7-157 所示。测试渲染效果，如图 7-158 所示。

图7-157　天光参数

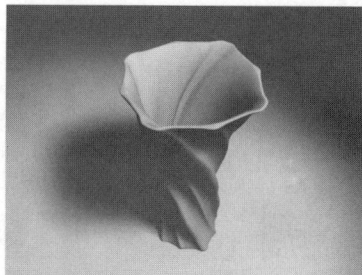

图7-158　渲染效果

05 下面进行场景中材质的设置。选择场景中的地面物体。单击【M】键打开材质编辑器，选择一个新的材质球，并将其赋予给地面物体。单击漫反射贴图通道，在弹出的【材质/贴图浏览器】对话框中选择【位图】贴图通道，如图 7-159 所示。双击【位图】贴图通道，选择"地板"文件。如图 7-160 所示。

图7-159　【材质/贴图浏览器】对话框

图7-160　【选择位图图像文件】对话框

06 进入【位图】贴图通道，设置 UV【平铺】值均为 6，如图 7-161 所示。返回材质层级，按住鼠标左键选择漫反射贴图通道，将其直接拖动到【凹凸】贴图通道中，如图 7-162 所示。

图7-161　贴图坐标

图7-162　复制贴图

07 测试渲染效果，如图 7-163 所示，地面材质设置完成。继续设置花瓶材质，选择场景中的花瓶物体，单击【M】键打开材质编辑器，选择一个新的材质球，并将其赋予给花瓶物体。在材质编辑器中单击 Standard 按钮，在弹出的【材质/贴图浏览器】对话框中选择【混合】材质，如图 7-164 所示。

图7-163　渲染效果

图7-164　【材质/贴图浏览器】对话框

08 在弹出的【替换材质】对话框中选择【丢弃旧材质】选项，如图 7-165 所示。进入【混合】材质后，单击【材质 1】按钮，在弹出的【材质/贴图浏览器】对话框中选择【光线跟踪】材质，如图 7-166 所示。

图7-165　【材质替换】对话框

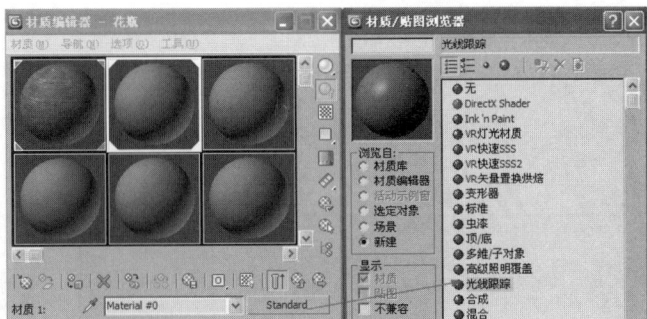

图7-166　【材质/贴图浏览器】对话框

09 设置【光线跟踪】材质的基本参数，设置【漫反射】颜色为 RGB（0、0、0），设置【透明度】颜色为 RGB（255、255、255），设置【折射率】为 1.3，【高光级别】为 185，【光泽度】为 60，如图 7-167 所示。返回材质层级，单击【材质 2】按钮，单击漫反射贴图通道，在弹出的【材质/贴图浏览器】对话框中选择【位图】贴图通道，选择"锈迹"文件，如图 7-168 所示。

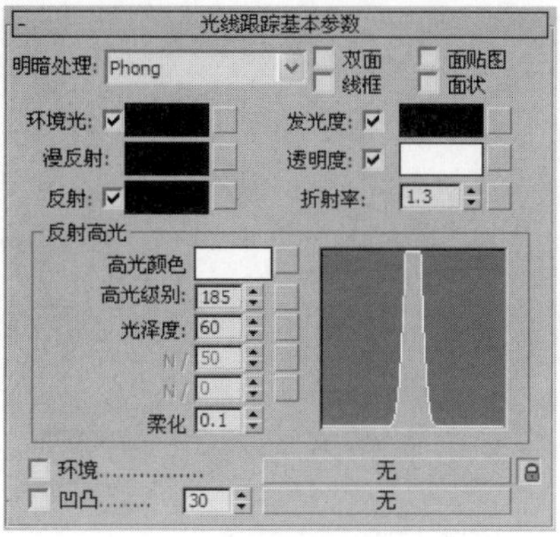

图7-167 基本参数设置

图7-168 【选择位图图像文件】对话框

10 返回材质层级，按住鼠标左键选择漫反射贴图通道，将其直接拖动到【凹凸】贴图通道中，如图 7-169 所示，并将凹凸【数量】设置为 30。返回材质层级，单击遮罩 None 按钮，在弹出的【材质 / 贴图浏览器】对话框中选择【位图】贴图通道，选择"遮罩"文件。如图 7-170 所示。

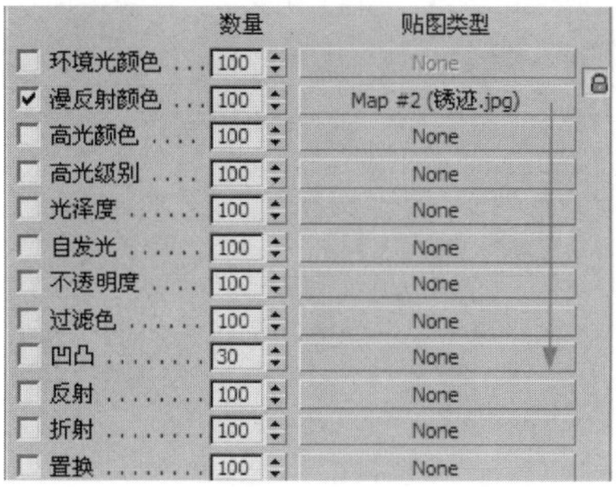

图7-169 复制贴图

图71-170 【选择位图图像文件】对话框

11 返回材质层级，勾选【使用曲线】选项，在【转换区域】中设置【上部】值为 1，【下部】值为 0，如图 7-171 所示。花瓶材质设置完成，测试渲染如图 7-172 所示。

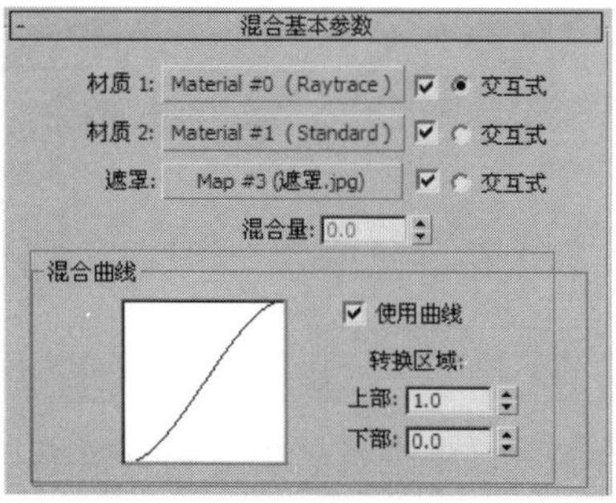

图7-171 混合曲线

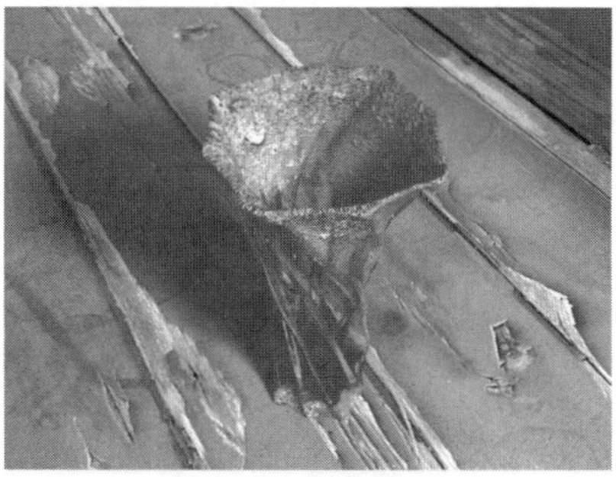

图7-172 渲染效果

12 观察渲染效果，发现玻璃与锈迹的质感虽然已经很好地混合了，但是玻璃花瓶的阴影却不是透明的，这显然与现实不相符合。选择场景中的目标聚光灯，设置阴影类型为【光线跟踪阴影】，如图 7-173 所示。再次渲染场景，如图 7-174 所示。

图7-173 【光线跟踪阴影】选项

图7-174 渲染效果

13 进行抗锯齿设置。单击【F10】键打开渲染面板，参数设置如图 7-175 所示。最终渲染效果如图 7-176 所示。

图7-175 抗锯齿设置

图7-176 渲染效果

▶ 7.8.4 Ink'n Paint材质

Ink 'n Paint【卡通】材质主要用于创建与卡通相关的效果。与其他大多数材质提供的三维真实效果不同，该材质提供带有"墨水"边界的平面效果。Ink 'n Paint【卡通】材质主要由基本材质扩展、绘制控制、墨水控制 3 个卷展栏组成。

1. Ink 'n Paint材质【基本材质扩展】卷展栏

【基本材质扩展】卷展栏如图 7-177 所示，其中：

- 【双面】：对象的背面也建模，默认选中该项。
- 【面贴图】：以对象所具有的面为单位来运用。
- 【面状】：对物体的多边形不进行平滑处理。
- 【未绘制时雾化背景】：禁用绘制时，已绘制区

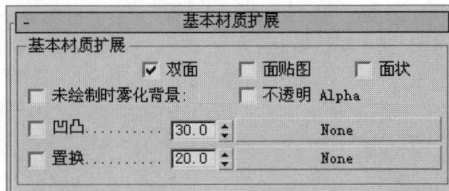

图7-177 卡通【基本材质扩展】卷展栏

域中的材质颜色与背景一致。启用该项时，绘制区域中的背景将受到摄像机与对象之间的雾的影响。

技巧 它只对希望渲染单线勾边的对象起作用，即如果已指定绘制色彩【材质默认填充颜色为蓝色】，那么该选项将看不出效果。

- 【不透明 Alpha】：启用此项时，即使禁用了墨水或绘制，仍然可以渲染整个 Alpha 通道。相反，如果不启用，则只会在场景中渲染出边缘的 Alpha 通道效果。
- 【凹凸】/【置换】：和凹凸和置换等通道的概念相同。如图 7-178 所示的是凹凸效果。

2. 【绘制控制】卷展栏

【绘制控制】卷展栏主要控制物体表面颜色和属性的区域，其中包括 3 个组件，如图 7-179 所示，其中：

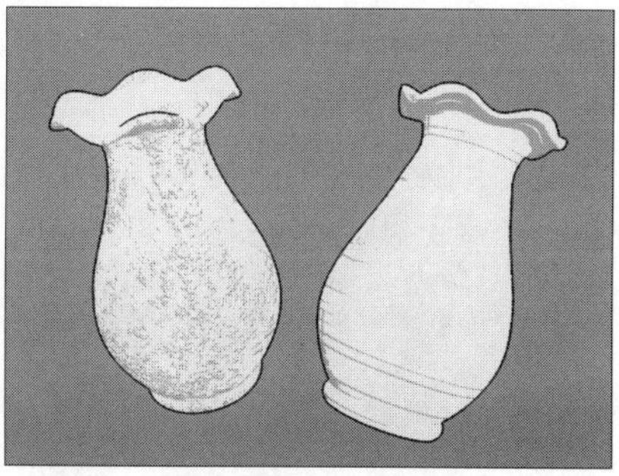

图7-178 凹凸效果

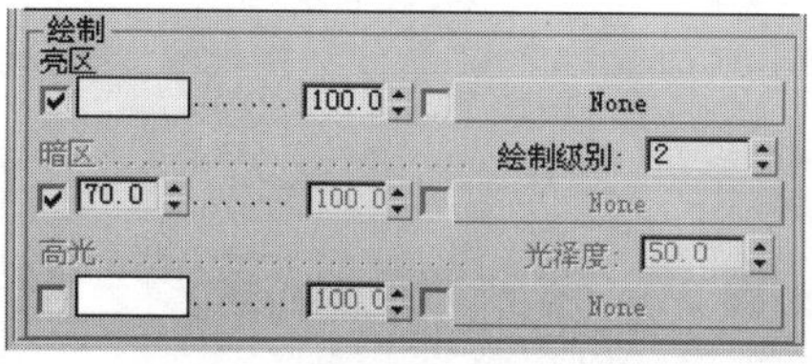

图7-179 【绘制控制】卷展栏

- 【亮区】：用来控制对象的整体颜色，当然也可以利用其他贴图形式来制作更为复杂的表面纹理，如图 7-180 所示。如果取消亮区复选框的选择，物体在场景中将透明。
- 【绘制级别】：指定对象的过渡层级，最高可达 257 个层级。层级的增加也同时会让渲染变慢。一般情况下，制作卡通效果时，3 ～ 4 个层级已经足够，如图 7-181 所示为左边设置 5 个级别，右边设置 3 个级别。

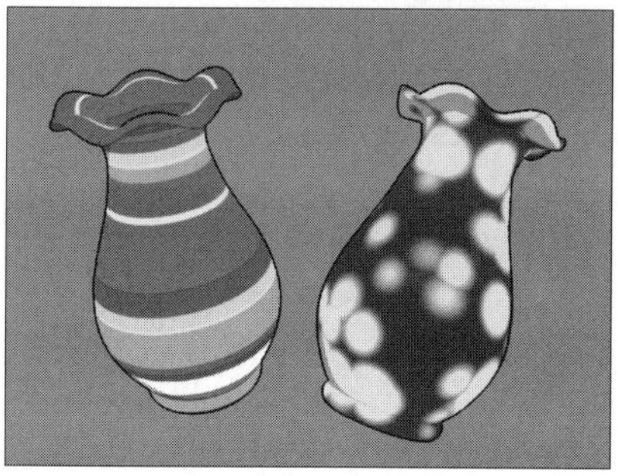

图7-180 表面纹理

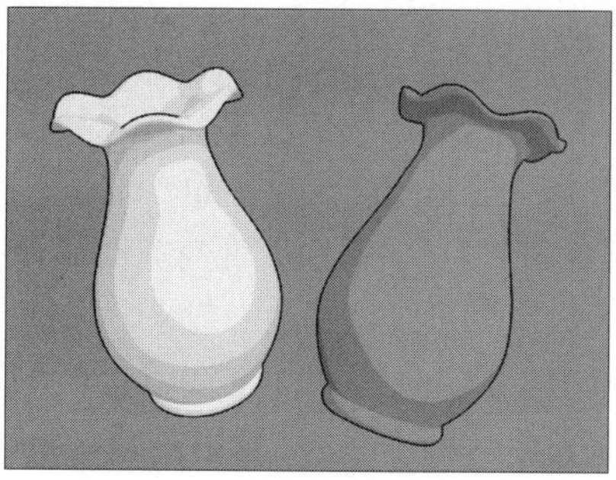

图7-181 绘制级别

- 【暗区】：用来控制阴影部分，如果选择了暗区复选框，就与亮区通道形成关联，此时只能以数值来调整阴影的明暗，而不能对其颜色和纹理进行深入调整。如果取消该复选框，则可以使用手动的方式对阴影部分进行调整。
- 【高光】：该选项用来控制高光部分，选择【高光】复选框则产生高光，反之，无论光线多强，也不能产生高光，如图 7-182 所示。右边粉色瓶子选择了高光设置，而左边的瓶子则再强的光线也不会有高光。
- 【光泽度】：用来调整高光区域的大小，如图 7-183 所示。

图7-182 高光设置

图7-183 调整高光区域

3.【墨水控制】卷展栏

墨水是材质中的划线、轮廓，该卷展栏主要控制对象勾线的粗细、颜色以及勾线的位置，【墨水控制】卷展栏如图7-184所示，其中：

- 【墨水】：选择该复选框后便启动勾线效果，反之，则无勾线效果。如图7-185所示，没有墨水边缘的效果也有一种细腻的感觉。

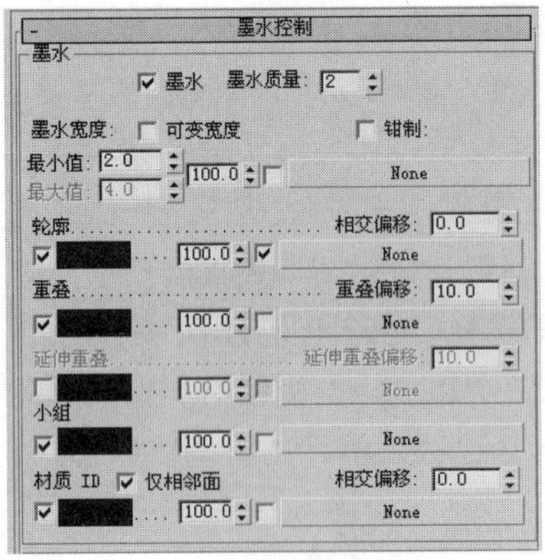

图7-184 【墨水控制】卷展栏

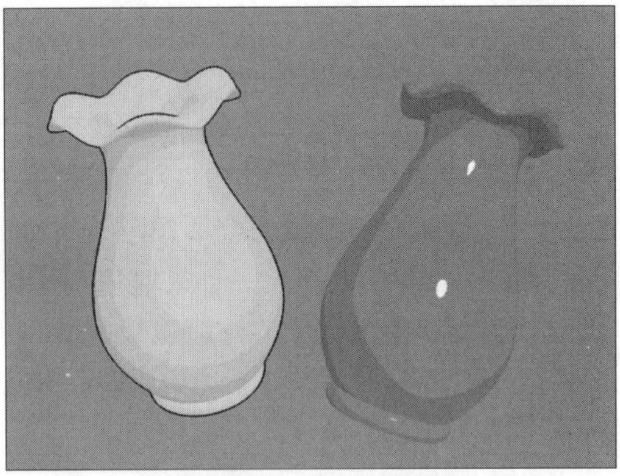

图7-185 无勾线效果

- 【墨水质量】：该数值越大勾线越精确，渲染时间也越长。但对于大多数模型，增加"墨水质量"值只能产生微小的变化，且需要很长时间来渲染，不建议使用。
- 【可变宽度】：如果选择可变宽度复选框，勾线将呈现不规则的效果，而墨水宽度下面的最大数值则可以调整这一效果，选择可变宽度复选框，最大值即可被激活。
- 【钳制】：启用了"可变宽度"后，有时场景照明会使一些墨水线变得很细，甚至不可见。如果发生这种情况，应启用钳制复选框，它会强制墨水宽度始终保持在"最大"值和"最小"值之间，而不受照明的影响。
- 【墨水宽度】：利用下面的最小值和最大值来控制勾线效果的区域。
- 【轮廓】：只对对象的外轮廓进行勾线。
- 【相交偏移】：可以设置外轮廓线交叉区域的倾斜度。
- 【重叠偏移】：表现一个对象中重叠的区域。
- 【延伸重叠偏移】：以对象的起点为标准，表现背面的颜色或者贴图。
- 【小组】：如果一个对象被划分为平滑组，就可以利用其他贴图或者是颜色来表现这一区域。
- 【材质 ID】：可以在一个对象的面中指定各自不同的 ID 来分别运用不同的颜色或者贴图。

• 【相交偏移】：使用此选项来调整具有不同材质 ID 的两个对象之间的边界线条倾斜度。

> **技巧** 运动模糊不适用于 Ink'n Paint【卡通】材质。卡通材质可以使用光线跟踪贴图的设置，因此调整任何光线跟踪贴图的强度都有可能对"卡通"的速度有影响。另外，在使用卡通材质时禁用抗锯齿，可以加速材质。

卡通材质实例——唐三彩的制作

所用素材：光盘\素材\第7章\材质实例\唐三彩初始
最终效果：光盘\效果\第7章\材质实例\唐三彩完成

最终渲染效果如图 7-186 所示。

图7-186　最终效果

操作步骤

01 打开场景文件，如图 7-187 所示。单击创建面板 / 灯光 / 目标聚光灯，调整目标聚光灯位置如图 7-188 所示。

图7-187　场景文件

图7-188　灯光设置

02 选择目标聚光灯，单击修改面板 ，勾选开启阴影，设置阴影类型为【区域阴影】。设置灯光颜色为 RGB（235、231、207），设置【倍增】值为 1，衰退类型为【无】。单击【聚光灯参数】卷展栏，设置【聚光区 / 光束】为 20，【衰减区 / 区域】为 45。打开【区域阴影】卷展栏，设置【基本选项】为【长方形灯光】，【阴影完整性】为 3，【阴影质量】为 4，如图 7-189 所示。

图7-189　聚光灯参数及区域阴影

03 选择场景中最左侧的马模型，单击【M】键打开材质编辑器，选择一个新的材质球，并将其赋予给该物体。单击 Standard 按钮，在弹出的【材质/贴图浏览器】对话框中选择【Ink'n Paint】材质，如图 7-190 所示。进入【Ink'n Paint】材质中，设置【亮区】颜色为 RGB（173、173、173），设置【暗区】颜色为 RGB（247、140、0），如图 7-191 所示。

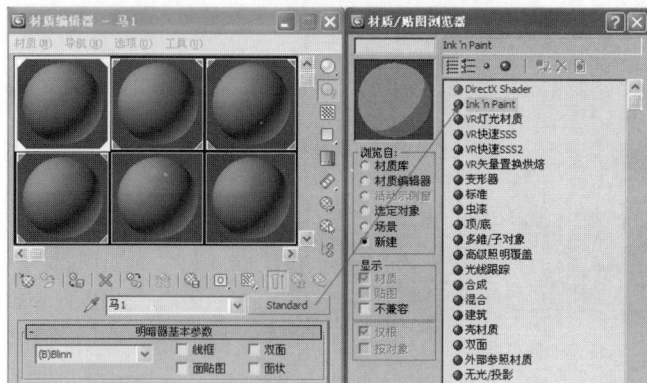

图7-190 【材质/贴图浏览器】对话框

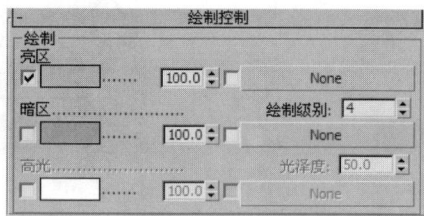

图7-191　绘制控制

04 单击亮区贴图通道，在弹出的【材质/贴图浏览器】对话框中选择【位图】贴图通道，选择 "bl-101" 文件，如图 7-192 所示。单击【墨水控制】卷展栏，勾选【墨水】选项，设置【墨水质量】为1，【最小值】设为2，如图 7-193 所示。

图7-192 【选择位图图像文件】对话框

图7-193 【墨水控制】卷展栏

05 测试渲染如图 7-194 所示。选择场景中间的模型物体，单击【M】键打开材质编辑器，选择一个新的材质球，并将其赋予给该物体。单击 Standard 按钮，在弹出的【材质／贴图浏览器】对话框中选择【Ink 'n Paint】材质，如图 7-195 所示。

图7-194　渲染效果

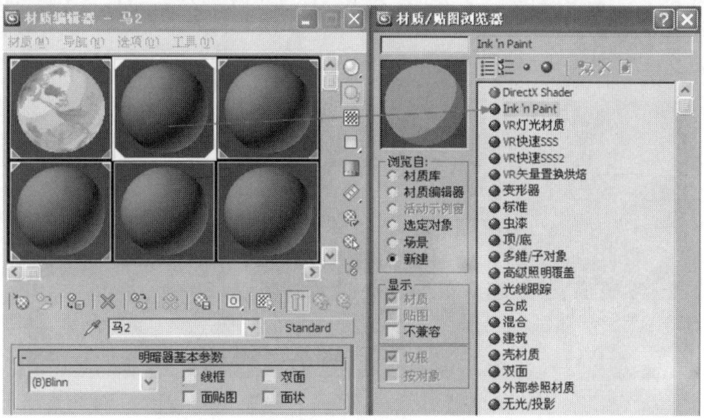

图7-195【材质/贴图浏览器】对话框

06 进入【Ink'n Paint】材质中，设置亮区颜色为 RGB（173、173、173），设置暗区颜色为 RGB（255、0、0），【绘制级别】为 6，如图 7-196 所示。单击亮区贴图通道，在弹出的【材质／贴图浏览器】对话框中选择【位图】贴图通道，选择"sc-149"文件，如图 7-197 所示。

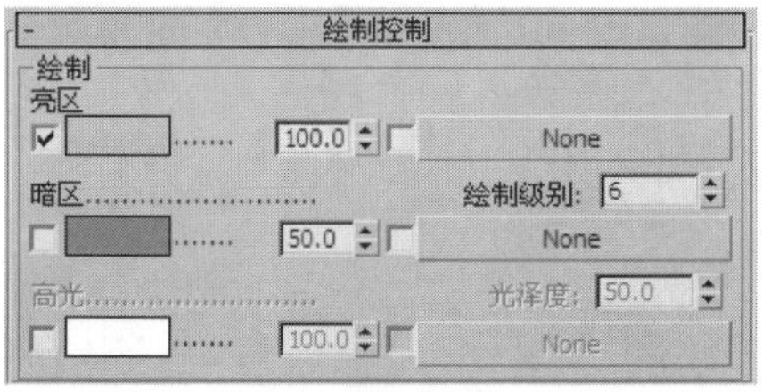

图7-196【绘制控制】卷展栏

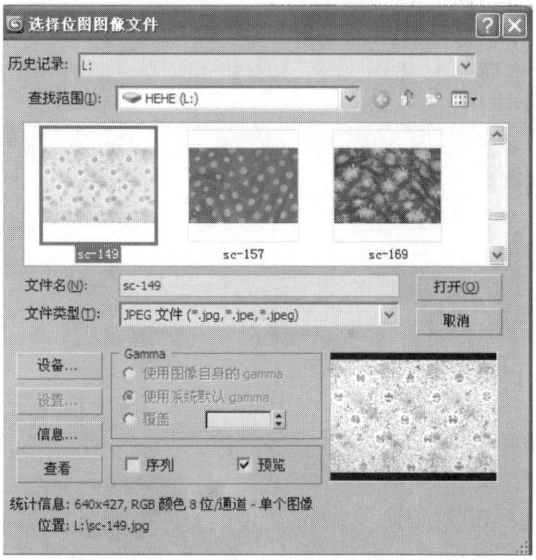

图7-197【选择位图图像文件】对话框

07 单击【墨水控制】卷展栏，勾选【墨水】选项，设置【墨水质量】为 1，【最小值】设为 2，【最大值】为 8，如图 7-198 所示。测试渲染如图 7-199 所示。

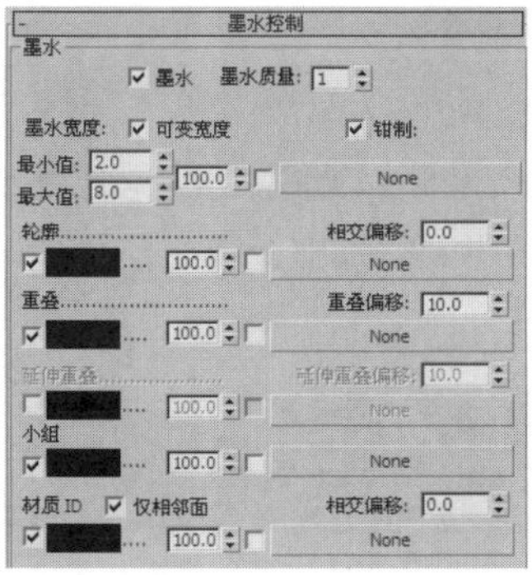

图7-198【墨水控制】卷展栏

图7-199　渲染效果

三维制作大师

08 选择场景右侧的模型物体，单击【M】键打开材质编辑器，选择一个新的材质球，并将其赋予给该物体。单击 Standard 按钮，在弹出的【材质/贴图浏览器】对话框中选择【Ink'n Paint】材质，如图 7-200 所示。进入【Ink'n Paint】材质中，设置【亮区】颜色为 RGB【173、173、173】，设置【暗区】颜色为 RGB（255、247、0），【绘制级别】为 6，如图 7-201 所示。

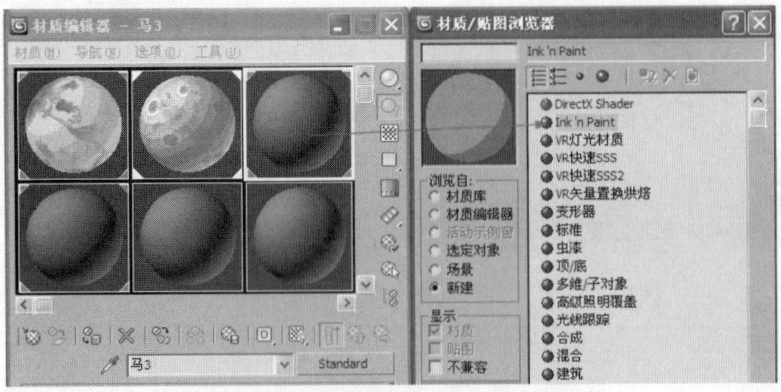

图7-200 【材质/贴图浏览器】对话框

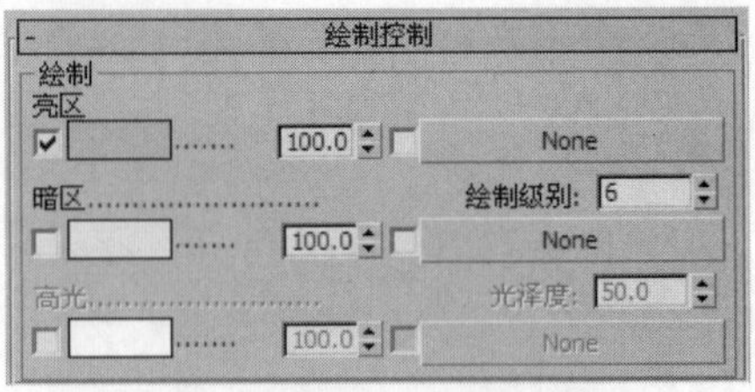

图7-201 【绘制控制】卷展栏

09 单击亮区贴图通道，在弹出的【材质/贴图浏览器】对话框中选择【位图】贴图通道，选择"sc-157"文件，如图 7-202 所示。单击【墨水控制】卷展栏，勾选【墨水】选项，设置【墨水质量】为 2，【最小值】设为 2，【最大值】为 15，如图 7-203 所示。

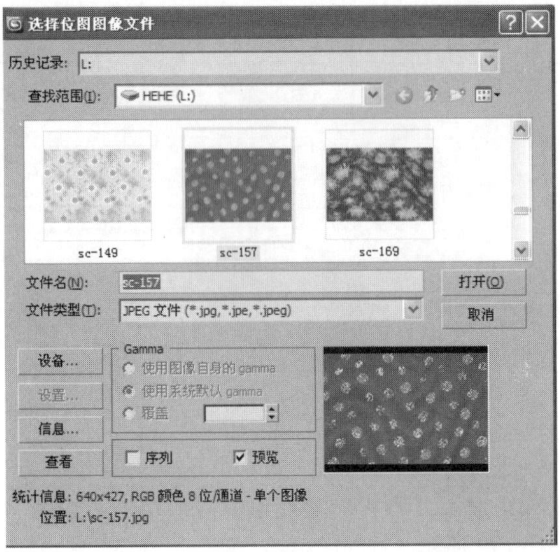

图7-202 【选择位图图像文件】对话框

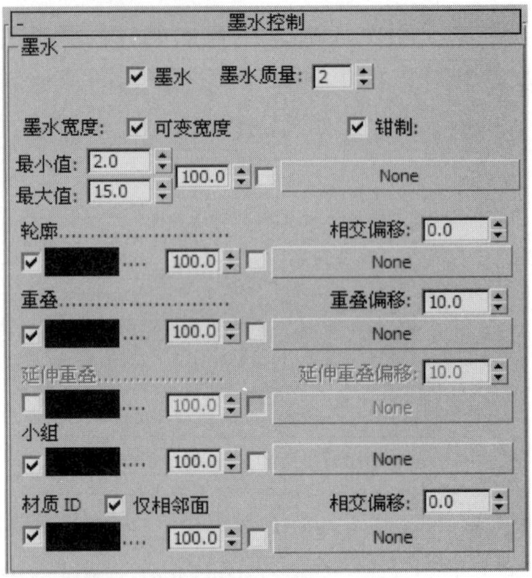

图7-203 【墨水控制】卷展栏

10 测试渲染如图 7-204 所示，卡通质感已经设置完成。选择背景物体，单击【M】键打开材质编辑器，选择一个新的材质球，并将其赋予给该物体。单击漫反射贴图通道，在弹出的【材质/贴图浏览器】对话框中选择【位图】贴图通道，选择"background"文件，如图 7-205 所示，最终渲染效果如图 7-206 所示。

图7-204 渲染效果

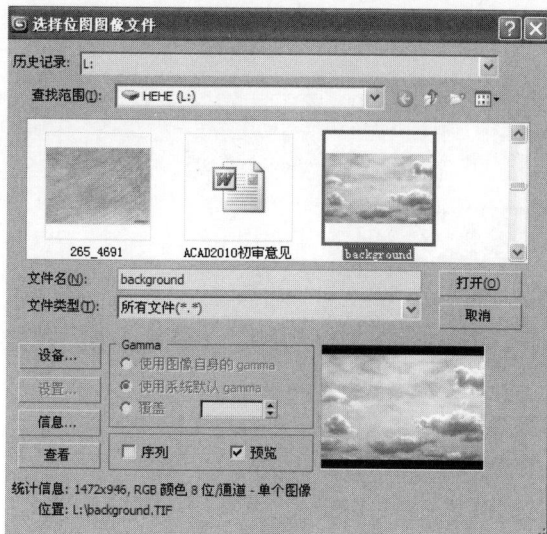

图7-205 【选择位图图像文件】对话框

图7-206 渲染效果

▶ 7.8.5 多维/子对象材质

多维/子对象材质也叫多义材质。使用多维/子对象材质可以采用几何体的子对象级别（不同的 ID）分配不同的材质，将其指定给对象并使用"网格选择修改器"选中面，然后选择多维材质中的子材质指定给选中的面。【多维/子对象基本参数】卷展栏，如图7-207所示，其中：

- 【设置数量】：可以指定用户要使用的材质个数。单击设置数量按钮，在弹出的对话框中设置材质的个数，如图7-208所示。

- 【添加】：逐渐增加新的材质。如果在对象上指定了4个材质ID，并且在多维/子对象材质中也设置了4个材质数量，这时如果需要把对象的材质ID增加到5个，就需要在材质编辑器单击添加按钮来增加1个材质。

- 【删除】：单击该按钮可删除选择的材质。

- 【ID】：显示材质的序号。

- 【子材质】：可以给相应的ID指定材质，除了标准材质类型之外也可以使用其他材质类型。

- 【启用/禁用】：决定是否使用相应的材质。

图7-207 【多维/子对象基本参数】卷展栏

图7-208 【设置材质数量】对话框

> **提示** 使用多维/子对象材质有如下3点需要注意：
> （1）给每个材质赋予相应的名字是一个很好的习惯。在以后复杂的制作中，有序地给每个物体、材质、灯光赋予相应的名字，可以大大提高工作效率。
> （2）在删除材质之前应该仔细确认对象的ID号。
> （3）子材质ID不取决于列表的顺序，可以输入新的ID值。

多维材质实例——柯达电池的制作

所用素材：光盘\素材\第7章\材质实例\多维材质初始

最终效果：光盘\效果\第7章\材质实例\多维材质完成

最终渲染效果如图 7-209 所示。

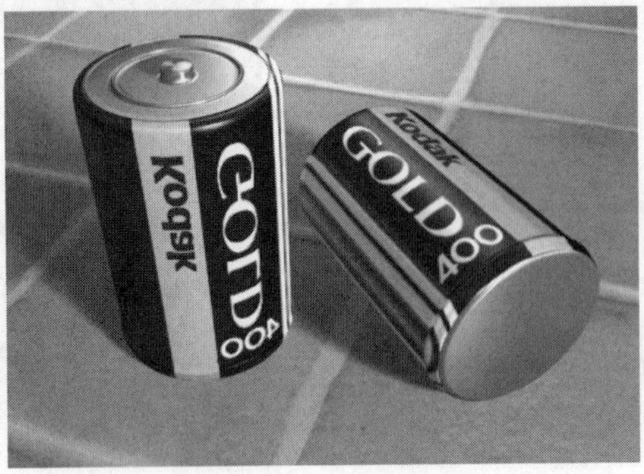

图7-209　渲染效果

操作步骤

01 打开场景文件，如图 7-210 所示。首先进行灯光的设置，单击创建面板 / 灯光 / 目标聚光灯，调整目标聚光灯位置，如图 7-211 所示。

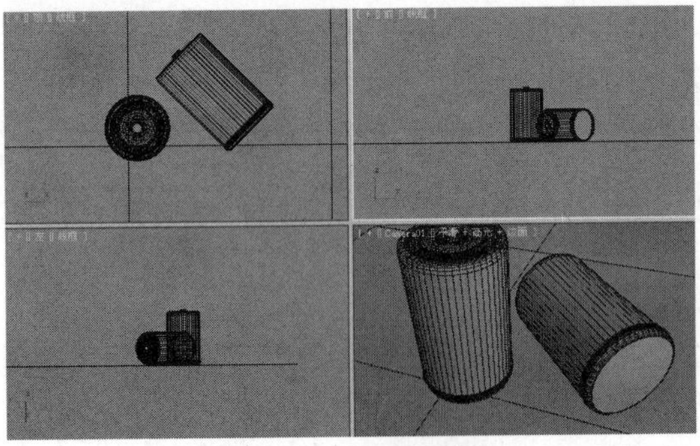

图7-210　场景文件

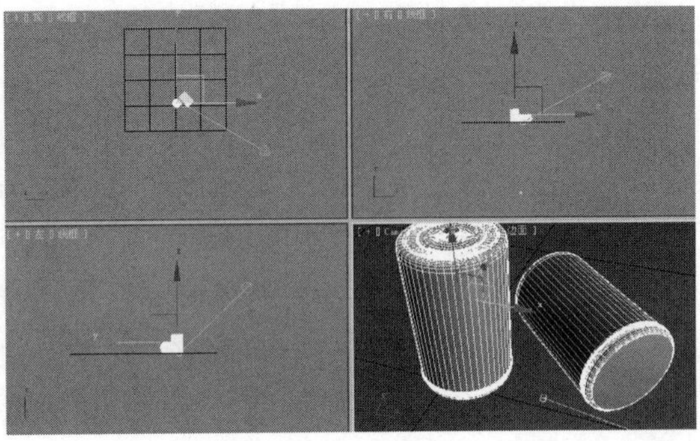

图7-211　创建灯光

02 选择目标聚光灯，单击修改面板，勾选开启阴影，设置阴影类型为【区域阴影】。设置灯光颜色为 RGB（255、255、255），设置【倍增】值为 2.5，衰退类型为【平方反比】。单击【聚光灯参数】卷展栏，设置【聚光区 / 光束】为 50，【衰减区 / 区域】为 60。打开【区域阴影】卷展栏，设置【基本选项】类型为【长方形灯光】，【阴影完整性】为 4，【阴影质量】为 6，如图 7-212 所示。

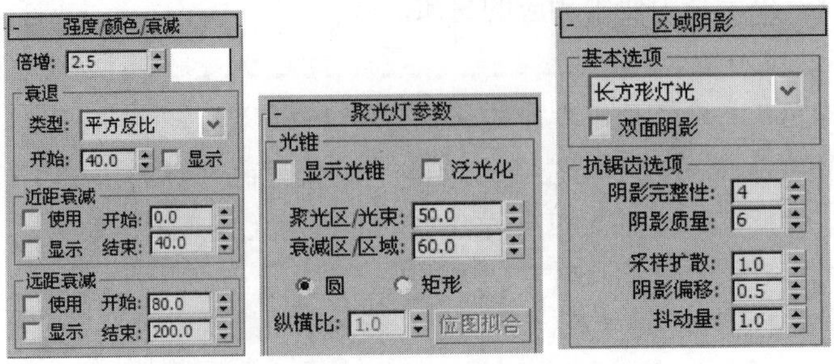

图7-212　聚光灯参数及区域阴影设置

03 为场景补光，单击创建面板 ✱ / 灯光 ◢ / 目标聚光灯，调整目标聚光灯位置，如图 7-213 所示。这里采用双 45 度角照明方式。选择目标聚光灯，单击修改面板 ⬕，设置灯光颜色为 RGB（255、255、255），设置【倍增】值为 1，衰减类型为【平方反比】，如图 7-214 所示。单击【聚光灯参数】卷展栏，设置【聚光区 / 光束】为 50，【衰减区 / 区域】为 60，如图 7-215 所示。

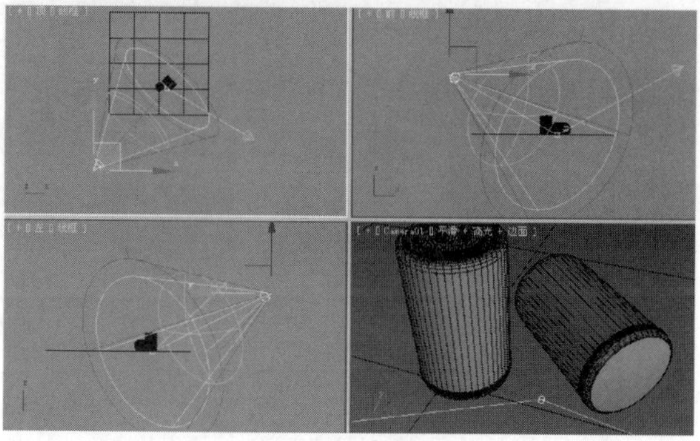

图7-213　创建灯光

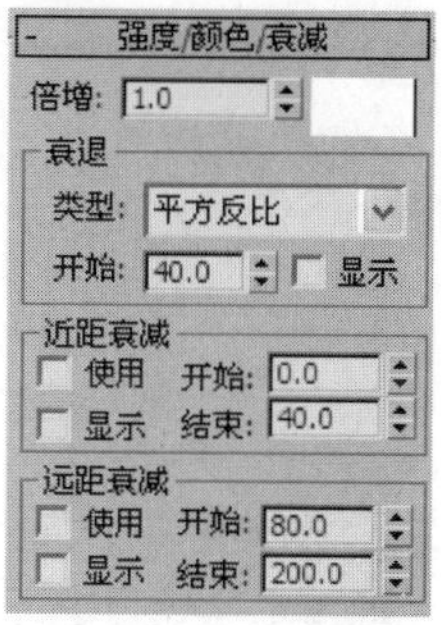

图7-214　倍增设置

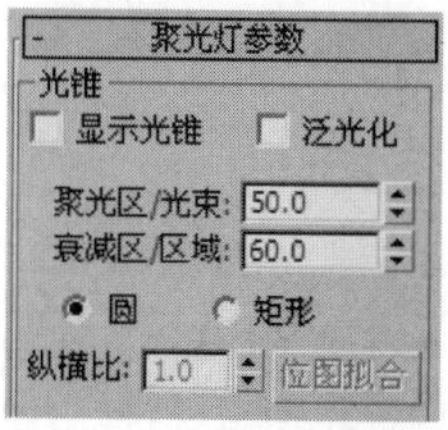

图7-215　聚光灯参数

04 测试渲染如图 7-216 所示，发现电池模型的正前方还是有些偏暗，所以需要继续增加灯光。单击创建面板 ✱ / 灯光 ◢ / 泛光灯，调整泛光灯位置，如图 7-217 所示。

图7-216　渲染效果

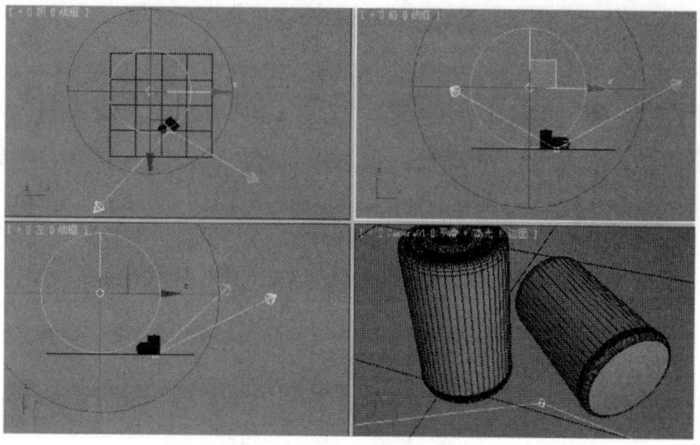

图7-217　创建灯光

05 选择泛光灯，单击修改面板 ⬕，设置灯光颜色为 RGB（255、255、255），设置【倍增】值为 1，衰减类型为【平方反比】，勾选【远距衰减】选项中的【使用】项，设置【开始】为 20，【结束】为 40，如图 7-218 所示。这里的泛光灯只是作为补光，所以灯光倍增值不需要设置很大。测试渲染如图 7-219 所示，场景中的灯光设置完毕。

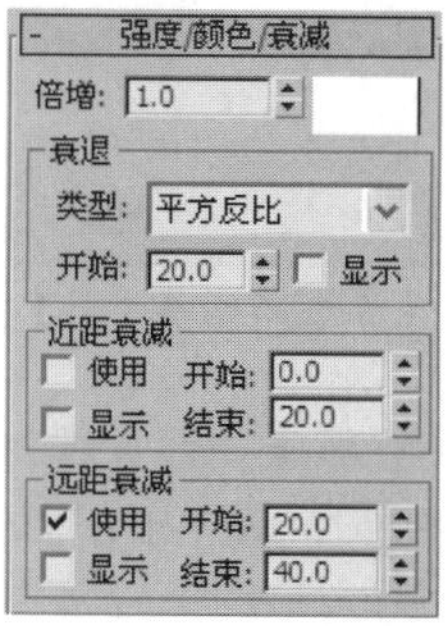

图7-218　倍增设置

图7-219　渲染效果

06 进行场景中材质的设置。选择场景中的地面物体，单击【M】键打开材质编辑器，选择一个新的材质球，并将其赋予给地面物体。单击【漫反射】贴图通道，在弹出的【材质／贴图浏览器】对话框中选择【位图】贴图通道，如图 7-220 所示。双击【位图】贴图通道，选择"地砖"文件，如图 7-221 所示。

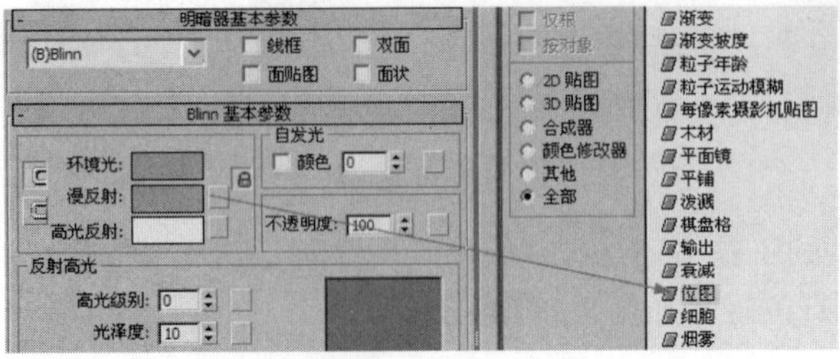

图7-220 【材质/贴图浏览器】对话框 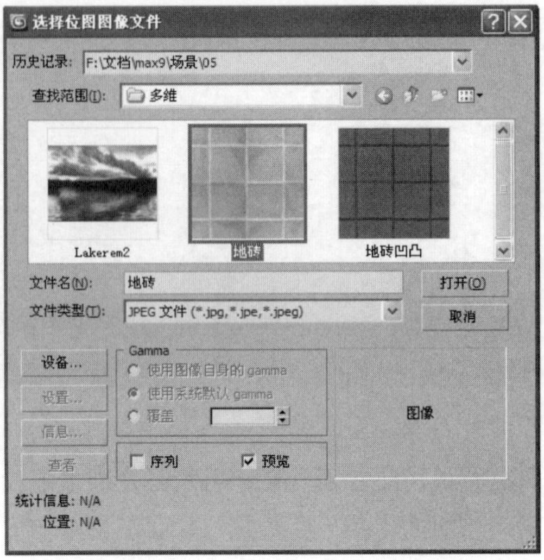　　　　图7-221 【选择位图图像文件】对话框

07 进入【位图】贴图通道中，设置 UV【平铺】值均为 2，如图 7-222 所示。返回材质层级，单击【凹凸】贴图通道，在弹出的【材质／贴图浏览器】对话框中选择【位图】贴图通道，双击【位图】贴图通道，选择"地砖凹凸"文件，如图 7-223 所示。

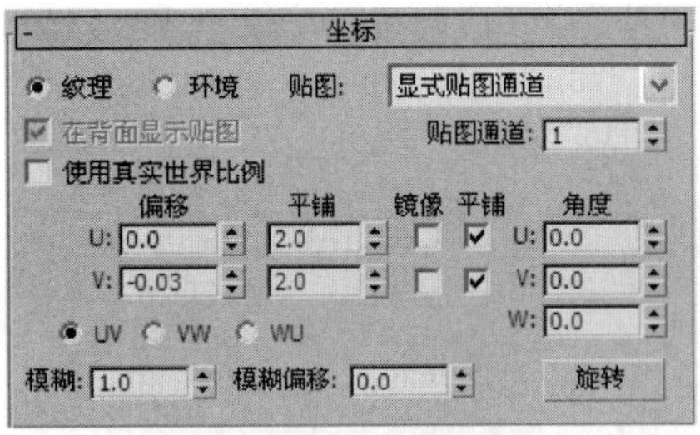

图7-222　贴图坐标 　　　　　　　　　　图7-223 【选择位图图像文件】对话框

08 选择场景中的电池模型，如图 7-224 所示。单击【M】键打开材质编辑器，选择一个新的材质球，并将其赋予给电池模型。单击【Standard】按钮，将材质类型设置为【多维／子对象】材质，如图 7-225 所示。

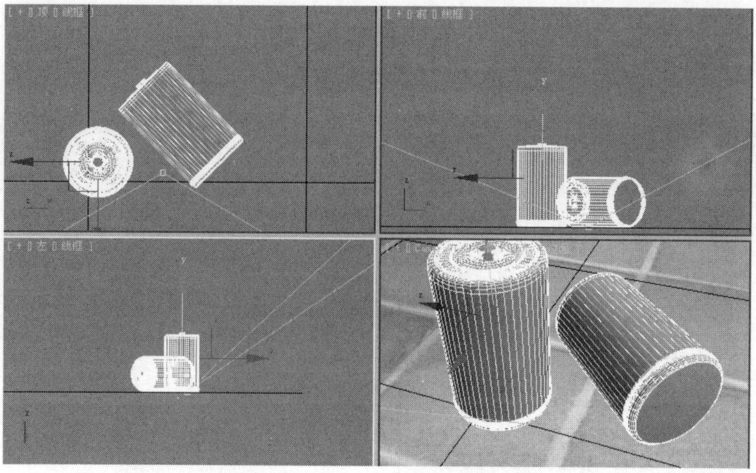

图7-224　选择电池物体

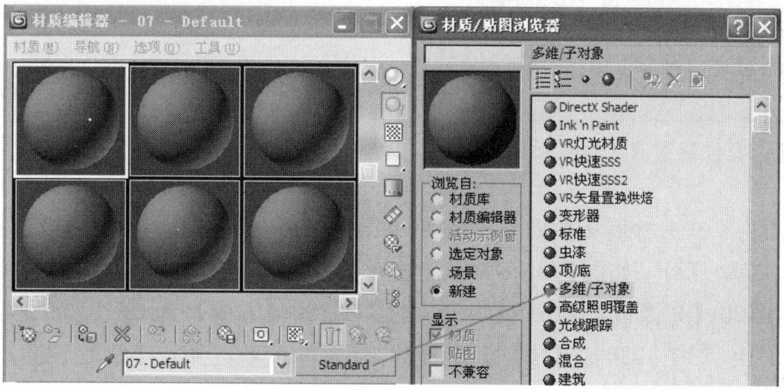

图7-225　【材质/贴图浏览器】对话框

09 在弹出的【替换材质】对话框中选择【将旧材质保存为子材质】选项，如图 7-226 所示。在【多维 / 子对象基本参数】卷展栏中设置材质数量为 2，如图 7-227 所示。

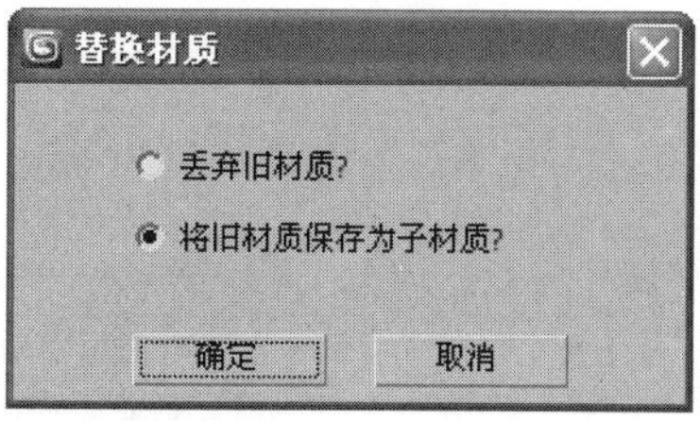

图7-226　【替换材质】对话框

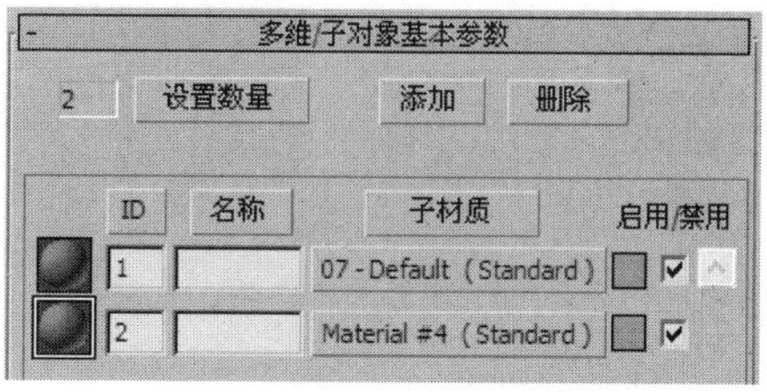

图7-227　设置材质数量

10 当前材质已经分配好 ID。这里设置电池贴图部分为 ID1，金属部分为 ID2。单击材质 1 按钮，单击漫反射贴图通道，在弹出的【材质 / 贴图浏览器】对话框中选择【位图】贴图通道，如图所示。双击【位图】贴图通道，选择"贴图"文件，如图 7-228 所示。单击【坐标】卷展栏，设置 U 平铺值为 0.4，如图 7-229 所示。

11 返回材质层级，设置【高光反射】颜色为 RGB (212、170、140)，设置【高光级别】为 100，【光泽度】为 40，如图 7-230 所示。单击【贴图】卷展栏，单击【反射】贴图通道，在弹出的【材质/贴图浏览器】对话框中选择【位图】贴图通道，选择"Lakerem2"文件，如图 7-231 所示。并设置反射数量为 20。

图7-228 【选择位图图像文件】对话框

图7-229 贴图坐标

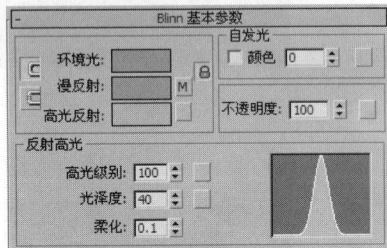

图7-230 贴图坐标

12 返回材质层级，单击材质 2 按钮，设置明暗器为【多层】，设置【环境光】和【漫反射】颜色为 RGB（73、73、73），如图 7-232 所示。设置【第一高光反射层】颜色为 RGB（230、230、230），【级别】为 120，【光泽度】为 10，【各向异性】为 80，【方向】为 0。设置【第二高光反射层】颜色为 RGB（230、230、230），【级别】为 120，【光泽度】为 10，【各向异性】为 80，【方向】为 90，如图 7-233 所示。

三维制作大师

图7-231 【选择位图图像文件】对话框

图7-232 贴图坐标

13 材质设置完成，渲染效果如图 7-234 所示。

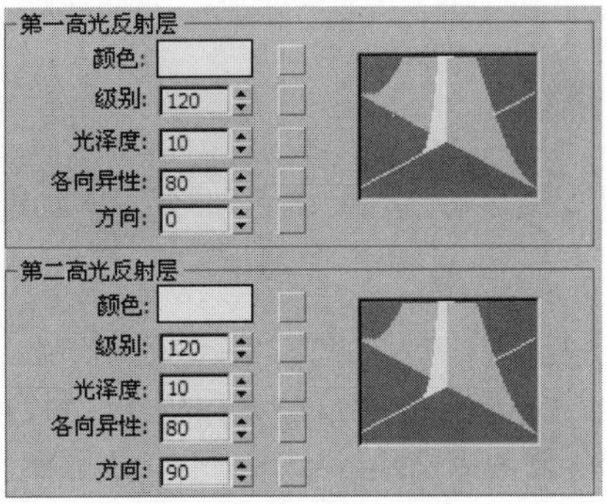

图7-233　基本参数

图7-234　渲染效果

7.9　本章小结

本章我们了解了 3ds Max 2010 的材质编辑器与不同材质类型，以及材质编辑器的调用和材质的赋予。通过具体案例详细讲解材质的分类和材质面板的参数设置，以及学习如何将纹理贴图和凹凸贴图添加到材质。另外，还学习了如何通过调整材质的贴图坐标将贴图放置到对象的表面。

7.10　习题

1. 填空题

（1）当处理材质时，样本窗口最多可以显示_____个材质图标。

（2）用鼠标单击材质编辑器水平工具栏上的_____按钮，可以将已经设计好的材质赋予场景中所选对象。

（3）_____材质是指已经出现在场景中的材质，非同步材质是指所有未使用过的材质。

（4）编辑透明材质需要在_____指导性计划栏中的_____参数控制，并在_____扩展栏中设置透明的附加选项。

2. 上机题

（1）上机练习混合材质的使用方法。

（2）上机练多维 / 子对象材质的使用方法。

（3）上机练习漫反射颜色通道。

（4）上机练习凹凸通道。

第 **8** 章 纹理贴图

> 本章主要介绍3ds Max中纹理贴图的方式，重点介绍了2D贴图和3D贴图的技巧和方法。

　　3ds Max 的纹理贴图主要包括程序纹理和位图纹理。如果按贴图坐标来分的话，可以分为 2D 贴图和 3D 贴图。有一点需要特别注意的是，使用 2D 贴图必须配合正确的 UVW 贴图坐标，否则纹理在对象的表面会出现错误的结果。但是 3D 贴图由于采用了特殊的算法，没有这个限制。

▶▶ **8.1　2D贴图的概念及参数**

　　2D 贴图即二维贴图，2D 贴图和其字面意义一样表示平面贴图。它们通常贴图到几何对象的表面，或用做环境贴图来为场景创建背景。最简单的 2D 贴图是位图，其他种类的 2D 贴图按程序生成。

▶ 8.1.1　2D贴图的共同菜单

　　2D 贴图的参数当中有许多共同使用的选项，一般分为调整平铺、镜像等的【坐标】卷展栏和制作贴图噪波程度的【噪波】卷展栏。这两个卷展栏的用法和意义相同，所以首先介绍这两个卷展栏的内容，然后再介绍各自的类型。

　　1. 【坐标】卷展栏

　　应用于对象的每张贴图都需要用贴图坐标来定义如何应用于对象的表面。所有的贴图坐标都基于 UVW 坐标系统，UVW 坐标系统与常见的 XYZ 坐标系统相等，但它具有惟一性，可以避免坐标系统混乱。在大多数情况下，通过选择对象【参数】卷展栏中的【创建贴图坐标】选项，可以自动创建贴图坐标。其中：

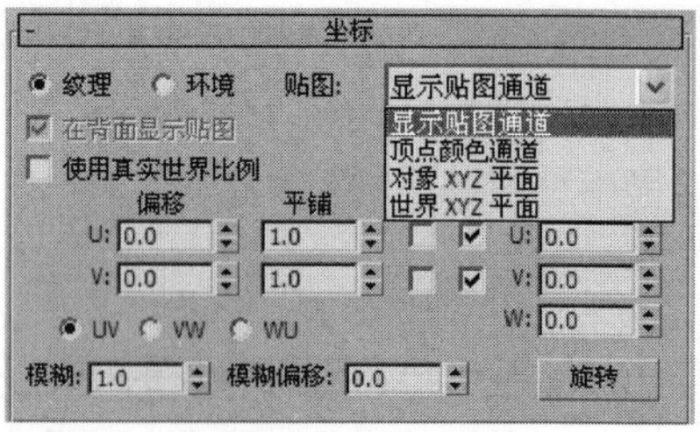

- 【纹理】：如果想要使用一般的贴图，就需要选择该单选按钮，默认值是选择了该单选按钮。从右边的贴图下拉列表中可以使用如图 8-1 所示 4 种贴图类型。

图8-1　贴图坐标

> 【显示贴图通道】：给对象设置 UVW 贴图坐标时，在一个指定的对象当中可以设置几种贴图。可以利用 1 ～ 99 个通道，显示贴图通道是使用频率最高的选项。只有使贴图通道的编号一致，才可以形成正确的贴图坐标。

> 【顶点颜色通道】：可以适用对象的顶点颜色。如果想要使用该选项，需要在选定的对象当中运用编辑多边形或者编辑网格的顶点颜色，如图 8-2 所示。

> 【对象 XYZ 平面】：以对象的局部坐标轴为标准，赋予平面贴图，如图 8-3 所示为使用对象 XYZ 平面参数的，可以看到从对象的右面铺展了平面。

图8-2　顶点颜色通道

图8-3　对象XYZ平面

> 【世界 XYZ 平面】：以对象的世界坐标轴为标准，赋予平面贴图。

- 【环境】：把图片指定为场景中时使用的选项。单选环境按钮后，其贴图下拉列表中有 4 种方法来决定表现图片的方式，如图 8-4 所示。

  > 【球形环境】：背景中的图片具有在球体上的效果。制作动画的时候一般表现摄像机移动到四角时的场景。

  > 【柱形环境】：背景中的图片具有在多边上贴图的效果。制作动画的时候一般表现摄像机左右移动的场景。

  > 【收缩包裹环境】：作为背景中的图片之间不会相互交错。在这种类型当中该选项的使用频率最低。

  > 【屏幕】：按原样显示背景中的图片。一般情况下，在表现静止的场景时经常使用，在动画效果中即使摄像机在移动，图片也是固定的，所以不适合表现动画效果，如图 8-5 所示。

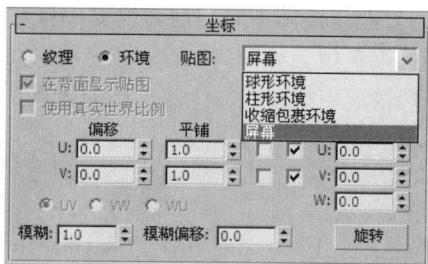

图8-4　环境贴图坐标

图8-5　屏幕贴图坐标

- 【偏移】：移动图片【贴图】位置的选项，移动的位置根据 UV、UW、WU 方向来指定。

> 技巧　可以把 UVW 的位置理解成对象的 XYZ 坐标。UVW 虽然与对象的 XYZ 坐标很相似，可是与贴图的 UVW 和 XYZ 是不同的概念。

- 【平铺】：用指定的数值来决定图片以平铺形式排列的次数，基本值是 1。如图 8-6 所示为调整平铺参数的效果，左边为默认参数，右侧 UV 值均设置为 4，有

图8-6　平铺UV值为4

时候可以使用其参数调节来代替 UVW 的坐标重复数值。

- 【镜像】：选定镜像就可以设置图片左右排列的顺序。在这里可以决定把图片用为平铺还是镜像。也可以分别指定 U 值和 V 值。如图 8-7 所示为调整镜像参数的效果（左为默认平铺模式，右侧镜像模式）。

> **技巧** 利用镜像功能可以在制作贴图时只制作一边，这样可以得到两边的效果，而且可以缩短操作的时间。

- 【角度】：旋转指定对象的图片时使用。在此旋转的标准是前视图，一般情况下，这里主要使用图片，所以使用 W 值比较多。

- 【旋转】：显示图解的旋转贴图坐标对话框，用于通过在弧形球上拖动来旋转贴图（与用于旋转视口的弧形球相似，虽然在圆圈中拖动时绕三个轴旋转，而在其外部拖动则仅绕 W 轴旋转）。这里不像前面的角度那样用数值进行调整，而是用鼠标拖动来旋转图片。如果再次拖动鼠标来旋转，那么角度的数值也会自动发生变化。

- 【模糊】：根据贴图与视图的距离影响其清晰度和模糊度。贴图距离越远，模糊就越大。"模糊"值模糊世界空间中的贴图。模糊主要用于避免锯齿，还可以柔和地显示指定的材质或者表现出焦点没有对齐的效果。默认值是 1.0，取值范围为 0.01 ~ 10。

  如果凹凸贴图上也运用了位图，那么在凹凸的贴图当中也要运用模糊才能得到更加逼真的效果。如图 8-8 所示为使用模糊的效果，瓶子的边缘转折处（距离相对远处）明显出现了模糊效果。

- 【模糊偏移】：模糊偏移影响贴图的清晰度和模糊度，而与视图的距离无关。"模糊偏移"模糊对象空间中的图像本身。模糊偏移和模糊是不同的表现方式，模糊偏移首先给图片赋予模糊效果之后再贴图，然后进行渲染。另外与模糊不同的是，模糊偏移对小数值比较敏感，所以最好用小数值进行测试并逐渐提高数值。如图 8-9 所示，使用不同的模糊偏移可以柔化混合材质中的遮罩贴图边缘，一般情况下可以获得比较自然的效果。

| 图8-7 镜像效果 | 图8-8 模糊效果 | 图8-9 模糊偏移 |

2. 【噪波】卷展栏

噪波通过应用分形噪波函数扰动像素的 UV 贴图，噪波图案是用于创建外观随机图案的方式，其应用相当广泛，比如模拟自然的曲面凹凸纹理等。噪波卷展栏如图 8-10 所示，噪波卷展栏中各选项说明如下：

图8-10 【噪波】卷展栏

- 【启用】：必须选中该复选框才能够使用噪波选项。

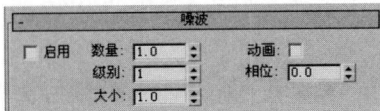

- 【数量】：该项可以调整噪波强度，即调整噪波范围的选项。数值越大，噪波效果就越明显，默认值是 1.0，取值范围为 0.001 ～ 100。
- 【级别】：使数量中调整的噪波的振幅发生更细微的变化。取值范围为 1 ～ 10，数值越大噪波越不明显。
- 【大小】：调整噪波大小的选项。取值范围为 0.001 ～ 100，数值越大噪波就越明显。
- 【动画】：如果要制作噪波发生变化的动画就应该选择该复选框。选定之后调整相位值就可以制作噪波发生变化的动画。
- 【相位】：可以控制噪波的振动速度，还可以移动运动的始点。

▶ 8.1.2 位图贴图

位图指由像素组成的图片的总称，位图可以用来创建多种材质，如木纹、墙面、蒙皮和羽毛等。也可以使用动画和视频文件替代位图来创建动画材质。位图由位图参数、时间和输出三个卷展栏组成，如图 8-11 所示。

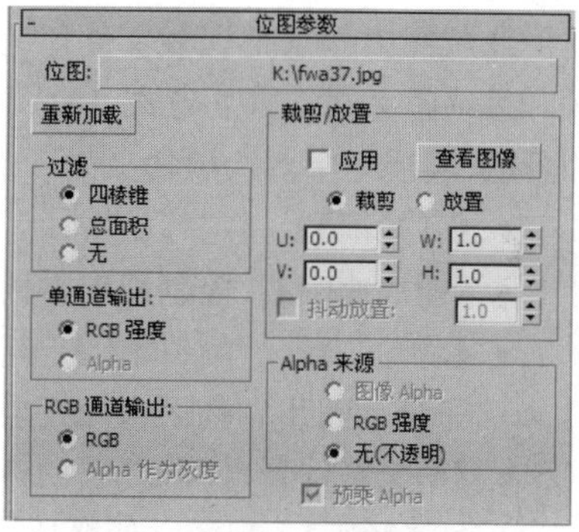

1.【位图参数】卷展栏

其中各选项说明如下：

- 【位图】：用来导入位图。单击其后面的按钮会弹出对话框，只要选择要导入的位图就可以了。

- 【重新加载】：更新位图文件。有时对于已经添加

图8-11 【位图参数】卷展栏

了的位图文件还要进行再次处理，对于处理过后的位图，3ds Max 并不会自动进行更新，所以需要使用重新加载。单击重新加载按钮后，位图文件会自动加载到 3ds Max 材质编辑器的示例窗中。

- 【过滤】：该功能可以确保贴图的图片像素。
  - ➤ 【四棱锥】：默认选择该项，其计算值并不精确，消耗内存也不大。
  - ➤ 【总面积】：能够保障正确而整洁的渲染品质，但是会消耗很大的内存。
  - ➤ 【无】：贴图的图片不发生任何过滤效果。
- 【RGB 通道输出】：在图片的三原色通道中决定要使用哪个通道。
  - ➤ 【RGB】：该选项主要用于表示材质的颜色，默认选择该项。
  - ➤ 【Alpha 作为灰度】：选择该单选按钮后，RGB 颜色会被忽略，只使用位图的 Alpha 通道，也就是灰度图像。
  - ➤ 【裁剪 / 放置】：使用位图的某一部分。
  - ➤ 【应用】：选择该复选框后，可激活裁剪 / 放置。
  - ➤ 【查看图像】：单击该按钮会出现显示图片的窗口。这时可以用鼠标直接拖动四周的控制点来选择图片中需要的部分。可以利用窗口的 UVW 旋转器更加详细地设置区域。
  - ➤ 【裁剪】：设置图片的区域后，选择该单选按钮就可以选取虚线中的区域。
  - ➤ 【放置】：选择该单选按钮之后整个图片都会进入设置的区域之内。
  - ➤ 【U】/【V】：除了可以在 View Image 中设置区域之外，还可以在此指定区域。但是如果选择了放置就不能使用该选项。
  - ➤ 【W】/【H】：用来决定贴图图片的大小。

> ➤ 【抖动放置】：选择该复选框后，即使是修改了数值也不能在 View Image 中看到变化，但是从示例窗中可以看到图片的大小发生了变化。

- 【Alpha 来源】：把电影中实际拍摄的背景和 3D 作品结合在一起的时候，根据使用的 Alpha 通道的黑白亮度和区域会有不同的表现方式。

  > ➤ 【图像 Alpha】：使用贴图图片中的 Alpha 通道值。如果使用的图片不具有 Alpha 通道值，就不会带来任何影响。

  > ➤ 【RGB 强度】：如果贴图图片不具有 Alpha 通道值，就先把这一图片转换为黑白图片，然后以原来的亮度值为基础使用通道值。

  > ➤ 【无（不透明）】：选择该单选按钮后，即使是贴图图片具有 Alpha 通道也会被忽略。

2. 【时间】卷展栏

在位图中如果把视频文件作为贴图，就可以指定起始帧和最终帧之间的重复方式，【时间】卷展栏如图 8-12 所示。【时间】卷展栏中各选项含义如下：

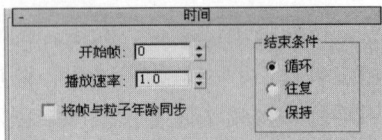

图8-12 【时间】卷展栏

- 【开始帧】：指定起始帧。
- 【播放速率】：控制视频播放的速度，数值越大则播放速度越快。
- 【将帧与粒子年龄同步】：选择此复选框后，该软件会将位图序列的帧与位图所应用的粒子年龄同步。利用这种效果，每个粒子从出生开始显示该序列，而不是被指定与当前帧。
- 【结束条件】：控制以哪种方式来处理视频文件结束的部分。

  > ➤ 【循环】：视频文件播放结束后，自动跳回到第一帧循环播放。

  > ➤ 【往复】：视频文件播放结束后，逆向重复播放。

  > ➤ 【保持】：视频文件播放结束后，自动在最后一帧停止。

3. 【输出】卷展栏

在【输出】卷展栏可以修改输入的位图文件的颜色、亮度等，如图 8-13 所示。【输出】卷展栏中各选项含义如下：

- 【反转】：选择该复选框可将图像色彩反相。
- 【钳制】：选择该复选框可以对位图的曝光值进行控制。
- 【来自 RGB 强度的 Alpha】：选择该复选框之后，会根据用于贴图的 RGB 通道生产 Alpha 通道。
- 【启用颜色贴图】：选择该复选框之后，可以激活颜色贴图区域。
- 【输出量】：如果在漫反射上使用合成贴图或者是直接使用示例窗中的颜色，该选项就可以决定示例窗中的颜色在图片上的突出程度。
- 【RGB 偏移】：数值越大，图片的 RGB 颜色就越大，图片也就越明亮，反之数值越小图片就会越阴暗。
- 【RGB 级别】：根据微调器所设置的量使贴图颜色的 RGB 值加倍，此项对颜色的饱和度产生影响，最终贴图会完全饱和并产生自发光效果，如图 8-14 所示，左侧 RGB 级别为 0.5，右侧 RGB 级别为 2，明显可以看出右侧图的饱和度很高，甚至像自发光的效果。
- 【凹凸量】：该值仅在贴图用于凹凸贴图时产生效果。假设贴图实例同时包含"漫反射"和"凹凸"组件。如果要在不影响"漫反射颜色"的情况下对凹凸量进行调整，就要调整该值，它会在不影响贴图中使用其他材质组件的情况下改变凹凸量。

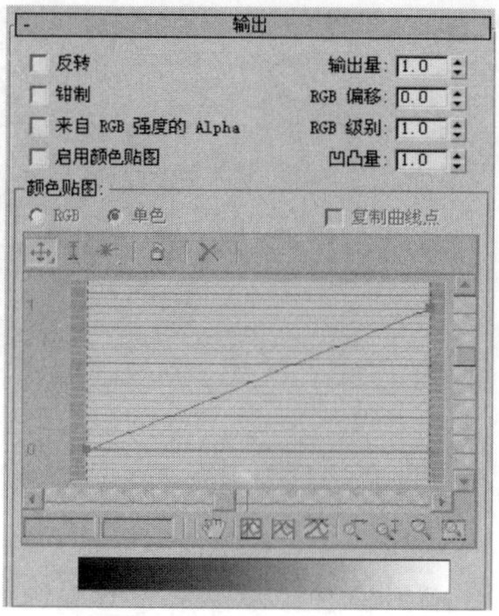

图8-13 【输出】卷展栏

图8-14 RGB级别

- 【颜色贴图】：可以从整体上控制位图的颜色，只有激活了启用颜色贴图才可以使用该项，可以通过对线添加点并对它们进行移动或缩放来调整图的形状。
- 【RGB】：选择该单选按钮之后可以修改RGB颜色通道。
- 【单色】：选择该单选按钮之后可以调整图片的亮度，即明亮值和阴暗值。
- 【复制曲线点】：启用此复选框之后，当切换到RGB图时，将复制添加到单色图的点。如果是对RGB图进行此操作，这些点会被复制到单色图中。如图8-15所示的图使用颜色贴图控制位图的色彩，效果如图8-16所示。

图8-15 颜色贴图控制位图

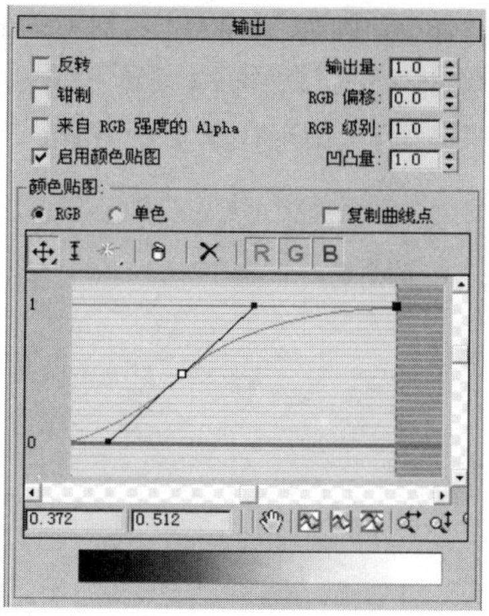

图8-16 【输出】卷展栏

8.1.3 棋盘格贴图

棋盘格贴图是一种类似棋盘格子的贴图，它主要通过控制格子的两种颜色以及导入外来的位图来制作各种各样的格子图案。除了坐标和噪波两个共同的卷展栏外，棋盘格贴图只有一个【棋盘格参数】卷展栏，如图8-17所示。【棋盘格参数】卷展栏中的各选项含义如下：

图8-17 【棋盘格参数】卷展栏

- 【柔化】：可以控制格子图案上两种颜色的模糊程度，对颜色交界处进行柔化处理。柔化值为 0 时边界最清晰，柔化值越大越模糊，如图 8-18 所示，左侧的柔化值为 0.3，右侧的柔化值为 0.05。
- 【交换】：单击该按钮之后可以替换【颜色 #1】和【颜色 #2】的颜色。
- 【颜色 #1】：棋盘格子的第一种颜色，可以用各种贴图方式来修改。

图 8-18　模糊效果

- 【颜色 #2】：棋盘格子的第二种颜色，控制方式与【颜色 #1】相同。

> **技巧**　棋盘格贴图是一种看上去很简单的贴图类型，但是不要小看这些简单的贴图方式，充分利用它们的特点并和其他贴图方式结合起来应用，可以制作出相当优秀的材质，为棋盘格贴图启用"噪波"是使用自然外形创建不规则图案的有效方式。

8.1.4　渐变贴图

渐变贴图是利用 3 个颜色通道来实现过渡、渐变效果的贴图方式，这是一个非常重要的贴图类型。【渐变参数】卷展栏如图 8-19 所示。其中各选项的含义如下：

- 【贴图】：共有【颜色 #1】、【颜色 #2】和【颜色 #3】3 个通道，在其中设置渐变在中间进行插值的 3 个颜色，也可以利用其他贴图方式来添加纹理等。
  - ➤ 【颜色 2 位置】：可以调整【颜色 #2】通道的颜色或者纹理的位置以及范围。
- 【渐变类型】：用来控制渐变方式。其中线性和径向对比效果如图 8-20 所示。

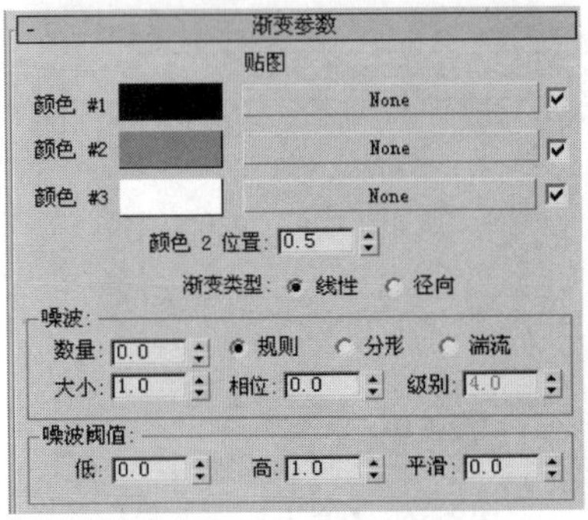

图 8-19　【渐变参数】卷展栏

图 8-20　渐变类型

- ➤ 【线性】：使用线性渐变方式。
- ➤ 【径向】：使用径向渐变方式。
- 【噪波】：此处的噪波功能比公共面板中的噪波更加全面，也可以制作更加丰富的效果。
  - ➤ 【数量】：指定噪波的量，最大值为 1。
  - ➤ 【规则】：生成普通噪波。
  - ➤ 【分形】：使用分形算法来生成噪波。
  - ➤ 【湍流】：生成应用绝对值函数来制作故障线条的分形噪波。

- ➤ 【大小】：可以控制噪波纹理的大小。
- ➤ 【相位】：用于噪波纹理的动画制作当中。
- ➤ 【级别】：控制噪波纹理的细节。如图 8-21 所示分别为规则、分形、湍流的对比效果。
- • 【噪波阈值】：决定向哪个方向传送形成的噪波。
- ➤ 【低】：在下面设置噪波移动的方向。
- ➤ 【高】：在上面设置噪波移动的方向。
- ➤ 【平滑】：柔化噪波的边界。如图 8-22 所示为不同平滑值的效果对比，左侧为 1，右侧为 0。

图8-21　噪波类型

图8-22　噪波阈值

渐变贴图实例——橘子的制作

所用素材：光盘\素材\第8章\材质实例\橘子初始
最终效果：光盘\效果\第8章\材质实例\橘子完成

最终渲染效果如图 8-23 所示。

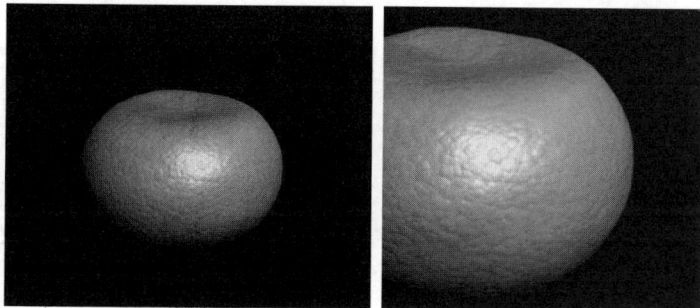

图8-23　渲染效果

287

✎ 操作步骤

01 打开配套光盘中提供的场景文件，场景中有一个橘子模型，如图 8-24 所示。按【M】键打开材质编辑器，选择一个新的材质球，并将其赋予给橘子模型。单击【漫反射】贴图通道，在弹出的【材质/贴图浏览器】中选择【渐变】贴图通道，如图 8-25 所示。

02 进入【渐变】贴图通道，单击【渐变参数】面板，设置【颜色 #1】颜色为 RGB（52、128、49），设置【颜色 #2】颜色为 RGB（248、146、0），设置【颜色 #3】颜色为 RGB（255、166、10），设置【颜色 #2 位置】为 0.85，【渐变类型】为【线性】。【噪波】类型为【规则】，【数量】为 0，【大小】为 1，如图 8-26 所示，测试渲染如图 8-27 所示。橘子的颜色已经基本设置完成。

图8-24 场景文件

图8-25 【材质/贴图浏览器】对话框

图8-26 【渐变参数】卷展栏

图8-27 渲染效果

03 返回材质层级，设置设置【高光级别】为50，【光泽度】为34，如图8-28所示。测试渲染如图8-29所示。

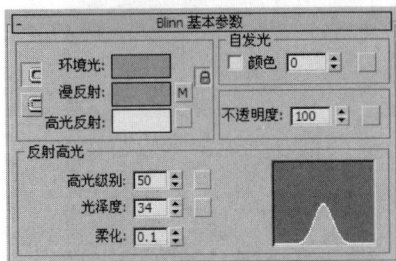

图8-28 Blim【基本参数】卷展栏

图8-29 渲染效果

04 现在设置橘子的褶皱质感，单击【贴图】卷展栏中的【凹凸】贴图通道，在弹出的【材质/贴图浏览器】中选择【细胞】贴图，如图8-30所示。进入【细胞】贴图，单击【细胞参数】卷展栏，设置【细胞颜色】为RGB（255、255、255），【变化】为0，设置【分界颜色】为RGB（255、255、255）和（121、121、121），如图8-31所示。

05 在【细胞特性】选项中设置细胞形状为【圆形】，勾选【分形】选项。设置【大小】为2，【扩散】为0.5，【凹凸平滑】为0.05，如图8-32所示。返回材质层级，设置【凹凸】数量为12，测试渲染，如图8-33所示。

06 继续为橘皮增加质感，单击【置换】贴图通道，在弹出的【材质/贴图浏览器】中选择【烟雾】贴图，如图8-34所示。进入【烟雾】贴图中，单击【烟雾参数】卷展栏，设置【大小】为

30，【迭代次数】为 5，【指数】为 1.5，【颜色 #1】颜色为 RGB（0、0、0），【颜色 #2】RGB 为（255、255、255），如图 8-35 所示。

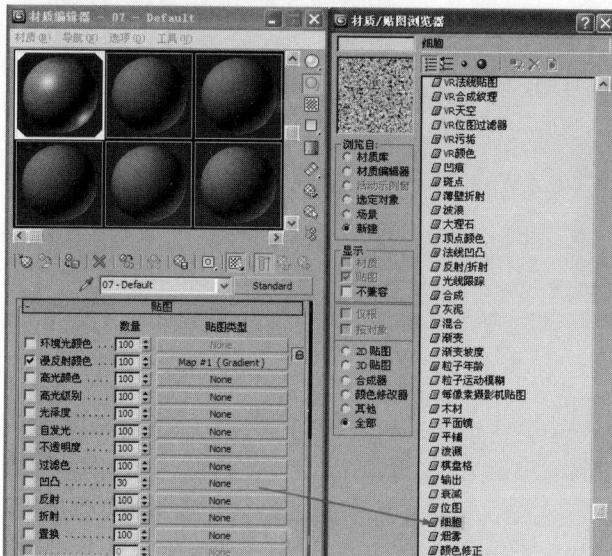

图8-30 【材质/贴图浏览器】对话框

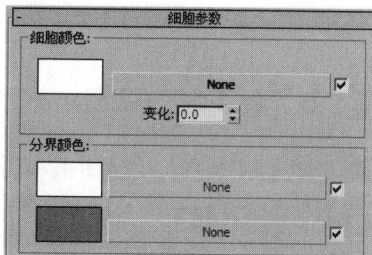

图8-31 【细胞参数】卷展栏

图8-32 【细胞特性】选项

图8-33 渲染效果

三维制作大师

图8-34 【材质/贴图浏览器】对话框

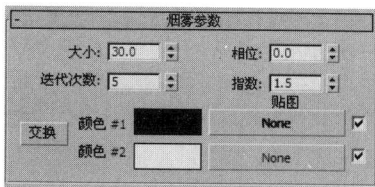

图8-35 【烟雾参数】卷展栏

07 返回材质层级，设置【置换数量】为 30，如图 8-36 所示。渲染如图 8-37 所示。橘子质感设置完成。

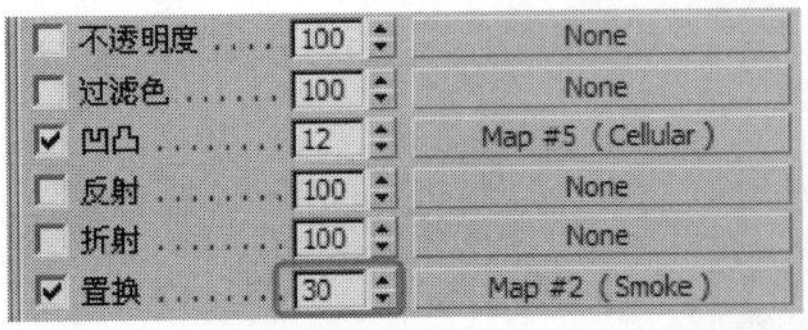

图8-36　置换数量

图8-37　渲染效果

▶ 8.1.5　渐变坡度贴图

　　渐变坡度贴图和渐变贴图很相似，可以将它理解为渐变贴图的更高级形式，其基本参数的控制与渐变贴图是相同的，与渐变贴图相比，它提供了更多的渐变形式，在渐变坡度贴图中，可以为渐变指定任何数量的颜色或贴图。同时它还有许多用于高度自定义渐变的控件。【渐变坡度参数】卷展栏如图 8-38 所示。其中各选项的含义如下：

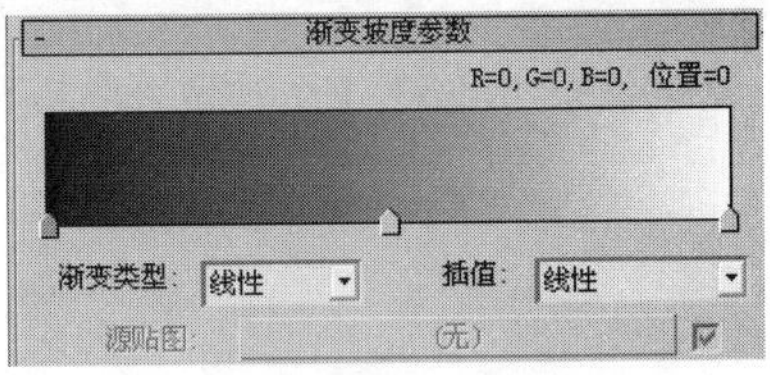

图8-38　【渐变坡度参数】卷展栏

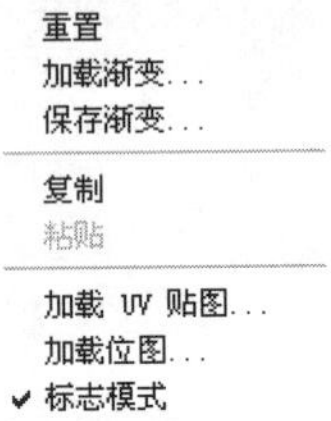

- 【渐变栏】：在渐变栏中可以随意添加或改变颜色，颜色的数量最高可以添加到 100。在渐变栏上单击右键会弹出快捷菜单，如图 8-39 所示。

图8-39　快捷菜单

  - ➢ 【重置】：如果在渐变栏中修改了颜色，使用此命令可以回到初始状态。
  - ➢ 【加载渐变】：载入以前保存的渐变栏。
  - ➢ 【保存渐变】：保存当前的渐变栏。
  - ➢ 【复制】/【粘贴】：复制或者粘贴使用渐变。
  - ➢ 【加载 UV 贴图】：选择此命令后会弹出对话框，在此选择图片的话就会在 UV 贴图颜色中运用该图片。
  - ➢ 【加载位置】：选择此命令后同样会弹出一个对话框，在此选择图片的话就可以在颜色中运用该图片。
  - ➢ 【标志模式】：切换标志的显示。只有选择该命令，才可以直接修改颜色。

> **提示**　渐变栏有以下功能：
> (1) 单击沿着底边的任何位置，就可以创建附加的控制点。
> (2) 拖动任何一个标志，可以在渐变内调整它的颜色或贴图的位置。不可以移动起始标志和结束标志（0 处的标志 #1 和 100 处的标志 #2）。但其他标志可以占用这些位置，而且仍然可以移动。
> (3) 对于一个给定的位置，可以有多个标志占用。如果在同一位置上有两个标志，那么在两种颜色之间会出现轻微的边缘。如果同一个位置上有 3 个或更多的标志，边缘就为实线。

在渐变栏下方的控制点上单击右键同样会弹出一个快捷菜单。其中：

- 【编辑属性】：选择该命令之后会弹出标志属性对话框，从图中可以对所有的标记属性进行调整。
- 【渐变类型】：该下拉列表中共有 12 种渐变类型，这些类型影响整个渐变方式，如图 8-40 所示。
  - ➢ 【4 角点】：制作直线形状的渐变。
  - ➢ 【长方体】：制作长方体形状的渐变。
  - ➢ 【对角线】：制作对角线形状的渐变。
  - ➢ 【照明】：根据光源来形成渐变，需要和场景中的灯光相结合。
  - ➢ 【线性】：此项为默认选项，制定线性的渐变。
  - ➢ 【贴图】：选择该选项后就可以激活下面的源贴图，也可以在这里使用其他的贴图方式。
  - ➢ 【法线】：基于面的正常值以及面对对象的视口方向为基础制作渐变。
  - ➢ 【往复】：从指定的对象中心制作对角线形状的渐变。
  - ➢ 【径向】：制作径向的渐变。
  - ➢ 【螺旋】：制作螺旋形状的渐变。
  - ➢ 【扇叶】：不是直线形状的渐变，可以制作更加柔和的渐变。
  - ➢ 【格子】：制作格子纹理形状的渐变。
- 【插值】：以选择的每个标记为准，设置以怎样的形式来表现前面和后面的颜色或者图片，如图 8-41 所示。

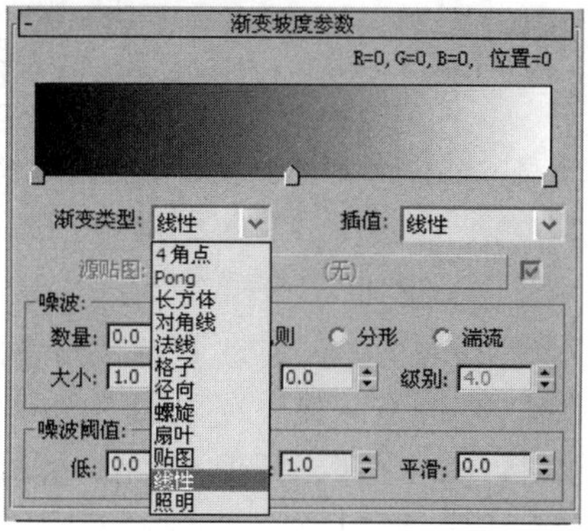

图8-40 【渐变类型】选项

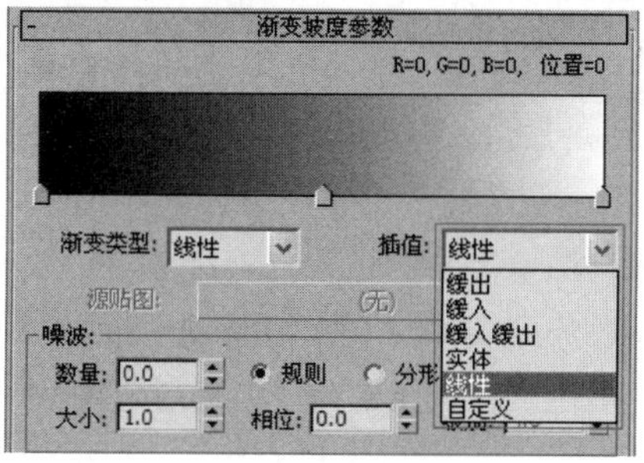

图8-41 【渐变坡度参数】卷展栏

- ➢ 【自定义】：可以直接调整形状，也可以使用标志属性中的 Interpolation，还可以分别调整每个标记的颜色。
- ➢ 【缓入】：柔和的处理选择标记的前一个阶段。
- ➢ 【缓入缓出】：柔和的处理选择标记的两边。
- ➢ 【缓出】：柔和的处理选择标记的下一个阶段。
- ➢ 【线性】：此项是默认选项，从整体上进行柔和处理。
- ➢ 【实体】：每个标记之间的边界很明确。

渐变坡度贴图实例——模拟卡通材质

最终效果：光盘\效果\第8章\材质实例\渐变坡度贴图实例——模拟卡通材质

最终渲染效果如图 8-42 所示。

图8-42　最终渲染效果

操作步骤

01 打开场景文件，如图 8-43 所示。单击创建面板 ✦ / 灯光 ⚲ / 目标聚光灯，调整目标聚光灯位置，如图 8-44 所示。

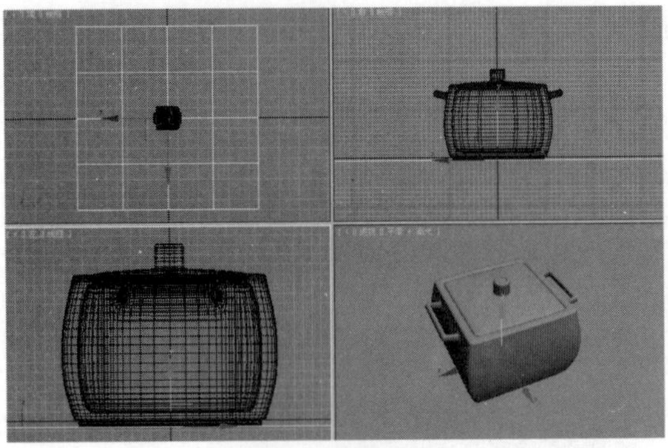

图8-43　场景文件

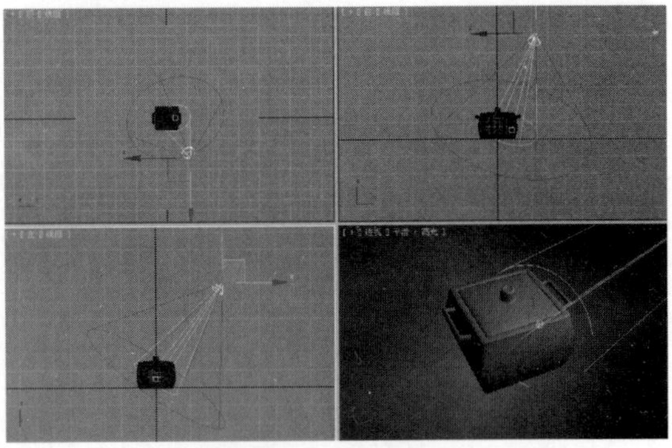

图8-44　创建灯光

02 选择目标聚光灯，单击修改面板 ⚲，勾选开启阴影，设置阴影类型为【光线跟踪阴影】。设置灯光颜色为 RGB（255、255、255），设置【倍增】值为 1，衰减类型为【无】。单击【聚光灯参数】卷展栏，设置【聚光区/光束】为 25，【衰减区/区域】为 70。打开【光线跟踪阴影参数】卷展栏，设置【光线偏移】为 0.2，如图 8-45 所示。

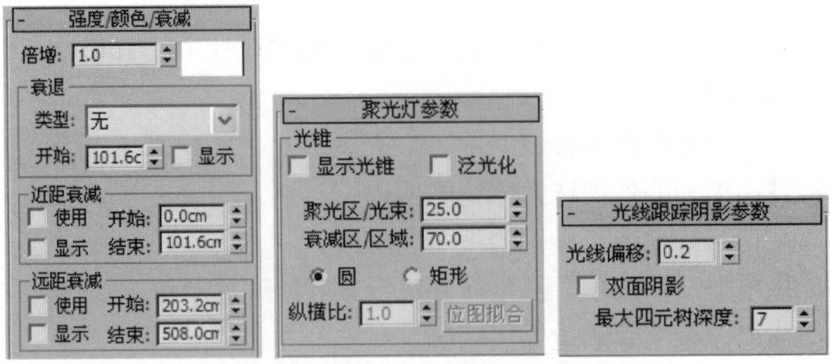

图8-45　聚光灯参数及区域阴影

03 为场景主体部分补光，单击创建面板 ✦ / 灯光 ⚲ / 泛光灯，调整泛光灯位置，如图 8-46 所示。选择泛光灯，单击修改面板 ⚲，设置灯光颜色为 RGB 为（255、255、255），设置【倍增】值为

0.3，如图 8-47 所示。这里的泛光灯只是作为补光，所以灯光倍增值不需要设置很大。场景中的灯光设置完毕。

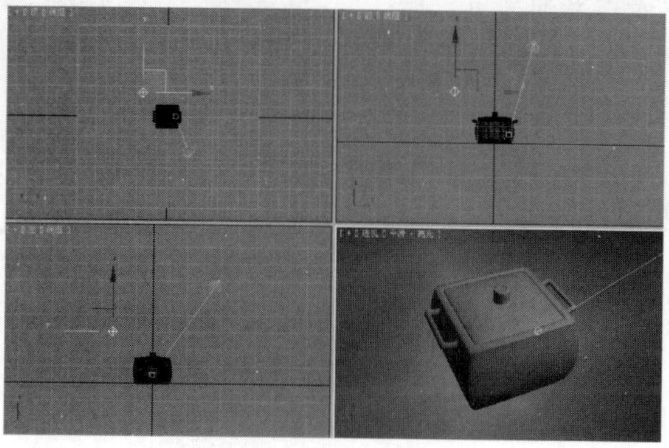

图8-46　创建灯光

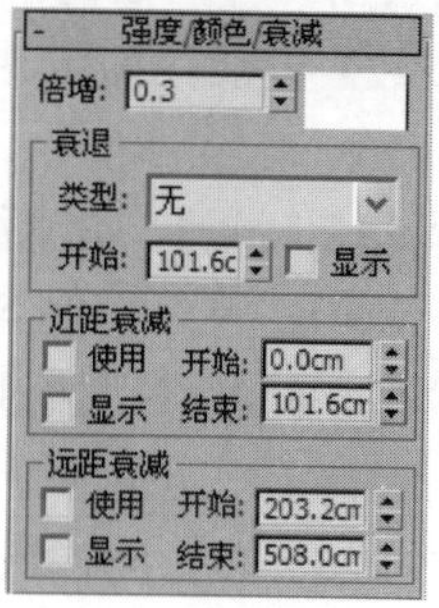

图8-47　【倍增】设置

04 单击【M】键打开材质编辑器，选择一个新的材质球，并将其赋予给地面物体和容器物体。单击【漫反射】贴图通道，在弹出的【材质 / 贴图浏览器】中选择【渐变坡度】贴图通道，如图 8-48 所示。单击【渐变坡度参数】卷展栏，设置渐变颜色，如图 8-49 所示。其中【渐变类型】为【照明】，【插值】为【实体】模式。

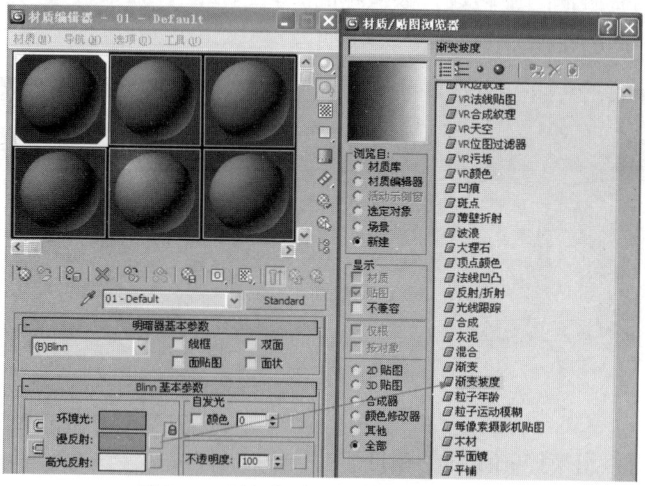

图8-48　【材质/贴图浏览器】对话框

最终渲染效果如图 8-50 所示。与真实的卡通效果相比，除了没有边缘勾勒效果以外，其他都很相似，但是这种模拟效果比实际的卡通材质速度快了很多。

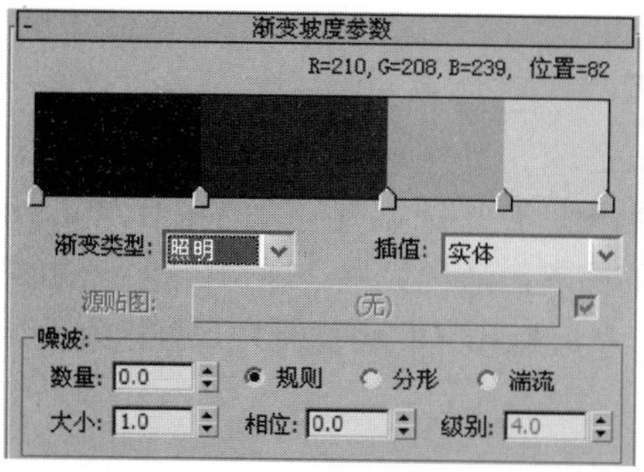

图8-49　【渐变坡度参数】卷展栏

图8-50　渲染效果

293

三维制作大师

▶ 8.1.6　漩涡贴图

　　漩涡贴图是依靠两个通道的混合来实现漩涡效果，如同其他双色贴图一样，任何一种颜色都可用其他贴图替换。【漩涡参数】卷展栏如图 8-51 所示。其中各选项的含义如下：

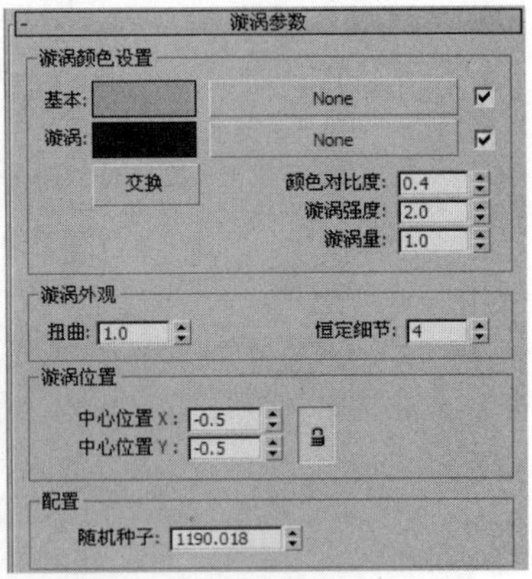

- 【漩涡颜色设置】：设置漩涡颜色和漩涡量。
  - ➢ 【基本】：可以控制 Swirl 贴图背景中的颜色和纹理，同样可以通过添加其他的贴图方式来进行控制。
  - ➢ 【交换】：单击此按钮可以替换 Base 和 Swirl 两个通道的颜色。
  - ➢ 【颜色对比度】：控制 Swirl 贴图颜色的对比度。
  - ➢ 【漩涡强度】：可以调整漩涡颜色的强度，不同的强度效果如图 8-52 所示。
  - ➢ 【漩涡量】：调整漩涡颜色的量。
- 【漩涡外观】：设置漩涡扭曲和细节变化。
  - ➢ 【扭曲】：调整漩涡的旋转数，数值越高旋转越强烈，如果数值为负数，就会逆时针方向旋转。不同的扭曲效果如图 8-53 所示。

图8-51　【漩涡参数】卷展栏

图8-52　漩涡强度 　　　　　　图8-53　漩涡扭曲

  - ➢ 【恒定细节】：用来控制漩涡的精度。
- 【漩涡位置】：用于移动漩涡的中心位置。当漩涡中心从材质中心外移时，漩涡变的更密。
  - ➢ 【中心位置 X】/【中心位置 Y】：利用两个轴可以移动漩涡的中心。
  - ➢ 🔒【锁定】：激活该按钮能够关联两个轴。解锁后可以单独对各个轴进行操作。
  - ➢ 【随机种子】：可以修改漩涡开始的状态。

▶ 8.1.7　平铺贴图

　　使用平铺贴图，可以创建砖、彩色瓷砖等材质贴图。在平铺贴图中，有很多定义的建筑砖块图案可以直接使用，当然也可以设计一些自定义的图案。通过设置 3ds Max 自身的参数，可以调整出不同的砖瓦效果。平铺贴图由【标准控制】卷展栏和【高级控制】卷展栏组成。

1.【标准控制】卷展栏

　　提供了除自定义外的 6 种现成模式，列出定义的建筑平铺砌合、图案、自定义的图案，可以通过选择【高级控制】卷展栏的【堆垛布局】区域中的选项来设计自定义的图案，如图 8-54 所示。如图 8-55、图 8-56、图 8-57、图 8-58、图 8-59、图 8-60 所示为各种预设类型的效果。

图8-54 【标准控制】卷展栏

图8-55 自定义平铺

图8-56 连续砌和

图8-57 常见荷兰式砌和

图8-58 英式砌和

图8-59 1/2连续砌和

图8-60 堆栈砌和

2.【高级控制】卷展栏

由平铺设置、砖缝设置和杂项 3 个区域组成。其中：

- 【平铺设置】：该区域可以对砖的平铺进行控制，如图 8-61 所示。
  - 【显示纹理样例】：这是默认选项，输入图片在平铺设置中显示。
  - 【纹理】：如果没有导入位图，可以在这里调整砖的颜色，或者单击无按钮来使用其他贴图，也可以用来表现壁画效果。
  - 【水平数】：调整横向的砖的个数。
  - 【垂直数】：调整纵向的砖的个数。
  - 【颜色变化】：调整这一数值之后可以表现多种砖的颜色。
  - 【淡出变化】：可以控制砖的颜色变化的幅度，数值越大变化幅度也就越大，如图 8-62 所示为水平数与垂直数相同时的效果。

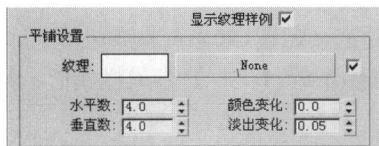

图8-61 【平铺设置】选项

图8-62 淡出变化

三维制作大师

- 【砖缝设置】：该区域可以对砖缝进行控制，如图 8-63 所示。
  - ➤ 【纹理】：如果没有导入位图文件，可以在这里调整砖缝部分的颜色，或者单击无按钮导入其他位图文件。
  - ➤ 【水平间距】：可以控制砖缝横向的幅度。
  - ➤ 【垂直间距】：可以控制砖缝纵向的幅度。
  - ➤ 【% 孔】：设置由丢失的平铺所形成的孔占平铺表面的百分比，砖缝穿过孔显示出来。如图 8-64 所示为 % 孔值分别为 15 和 4 时的效果。

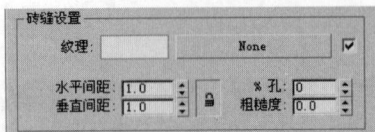

图8-63 【砖缝设置】选项

图8-64 【% 孔】对比

  - ➤ 【粗糙度】：用来调整砖缝部分的粗糙度。
- 【杂项】：该区域如图 8-65 所示。
  - ➤ 【随机种子】：对平铺应用颜色变化的随机图案。无需进行其他设置就能创建完全不同的图案。
  - ➤ 【交换纹理条目】：在平铺间和砖缝间交换纹理贴图或颜色。
- 【堆垛布局】和【行和列编辑】：只有在【标准控制】卷展栏中选择【自定义平铺】时，此区域才处于活动状态，如图 8-66 所示。
  - ➤ 【线性移动】：控制砖左右堆砌多少。
  - ➤ 【随机移动】：砖块堆砌的随机程度。
  - ➤ 【行修改】：按照每一行横向调整砖的排列个数。
  - ➤ 【每行】：指定个数。
  - ➤ 【更改】：移动替换的砖位置。
  - ➤ 【列修改】：按照每一列纵向调整砖的排列个数。
  - ➤ 【每列】：指定个数。
  - ➤ 【更改】：移动替换砖块的位置。

图8-65 【杂项】选项

图8-66 【堆垛布局】选项

▷ 8.2 3D贴图

三维贴图程序是由数学算法创建的。数学算法用 3 个尺寸定义贴图，如果对象被切开一部分，贴图将沿着每个边排列。三维贴图的【坐标】卷展栏与二维贴图的【坐标】卷展栏相似，只有一小部分例外。三维贴图的种类有 15 个，包括细胞、凹痕、衰减、大理石、噪波、粒子寿命、粒子运动模糊、花边大理石、行星、烟、斑点、泼溅、灰泥水和木材等。

▶ 8.2.1　3D贴图的共同菜单

与 2D 贴图一样，在 3D 贴图中也有一些共同的参数选项，通过调整坐标参数，可以相对于应用贴图对象的体积来移动贴图。

在所有的 3D 贴图中都可以利用卷展栏中的参数来控制贴图的位置、X/Y/Z 坐标的值、贴图的大小等常规的参数，即可指定对象的贴图坐标和贴图方式，如图 8-67 所示。下面将讲解【坐标】卷展栏中各选项含义。

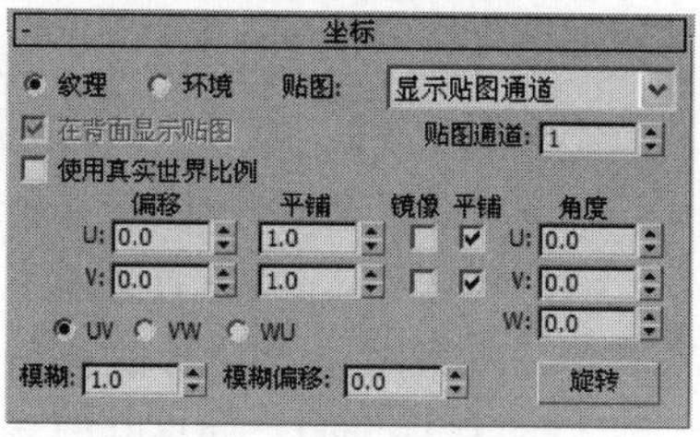

图8-67　【坐标】卷展栏

- 【贴图】：设置贴图坐标和通道。在下拉列表中可以看到各种模式。
  - ➢【对象 XYZ】：以对象的局部轴为准来设置贴图。
  - ➢【世界 XYZ】：以世界轴为准来设置 3D 贴图。
  - ➢【显示贴图通道】：给对象的最高点定义贴图的图案纹理。若对象变形则贴图也会随着变形。只有选择了这一项才可以激活贴图通道。
  - ➢【顶点颜色通道】：可以使用对象最高点的颜色。
- 【贴图通道】：除非来源是"显示贴图通道"，否则该选项不可用。
- 【偏移】：可以移动指定的贴图的位置。
- 【平铺】：设置贴图图案重复的值。
- 【角度】：旋转贴图的图案。
- 【模糊】：基于贴图离视图的距离影响贴图的锐度或模糊度。
- 【模糊偏移】：与 2D 贴图中相同的参数的功能一样，但这里的参数只对导入的位图产生作用，对于 3D 贴图本身的图案不产生任何作用。

▶ 8.2.2　细胞贴图

细胞贴图是一个功能相当强大的贴图，可以利用这个材质来制作昆虫的皮肤以及用于各种视觉效果的细胞图案，如马赛克瓷砖、鹅卵石表面，甚至海洋表面等。【细胞参数】卷展栏由细胞颜色、分界颜色、细胞特性、阈值 4 个区域组成，如图 8-68 所示。【细胞参数】卷展栏中各选项的含义如下：

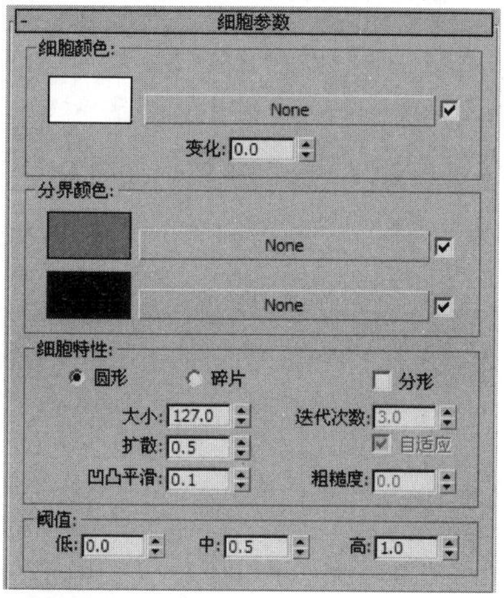

- 【细胞颜色】：控制细胞贴图中心的颜色，可以添加其他类型的贴图方式来控制。
  - ➢【变化】：数值大于 0 的时候可以任意改变指定在细胞颜色上的颜色。
- 【分界颜色】：可以控制细胞边界的颜色或贴图。
- 【细胞特性】：用来控制细胞的大小和图案的变化等。

图8-68　【细胞参数】卷展栏

- ➢【圆形】：选择该单选按钮时，细胞为圆形，提供了一种更为有机或泡状的外貌。
- ➢【碎片】：选择该单选按钮时，细胞具有线性边缘，提供了一种更为零碎或赛克的外观。如图 8-69 所示分别为圆形与碎片细胞特征的效果。

297

三维制作大师

> 【大小】：控制细胞纹理的大小，调整此值使贴图适合几何体。
> 【扩散】：更改单个细胞的大小。
> 【凹凸平滑】：在将细胞贴图应用于凹凸通道时，可以柔化凹凸值。
> 【分形】：表现分裂的细胞形状。
> 【迭代次数】：控制分形运用的次数，数值越高制作的贴图就越整齐。
> 【自适应】：只有激活了分形之后才可以使用该项，在材质上使用分形的时候可以防止贴图中出现过多的棱角。
> 【粗糙度】：如果贴图是运用到凹凸通道中，则可以控制凹凸的粗糙度程度。如图 8-70 所示的图中，两边的粗糙度为 10，右边的粗糙度为 1，实际效果类似修改密度效果。

图8-69　碎片样式对比

图8-70　粗糙度对比

- 【阈值】：用来调整细胞颜色和分界颜色的边界。
  > 【低】：控制细胞的大小。
  > 【中】：调整细胞第一个边界的颜色幅度。
  > 【高】：调整分界颜色的幅度。

细胞贴图实例——揉皱的纸的制作

所用素材：光盘\素材\第 8 章\材质实例\纸张
最终效果：光盘\效果\第 8 章\材质实例\纸张完成

本实例最终渲染效果如图 8-71 所示。

图8-71　渲染效果

操作步骤

01 打开场景文件，如图 8-72 所示。首先进行灯光的设置。单击创建面板 ❋ /灯光 ✨ /目标聚光灯，调整目标聚光灯位置，如图 8-73 所示。

图8-72　场景文件　　　　　　　　　　　　图8-73　创建灯光

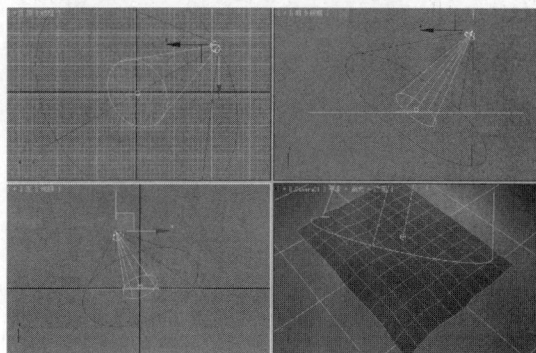

02 选择目标聚光灯，单击修改面板，勾选开启阴影，设置阴影类型为【光线跟踪阴影】。设置灯光颜色为 RGB 为（255、255、255），设置【倍增】值为 0.78，衰减类型为【无】。单击【聚光灯参数】卷展栏，设置【聚光区 / 光束】为 28，【衰减区 / 区域】为 80。打开【光线跟踪阴影参数】卷展栏，设置【光线偏移】为 0.2，如图 8-74 所示。

图8-74　聚光灯参数和光线跟踪阴影

03 单击创建面板 / 灯光 / 天光，调整天光位置，如图 8-75 所示。选择天光，单击修改面板，设置【倍增】值为 0.38，【天空颜色】为 RGB（121、165、255），如图 8-76 所示。

图8-75　创建天光　　　　　　　　　　图8-76　【天光参数】卷展栏

04 测试渲染，如图 8-77 所示。进行材质的设置。选择场景中的地面物体，单击【M】键打开材质编辑器，选择一个新的材质球，并将其赋予给地面物体。设置【漫反射】颜色为 RGB（205、205、205），测试渲染，如图 8-78 所示。现在地面已经与纸张物体分离出来了。

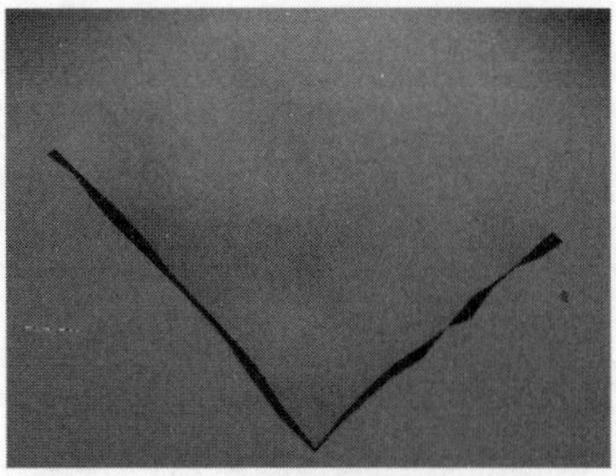

图8-77 渲染效果

图8-78 渲染效果

05 单击【M】键打开材质编辑器，选择一个新的材质球，并将其赋予给纸张物体。单击漫反射贴图通道，在弹出的【材质/贴图浏览器】中选择【位图】贴图通道，双击【位图】贴图通道，选择"牛皮纸"文件，如图8-79所示，测试渲染，如图8-80所示。

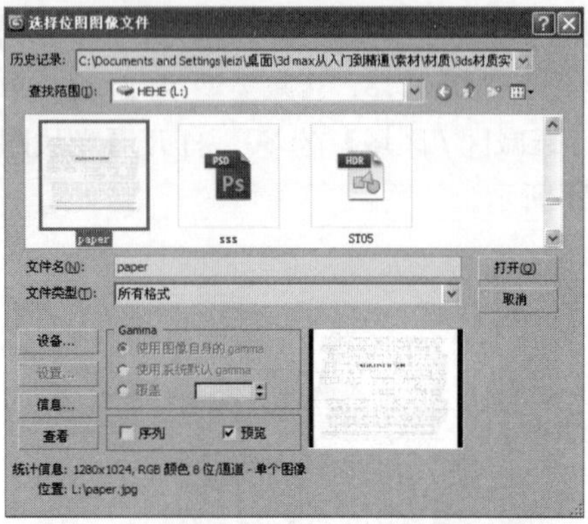

图8-79 【选择位图图像文件】对话框

图8-80 渲染效果

06 制作纸张的褶皱效果，这里使用细胞贴图方式。选择材质编辑器中的纸张材质球，单击【贴图】卷展栏，单击【凹凸】贴图通道，在弹出的【材质/贴图浏览器】中选择【细胞】贴图通道，如图8-81所示。进入【细胞】贴图通道中，单击【细胞参数】卷展栏，设置细胞特性为【碎片】，勾选【分形】选项，设置【大小】值为48.4，【迭代次数】为12.51，【扩散】为1.04，【粗糙度】为0.31，如图8-82所示。

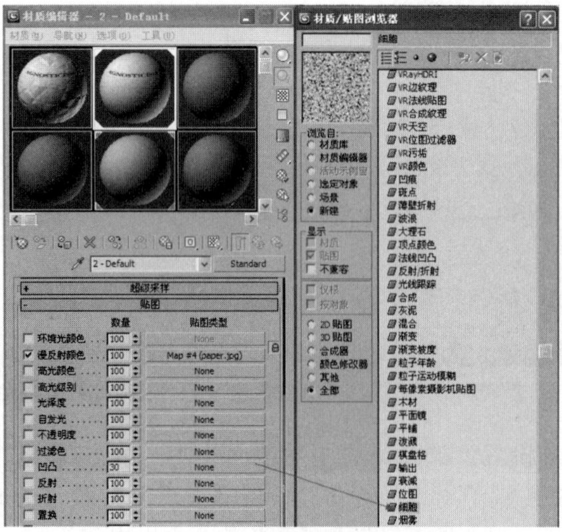

图8-81 【材质/贴图浏览器】对话框

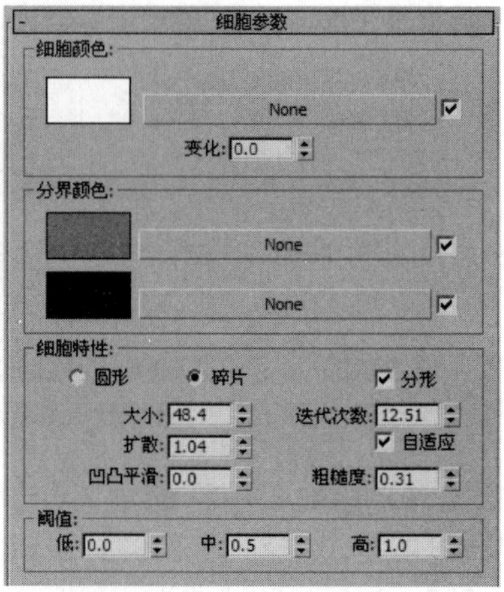

图8-82 【细胞参数】卷展栏

材质设置完成，一张逼真的被揉搓过然后展开的纸就制作完成了，渲染效果如图 8-83 所示。

图8-83　渲染效果

▶ 8.2.3　凹痕贴图

在扫描线渲染过程中，凹痕会根据分形噪波产生随机图案。凹痕贴图具有"伤痕、凹陷"的意思，大部分用于凹凸贴图上，主要用来表现柏油路、腐蚀的木头或金属、玄武岩等材质。【凹痕参数】卷展栏如图 8-84 所示。【凹痕参数】卷展栏中各选项的含义说明如下：

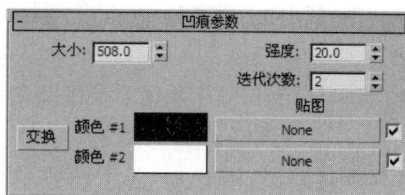

图8-84　【凹痕参数】卷展栏

- 【大小】：调整凹痕贴图的图案纹理大小。运用凹痕后调整大小的数值，如图 8-85 所示为大尺寸的效果，比较类似真实的伤痕效果，而小尺寸的效果则有一些夸张。
- 【强度】：调整【颜色 #1】和【颜色 #2】之间的颜色对比值。数值低于 50 的时候两个颜色之间的边界的对比值会很明显。用于凹凸贴图通道的时候根据凹凸值而产生的浮雕值会很明显，因此适合表现腐蚀的质感。如图 8-86 所示为不同强度的效果对比，左边强度为 10，右边强度为 2。

图8-85　凹痕大小对比

图8-86　强度对比

- 【迭代次数】：调整凹痕贴图图案的重复次数。这是在凹痕贴图的大图案里面形成小图案的概念。
- 【交换】：替换【颜色 #1】和【颜色 #2】的颜色或者是替换使用的贴图的位置。
  - ➢ 【颜色 #1】/【颜色 #2】：凹痕贴图中使用漫反射的时候可以调整其颜色。但是使用位图的时候则不是利用颜色而是利用指定的颜色亮度来表示浮雕效果。

▶ 8.2.4 衰减贴图

衰减贴图是根据对象表面的角度和灯光的位置来表现颜色的渐变，它的应用范围也是相当的广泛，几乎本书的大部分例子的材质都使用了这个贴图模式。【衰减参数】卷展栏如图 8-87 所示。其中各选项含义说明如下：

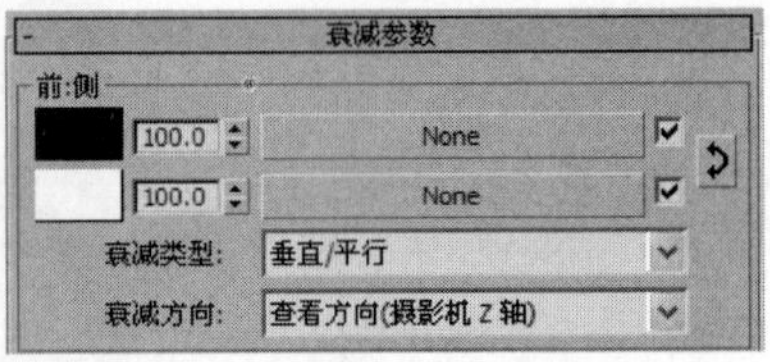

图8-87 【衰减参数】卷展栏

- 【前：侧】：调整两个通道的颜色，也可以分别为两个通道添加其他类型的贴图方式。该名称会因选定的衰减类型而改变，在任何情况下，左边的名称是指顶部的那组控件，而右边的名称是指底部的那组控件。

- 【衰减类型】：衰减类型的几种表现模式。打开下拉列表可以看到列出的所有模式。
  - ➢ 【垂直 / 平行】：在与衰减方向相垂直的面法线和与衰减方向相平行的法线之间设置角度衰减范围。衰减范围为基于面法线方向改变 90°。
  - ➢ 【朝向 / 背离】：在面向【相平行】衰减方向的面法线和背离衰减方向的法线之间设置角度衰减范围。衰减范围为基于面法线方向改变 160°。
  - ➢ 【Fresnel】：基于对象的折射值来运用衰减值。能够表现逼真的折射值，但同时也会耗费更长的渲染时间。
  - ➢ 【阴影 / 灯光】：根据场景中的光源来表现阴影 / 灯光衰减类型的效果，根据灯光来决定效果的变化。
  - ➢ 【距离混合】：如果选用此项，在运用位图的情况下就会根据面和 Viewport 之间的距离混用运用贴图。

- 【衰减方向】：控制衰减贴图以什么轴为基础，在下拉列表中可以看到所有的模式。
  - ➢ 【查看方向（摄像机 Z 轴）】：按照视口中观看的方向来设置贴图。
  - ➢ 【摄像机 X/Y 轴】：和摄像机 Z 轴类似的效果，根据摄像机 X，Y 轴来设置贴图。
  - ➢ 【对象】：以使用衰减贴图的对象为中心设置贴图。
  - ➢ 【局部 X/Y/Z 轴】：以使用衰减贴图对象的局部轴为基准来设置贴图。
  - ➢ 【世界 X/Y/Z 轴】：以使用衰减贴图对象的世界轴为基准来设置贴图，将衰减方向设置为其中一个世界坐标轴。更改对象的方向不会影响衰减贴图。

【模式特定参数】区域选项组如图 8-88 所示。模式特定参数区域各选项的含义说明如下：

- 【对象】：只有在衰减方向中选择了对象才可以激活此项，并以这里选择的对象为基准来设置贴图。
- 【Fresnel 参数】：在衰减类型中选择 Fresnel 才可以使用该功能，可以调整 IOR 值。
- 【覆盖材质 IOR】：只有选择该复选框之后才可以调整运用于衰减上的 IOR 值。
- 【折射率】：可以直接调整折射率。

如图 8-89 所示为使用对象模型来做为特殊渐变的基础创建特殊的衰减效果，其中：

- 【距离混合参数】：只有在衰减类型中选择了距离混合之后才可以使用该项，距离混合是按照距离的变化而变化衰减的效果。
  - ➢ 【近端距离】：指定距离混合效果的起点。
  - ➢ 【远端距离】：指定距离混合效果的终点。
  - ➢ 【外推】：超过近端值和远端值中设置的范围表现的效果。

图8-88 【模式特定参数】选项

图8-89 衰减方向为对象

衰减贴图实例——简洁的水墨效果制作

所用素材：光盘\素材\第8章\材质实例\衰减初始

最终效果：光盘\效果\第8章\材质实例\衰减完成

最终渲染效果如图 8-90 所示。

图8-90 渲染效果

操作步骤

01 打开场景文件，如图 8-91 所示。执行【渲染/环境】菜单命令，打开【环境和效果】面板，单击背景颜色选项，设置背景颜色为 RGB（255、255、255），如图 8-92 所示。

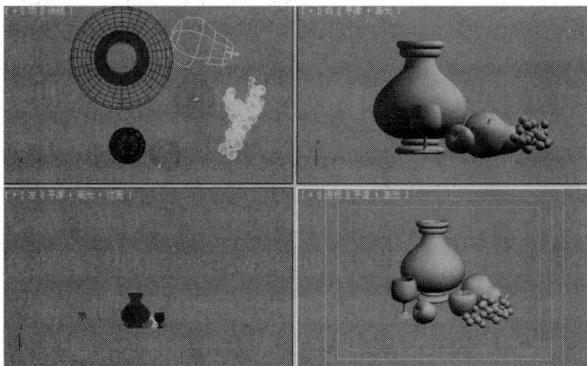

图8-91 场景文件

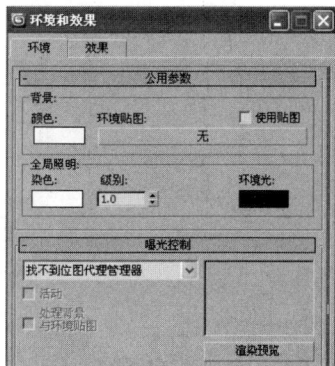

图8-92 【环境和效果】面板

02 单击【M】键打开材质编辑器，选择一个新的材质球。设置【漫反射】颜色为 RGB 为（0、0、0），设置【高光反射】颜色为 RGB（0、0、0），单击【不透明】贴图通道，在弹出的【材质/贴图浏览器】中选择【衰减】贴图通道，如图 8-93 所示。

图8-93 【材质/贴图浏览器】对话框

03 进入【衰减】贴图通道中，单击【衰减参数】卷展栏，单击交换颜色 按钮，设置【衰减类型】为【朝向／背离】，设置【衰减方向】为【对象】，如图 8-94 所示。单击创建面板 ／辅助对象／虚拟体，在场景中创建虚拟体物体，如图 8-95 所示。

图8-94 【衰减参数】卷展栏

图8-95 创建虚拟体物体

04 打开材质编辑器，选择【模式特定参数】选项，再单击对象按钮，在场景中拾取虚拟体，如图 8-96 所示。单击【混合曲线】卷展栏，为曲线添加节点，设置混合曲线，如图 8-97 所示。

图8-96 拾取虚拟体

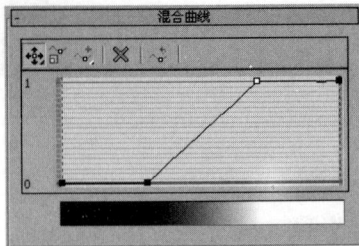

图8-97 混合曲线

05 选择场景中的所有物体，将当前材质赋予给所有物体，移动虚拟体位置，如图 8-98 所示。测试渲染，如图 8-99 所示。

图8-98 移动虚拟体位置

图8-99 渲染效果

06 在弹出的【材质／贴图浏览器】中选择【渐变坡度】贴图通道，进入【衰减】贴图通道中，单击前颜色贴图通道，如图 8-100 所示。

三
维
制
作
大
师

图8-100 【材质/贴图浏览器】对话框

07 设置【渐变类型】为法线，设置【噪波】/【数量】为 0.25，【大小】为 11，如图 8-101 所示。测试渲染，如图 8-102 所示。

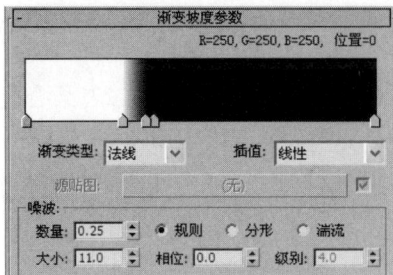

图8-101 渐变滑块调整

图8-102 渲染效果

08 对颜色滑块进行调整，如图 8-103 所示。测试渲染，如图 8-104 所示。

图8-103 渐变滑块调整

图8-104 渲染效果

09 单击【M】键打开材质编辑器，选择一个新的材质球。设置【漫反射】颜色为 RGB（0、0、0），设置【高光反射】颜色为 RGB（0、0、0），如图 8-105 所示。单击【不透明】贴图通道，在弹出的【材质/贴图浏览器】中选择【渐变坡度】贴图，如图 8-106 所示。

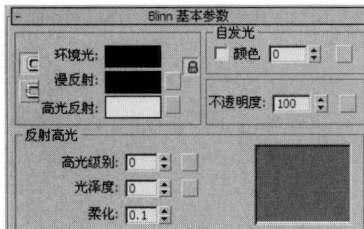

图8-105 基本参数设置

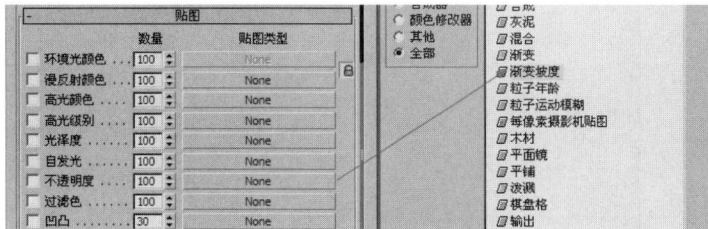

图8-106 【材质/贴图浏览器】对话框

10 进入【渐变坡度】通道，单击【渐变坡度参数】卷展栏，设置【渐变类型】为【法线】，设置【噪波】/【数量】为 1，【大小】为 7.47，【级别】为 4，噪波类型为【湍流】，如图 8-107 所示。将当前材质赋予给场景物体，测试渲染，如图 8-108 所示。

三
维
制
作
大
师

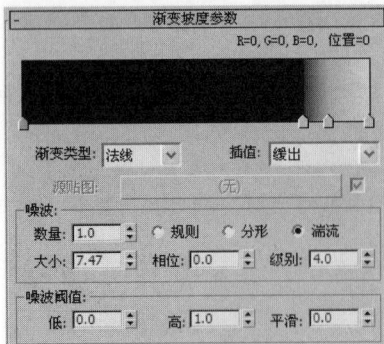

图8-107 渐变滑块调整

图8-108 渲染效果

11 水墨效果的勾线部分和润墨部分都制作完成，使用合成材质类型将二者结合起来。单击【M】键打开材质编辑器，选择一个新的材质球。单击 Standard 按钮，在弹出的【材质/贴图浏览器】中选择【合成】材质。将勾线材质拖动到【基础材质】中，将润墨材质拖动到【材质1】中，如图8-109所示。将合成材质赋予给场景所有物体，渲染效果如图8-110所示。

图8-109 【合成基本参数】卷展栏

图8-110 渲染效果

12 选择【渲染】/【环境】菜单，单击环境贴图通道，在弹出的【材质/贴图浏览器】中选择【位图】贴图，选择"宣纸"文件，如图8-111所示。最终渲染效果如图8-112所示。

图8-111 【选择位图图像文件】对话框

图8-112 渲染效果

▶ 8.2.5 噪波贴图

噪波贴图是 3D 贴图中最为常用的一个贴图，利用此贴图可以制作出相当优秀的效果。【噪波参数】卷展栏如图 8-113 所示。【噪波参数】卷展栏中各选项的含义说明如下：

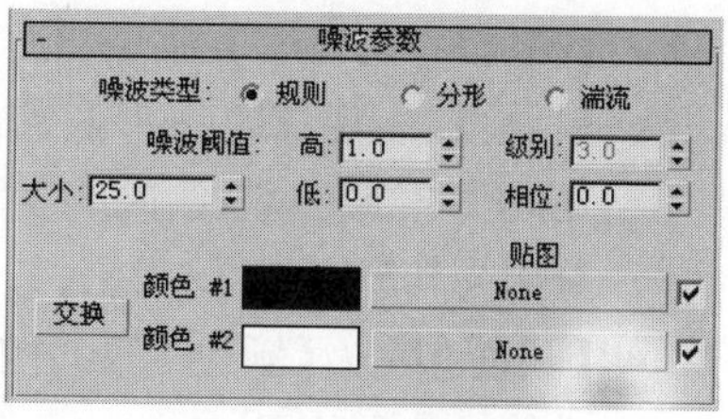

图8-113 【噪波参数】卷展栏

- 【噪波类型】：可以定义噪波的类型。
  - ➤【规则】：制作柔和而有规律的噪波图案。
  - ➤【分形】：相对于规则来说，分形更加粗糙。
  - ➤【湍流】：这是三个模式中变化最复杂、效果最丰富的一个。如图 8-114 所示为不同噪波类型的对比效果，从左到右依次为规则、分形、湍流。
- 【噪波阈值】：可以设置【大小】、【相位】等，下面的两个色块用来指定颜色，系统按照指定颜色的灰度值来决定凹凸起伏的程度。
  - ➤【高】：数值越小，【颜色 #2】通道等区域就越宽，颜色就越浓。数值低于 0.6 时就不会显示【颜色 #2】通道的颜色。
  - ➤【低】：数值越大，【颜色 #1】通道等区域就越宽，数值高于 0.6 时就不会显示【颜色 #2】通道的值。
  - ➤【级别】：在噪波类型中选择规则就不能使用此项，选择分形或者湍流类型时才可以使用。如图 8-115 所示为不同级别的对比效果，左侧的级别为 1，右侧的级别 10。

图8-114 噪波类型对比

图8-115 噪波阈值对比

- ➤【相位】：在为噪波设置动画效果时使用，能够表现噪波始点移动的效果。
  - ➤【大小】：控制噪波图案的整体大小。
- 【颜色 #1】/【颜色 #2】：噪波贴图中两个颜色的通道，同样是可以添加其他的贴图方式。
- 【贴图】：在此可以添加其他的贴图方式。

▶ 8.2.6 烟雾贴图

烟雾贴图是生成无序、基于分形的湍流图案的 3D 贴图，一般用来模拟烟雾的效果。【烟雾参数】卷展栏如图 8-116 所示。【烟雾参数】卷展栏中各项的含义说明如下：

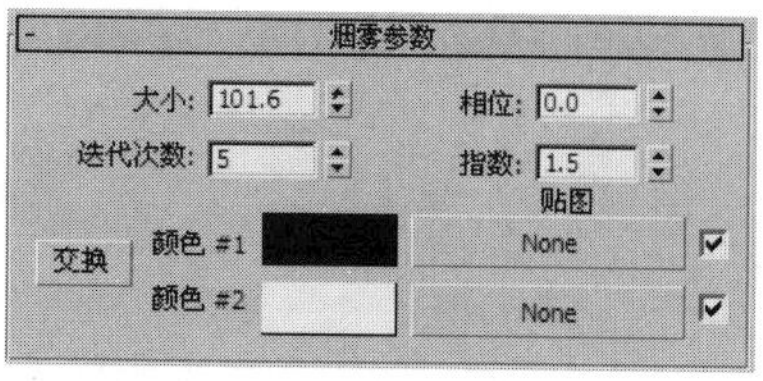

- 【大小】：控制图案粒子的大小。

图8-116 【烟雾参数】卷展栏

- 【迭代次数】：调整表现为烟雾的碎片粒子的团的重复次数。
- 【相位】：调整烟雾粒子的动画效果。
- 【指数】：表现【颜色 #1】的外观，数值越高【颜色 #1】的颜色就越浓。如图 8-117 所示是指数分别为 0.5 和 1.5 的效果。
- 【颜色 #1】/【颜色 #2】：控制烟雾贴图两个通道的颜色和纹理。
- 【交换】：替换【颜色 #1】和【颜色 #2】的颜色。

图8-117　烟雾指数对比

▶ 8.2.7　斑点贴图

斑点贴图可以生成有斑点的表面图案，该图案用于漫反射颜色贴图和凹凸贴图以创建类型花岗岩石的表面和其他图案的表面，如图 8-118 所示，其中：

图8-118　【斑点参数】卷展栏

- 【大小】：调整斑点粒子的大小。
- 【交换】：替换【颜色 #1】和【颜色 #2】的颜色。
- 【颜色 #1】/【颜色 #2】：【颜色 #1】表现背景的颜色，【颜色 #2】表现斑点的颜色。

▶ 8.2.8　泼溅贴图

泼溅贴图可以生成分形表面图案，该贴图可以形成类似颜料溅出的不规则图案。【泼溅参数】卷展栏如图 8-119 所示，其中：

图8-119　【泼溅参数】卷展栏

- 【大小】：调整泼溅参数贴图的图案纹理大小。
- 【迭代次数】：调整碎片图案纹理的重复次数。数值越高，图案越小，效果也越明显，但是需要较长渲染时间。不同的迭代次数效果对比如图 8-120 所示，左侧迭代次数为 5，右侧迭代次数为 10。
- 【阈值】：调整【颜色 #1】和【颜色 #2】的混合比例。取值范围为 0 ～ 1 之间，数值为 0 则只显示【颜色 #1】，数值为 1 则只显示【颜色 #2】。如图 8-121 所示为不同阈值的效果对比，左侧阈值为 0.4，右侧阈值为 0.1。

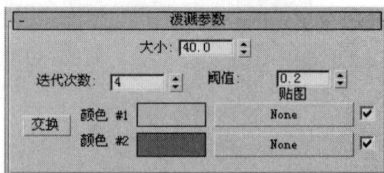

图8-120　迭代次数效果对比

图8-121　不同阈值的效果对比

- 【交换】：交换【颜色 #1】和【颜色 #2】的颜色。
- 【颜色 #1】/【颜色 #2】：【颜色 #1】成为背景的颜色，颜色 2 成为图案的颜色。
- 【贴图】：除了颜色还可以使用其他贴图。

▶ 8.2.9 灰泥贴图

灰泥贴图可以生成一个表面图案，该图案对于凹凸贴图创建灰泥表面的效果非常有用，适合表现水泥墙壁或者是墙纸上的凹陷部分和污垢效果。【灰泥参数】卷展栏如图 8-122 所示，其中：

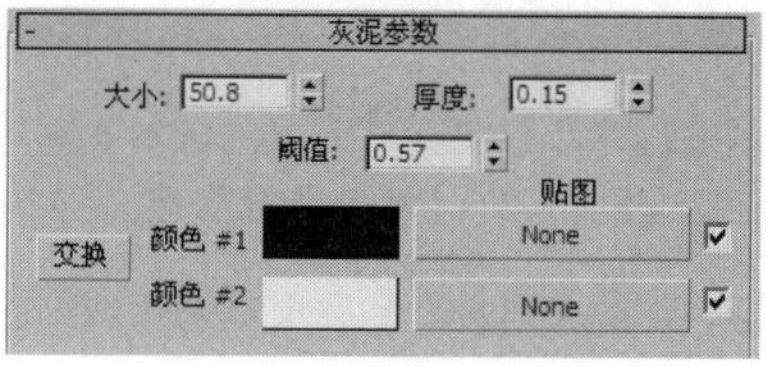

图8-122 【灰泥参数】卷展栏

- 【大小】：调整灰泥图案粒子的大小。
- 【厚度】：调整图案纹理的粗细。值为 0 时，边界非常清晰，"厚度"越高，边界越模糊，缩进越不明显。如果将"灰泥"用作凹凸贴图，缩进为 0.5 非常微弱并且当值不太大时，缩进会消失。如图 8-123 所示为不同的厚度的效果对比，左侧厚度为 0.5，右侧厚度为 0，明显左边的罐子花纹凹凸边缘柔和很多。
- 【阈值】：调整【颜色 #1】和【颜色 #2】之间的混合比例。数值越高【颜色 #1】的区域就越大，反之【颜色 #2】的区域就越大。不同阈值的效果如图 8-124 所示。

图8-123 不同的厚度的效果对比

图8-124 不同阈值的效果

- 【交换】：交换【颜色 #1】和【颜色 #2】的颜色。
- 【颜色 #1】/【颜色 #2】：【颜色 #1】表现图案的纹理，【颜色 #2】表现背景的颜色。
- 【贴图】：指定贴图来替换其中一个颜色组件，禁用该复选框将禁用相关联的贴图，灰泥贴图恢复为关联的颜色组件。

▶ 8.2.10 波浪贴图

波浪贴图是一种生成水花或波纹效果的 3D 贴图。它生成一定数量的球形波浪中心，并将它们随机分布在球体上。在【波浪参数】卷展栏中可以控制波浪组数量、振幅和波浪速度，此贴图相当于同时具有漫反射和凹凸效果的贴图。在与不透明贴图结合使用时，它也非常有用。【波浪参数】卷展栏如图 8-125 所示，其中：

- 【波浪组数量】：指定水纹的起伏次数。
- 【波半径】：以水纹起伏的次数为基础，调整起伏的半径大小。不同波半径的效果如图 8-126 所示，左侧波半径为 1，右侧波半径为 200。

三维制作大师

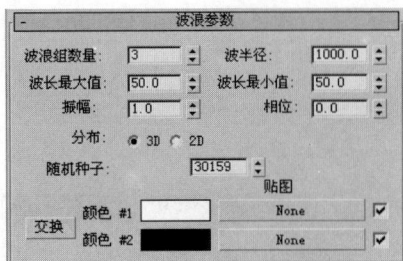

图8-125 【波浪参数】卷展栏

图8-126 不同波半径的效果

- 【波长最大值】/【波长最小值】：从起伏的中心点开始调整起伏值。波长最大值表示每个起伏点的最大起伏个数，波长最小值表示最小值。最大值和最小值之间的距离越小起伏就越有规律，距离越大起伏就越不规律。

- 【振幅】：表示水纹起伏的幅度。数值越大，【颜色 #1】和【颜色 #2】之间的对比也就越大。用于凹凸贴图的时候经常需要调整这一数值。

- 【相位】：制作动画效果的时候使用这一项。可以移动起伏值的位置。

- 【分布】：如果是 Box 或者是 Plane 等平面对象，就应该选择 2D 单选按钮；如果是有坡度的对象，就应该选择 3D 单选按钮。选择 3D 就会在所有对象的表面运用起伏的中心，如果选择 2D 就以 X/Y 值为标准运用在对象身上。

- 【随机种子】：调整这一数值可以任意改变水纹的起伏值。

- 【交换】：交换【颜色 #1】和【颜色 #2】的颜色。

- 【颜色 #1】/【颜色 #2】：【颜色 #1】表现背景颜色，【颜色 #2】表现起伏的图案。

- 【贴图】：除了颜色之外还可以使用其他贴图。

8.2.11 遮罩贴图

遮罩贴图可以利用一个灰度图像遮盖另一个图像上的一部分。使用遮罩贴图，可以在曲面上通过一种材质查看另一种材质。默认情况下，浅色【白色】的遮罩区域为不透明，显示贴图。深色【黑色】的遮罩区域为透明，显示基本材质。可以使用翻转遮罩来翻转遮罩的效果，【遮罩参数】卷展栏如图 8-127 所示。【遮罩参数】卷展栏中各选项的含义说明如下：

图8-127 【遮罩参数】卷展栏

- 【贴图】：这是需要使用的材质部分。

- 【遮罩】：在这里添加用于遮罩的图像。

- 【反转遮罩】：可以将导入的、作为遮罩的图像进行反相处理。

8.2.12 平面镜贴图

平面镜贴图不会扭曲反射对象，而是直接按照原样反射。它不像其他反射贴图那样计算场景当中的所有对象，而是只计算在摄像机视图选定的视图中显示的量，所以根据反射对象的大小和外观会需要不同的渲染时间。【平面镜参数】卷展栏如图 8-128 所示，【平面镜参数】卷展栏中各选项的含义说明如下：

- 【模糊】：设置模糊的程度与精度。
  - ➤【应用模糊】：选定之后才可以使用模糊。
  - ➤【模糊】：用数值来调整表现为模糊的量，数值越高模糊效果越明显。如图 8-129 所示是模糊值分别为 10 和 100 的效果。

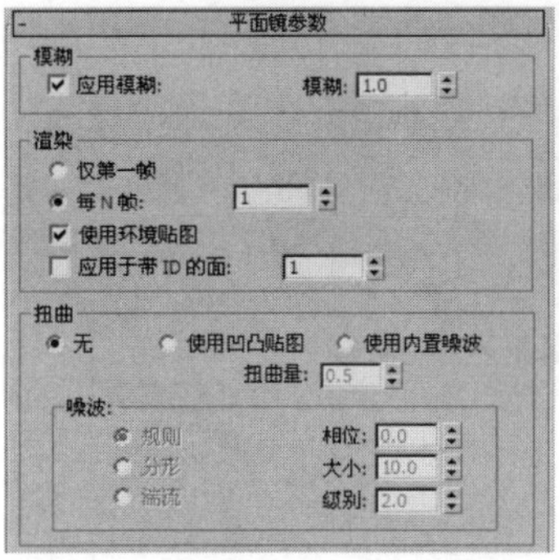

图8-128 【平面镜参数】卷展栏　　　　图8-129　模糊值分别为10和100的效果

- 【渲染】：设置模糊的帧数与平面镜反射的对象面的 ID 号。
  - ➤【仅第一帧】：选定该项之后只在动画中的第一帧运用反射值，从第二帧开始就不会运用反射值。
  - ➤【每 N 帧】：决定反射几帧。使用默认值 1 的时候会在动画中的所有帧上运用反射值，使用数值 10 的时候会以 10、20、30……的方式在渲染中使用反射值。
  - ➤【使用环境贴图】：禁用该选项后，平面镜将在渲染期间忽略环境贴图。
  - ➤【运用于带 ID 的面】：可以将平面镜材质指定给对象，无需使其成为多维 / 子对象材质的组件。限制该对象上的其他面必须能够使用同一材质的非镜像属性（它的漫反射颜色等）。如果其他的面需要完全不同的材质特性，则需要多维 / 子对象材质。
- 【扭曲】：在运用反射值的面上赋予曲线值，表现更加自然的效果。一般适合表现水面的小波纹等效果。
  - ➤【无】：使用该项可忽略使用扭曲效果。
  - ➤【使用凹凸贴图】：如果想要运用凹凸贴图就应该选择该项。
  - ➤【使用内置噪波】：利用平面镜贴图本身的噪波来表现反射面的曲线效果。当然即使是不使用凹凸贴图也可以表现效果。
  - ➤【扭曲量】：必须选定使用凹凸贴图或者使用内置噪波之后才可以使用该项。可以调整曲线量。
- 【噪波】：必须选定使用内置噪波之后才可以使用该区域。
  - ➤【规则】/【分形】/【湍流】：决定运用的噪波外观，这与其他贴图中使用的噪波类型相同。
  - ➤【相位】：调整噪波值移动的动画。
  - ➤【大小】：调整噪波图案的大小。
  - ➤【级别】：在噪波类型当中选定分形或者是湍流的时候才可以使用这一项，调整噪波重复的次数。

▶ 8.2.13　光线跟踪贴图

光线跟踪贴图与光线跟踪材质一样，在平时创作中使用得非常频繁，它能够以简单的方式来表现正确的反射和折射效果。它与光线跟踪材质相同，两者都是光线跟踪方式，如果某一处修改了 Globle 渲染精度选项，其他也会受到影响。

光线跟踪贴图与光线跟踪材质的很多参数功能、选项以及结果方面都是相同的，所以在这里只介绍衰减、基本材质扩展和折射材质扩展三部分。

1.【衰减】卷展栏

当光线从对象上反射过来或通过它折射时，在默认情况下，光线始终通过空间传递，不存在衰减。这里一般把反射和折射值都计算为无限值。衰减可以在这一过程的计算中设置一个上限，可以调整选项来计算到某一限度，即根据设置的选项减少渲染时间。此卷展栏上的控件可用衰减光线，所以光线强度会随着距离的增加而降低。【衰减】卷展栏如图 8-130 所示。【衰减】卷展栏中各选项含义说明如下：

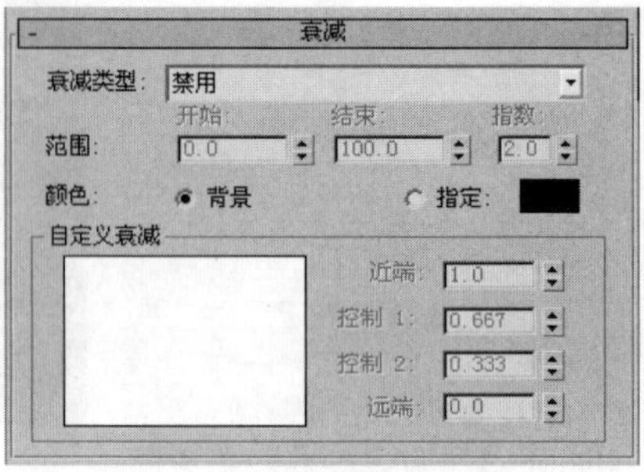

图8-130　【衰减】卷展栏

- 【衰减类型】：决定以怎样的方式来使用衰减值。
  - 【禁用】：该项为默认值，不使用任何衰减值。
  - 【线性】：设置线性衰减。线性衰减根据开始范围和结束范围的值进行计算。
  - 【平方反比】：平方反比衰减根据开始范围开始计算，但不使用结束范围。平方反比是现实世界光线的实际衰减速度。如图 8-131 所示。
  - 【指数】：设置指数衰减。指数衰减根据开始范围和结束范围的值进行计算，还可以指定要使用的指数。
- 【自定义衰减】：指定衰减要使用的自定义曲线。
- 【范围】：指定运用衰减效果的范围，在这里指定的区域也是运用光线跟踪的区域。
  - 【开始】/【结束】：指定衰减起点和终点。
  - 【指数】：在衰减类型中选定指数之后才可以使用。数值越高指数越强。
  - 【颜色】：如果在指定的结束值后面没有运用光线跟踪的对象就指定显示的颜色。
  - 【背景】：随着光线的衰减，会恢复为背景（场景的背景或在"光线跟踪器参数"卷展栏中本地指定的背景），而不是透过反射／折射光线看到的实际颜色。
  - 【指定】：如果超过了在结束值中设置的值，就使用在这里使用的颜色。根据场景的不同数值也会不同。
- 【自定义衰减】：在衰减类型当中选定自定义衰减之后才可以激活使用。在这里可以更详细的设置衰减值。如图 8-132 所示为使用自定义衰减模式的反射效果。

图8-131　平方反比对比 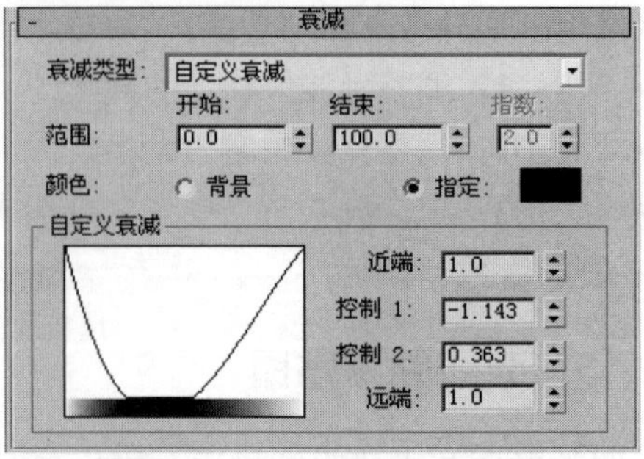　　　　图8-132　【自定义衰减】选项

➤ 【近端】：表现在开始当中指定的距离部分，调整起点的反射强度。曲线的起点越靠上反射越明显。

➤ 【控件 1】/【控件 2】：调整相当于曲线始点和终点的区域。

➤ 【远端】：表现在结束中指定的距离部分。

2.【基本材质扩展】卷展栏

在此卷展栏中，可以利用贴图来表现反射和透明度。【基本材质扩展】卷展栏如图 8-133 所示。【基本材质扩展】卷展栏中各选项基本含义说明如下：

● 【反射率 / 不透明度】：可以利用贴图来调整光线跟踪的强度。单击【无】按钮来运用其他贴图之后才可以调整数值，数值越高使用的图片的透视性就越明显。

➤ 【色彩】：把使用的贴图或者颜色作为材质的颜色。

➤ 【数量】：调整色彩颜色的强度。数值越高金属性就越强，但是也可以使反射的颜色弯曲，所以使用的时候应该小心。

● 【凹凸贴图效果】：可以调整运用的凹凸贴图的强度，控制曲面反射和折射光线上的凹凸贴图效果。使用凹凸贴图效果后，折射的对象产生了凹凸效果，反之则没有效果。如图 8-134 所示。

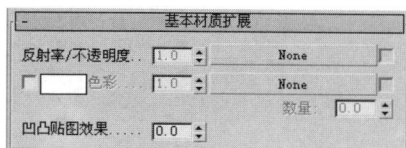

图8-133 【基本材质扩展】卷展栏

图8-134 凹凸贴图效果

3.【折射材质扩展】卷展栏

使用此卷展栏中的控件，可以微调材质折射组件上的光线跟踪效果，【折射材质扩展】卷展栏如图 8-135 所示。【折射材质扩展】卷展栏中各选项含义说明如下：

● 【内部密度效果】：在运用光线跟踪贴图的对象中表现颜色或者是贴图的厚度。根据对象的厚度来运用密度效果。

● 【颜色】：使用指定的颜色。可以用开始和结束来指定区域。密度颜色指定对象自身的颜色外观，如染色的玻璃等。如图 8-136 所示的对象运用了密度颜色【白色】效果，如图 8-137 所示的对象运用了密度颜色【蓝色】效果。

图8-135 【折射材质扩展】卷展栏

➤ 【雾】：根据对象的厚度来表现体积雾效果。在根据对象的实际厚度来使用颜色时，可以在雾前面的颜色框中设置数量。

➤ 【数量】：可以调整运用的体积雾的量。

➤ 【开始】/【结束】：可以调整体积雾的颜色或贴图出现的始点和终点。

图8-136 密度颜色为白色

图8-137 密度颜色为蓝色

- 【渲染光线跟踪对象内的对象】：如果运用光线跟踪的对象内部还有其他对象的时候，决定对这个对象是否也要进行演算。
- 【渲染光线跟踪对象内的大气】：这一项在使用火效果或者是体积光的时候决定是否对其效果进行演算。
- 【将折射视为玻璃效果（Fresnel 效果）】：启用此选项之后，将向折射对象运用 Fresnel 效果，从而可以向折射对象添加一点反射效果，具体情况取决于对象的查看角度。

> **提示** 若要以 10 个像素的增量移动选区，可按住 Shift 键并使用箭头键。在平面上运用平面镜和光线跟踪贴图来表现反射效果基本没有区别，如果表现特殊的反射图像各自的参数设置值有很大不同。

▶ 8.3 贴图坐标的基本概念

贴图坐标是制作任何一个真实纹理贴图对象的必备工具，没有贴图坐标的制定，再好看的纹理贴图也不会为我们所控制。

贴图坐标设置【UVW 贴图】是修改面板中与贴图最相关的一个命令，如图 8-138 所示。它的功能是在物体表面设置一个贴图框架为图片定位。当使用外来图像的时候，需要在二维图像与三维几何体之间建立一种关系，即怎样把平面图形附加在立体模型上。

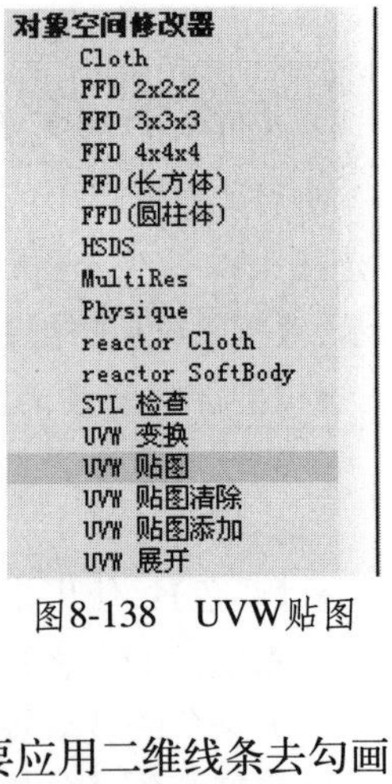

在场景中随便放置几个标准几何物体并为其加上简单的材质，可以发现它们没有使用贴图坐标也能同材质中附加的外来图片协调好。这是因为标准几何体内已经自带了贴图坐标。例如一个多边形，会自动将二维图片附着在它的 6 个面上，并且依照它各个面的长宽比进行处理，如图 8-139 所示。

对象空间修改器
Cloth
FFD 2x2x2
FFD 3x3x3
FFD 4x4x4
FFD(长方体)
FFD(圆柱体)
HSDS
MultiRes
Physique
reactor Cloth
reactor SoftBody
STL 检查
UVW 变换
UVW 贴图
UVW 贴图清除
UVW 贴图添加
UVW 展开

图8-138 UVW贴图

在真正的工作阶段，不可能只是用简单的几何形体去堆砌模型，而是要应用二维线条去勾画，或者应用各种修改器命令去模拟，因此几乎所有复杂的三维形体都需要手工赋予贴图坐标。另一方面，物体自身携带的贴图坐标往往是不合格的。还需要通过设置坐标，精确地为各种贴图调整比例、确定位置、协调关系，或者对图片进行特定的设置。

赋予物体贴图坐标的过程很简单，先选择物体，然后在修改面板中选择 UVW 贴图命令即可，如图 8-140 所示。

图8-139　无UVW贴效果

图8-140　添加UVW贴图效果

▶ 8.3.1　UVW贴图修改器

UVW 贴图修改器控制在对象曲面上如何显示贴图材质和程序材质，贴图坐标指定如何将位图投影到对象上，本节将讲解 UVW 贴图命令的组成和参数使用技巧。

UVW 贴图的参数由贴图、通道和对齐 3 个区域组成，如图 8-141、图 8-142、图 8-143 所示。

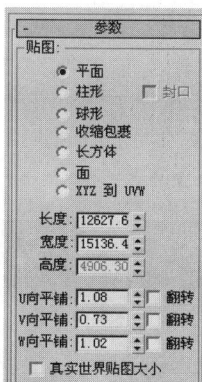

图8-141　贴图区域

图8-142　通道区域

图8-143　对齐区域

> **技巧**　"UVW 贴图"修改器的重要作用主要有以下 4 点：
> (1) 对不具有贴图坐标的对象（例如：导入的网格）应用贴图坐标。
> (2) 变换贴图的中心点可以调整贴图位移。
> (3) 在子对象层级应用贴图。
> (4) 对指定贴图通道上的对象应用 6 种贴图坐标之一。不同的贴图通道上可以具有不同的贴图坐标，并可以使用修改器堆栈中的两个"UVW 贴图"修改器单独控制。

在介绍这 3 个区域参数之前先介绍 UVW 贴图的 Gizmo，在修改器堆栈当中单击 UVW 贴图的灯泡图标就会在运用 UVW 贴图的对象上激活橙色的 Gizmo。如果利用了这个 Gizmo，不用数值也可以修改使用为贴图的图片像素比率，而且还可以表现平铺效果。即 UVW 贴图的 Gizmo 可以调整运用贴图的范围。四种不同投影类型的 Gizmo 效果如图 8-144、图 8-145、图 8-146、图 8-147 所示。

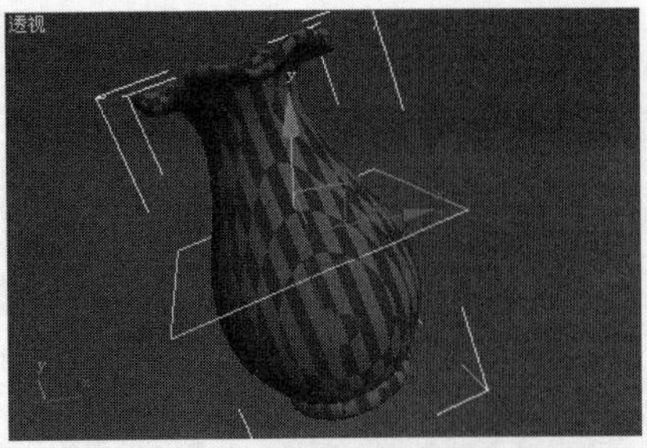

图8-144 平面贴图

图8-145 柱形贴图

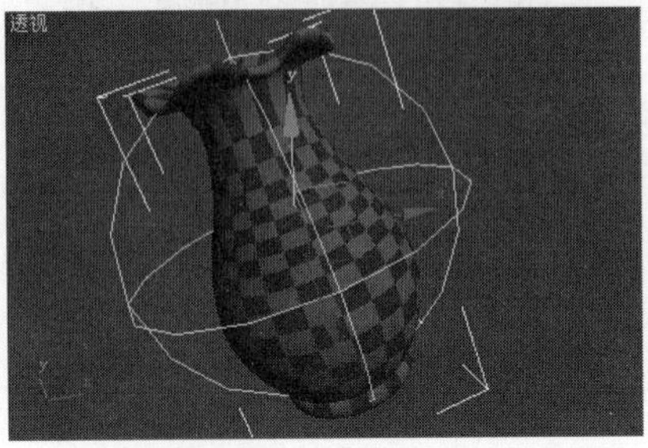

图8-146 球形贴图

图8-147 长方体贴图

> **技巧** UVW坐标系与XYZ坐标系相似。位图的U和V轴对应于X和Y轴。对应于Z轴的W轴一般仅用于程序贴图，通过移动Gizmo可更改贴图的位置，如图8-148所示。

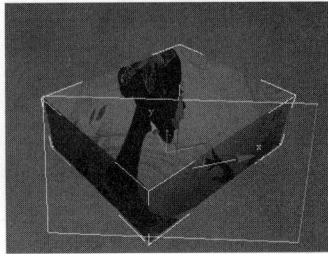

图8-148 移动Gizmo效果

> **技巧** 球体和长方体等基本体对象可生成它们自己的贴图坐标，这与放样对象和NURBS曲面相同。扫描、导入或手动构造的多边形或面片模型不具有贴图坐标系，需要指定特定的贴图坐标方式。

贴图坐标7种方式选项说明如下：

● 【平面】：从对象上的一个平面投影贴图，在某种程度上类似于投影幻灯片。在需要贴图对象的一侧，会使用平面投影。它还用于倾斜的在多个侧面贴图，以及用于贴图对称对象的两个侧面，一般在用位图进行贴图的时候使用。在平面对象上贴图的时候很容易控制使用的图片范围，但是如果运用在具有高度（深度）的对象上时，W轴就会发生贴图推移的现象，还会把图片的XY坐标和UV坐标对应起来，所以想正确对应原来的图片比率，就应该和UVW贴图的Gizmo和图片的比率一致，如图8-149所示，如果想要使

UVW 贴图的 Gizmo 和图片的比率一致，就需要单击对齐区域的适配按钮来选择使用的图片。

图8-149 对齐区域效果

- 【柱形】：顾名思义，柱形是用圆柱形状裹住对象内容的类型，如图 8-150 所示。

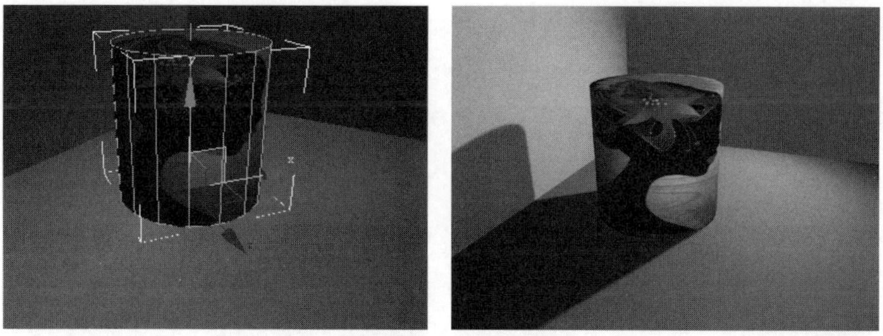

图8-150 柱形贴图效果

一般用平面的图片来裹住圆柱形状的对象时，在对象的上端和下端都不会设置贴图，要弥补这个缺陷，可选择封口复选框。如果对象几何体的两端与侧面没有正确角度，"封口"投影将扩散到对象的侧面上。

从 Gizmo 的中心到外围可以毫无限制地运用圆柱 UVW 贴图坐标，所以可以用图片的高度来调整 Gizmo 的高度，Gizmo 的半径并不重要，相反，Gizmo 中心所处的位置更为重要。选择封口复选框后，柱形贴图的上下部均有贴图显示，如图 8-151 所示。

- 【球形】：通过从球形投影贴图来包围对象。在球体顶部和底部，位图边与球体两级交汇处会看到缝与贴图几点相交。Gizmo 整体的大小变形对运用的贴图不会发挥任何作用，如图 8-152 所示。如使用不均等的比率来调整 Gizmo 的比率，那么运用的贴图就会受到影响，如图 8-153 所示。Gizmo 的中心位置移动也会影响贴图的效果，如图 8-154 所示。

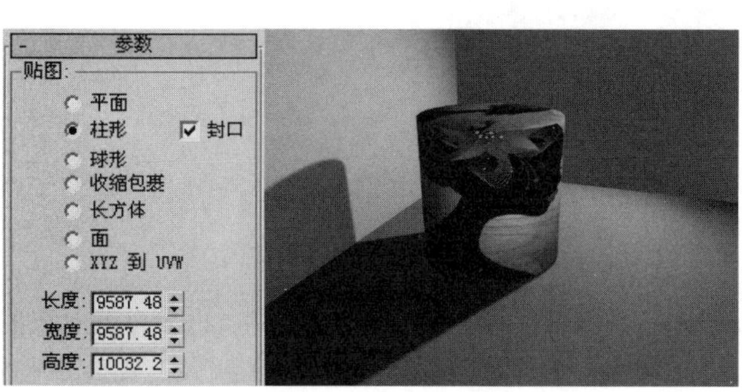

图8-151 柱形贴图应用

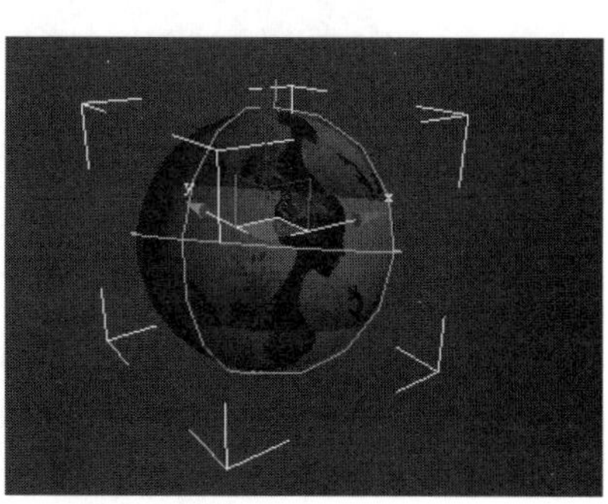

图8-152 Gizmo比率正常

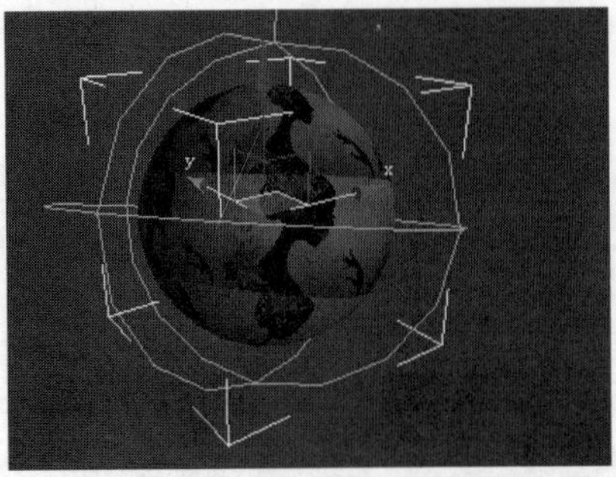

图8-153　Gizmo比率扩大

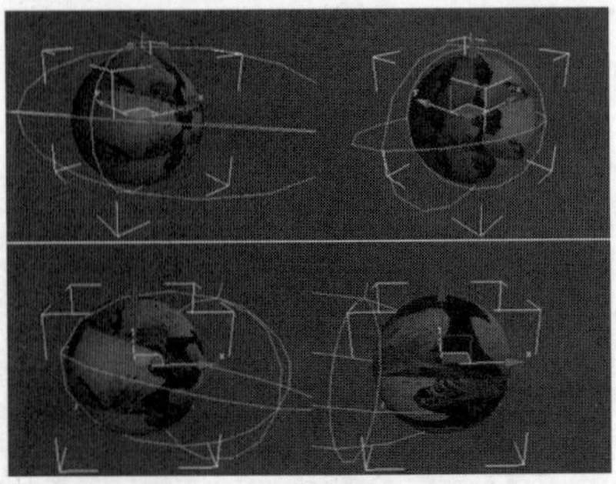

图8-154　Gizmo的中心位置移动

- 【收缩包裹】：收缩包裹是收缩包裹贴图类型，它形成 Gizmo 的外形和球形类型相同，但是它会截去贴图的各个角，使用的贴图图片的 4 角顶点都会集聚到一个点上，可以用于隐藏贴图极点，从而使贴图图片的边缘变得圆润。收缩包裹和球形类型一样，与 Gizmo 的比率会直接受到 Gizmo 中心位置的影响，如图 8-155 所示。

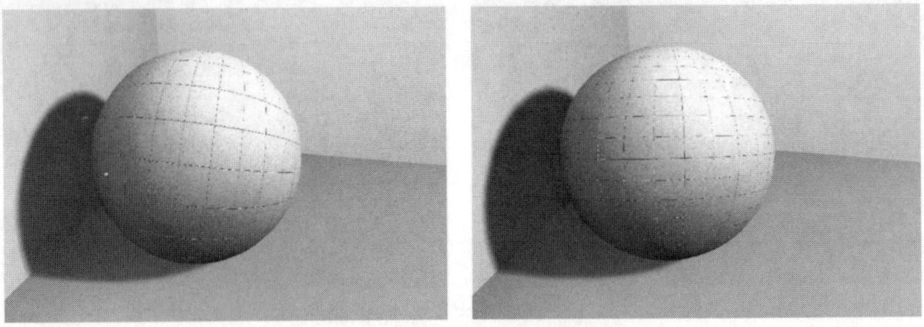

图8-155　收缩包裹贴图效果

- 【长方体】：长方体类型是在对象的 6 个方向设置贴图的方法，这也是使用最频繁的贴图坐标类型，每个侧面投影为一个平面贴图，且表面上的效果取决于曲面法线。从未经过任何调整的情况下，要选择长方体类型之后使对象的所有面对 Gizmo 和图片的比率相一致，就应该让使用的图片具有正四边形的像素信息，如图 8-156 所示。

图8-156　长方体贴图贴图效果

- 【面】：在对象的所有面上设置贴图图片，不会另外显示 Gizmo，同时也不会受到运动或者是旋转的影响，如图 8-157 所示。
- 【XYZ 到 UVW】：将 3D 程序坐标贴图到 UVW 坐标，这会将程序纹理贴到表面。如果表面被拉伸，3D 程序贴图也会拉伸。如果对象变形，运用在对象上的材质也会根据对象的大小发生变化。如图 8-158 所示，从左到右为原始贴图、变形后没有使用 XYZ 到 UVW 贴图坐标的贴图效果，以及变形后使用 XYZ 到 UVW 贴图坐标的贴图效果。

图8-157　面贴图贴图效果

图8-158　贴图坐标XYZ到UVW效果对比

8.3.2　贴图的尺寸与平铺

- **【长度】/【宽度】/【高度】**：调整 UVW 贴图的 Gizmo 尺寸。在应用修改器时，贴图坐标的默认缩放由对象的最大尺寸定义。为了正确贴图，需要了解不同的贴图方式使用的尺寸的注意事项。"高度"尺寸对于"平面"的 Gizmo 是不可用的，因为它不具有深度；而调整"柱形"、"球形"和"收缩包裹"贴图的尺寸其实是调整显示在外部的边框而不是它们的半径。对于"面"贴图，没有可用尺寸，其几何体上的每个面都包含整个贴图。

- **【UVW 平铺 / 翻转】**：主要用于指定 UVW 贴图的尺寸以便平铺图像。UVW 平铺可以调整运用的贴图重复次数，翻转是以指定的轴为中心上下左右翻滚。如图 8-159 所示为原贴图文件的效果，将 U 值均设置"平铺"为 6 的效果如图 8-160 所示。

图8-159　原贴图文件

图8-160　U值均设置"平铺"为6

> **技巧**　一般调整贴图的平铺次数只有 U 和 V 值会起作用，而没有 W 项，仅在使用 3D 程序贴图的时候 W 值起作用。

8.3.3　合理的指定贴图

对齐区域的功能主要用于更加高效地完成贴图坐标的对位和自动适应，如图 8-161 所示为对齐区域的具体参数，其中各选项含义说明如下：

> ➤ **【X】/【Y】/【Z】**：选择其中之一，可翻转贴图的 Gizmo 的对齐，每项指定 Gizmo 的哪个轴与对象的局部 Z 轴对齐。如图 8-162、图 8-163、图 8-164 所示为对同一贴图分别使用 X、Y、Z 贴图的效果。

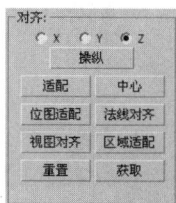

图8-161　指定贴图

三
维
制
作
大
师

图8-162　X轴对齐　　　　　　　图8-163　Y轴对齐　　　　　　　图8-164　Z轴对齐

> **技巧** 　X、Y、Z选项与"U/V/W平铺"微调器旁的"翻转"复选框不同。"对齐"选项按钮实际上翻转Gizmo的方向，而"翻转"复选框翻转指定贴图的方向。

> ➤ 【操纵】：主要用来进一步控制对齐坐标位置。如图8-165所示为选择"操纵"后，出现绿色的操作立方体，选中后即变为红色。

- 【适配】：根据对象的大小调整Gizmo的大小。如果使用的贴图图片和运用的对象比率相同，就可以正确贴图，但是比率不同时图片就会失真。如果手动设置比率，就会导致Gizmo变形，所以手动调整平铺之后最好不要再使用，如图8-166所示。

图8-165　选择"操纵"效果　　　　　　　图8-166　选择"适配"效果

- 【中心】：移动Gizmo使其中心与对象的中心一致。如果之前已经对Gizmo子对象进行了一系列操作，而要恢复到初始状态，也可以使用此项。如图8-167所示为使用中心快速恢复Gizmo的位置。

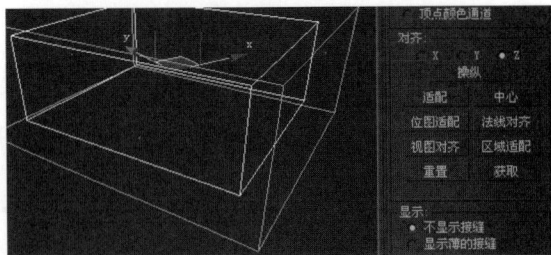

- 【位图适配】：显示标准的位图文件浏览器，可以拾取图像。对于平面贴图，

图8-167　选择"中心"效果

贴图图标被设置为图像的纵横比。对于柱形贴图，高度被缩放以匹配位图。为获得最佳效果，一般先单击"适配"按钮以匹配对象和Gizmo的半径，然后单击"位图适配"使用相应的位图直接匹配Gizmo坐标，如图8-168所示。

- 【法线对齐】：单击并在要应用修改器的对象曲面上拖动。Gizmo的原点放在鼠标在曲面指向的点；Gizmo的XY平面与该面对齐。Gizmo的X轴位于对象的XY平面上。Gizmo的Z轴和选定的对象的面是垂直的，选定子对象的一部分来使用的时候适合使用该项，如图 8-169 所示。

- 【视图对齐】：将贴图 Gizmo 重定向为活动视口，保持贴图正面对着渲染的视角。如图 8-170 所示。

图8-168 【位图适配】对话框

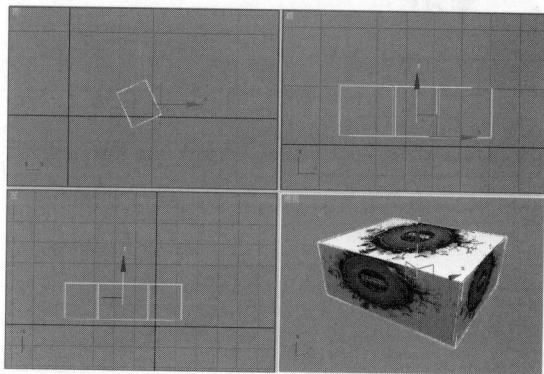

图8-169 法线对齐

图8-170 视图对齐

图8-171 获取贴图坐标

- 【区域适配】：直接拖动鼠标来绘制 Gizmo 的方式。在贴图中选定的类型只能在顶视图和三维视图【摄像机】视图、【透视】视图和【用户】视图中使用。
- 【重置】：初始化 UVW 贴图。修改了 Gizmo 之后如果想从第一步开始重新做起的时候选定这一项。
- 【获取】：在获取其他对象上的贴图坐标时单击获取按钮后，在选择获取的目标源对象时，就会出现选择信息的对话框。如图 8-171 所示。在获取 UVW 贴图对话框中选择获取相对值单选按钮之后，选定对象的 Gizmo 会维持原来的位置，同时还会复制方向和外形等，如果原来选定的 Gizmo 形式发生了变化，那么在重新运用之前，后来选定的对象的 Gizmo 形式不会发生变化；如果选择获取绝对值单选按钮，当前选定的对象的 Gizmo 会消失。最后效果即为两个对象使用同一个 Gizmo。

▶ 8.4 上机实战

本节通过 9 个典型实例，更深入地讲解包括材质的表面颜色、表面光泽度、反射效果、折射效果、透明程度和自放光属性等知识。

▶ 8.4.1　金属质感表现

　　金属材质是日常工作中常常会遇到的一种材质效果，它最大的特征就是表面的反射。在下面的练习中，将为场景对象编辑一种不锈钢的金属材质。最终效果如图 8-172 所示。

📖 学习重点

（1）环境球体制作。

（2）金属材质的表现。

💿 所用素材：光盘＼素材＼第 8 章＼材质实例＼金属初始

💿 最终效果：光盘＼效果＼第 8 章＼材质实例＼金属完成

图8-172　最终效果图

📝 操作步骤

01 打开场景文件，首先进行环境的设置，单击创建面板 ※ / 几何体 ⊙ / 几何球体，在场景中创建几何球体，调整位置和大小，如图 8-173 所示，将整个场景包围。

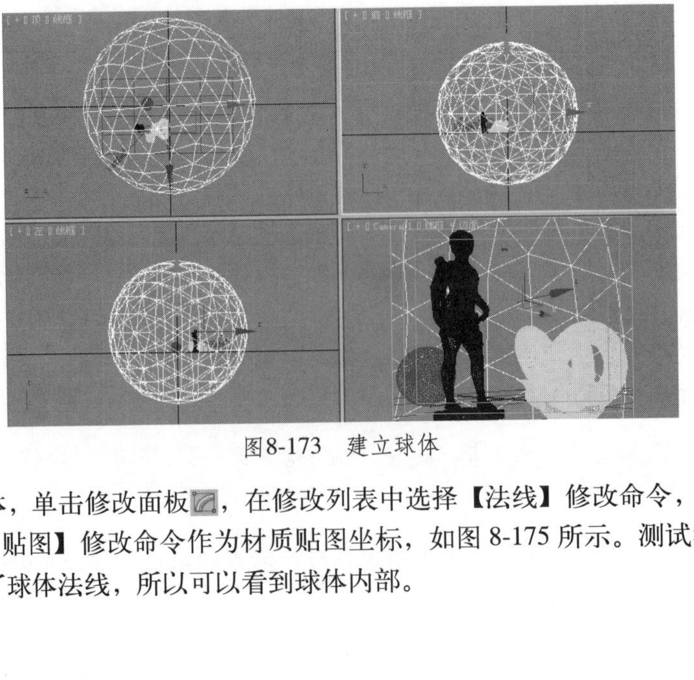

图8-173　建立球体

02 选择几何球体，单击修改面板 ⊿，在修改列表中选择【法线】修改命令，如图 8-174 所示。继续选择【UVW 贴图】修改命令作为材质贴图坐标，如图 8-175 所示。测试渲染，如图 8-176所示，由于更改了球体法线，所以可以看到球体内部。

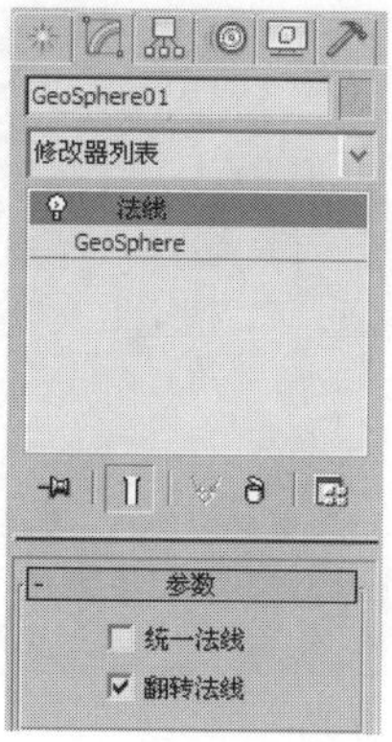

图8-174　法线修改 　　　图8-175　UVW贴图 　　　　图8-176　渲染效果

03 为场景设置灯光。单击创建面板 ✦ / 灯光 ◁ / 目标聚光灯，调整目标聚光灯位置，如图 8-177 所示。选择泛光灯，单击修改面板 ◢，设置灯光颜色为 RGB（255、255、255），设置【倍增】值为 1，如图 8-178 所示。

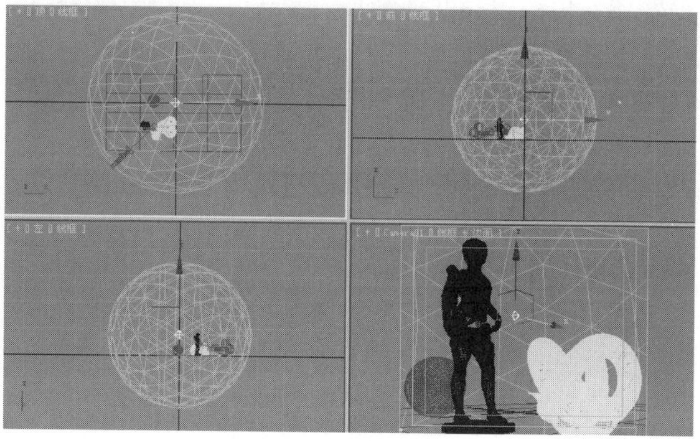

图8-177　创建灯光 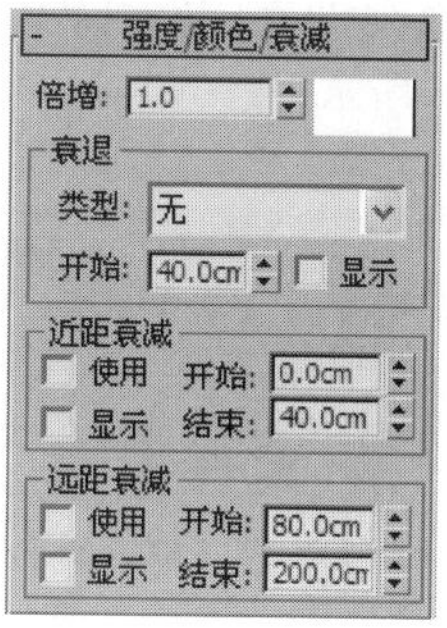　　　　　　　　　图8-178　倍增设置

04 由于当前灯光只照亮球体，所以需要设置灯光的包括和排除。单击泛光灯的【排除】按钮，如图 8-179 所示。在弹出的【排除 / 包含】对话框中单击【包含】选项，选择列表中的几何球体对象，如图 8-180 所示，这样第一盏反光灯只对球体照明。

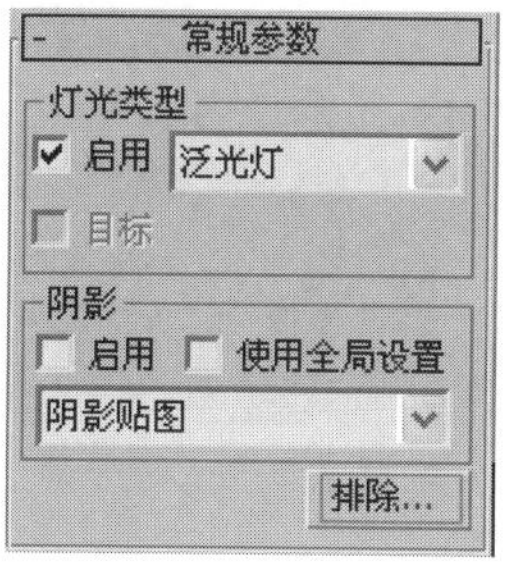

图8-179　灯光排除 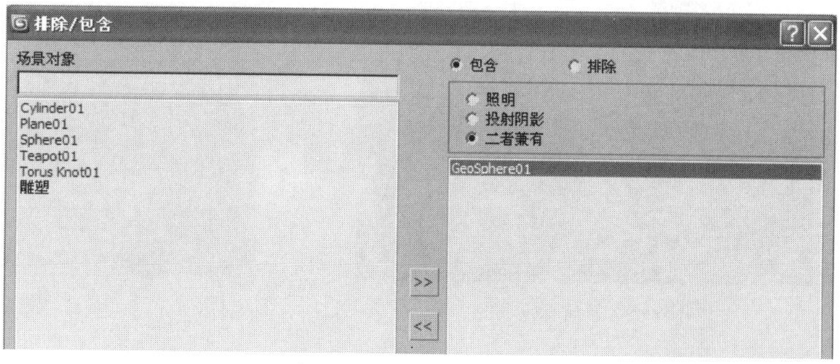　　　　　　　图8-180　包含球体

05 测试渲染，如图 8-181 所示，发现球体被照亮，其他物体没有照明效果。继续增加灯光。单击创建面板 ✦ / 灯光 ◁ / 泛光灯，调整泛光灯位置，如图 8-182 所示。

图8-181 渲染效果

图8-182 创建灯光

06 选择泛光灯，单击修改面板，设置灯光颜色为RGB（255、255、255），设置【倍增】值为1，勾选【阴影贴图】选项，如图8-183所示。单击【阴影贴图参数】卷展栏，设置阴影贴图【大小】为1024，如图8-184所示。

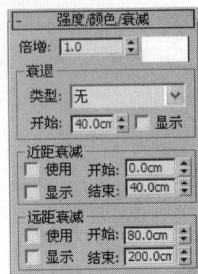

07 当前灯光需要照亮场景中的其他物体，但不包括几何球体，单击泛光灯的排除按钮，在弹出的【排除/包含】对话框中单击【排除】选项，选择列表中的几何球体对象，如图8-185所示，测试渲染，如图8-186所示。

图8-183 倍增设置

图8-184 【阴影贴图参数】卷展栏

图8-185 灯光排除

08 增加灯光。单击创建面板/灯光/泛光灯，调整泛光灯位置，如图8-187所示。由于当前灯光作为场景的补光，所以依然排除几何球体，如图8-188所示。设置【倍增】值为0.68。

图8-186 渲染效果

图8-187 创建灯光

09 测试渲染，如图8-189所示，发现场景光感丰富了很多。下面为场景进行材质的设置。选择几何球体物体，单击【M】键打开材质编辑器，选择一个新的材质球，并将其赋予给几何球体物体。单击漫反射贴图通道，在弹出的【材质/贴图浏览器】中选择【位图】贴图通道，双击【位图】贴图通道，选择"环境"文件，如图8-190所示。

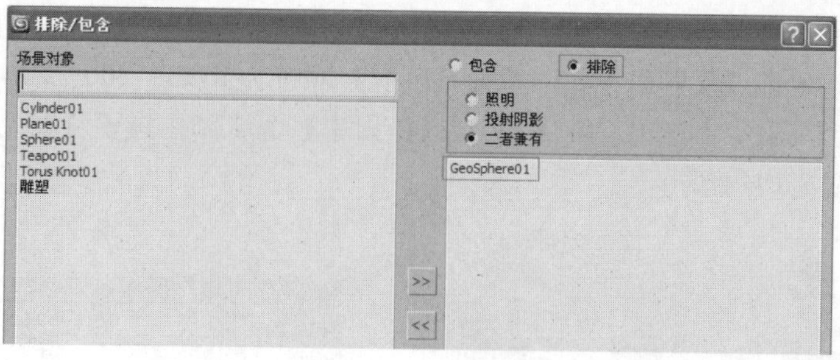

图8-188 灯光排除

图8-189 渲染效果

图8-190 选择位图

10 选择场景中的地面物体，设置【高光级别】为55，【光泽度】为80，单击【漫反射】贴图通道，在弹出的【材质/贴图浏览器】中选择【位图】贴图通道，双击【位图】贴图通道，选择"地板"文件。如图8-191所示。返回材质层级，单击【坐标】卷展栏，设置UV【平铺】值分别为7.5和4.4，如图8-192所示。

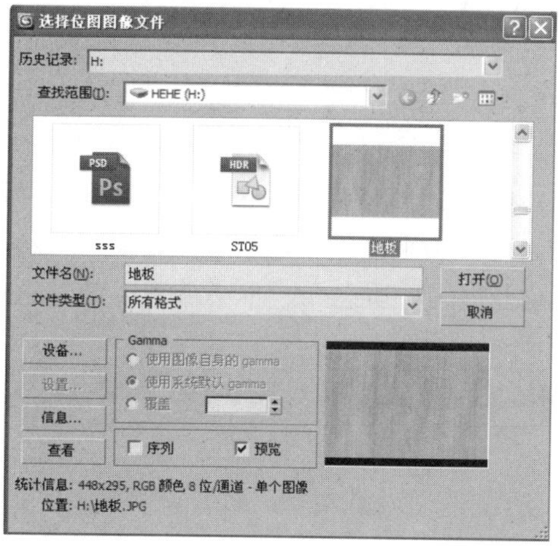

图8-191 【选择位图图像文件】对话框

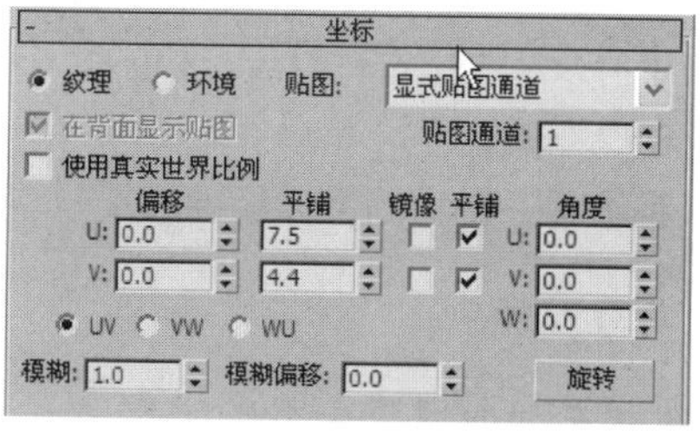

图8-192 【坐标】卷展栏

11 测试渲染如图8-193所示。下面设置金属材质。选择场景中的雕塑和其他几个物体，单击【M】键打开材质编辑器，选择一个新的材质球，并将其赋予给这些物体。将材质类型设置为

【光线跟踪】材质。设置【漫反射】颜色为 RGB（126、126、126），设置【环境光】颜色为 RGB（255、255、255），勾选【反射】选项，设置【反射】颜色为 RGB（206、206、206），设置【发光度】和【透明度】颜色为 RGB（0、0、0），【折射率】为 1.55，设置【高光级别】为 50，【光泽度】为 40，如图 8-194 所示。

图8-193　渲染效果

图8-194　渲染效果

最终渲染效果如图 8-195 所示。

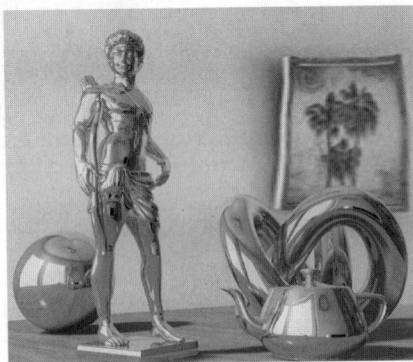

图8-195　渲染效果

8.4.2　反射材质实例——时尚音响

对于比较复杂的多面几何体，可以针对几何体的不同部分赋予【多维／子对象】材质中的某种子材质。光线跟踪材质是高级表面着色材质，经常用来创建玻璃、水、金属、塑料等自然界一切带有反射性质的物质，这也是 3D 效果中最出彩的材质之一。本节就重点学习这两种技法的的表现方式。

下面通过一个实例来详细讲解反射材质的应用，最终渲染效果如图 8-196 所示。

学习重点

（1）光线追踪材质表现。

（2）多维子材质设置。

所用素材：光盘＼素材＼第8章＼材质实例＼时尚音响初始

最终效果：光盘＼效果＼第8章＼材质实例＼时尚音响完成

图8-196 渲染效果

操作步骤

01 打开场景文件，如图 8-197 所示。首先进行灯光的设置。击创建面板 / 灯光 / 目标聚光灯，调整目标聚光灯位置，如图 8-198 所示。

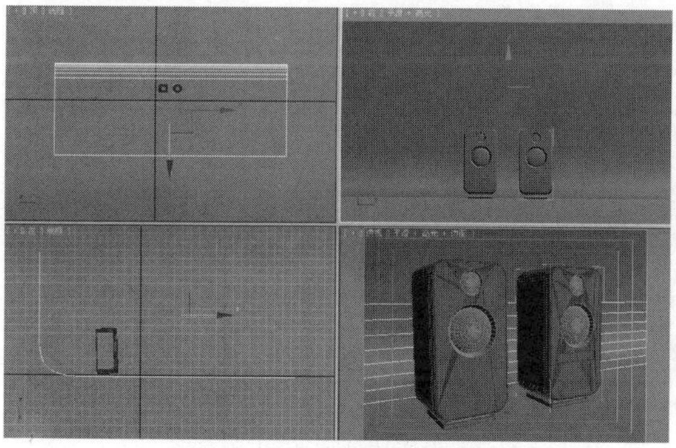

图8-197 打开场景文件

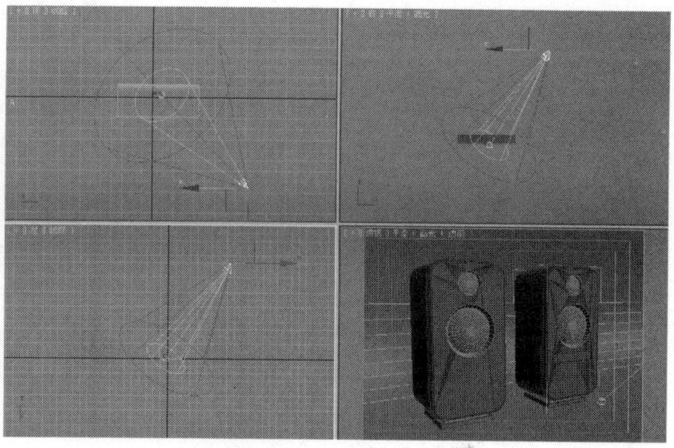

图8-198 创建灯光

02 选择目标聚光灯，单击修改面板，勾选开启阴影，设置阴影类型为【区域阴影】。设置灯光颜色为 RGB（255、255、255），设置【倍增】值为1，衰减类型为【无】。单击【聚光灯参数】卷展栏，设置【聚光区/光束】为 19，【衰减区/区域】为 46。打开【区域阴影】卷展栏，设置阴影类型为【长方形灯光】，【阴影完整性】为 2，【阴影质量】为 5，如图 8-199 所示。

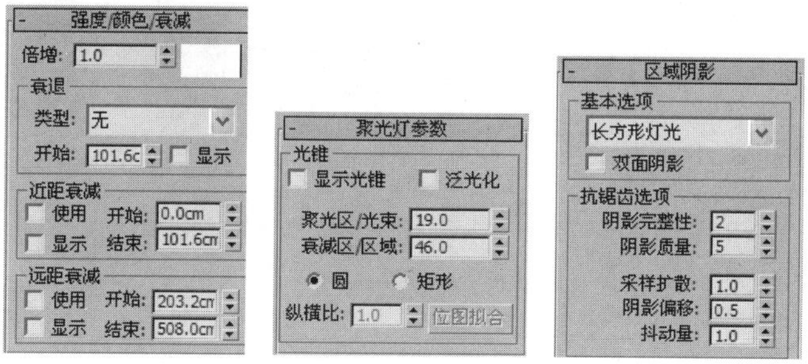

图8-199 聚光灯参数和区域阴影

327

三维制作大师

03 单击创建面板 / 灯光 / 天光按钮，调整天光位置，如图 8-200 所示。选择天光对象，单击修改面板，设置灯光【倍增】值为 1.2，天空颜色为 RGB（255、255、255），如图 8-201 所示。

04 测试渲染，如图 8-202 所示。现在对场景中物体进行材质设置。选择背景物体，如图 8-203 所示。

图8-200　创建天光

图8-201　【天光参数】卷展栏

图8-202　渲染效果

图8-203　选择背景物体

05 单击【M】键打开材质编辑器，选择一个新的材质球，并将其赋予给背景物体。更改明暗器为【各向异性】，设置【漫反射】颜色为 RGB（186、186、186）。设置【高光级别】为 75，【光泽度】为 40，【各向异性】为 50，如图 8-204 所示。单击【反射】贴图通道，在弹出的【材质/贴图浏览器】中选择【光线跟踪】贴图通道，双击【光线跟踪】贴图通道，如图 8-205 所示。

图8-204　【各向异性基本参数】卷展栏

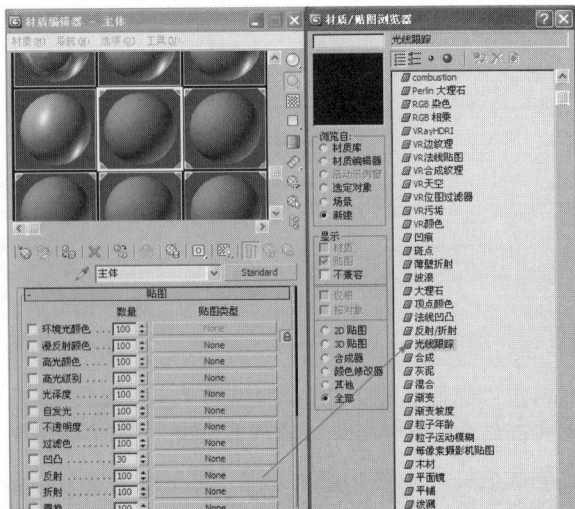

图8-205　【材质/贴图浏览器】对话框

06 设置【光线跟踪器参数】，如图 8-206 所示。返回材质层级，并设置反射数量为 30。选择场景中左侧音响主体部分，如图 8-207 所示。

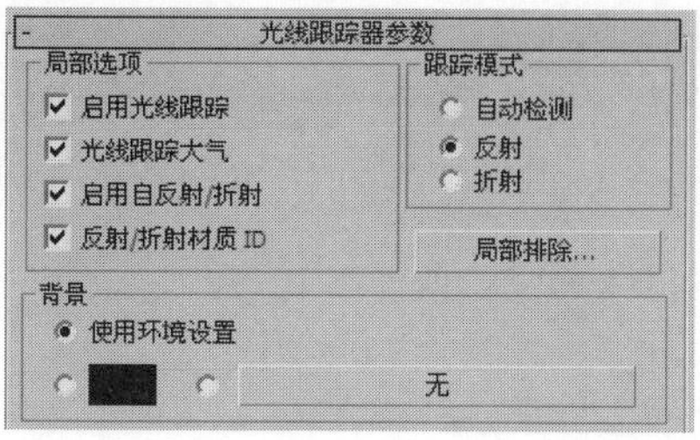

图8-206 【光线跟踪器参数】卷展栏

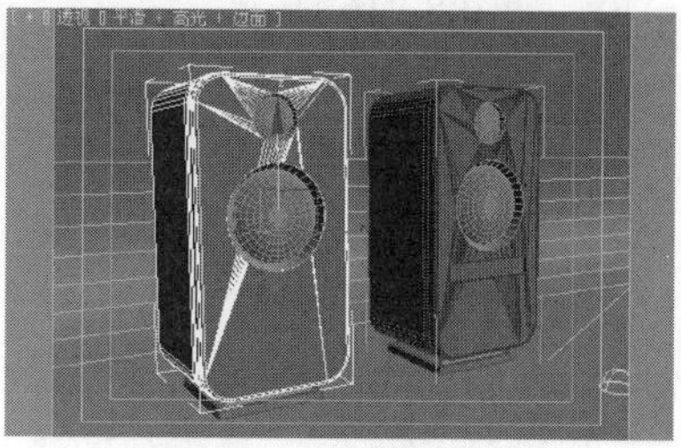

图8-207 选择音响主体

07 当前模型共分为 3 部分，即侧面板【ID1】，如图 8-208 所示。边框部分【ID2】，如图 8-209 所示。前面板【ID3】，如图 8-210 所示。这里已经设置好 ID。

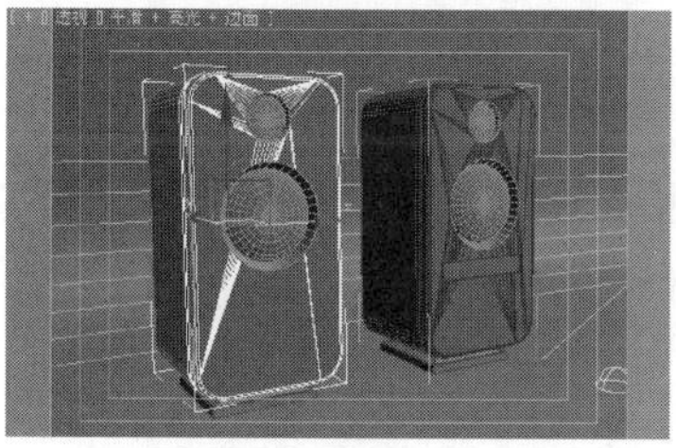

图8-208 ID1

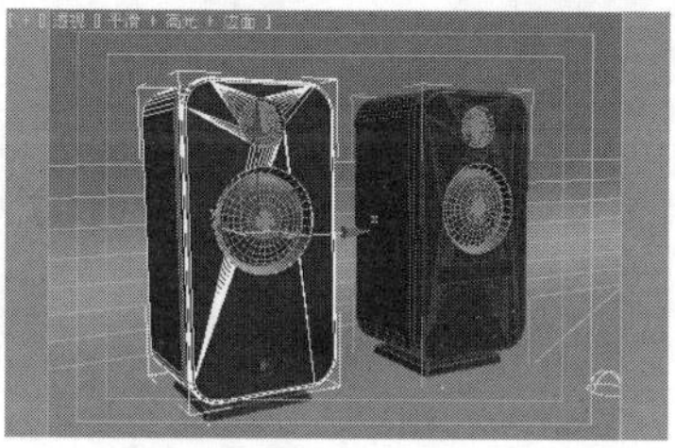

图8-209 ID2

图8-210 ID3

08 单击【M】键打开材质编辑器，选择一个新的材质球，并将其赋予给背景物体，对于音响主体部分，因为这个模型包括不同的材质，所以选择使用多维子材质。单击【Standard】按钮，将材质类型设置为【多维 / 子对象】材质，如图 8-211 所示。进入【多维 / 子对象】材质类型中，设置材质数量为 3，如图 8-212 所示。

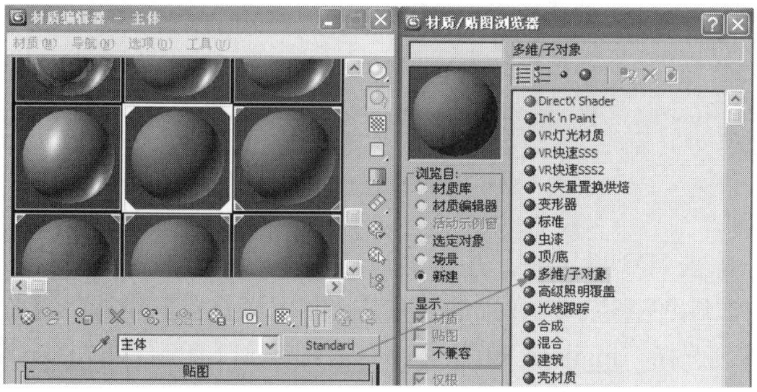

图8-211 【材质/贴图浏览器】对话框

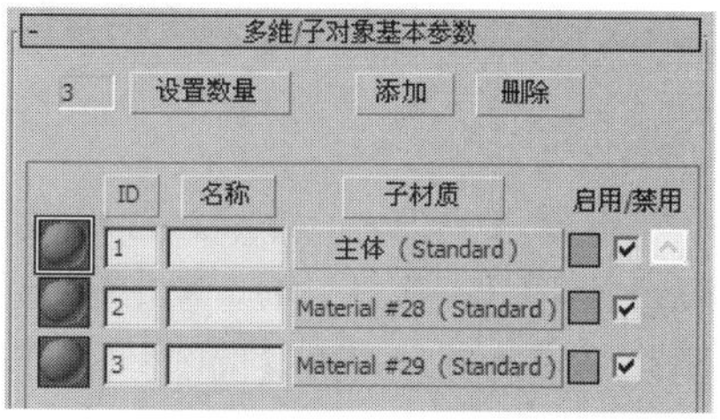

图8-212 材质数量

09 单击 ID1 材质球，并命名为"黑玻璃"。设置【漫反射】颜色为 RGB（12、8、4），设置【高光级别】为 75，【光泽度】为 60，如图 8-213 所示。单击【反射】贴图通道，在弹出的【材质/ 贴图浏览器】中选择【位图】贴图通道，双击【位图】贴图通道，选择"Dock-Sphere-FREE"文件，如图 8-214 所示。并设置反射数量为 40。

10 返回【多维 / 子对象】材质层级。单击 ID2 材质球，更改明暗器为【各向异性】，设置【漫反射】颜色为 RGB（186、186、186）。设置【高光级别】为 75，【光泽度】为 40，【各向异性】

为 50，如图 8-215 所示。并命名为"边框"。单击反射贴图通道，在弹出的【材质 / 贴图浏览器】中选择【位图】贴图通道，双击【位图】贴图通道，选择"Dock-Sphere-FREE"文件，并设置反射数量为 40，如图 8-216 所示。

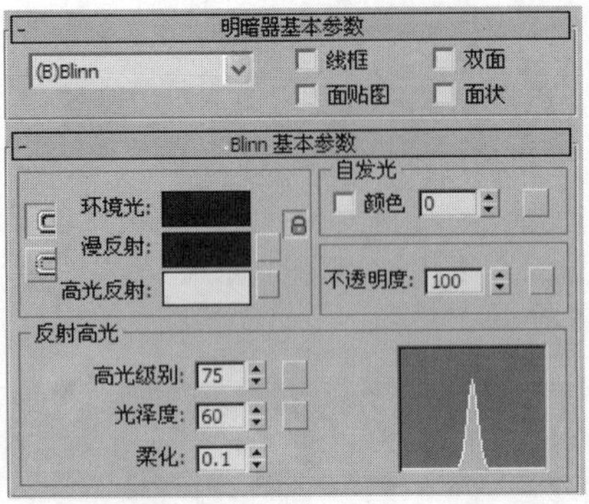

图8-213　基本参数设置

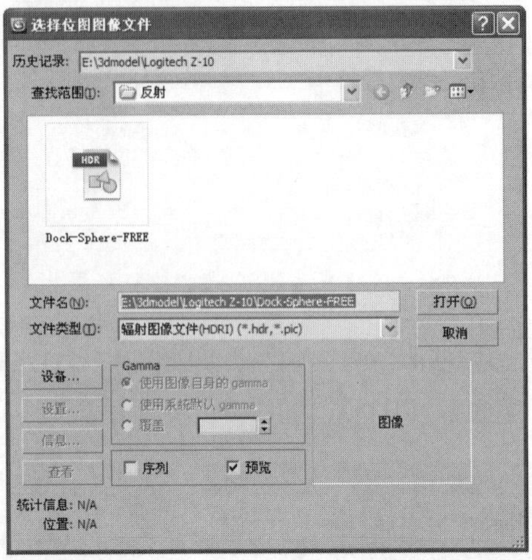

图8-214　【选择位图图像文件】对话框

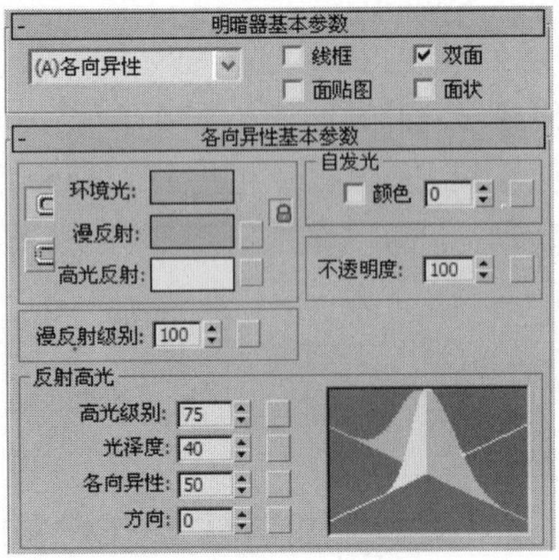

图8-215　基本参数设置

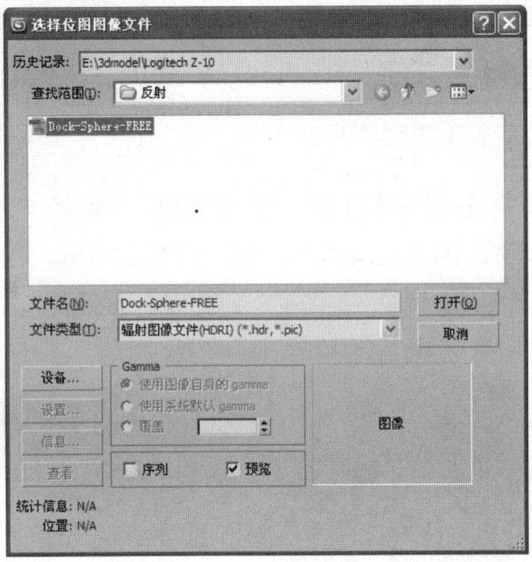

图8-216　【选择位图图像文件】对话框

11 返回【多维 / 子对象】材质层级，单击 ID3 材质球，并命名为"前面板"。设置【漫反射】颜色为 RGB（0、0、0），单击【漫反射】贴图通道，在弹出的【材质 / 贴图浏览器】中选择【位图】贴图通道，双击【位图】贴图通道，选择"logitech left"文件，如图 8-217 所示。单击【坐标】卷展栏，设置 U 轴【平铺】为 -1，如图 8-218 所示。

12 设置【高光级别】为 75，【光泽度】为 60，如图 8-219 所示。单击反射贴图通道，在弹出的【材质 / 贴图浏览器】中选择【位图】贴图通道，双击【位图】贴图通道，选择"Dock-Sphere-FREE"文件，如图 8-220 所示。设置反射数量为 40，返回材质层级，音响主体材质设置完成。

13 选择场景中的底座物体，如图 8-221 所示。单击【M】键打开材质编辑器，选择一个新的材质球，并将其赋予给底座物体。设置【漫反射】颜色为 RGB（0、0、0），设置【高光级别】为 75，【光泽度】为 60，如图 8-222 所示。

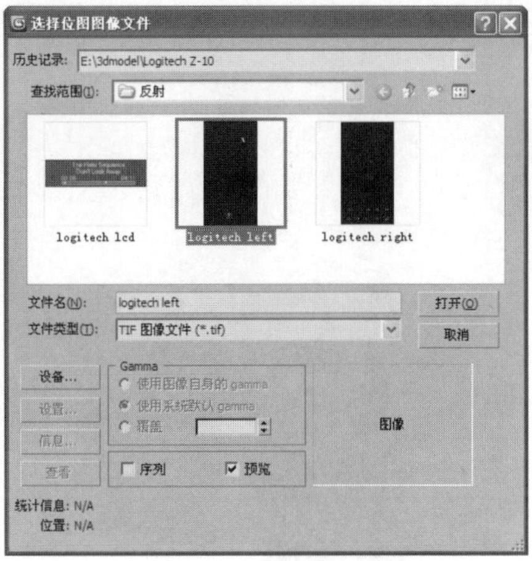

图8-217 【选择位图图像文件】对话框

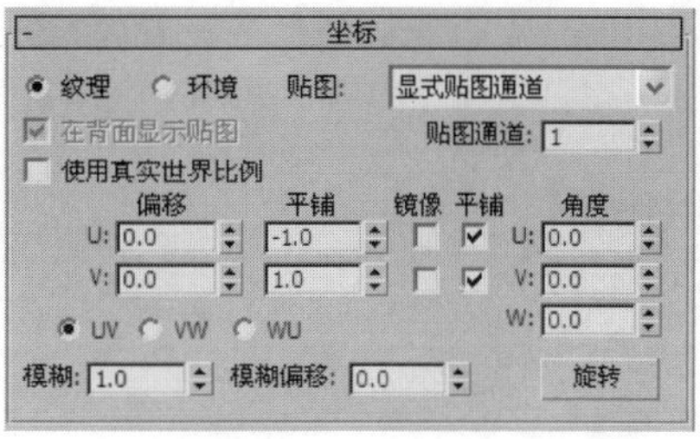

图8-218 贴图坐标

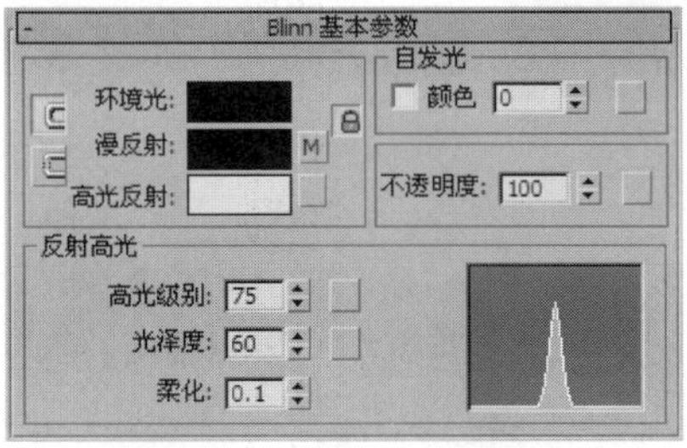

图8-219 基本参数设置

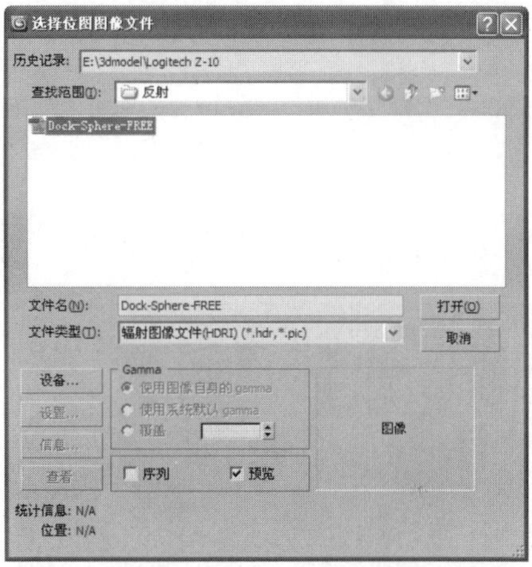

图8-220 【选择位图图像文件】对话框

图8-221 选择底座物体

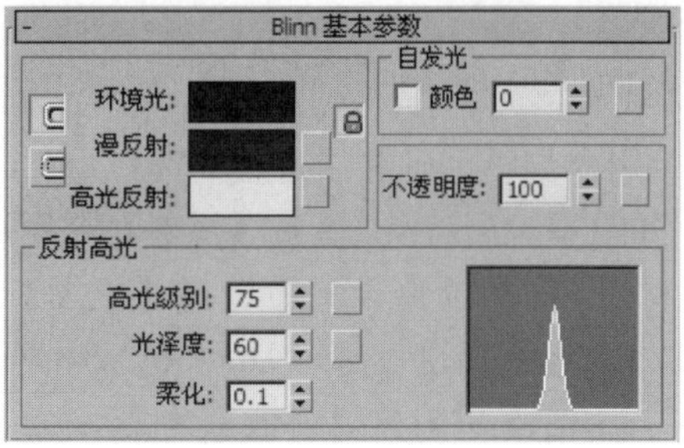

图8-222 基本参数设置

14 单击反射贴图通道，在弹出的【材质 / 贴图浏览器】中选择【位图】贴图通道，双击【位图】贴图通道，选择"Dock-Sphere-FREE"文件，如图 8-223 所示。测试渲染，如图 8-224 所示，音响主体材质设置完成。

15 选择场景中的喇叭物体，如图 8-225 所示。单击【M】键打开材质编辑器，选择一个新的材质球，并将其赋予给喇叭物体。设置【漫反射】颜色为 RGB（89、89、89），单击漫反射贴图通道，在弹出的【材质 / 贴图浏览器】中选择【位图】贴图通道，双击【位图】贴图通道，选择"speaker-front"文件，如图 8-226 所示。

图8-223 【选择位图图像文件】对话框

图8-224 渲染效果

图8-225 选择喇叭物体

图8-226 【选择位图图像文件】对话框

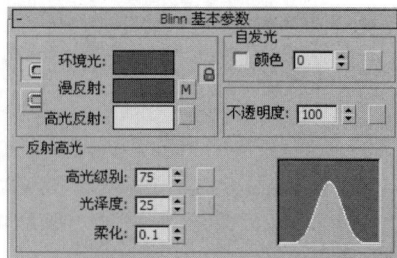

16 返回材质层级,设置【高光级别】为75,【光泽度】为25,如图 8-227 所示。单击【反射】贴图通道,在弹出的【材质/贴图浏览器】中选择【位图】贴图通道,双击【位图】贴图通道,选择"Dock-Sphere-FREE"文件,如图 8-228 所示,并设置反射数量为25。

17 选择场景中的金属圈物体,如图 8-229 所示。单击【M】键打开材质编辑器,选择一个新的材质球,并将其赋予给金属圈物体。单击 ID2 材质球,更改明暗器为【各向异性】,设置【漫反射】颜色为 RGB (183、183、183)。设置【高光级别】为75,【光泽度】为40,【各向异性】为50,如图 8-230 所示。

图8-227 基本参数设置

18 单击反射贴图通道,在弹出的【材质/贴图浏览器】中选择【位图】贴图通道,双击【位图】贴图通道,选择"Dock-Sphere-FREE"文件,如图 8-231 所示。并设置反射数量为40。音响材质设置完成,测试渲染如图 8-232 所示。

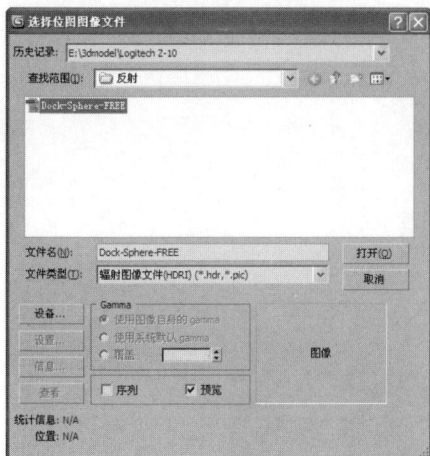

图8-229 【选择位图图像文件】对话框

图8-230 选择金属圈物体

图8-230 基本参数设置

图8-231 【选择位图图像文件】对话框

19 画面右侧的音响材质设置与第一个音响基本相同，只是在贴图上稍有不同，读者可以自行更改。最终渲染效果。如图 8-233 所示。

图8-232 渲染效果

图8-233 渲染效果

▶ 8.4.3 创建X射线效果

【衰减】贴图是个用途广泛、功能强大的程序贴图，在很多材质表现中都起到至关重要的作用，通常用它来控制物体的各类属性的强度变化。本例将讲述如何利用【衰减】贴图实现 X 射线效果。最终渲染效果如图 8-234 所示。

学习重点

(1) 了解【衰减】贴图的运用。
(2) 通过混合两个【衰减】贴图来实现细致的透明变化。

> 所用素材：光盘\素材\第 8 章\材质实例\X 射线初始
> 最终效果：光盘\素材\第 8 章\材质实例\X 射线完成

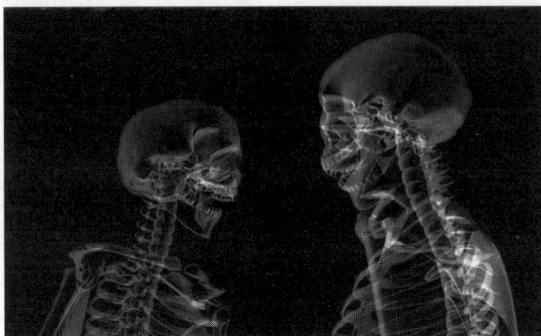

图8-234　最终效果图

操作步骤

01 在场景中搭建两幅骨架，灯光采用 3ds Max 的默认灯光系统。

02 打开材质编辑器，选择一个材质球，命名为 X 射线。将【漫反射】过渡色设置为蓝色 RGB (144、151、240)；【自发光】颜色设为 100，然后关闭所有高光，具体参数设置如图 8-235 所示。单击【贴图】卷展栏，为【不透明度】通道添加【衰减】贴图，先不修改任何参数直接渲染当前场景，如图 8-236 所示。

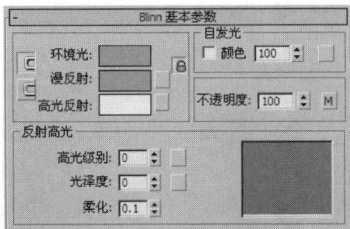

图8-235　基本参数设置

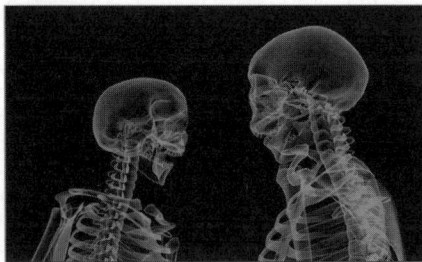

图8-236　渲染效果

03 从图中可以看出，虽然现在模型中心已经产生了透明效果，但是整个物体的透明度变化太过均匀，而且物体边缘过硬，应该柔化一些，透明相交部分也没有"光"的感觉，整个效果太过于单调。接下来通过增加新的【衰减】贴图和调节【衰减】曲线来解决这些问题。

04 在当前【衰减】贴图中，在侧颜色位置添加一个新的【衰减】贴图，如图 8-237 所示。将其【衰减】类型设置为【阴影 / 灯光】，并单击按钮反转前颜色和侧颜色，这样整个物体的边缘效果就可以根据受光方向来控制了，物体表面的透明度变化也就更加自然了，如图 8-238 所示。

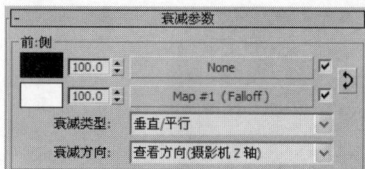

图8-237 【衰减参数】卷展栏

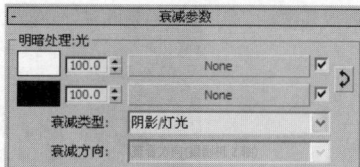

图8-238 【衰减类型】选项

05 单击按钮，返回第一层【衰减】贴图面板，将【混合曲线】调节为如图 8-239 所示。注意小红框内的设置，这样就得到了柔化边缘的效果，并将整个【衰减】的透明度整体降低了一些，因为后面还要加入增量设置，所以材质透明度不能太亮。具体参数设置如图 8-240 所示。

图8-239 【混合曲线】卷展栏

图8-240 材质球边缘效果

06 单击按钮，返回最上层，打开【扩展参数】，将透明叠加方式设置为【相加】方式，现在整个材质的透明相交区域就变亮了，具体参数设置及效果如图 8-241 所示。整个材质制作完毕，渲染效果如图 8-242 所示。

图8-241 【扩展参数】卷展栏

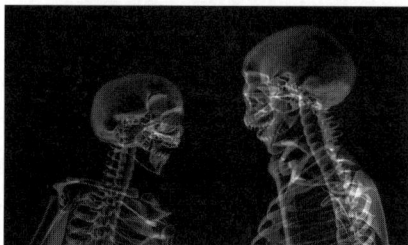

图8-242 渲染效果

▶ 8.4.4 创建熔岩材质

本例将通过衰减贴图、细胞贴图、混合材质的综合应用，制作熔岩材质，最终渲染效果如图 8-243 所示。

学习重点

(1) 衰减贴图的应用。

(2) 细胞贴图的应用。

(3) 混合材质的应用。

最终效果：光盘\素材\第8章\材质实例\熔岩材质

图8-243　最终效果图

操作步骤

01 在场景中建立一个球体模型，如图 8-244 所示。为了得到细致的置换效果，单击修改面板，设置【分段】为 30，如图 8-245 所示。

图8-244　场景文件

图8-245　设置【分段】

02 单击修改列表，为球体上添加一个【置换】修改器，如图 8-246 所示。设置【强度值】为 20，置换贴图的坐标方式设置为【球形】方式，单击【图像】贴图通道，在弹出的【材质 / 贴图浏览器】中选择【烟雾】贴图作为置换贴图，如图 8-247 所示。单击【烟雾参数】卷展栏，设置【大小】为 38，【迭代次数】为 5，【指数】为 0.5，如图 8-248 所示。

三维制作大师

图8-246　置换修改器

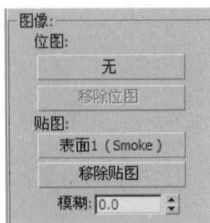

图8-247　贴图通道

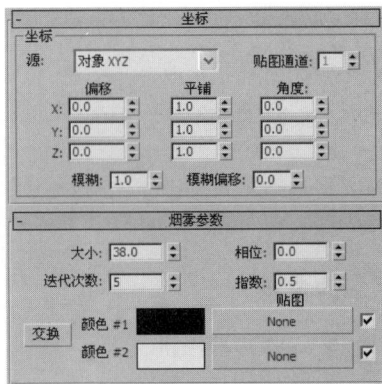

图8-248　贴图坐标

03 将【烟雾】贴图以【实例】的方式复制到材质编辑器的材质预览窗口，然后将【烟雾】贴图设置为如图 8-249 所示，这样就得到了一个噪化的球体。

04 选择一个新的材质球，单击【Standard】按钮，将材质类型设置为【混合】材质，如图 8-249 所示，重命名为"明暗"。将材质 1 命名为"表面"，材质 2 命名为"石头"，然后将这个材质赋予场景中的球体，如图 8-250 所示。

图8-249 【材质/贴图浏览器】对话框

图8-250 【混合基本参数】卷展栏

05 打开"表面"材质层，这一层将用来制作岩浆。将表面材质的高光强度和大小都设置为 0，然后将【漫反射】设置为暗红色 RGB（124、42、14），勾选【自发光】，如图 8-251 所示。

06 单击【贴图】卷展栏，在【自发光】通道添加【衰减】贴图，用这个贴图来产生渐变发光效果。将【衰减】贴图的前颜色设置为 RGB（68、24、0），侧颜色设置为 RGB（203、139、5），设置【衰减类型】为【朝向 / 背离】方式，【衰减方向】设置为【局部 Z 轴】，如图 8-252 所示。这样就得到了一个顶底渐变效果。

图8-251 基本参数设置

图8-252 【衰减参数】卷展栏

07 设置【RGB 级别】设置为 3，这样可以提高贴图的色彩输出量，使岩浆效果看起来非常明亮，如图 8-253 所示。

08 返回"明暗"材质层，制作石头部分。打开"石头"材质，将"石头"材质的【漫反射】设置为 RGB（40、40、40），然后将【高光级别】设置为 58，【光泽度】设置为 36，让这个材质看起来有一点微弱的高光，感觉像是高温岩浆冷却后产生的物质，如图 8-254 所示。

图8-253 输出设置

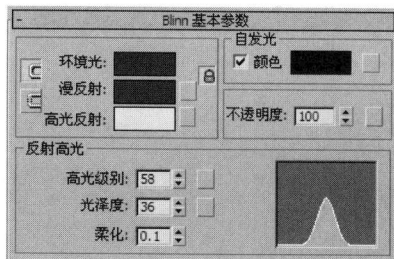

图8-254 基本参数设置

09 单击【自发光】通道添，在弹出的【材质 / 贴图浏览器】对话框中选择【衰减】贴图，如图 8-255 所示。设置【衰减】贴图的侧颜色为 RGB（16、16、36），设置【衰减类型】为【阴影 / 灯光】方式，这样就可以在材质的受光面增加一些蓝色补光效果，如图 8-256 所示。

10 单击"石头"材质的【凹凸】贴图通道，在弹出的【材质 / 贴图浏览器】中选择【输出】贴图，设置【凹凸】通道的数量为 257，如图 8-257 所示。

图 8-255　【材质/贴图浏览器】对话框

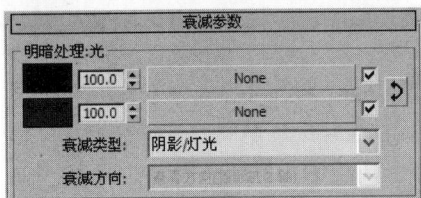

图 8-256　衰减参数

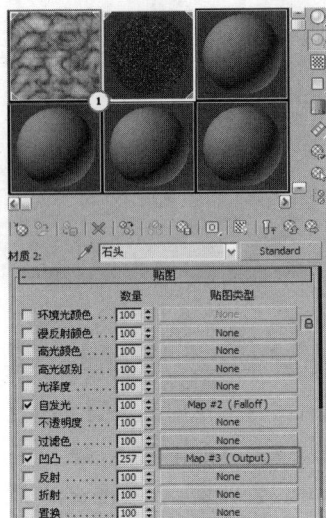

图 8-257　凹凸数量

11 将刚才用于置换的【烟雾】贴图复制到这个【输出】贴图中。打开复制过来的【输出】贴图中【输出】面板的【启用颜色贴图】复选框，就能够用这个曲线控制【烟雾】的色彩变化。调节【颜色贴图】选项区的曲线，如图 8-258 所示。

12 注意不要改变【烟雾】贴图的参数，凹凸效果才能吻合置换模型上的位置，在它的前颜色和侧颜色通道分别添加一个【细胞】贴图，用来丰富【烟雾】的纹理细节，如图 8-259 所示。设置【颜色 #1】细胞贴图，如图 8-260 所示。

13【颜色 #2】细胞贴图设置如图 8-261 所示，"石头"材质制作完成。返回"明暗"材质，单击【遮罩】通道，在弹出的【材质 / 贴图浏览器】中选择【输出】贴图，将"表面 1"的【烟雾】贴图复制到【贴图】中。选择实例复制的方式，如图 8-262 所示。

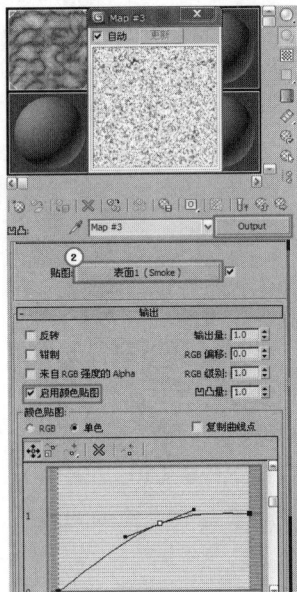

图 8-258　【颜色贴图】选项

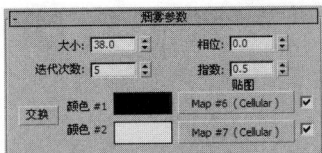

图 8-259　【烟雾参数】卷展栏

图 8-260　【细胞特性】选项

图 8-261　【细胞特性】选项

14 单击【输出】卷展栏，参数设置如图 8-263 所示。单击进入贴图通道中【烟雾】贴图通道，在侧颜色通道中添加一个【衰减】贴图，将【衰减】类型设置为【朝向 / 背离】方式，方向为【局部 Z 轴】，如图 8-264 所示。

图8-262　复制贴图

图8-263　输出卷展栏

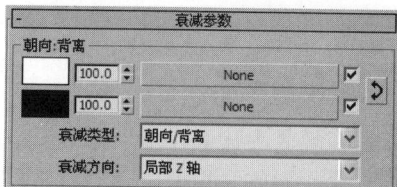

图8-264　【衰减参数】卷展栏

15 单击【混合曲线】卷展栏，参数设置如图 8-265 所示，这样【衰减】贴图就变成了一个顶底效果。至此，【蒙版】贴图制作完成。渲染最终场景得到如图 8-266 所示的效果。

图8-265　【混合曲线】卷展栏

图8-266　渲染效果

16 通过修改【遮罩】通道【烟雾】贴图中的【衰减】贴图的【混合曲线】，可以改变熔岩和石头之间的比率关系，还可以添加一个【镜头效果】/【Glow】效果，给岩浆材质增加一些发光效果。

▶ 8.4.5　运用高光效果制作全景天空

本实例巧妙地运用了凹凸贴图产生虚拟立体感的特征，并结合高光产生真实的 3D 云层效果。最终渲染效果如图 8-267 所示。

学习重点

（1）实现全景天空效果。

（2）运用了凹凸贴图产生虚拟立体感的特性结合高光产生真实的 3D 云层效果。

最终效果：光盘 \ 效果 \ 第 8 章 \ 材质实例 \ 全景天空完成

图8-267　渲染效果图

操作步骤

01 在场景中建立一个半球形天空（上面添加了一个翻转法线和一个UVW贴图修改器，坐标方式是平面的，用于控制2D纹理的位置）和一个点光源（用于产生物体上的高光），给天空建立一个黄昏色彩的渐变贴图，如图8-268所示。

02 打开材质编辑器，更改当前材质类型为混合材质，命名为"云"，将材质1命名为"云彩"，这一层用于制作云彩；材质2命名为"透明层"，这是一个透明层，如图8-269所示。

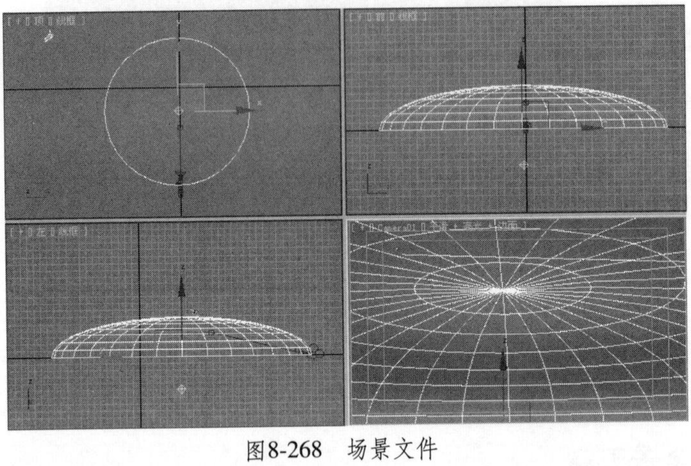

图8-268　场景文件

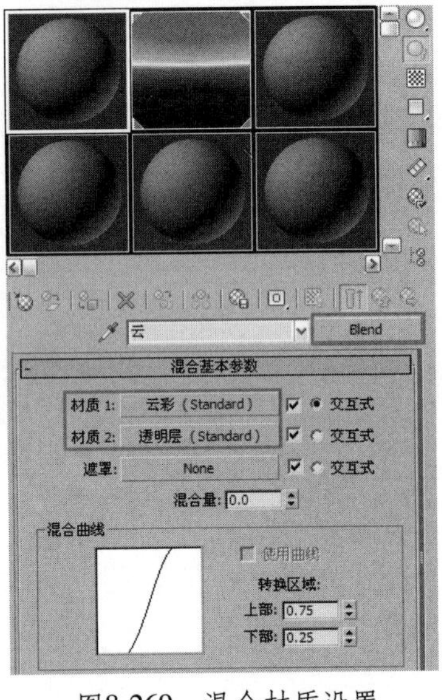

图8-269　混合材质设置

03 打开"云彩"材质，将材质的【高光反射】设置为淡红色RGB（255、231、203），这是云受光面的高光色彩。将【高光级别】设置为100，【光泽度】设置为0，（注意这里的高光强度实际上控制的就是云亮部的强度）。在【自发光】选项区域的颜色设置复选框中将色彩设置为暗红色RGB（69、22、0），这样可以让云的暗部有些暖色效果，如图8-270所示。

04 在【漫反射】贴图通道中添加【烟雾】贴图，这个贴图将用于模拟云彩的内部结构和色彩。将它的【大小】设置为150，将【迭代次数】设置为10，（让其有足够的细节表现）。设置【指数】值为0.8（也可以稍微提高一些，让色彩对比强烈些）。

05 将前颜色设置为暗红色RGB（95、33、0），侧颜色设置为亮黄色RGB（255、221、158），这两个色彩控制云层的主色，如图8-271所示。

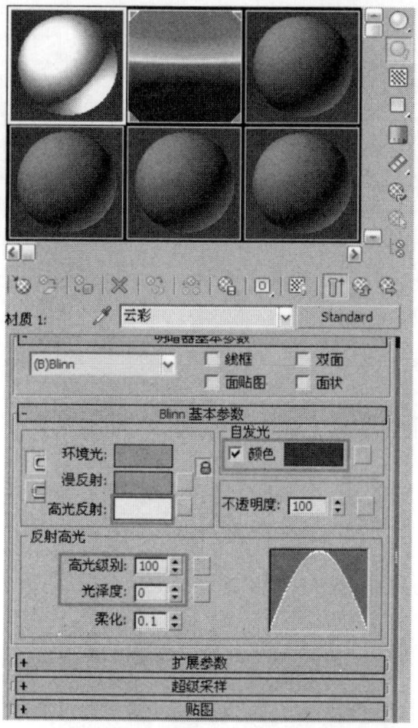

图8-270　基本参数设置

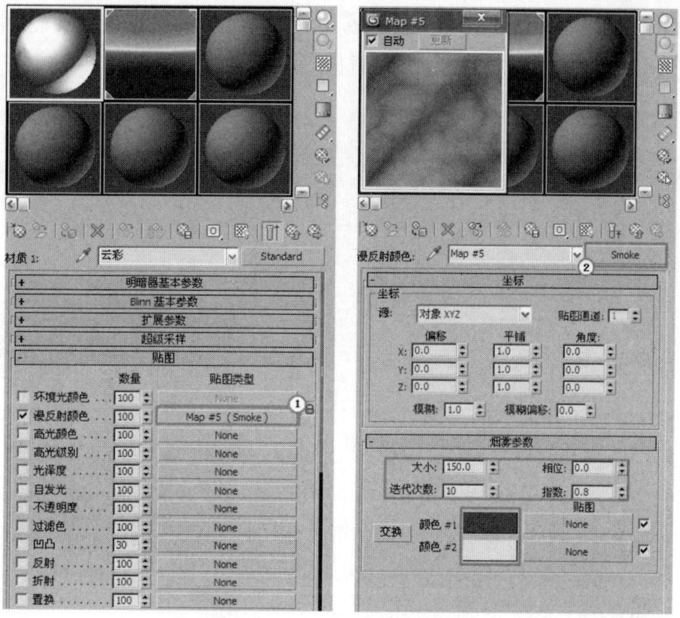

图8-271　烟雾参数设置

06 返回"云彩"材质层，为了能够模拟出云层 3D 受光效果，需要在【凹凸】通道中添加【烟雾】贴图，将【大小】设置为 360，这也是云朵的具体尺寸，将【迭代次数】设置为 10，【指数】设置为 0.5，这里色彩对比度如果高，那么云层就稀薄，对比度低的话云层就浓密，如图 8-272 所示。

07 在侧颜色通道添加一个【噪波】贴图，用这个贴图来丰富云层的细节变化。设置前颜色RGB 为（119、119、119），因为单靠【烟雾】贴图自身的细节变化是无法满足渲染大图需要的。【噪波】贴图的设置如图 8-273 所示。

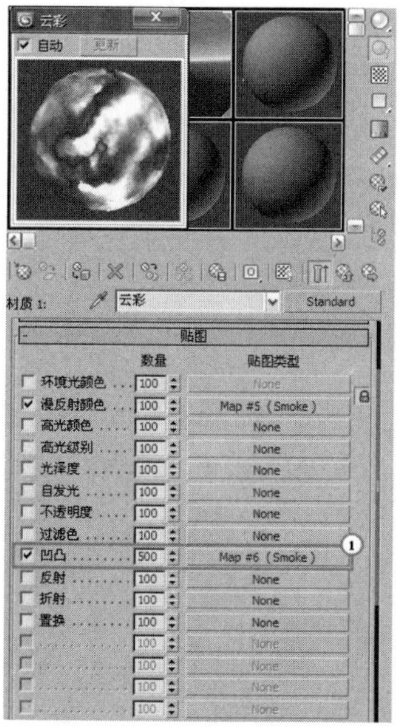

图8-272　烟雾参数设置

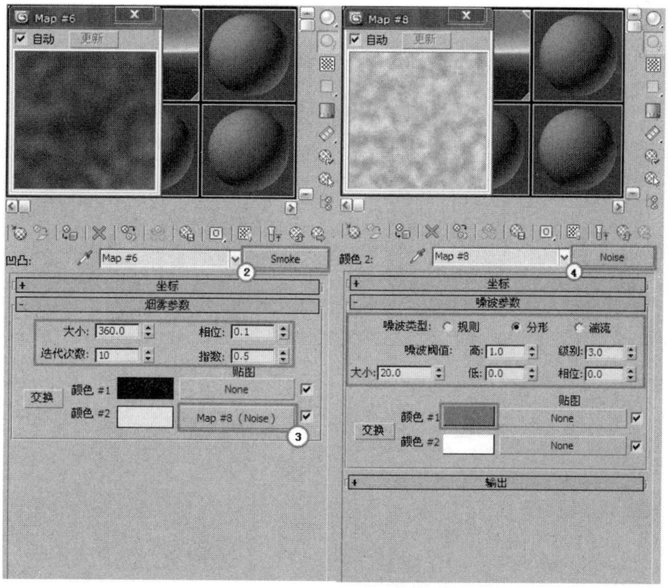

图8-273　噪波参数设置

08 返回"云彩"材质层，将【凹凸】通道的数量设置到 500，数量越高云层的立体变化就越强烈，但是也不能过高，否则容易失真。

09 将【凹凸】通道的【烟雾】贴图以【实例】的方式复制到【不透明度】通道,使云层变成透空的效果,背景天空就能看见了,至此"云彩"材质制作完成,具体参数设置如图 8-274 所示,渲染效果如图 8-275 所示。

图8-274 复制贴图

图8-275 渲染效果

10 渲染当前场景,已经得到了非常真实的云层效果,但是接近地平线的区域显得非常生硬,没有过渡,接下来通过混合的方式解决这个问题。

11 返回"云"材质层,进入"透明层"材质,这层材质非常简单,就是一个全透明的效果,直接将其【不透明度】值设置为 0,然后关闭所有高光设置,如图 8-276 所示。

12 返回"云"材质层,在【遮罩】通道添加一个【渐变】贴图,将渐变的类型设置成为【径向】方式,将【颜色 #1】设置为白色,【颜色 #2】和【颜色 #3】均设置成黑色,这样配合物体上的UVW 贴图的平面坐标刚好结合到半圆物体的正中心,两个材质之间就产生了自然的渐变过渡。"云"材质制作完成,具体设置如图 8-277 所示。

三维制作大师

图8-276 透明设置

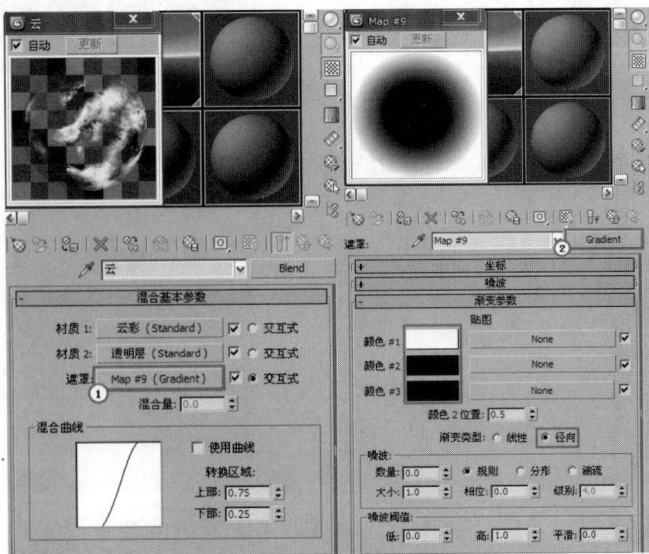

图8-277 渐变贴图设置

可以通过调节灯光的位置来改变材质上的高光变化，让云层产生不一样的受光反应。渲染最终场景得到如图 8-278 所示的效果。

图8-278　渲染效果

8.4.6　制作清澈的水

水属于折射、反射类效果，在自然界中水的表现方式多种多样，在不同环境、不同光线下的水所表现出的效果也是不一样的。制作之前最好能多观察一些真实的水的素材，多了解一下水的反射和折射的特征，制作时要根据水的类型来使用适合的制作方法。这样才能制作出真实到位的质感表现。

学习重点

（1）衰减变化对折射效果的影响。

所用素材：光盘 \ 素材 \ 第 8 章 \ 材质实例 \ 清澈的水初始
最终效果：光盘 \ 素材 \ 第 8 章 \ 材质实例 \ 清澈的水完成

本实例最终渲染效果如图 8-279 所示。

图8-279　渲染效果

操作步骤

01 使用大量的网格来建立一个水面模型，模拟波浪的效果，网格越多水面效果就越好，并建立一个天空背景的贴图及水中漂浮的物体。在水底的平面上设置一个带有投射【烟雾】贴图纹理的光源，用来模拟太阳光照射在水面上水产生的焦散效果，场景如图 8-280 所示。

02 打开材质编辑器，新建一个标准类型材质并命名为"水"，将材质的【高光级别】强度设置为 438，【光泽度】设置为 94。这样可以得到非常明亮锐利的高光，对于水的特写画面，如果高光太柔和，看起来会像塑料质感，不够真实，因此需要将高光强度设置得很高，如图 8-281 所示。

图8-280 场景文件

图8-281 基本参数设置

03 在【漫反射】通道添加【衰减】贴图，根据水面色彩分布的特性，设置近处为深蓝色【前】颜色 RGB（3、36、66），远处为淡蓝色【侧】颜色 RGB（161、192、236）的渐变，当然水面最主要的色彩还是来源于环境的反射，这里只是起一个补色作用，如图 8-282 所示。

04 返回"水"材质层，在【不透明度】通道中添加【衰减】贴图，设置【前颜色】RGB 为（48、48、48），调节混合曲线，如图 8-283 所示，水面产生了中心透明的效果，越垂直于摄像机镜头的区域就会产生越透明的效果，相反越平行于摄像机镜头的区域就越不会产生透明变化，这样就模拟出了真实的水面反射变化。

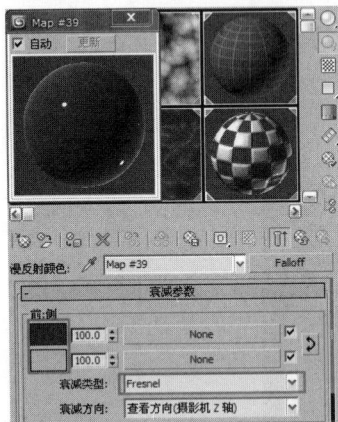

图8-282 衰减贴图设置

图8-283 衰减参数设置

05 返回"水"材质层，在【凹凸】中添加【噪波】贴图，设置【凹凸】数量为 30，因为模型上已经有了很多凹凸起伏的变化了，所以凹凸贴图只是用来稍微增加一些波纹细节，太强反而会影响水面效果。【噪波】贴图设置如图 8-284 所示。

06 返回"水"材质，在【反射】通道中添加【衰减】贴图，然后在【衰减】贴图的【侧】颜色通道中添加一个【光线跟踪】贴图，如图 8-285 所示。调节混合曲线，如图 8-286 所示，这样水面的反射就刚好限定在不透明的边缘区域，产生了远处反射强，近处反射弱的变化。注意增加反射以后可以通过调节天空背景的色彩来控制水的颜色。

图8-284 噪波贴图设置　　　　图8-285 添加光线跟踪贴图　　　　图8-286 衰减曲线调整

07 返回"水"材质，制作折射效果。在【折射】通道中直接添加【光线跟踪】贴图，然后将【折射】通道的数量设置为20，这个值不能太高，过高会导致透明度消失，而且反射效果曝光过度，如图8-287所示。

　　至此"水"材质的制作完成，可以修改不透明贴图通道的【衰减】色彩来控制水的透明效果。渲染时可以选择材质的超级采样设置来消除锯齿。最终渲染效果如图8-288所示。

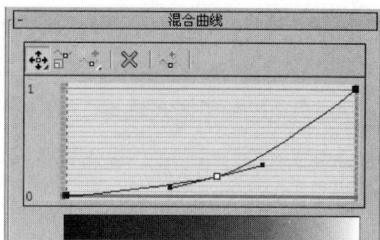

图8-287 折射数量设置

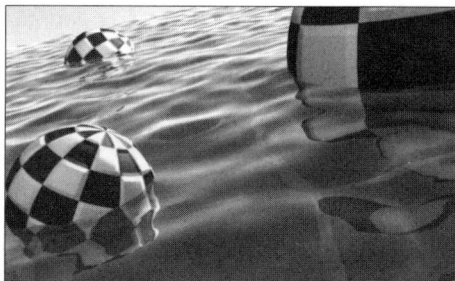

图8-288 渲染效果

▶ 8.4.7 制作逼真的冰洞

　　半透明效果属于一种光线投射/散射特效，如同一个光线照射到物体以后穿透物体表面散射到物体内部的效果。这种散射通常称之为Sub-surface scatter【次级物体散射】，简称SSS，平时常见的玉石、蜡烛、塑料、冰、叶子、皮肤、纸都属于半透明物质。和玻璃、水等这些透明物质相比，它们最大的区别在于光线可以穿透，但是影像不能穿透，也就是没有影像的折射效果。在3ds Max中如果不借助外挂渲染器，就只能使用【光线跟踪】材质或【高级照明覆盖】来制作SSS效果，但是它们的效果都不太理想，在制作一些简单的SSS效果时还可以，但是如果要制作复杂物体的 SSS 效果就很难满足需要了，它的效果和真实的 SSS 算法还有很大差距，而且非常容易出现渲染错误，所以通常使用程序贴图模拟的方法来解决制作 SSS 效果的难题。

本例将讲解使用【光线跟踪】材质的半透明设置和模拟 SSS 效果的方法来制作一个真实的半透明冰洞效果。最终渲染效果如图 8-289 所示。

学习重点

(1) 光线投射／散射特效表现。

(2) 次级物体散射特征。

(3) 使用【光线跟踪】材质的半透明设置和模拟 SSS 效果。

所用素材：光盘＼素材＼第 8 章＼材质实例＼冰冻效果初始

最终效果：光盘＼效果＼第 8 章＼材质实例＼冰冻效果完成

图8-289　渲染效果

操作步骤

01 在场景中建立一个类似洞穴的模型，并建立一个点光源构成，注意点光源的衰减设置，通过这个设置可以模拟出洞穴的深度效果，如图 8-290 所示。打开材质编辑器，新建一个【光线跟踪】材质并命名为"SSS 冰"，然后选择材质的【双面】复选框，为了突出冰的坚硬质感需要将高光设置得明亮和窄一些，如图 8-291 所示。

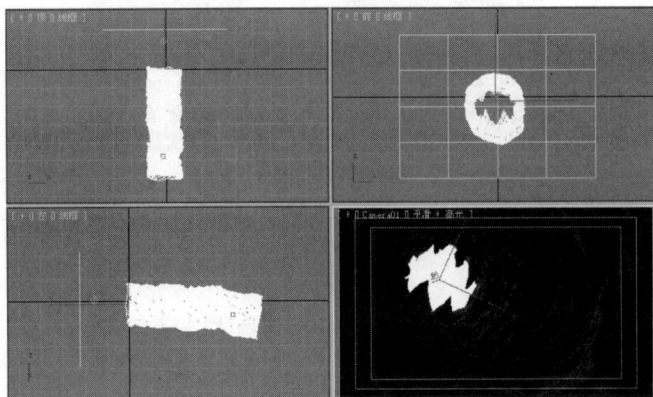

图8-290　场景文件

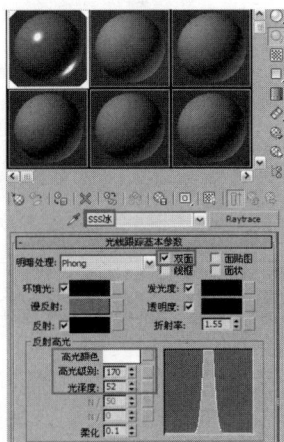

图8-291　基本参数设置

02 在【漫反射】通道中添加【衰减】贴图，将侧颜色设置为深蓝色 RGB（60、98、153），这样材质的边缘就会有一个蓝色的边缘。设置前颜色为 RGB（255、255、255），如图 8-292 所示。

在【前】颜色通道中添加【噪波】贴图，其目的是增加足够的色彩细节，如图 8-293 所示，在【噪波】贴图的前颜色通道中再添加【烟雾】贴图，前颜色为 RGB（0、12、23）。这样材质的纹理看起来就比较细致了，贴图的大小，要根据模型大小来设置（太小的话画面容易变碎），具体设置如图 8-294 所示。

图8-292 衰减参数设置

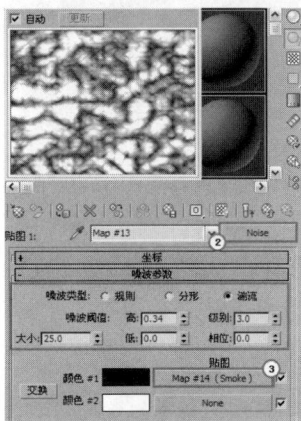

图8-293 噪波参数设置

图8-294 烟雾参数设置

03 返回"SSS 冰"材质，将【凹凸】通道的强度设置为 30。在【凹凸】通道中添加一个【混合】贴图，如图 8-295 所示。这个贴图非常重要，冰的所有细节和细致的纹理变化都要靠凹凸贴图来表现，因此需要混合几层细致的纹理来突出它的效果，可以分别使用【细胞】贴图和【噪波】贴图来混合得到这个效果，如果需要提高单个贴图的凹凸强度，可以增加贴图的凹凸输出量设置。设置【细胞】贴图参数，如图 8-296 所示。设置【噪波】贴图参数，如图 8-297 所示。

图8-295 混合材质

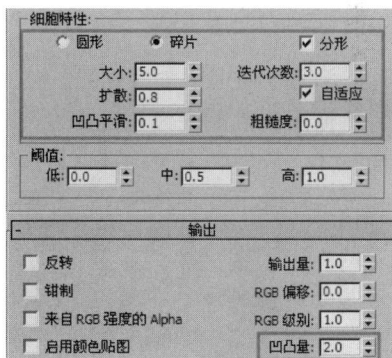

图8-296 细胞参数设置

04 返回"SSS 冰"材质层，在【反射】通道中添加一个【衰减】贴图，如图 8-298 所示。然后将【凹凸】通道的【混合】贴图复制到这个【衰减】贴图的【侧】颜色通道里，这样就在冰上制作出了一些微弱的反射变化，如图 8-299 所示。

05 返回"SSS 冰"材质层，在【发光度】通道中添加一个【衰减】贴图，【发光度】通道实际上就是【光线跟踪】材质的自发光通道，设置【前】颜色为 RGB（0、22、44），将其【衰减类型】设置为【垂直 / 平行】方式，将【衰减方向】设置成【对象】方式，如图 8-300 所示。然后拾取场景中的点光源作为目标物体并调节混合曲线，如图 8-301 所示。

347

三维制作大师

图 8-297　噪波贴图参数设置

图 8-298　衰减贴图

图 8-299　混合贴图

图 8-300　衰减参数设置

图 8-301　混合曲线调整

06 在侧颜色通道添加【衰减】贴图，将【衰减类型】设置成【距离混合】方式，这种衰减方式会根据摄像机的距离来分配衰减色彩，【衰减方向】仍使用【对象】方式并拾取点光源作为目标物体，最后将衰减的【前】颜色设置为深蓝色 RGB（0、34、55），【侧】颜色 RGB（56、115、154），如图 8-302 所示。并调节衰减曲线，如图 8-303 所示。

图 8-302　衰减参数设置

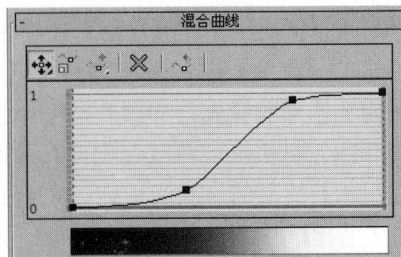

图 8-303　混合曲线调整

07 返回"SSS冰"材质层，在【附加光】通道添加【衰减】贴图，设置衰减颜色的【前】颜色 RGB 为（0、14、25），【侧】颜色 RGB（56、111、141），如图 8-304 所示。设置衰减混合曲线如图 8-305 所示。【附加光】这个通道也是一个发光效果通道，可以为材质增加一个二级发光染色效果，用这个通道来增加材质边缘的蓝色发光变化。

图8-304　衰减参数设置

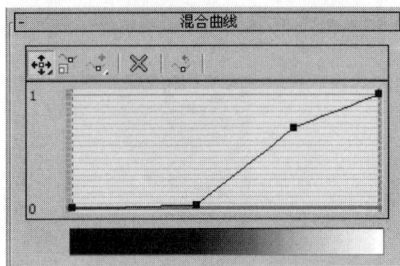

图8-305　混合曲线

08 返回"SSS冰"材质，打开【扩展参数】面板，将【半透明】设置为蓝色 RGB（65、135、214），这个色彩控制着材质的半透明效果，可以在材质的背光面产生透明和阴影投射效果，这样冰洞的所有的逆光区域就能产生真实的 SSS 效果了。具体设置如图 8-306 所示。

至此，SSS冰材质制作完成，将材质赋予给洞穴模型，渲染最终场景，可以打开材质的超级采样来提高渲染质量，还可以加入一个【渲染特效】来增加一些光晕效果，最终渲染效果如图 8-307 所示。

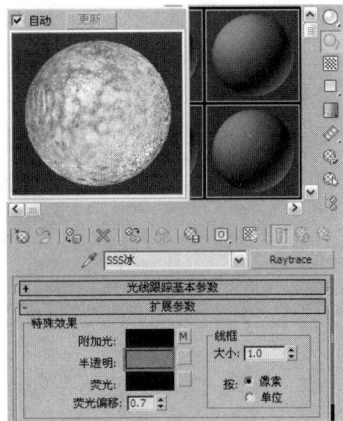

图8-306　扩展参数设置

图8-307　渲染效果

在本例中一共组合运用了两种 SSS 方法来制作半透明变化，即【衰减】贴图和【半透明】色彩设置，从中还学会了【光线跟踪】材质的各种发光效果的运用。【光线跟踪】是一种功能非常强大而且繁多的材质类型，能表现出很多绚丽的材质效果，值得好好研究。

▶ 8.4.8　运用【衰减】贴图制作动态的SSS效果

运用【衰减】贴图可以模拟动态的 SSS 效果，但是也存在一些问题，这种效果只能运用在弧线光滑的表面上，而且最好不要有凹凸效果，因为【衰减】贴图自身的特性，如果运用在有棱角或平面的物体上，【衰减】贴图会失效，就得不到正确的半透明变化，因此在使用这种方法的时候必须严格地使用弧形或球形物体，避免使用方形或者有直角的模型。本实例为运用【衰减】贴图制作动态的 SSS 效果，最终渲染效果如图 8-308 所示。

学习重点

使用【衰减】贴图来模拟动态 SSS 效果。

所用素材：光盘\素材\第 8 章\材质实例\动态 SSS 效果初始
最终效果：光盘\效果\第 8 章\材质实例\动态 SSS 效果完成

图8-308　渲染效果

操作步骤

01 在场景中建立两个模型和一个点光源组成，如图 8-309 所示。

02 打开材质编辑器，新建一个标准材质并命名为"动态 SSS"，设置【高光级别】为 100，【光泽度】为 88，如图 8-310 所示。在【漫反射】通道中添加【烟雾】贴图，设置前颜色为 RGB（45、16、0），侧颜色为 RGB（252、250、230），如图 8-311 所示。

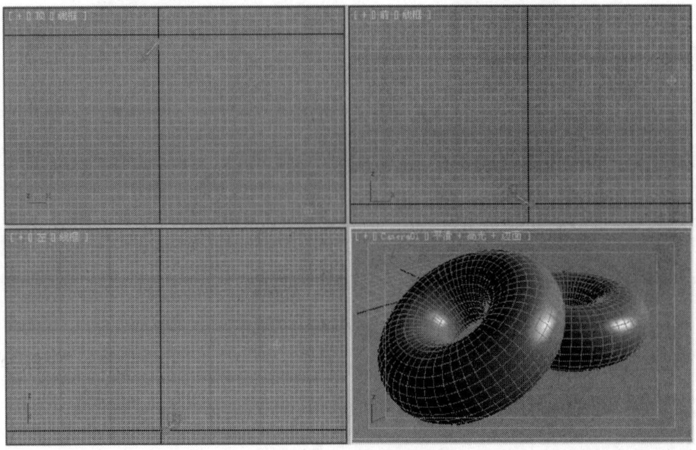

图8-309　场景文件

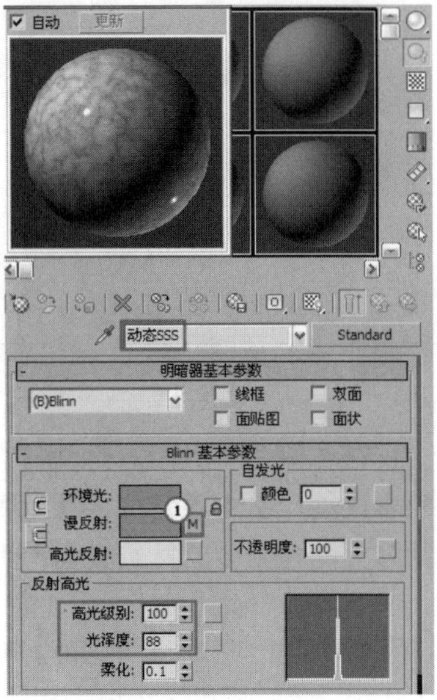

图8-310　基本参数设置

03 返回"动态 SSS"材质层，选择【自发光】通道的【颜色】复选框，并在这个通道中添加【衰减】贴图，如图 8-312 所示。将衰减类型修改为【阴影/灯光】方式，【侧】颜色 RGB（54、54、54），稍微增强一些物体受光部分的亮度，如图 8-313 所示。

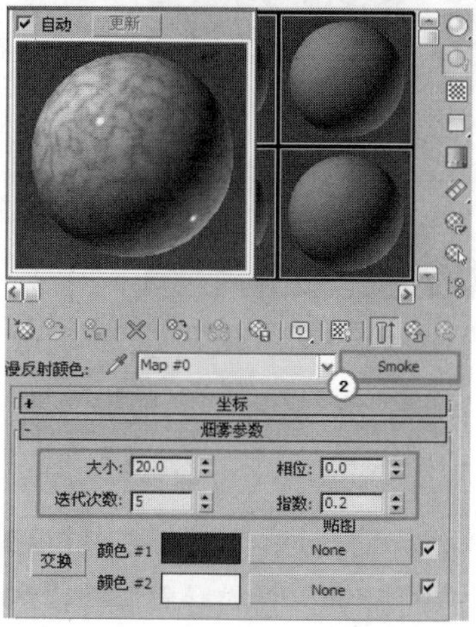

图 8-311　烟雾贴图设置 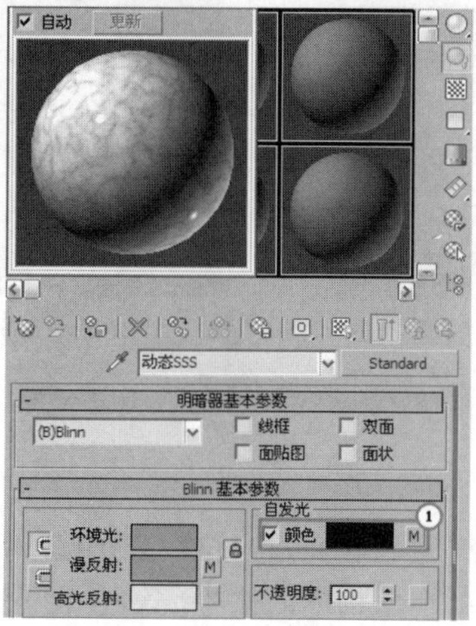　　　　图 8-312　添加衰减贴图 　　　　图 8-313　衰减参数设置

04 在自发光【衰减】贴图的前颜色通道中添加【衰减】贴图，如图 8-314 所示。这个贴图实际上只会影响到物体阴影的区域，也就是制作半透明效果的区域。设置【衰减】贴图的【前】颜色为 RGB（22、22、22），使暗部不至于太暗，如图 8-315 所示。

05 将【漫反射】通道的【烟雾】贴图复制到前颜色通道下【衰减】贴图中的侧颜色通道，将其衰减类型修改为【朝向/背离】方式，衰减的方向设置为【对象】方式，选择这种方式可以任意拾取一个物体作为衰减色方向变化的指引物体，如图 8-316 所示。

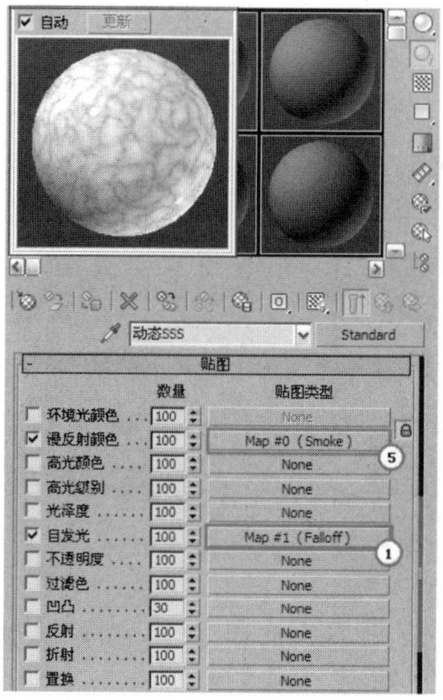

图 8-314　添加衰减贴图 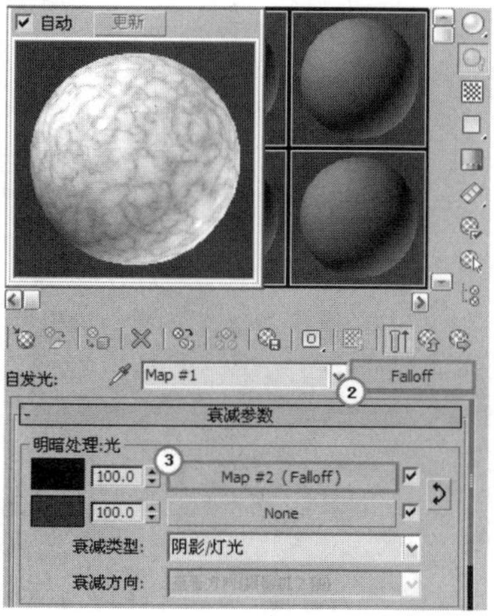　　　　图 8-315　衰减参数设置 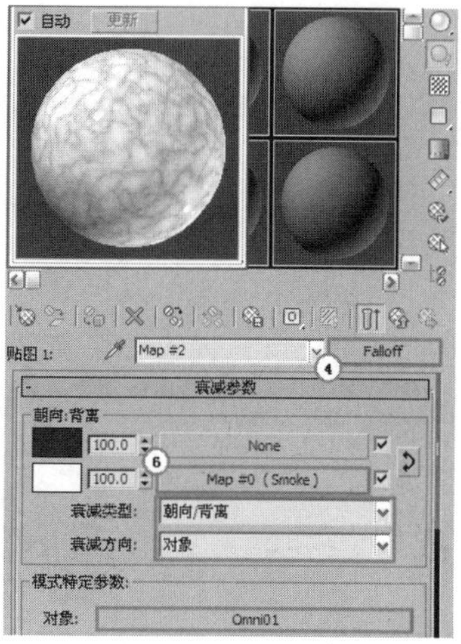　　　　图 8-316　衰减参数设置

06 在【对象】选项中拾取场景中的点光源，可以通过改变光源的位置控制【衰减】贴图的色彩衰减变化。将【混合曲线】调节成如图 8-317 所示，在材质暗部产生了真实的光线透明变化。

至此"动态 SSS"材质设置完成，可以通过改变灯光的位置来渲染场景的各个角度，可以发现不管灯光在哪个方向，物体上都能产生正确的 SSS 效果，如图 8-318 所示。

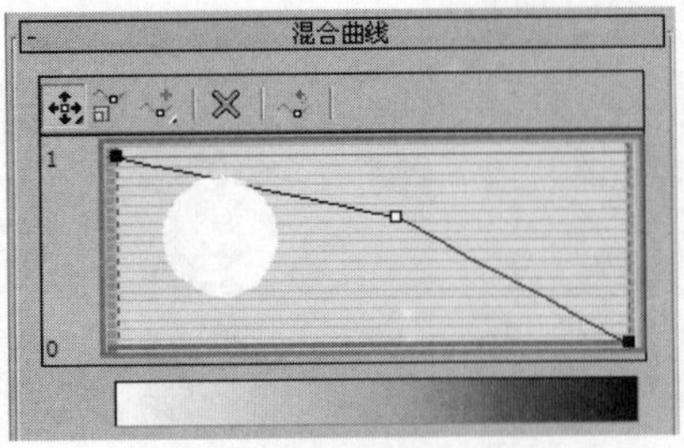

图8-317 混合曲线设置

图8-318 渲染效果

▶ 8.4.9 真实的地形材质

地形材质是在动画制作中经常使用到的一种材质，在创建地形效果的时候可以选择【顶／底】材质来制作，【顶／底】材质是一种根据物体网格构成划分混合分布的材质，它的材质混合边界不受【凹凸】贴图影响。

如果要制作很细致的地形效果就需要通过增加网格的数量和细节变化来体现地形材质的结构，如果网格分配不够复杂，那么就很难表现出物体的细节。【顶／底】材质在制作一些简单的地形效果或石头时还能胜任，但是要表现出比较真实的场景就会显得力不从心了，必须使用其他的方法来制作。本实例将讲解如何使用【顶／底】材质制作地形材质，并结合【衰减】贴图制作真实的地形积雪效果。最终渲染效果如图 8-319 所示。

学习重点

(1) 使用【顶／底】材质来制作地形材质。

(2) 使用【衰减】贴图来制作真实的地形积雪效果。

所用素材：光盘＼素材＼第 8 章＼材质实例＼真实的地形材质初始

最终效果：光盘＼素材＼第 8 章＼材质实例＼真实的地形材质完成

图8-319 渲染效果

操作步骤

01 建立一个细节度很高的场景，使用一个渐变坡度贴图来模拟天空，设置了一个平行光源来模拟阳光，以及一个点光源用来制作太阳光斑特效，如图 8-320 所示。

02 打开材质编辑器，选择一个新的材质球，将材质命名为"地形"，将材质的【高光级别】和【光泽度】都设置为 0。在【漫反射】通道中添加一个【衰减】贴图，如图 8-321 所示。

图8-320　创建灯光

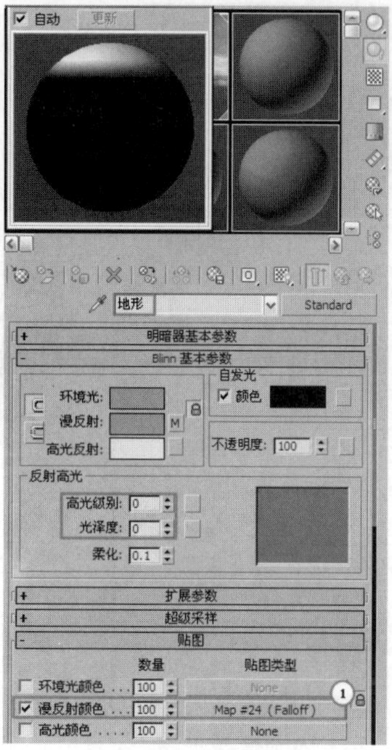

图8-321　基本参数

03 进入【衰减】贴图通道中，单击 按钮反转【衰减】贴图的前颜色和侧颜色，在这里白色就是积雪部分的色彩，而黑色就是石头部分的色彩。然后将【衰减】贴图的【衰减类型】改为【朝向 / 背离】，将其【衰减方向】设置为【世界 Z 轴】，这时就会发现整个色彩分布变成自上而下的了。将色彩做成了"顶底"的效果，【衰减】贴图的两个色彩会根据物体的世界 Z 轴方向来分布色彩的位置，如图 8-322 所示。将【混合曲线】调节为如图 8-323 所示，可以得到积雪覆盖的效果。

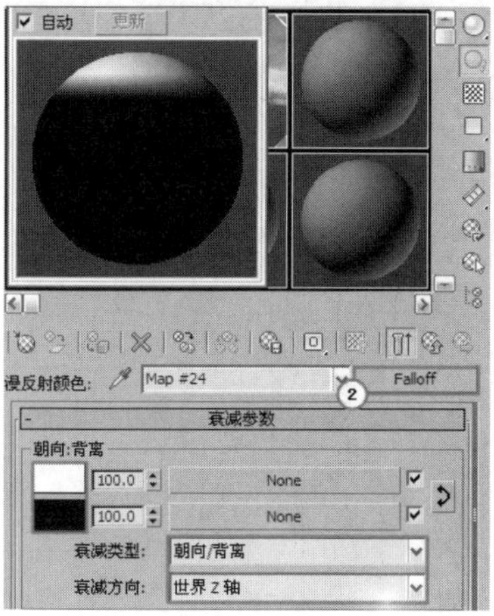

图8-322　衰减参数设置

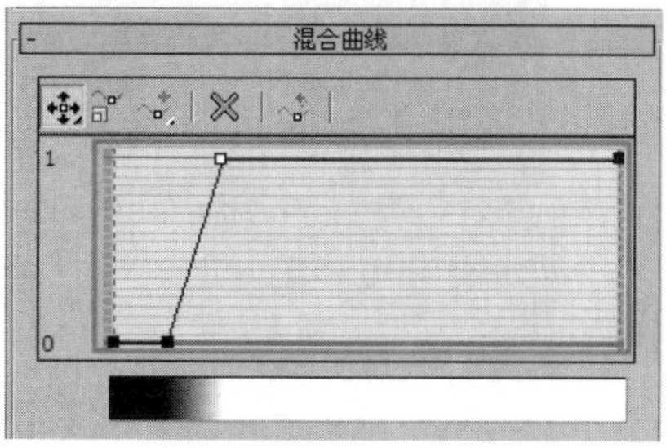

图8-323　混合曲线设置

04 返回到"地形"材质，在【凹凸】通道中添加【衰减】贴图，如图 8-324 所示。这里需要将【衰减】贴图的参数设置为【漫反射】通道中使用的【衰减】贴图一样，这样才能让积雪和石头部分产生不一样的凹凸效果，如图 8-325 所示。但是这个【衰减】贴图的【混合曲线】设置要和那个【衰减】贴图不太一样，前后的位置要稍微相差一点，整个凹凸分界线和混合效果才会自然。调整混合曲线如图 8-326 所示。

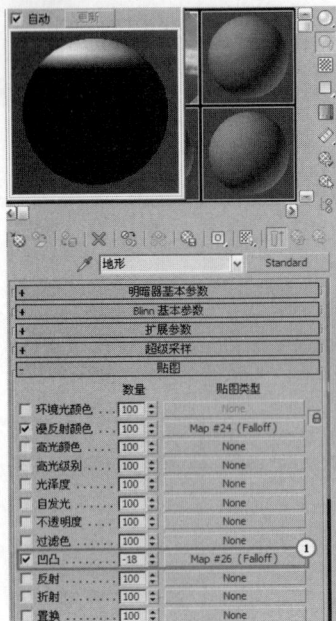

图8-324　添加衰减贴图

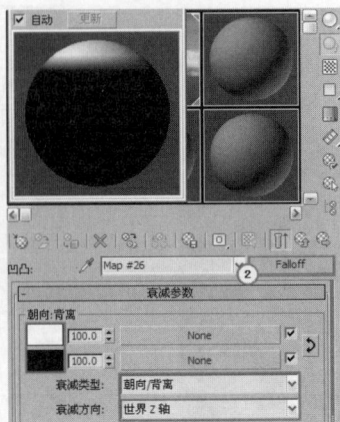

图8-325　衰减参数设置

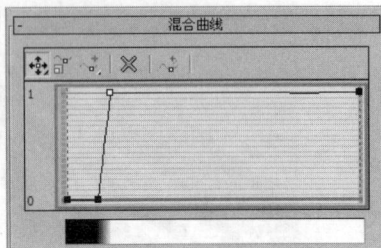

图8-326　混合曲线设置

05 制作积雪部分的凹凸效果。在【凹凸】通道中的【衰减】贴图的前颜色通道添加【噪波】贴图，如图 8-327 所示。将其噪化方式设置为【湍流】，【大小】设置为5，【噪波阈值】的【高】值设置为 0.5，【低】值设置为 0.02，如图 8-328 所示。

图8-327　添加噪波贴图

图8-328　噪波贴图设置

06 将【坐标】面板下的 X 方向【平铺】值设为 1。将【噪波】贴图的侧颜色设置为黑色，然后在前颜色通道添加【斑点】贴图，并将它的【大小】设置为 20，为了避免凹凸过强，设置【斑点】贴图的侧颜色为 RGB（128、128、128），如图 8-329 所示。

07 制作石头部分的凹凸效果。返回【衰减】贴图层，在侧颜色通道中添加【噪波】贴图，如图 8-330 所示。

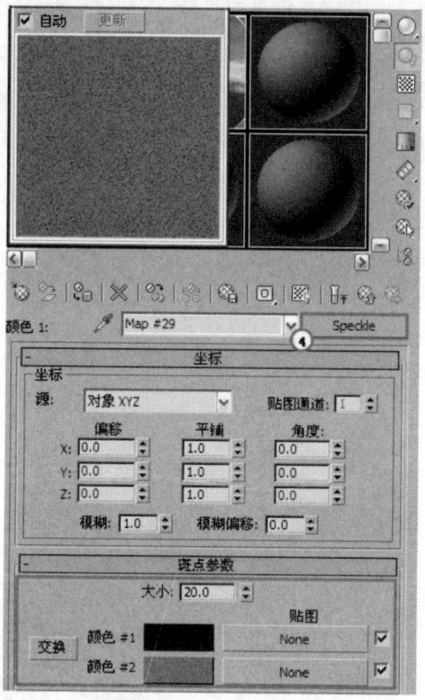

图8-329　斑点设置

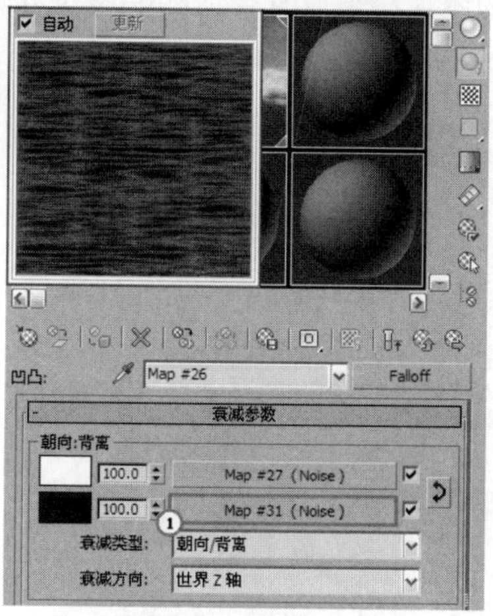

图8-330　添加噪波贴图

08 将其噪化方式设为【分形】，【级别】调节为 10，【大小】设置为 10，【噪波阈值】的【高】值设置为 0.7，【低】值设置为 0.07，然后将【坐标】面板下的 Y 方向【平铺】值设为 0.5，如图 8-331 所示。在【噪波】贴图的前颜色通道中添加一个【噪波】贴图，将其噪化方式设置为【湍流】，【大小】设置为 5.0，如图 8-332 所示。

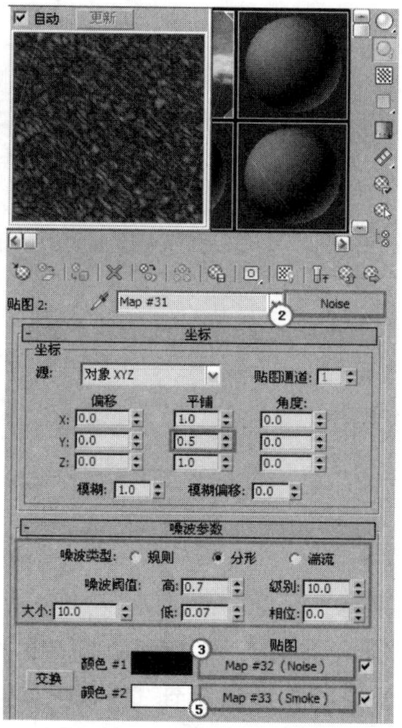

图8-331　噪波贴图设置

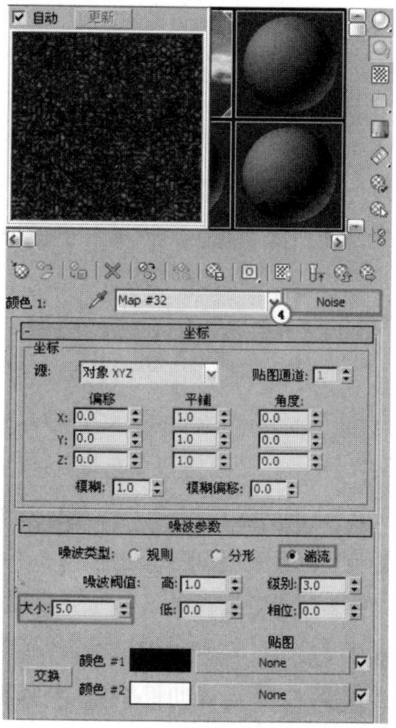

图8-332　噪波贴图设置

09 返回上一层【噪波】贴图，在侧颜色通道中添加一个【烟雾】贴图，将其【大小】设置为5.0，将【指数】调节为0.7。将【坐标】面板下的X方向【平铺】值设为0.4，Z方向的【角度】设置为45°，这样就混合了一个简单的石头凹凸纹理，具体参数设置如图8-333所示。

10 返回"地形"材质层，将【凹凸】通道的强度设置为-15左右。注意石头部分的凹凸强度不宜太大，纹理大小也不宜太小，过小的纹理会使积雪部分很分散，影响整体画面效果，所以要根据实际物体大小来设置合适的贴图尺寸。把"地形"材质赋予场景中的山脉模型，渲染当前效果，如图8-334所示。

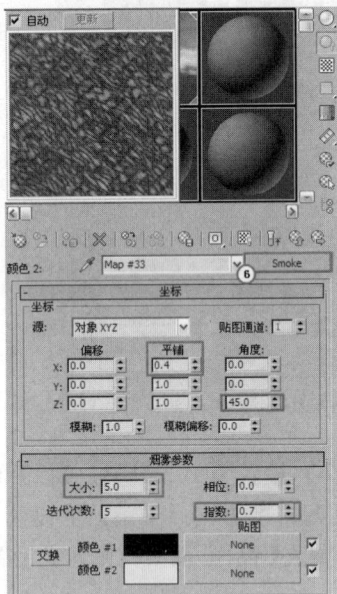

图8-333 烟雾贴图设置

图8-334 渲染效果

三维制作大师

11 从图中可以看到，整个积雪部分都被灯光影响成了黄色，没有积雪的白色明亮的质感。由于只有一个主光源，所以必须在材质上运用补光贴图来模拟背光的受光效果，产生积雪的白色明亮质感。将【漫反射】通道的【衰减】贴图复制到【自发光】通道，然后将其侧颜色通道的贴图清除，重新进行设置，如图8-335所示。

12 在前颜色通道中添加【衰减】贴图，设置前颜色为RGB（30、46、66），侧颜色为RGB（106、116、140），和天空的色彩接近，这样就能将天空对雪地的反光表现出来，如图8-336所示。然后返回上层，在侧颜色通道中添加一个【衰减】贴图，这层贴图用于模拟石头部分的受光。将其【衰减】贴图的衰减方式改为Fresnel，设置侧颜色为RGB（30、40、52），注意不能太亮。如图8-337所示。

图8-335 复制贴图

13 补光效果做好后石头部分还是一个单调的黑色，没有纹理，需要根据凹凸的起伏变化来制作一个纹理。只需直接将【凹凸】通道的【衰减】以复制的方式复制到【漫反射】通道的【衰减】贴图中的侧颜色通道，如图8-338所示，这样就产生了一个和凹凸贴图一致的色彩纹理。

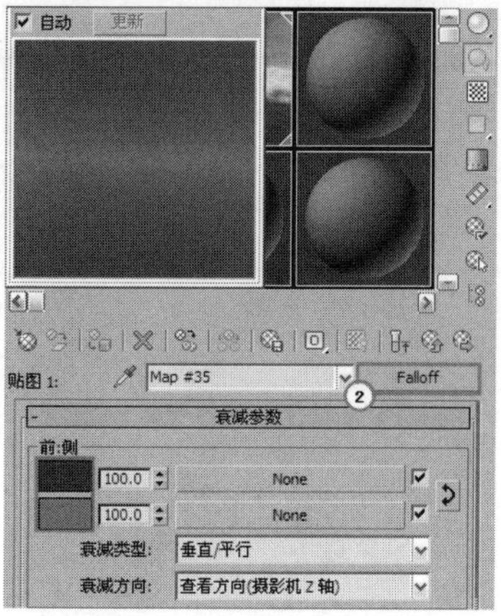

图8-336 衰减贴图设置

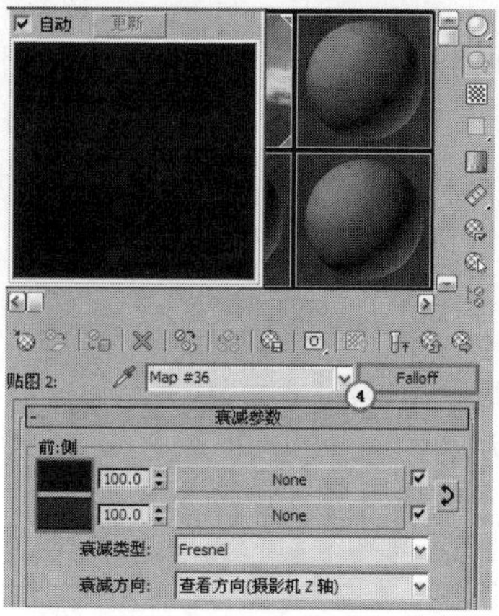

图8-337 衰减贴图设置

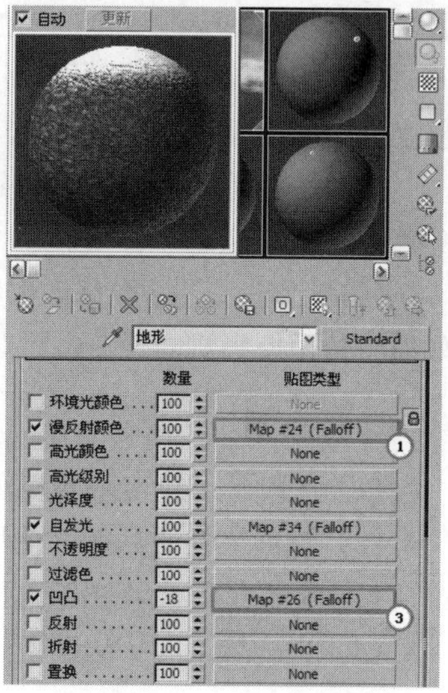

图8-338 复制贴图

至此"地形"材质制作完成,可以调节【衰减】贴图的【混合曲线】的位置来改变【顶/底】材质的比率,让积雪和石头的分布产生变化,渲染场景(如果要从顺光面的角度渲染场景,需要适当降低灯光强度),最终效果如图 8-339 所示。

图8-339 渲染效果

8.5 本章小结

本章详细地讲解了 3ds Max 2010 中 2D 贴图和 3D 贴图的概念和贴图方式,以及各个参数面板的详细功能。通过 9 个典型的实例,深入地介绍了材质的表面颜色、表面光泽度、反射效果、折射效果、透明程度和自放光属性等关键属性的应用。

8.6 习题

1. 填空题

(1) 2D 贴图的参数当中有共同使用的选项。一般分为调整_____,_____等的坐标卷展栏和制作贴图噪波程度的噪波卷展栏。

（2）模糊偏移影响贴图的清晰度和模糊度，而与_____的距离无关。"模糊偏移"模糊对象空间中的图像本身。

（3）漩涡是依靠_____通道的混合来实现漩涡效果，如同其他双色贴图一样，任何一种颜色都可用其他贴图替换。

（4）_____贴图修改器控制在对象曲面上如何显示贴图材质和程序材质，贴图坐标指定如何将位图投影到对像上。

2．上机题

（1）上机练习渐变坡度贴图的使用方法。

（2）上机练噪波贴图的使用方法。

（3）上机练习光线跟踪贴图。

（4）上机练习 UVW 贴图修改器。

第9章 VRay渲染器全面解析

▶▶ 本章主要对Vray渲染器进行全面讲解，帮助用户了解它的基本特性和应用技巧。

　　VRay 渲染器（V-Ray rendering system）是 Chaos Group 公司开发的一款渲染器，主要作为 3ds Max 的外挂插件而存在，渲染效果如图 9-1 所示。VRay 有两种类型的安装版本，一种是基本安装版本，另一种是高级安装版本。基本安装版本的价格较低，具备最基本的特征，主要适用对象是学生和业余爱好者；而高级安装版本则增加了一些附加功能，主要面向专业人士。

图9-1　作品欣赏图

▶▶ 9.1　VRay概述

　　VRay 基本安装版本包括以下功能：（1）基于真正光影追踪的反射和折射、平滑的反射和折射、面积阴影（软阴影）。（2）包括方形和球形发射器、间接照明（也称全局光照明或全局光照），如图 9-2 所示。（3）使用几种不同的算法，包括直接计算（强制性的）和辐照贴图，采用准门特卡罗算法的运动模糊。（4）摄像机景深效果：①抗锯齿：包括固定的、简单的 2 级和自适应算法。②焦散：半透明材质，用于创建石蜡、大理石，磨砂玻璃，如图 9-3 所示。

图9-2　全局照明设置

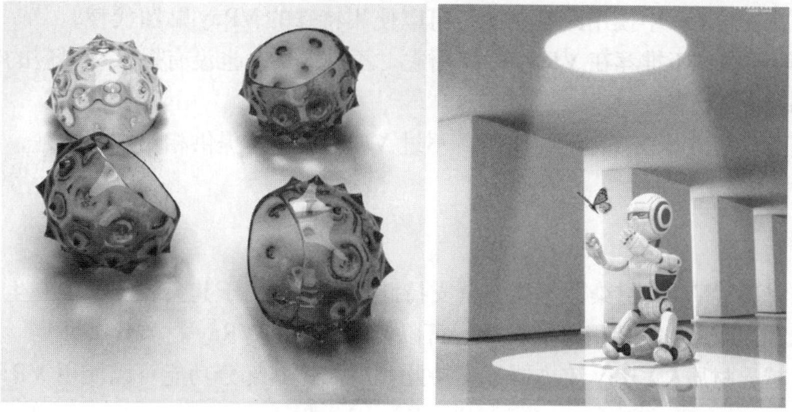

图9-3 焦散和景深

高级安装版本除了包含基本安装版本的所有功能外，还包括以下附加的功能：光子贴图、可再次使用的发光贴图（支持保存及导入）、针对摄像机游历动画的增量采样、可再次使用的焦散和全局光子贴图（支持保持及导入），如图 9-4 所示。以及具有解析采样功能的运动模糊、支持真实的 HDRI 贴图，支持包括具有正确纹理坐标控制的"*.hdr"和"*.rad"格式的图像；直接映射图像，不需要进行裁减，也不会发生失真；具有正确物理照明的自带面积光；具有更高物理精度和快速计算的自带材质等。

图9-4 全局光子贴图

基于 TCP/IP 通信协议，VRay 可以使用工作室所有电脑进行分布式渲染，也可以通过互联网连接；它支持不同的摄像机镜头类型，如鱼眼、球形、圆柱形以及立方体形摄像机等；以及置换贴图，包括快速的 2D 位图算法和真实的 3D 置换贴图。

▶ 9.1.1 VRay渲染器不支持的3ds Max功能

作为一款 3ds Max 的渲染插件，VRay 支持 3ds Max 大多数的基本功能，同时也支持许多第三方的 3ds Max 插件。但是，还是有一些 3ds Max 功能不被或者说不能完全被 VRay 支持。在大多数情况下，VRay 渲染器提供了相对应的自带功能来替代。

以下列出了一些不被支持的 3ds Max 的功能。

1. 贴图

光影跟踪贴图：VRay 渲染器不能完全支持此类贴图，由于其会在图像中产生明显的人工痕迹，所以不推荐在 VRay 中使用此类贴图。可以使用特殊的 VRay 贴图代替。

反射 / 折射贴图：不推荐在 VRay 中使用它，不过 VRay 也没有提供相对应的特征，可以使用特殊的 VRay 贴图代替。

平面镜贴图：不推荐在 VRay 中使用，不过 VRay 也没有提供相对应的特征，可以使用特殊的 VRay 贴图代替。

2. 材质

光影跟踪材质：VRay 渲染器不能完全支持此类材质，由于其会在图像中产生明显的人工痕迹，所以不推荐在 VRay 中使用此类材质。可以使用特殊的 VRay 材质代替。

高级照明越界材质：VRay 渲染器不支持此类材质，其部分功能可以使用 VRay 材质包裹器代替。

无光 / 阴影材质：VRay 渲染器仅部分支持此类材质，特别是不支持不透明 Alpha 参数，标准的不光滑 / 阴影材质也无法采集全局光照阴影。在 VRay 中，扩展的不光滑 / 阴影性能以 VRay 材质包裹器代替或在 VRay 物体设置参数中进行设置。

3. 阴影类型

光影跟踪阴影：此类型阴影无法在 VRay 中使用，由于其会在图像中产生明显的人工痕迹，所以不推荐在 VRay 中使用此类阴影。用户可以使用特殊的 VRay 阴影代替。

4. 明暗处理器

半透明明暗处理器：VRay 不支持此类明暗处理器，不推荐使用。可以使用 VRay 材质中的半透明选项代替。

5. 抗锯齿过滤器

VRay 不支持平板匹配 MAXR2 过滤器类型，如果使用将会产生全黑的图像。

6. 渲染元素

目前 VRay 渲染器不支持渲染元素，但是，部分功能还是可以通过使用 VRay 的虚拟帧缓存的通道功能来实现的。

7. 曝光控制

VRay 渲染器仅部分支持曝光控制，需要进行图像预采样的曝光插件（自动曝光、线性曝光）或单独的渲染元素（伪装色彩曝光）在 VRay 中无法完全工作。在 3ds Max 的标准曝光控制插件中，仅有对数曝光控制能被 VRay 完全支持。可以使用 VRay 的色彩贴图机制代替。

8. 纹理烘焙

VRay 渲染器仅部分支持纹理烘焙，可以将此种模式和 VRay 的虚拟帧缓存结合使用，以计算另外的渲染元素。

9. 灯光

VRay 不支持标准的 3ds Max 天空光，如果使用可能会导致渲染崩溃。可以使用 VRay 灯光中的穹顶模式或者 VRay【环境】卷展栏中的全局光环境选项来代替。

9.1.2　VRay渲染器中的相关术语

通过对 VRay 相关术语的学习，可以让读者初步了解 VRay 渲染器，并对一些 VRay 相关概念有基本的认识，为今后的学习打下良好的基础。

解析采样：VRay 渲染器计算运动模糊的方法之一，与其他采样方法不一样，解析采样可以完全模糊移动的三角形。在某一个给定的时间段，解析采样会考虑与给定光线相交的所有三角形。不过，正是由于其完美性，在具有快速运动的高数量多边形场景中其速度会特别慢。

抗锯齿／图像采样：一种可以使具有高对比度边缘和精细细节的物体和材质产生平滑图像的特殊技术。VRay 通过在需要时获得额外的样本来得到抗锯齿效果。为了确定是否需要更多的样本，VRay 会比较相邻图像样本之间的颜色（或者其他参数）差异。这种比较可以通过使用几种方法来完成，VRay 支持固定比率、简单的 2 级和自适应抗锯齿方法。

面积光：一种描述非点状光源的术语，这种光源可以产生面积阴影。通过使用 VRay 灯光来支持面积光的渲染。

面积阴影／软阴影：一种被模糊的阴影（或者说是具有模糊边缘的阴影），它是由非点状光源产生的。可以通过使用 VRay 阴影或面积光产生面积阴影效果。

渲染块：当前帧的一块矩形区域，在渲染过程中是相互独立的。将一帧图像划分成若干渲染块可以优化资源利用（CPU、内存等），它也被用于分布式渲染中。

散焦：描述的是被不透明物体折射的光线撞击漫反射表面产生的效果。

景深：在场景中某个特殊的点，图像显得很清晰，而在这个点之外图像则显得很模糊，其模糊程度取决与摄像机的快门参数和距摄像机的距离。这和真实世界摄像机的工作原理类似，因此这种效果对获得照片级渲染图像尤其有帮助。

分布式渲染：一种利用所有可用计算机资源的技术（使用机器中的所有 CPU 或者局域网中的所有机器等）。分布式渲染将当前工作帧划分为若干渲染区域，并使局域网中所有已经连接的机器都优先计算渲染效果。整体的分布式渲染能确保 VRay 在渲染单帧的时候使用大多数的设备，但是对渲染动画序列来说，使用 3ds Max 标准的网络渲染可能会更有效。

HDRI 高动态范围图像：包含高动态范围颜色值的图像，即颜色值的范围超过 0～1 或者 0～255。这种类型的图像通常被用作环境贴图来照亮场景。

间接光照明：在真实的世界中，当光线粒子撞击物体表面的时候，会在各个方向上产生具有不同密度的多重反射光线，这些光线在它们传输的方向上也可能会撞击其他物体，从而产生更多的反射光线。这个过程将多次重复，直到光线被完全吸收。因此，也被称为全局光照明。

发光贴图：VRay 中的间接光照明通常是通过计算 GI 样本来获得的，发光贴图是一种特殊的缓存，在发光贴图中 VRay 保存了预先计算的 GI 样本。在渲染处理过程中，当 VRay 需要某个特殊的 GI 样本时，它会通过对最近的储存在发光贴图中预先计算的 GI 样本进行插值计算来获得。预先计算完成后，发光贴图可以被保存为文件，以便在后面的渲染需要时进行调用。这个特征对渲染摄像机游历动画特别有用。另外，VRay 灯光的样本也可以被存储在发光贴图中。

低精度计算：在某些情况下，VRay 不需要计算某条光线对渲染最终图像贡献的绝对精度，此时，VRay 将使用速度较快、精度较低的方法来计算，并将使用较少的样本，这可能会导致细微的噪波效果，同时也减少了渲染花费的时间。当 VRay 切换到低精度计算模式的时候，用户可以通过改变降级深度值的方法来控制优化程度。

9.2 VRay渲染器在3ds Max中的分布

除了对 3ds Max 基本功能的支持外，VRay 渲染器还具有自己独特的功能以及参数控制，包括 VRay 渲染参数设置、VRay 灯光和阴影、VRay 物体以及 VRay 渲染元素等。下面简要介绍在 3ds Max 中访问和设置这些独特功能和参数的具体方法。

▶ 9.2.1 指定VRay为当前渲染器

在正确安装 VRay 渲染器后，因为 3ds Max 在渲染时使用的是自身默认的渲染器，所以需要手工设置 VRay 渲染器为当前渲染器。

⎯⎯ 指定VRay为当前渲染器

操作步骤

01 启动 3ds Max，单击【F10】键，调出【渲染设置】对话框，如图 9-5 所示。

02 在公用选项卡中，展开【指定渲染器】卷展栏。然后单击产品级后面的方框 ▦ ，如图 9-6 所示。

图9-5 【渲染设置】对话框　　　　　　图9-6 【选择渲染器】对话框

03 在弹出的【选择渲染器】对话框中，选择 VRay 渲染器，单击【确定】按钮，即可将 VRay 渲染器指定为当前激活使用的渲染器。

▶ 9.2.2 渲染参数的设置区域

进入 VRay 渲染器参数控制面板，这里包括了 VRay 渲染器许可服务、产品信息以及渲染参数设置的 9 个卷展栏。

⎯⎯ 渲染参数的设置

操作步骤

01 指定 VRay 为当前渲染器后，依然在渲染场景对话框中。

02 进入渲染器选项卡，这里包括了【V-Ray 授权（无名）】、【V-Ray 帧缓冲区】以及【V-Ray 摄像机】等卷展栏，如图 9-7 所示。

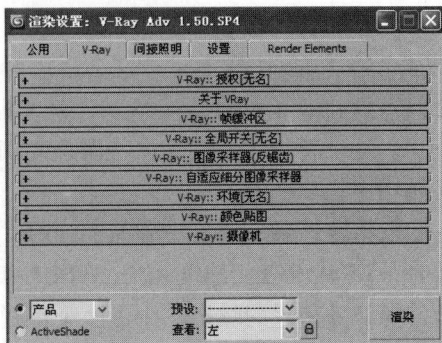

图9-7 渲染器选项卡

03 可以单击【间接照明】和【设置】卷展栏，设置相应的渲染参数如图9-8和图9-9所示。

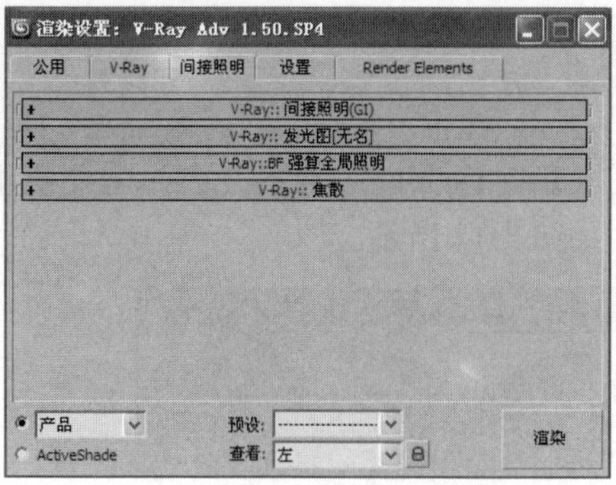

图9-8 【间接照明】卷展栏 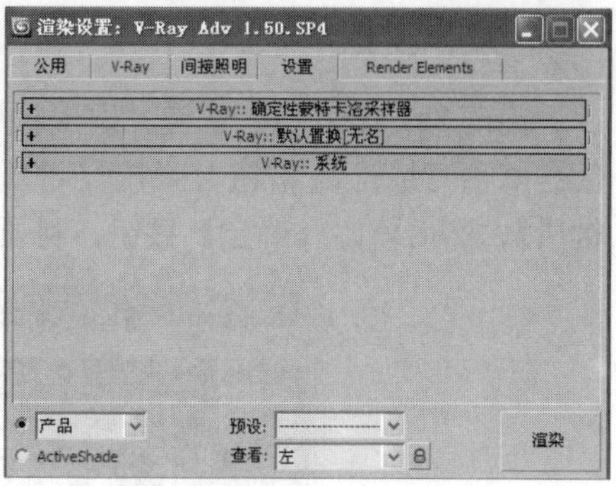   图9-9 【设置】卷展栏

▶ 9.2.3 VRay渲染元素的设置

　　VRay 渲染器参数控制面板包括了 29 种可用的 VRay 渲染元素。这些元素可以根据制作的需要方便地调用。

◥ VRay渲染元素的设置

✎ **操作步骤**

01 在渲染场景对话框中，进入【渲染元素】选项卡，如图 9-10 所示。

02 在【渲染元素】卷展栏中单击【添加】按钮，弹出【渲染元素】对话框，如图 9-11 所示。其列表中列出了 29 种可用的 VRay 渲染元素，选择需要的选项，然后单击【确定】按钮，完成设置。

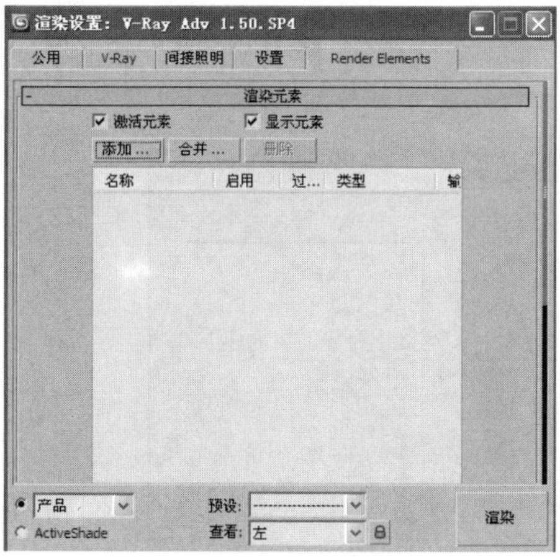

图9-10 【渲染元素】选项卡   图9-11 【渲染元素】对话框

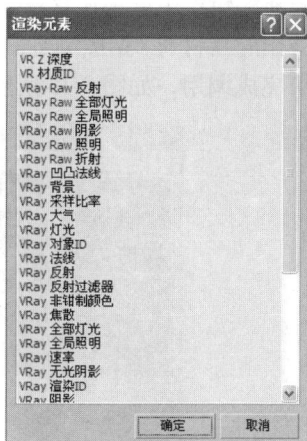

▶ 9.2.4 VRay材质的调用

　　在安装好 VRay 渲染器后，可以发现 VRay 渲染器提供了许多专门针对 VRay 渲染器的 VRay 材质。

VRay材质的调用

操作步骤

01 启动 3ds Max，按 M 键，调出材质编辑器。

02 单击【标准】按钮，弹出【材质 / 贴图浏览器】对话框，在其下方选择需要使用的【VR 材质】，然后单击【确定】按钮，材质调用完成，如图 9-12 所示。

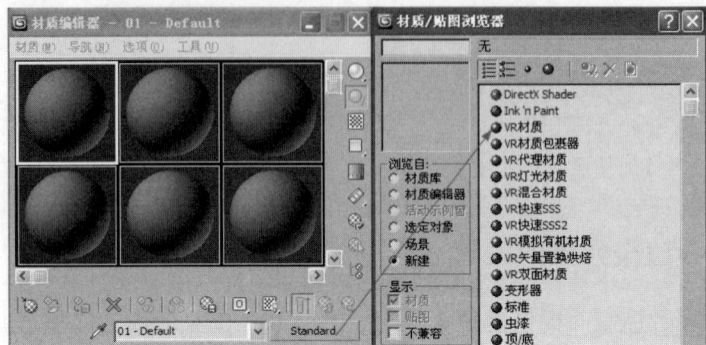

图9-12 VRay材质的调用

▶ 9.2.5 VRay贴图的调用

VRay 不仅提供了优秀的材质，还提供了很多特殊用途的程序贴图。

VRay贴图的调用

操作步骤

01 在材质编辑器中单击任意一个贴图指定按钮。

02 在弹出的【材质 / 贴图浏览器】对话框中，选择需要使用的【VR 贴图】。然后单击【确定】按钮即可完成调用，如图 9-13 所示。

图9-13 VRay贴图的调用

三
维
制
作
大
师

9.2.6 VRay灯光的使用

VRay 灯光系统为用户提供了 VRay 灯光和 VRay 阳光两种类型的灯光，在使用 VRay 渲染器的渲染流程中，首先就应该为场景进行灯光设置。

VRay灯光的使用

操作步骤

01 单击创建面板 / 灯光 按钮。

02 在其下拉列表中选择 VRay 类型，即可进入 VRay 灯光的创建面板，如图 9-14 所示。

图9-14　VRay灯光面板

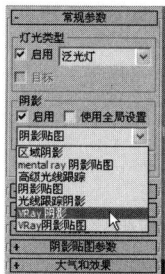

9.2.7 VRay阴影的使用

VRay 渲染器提供了 1 种 VRay 阴影类型，它是专门为使用 3ds Max 灯光而准备的，VRay 阴影能够产生真实的面积阴影，也支持透明的阴影效果。

VRay阴影的使用

操作步骤

01 进入灯光创建面板，单击【VR 灯光】按钮，如图 9-15 所示。

02 进入其修改面板，展开【常规参数】卷展栏，勾选【阴影】选项组中的【启用】复选框，激活阴影的使用。

03 在阴影类型下拉列表中选择【VRay 阴影】类型即可完成阴影的使用。如图 9-16 所示。

9.2.8 VRay物体的创建

VRay 渲染器自带了 4 个物体对象，其用途及使用方法介绍如下。

VRay物体创建

操作步骤

01 单击创建面板 / 几何体 按钮，在其下拉列表中选择【VRay】类型，如图 9-17 所示。

02 进入 VRay 物体的创建面板，选择对象类型即可如图 9-18 所示。

图9-15　VRay灯光面板　　图9-16　VRay阴影类型　　图9-17　VRay类型　　图9-18　VRay物体创建面板

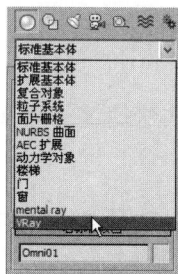

367

三维制作大师

9.2.9 VRay置换修改器的使用

VRay渲染器本身有3种置换修改器，下面对其进行介绍。

——VRay置换修改器的使用

操作步骤

01 选择场景中存在的几何体，然后单击修改 进入其修改器面板。

02 在修改器列表中，选择VRay置换修改器。这样该置换修改器就可以使用了，如图9-19所示。

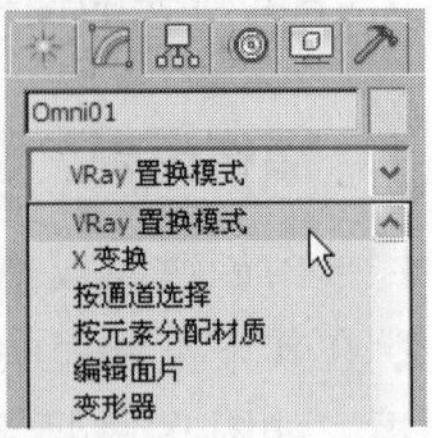

图9-19 VRay置换模式

9.2.10 VRay大气效果的使用

VRay大气效果是一种非常简单的大气插件，用于在场景中的物体上产生雾、光以及卡通等的效果，下面就对其进行介绍。

——VRay大气效果的使用

操作步骤

01 单击键盘上的数字【9】键，打开【环境和效果】对话框，如图9-20所示。

02 在环境选项卡中，展开【大气】卷展栏。

03 单击【添加】按钮，在弹出【添加大气效果】对话框中，选择需要的【VRay大气】效果，单击【确定】按钮即可完成使用，如图9-21所示。

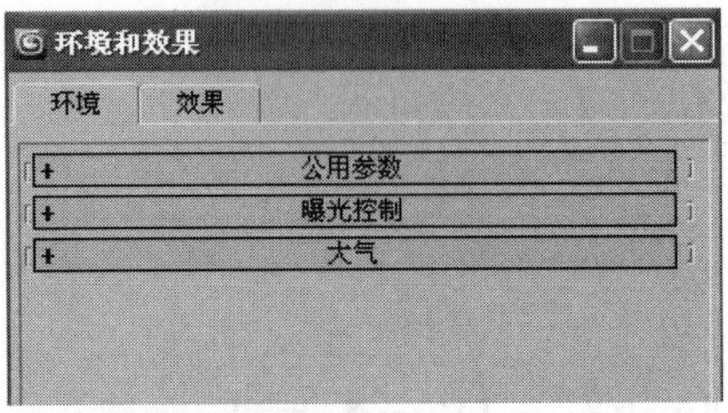

图9-20 【环境和效果】对话框

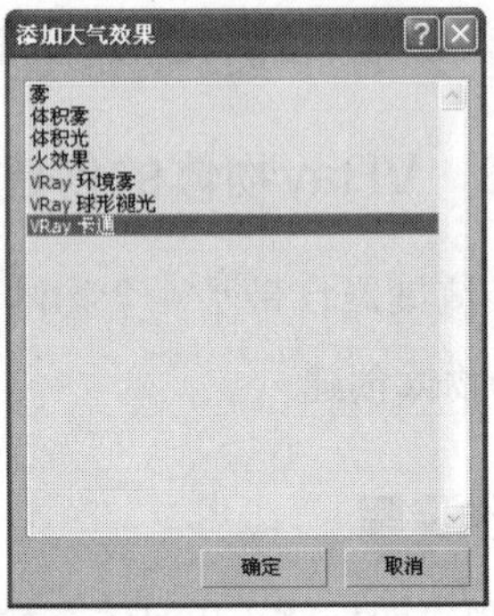

图9-21 【添加大气效果】对话框

9.3 VRay渲染面板

打开3ds Max程序，单击快捷键【F10】键可以打开VRay渲染窗口，下面详细讲解渲染面板中的参数设置。

9.3.1 【VRay授权】和【关于VRay】卷展栏

在当前两个卷展栏中包含VRay的注册信息、VRay版本信息等内容，如图9-22和图9-23所示。

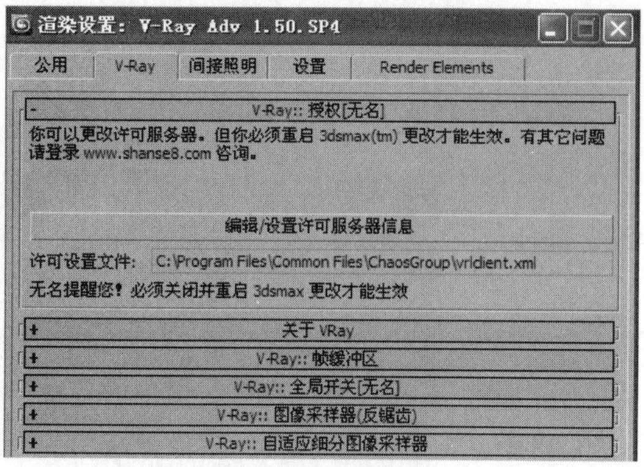

图9-22 【VRay授权（无名）】卷展栏

图9-23 【VRay版本信息】卷展栏

▶ 9.3.2 【帧缓冲区】卷展栏

主要用来控制 VRay 的帧缓冲区，如图 9-24 所示。默认状态下是不起作用的，也许很多读者对这个卷展栏比较陌生，因为很少接触，但其涉及一个很热门的话题——线性工作流。线性工作流的基本概念是对图像的摄像机校正，使各种软硬件的图像保持统一标准，而 VRay 帧缓冲区就是 VRay 针对最终图像的校正系统。勾选【启用内置帧缓冲区】选项，如图 9-25 所示。

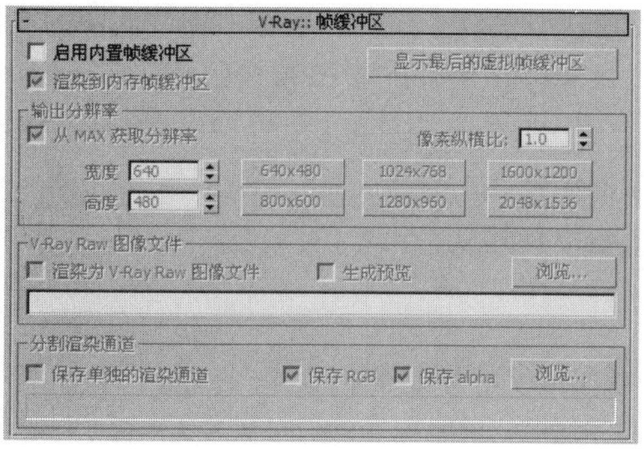

图9-24 【VRay帧缓冲区】

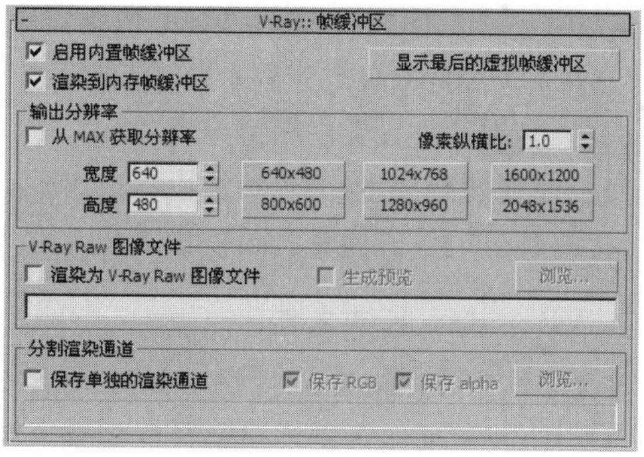

图9-25 勾选帧缓冲区

1. 启动内置帧缓冲区

勾选【启动内置帧缓冲区】选项，将使用 VRay 渲染器内置的帧缓存，此时 3ds Max 原来的帧缓存还是存在的。为了减少内存的使用，通常会把 3ds Max 原来的帧缓存输出分辨率关闭。具体方法是在渲染窗口的【公用】卷展栏中，将【输出大小】参数组中的【宽度】和【高度】数值设置为 1，如图 9-26 所示。然后取消对【渲染帧窗口】的勾选，如图 9-27 所示。

当勾选【启动内置帧缓冲区】选项后再渲染场景时，在【VRay 帧缓冲区】中会出现几个调节按钮，如图 9-28 所示。下面简单介绍一下帧缓冲区窗口中按钮的使用方法：

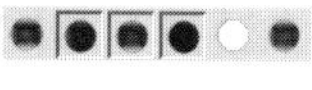

● ●●●○● 按钮：开启 RGB 通道、Alpha 单色通道的预览。

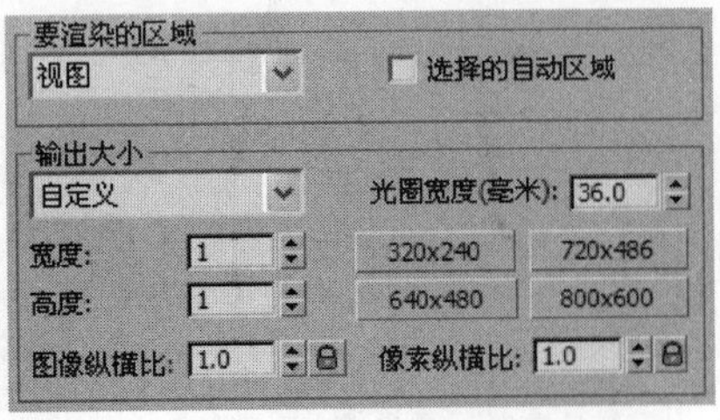

图9-26 输出大小设置

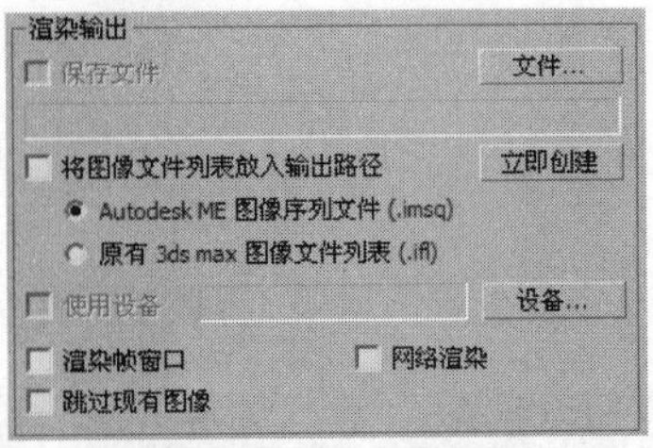

图9-27 取消【渲染帧窗口】的勾选

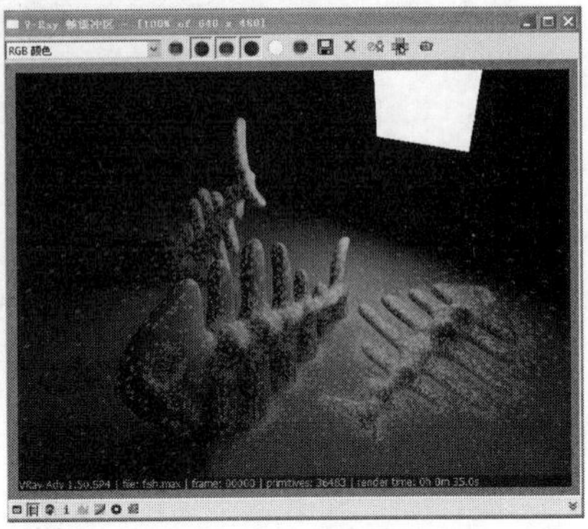

- 🖫按钮：保存渲染图像文件。
- ✕按钮：清除帧缓冲区窗口中的内容。
- 按钮：将帧缓冲中的图像复制到 3ds Max 默认的输出窗口。
- 按钮：渲染时优先计算鼠标停留的位置。
- 按钮：激活这些按钮后，可以通过最左边的按钮对渲染图像的颜色及明暗进行调节。

图9-28 VRay帧缓冲区

2. 帧缓冲区卷展栏参数设置

- 【渲染到内存帧缓冲区】：勾选此项，将创建 VRay 的帧缓冲器，并且使用它来存储色彩数据以便在渲染或者渲染后进行观察。如果用户需要渲染很高分辨率的图像并且是用于输出的时候，不要勾选此选项，否则系统的内存可能会被大量占用。此时的正确选择是使用下面要讲的【渲染到图像文件】选项。

  ➢ 【显示最后的虚拟帧缓冲区】：单击此按钮，系统可以显示最近一次渲染的虚拟缓冲器。

- 【输出分辨率】：设置在 VRay 渲染器中使用的分辨率。

  ➢ 【从 MAX 获得分辨率】：勾选此选项后，VRay 渲染器的虚拟帧缓存将从 3ds Max 的常规渲染设置中获得分辨率。

  ➢ 【宽度】：以像素为单位设置在 VRay 渲染器中使用的分辨率的宽度。

  ➢ 【高度】：以像素为单位设置在 VRay 渲染器中使用的分辨率的高度。

3. VRay Raw图像文件

- 【渲染为 VRay Raw 图像文件】：在渲染时将 VRay 的原始数据直接写入到一个外部文件中，而不会在内存中保留任何数据。因此在渲染高分辨率图像的时候使用可以方便的节约内存。若想要观察系统是如何渲染的，勾选后面的创建预览选项即可。

  ➢ 【生成预览】：启用的时候将为渲染创建一个小的预览窗口。如果用户不使用 VRay 的帧缓冲器来节约内存，可以使用它从一个小窗口来观察实际渲染，这样一旦发现渲染中有错误，可以立即终止渲染。

  ➢ 【浏览】：单击此按钮，可选择保存渲染图像文件的路径。

4. 分割渲染通道

- 【保存单独的渲染通道】：此选项允许用户将指定的特殊信道作为一个单独的文件保存在指定的目录下。

  ➢ 【保存 RGB】/【保存 Alpha】：勾选该选项后用户可同时保存 RGB 颜色通道和 Alph 通道。

> 【浏览】：单击此按钮可选择保存 VRay 渲染器 G 缓存文件的路径。

▶ 9.3.3 【全局开关】卷展栏

　　【全局开关】卷展栏是 VRay 渲染参数面板中最基础的部分，它将直接控制几何模型、灯光、材质等基本的渲染内容，如图 9-29 所示。

- 【几何体】：设置 VRay 置换贴图。

  > 【置换】：启动或禁止使用 VRay 自己的置换贴图。改选相对于标准的 3ds Max 置换贴图不会产生影响，这些贴图是通过渲染对话框中的相应参数来进行控制的。

  > 【强制背面消隐】：勾选后渲染时不显示模型的背面，主要用于渲染线框时隐藏背面的线段。

图9-29 【V-Ray全局开关（无名）】卷展栏

- 【照明】：设置灯光及阴影的开启与关闭。

  > 【灯光】：启动或禁止使用全局的灯光，如果不勾选此项，VRay 将会使用默认灯光来渲染场景。所以当用户不希望渲染场景中直接灯光的时候，只需要同时不勾选此选项和下面的默认灯光选项即可。

  > 【默认灯光】：当场景中不存在灯光物体或禁止全局灯光的时候，该命令可启动或禁止 3ds Max 默认灯光的使用。

  > 【隐藏灯光】：允许或禁止隐藏灯光的使用。勾选此项，系统会渲染隐藏的灯光效果而不会考虑灯光是否被隐藏；取消勾选此选项后，无论什么原因被隐藏的任何灯光都不会被渲染。

  > 【阴影】：启动或禁止渲染灯光的阴影。

  > 【仅显示全局照明】：勾选选项，直接光照将不会被包含在最终渲染的图像中。

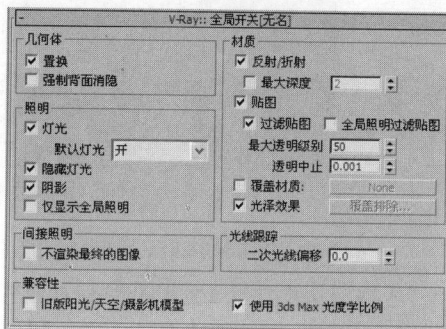

> **提 示**　在计算全局光照明的时候，直接光照明仍然会被考虑，但是最后只显示间接光照明的效果。

- 【材质】：设置材质的反射、透明及光滑效果。

  > 【反射/折射】：启动或禁止在 VRay 的贴图和材质中反射/折射效果的计算。一般情况是勾选的，否则就看不到场景中物体的折射和反射效果了，如图 9-30 和图 9-31 所示。反射和折射是相当费时的计算过程，所以在灯光不知的调试阶段都不需要打开反射/折射效果，以加快渲染速度。

  > 【最大深度】框：用于设置 VRay 贴图或材质中反射/折射的最大反弹次数。不勾选此项，反射/折射的最大反弹次数使用材质/贴图的局部参数来控制；勾选此项，所有的局部参数设置将会被此参数的设置所取代。

  > 【贴图】：启动或禁止使用纹理贴图。

  > 【过滤器贴图】：启动或禁止使用纹理贴图过滤。在激活的时候，过滤的深度使用纹理贴图的局部参数来控制；禁止的时候，不会进行纹理贴图过滤。

图9-30 勾选反射/折射　　　　　　图9-31 未勾选反射/折射

> 【最大透明级别】：用于控制透明物体被光线追踪的深度。

> 【透明中止】：用于控制对透明物体的跟踪何时终止。如果跟踪透明度的光线数量累计总数低于此选项设定的极限值，将会停止追踪。

> 【覆盖材质】：勾选此选项后，可以通过后面的材质槽，来指定一种简单的材质替代场景中所有物体的材质，以达到快速渲染的目的。单击覆盖材质通道，在弹出【材质／贴图浏览器】对话框中选择替代材质。如图9-32所示。该选项常在调试渲染参数使用。如果用户仅勾选了该选项却没指定材质，VRay将自动使用3ds Max标准材质的默认参数设置，来替代场景中所有物体的材质进渲染。替代材质前的渲染效果如图9-33所示，替代材质后的渲染效果如图9-34所示。

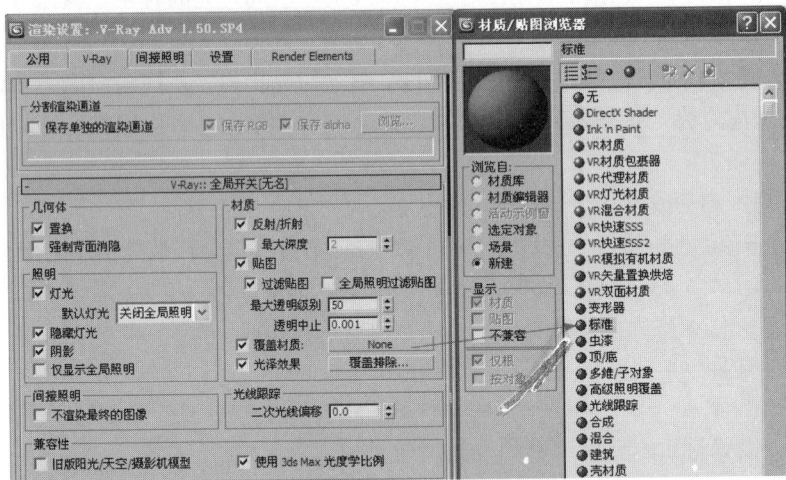

图9-32 【材质/贴图浏览器】对话框

图9-33 替代材质前　　　　　　图9-34 替代材质后

> 【光泽效果】：此选项允许使用一种非光滑的效果来代替场景中所有的光滑反射效果。它对测试渲染很有用处。

9.3.4 【图像采样器】卷展栏

图像采样是渲染场景时不可不考虑的问题，也是学习渲染器必须掌握的重要环节，图像采样决定了图像品质和渲染速度，只有合理的图像采样设置，才能够在品质和速度上找到平衡点，从而使制作效率最大化，如图 9-35 所示。

VRay 提供了三种不同的采样算法，尽管在使用后会增加渲染的时间，但是所有的采样器都支持 3ds Max 标准的抗锯齿过滤算法。可以在固定采样器、自适应确定性蒙特卡洛采样器和自适应细分采样器中根据需要选择一种使用，如图 9-36 所示。

图9-35　固定采样器　　　　图9-36　图像采样器类型

1. 固定采样器

固定采样器是 VRay 渲染器中最简单的一种采样器，对于每一个像素，它使用一个固定数量的样本。

- 【细分】：确定每一个像素使用的样本数量。当取值为 1 时，意味着在每一个像素的中心使用一个样本；当取值大于 1 时，将按照低差异的蒙特卡罗序列来产生样本，如图 9-37 所示。

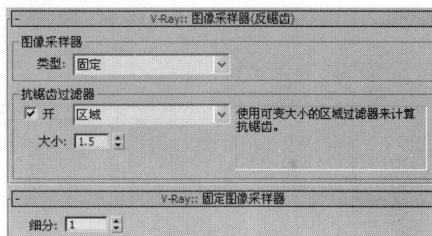

图9-37　【固定采样器】卷展栏

固定采样器效果

所用素材：光盘\素材\第9章\固定采样

操作步骤

01 打开配套光盘中的场景文件，如图 9-38 所示。单击【F10】键打开渲染设置面板，设置输出尺寸，如图 9-39 所示。

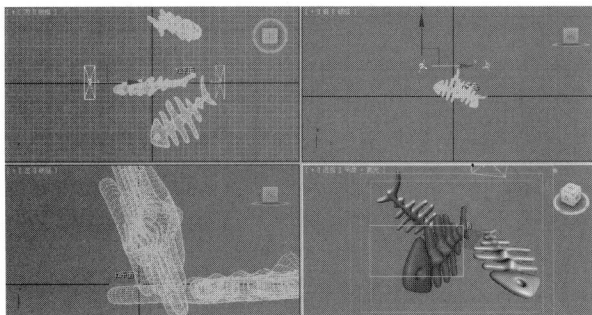

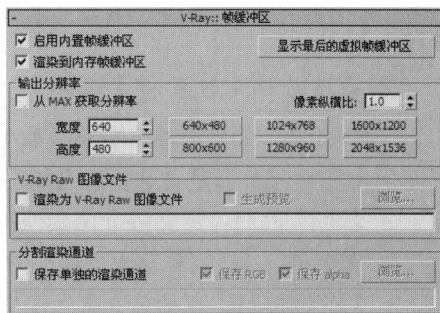

图9-38　场景文件　　　　图9-39　设置输出尺寸

02 在【VRay 图像采样器（反锯齿）】卷展栏中设置【图像采样器】的类型为【固定】。并将【细分】值设置为 1，如图 9-40 所示。在【VRay 系统】卷展栏中勾选【帧标记】，只保留渲染时间，如图 9-41 所示。

图9-40　设置采样类型

图9-41　勾选帧标记

03 将固定采样器的【细分】值分别设置为 1、2、3、4，然后进行渲染，如图 9-42 至图 9-45 所示。【细分】值为 1 时渲染时间为 34 秒，【细分】值为 2 时渲染时间为 1 分 9.3 秒，【细分】值为 3 时渲染时间为 1 分 51.2 秒，【细分】值为 4 时渲染时间为 2 分 45.6 秒。从渲染结果来看，【细分】值的增加能够提高图像质量的品质，但是渲染速度也会成倍增加。所以，对比较简单的场景，固定采样器并不是最佳的选择。

图9-42　细分值为1

图9-43　细分值为2

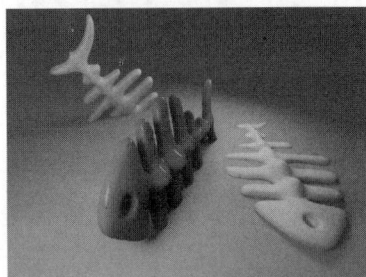

图9-44　细分值为3

图9-45　细分值为4

2. 自适应确定性蒙特卡洛

对于那些具有大量微小细节，如 VRay 毛发物体或模糊效果（景深、运动模糊灯）的场景或物体，这个采样器是首选。它占用的内存比自适应细分采样器要少。

- 【最小细分】：定义每个像素使用的样本的最小数量。一般情况下，这个参数的设置很少需要超过 1，除非有一些细小的线条无法正确表现。
- 【最大细分】：定义每个像素使用的样本的最大数量。

自适应确定性蒙特卡洛采样器效果

操作步骤

01 如图 9-46 所示，将【最小细分】和【最大细分】分别设置为 1 和 1，1 和 2，1 和 4，1 和 16 然后进行渲染。

02 渲染结果如图 9-47 至图 9-50 所示。就当前场景来说，【自适应确定性蒙特卡洛】采样器的渲染速度要明显快于【固定】采样器，这是因为【自适应确定性蒙特卡洛】采样器在图像相对简单的区域节约了采样数，从而提高了渲染速度，通过提高最大细分值

图9-46 【VRay自适应确定性蒙特卡洛图像采样器】卷展栏

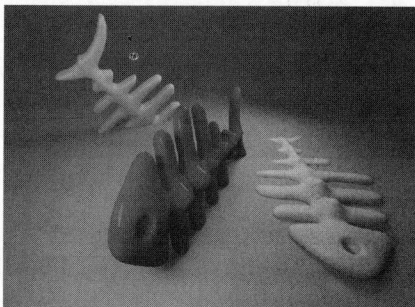

可以使模型和地面线条更加清晰。细分值为 1：1 渲染时间为 1 分 0.5 秒，细分值为 1：2 渲染时间为 1 分 25.2 秒，细分值为 1：4 渲染时间为 2 分 25.1 秒，细分值为 1：16 渲染时间为 4 分 59.7 秒。

图9-47 细分值为1：1

图9-48 细分值为1：2

图9-49 细分值为1：4

图9-50 细分值为1：16

3. 自适应细分采样器

这是一个具有分数采样功能（即每个像素的样本值低于 1）的高级采样器。在没有 VRay 模糊特效（直接照明、景深和运动模糊等）的场景中，它是首选的采样器。它使用较少的样本（这样就减少了渲染时间）就可以达到其他采样器使用较多样本才能够达到的质量。但是，在具有大量细节或者模糊特效的情况下它会比其他两个采样器更慢，图像效果也更差，这一点一定要牢记。

• 【最小比率】：定义每个像素使用的样本的最小数量。值为 0 意味着一个像素使用一个样本；

值为 -1 意味着每个像素使用一个样本；值为 -2 则意味着 4 个像素使用一个样本。

- 【最大比率】：定义每个像素使用的样本的最大数量。值为 0 意味着一个像素使用一个样本；值为 1 意味着每个像素使用 4 个样本；值为 2 则意味着每个像素使用 9 个样本。

- 【颜色阀值】：用于确定采样器在像素亮度改变方面的灵敏性。较低的值会产生较好的效果，但会花费较多的渲染时间。

- 【对象轮廓】：勾选此项，会使得采样器强行在物体的边缘轮廓进行超级采样而不管它是否实际需要进行超级采样。此项在使用景深或运动模糊的时候会失效。

- 【法线阀值】：勾选此项，将使超级采样沿法线急剧变化。同样，在使用景深或运动模糊的时候会失效。

自适应细分采样器效果

操作步骤

01 在【V-Ray 图像采样器（反锯齿）】卷展栏中设置【图像采样器】类型为【自适应细分】。如图 9-51 所示。

02 分别将最小比率和最大比率设置为 1 和 -1、-1 和 1、-1 和 2、1 和 2，然后进行渲染测试。

03 渲染结果如图 9-52 至图 9-55 所示。最小比率为 1 和 -1 时渲染时间为 3 分 9.7 秒，最小比率为 -1 和

图9-51 【V-Ray自适应细分图像采样器】
卷展栏

1 时渲染时间为 45.7 秒，最小比率为 -1 和 2 时渲染时间为 59.2 秒，最小比率为 1 和 2 时渲染时间为 3 分 22.4 秒。由于当前场景比较简单，没有模糊特效和高细节贴图，所以【自适应细分】采样器是最佳选择，它能用最短的时间达到比较好的效果。

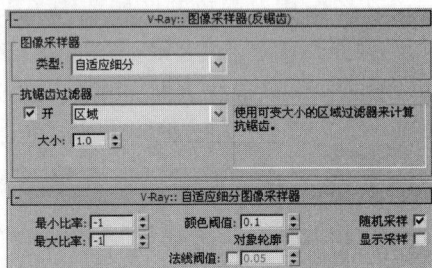

图9-52 渲染效果

图9-53 渲染效果

图9-54 渲染效果

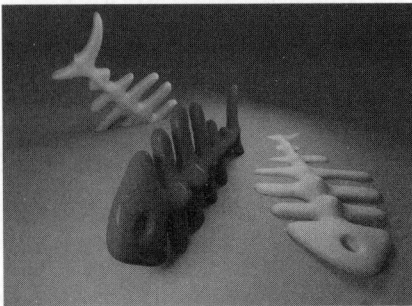

图9-55 渲染效果

> **提示**
> （1）对于仅有一点模糊效果的场景或纹理贴图，选择具有分数采样功能的自适应细分采样器是最佳选择。
>
> （2）当一个场景具有高细节的纹理贴图或大量几何学细节而只有少量的模糊特效时，自适应确定性蒙特卡洛采样器可能会导致动画抖动。
>
> （3）对于具有大量的模糊特效或高细节的纹理贴图的场景，固定比率采样器是兼顾图像质量和渲染时间的最好选择。
>
> （4）关于内存的使用。在渲染的过程中，采样器会占用一些物理内存来储存每一个渲染块的信息或数据，所以使用较大的渲染块尺寸可能会占用较多的系统内存，尤其显示采样特别明显，因为它会单独保存所有从渲染块采集的子样本的数据。换句话说，另外两个采样器仅仅只保存从渲染块采集的字样本的合计信息，因而占用的内存会较少。

▶ 9.3.5　VRay抗锯齿过滤器

图像抗锯齿过滤器是抗锯齿的最后一步操作，它们在子像素层级起作用，并根据所选择的过滤器来清晰或柔化最终输出。VRay 渲染器支持所有的 3ds Max 过滤器，用法也完全相同，如图 9-56 所示。

- 【开】：勾选此项，启用抗锯齿过滤器。
- 【区域】：使用可变大小的区域过滤器来计算抗锯齿。这是 3ds Max 的原始过滤器。
  - ➤ 【清晰四方形】：来自 Neslon Max 的清晰 9 像素重组过滤器。
  - ➤ 【四方形】：基于四方形样条线的 9 像素模糊过滤器。

图9-56　抗锯齿过滤器

- ➤ 【立方体】：基于立方体样条线的 25 像素模糊过滤器。
- ➤ 【视频】：针对 NTSC 和 PAL 视频应用程序进行了优化的 25 像素模糊过滤器。
- ➤ 【柔化】：可调整高斯柔化过滤器，用于适度模糊。
- ➤ 【Cook 变量】：一种通过过滤器。设置 1 ~ 2.5 的值将使图像变清晰，更高的值则使图像变模糊。
- ➤ 【混合】：在清晰区域和高斯柔化过滤器之间进行混合。
- ➤ 【Blackman】：清晰但没有边缘增强效果的 25 像素过滤器。
- ➤ 【Mitchell-Netravali】：两个参数的过滤器，在模糊、圆环化和各向异性之间交替使用。如果圆环化的值设置为大于 0.5，则将影响图像的 Alpha 通道。
- ➤ 【Catmull-Rom】：具有轻微边缘增强效果的 25 像素重组过滤器。
- ➤ 【图版匹配 /MaxR2】：使用 3ds Max R2 的方法（无贴图过滤），将摄像机和场景或天光 / 投影元素与未过滤的背景图像相匹配。
- ➤ 【VRay 蓝佐斯过滤器】：VRay 提供的蓝佐斯算法过滤器。
- ➤ 【VR 辛克过滤器】：VRay 提供的辛克算法过滤器。

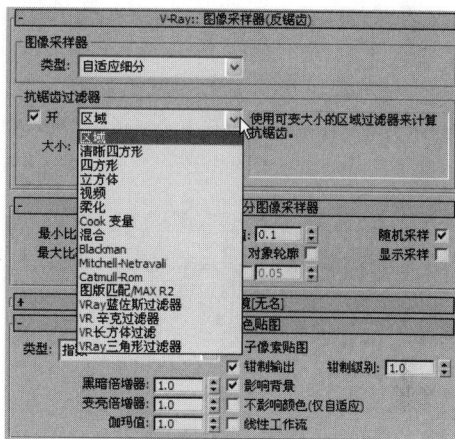

- 【大小】：可以增加或减小应用到图像中的模糊量。只有从下拉列表中选择"柔化"过滤器时，该选项才可用。当选择任何其他过滤器时，该微调器不可用。将其设置为 1.0 可以有效地禁用过滤器。

▶ 9.3.6 【环境】卷展栏

VRay 灯光类型中没有独立的天光类型，所以可以把环境看成是 VRay 的天光。查看【V-Ray 环境（无名）】卷展栏，如图 9-57 所示，其中：

- ☑开：相当于灯光的开关，只有勾选后灯光才能激活。

- 【倍增器】：指定颜色的亮度倍增值。如果为环境指定了纹理贴图，这个倍值不会影响到

图9-57 【V-Ray环境（无名）】卷展栏

贴图。如果使用的环境贴图自身无法调节亮度，可以为它指定一个输出贴图来控制其亮度。

- 【反射／折射环境覆盖】：此选项组允许在计算【反射／折射】的时候被用来替代 3ds Max 自身的环境设置。图 9-58 为使用 HDRI 贴图；图 9-59 无贴图、环境色为黑色；图 9-60 无贴图、环境色为白色。

图9-58　HDRI贴图

图9-59　无贴图、环境色黑色

图9-60　无贴图、环境色白色

【环境】卷展栏的使用

所用素材：光盘＼素材＼第 9 章＼沙发

操作步骤

01 打开配套光盘中的场景文件，如图 9-61 所示。

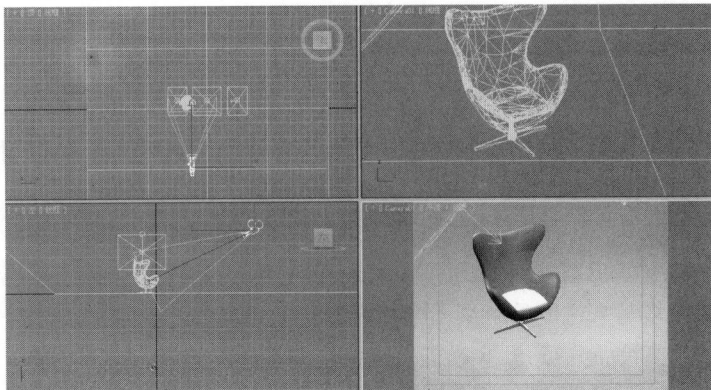

图9-61　场景文件

02 单击【环境】卷展栏，勾选灯光按钮，分别设置光线倍增为 0.5 和 1.5，渲染效果如图 9-62 和图 9-63 所示。

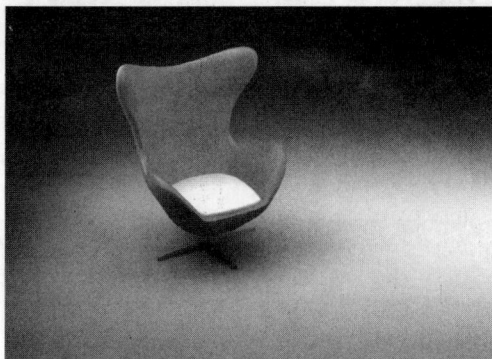

图9-62　光线倍增为0.5

图9-63　光线倍增为1.5

▶ 9.3.7　颜色贴图

　　颜色贴图通常被用于最终图像的色彩转换，VRay 渲染器提供了相当多的模式以供选择，每种模式都会有对应的参数来进一步调整画面。可以通过一个简单的场景来看一下默认值状态下各个类型的色彩以及亮度表现。参数设置如图 9-64 所示。单击类型下拉菜单，如图 9-65 所示。

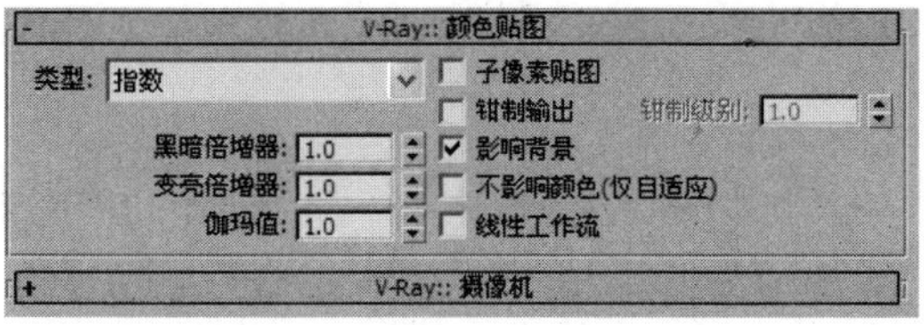

图9-64　【颜色贴图】卷展栏

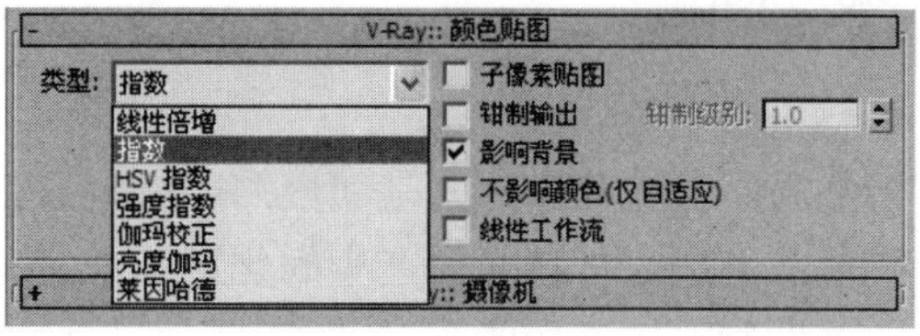

图9-65　颜色贴图类型

- 【类型】：
  - ➤ 【线性倍增】：这种模式将基于最终图像色彩的亮度来进行简单的倍增，太亮的颜色成分（在 1.0 或 255 之上）将会被限制。但是这种模式可能会使得靠近光源的点过分明亮。
  - ➤ 【指数】：基于亮度使颜色更饱和。这对预防非常明亮的区域（例如光源的周围区域等）曝光是很有用的。这个模式不限制颜色范围，而是代之以让它们更饱和。
  - ➤ 【HSV 指数】：与指数模式非常相似，但它会保护色彩的色调和饱和度。

> **提示**　　相同的材质、灯光以及渲染参数，只要改变颜色映射类型，就会发现对于最终图像的影响是很大的。颜色贴图的类型选择在渲染计算时间上差别不大。因此，只需要找到适合场景需要的类型即可，不需要考虑渲染时间上的问题。如图 9-66 所示就是相同场景中不同灯光类型的渲染结果。

线性倍增类型　　　　　　　　　指数类型　　　　　　　　　HSV指数类型

强度指数类型　　　　伽马校正类型　　　　亮度伽马类型　　　　莱茵哈德类型

图9-66　HSV指数对比效果

▶ 9.3.8　间接照明

【间接照明】卷展栏用来控制间接光照。间接照明的大部分设置都是针对间接光照的，该卷展栏默认状态下是关闭的，勾选 ☑ 开 复选框才开始产生作用的，展开后一共有 4 个参数组，如图 9-67 所示。

1. 全局照明焦散

全局照明焦散描述的是间接照明产生焦散点的一种光学现象，它可以由天光和自发光物体等产生。但是由直接光照产生的焦散不受这些参数的控制，可以使用单独的"焦散"卷展栏的参数来控制直接光照的焦散。不过，全局照明焦散需要更多的样本，否则会在全局照明计算中产生噪波。如图 9-68 所示为自发光物体产生的 GI 焦散效果。

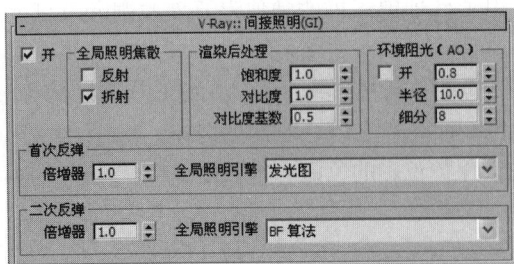

三
维
制
作
大
师

图9-67　【间接照明】卷展栏

图9-68　GI焦散效果

- 【折射】：间接光穿过透明物体（如玻璃）时会产生折射焦散。这与直接光穿过透明物体而产生的焦散不是一样的。例如，在表现天光穿过窗口情形的时候可能会需要计算 GI 折射焦散。

- 【反射】：间接光照射到镜射表面的时候会产生反射焦散。在默认情况下，它是关闭的，因为它对最终的 GI 计算贡献很小，而且它还会产生一些不希望看到的噪波。

2. 渲染后处理

渲染后处理主要是对增加到最终渲染图的间接光照明进行一些额外的修正。其默认的设定值可以确保产生物理精度效果，当然也可以根据自己需要进行调节。一般情况下，建议使用默认参数值。

- 【饱和度】：控制间接照明的饱和度。值为 0 时意味着从间接照明方案中去除所有的色彩，仅保留灰白色；值为 1 时意味着不对间接照明方案中的色彩进行任何修改；值在 1.0 以上则意味着将增强间接照明中的色彩饱和度。减少该值可以有效地降低色溢的现象出现。
- 【对比度基数】：此参数是与"基本对比度"一起联合起作用，它可以增强间接照明的对比度。当对比度取值为 0 的时候，GI 的对比度变得完全一致，此时的对比度由"基本对比度"参数的取值来决定；当对比度取值为 1 的时候，意味着不对全局照明方案中的对比度进行任何修改；值为 1.0 以上则意味着将增强全局照明的对比度。

3. 首次反弹

- 【倍增器】：这个参数用来确定需为最终渲染图像贡献多少初级漫反射。默认的取值 1.0 可以得到一个很好的效果。设置其他数值也是允许的，但是没有默认值精确。
- 【全局照明引擎】：允许用户为初级漫反射反弹选择一种前面介绍过的全局照明渲染引擎。
  - ➤【发光图】：选择它将促使 VRay 使用发光贴图来作为初级漫反射全局照明引擎。
  - ➤【光子图】：选择它将促使 VRay 使用光子贴图来作为初级漫反射全局照明引擎。
  - ➤【BF 算法】：选择它将促使 VRay 使用直接计算来作为初级漫反射全局照明引擎。
  - ➤【灯光缓存】：选择它将促使 VRay 使用灯光贴图来作为初级漫反射全局照明引擎。

4. 二次反弹

二次反弹参数组与首次反弹基本一样，这两个参数组都是用来控制反弹的，也就是控制间接光照的使用，不同的引擎计算方法不但会得到不同的渲染效果，而由于场景的不同，计算速度上的差异也比较大。

▶ 9.3.9 发光贴图

这个方法是基于发光缓存技术的，其基本思路是仅仅计算场景中某些特定点的间接光照明，然后对剩余的点进行插值计算。

其优点如下：发光贴图要远远快于直接计算，特别是在具有大量平坦区域的场景中；相比直接计算来说，其产生的内在噪点很少；发光贴图可以被保存，也可以被调用，特别是在渲染相同场景的不同方向的图像或动画的过程中可以加快渲染速度。发光贴图还可以加速从面积光源产生的直接漫反射灯光的计算。

其缺点如下：由于采用了插值计算，间接照明的一些细节可能会被丢失或模糊；如果参数设置过低，可能会导致渲染动画的过程中产生闪烁；需要占用额外的内存；运动模糊中运动物体的间接照明可能不是完全正确的，也可能会导致一些噪点的（虽然在大多数情况下无法观察到），如图 9-69 所示。

9.3.10 全局光子图

这种方法是建立在跟踪从光源发射出来的并能够在场景中来回反弹的光线微粒（称之为光子）的基础上的。对于存在大量灯光或较少窗户的室内或半封闭场景来说，这种方法是较好的选择。如果直接使用，通常并不会产生足够好的效果。但是，它可以作为场景中灯光的近似值来计算，从而加速在直接计算或发光贴图过程中的间接照明。

其优点如下：可以迅速的产生场景中灯光的近似值；与发光贴图一样，也可以被保存或者被重新调用，特别是在渲染相同场景中的不同视角图像或动画的过程中可以加快渲染速度；光子贴图是独立视口的。

其缺点如下：一般没有一个直观的效果；需要占用额外的内存；在 VRay 的计算过程中，运动模糊中运动物体的间接照明计算可能不是完全正确的（虽然在大多数情况下不是问题）；需要真实的灯光来参与计算，无法对环境光（如天光）产生的间接照明进行计算，如图 9-70 所示。

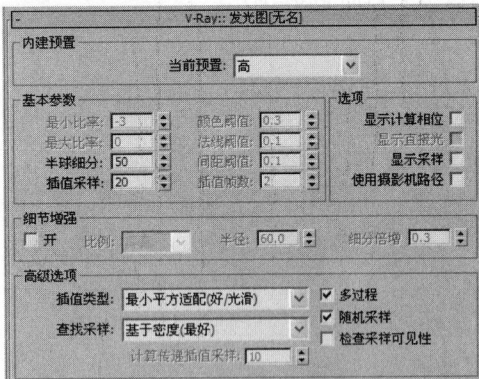

图9-69 【发光图】卷展栏　　　图9-70 【全局光子图】卷展栏

9.3.11 灯光缓存

灯光缓存是一种近似于场景中全局光照的技术，它与光子贴图类似，但是没有光子贴图的许多局限性。灯光缓存是建立在跟踪摄像机可见的许多光线路径基础上的。每一次沿路径的光线反弹都会储存照明信息，它们组成了一个 3D 的结构，这一点非常类似于光子贴图。灯光缓存是一种通用的全局光结局方案，它广泛的用于室内和室外场景的渲染计算。可以直接被使用，也可以用于发光贴图或光线二次反弹的计算。

其优点如下：很容易设置，只需要跟踪摄像机可见的光线，这一点与光子贴图相反，后者需要处理场景中的每一盏灯光，通常还需要对每一盏灯光的参数进行单独设计。其灯光类型没有局限性，支持几乎所有类型的灯光（包括天光、自发光、非物理光和光度学灯光等，当然，前提是这些灯光类型被 VR 渲染器支持），与此相反，光子贴图在制作再生灯光特效时会有限制，例如光子贴图无法再生天光或无法使用反向的平方衰减形式的 max 标准泛光灯的照明。对于细小物体的周边和角落，可以产生正确的效果，而光子贴图在这种情况下会产生错误的结果，这种区域不是太暗就是太亮。在大多数情况下，它可以直接、快递、平滑地现实场景中灯光的预览效果。

其缺点如下：和发光贴图一样，灯光缓存也是独立于视口并且在摄像机的特定位置产生的，然而，它为简洁可见的部分场景产生了一个近似值。目前灯光贴图仅仅支持 VRay 的材质。和光子贴图一样，灯光缓存也不能自适应，发光贴图则可以计算用户定义的固定分辨率。灯光缓存对位图贴图类型支持的不够好，如果想要使用位图贴图来取得一个好的效果，应该选用发光贴图或直接计算全局照明类型。 灯光缓存也不能完全正确计算运动模糊中的运动物体，但是由于灯光缓存及时模糊全局照明，所以物体会显得非常光滑，如图 9-71 所示。

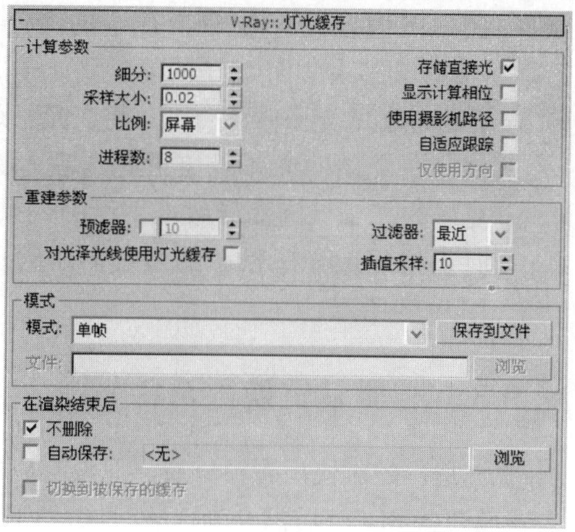

图9-71 【灯光缓存】卷展栏

9.3.12 确定性蒙特卡洛采样器

该功能只有在用户选择准蒙特卡罗全局光照渲染引擎作为初级或次级漫反射反弹引擎的时候才能被激活。

使用蒙特卡罗来计算全局光照焦散是一种强有力的方法，它会单独的验算每一个明暗处理点的全局光照明。因而其速度很慢，但效果最精确，尤其适用于需要表现大量细节的场景。为了加快准蒙特卡罗全局光照的速度，在使用它作为初级漫反射反弹引擎时，可以在计算次级漫反射反弹的时候选择较快速的方法（例如使用光子贴图或灯光贴图渲染引擎）。【确定性蒙特卡洛采样器】卷展栏如图 9-72 所示。

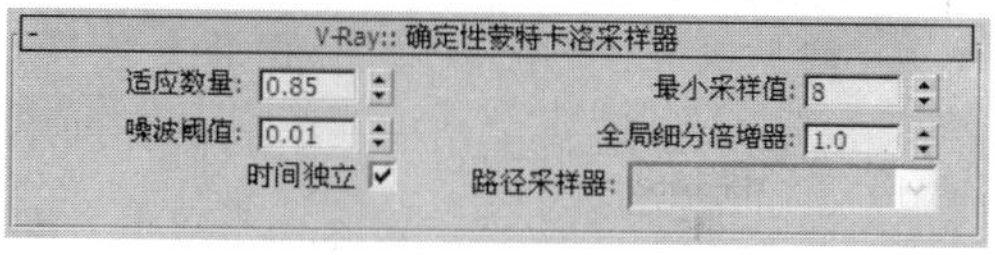

图9-72 【确定性蒙特卡洛采样器】卷展栏

9.3.13 焦散

焦散是指物体被光线照射后所反射或折射出来的影像，其中反射后产生的焦散就是反射焦散，折射后产生的焦散就是折射焦散。

- 【开】：打开或关闭焦散效果。
- 【倍增器】：此参数控制焦散的强度，它是一个控制全局的参数，对场景中所有产生焦散特效的光源都有效。如果希望不同的光源产生不同强度的焦散，需使用局部的参数设置。这个参数与局部参数的效果是叠加的。
- 【搜寻距离】：当 VRay 跟踪撞击物体表面的某些点的某一个光子的时候，会自动搜寻位于周围区域同一平面的其他光子，实际上这个搜寻区域是一个中心位于初始光子位置的圆形区域，其半径是由这个搜寻距离确定的。
- 【最大光子】：当 VRay 跟踪撞击物体表面的某些点的某一个光子的时候，也会将周围区域的光子计算在内，然后根据这个区域内的光子数量来均分照明。如果光子的实际数量超过了最大光子数的设置，VRay 也只会按照最大光子数来计算。
- 【最大密度】：此参数允许限定光子贴图的分辨率。VRay 随时需要储存新的光子到焦散光子贴图中，系统首先将搜寻在通过最大密度指定的距离内是否存在另外的光子，如果在贴图中已经存在一个合适的光子的话，VRay 则仅增加新光子的能量到光子贴图内已经存在的光子中，否则，将在光子贴图中储存一个新的光子。使用此选项允许发射更多的光子（因而导致更平滑的效果），同时保持焦散光子贴图的尺寸易于管理，如图 9-73 所示。

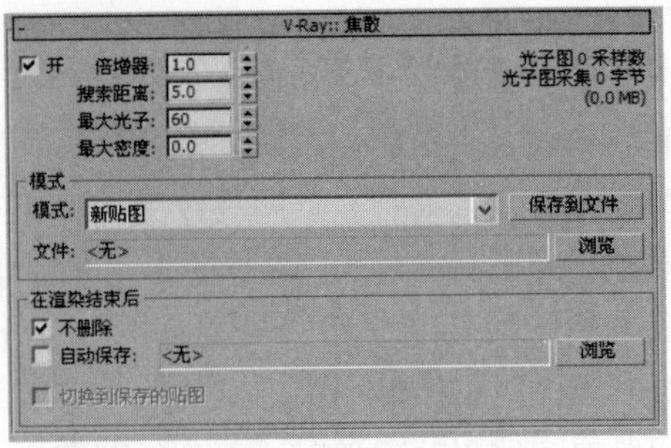

图9-73 【焦散】卷展栏

9.3.14 默认置换（无名）

允许用户控制使用置换材质，而没有应用 VRay 置换修改器的物体的置换效果，其中：

- 【覆盖 Max 设置】：勾选的时候，VRay 将使用自己内置的微三角置换来渲染具有置换材质的物体。反之，将使用标准的 3ds Max 置换来渲染物体。
- 【边长】：用于确定置换的品质，原始网格的每一个三角形被细分为许多更小的三角形，这些小三角形的数量多就意味着置换具有更多的细节，同时也会减慢渲染速度，增加渲染的时间，也会占用更多的内存，数量越少则有相反的效果。
- 【依赖于视图】：当这个选项被勾选的时候，边长度决定细小三角形的最大边长（单位是像素）。值为 1.0 时意味着每一个细小三角形的最长的边投射在屏幕上的长度是 1 像素。当这个选项被关闭的时候，细小三角形的最长边长将用世界单位来确定。
- 【最大细分】：控制从原始的网格物体的三角形细分出来的细小三角形的最大数量，实际上细小三角形的最大数量是由这个参数的平方来确定的，例如默认值是 256，即每一个原始三角形产生的最大细小三角形的数量是 $256 \times 256 = 65536$ 个。在实际工作中不推荐将这个参数设置得过高，如果非要使用较大的值，还不如直接将原始网格物体进行更精细的细分。
- 【数量】：此参数定义置换的数量。值为 0 时意味着物体不发生变化；较高的值将导致较强烈的置换效果；也可以是负值，但在这种情况下物体表面将内陷到物体内部。
- 【相对于边界框】：勾选的时候，置换的数量将相对于原始网格物体的边界。默认状态是勾选的。
- 【紧密边界】：当这个选项被勾选的时候，VRay 将试图计算来自原始网格物体的置换三角形的精确的限制体积。如果使用的纹理贴图有大量的黑色或白色区域，可能需要对置换贴图进行预采样，但渲染速度是较快的。当这个选项未勾选时，VRay 会假定限制体积最坏的情形，不再对纹理贴图进行预采样。如图 9-74 所示。

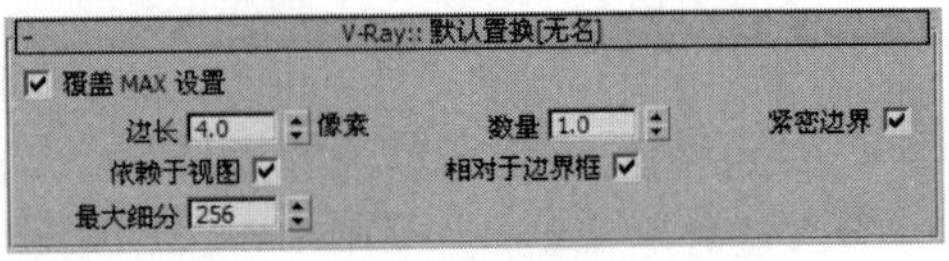

图9-74 【默认置换】卷展栏

9.3.15 系统

在【系统】卷展栏中可以控制多种 VRay 的参数，如图 9-75 所示。

（1）光线计算参数

此选项组允许用户控制 VRay 的二元空间划分树的各种参数。作为最基本的操作之一，VRay 必须完成的任务是光线投射，确定一条特定的光线是否与场景中的任何几何体相交，假如相交的话，就需要鉴定那个几何体。

实现这个鉴定过程最简单的方法莫过于测试场景中逆着每一个单独渲染的原始三角形的光线，很明显，场景中可能包含成千上万个三角形，因而这个测试将是非常缓慢的，为了加快这个过程，VRay 将场景中的几何体信息组织成一个特别的结构，这个结构我们称之为二元空间划分树。

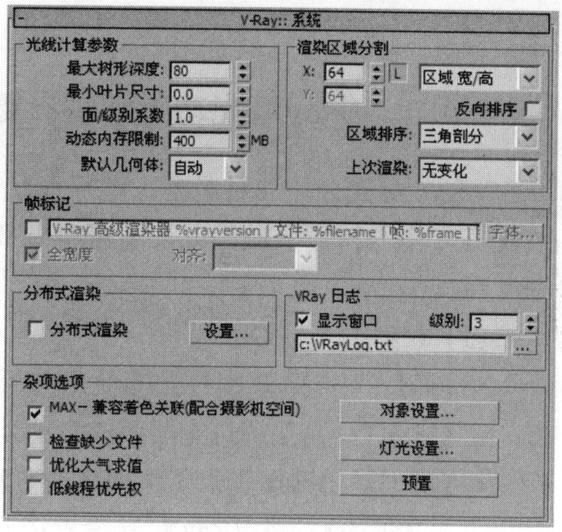

- 【最大树形深度】：定义 BSP 树的最大深度，较大的值将占用更多的内存，但是一直到临界点渲染速度都会很快，超过临界点（每一个场景不一样）以后开始减慢。较小的参数值将使 BSP 树少占用系统内存，但是整个渲染速度会变慢。

图9-75 【系统】卷展栏

- 【最小叶片尺寸】：定义树叶节点的尺寸，通常这个值设置为 0，意味着 VRay 将不考虑场景尺寸来细分场景中的几何体。可以设置不同的值，如果节点尺寸小于这个设置的参数值，VRay 将停止细分。

- 【面 / 级别系数】：控制一个树叶节点中的最大三角形数量。如果这个参数取值较小，渲染将会很快，但是 BSP 树会占用更多的内存一直到某些临界点（每一个场景不一样），超过临界点以后就开始减慢。

（2）默认几何体

在 VRay 内部集成了 4 种光线投射引擎，它们全部都建立在 BSP 树这个概念的周围，但是它们有不同的用途。这些引擎聚合在光线发射器中，包括非运动模糊的几何学、运动模糊的几何学、静态几何学和动态几何学。这些参数确定标准 3ds Max 物体的几何学类型。

- 【静态几何】：在渲染初期是一种预编译的加速度结构，并且它一直持续到渲染帧完成。静态光线发射器在任何路径上都不会被限制，并且会消耗所有能消耗的内存。

- 【动态几何】：是否被导入由局部场景是否正在被渲染来确定，它消耗的全部内存可以被限定在某个范围内。

- 【动态内存限制】：定义动态光线发射器使用的全部内存的界限。这个极限值会被渲染线程均分，假设设定这个极限值为 400MB，如果用户使用了两个处理器的机器并启用了多线程，那么每一个处理器在渲染中使用动态光线发射器的内存占用极限就只有 200MB，此时如果这个极限值设置的太低，会导致动态几何学不停的导入导出，反而会比使用单线程模式渲染速度更慢。

（3）渲染区域划分

这个选项组允许控制渲染区域（块）的各种参数。渲染块的概念是 VRay 分布式渲染系统的精华部分，一个渲染块就是当前渲染帧中被独立渲染的矩形部分，它可以被传送到局域网中其他空闲机器中进行处理，也可以被几个 CPU 进行分布式渲染。

▶ 9.4 VRay灯光

VRay 渲染器除了支持 3ds Max 标准的灯光类型之外，还提供了一种 VRay 渲染器专用的灯光类型"VRay 灯光"。

9.4.1 VRay灯光功能常规参数详解

VRay 灯光分为 4 种类型，即平面状灯光、球状灯光、网格灯光和穹顶状灯光。在与 VRay 渲染器专用的材质、贴图以及阴影类型相结合使用的时候，其效果显然要优于使用 3ds Max 的标准灯光类型。

(1)【常规】选项组

- 【开】：控制 VRay 灯光的使用与否。
- 【排除】：设置从灯光照明或投射阴影中被排除的物体。
- 【类型】：VRay 提供了 4 种灯光类型供用户选择。如图 9-76 所示。
  - ➤【平面】：将 VRay 灯光设置成长方形形状。
  - ➤【球状】：将 VRay 灯光设置成球状。
  - ➤【穹顶】：将 VRay 灯光设置成穹顶状，类似于 3ds Max 的天光物体，光线来自于位于光源 Z 轴的半球状圆顶。

图9-76

(2)【强度】选项组

- 【单位】：用于设置灯光亮度的单位，用户主要有 5 种选择。如图 9-77 所示。
  - ➤【默认图像】：系统默认选项，使用图像默认的单位。
  - ➤【辐射率(W)】：使用功率作为单位，与现实生活中光源单位（瓦特）类似。
  - ➤【亮度】：使用光能传递的单位（W/m²/sr）。
- 【颜色】：设置灯光的颜色。
- 【倍增器】：设置灯光颜色的倍增值。

图9-77

(3)【大小】选项组

此选项组根据所选的灯光类型不同而显示不同的参数，用于控制光源的尺寸大小。

① 光源类型为平面时

- 【1/2 长】：设置平面型灯光长度方向的一半尺寸。
- 【1/2 宽】：设置平面型灯光宽度方向的一半尺寸。如图 9-78 所示。

② 光源类型为球状时

- 【半径】：设置球状光源的半径。如图 9-79 所示。

③ 光源类型为穹顶状时

- 【U 向尺寸】：设置光源 U 向的尺寸。
- 【V 向尺寸】：设置光源 V 向的尺寸。
- 【W 向尺寸】：设置光源 W 向的尺寸。如图 9-80 所示。

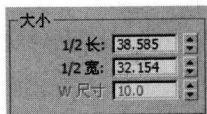

图9-78　光源类型为平面　　　　图9-79　光源类型为球状　　　　图9-80　光源类型为穹顶状

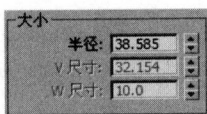

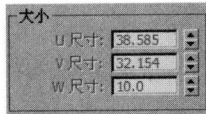

如图 9-81 所示为球状灯光不同半径的渲染结果。

图9-81　半径为5、半径为15、半径为25

（4）【选项】选项组

- 【投射阴影】：决定 VRay 灯光是否产生阴影。如图 9-82 所示为投射阴影选项勾选与否的渲染效果。

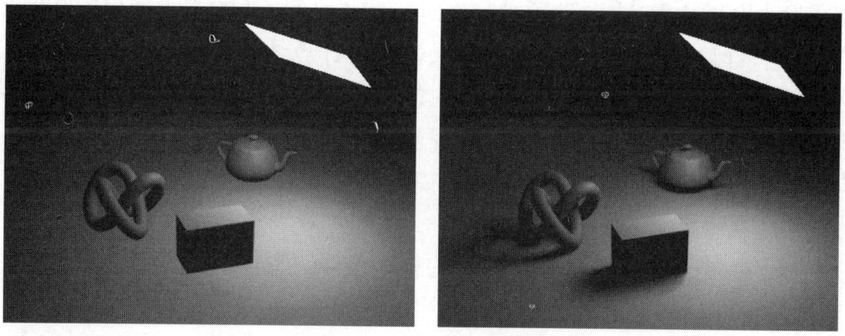

图9-82　阴影投射效果

- 【双面】：在灯光被设置为平面类型时，此选项决定是否在平面的两边都产生灯光效果。此选项对球形灯光没有作用。如图 9-83 所示为双面选项勾选与否的渲染效果。

图9-83　灯光双面效果

- 【不可见】：设置在最后的渲染效果中 VRay 的光源形状是否可见，如果不勾选，光源将会使用当前灯光颜色来渲染，否则是不可见的。
- 【忽略灯光法线】：一般情况下，光源表面在空间的任何方向上发射的光线都是均匀的，但是在此选项不被勾选时，VRay 会在光源表面的法线方向上发射更多的光线。
- 【不衰减】：在真实的世界中，光线亮度会按照与光源的距离的平方倒数方式进行衰减（换句话说，远离光源的表面会比靠近光源的表面显得更暗）。在勾选此项后，灯光的亮度将不会因为距离变化而变化。如图 9-84 所示为不衰减选项勾选与否的渲染效果。

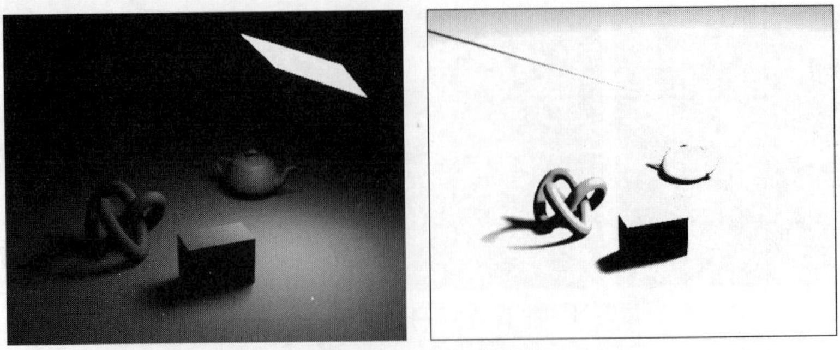

图9-84　灯光衰减效果

- 【天光人口】：勾选此项，前面设置的颜色和倍增值都将被 VRay 忽略，代之以环境的相关参数设置。
- 【储存在发光贴图中】：当此选项被勾选时，如果计算 GI 的方式使用的是发光贴图方式的话，VRay 将计算 VRay 灯光的光照效果，并将计算结果保存在发光贴图中。当然，这将使得发光贴图的计算过程更慢，但却会减少渲染时间，可以保存发光贴图再稍后调用它。
- 【影响漫射】：控制灯光是否影响物体的漫反射，一般是打开的。
- 【影响镜面】：控制灯光是否影响物体的镜面反射，一般是打开的。

(5)【采样】选项组

- 【细分】：设置在计算灯光效果时使用的样本数量，较高的取值将产生平滑的效果，但会耗费更多的渲染时间。
- 【阴影偏移】：设置产生阴影偏移效果的距离。如图 9-85 所示。

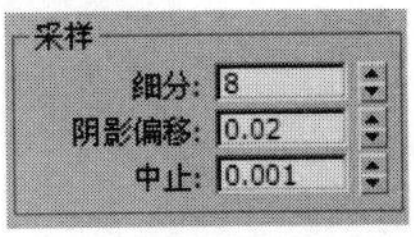

图9-85　【采样】选项组

(6)【纹理】选项组

在光源类型为穹顶状时被激活，用于设置穹顶光源的纹理贴图。

- 【使用纹理】：勾选此项，可使用纹理贴图作为穹顶光源的颜色。
- 【分辨率】：设置使用的纹理贴图的分辨率，如图 9-86 所示。

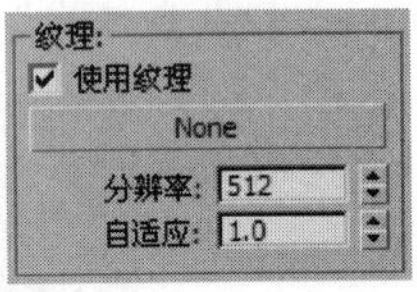

(7)【穹顶灯光】选项组

- 【目标半径】：设置穹顶半球发射光子内部范围的半径大小。
- 【发射半径】：设置穹顶半球发射光子外部范围的半径大小。

图9-86　【纹理】选项组

三维制作大师

▶ 9.4.2　VRay太阳

　　VRay 太阳是 VRay 渲染器提供的另一种专用灯光类型，它与 VRay 天空光一起使用，可以真实地再现地球的太阳光和天空环境。太阳光和天空环境的外观变化取决于 VRay 太阳光的方向，如图 9-87 所示。

　　【VRay 太阳参数】卷展栏各选项说明如下：

- 【激活】：勾选此项，激活 VRay 的日光系统。
- 【浊度】：描述悬浮在大气中的固体和液体微粒对日光的吸收和散射程度，取值范围为 2～20。
- 【臭氧】：描述大气层中臭氧层对日光的影响，取值范围为 0～1.0。

图9-87　【VRay太阳参数】卷展栏

- 【强度倍增】：设置日光亮度的倍增系数。
- 【大小倍增】：设置场景中日光源的尺寸倍增系数。
- 【阴影细分】：设置日光产生的阴影的样本数量。数值越大，产生的阴影越平滑，渲染时间相应地增长。数值越小则反之。
- 【阴影偏移】：设置阴影偏移的距离。
- 【光子发射半径】：设置日光发射的光子半径。

⟳ 9.5   VRay阴影参数详解

VRay 阴影针对的并不是 VRay 自身所带的灯光类型，而是为 3ds Max 自带的灯光类型服务的。虽然 3ds Max 自身的阴影类型已经不少了，但是使用 VRay 系统提供的阴影会使效果更真实。VRay 阴影不但能提供真实的面积阴影，而且还支持透明贴图和透明度。

╲ VRay阴影参数面板的设置

◠ 所用素材：光盘 \ 素材 \ 第 9 章 \ 水杯

✎ **操作步骤**

01 打开场景文件"水杯"，如图 9-88 所示。

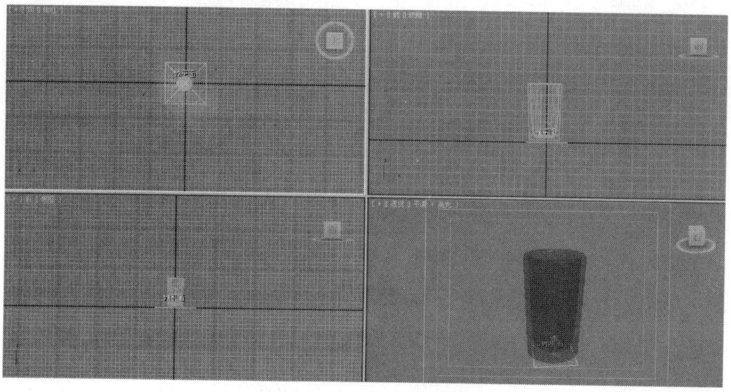

图9-88   场景文件

02 进入灯光创建面板，单击【目标聚光灯按钮】，如图 9-89 所示。在右视图中创建目标聚光灯，如图 9-90 所示。

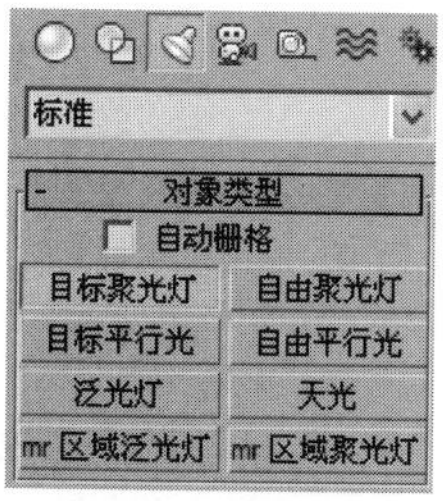

图9-89   创建面板

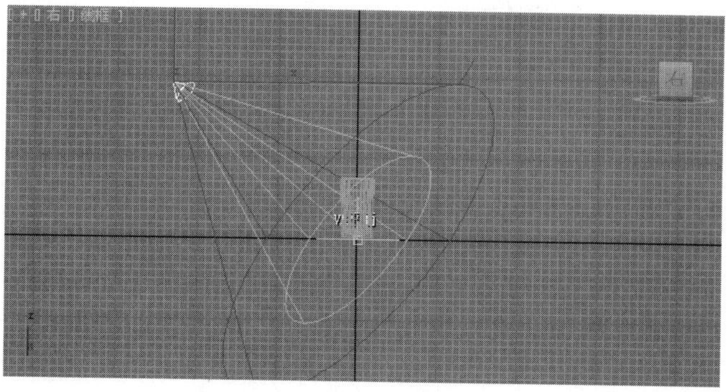

图9-90   创建目标聚光灯

03 选择目标聚光灯，进入修改面板 ![icon]，开启灯光阴影选项，并选择【VRay 阴影】类型，如图 9-91 所示。当选择【VRay 阴影】类型时，会多出一个卷展栏，用来控制选择 VRay 阴影的参数设置，如图 9-92 所示，其选项说明如下：

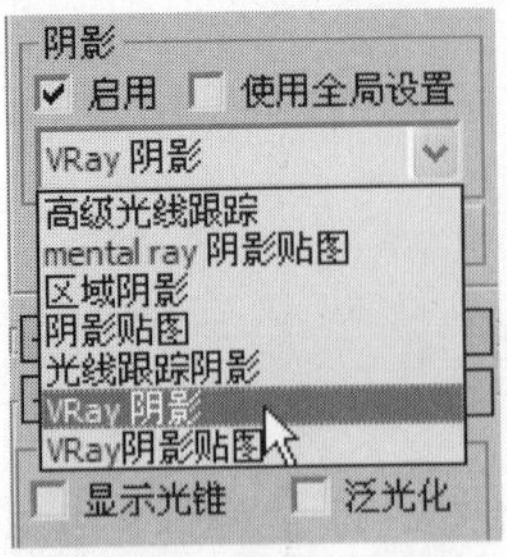

图9-91　选择阴影类型 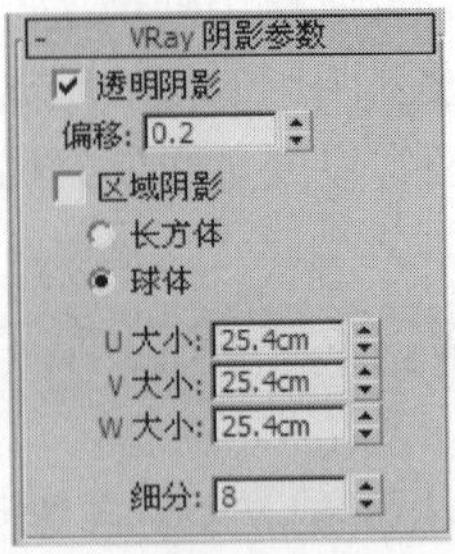　　　　图9-92　【阴影参数】卷展栏

- 【透明阴影】：这个参数用于确定场景中透明物体投射阴影的行为，勾选此项，VRay 将不管灯光物体中的阴影参数设置（颜色、密度和贴图等）来计算阴影，此时来自透明物体的阴影颜色将是正确的。不勾选此项，将考虑灯光中物体阴影参数的设置，但是来自透明物体的阴影颜色将变成单色（仅为灰度梯度）。效果对比如图 9-93 和图 9-94 所示。

图9-93　勾选透明阴影 　　　　图9-94　未勾选透明阴影

三维制作大师

- 【偏移】：设置阴影的偏移效果。一般建议使用默认值，否则阴影产生的位置显得不真实。效果对比如图 9-95 和图 9-96 所示。

图9-95　偏移值为0.2 　　　　图9-96　偏移值为20

- 【区域阴影】：设置是否作为面积阴影类型。
  - 【长方体】：VRay 计算阴影的时候将它们视作方体状的光源投射。
  - 【球状】：VRay 计算阴影的时候将它们视作球状的光源投射。
  - 【U 大小】/【V 大小】/【W 大小】：都是用来阴影的模糊尺寸的，数值越高，模糊程度越大，效果对比如图 9-97 和图 9-98 所示。

图9-97　U=30 V=30 W=30　　　　图9-98　U=30 V=30 W=30

- 【细分】：设置在某个特定点计算面积阴影效果时使用的样本数量，较高的取值将产生平滑的效果，但是会耗费更多的渲染时间。

9.6　VRay物体对象

本节主要学习 VRay 自带的 3 个物体对象的用途和创建方法，包括 VRay 毛发、VRay 平面以及 VRay 代理物体。

9.6.1　VRay毛发

VRay 毛发是一种简单的程序毛发插件，毛发仅在渲染时产生，实际上并不会出现在场景中。它可以使指定模型产生毛发，能够模拟地毯、草地、毛发等效果，但缺点是渲染速度较慢，尤其是在开启 GI 后。

1. 创建VRay毛发

VRay毛发的创建

操作步骤

01 选择 3ds Max 场景中存在的任何几何体，打开创建面板 ，选择【VRay】类别，如图 9-99 所示。

02 单击【VR 毛发】按钮，以当前选择的物体作为源物体产生一个毛发物体，如图 9-100 所示。选择毛发，然后打开修改器面板修改其参数。

2. VRay毛发参数详解

- 【源物体】：设置生成毛发的几何体源。
  - ➤ 【长度】：设置毛发串的长度。
  - ➤ 【浓度】：设置毛发串的浓密程度。
  - ➤ 【重力】：设置沿 Z 轴向下拖拉毛发串的力量大小。
  - ➤ 【弯曲】：设置毛发的弯曲程度。
- 【几何体细节】：设置毛发的细节变化。
  - ➤ 【边数】：设置毛发几何形状的边数。

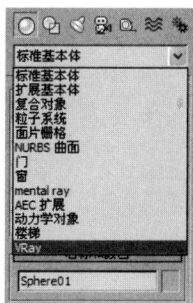

图9-99　创建面板

图9-100　【VR毛发】按钮

> ➤【结数】：毛发串是作为几个连接的直片段来渲染的，此参数控制片段的数量。

- 【平面法线】：勾选此项，毛发串的法线在横跨过毛发串的宽度方向时不发生变化。虽然不是非常精确，类似于其他毛发解决方案的工作原理，但它有助于毛发的抗锯齿，也会使图像采样器的工作变得更容易。当不勾选此项时，毛发串的法线在横跨过毛发串的宽度方向时产生变化，会让人产生毛发串是圆柱状的错觉。

- 【变化】：设置毛发的浓度和方向。
  - ➤【方向参量】：为从源物体产生的毛发串的生长方向增加一些变化。任何正值都是有效的，此参数也取决于场景的比例。
  - ➤【长度参量】：为毛发长度增加一些变化，取值范围为 0 ～ 1.0。
  - ➤【浓度参量】：为毛发浓度增加一些变化，取值范围为 0 ～ 1.0。
  - ➤【重力参量】：为毛发重力增加一些变化，取值范围为 0 ～ 1.0。

- 【分配】：此选项组用于确定源物体上毛发串的分布密度。
  - ➤【每个面】：指定源物体每个表面产生的毛发串数量，每个表面都将产生指定数量的毛发串。
  - ➤【每区域】：每一个特定表面的毛发串数量取决于表面的尺寸，较小的表面毛发串数量较少，而较大的表面毛发串数量较多，每一个表面都至少有一个毛发串。

- 【贴图】：为毛发的相关参数提供了贴图控制。

- 【视图显示】：用于控制毛发物体在视图中的显示情况。
  - ➤【在视图中预览】：勾选此项，可以在视图中实时预览由于毛发参数变化而导致毛发变化的情况。
  - ➤【最大毛发数量】：设置在视图中实时显示的毛发数量的上限。
  - ➤【自动更新】：勾选此项，当改变毛发的参数时，其效果会即时显示在视图中。
  - ➤【手动更新】：单击此按钮，可以即时更新场景的显示。

提 示　目前，毛发仅能为几何体产生单一片段的运动模糊，而忽略运动模糊的"几何体样本"选项。应尽量避免应用具有"物体 XYZ"贴图坐标的纹理到毛发。如果确实需要使用 3D 程序纹理贴图，可先应用一个 UVW 贴图修改器到源物体，转换 XYZ 坐标到 UVW 坐标，并且尽可能地应用分辨率高的纹理贴图。

阴影贴图不包含毛发的信息，但是其他物体可以投射阴影甚至包括阴影贴图到毛发上。VRay 平面物体不能作为 VRay 毛发物体的源物体。

▶ 9.6.2　VRay平面物体

　　VRay 平面物体可以让用户创建一个无限大尺寸的平面，它没有任何参数，位于创建标准几何体面板下面的 VRay 分支中。

⟍ **VRay平面创建**

操作步骤

01 选择 3ds Max 场景中存在的任何几何体，打开创建面板 ，选择【VRay】类别，如图

9-101 所示。

02 单击【VR 平面】按钮，为当前场景增加一个 VRay 平面物体，如图 9-102 所示。

03 单击【Shift+Q】键，对场景进行渲染，如图 9-103 所示，可以看到一个面积无限大的地面效果。

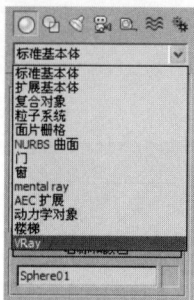

图9-101　创建面板　　　　　图9-102　创建VRay平面　　　　　图9-103　渲染效果

> **提示**　　VRay 平面的位置由其在 3ds Max 场景中的坐标来确定。可以同时创建多个无限大的平面。VRay 平面物体可以指定材质，也可以被渲染。阴影贴图不包括 VRay 平面物体的信息，但是，其他物体可以在 VRay 平面物体上投射正确的阴影，包括阴影贴图类型。

▶ 9.6.3　VRay代理物体

VRay 代理物体允许只在渲染的时候导入外部网格物体，这个外部的几何体不会出现在 3ds Max 场景中，也不占用资源。利用这种方式可以渲染上百万个三角面（超出 3ds Max 自身的控制范围）场景。

＼VRay代理物体创建

所用素材: 光盘 \ 素材 \ 第 9 章 \VRay 代理初始

操作步骤

01 打开配套光盘中的"VRay 代理初始"文件，如图 9-104 所示。

02 选择高尔夫球模型，单击鼠标右键，在弹出的快捷菜单中选择 V-Ray 网格导出命令，如图 9-105 所示。

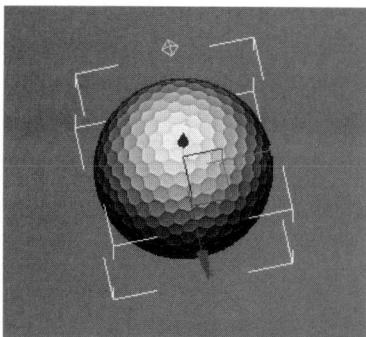

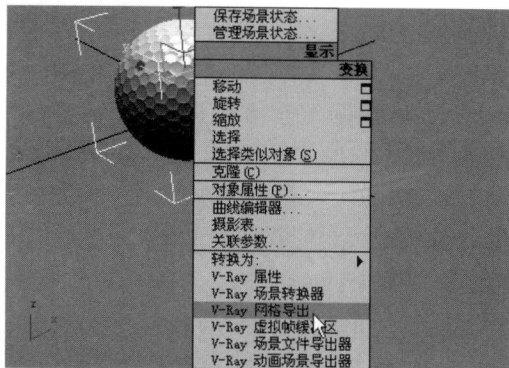

图9-104　场景文件　　　　　　　　图9-105　选择VRay网格导出

03 在弹出的参数设置对话框中选择网格模型的导出路径和文件名，勾选【自动创建代理】选项，单击【确定】按钮，如图 9-106 所示。

04 场景中的高尔夫球模型已经变成了 VRay 代理物体，并以线框方式显示，这种显示方式会保持原始模型的外观形状，如图 9-107 所示。

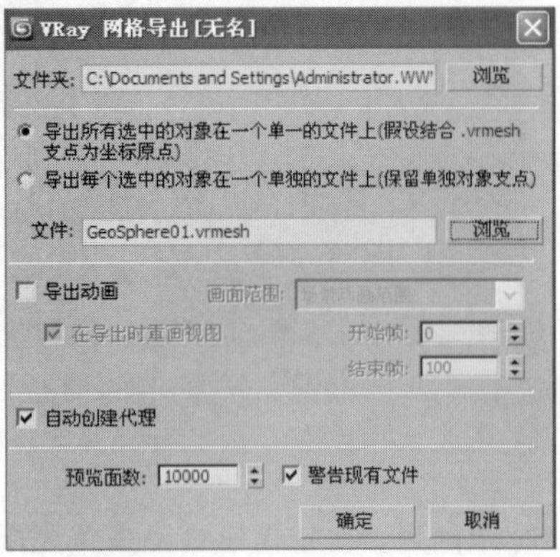

图9-106　勾选【自动创建代理】选项 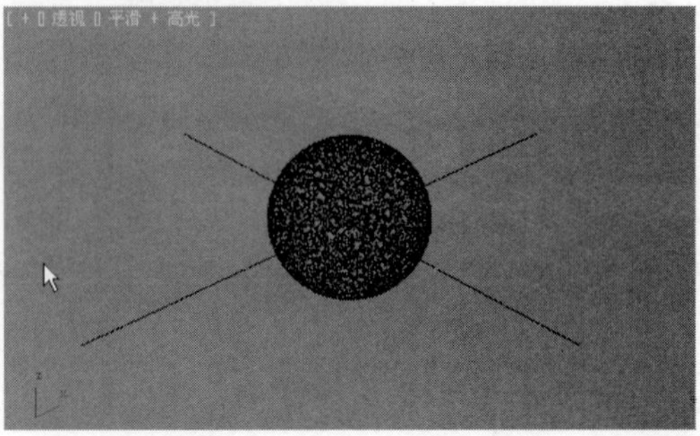　　　　　图9-107　以线框方式显示

05 VRay 代理物体最终都是要被渲染出来的，所以必须要为其指定材质。如果原始模型已经指定材质，那么代理物体会自动继承原始模型的材质。

06 选择 VRay 代理物体，进入修改面板，选中【边界框】，如图 9-108 所示。

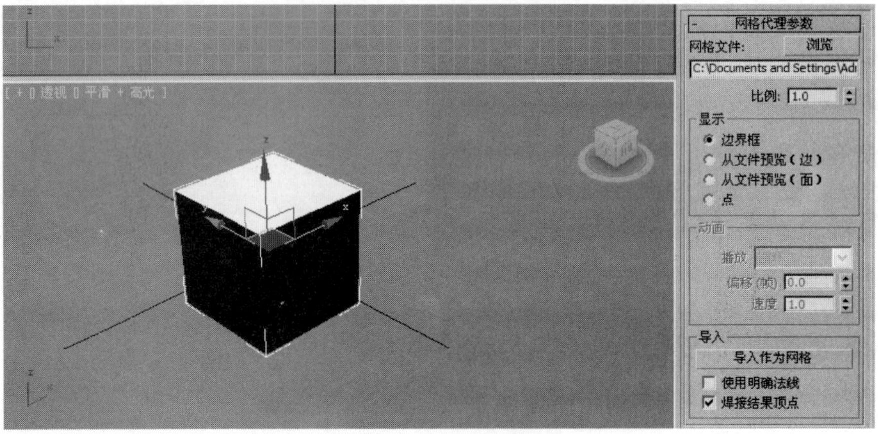

图9-108　选中【边界框】

> **提示** 当 VRay 代理物体显示为边界框时，会大大提高视图的显示速度，对于复杂模型来说非常有用。

07 选择场景中的 VRay 代理物体，执行【工具】/【阵列】菜单命令，对 VRay 代理物体进行大量的复制，启动 3D 阵列，选择实例复制方式，如图 9-109 所示。

08 对阵列后的场景进行渲染，如图 9-110 所示为 1000 个高尔夫球效果，也可以复制更多的模型，而渲染内存不会猛增，渲染速度很快，这就是 VRay 代理的优势所在。

图9-109 【阵列】对话框

图9-110 渲染效果

9.7 VRay材质类型

VRay 渲染器提供了一套功能完善的材质系统，其中共包括 7 种材质类型，而使用最频繁的是 VRay 材质、VRay 包裹材质和 VRay 灯光材质。使用这 3 种材质能够满足多数制作要求，它们的参数都非常简洁，材质的调节效率非常高。

9.7.1 VRay材质

VRay 渲染器提供了一种特殊的材质——VRay 材质。在场景中使用该材质能够获得更加准确的物理照明（光能分布），更快的渲染反射和折射参数，调节更方便。使用 VRay 材质，可以应用不同的纹理贴图、控制其反射和折射、增加凹凸贴图和置换贴图，以及强制直接全局照明计算。

1．【基本参数】卷展栏

通过【材质】/【贴图浏览器】命令可以将各种 VRay 材质调用到材质编辑器中，VRay 材质的基本参数如图 9-111 所示。

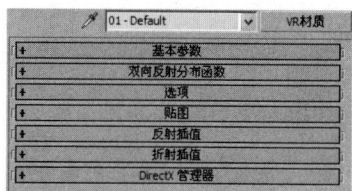

图9-111 VRay材质基本参数

395

三维制作大师

VRay材质创建

所用素材：光盘\素材\第 9 章\佛祖模型

操作步骤

01 打开场景文件，可以看到场景中由一个 VRay 平面和两个佛祖模型组成。在佛祖的左右侧上方布置了两盏 VRay 灯光。因为两盏灯只是反光板，光照强度不需要太高。在左上方设置一盏聚光灯作为场景的主光，如图 9-112 所示。

02 设置完场景后，单击【M】键打开材质编辑器。选择一个新的材质球单击 Standard ，将其材质类型设为【VR 材质】，如图 9-113 所示。选择场景中的 VRay 平面对象，单击 【材质制定给选择对象】按钮将编辑好的材质球赋予给该物体。再选择两个新的材质球，分别赋予两个"佛祖"模型，并分别命名。这样场景中的物体都被赋予了原始状态的 VRay 材质，渲染效果如图 9-114 所示。

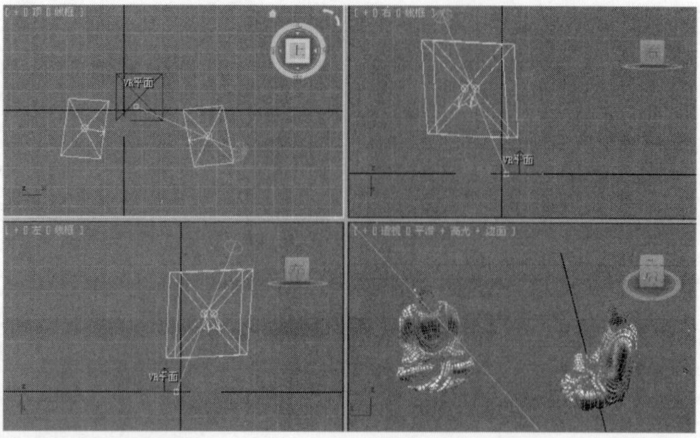

图9-112　场景文件

图9-113　VRay材质

图9-114　赋予材质

03 设置材质的漫反射颜色。实际的漫反射颜色也受影响于反射／折射颜色。选择"大佛祖"材质球，单击漫反射对话框中任意设置一个颜色，如图9-115所示。单击【漫反射】颜色块后面的█按钮，可以给漫反射通道赋予一张贴图，如图9-116所示。其中：

图9-115　漫反射颜色

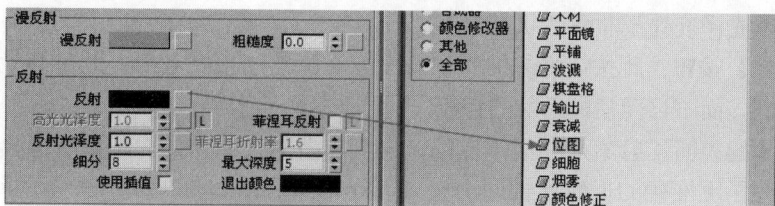

图9-116 指定贴图通道

- 【反射】参数：用来控制反射效果。关于反射最基本的参数是反射颜色，将反射颜色设置为黑色，材质不具备反射属性。将颜色设置为白色，则材质完全具备反射属性。
  - 【反射颜色】：设置反射的颜色。

04 这里将反射颜色设置为中间灰 RGB（110、110、110），为了使"大佛祖"的反射效果更明显，在【基本参数】卷展栏中设置反射颜色，如图9-117所示，将"小佛祖"也赋予一个色彩，如图9-118所示。"大佛祖"身上出现了明显的高光反射和对"小佛祖"的颜色反射。由此可见，反射程度的高低是由反射颜色的灰白程度来控制的。

图9-117 设置反射颜色

图9-118 设置漫反射

05 根据前面提到的贴图优先于颜色的规则，如果在反射通道里也添加一个贴图，那么反射区域范围及强弱程度由贴图决定的。单击█反射贴图通道，选择【渐变】贴图，如图9-119所示。渲染效果如图9-120所示。

图9-119 渐变参数

图9-120 渲染效果

- 【菲涅尔反射】：勾选此项，反射的强度将取决于物体表面的入射角，自然界中有一些材质（如玻璃）的反射就是这种方式。不过这个效果会影响材质的折射率。
- 【菲涅尔反射率】：此参数在选项后面的 L（锁定）按钮弹起的时候被激活，此时可以单独设置菲涅尔反射的反射率。
- 【高光光泽度】：此参数用于控制 VRay 材质的高光状态。默认情况下，L 形按钮被按下时即反射光泽度处于非激活状态。

- [L]【锁定】按钮：此按钮弹起的时候，高光光泽度选项被激活，此时高光的效果由这个选项控制，而不再受模糊反射的控制。

06 现实中物体的表面反射不是一成不变的，它会随着射入的角度、距离等因素产生变化。所以 VRay 材质为了更准确的反射属性，引进了菲涅尔反射，如图 9-121 所示。菲涅尔反射会随着射入的角度变化而产生衰减，越靠近中间位置反射越弱。为了更好地说明菲涅尔反射的作用，在两个模型中间添加一个球体，赋予球体一个默认的 VRay 材质，并将反射设置为中间灰，分别勾选和取消勾选菲涅尔反射时对场景进行渲染，效果对比如图 9-122 所示。

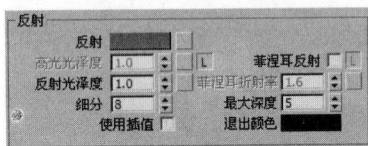

图9-121　设置反射颜色

图9-122　渲染效果对比

> **提示**　一般而言，不一定要勾选菲涅尔反射选项，加入勾选菲涅尔效果只是增强反射物体的细节变化，所以对于场景中本身形体不大的物体而言，编辑反射属性时并不需要增加过多的反射的细节。

- 【高光光泽度】：在默认状态下，高光光泽度是未激活的，因为对于现实中的大部分物体而言，物体的高光并不是必须具备的一个属性，高光光泽度通常只会在表面比较光滑的物体上体现。

07 选择"小佛祖"，将其反射颜色设为中间灰，单击【高光光泽度】后面的[L]按钮，激活高光属性。注意场景中高光反射的光源是聚光灯，两个 VRay 灯光只是反光板。现在可以通过数值来控制高光强弱。当数值小时，高光的反射就越模糊，效果对比如图 9-123 所示。

图9-123　高光光泽度为0.9（左）和高光光泽度为0.6（右）

- 【反射光泽度】：用于设置反射的锐利效果。值为 1 时意味着是一种完美的镜面反射效果，随着取值的减小，反射效果会越来越模糊。平滑反射的品质由下面的细分参数来控制。

- 【细分】：用于控制平滑反射的品质。较小的取值将会加快渲染速度，同时也会导致更多的噪波，较大值则反之。单击 L 按钮，关闭高光光泽度，效果对比如图9-124所示。

图9-124 反射光泽度为0.9（左）和反射光泽度为1（右）

08 如果想消除高光反射，需要单击 L 按钮，激活【高光光泽】按钮，如图9-125所示。并将高光光泽设为1，高光就消失了，效果如图9-126所示，其中：

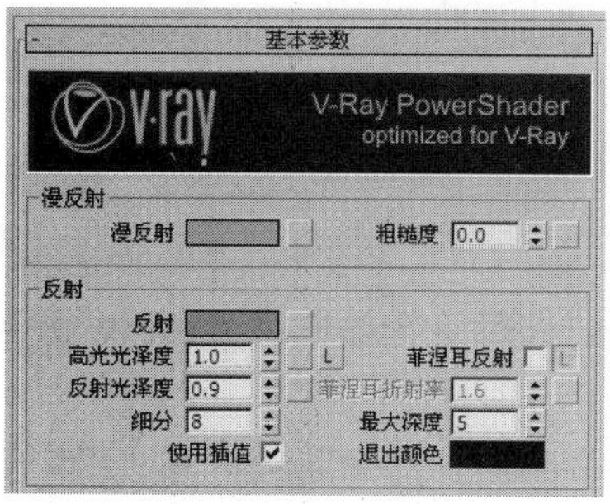

图9-125

图9-126

- 【使用插值】：VRay 能够使用一种类似于发光贴图的缓存方案来加快模糊反射的计算速度。勾选这个选项表示使用缓存的方案，一般使用默认即可。
- 【细分】：控制反射的细分。提高其数值可以有效地降低反射时画面出现的噪点，但是对渲染速度有较大的影响。

反射和折射现象是光线传播的基本定律。两者之间有一定的共性，比如受物体表面粗糙程度影响，都会影响光线方向等，所以在参数上会有雷同。和反射参数一样，折射的强度也是由折射颜色决定的。颜色为黑色时，材质不具备透明属性；颜色为白色时，材质完全透明。

VRay折射参数组应用

所用素材：光盘\素材\第9章\鱼骨

操作步骤

01 打开配套光盘中的测试文件"鱼骨"文件，其场景由一个 VRay 平面和三个鱼骨模型组成。将中间一个鱼骨模型的【反射】颜色设置为白色，即材质完全透明，渲染效果如图9-127所示。

图9-127 渲染效果

02 可以看到图中的鱼骨模型材质类似水晶。如何区别水晶和玻璃？两者在高光、光滑程度等属性都很相似，最大的差别就是折射率。折射率是透明物体的重要特征之一。设置正确的反射和折射率可以更真实地变现各类不用性质的物体，如图 9-128 所示。

名 称	R	G	B	漫 射	镜 面	反 射	凹 凸
铝 箔	180	180	180	32	90	65	8
铝	220	223	227	35	25	40	15
黄 铜	191	173	111	40	40	40	20
磨亮黄铜	191	173	111	40	65	50	10
铜	186	110	64	45	40	40	10
金(18K)	234	199	135	45	40	65	10
金(24K)	218	178	115	35	40	65	10
铁	118	119	120	35	50	25	20
银	223	223	216	15	90	45	15
不锈钢	128	128	126	40	50	35	20
塑 胶	20	20	20	80	80	10	10
透明塑胶	63	108	86	90	90	35	10(透明度)

图9-128 不同材质参数列表

【折射】参数组各选项说明如下：

- 【最大深度】：此参数定义反射能完成的最大次数。当场景中具有大量的反射/折射表面的时候，这个参数要设置的足够大才会产生真实的效果。

- 【退出颜色】：当光线在场景中的反射达到最大深度定义的反射次数后就会被停止反射，此时这个颜色将被返回，并且不再追踪远处的光线。

- 【烟雾颜色】：当光线穿透材质的时候，它会变稀薄，这个选项可以让用户模拟厚的物体比薄物体透明度低的效果。注意雾颜色的效果取决于物体的绝对尺寸。

> **提 示** 烟雾颜色非常敏感。改动很小的数值，就能产生很大的变化。设置烟雾颜色如图 9-129 所示。

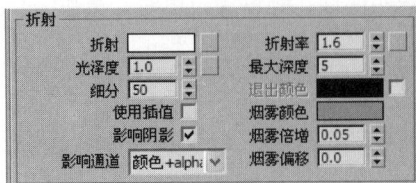

图9-129 设置烟雾颜色

- 【烟雾倍增】：定义烟雾的强度，不推荐取值超过 1 的设置。数值越低，颜色越浅。适当调整鱼骨模型位置，效果如图 9-130 所示。

图9-130 烟雾倍增为0.09（左）和烟雾倍增为0.9（右）

烟雾效果是模拟物体内部材质颜色的，也可以模拟 SSS 效果，即只透光不透明效果。将反射颜色设置为黑色，并设置反射参数组，如图 9-131 所示，可以得到一个近似蜡烛的材质。虽然效果比真正的 SSS 效果要差一些，但渲染速度会快很多，渲染效果如图9-132 所示。

图9-131 提高烟雾倍增

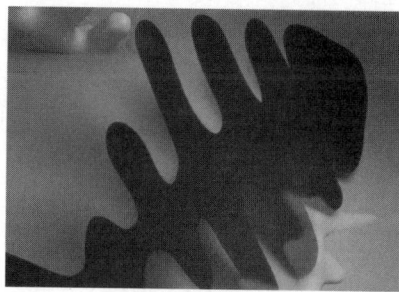

图9-132 渲染效果

- 【影响阴影】：这个选项将导致物体投射透明阴影，透明阴影的颜色取决于折射颜色和雾颜色。这个效果仅在使用 VRay 自己的灯光和阴影类型的时候有效。将烟雾倍增设为 0.1，并调整影响阴影选项，如图 9-133 所示。因此，在表现透明物体阴影时建议勾选这个选项。

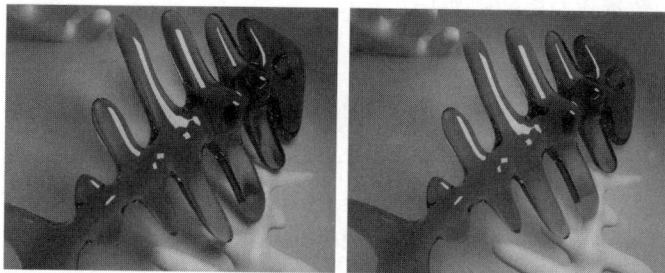

图9-133 勾选影响阴影和为勾选影响阴影效果对比

- 【半透明】：勾选的时候，将会是材质半透明——激光线可以在材质内部进行传递，这种效果可见的前提是要激活材质的折射效果。其实，这种效果就是大家耳熟能详的次表面散射（SSS）效果，目前 VRay 材质仅支持单反弹散射。缺点是渲染时间成倍增加，所以在实际操作中不推荐使用这种方法。在透明类型里提供了三种模式：硬模式、软模式、和混合模式。设置反射颜色为 RGB（59、59、59），使鱼骨模型具有一定的反射。设置折射颜色为 RGB（210、210、210）。并对半透明组设置如图 9-134 所示，渲染效果如图 9-135 所示。

图9-134 半透明组

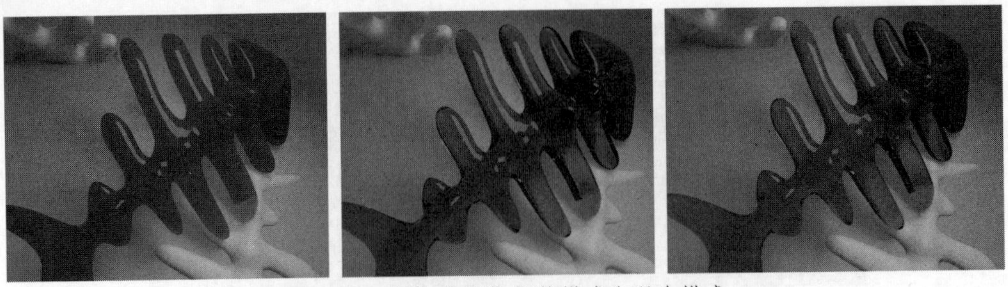

图9-135　分别为硬模式/软模式和混合模式

2.【双向反射分布函数】卷展栏

【双向反射分布函数】卷展栏是控制物体表面的反射特性的常用方法，用于定义物体表面的光谱和空间反射特性的功能。VRay支持3种双向反射分布类型：多面、反射和沃德。其中多面、反射适合来表现塑料、玻璃等物体，沃德是 VRay 系统特有的，适合表现金属材质，如图 9-136 所示。双向反射分布功能是控制物体表面的反射特性的常用方法，用于定义物体表面的光谱和空间反射特性的功能。

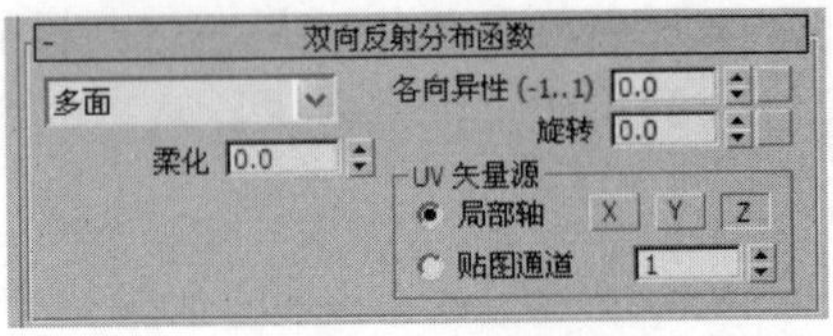

图9-136　【双向反射分布函数】卷展栏

- 【各向异性】：设置高光的各向异性特性，即物体表面对光谱吸收和反射的性质因方向的有所变化的特性。各向异性一般采取默认值为 0，这样可以使物体表面保持统一的光谱吸收和反射性质。各向异性的值越接近 1 或 −1，各向异性就越明显。
- 【旋转】：设置高光的旋转角度。
- 【UV 矢量源】：可以设置为物体自身的 X/Y/Z 轴，也可以通过贴图通道来设置。
- 【局部轴】：选择物体自身的 X/Y/Z 轴作为方向向量来源。
- 【贴图通道】：选择已经存在的贴图通道作为方向向量来源。

双向反射分布函数参数面板如图 9-137 所示。

3.【选项】卷展栏

这个卷展栏可以控制一些材质属性是否起作用，包括是否开启跟踪反射、跟踪折射、双面等效果，通常情况下采取默认值即可，如图 9-138 所示。

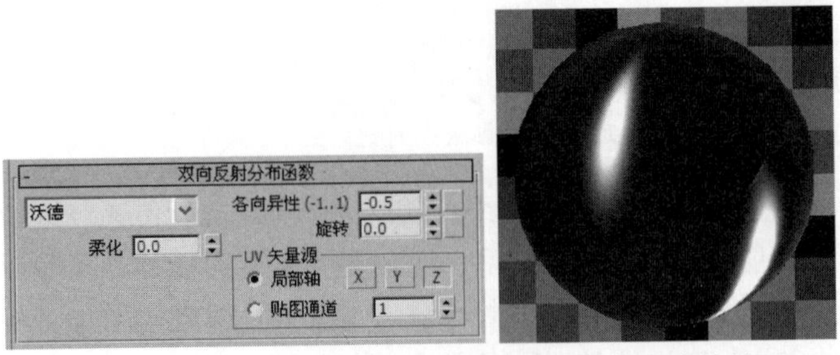

三维制作大师

图9-137　双向反射分布函数参数面板及材质球效果

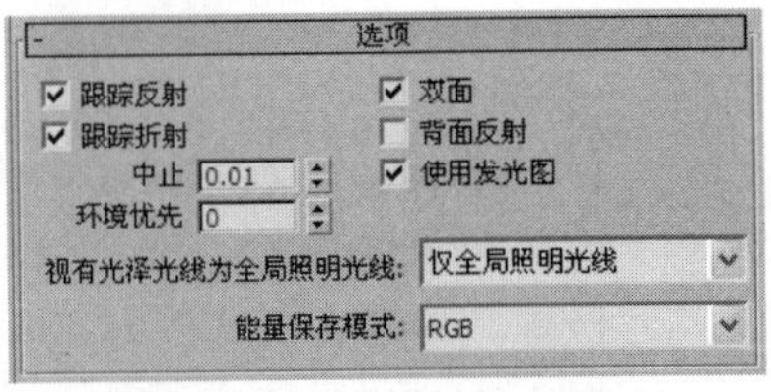

图9-138　【选项】卷展栏

4.【贴图】卷展栏

除了使用数值控制相关参数外，还可以通过贴图来进行更复杂的参数控制。其参数含义与 3ds Max 标准的贴图含义相同。

9.7.2 VRay材质包裹

VRay 材质包裹用于指定每一个材质的额外的表面参数。通常情况下其作用更多体现在对其他材质的控制上。选择材质编辑器中任意一个材质球，单击【Standard】按钮，在弹出的【材质/贴图浏览器】对话框中选择【VR 材质包裹器】，如图 9-139 所示。系统弹出【替换材质】对话框，选择【丢弃旧材质】，如图 9-140 所示。

图9-139　选择【VR材质包裹器】

图9-140　【替换材质】对话框

观察 VRay 材质包裹器参数面板，如图 9-141 所示，其中：

- 【基本材质】：定义包裹材质中需要的基本材质，单击基本材质选项，必须选择的是 VRay 渲染器支持的材质类型，如图 9-142 所示。

图9-141　【VR材质包裹器参数】卷展栏

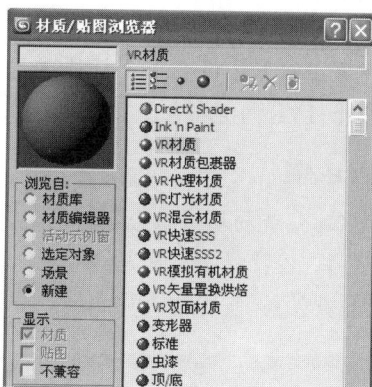

图9-142　VRay渲染器支持的材质类型

- 【生成全局照明】：使用此材质的物体产生全局照明的强度。
- 【接收全局照明】：使用此材质的物体接收全局照明的强度。
- 【生成焦散】：如果材质无法产生焦散，则取消勾选此选项。
- 【接收焦散】：如果材质无法接收焦散，则取消勾选此选项。
- 【焦散倍增】：确定材质中焦散的影响。
- 【无光曲面】：勾选此选项，在进行直接观察的时候，将显示背景而不会显示基本材质，这使材质看上去类似 3ds Max 标准的不光滑材质。不过，对于全局照明、焦散和反射等特效来说，基本材质虽然无法直接观察到，但是仍然在使用中。

- **【Alpha 基值】**：定义渲染图像中物体在 Alpha 通道中的外观。值为 1.0 意味着 Alpha 通道将来源于基本材质的透明度，值为 0 意味着物体完全不显示在 Alpha 通道中，在其后面显示物体自身的 Alpha，值为 −1 则意味着基本材质的透明度将从物体 Alpha 通道后面削减。不光滑物体就是典型的影响值为 −1 的效果。此选项是独立于"无光滑曲面"选项的。

- **【阴影】**：勾选此项，可以让阴影在不光滑表面上显示。

- **【影响 Alpha】**：勾选此项，将使阴影影响不光滑表面的 Alpha 贡献值。在理想的阴影区域，将形成白色的 Alpha 通道；而没有完全遮蔽的区域，则形成黑色的 Alpha 通道。**【全局照明值】** 也能被计算，然而在光子贴图或灯光贴图作为初级渲染引擎使用的时候，是不支持不光滑物体的全局照明阴影的，在作为次级渲染引擎的时候，则可以放心使用。

- **【颜色】**：设置不光滑表面阴影的可选的色彩。

- **【亮度】**：设置不光滑表面阴影的亮度。值为 0 意味着阴影完全不可见，值为 1.0 将显示全部的阴影。

- **【反射值】**：显示来自基本材质的反射程度。此参数仅在基本材质设置为 VRay 材质类型的时候才正常工作。

- **【折射值】**：显示来自基本材质的折射程度。此参数仅在基本材质设置为 VRayMtl 类型的时候才正常工作。

▶ 9.7.3 VRay灯光材质

VRay 灯光材质是 VRay 渲染器提供的一种特殊材质，当这种材质被指定给物体时一般用于产生自发光效果，其渲染速度要快于 3ds Max 提供的标准自发光材质。在使用 VRay 灯光材质的时候最好使用纹理贴图来作为自发光的光源。

选择材质编辑器中任意一个材质球，单击 Standard 按钮，在弹出的【材质/贴图浏览器】对话框中选择【VR 灯光材质】，如图 9-143 所示。

1. 参数详解

观察 VRay 灯光材质【参数】卷展栏，如图 9-144 所示，其中：

- **【颜色】**：设置材质自发光的颜色，默认设置是白色。
- **【背面发光】**：设置材质两面是否都产生自发光。

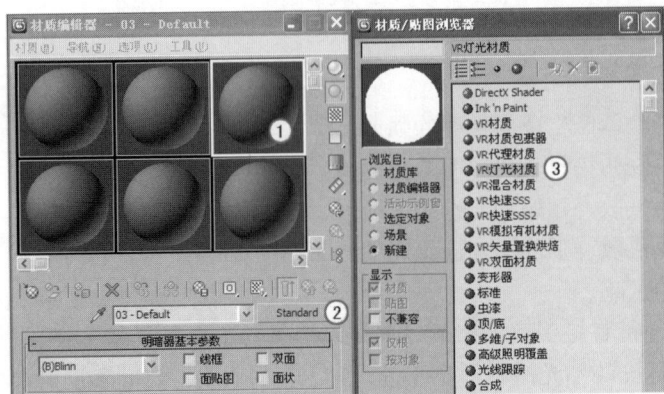

图9-143　选择【VR灯光材质】

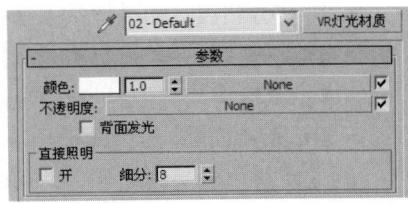

图9-144　VR灯光材质【参数】卷展栏

2. VRay灯光材质的应用

VRay灯光材质的使用

所用素材：光盘\素材\第9章\VRay 灯光材质\电视机

操作步骤

01 打开配套光盘中"电视机"文件，如图 9-145 所示。为了使电视机屏幕散发的光线更加明显，需要调整场景光线。

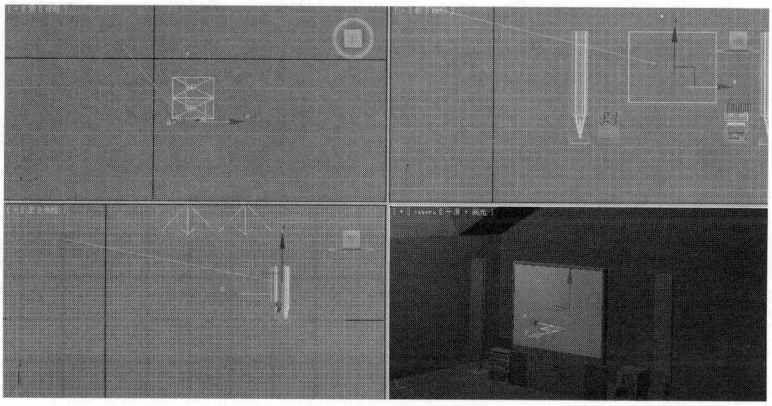

图9-145　场景文件

02 选择场景中的电视机屏幕部分，单击【M】键打开材质编辑器，选取一个新的材质球，单击 Standard 按钮，选择【VR 灯光材质】，如图 9-146 所示。查看 VR 灯光材质参数面板，如图 9-147 所示。

图9-146　选择【VR灯光材质】

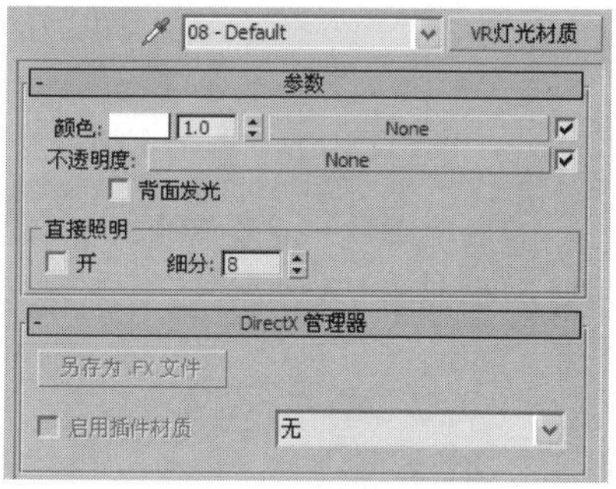

图9-147　VR灯光材质【参数】面板

03 单击 None 按钮，为电视机屏幕增加贴图，在弹出的【材质／贴图浏览器】对话框中选择【位图】贴图，如图 9-148 所示。然后选择屏幕贴图，渲染效果如图 9-149 所示。

04 场景虽然亮度有所增加，但如果只希望靠电视屏幕的亮度来照亮整个空间，就要使电视屏幕更亮。增大倍增值，如图 9-150 所示。可以看到虽然场景亮度提高，但是电视机屏幕已经严重曝光过度了，如图 9-151 所示。

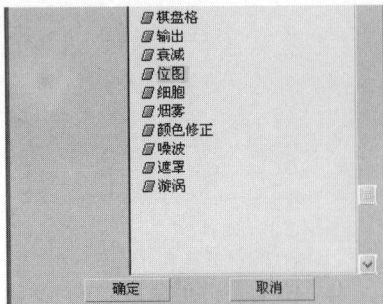

图9-148 【材质/贴图浏览器】对话框

图9-149 渲染效果

图9-150 增大倍增值

图9-151 渲染效果

05 单击 [VR灯光材质] 按钮，选择【VR材质包裹器】，如图 9-152 所示。将【VR 灯光材质】转换成【VR 材质包裹器】，如图 9-153 所示。

图9-152 选择【VR材质包裹器】

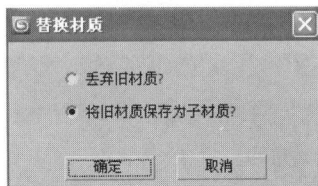

图9-153 【替换材质】对话框

06 适当提高【生成全局照明】选项的数值，如图 9-154 所示，可以提高电视屏幕的光照强度。渲染效果如图 9-155 所示。

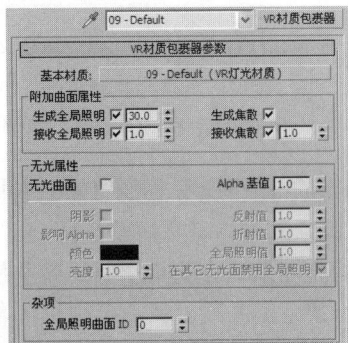

图9-154 提高【生成全局照明】数值

图9-155 渲染效果

9.7.4 VRay贴图功能概述

VRay 贴图的主要作用是在 3ds Max 标准材质或第三方材质中增加【反射】/【折射】，其用法类似于 3ds Max 中光影跟踪类型的贴图。

1. VRay贴图操作方式

选择任意贴图通道，如图 9-156 所示。在弹出的【材质/贴图浏览器】对话框中选择【VR贴图】。查看其参数面板，如图 9-157 所示。

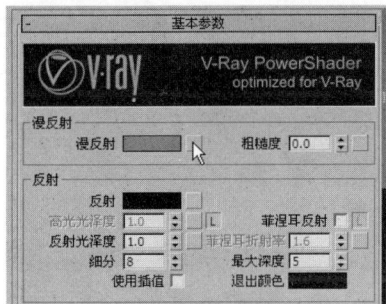

图9-156　选择贴图通道　　　　图9-157　VRay贴图【参数】面板

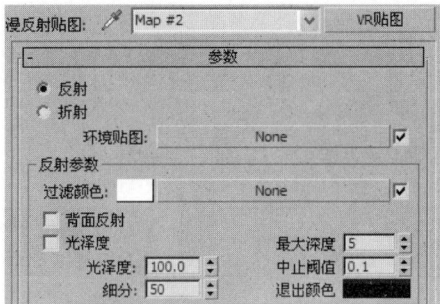

- 【反射】：选择 VRay 贴图作为反射贴图使用，下面相应的参数控制组也被激活。
- 【折射】：选择 VRay 贴图作为折射贴图使用，下面相应的参数控制组也被激活。
- 【环境贴图】：供用户选择环境贴图用。

2. VRay贴图的使用

VRay贴图的使用

所用素材：光盘\素材\第9章\VRay 贴图类型

操作步骤

01 打开配套光盘中的"雕塑"文件，如图 9-158 所示。

图9-158　场景文件

02 赋予地面材质。选择地面材质球，在其【漫反射】和【凹凸】通道中分别添加瓷砖贴图，如图 9-159 所示。设置贴图【坐标】卷展栏，如图 9-160 所示。

图9-159　瓷砖贴图

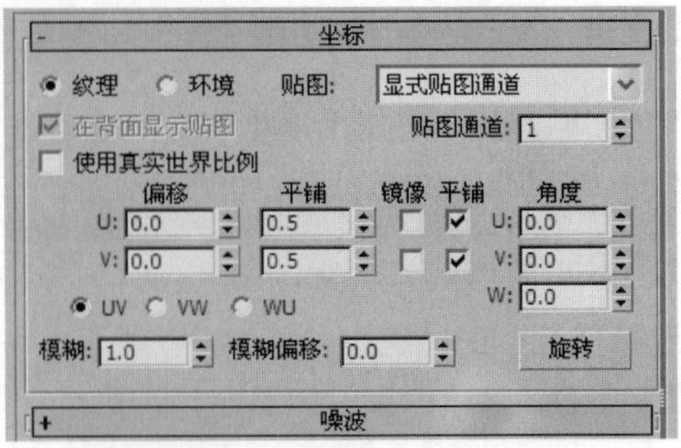

图9-160　贴图【坐标】卷展栏

03 为反射通道添加【VR 贴图】，如图 9-161 所示。勾选【反射】前面的复选框，否则设置都将无效，其中：

- 【反射参数】：在使用反射类型的时候被激活，如图 9-162 所示。

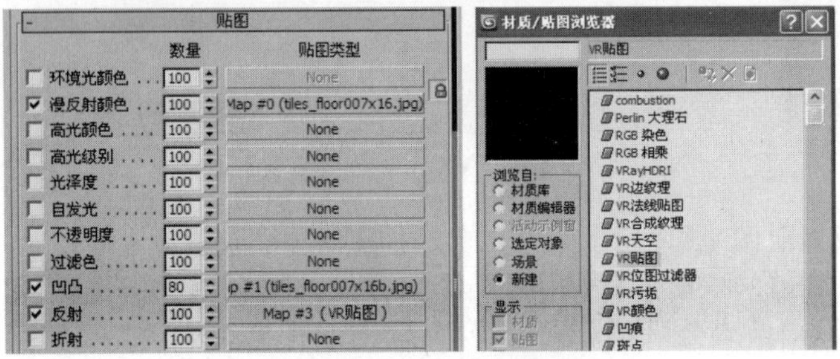

图9-161　添加【VR贴图】

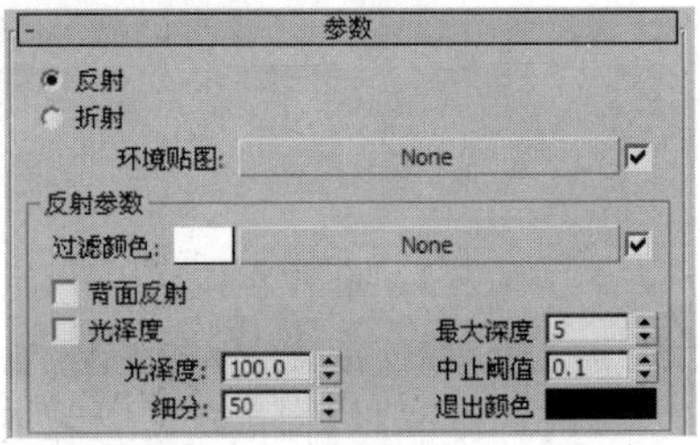

图9-162　反射【参数】卷展栏

> 【过滤颜色】：用于定义反射的倍增值，白色表示完全反射，黑色表示没有反射。
> 【背面反射】：强制 VRay 在物体的两面都反射。
> 【光泽度】：勾选该选项表示使用平滑反射效果（即反射模糊效果）。
> 【光泽度】：此参数设置材质的光泽度，值为 0 时，意味着产生一种非常模糊的反射效果，较高的值将使反射显得更为锐利。
> 【细分】：定义场景内用于评估材质中反射模糊的光线数量。
> 【最大深度】：定义反射完成的最多次数。
> 【中止阈值】：一般情况下，对于渲染图像影响较小的反射是不会被跟踪的，这个参数就是用来定义这个极限位的。
> 【退出颜色】：定义在场景中光线反射达到最大深度的设定值以后，会以什么颜色被返回来，此时并不会停止跟踪光线，只是光线不再反射。

04 分别设置【反射】通道的倍增值，观察渲染效果如图 9-163 所示，其中：

- 【折射参数】：在使用折射类型的时候被激活。

> 【过滤颜色】：用于定义折射的倍增值，白色表示完全折射，黑色表示没有折射。
> 【光泽度】：勾选该选项表示使用平滑折射效果（即折射模糊效果）。
> 【光泽度】：此参数设置材质的光泽度，值为 0 时，意味着产生一种非常模糊的折射效果，较高的值将使折射显得更为锐利。
> 【细分】：定义场景内用于评估材质中折射模糊的光线数量。
> 【烟雾颜色】：VRay 允许用户用雾来填满折射物体，这里设置雾的颜色。

图9-163 【反射】通道的倍增值分别为100和50的渲染效果

> ➤ 【烟雾倍增】：设置雾颜色的倍增值，取值越小，物体越透明。
> ➤ 【最大深度】：定义折射完成的最多次数。
> ➤ 【中止阈值】：一般情况下，对最终渲染值影响较小的折射是不会被跟踪的，这个参数就是用来定义这个极限值的。
> ➤ 【退出颜色】：定义在场景内光线折射达到最大深度的设定值以后，会以什么颜色被返回来，此时并不会停止跟踪光线，只是光线不再折射。

> **技巧** 反射参数组大多数的参数设置与VRay材质里的反射参数设置是一样的。实际上二者参数的差别并不大，只不过一个是材质类型，一个是贴图类型。

05 选择赋予"雕塑"的材质球，在【折射】通道中选择【VR贴图】，同样勾选【折射】前面的复选框，否则接下来的设置都将无效，如图9-164所示。可以看到，折射面板中的参数与VRay材质中的折射参数基本相同，如图9-165所示。

图9-164 单击折射参数组

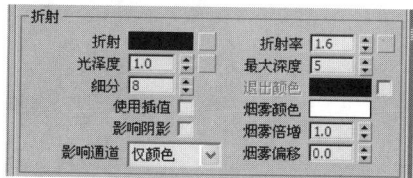

图9-165 Vray折射参数面板

▶ 9.7.5 VRayHDRI贴图

HDRI文件是一种高动态范围图像，简单地说就是带有色彩亮度信息的图片格式。它具备常规图片所不具有的现实世界的亮度信息。使用HDRI图片作为照明，可以使场景非常接近真实世界的亮度范围，照明效果极其逼真，因此在近几年成为CG行业的热点。VRay对HDRI支持得很好，只需选择位图贴图类型，将文件类型改为"hdr"即可启用HDRI文件。

当使用 HDRI 作为天空光的光源时，整个场景能够被图片所照亮，此时 HDRI 的灯光能够当作真实灯光对待，像真实灯光一样投射阴影，如图 9-166 所示为 HDRI 的模拟照明效果。

图9-166　HDRI模拟照明效果

1. VRay渲染器的HDRI功能

VRayHDRI贴图的使用

操作步骤

01 执行【渲染】/【环境】菜单命令，打开【环境和效果】对话框。单击【环境贴图】按钮，选择贴图样式为【VRayHDRI】贴图，如图 9-167所示。

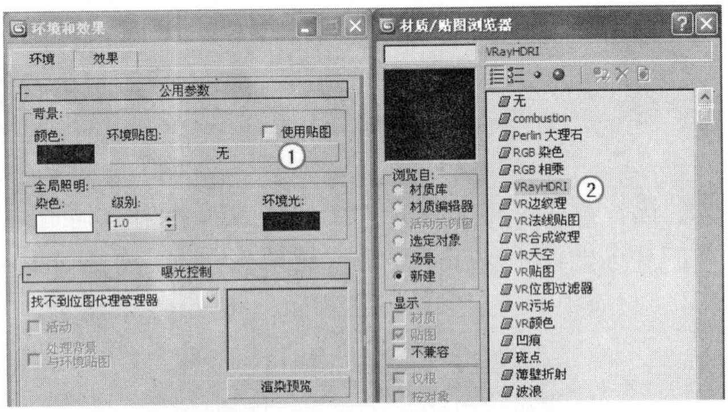

02 打开【材质编辑器】，将【VRayHDRI】贴图以【实例】的方式复制到一个空白的材质球上，如图 9-168所示。单击【浏览】按钮，选择配套光盘中的环境贴图，如图 9-169 所示。

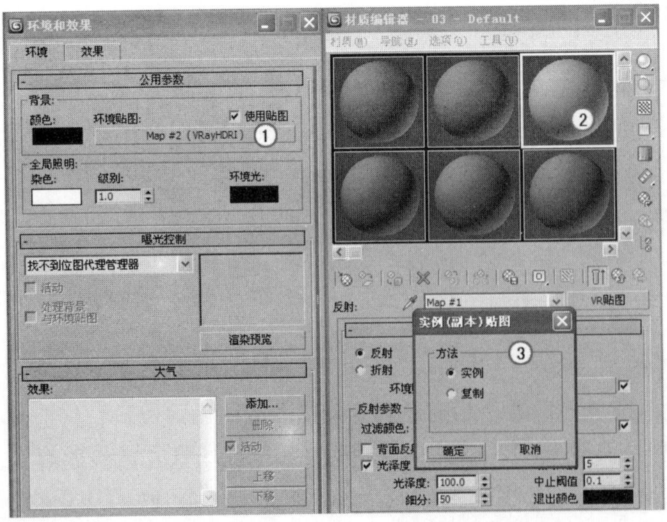

图9-167　选择【VRayHDRI】贴图

图9-168　【实例（副本）贴图】对话框

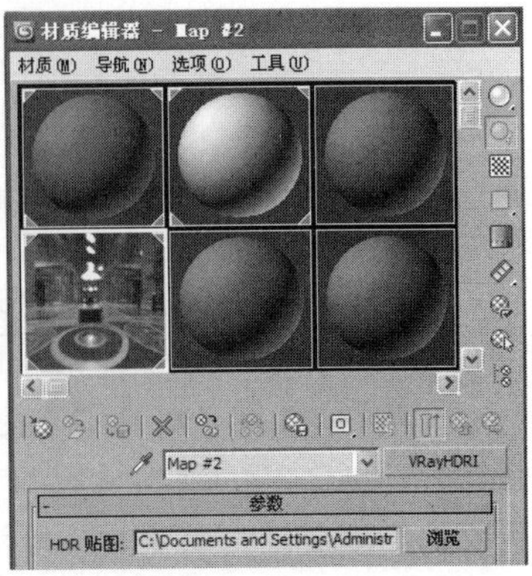

图9-169　选择环境贴图

2. HDRI贴图参数面板

HDRI 贴图参数面板显示使用的 HDRI 贴图的寻找路径，目前仅支持 .hdr 和 .pic 格式的文件，其他格式的贴图文件虽然可以调用，但不能起到照明的作用，如图 9-170 所示。

- HDR 贴图：选择每个 HDR 贴图都可以对其进行亮度和饱合度的设置，以适应场景的亮度照明需要。
  - 【浏览】：指定 HDRI 贴图的路径。
  - 【全局多维】：用于控制 HDRI 图像的亮度。
  - 【水平旋转】：设定环境贴图水平方向旋转的角度。
  - 【水平翻转】：在水平方向反向设定环境贴图。
  - 【垂直旋转】：设定环境贴图垂直方向旋转的角度。
  - 【垂直翻转】：在垂直方向反向设定环境贴图。

图9-170　HDRI贴图参数面板

- 【贴图类型】：选择环境贴图的类型。有 5 种类型可供选择。
  - 【成角贴图】：选择有角度的贴图作为环境贴图。
  - 【立方环境】：选择立方体环境作为环境贴图。
  - 【球面环境】：选择球面环境作为环境贴图，这是最常用的一种。
  - 【球状镜像】：选择镜面球作为环境贴图。
  - 【外部贴图通道】：选择外部贴图通道作为环境贴图。

▶ 9.8　VRay质感练习

在本节练习中，主要对 VRay 渲染器中的典型材质，即金属材质和玻璃材质进行详细介绍。通过这些材质的编辑，进一步了解 VRay 渲染器参数的设置。

▶ 9.8.1　金属质感酒壶

光亮的金属材质是现实生活中比较常见的，在 CG 制作当中也是经常遇见的，那么如何制作出真实的金属材质呢？下面就通过制作金属质感的酒壶来学习金属材质的表现技巧，最终渲染效果如图 9-171 所示。

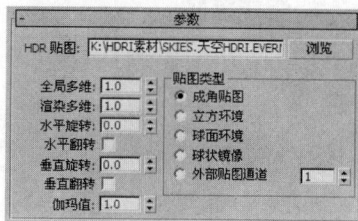

图9-171　渲染效果

制作金属质感酒壶

所用素材：光盘 \ 素材 \ 第 9 章 \ 金属酒壶初始
最终效果：光盘 \ 素材 \ 第 9 章 \ 金属酒壶完成

✍ 操作步骤

01 打开初始场景文件，如图 9-172 所示。

图9-172　场景文件

02 进入创建面板 ，单击灯光按钮 ，选择【VRay 灯光】。在前视图中创建灯光，配合其顶视图对灯光进行调整，如图 9-173 所示。

图9-173　创建灯光

03 选择刚创建的灯光，单击修改面板 。设置灯光的颜色为 RGB（190、220、255），【倍增器】设为 23，灯光的【长度】设为 42，【宽度】设为 50，如图 9-174 所示。在【采样】组将细分设为 10，【细分值】的减少可以比较明显的提高渲染速度，如图 9-175 所示。

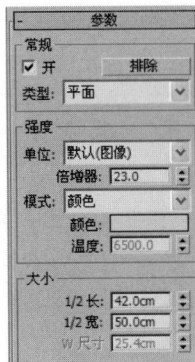

图9-174　灯光颜色设置

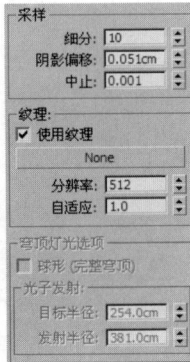

图9-175　灯光细分设置

04 选择场景中的灯光，单击【Shift】键对灯光进行复制。并将第二盏灯光的【倍增值】更改为 23，设置灯光的颜色为 RGB（240、240、170）。配合前视图和顶视图调整灯光的位置，使其从场景另一侧照明，达到双 45° 的照明效果，如图 9-176 所示。渲染效果如图 9-177 所示。

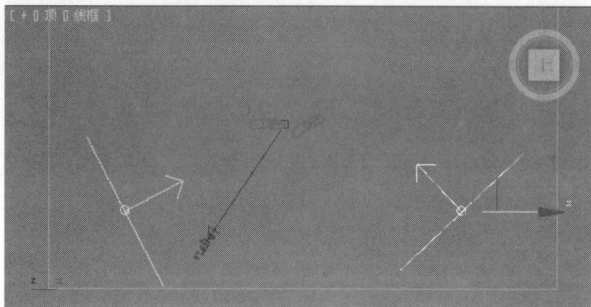

图9-176　复制灯光

图9-177　渲染效果

05 当前场景曝光过度，需要进行调整。打开渲染设置面板，在 VRay 颜色贴图面板中将曝光类型更改为【指数】，如图 9-178 所示。

> **技巧**　指数倍增与线性倍增相比，不容易曝光，而且明暗对比也没有它明显。这个模式将基于亮度来使之更饱和。这对预防非常明亮的区域（例如光源的周围区域等）曝光是很有用的。这个模式不钳制颜色范围，而是代之以让它们更饱和。可降低光源处表面曝光。

06 再次渲染场景，经过曝光后的场景已经正常了，如图 9-179 所示。

图9-178　曝光类型设置

图9-179　渲染效果

07 进入 VRay 渲染面板，将【首次反弹】和【二次反弹】的【全局照明引擎】设置为【灯光缓存】，如图 9-180 所示。并将灯光缓存的【细分】设为 500。渲染当前场景，开启全局光照后的光线更加自然、通透了，如图 9-181 所示。

图9-180　设置全局照明引擎

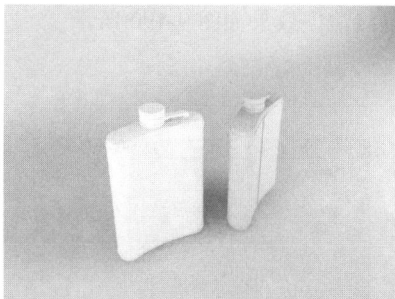

图9-181　渲染效果

413

三维制作大师

08 设置场景的材质。选择地面，为其指定一个标准材质。将漫反射颜色设为 RGB（100、100、100）。选择"酒壶 1"为其制作一个类似钢的材质。选择一个材质球，单击 Standard 按钮，将标准材质更改为【VR 材质】。设置漫反射颜色为黑色，【反射】颜色为 RGB（210、210、210）。将【菲涅耳折射率】设为 20，如图 9-182 所示。并将【双向反射分布函数】类型更改为【沃德】，如图 9-183 所示。

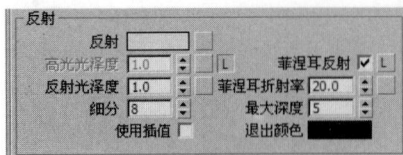

图9-182 设置反射颜色

图9-183 【双向反射分布函数】卷展栏

09 为第二个酒壶制作黄金材质，选择一个材质球，单击 Standard 按钮，将标准材质更改为【VR 材质】。设置【漫反射】颜色为黑色。在反射通道中指定【衰减贴图】，勾选菲涅耳反射。将【菲涅耳折射率】设为 20，如图 9-184 所示。并将【双向反射分布函数】类型更改为【沃德】，如图 9-185 所示。

图9-184 反射设置

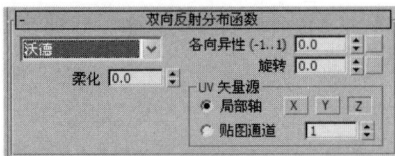

图9-185 【双向反射分布函数】卷展栏

10 进入【衰减参数】面板，分别设置颜色为 RGB（255、90、0）和 RGB（255、239、160），如图 9-186 所示。渲染效果如图 9-187 所示。

11 要得到高质量的渲染结果，必须全面提高采样，首先将两个灯光的【细分】设置为 20，如图 9-188 所示。在【灯光缓存】中设置【细分】数值为 2000，如图 9-189 所示。

三维制作大师

图9-186 【衰减参数】卷展栏

图9-187 渲染效果

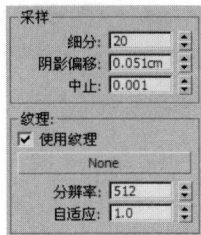

图9-188 设置灯光细分

最终渲染效果如图 9-190 所示。

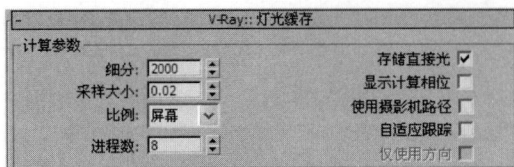

图9-189 设置灯光缓存

图9-190 最终渲染效果

9.8.2 半透明质感表现

本实例详细讲解利用 VRay 制作半透明材质以及反光板的应用方法。由于制作透明材质时大部分的时间都消耗在测试渲染阶段，所以在测试时要尽量降低一些对渲染速度有影响的参数，这样能大大提高制作的效率，渲染效果如图 9-191 所示。

学习重点

(1) 利用 VRay 制作半透明材质。

(2) 反光板的应用方法。

(3) 渲染参数的设置。

图9-191 渲染效果

制作半透明质感

所用素材：光盘\素材\第9章\VRay半透明质感初始

最终效果：光盘\素材\第9章\VRay半透明质感完成

操作步骤

01 打开配套光盘中的"VRay半透明质感"文件。场景很简单，只有两个模型和一架摄像机，如图 9-192 所示。

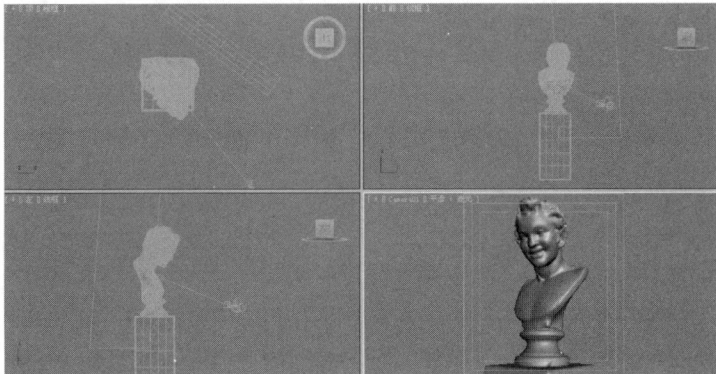

图9-192 场景文件

02 单击创建面板 ⁂，创建 VRay 灯光，如图 9-193 所示。在视图中移动、旋转灯光，并调整到适当角度，如图 9-194 所示。

图9-193　创建面板　　　　　图9-194　旋转灯光

03 设置灯光颜色和倍增器参数，如图 9-195 所示。在【选项】面板勾选【不可见】选项，这样在渲染的时候灯光物体就看不见了，如图 9-196 所示。

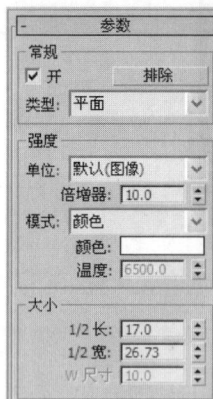

图9-195　设置灯光倍增

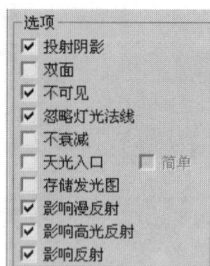

图9-196　勾选【不可见】选项

04 选择"雕像"模型。单击【M】键打开材质编辑器，选择一个材质球，单击 Standard 按钮，在弹出的【材质/贴图浏览器】对话框中选择【VR 材质】，如图 9-197 所示。选择"底座"模型，为其指定一个 Max 标准材质，设置其漫反射颜色为 RGB（30、30、30），设置反射高光参数组，如图 9-198 所示。

图9-197　【材质/贴图浏览器】对话框

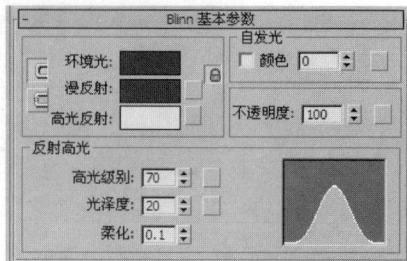

图9-198　基本参数设置

05 对场景进行测试渲染，单击【F10】键打开渲染面板，设置【宽度】为400，【高度】为450，如图 9-199 所示。渲染效果如图 9-200 所示。

图9-199　渲染面板

图9-200　渲染效果

06 单击【M】键打开材质编辑器，选择"雕像"材质球，将漫反射颜色设为 RGB（130、175、250），如图 9-201 所示。设置【烟雾颜色】为 RGB（19、42、97）。由于烟雾颜色的数值非常敏感，现在设置的深蓝色会使模型没有透光度，为了避免这种情况发生，将【烟雾倍增】设为 0.25，如图 9-202 所示。这样就降低了雾色的浓度，使得光线能够进入。

图9-201　设置烟雾颜色

图9-202　设置烟雾倍增

07 设置折射参数。设置【折射颜色】为 RGB（30、30、30），如图 9-203 所示。然后设置折射【光泽度】为 0.3，如图 9-204 所示。

图9-203　设置折射颜色

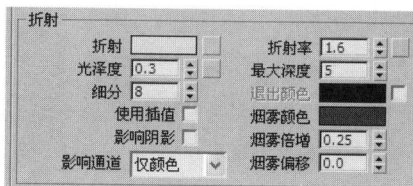

图9-204　降低折射光泽度

08 设置【半透明】参数组，将透明类型更改为【硬模型】。将【正/背面系数】设为 0.5，使得进入到模型内部的光线向前、向后各 50% 进行散射。灯光倍增用来控制进入模型内部的亮度，该数值越高，材质越亮，这里设置为 2，各项参数设置如图 9-205 所示。渲染效果如图 9-206 所示。

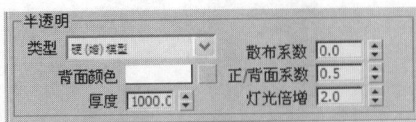

图9-205 半透明设置

图9-206 渲染效果

09 为了让材质更丰富多彩，需要在当前材质的基础上添加反射效果。打开材质编辑器，选择雕塑材质，设置反射材质颜色为 RGB（40、40、40），如图 9-207 所示。

10 制作反光板，为材质提供反射内容。选择场景中的"反光板"模型。打开材质编辑器，选择一个材质球。勾选【双面】选项，参数设置如图 9-208 所示。

图9-207 设置反射颜色

图9-208 反光板设置

三维制作大师

11 打开材质编辑器面板，设置反射【细分】和折射【细分】均为 30，如图 9-209 和图 9-210 所示。提高渲染精度。

　　改变材质的颜色可以得到类似皮肤的效果。最终渲染如图 9-211 所示。

图9-209 设置反射细分

图9-210 设置折射细分

图9-211 渲染效果

▶ 9.9 本章小结

本章详细地讲解了VRay渲染器在3ds Max中的分布、调用、VRay渲染器参数面板的参数设置，以及VRay材质、灯光的基本设置，最后通过实际案例进行操作、巩固和加深，使大家对VRay渲染器的基本操作技巧和操作流程有了基本的了解。当然，要提高自己的渲染能力不是一朝一夕的事情，这需要大量的练习，同时也要不断地钻研。

▶ 9.10 习题

1. 填空题

(1) 除了对3ds Max基本功能的支持外，VRay渲染器还具有自己独特的功能以及参数控制，包括_____，_____，_____以及_____等。

(2) VRay渲染参数控制面板，这里包括了_____种可用的VRay渲染元素。这些元素可以根据制作的需要方便地调用。

(3) 图像抗锯齿过滤器是抗锯齿的最后一步操作，它们在_____起作用，并根据所选择的过滤器来清晰或柔化最终输出。

(4) VRay阴影针对的并不是VRay自身所带的灯光类型，而是_____为服务的。

2. 上机题

(1) 上机练习VRay灯光的使用方法。
(2) 上机练VRay材质类型的使用方法。
(3) 上机练习VRay材质包裹的使用方法。
(4) 上机练习VRay灯光材质的使用方法。

第 10 章　VRay应用案例

> 本章通过"理论阐述＋对比测试"的讲解方法，全面深入地介绍
> VRay的材质、VRay的灯光、HDRI高动态范围图像的应用、摄像机
> 景深与运动模糊、VRay置换与3S特效、VRay焦散效果，几乎阐述
> 了VRay渲染器的所有参数控制。

10.1　VRay质感表现

本节主要针对 VRay 金属、塑料和陶瓷质感的表现方法和表现技巧做详细讲解，通过这些基本质感的制作，让读者进一步了解 VRay 渲染器的渲染技巧和参数设置。

10.1.1　金属质感表现

金属材质是生活中比较常见的材料，这种材料的表面会有颗粒感，所以反射的景象会比较模糊。本例将制作不锈钢金属水杯，最终渲染场景如图 10-1 所示。

学习重点

(1) 掌握 VRay 中金属质感的表现方法。

(2) 了解使用自适应确定性蒙特卡洛采样器。

图10-1　渲染场景

制作不锈钢金属水杯

所用素材：光盘＼素材＼第10章＼金属质感初始

最终场景：光盘＼素材＼第10章＼金属质感完成

操作步骤

01 打开配套光盘中的场景文件，如图 10-2 所示。

02 单击创建面板 ，选择 按钮，单击【VR 灯光】按钮，如图 10-3 所示。

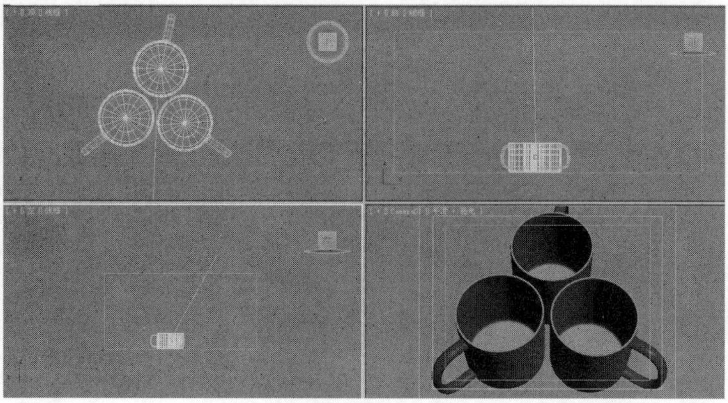

图10-2 场景文件

图10-3 VRay灯光面板

03 在前视图中创建灯光，然后配合顶视图调整灯光的位置和方向，这个灯光作为场景中的主光源，照亮整个场景，如图10-4所示。

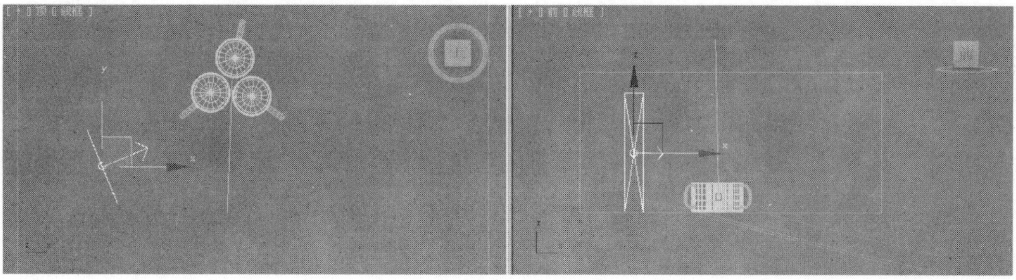

图10-4 创建灯光

04 选择灯光对象，进入修改面板，设置灯光的颜色为RGB（255、255、255），设置【倍增器】为15。设置灯光的【长】和【宽】为70和170，【细分】值为10，如图10-5所示。

05 单击【Shift】键复制灯光物体，将复制出来的灯光放置在场景右侧，然后配合顶视图调整灯光位置和方向，将此灯光作为场景中的辅助光源，如图10-6所示。

06 选择第二盏灯光，进入修改面板，设置灯光的颜色为RGB（240、212、105），设置【倍增】为12。设置灯光的【长】和【宽】为70和190，【细分】值为10，如图10-7所示。

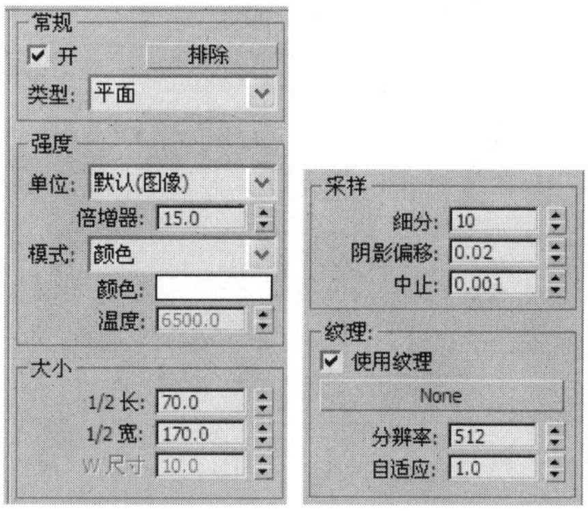

图10-5 灯光参数设置

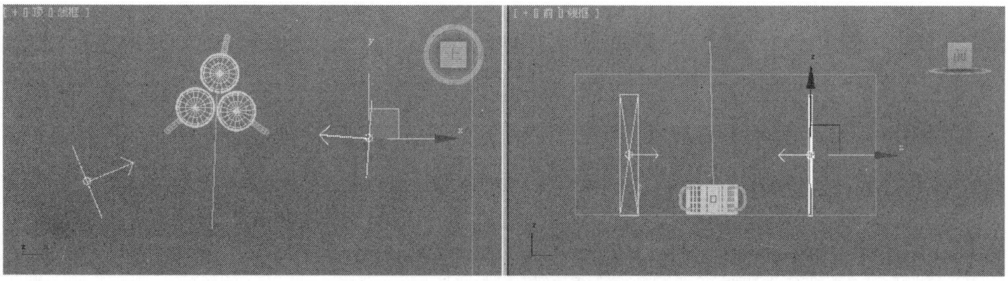

图10-6 复制灯光

421

三维制作大师

07 为场景创建第三盏灯光。单击创建面板，选择▢按钮，单击【VR 灯光】按钮，在顶视图中创建一个大面积的灯光，并将灯光放置到场景顶部，此灯光作为场景的辅助光源，如图 10-8 所示。

图10-7　灯光参数设置　　　　　　　　　　图10-8　创建辅助灯光

08 选择第三盏灯光，进入修改面板▢，设置灯光的颜色为 RGB（255、255、255），设置【倍增器】为 10。设置灯光的【长】和【宽】为 247 和 410，【细分】值为 10，如图 10-9 所示。

09 单击【F10】键，打开渲染面板。在【全局开关（无名）】卷展栏中单击【覆盖材质】选项，为场景中所有物体指定一个 VRay 材质，如图 10-10 所示。在【图像采样器（反锯齿）】卷展栏中，将图像的采样类型设置为【固定】，设置如图 10-11 所示。

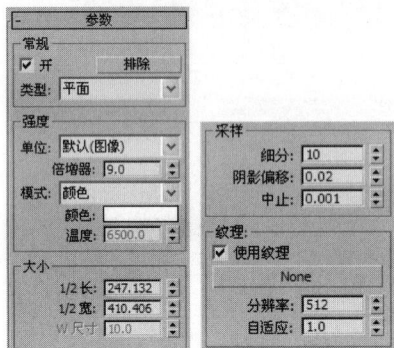

图10-9　灯光参数设置　　　　　　　　　图10-10　【材质/贴图浏览器】对话框

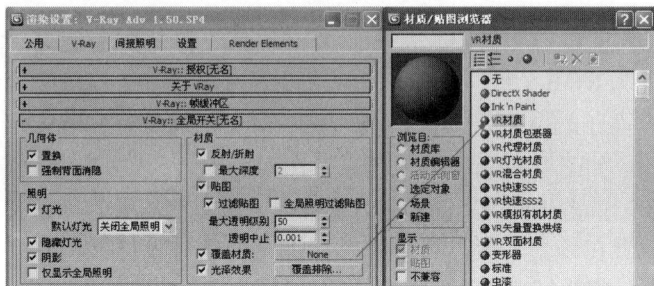

10 渲染场景，如图 10-12 所示。由于 VRay 默认使用的是【线性倍增】的曝光方式，所以导致靠近光源的地方过于明亮。可以在【颜色贴图】卷展栏的【类型】选项中将曝光类型更改为【指数】，解决当前问题，如图 10-13 所示。再次渲染场景，如图 10-14 所示。

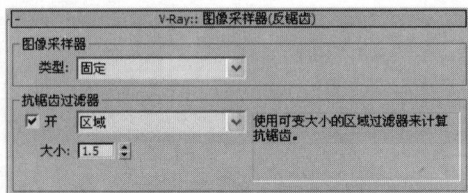

图10-11　设置图像采样类型　　　　　　　图10-12　渲染场景

图10-13　更改曝光类型

图10-14　渲染场景

11 制作地面材质部分。选择地面物体对象，单击【M】键打开材质编辑器。选择一个材质球，并重命名为"地面"。将当前标准材质更改为【VR材质】。设置【漫反射】颜色为RGB（37、37、37）。在反射材质通道中指定【衰减】贴图，如图10-15所示。将【反射光泽度】设置为0.95，反射光泽度用来定义材质表面的平滑程度。数值为1时，表示材质表面光滑，数值越小，材质表面越粗造，反射越模糊，如图10-16所示。

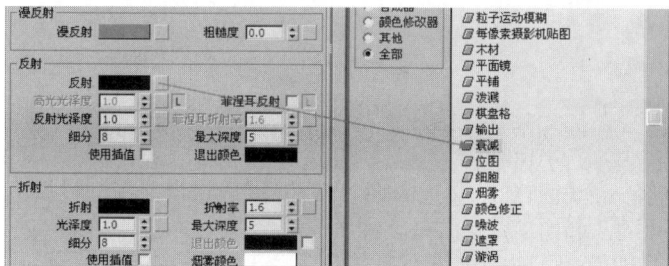

图10-15　指定衰减贴图

图10-16　反射光泽度设置

12 进入反射通道中的衰减贴图中，将混合曲线设置如图10-17所示。在【双向反射分布函数】卷展栏中，将反射类型设置为【沃德】，沃德一般用来表现金属质感。将【各向异性】设置为0.7，【局部轴】选择【X】轴，如图10-18所示。

13 渲染场景，测试地面材质场景，如图10-19所示。地面材质基本设置完成。

图10-17　衰减曲线设置

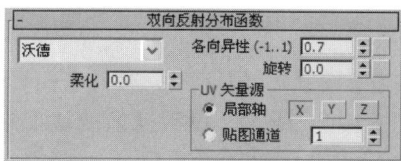

图10-18　反射类型设置

图10-19　渲染场景

14 设置杯身材质，这个材质相对复杂一些，首先把杯身分为两个部分来指定材质，即设置材质ID号。选择杯子模型，单击修改面板 ，进入面级别，选择杯子底部的面，如图10-20所示。

将 ID 设置为 1，如图 10-21 所示。

图10-20　选择底面

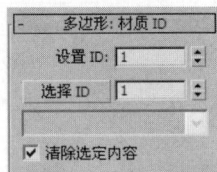

图10-21　设置材质 ID

15 单击【Ctrl+I】键，反选其他面，如图 10-22 所示。将 ID 设置为 2，如图 10-23 所示。

图10-22　反选面

图10-23　设置材质 ID

16 单击【M】键打开材质编辑器。选择一个材质球，并重命名为"杯身"。将当前标准材质更改为多维/子对象材质，设置材质数量为 2，如图 10-24 所示。

17 选择 1 号子材质，当前材质对应杯底部分。设置材质类型为【VR 材质】，设置【漫反射】颜色为 RGB（42、42、42），【反射】颜色设置为 RGB（65、65、65），【反射光泽度】设置为 0.98，如图 10-25 所示。

图10-24　设置材质数量

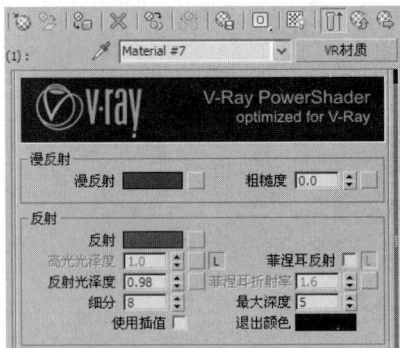

图10-25　反射组设置

18 在【双向反射分布函数】卷展栏中，将反射类型设置为【沃德】。将【各向异性】设置为 0.95。并在【旋转】通道指定渐变坡度贴图，如图 10-26 所示。设置【渐变坡度参数】，如图 10-27 所示。

19 选择 2 号子材质，当前材质对应杯身部分。设置材质类型为【VR 材质】。设置【漫反射】颜色为 RGB（50、50、50），【反射】颜色设置为 RGB（220、220、220），【反射光泽度】设置为 0.99，如图 10-28 所示。并在【反射】通道中指定一张金属贴图，如图 10-29 所示。

图10-26 指定渐变坡度贴图

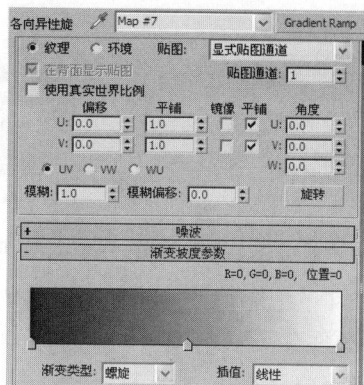

图10-27 【渐变坡度参数】设置

图10-28 基本参数设置

图10-29 【选择位图图像文件】对话框

20 由于指定了位图，所以需要为模型指定贴图坐标修改器。单击修改面板，为杯身添加【UVW 贴图】修改器，如图 10-30 所示。进入 UVW 贴图修改器中，选择贴图类型为【柱形】，然后单击【适配】按钮，如图 10-31 所示。

425

三维制作大师

图10-30 添加【UVW贴图】修改器

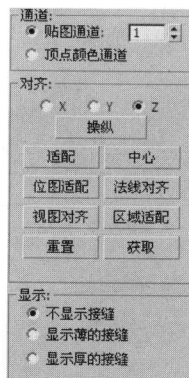

图10-31 选择贴图类型

21 单击【双向反射分布函数】卷展栏，将【各向异性】设置为 0.5，如图 10-32 所示。在【贴图】面板中将【反射】贴图数量设置为 50，这样使反射通道对材质只有 50% 的影响了，如图 10-33 所示。

图10-32 【双向反射分布函数】卷展栏

图10-33 反射数量设置

22 选择杯子把手模型，为其指定【VR 材质】。设置【漫反射】颜色为 RGB（50、50、50），【反射】颜色设置为 RGB（610、610、610），【反射光泽度】设置为 0.98，如图 10-34 所示。在【双向反射分布函数】卷展栏中将反射类型设置为【沃德】。将【各向异性】设置为 0.7，如图 10-35 所示。

图10-34 基本参数设置

图10-35 反射类型设置

23 单击【F10】键，打开渲染面板。将 VRay 图像采样器设置为【自适应确定性蒙特卡洛】，如图 10-36 所示。设置【自适应确定性蒙特卡洛图像采样器】卷展栏，如图 10-37 所示。

图10-36 图像采样器设置

图10-37 【自适应确定性蒙特卡洛图像采样器】卷展栏

24 将所有材质的【细分】值都设置为 30，如图 10-38 所示。在【采样】中将灯光的【细分】值设置为 20，如图 10-39 所示。

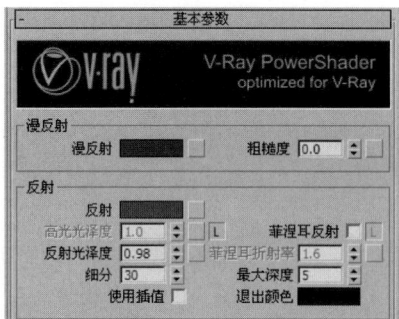

图10-38 材质细分设置

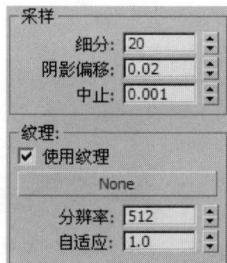

图10-39 灯光细分设置

25 选择场景后方的反光板部分，如图 10-40 所示。

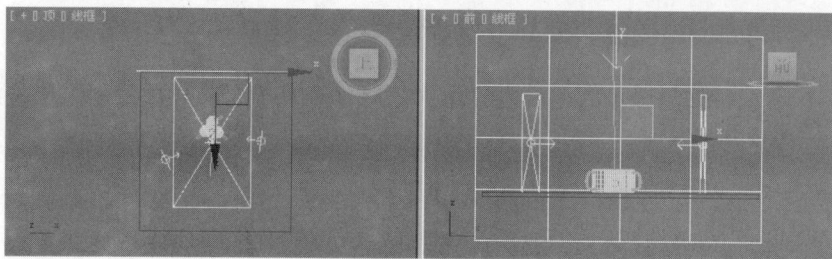

图10-40 选择反光板

26 单击【M】键打开材质编辑器，选择一个新的材质球，并赋予给反光板物体。将【漫反射】颜色和【自发光】颜色设置为白色，如图 10-41 所示，测试渲染，如图 10-42 所示。

图10-41 基本参数设置

图10-42 渲染场景

27 对视图角度做适当调整，如图 10-43 所示。

图10-43 调整视角

最终渲染效果如图 10-44 所示。

图10-44 最终渲染场景

10.1.2 玩具熊闹钟质感表现

本例制作塑料闹钟的质感表现，首先使用 3ds Max 制作模型，然后使用 VRay 渲染。最终渲染效果如图 10-45 所示。

学习重点

(1) 掌握 VRay 中塑料质感的表现方法。

(2) 3ds Max 多维子材质的应用。

(3) 了解使用自适应确定性蒙特卡洛采样器。

图10-45　渲染效果

制作玩具熊闹钟质感

> 所用素材：光盘\素材\第 10 章\闹钟初始
>
> 最终场景：光盘\效果\第 10 章\闹钟完成

操作步骤

01 打开配套光盘中的场景文件，如图 10-46 所示。

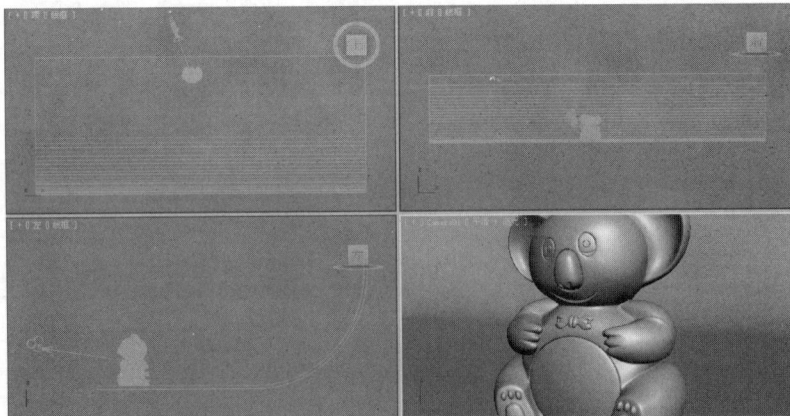

图10-46　场景文件

02 单击创建命令面板，选择创建灯光命令。选择【目标聚光灯】按钮，在左视图创建灯光，并在前视图中调整灯光位置，如图 10-47 所示。

图10-47 创建目标聚光灯

03 选择目标聚光灯，进入修改面板，勾选【启动】阴影选项，并选择【VRay 阴影】类型。设置倍增为 0.7，灯光颜色为 RGB（252、250、243）。勾选【远距衰减】下的【使用】，设置【开始】为 1880，【结束】值为 4110。并在【聚光灯参数】卷展栏中勾选【泛光化】。将【衰减区/区域】设置为 45，如图 10-48 所示。

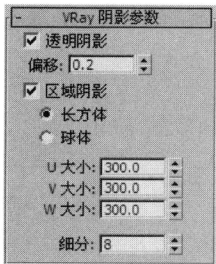

图10-48 聚光灯参数设置

04 设置【VRay 阴影参数】。勾选【区域阴影】选项，如图 10-49 所示。接着为场景增加一个辅助灯光。选择创建面板 创建灯光命令，选择【泛光灯】按钮，如图 10-50 所示。设置泛光灯的【倍增】为 0.3，灯光颜色为 RGB（252、250、243）。勾选【远距衰减】下的【使用】，设置【开始】为 433，【结束】值为 4240，如图 10-51 所示。

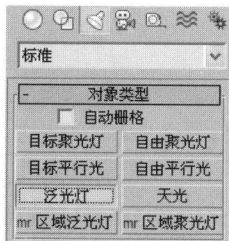

图10-49 勾选【区域阴影】选项　　　图10-50 单击【泛光灯】按钮　　　图10-51 衰减设置

05 调整灯光位置，如图 10-52 所示，测试渲染，如图 10-53 所示。

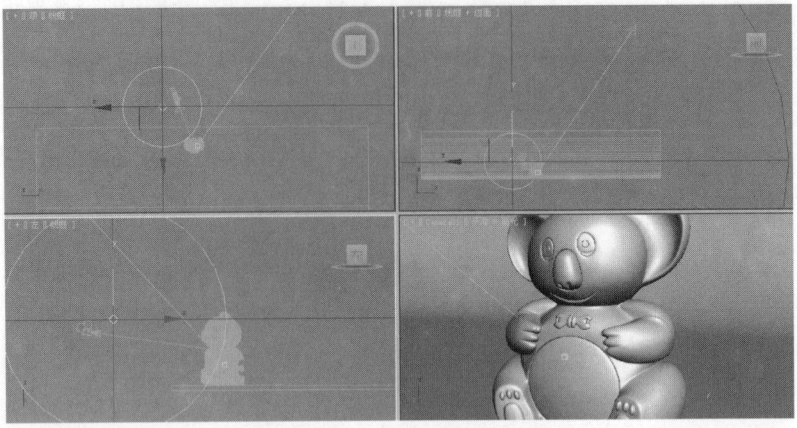

图10-52　调整灯光位置

06 选择创建面板 ![icon]，选择创建灯光命令 ![icon]。单击【VR 灯光】按钮，如图 10-54 所示。在顶视图中拖动创建灯光，位置如图 10-55 所示。

图10-53　渲染场景 　　　　　图10-54　单击【VR灯光】按钮 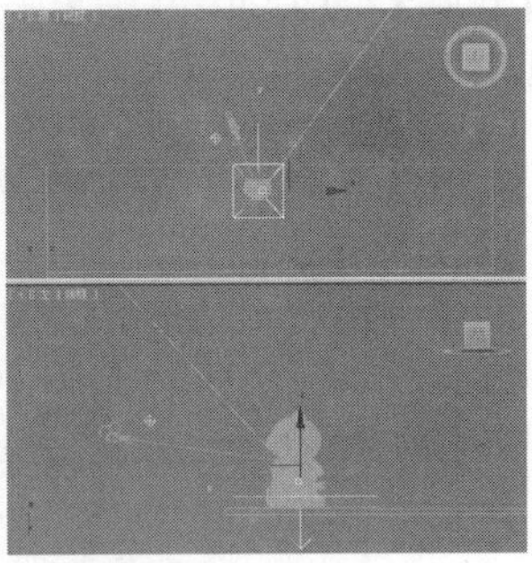　　　　　图10-55　创建灯光

07 选择 VRay 灯光，进入修改面板 ![icon]，将灯光类型更改为【穹顶】，设置【倍增器】值为 3，如图 10-56 所示。测试渲染，如图 10-57 所示。在视图中观察 VRay 灯光形态，已经变成一个半球体了。

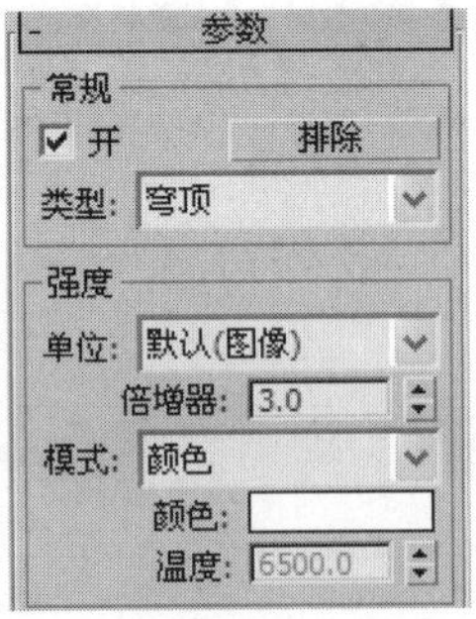

图10-56　灯光参数　　　　　图10-57　渲染场景

08 单击【M】键打开材质编辑器，在视图中玩具熊闹钟的头部和身体部分后选择一个材质球，将材质类型更改为【多维 / 子对象】材质，设置材质数量为 3，然后将材质指定给模型，如图 10-58 所示。因为当前模型已经分配好了材质 ID。在修改面板中，选择【可编辑网格】的【多边形】选项，如图 10-59 所示。

09 在【曲面属性】卷展栏中可以选择 ID。模型的头部和身体部分材质 ID 为 1，玩具熊脚掌部分材质 ID 为 2，玩具熊眼睛部分材质 ID 为 3，如图 10-60 所示。

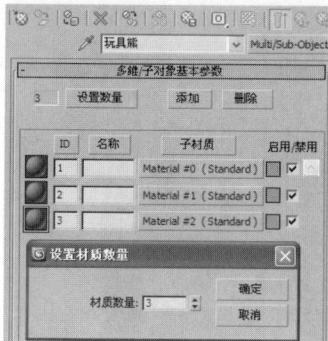

图10-58 【设置材质数量】对话框

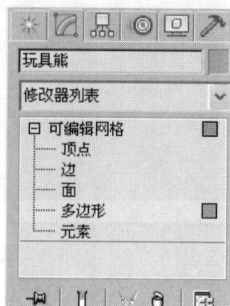

图10-59 【多边形】选项

图10-60 设置ID

10 在材质编辑器中选择 1 号子材质，这个材质对应的是模型的头部和身体部分。将当前材质更改为【VR 材质】。设置【漫反射】颜色为 RGB（255、0、0），【高光光泽度】为 0.76，【反射光泽度】设置为 0.92，【反射】颜色为 RGB（57、57、57），如图 10-61 所示。

11 在【贴图】卷展栏中选择【凹凸】贴图通道，并指定【噪波】贴图，并将【凹凸】数量数值设置为 15。如图 10-62 所示。

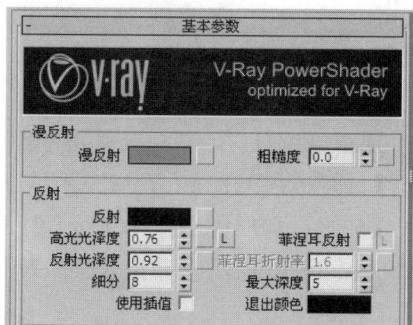

图10-61 基本参数设置

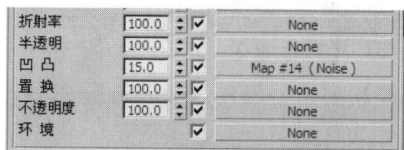

图10-62 添加【凹凸】贴图

12 进入【噪波参数】卷展栏，设置参数，如图 10-63 所示，测试渲染，如图 10-64 所示。

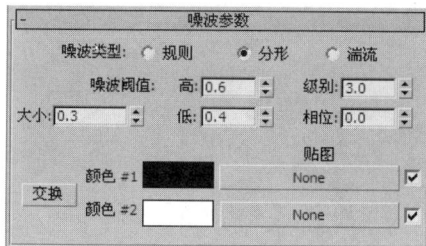

图10-63 噪波设置

图10-64 渲染场景

13 返回【多维 / 子对象】材质层级，进入 2 号材质，这个材质对应的是玩具熊的手指、脚掌和眼圈部分，将【明暗器】类型更改为【Phong】类型。设置【漫反射】颜色为 RGB（27、27、

27），【高光级别】为45，【光泽度】为25，如图10-65所示。

14 在【贴图】卷展栏中选择【凹凸】通道，并指定【噪波】贴图，如图10-66所示。

图10-65　基本参数设置

图10-66　添加【凹凸】贴图

15 进入【噪波】贴图后，设置参数如图10-67所示。并将【凹凸】数量值设置为20，如图10-68所示。

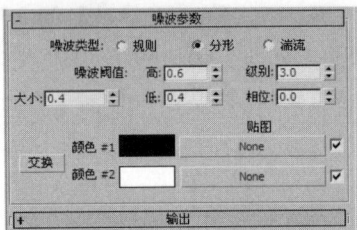

图10-67　【噪波参数】设置

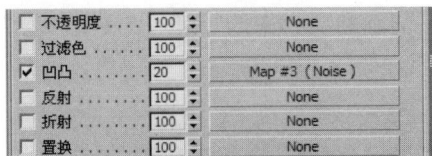

图10-68　设置凹凸数量

16 返回【多维/子对象】材质层级，进入3号材质，这个材质对应的是玩具熊的眼睛部分，将【明暗器】类型更改为【Phong】类型。设置【漫反射】颜色为RGB（237、237、237），【高光级别】为20，【光泽度】为50，如图10-69所示。在【贴图】卷展栏中选择【凹凸】通道，并指定【噪波】贴图，进入【噪波】贴图后，设置参数如图10-70所示，并将【凹凸】数量值设置为10。

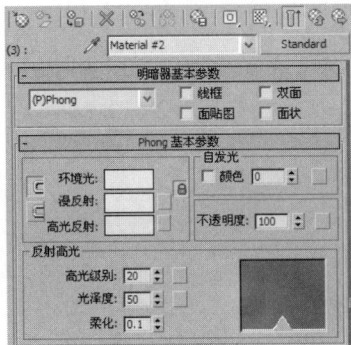

图10-69　基本参数设置

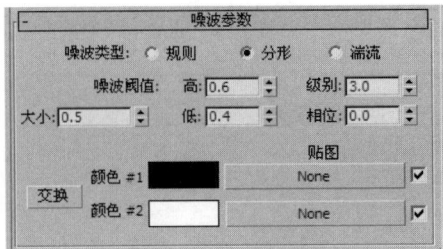

图10-70　【噪波参数】设置

17 制作玩具熊鼻子部分材质。选择一个新的材质球，将【明暗器】类型更改为【Phong】类型，设置【漫反射】颜色为RGB（106、106、106），【高光级别】为85，【光泽度】为40，如图10-71所示。在【贴图】卷展栏中选择【反射】通道，指定【衰减】贴图。并将反射数量设置为35，如图10-72所示。

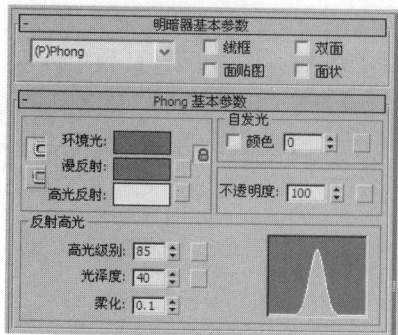

图10-71　基本参数设置

图10-72　衰减参数设置

18 单击【衰减】贴图中的【None】按钮，选择【VR贴图】，如图10-73所示。

图10-73　指定VRay贴图

19 在视图中选择玩具熊的领结部分。选择一个新的材质球，将【明暗器】类型更改为【Phong】类型。设置【漫反射】颜色为RGB（141、200、255），【高光级别】为80，【光泽度】为45，如图10-74所示。领结材质的反射方式与玩具熊鼻子的反射方式相同，这里就不在复述了。测试渲染场景，如图10-75所示。

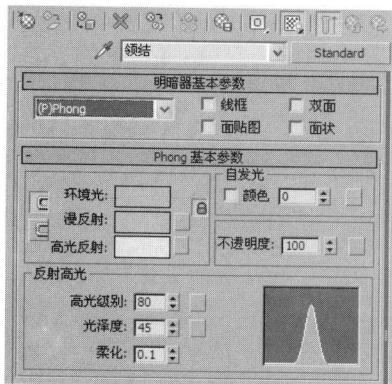

图10-74　基本参数设置

图10-75　渲染场景

20 选择闹钟盖模型，为其制作玻璃材质。选择一个新的材质球，将材质类型更改为【VR材质】。在 VR 材质面板中将【漫反射】颜色为 RGB（0、0、0），【反射】颜色为 RGB（25、25、25），【折射】颜色为 RGB（255、255、255），勾选【影响阴影】选项。当前选项可以让灯光穿透玻璃材质，如图 10-76 所示。在【反射】通道中加入【衰减】贴图，设置【衰减】颜色分别为 RGB（13、13、3）和 RGB（63、63、63），如图 10-77 所示。

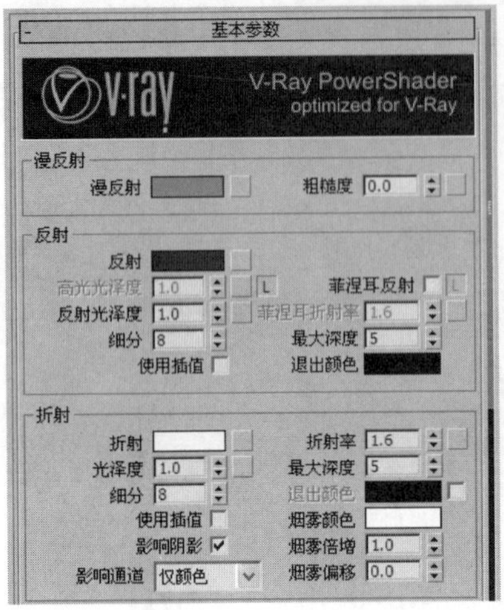

图10-76　基本参数设置

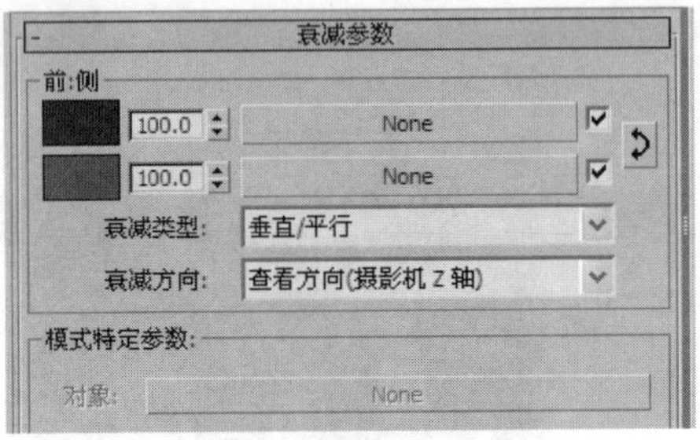

图10-77　衰减参数设置

21 选择表盘模型，选择一个新的材质球，单击【漫反射】贴图按钮，双击【位图】按钮，选择配套光盘中提供的贴图文件，如图 10-78 所示。返回材质层级，将【自发光】设置为 50，如图 10-79 所示。

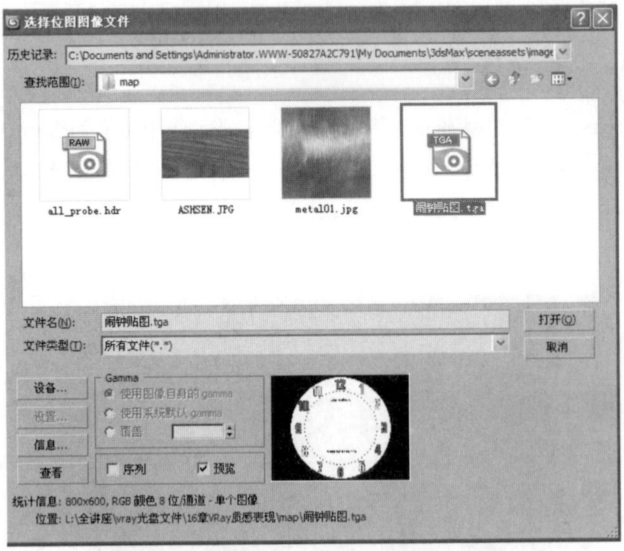

图10-78　【选择位图图像文件】对话框

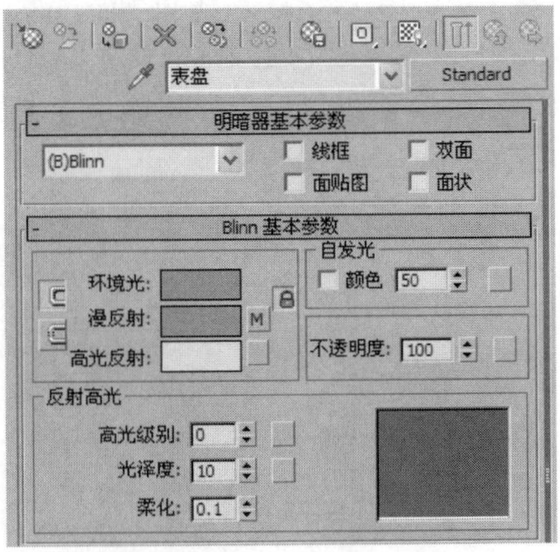

图10-79　基本参数设置

22 单击【F10】键，打开渲染面板。将 VRay【图像采样器】类型设置为【自适应确定性蒙特卡洛】，如图 10-80 所示。设置【自适应确定性蒙特卡洛图像采样器】卷展栏，如图 10-81 所示。

三维制作大师

图10-80　选择【图像采样器】类型

图10-81　细分设置

23 打开【间接照明】卷展栏，勾选【开】，并将二次反弹设置为【灯光缓存】，如图 10-82 所示。

24 打开【环境】卷展栏，勾选全局照明环境 (天光) 覆盖中的【开】选项，设置如图 10-83 所示。

图10-82　【间接照明】卷展栏

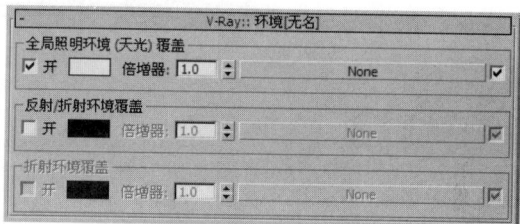

图10-83　开启全局照明环境

整个场景的设置基本完成，测试渲染，如图 10-84 所示。

图10-84　最终渲染场景

▶ 10.1.3　晶莹陶瓷质感体现

本实例通过制作一个卫浴洁具的反射材质的练习，来学习 VRay 材质的反射场景。最终场景如图 10-85 所示。

📖 学习重点

（1）掌握 VRay 中陶瓷质感的表现方法。

（2）掌握 VRay 灯光的使用方法。

制作晶莹陶瓷质感体现

所用素材：光盘 \ 素材 \ 第 10 章 \ 陶瓷质感初始

最终场景：光盘\素材\第10章\陶瓷质感完成

图10-85　最终场景

操作步骤

01 打开配套光盘中的场景文件，如图 10-86 所示。

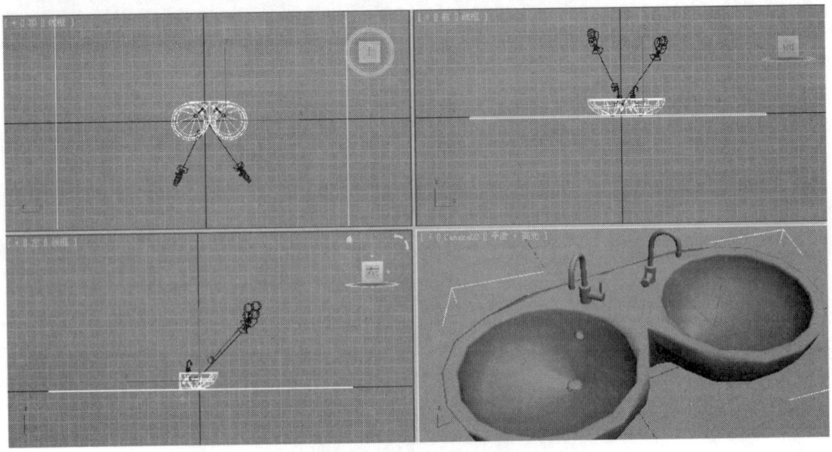

图10-86　场景文件

02 选择面盆模型，单击【M】键打开材质编辑器，选择一个材质球，单击 Standard 按钮，在弹出【材质/贴图浏览器】对话框中选择【VR 材质】。在 VR 材质面板中将【漫反射】颜色设置为 RGB（255、255、255），在【贴图】卷展栏中选择【反射】通道，指定【衰减】贴图，如图10-87 所示。

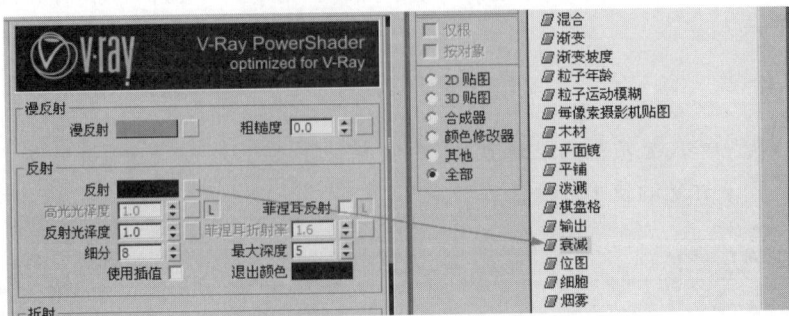

图10-87　指定【衰减】贴图

03 设置【衰减参数】，如图 10-88 所示。将该材质赋予给面盆模型，测试渲染，如图 10-89 所示。

图10-88　设置【衰减参数】

图10-89　渲染场景

04 选择水龙头模型，如图 10-90 所示。单击【M】键打开材质编辑器，选择一个材质球，单击 Standard 按钮，在弹出的【材质/贴图浏览器】对话框中选择【VR 材质】。设置【反射】颜色为 RGB（108、108、108），设置【反射光泽度】为 0.98，设置【细分】值为 8，如图 10-91 所示。反射场景用 256 级灰度来表现，颜色越亮则反射越强。

图10-90　选择水龙头模型

图10-91　反射组设置

05 选择地面物体，如图 10-92 所示。单击【M】键打开材质编辑器，选择一个材质球，单击 Standard 按钮，在弹出【材质/贴图浏览器】对话框中选择【VR 材质】。设置【反射】颜色为 RGB（213、213、213），如图 10-93 所示。

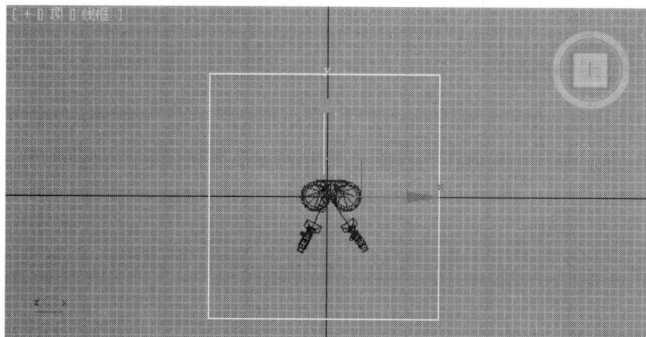

图10-92　选择地面物体

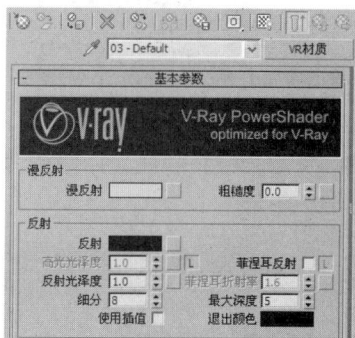

图10-93　反射颜色设置

06 选择创建面板 中的创建灯光命令 ，选择【VR 灯光】按钮，设置灯光类型为【球体】，VRay 灯光可以让场景中产生非常漂亮且真实的光照阴影类型。调整灯光位置，如图 10-94 所示，设置灯光【倍增器】为 10，灯光颜色为白色，如图 10-95 所示。

三维制作大师

图10-94　创建灯光

图10-95　灯光参数设置

07　单击【F10】键打开渲染面板，选择【图像采样器】卷展栏，将【图像采样器】类型更改为【自适应细分】，如图 10-96 所示。选择【间接照明】卷展栏，开启间接照明，设置如图 10-97 所示。

图10-96　采样器类型设置

图10-97　开启间接照明

08　选择【环境】卷展栏，开启环境开关，设置环境颜色为白色，如图 10-98 所示。单击【None】按钮，在弹出的【材质/贴图浏览器】对话框中选择【渐变坡度】贴图。单击【M】键打开【材质编辑器】，选择一个新的材质球，选择【实例】复制【渐变坡度】贴图到新的材质球上，如图 10-99 所示，这样在材质编辑器上修复的参数就直接影响到天光贴图。

图10-98　开启环境开关

图10-99　【实例贴图】对话框

09　在【坐标】卷展栏中设置【渐变坡度】贴图坐标，如图 10-100 所示。最终渲染场景如图 10-101 所示。

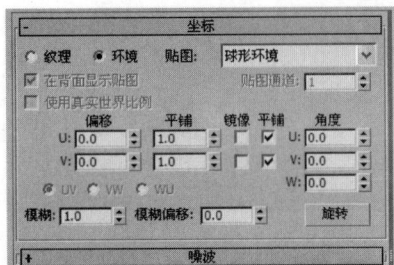

图10-100　贴图坐标设置

图10-101　最终渲染场景

10.2 深入学习VRay特性

10.2.1 玻璃焦散特效

在真实的世界里,当光线通过曲面进行反射或在透明曲面折射时会产生小面积光线聚焦,即光线焦散场景。焦散场景是三维软件中近几年才有的一种计算真实光线跟踪的高级特效,当光照射在光滑或者透明的物体时会在物体周围产生光能的传递和接受,如图 10-102 所示是几种产生光能传递的焦散场景。

图10-102　焦散场景

焦散场景分为光能传递和光能接受,在计算机中用光子的多少来表现焦散的强弱场景。现实生活中的物体都是可以进行光能传递和接受的,在制作三维作品时可以人为地关闭某一物体的光能传递或者接受选项,以达到节约渲染时间的目的。

下面通过一个实例来详细讲解 VRay 的玻璃材质和 HDRI 照明,以及焦散场景的制作。最终渲染场景如图 10-103 所示。

学习重点

(1) 通过具体实例学习焦散效果的制作。

(2) 掌握 VRay 中玻璃焦散的表现方法。

(3) 了解使用自适应确定性蒙特卡洛采样器。

图10-103　最终渲染场景

制作玻璃焦散特效

所用素材: 光盘\素材\第10章\玻璃焦散初始

最终场景: 光盘\效果\第10章\玻璃焦散完成

操作步骤

01 打开配套光盘提供的场景文件,并设置好摄像机,如图 10-104 所示。

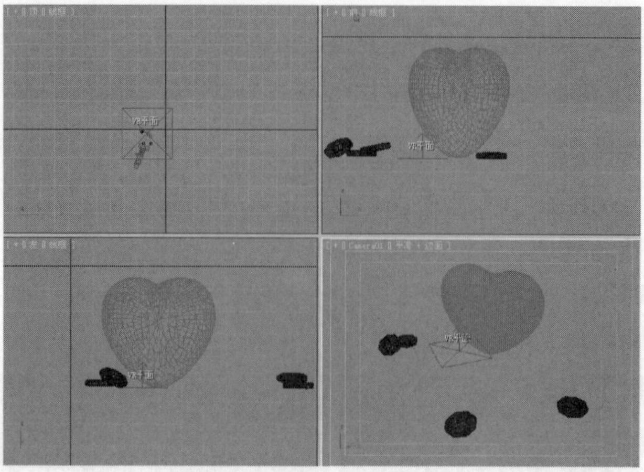

图10-104　场景文件

02 为场景设置灯光。进入创建面板 ，单击【VR 灯光】按钮，如图 10-105 所示。在各个视图中调整灯光的位置和方向，如图 10-106 所示。

图10-105　创建VRay灯光

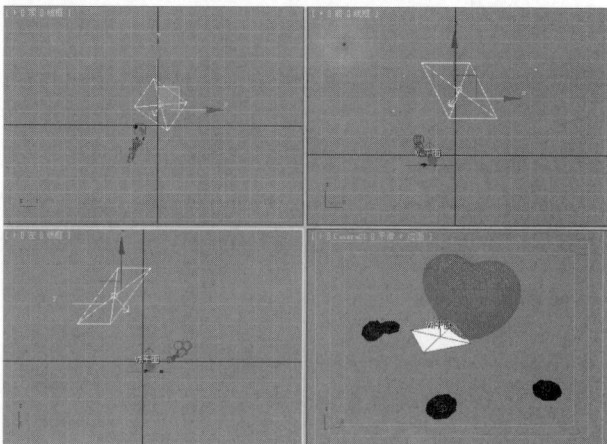

图10-106　调整灯光的位置

03 选择灯光物体，进入修改面板 ，设置【倍增器】为 30，灯光尺寸【长】为 151，【宽】为 154，灯光【颜色】为白色，【细分】值为 10，如图 10-107 所示。测试渲染，如图 10-108 所示。

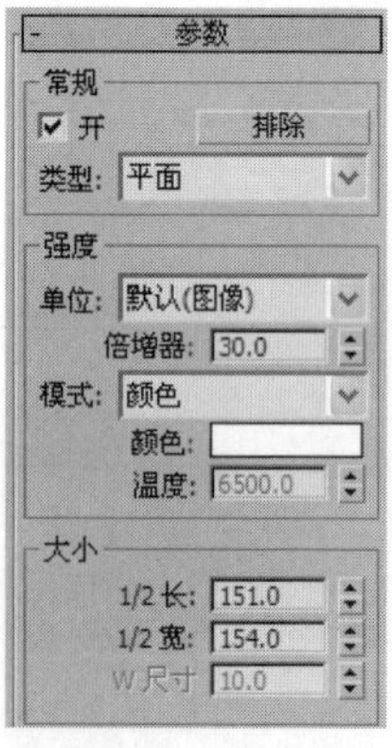

图10-107　灯光设置

图10-108　渲染场景

04 选择地面物体，为其指定【VR材质】，设置【漫反射】颜色为RGB（0、0、0），【反射】颜色为RGB（255、255、255），并勾选【菲涅耳反射】。设置【折射】颜色为RGB（255、255、255），【折射率】设置为1.6，并勾选【影响阴影】选项。

05 设置【烟雾颜色】为RGB（255、101、101），【烟雾倍增】值为0.15，如图10-109所示，测试渲染场景，如图10-110所示。

图10-109　基本参数设置

图10-110　渲染场景

06 选择场景中的多边形模型，如图10-111所示。选择一个新的材质球，为其指定VRay材质。设置【漫反射】颜色为RGB（0、0、0），【反射】颜色为RGB（255、255、255），并勾选【菲涅耳反射】。设置【折射】颜色为RGB（255、255、255），【折射率】设置为1.6，并勾选【影响阴影】选项。设置【烟雾颜色】为RGB（1104、142、0），【烟雾倍增】值为0.03，如图10-112所示。

图10-111　选择物体

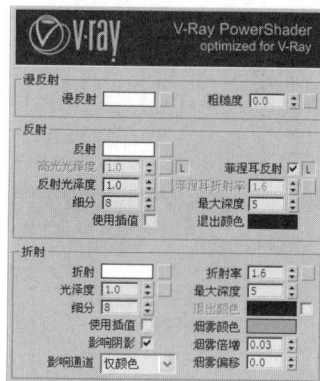

图10-112　基本参数设置

07 选择场景中的多边形模型，如图10-113所示。选择一个新的材质球，为其指定VRay材质。设置【漫反射】颜色为RGB（0、0、0），【反射】颜色为RGB（255、255、255），并勾选【菲涅耳反射】。设置【折射】颜色为RGB（255、255、255），【折射率】设置为1.6，并勾选【影响阴影】选项。设置【烟雾颜色】为RGB（8、77、13），【烟雾倍增】值为0.12，如图10-114所示。

08 渲染当前场景，如图10-115所示。材质的场景基本形成，但是环境还需要调整。单击键盘上的【8】键，打开【环境和效果】面板，单击【环境贴图】按钮，在弹出的【材质/贴图浏览器】对话框中选择【渐变坡度】贴图，如图10-116所示。

三
维
制
作
大
师

图10-113 选择物体

图10-114 基本参数设置

图10-115 渲染场景

图10-116 【材质/贴图浏览器】对话框

09 单击键盘上的【M】键，打开【材质编辑器】。将环境贴图【实例】复制到材质编辑器的一个新的材质球上，如图 10-117 所示。

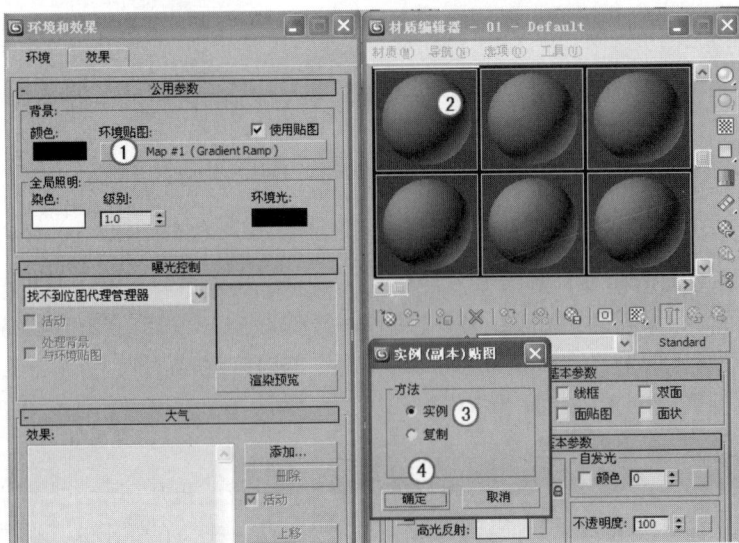

图10-117 【实例贴图】对话框

10 在【渐变坡度】贴图参数面板中将 W 轴旋转角度设置为 100 度，然后将贴图坐标类型更改为【球形环境】，如图 10-118 所示，渲染场景，红心材质已经非常通透了，如图 10-119 所示。

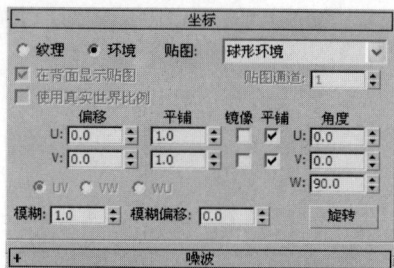

图10-118 更改贴图坐标

图10-119 渲染场景

11 进入创建面板，单击【平面】按钮，在场景中创建平面物体，放置在红心旁边，并适当旋转，如图 10-120 所示。

12 为平面物体指定材质。选择一个新的材质球，使用默认材质即可。这是一个完全的自发光材质，勾选【双面】和【颜色】，设置【漫反射】颜色为 RGB（255、255、255），如图 10-121 所示。

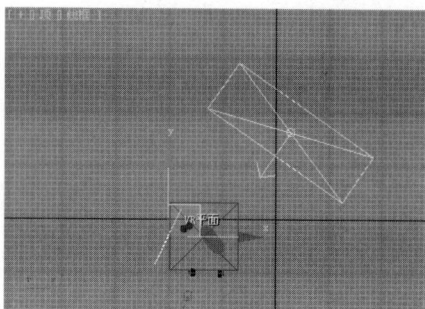

图10-120 创建平面

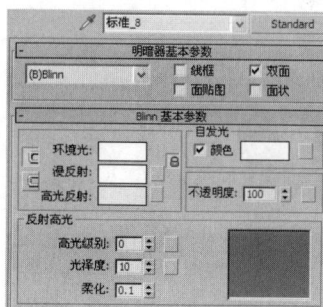

图10-121 基本参数设置

13 渲染场景，如图 10-122 所示。可以看到反光板的作用已经产生了，红心表面产生了高光反射，但是反光板物体也直接渲染出来了，而且红心反射并不亮，下面来解决这个问题。首先将反光板在摄像机视图中的可视性去掉，选择场景中的反光板物体，单击鼠标右键，在弹出的菜单中选择【对象属性】命令，如图 10-123 所示。

图10-122 渲染场景

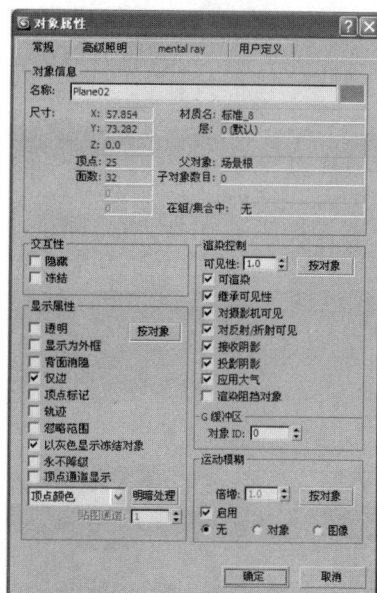

图10-123 【对象属性】对话框

三维制作大师

14 在【渲染控制】面板中取消勾选【对摄像机可见】，取消勾选【接收阴影】和【投影阴影】选项，如图 10-124 所示。渲染场景，如图 10-125 所示，反光板已经不可见了。

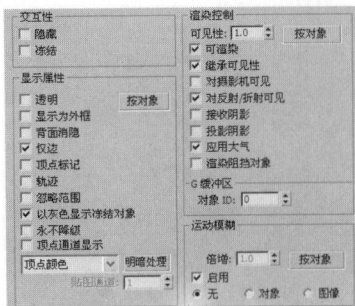

图10-124 渲染控制面板设置

图10-125 渲染场景

15 进入【材质编辑器】，在反光板材质的自发光通道中指定【输出】贴图，如图 10-126 所示。进入【输出】贴图，将【输出量】和【RGB 级别】设置为 2，这样就可以提高反光板渲染时的亮度，如图 10-127 所示。

图10-126 指定贴图

图10-127 输出参数

16 选择反光板物体，单击【Shift】键实例复制一份，放置位置如图 10-128 所示，渲染场景如图 10-129 所示。

图10-128 复制灯光

图10-129 渲染场景

17 观察渲染场景，很显然，玻璃红心还不够晶莹，这是因为材质的折射率过高引起的，选择红心的材质球，将【折射率】降低到 1.2，如图 10-130 所示。再次渲染场景，如图 10-131 所示。

图10-130　折射率设置

图10-131　渲染场景

18 单击键盘上的【F10】键，打开【间接照明】面板，勾选【开】，开启间接照明，设置【二次反弹】的【全局照明引擎】类型为【光子图】，如图 10-132 所示。

19 由于开启了间接照明，反光板物体依然会参与计算。选择反光板物体，进入【系统】面板，单击【对象属性】选项，取消【可见全局照明】选项，如图 10-133 所示。

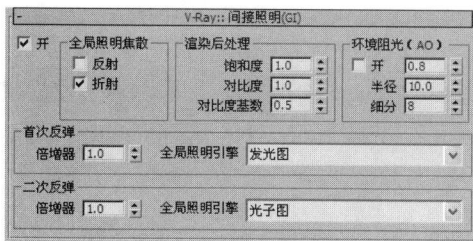

图10-132　更改全局照明引擎

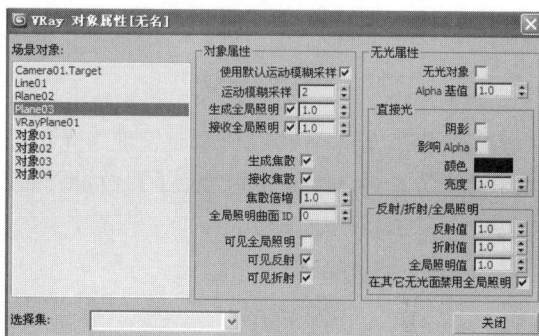

图10-133　取消【可见全局照明】

20 渲染场景，开启间接照明的材质更透亮了，如图 10-134 所示。下面开始制作焦散，单击【F10】键，进入【焦散】面板，勾选【开】按钮，开启焦散，设置【倍增器】为 15，如图 10-135 所示。

图10-134　渲染场景

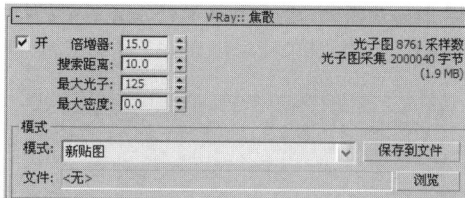

图10-135　开启焦散

21 测试渲染，如图 10-136 所示。虽然焦散已经产生，但是场景很差，需要对焦散进行调整，方法是提高灯光的焦散细分值。打开渲染面板，选择【系统】卷展栏，选择【灯光属性】选项，将【焦散细分】值设置为 2500，如图 10-137 所示。

图10-136　渲染场景

图10-137　设置焦散细分

22 渲染当前场景，发现曝光明显过度，如图10-138所示。这是由于增大了灯光细分所致。打开渲染面板，选择【颜色贴图】卷展栏，将曝光类型更改为【指数】，如图10-139所示。

图10-138　渲染场景

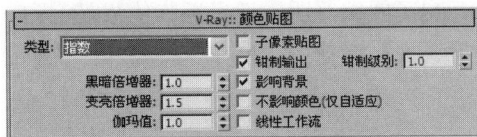

图10-139　更改曝光类型

23 渲染场景，如图10-140所示。发现曝光已经正常，但是焦散效果并没有明显提高。要使焦散效果更平滑，可以增加【最大光子】数量，如图10-141所示。其数值越大，焦散效果越平滑，数值越小，焦散效果越锐利。

图10-140　渲染场景

图10-141　增加最大光子

24 打开渲染面板，将【图像采样器】类型设置为【自适应细分】。并将【最小比率】设置为1，【最大比率】设置为2，如图10-142所示。渲染场景，如图10-143所示。

图10-142　设置图像采样器

图10-143　渲染场景

25 改变【最大光子】数量，最终效果如图 10-144 所示。

图10-144　渲染场景

▶ 10.2.2　金属焦散特效

　　VRay 可以实现金属反射的焦散场景。金属、瓷器、玻璃、水等都有很强的反射或折射光线的能力，会使光线方向发生改变，然后在局部聚集产生高亮度的光斑。焦散场景能够使 CG 作品更加真实。下面就通过实例深入学习如何利用 VRay 实现金属反射的焦散场景，最终场景如图 10-145 所示。

学习重点

　　（1）掌握 VRay 中金属焦散的表现方法。
　　（2）通过具体实例学习焦散效果的制作。

制作金属焦散特效

所用素材：光盘＼素材＼第 10 章＼金属焦散初始
最终场景：光盘＼效果＼第 10 章＼金属焦散完成

图10-145　最终渲染场景

操作步骤

01 打开场景文件，如图 10-146 所示。
02 选择地面物体对象，单击键盘上的【M】键打开材质编辑器。选择一个材质球，指定 VR 材质，设置【漫反射】颜色为 RGB（34、34、34），【反射】颜色为 RGB（5、5、5），并勾选【菲涅尔反射】，如图 10-147 所示。选择手镯物体，指定【VR 材质】，设置【漫反射】颜色为 RGB（0、0、0），然后在【反射】通道中指定【衰减】贴图，如图 10-148 所示。

图10-146　场景文件

图10-147　基本参数设置

03 进入【衰减】贴图参数面板，将前颜色设置为 RGB（255、205、27），侧颜色设置为 RGB（255、248、166），如图 10-149 所示。设置【衰减】贴图的【混合曲线】，如图 10-150 所示。可以精确控制衰减类型所产生的渐变场景，在图形下方查看渐变场景。

图10-148　指定【衰减】贴图

图10-149　衰减参数设置

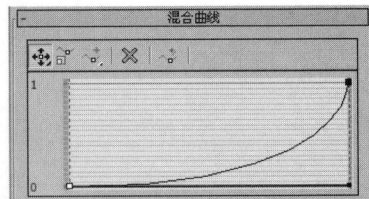

图10-150　混合曲线设置

04 回到材质层级，设置材质的【双向反射分布函数】类型为【沃德】，使反射场景更强烈，如图 10-151 所示。选择红宝石模型，选择一个材质球，指定【VR 材质】，设置【漫反射】颜色为 RGB（211、0、15），【反射】颜色为 RGB（255、210、210），【高光光泽度】为 0.9，【反射光泽度】为 1.0，如图 10-152 所示。

05 考虑到要产生焦散效果，所以场景中必须有一个主灯光，通过它来产生场景需要的焦散。因为场景中是金属和红宝石，这些物体需要合适的反射环境才能表现其本身的材质，这里选择 HDRI 来提供反射环境，同时也产生一定的照明作用。进入创建面板 ▦ / ▨ 灯光 /【目标平行光】，在左视图中创建目标平行光，位置如图 10-153 所示。选择灯光，进入修改面板，设置阴影类型为【VRay 阴影】，【倍增】值为 3，灯光颜色设置为 RGB（211、210、255），其他设置如图10-154 所示。

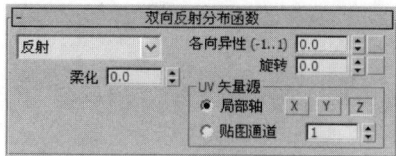

图10-151　反射类型设置

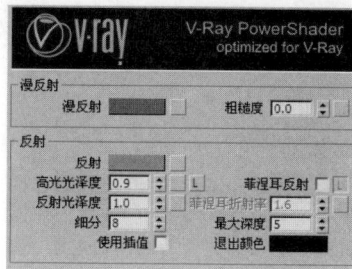

图10-152　基本参数设置

图10-153　创建灯光

图10-154　灯光参数设置

06 设置阴影类型为【VRay 阴影】类型，勾选【长方体】模式，其他设置如图 10-155 所示。选择一个新的材质球，单击【获取材质】按钮，在弹出的【材质 / 贴图浏览器】对话框中选择【VRayHDRI】，如图 10-156 所示。

图10-155　阴影设置

图10-156　【材质/贴图浏览器】对话框

07 进入【VRayHDRI】贴图参数面板，单击【浏览】，选择"123.hdr"并打开，如图 10-157 所示。设置【全局多维】值为 0.8，设置贴图类型为【球面环境】，如图 10-158 所示。

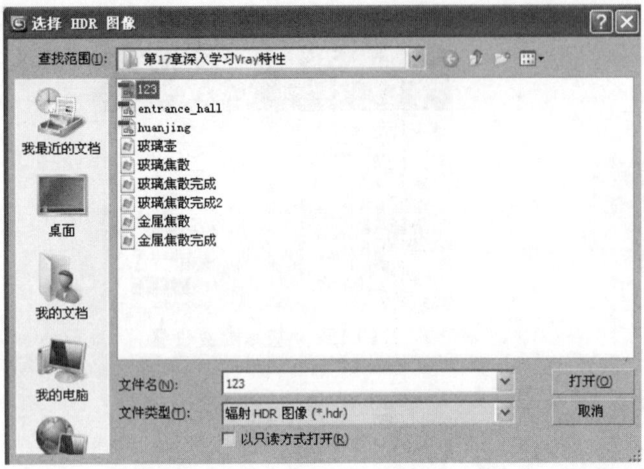

图10-157 【选择HDR图像】对话框

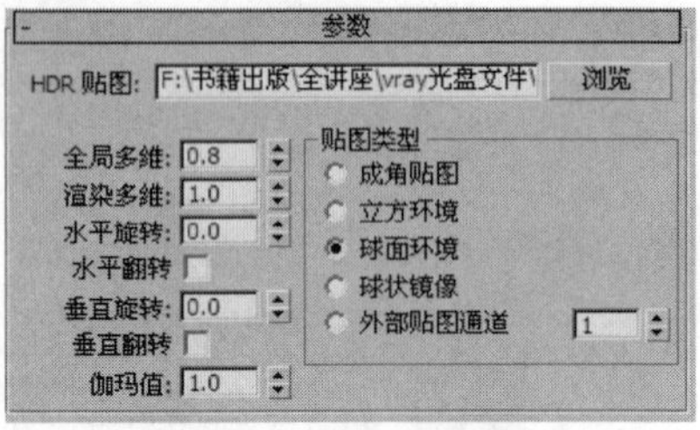

图10-158 设置贴图类型

08 单击【渲染】/【环境】菜单，进入【环境和效果】面板，将【VRayHDRI】拖动并【实例】复制到【环境贴图】通道中，这样就可以设置场景的背景为【VRayHDRI 贴图】，给场景提供更丰富的反射场景，如图 10-159 所示。

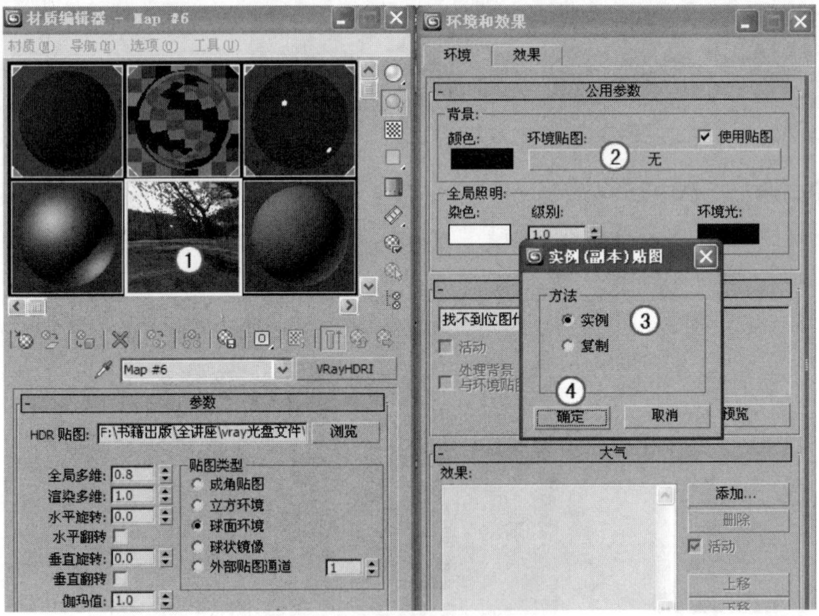

图10-159 复制VRayHDRI贴图

09 单击键盘上的【F10】键打开渲染面板。单击【环境和效果】卷展栏，将【VRayHDRI】拖动并【实例】复制到【环境贴图】通道中，如图 10-160 所示。

10 测试渲染当前场景，如图 10-161 所示，发现场景中没有产生焦散效果。单击键盘上的【F10】键打开渲染面板。选择【系统】卷展栏，单击【对象属性】，设置如图 10-162 所示。取消地面物体产生焦散场景。

图10-160 【实例贴图】对话框

图10-161 渲染效果

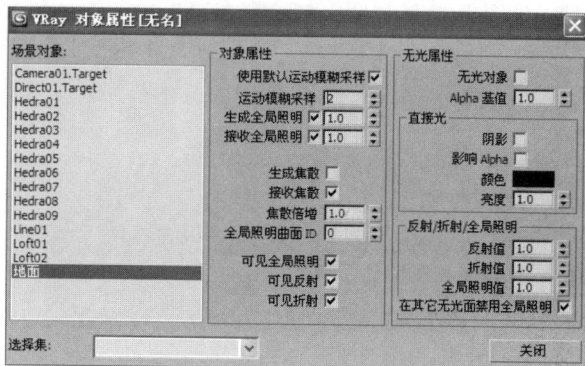

图10-162 【VRay对象属性】对话框

11 单击【灯光设置】,选择目标平行光,勾选【生成焦散】,将【焦散细分】设置为2800。如图10-163所示。【焦散细分】决定了焦散的品质,值越大,焦散场景越细腻,但是渲染速度会降低。选择【焦散】卷展栏,勾选【开】按钮,开启焦散场景。单击【焦散】卷展栏,勾选【开】按钮,开启焦散。如图10-164所示。

图10-163 【VRay灯光属性】对话框

图10-164 开启焦散

12 测试渲染,如图10-165所示。单击【F10】键,打开渲染面板,设置图像采样器为【自适应细分】。设置最小比率为−1,最大比率为2,也可以适当提高【焦散】卷展栏中的倍增值和最大光子值。

光子数量越多，焦散越平滑，反之，焦散越锐利。渲染场景得到最终效果，如图 10-166 所示。

图 10-165　测试渲染

图 10-166　最终渲染场景

▶ 10.2.3　景深与运动模糊特效

景深就是在摄像机镜头或其他成像器前，沿着能够取得清晰图像的轴线所测定的物体距离范围。景深场景体现在三维图像中就是对准焦距的物体和没有被对准焦距的物体之间清晰度的差别，如图 10-167 所示，前景或背景产生了景深场景。

图 10-167　景深效果

运动模糊是物体快速移动时产生的视觉模糊场景。它比较明显地体现在长时间曝光或场景内的物体快速移动的情形，如图 10-168 所示。

图 10-168　运动模糊效果

下面通过一个实例来详细讲解 VRay 渲染器景深、运动模糊和物理摄像机的使用技巧，如图 10-169 至图 10-171 所示是本例的最终场景。

📖 学习重点

（1）了解摄像机效果。

（2）掌握摄像机景深与运动模糊。

三维制作大师

所用素材：光盘\素材\第10章\景深和运动模糊初始

最终场景：光盘\效果\第10章\景深和运动模糊完成

图10-169　渲染场景　　　　图10-170　景深效果　　　　图10-171　运动模糊效果

操作步骤

（1）场景设置

01 打开配套光盘中的场景文件，如图 10-172 所示。

02 选择场景中的斯诺克球台模型，如图 10-173 所示。单击键盘上【M】键打开【材质编辑器】，选择一个新的材质球，单击【Standard】按钮，在弹出的【材质/贴图浏览器】对话框中选择【多维/子对象】，如图 10-174 所示，并将材质重新命名为"球台"。

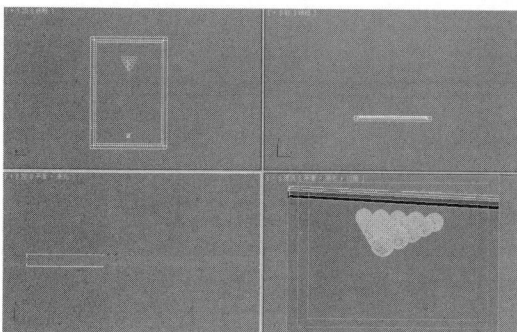

图10-172　场景文件　　　　　　　　　图10-173　选择球台

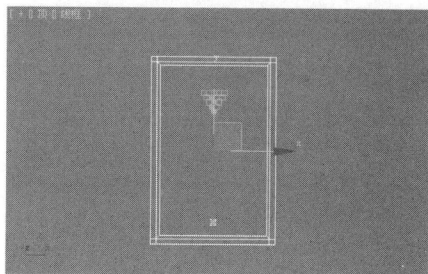

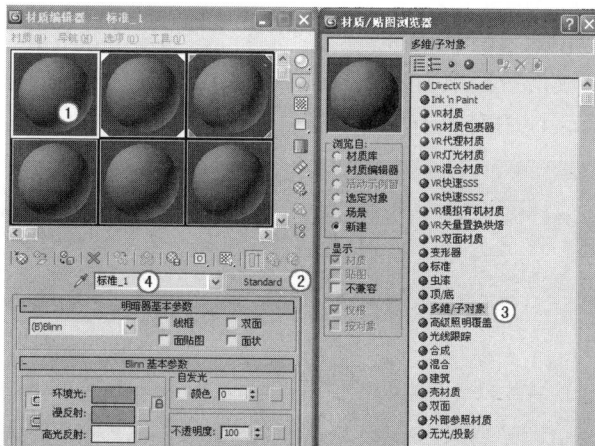

图10-174　【材质/贴图浏览器】对话框

03 由于斯诺克球台是由两部分组成，即球台部分和边框部分，所以将子材质的数量设置为 2。选择【多维 / 子对象】，重新命名 1 号材质为【边框】，重新命名 2 号材质为【台布】，如图 10-175 所示。选择 1 号材质，并将其指定为【VR 材质】，设置【漫反射】颜色为 RGB（22、10、0），【反射】颜色为 RGB（210、210、210），勾选【菲涅耳反射】，设置【反射光泽度】为 0.88，如图 10-176 所示。

图10-175 重命名材质

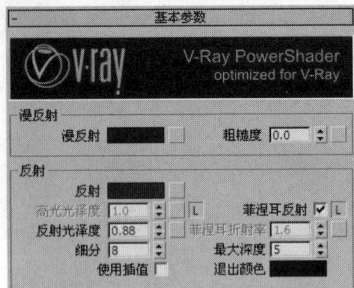

图10-176 基本参数设置

04 边框材质基本设置完成，返回【多维 / 子对象】层级，选择 2 号子材质，并将其指定为【VR 材质】，在其漫反射通道中指定【衰减】贴图，如图 10-177 示。双击【衰减】贴图，进入【衰减参数】面板，设置【前】颜色为 RGB（0、30、4）和【侧】颜色为 RGB（0、100、5），如图 10-178 所示。

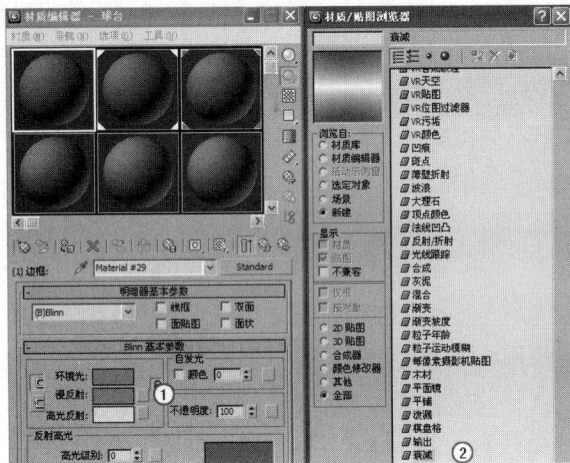

图10-177 指定衰减贴图

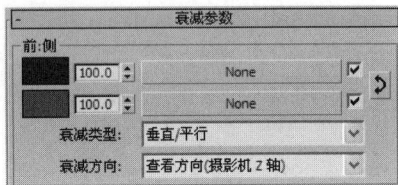

图10-178 衰减参数设置

05 球台部分材质基本完成。设置彩球的材质，选择红球物体，如图 10-179 所示。并将其指定为【VR 材质】，设置【漫反射】颜色为 RGB（180、20、20），【反射】颜色为 RGB（36、36、36），如图 10-180 所示。因为球体具有反射场景，所以要使反射颜色变浅。

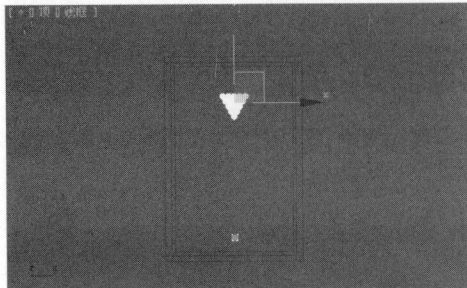

图10-179 选择红球物体

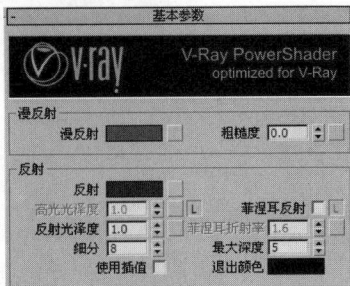

图10-180 基本参数设置

06 选择白球物体,如图 10-181 所示。并将其指定为【VR 材质】,设置【反射】颜色 RGB（101、101、101），【反射】颜色为 RGB（25、25、25），如图 10-182 所示。

图10-181　白球物体

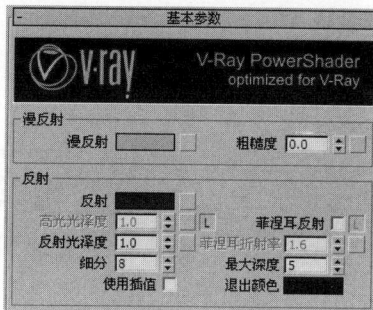

图10-182　反射组设置

07 斯诺克灯光忌讳太强,灯光比案顶灯亮的话会在台面打出阴影,一般采用类似灯阵的方式排列。进入创建面板　/　灯光 /【VR 灯光】按钮,在各个视图调整位置,如图 10-183 所示。选择灯光,进入修改面板,设置灯光颜色为 RGB（255、255、255），【倍增器】值为 20，其他参数设置如图 10-184 所示。

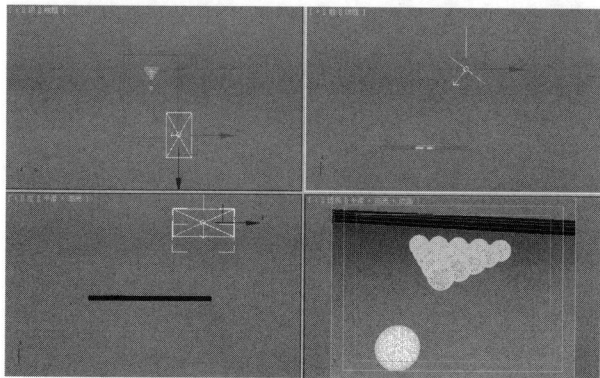

图10-183　创建灯光

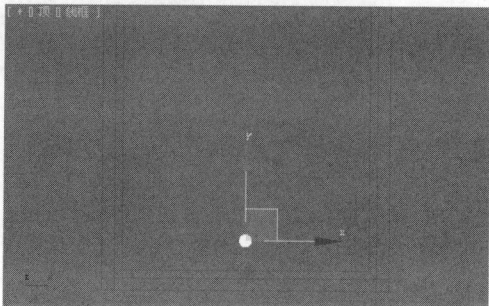

图10-184　灯光设置

08 复制灯光并在各个视图调整位置,如图 10-185 所示,测试渲染,如图 10-186 所示。很显然曝光过度。

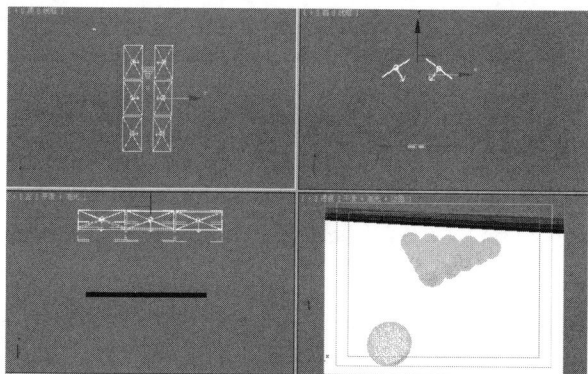

图10-185　复制灯光

图10-186　渲染场景

09 单击【F10】键打开渲染面板，选择【颜色贴图】卷展栏，将曝光方式更改为【指数】类型，如图 10-187 所示。测试渲染，如图 10-188 所示。

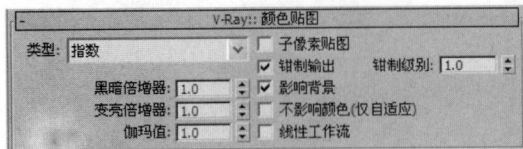

图10-187　更改曝光类型

图10-188　渲染场景

10 单击【F10】键打开渲染面板，开启【间接照明】，设置二次反弹的【倍增器】值为 0.9，二次反弹的全局照明引擎类型为【灯光缓存】，如图 10-189 所示。进入【图像采样器】卷展栏，设置采样类型为【自适应细分】，设置【最小比率】为 -1，【最大比率】为 2，如图 10-190 所示。

图10-189　开启间接照明

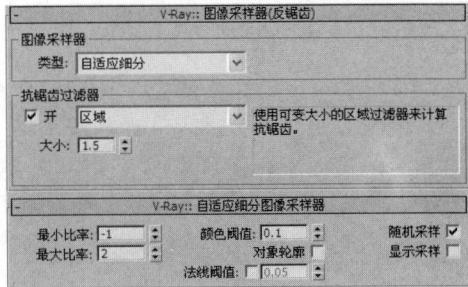

图10-190　抗锯齿设置

（2）运动模糊设置

11 进入创建面板 ▓ /摄像机 ▓ /【目标摄像机】，在场景中创建摄像机，调整位置，如图 10-191 所示，渲染场景，如图 10-192 所示。

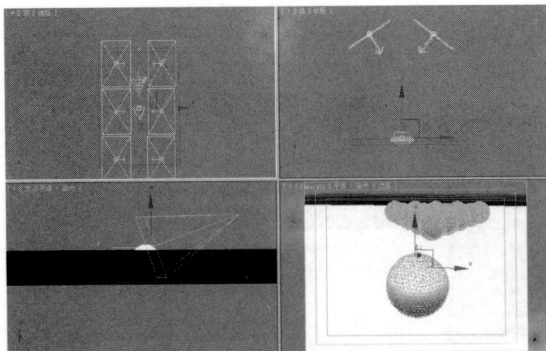

图10-191　创建摄像机

图10-192　渲染场景

12 将时间滑块拨动到第 24 帧。在这一帧里，有的球体在运动，有的球体静止，这样可以更明显地观察运动模糊场景。

13 单击【F10】键，打开渲染面板，进入【摄像机】卷展栏。勾选【运动模糊】开关，设置

【持续时间】数值为1,【细分】设置为1,
如图10-193所示。渲染场景,如图10-194
所示。

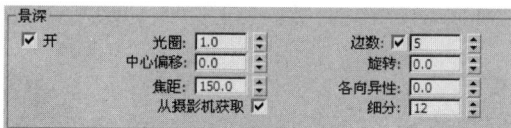
图10-193 开启运动模糊

14【持续时间】控制模糊的程度,数值越
大越模糊,将其设置为2,【细分】参数控制的是模糊时的颗粒感,数值越大,颗粒感越小,将
其设置为4,调整后渲染如图10-195所示。

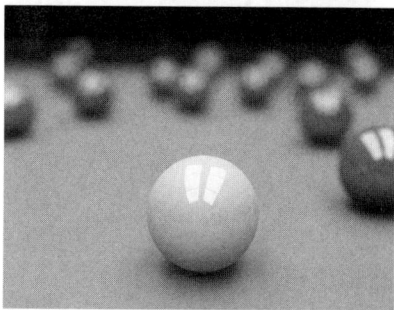

图10-194 渲染场景　　　　　　　　　　　图10-195 渲染场景

（3）景深设置

15 打开渲染面板,进入【摄像机】卷展栏。勾选【景深】开关,勾选【从摄影机获取】选项,
使焦距由摄像机的目标点确定,【光圈】设置为1,光圈的口径越大,景深的模糊场景就越强烈。
【细分】设置为12,其参数可以控制景深的成像质量。勾选【边数】并设置为5,如图10-196所示,
渲染场景,如图10-197所示。

图10-196 开启景深　　　　　　　　　　　图10-197 场景渲染

> **提示** 制作景深特效时,由于选项是【从摄影机获取】,所以必须要将摄像机的目标点
> 放置在被对焦物体上,这样才能保证焦点的正确。

▶ 10.2.4 3S特效表现

次表面散射缩写为SSS或3S材质。玉石、蜡和牛奶等,都是透光而不透明的材质（3S）,
如图10-198和图10-199所示。在VRay中,3S材质主要是通过折射光泽和雾色来控制物体的
透光情况的,灯光倍增和雾色倍增控制3S材质内部的亮度。VRay渲染器提供了模拟这种材质
的解决方案。

学习重点

(1) 了解 VRay3S 材质概念。

(2) 通过实例学习 3S 效果。

图10-198　3S材质

图10-199　3S材质

　　下面就来学习如何使用 VRay 制作 3S 材质。本实例最终渲染场景如图 10-200 和图 10-201 所示。

图10-200　最终渲染

图10-201　扩展练习

制作3S特效表现

所用素材：光盘\素材\第10章\3S质感初始

最终效果：光盘\效果\第10章\3S质感完成

操作步骤

01 打开配套光盘中的场景文件，如图 10-202 所示。

图10-202

02 进入创建面板 ☀ / ⬛ 灯光 / 【VR 灯光】按钮，在各个视图调整位置，如图 10-203 所示。选择灯光，进入修改面板 ⬛，设置灯光颜色为 RGB（255、255、255），【倍增器】值为 25，【细分】值为 20，其他参数设置如图 10-204 所示。

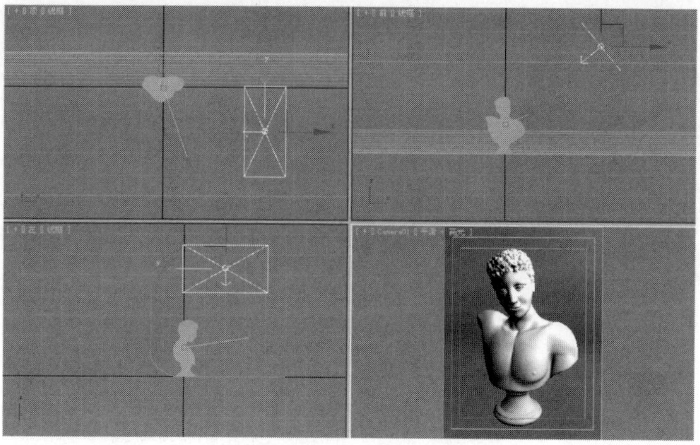

图10-203　创建灯光

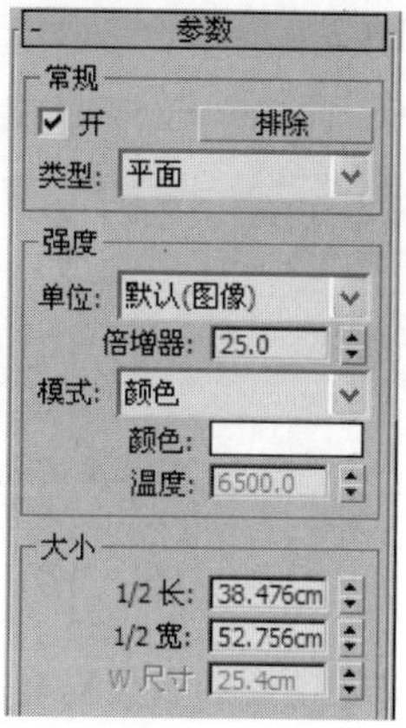

图10-204　灯光参数设置

03 选择当前灯光进行复制，将新复制的灯光放置到场景的另一侧，形成双 45°角灯光，如图 10-205 所示。更改【倍增器】值为 12，设置灯光颜色为 RGB（115、150、240），【细分】值为 20，其他参数设置如图 10-206 所示。

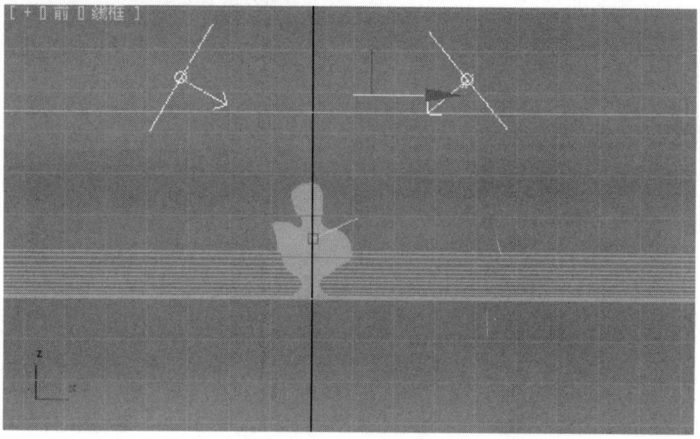

图10-205　复制灯光

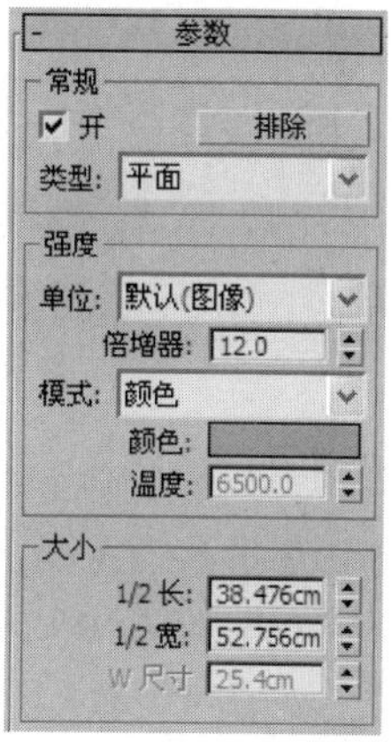

图10-206　灯光参数设置

04 单击【F10】键，打开渲染面板，单击【图像采样器】卷展栏，更改图像采样器的类型为【自适应细分】，【最小比率】为 -1，【最大比率】为 2，如图 10-207 所示。测试渲染场景，如图 10-208 所示。

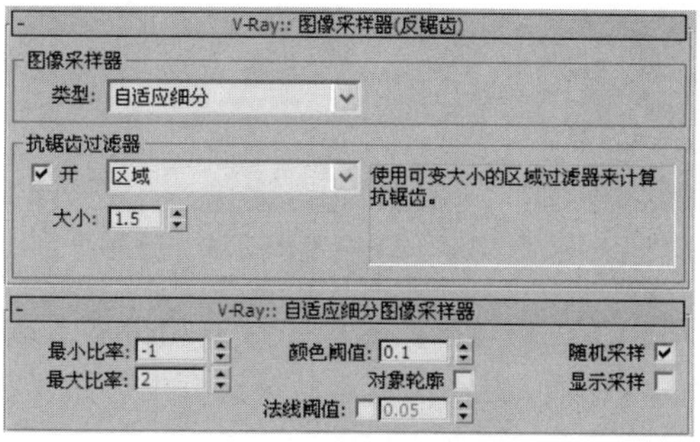

图10-207　图像采样设置

图10-208　渲染场景

459

三维制作大师

05 很明显当前场景曝光过度。打开渲染面板，进入【间接照明】卷展栏，勾选【开】，开启全局照明。设置首次反弹和二次反弹的全局照明引擎为【灯光缓存】，如图 10-209 所示，设置【细分】值为 1000，这样可以加快渲染速度。取消【存储直接光】选项，这样可以保证全局光照的品质，如图 10-210 所示。

图 10-209　设置照明引擎　　　　图 10-210　设置灯光缓存细分

06 降低场景的曝光程度，进入【颜色贴图】卷展栏，将曝光类型更改为【指数】，如图 10-211 所示，渲染场景，如图 10-212 所示。

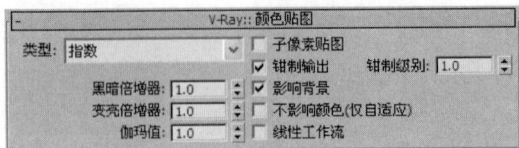

图 10-211　曝光类型设置　　　　图 10-212　渲染场景

07 选择背景墙物体，如图 10-213 所示。单击【M】键打开【材质编辑器】，选择一个新的材质球，并将其指定为【VR 材质】。设置【漫反射】颜色为 RGB（115、115、115），【反射】颜色为 RGB（62、62、62），设置【反射光泽度】为 0.6，并将当前材质赋予给背景墙。渲染场景，如图 10-214 所示。

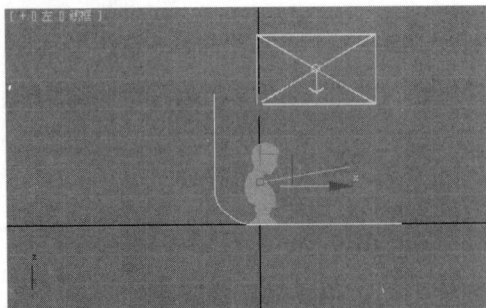

图 10-213　选择背景墙物体　　　　图 10-214　渲染场景

08 选择场景中的雕塑模型，如图 10-215 所示。单击【M】键打开材质编辑器，选择一个新的材质球，单击【Standard】按钮，在弹出的【材质/贴图浏览器】对话框中选择【多维/子对象】，如图 10-216 所示。

图10-215　选择场景中的雕塑模型

图10-216　【材质/贴图浏览器】对话框

09 因为雕塑是由两部分组成，即球底座部分和主体部分。所以将子材质的数量设置为2。选择【多维／子对象】，重新命名1号材质为"底座"，重新命名2号材质为"主体"，当前模型已经分配好ID号。选择1号材质，并为其指定为【VR材质】。单击【漫反射】贴图通道，为其指定【灰泥】贴图，如图10-217所示。双击【灰泥】贴图，设置灰泥【大小】为13.5，【厚度】为0.08，如图10-218所示。

图10-217　指定灰泥贴图

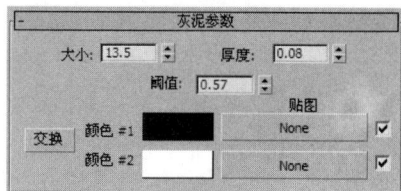

图10-218　灰泥参数

10 返回【VR材质】层级，设置【反射】颜色为RGB（80、80、80），勾选【菲涅耳反射】，如图10-219所示，测试渲染场景，如图10-220所示。

11 制作雕塑的主体部分。返回主层级，选择2号材质，并为其指定为【VR材质】。设置【漫反射】颜色为RGB（254、215、146），设置【反射】颜色为RGB（25、25、25），【反射光泽度】为0.65，【折射】颜色为RGB（158、158、158），折射【光泽度】为0.3。

12 设置【烟雾颜色】为RGB（102、66、22），【烟雾颜色】决定材质的内部颜色。设置半透明类型为【硬类型】，【散布系数】设置为0.22，【正／背面系数】设置为0.75，这样的设置可以使进入到模型内部的光线向前、后方向进行散射，设置【灯光倍增】值为7，灯光倍增是控制光线进入到模型内部的亮度，数值越高，材质越亮，如图10-221所示。

图10-219　基本参数设置

图10-220　渲染场景

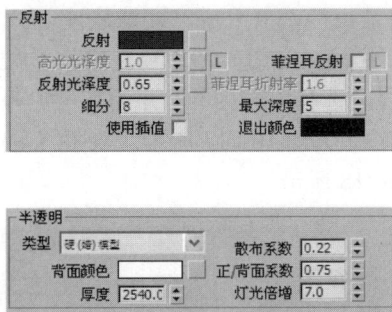

图10-221　2号材质设置

13 渲染场景，如图10-222所示。感觉皮肤颜色过于偏红，可以设置【烟雾倍增】值为0.3，渲染场景，如图10-223所示。由于降低了材质的内部颜色的密度，材质显得更自然。

图10-222　渲染场景

图10-223　渲染场景

14 对材质进行扩展练习。设置【漫反射】颜色为RGB（82、162、22）。设置【反射】颜色为RGB（120、120、120），【反射光泽度】为0.8。【折射】颜色为RGB（143、143、143），折射【光泽度】为0.3。

15 设置【烟雾颜色】为RGB（100、102、65）。设置【烟雾倍增】为1，设置半透明类型为【硬类型】，【散布系数】设置为0.4，【正/背面系数】设置为0.45，设置【灯光倍增】值为5，如图10-224所示。

图10-224 材质进行扩展练习

16 渲染场景,如图 10-225 所示。只需要更改漫反射和雾颜色,就可以制作出其他颜色的玉石,如图 10-226 所示。

图10-225 渲染场景

图10-226 更改漫反射和雾颜色

▶ 10.2.5 毛发特效

VRay 毛发是一种简单的程序毛发插件,毛发仅在渲染时产生,实际上并不会出现在场景中。本例将通过 VRay 毛发给毛巾增加毛绒绒的感觉。最终效果如图 10-227 所示。

学习重点

(1) 了解 VRay 毛发概念。

(2) 通过实例学习毛发效果。

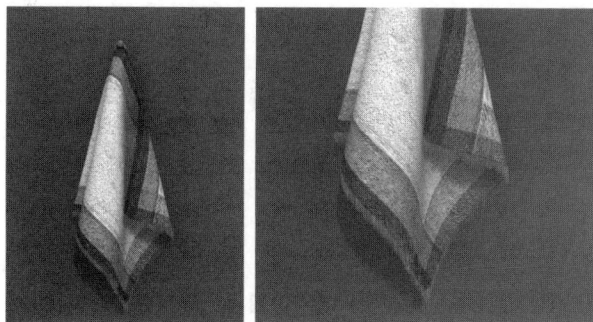

图10-227 渲染场景

制作毛发特效

所用素材：光盘＼素材＼第10章＼毛巾初始

最终效果：光盘＼效果＼第10章＼毛巾完成

操作步骤

01 打开配套文件中的场景文件，如图 10-228 所示。

图10-228 场景文件

02 进入创建面板 ※ / ◁ 灯光 / 目标平行光按钮，在左视图中创建目标平行光，在各个视图中调整位置，如图 10-229 所示。选择目标灯光，进入修改面板 ◿ ，设置灯光颜色为 RGB（255、255、255），【倍增器】值为 0.3，选择阴影类型为【VRay 阴影】，其他参数设置如图 10-230 所示。

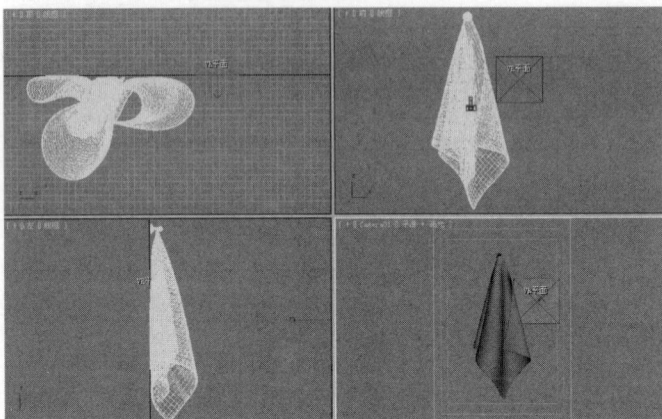

图10-229 创建灯光

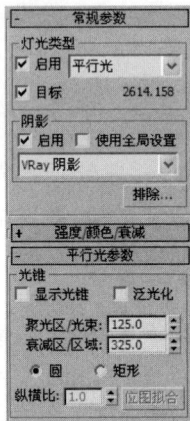

图10-230 灯光参数设置

03 为了让场景更加真实，进行 HDRI 的设置。单击【M】键打开材质编辑器，选择一个新的材质球，单击【获取材质】 按钮，在弹出的【材质 / 贴图浏览器】对话框中选择【VRayHDRI】贴图，如图 10-231 所示。进入【VRayHDRI】贴图参数面板，单击【浏览】按钮，打开文件 "A008"，如图 10-232 所示。

04 设置【VRayHDRI】贴图类型为【球面环境】，如图 10-233 所示。单击【渲染】/【环境】菜单命令，将【VRayHDRI】材质、拖动并【实例】复制到【环境贴图】中，设置场景的背景为 VRayHDRI 贴图，为场景提供更多的更丰富的反射细节，如图 10-234 所示。

三维制作大师

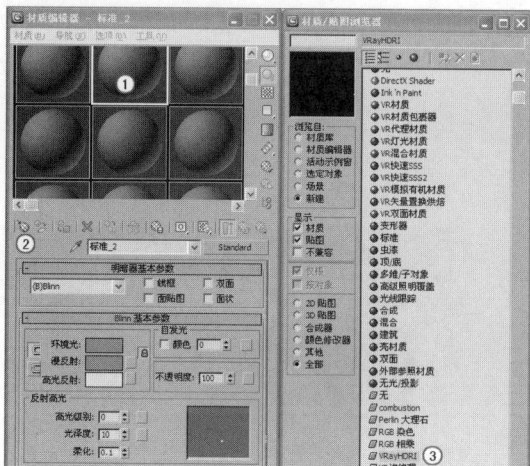

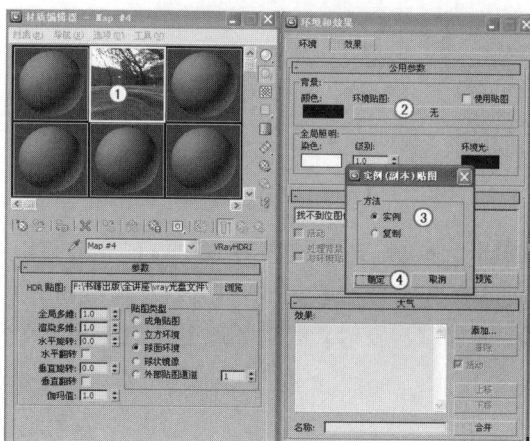

图10-231 【材质/贴图浏览器】对话框　　　图10-232 【选择HDR图像】对话框

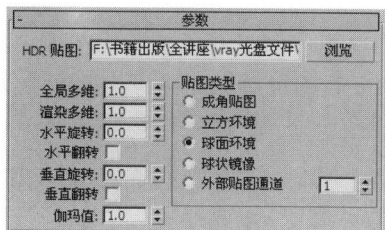

图10-233　设置贴图类型　　　　　　　图10-234 【实例贴图】对话框

05 选择场景中的毛巾模型，单击【M】键打开【材质编辑器】，选择一个新的材质球，并为其指定为【VR材质】。单击【漫反射】通道，在弹出的【材质/贴图浏览器】对话框中选择【位图】贴图，如图 10-235 所示。双击【位图】，选择"毛巾"文件，如图 10-236 所示。

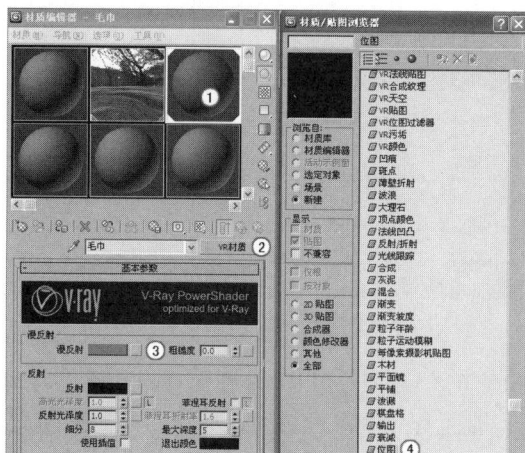

图10-235 【材质/贴图浏览器】对话框　　　图10-236 【选择位图图像文件】对话框

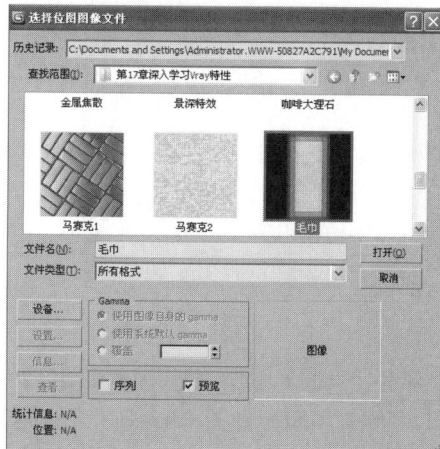

06 选择【凹凸】贴图通道，单击 None 按钮，在弹出的【材质/贴图浏览器】对话框中选择【位图】贴图，如图 10-237 所示。双击【位图】，选择"毛巾"文件，如图 10-238 所示。黑色部分为凹陷部分，白色部分为突出部分。

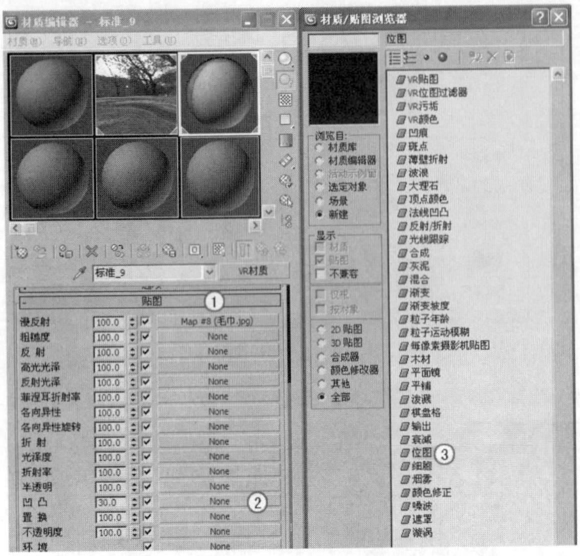

图10-237 【材质/贴图浏览器】对话框

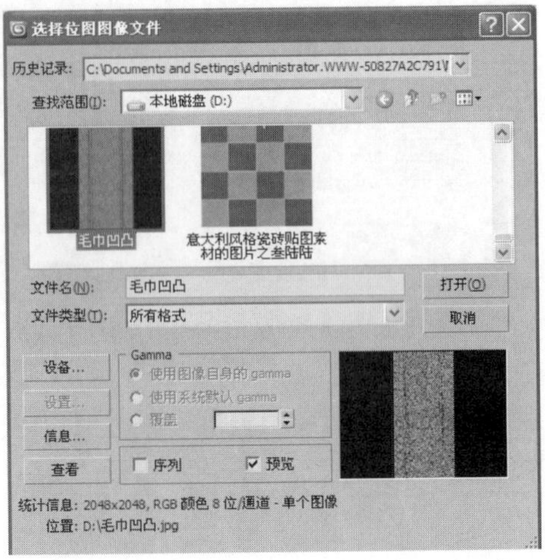

图10-238 【选择位图图像文件】对话框

07 测试渲染当前场景，如图 10-239 所示，可以看到毛巾已经有绒毛的质感了。在视图中选择背景墙物体，单击【M】键打开【材质编辑器】，选择一个新的材质球，并为其指定为【VR材质】。单击【漫反射】的贴图通道，为其指定【衰减】贴图，如图 10-240 所示。

三维制作大师

图10-239 场景渲染

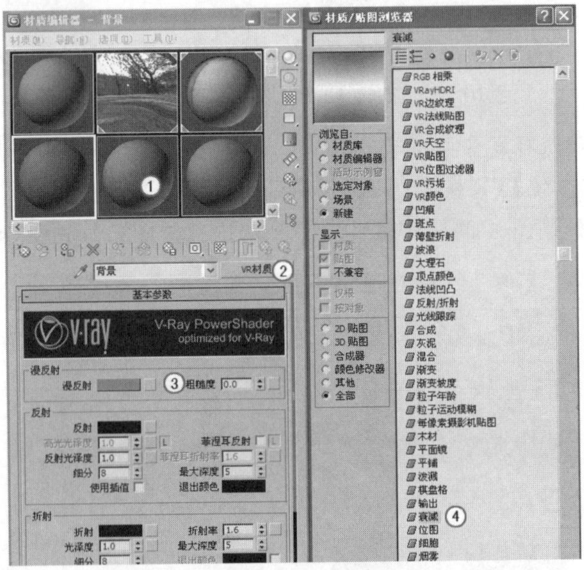

图10-240 【材质/贴图浏览器】对话框

08 双击【衰减】贴图通道，设置【前】颜色为 RGB（52、72、110），设置【侧】颜色为 RGB（143、153、105），如图 10-241 所示。返回层级，墙面有一些颗粒感，选择【凹凸】贴图通道，单击 None 按钮，在弹出的【材质/贴图浏览器】对话框中选择【噪波】贴图，如图 10-242 所示。

图10-241　衰减参数设置

图10-242　【材质/贴图浏览器】对话框

09 双击【噪波】贴图，设置噪波类型为【分形】，【大小】为2，如图10-243所示。这样背景墙的材质就设置完成了，测试渲染，如图10-244所示。

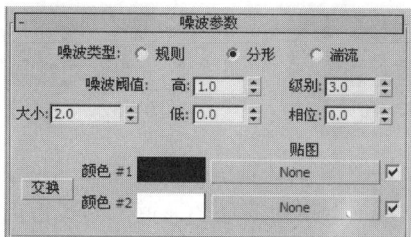

图10-243　噪波参数设置

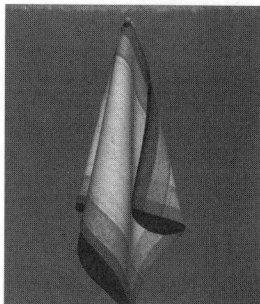

图10-244　渲染场景

10 单击【F10】键，打开渲染面板，单击【图像采样器】卷展栏，更改图像采样器的类型为【固定】，设置【大小】值为1，如图10-245所示。单击【间接照明】卷展栏，开启间接照明，设置二次反弹的【倍增器】值为0.8，如图10-246所示。

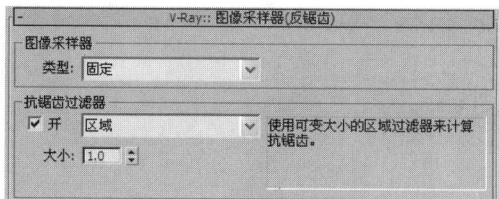

图10-245　图像采样设置

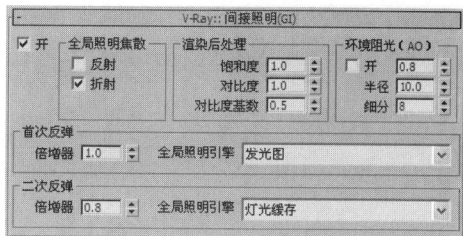

图10-246　开启间接照明

11 测试渲染，如图10-247所示。为毛巾物体添加VRay毛发。进入创建面板 ▓ /标准基本体 ○按钮，在【标准基本体】下拉菜单中选择【VRay】选项，如图10-248所示。选择场景中要产生毛发的毛巾物体，然后在 VRay 面板中单击【VRay 毛发】，这样就把 VRay 毛发赋予给被选择物体了，如图 10-249 所示。

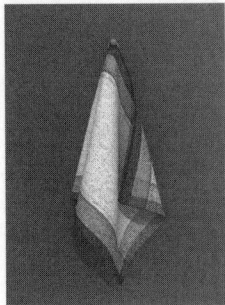

图10-247　渲染场景　　图10-248　【标准基本体】下拉菜单　　　图10-249　赋予VRay毛发

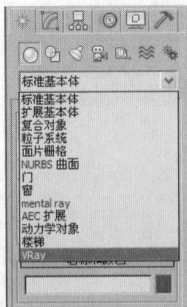

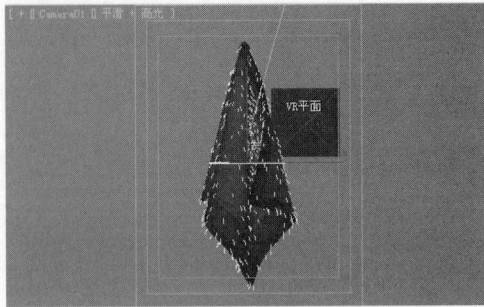

12 进入修改面板，可以看到 VRay 毛发的参数设置。设置【长度】为 17，【厚度】为 0.06，【重力】为 –115，【弯曲】为 0.5，如图 10-250 所示。设置【方向参量】为 0.3，【长度参量】为 0.3，【厚度参量】为 0.1，如图 10-251 所示。勾选【视口预览】选项，设置【最大毛发】数量为 2000，如图 10-252 所示。

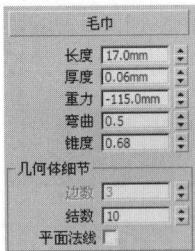

图10-250　基本参数设置　　　图10-251　变化设置　　　图10-252　勾选【视口预览】

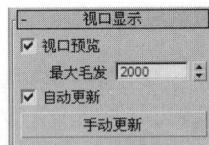

13 在视图中选择 VRay 毛发物体，单击【M】键打开材质编辑器，选择一个新的材质球，这里使用的是默认材质。设置【光泽度】为 10，单击漫反射的贴图通道，为其指定【衰减】贴图，如图 10-253 所示。双击【衰减】贴图通道，设置前颜色为 RGB（100、163、1102），设置侧颜色为 RGB（235、225、1108），如图 10-254 所示。

图10-253　【材质/贴图浏览器】对话框　　　图10-254　衰减参数设置

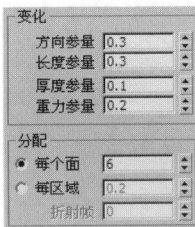

14 由于毛发属于精细物体，所以要提高物体的抗锯齿数值。单击【F10】键，打开渲染面板，单击【图像采样器】卷展栏，更改图像采样器的类型为【自适应细分】，设置【最小比率】为0，【最大比率】为3，如图10-255所示。最后渲染场景，如图10-256所示。

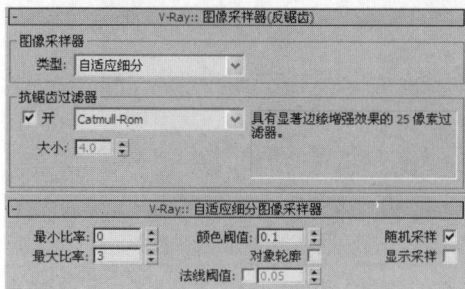

图10-255　图像采样设置

图10-256　场景渲染

▶ 10.2.6　VRay置换特效

置换是一种为模型增加表面细节的技术，这个概念非常类似凹凸贴图，但是凹凸贴图只是改变了物体的表面外观，而贴图置换是真正地改变了表面的几个结构。

本节通过VRay置换修改器来讲解如何给场景中的模型增加细节。最终渲染场景如图10-257所示。

图10-257　最终效果

学习重点

（1）了解VRay置换概念。
（2）通过实例学习置换效果。

制作Vray置换特效

所用素材：光盘＼素材＼第10章＼置换初始
最终效果：光盘＼效果＼第10章＼置换完成

操作步骤

01 打开配套光盘中的场景文件，场景非常简单，有一个地面物体和两个轮胎，如图10-258所示。

02 采用三点照明法来为场景提供照明。进入创建面板／灯光／【泛光灯】按钮，在左视图创建泛光灯，位置如图10-259所示。选择灯光对象，进入修改面板，选择阴影类型为【VRay阴影】，设置灯光颜色为RGB（185、105、250），【倍增器】值为0.7。设置阴影类型为【区域阴影】，如图10-260所示。

图10-258　场景文件

图10-259　创建灯光

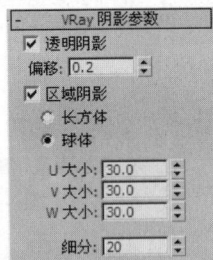

图10-260　【VRay阴影参数】面板

03 进入创建面板 / 灯光 / 【泛光灯】按钮，在顶视图中创建泛光灯，位置靠近摄像机，如图 10-261 所示。设置灯光颜色为 RGB（255、105、100），【倍增】值为 0.35。设置远距衰减中的【开始】为 316，【结束】为 518，如图 10-262 所示。

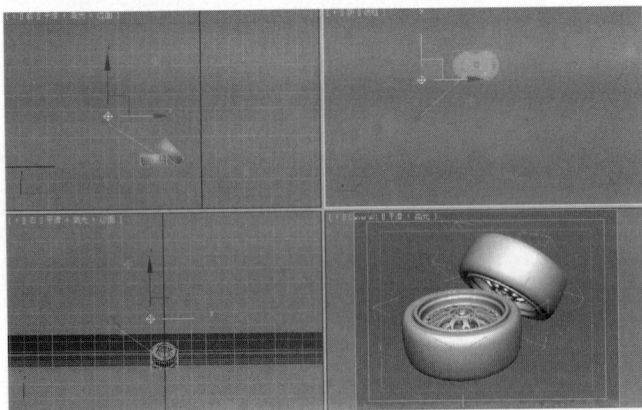

图10-261　创建灯光

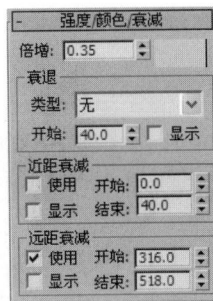

图10-262　灯光参数

04 进入创建面板 / 灯光 / 【泛光灯】按钮，在顶视图中创建泛光灯，如图 10-263 所示。设置灯光颜色为 RGB（185、105、250），【倍增】值为 0.35。设置远距衰减中的【开始】为 350，【结束】为 516，如图 10-264 所示。

图10-263　创建灯光

图10-264　灯光参数

05 单击【F10】键，打开渲染面板，单击【全局开关】卷展栏，勾选【覆盖材质】选项，单击 None 按钮，在弹出的【材质/贴图浏览器】对话框中选择【VR材质】，这样就为场景中的所有模型指定了一个同样的材质，如图10-265所示。单击【图像采样器】卷展栏，更改图像采样器的类型为【自适应细分】，设置【最小比率】为-1，【最大比率】为2，如图10-266所示。

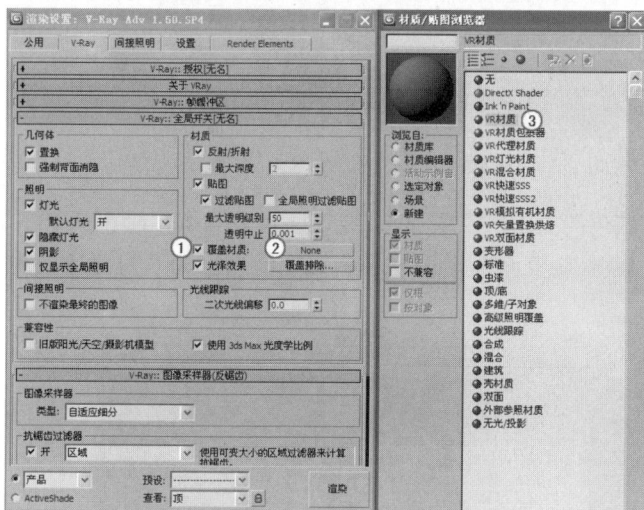

图10-265　【材质/贴图浏览器】对话框

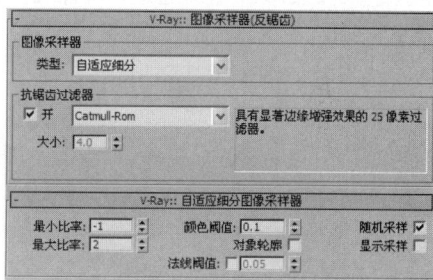

图10-266　图像采样设置

06 单击【间接照明】卷展栏，开启间接照明按钮，设置首次反弹的全局照明引擎为【发光图】，二次反弹的全局照明引擎为【灯光缓存】，【倍增器】值为0.8，如图10-267所示。测试渲染场景，如图10-268所示。单击【颜色贴图】卷展栏，将曝光类型更改为【指数】。

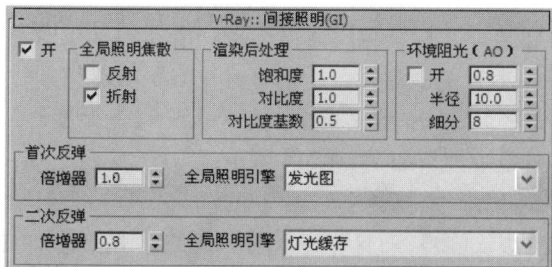

图10-267　开启间接照明

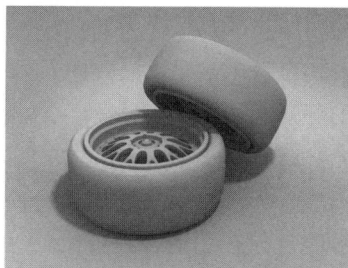

图10-268　渲染场景

07 在视图中选择地面模型，单击键盘上的【M】键打开材质编辑器。选择一个新的材质球，这里使用默认材质。设置【漫反射】颜色为 RGB（220、220、220），【高光级别】设置为 40，【光泽度】设置为 50，如图 10-269 所示。选择金属车圈物体，单击【M】键打开材质编辑器。选择一个新的材质球，并为其指定【VR 材质】，设置【漫反射】颜色为 RGB（128、128、128），单击【反射】贴图通道，指定【衰减】贴图，如图 10-270 所示。

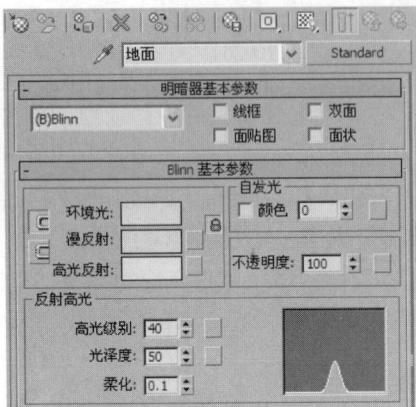

图10-269　基本参数设置 图10-270　【材质/贴图浏览器】对话框

08 进入【衰减】贴图通道，设置【前】颜色为 RGB（255、255、255），设置【侧】颜色为 RGB（228、228、228），如图 10-271 所示。在基本参数面板中设置【高光光泽度】为 0.9，【反射光泽度】为 1，如图 10-272 所示。

三维制作大师

图10-271　衰减参数设置 图10-272　基本参数设置

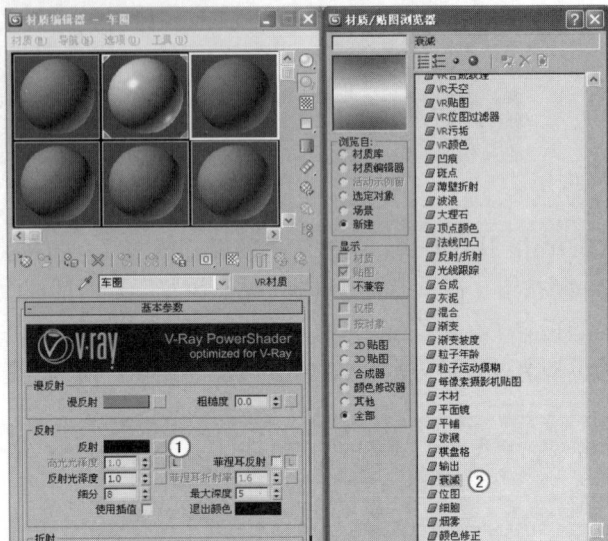

09 在视图中选择橡胶车胎物体，单击【M】键打开材质编辑器。选择一个新的材质球，这里使用默认材质。由于橡胶物体在灯光下一般显示有多个高光，所示将材质的明暗器类型设置为【各向异性】。设置【漫反射】颜色为 RGB（50、50、50），【高光级别】为 120，【光泽度】为 60，【各向异性】为 80，如图 10-273 所示。测试渲染场景，如图 10-274 所示。

10 设置背景材质。单击【M】键打开材质编辑器。选择一个新的材质球，这里使用默认材质。单击【漫反射】通道，在弹出的【材质/贴图浏览器】对话框中选择【位图】贴图，如图 10-275 所示。双击【位图】，选择"A009"文件，如图 10-276 所示。

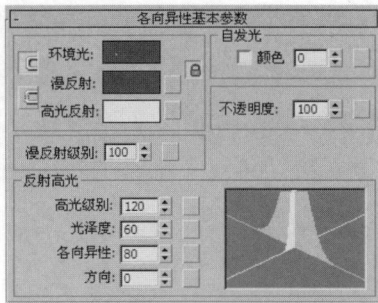

图10-273 基本参数设置

图10-274 渲染场景

图10-275 【材质/贴图浏览器】对话框

图10-276 【选择位图图像文件】对话框

11 拖动刚才的位图贴图到【材质编辑器】中的一个新的材质球，如图 10-277 所示。单击【渲染】/【环境】菜单命令，将位图拖动到环境贴图中，这样就可以把当前图片作为背景了，可以为场景提供更丰富的反射细节，如图 10-278 所示。

图10-277 【实例贴图】对话框

图10-278 【实例贴图】对话框

三维制作大师

12 测试渲染场景，如图 10-279 所示。

13 为了给予轮胎一个正确的贴图，需要赋予其一个正确的贴图坐标。选择轮胎物体，进入修改面板 ，指定【UVW 贴图】，如图 10-280 所示。在 UVW 贴图卷展栏下，设置【贴图】类型为【柱形】，如图 10-281 所示。单击【对齐】面板中的【适配】选项，如图 10-282 所示。

图10-279　渲染场景

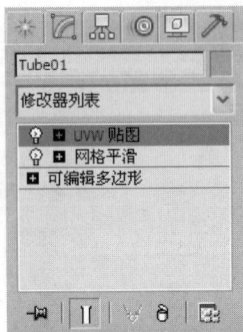

图10-280　贴图坐标

图10-281　贴图类型

图10-282　【适配】选项

14 选择轮胎物体，进入修改面板 ，在修改器菜单中选择【VRay 置换模式】，如图 10-283 所示。进入轮胎的置换模式中，勾选【2D 贴图】，单击【纹理贴图通道】，在弹出的【材质 / 贴图浏览器】对话框中选择【位图】贴图，选择配套光盘中的"轮胎花纹"图片，如图 10-284 所示。进入修改面板 ，进入 VRay 置换模式修改面板，设置置换的【数量】为 -5，此参数控制置换的大小；将【分辨率】设置为 2048，此参数决定置换场景的精度，数值越大，精度越高，渲染速度越慢。【精确度】设置 为 100，如图 10-285 所示。

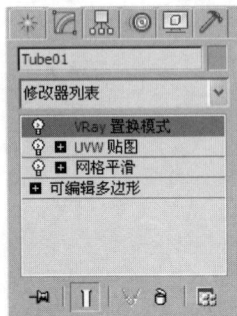

三维制作大师

图10-283　VRay置换模式

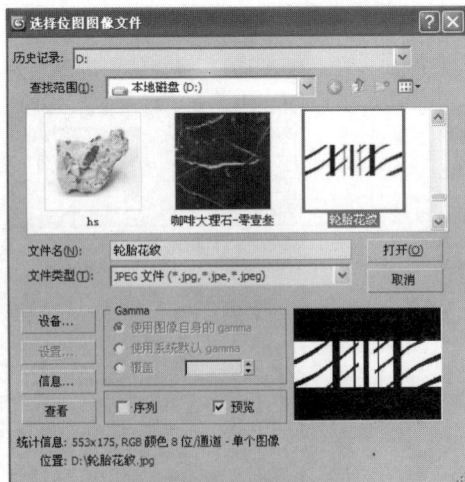

图10-284　选择位图

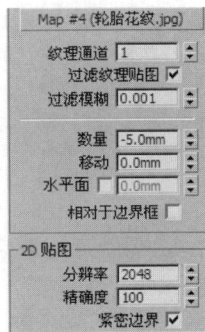

图10-285　置换设置

15 使用同样的方法设置另一个车轮，最后渲染场景，如图 10-286 所示。

图10-286　渲染

10.3　VRay渲染器综合实例表现

本节主要学习如何使用VRay渲染器制作室内效果和产品级渲染效果。它涉及到各种质感表现、工业渲染等诸多三维应用领域。

▶ 10.3.1　休闲沙发椅的制作

本实例将介绍使用VRay渲染器来制作皮革材质、陶瓷材质和不锈钢材质以及布光技巧。最终渲染效果如图10-287所示。

学习重点

（1）学习经典日光布光技巧。
（2）熟练掌握室内空间的表现方法。
（3）皮革及金属材质的表现。

图10-287　渲染场景

制作休闲沙发椅

所用素材：光盘\素材\第10章\休闲沙发椅初始
最终效果：光盘\效果\第10章\休闲沙发椅完成

操作步骤

01 打开配套光盘中的场景文件，如图10-288所示。

图10-288　场景文件

02 单击创建面板 / 灯光 /【Vray 灯光】按钮，在各个视图调整位置，如图 10-289 所示。选择灯光对象，进入修改面板，设置灯光颜色为 RGB（250、210、160），【倍增器】值为 5，其他参数设置如图 10-290 所示。设置【细分】值为 60，如图 10-291 所示。

图10-289　创建灯光

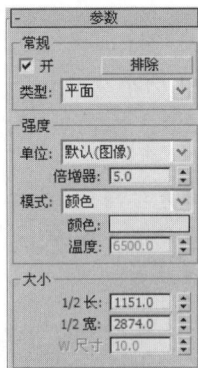

图10-290　灯光设置

图10-291　采样设置

03 单击【F10】键，打开渲染面板，单击【图像采样器】卷展栏，设置图像采样为【固定】类型，设置【细分】值为 1，如图 10-292 所示。进入【间接照明】卷展栏，开启间接照明。设置二次反弹的【倍增器】值为 0.85，全局照明引擎为【灯光缓存】类型，如图 10-293 所示。

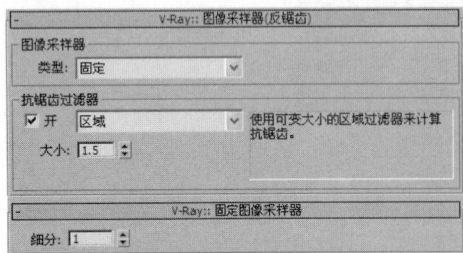

图10-292　图像采样设置

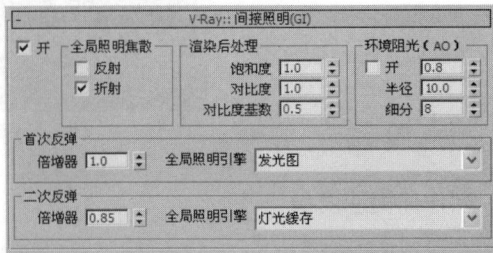

图10-293　开启间接光照

04 测试渲染，如图 10-294 所示。发现场景的光感比较和谐。

05 选择场景中的皮革座椅部分，如图 10-295 所示。单击【M】键打开材质编辑器，选择一个新的材质球，并为其指定为【VR 材质】。设置【漫反射】颜色为 RGB（0、0、0），设置【反射】

颜色为 RGB（52、52、52），设置【反射光泽度】为 0.5，【细分】为 30，如图 10-296 所示。

图10-294　渲染场景

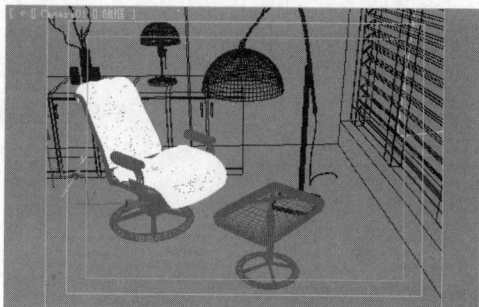

图10-295　选择座椅部分

06 打开【贴图】卷展栏，设置【凹凸】值为 100，单击凹凸通道，在弹出的【材质 / 贴图浏览器】对话框中选择【位图】，如图 10-297 所示。双击【位图】贴图，选择配套光盘中的"007"文件，如图 10-298 所示，皮革座椅材质的设置就完成了。

图10-296　基本参数设置

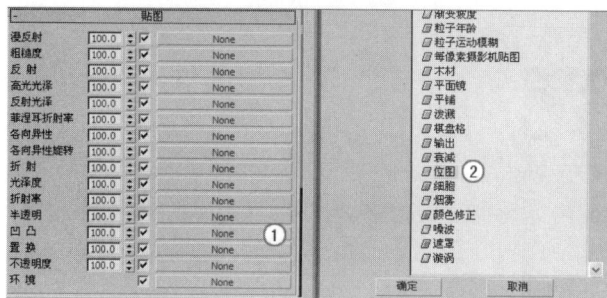

图10-298　【选择位图图像文件】对话框

图10-297　【材质/贴图浏览器】对话框

07 选择场景中的托板部分，如图 10-299 所示。单击【M】键打开【材质编辑器】，选择一个新的材质球，选择默认材质即可。设置【漫反射】颜色为 RGB（150、150、150），【高光级别】为 35，【光泽度】为 55，如图 10-300 所示。

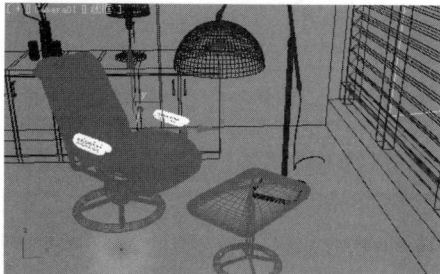

图10-299　选择托板部分

图10-300　基本参数设置

三维制作大师

08 打开【贴图】卷展栏，单击【漫反射颜色】贴图通道，在弹出的【材质／贴图浏览器】对话框中选择【位图】，如图 10-301 所示。双击【位图】贴图，选择配套光盘中的"木地板 2"文件，如图 10-302 所示。

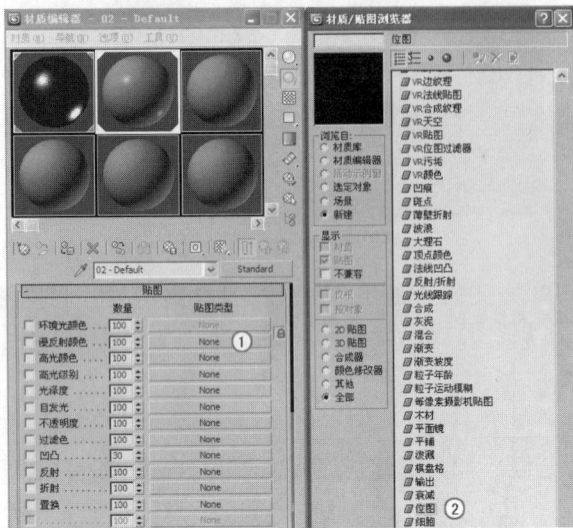

图10-301 【材质/贴图浏览器】对话框　　　　图10-302 【选择位图图像文件】对话框

09 单击【反射】贴图通道，在弹出的【材质／贴图浏览器】对话框中选择【VR 贴图】，如图 10-303 所示。双击【VR 贴图】通道，设置【光泽度】为 50，【细分】为 50，【最大深度】为 5，如图 10-304 所示。托板材质设置完成。

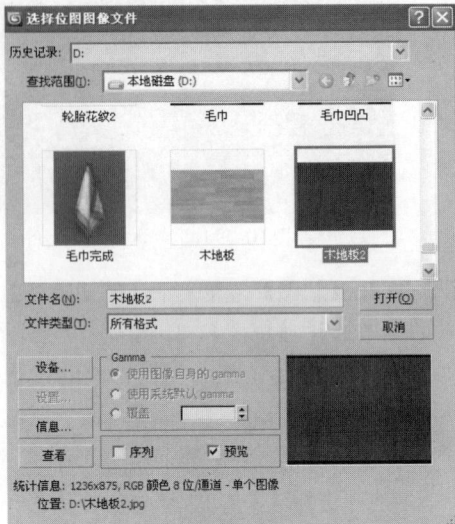

图10-303 【材质/贴图浏览器】对话框　　　　图10-304 基本参数社会自

10 选择场景中的灯罩物体，如图 10-305 所示。单击【M】键打开材质编辑器，选择一个新的材质球，并为其指定为【VR 材质】。设置【漫反射】颜色为 RGB（255、255、255），【反射】颜色为 RGB（210、210、210），设置【高光光泽度】为 0.91，【反射光泽度】为 0.92，【细分】为 12，如图 10-306 所示。灯罩物体材质设置完成。

图10-305　选择灯罩物体

图10-306　基本参数设置

11 选择场景中的金属杆物体，如图 10-307 所示。单击【M】键打开材质编辑器，选择一个新的材质球，并为其指定为【VR 材质】。设置【漫反射】颜色为 RGB（124、124、124），单击【漫反射】的贴图通道，为其指定【衰减】贴图，如图 10-308 所示。

图10-307　选择金属杆物体

图10-308　【材质/贴图浏览器】对话框

12 双击【衰减】贴图通道，设置【前】颜色为 RGB（25、25、25），【侧】颜色为 RGB（143、143、143），如图 10-309 所示。设置【反射】颜色为 RGB（210、210、210），【高光光泽度】为 0.78，【细分】值为 12，如图 10-310 所示。金属杆物体材质设置完成。

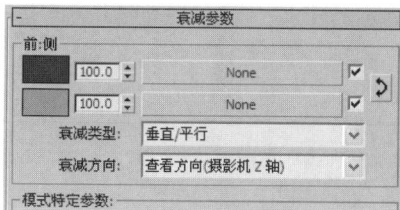

图10-309　衰减参数

图10-310　反射组参数

13 选择场景中的百叶窗物体，如图 10-311 所示。按【M】键打开材质编辑器，选择一个新的材质球，并为其指定为【VR 材质】。设置【漫反射】颜色为 RGB（242、242、242），单击【漫

三维制作大师

反射】的贴图通道，为其指定【输出】贴图，如图 10-312 所示，这样会使材质的明度更高。

图 10-311 选择百叶窗物体

图 10-312 【材质/贴图浏览器】对话框

14 返回顶级材质，设置【反射】颜色为 RGB（110、110、110），【高光光泽度】为 0.7，【反射光泽度】为 0.8，【细分】值为 50，如图 10-313 所示。百叶窗物体材质设置完成。

15 选择地板物体，单击【M】键打开【材质编辑器】，选择一个新的材质球，并为其指定为【VR 材质】。单击【漫反射】通道，在弹出的【材质 / 贴图浏览器】对话框中选择【位图】贴图，如图 10-314 所示。返回顶级材质，单击【反射】贴图通道，为其指定【衰减】贴图，设置【衰减参数】，如图 10-315 所示，并将【反射】数量设置为 15。

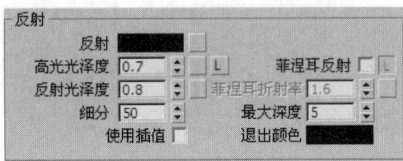

图 10-313 反射组参数

图 10-314 【选择位图图像文件】对话框

图 10-315 衰减参数

16 选择沙发金属支架部分，如图 10-316 所示，为其赋予之前设置的"金属架"材质。选择台灯和花瓶物体，如图 10-317 所示，为其赋予之前设置的"灯罩"材质。

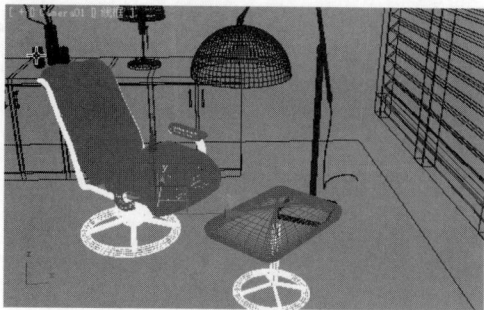

图10-316 选择沙发金属支架

图10-317 选择台灯和花瓶物体

17 选择场景中的柜子物体，如图 10-318 所示，为其赋予之前设置的"托板"材质。选择场景中立面墙部分，如图 10-319 所示。

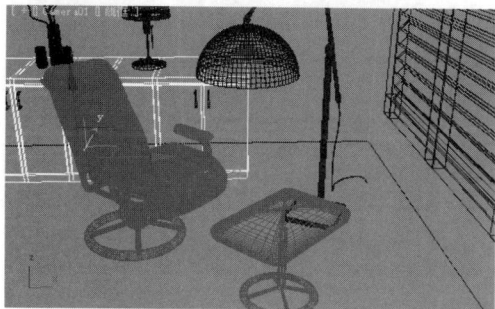

图10-318 选择柜子物体

图10-319 选择中立面墙部分

18 单击【M】键打开【材质编辑器】，选择一个新的材质球，并为其指定为【VR 材质】。设置【漫反射】颜色为 RGB（243、242、234），【反射】颜色为 RGB（210、210、210）。打开【贴图】卷展栏，设置【凹凸】值为 10，单击【凹凸】通道，在弹出的【材质 / 贴图浏览器】对话框中选择【噪波】，如图 10-320 所示。进入【噪波】贴图通道，设置噪波【大小】为 150，如图 10-321 所示。墙壁材质设置完毕。

三
维
制
作
大
师

图10-320 【材质/贴图浏览器】对话框

图10-321 噪波参数

19 为了得到更好的渲染效果，单击【F10】键，打开渲染面板，单击【图像采样器】卷展栏，更改图像采样器的类型为【自适应细分】，设置【最小比率】为1，【最大比率】为3，如图10-322所示。

最后渲染效果，如图10-323所示。

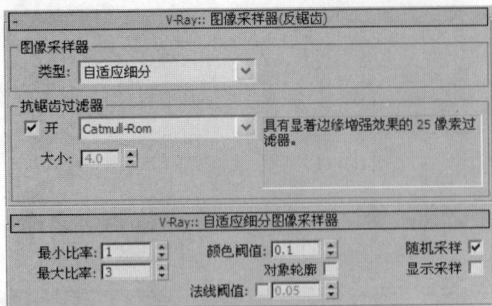

图10-322　图像采样设置

图10-323　场景渲染

▶ 10.3.2　跑车质感表现

本实例主要介绍制作汽车表面光泽、车轮金属以及汽车玻璃的表现方法。汽车表面涂层平均为3到7层以上，具有107%左右的反射率，为了表现这种光泽的变化，不能简单地表现反射效果，也要表现反射的深度，本实例最终渲染文件如图10-324所示。

学习重点

(1) 材质与灯光的综合使用技巧。

(2) 产品表现的方法与技巧。

图10-324　最终渲染效果

制作质感跑车

所用素材：光盘\素材\第10章\汽车材质初始

最终效果：光盘\效果\第10章\汽车材质完成

操作步骤

01 打开配套光盘中的场景文件，如图 10-325 所示。

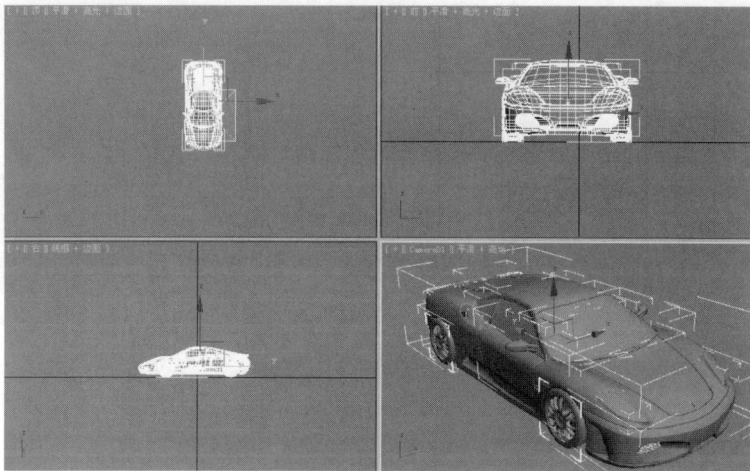

图10-325 场景文件

02 单击【F10】键，打开渲染面板，单击【间接照明】卷展栏，开启间接照明，设置二次反弹【倍增器】值为 0.8，全局照明引擎类型为【灯光缓存】，如图 10-326 所示。单击【环境】卷展栏，开启全局照明，如图 10-327 所示。

图10-326 开启间接照明

图10-327 开启全局照明

03 单击创建面板 / 灯光 /【Vray 灯光】按钮，在各个视图中调整位置，如图 10-328 所示。选择灯光，进入修改面板 ，设置灯光颜色为 RGB（255、255、255），【倍增器】值为 20，其他参数设置如图 10-329 和图 10-330 所示。

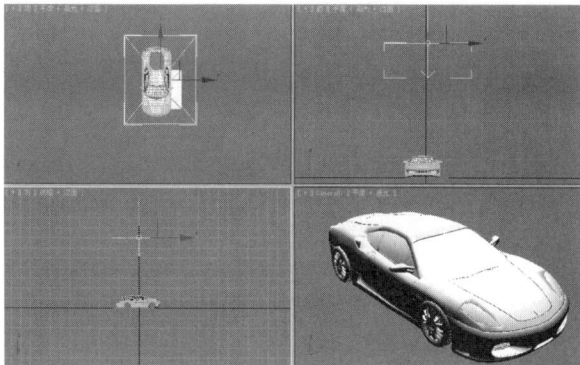

图10-328 创建灯光

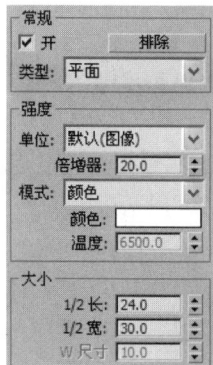

图10-329 灯光设置

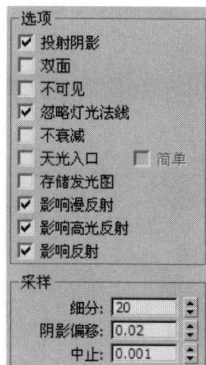

图10-330 其他选项

483

三维制作大师

04 测试渲染，如图 10-331 所示，发现场景有些曝光过度。单击【F10】键，打开渲染面板，单击【颜色贴图】卷展栏，更改曝光类型为【指数】，设置【变亮倍增器】为 2，如图 10-332 所示。由于降低了曝光度，场景光线显得更自然。

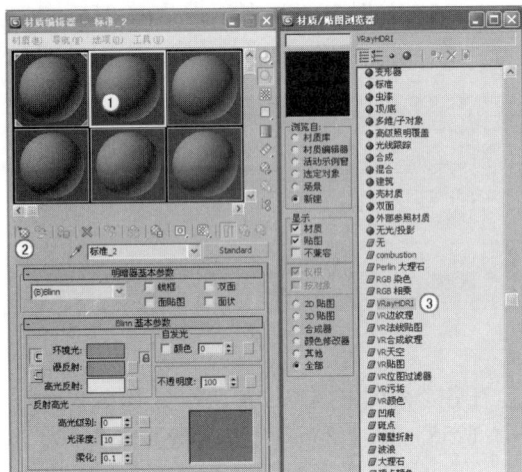

图10-331　渲染场景

图10-332　更改曝光类型

05 为场景增加环境贴图，单击键盘上的【M】键打开【材质编辑器】。选择一个新的材质球，单击【获取材质】 按钮，在弹出的【材质 / 贴图浏览器】对话框中选择【VRayHDRI】贴图，如图 10-333 所示。进入【VRayHDRI】贴图面板，单击 浏览 按钮，选择"seigo_m42"文件，如图 10-334 所示。

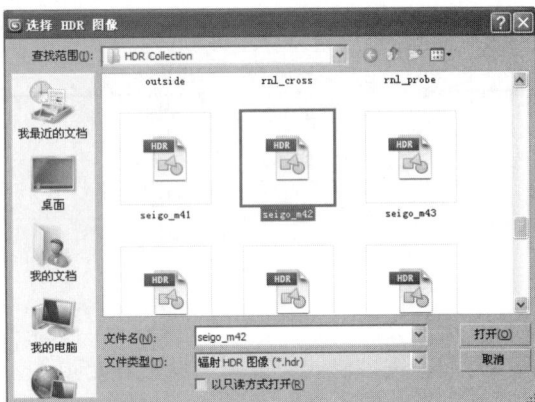

图10-333　【材质/贴图浏览器】对话框

图10-334　【选择HDI图像】对话框

06 设置贴图类型为【球面环境】，垂直旋转为 50，如图 10-335 所示。单击【F10】键，打开渲染面板，单击【环境】卷展栏，选择【VRayHDRI】贴图材质球，直接【实例】复制到【全局照明环境】贴图通道中，如图 10-336 所示。

07 勾选【开】选项，开启【反射 / 折射环境覆盖】开关，使用同样方法复制【VRayHDRI】贴图材质到【反射 / 折射环境覆盖】贴图通道中，并设置

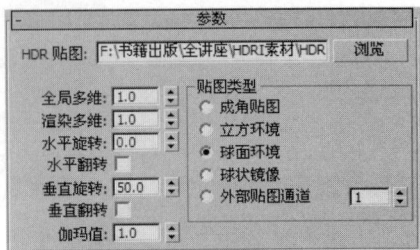

图10-335　贴图类型设置

【倍增器】值为 4.5，如图 10-337 所示。测试渲染效果，如图 10-338 所示，场景显得更加真实自然。

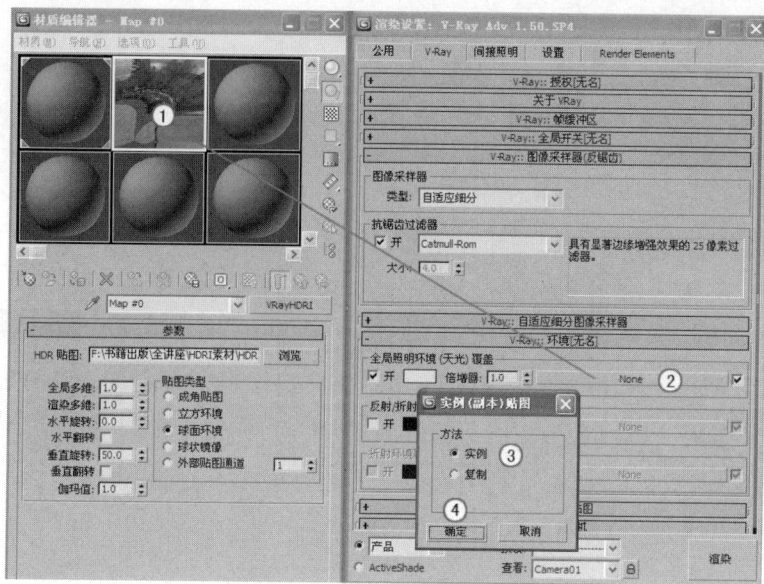

图10-336 【实例贴图】对话框

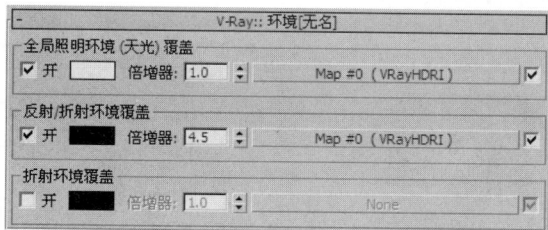

图10-337 开启全局环境照明

图10-338 场景渲染

08 选择地面物体，单击键盘上的【M】键打开【材质编辑器】。选择一个新的材质球，这里使用默认材质。设置【漫反射】颜色为 RGB（216、216、216），如图 10-339 所示，测试渲染效果，如图 10-340 所示。

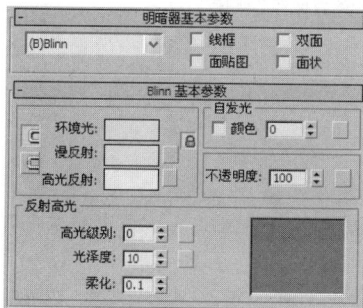

图10-339 基本参数设置

图10-340 场景渲染

09 设置车漆颜色，这里使用的是"虫漆"材质。单击【M】键打开【材质编辑器】。选择一个新的材质球，在弹出的【材质/贴图浏览器】对话框中指定【虫漆】材质，如图 10-341 所示。双击【虫漆】材质，系统弹出【替换材质】对话框，选择【丢弃旧材质】，如图 10-342 所示。

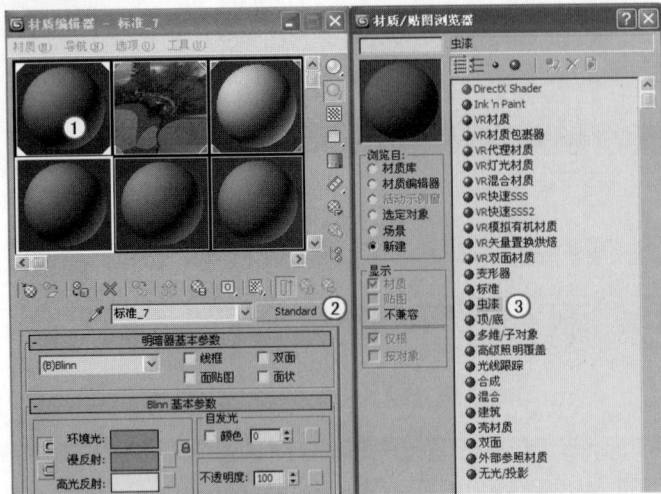

图10-341 【材质/贴图浏览器】对话框

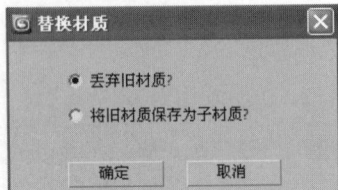

图10-342 【替换材质】对话框

10 虫漆材质通过叠加将两种材质混合，叠加材质中的颜色称为【虫漆材质】，被添加到【基础材质】的颜色中。【虫漆颜色混合】参数控制颜色混合的量，如图 10-343 所示。单击【基础材质】，并为其指定为【VR 材质】。设置【漫反射】颜色为 RGB （0、0、0），【反射】颜色为 RGB （0、0、0），单击【漫反射】的贴图通道，为其指定【衰减】贴图，如图 10-344 所示。

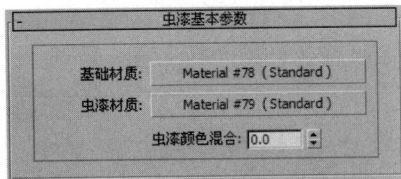

图10-343 虫漆材质

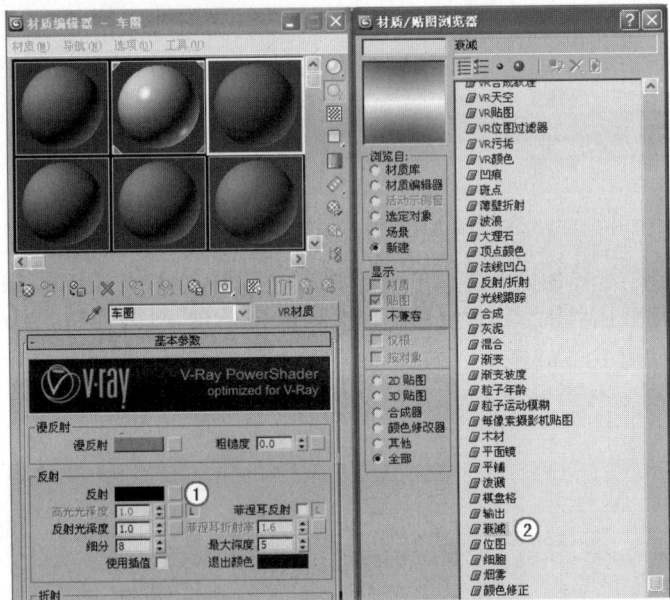

图10-344 【材质/贴图浏览器】对话框

11 双击【衰减】贴图通道，设置【前】颜色为 RGB （54、54、54），设置【侧】颜色为 RGB （0、0、0），设置衰减类型为【Fresnel】类型，如图 10-345 所示。设置反射【细分】为 20，【折射】颜色为 RGB （255、255、255），折射【细分】为 50，单击【双向反射分布函数】卷展栏，设置反射类型为【多面】，并设置反射数量为 50，否则车漆反射会很强烈。如图 10-346 所示。

12 在【贴图】卷展栏中单击【反射光泽】贴图通道，并指定【衰减】贴图通道，如图 10-347 所示。

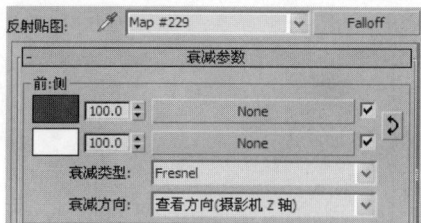

图10-345 【衰减参数】卷展栏

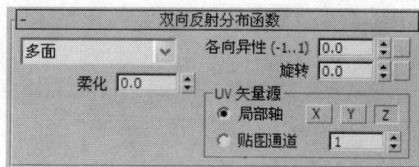

图10-346 【双向反射分布函数】卷展栏

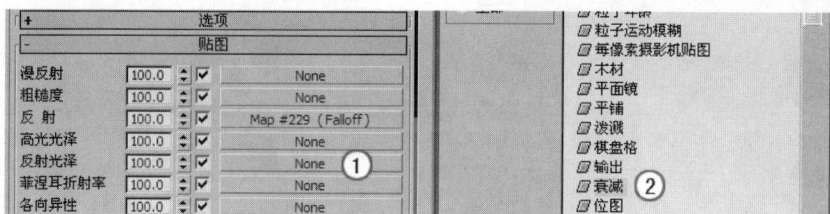

图10-347 【材质/贴图浏览器】对话框

13 双击【衰减】贴图通道，设置【前】颜色为RGB（183、183、183），设置【侧】颜色为 RGB（52、52、52），如图10-348所示。返回虫漆材质层级，单击【虫漆材质】，并为其指定为 【VR材质】。设置【漫反射】颜色为RGB（0、0、0），【反射】颜色为RGB（255、255、255），设置反射【细分】为20，【折射】颜色为RGB（255、255、255），折射【细分】为50，单击【双向反射分布函数】卷展栏，设置反射类型为【多面】，如图10-349所示。

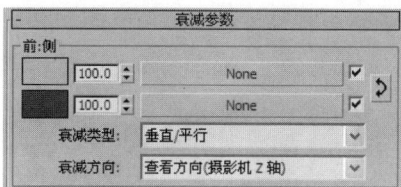

图10-348 衰减参数

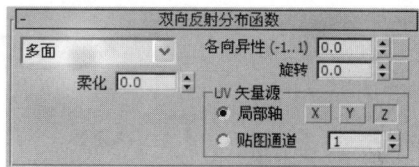

图10-349 双向反射分布函数设置

14 车漆材质基本设置完成，将材质赋予给车身物体，测试渲染，如图10-350所示。

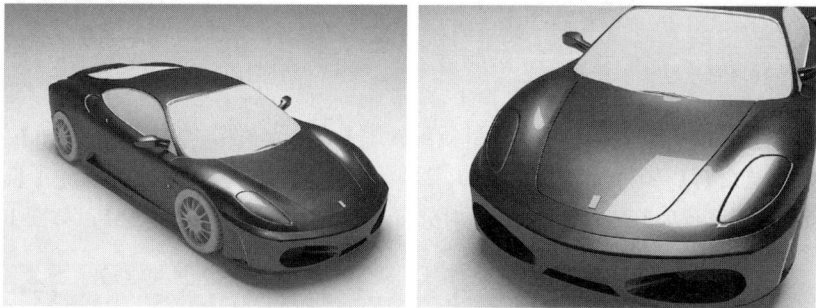

图10-350 渲染场景

15 设置玻璃材质。单击【M】键打开【材质编辑器】，选择一个新的材质球，并为其指定为 【VR材质】。设置【漫反射】颜色为RGB（255、255、255），【反射】颜色为RGB（255、255、255），单击【反射】的贴图通道，为其指定【衰减】贴图，如图10-351所示。双击【衰减】贴图通道，设置【前】颜色为RGB（0、0、0），设置【侧】颜色为RGB（255、255、255），如图10-352所示。

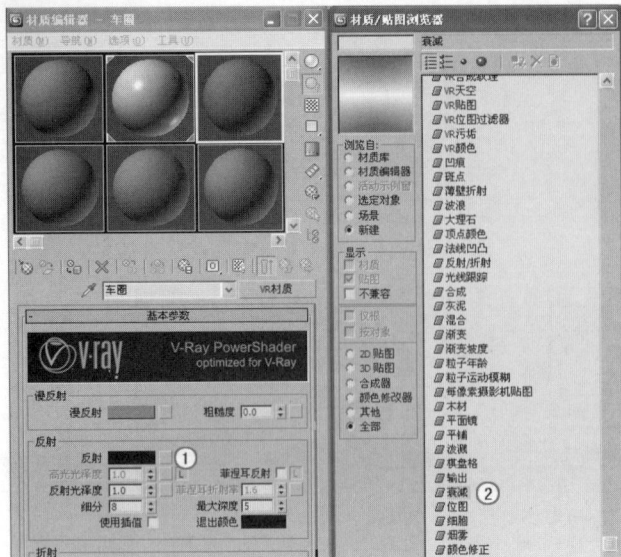

图10-351 【材质/贴图浏览器】对话框

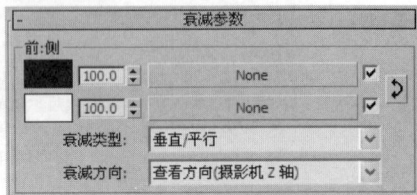

图10-352 衰减参数设置

16 设置【折射】颜色为 RGB（255、255、255），让玻璃完全透明，设置【折射率】为 1.5，折射率控制的是玻璃的厚度。设置反射【细分】为 20，折射【细分】为 40，设置【烟雾颜色】为 RGB（208、210、201），【烟雾倍增】为 0.3，如图 10-353 所示。并将玻璃材质分别赋予给跑车的玻璃窗部分，测试渲染，如图 10-354 所示。

图10-353 基本参数设置

图10-354 渲染场景

17 制作轮毂部分，单击【M】键打开【材质编辑器】，并为其指定为【VR材质】。设置【漫反射】颜色为黑色，【反射】颜色为 RGB（210、210、210），如图 10-355 所示。将【菲涅耳折射率】设为 20，勾选【菲涅耳反射】。并将【双向反射分布函数】类型更改为【沃德】，如图 10-356 所示。

图10-355 基本参数设置

图10-356 双向反射分布函数设置

18 设置刹车片质感，由于刹车片位置更靠内侧，其反射颜色设置要比轮毂略深。单击【M】键打开【材质编辑器】，并为其指定为【VR材质】。设置【漫反射】颜色为黑色，【反射】颜色为 RGB（156、156、156），如图 10-357 所示。将【菲涅耳折射率】设为 16，勾选【菲涅耳反射】，并将【双向反射分布函数】类型更改为【沃德】，如图 10-358 所示。

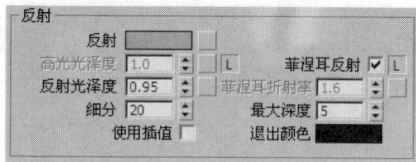

图10-357　基本参数设置

图10-358　双向反射分布函数设置

19 测试渲染，如图 10-359 所示。将法拉利标志贴在轮毂正中心位置，选择中心的物体，如图 10-360 所示。

图10-359　渲染场景

图10-360　选择法拉利标志贴

20 单击【M】键打开【材质编辑器】。选择一个新的材质球，这里使用默认材质。单击【漫反射】贴图通道，在弹出的【材质/贴图浏览器】中选择【位图】贴图，如图 10-361 所示。选择配套光盘提供的"法拉利标志"图片，如图 10-362 所示。

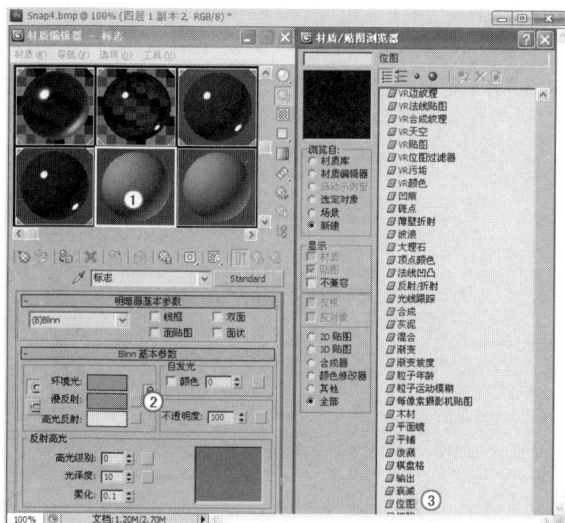

图10-361　【材质/贴图浏览器】对话框

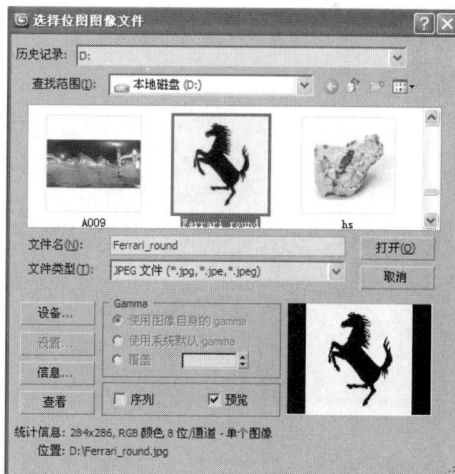

图10-362　【选择位图图像文件】对话框

21 测试渲染，如图 10-363 所示。使用相同方法，分别赋予其他三个轮毂材质。现在制作轮胎部分材质，选择轮胎物体，单击【M】键打开【材质编辑器】。选择一个新的材质球，这里使用默认材质。由于橡胶物体在灯光下一般显示有多个高光，所示将材质的明暗器类型设置为【各向异性】。设置【漫反射】颜色为 RGB（50、50、50），【高光级别】设置为120，【光泽度】设置为60，【各向异性】为80，如图10-364所示。

图10-363　渲染效果

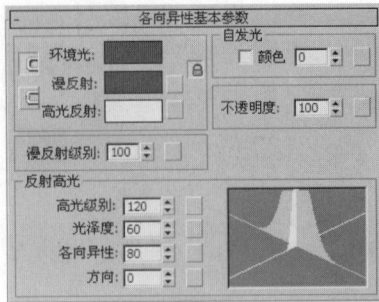

图10-364　基本参数设置

22 测试渲染，如图10-365所示。选择视图中的排气管物体，同样赋予其"轮毂"材质，这里就不再复述了。测试渲染，如图10-366所示。

图10-365　渲染场景

图10-366　渲染场景

23 选择跑车底盘的工程塑料部分，如图10-367所示。选择一个新的材质球，并为其指定为VRay材质。设置【漫反射】颜色为 RGB（5、5、5），【折射】颜色为 RGB（20、20、20），设置【反射光泽度】为0.57，【细分】为12，并将【双向反射分布函数】类型更改为【多面】，如图10-368所示。

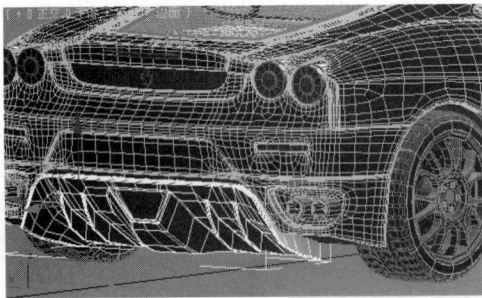

图10-367　选择跑车地盘

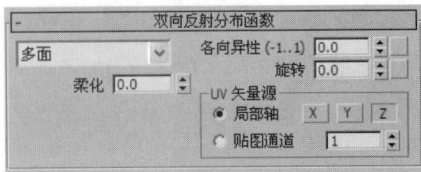

图10-368　双向反射分布函数设置

24 为了让车体的反射效果更逼真，可以在跑车后方添加反光板。进入创建面板 / 【标准基本体】 ，绘制平面图形，如图10-369所示。单击【M】键打开材质编辑器。选择一个新的材质球，这里使用默认材质。设置【漫反射】和【自发光】颜色为 RGB（255、255、255），选择平面物体，单击鼠标右键，在弹出的菜单中选择【对象属性】命令，取消【对摄影机可见】的勾选，这样在渲染中就看不见反光板物体了，但是其对场景反射的影响依然存在，如图10-370所示。

图10-369　创建反光板

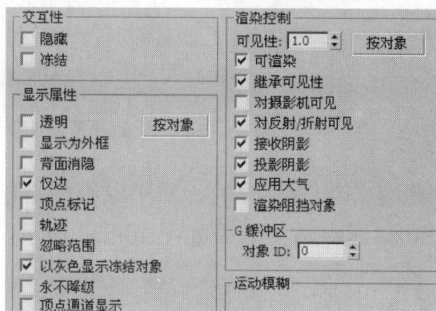

图10-370　【对象属性】对话框

25 测试渲染，如图 10-371 所示。跑车材质更加逼真了。制作尾灯部分，尾灯也是由工程塑料构成，只是在颜色上有所区分，选择尾灯物体，如图 10-372 所示。

图10-371　渲染场景

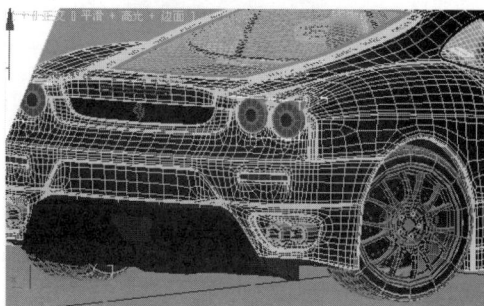

图10-372　选择尾灯物体

26 选择一个新的材质球，并为其指定为【VR 材质】。设置【漫反射】颜色为 RGB（252、5、5），【反射】颜色为 RGB（35、35、35），【折射】颜色为 RGB（25、25、25），设置【反射光泽度】为 0.85，【细分】为 12，并将【双向反射分布函数】类型更改为【多面】，如图10-373 所示。渲染效果如图 10-374 所示。

图10-373　基本参数设置

图10-374　渲染场景

27 设置法拉利标志材质。单击【M】键打开材质编辑器，并为其指定为【VR 材质】。设置【漫反射】颜色为黑色，【反射】颜色为 RGB（210、210、210），如图 10-375 所示。将【菲涅耳折射率】设为 16，勾选【菲涅耳反射】。并将【双向反射分布函数】类型更改为【沃德】，如图10-376 所示。

491

三维制作大师

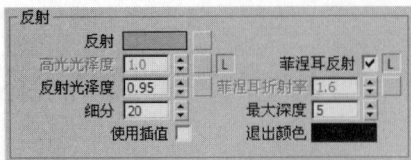

图10-375 基本参数设置

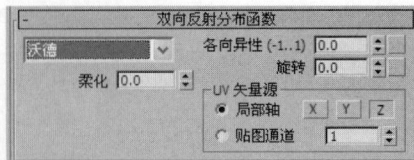

图10-376 【双向反射分布函数】卷展栏

28 跑车其他部分的材质可以根据自己的爱好进行调节，设置方式和前面材质的设置方式基本相同，最终渲染效果如图 10-377 所示。

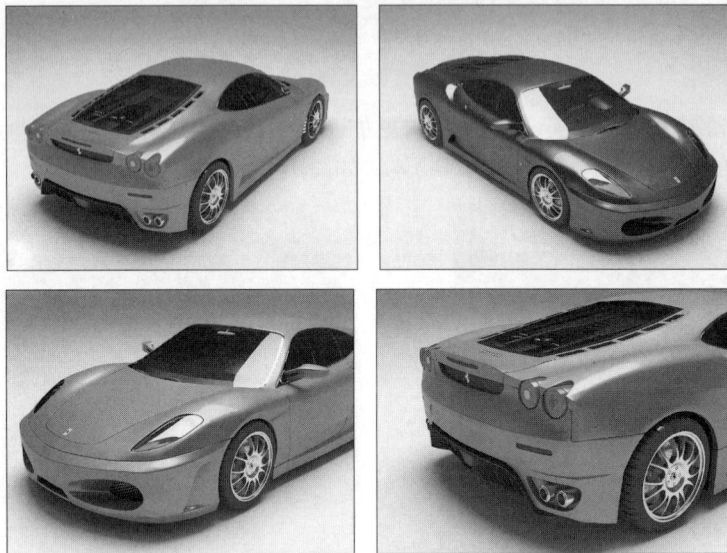

图10-377 渲染场景

▶ 10.3.3 数码相机质感表现

本实例主要介绍数码相机材质的制作过程。相机材质包括抛光金属、工程塑料和镜头玻璃等材质，是 Vray 材质的综合体现。渲染场景效果如图 10-378 所示。

📖 **学习重点**

(1) 掌握 VRay 中抛光金属质感的表现方法。
(2) 掌握 VRay 中工程塑料盒玻璃镜头质感的表现方法。
(3) 了解使用自适应确定性蒙特卡洛采样器。

图10-378 渲染场景

数码相机质感体现

所用素材：光盘\素材\第10章\相机初始

最终效果：光盘\素材\第10章\相机完成

操作步骤

01 打开配套光盘中的场景文件，如图10-379所示。发现场景中很简单，只有一个数码相机和摄像机。

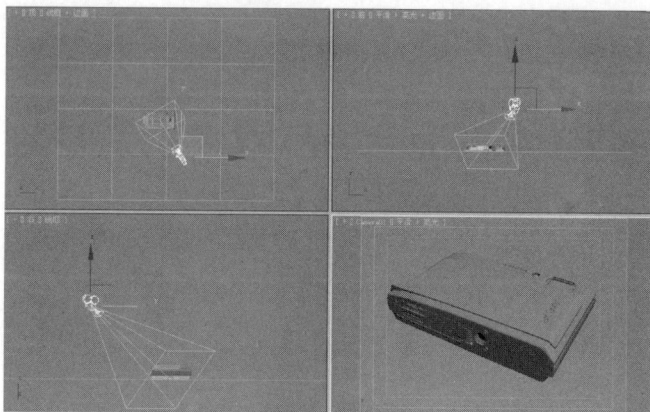

图10-379　场景文件

02 进入创建面板 / 灯光 / 【VR灯光】按钮，在各个视图中调整位置，如图10-380所示。测试渲染，如图10-381所示。

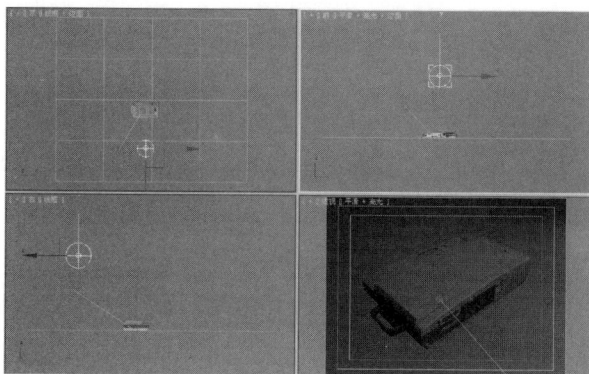

图10-380　创建灯光

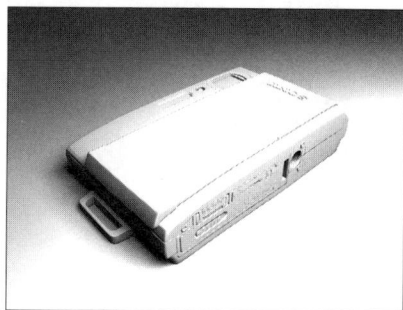

图10-381　渲染场景

03 观察灯光效果，发现Vray灯光的类型为【平面】，在一般情况下，需要在灯光的修改面板中勾选【影响高光反射】和【影响反射】选项，如图10-382所示。而数码相机的外壳一般为全金属的材质，如果勾选影响反射选项，势必要在金属外壳的表面留下大面积的反光效果，这样会使整个场景很突兀，所以Vray灯光的【平面】类型，不是非常适合当前场景的塑造。在这里选择将Vray灯光的类型更改为【球体】，如图10-383所示。进入修改面板 ，设置灯光颜色为RGB（240、215、215），【倍增器】值为30，灯光【半径】为100，如图10-384所示。

04 测试渲染，如图10-385所示。观察渲染效果，很显然，画面曝光过度。单击【F10】键，打开渲染面板，单击【颜色贴图】卷展栏，更改颜色贴图的类型为【指数】，如图10-386所示。

图10-382 选项设置

图10-383 灯光类型设置

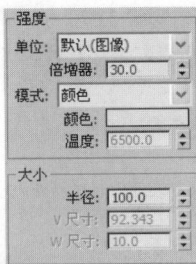

图10-384 灯光基本参数

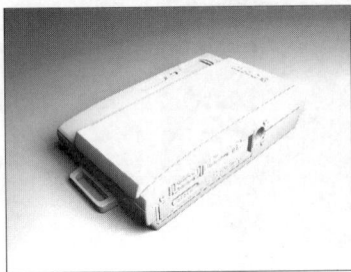

图10-385 渲染场景

图10-386 更改曝光类型

05 观察渲染效果，发现场景曝光正常，如图 10-387 所示。单击【F10】键，打开渲染面板，单击【间接照明】卷展栏，开启间接照明。设置首次反弹的全局照明引擎为【发光图】；二次反弹的全局照明引擎为【灯光缓存】，如图 10-388 所示。

图10-387 渲染场景

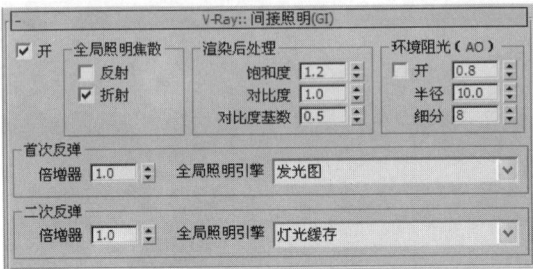

图10-388 开启间接照明

06 为场景创建灯光。照明方式类似三点照明方式。因为作为补充灯光，所以灯光的【倍增器】值均为 1，灯光位置如图 10-389 所示，渲染效果如图 10-390 所示，

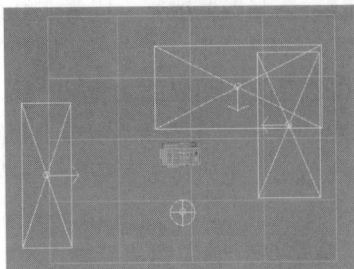

图10-389 创建补光

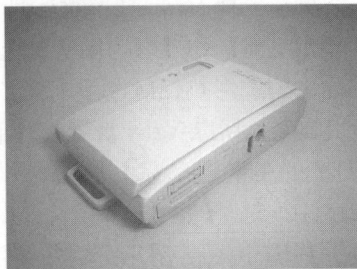

图10-390 渲染场景

07 为场景进行环境设置。按【F10】键，打开渲染面板，单击【环境】卷展栏，开启全局照明开光，单击【全局照明环境覆盖】贴图通道，在弹出的【材质/贴图浏览器】对话框中选择【渐变坡度】贴图，如图 10-391 所示。单击【M】键打开【材质编辑器】，选择一个新的材质球，选择【渐变坡度】贴图，将其直接拖动到新的材质球上，并选择【实例】方式复制，如图 10-392 所示。

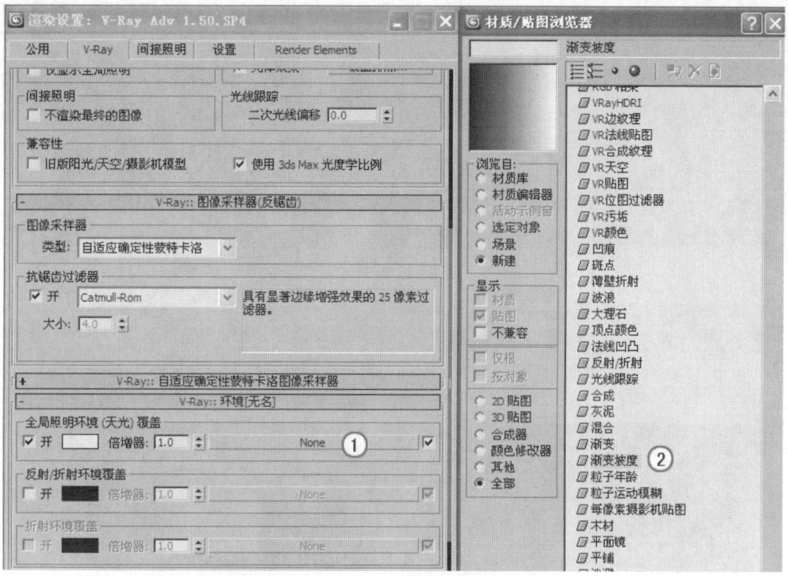

图10-391 【材质/贴图浏览器】对话框

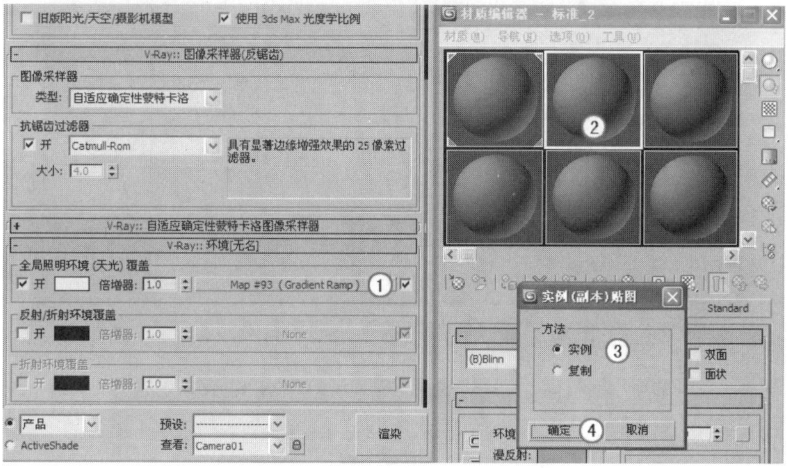

图10-392 【实例贴图】对话框

08 设置渐变坡度三个颜色值分别为 RGB (158、185、200)，(248、244、216) 和 (247、246、211)，W 为 100 度，如图 10-393 所示。返回【环境】卷展栏，开启【反射/折射环境覆盖】开关，单击【反射/折射环境覆盖】贴图通道，在弹出的【材质/贴图浏览器】对话框中选择【VrayHDRI】贴图，如图 10-394 所示。

09 单击【M】键打开【材质编辑器】，选择一个新的材质球，选择【VrayHDRI】贴图，将其直接拖动到新的材质球上，并选择【实例】方式复制，如图 10-395 所示。进入【VrayHDRI】贴图面板，单击 浏览 按钮，选择 "HDR" 文件，如图 10-396 所示。

三维制作大师

图10-393　渐变颜色设置

图10-394　【材质/贴图浏览器】对话框

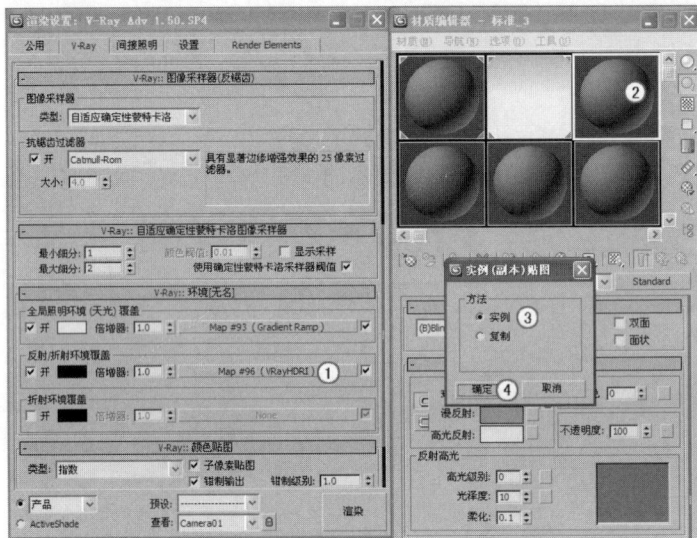

图10-395　【实例（副本）贴图】对话框

图10-396　【选择HDR】对话框

10 设置贴图类型为【球面环境】，垂直旋转为80°，如图10-397所示。并在【反射／折射环境覆盖】中设置【倍增器】值为3，让环境对场景的影响更强烈，渲染效果如图10-398所示。

11 场景中的全局光照已经设置完成，但是相机底部的细节比较模糊，这是抗锯齿的原因，如图10-399所示。单击【F10】键，打开渲染面板，单击【图像采样器】卷展栏，更改图像采样器的类型为【自适应细分】，设置【最小比率】为-1，【最大比率】为4，测试渲染，如图10-400所示，场景物体细节增强，但是渲染时间会有所增加。

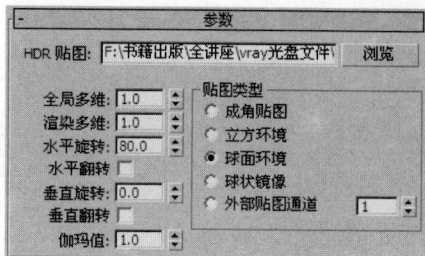

图10-397 设置贴图类型

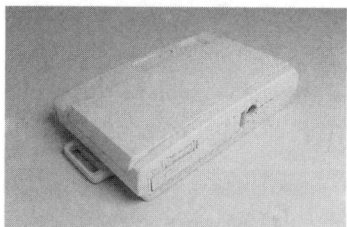

图10-398 渲染场景   图10-399 渲染场景   图10-400 设置采样

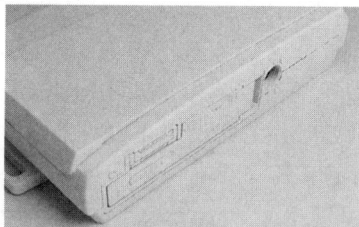

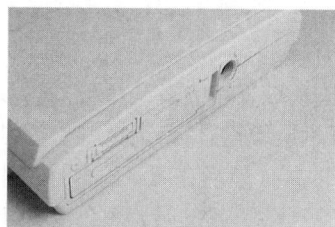

12 地面材质的设置。选择场景中的地面物体，单击【M】键打开材质编辑器，选择一个新的材质球，并为其指定为【VR材质】。单击【漫反射】贴图通道，在弹出的【材质／贴图浏览器】对话框中选择【位图】，如图10-401所示。双击【位图】贴图通道，选择"db-101"文件，如图10-402所示。

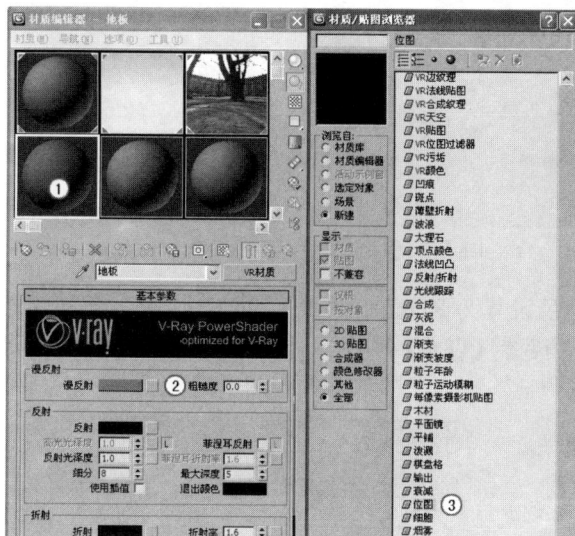

图10-401 【材质/贴图浏览器】对话框

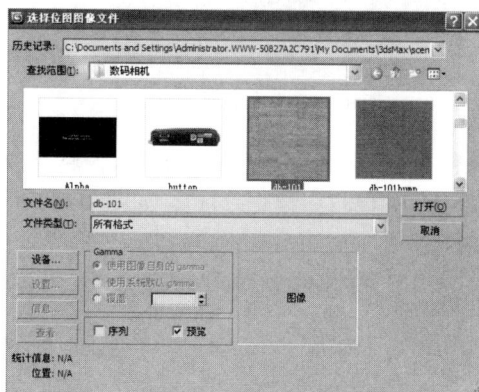

图10-402 【选择位图图像文件】对话框

13 进入【位图】贴图参数，由于地板图片纹理比较小，所以将【平铺】值设为0.5，返回层级，选择【凹凸】贴图通道，设置【数量】为80，单击【凹凸】贴图通道，在弹出的【材质／贴图浏览器】对话框中选择【位图】，如图10-403所示。双击【位图】贴图通道，选择"db-101bump"文件，如图10-404所示。

497

三维制作大师

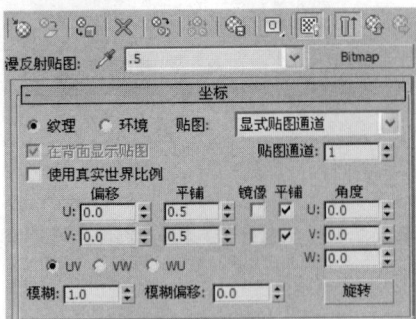

图10-403　平铺设置

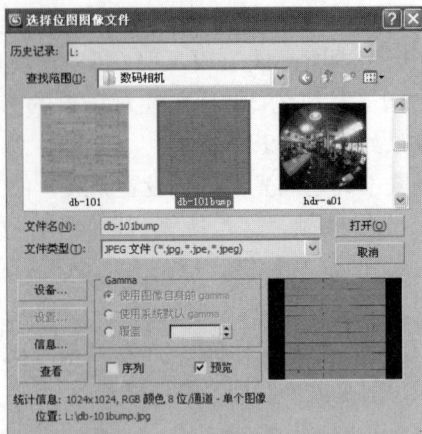

图10-404　【选择位图图像文件】对话框

14 设置相机滑盖材质，选择场景中的滑盖物体，如图 10-405 所示。单击键盘上的【M】键打开【材质编辑器】。选择一个新的材质球，并为其指定【VR 材质】。设置【漫反射】颜色为 RGB（0、0、0），然后在【反射】通道中指定【衰减】贴图，【反射】颜色为 RGB（232、8、240），设置【反射光泽度】为 1。设置【菲涅耳折射率】为 1.6，设置反射和折射【细分】值均为 20，如图 10-406 所示。

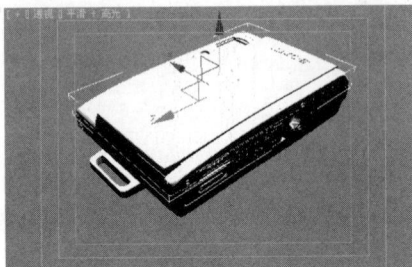

图10-405　选择滑盖物体

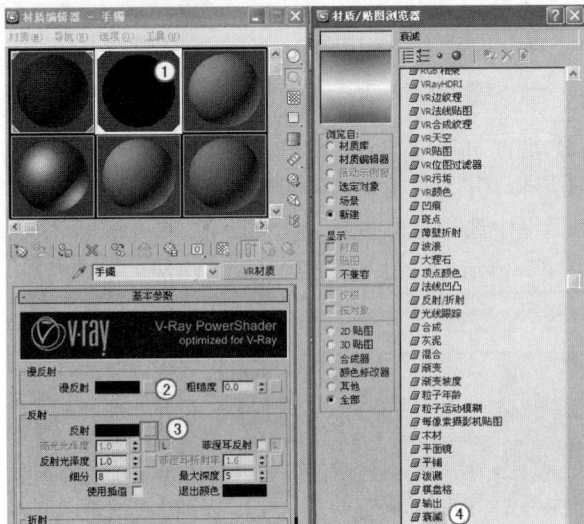

图10-406　【材质/贴图浏览器】对话框

15 进入【衰减】贴图参数面板，将【前】颜色设置为 RGB（230、0、200），【侧】颜色设置为 RGB（232、173、241），如图 10-407 所示。设置【衰减】贴图的【混合曲线】，如图 10-408 所示。

图10-407　衰减参数

图10-408　混合曲线

16 打开【双向反射分布函数】面板，更改反射类型为【多面】，【各向异性】为 0.48，如图 10-409 所示。渲染场景，如图 10-410 所示。

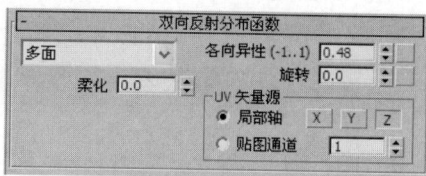

图10-409 设置双向反射分布函数

图10-410 渲染场景

17 边框金属的材质反射度应该非常高，类似车漆的材质，选择边框物体，如图 10-411 所示。单击【M】键打开【材质编辑器】。选择一个新的材质球，并为其指定【VR 材质】。设置【漫反射】颜色为 RGB（144、3、132），设置【折射】颜色为 RGB（238、106、235），勾选【菲涅耳反射】，设置【反射光泽度】为 0.93。如图 10-412 所示。

图10-411 选择边框金属

图10-412 基本参数设置

18 测试渲染效果，如图 10-413 所示。观察边框细节部分，反射已经非常明显了，如图 10-414 所示。

图10-413 渲染场景

图10-414 细节部分

19 标志部分制作。选择边框物体，如图 10-415 所示。选择模型后，进入修改面板，为其加入 UVW 贴图坐标，如图 10-416 所示。

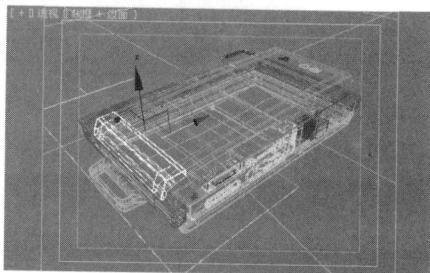

图10-415 边框物体

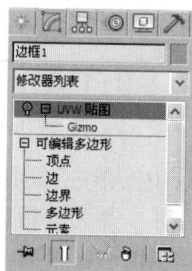

图10-416 添加UVW贴图坐标

20 选择"边框"材质球,在【贴图】面板中,单击【凹凸】贴图通道,在弹出的【材质/贴图浏览器】对话框中选择【位图】,如图 10-417 所示。双击【凹凸】贴图,打开"标志"文件,如图 10-418 所示。

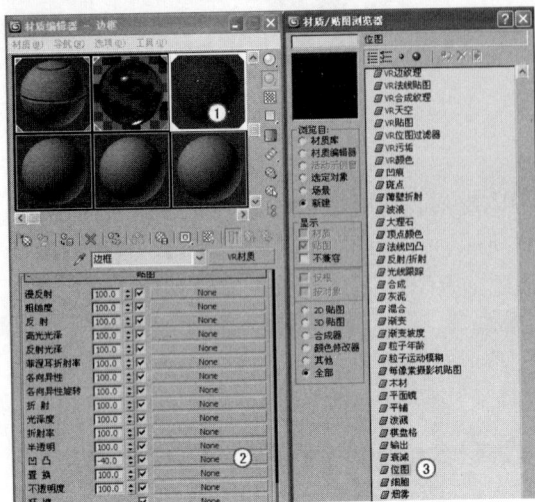

图10-417 【材质/贴图浏览器】对话框

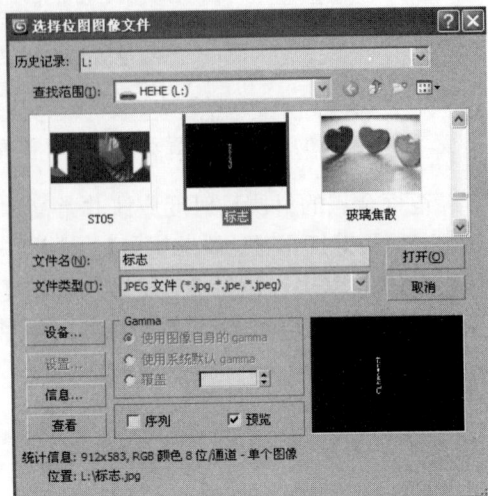

图10-418 【选择位图图像文件】对话框

21 返回层级,设置【凹凸】贴图数量为 -40,数值为负数时,图形向内凹陷。如果贴图位置有偏差,可以选择 UVW 贴图坐标中 Gizmo,如图 10-419 所示。适当调整贴图位置,如图 10-420 所示。

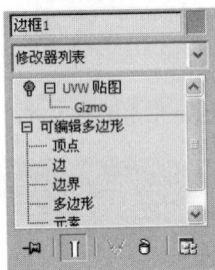

图10-419 选择Gizmo

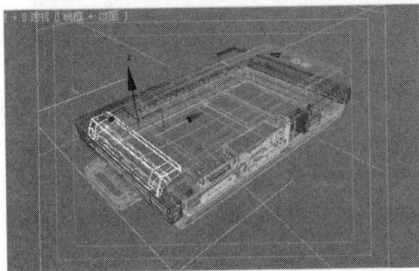

图10-420 调整Gizmo位置

22 测试渲染,如图 10-421 所示。观察细节部分,标志已经向内凹陷,如图 10-422 所示。

图10-421 渲染效果

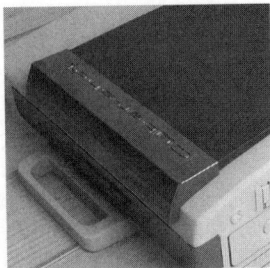

图10-422 细节部分

23 选择场景中的黑色塑料物体,如图 10-423 所示。单击【M】键打开【材质编辑器】,选择一个新的材质球,并为其指定为【VR 材质】。设置【漫反射】颜色为 RGB (0、0、0),【反射】颜色为 RGB (10、10、10),设置【反射光泽度】为 0.6,【高光光泽度】为 0.55,如图 10-424 所示。

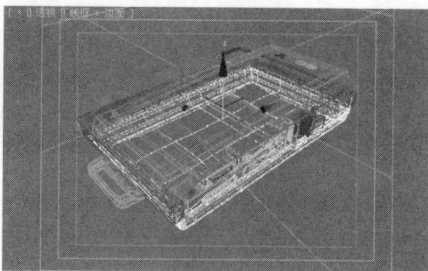

图10-423 选择黑色塑料物体

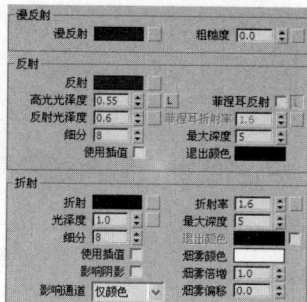

图10-424 基本参数设置

24 由于塑料材质不需要太强烈的反射效果，所以反射数值不需要设置太高。选择机身物体，单击键盘上的【M】键打开【材质编辑器】。选择一个新的材质球，并为其指定【VR材质】。设置【漫反射】颜色为 RGB（0、0、0），然后在【反射】通道中指定【衰减】贴图，如图 10-425 所示。

25 设置【反射】颜色为 RGB（232、8、240），设置【反射光泽度】为 0.78。设置【菲涅耳折射率】为 0.47，设置反射和折射【细分】值均为 20，如图 10-425 所示。进入【衰减】贴图参数面板，将【前】颜色设置为 RGB（123、0、134），【侧】颜色设置为 RGB（210、101、227），如图 10-426 所示。

图10-425 【材质/贴图浏览器】对话框

图10-426 衰减参数

26 渲染效果如图 10-427 所示。选择相机底部的螺丝钉和挂绳部分以及"SONY"标志，如图 10-428 所示。

图10-427 渲染场景

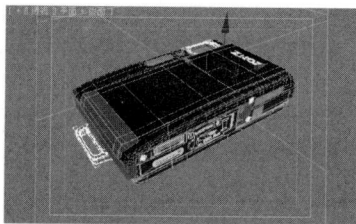

图10-428 选择挂绳等物体

27 单击【M】键打开【材质编辑器】，选择一个新的材质球，并为其指定为【VR材质】。设置【漫反射】颜色为 RGB（108、112、112），【反射】颜色为 RGB（210、210、210），设置【反射光泽度】为 0.86，如图 10-429 所示。设置镜头材质，选择场景中的镜头物体，如图 10-430 所示。

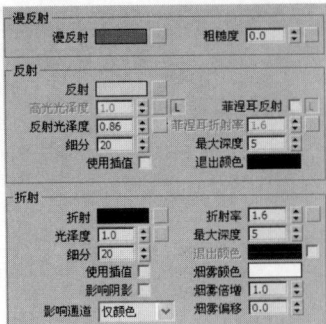

图10-429　基本参数设置

图10-430　选择镜头物体

28 单击【M】键打开【材质编辑器】，选择一个新的材质球，并为其指定为【VR 材质】。设置【漫反射】颜色为 RGB（128、128、128），然后在【反射】通道中指定【衰减】贴图，如图 10-431 所示。【反射】颜色为 RGB（232、8、240），设置【反射光泽度】为 1。【折射】颜色为 RGB（0、0、0），设置【菲涅耳折射率】为 1.6，【烟雾颜色】RGB（221、230、223），设置反射和折射【细分】值均为 8，如图 10-432 所示。

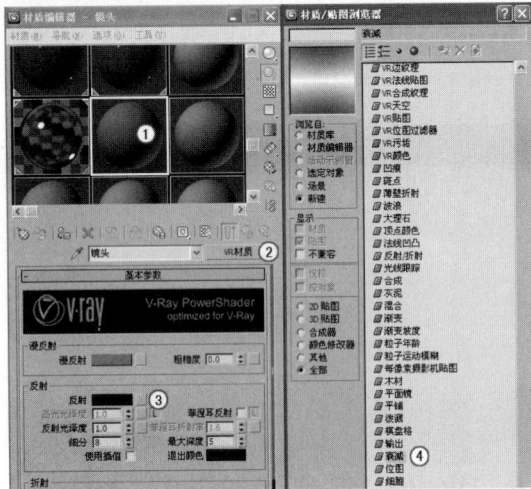

图10-431　【材质/贴图浏览器】对话框

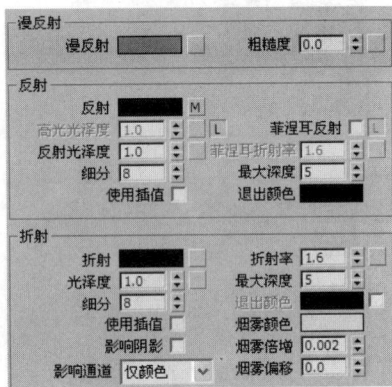

图10-432　基本参数设置

29 双击【衰减】贴图通道，设置【前】颜色为 RGB（0、0、0），设置【侧】颜色为 RGB（87、87、87），如图 10-433 所示，镜头材质设置完成。选择场景中的闪光灯物体，如图 10-434 所示。

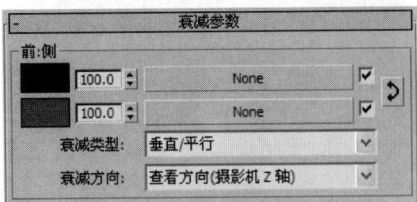

图10-433　衰减参数设置

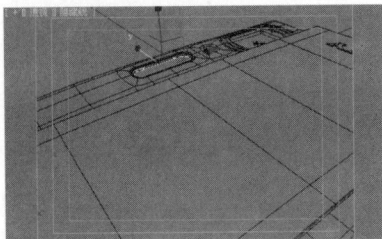

图10-434　选择闪光灯物体

30 单击【M】键打开材质编辑器，选择一个新的材质球，使用默认材质即可。单击漫反射贴图通道，在弹出的【材质 / 贴图浏览器】对话框中选择【位图】，如图 10-435 所示。选择"闪光灯"文件，如图 10-436 所示。

图10-435 【材质/贴图浏览器】对话框

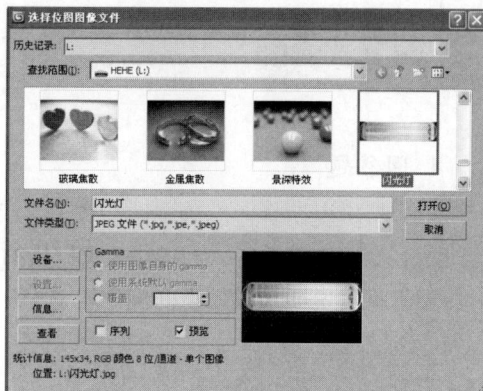

图10-436 【选择位图图像文件】对话框

31 给相机底部贴标签，选择场景中的标签物体，单击【M】键打开【材质编辑器】，选择一个新的材质球，使用默认材质即可。单击【漫反射】贴图通道，在弹出的【材质/贴图浏览器】对话框中选择【位图】，如图10-437所示。选择"标签"文件，如图10-438所示。

32 材质设置基本完成，可以任意更改相机颜色和地板贴图，测试渲染，最终效果如图10-439所示。

图10-437 选择标签部分

图10-438 【选择位图图像文件】对话框

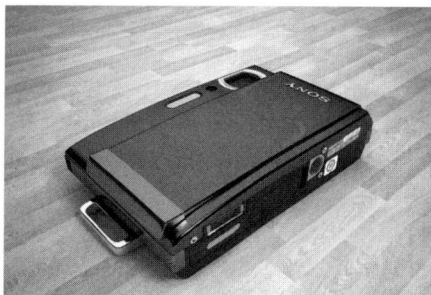

图10-439 渲染场景

▶▶ 10.4 本章小结

本章以12个典型实例全面深入地讲述了VRay的材质、VRay的灯光、HDRI高动态范围图像的应用、摄像机景深与运动模糊、VRay 置换与 3S 特效、VRay 焦散效果，几乎阐述了 VRay 渲染器的所有参数控制。熟练地掌握这些技术可以帮助我们制作出更加优秀的作品。

▶ 10.5 习题

1. 问答题

(1) 举例说明自适应确定性蒙特卡洛采样器的应用？

(2) 举例说明 3ds Max 多维/子材质的应用？

(3) 举例说明焦散效果的操作？

2. 上机题

(1) 上机练习利用 VRay 中金属质感的表现方法。

(2) 上机练习 VRay 中塑料质感的表现方法。

(3) 上机练习 VRay 中金属焦散的表现方法。

(4) 上机练习 VRay 中陶瓷质感的表现方法。

动画篇

第 11 章　动画技术

▶▶ 本章将对关键点动画、约束动画、控制器动画等基本的动画设置工具进行介绍，并学习曲线编辑器的使用方法。

⟳ 11.1　动画概述

物体的移动、旋转、缩放，以及物体形状与表面的各种参数的改变都可以用来制作动画。要制作动画，必须先掌握 3ds Max 的基本动画制作原理和方法，3ds Max 提供了很多运动控制器，可以模拟生活中的各种运动规律，使制作动画变得简单容易。在 3ds Max 中还提供了强大的轨迹视图编辑功能，可以用来编辑动画的各种属性。

▶ 11.1.1　动画原理

动画的产生来源于人眼视觉的停留，人眼在观看一组连续播放的图片时，每一幅图片都可以在人眼中产生短暂的停留，当图片的播放速度大于图片在人眼中停留的时间时，人们就可以感受到动画的存在，组成动画的每幅图片在动画中叫做帧，帧是动画中最基本也是最重要的概念。

▶ 11.1.2　动画方法

动画的制作方法分为传统制作与计算机制作方法，二者区别如下。

1. 传统动画的制作方法

在传统的动画制作中，制作人员要绘制出整个动画片的每一幅画面、每一个动作，也就是说每一帧画面。传统的动画不但要手工绘制，如果想要得到流畅的动画效果，每秒钟大概需要 25 ～ 30 个静帧图画，一分钟的动画就需要 1500 ～ 1800 幅图片，由此可见，传统动画片的制作是非常繁琐，工作量巨大，一部动画长片往往需要成百上千的专业动画制作人员花费数月乃至数年的时间才能完成，这其中需要绘制出成千上万的图像。

2. 使用计算机生成动画

动画是由若干图片连续播放组合而成的。在动画中，每一个图片都被称为帧，在众多的帧当中，总有一些帧是非常重要的，它们表达了主要的动作效果，我们把这些主要的帧称之为关键帧。如制作鸟儿扇动翅膀的动画，想要流畅的表现出一组翅膀扇动一次的效果，最少也需要 7 ～ 10 幅表现不同形状、不同位置的翅膀的图片。而在这些图片当中有两幅图片是最为重要的，即表现翅膀处于最高与最低位置时候的形状的图片，这两幅图其实就是【关键帧】。在使用计算机制作动画时，只要找到并绘制出一段动画的若干关键帧即可，其他的过度的动作都可以由计算机完成，这样就大大的提高了工作效率。3ds Max 就是基于此技术来创建动画的。

11.1.3　动画控制区

3ds Max 2010 的动画控制区主要包括时间滑块区、时间控制区、关键点模式和【时间配置】对话框几个区域，下面就对这些区域进行简单介绍。

1.时间滑块区

拖动时间滑块可以改变当前帧，并显示当前帧数，控制动画场景在视图中显示指定帧的状态。如图 11-1 所示。

图11-1　时间滑块区

2.时间控制区

控制动画的播放以及动画时间，如图 11-2 所示，其中：

- ▶【播放动画】：播放当前动画。
- ◄|||、|||►【上一帧】、【下一帧】：跳转到上一帧或下一帧。
- |◄◄、►►|【转至开头】、【转至结尾】：直接跳转至第一帧或最后一帧。
- 在此直接输入帧数，可直接跳转至该帧。

图11-2　时间控制区

3.关键点模式

当 ►►|【关键点模式切换】按钮处于激活状态时，时间控制按钮中的 ◄|||、|||►【上一帧、下一帧】按钮将变为 |◄、►|【上一关键点】、【下一关键点】按钮。时间滑块由逐帧移动变为了关键帧之间的移动，有助于对关键帧的修改。

4.【时间配置】对话框

按下 【时间配置】按钮，可以打开【时间配置】对话框，也可以通过在时间控制按钮上单击鼠标右键将其调出来。【时间配置】对话框用于设置【帧速率】、【时间显示】、【播放】、【动画】和【关键点步幅】等，如图 11-3 所示，其中：

- 【帧速率】：用来设置播放动画时使用何种制式播放动画。制式是指速率计时方式，以秒为单位，即每秒种播放多少帧画面。
  - 【NTSC】：NTSC 制式也称为"国家电视标准委员会"制式，是美洲、日本和台湾使用的电视标准的名称，帧速率为每秒钟 30 帧。
  - 【PAL】：PAL 制式也称为"相位交替线"制式，是大部分欧洲国家使用的电视制式，中国和新加坡等国家也使用这种制式。PAL 制式的帧速率为每秒 25 帧。
  - 【电影】：电影胶片的播放制式，它的帧速率为每

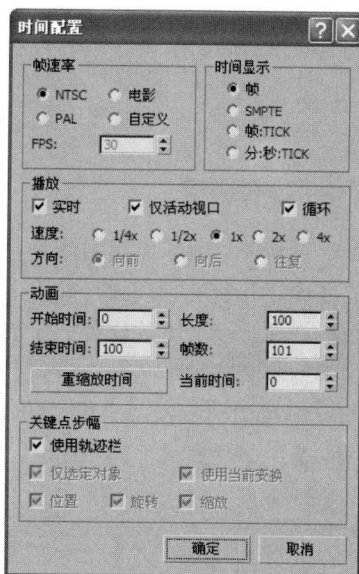

507

三维制作大师

图11-3　【时间配置】对话框

秒钟 24 帧。

> 【自定义】：勾选此选项，可在 FPS 输入框中输入自定义帧速率，单位为"帧/秒"。在做一些比较特殊的动画时可使用。

● 【时间显示】：提供了 4 种时间显示方式，最为常用的就是以"帧"为单位。

● 【播放】：用于控制如何回放动画，并可以选择播放的速度。

● 【动画】：用于设置动画激活的时间段和调整动画的长度。

11.2　自动记录关键帧动画

在 3ds Max 的动画控制面板中记录动画关键帧有两种方法，如图 11-4 所示。一种是使用 自动关键点 按钮进行自动记录关键帧的方法；另一种是使用 设置关键点 按钮进行手动设置关键帧的方法。使用手动记录关键帧的时候，需要配合左侧的钥匙按钮来记录关键帧，如图 11-5 所示。

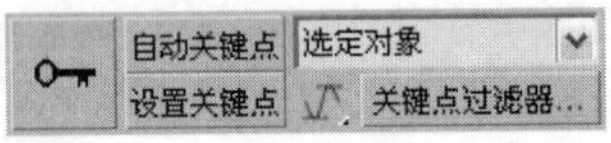

图11-4　制作关键帧动画面板 　　　　图11-5　钥匙

使用自动记录关键帧的方法制作动画是制作三维动画的最基本方法。在场景中创建若干物体，单击 自动关键点 按钮为红色，开始录制动画。移动动画控制区中的时间滑块 `< 15 / 100 >` 到指定关键动作的帧上，修改场景中物体的位置、角度或形状等参数，3ds Max 会自动设置关键帧。继续重复前面的移动时间滑块、修改物体参数的操作，最后单击取消选中 自动关键点 按钮，关闭帧动画的录制，一个简单的动画就创建完成了。

11.2.1　使用自动记录关键帧的方法制作移动动画

利用自动记录关键帧的方法制作棋子移动的动画效果。

使用自动记录关键帧的方法制作移动的棋子

所用素材：光盘\素材\第 11 章\Scenes\ 国际象棋 .max

操作步骤

01 打开一幅国际象棋的场景，在该场景中单击 自动关键点 按钮为红色，运动面板上的时间轴也会变成红色，开始录制动画，如图 11-6 所示。

02 当前时间滑块的位置处于第 0 帧，将时间滑块拖动到第 10 帧处，使用移动工具 ✛ 选择一个棋子，将其移动至另一个位置，此时在时间轴的第 10 帧处，系统就会自动记录起始关键帧，在 0～10 帧之间完成一个棋子的动画，如图 11-7 所示。

03 关闭 自动关键点 按钮，动画就制作完成了。单击动画控制面板右下角的 ▶【播放】按钮，就可以预览动画了。

04 动画制作完成后，还可以单独选择关键帧进行任意的移动。配合【Shift】键还可以对关键帧进行复制。

图11-6 自动录制动画

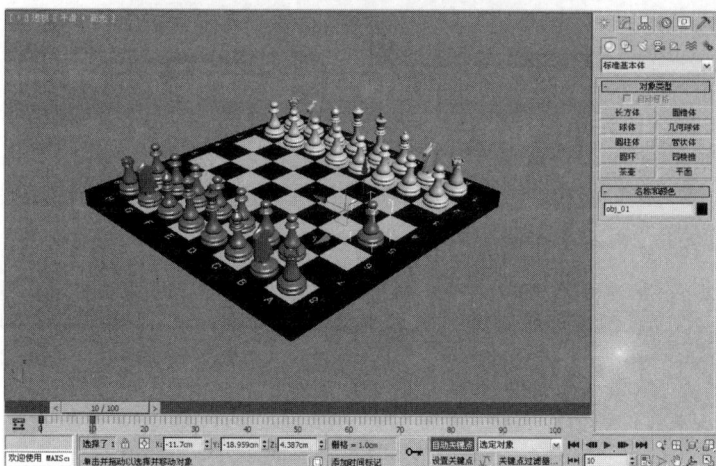

图11-7 自动录制动画

> **提 示** 移动动画很简单，只需要在不同的时间，改变物体的位置，然后记录下它改变位置的过程即可。

　　自动记录关键帧的动画制作方法非常的简便易用，是 3ds Max 中最为常用的动画记录方式。此种记录方式只要将动画对象在相应的时间段上作出相应的动作调整即可。

11.2.2　使用手动记录关键帧的方法制作移动动画

　　本节学习利用手动记录关键帧的方法制作棋子移动的动画效果。

使用手动记录关键帧的方法制作移动的棋子

操作步骤

01 继续上一节的动画制作。单击 设置关键点 按钮，这时动画控制面板的时间轴变成红色，选择一个白色棋子，将时间滑块拖动到第 20 帧处，然后单击 设置关键点 按钮右侧的【钥匙】按钮，在第 20 帧处加上一个关键帧，这样手动记录关键帧的起始帧就记录好了。如图 11-8 所示。

图11-8　手动设置动画

02 将时间滑块拖动到第 30 帧处，移动选中的白色棋子到如图 11-9 所示的位置。然后单击 设置关键点 按钮右侧的【钥匙】按钮，在第 30 帧处加上一关键帧，这样手动记录关键帧的结束帧就记录好了。关闭 设置关键点 按钮，动画制作完毕。

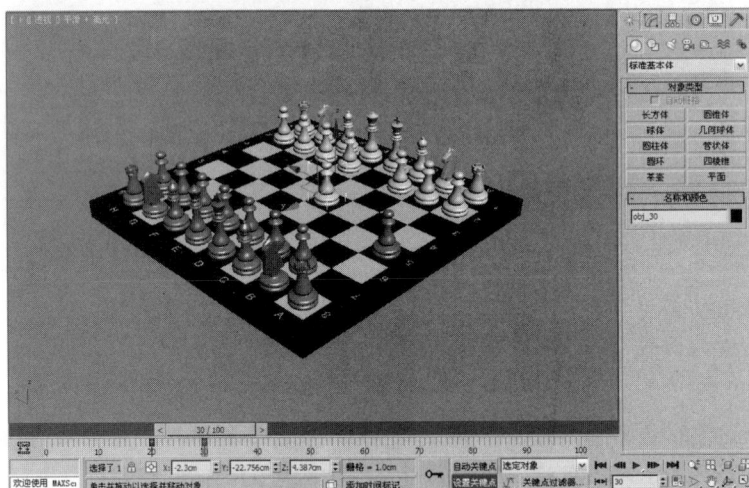

图11-9　手动设置动画

手动记录关键帧的动画制作方法也是 3ds Max 中比较常用的动画记录方式。这种记录方式需要将动画对象在相应的时间段上作出相应的动作调整之后，单击钥匙按钮，使手动的记录为关键点。

▶ **11.2.3　过滤动画轨迹**

在上面介绍的两种记录动画的方式中，仔细观察关键帧的颜色可以看出，使用自动记录关键帧工具记录的关键帧是红色的，而使用手动关键帧工具记录的关键帧是红、绿、蓝三色的。

使用自动记录关键帧记录动画时，系统默认只记录了移动的动画轨迹，而使用手动记录动画时，系统则记录了动画的【移动】、【旋转】和【缩放】三个动画轨迹。

在动画控制面板上有一个过滤动画轨迹的按钮 关键点过滤器... ，单击该按钮弹出如图 11-10 所示的对话框，该对话框中包括了所有运动轨迹。当手动记录动画时，可以先在该对话框中选择所需要记录的动画轨迹选项，不需要的，则可以取消选择。如在做象棋移动动画时，可将旋转与缩放两个选项取消选择。

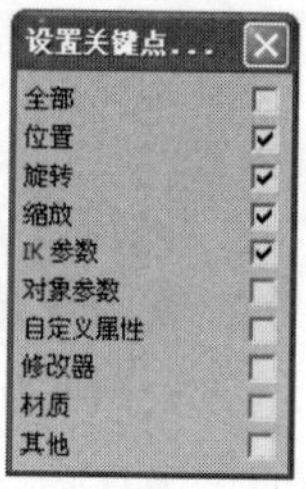

图11-10 【关键点过滤器】对话框

▶ 11.2.4 旋转动画

旋转动画是利用旋转工具改变物体的方向角度，然后将其改变的过程记录下来。旋转动画的制作和移动动画很相似，只是在工具命令上发生了变化。

制作直升飞机螺旋桨旋转动画

所用素材：光盘 \ 素材 \ 第 11 章 \Scenes\ 直升飞机 .max

操作步骤

01 打开直升飞机的场景，选中直升飞机的螺旋桨，激活动画控制面板上的 自动关键点 按钮为红色，运动面板上的时间轴也会变成红色。

02 将时间滑块拖动到 110 帧处，单击 ⟳ 【旋转】工具，在透视图中将螺旋桨沿 Z 轴旋转一定圈数，这时系统就记录下了起始关键帧，分别是第 0 帧和第 110 帧，如图 11-11 所示。

03 关闭 自动关键点 按钮，单击动画控制面板右下角的 ▶ 【播放】按钮，就可以预览动画了。

图11-11　制作旋转动画

▶ 11.2.5 缩放动画

缩放动画是利用缩放工具改变物体的大小比例，然后将其改变的过程记录下来。

利用缩放命令制作一段红心放大缩小的动画

所用素材：光盘 \ 素材 \ 第 11 章 \Scenes\ 心 .max

操作步骤

01 选择心形，激活动画控制面板上的 自动关键点 按钮为红色，运动面板上的时间轴也会变成红色，将时间滑块拖动到 10 帧处，单击缩放工具 ，在透视图中将心形等比例放大一点，系统记录下了起始关键帧，分别是第 0 帧和第 10 帧，如图 11-12 所示。关闭 自动关键点 按钮，单击动画控制面板右下角的 ▶ 【播放】按钮，就可以预览动画了。

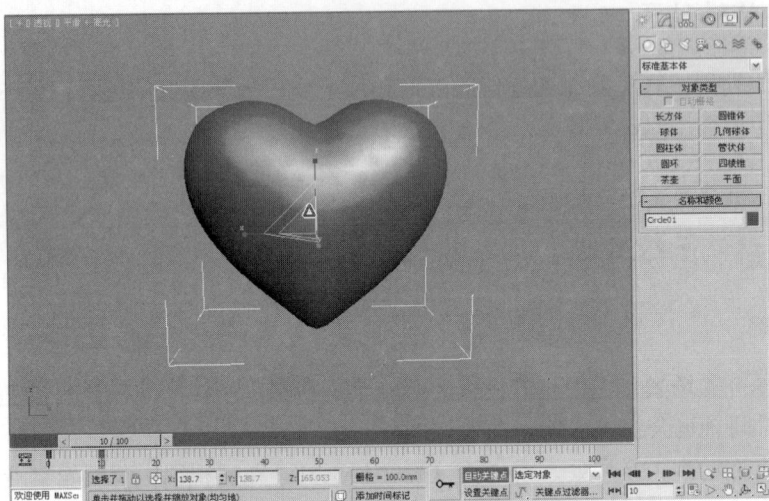

图11-12　自动记录关键帧

02 选中时间轴上的两个关键帧，按住【Shift】键将两个关键帧向后复制到 15 帧和 25 帧处，再同时选中四个关键帧，按住【Shift】键将四个关键帧分别向后复制到 30 帧、40 帧、45 帧和 55 帧处。依此类推，最后的关键帧分布如图 11-13 所示。单击动画控制面板右下角的 ▶ 【播放】按钮，就可以预览到一颗跳动的心的动画。

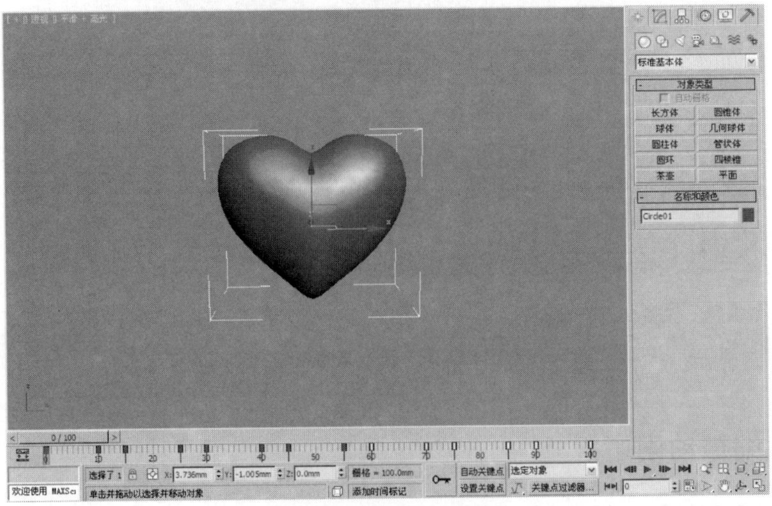

图11-13　复制关键帧

在复制移动关键帧时，可在状态栏中观察移动的帧数。

11.3　运动命令面板

在动画创建过程中经常会使用到◎【运动】命令面板，该面板对动画物体具有很强的控制能力，可以为物体指定各种运动控制器、对各个关键点信息进行编辑以及对运动轨迹进行控制等。它提供了方便操作的动画控制工具，可以制作更为复杂的动画效果。

打开◎【运动】命令面板，可以看到该面板由【参数】设置与【轨迹】设置两个模块组成的。【运动】命令面板就是通过这两个模块来切换不同的功能的，如图 11-14 所示。

图11-14　运动命令面板

11.3.1　参数设置

进入◎运动命令面板后，默认的就是【参数】设置，它主要用来指定运动控制器的添加、变换参数以及关键点信息调整。

1.【指定控制器】卷展栏

在 3ds Max 中为了方便制作各种较为复杂的动画效果，提供了很多模拟生活中的各种运动规律的运动控制器，使用这些控制器来制作动画会更加简单容易。在【指定控制器】卷展栏中，可以为选择的物体指定需要的运动控制器，完成对物体的运动控制。在该卷展栏的列表框中可以看到为物体指定的动画控制器项目表，如图 11-15 所示。其中有一个主项目为【变换】，还有三个子项目分别为【位置】、【旋转】以及【缩放】。列表左上方的◨【指定控制器】按钮用来给子项目指定不同的运动控制器。在使用时先选择子项目，然后单击◨【指定控制器】按钮，会弹出指定动画控制器的对话框，单击【确定】按钮后可以在列表框中看到指定的动画控制器的名称。

如果要为物体制作沿路径运动的动画效果，首先判断沿路径运动的动画属于位置变换的动画，所以先选择【位置】子项目，然后单击◨【指定控制器】按钮，在弹出的【指定位置控制器】中选择【路径约束】控制器（默认的是【位置 XYZ】控制器），单击【确定】后就可在列表框中看到新指定的【路径约束】控制器的名称，如图 11-16 所示，下面的参数也变成了路径约束控制器的参数。

在指定动画控制器中，选择的子项目不同，弹出的对话框也不同。选择【位置】子项目时，会弹出如图 11-17 所示的对话框；选择【旋转】子项目时，会弹出如图 11-18 所示的对话框；选择【缩放】子项目时，会弹出如图 11-19 所示的对话框。

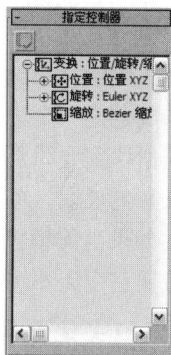

图11-15　【指定控制器】卷展栏

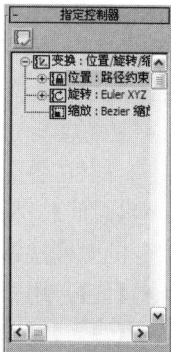

图11-16　指定路径约束控制器

513

三维制作大师

图11-17 【指定位置控制器】对话框

图11-18 【指定旋转控制器】对话框

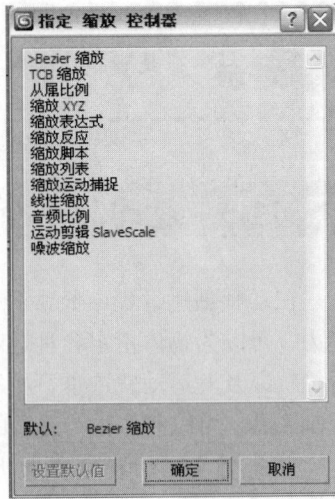

图11-19 【指定缩放控制器】对话框

2.【PRS参数】卷展栏

该卷展栏用于创建和删除关键帧。PRS参数的控制基于【位置】、【旋转】和【缩放】三种基本的动画变换控制器，如图 11-20 所示。【位置】按钮用来创建或删除一个记录位置变化信息的关键帧；【旋转】按钮用来创建或删除一个记录旋转变化信息的关键帧；【缩放】按钮用来创建或删除一个记录缩放变化信息的关键帧。

图11-20 【PRS参数】卷展栏

要创建一个变换参数的关键帧，应首先在视图中选择物体，拖动时间滑块到要添加关键帧的位置，然后在 ⊙ 运动命令面板中打开【PRS参数】卷展栏，单击相应的按钮即可创建相对应类型的关键帧。

如果当前帧已经有了一个某种项目类型的关键点，那么【创建关键点】选项组中对应项目的按钮将变为不可用状态，而右侧的【删除关键点】选项组中的对应按钮将变得可用。

3.【关键点信息（基本）】卷展栏

该卷展栏用来查看当前关键帧的基本信息，如图 11-21 所示。使用自动记录关键帧或使用手动记录关键帧的方法制作出动画后，各个关键帧参数的精确设置就可使用【关键点信息（基本）】卷展栏来进行调整。使用【PRS参数】卷展栏创建出来的关键点的参数变换也可以使用该卷展栏来设置。其中：

图11-21 【关键点信息（基本）】卷展栏

- ← → 1：显示的是当前关键帧的序号，使用前后箭头可以在各个关键帧中进行切换。
- 【时间】：显示的是当前关键帧所在的帧数，可通过右侧的微调按钮更改当前关键帧的位置。
- 【值】：用于以数值的方式精确调整当前关键帧的数据。
- 【输入】/【输出】：通过切线类型做出插补方式的调整，用于调整运动的速率。

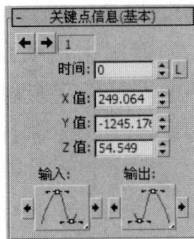

通过单击图 11-20 所示的【位置】、【旋转】、【缩放】按钮，【关键点信息（基本）】卷展栏下的内容也会做出相应的切换。

4.【关键点信息（高级）】卷展栏

该卷展栏主要用来对运动的速率做出更为精细的调整，必须在【关键点信息（高级）】卷展栏中将插补方式的切线类型选为"自定义"类型，才可修改数值，如图 11-22 所示，其中：

图11-22 【关键点信息（高级）】卷展栏

- 【输入】：显示的是接近关键点时改变的速度。
- 【输出】：显示的是离开关键点是改变的速度。
- 【规格化时间】按钮：用来将关键帧的时间平均，得到光滑均衡的运动曲线。

▶ 11.3.2 运动轨迹

创建了一个动画之后，若想对物体的运动轨迹进行观察调整，可在进入 ◎ 运动命令面板后，单击 轨迹 按钮，展开【轨迹】卷展栏，如图 11-23 所示。只要在场景中选中要观察的带有动画的物体，就可以看到它的运动轨迹，如图 11-24 所示，【轨迹】卷展栏各选项说明如下：

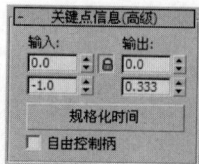
图11-23 【轨迹】卷展栏

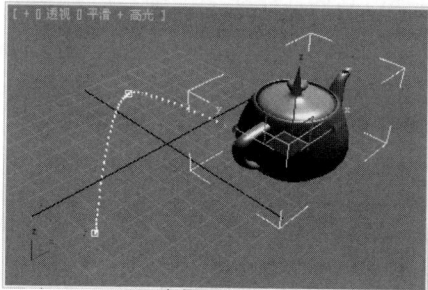
图11-24 显示运动轨迹

- 【删除关键点】和【添加关键点】：用来在运动路径中删除和添加关键点。关键点的增加或减少会影响物体运动轨迹的形状。
- 【采样范围】：用于对【养条线转化】进行控制。
  - ➤【开始时间】：为采样开始的时间。
  - ➤【结束时间】：为采样结束的时间。
  - ➤【采样数】：用来设置线的光滑程度。
- 【样条线转化】：用来控制在运动轨迹和样条曲线之间进行转换。可以把物体的运动轨迹转换为养条曲线；也可以将样条曲线转换为物体的运动轨迹。
  - ➤【转化为】：将运动轨迹转换为曲线，转换时依照【采样范围】中的【采样数】进行转换，数值越大，曲线越光滑。
  - ➤【转化自】：将一条曲线转换为物体的运动轨迹，转换时同样受到【采样范围】中的时间以及【采样数】的限制。

如图 11-25 所示，场景中有一个没有做动画的茶壶与一条曲线。选择茶壶，进入 ◎ 【运动】命令面板后，单击 轨迹 按钮，设置开始时间为 0，结束时间为 100，采样数为 10，单击【转化自】按钮后在视图中单击曲线，则曲线成为茶壶的运动轨迹，动画长度为 0 ～ 100 帧，其中共产生 10 个关键帧，如图 11-26 所示。

三维制作大师

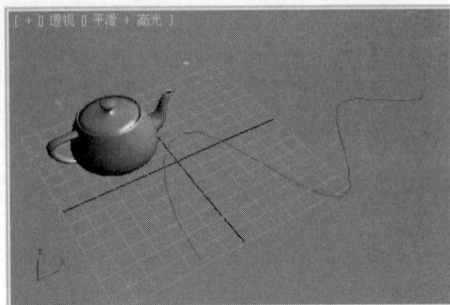

图11-25　茶壶与路径场景

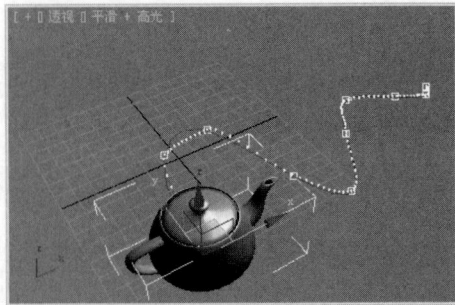

图11-26　茶壶运动轨迹

11.4　轨迹视图

使用轨迹视图可以对动画中创建的所有关键点进行查看和编辑。另外，还可以为对象指定动画控制器，以便插补和控制场景对象的所有关键点和参数。

轨迹视图的使用有两种不同的模式，分别为【曲线编辑器】和【摄影表】。在【曲线编辑器】模式下可以将动画以函数曲线的方式显示和编辑。在【摄影表】模式下可以将动画以关键帧和时间范围方式显示和编辑。这两种模式都可调整动画，各有各的优缺点，其中【摄影表】模式更直观，更适合初学者。

11.4.1　使用轨迹视图

轨迹视图从不同的动画层面需求中给予了众多的参数支持，单击工具条的 🔲 【曲线编辑器】按钮，打开当前场景的轨迹视图的曲线编辑器模式，如图 11-27 所示。

1. 项目层级

在 3ds Max 中，一般将场景对象设置为动画的操作包含三个部分，即创建参数，如物体的长、宽、高等；变换操作，如移动、旋转、缩放等；修改命令，如弯曲、锥化、变形等。此外，其他所有可调参数都可以设置为动画，例如灯光、材质等。在轨迹视图中，所有可以进行动画调节的项目都会在这里以树状分支的形式显示在左侧的项目列表中，如图 11-27 所示。只要在左侧的项目列表中选择场景中的物体，然后选择要做动画的项目，就可以在右侧的动画编辑处进行动画的调整了。

图11-27　【轨迹视图】对话框

2.【曲线编辑器】模式

【曲线编辑器】模式允许以图形化的功能曲线形式对动画进行调整，可以很容易的查看并控制动画中的物体运动，设置并调整运动轨迹。【曲线编辑器】模式包含菜单栏、工具栏、控制器窗口和一个关键帧窗口，其中包括时间标尺、导航与状态显示工具等。

3.【摄影表】模式

【摄影表】模式是另一种关键帧编辑模式，可以在轨迹视图的菜单中选择【模式】/【摄影表】命令切换，如图 11-28 所示。在【摄影表】模式下，关键帧是以时间块的形式显示的，可以在这种模式下进行显示关键帧、插入关键帧、缩放关键帧以及所有其他关于动画时间设置的操作。

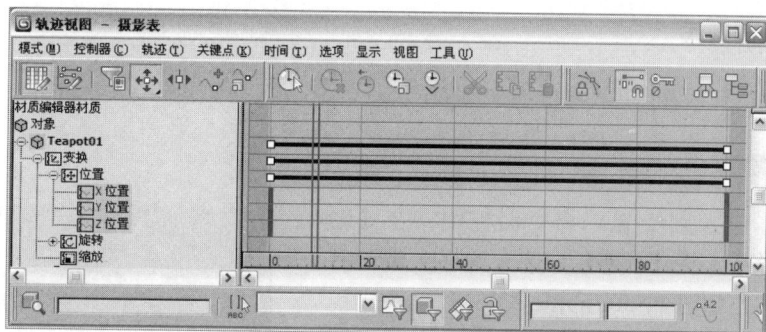

图11-28 【摄影表】模式

▶ 11.4.2　越界

【越界】是指超出用户自定义关键帧范围以外的物体运动，也叫做【超出范围类型】，它可以设置动画在超出用户所定义关键帧范围以外的物体的运动情况，常用于制作循环和周期性动画。合理的选择越界类型可以缩短制作周期。

在不同的轨迹视图的编辑模式下，【越界】的添加方法是不同的。在【曲线编辑器】模式下，只要选中轨迹视图左侧的运动项目，然后单击轨迹视图中的 🔲【参数曲线超出范围类型】按钮即可编辑。在【摄影表】模式下，则要先选中轨迹视图左侧的运动项目，然后单击【控制器】菜单，选择【超出范围类型】命令才可编辑。【越界】的调整框如图 11-29 所示。在该调整框中可以看到所选项目的越界类型共有六种，其中四种可以用于循环动画，两种用于线性动画，其中：

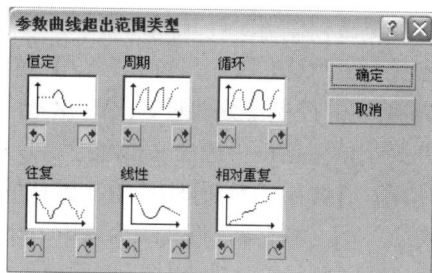

图11-29 【参数曲线超出范围类型】
对话框

- 【恒定】：把确定的关键帧范围的两端部分设置为常量，使物体在关键帧范围以外不产生动画。系统在默认情况下，使用【恒定】的方式。
- 【周期】：将已确定的动画按周期重复播放，如果动画的开始与结束不同，会产生跳跃现象。
- 【循环】：使当前关键帧范围的动画重复播放，此方式会将动画首尾对称连接，不会产生跳跃效果。
- 【往复】：将已确定的动画正向播放后再反向播放，如此反复衔接，像打乒乓球一样一来一往，所以也称为"乒乓"方式。

- 【线性】：在已确定的动画两端插入线性的动画曲线，使动画在进入和离开设定的区段时保持平衡。
- 【相对重复】：在每一次重复播放动画时都在前一次末帧基础上进行，产生新的动画偏移。

在六种越界方式中，【周期】、【往复】和【相对重复】是其中比较常用的。

▶ 11.4.3 越界效果演示

指定不同的越界方式，会对运动对象的周期运动产生不同的影响效果。

1.【周期】越界方式的演示

周期越界动画制作

◎ 所用素材：光盘＼素材＼第11章＼Scenes＼越界.max

操作步骤

01 选择茶壶，进入到 ▣ 显示命令面板中，在【显示属性】卷展栏中，将【轨迹】勾选，这样会显示出茶壶的运动轨迹，如图 11-30 所示。

02 单击工具条的 ▨ 【曲线编辑器】按钮，打开轨迹视图的曲线编辑器模式，在这里使用【摄影表】模式调整动画，因为【摄影表】模式更直观。单击【模式】菜单，选择【摄影表】选项，轨迹视图切换为【摄影表】模式。选择茶壶，单击轨迹视图左下角的 ▨ 【缩放选定对象】按钮，在项目列表中会快速的将茶壶找到并

图11-30　显示运动轨迹

显示出来。将茶壶前的加号逐一展开，可在项目窗口中看到树状的茶壶项目结构，如图 11-31 所示。

03 更改控制器。在轨迹视图中，看到茶壶的 X、Y、Z 轴三个方向都有关键帧，因为茶壶的位置控制器默认是使用【位置 XYZ】控制器的。而事实上茶壶只有 X、Z 轴方向有动画，使用【位置 XYZ】控制器分别对 X、Y、Z 轴三个方向调整动画会很麻烦。鼠标右键单击【位置】项目，在弹出的对话框中选择【指定控制器】命令，如图 11-32 所示。在弹出的对话框中，看到默认的位置控制器是【位置 XYZ】控制器，将其改为【Bezier 位置】控制器，如图 11-33 所示。更改完毕后再看项目窗口，【位置】项目则不再分为 X、Y、Z 轴了，如图 11-34 所示。

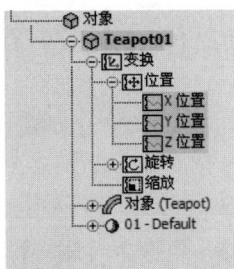

图11-31　树状项目结构

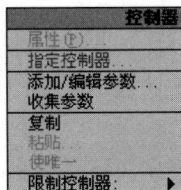

图11-32　指定控制器命令

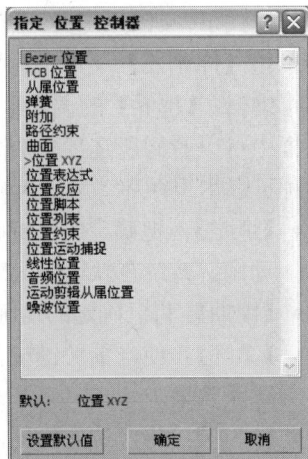

图11-33　【指定位置控制器】对话框

三维制作大师

提　示　在这里无论是【位置 XYZ】控制器，还是【Bezier 位置】控制器，都可以制作位移动画，只不过调整的方式不同而已，当前动画中，使用【Bezier 位置】控制器在调整修改的时候比【位置 XYZ】控制器更方便简洁。控制器的更改使用在制作动画中是非常重要的，必须善加利用。

---

04 调整【越界】。由于是做茶壶的位移动画，选中【位置】项目，选择【控制器】菜单中的【超出范围类型】命令，将【越界】类型更改为【周期】，如图 11-35 所示。由于要更改的是茶壶跳跃一次之后的运动效果，所以只要激活 按钮即可。单击 播放动画按钮，观察动画效果，茶壶在做跳跃循环运动，在透视图中观察运动轨迹，如图11-36 所示。

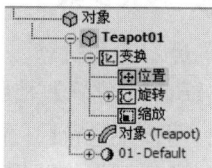

图11-34　改为Bezier位置控制器之后的位置项目

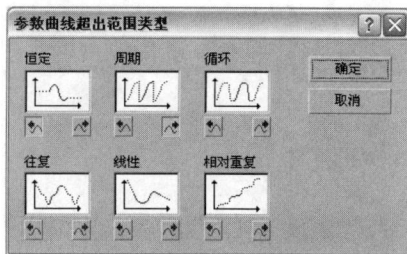

图11-35 【越界】对话框

图11-36　周期运动效果

2.【往复】越界方式的演示

通过制作一段茶壶跳跃前进的动画，学习往复越界方式的动画效果。

━━ **往复越界动画制作**

所用素材：光盘＼素材＼第11章＼Scenes＼越界.max

操作步骤

01 重复上面的操作，显示运动轨迹，在轨迹视图中更改曲线编辑方式为【摄影表】编辑方式，调整位置控制器为【Bezier 位置】控制器。

02 调整【越界】。选中【位置】项目，选择【控制器】菜单中的【超出范围类型】命令，将【越界】类型更改为【往复】，如图 11-37 所示。单击 播放动画按钮，观察动画效果，茶壶乒乓往复运动。在透视图中观察运动轨迹。如图 11-38 所示。

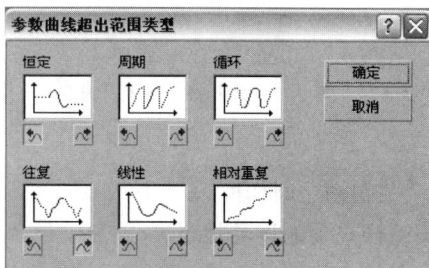

图11-37 【参数曲线超出范围类型】对话框

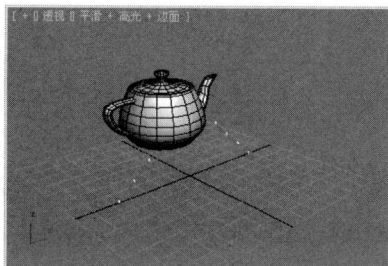

图11-38　往复运动效果

3. 【相对重复】越界方式的演示

制作相对重复越界动画

所用素材: 光盘 \ 素材 \ 第 11 章 \Scenes\ 越界 .max

操作步骤

01 显示运动轨迹, 在轨迹视图中更改曲线编辑方式为【摄影表】编辑方式, 调整位置控制器为【Bezier 位置】控制器。

02 调整【越界】。选中【位置】项目,选择【控制器】菜单中的【超出范围类型】命令,将【越界】类型更改为【相对重复】,如图 11-39 所示。单击 ▶ 播放动画按钮,观察动画效果,茶壶会沿 X 轴方向重复跳跃下去,在透视图中观察运动轨迹,如图 11-40 所示。

图11-39 【越界】对话框

图11-40 相对重复运动效果

11.4.4 插值

【插值】是指两个关键点之间物体的运动过程,也称为切线类型。在轨迹视图中,无论是【曲线编辑模式】下,还是在【摄影表】编辑模式下,只要在关键点处单击鼠标右键,即可显示调整插值的调板,如图 11-41 所示。单击【输入】及【输出】下面的按钮,即可弹出如图 11-42 所示的各种插值类型。在【曲线编辑器】模式下,工具条中也有各种插值类型的按钮显示,如图 11-43 所示。

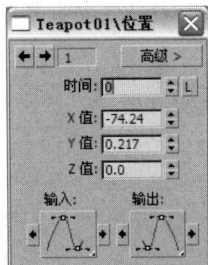

图11-41 关键点属性设定

图11-42 插值类型

图11-43 插值类型

在如图 11-41 所示的调板中各选项说明如下:

- ← → 1 【关键帧切换】:可用来快速的在各个关键帧之间切换。
- 【输入】(也叫入点):用来调整动画到达该关键帧之前的运动状态。
- 【输出】(也叫出点):用来调整动画经过该关键帧之后的动画状态。

1. 自动平滑切线方式

将动画插值调整为自动平滑切线的插值方式

所用素材：光盘 \ 素材 \ 第 11 章 \Scenes\ 插值 .max

操作步骤

01 场景文件已经设置了茶壶的动画，并显示出了茶壶的运动轨迹。打开轨迹视图，选择【控制器】菜单中的【摄影表】选项，将轨迹视图改为【摄影表】模式，选择茶壶，单击轨迹视图左下角 【缩放选定对象】按钮，在项目列表中选中茶壶，选择【位置】项目，可以看到在位置项目中有三个关键帧，如图 11-44 所示。

图11-44 【轨迹视图】对话框

02 鼠标右键单击第一个关键帧，在弹出的调整框中将【输出】改为 【自动平滑】的插值方式。单击 →|1 【切换到下一关键帧】按钮切换到下一关键帧，将【输入】、【输出】方式均改为 【自动平滑】的插值方式。再次单击 →|2 【切换到下一关键帧】按钮切换到第三个关键帧，将【输入】方式也改为 【自动平滑】的插值方式，如图 11-45 所示。此时观察茶壶的运动轨迹并播放动画，茶壶的运动状态与原来有了很大的不同，其运动轨迹也变得更为平滑，如图 11-46 所示。

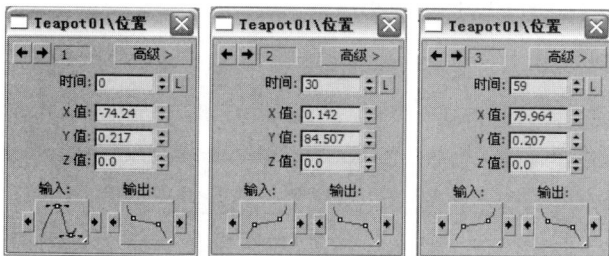

图11-45 三个关键帧的插值设定

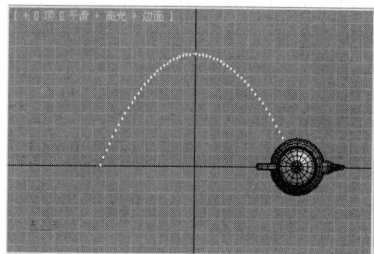

图11-46 自动平滑切线方式的茶壶运动

2. 匀速线性切线方式

使用同样的方法将该场景茶壶的三个关键帧分别做出如图 11-47 所示的调整，将切线类型改为 【匀速线性】的方式，观察茶壶的运动轨迹并播放动画，茶壶变为匀速运动，如图 11-48 所示。 【匀速线性】切线方式多用于匀速运动。

三维制作大师

图11-47　三个关键帧的插值设定

图11-48　匀速线性切线方式的茶壶运动

3. 步幅性切线方式

将该场景中茶壶的三个关键帧分别做出如图 11-49 所示的调整，将切线类型改为 【步幅性】的切线方式，观察茶壶的运动轨迹并播放动画，茶壶在两个关键帧之间出现跳动，没有中间的过渡过程，如图 11-50 所示。

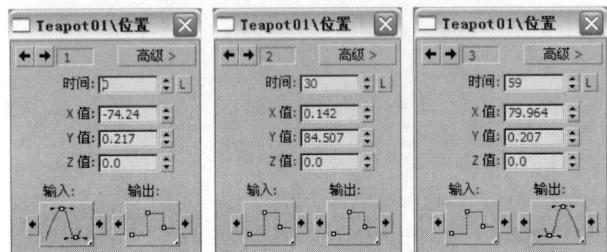

图11-49　三个关键帧的插值设定

图11-50　步幅性切线类型的茶壶运动

4. 加速性切线方式与 减速性切线方式

【加速性】切线方式是指插补值改变的速度围绕关键帧逐渐增加，越接近关键帧，插补越快，曲线越陡峭，可以产生加速的动画效果。 【减速性】切线方式是指插补值改变的速度围绕关键帧逐渐下降，越接近关键帧，插补越慢，曲线越平缓，可以产生减速的动画效果。

将该场景中茶壶的三个关键帧分别做出如图 11-51 所示的调整，将切线类型改为加速减速的插值方式，观察茶壶的运动轨迹并播放动画，茶壶产生先减速，然后加速的运动效果（运动轨迹中的白色小点的分布也可看出运动的快慢），如图 11-52 所示。

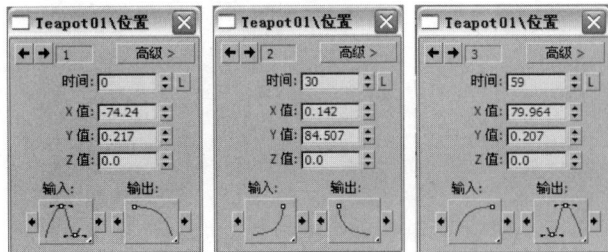

图11-51　三个关键帧的插值设定

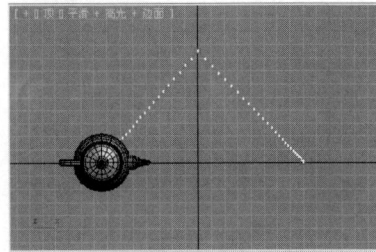

图11-52　加速减速切线类型的茶壶运动

> **提示**　仔细观察运动轨迹，轨迹中布满白色的点，通过点的排列密集程度也可以判断对象运动速度的快慢。点排列的密集，对象运动速度慢；点排列的稀疏，对象运动速度快。

11.4.5　运用功能曲线的方式编辑动画

　　功能曲线是指以【曲线编辑器】模式在轨迹视图中编辑动画。【曲线编辑器】模式最大的优点是非常便于观察和调整动画的运动轨迹。下面通过制作一个弹跳球体的动画，来了解功能曲线的作用。

—— 运用功能曲线制作弹跳球体动画

操作步骤

01 重置一个新场景，在场景中创建一个球体和地面，如图 11-53 所示。激活 自动关键点 按钮，将时间滑块拖至 10 帧处，在透视图中将球体沿 Z 轴向上移动，如图 11-54 所示。再将时间滑块拖至 20 帧处，在透视图中将球体移动回原来位置，关闭 自动关键点 按钮，制作了一段球体弹跳一次的动画。

图11-53　建立场景　　　　　　　　图11-54　将球体沿Z轴上移

02 单击工具条的 [图标] 【曲线编辑器】按钮，打开轨迹视图的曲线编辑器模式，单击 [图标] 【缩放选定对象】按钮，在项目列表中选中球体并展开，在曲线编辑模式下，可以观察球体的运动轨迹，如图 11-55 所示。

> **提示**　位置轨迹有三条轨迹曲线，分别以红、绿、蓝三色代表物体在 X、Y、Z 轴方向上的位置。编辑视图的垂直方向代表关键帧变化的数值，水平方向为时间轴。

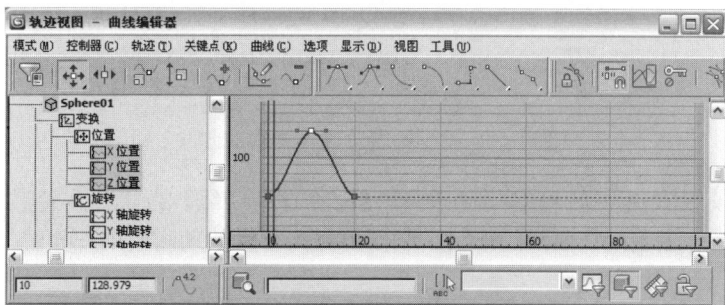

图11-55　【轨迹视图】曲线编辑器模式

03 为了实现球体的往返运动，可以使用【越界】方式调整。单击轨迹视图中的 [图标] 【参数曲线超出范围类型】按钮，在弹出的【参数曲线超出范围类型】对话框中选择【循环】越界方式，如图 11-56 所示。此时的功能曲线如图 11-57 所示，功能曲线由原来的 20 帧之后的直线变为与 0 ～ 20 帧相同的重复曲线，从这可以很直接的看出越界的作用。

图11-56 【参数曲线超出范围类型】对话框

图11-57 加入循环越界效果后的轨迹视图

04 播放动画，可以看到球体在0～100帧之间一直做循环弹跳运动。但此时球体弹跳动画并不符合运动规律，这是由于功能曲线的轨迹形状决定的。为了使动画效果更加自然，需要更进一步的调整功能曲线的轨迹形状，通过改变曲线的切线类型，也就是调整【插值】类型，可以制作出真实的动画效果。

05 分析球体的运动规律，球体在从地面弹跳至空中的过程应该是减速运动，当到达最高处时应该有瞬间的停止，在向下运动的过程中应该是加速运动。分析完球体的运动规律之后，在轨迹视图中用鼠标右键分别单击球体的三个关键帧，然后各个调整插值类型，如图11-58所示。

图11-58 三个关键帧的插值设定

06 此时的功能曲线如图11-59所示，改变插值之后，球体的运动规律就正确了。

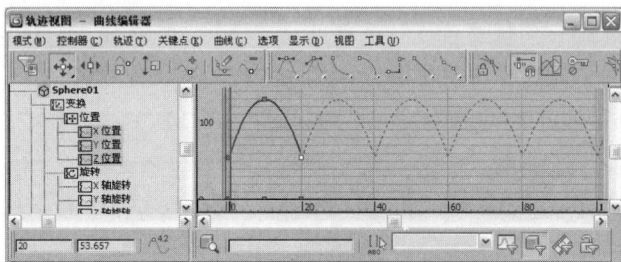

图11-59 改变插值后的功能曲线形状

07 也可以将插值设置成如图11-60所示的 【设置自动切线】方式，在轨迹视图中可以自由的手动设置切线率，调整功能曲线的形状，制作出更为个性的动画效果，如图11-61所示。

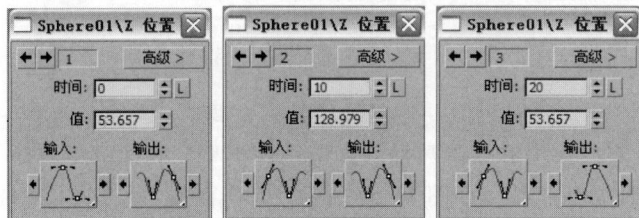

图11-60 三个关键帧的插值设定

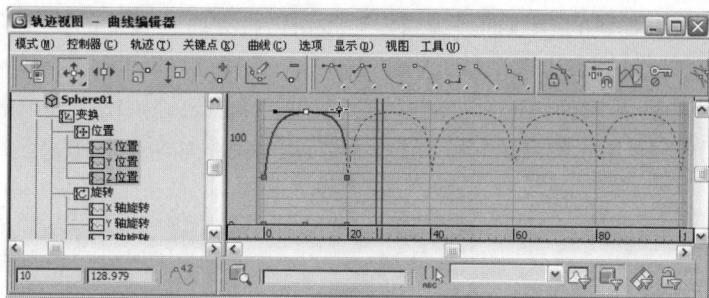

图11-61　改变插值类型并调整后的功能曲线形状

通过此例，可以看到【曲线编辑器】模式在观察和调整动画的运动轨迹方面的强大优势与自由性。

11.4.6　利用越界与插值制作动画

越界与插值在动画制作过程中非常重要，下面将利用越界与插值制作一段时钟动画。

利用越界与插值制作时钟动画

所用素材：光盘＼素材＼第11章＼Scenes＼钟.max

操作步骤

01 场景中已经建好了一个钟的模型，如图11-62所示。下面制作出钟摆、秒针及摄像机的动画效果。选择秒针，调整轴心至表盘中心处，进入 【层次】命令面板，在【轴】面板中，单击 仅影响轴 按钮，将秒针的轴心调整至表盘中心处，如图11-63所示。

02 单击动画播放区域的 【时间配置】按钮打开【时间配置】对话框，如图11-64所示。在【帧速率】选项中选择制式为【NTSC】制式，即一秒钟30帧。在【动画】设置项中将【长度】值设为300，单击【确定】键。这样就设置了总的动画长度为10秒钟300帧。

图11-62　钟表场景

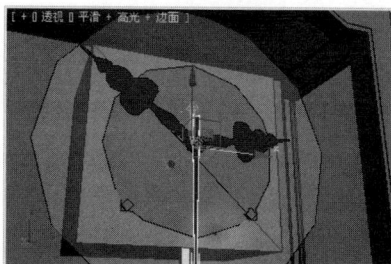

图11-63　调整秒针轴心位置

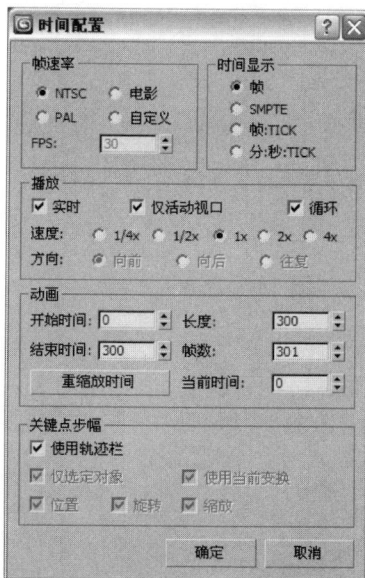

图11-64　【时间配置】对话框

03 选择秒针，单击工具条的 ⟨曲线编辑器⟩ 按钮，打开轨迹视图的曲线编辑器模式，单击 ⟨缩放⟩ 按钮，在项目列表中选中秒针物体并展开，选择【旋转】项目中的【Y 轴旋转子项】（在该场景中，秒针是沿 Y 轴旋转的），如图 11-65 所示。单击轨迹视图工具条中的 ⟨添加关键点⟩ 命令，在如图 11-66 所示的【Y 轴旋转】后面的轨迹中添加两个关键帧。

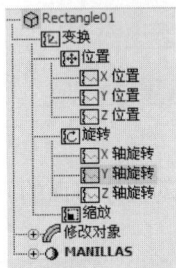

图11-65　项目列表

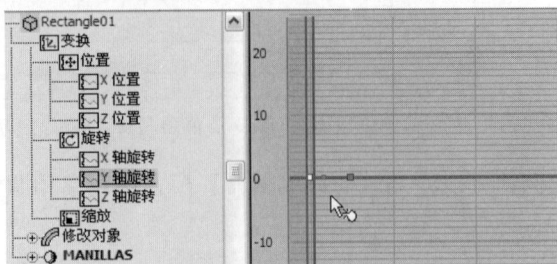

图11-66　添加关键帧

04 选择第一个关键帧，单击鼠标右键，在弹出的对话框中进行设置。将【时间】调整为 0，也就是将第一个关键帧的位置放在了第 0 帧，调整【值】为 0，这里的【值】代表旋转角度，如图 11-67 所示。单击 ⟨切换到下一关键帧⟩ 按钮切换到下一关键帧，将【时间】调整为 30，将第二个关键帧的位置放在了第 30 帧，也就是 1 秒钟的时间，调整【值】为 6，秒针一秒钟旋转的度数为 6 度（正数为顺时针旋转），如图 11-68 所示。这样就制作出了秒针跳动一次的动画。

05 单击轨迹视图工具条中的 ⟨参数曲线超出范围类型⟩ 按钮，在弹出的对话框中选择【相对重复】的越界方式，如图 11-69 所示。此时轨迹视图中出现了如图 11-70 所示的功能曲线，秒针从 30 ～ 300 帧的动画制作完毕，效果是在原来旋转 6 度的基础上继续旋转。

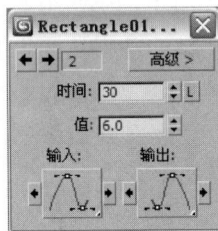

图11-67　第一关键帧属性
设定

图11-68　第二关键帧属性
设定

图11-69　【参数曲线超出范围类型】
对话框

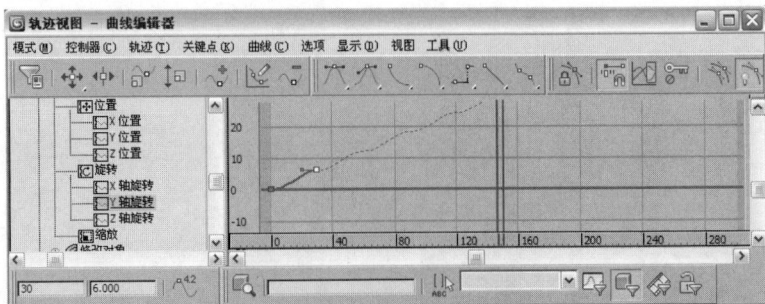

图11-70　加入越界的功能曲线形状

06 播放动画观察秒针的运动规律，发现与现实生活中的动画不相符，可以调整【插值】解决整个问题。鼠标右键单击秒针的第一个关键帧，在弹出的对话框中调整【插值】，将【输出】的插值类型改为【步幅切线类型】，如图 11-71 所示。再观察功能曲线呈阶梯装变化，如图 11-72 所示。播放动画，秒针以跳动的方式旋转，指针动画制作完毕。

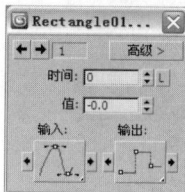

图11-71　调整插值类型

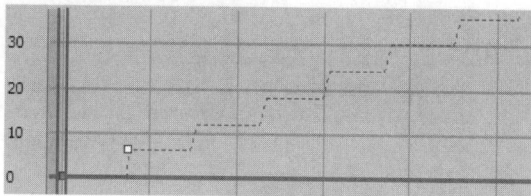

图11-72　调整插值之后的功能曲线形状

07 钟摆动画的制作。调整钟摆的轴心至钟摆的顶端，选择钟摆，单击【图形编辑器】菜单中的【保存的轨迹视图】中的【轨迹视图 - 曲线编辑器】命令，打开之前使用的轨迹视图。单击【缩放】按钮，在项目列表中选中钟摆并展开子项，选择【旋转】项目中的【Y 轴旋转子项】（在该场景中，钟摆也是沿 Y 轴旋转的）。单击轨迹视图工具条中的【添加关键点】命令，在如图 11-73 所示的【Y 轴旋转】后面的轨迹中添加两个关键帧。

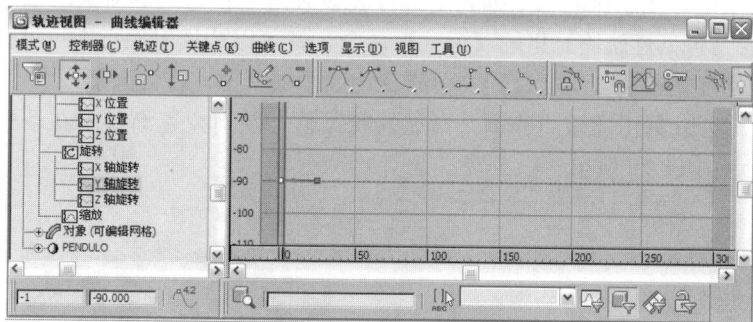

图11-73　添加关键帧

08 选择第一个关键帧，单击鼠标右键，在弹出的对话框中进行设置，将【时间】调整为 0，调整【值】为 25，如图 11-74 所示。单击 【切换到下一关键帧】按钮切换到下一关键帧，将【时间】调整为 15，也就是半秒钟的时间，调整【值】为 -25，如图 11-75 所示，至此就制作出钟摆摆动一次的动画。

09 单击轨迹视图工具条中的【参数曲线超出范围类型】按钮，在弹出的对话框中选择【往复】的越界方式。如图 11-76 所示。此时轨迹视图中出现了如图 11-77 所示的功能曲线，钟摆乒乓往复运动制作完毕。

图11-74　第一关键帧属性设定

图11-75　第二关键帧属性设定

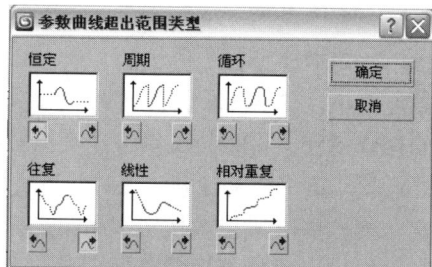

图11-76　【参数曲线超出范围类型】对话框

三维制作大师

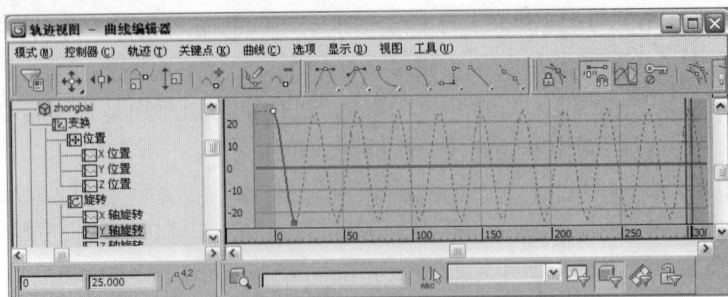
图11-77 加入越界之后的功能曲线形状

10 制作摄像机动画，激活 自动关键点 按钮，将时间滑块拖至 300 帧处，使用 ⊹【推拉摄像机】按钮及 ◈【环游摄像机】按钮将摄像机视图调整角度，调整完毕后关闭 自动关键点 按钮，整个动画制作完毕。

▶ 11.4.7 可见性轨迹

可见性轨迹可以控制动画对象的隐藏与显示，在制作动画时是非常常用的一种编辑方法。

进入轨迹视图中，在左侧的项目列表中选择要设置可见性轨迹的对象的根名称，然后执行【轨迹】菜单中的【可见性轨迹】里的【添加】命令，就可以为该对象指定可见性轨迹。当为一个对象指定了可见性轨迹后，在项目列表中的该物体子项目中，就会添加一个【可见性】项目，如图 11-78 所示。可以利用功能曲线调节渐显的可见性，使对象逐渐显示在场景中，或者逐渐从场景中消失，如图 11-79 所示。

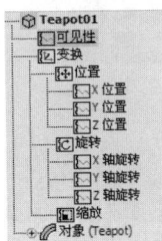
图11-78 添加可见性轨迹

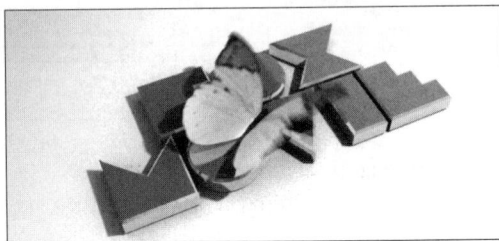
图11-79 蝴蝶飞舞动画

使用可见性轨迹制作蝴蝶飞舞动画

所用素材：光盘\素材\第 11 章\Scenes\蝴蝶.zip

操作步骤

01 使用手动设置关键帧的方法制作蝴蝶扇动翅膀的动画。开始的时候翅膀扇动的频率很快，幅度很小，在 50 帧以后，翅膀扇动频率降低，幅度变大，然后蝴蝶飞走。选择名为【Plane01】的蝴蝶翅膀，将时间滑块拖动至第 0 帧，激活 设置关键点 按钮，单击 ⌐ 记录按钮，这样就在第 0 帧处设置了第一个关键帧。将时间滑块拖动至第二帧，在摄像机视图中将翅膀沿 Y 轴向上旋转一定角度，单击 ⌐ 记录按钮记录第二个关键帧，如图 11-80 所示。再将时间滑块拖动至第四帧，在摄像机视图中将翅膀沿 Y 轴旋转至原来位置。再单击 ⌐ 记录按钮记录第三个关键帧，如图 11-81 所示，关闭 设置关键点 按钮，这样就制作出了翅膀扇动一次的动画效果。

图11-80 调整翅膀旋转角度

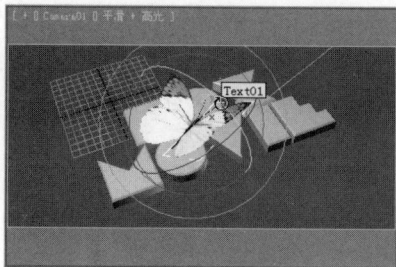

图11-81 记录关键帧

02 在时间滑块区中将第二个、第三个关键帧同时选中，按住键盘"Shift"键向后等距离复制，一直复制到52帧处，如图11-82所示。这样就完成了蝴蝶一个翅膀的前52帧的动画。

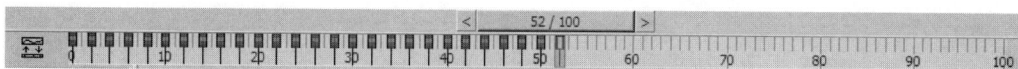

图11-82 复制关键帧

03 将另外一个名为【Plane02】的翅膀也做同样的动画制作。

04 制作蝴蝶翅膀52帧之后的动画。选择名为【Plane01】的蝴蝶翅膀，将时间滑块拖动至第55帧处，激活 设置关键点 按钮，在摄像机视图中将翅膀沿Y轴向上旋转稍大一些的角度，单击 ⊶ 记录按钮记录关键帧。再将时间滑块拖动至第51帧处，将翅膀再次旋转到起始角度，单击 ⊶ 记录按钮记录关键帧。以此类推，每一次蝴蝶翅膀扇动的间隔时间再长一点，幅度再稍微大一点。到70帧以后，蝴蝶翅膀的运动就保持匀速了，使用复制的方法将关键帧复制出来，如图11-83所示。

图11-83 记录并复制关键帧

05 将另外一个名为【Plane02】的翅膀也做同样的动画制作。

06 为了使蝴蝶的翅膀扇动得更真实，选择一个蝴蝶翅膀，进入 ☑【修改命令面板】中，在修改器列表中选择【柔体】命令，调整【柔软度】值为0.6，蝴蝶翅膀在扇动时变得更柔软，而不是僵硬的，如图11-84所示，将另一个翅膀做同样的处理。

图11-84 添加柔体效果

提示 为对象添加【柔体】效果的前提是该对象必须有动画才能表现出来，而且加入柔体效果的对象必须有足够多的段数。

07 为蝴蝶的翅膀加入运动模糊的效果。选择蝴蝶的一个翅膀，单击鼠标右键，在弹出的列表中选择【对象属性】命令，在【运动模糊】参数中将模糊的类型选择为【对象】的模糊方式（加入运动模糊效果的对象必须有动画），如图 11-85 所示。将另一个翅膀做同样处理，渲染画面，如图 11-86 所示。

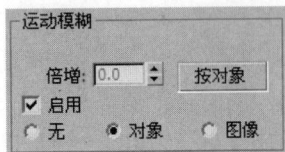

图11-85　调整运动模糊

图11-86　为蝴蝶翅膀加入运动模糊效果

> **提示**　为对象加入【运动模糊】效果的前提是该对象必须有动画，【运动模糊】有两种模糊类型，以【对象】的方式模糊是根据对象的运动幅度，系统自动调整模糊程度；以【图像】的方式模糊，可以根据【倍增】值的大小确定模糊的程度。【对象】的模糊方式效果要好于【图像】的模糊方式，但渲染时间略长。

08 使用【父子关系】制作蝴蝶飞走的动画，将蝴蝶的两个翅膀与两支触角同时选中，单击工具条 🔗【选择并连接】按钮，在视图中按住鼠标拖动出连接线，将线连接到蝴蝶的身体上，这样蝴蝶身体与翅膀触角就建立了【父子关系】，蝴蝶的身体是【父物体】，翅膀与触角是【子物体】，移动【父物体】蝴蝶身体的时候，会带动【子物体】翅膀触角一起移动。

> **提示**　【父子关系】是动画制作中常用的动画连接关系。【父物体】运动会影响【子物体】，【子物体】运动不会影响【父物体】，例如，直升飞机飞行的动画中，飞机机身就是【父物体】，飞机的螺旋桨就是【子物体】。机身移动带动螺旋桨一起移动，螺旋桨转动不会影响到机身。断开【父子关系】的方法是选择【子物体】，然后单击工具栏 🔗【断开当前选择连接】按钮即可。

三
维
制
作
大
师

09 选中蝴蝶身体，将时间滑块拖动至 52 帧处，激活 设置关键点 按钮，单击 ⊷ 记录按钮记录蝴蝶身体移动动画的第一个关键帧。再将时间滑块拖动至 100 帧处，在摄像机视图中将蝴蝶身体沿 Z 轴向上移动，并沿 X 轴将蝴蝶移出画面之外，如图 11-87 所示。

图11-87　制作身体移动动画

10 制作摄像机拉远的动画。选择摄像机，将时间滑块拖动至第 0 帧处，激活 设置关键点 按钮，单击记录按钮记录摄像机动画的第一个关键帧。再将时间滑块拖动至 100 帧处，单击视图控制区的 【推拉摄像机】按钮，在摄像机视图中将画面拉远。单击 记录按钮记录摄像机动画的最后一个关键帧。关闭 设置关键点 按钮，摄像机动画制作完毕。如图 11-88 所示为摄像机分别在第 0 帧和 100 帧时的画面。

11 运用【可见性轨迹】制作蝴蝶的显示与隐藏动画。将蝴蝶整体选中，单击【组】菜单中的【成组】命令，单击工具条的 【曲线编辑器】按钮，打开轨迹视图。单击 【缩放选定对象】按钮，在项目列表中选中蝴蝶所在的组。单击【轨迹】菜单，选择【可见性轨迹】中的【添加】命令，在蝴蝶组项目下添加一个【可见性】子项，如图 11-89 所示。单击轨迹视图工具条中的 【添加关键点】命令，在如图 11-90 所示的【可见性】子项后面的轨迹中添加两个关键帧。

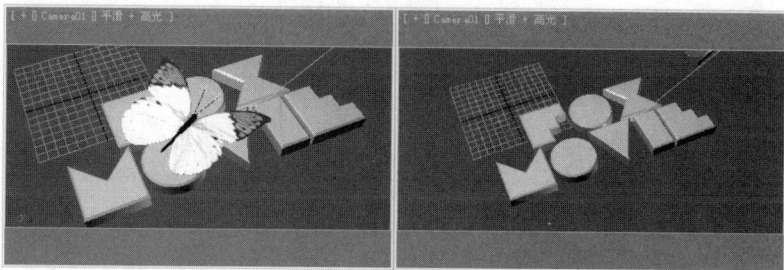

图11-88 摄像机动画

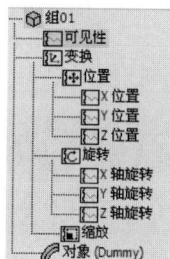

图11-89 添加可见性轨迹

12 选择第一个关键帧，单击鼠标右键，在弹出的对话框中进行可见性设置。将【时间】调整为 0，调整【值】为 0，让蝴蝶隐藏，单击 1 【切换到下一关键帧】按钮切换到下一关键帧，将【时间】调整为 30，也就是一秒钟的时间，调整【值】为 1，让蝴蝶显示，如图 11-91 所示。这样就完成了蝴蝶从隐藏到显示的动画。

> **提 示** 在可见性设置中,当【值】为 0 时,对象完全隐藏,当【值】为 1 时,对象完全显示。

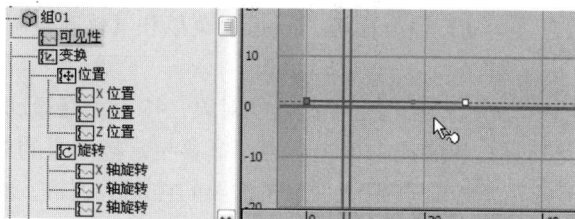

图11-90 为可见性轨迹添加关键帧

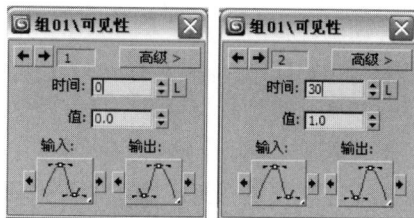

图11-91 调整可见性设置

13 为蝴蝶的影子制作动画。选择名为【Spot01】的聚光灯，打开【阴影参数】卷展栏，将【密度】调为 0。将时间滑块拖动至第 30 帧处，激活 自动关键点 按钮，再将【密度值】调整为 1，关闭 自动关键点 按钮，这样就为蝴蝶的影子制作了由淡变浓的动画效果。如图 11-92 所示为动画演示效果。

> **提 示** 灯光参数【阴影参数】卷展栏中的【密度】值就是阴影的浓度值。

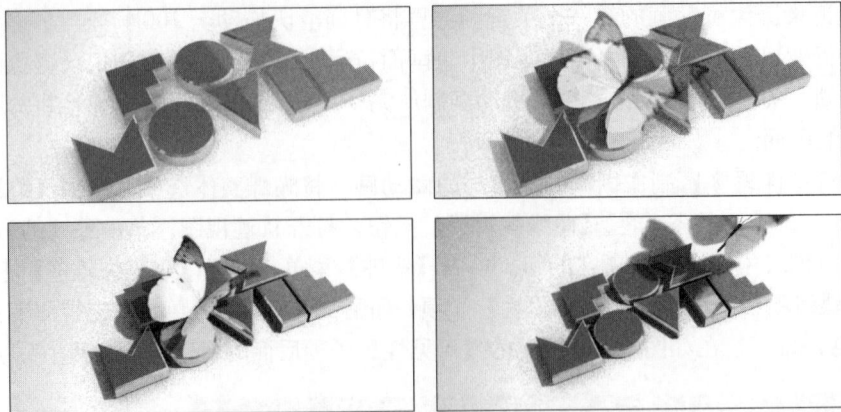

图11-92　动画演示效果

11.5　动画控制器和动画约束

在制作一些较为复杂的动画时，单纯的依靠手动添加关键帧的方法制作并不能达到要求，比如制作一辆汽车沿着一段曲折的公路运动，依靠手动添加关键帧的方法逐一的添加关键帧，动画制作起来是非常麻烦的。为了使制作动画更加方便，3ds Max 提供了很多的动画控制器与约束器，在制作一些较为特殊的动画效果时更加的方便快捷。

11.5.1　控制器的概念及指定方法

动画控制器是针对对象的动画进行加工的操作控制，它存储并管理了所有动画关键帧的值，当一个对象的参数指定了动画后，系统会自动指定一个动画控制器，以控制该项目的动画情况。

系统针对不同类别的项目内定了不同的默认动画控制器，在指定关键帧时自动指定，可以对它进行修改，或将其转换为其他类型的动画控制器。

动画控制器也可以在【运动】命令面板和【动画】菜单中指定。

控制器的指定方法大同小异，下面来介绍在【运动】命令面板、【动画】菜单和【轨迹视图】中如何指定控制器。

在【运动】命令面板中指定控制器的方法：首先选择要指定控制器的对象，按下 ⊙【运动】按钮进入到【运动】命令面板中，在【指定控制器】卷展栏中单击列表中需要指定控制器的对象项目。按下 🔲【指定控制器】按钮，在弹出的指定控制器面板中单击需要的控制器项目，然后单击【确定】按钮。这样就为对象指定了某一种类的控制器。

在【动画】菜单中指定控制器的方法：首先选择要指定控制器的对象，执行【动画】菜单中的相应控制器即可。

在【轨迹视图】中指定控制器的方法：首先选择要指定控制器的对象项目，然后执行【控制器】菜单的【指定】命令，在弹出的【控制器选择】列表中选择需要的控制器。

11.5.2　常用动画控制器介绍

动画控制器种类很多，下面介绍常用的动画控制器。

1.【位置/旋转/缩放】控制器

【位置 / 旋转 / 缩放】控制器是在 3ds Max 中创建对象后默认的控制器，它对对象的位置、旋转和缩放三个选项分别调节。其中【位置】选项默认的控制器是【位置 XYZ】，【旋转】选项默认的控制器是【Euler XYZ】，而【缩放】选项默认的控制器是【Bezier 缩放】。

在视图中绘制一个球体，单击工具条的 ▣【曲线编辑器】按钮，打开轨迹视图。单击 ◎【缩放选定对象】按钮，在项目列表中选中球体。如图 11-93 所示的就是【位置】、【旋转】、【缩放】三个选项默认的控制器效果。选中【位置】项目，然后执行【控制器】菜单的【指定】命令，在弹出的【控制器选择】列表中可以看到【位置】默认的控制器是【位置 XYZ】，如图 11-94 所示。

2.【噪波控制器】

【噪波控制器】可以使对象产生随机的动作变化，它没有关键帧的设置，而是使用一些参数来控制噪波曲线，从而影响动作。【噪波控制器】用途很广，例如，制作太空中飞行的飞船表现颠簸的效果时，可以为它的旋转控制项目加入【噪波控制器】。【噪波控制器】也可以和其他控制器组合运用，例如，制作在移动过程中发生上下震动的效果，模拟在十字路面上行进的马车，如图 11-95 所示。

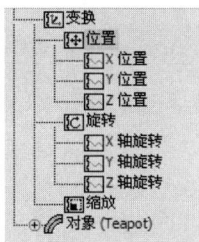

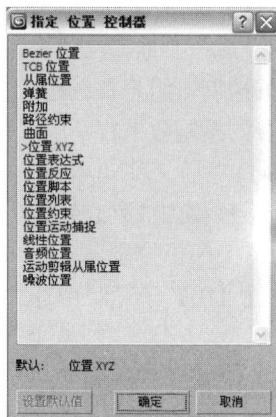

图11-93　项目列表　　　图11-94　【指定位置控制器】对话框　　　图11-95　【噪波控制器】对话框

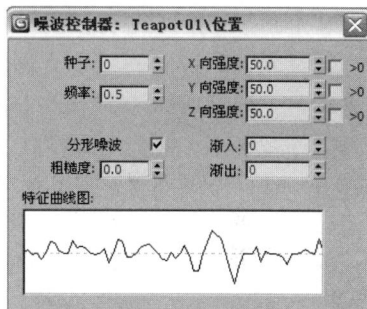

533

三维制作大师

【噪波控制器】中各选项说明如下：

- 【种子】：产生随机的噪波曲线，用于设置各种不同的噪波效果。
- 【频率】：设置单位时间内的震动次数，频率越大，震动的次数越多。
- 【分形噪波】：利用一种叫做分形的算法计算噪波的波形，使噪波曲线更加不规则。
- 【粗糙度】：改变分形噪波曲线的粗糙度，数值越大，曲线越不规则。
- 【X 向强度】/【Y 向强度】/【Z 向强度】：控制噪波波形在三个方向上的范围。
- 【渐入】/【渐出】：可以设置在动画的开始和结束处，噪波强度由浅入深或由深到浅的渐入渐出方式。对话框中的数值用于设置在动画的多少帧处达到噪波的最大值或最小值。
- 【特征曲线图】：显示所设置的噪波波形。

在场景中创建一个球体，单击工具条的 ▣【曲线编辑器】按钮，打开轨迹视图。单击 ◎【缩放选定对象】按钮，在项目列表中选中球体的【位置】项目，执行【控制器】/【指定】命令，在弹出的【控制器选择】列表中选择【噪波位置】，单击确定键，播放动画即可看到，球体发生不规则的运动。

在运动命令面板的添加方法：选择球体，进入 ◎ 运动命令面板，在【指定控制器】卷展栏列表中选择【位置】选项，如图 11-96 所示。然后单击 ☑ 【指定控制器】按钮，在弹出的控制器列表中选择【噪波位置】，单击【确定】键即可。相应的【噪波控制器】对话框也会弹出，如图 11-97 所示。播放动画，球体发生不规则运动。

图 11-96　选择位置项目

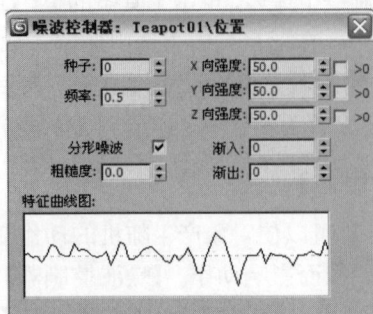

图 11-97　【噪波控制器】对话框

3.【列表】控制器

【列表】控制器是一个组合其他控制器的合成控制器，与【多维/子对象】材质的性质相同，它将其他种类的控制器组合在一起，按照从上到下的排列顺序进行计算，产生组合的控制效果。

将【列表】控制器指定给物体的一个项目之后（移动项目、旋转项目、缩放项目），默认的当前控制器就会被移到【列表】控制器的子层级中，成为动画控制器列表中的第一个子控制器。同时还会生成一个名为【可用】的子项目，在【可用】子项目中还可以添加新的动画控制器。

在场景中创建一个球体，使用自动记录关键帧的方法制作一个简单的位移动画。选择球体，进入 ◎ 运动命令面板，在【指定控制器】卷展栏中列表中选择【位置】选项，然后单击 ☑ 【指定控制器】按钮，在弹出的控制器列表中选择【位置列表】选项，单击确定键。单击位置选项前面的加号按钮，展开控制器层级，可以看到默认的【位置 XYZ】控制器成为了列表中的一个子控制器，如图 11-98 所示。可以在【可用】子项目中再添加一个新的控制器。选择【可用】选项，再次单击 ☑ 【指定控制器】按钮，在弹出的控制器列表中选择【噪波位置】选项，单击【确定】键。这样【噪波控制器】也成为了列表中的一个子控制器，如图 11-99 所示，还可以继续在【可用】子项目中再添加新的控制器。播放动画，球体在移动的同时，还产生随机震动的效果。

【列表】控制器其实就是各种控制器的组合体，动画调整完成后，如果不满意某个控制器的效果，可以在【指定控制器】卷展栏中鼠标右键单击要调整的控制器，在弹出的快捷菜单中选择【属性】命令，打开相应的动画控制器对话框，在其中设置各种参数。

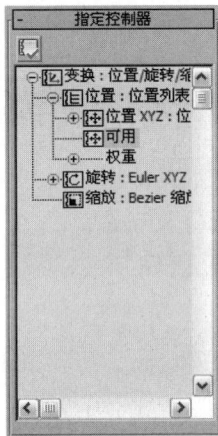

图 11-98　列表控制器

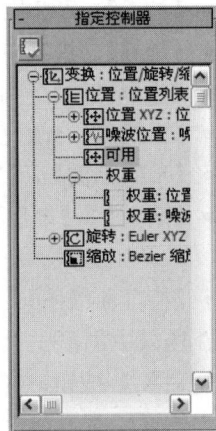

图 11-99　列表控制器

三维制作大师

4.【线性】控制器

【线性】控制器用于在两个关键帧之间平衡的进行动画插补运算，得到标准的【线性】动画。【线性】控制器不显示属性对话框，但保存了关键帧所在的帧数和动画值。利用【线性】控制器可以创建一些机械的、规则的动画效果，例如匀速变化的色彩、机器人关节的动作等。通过这个控制器制作的动画是匀速运动的。可以把【线性】控制器理解为制作匀速线性运动的动画控制器。

创建一个球体，使用自动记录关键帧的方法在顶视图中制作一段移动动画。显示出该球体的运动轨迹，如图 11-100 所示。

再创建另一个球体，进入 ◎【运动】命令面板，在【指定控制器】卷展栏中列表中选择【位置】选项，然后单击 ⬚【指定控制器】按钮，在弹出的控制器列表中选择【线性位置】选项，单击确定键。同样使用自动记录关键帧的方法在顶视图中制作同样的一段移动动画，也显示出球体的运动轨迹，如图 11-101 所示。观察两个球体的运动轨迹的区别，可以看到添加了【线性】控制器的球体的移动动画是线性匀速运动的。

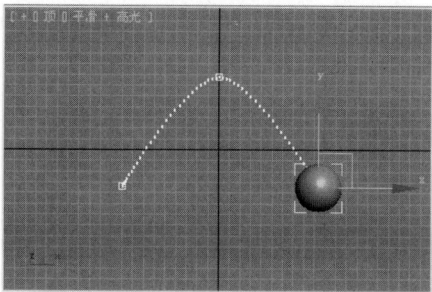

图11-100　制作球体动画并显示轨迹　　　　图11-101　线性控制器的运动轨迹

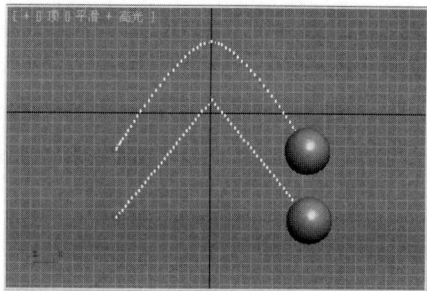

▶ 11.5.3　约束器的概念及指定方法

动画约束能够实现动画过程的自动化，它可以将一个对象的变换运动（移动、旋转、缩放）通过建立绑定关系约束到其他对象上，使被约束对象按照约束的方式或范围进行运动。约束其实也是一种动画控制器，不过它控制的是对象与对象之间的动画关系，具体的设置必须在 ◎【运动】命令面板上调节，其中的调节参数又属于可制作动画的项目，所以参数也会列在轨迹视图的管理窗口中，但无法在轨迹视图中调节约束的属性。

创建一个约束关系至少需要一个运动物体和用于约束的目标物体，用于约束的目标物体能够对被约束物体施加特殊的限制，依照其绑定关系来控制运动物体的位置、角度和缩放等动画效果。例如，要制作一个汽车按照预先定义好的路径行驶的动画，就可以使用一段路径来约束汽车的行驶轨迹。

1. 链接约束

【链接约束】是指将一个对象链接到另外的一个对象上制作动画，该对象会继承目标对象的位移、旋转和缩放属性。常见的例子就是把一只手上的球交到另一只手上。

＼ 使用约束器制作动画

✎ **操作步骤**

01 在顶视图中创建一个长方体，如图 11-102 所示。调整长方体轴心位置，进入 ▦【层次】命令面板中，单击 仅影响轴 按钮，将轴心移动至长方体的一段，如图 11-103 所示。

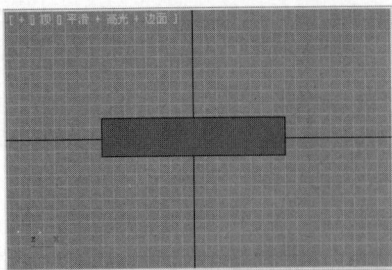

图11-102 建立长方体

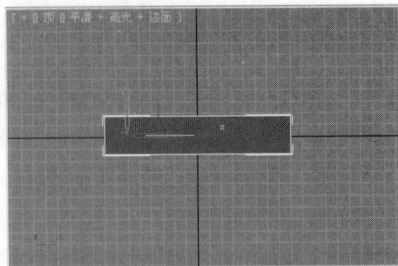

图11-103 调整长方体轴心位置

02 使用自动记录关键帧的方法制作长方体的动画。在动画控制区单击 自动关键点 按钮，将时间滑块拖动至第 30 帧处，单击 【角度捕捉】按钮，使用 【旋转】工具在顶视图中将长方体沿 Z 轴旋转 -45 度，如图 11-104 所示。再将时间滑块拖动至第 80 帧处，在顶视图中将长方体沿 Z 轴旋转 110 度，如图 11-105 所示。再将时间滑块拖动至第 100 帧处，在顶视图中继续将长方体沿 Z 轴旋转 -45 度。关闭 自动关键点 按钮，长方体动画制作完毕。

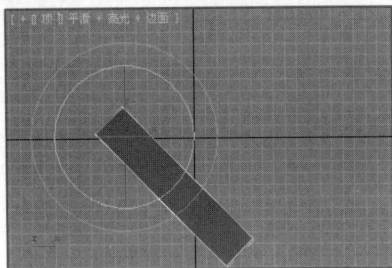

图11-104 制作旋转动画

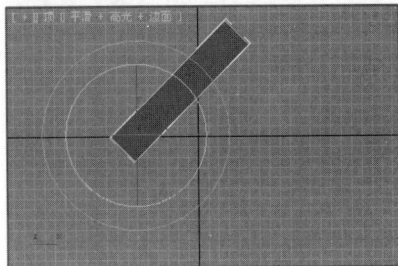

图11-105 制作旋转动画

03 将时间滑块拖动至第 30 帧处，在长方体的另一端建立一个茶壶，选择茶壶，进入 运动命令面板，在【指定控制器】卷展栏中单击 【指定控制器】按钮，在弹出的【指定变换控制器】列表中选择【连接约束】，如图 11-106 所示，为茶壶添加【连接约束】器。

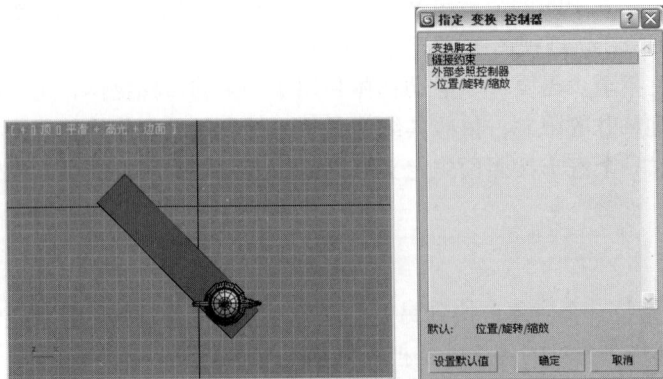

图11-106 建立茶壶并改变控制器

04 将时间滑块拖动至第 0 帧处，在【Link Params】卷展栏中单击 链接到世界 按钮，这时在【目标】列表框中显示茶壶从 0 帧处开始受场景的约束，即茶壶不动，如图 11-107 所示。再将时间滑块拖动至第 30 帧处，在【Link Params】卷展栏中单击 添加链接 按钮，然后在顶视图中选择长方体，这时在【目标】列表框中显示茶壶从 30 帧处开始受长方体约束，注意观察下方的 开始时间：30 的对话框，数值为 30，如图 11-108 所示。再将时间滑块拖动至第 80 帧处，在【Link Params】卷展栏中单击 链接到世界 按钮，使茶壶在 80 帧处受场景的约束而脱离长方体的约束，如图 11-109 所示。

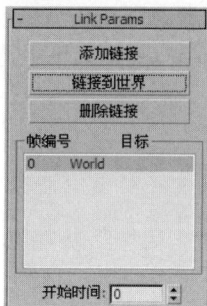

图 11-107　链接到世界　　　　图 11-108　链接到长方体　　　　图 11-109　链接到世界

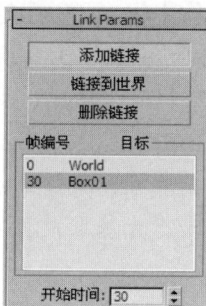

05 播放动画，可以看到茶壶在 30 ～ 80 帧之间受长方体约束，随着长方体一起移动，如图 11-110 所示。

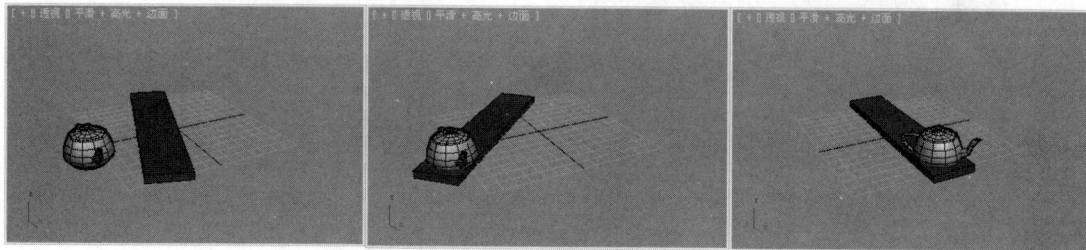

图 11-110　动画演示

2. 路径约束

路径约束是指对象沿一条样条线或多条样条线之间的平均距离运动。路径目标可以是各种类型的样条线，可以对其设置任何标准位移、旋转、缩放动画，还可以在约束对象的同时，对路径的子对象级别（如顶点或片段）设置动画。

约束对象可以受多个目标对象影响。通过调整权重值的大小，可以控制当前目标对象相对于其他目标对象对被约束对象产生的影响程度。权重值只在多个目标对象时有效，值为 0 时表示对被约束对象不产生任何影响。任何大于 0 的值都会相对于其他目标对象的权重值对被约束对象产生影响。

路径约束是一个用途非常广泛的动画控制器，一般在需要对象沿轨迹运动且不发生变形时使用。如果还需要变形，就应使用【路径变形】修改器或【空间扭曲】。

───　使用路径约束制作动画

△○　所用素材：光盘 \ 素材 \ 第 11 章 \Scenes 路径约束 .zip

✍　**操作步骤**

01 解压缩素材文件，然后打开路径约束 .max 文件，场景中已经建好一个蝴蝶模型并绘制了一条样条曲线，材质与灯光也已设置完毕，下面制作蝴蝶沿路径飞翔的动画。

02 将蝴蝶身体与翅膀做父子绑定。选择蝴蝶的两个翅膀，单击工具条中的 ▨【选择并连接】按钮，在前视图中按住鼠标右键从翅膀中引出连接线，并连接到蝴蝶身体上。移动蝴蝶身体，观察翅膀跟随身体一起运动，父子连接成功。

03 调整蝴蝶翅膀的轴心位置。选择翅膀，进入 ▦【层次】命令面板中，单击 仅影响轴 按钮，将轴心移动到如图 11-111 所示的蝴蝶身体中间。另一个翅膀做同样处理。

04 为蝴蝶翅膀制作动画。选择蝴蝶的一个翅膀，在工具条中的【坐标系统】下拉菜单中选择以【父对象】为坐标系统的方式调整动画，如图 11-112 所示。

> **提示** 选择以【父对象】为坐标系统是因为蝴蝶翅膀与身体是父子关系，所以在做动画的时候也要以父物体的坐标为基准做动画，否则父物体在旋转的时候，蝴蝶翅膀的动画会出错。

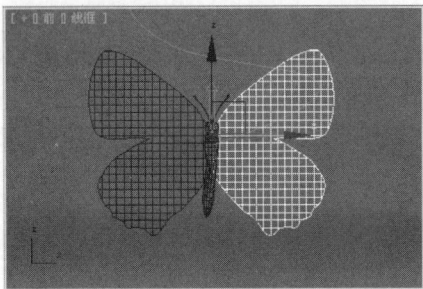

图 11-111 调整翅膀轴心位置

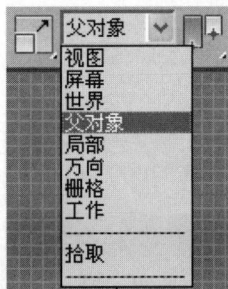

图 11-112 选择坐标系统

05 使用自动记录关键帧的方法制作翅膀的动画。在动画控制区单击 自动关键点 按钮，将时间滑块拖动至第 5 帧处，单击 ▲【角度捕捉】按钮，使用 ↻【旋转】工具在透视图中将翅膀沿 Z 轴旋转 -45 度，如图 11-113 所示。再将时间滑块拖动至第 10 帧处，在透视图中将翅膀沿 Z 轴旋转 45 度，使翅膀回到起始位置，如图 11-114 所示。关闭 自动关键点 按钮，翅膀扇动一次的动画制作完毕。另一个翅膀也做同样处理。

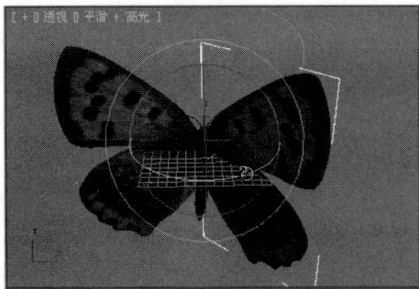

三维制作大师

图 11-113 制作翅膀动画

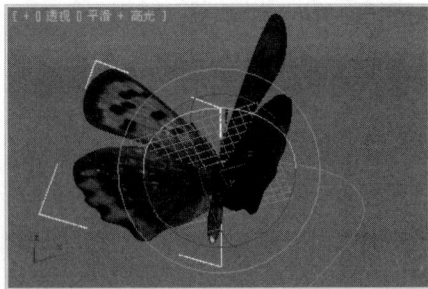

图 11-114 制作翅膀动画

06 此时两个蝴蝶翅膀都只做了扇动一次的动画，接下来使用"越界"方式调整不断扇动翅膀的效果。选择一个翅膀，单击工具条中的 ▨【曲线编辑器】按钮，打开轨迹视图。单击 ▨【缩放选定对象】按钮，在项目列表中选中该翅膀。观察【旋转】项目下的【Z 轴旋转】子项中的功能曲线的形状是扇动一次的效果，如图 11-115 所示。单击轨迹视图工具条中的 ▨【参数曲线超出范围类型】按钮，在弹出的对话框中选择【循环】的越界方式，如图 11-116 所示。此时轨迹视图中出现了如图 11-117 所示的功能曲线，蝴蝶翅膀实现了不断循环运动的效果。另外一个翅膀也做同样的【越界】处理。

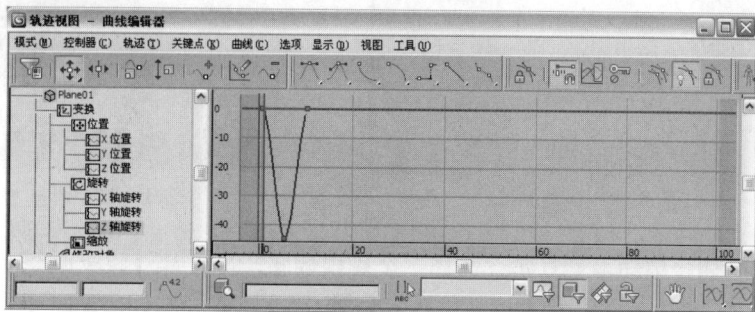

图11-115 翅膀扇动的功能曲线

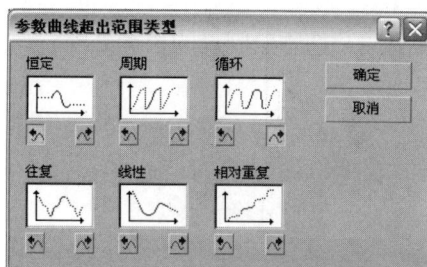

图11-116 【越界】对话框

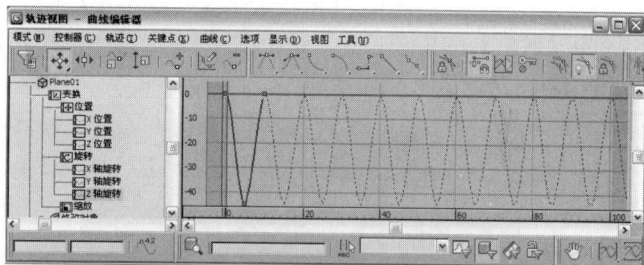

图11-117 加入越界之后的功能曲线

07 为蝴蝶身体加入【路径约束】命令。选择蝴蝶身体，进入 ◎ 运动命令面板，在【指定控制器】卷展栏中选择【位置】项目，单击 🔲【指定控制器】按钮，在弹出的【指定变换控制器】列表中选择【路径约束】，如图 11-118 所示，为身体添加【路径约束】器。在下面的【路径参数】卷展栏中单击 添加路径 按钮，然后拾取场景中的样条线，如图 11-119 所示。

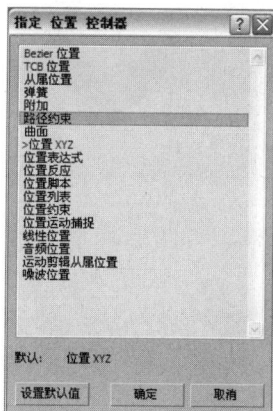

图11-118 【指定位置控制器】对话框

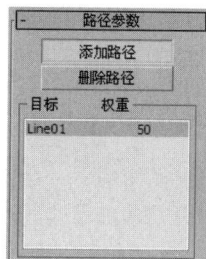

图11-119 添加路径

08 勾选【跟随】选项，在【轴】选项中将轴向调整为【Z】轴，如图 11-120 所示。播放动画，蝴蝶沿路径飞行，但蝴蝶身体的角度有错误，在工具条的【坐标系统】下拉菜单中选择【局部】坐标为基准的方式，如图 11-121 所示，使用 ◎ 旋转工具在透视图中调整蝴蝶身体的角度，如图 11-122 所示。

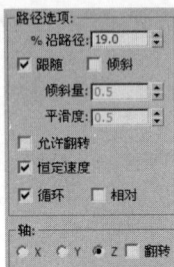

图11-120 调整路径约束器参数　　图11-121 调整坐标系统　　图11-122 调整身体角度

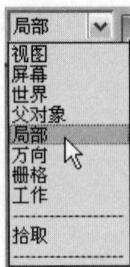

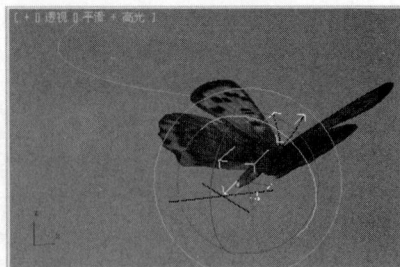

09 为了使蝴蝶的翅膀扇动得更真实，选择一个蝴蝶翅膀，进入 ⬚【修改命令面板】中，在修改器列表中选择【柔体】命令，调整【柔软度】值为 0.6，蝴蝶翅膀在扇动时变得更柔软，而不是僵硬的。将另一个翅膀做同样的处理，最后为翅膀加入运动模糊的效果，选择蝴蝶的一个翅膀，单击鼠标右键，在弹出的列表中选择【对象属性】命令，在【运动模糊】参数中将模糊的类型选择为【对象】的模糊方式，最后效果如图 11-123 所示。将另一个翅膀做同样的模糊处理，如图 11-124 所示。动画制作完毕。

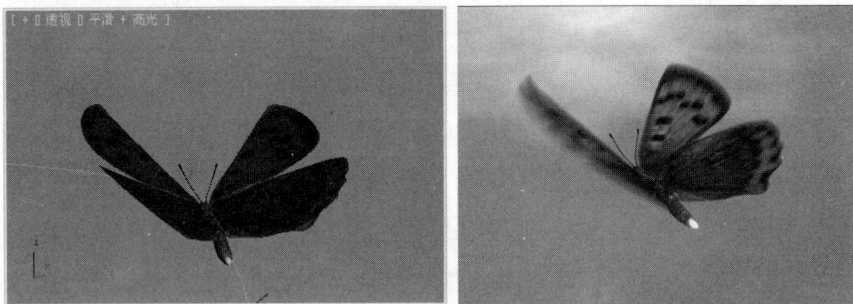

图11-123 加入柔体效果及运动模糊效果

图11-124 动画演示

3. 曲面约束

曲面约束可以将一个物体的运动轨迹约束在另外一个物体的表面。由于曲面约束只作用于参数化曲面，任何能够将对象转化为网格的修改器都将会造成约束失效，曲面约束可以制作如皮球在山路上滚动，或者让汽车行驶在崎岖不平的路面上等效果。

操作步骤

01 在场景中创建一个圆环，如图 11-125 所示。再创建一个球体，如图 11-126 所示。

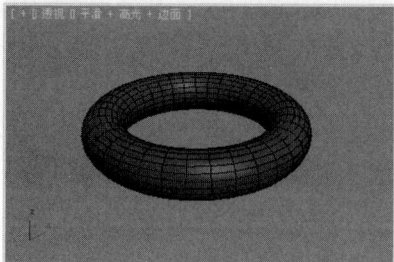

图11-125　建立圆环　　　　　　图11-126　建立球体

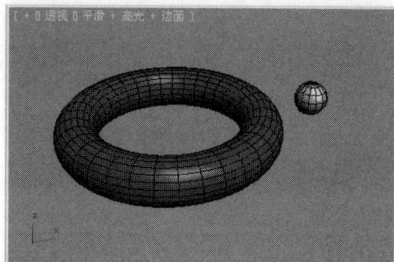

02 选择球体，进入 运动命令面板，在【指定控制器】卷展栏中选择【位置】项目，单击【指定控制器】按钮，在弹出的【指定变换控制器】列表中选择【曲面】，如图 11-127 所示。为球体添加【曲面控制器】，在下面的【曲面控制器】卷展栏中单击 拾取曲面 按钮，然后拾取场景中的圆环，如图 11-128 所示。

03 在动画控制区单击 自动关键点 按钮，将时间滑块拖动至第 100 帧处，调整【U 向位置】值为 100，【V 向位置】值为 1000，关闭 自动关键点 按钮，播放动画，球体沿圆环呈螺旋状旋转，进入 显示命令面板中，勾选【轨迹】，可显示出球体的运动轨迹，如图 11-129 所示。

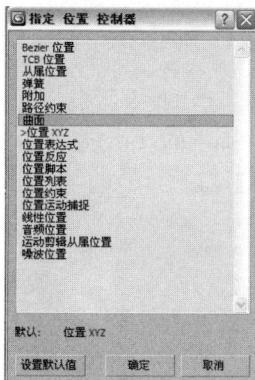

图11-127　【指定位置控制器】对话框　　　图11-128　拾取曲面　　　图11-129　球体沿圆环表面运动

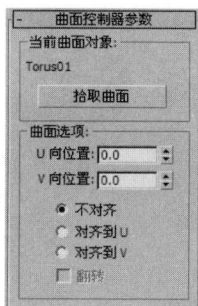

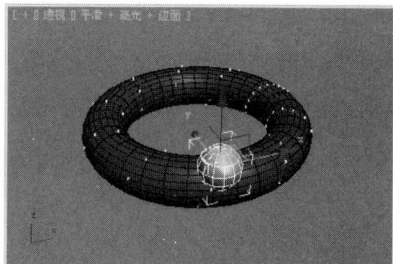

4. 位置约束

位置约束是指一个对象的运动牵引另一个对象的运动，主动对象称为目标对象，被动对象称为约束对象。在指定了目标对象后，约束对象不能单独进行运动，只能在目标对象移动时跟随运动。目标对象可以是多个对象，通过分配不同的权重值控制对约束对象影响的大小，在权重值为 0 时，对约束对象不产生任何影响，对权重值的变化也可以记录为动画。

操作步骤

01 在场景中绘制一个球体，并按住【Shift】键复制另一个球体，如图 11-130 所示。在顶视图中绘制如图 11-131 所示的圆形及矩形两条样条线。

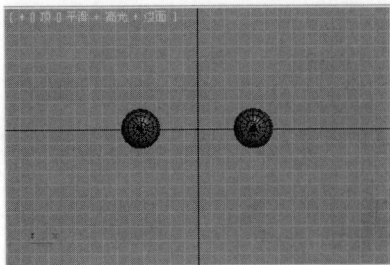

图11-130　绘制球体

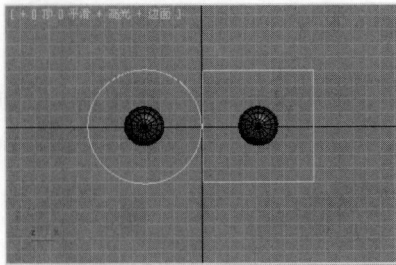

图11-131　绘制运动路径

02 让两个球体分别沿着两条样条线运动。选择左边的球体，选择【动画】菜单，单击【约束】命令组中的【路径约束】命令，在视图中拾取圆形，球体会沿着圆形移动，如图 11-132 所示。再选择右边的球体，同样选择【动画】菜单，单击【约束】命令组中的【路径约束】命令，在视图中拾取矩形，球体会沿着矩形移动，如图 11-133 所示。

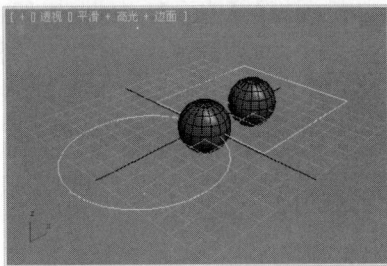

图11-132　球体沿圆形路径运动

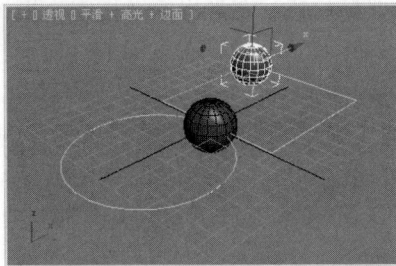

图11-133　球体沿矩形路径运动

03 在顶视图中绘制一个茶壶，如图 11-134 所示。选中茶壶，进入 ◎ 运动命令面板，在【指定控制器】卷展栏中选择【位置】项目，单击 ▣【指定控制器】按钮，在弹出的【指定变换控制器】列表中选择【位置约束】，如图 11-135 所示，为茶壶添加【位置约束】器。

三 维 制 作 大 师

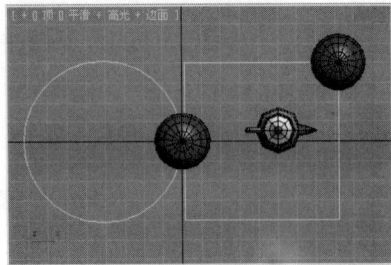

图11-134　绘制茶壶

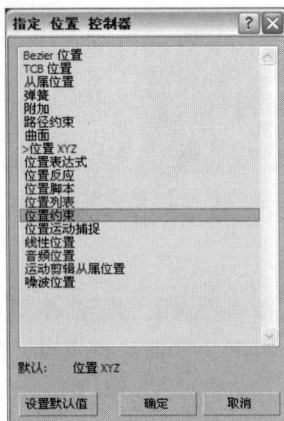

图11-135　【指定 位置 控制器】对话框

04 打开【位置约束】卷展栏，单击 添加位置目标 按钮，在视图中拾取左边的球体，使茶壶与球体重合在一起，再次单击 添加位置目标 按钮，在视图中拾取右边的球体，如图 11-136 所示。这时茶壶出现在两个球体的中间位置，播放动画，发现茶壶的移动是受两个球体约束移动的，如图 11-137 所示。

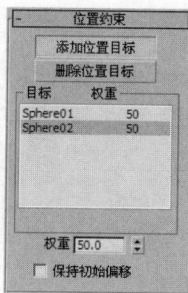

图11-136　添加位置目标

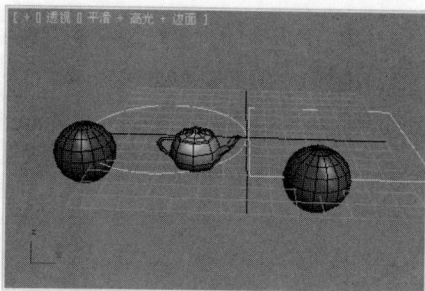

图11-137　茶壶受球体约束运动

5. 注视约束

【注视约束】可以锁定一个物体的旋转，使它的某一个轴向始终朝向目标物体。带有目标点的聚光灯和摄像机使用的控制器就是【注视约束】控制器。

在角色动画制作中，通常使用这种约束来制作眼球的转动动画，通过将眼球模型约束到正前方的辅助对象上，使用辅助对象的移动来制作眼球的转动动画。

6. 附着约束

【附着约束】是一种位置约束，只能指定给位置项目。它的作用是能够将一个对象的位置结合到另一个对象的表面（目标对象不一定非要为网格对象，但必须能够转化为网格对象）。

通过在不同关键帧指定不同的附着约束，可以制作出对象在另一对象不规则表面运动的动画效果。

制作一个烛光抖动的动画效果

所用素材：光盘\素材\第11章\Scenes\烛火.max

操作步骤

01 打开素材文件，这是一个蜡烛场景，蜡烛的动画设置以及材质的赋予都已经调整完毕。为场景加入一盏灯，然后利用【附着约束】器，将灯吸附在烛火上，让灯光随着烛火舞动而移动，并利用【噪波控制器】调整灯光的亮度，模拟烛光的闪烁不定。

02 进入创建命令面板中，单击 [图标] 【创建灯光】按钮，在其下拉菜单中选择【标准】灯光选项，单击 泛光灯 按钮在前视图烛火的上方加入一盏泛光灯，如图11-138所示。调整灯光的参数，将【阴影】勾选，阴影类别为默认的【阴影贴图】方式，如图11-139所示。

03 打开【强度/颜色/衰减】卷展栏，调整灯光亮度、颜色，以及为灯光加入衰减效果，如图11-140所示。衰减大小如图11-141所示，调整完毕的渲染效果如图11-142所示。

543

三
维
制
作
大
师

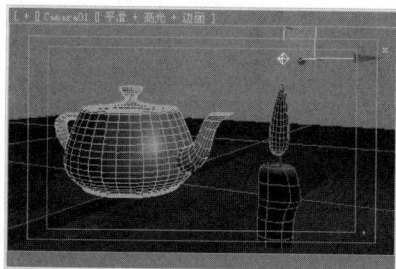

图11-138　建立泛光灯

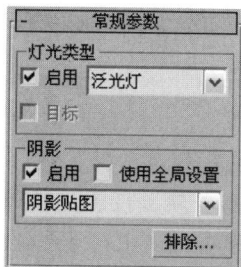

图11-139　打开投影选项

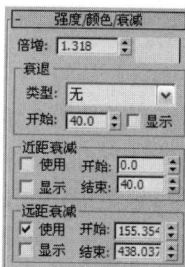

图11-140　灯光参数设置

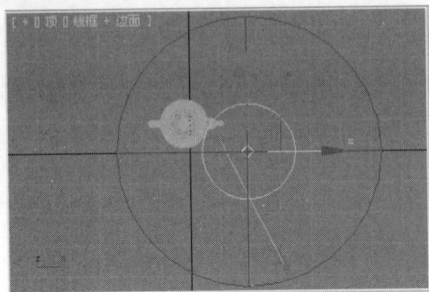

图11-141　灯光衰减范围

图11-142　场景渲染效果

04 进入　创建命令面板的　【创建辅助物体】模块中，单击　虚拟对象　按钮，在场景中建立一个虚拟体，如图 11-143 所示。进入　运动命令面板，在【指定控制器】卷展栏中选择【位置】项目，单击　【指定控制器】按钮，在弹出的【指定变换控制器】列表中选择【附加】，如图 11-144 所示。为虚拟体添加【附着约束】器，在【附着参数】卷展栏中，单击　拾取对象　按钮，在场景中拾取名为【line01】的火苗。

> **提示**　虚拟体在动画的制作中非常有用，它本身是渲染不出来的，可以制作一切动画操作，常用来代替场景中的对象制作动画效果。

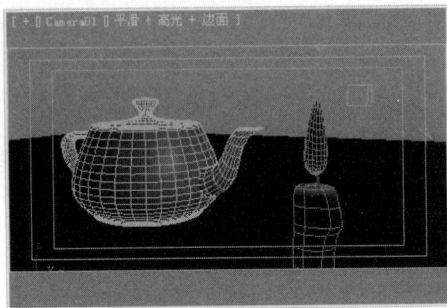

图11-143　建立虚拟体

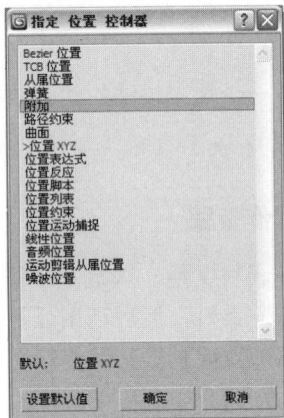

图11-144　【指定位置控制器】对话框

05 在【附着参数】卷展栏中激活　设置位置　按钮，在场景中设置虚拟体的位置，激活按钮后，使用鼠标单击并拖动虚拟体，将虚拟体吸附在烛火火苗的最顶端（可将视图放大操作，最顶端的火苗动画幅度最明显），如图 11-145 所示。此时播放动画，观察到虚拟体会随着火苗的摆动而跳动，附着操作完成。将灯光与虚拟体做【父子连接】。选择泛光灯，单击工具条中的　【选择并连接】按钮，在前视图中按住鼠标右键从灯光中引出连接线，连接到虚拟体上。播放动画到观察灯光与虚拟体一起跳动，父子连接成功。

06 为灯光的亮度加入【噪波控制器】模拟火苗忽明忽暗的变化。选择泛光灯，单击工具条中的　【曲线编辑器】按钮，打开轨迹视图。单击　【缩放选定对象】按钮，在项目列表中选中泛光灯。在轨迹视图左侧的项目列表中，选择泛光灯项目下面的【对象】/【倍增】项目，如图 11-146 所示。

07 为【倍增】项目添加【噪波控制器】。选中【倍增】项目，选择轨迹视图中【控制器】菜单中的【指定】命令，在弹出的【控制器选择列表】中选择【噪波浮点】，这样就为灯光的亮度加入了【噪波控制器】。调整【噪波控制器】的参数，如图 11-147 所示。勾选【强度】后面的对号，让灯光的亮度永远大于 0，将【频率】值适当降低，让明暗变化不会太突然，调整完毕后关闭该控制器。播放动画观察，灯光亮度会出现不规则的变化。

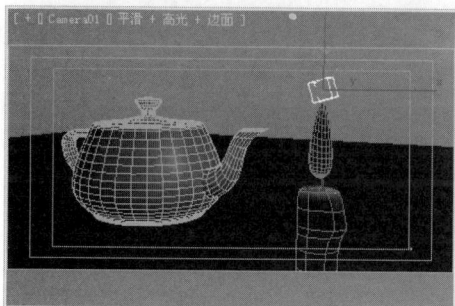

图11-145　调整虚拟体位置

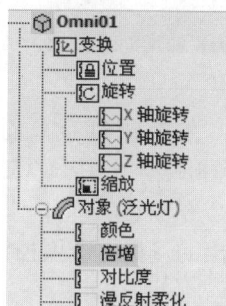

图11-146　项目列表

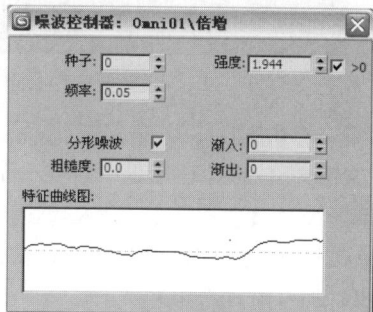

图11-147　调整噪波控制器参数

08 可以在 Video Post 视频合成中为火苗加入发光特效，该动画制作完成，如图 11-148 所示。

图11-148　动画演示

制作海面波浪涌动的动画效果

所用素材: 光盘 \ 素材 \ 第 11 章 \Scenes\ 海洋 .max

操作步骤

01 打开素材文件，这是一个海洋场景，海浪翻滚的动画以及材质都已经设置完毕。利用【附着约束】器将摄像机吸附在海面上，让摄像机随着海浪的涌动而运动，感觉置身于海水中，如图 11-149 所示。

02 在该场景中名为【海水特效】的平面物体模拟了海浪翻滚的效果，并赋予了海水材质，真实的表现了海浪翻滚的效果。由于该物体动画效果强烈，所以不适合做【附着】载体。动画名为【吸附对象】的平面物体也模拟了海浪翻滚的效果，但海浪翻滚的动画效果不强烈，它是专门做【附着】载体的，如图 11-150 所示。

图11-149　场景渲染效果

图11-150　海浪场景

03 将【虚拟体】附着在海面上。在 ✳ 创建命令面板的 【创建辅助物体】模块中单击 虚拟对象 按钮，在场景中建立一个虚拟体，如图 11-151 所示。

04 选择【虚拟体】，进入 ◎ 运动命令面板，在【指定控制器】卷展栏中选择【位置】项目，单击 【指定控制器】按钮，在弹出的【指定变换控制器】列表中选择【附加】命令，为虚拟体添加【附着约束】器。

05 在【附着参数】卷展栏中，单击 拾取对象 按钮，在场景中拾取名为【吸附对象】的平面物体，如图 11-152 所示。

06 在【附着参数】卷展栏中，激活 设置位置 按钮，在场景中设置虚拟体的位置，激活按钮后，使用鼠标单击并拖动虚拟体，将虚拟体吸附在摄像机的下方，如图 11-153 所示。播放动画，【虚拟体】会随着海浪运动。

图11-151　建立虚拟体

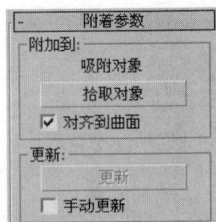

图11-152　拾取吸附对象

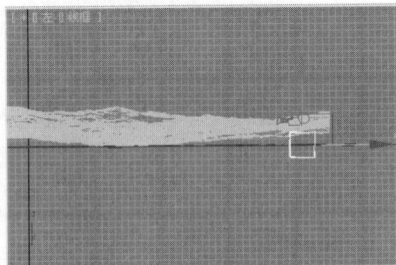

图11-153　调整虚拟体位置

07 将摄像机与虚拟体做【父子连接】，让摄像机随着虚拟体一起运动。选择摄像机，单击工具条中的 【选择并连接】按钮，在左视图中按住鼠标从摄像机中引出连接线，连接到虚拟体上。播放动画，观察到摄像机与虚拟体一起运动，父子连接成功，此时摄像机是虚拟体的子物体，动画制作完毕。如图 11-154 所示。

图11-154　动画演示

▶ 11.6　本章小结

本章详细地讲解了 3ds Max 2010 的动画技术。要制作动画，必须先掌握 3ds Max 的基本动画制作原理和方法，3ds Max 为我们提供了很多运动控制器，它们模拟了生活中的各种运动规律，使制作动画变得简单容易。

▶ 11.7　习题

1. 填空题

（1）制作三维动画最基本的方法是使用自动记录关键帧的方法制作动画。在 3ds Max 的动画控制面板中记录动画关键帧有两种方法，分别为_____和_____。

（2）使用自动记录关键帧记录动画时，系统默认只记录了移动的动画轨迹，而使用手动记录动画时，系统则记录了动画的_____、_____和_____三个动画轨迹。

（3）使用轨迹视图，可以对动画中创建的所有关键点进行查看和编辑。另外，还可以为对象指定_____，以便插补和控制场景对象的所有关键点和参数。

（4）可见性轨迹可以控制动画对象的_____与_____。在制作动画时是非常常用的一种编辑方法。

2. 上机题

（1）上机练习使用自动记录关键帧的方法制作移动动画。
（2）上机练轨迹视图的使用方法。
（3）上机练习使用功能曲线的方式编辑动画的方法。
（4）上机练习动画控制器和动画约束。

三维制作大师

第 12 章 粒子系统

▶▶ 本章主要介绍3ds max的粒子系统，以及动力学系统的功能及具体应用。

3ds Max 拥有强大的粒子系统，可以制作出数不胜数的粒子特效，粒子系统是特效制作中必不可少的工具。

3ds Max 还提供了动力学系统，可以进行自然力学和碰撞的仿真，包括刚体、软体、流体等一整套动力学解决方案。3ds Max 内置的动力学系统随着软件版本的升级不断更新，功能不断增强，可以创作出令人惊叹的效果。

▶ 12.1 粒子的基本知识

粒子系统是一个特殊的参数化对象，可以用于创建喷溅的水花、雨景、雪景、焰火、龙卷风、动物或人群体的动画合成效果，它是 3ds Max 强大特效合成功能的重要体现。

▶ 12.1.1 创建粒子系统

在基本对象创建命令面板 中，单击标准几何体 右侧的下拉按钮，从下拉的基本对象类型列表中选择【粒子系统】，出现粒子系统创建命令面板，如图 12-1 和图 12-2 所示。命令面板会根据当前选择粒子系统对象的不同类型呈现不同的结构。

在对象类型项目中列出了 7 种不同类型的粒子系统，包括喷射、雪、暴风雪、粒子阵列、粒子云、超级喷射和 PF Source。粒子动画由各种功能的事件控制，出生时间通常是全局事件后的第一个事件，可以为粒子指定年龄，粒子在动画的持续时间内能够经历诞生、生长、衰老、消失整个过程。

图12-1 创建面板

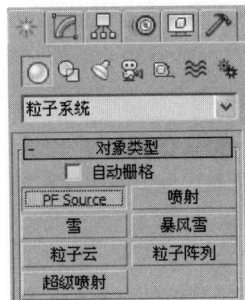

- 【喷射】：喷射和雪是最早的粒子类型，功能很弱，使用不多，已经被后加入的超级喷射和暴风雪粒子替代，喷射粒子系统可以创建下雨或喷泉的效果。
- 【雪】：雪粒子系统可以创建下雪或纸片飘舞的效果。
- 【粒子阵列】：主要用于制作爆炸碎片，可以将物体粉碎后抛洒到空中，制作炸裂、爆破的效果。
- 【粒子云】：提供了一箱粒子供使用，可以用它填充空间，制作云朵，也可以让粒子从箱中流出，制作水滴下落、钢花飞溅下落等效果。可以指定长方体空间、圆柱体空间，还可以选择任意的一个可渲染的三维对象作为对象基础发射器，二维平面对象不能作为粒子云发射器。

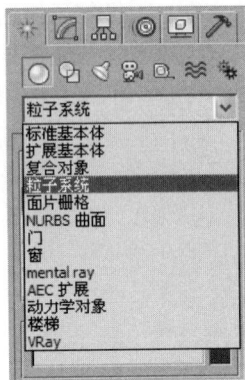

图12-2 【粒子系统】面板

- 【超级喷射】：是由一点向外发散粒子，暴风雪是由一个平面向外发散粒子，这是它们最大的区别。前者适合制作喷火筒、火箭尾部喷气、喷头喷水等效果，后者适合制作下雨、下雪、落叶等效果。
- 【PF Source】：粒子流是一种通用的、功能强大的粒子系统，使用一种事件驱动模式，并使用一种特殊的粒子视图对话框。在粒子流对话框中，可以将一个粒子系统的操作器，即粒子的单独属性，在一段时间内连接到事件组。每个操作器提供一组参数，都可以受事件驱动控制粒子系统的动画属性。当事件发生后，粒子流持续检测列表中所有操作器，并更新粒子系统动画状态。

基本粒子类型的创建

操作步骤

01 单击创建面板中的几何体下拉列表，选择【粒子系统】。单击【粒子云】按钮，如图 12-3 所示。在顶视图中创建一个长方体的箱子，上面有一个 C 字母，表明这是一个粒子云系统，如图 12-4 所示。

02 选择【粒子云】系统，单击修改面板，设置显示半径均为 60，如图 12-5 所示。现在拨动时间滑块，不会看到任何效果。这是因为场景中没有重力的效果，所以粒子不会流动。选择创建面板 / 空间扭曲 / 力，这里列出了所有可供使用的力学系统，如图 12-6 所示。

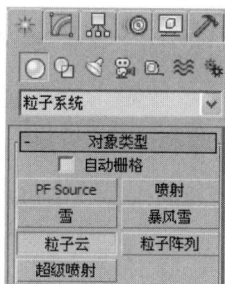

图12-3　粒子系统面板

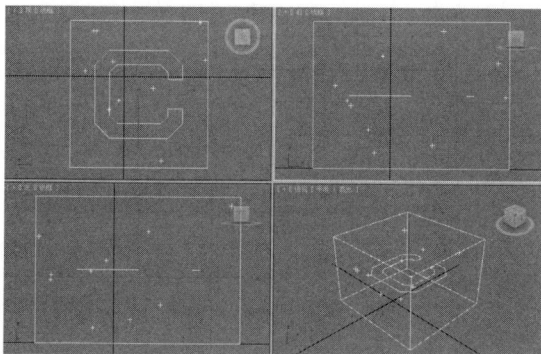

图12-4　创建粒子云　　图12-5　设置粒子半径　　图12-6　添加力

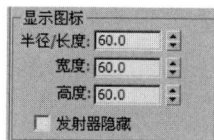

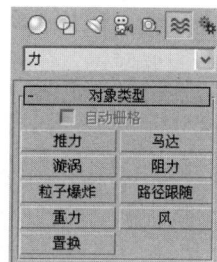

03 单击【重力】按钮，在顶视图中任意位置拖动创建一个重力学系统，如图 12-7 所示，这只是一个标志，只有方向有意义。单击工具栏中的【绑定到空间扭曲】按钮，先单击【粒子云】系统，再拖动鼠标，将牵引线拖动到重力标志上释放，重力标志会闪烁一下，表示绑定成功。现在拨动时间滑块，可以看到箱中的粒子掉下去，这是由于受到了重力的影响，如图 12-8 所示。

04 选择粒子云对象，单击修改面板，在修改列表中可以看到在最顶层加入了一个【重力绑定】修改，这就是上一步骤的结果，如图 12-9 所示。选择底层的 PCloud 对象，进入其原始参数设置面板，在【粒子记时】选项中，设置【发射停止】为 100，这样粒子云将在 0～100 帧内持续发散粒子，如图 12-10 所示。

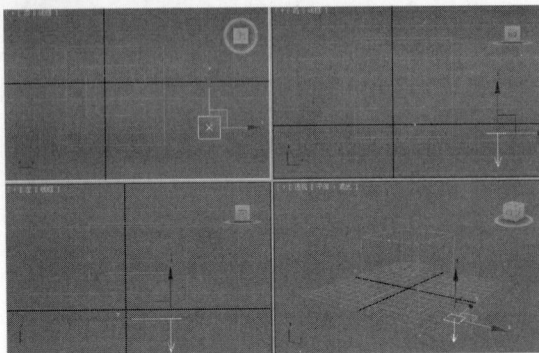

图12-7 创建重力

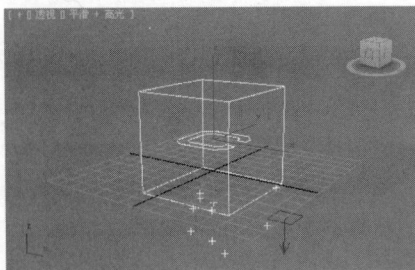

图12-8 绑定设置

05 制作导向板。选择创建面板 ❋ / 空间扭曲 ≋ / 导向器，这里提供了各种导向器的类型，如图 12-11 所示。单击【泛方向导向板】按钮，在顶视图中创建一个大的导向板，并在前视图中将它 向下移动，如图 12-12 所示。

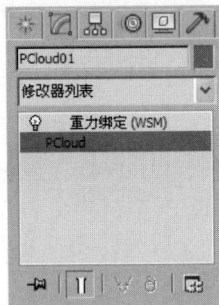

图12-9 重力绑定

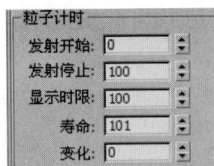

图12-10 粒子计时设置

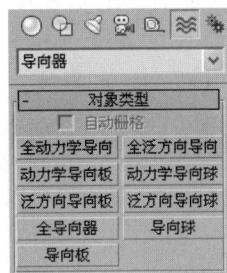

图12-11 导向器面板

06 单击工具栏中的【绑定到空间扭曲】按钮 ≋，先单击【粒子云】系统，再拖动鼠标，将牵 引线拖动到导向板上释放，导向板会闪烁一下，表示绑定成功。拨动时间滑块，粒子被导向板 阻挡，反弹回去，如图 12-13 所示。

三 维 制 作 大 师

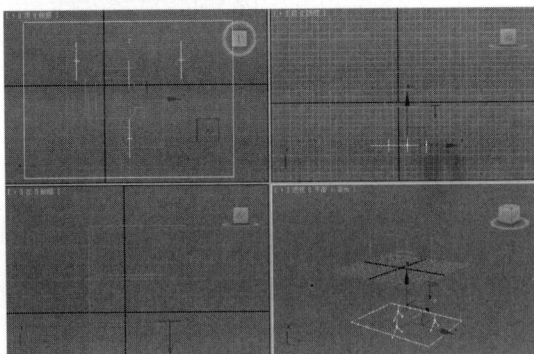

图12-12 添加泛方向导向板

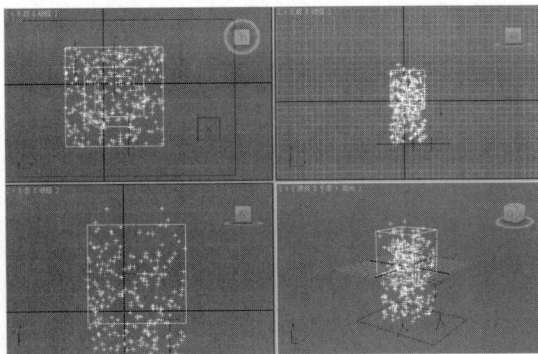

图12-13 动画效果

07 设置反弹强度。在视图中选择【泛方向导向板】物体，单击修改面板 ✎，在【反射】选项 中，设置【反弹】值为1，表示粒子原速反弹，没有损失。将【反弹】值设为0，如图 12-14 所示。 这时粒子在碰撞后失去速度，全部留在导向板上，如图 12-15 所示。

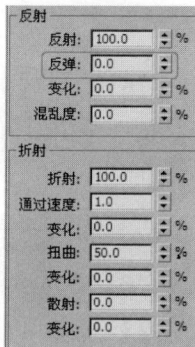

图12-14 反弹设置

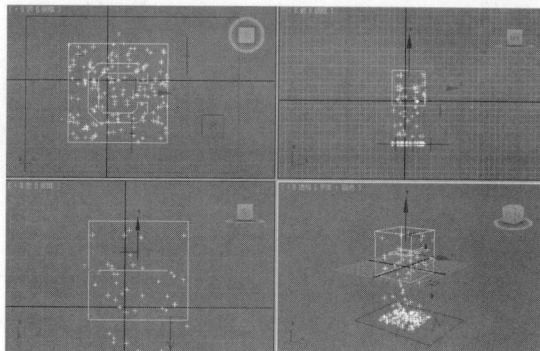

图12-15 粒子测试

08 将【反弹】值设为 0.5，可以看到粒子反弹后减速，并再次落下反弹。选择导向板物体，单击工具栏中的【选择并旋转】 工具，在前视图中旋转，可以看到下落的粒子也发生了方向的改变，如图 12-16 所示。

09 选择导向板物体，适当增大其长、宽值，使粒子在导向板上可以进行 2 次反弹。在视图中选择【泛方向导向板】物体，单击修改面板 ，设置【摩擦力】为 30%，使粒子在导向板上产生减速运动，如图 12-17 所示。

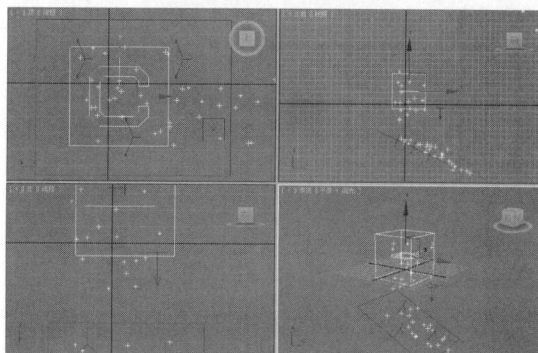

图12-16 旋转粒子

10 调节粒子形态。选择粒子云，单击修改面板 ，设置粒子【大小】为 10，如图 12-18 所示。测试渲染，如图 12-19 所示，可以看到小三角形的粒子。

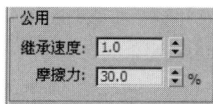

图12-17 更改摩擦力

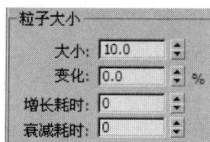

图12-18 设置粒子大小

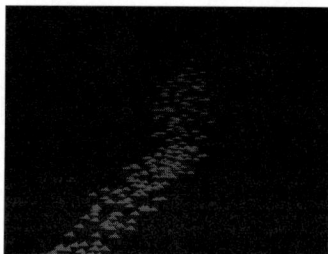

图12-19 渲染场景

11 为了在视图中更好地观察粒子状态，单击【基本参数】选项，将视口显示更改为【网格】，如图 12-20 所示。单击【粒子类型】选项，选择类型为【标准粒子】，选择【球体】标准粒子，如图 12-21 所示。观察【透视】视图，如图 12-22 所示。

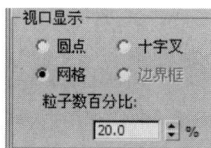

图12-20 视口显示

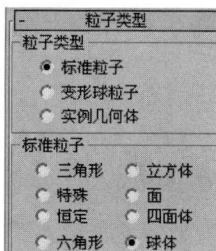

图12-21 粒子视图

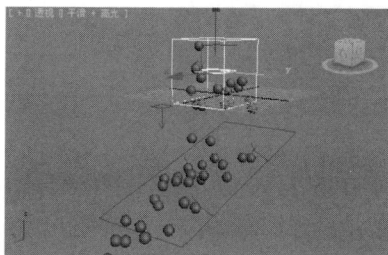

图12-22 观察透视图

三维制作大师

12.1.2 粒子流的基本知识

PF Source（粒子流）主要是由发射器图标和（粒子视图）面板组成。一个基本的 PF Source 可以通过创建面板中的粒子系统建立。单击 PF Source 按钮，在顶视图中拉出矩形面积框，如图 12-23 所示。拨动时间滑块至 20 帧，就可以看到下落的粒子了，如图 12-24 所示。

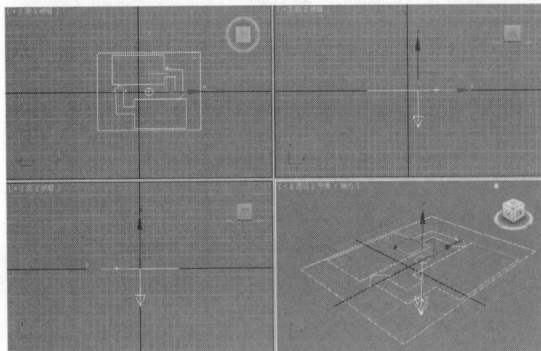

图12-23 创建粒子流

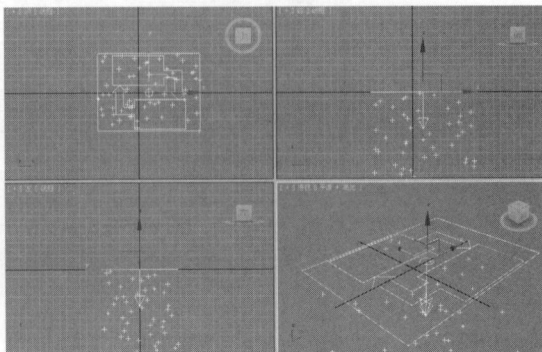

图12-24 动画效果

PF Source 图标代表 PF Source（粒子流）系统的一个流，默认情况下，它显示带有中心徽标的矩形，但可以通过设置改变其外形，如果删除图标，那么相应的粒子流也会被删除。不过删除图标后，这个图标所代表的粒子流的相关时间仍然存在，只是粒子流中的全局事件会被转化为孤立的局部事件，要彻底删除还需要在粒子流视图中删除。单击图标后，在修改面板中可以看到一些相关的参数设置，如图 12-25 所示。

【设置】卷展栏各选项说明如下：

- 【启用粒子发射】：该选项可以打开或关闭粒子系统。
- 【粒子视图】：单击此按钮可以打开（粒子视图）窗口，如图 12-26 所示。

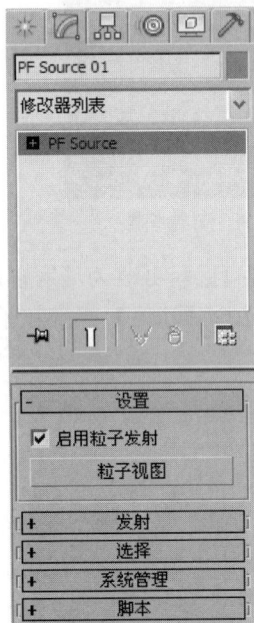

图12-25 粒子修改面板

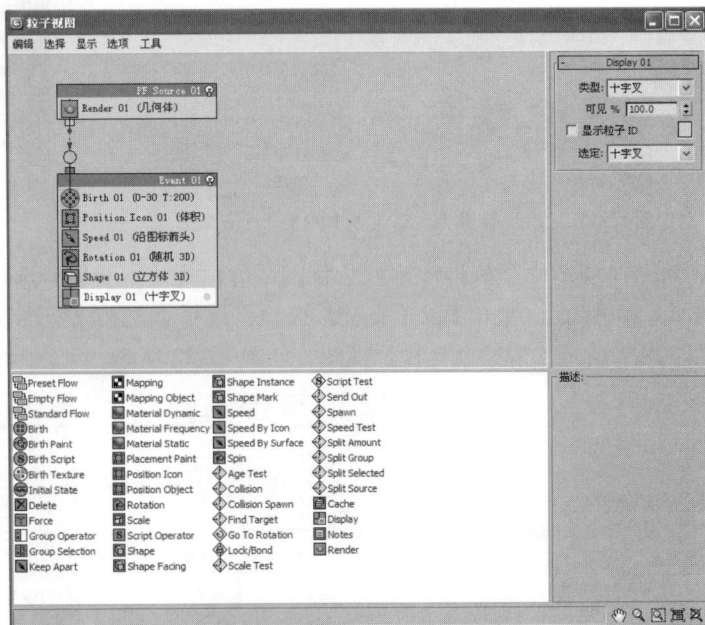

图12-26 【粒子视图】对话框

【发射】卷展栏选项说明如下：

- 【徽标大小】：设置视图中源图标中心徽标的大小。决定粒子的发射方向。
- 【图标类型】：选择源图标的几何体类型，可选项包括长方形、圆形、球体。决定粒子发射面积。
- 【长度】：此选项可以设置长方形类型图标的长度，或者球形图标的直径。
- 【宽度】：设置长方形类型的宽度。
- 【视口 %】：设置系统在视口内生成的粒子总数的百分比，默认为 50%。
- 【渲染 %】：设置系统中在渲染时生成的粒子总数的百分比，默认为 100%。

【选择】卷展栏选项说明如下：

- 【粒子】：进入粒子层级，可以通过单击或拖动一个区域来选择粒子。
- 【事件】：进入事件层级，可在列表中按事件选择粒子。
- 【按粒子 ID 选择】：由于每一个粒子都有唯一的 ID 号，第一个粒子 ID 为 1，后面的依次递增，此组选项可按 ID 号选择粒子。
- 【ID】：在输入框中输入选择粒子的 ID 号，每次只能输入一个数字。
- 【添加】：输入 ID 号后可单击此按钮将粒子添加到选择集中，添加粒子并不会取消其他粒子的选择。

【系统管理】卷展栏选项说明如下：

- 【粒子数量】：设置粒子可以包含的最大数目，范围为 1 ~ 10000000。
- 【积分步长组】：该组可以设置视口和渲染的积分步长，较小的积分步长可以提高精度，但同时也需要较多的时间渲染。
- 【视口】：设置在视口中播放动画的积分步长，默认为帧。
- 【渲染】：设置渲染时积分步长，默认为半帧。

【脚本】可以将脚本应用于每个积分步长，也可以查看每帧最后一个积分步长处的系统。

12.1.3 粒子视图及操作符

粒子视图为创建和编辑粒子系统提供了良好的用户界面，在主窗口中包含粒子图标，一个粒子系统由一个或多个事件连线构成，并包含一个和或多个操作器和测试列表，所有操作器和测试被称为动作。

创建了 PF Source【粒子流】后，在修改面板中单击【粒子视图】即可以打开粒子视图窗口，如图 12-27 所示。各部分功能如下：(1) 事件显示；(2) 粒子图表；(3) 全局事件；(4) 出生事件；(5) 仓库。

操作符是粒子系统的基本元素，将操作符应用到事件中可设定粒子的特征，它主要用于描述粒子的速度、方向、形状和外观等属性。

各选项说明如下：

- Flows【流】动作：流动作提供了粒子系统的起始点
  - Empty Flow【空流】：创建一个空白的粒子流，只包含一个渲染动作。
  - Standard Flow【标准流】：创建一个默认的标准粒子流，只包含一些基本动作。
- Birth【出生】动作：出生操作符只能在粒子流开始时使用，它可以定义粒子何时出生、何时停止以及粒子的数量和速率等。

> ⊛ Birth【出生】：创建粒子并设置其初始属性。
> Ⓢ Birth Script【出生脚本】：使用脚本语言来创建粒子。

- Operator【操作符】：动作操作符用于描述粒子的形状、速度、贴图等属性。
  > ✕ Delete【删除】：删除粒子。
  > ⟟ Force【力】：添加一个能够影响粒子的空间扭曲力（如重力、风等）。
  > Keep Apart【保持分离】：用力来控制粒子间的距离，避免粒子间碰撞。
  > ▦ Mapping【贴图】：设置粒子的贴图坐标。
  > ▦ Material Dynamic【材质动态】：在粒子的生命周期可发生变化的材质。

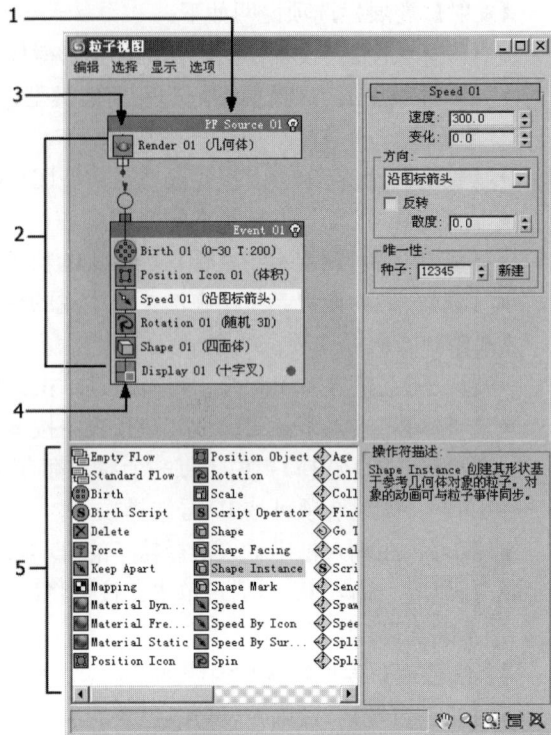

图12-27　粒子视图解析

  > ▦ Material Frequency【材质频率】：按照特定的频率，为粒子指定不同的子材质。
  > ▦ Material Static【材质静态】：为粒子指定对于事件期间恒定的材质。
  > ▦ Position Icon【位置图标】：设置粒子在发射器上的初始位置。
  > ▦ Position Object【位置对象】：允许粒子从任何几何体对象发射。
  > ▦ Rotation【旋转】：设置粒子的初始旋转方向。
  > ▦ Spin【自旋】：设置粒子自旋。
  > ▦ Scale【缩放】：缩放粒子的大小。
  > Ⓢ Script Operator【脚本】：通过编写脚本来创建新粒子行为。
  > ▦ Shape【图形】：设置粒子的形状。
  > ▦ Shape Facing【图形朝向】：使用矩形形状，并且总是朝向摄像机或对象。
  > ▦ Shape Instance【图形实例】：指定场景中的一个对象作为粒子的形状。
  > ▦ Shape Mark【图形标记】：使用矩形形状，主要用于在碰撞中产生标记。
  > ▦ Speed【速度】：定义粒子的速度和方向。
  > ▦ Speed By Icon【速度按图标】：在场景中使用指定的图标来定义粒子的速度和方向。
  > ▦ Speed By Surface【速度按曲面】：使用对象的曲面来定义粒子的速度和方向。

- Test【测试】：动作测试用于判断各种条件是否成立，每个测试可以返回一个真或假值。测试能够检查很多事情，例如粒子数度、碰撞、粒子年龄或者缩放比例。当设置条件后，若测试返回一个真值，则可以把粒子送到下一个事件，若返回一个假值，则粒子会停留在当前事件中，直到下一个测试返回正确值。例如，可以测试粒子速度，如果测试结果比指定的值高，就可以把粒子送向另一个事件，那么事件可以让粒子减速或停止。

> ◈ Age Test【年龄测试】：测试粒子的年龄。
> ◈ Collision【碰撞】：测试粒子是否与选定的导向板发生碰撞。
> ◈ Collision Spawn【碰撞繁殖】：若粒子与选定的导向板发生了碰撞，则产生新粒子。
> ◈ Find Target【查找目标】：创建一个目标对象，然后让粒子飞向目标对象，当粒子到达目标时，返回一个真值。
> ◈ Go To Rotation【转到旋转】：使粒子的旋转分量平滑过渡旋转到指定方向，当旋转完成后，返回一个真值。
> ◈ Scale Test【缩放测试】：测试粒子的缩放比例大小。
> ◈ Script Test【脚本测试】：使用脚本来进行测试粒子。
> ◈ Send Out【发出】：将所有粒子无条件地转到下一事件或将所有粒子保留在当前事件。
> ◈ Spawn【繁殖】：创建新的粒子，然后把它们送到下一个事件。
> ◈ Speed Test【速度测试】：测试粒子速度。
> ◈ Split Amount【分割量】：按照百分比分离粒子，并送入下一个事件。
> ◈ Split Selected【分割选定】：按照选择分离粒子，并送入下一个事件。
> ▤ Cache【缓存】：缓存粒子状态。.
> ▦ Display【显示】：指定粒子在视口中的显示方式。
> ▤ Notes【注释】：为任何事件添加注释。
> ▣ Render【渲染】：提供渲染粒子的相关控制。

其他操作：主要包括粒子缓存、提供显示和渲染、添加注释。

12.2 上机实战

本节主要通过 3 个典型实例来了解粒子的基本设置及操作技巧，并结合 Vidio Post 特效和材质赋予来完成高级动画制作。

▶ 12.2.1 射线冲击波

本实例将通过粒子组合制作光线和冲击波效果，并在 Vidio Post 中加入光晕特效，最终效果如图 12-28 所示。

学习重点

（1）掌握超级喷射粒子的表现方法。

（2）了解使用 Vidio Post 相关参数的设置。

图12-28 最终渲染效果

制作射线冲击波

最终效果：光盘＼素材＼第12章＼射线冲击波

操作步骤

01 单击创建面板 ＊ ／几何体 ○，在下拉列表中选择【粒子系统】。单击【超级喷射】按钮，如图 12-29 所示。选择超级喷射系统，单击修改面板 ☑，单击【基本参数】卷展栏，设置【轴偏移】为 30 度，【扩散】为 40 度，【平面偏移】为 180，【扩散】为 180 度，并设置【粒子数百分比】为 100，单击【网格】显示选项，如图 12-30 所示。

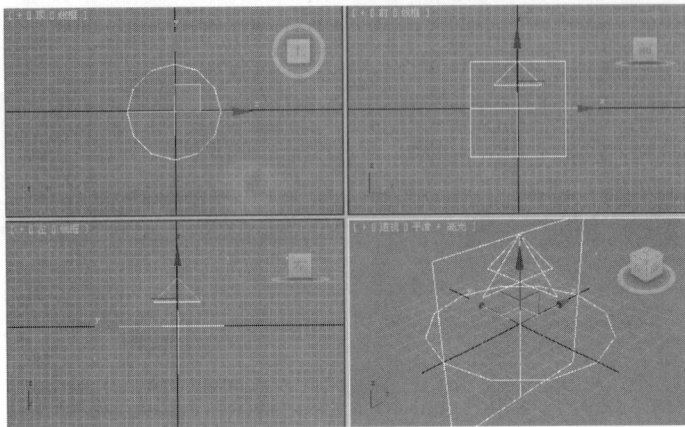

图12-29　创建超级喷射系统

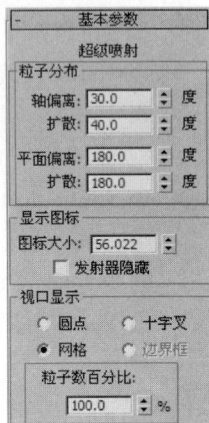

图12-30　基本参数设置

02 单击左视图，使用旋转工具 ○ 旋转该粒子系统，拖动时间滑块，可以看到粒子向前发射，如图 12-31 所示。选择超级喷射系统，单击修改面板 ☑，选择【粒子生成】卷展栏，设置【粒子速度】为 30，【变化】为 8%，【粒子计时】设置如图 12-32 所示。

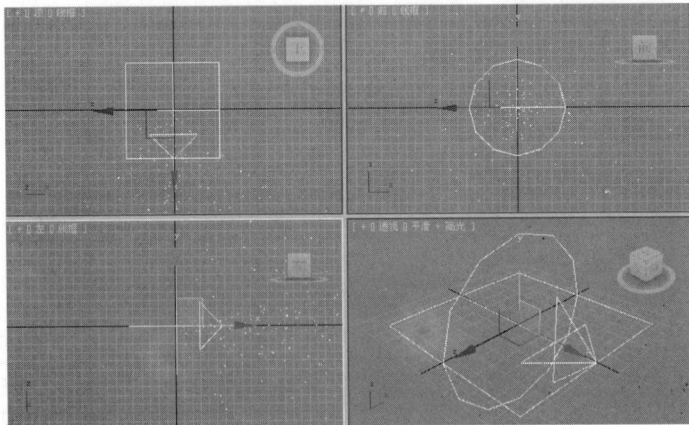

图12-31　动画效果

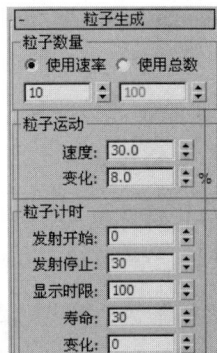

图12-32　粒子生成设置

03 选择【粒子类型】卷展栏，设置粒子类型为【标准类型】，设置标准粒子的形态为【四面体】，如图 12-33 所示。

04 单击【旋转和碰撞】卷展栏，设置【自旋时间】为 0，取消粒子自身旋转效果，设置【运动方向模糊】为 130，当【运动方向模糊】值大于 0 时，将沿粒子发射的方向拉伸粒子的外形，而且拉伸强度会根据粒子的速度的不同而产生变化，可以看到被强烈拉伸后的粒子呈现出放射线状态，如图 12-34 所示。

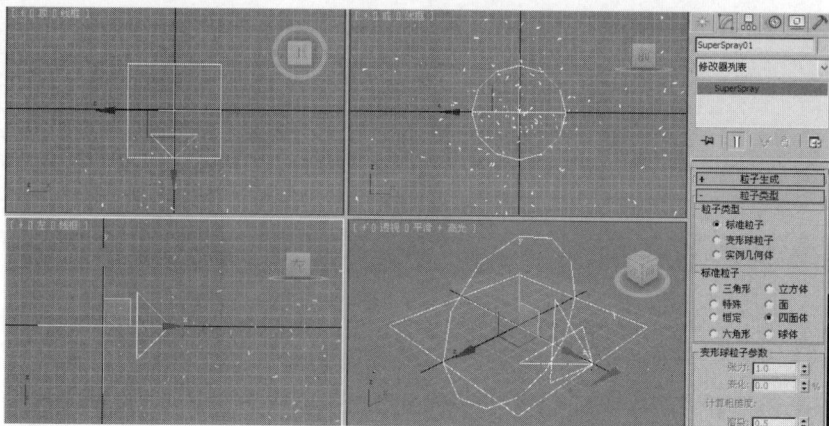

图12-33　设置粒子形态

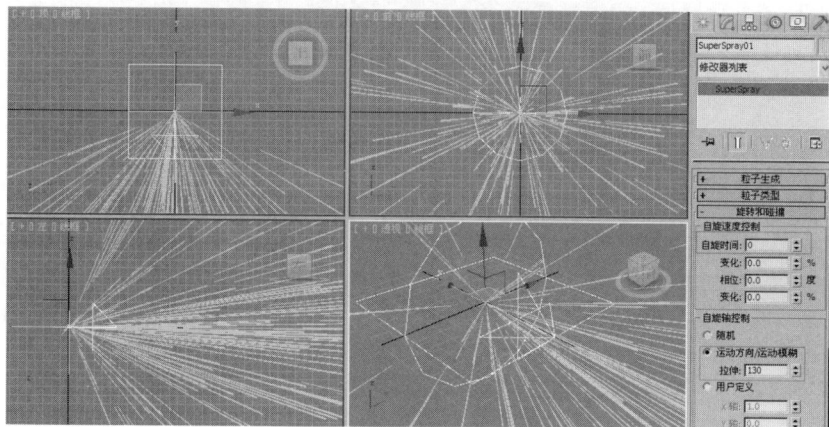

图12-34　粒子发射效果

05 拖动时间滑块，观察不同时间内发射粒子的效果，如图 12-35 所示。

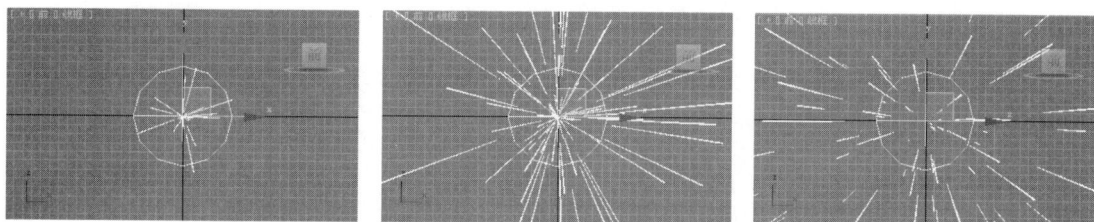

图12-35　不同时间内的粒子效果

06 选择视图中的粒子系统，选择【编辑】/【克隆】菜单命令，原地复制出一个粒子系统，如图 12-36 所示。复制出的粒子系统的运动状态和原来的一致，这样只需要修改几个参数就可以制作出不同的粒子效果。选择新复制的粒子系统，修改面板，单击【粒子类型】卷展栏，设置粒子类型为【标准类型】，设置标准粒子的形态为【球体】，如图 12-37 所示。

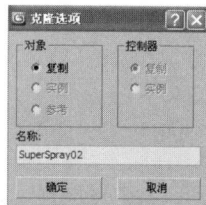

图12-36　【克隆选项】对话框

图12-37 设置粒子形态

07 设置第二个粒子系统，单击修改面板 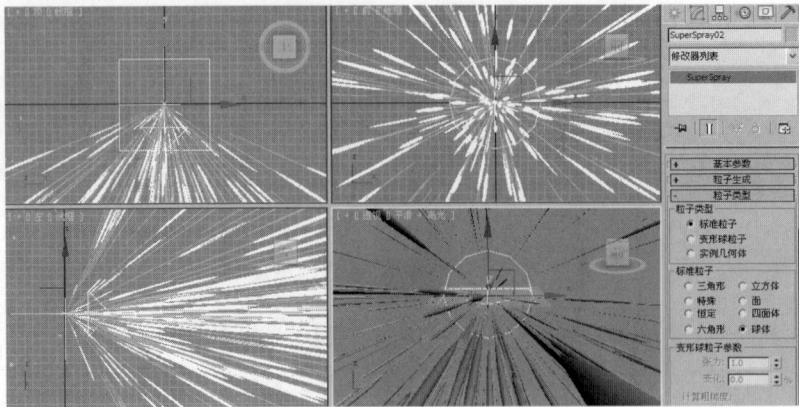，单击【粒子生成】卷展栏，设置【粒子大小】为2，单击【旋转和碰撞】卷展栏，设置【拉伸】值为0，如图 12-38 所示。

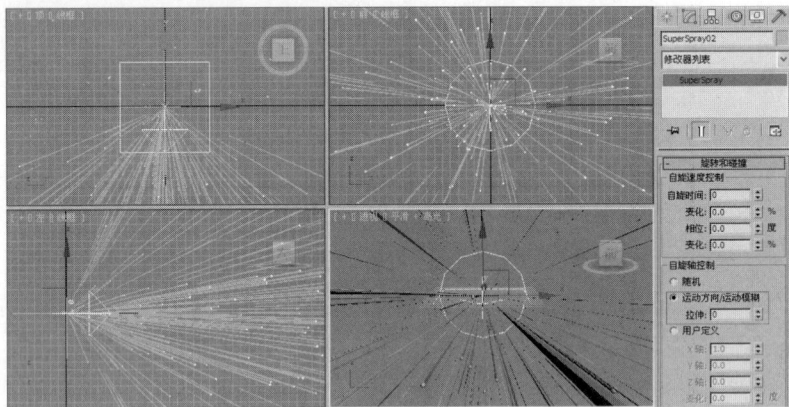

图12-38 粒子生成设置

三维制作大师

08 粒子已经制作出比较好的射线状态，现在设置粒子的材质。单击【M】键打开材质编辑器，选择一个新的材质球，并将当前材质赋予给场景中的2个粒子系统。设置漫反射颜色为RGB(255、255、255)，勾选自放光选项，设置自反光颜色为RGB（255、255、255），如图 12-39 所示。

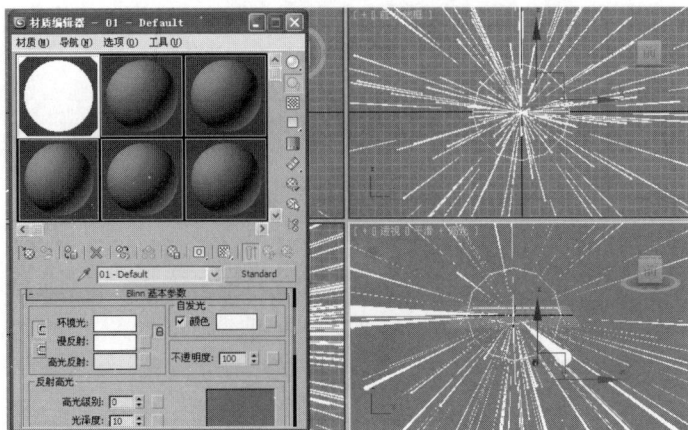

图12-39 粒子材质设置

09 设置背景颜色。单击【M】键打开材质编辑器，选择一个新的材质球，单击获取材质 按钮，在弹出的【材质 / 贴图浏览器】对话框中选择【位图】贴图通道，如图 12-40 所示。双击【位图】贴图通道，选择【背景】文件，如图 12-41 所示。

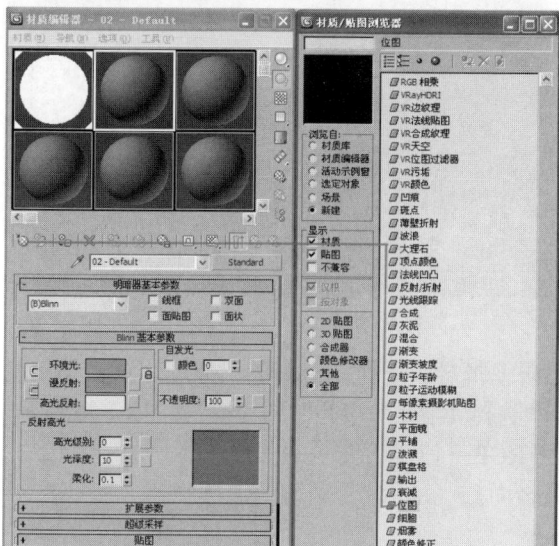

图12-40 【材质/贴图浏览器】对话框

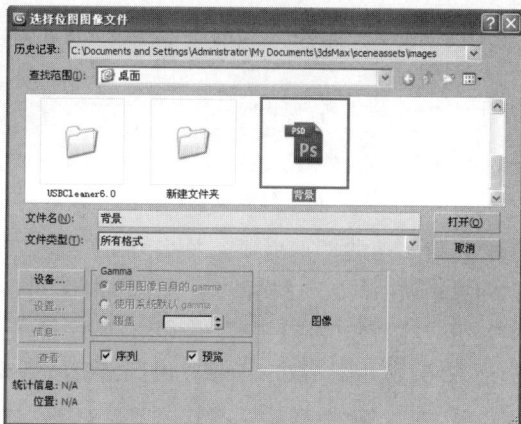

图12-41 【选择位图图像文件】对话框

10 单击【渲染】/【环境】菜单，选择材质库中的材质球，按鼠标左键将其直接拖动到【环境贴图】通道中，如图 12-42 所示。在弹出的对话框中选择【实例】复制的方式，如图 12-43 所示。

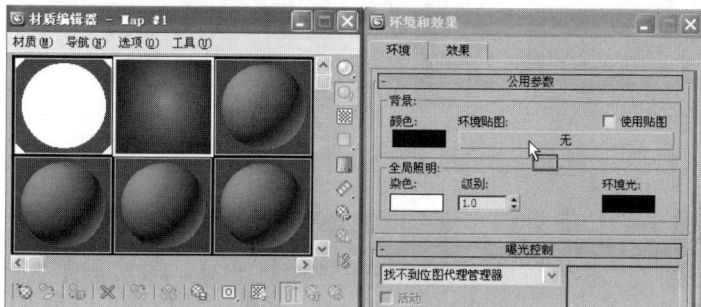

图12-42 复制贴图

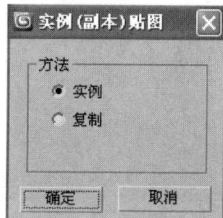

图12-43 【实例贴图】对话框

三维制作大师

11 设置贴图坐标为【环境】，如图 12-44 所示。渲染透视图效果，如图 12-45 所示。

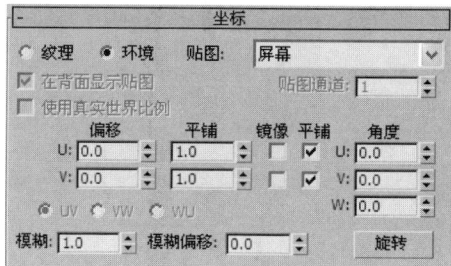

图12-44 坐标贴图

图12-45 场景渲染

12 制作冲击波。单击创建面板 / 几何体 ，在其下拉菜单中选择扩展几何体，单击【环形波】按钮，在前视图中绘制环形波浪图形，如图 12-46 所示。

13 适当旋转环形波图形，单击创建面板 ❄ / 灯光 ◪ / 泛光灯，调整泛光灯位置，如图 12-47 所示。灯光的位置与粒子图标中心对齐。

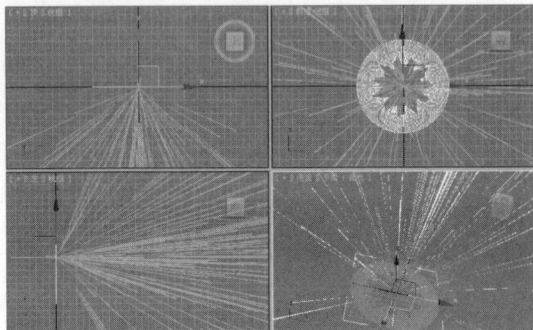

图12-46　绘制环形波图形

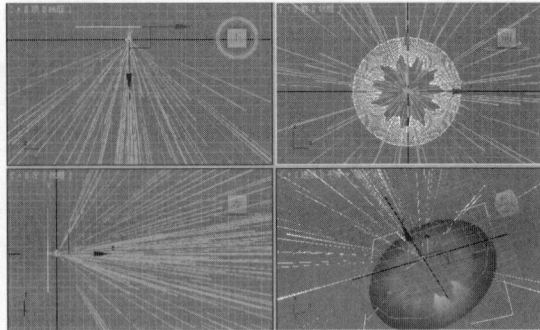

图12-47　创建灯光

14 设置环形波图形材质。单击【M】键打开材质编辑器，选择一个新的材质球，单击漫反射贴图通道，在弹出的【材质 / 贴图浏览器】对话框中选择【渐变坡度】贴图通道，如图 12-48 所示。

15 进入【渐变坡度】贴图通道，分别设置颜色为 RGB（13、0、185），（126、126、146）和（255、255、255），如图 12-49 所示，设置渐变类型为【径向】。

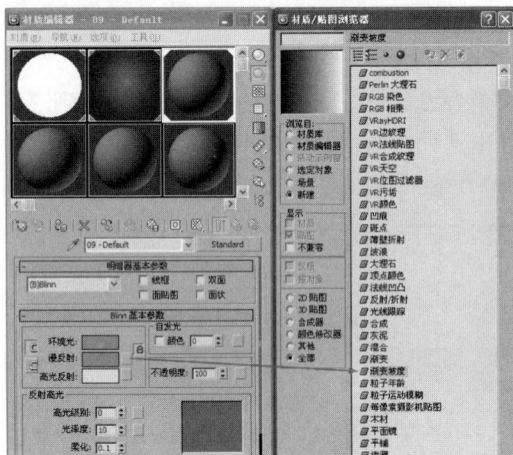

图12-48　【材质/贴图浏览器】对话框

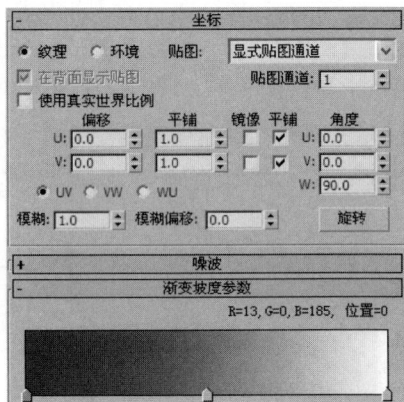

图12-49　渐变参数设置

16 选择漫反射中的【渐变坡度】贴图通道，按住鼠标左键将其直接拖动到【自发光】贴图通道，如图 12-50 所示。在弹出的对话框中选择【实例】复制的方式，如图 12-51 所示。

图12-50　复制贴图

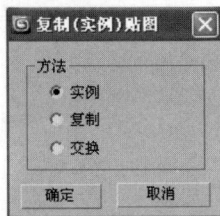

图12-51　【复制贴图】对话框

17 返回材质层级，单击【不透明】贴图通道，在弹出的【材质 / 贴图浏览器】中选择【位图】贴图通道，双击【位图】贴图通道，选择【平行射线】文件，如图 12-52 所示。测试渲染，如图 12-53 所示。

图12-52 【选择位图图像文件】对话框

图12-53 渲染场景

18 为冲击波设定扩散动画。在时间轴面板中按下自动记录关键帧按钮，把动画滑块调到 0 帧，设定环形波图形半径为 0，如图 12-54 所示。

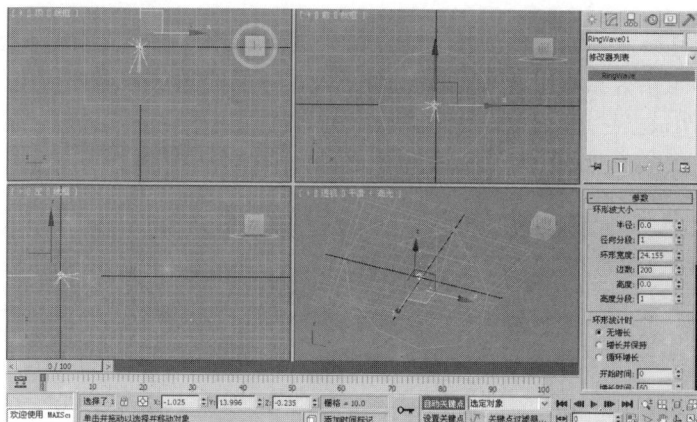

图12-54 关键帧设置

19 拖动时间滑块到第 26 帧，这时粒子发射比较迅猛，设定环形波图形半径为 200，如图 12-55 所示。

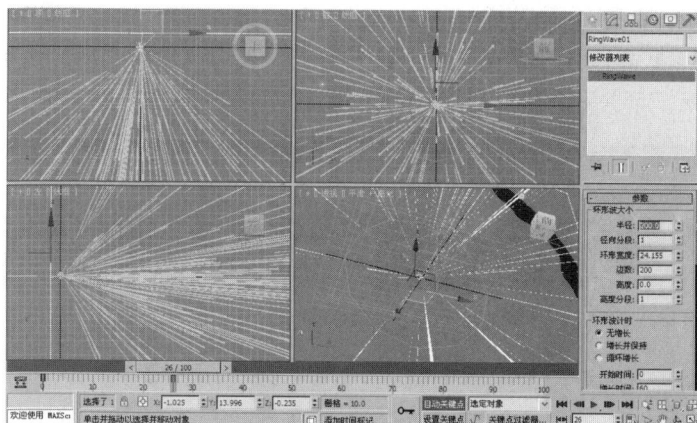

图12-55 设定环形波图形半径

三
维
制
作
大
师

20 到粒子快发射完毕的第 35 帧，设定环形波图形半径为 2200，冲击波这时候已经扩散到视野以外，如图 12-56 所示。

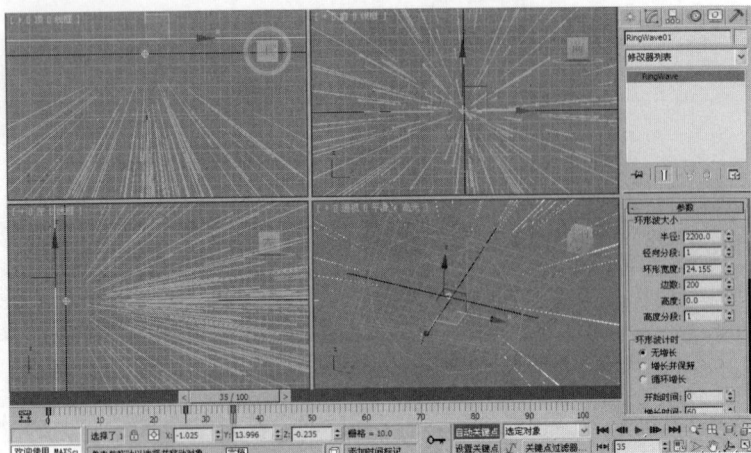

图12-56 关键帧设置

21 冲击波的动画已经设置完成，现在为场景加入镜头特效。选择渲染／环境菜单命令，在弹出的环境对话框中单击效果面板，单击添加命令，在弹出的添加效果面板中选择【镜头效果】选项，如图 12-57 所示。

22 单击【镜头效果参数】面板，添加 Glow 和 Star 效果，如图 12-58 所示。

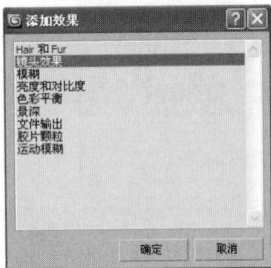

图12-57 【添加效果】对话框

图12-58 镜头效果设置

23 单击 Glow 选项，在【镜头效果全局】卷展栏的灯光选项中单击【拾取灯光】按钮，单击场景中的泛光灯，如图 12-59 所示。

24 单击【光晕元素】卷展栏，设置【大小】值为 40，勾选【光晕在后】选项，设置径向颜色为 RGB（255、255、255）和（255、174、0），如图 12-60 所示。

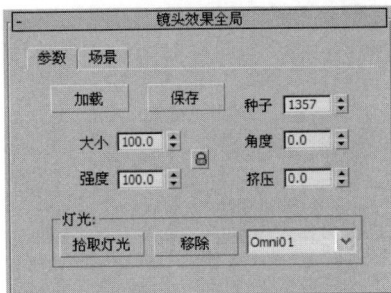

图12-59 镜头效果全局设置

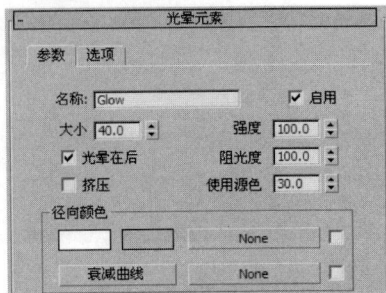

图12-60 光晕元素设置

25 单击 Star 选项，设置大小为 100，强度为 20，径向颜色为 RGB（15、0、23）和（255、255、255），如图 12-61 所示。选择【效果】面板，添加【模糊】效果，如图 12-62 所示。

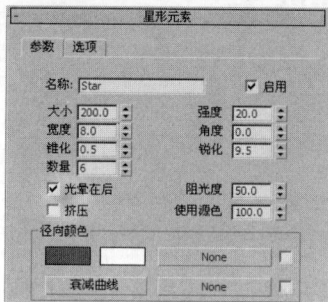

图12-61　星形元素设置

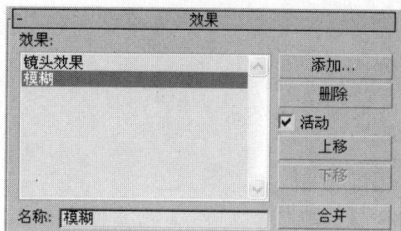

图12-62　添加模糊效果

26 进入【模糊参数】面板，勾选【径向型】，设置【径向半径】为 10，其他参数保持默认，如图 12-63 所示。测试渲染，如图 12-64 所示。

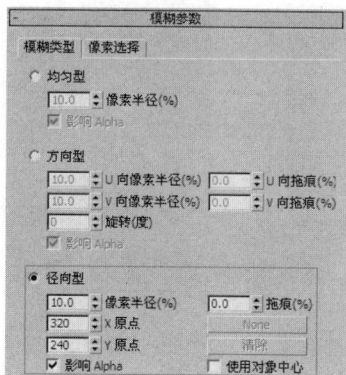

图12-63　径向半径设置

图12-64　渲染场景

27 选择场景中的 2 个粒子系统，单击鼠标右键选择【对象属性】命令，设置对象 ID 为 2，如图 12-65 所示。选择场景中的环形波图形，设置对象 ID 为 3，如图 12-66 所示。

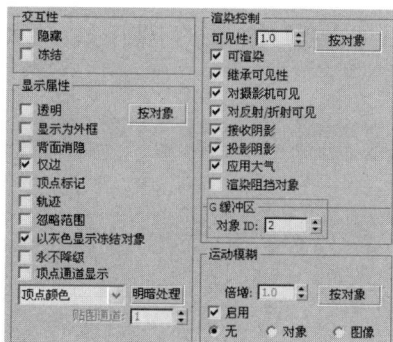

图12-65　设置设置对象ID2

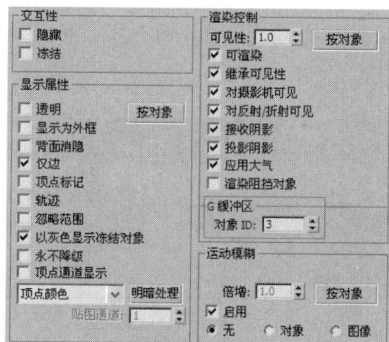

图12-66　设置设置对象ID3

28 单击渲染 /Video Post 菜单命令，单击添加图像过滤实践 按钮，在其下拉菜单中选择【镜头光晕效果】，如图 12-67 所示。

29 单击设置按钮，为对象 ID2 增加镜头光晕效果，如图 12-68 所示。

三
维
制
作
大
师

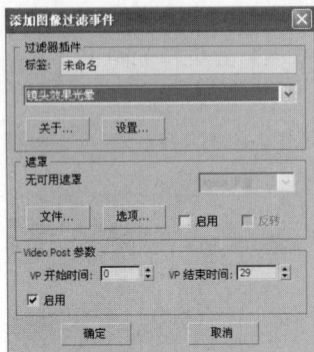

图12-67 【添加图像过滤器】对话框

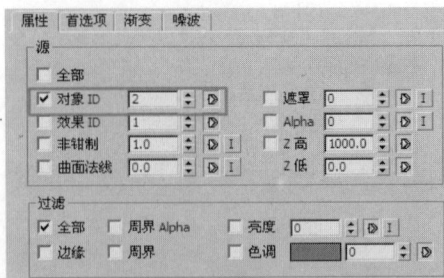

图12-68 勾选对象ID2

30 单击首选项按钮，设置大小为 0.5，柔化为 60，如图 12-69 所示。单击添加图像过滤实践 按钮，在其下拉菜单中选择【镜头光晕效果】。单击设置按钮，为对象 ID3 增加镜头光晕效果，如图 12-70 所示。单击首选项按钮，设置大小为 0.7，柔化为 60，如图 12-71 所示。

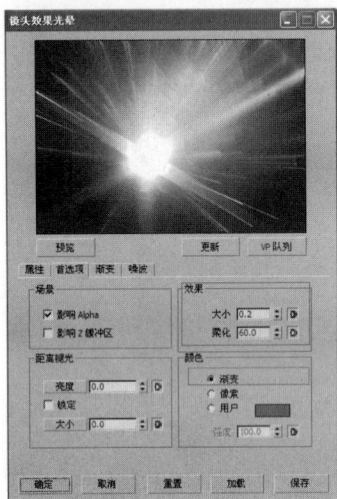

图12-69 柔化设置

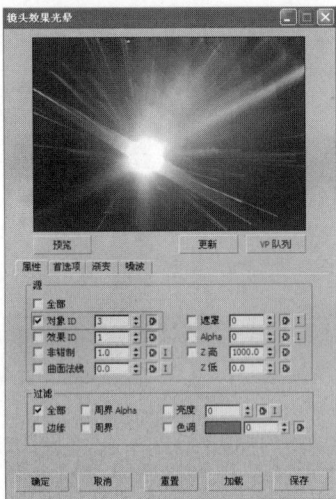

图12-70 增加镜头光晕

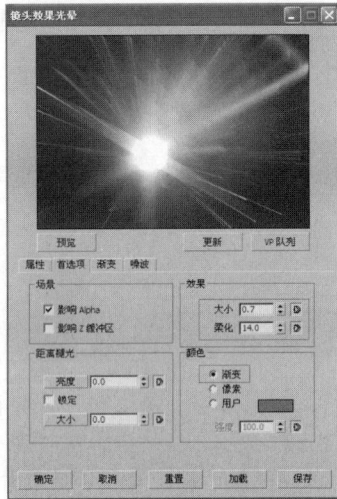

图12-71 柔化设置

31 单击添加图像输出时间 按钮，重命名标签为【冲击波】，如图 12-72 所示。单击执行序列 按钮，设置如图 12-73 所示。

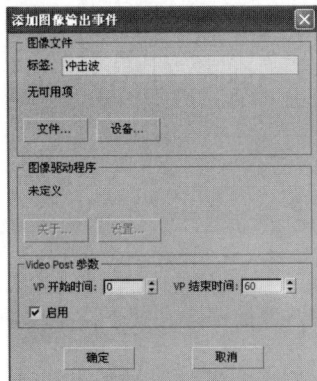

图12-72 【添加输出事件】对话框

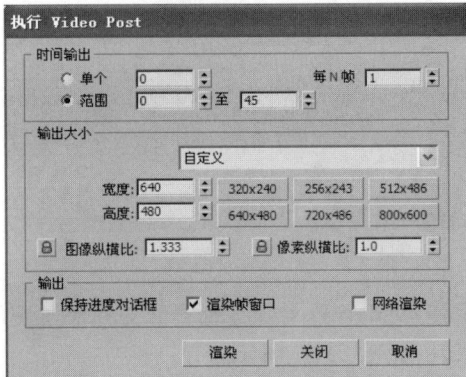

图12-73 输出尺寸设置

最终渲染效果如图 12-74 所示。

图12-74　最终渲染效果

▶ 12.2.2　聚集特效

本实例将利用 Particle Flow 粒子流制作动态明暗纹理控制，并为粒子分配不同的材质，制作聚集特效。最终渲染效果如图 12-75 所示。

学习重点

（1）掌握超 Particle Flow 的表现方法。

（2）了解使用粒子的材质赋予和替换。

图12-75　最终渲染效果

制作聚集特效

最终效果：光盘＼素材＼第12章＼聚集特效

操作步骤

01 打开 3ds Max 软件，单击创建面板 ／几何体 ／平面，在前视图中绘制平面物体，如图

12-76 所示。选择平面物体,单击修改面板 ,单击【参数】卷展栏,设置长度为 104,宽度为 285,长度分段和宽度分段均为 4,如图 12-77 所示。

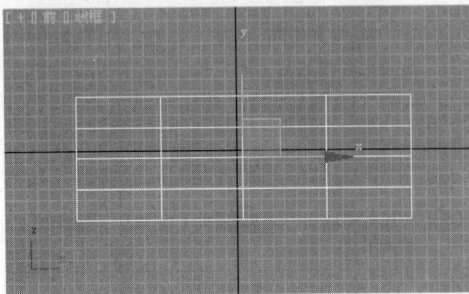

图12-76 创建平面

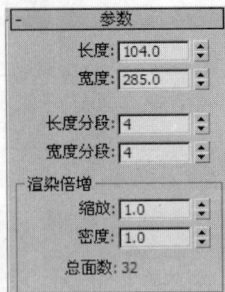

图12-77 参数设置

02 单击创建面板 / 几何体 ,在其下拉列表中选择【粒子系统】,如图 12-78 所示。单击 PF Source 按钮,创建粒子系统,使用工具栏中的旋转工具 旋转粒子系统,使其图标方向与平面法线方向一致。拨动时间滑块,看到粒子已经发射出去了,如图 12-79 所示。

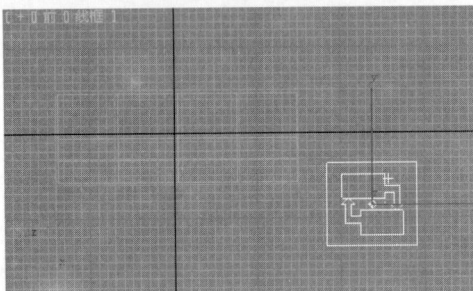

图12-78 创建粒子系统

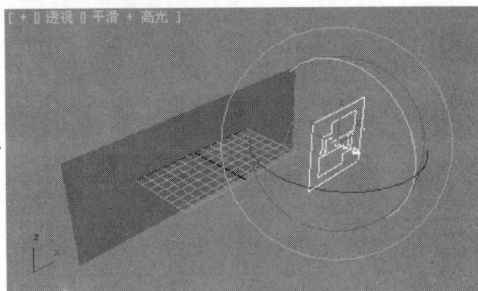

图12-79 旋转粒子图标

03 单击快捷键【6】,打开粒子视图。选择 Birth【出生】操作符,设置【发射开始】为 0,【发射停止】为 100,数量为 22000,如图 12-80 所示。

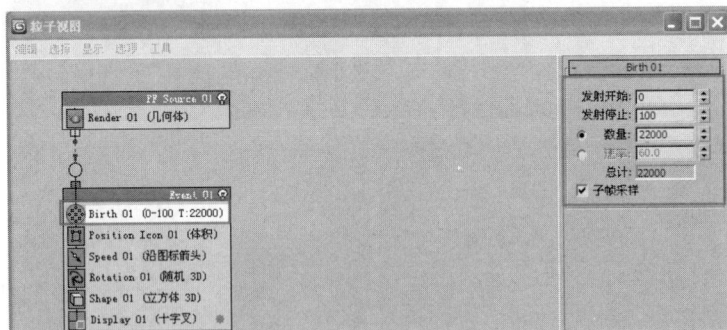

图12-80 【出生】操作符设置

04 单击 Display【显示】,设置显示类型为【线】,如图 12-81 所示。选择粒子流库中的 Position Object【位置对象】操作符,按鼠标左键将其直接拖动到 Position Icon【位置图标】上,并松开鼠标左键,这样就替代删除 Position Icon01 操作符了,Position Object【位置对象】操作符允许粒子从任何几何体对象发射。

05 在发射器选项中单击添加按钮,单击场景中的平面物体,这样就指定了平面物体作为粒子流的发射器,如图 12-82 所示。

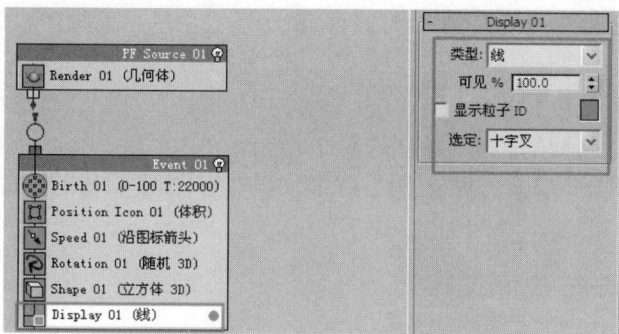

图12-81　设置显示类型

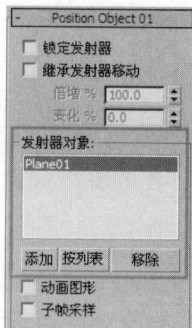

图12-82　拾取发射器

06 创建和测试动态纹理对粒子的影响。单击【M】键打开材质编辑器，选择一个新的材质球，单击漫反射贴图通道，在弹出的【材质/贴图浏览器】对话框中选择【渐变坡度】贴图通道，如图12-83所示。

07 进入【渐变坡度】贴图通道，设置渐变类型为【线性】，差值为【实体】，噪波类型为【分形】，如图12-84所示。

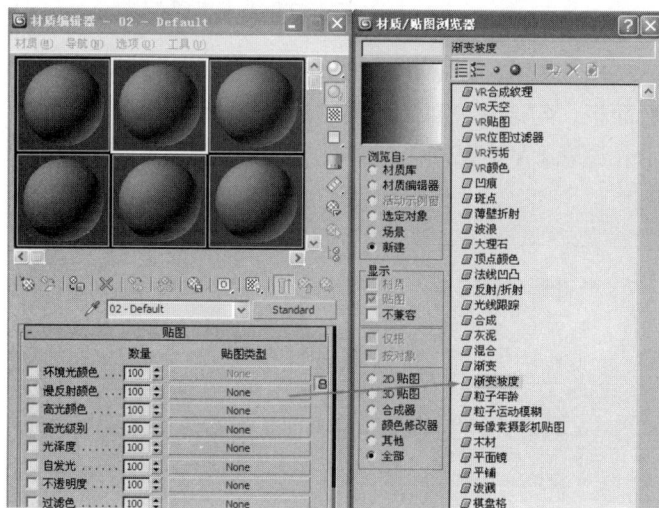

图12-83　【材质/贴图浏览器】对话框

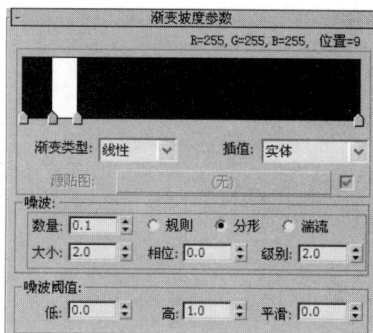

图12-84　渐变坡度设置

08 单击场景中的 关键点过滤器... 按钮，勾选全部，如图12-85所示。单击 自动关键点 按钮，将时间滑块拖动到100帧，拖动渐变坡度纹理的白色区域控制部分到右侧，如图12-86所示。

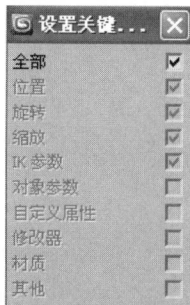

图12-85　【设置关键帧】对话框

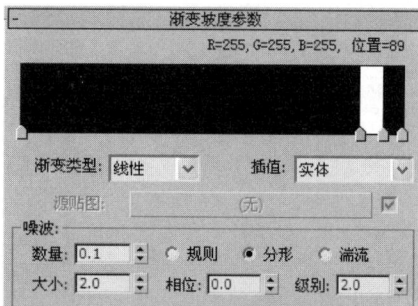

图12-86　渐变坡度设置

09 单击 自动关键点 按钮，关闭动画关键帧设置。将当前材质赋予场景中的平面物体，单击快捷键【6】，打开粒子视图。

10 选择 Position Object01【位置对象】操作符，勾选【密度按材质】选项，设置类型为【灰度】，当前选项表示粒子发射数量由材质的贴图／纹理的灰度来控制，白色位置为最大密度发射，黑色为 0 密度发射，如图 12-87 所示。观察透视图，粒子的发射状态已经由材质的纹理控制了，如图 12-88 所示。

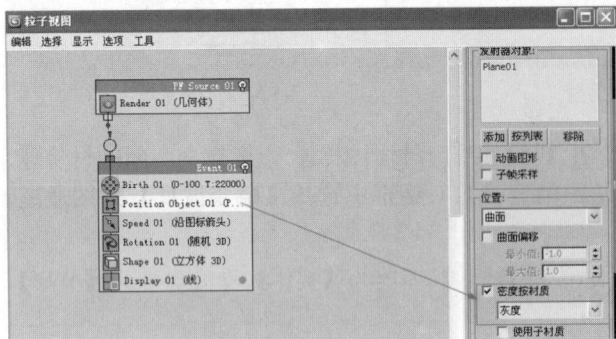

图12-87　设置位置对象

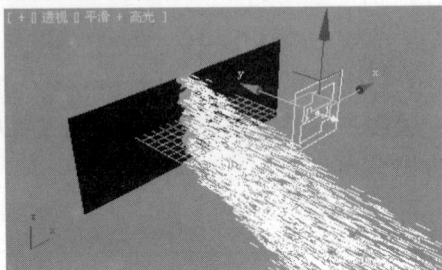

图12-88　透视图效果

11 选择场景中的平面物体，单击修改面板，单击修改器列表，为平面物体添加【UVW 贴图】修改器，如图 12-89 所示。单击【参数】面板，勾选【平面】选项，如图 12-90 所示。在对齐选项中单击【适配】按钮，如图 12-91 所示。注意 UVW 贴图要与平面材质的贴图通道值一致。

图12-89　添加UVW贴图

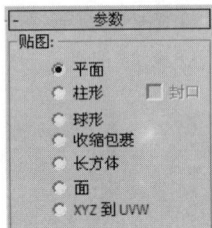

图12-90　设置贴图类型

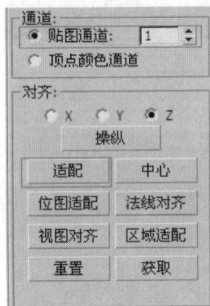

图12-91　单击适配按钮

12 选择修改面列表中【UVW 贴图】修改器中的 Gizmo，如图 12-92 所示。单击工具栏中的【选择并均匀缩放】按钮，适当扩大贴图坐标中的 Gizmo，使白色发射区域在第 0 帧和第 100 帧都能在平面物体的边沿，如图 12-93 所示。

图12-92　选择Gizmo

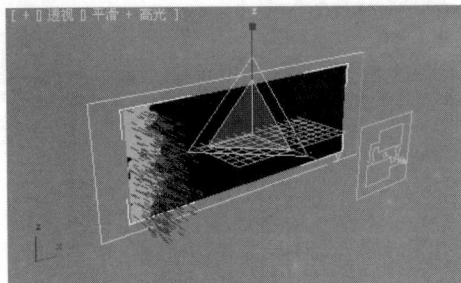

图12-93　扩大Gizmo

13 单击【M】键打开材质编辑器,选择平面物体的材质球,选择【渐变坡度】贴图通道单击鼠标右键,选择【复制】命令,选择一个新的材质材质球,单击鼠标右键选择粘贴【复制】命令。将渐变坡度纹理最左侧的控制点设置为纯白色,这样就得到一个由左侧到右侧变化的黑白遮罩纹理,如图 12-94 所示。

14 单击【M】键打开材质编辑器,选择一个新的材质球,并重命名为【NBA 标志】,单击漫反射贴图通道,在弹出的【材质/贴图浏览器】对话框中选择【位图】贴图通道,如图 12-95 所示。

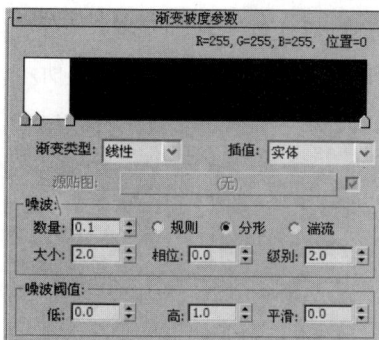

图12-94 渐变坡度参数

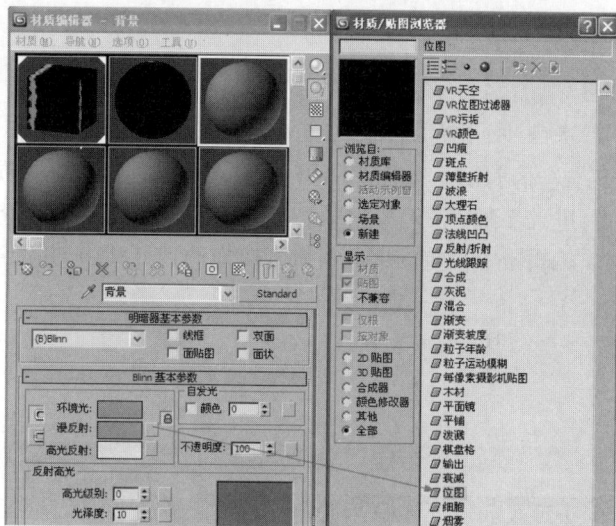

图12-95 【材质/贴图浏览器】对话框

15 在弹出的【选择位图图像文件】对话框中选择【背景】文件,如图 12-96 所示。返回材质层级,选择漫反射贴图通道,按住鼠标左键将其直接拖拽到自发光贴图通道中,选择【实例】复制方式,如图 12-97 所示。设置自发光数量为 35,如图 12-98 所示。

三维制作大师

图12-96 选择位图

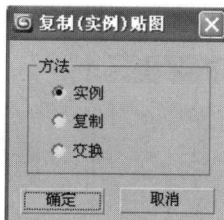

图12-97 【实例贴图】对话框

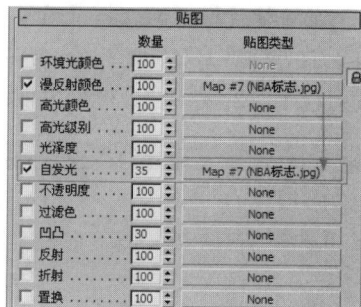

图12-98 复制贴图

16 进入位图贴图通道,设置 U【平铺】为 1.4,V【平铺】为 1.2,如图 12-99 所示。选择第二个材质球,选择【渐变坡度】贴图通道单击鼠标右键,选择【复制】命令,返回【NBA 标志】材质球,选择不透明度贴图通道,单击鼠标右键选择粘贴【实例】命令,如图 12-100 所示。并将其赋予给平面物体。

图12-99 设置平铺

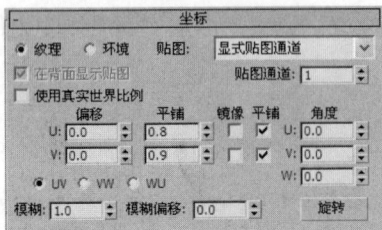

图12-100 复制贴图

17 选择一个新的材质球，单击获取材质 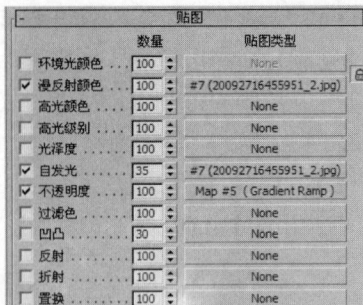 按钮，在弹出的【材质 / 贴图浏览器】对话框中选择【多维 / 子对象】，如图 12-101 所示。并重命名当前材质为【全部】。

18 进入多维 / 子对象材质，设置材质数量为 2 个。将【背景】材质球直接拖动到 ID1 中，将材质编辑器中设定的平面材质直接拖动到 ID2 中，并都选择【实例】复制方式，如图 12-102 所示。

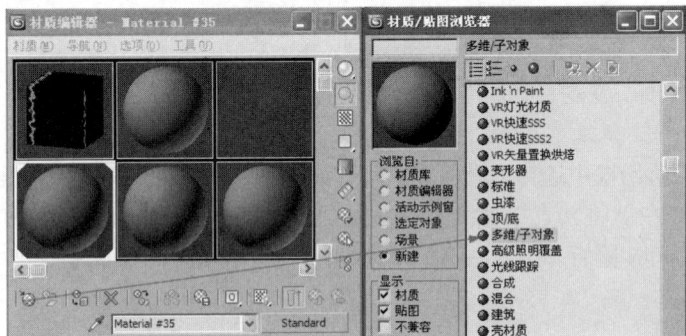

图12-101 【材质/贴图浏览器】对话框

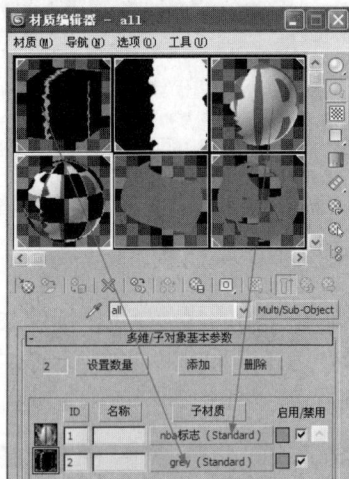

图12-102 复制材质

19 单击快捷键【6】，打开粒子视图。选择粒子流中的 Position Object01【位置对象】操作符，设置粒子材质 ID 号为 2，这与多维 / 子对象所分配的灰度材质的 ID 号一致，如图 12-103 所示。发射粒子，发现沿白色区域发射的效果出现，如图 12-104 所示。

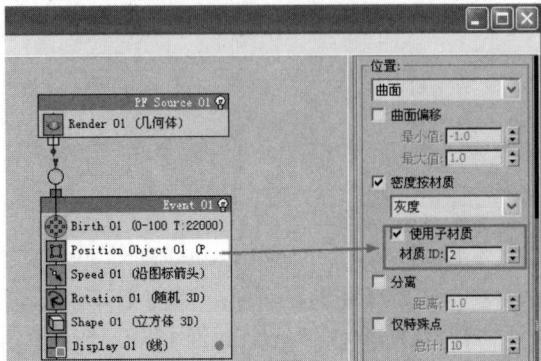

图12-103 设置粒子材质ID

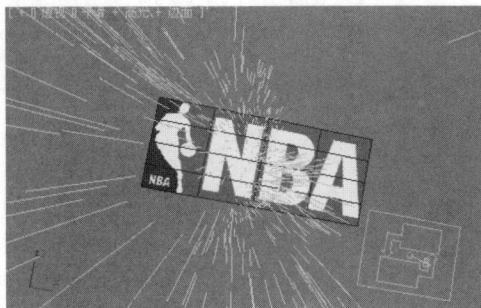

图12-104 粒子状态

三
维
制
作
大
师

20 进行粒子替代与力场控制的设置。单击创建面板 ☀ / 几何体 ○ / 平面，在前视图中绘制平面物体作为替代物体，如图 12-105 所示。单击快捷键【6】，打开粒子视图。选择粒子流库中的 Shape Instance【图形实例】操作符，按住鼠标左键将其直接拖动到 Shape01【图形】，并松开鼠标左键，这样就替代删除了 Shape01 操作符，如图 12-106 所示。

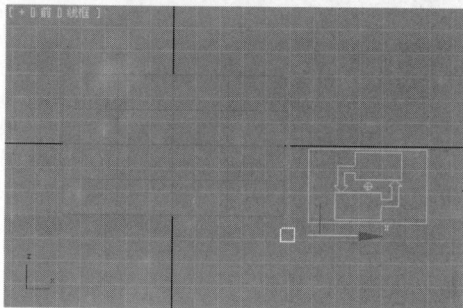

图12-105　创建平面

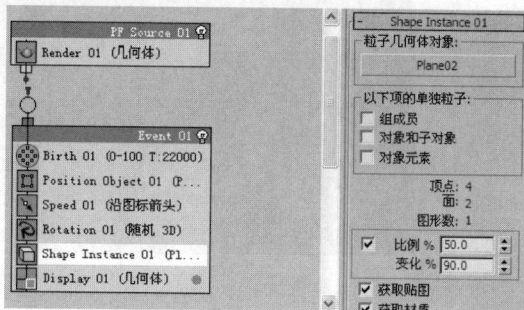

图12-106　图形替代

21 拾取场景中新绘制的平面物体，设置【比例】为100%，【变化】为90%，如图 12-107 所示。

22 单击 Display01【显示】，设置显示类型为【几何体】，如图 12-107 所示。

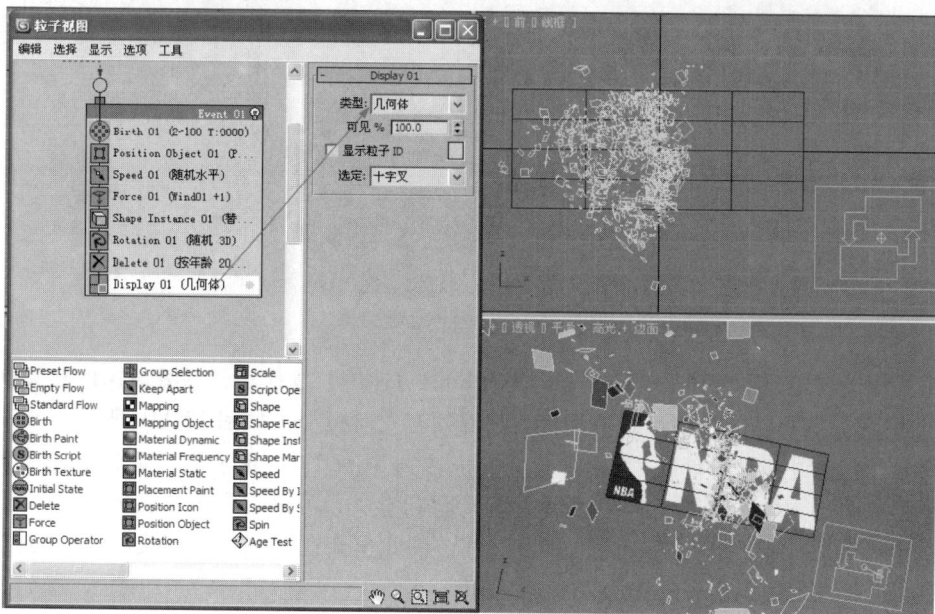

图12-107

23 此时渲染场景，可以看到直接发射的粒子形态太过呆板，可以通过风力场的扰动来解决这一问题。单击进入创建面板 ☀ / 空间扭曲 / 力，单击风按钮，在前视图中创建风力场。确定风力的方向与粒子流方向一致。当前的风力主要为粒子提供向前的推动力，如图 12-108 所示。并设置风力强度为 0.45。

24 建立第二个风力场，风力的方向与粒子流方向一致。这个风力场主要为粒子流提供扰动力。并设置风力【强度】为 0.2，【湍流】为 0.4，【频率】为 2，【比率】为 0.05，如图 12-109 所示。

图12-108　创建风力场

图12-109　风力场参数设置

25 单击快捷键【6】，打开粒子视图。单击Speed01【速度】操作符，设置【速度】为0，方向为【随机水平】，这样粒子发射后没有速度，将滞留在发射板上，如图12-110所示。

26 选择粒子流库中的Force【力】，将其直接拖拽到Speed01【速度】下面，单击添加命令，在场景中拾取两个力场，如图12-111所示。拖动时间滑块，可以看到粒子被风吹向前方并错落散开。由于风力对粒子的作用有一定的加速时间，因此也会在发射地域聚集比较多的粒子，这样也有利于遮挡发射逐渐出现的边缘。

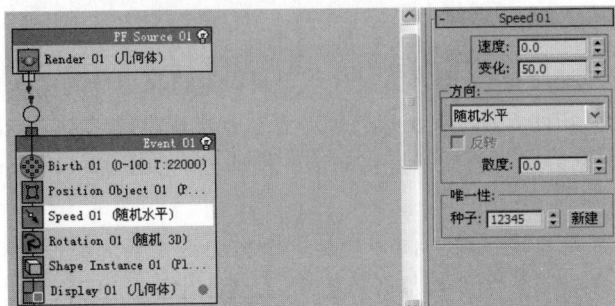

图12-110　粒子视图

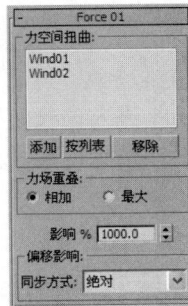

图12-111　拾取力场

27 进行分配多重材质的设置。单击【M】键打开材质编辑器，选择一个新的材质球，并重命名为【字母】，设置漫反射颜色为 RGB（255、0、0），勾选【自放光】选项，设置自反光颜色为 RGB（255、0、0），如图 12-112 所示。

28 单击不透明度贴图通道，在弹出的【材质 / 贴图浏览器】对话框中选择【位图】贴图通道，如图 12-113 所示。

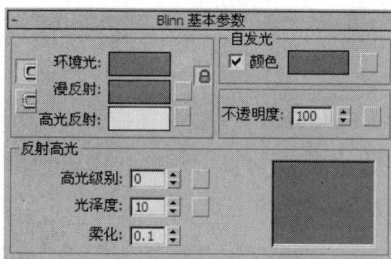

图12-112　基本参数设置

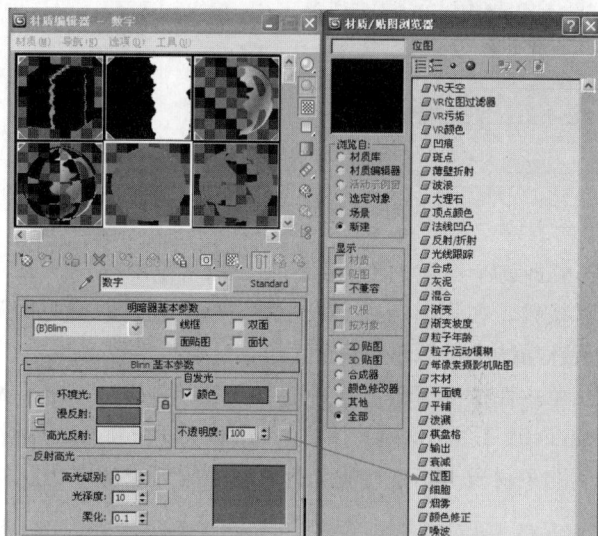

图12-113　【材质/贴图浏览器】对话框

29 在弹出的【选择位图图像文件】对话框中选择【字母】文件，如图 12-114 所示。进入【位图】贴图通道中，勾选应用选项。单击 查看图像 按钮，在弹出的指定裁切对话框中划定取材范围为字幕【C】位置，如图 12-115 所示。

图12-114　【选择位图图像文件】对话框

图12-115　【指定裁切】对话框

30 选择一个新的材质球，单击获取材质 按钮，在弹出的【材质 / 贴图浏览器】对话框中选择【多维 / 子对象】，如图 12-116 所示。并重命名为【全部字母】，设置材质数量为 10 个。

31 按鼠标左键拖拽字母材质到 ID 号码从 1 到 3 的每个命令按钮上，再把 ID1 复制到 ID6 上，其他的以此类推。在弹出窗口中选择复制拷贝方式，以便以后的修改，如图 12-117 所示。

三
维
制
作
大
师

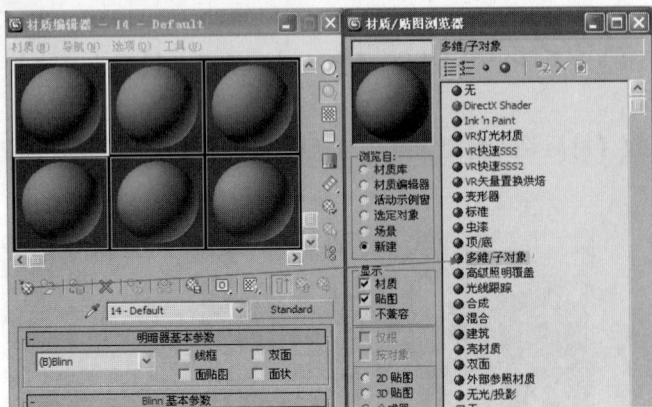

图12-116 【材质/贴图浏览器】对话框

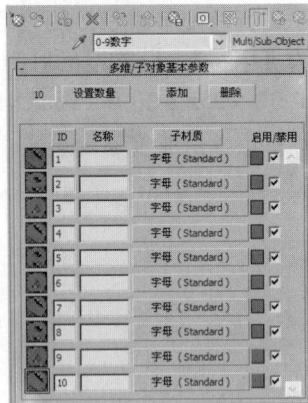

图12-117 复制材质

32 修改每个材质的不透明贴图，取材范围同自身 ID 号相对应，勾选应用选项。单击【查看图像】按钮，在弹出的指定裁切对话框中划定取材范围为字母位置，如图 12-118 所示。保证每个材质球中的字母都不一样。

33 单击快捷键【6】，打开粒子视图。拖动粒子库中 Material Frequency【材质频率】到 Shape Instance01【图形实例】下方，Material Frequency【材质频率】是按照特定的频率，为粒子指定不同的子材质。指定材质为材质球中的【全部字母】材质，如图 12-119 所示。

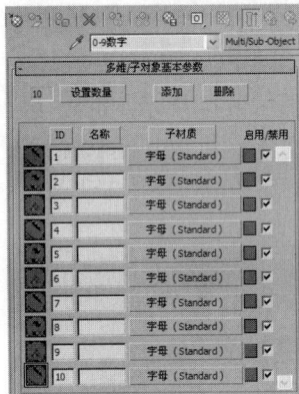

图12-118 修改材质ID号

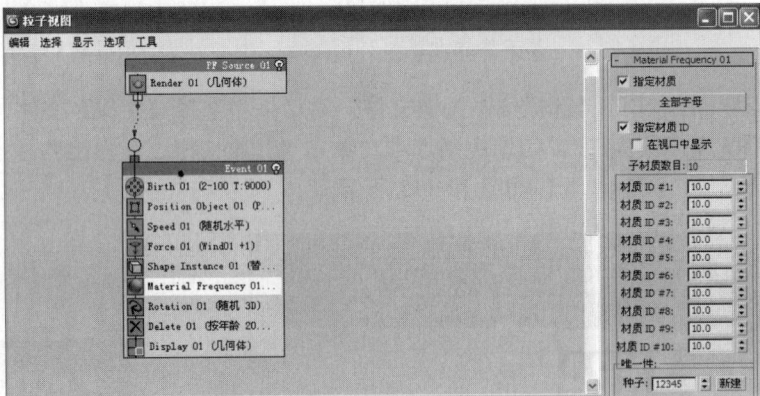

图12-119 指定粒子材质

34 渲染当前场景，可以看到字母材质已经随机平均分配到发射的粒子，如图 12-120 所示。

图12-120 渲染场景

35 单击快捷键【6】，打开粒子视图。选择粒子事件，单击鼠标右键，选择属性命令。勾选启用选项，设置运动模糊倍增为 0.1，如图 12-121 所示。

三
维
制
作
大
师

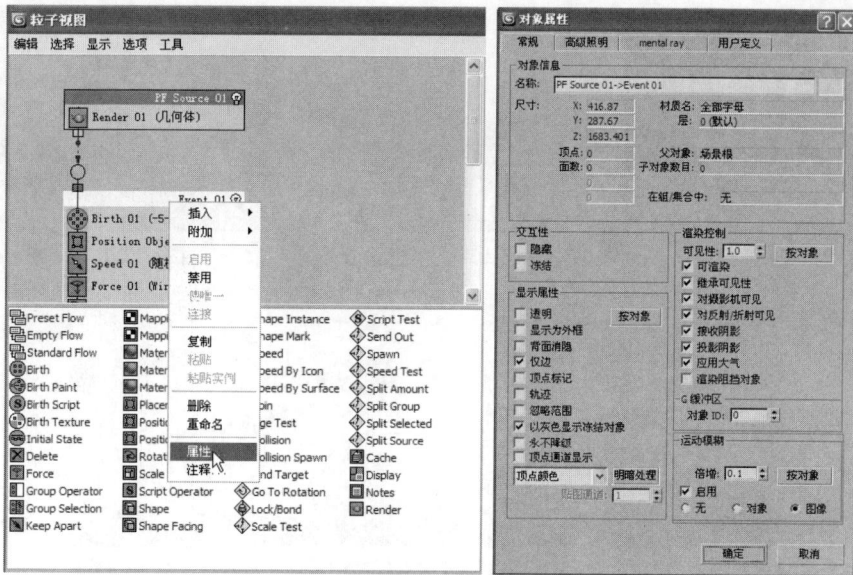

图12-121　粒子模糊设置

36 打开材质编辑器，选择【全部字母】材质，拖拽并复制到一个新的材质球上。依次修改每个材质的漫反射和自发光为白色，如图12-122所示。

37 单击快捷键【6】，打开粒子视图。单击【Ctrl+A】键，选择所有粒子流，单击【Ctrl+C】键，复制所有粒子流事件，单击【Ctrl+V】键粘贴复制的粒子流，如图12-123所示。

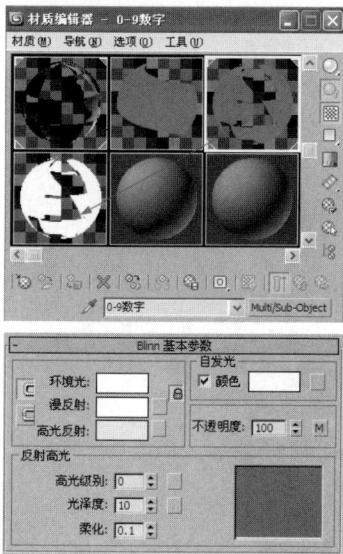

图12-122　编辑材质

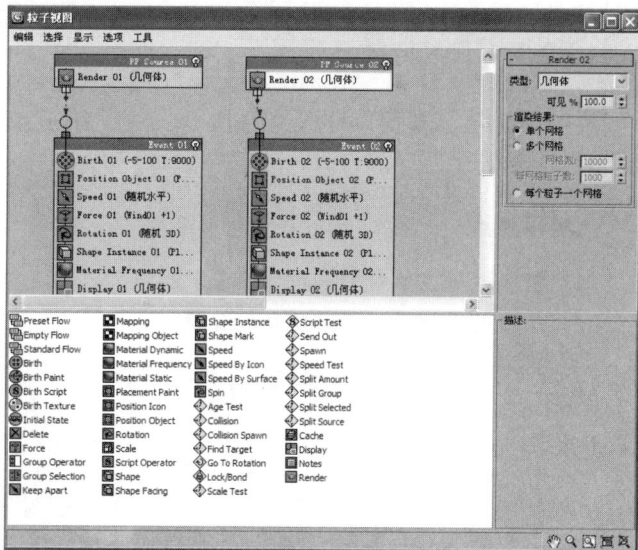

图12-123　复制粒子流

38 选择 Material Frequency【材质频率】，并为其制定新复制的白色材质，选择 Birth【出生】操作符，设置【发射开始】为 -5，【发射停止】为100，数量为1500，渲染视图如图12-124所示。

39 选择粒子流事件，单击鼠标右键，选择【属性】命令，在弹出【对象属性】对话框中勾选启用运动模糊选项，设置【倍增】值为2，如图12-125所示。使用同样方法设置粒子流事件2，渲染视图如图12-126所示。

图12-124　渲染场景　　　　图12-125　模糊设置　　　　图12-126　渲染场景

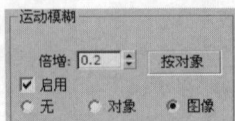

最终渲染效果如图 12-127 所示。

图12-127　最终渲染效果

▶ 12.2.3　下雨特效

本实例将学习如何制作天空材质以及通过粒子系统制作下雨的效果，最终渲染效果如图 12-128 所示。

📖 学习重点

（1）掌握超超级喷射的表现方法。

（2）了解使用粒子的材质赋予和替换。

图12-128　最终渲染效果

制作下雨特效

最终效果: 光盘\素材\第12章\下雨特效

操作步骤

01 打开场景文件, 如图 12-129 所示。创建天空的方法很多, 有通过半圆球的方式, 也就是通常所说的【球天】, 然后赋予天空材质。还可以使用外挂插件来创建天空效果。在这里使用半圆球的方式来模拟【球天】的效果。

02 单击创建面板 ✳ /几何体 ◯ /球体, 在场景中创建球体, 调整位置和大小, 如图 12-130 图所示。将整个场景包围。

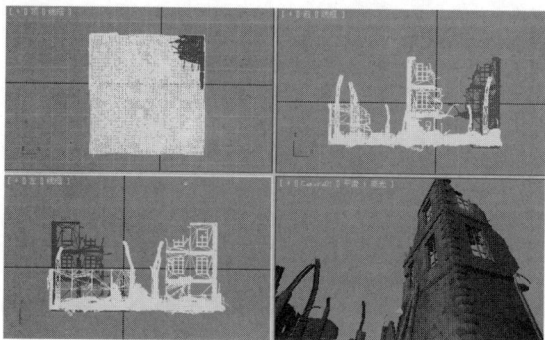

图12-129　场景文件

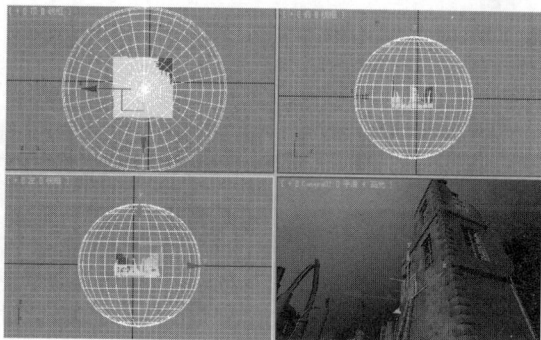

图12-130　创建球体

03 选择球体物体, 单击鼠标右键, 选择【转换为可编辑多边形】命令。选择多边形面级别, 选择球体底部的面, 如图 12-131 所示。单击【Delete】键删除底部面, 如图 12-132 所示。

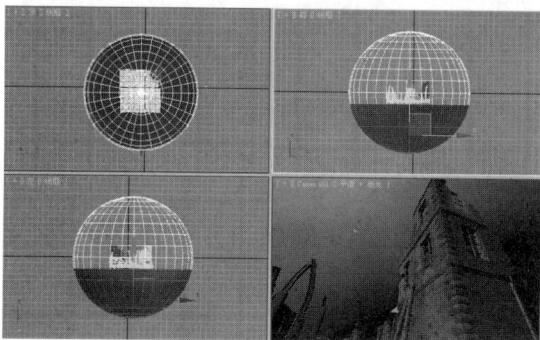

图12-131　选择球体底部面

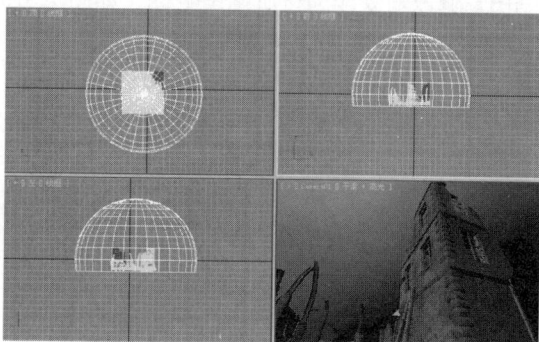

图12-132　删除面

04 选择球体, 选择元素级别, 如图 12-133 所示。单击【编辑元素】卷展栏, 单击【翻转】按钮, 将元素法线翻转, 如图 12-134 所示。测试渲染如图 12-135 所示, 当前场景被球体所包围住了。

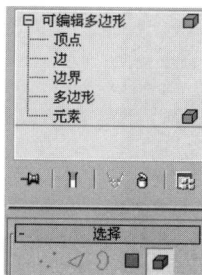

图12-133　选择元素

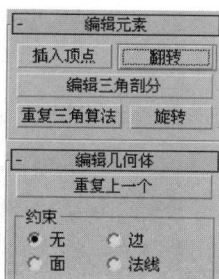

图12-134　翻转法线

图12-135　渲染场景

三维制作大师

05 对天空材质进行设置。单击【M】键打开材质编辑器，选择一个新的材质球，并将其赋予给半球体物体。单击漫反射贴图通道，在弹出的【材质 / 贴图浏览器】中选择【位图】贴图，双击【位图】贴图通道，选择【天空】文件，如图 12-136 所示。

06 单击漫反射贴图通道，按鼠标左键将其直接拖动到【自发光】贴图通道中，如图 12-137 所示。让天空材质以高自发光的效果来呈现。

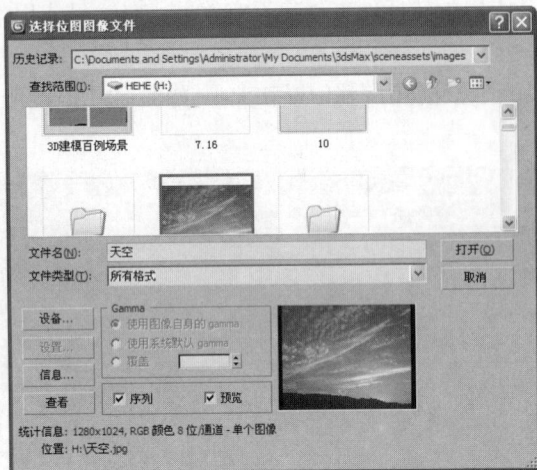

图12-136 选择位图

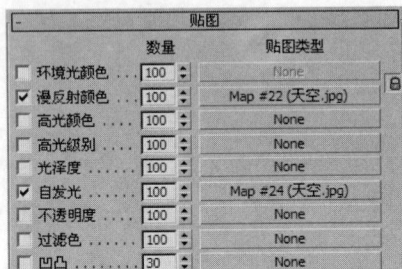

图12-137 复制贴图

07 测试渲染，如图 12-138 所示，观察到天空效果并不好，需要对天空贴图的位置和大小进行设置。选择几何球体，单击修改面板，在修改列表中选择【法线】修改命令。继续选择【UVW 贴图】修改命令作为材质贴图坐标，如图 12-139 所示。

图12-138 渲染效果

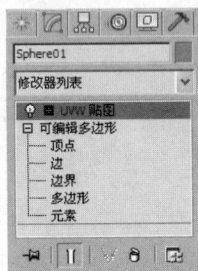

图12-139 UVW贴图

08 贴图坐标选择【平面】即可。在【对齐】选项中，单击【视图对齐】按钮，这时天空贴图将是以摄像机的垂直方向来对齐半球物体，如图 12-140 所示，测试渲染，如图 12-141 所示。

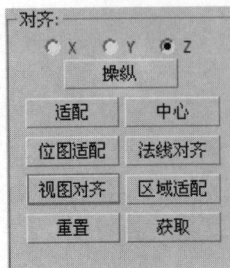

图12-140 视图对齐

图12-141 渲染效果

09 对天空的纹路进行调节。打开材质编辑器，单击【坐标】卷展栏，设置 U、V 偏移为 0.1 和 0.17，如图 12-142 所示。偏移量取决于天空贴图的纹路。渲染效果如图 12-143 所示。可以观察到远山已经显示出来。

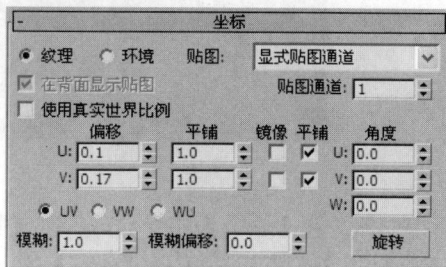

图12-142　坐标偏移

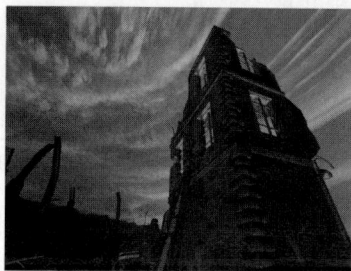

图12-143　渲染效果

10 设置下雨特效。单击创建面板 / 几何体 ，在其下拉列表中选择【粒子系统】。单击【暴风雪】按钮，如图 12-144 所示。在顶视图中拖动创建粒子系统，如图 12-145 所示。

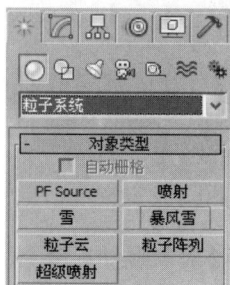

图12-144　粒子面板

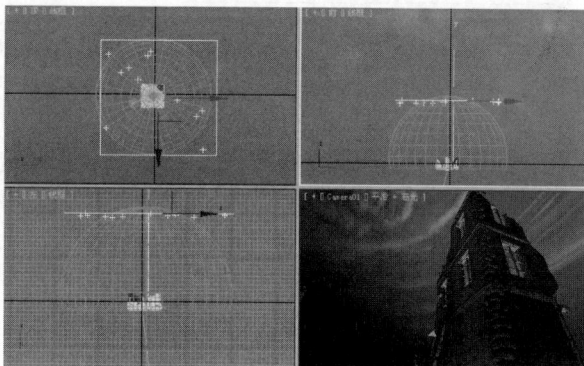

图12-145　创建粒子

11 选择暴风雪系统，在修改面板 中单击【粒子生成】卷展栏，设置【粒子数量】为 300，【变化】为 20%，如图 12-146 所示。由于当前场景模仿的是已经下雨的场景，所以【发射开始】为 -30，【发射停止】为 150，【显示时限】为 150，【寿命】为 10，如图 12-147 所示。【视口显示】为网格，如图 12-148 所示。

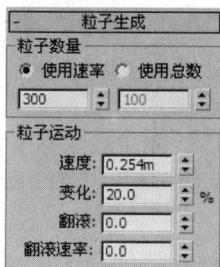

图12-146　粒子数量

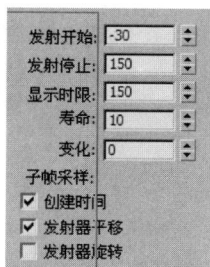

图12-147　发射时间

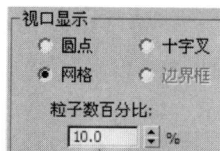

图12-148　视口显示

12 在【粒子类型】中选择【变形球粒子】，如图 12-149 所示。单击【粒子生成】卷展栏，设置粒子大小为 0.2，【变化】为 30%，【增长耗时】和【衰减耗时】均为 0，如图 12-150 所示。渲染效果如图 12-151 所示。已经可以看到下落的雨滴了。

三维制作大师

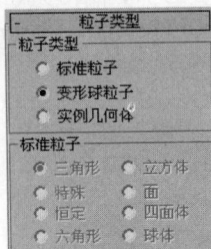

图12-149　粒子类型

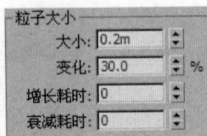

图12-150　粒子大小

图12-151　渲染效果

13 进行粒子材质的设置。单击【M】键打开材质编辑器，选择一个新的材质球，在【贴图】卷展栏中单击【不透明】贴图通道，在弹出的【材质/贴图浏览器】中选择【衰减】贴图，进入【衰减】贴图通道中，单击▶按钮，翻转前/侧颜色，单击【混合曲线】卷展栏，如图 12-152 所示。

14 返回材质层级，设置【漫反射】颜色为 RGB（244、252、255），设置【高光级别】为 100，【光泽度】为 23，如图 12-153 所示。

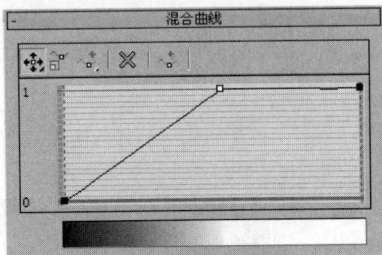

图12-152　混合曲线

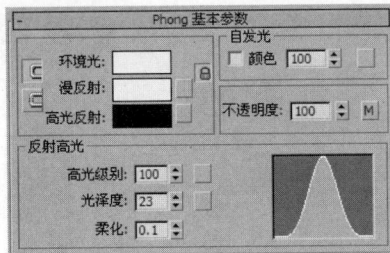

图12-153　基本参数设置

15 设置雨滴的形状。选择场景中的粒子物体，单击鼠标右键，单击【对象属性】命令，在【对象属性】面板中启用【运动模糊】，对图像进行模糊，设置【模糊】倍增值为 3，倍增值越大，模糊数值越强，如图 12-154 所示。最终渲染效果如图 12-155 所示。

三维制作大师

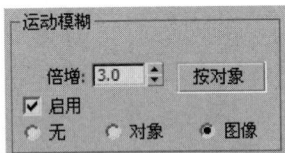

图12-154　运动模糊设置

图12-155　渲染效果

▶ 12.3　本章小结

　　本章通过具体实例介绍了 3ds Max 的粒子系统，包括基本粒子系统和 Particle Flow 粒子系统。并对 3ds Max 动力学系统，包括刚体、软体、流体等一整套动力学解决方案进行了详细介绍。

▶ ○ **12.4 习题**

1. 填空题

（1）3ds max 系统提供了七种造型，其中_____、_____、_____、_____四种造型被称为高级造型。

（2）粒子云在一个事先限定的空间中发射粒子，粒子发射器的外形有四种。包括_____、_____、_____和基于物体的发射器。如果是基于物体的发射器，则需要用_____按钮指定三维物体作为发射器。

（3）3ds max 在_____对话框中设置了多个特效滤镜，可作用于场景中的各类物体。

2. 上机题

（1）上机练习创建粒子系统。

（2）上机练习 Particle Flow 粒子系统的使用方法。

（3）上机练习动力学系统的使用方法。

习题参考答案

第1章

1. 填空题

(1) 命令方式【开始】/【程序】/3ds Max 2010 快捷方式图标

(2)【文件】/【恢复】

(3) C

2. 上机题（略）

第2章

1. 填空题

(1) 创建 几何造型 标准几何造型

(2) 创建切角长方体 切角圆柱体 L型延伸 C型延伸

(3) 切角 切角线段数

2. 上机题（略）

第3章

1. 填空题

(1) 放样表面参数 平滑长度 平滑宽度 表皮参数 截面步幅数 路径步幅数

(2) 表皮参数 盖面

(3) 获取图形

2. 上机题（略）

第4章

1. 上机题（略）

第5章

1. 问答题（略）

2. 上机题（略）

第6章

1. 填空题

(1) 标准灯光 光度学灯光

(2) 标准灯光

(3) 聚光灯参数扩展栏 泛光化

2. 上机题（略）

第7章

1. 填空题

(1) 24

(2) 将材质赋给所选物体

(3) 同步

(4) 基本参数 不透明度 扩展参数

2. 上机题（略）

第8章

1. 填空题

(1) 平铺 镜像

(2) 视图

(3) 两个

(4) UVW

2. 上机题（略）

第9章

1. 填空题

(1) VRay 渲染参数设置 VRay 灯光和阴影 VRay 物体 VRay 渲染元素

(2) 29

（3）子像素层级

（4）3ds Max 自带的灯光类型

2. 上机题（略）

第10章

1. 问答题（略）

2. 上机题（略）

第11章

1. 填空题

（1）自动关键点　设置关键点

（2）移动　旋转　缩放

（3）动画控制器

（4）隐藏　显示

2. 上机题（略）

第12章

1. 填空题

（1）粒子系统　面片网络　NURBS 曲面　力学地象

（2）立方体发射器　球体发射器　柱体发射器　拾取物体

（3）视频合成

2. 上机题（略）

"十二五"全国高校数字艺术与平面设计专业
骨干课程权威教材系列

- 中文版Photoshop CS5影像制作精粹
- 中文版CorelDRAW X5矢量图形绘制
- 中文版AutoCAD 2010辅助绘图基础
- 中文版CorelDRAW X5平面设计典型实例
- 中文版Photoshop CS5图像处理典型实例

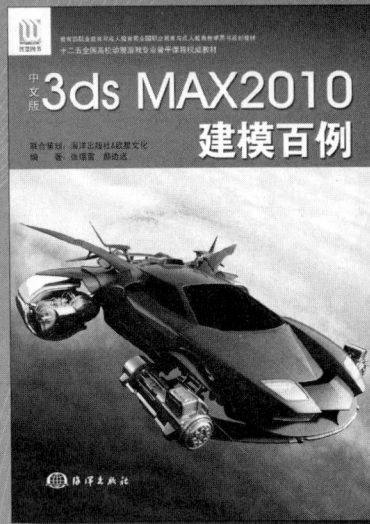

"十二五"全国高校动漫游戏专业
骨干课程权威教材系列

- 中文版3ds Max2010模型、材质、渲染、动画完全讲座
- 中文版3ds Max2010从入门到精通
- 中文版3ds Max2010建模百例
- 中文版Premiere Pro CS5非线性编辑
- 中文版After Effects CS5影视特效设计